基于Angular 7.1.4版本编写

手把手教你用Angular开发应用程序

提供完整的配套资源

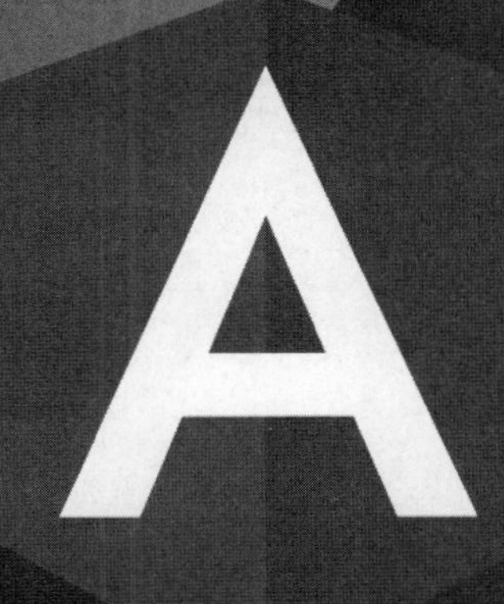

Angular 应用程序开发指南

成龙 著

人民邮电出版社

北京

图书在版编目（CIP）数据

Angular应用程序开发指南 / 成龙著. -- 北京 : 人民邮电出版社, 2020.5
ISBN 978-7-115-52436-2

Ⅰ. ①A… Ⅱ. ①成… Ⅲ. ①超文本标记语言－程序设计－指南 Ⅳ. ①TP312-62

中国版本图书馆CIP数据核字(2019)第240404号

内容提要

本书主要介绍用 Angular 框架开发应用程序的方法。全书共包括 14 章内容，按照如下思路组织内容：从 AngularJS 到 Angular 的发展历程讲起，然后介绍 Angular 应用程序之前所需做的准备、TypeScript 的基础语法，并在此基础上，介绍 TypeScript 中的模块、命名空间和声明文件以及 Angular 中的基础概念，最后通过使用 Angular 开发一个真实的名为“天天菜园”的 Web 应用程序，帮助读者系统地掌握 Angular 的整个框架，提升构建一个结构清晰且易于开发和维护的 Angular 应用程序的能力。

本书适合 Web 前端开发人员和打算从事 Web 前端开发的人员阅读，尤其适合想尝试使用 Angular 但难以入手的开发人员参考。

◆ 著　　　成 龙
　责任编辑　吴晋瑜
　责任印制　王 郁　焦志炜
◆ 人民邮电出版社出版发行　　北京市丰台区成寿寺路 11 号
　邮编 100164　　电子邮件 315@ptpress.com.cn
　网址 https://www.ptpress.com.cn
　北京鑫正大印刷有限公司印刷
◆ 开本：787×1092 1/16
　印张：36.75
　字数：1122 千字　　　2020 年 5 月第 1 版
　印数：1 – 2 000 册　　2020 年 5 月北京第 1 次印刷

定价：129.00 元

读者服务热线：(010) 81055410　印装质量热线：(010) 81055316
反盗版热线：(010) 81055315
广告经营许可证：京东工商广登字 20170147 号

前 言

时至今日，仍然有很多人对 Angular 的印象停留在 AngularJS 上，认为它是一个学习曲线极为陡峭并且使用起来极为麻烦的框架。但事实上，Angular 和 AngularJS 不是同一个框架，我们甚至只要掌握 Angular 提供的不到十个函数或方法的调用，就可以快速地开发出一个成熟的单页面应用程序。

诚然，这些函数或方法不像我们熟悉的 jQuery 那样直观，但它们背后的理论和思想并不是 Angular 自创的，而是随着软件工程的发展而诞生的，并在服务器端、桌面和移动端应用程序上运用了长达几十年。

也有很多人说 Angular 是面向未来的框架，因为科学、高效且成熟的理论和思想从来不会“安分”，它们早已开始从服务器端、桌面和移动端蔓延到 Web 客户端，而随着富有远见的 Web 客户端应用程序开发人员对这些理论和思想的逐渐接受，Angular 自然会在不久的未来占据国内 Web 客户端应用程序开发的半壁江山——这一事情在国外早已发生。

尽管很多人都明白这一点，但确实也有不少人在走进 Angular 的世界时会面临一些阻碍，比如很多人并不熟悉 Angular 所推荐采用的开发语言 TypeScript，甚至国内至今还没有一本专门介绍这门正式发布于 2014 年的“新潮”语言的图书。

本书就是为了帮助读者跨过这些障碍编写的，然后通过一个完整而详细的案例带领读者走进 Angular 的世界，以帮助读者建立系统的 Angular 技能框架，从而获得基于这一技能框架搭建并开发 Angular 应用程序的能力。

本书内容结构

具体来说，本书是通过以下内容来实现这一目的的。

本书第 1 章将带领读者初步认识 Angular，使读者了解 Angular 的前身 AngularJS 是如何诞生的、AngularJS 发展到 Angular 2 经历了哪些风雨、Angular 2 为什么被称为一个框架，以及 Angular 2 之后的版本直接被命名为 Angular 的原因。

在对 Angular 有了一个初步的认识之后，我们本应该着手深入 Angular 的世界，以早日将其运用到工作中。但工欲善其事必先利其器，在带领读者继续了解 Angular 中的细节之前，本书第 2 章将先向读者介绍在学习开发 Angular 应用程序之前所需做的准备，比如了解 Web 前端开发常用的 Node.js 和 npm 到底是什么、它们和 JavaScript 的关系以及它们在我们的学习和工作中将发挥什么作用。

除了 Node.js 和 npm，Angular 应用程序的开发还离不开相应的代码编辑器和开发语言。本书采用的代码编辑器和开发语言分别为 Visual Studio Code 和 TypeScript，因此第 2 章随后将介绍 Visual Studio Code 以及 TypeScript 编译器的安装和使用方法，其中包括如何使用 Visual Studio Code 编写 TypeScript 代码，如何使用 TypeScript 编译器将 TypeScript 代码编译成 JavaScript 代码，以及如何在 Node.js、TypeScript 代码的编译结果以及如何在 Visual Studio Code 的帮助下调试 TypeScript 代码。

除了开发工具，Angular 应用程序的开发通常还离不开 Web 服务器端的支持，因此第 2 章还将介绍一个基于 Node.js 的 Web 服务器端框架 Express，并展示如何通过它快速地开发一个可以承载 Angular 应用程序的服务器端应用程序。

在做好以上所有准备之后，任何具备其他面向对象编程语言使用经验的读者都应该可以开始学习 Angular 应用程序的开发了。没有这一经验的读者也请不用担心，因为本书第 3～5 章将详细系统地介绍 Angular 应用程序的首选开发语言 TypeScript。

具体来说，第 3 章将介绍 TypeScript 中的模块、基础类型、函数和类等基础语法，以帮助读者快速了解 TypeScript。第 4 章将继续深入介绍 TypeScript 中的类型、接口、泛型以及装饰器，并带领读者创建基于装饰器的对象工厂和依赖注入器，以帮助读者更加深切地感受 TypeScript 中的强类型在开发中带来的便利。第 5 章将对 TypeScript 中的模块、命名空间和声明文件进行补充，以帮助读者更加系统地认识 TypeScript，从而将 TypeScript 用得更加得心应手。

在读者做好所有准备工作，并对 TypeScript 有了一个系统的认识之后，本书第 6 章将开始向读者介绍 Angular 中的基础概念，带领读者基于对这些概念的了解快速地从零开始创建一个简单的 Angular 应用程序，并帮助读者梳理 Angular 和大名鼎鼎的 MVC、MVVM 以及所谓的 MVW 之间的关系。

学完第 6 章的内容，读者会发现 Angular 绝不像说的那样难以接近—— 事实上，基于 Angular 开发的应用程序有着非常清晰的结构，并且更加易于团队协作和维护。本书第 7～13 章能够证明这一点。这 7 章将带领读者通过 Angular 开发一个真实的名为“天天菜园”的蔬菜订购 Web 应用程序，使读者逐步系统地掌握 Angular 的整个框架，并最终具备构建一个结构清晰且易于开发和维护的 Angular 应用程序的能力。

值得说明的是，这 7 章的内容都以“天天菜园”中的真实需求逐步推进，而非简单地罗列 Angular 中的概念。比如本书第 7 章将带领读者基于在第 6 章中掌握的经验创建“天天菜园”应用程序，以商品列表展示需求为驱动更加深入地介绍 Angular 中的基础概念，展示这些概念在应用程序开发中的合理运用。

第 8 章则将在商品列表展示的基础上引入商品细节的展示，并以商品细节展示需求为驱动介绍路由器的使用方法，从而将“天天菜园”打造成一个单页面应用程序。单页面应用程序将面临领域划分、视图间的数据传递和共享等问题，因此本章还将介绍领域模块、路由配置模块和依赖注入，并通过它们来解决这些问题。

在将“天天菜园”打造成一个易于维护的单页面应用程序之后，第 9 章将引入一个独立于商品领域模块的客户领域模块，以实现客户的注册和登录。为了避免客户领域模块降低应用程序的启动效率，本章还将把客户领域模块打造成一个可延迟加载的路由加载模块。此外，为了快速高效地获取用户在视图中输入的注册和登录数据，本章还将介绍 Angular 表单的使用方法。

用户输入的数据并非总是合法的，因此第 10 章将继续介绍如何使用 Angular 表单验证，以阻止用户通过表单提交非法的数据，并给出相应的提示。在获得合法的输入数据之后，这些数据还需要被提交到 Web 服务器端，以实现真实的客户注册和登录。因此，本章最后还将介绍 HttpClient 的用法，并说明 HttpClient 为什么要结合使用 RxJS 中的可观察对象类 Observable，以及 Observable 和观察者模式的关系。

有了商品领域模块和客户领域模块之后，第 11 章将带领读者为“天天菜园”创建另一个独立的购物车领域模块，以帮助读者复习并总结实现 Angular 应用程序中的领域模块的整个过程。此外，为了响应客户对购物车的操作，本章还将介绍如何通过事件绑定来处理用户在视图中触发的点击和输入等事件。为了在不影响购物车现有业务的情况下使客户可以在浏览购物车的同时搜索商品，本章最后还将介绍如何使用嵌套组件，以及如何在父组件和子组件之间进行通信。

经过以上几章的努力，“天天菜园”应有的功能基本得到了实现。接下来，第 12 章和第 13 章的职责则是对这些功能进行必要的完善，并对程序架构进行合理的调整。比如第 12 章将把商品搜索入口共享到商品列表中，为此将用到部件模块；而为了实现购物车商品数量和登录客户姓名的同步，还将用到服务模块。

为了保证应用程序的安全性，第 13 章将使用路由守卫，并定义自己的客户登录验证指令；为了简化消息提示并实现确认提示，本章将动态地创建组件实例；为了给用户带去良好的使用体验，本章还将使用动画。

第 7～13 章涉及大量看上去复杂甚至陌生的技术，但 Angular 中的这些技术使用起来其实相当容易，因此读者会在阅读完这 7 章（并实践了其中的所有案例）之后发现，自己不经意间就系统地掌握了 Angular 的知识体系，提升了从零开始架构并开发一个完整的 Angular 应用程序的能力。但目前来说，这样的应用程序仍存在一个严重的问题，那就是体积过于庞大——“天天菜园”大概会有 4.5MB。

为了解决这个问题，本书最后一章（第 14 章）将介绍如何使用 Angular CLI 对现有 Angular 应用程序进行重构，即压缩应用程序中的名称标识符和空格，移除应用程序源代码、Angular 源代码以及第三方库源代码中未被使用的代码，并对应用程序进行预先编译。

重构后的“天天菜园”会从大约 4.5MB 骤减到几百 KB，而在完成这一极具意义的构建之后，最后一章还有一个重要的任务，那就是向读者展示如何在 Angular CLI 的帮助下快速地创建一个可直接运行的 Angular 应用程序模板，并继续在 Angular CLI 的帮助下快速地将这个模板扩展成我们要开发的目标应用程序——比如“天天菜园”的后台管理应用程序。

所谓的“快速”到底有多快呢？简单来说，它意味着“零配置”以及几行简单的 Angular CLI 命令。那具体来说它意味着什么呢？这或许就需要读者通过阅读本书的具体内容来寻找答案了。

读者对象

本书适合所有对 Angular 感兴趣或存在疑惑的读者，因为本书为读者走进 Angular 的世界做了充分的准备。读者只需要具备简单的 Web 前端开发经验，就可以在这些准备的帮助下一步一步地走进 Angular 的世界，并逐渐了解 Angular 中的各个细节。

本书也适合已经在使用 Angular 但对其缺乏全面认识的读者，因为本书循序渐进地将 Angular 中的各个概念运用到一个完整的案例中，这有助于读者轻松并系统地巩固这些概念。

本书同样适合需要学习 TypeScript 的读者，因为本书前三分之一的内容系统地介绍了 TypeScript 中的各个语言特性，尤其是其中的类型系统将对熟悉 JavaScript 的读者会有不少的帮助。

源代码和支持

本书源代码在异步社区本书详情页的配套资源中给出。

尽管笔者用心对待本书的每一章节和每一行代码，并通过多次审读来确保它们的准确性，但因个人能力有限，书中难免会有疏漏和不足之处，敬请广大读者指正。

如果读者在阅读本书内容或运行相关源代码时发现任何问题，或者对本书内容存有疑问，请发送邮件到 294867413@qq.com 的方式与笔者联系。

资源与支持

本书由异步社区出品，社区（https://www.epubit.com/）为您提供相关资源和后续服务。

配套资源

本书为读者提供源代码。

读者可以在异步社区本书页面中单击 配套资源 ，跳转到下载界面，按提示进行操作即可。注意：为保证购书读者的权益，该操作会给出相关提示，要求输入提取码进行验证。

如果读者是教师，希望获得教学配套资源，请在社区本书页面中直接联系本书的责任编辑。

提交勘误

作者和编辑尽最大努力来确保书中内容的准确性，但难免会存在疏漏。欢迎读者将发现的问题反馈给我们，帮助我们提升图书的质量。

如果读者发现错误，请登录异步社区，按书名搜索，进入本书页面，单击“提交勘误”，输入勘误信息，单击“提交”按钮即可。本书的作者和编辑会对读者提交的勘误进行审核，确认并接受后，将赠予读者异步社区的100积分（积分可用于在异步社区兑换优惠券、样书或奖品）。

扫码关注本书

扫描下方二维码，读者将在异步社区微信服务号中看到本书信息及相关的服务提示。

与我们联系

我们的联系邮箱是 contact@epubit.com.cn。

如果读者对本书有任何疑问或建议，请发邮件给我们，并请在邮件标题中注明本书书名，以便我们更高效地做出反馈。

如果读者有兴趣出版图书、录制教学视频，或者参与图书翻译、技术审校等工作，可以发邮件给我们；有意出版图书的作者也可以到异步社区在线提交投稿（直接访问 www.epubit.com/selfpublish/submission 即可）。

如果读者来自学校、培训机构或企业，想批量购买本书或异步社区出版的其他图书，也可以发邮件给我们。

如果读者在网上发现有针对异步社区出品图书的各种形式的盗版行为，包括对图书全部或部分内容的非授权传播，请将怀疑有侵权行为的链接发邮件给我们。这一举动是对作者权益的保护，也是我们持续为广大读者提供有价值的内容的动力之源。

关于异步社区和异步图书

“异步社区”是人民邮电出版社旗下 IT 专业图书社区，致力于出版精品 IT 技术图书和相关学习产品，为作译者提供优质出版服务。异步社区创办于 2015 年 8 月，提供大量精品 IT 技术图书和电子书，以及高品质技术文章和视频课程。更多详情请访问异步社区官网 https://www.epubit.com。

“异步图书”是由异步社区编辑团队策划出版的精品 IT 专业图书的品牌，依托于人民邮电出版社近 30 年的计算机图书出版积累和专业编辑团队，相关图书在封面上印有异步图书的 LOGO。异步图书的出版领域包括软件开发、大数据、AI、测试、前端、网络技术等。

异步社区

微信服务号

目录

第 1 章　初识 Angular

1.1　JavaScript 的诞生

1995 年，世界上第一款 Web 浏览器诞生的 5 年后，有一家公司不再满足于单凭 HTML 在 Web 浏览器中带来的静态内容——他们希望看到一些动态的效果，比如会说话的画像。

为了将“魔法”带进现实世界，这家公司委托 Brendan Eich 开发了一门极其简单的“编程”语言，从而使非专业程序员可以直接在其旗下的 Web 浏览器上通过代码来组织图片和插件。

后来的事实证明，这家名为“网景通信”的公司确实“改变了世界”，他们当时开发的这门因太过简单而被使用其他语言的专业程序员歧视的“非编程语言”，就是当下已经无所不在的 JavaScript。

“尴尬”的是，如今的 JavaScript 违背了网景通信开发它的初衷（使其成为非专业程序员的脚本语言），早已成了一门专业的编程语言。现在，我们可以使用 JavaScript 开发 Web 浏览器、桌面、服务器、移动设备、VR 设备甚至我们并不熟悉的平台上的应用程序。与其他语言相比，JavaScript 有许多独到之处。

接下来，历史又一次重演，我们在 2010 年看到了与 JavaScript 同样“尴尬”的一幕。

1.2　AngularJS 的诞生

10 年前（2009 年），现如今所有 Web 开发人员耳熟能详的 Ajax 已经诞生了 4 年，运行在 Web 浏览器上的优秀 JavaScript 框架已是百家争鸣。所有这些框架的主要目的都是一致的，即减轻程序员的痛苦，让程序员写更少的代码，或以更加统一的方式完成不同的开发任务。

很少有人为非开发人员考虑过，而 Misko Hevery 就是这少数人中的一个。他知道，有些 Web 设计师很想开发属于他们自己的应用程序，而非一个只包含布局和样式的“半成品”。于是，Misko Hevery 开始着手开发一套不一样的 JavaScript 框架，力求帮助 Web 设计师在只掌握了 HTML 标签的使用技能的情况下，也能创建一个简单的应用程序。

这套框架起初叫作 GetAngular，它帮助 Misko Hevery 在 3 个星期内将他跟另外两名同事在 Google 写的包含约 17000（并且这个数量仍在增长）行代码的 Google Feedback 缩减到只有 1500 行。GetAngular 因此受到 Misko Hevery 上司的注意并最终被 Google 接管。由于 GetAngular 是一个运行在 Web 浏览器中的 JavaScript 框架，因此与当时很多其他与 JavaScript 相关的框架一样，GetAngular 最终被加上了“.js”扩展名并命名为 Angular.js（也叫作 AngularJS），并于 2010 年 8 月发布了第一个版本。

AngularJS 具有当时其他框架或工具包所没有（完整拥有）的优点，在它的帮助下，开发人员可以像使用其他技术（如 WPF）开发桌面应用程序那样，运用 MVC 和 MVVM 模式，以更加直观、高效的方式开发更加易于测试和维护的 Web 应用程序。

然而，由于出发点、架构和所处年代（21 世纪初期，移动 Web 应用程序尚未流行）等原因，AngularJS 仍有许多不足。比如，它的出发点是运行在桌面 Web 环境下，而对移动 Web 没有进行相应的优化；同时要熟练地使用它并非一件易事，scope 和 digest 等概念能让不少对它感兴趣的开发人员望而生畏；不够智能的变化监测导致开发人员有时需要主动更新视图；缺乏对资源的异步加载也让它面临被大型应用程序拒之门外的风险……

为此，开发一个全新的 AngularJS 显得势在必行。

1.3　从 AngularJS 到 Angular 2

AngularJS 正式发布的 4 年零 2 个月之后，2014 年 10 月 22 日，Misko Hevery 及 AngularJS 的开发团队、贡献者和参与者在巴黎的 ng-europe 研讨会中正式向外界公布了一个新的框架——Angular 2。

尽管我们在“Angular”的后面看到一个数字“2”，但 Angular 2 并不是 AngularJS 的版本升级，而是一次彻底的重写。这便意味着，Angular 2 不再与 AngularJS 兼容。

看到这个消息之后，众多使用 AngularJS 的开发人员彻底愤怒了（Angular 2 的重写有多彻底，他们的愤怒就有多彻底），并发出了这样的诉求：AngularJS 是一个伟大的框架，我们希望看到更好用的版本，但我们需要兼容。有的开发人员将 Angular 2 正式向外公布的 10 月 22 日定为其决定退出 Web 开发的纪念日，有的则希望这只是一个愚人节的玩笑。

然而，Misko Hevery 及 Angular 2 的开发团队并没有开玩笑。Misko Hevery 开发 GetAngular 的初衷是为 Web 设计师提供一套只使用 HTML 标签也能开发一个简单应用程序的 JavaScript 框架，这导致后来的 AngularJS 紧密依赖 Web 浏览器运行。

这种依赖深入 AngularJS 的每一处，已经阻止了 AngularJS 运行在非 Web 浏览器之外的其他环境。而我们知道，JavaScript 以其独到的优势跨越了我们所熟知的所有平台，如果要让 AngularJS 也像 JavaScript 一样让更多人分享其带来的开发便利，势必要来一次彻底的重写。

顶着众多来自 AngularJS 开发人员的舆论压力，Angular 2 于 2015 年 4 月 30 日发布了开发者预览版，并于同年 12 月发布 Beta 版。在此期间，越来越多的 AngularJS 开发人员意识到一个全新的“AngularJS”的必要性，并积极地向 Angular 2 开发团队提供反馈。

众人的愤怒早已消散，但随之而来的是一些人的怀疑：Angular 2 会有最终产品吗？毕竟距离 Angular 2 正式公布已经过去 1 年有余。

显然，这些人已经等不及尝试 Angular 2 这个曾经让大家愤怒但确实能“改变世界”的产品。但 Angular 2 的开发团队力求保证开发人员用这个产品能快速高效地开发高性能的跨 Web 浏览器、桌面及移动设备的应用程序。时间一晃又是半年多。

终于，在经历了多次 RC（发布候选）版之后，Angular 2 于 2016 年 9 月 16 日发布了它的正式版，并被赋予版本号 2.0.0。

同时，开发团队承诺，在绝大多数 AngularJS 的开发人员转移到 Angular2 之前，他们将继续维护 AngularJS，并不断更新 Angular 2。

1.4　从 Angular 2 到 Angular

2016 年 10 月 30 日，Angular 2 已经更新到 2.1.0。但 Angular 2 的开发团队速度惊人，他们于 2017 年 3 月 23 日发布了 Angular 4.0.0。

那么，Angular 3 哪里去了？答案是，不存在 Angular 3。因为 Angular 2 中路由器包的版本号已经更新到了 3.3.0，如果继续发布 Angular 3 的话，路由器包的版本号过于领先的问题会一直存在。

此外，为了给用户留下统一的印象，Angular 4.0.0 对外的正式名称也不再是 Angular 4，而是更加简洁的“Angular”。

但这也不意味着 4.0.0 是 Angular 的最后一个版本，自这一版本发布之后，Angular 的开发团队决定每隔半年发布一个主要版本。截至 2018 年 12 月 30 日，Angular 又经历了 5.0.0 和 6.0.0 两个版本，并最终被更新至 7.1.4。

此处不打算介绍 Angular 的每一个版本带来的新特性和变化，只想说明这些特性和变化对 Angular 的用户（也就是我们开发人员）带来的影响是微乎其微的，因为 Angular 的每一个新版本都对前面的版本有着近乎完美的兼容——这不像 Angular 2 对 AngularJS 那样。

一个有力的证明是，本书的案例代码起初是基于 Angular 2.1.0 所写的，但随着 Angular 新版本的不断发布，本书案例的目标 Angular 版本也做了相应的更新。而在这个更新过程中，笔者只对案例代码做了三处修改：一是将模板中的<template>换成<ng-template>；二是将 HttpModule 换成了功能更加丰富的 HttpClientModule（这一更换还不是必须做的）；三是修改 RxJS 的模块路径。

这意味着什么呢？这意味着在大部分时候我们可以忽略 Angular 的版本号，专注于应用程序的实现。

1.5 Angular 是一个框架

更具体地说，Angular 是一个客户端应用程序开发框架（Framework），提供了客户端应用程序开发所需的完整生态。

那么，作为一个应用程序开发框架，Angular 做了些什么呢？以 Web 客户端单页面应用程序（Single Page Application，SPA）开发为例，为了实现页面中某个区域的刷新，我们在传统的开发中大致需要完成以下五步：

（1）创建与这一区域对应的 HTML、JavaScript 和 CSS 代码，以实现这一区域负责的显示逻辑、应用逻辑和业务逻辑；

（2）定义一个函数以处理页面中某个链接（或其他元素）的单击事件；

（3）通过 Ajax 从服务端加载以上 HTML、JavaScript 和 CSS 代码；

（4）将以上内容转换成 DOM 元素，并将它们写入 DOM 树中；

（5）更新浏览器地址栏中的 URL，以使其与被加载的区域对应。

在开发过多个单页面应用程序之后，我们会发现后面四个步骤在所有单页面应用程序的开发中都基本是一样的，因此可以写一个库（Library）来处理这四个步骤，使它可以复用于今后的单页面应用程序开发中。

然而，开发中重复的工作并不只有以上这些（比如，还有用户输入的获取和验证以及动画处理等），并且所有这些重复的工作都有一个特点，那就是与应用程序的运行平台紧密相关。幸运的是，Angular 帮助我们完成了所有这些与运行平台紧密相关的重复工作，使我们可以专注于完成只与应用程序本身紧密相关的工作。

但作为一个框架（而非一个库），Angular 提供的远不止避免重复的工作这么简单。事实上，Angular 本身是一个应用程序，当使用 Angular 开发应用程序时，我们其实是在对 Angular 这个应用程序进行扩展，而这些扩展的加载、运行和销毁则完全是由 Angular 管理的。

本书第 6 章会介绍这些扩展具体是什么，现在我们只需要知道 Angular 作为一个框架本身也是一个应用程序，它负责处理与应用程序运行平台紧密相关的工作，从而为专注于应用程序功能的扩展准备一个与运行平台无关的环境。

与运行平台无关？难道 Angular 是跨平台的？是的，刚刚我们举了一个 Web 客户端单页面应用程序开发的例子，但事实上和 NativeScript 一起，Angular 也可以用于开发原生的 Android 和 iOS 应用程序。

尽管如此，本书只专注于介绍如何使用 Angular 开发 Web 客户端应用程序。如果读者已经是一名 NativeScript 开发人员，那么在看完本书之后，读者会发现自己能轻松地把 Angular 运用到 NativeScript 中。

说明　NativeScript 官网提供了免费的 NativeScript 电子书，用于介绍如何使用 NativeScript 开发原生的 Android 和 iOS 应用程序，同时也介绍了如何在 NativeScript 中使用 Angular。

1.6 小结

我们不得不感慨历史总是惊人地相似，和 JavaScript 同样“尴尬”的是，最终的 AngularJS/Angular 违背了 Misko Hevery 设计 GetAngular 的初衷——使非专业的 Web 应用程序开发人员也可以开发简单的 Web 应用程序。

如今，Angular 已成了专业的客户端应用程序开发框架，它使我们可以通过更加轻松和规范的方式开发专业的 Web 和原生的移动端应用程序。

那么，Angular 具体是怎样做到这一点的呢？在回答这个问题之前，我们还需要先做一些准备工作。

第 2 章　准备工作

看了第 1 章的介绍，或许读者已经迫不及待地打算创建一个 Angular 应用程序了，但在此之前，读者还需要花些时间来做一些准备工作。比如，Angular 应用程序的首选开发语言是 TypeScript，因此我们需要准备一个使用 TypeScript 开发 Web 应用程序的环境。

2.1　跨平台的开发环境

尽管 TypeScript 是由微软公司开发的，但微软公司没有将 TypeScript 像.NET Framework 那样封闭在 Windows 平台之下（事实上，.NET Core 也早就可以跨平台了），而是将 TypeScript 开放给了所有平台。

TypeScript 能被开放给所有平台归功于 Node.js，因为 TypeScript 的编译器是基于 Node.js 实现的，而 Node.js 本身是跨平台的。

不仅 TypeScript 的编译器，微软公司开发的另一款跨平台的代码编辑器也是基于 Node.js 实现的，而这款代码编辑器就是接下来我们将要使用的 Visual Studio Code。

说明

TypeScript 编译器和 Visual Studio Code 都是开源的，如果读者有兴趣了解它们的实现细节，可以访问它们的 Git 库。

不熟悉 Node.js 的读者肯定会问 Node.js 是什么，本节将让读者对它有一个初步的认识。

2.1.1　Node.js

简单来说，Node.js 是 JavaScript 的一个运行时（Runtime），这就跟 JRE（Java Runtime Environment）是 Java 的运行时、.NET Framework 是 C#的运行时一样。此外，Node.js 是跨平台的，我们可以基于它开发不同平台下的服务端、桌面甚至移动应用程序。

那么，Node.js 是怎么来的呢？Node.js 的诞生和发展与 Angular 颇为相似，2009 年 11 月由 Dyan Dahl 在欧洲 JSConf 会议上公布 Node.js，目的是展示一款能够比 Tomcat 处理更多并发连接的 Web 服务器，但最终意外地“改变了世界”。

为什么这么说呢？Node.js 很快实现了它的初衷，即让开发人员可以在 Linux 和 Mac OS X 这两个平台下像使用 Java 和 C#那样使用 JavaScript 访问网络、文件和数据库等 I/O 资源，从而实现 Web 服务端应用程序的开发。另外，由于 JavaScript 与生俱来的单线程和异步的特点，轻量的 Node.js 在处理高并发的请求时显示出了更高的性能，让人不失所望。

然而，实现这一初衷之后，Node.js 并未停滞不前，人们很快意识到了 Node.js 的潜力，并开始将它迁移到越来越多的平台（包括 Windows 和其他众多类 Linux 平台），同时也将它从服务端延伸到了桌面端甚至是移动应用程序中。

现在，基于 Node.js 除了可以开发 Web 服务端应用程序，使用基于 Node.js 的 Electron，我们还可以使用 JavaScript、HTML 和 CSS 开发跨平台的桌面应用程序——随后我们将要使用的 Visual Studio Code 就是基于 Electron 开发的。

同时，将 Node.js 迁移到移动平台的尝试也在不断进行，Node.js for Mobile Apps 就是其中比较成熟的一个。通过它，我们可以在原生的移动应用程序中，通过 JavaScript 来实现应用程序的应用逻辑和业务逻辑，从而实现更多代码的复用。

当然，故事到这里并没有结束，由于 Node.js 具备体积小、跨平台、学习成本低和高性能等优点，越来越多的开发框架和开发工具都开始基于它来实现。除了刚刚提到的 Visual Studio Code，这个世界上众多其他语言或框架的开发人员也都在使用基于 Node.js 的其他开发工具。

1. 模块和包

为了掌握 TypeScript 中的特性，我们并不需要成为资深的 Node.js 开发人员，但掌握其中的一些核心概念，会消除我们今后开发中不少的疑虑。为此，让我们再花些时间来了解一下 Node.js 中的两个核心概念：模块（Module）和包（Package）。

刚刚我们知道了 Node.js 是 JavaScript 的一个运行时，我们打算开发运行在 Node.js 中的应用程序时，需要编写一个个的 JavaScript 文件，而这些 JavaScript 文件就是一个个的 Node.js 模块。也就是说，在 Node.js 中，一个 JavaScript 文件就是一个 Node.js 模块。要在一个模块中使用另一个模块的功能时，我们需要将那个模块导入当前模块中。

当一个 Node.js 应用程序中的模块数量过多时，这些模块通常会被按照相关性组织到不同的目录中，并且这些目录分别可以被当作一个整体导入有需要的模块中。在 Node.js 中，这样的目录有一个专有的名称，那就是包（Package）——这有些类似于 Java 中的包或 C#中的程序集（Assembly）。

由于 Node.js 应用程序总是存储在一个自己的根目录中，因此其自身也是一个包。我们可以把自己开发的 Node.js 应用程序提供给别人下载，也可以向自己的 Node.js 应用程序中安装别人提供的包。这个时候，我们需要用到 npm。

2. npm

狭义上的 npm（Node.js Package Manager）是指 Node.js 应用程序，称为 Node.js 包管理器。通过它，我们可以方便地下载第三方 Node.js 包，或发布自己的 Node.js 包。

广义上的 npm 则是指开发它的同名公司，以及这家公司提供的第三方 Node.js 包在线仓库（Registry）等服务。我们在通过 npm（Node.js 包管理器）下载第三方 Node.js 包时，就是从它的在线仓库中下载的。

除了下载，任何人都可以注册 npm 账户，然后向它的在线仓库中发布自己的 Node.js 包。因此，我们几乎可以从它的在线仓库中找到任何我们想要的 Node.js 包，包括那些本质上并非运行在 Node.js 上的资源，比如我们熟悉的 jQuery 和 Bootstrap。

为了确定 npm 的在线仓库中确实包含我们需要的资源，我们可以通过它主页的搜索框进行相应的搜索。图 2-1 所示的是在 npm 的官网搜索“jQuery”后得到的结果列表，其中第一个结果就是我们熟悉的 jQuery。

而打算成为“高级”用户的人，会使用更加高级的 npm 指令。通过这种指令，他们不仅可以查找所关心的 Node.js 包，还可以将它们从 npm 在线仓库中下载并安装到应用程序中。

那么，如何使用 npm 指令？我们需要先安装 Node.js。

图 2-1　使用浏览器搜索 npm 管理的 Node.js 包

3. 安装 Node.js

访问 Node.js 的官网，然后下载其中推荐的长期支持（LTS，Long Term Support）版本的安装包，并在下载完成之后双击它以开始 Node.js 的安装。

目前 Node.js 的安装包大小不超过 20 MB，如果系统盘空间充足，那么只需要单击安装过程中的每一个“Next”按钮，直到安装完成。

这样一来，Node.js 会被安装在 C:\Program Files\nodejs 这个路径下，而这一路径也会被安装程序添加到系统环境变量 PATH 中。

说明

同一个设备可以安装 Node.js 的多个版本和实例，一些其他程序也会自动在读者的设备中安装 Node.js，在这种情况下，读者仍然要完成以上安装步骤，以确保 Node.js 的正确安装。不同平台下 Node.js 的安装方式不同，本书 Node.js 及其他工具的安装仅以 Windows 平台为例，如果读者使用的是其他平台，请使用读者所在平台的方式完成安装。

完成安装之后，我们可以打开“命令提示符”窗口（cmd.exe，其他平台与之对应的为终端），并输入命令：

```
node -v
```

此时我们将看到安装成功的 Node.js 的版本号，如图 2-2 所示。

接着，如果输入另一个命令：

```
npm -v
```

我们将看到随 Node.js 一同安装的 npm 的版本号，如图 2-3 所示。

图 2-2　Node.js 的版本号

图 2-3　npm 的版本号

如果成功地执行了以上命令，那么说明读者已经成功地将 Node.js 和 npm 安装到了自己的设备中，并且 Node.js 和 npm 的路径也成功地被添加到系统环境变量 PATH 中；反之，读者需要尝试重新安装。

说明

随着时间的推移，所安装的 Node.js 和 npm 的版本可能会高于以上版本。只要下载的 Node.js 是最新的长期支持版本，通常都不会有问题。但如果在后面的开发中遇到 npm 版本过低的问题，就应使用命令“npm install -g npm”，将 npm 更新到最新版本。

如果读者在通过以上命令更新 npm 时遇到问题，那么需要移除 npm 的安装目录（C:\Users\用户名\AppData\Roaming\npm），并重新安装 Node.js。

由于 npm 的官方在线仓库部署在国外，因此我们并不能在任意时间都可以成功地连接上它。所幸的是，淘宝维护了一个 npm 在线仓库的镜像。为了保证 npm 的正常工作，我们需要继续在“命令提示符”窗口中输入并执行以下两条命令：

```
npm set registry https://registry.npm.taobao.org
npm get registry
```

第一条命令的作用是将本地安装的 npm 在线仓库 URL 设置为淘宝提供的镜像网址，第二条命令的作用是查看这一设置是否成功。在这两条命令成功地执行完成之后，我们将看到与图 2-4 所示的一致的结果。

从图 2-4 中的最后一行可知，镜像设置是成功的，接下来我们便可以通过 npm 来查看并安装 Node.js 包了。

首先让我们从查看开始，继续在“命令提示符”窗口中输入并执行以下 npm 命令：

```
npm view jquery
```

命令中的参数 view 代表的是所要执行的操作，即查看 npm 在线仓库中指定名称的 Node.js 包；参数 jquery 则是所要查看的 Node.js 包的名字。

如果不出意外的话，执行以上命令之后，“命令提示符”窗口显示的内容将与图 2-5 所示的一致。

至此，我们便完成了 Node.js 和 npm 的安装，并对它们有了一个初步的了解。接下来，我们可以基于 Node.js 开发一个 Web 应用程序，通过 npm 安装基于 Node.js 的 TypeScript 编译器，但在此之前，我们需要先获得一个编辑应用程序代码的代码编辑器。

图 2-4 设置 npm 镜像

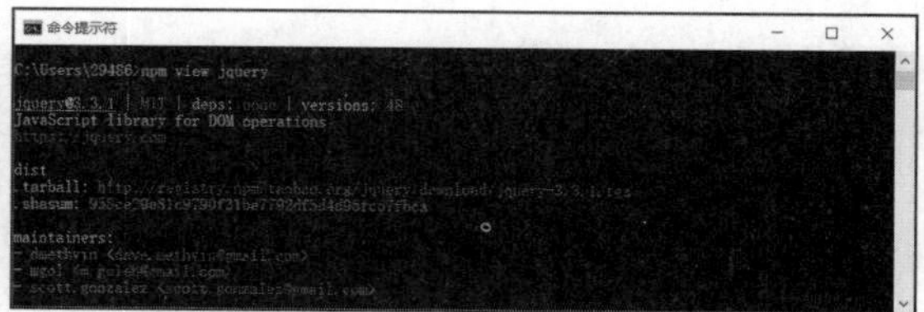

图 2-5 通过 npm 查看在线仓库中的 Node.js 包

2.1.2 Visual Studio Code

好的跨平台代码编辑器有很多，比如 Atom、Sublime Text 和 WebStorm 等，它们任何一个都是很好的一款产品，所以我们可以选择 Visual Studio Code。

不同于 Visual Studio，Visual Studio Code（后文简称 VS Code）是一款免费、开源且跨平台的轻型代码编辑器。使用 VS Code，我们可以快速、方便地编写几乎所有主流语言的代码，而我们将要用的 TypeScript 就是其中之一。

接下来，我们从 VS Code 的官网下载它的安装文件，然后将它安装到自己的开发设备中。

说明

VS Code 支持 32 位和 64 位的 Windows、Linux 以及 macOS。本书以 64 位的 Windows 作为演示平台，如果读者打算在其他平台下使用 VS Code，那么所需要做的操作可能会与本书提供的案例略有不同。

1. 安装 Visual Studio Code

VS Code 安装包的大小目前只有 40MB，如果读者希望将它安装到系统盘，那么经过短暂的下载等待之后，双击下载好的安装包并单击安装程序中的所有“下一步”按钮，就可以完成安装。

完成安装之后，读者可以选择立即启动 VS Code，或关闭安装程序然后从 Windows 的开始菜单启动它。如果读者在安装的时候选择了不将 VS Code 的快捷方式添加到 Windows 的开始菜单，那么还可以从它的安装目录 C:\Program Files\Microsoft VS Code\bin 找到它的启动文件 Code.exe，然后双击启动它。

成功启动之后，VS Code 首次启动后的界面将与图 2-6 所示的一致。

图 2-6 中的主要区域是 VS Code 的欢迎页面，我们在此可以进行一些快速的操作和设置。欢迎页面上方的是几乎所有代码编辑器都有的工具栏，欢迎页面左侧的是 VS Code 的活动栏，其中列举的是开发中常用的工具，比如资源管理器和搜索工具等。

与了解 VS Code 中的各种工具相比，现在我们更乐意做的一件事情可能就是更改其主题。单击欢迎页面右侧“自定义”区域的“颜色主题”，弹出主题列表，如图 2-7 所示。

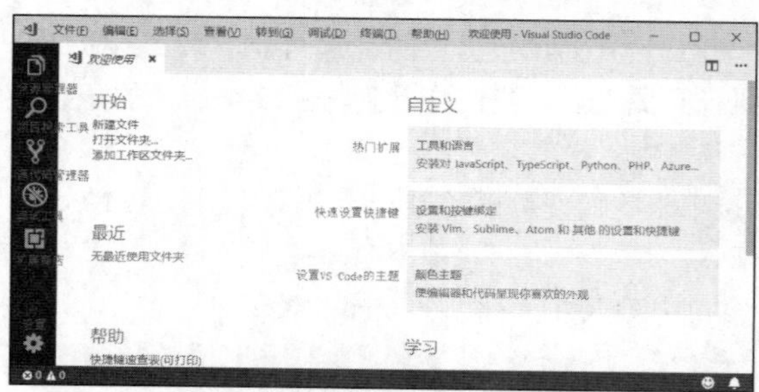

图 2-6 VS Code 首次启动后的界面

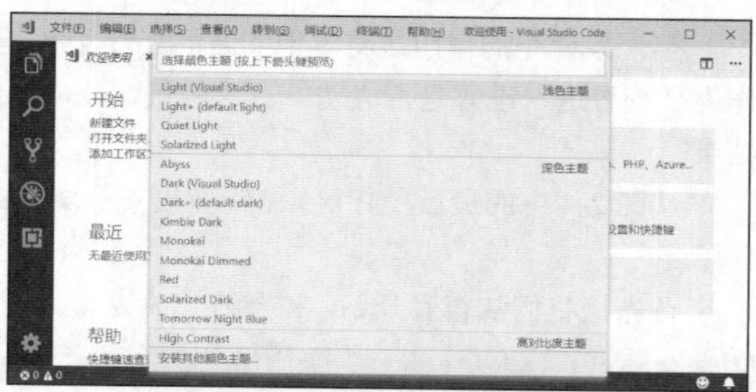

图 2-7 VS Code 颜色主题列表

从这个列表中选择读者喜欢的主题，或通过选择列表底部的“安装其他颜色主题”选项来安装更多在线主题。接下来，创建一个 Visual Studio Code 项目。

2. 创建 Visual Studio Code 项目

不同于 Visual Studio 或 Eclipse，为了保持轻量，VS Code 本身没有项目的概念，取而代之的是我们日常使用的文件系统中的文件夹（目录）。在用 VS Code 打开文件系统中的一个文件夹时，我们就认为打开了一个 VS Code 项目；而创建一个 VS Code 项目，事实上就是在文件系统中创建一个文件夹。

因此，为了创建一个 VS Code 项目，我们需要在 Windows 资源管理器中找到一个合适的目录，然后在其中为本书创建一个工作目录，比如 E:\Work\AngularAppDev。

接着，我们需要在这个工作目录下为本节创建一个项目目录 Chapter2-1。然后，我们回到 VS Code 中，单击其左侧活动栏顶端的“资源管理器”图标，接着单击被打开的资源管理器面板中的“打开文件夹”按钮，随后我们将看到图 2-8 所示的“打开文件夹”对话框。

从中找到并选中刚刚创建的项目目录“E:\Work\AngularAppDev\Chapter2-1”，然后单击“选择文件夹”按钮。随后我们将看到 VS Code 将这个目录作为项目打开，并将其显示到资源管理器中，如图 2-9 所示。

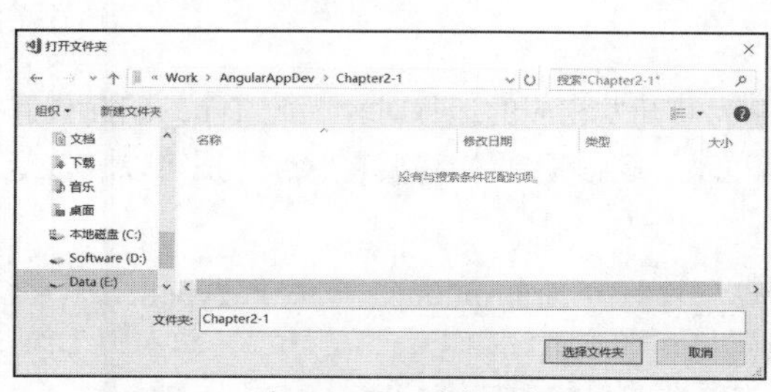

图 2-8 在 VS Code 中打开文件夹

图 2-9 打开的 VS Code 项目

图 2-9 中的“CHAPTER2-1”就是我们创建的第一个 VS Code 项目，其右侧的四个图标（这四个图标仅在鼠标指针悬停在 VS Code 资源管理器中时才会出现）分别用于为当前项目新建文件、新建文件夹、刷新项目内容以及收起项目下所有被展开的文件夹。

至此，我们便完成了一个 VS Code 项目的创建。但如果就此结束了本节的内容，或许会让读者意犹未尽，为此让我们通过编写一段 TypeScript 代码来结束本节的学习。

3. 编写 TypeScript 代码

单击 VS Code 资源管理器中项目名右侧的“新建文件”图标，项目名的下方会出现一个输入框，如图 2-10 所示。

提示 也可以通过右击项目名，然后在弹出的快捷菜单中选择“新建文件”命令来创建新的文件。

在输入框中输入文件名“hello-world.ts”（.ts 是 TypeScript 文件的扩展名）并按回车键，将这个文件添加到项目中，并将其打开至可编辑状态，如图 2-11 所示。

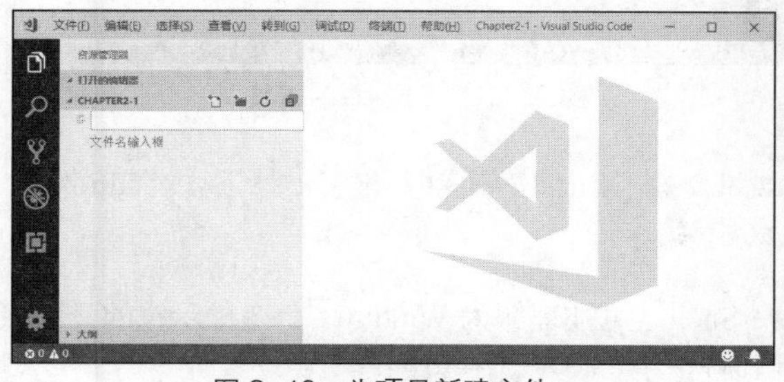

图 2-10 为项目新建文件

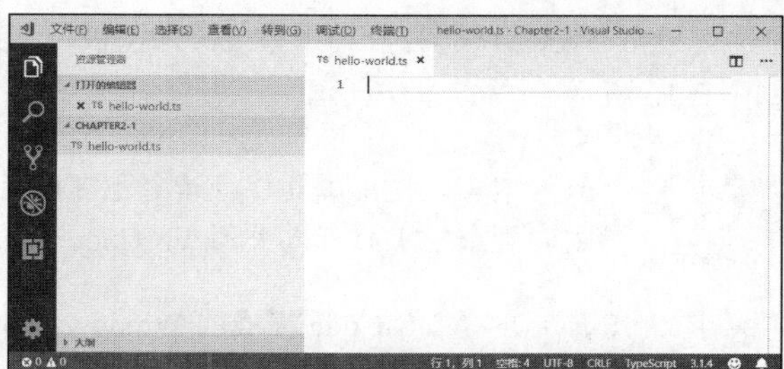

图 2-11 新建的 TypeScript 文件

最后，我们可以尝试向打开的 hello-world.ts 输入一段 TypeScript 代码，如代码清单 2-1 所示。

代码清单 2-1 hello-world.ts

```
function helloWorld() {
   console.log('hello, world');
}
```

以上是一个 JavaScript 函数，但 TypeScript 兼容 JavaScript 的语法，因此它也是合法的 TypeScript 代码。

当然，除了我们熟悉的 JavaScript 语法，TypeScript 还引入了 JavaScript 中没有的众多特性，比如类型检查、接口和装饰器等。但这些特性无法获得 JavaScript 运行时的支持，因此我们需要把 TypeScript 代码编译成原生的 JavaScript 代码，而执行这一编译工作的则是 TypeScript 编译器。

提示

当在 TypeScript 文件中输入关键字、变量名和对象成员等标识符时，我们可以通过 Tab 键或回车键来快速完成输入。我们还可以单击 VS Code 头部的“帮助”工具，然后在弹出的菜单中选择“交互式演练场”和“快捷键参考”等选项，从打开的网页或视图中了解 VS Code 提供的更多快捷功能。

2.1.3　TypeScript 编译器

尽管 TypeScript 是一门编程语言，但是微软并未打算为其开发相应的运行时，因此 TypeScript 代码是无法被直接运行的。为了使所编写的 TypeScript 代码可以被“运行”，我们需要将它编译成可以直接运行的 JavaScript 代码。

说明

根据 TypeScript 代码生成 JavaScript 代码的过程被称为 Transpiling，而由于 TypeScript 和 JavaScript 都属于高级语言，因此 Transpiling 严格来说应该被翻译成“转译”。但人们已经习惯了“编译”一词，因此我们仍然将这个过程称为编译（Compiling）。

如果读者用 Visual Studio 编写过 TypeScript 代码，就一定会为其中的一个功能而惊叹，那就是当读者保存正在被编辑的 TypeScript 代码时，Visual Studio 会自动将它编译成对应的 JavaScript 代码。

作为 Visual Studio 的跨平台轻型版本，VS Code 自然也不会让我们失去这个体验。只是为了保持轻量，VS Code 并没有内置 TypeScript 编译器，如果要获得这一体验，我们还需要将 TypeScript 编译器安装到自己的设备中。

1. 安装 TypeScript 编译器

在本节开头我们已经知道，TypeScript 编译器是基于 Node.js 实现的。更准确地说，TypeScript 编译器是一个运行在 Node.js 上的应用程序（Node.js 包），因此我们可以通过 npm 命令将它安装到我们的开发设备中。

之前在执行 npm 命令时，我们总是要打开 Windows 命令提示符或其他平台下的终端，但现在有了 VS Code 之后，我们不再需要这么做了，因为 VS Code 对它们进行了集成。

回到 VS Code，单击其菜单栏中的“查看”选项，然后在弹出的下拉菜单中选择“集成终端”命令，随后 VS Code 将打开一个集成终端面板，如图 2-12 所示。

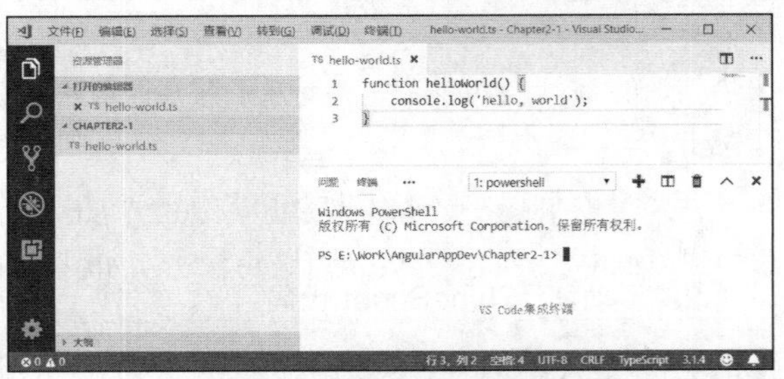

图 2-12　VS Code 集成终端

提示

如果不喜欢使用工具栏，读者也可以通过组合键“Ctrl + `”（键盘中 Esc 键下方、Tab 键上方的那个键）打开或关闭 VS Code 的集成终端。

图 2-12 所示的是 VS Code 集成的 Windows PowerShell（可被理解为 Windows 命令提示符的升级版本），如果读者使用的是非 Windows 平台，那么将看到特定于自己所处平台的终端。

不管所处的是什么平台，接下来我们都可以放心地通过这个平台下被集成到 VS Code 中的终端来进行 TypeScript 编译器的安装。

只是在这么做之前，我们需要先知道一件事，那就是使用 npm 命令安装 Node.js 包时，我们有两个选择：一是将其安装到 npm 在当前设备中的全局安装目录中；二是将其安装到当前正在开发的项目当中。

以上两个选择都可以实现项目中 TypeScript 文件的编译，但由于 TypeScript 编译器是一个通用的应用程序，接下来将要开发的所有项目都将通过它来编译项目中的 TypeScript 代码，因此我们将它安装到全局安装目录中。

为了实现这样的安装，我们需要在 VS Code 集成终端输入以下 npm 命令：

```
npm install -g typescript
```

我们给 npm 命令提供了三个参数：

（1）install，固定参数，通知 npm 安装 Node.js 包；

（2）-g，固定参数，通知 npm 将目标 Node.js 包安装到全局安装目录中，如果不提供这个参数，目标 Node.js 包会被安装到当前项目中；

（3）typescript，目标 Node.js 包的名字，不能包含大写字母。

在执行以上命令的过程中，我们将在其下方看到一个进度条，如图 2-13 所示。

稍等片刻，进度条会在达到 100%时消失，此时我们将看到图 2-14 所示的反馈。

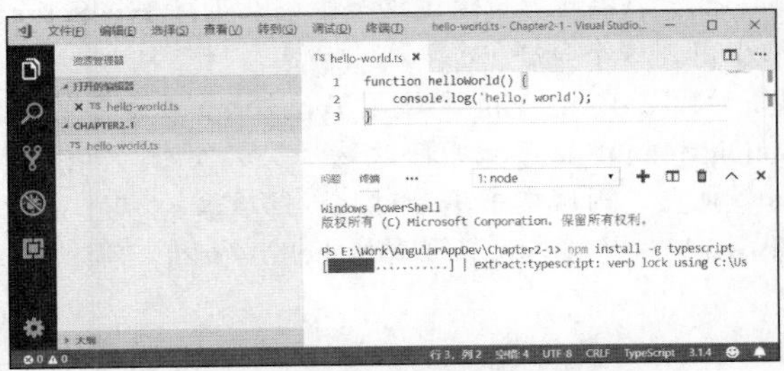

图 2-13　TypeScript 编译器的安装过程

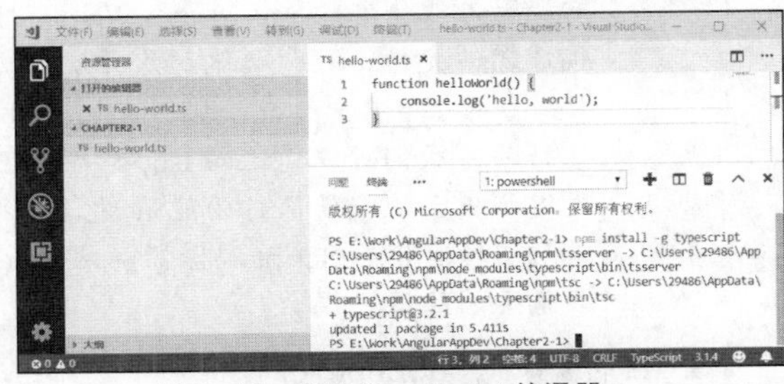

图 2-14　安装 TypeScript 编译器

从图 2-14 所示的反馈可以知道，版本为 3.2.1 的 TypeScript 编译器已经被成功地安装到了 npm 全局安装目录（C:\Users\29486\AppData\Roaming\npm，这个目录会随设备的变化而变化）下。

随后我们可能会关闭 VS Code 集成终端，在这种情况下，如果我们打算查看 TypeScript 编译器是否已经被安装到全局安装目录中，就可以再次打开 VS Code 集成终端，输入并执行以下 npm 命令：

```
npm ls -g typescript
```

以上命令与安装 TypeScript 编译器的命令几乎是一致的，除了其中第二个被换成了 ls（list 的缩写，表示列举的意思）。

执行以上命令之后，VS Code 集成终端将列出 TypeScript 编译器的安装路径和版本，如图 2-15 所示。

至此，我们便完成了 TypeScript 编译器的安装。接下来，回到 2.1.2 节的 hello-world.ts 中，并完成它的编译。

2. 手动编译 TypeScript 代码

让我们再次打开 VS Code 集成终端，输入并执行以下 tsc 命令：

```
tsc hello-world.ts
```

以上命令不会输出任何内容，但如果我们留意 VS Code 的资源管理器，就会发现项目中多了一个名为"hello-world.js"的 JavaScript 文件。如果我们打开这个文件，将会看到图 2-16 所示的内容。

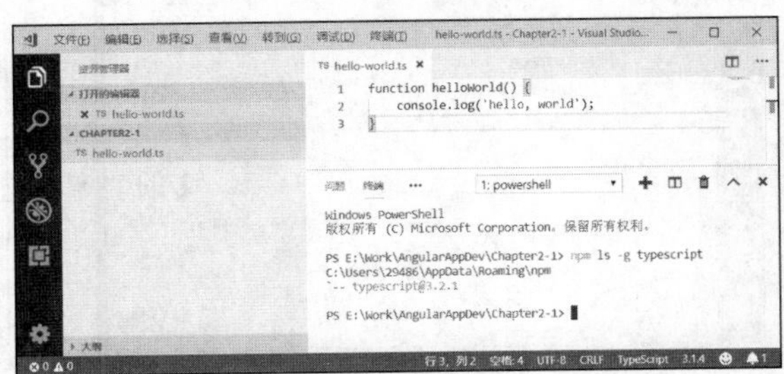

图 2-15　查看 TypeScript 版本

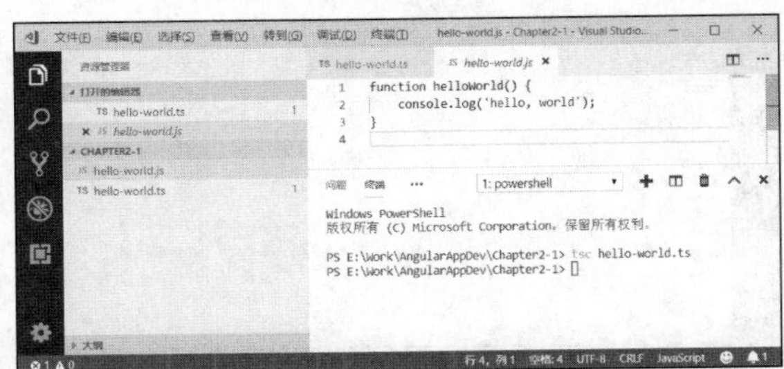

图 2-16　hello-world.js 的内容

这个名为“hello-world.js”的 JavaScript 文件以及其中的内容是从哪儿来的呢？相信聪明的读者已经有了答案——它是由同名的 TypeScript 文件 hello-world.ts 编译而来的，而这一编译动作就是由前面的 tsc 命令触发的。

此时读者应该已经知道，tsc 命令就是调用 TypeScript 编译器的命令，其作用是将指定的 TypeScript 文件编译成同一路径下的同名 JavaScript 文件。

对比这两个文件的内容，我们会发现它们是一样的，如果向 hello-world.ts 中添加一些代码并再次对它进行编译，那么 hello-world.js 中的内容还与之保持一致吗？

不管答案是什么，TypeScript 代码的编译都会有些麻烦，因为每编译一次，我们都需要执行一次 tsc 命令。

好在这种情况不会一直持续下去，因为 VS Code 可以帮助我们自动编译项目中的 TypeScript 代码。

说明

tsc 命令是随 TypeScript 编译器一起安装到 npm 全局安装路径下的，图 2-14 包含 tsc 的那条路径就是 tsc 命令所在的位置。从图 2-14 中我们还能发现，随 TypeScript 编译器一起安装的还有另外一个命令 tsserver。VS Code 和其他代码编辑器会通过这个命令来获得 TypeScript 编译器的支持，非代码编辑器开发人员很少用到这个命令。

此外，将 TypeScript 文件编译成同一目录下的同名 JavaScript 文件是 TypeScript 编译器的默认行为，我们可以通过向 tsc 命令传递 outDir 和 outFile 参数来修改这一默认行为。但在开发过程中，这一默认行为能给我们带来很多便利，因此本书不会对此进行修改。

最后，目前 TypeScript 编译器会认为 hello-world.ts 中重复定义了函数 helloWorld()，但随后我们会消除这一误会。

3. 自动编译 TypeScript 代码

默认情况下，VS Code 不会自动编译项目中的 TypeScript 代码。为了使项目中的 TypeScript 代码获得自动编译的支持，我们需要在项目中新建一个名为 tsconfig.json 的 JSON 文件，然后向其中输入一个空白的 JSON 对象。

注意

这个空白 JSON 对象是必需的，如果忽略了这个对象（使 tsconfig.json 中没有任何内容），随后 VS Code 会报“找不到当前项目的 tsconfig.json 文件”的错误。

执行以上操作之后，当前项目的文件结构将与图 2-17 所示的一致。

上述 JSON 文件 tsconfig.json 是 TypeScript 项目的配置文件，稍后我们将通过这个文件来配置当前项目的编译选项，但现在只需要知道 VS Code 发现当前项目中有这个文件时，会为当前项目创建两个任务，即“监视”和“构建”。

说明

除了以上两个任务的创建，tsconfig.json 的加入也会使 TypeScript 编译器不再认为 hello-world.ts 重复定义了函数 helloWorld()。

接下来，让我们通过组合键“Ctrl + S”来保存 tsconfig.json 的编辑，然后单击 VS Code 工具栏中的“终端(T)”选项，接着在弹出的下拉菜单中单击“运行任务(R)”命令。随后，VS Code 将弹出一个包含以上两个任务的任务列表，如图 2-18 所示。

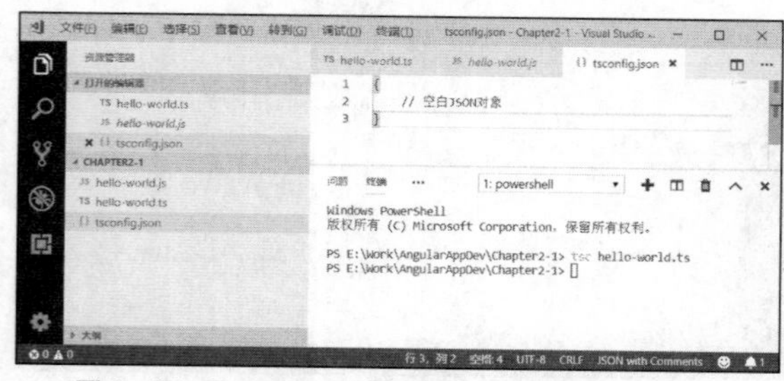

图 2-17　TypeScript 项目配置文件 tsconfig.json

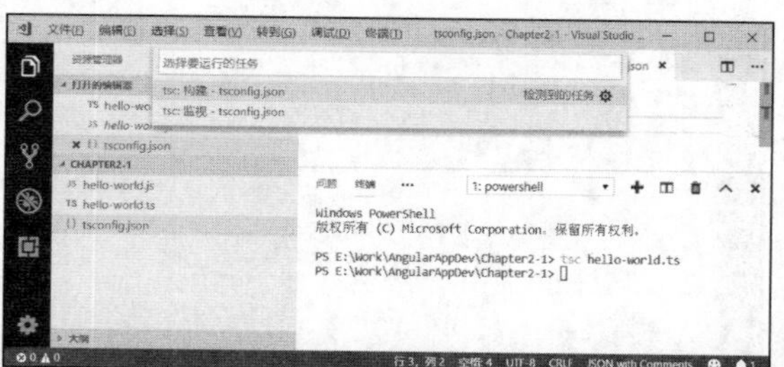

图 2-18　VS Code 任务列表

单击任务列表中的“tsc：构建-tsconfig.json”任务时，VS Code 将对当前项目进行构建，即通过刚刚安装的 TypeScript 编译器编译当前项目下的所有 TypeScript 文件；单击其中的“tsc：监视-tsconfig.json”任务时，VS Code 将执行对当前项目的“监视”任务，即通过 TypeScript 编译器监视当前项目的配置文件 tsconfig.json 和所有 TypeScript 文件的保存动作。

在监视过程中，如果 tsconfig.json 文件有修改并被予以保存，那么 TypeScript 编译器仍然会编辑当前项目中的所有 TypeScript 文件；如果某个 TypeScript 文件有修改并被予以保存，那么 TypeScript 编译器则只会编译这个 TypeScript 文件——这就是所谓的**自动编译**。

通常我们会在开发过程中使 TypeScript 编译器的监视任务处于执行状态，因此现在要做的就是在任务列表中单击这一任务以开启它。而在这一任务开启之后，VS Code 将打开一个新的集成终端，如图 2-19 所示。

图 2-19 所示的“Starting compilation in watch mode”表示 VS Code 已开始通过 TypeScript 编译器对当前项目进行一次完整的编译；“Fund 0 errors. Watching for file changes.”表示 TypeScript 编译器已经完成了这次完整的编译，并开始了监视项目中的文件的修改，以在监视到文件的修改时自动对其进行编译。

接下来，为了体验自动编译的功能，让我们在 hello-world.ts 的底部再添加一行代码，使其完整内容与代码清单 2-2 所示的一致。

代码清单 2-2 hello-world.ts

```
function helloWorld() {
    console.log('hello, world');
}
helloWorld();// 添加对函数 helloWorld() 的调用
```

说明

本书将列出实例中的所有代码，并加粗发生了修改的代码。当代码过长时，本书将以省略号（...）代替多次出现的代码，但保留加粗显示的修改代码。

接着保存对以上代码的编辑，随后我们将看到 VS Code 集成终端中输出相应的编译提示，如图 2-20 所示。

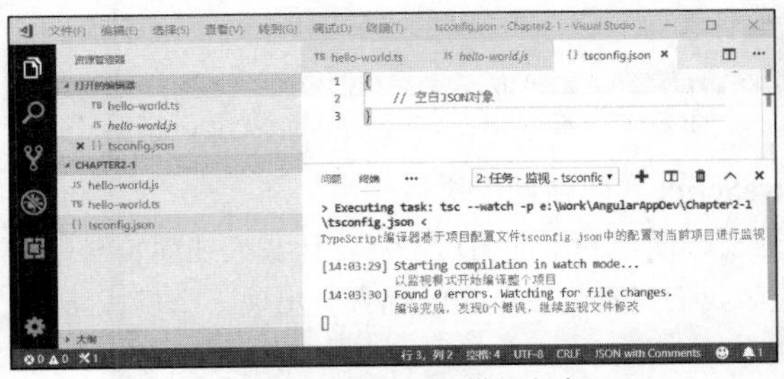

图 2-19 TypeScript 监视任务

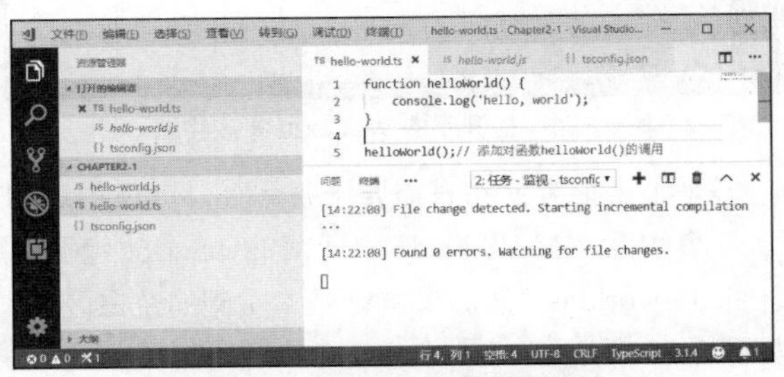

图 2-20 TypeScript 自动编译提示

图 2-20 所示的第一条信息告诉我们 TypeScript 编译器监测到了项目中 TypeScript 文件的修改，并开始了对它的编译；第二条信息我们已经见过了，即 TypeScript 编译器已经完成了以上编译，并将继续监视项目中 tsconfig.json 和 TypeScript 文件的修改。

作为编译结果，hello-world.js 的内容将被自动更新，如代码清单 2-3 所示。

代码清单 2-3 hello-world.js

```
function helloWorld() {
    console.log('hello, world');
}
helloWorld();// 添加对函数 helloWorld() 的调用
```

聪明的读者或许已经预料到了这一结果，并同样可以预料以上代码的执行结果，即向控制台输出一条经典的问候信息：

```
hello, world
```

那么，怎样才能使以上代码得到执行呢？我们可以把它加载到浏览器中。但有了 Node.js 之后，我们可以暂时先不考虑浏览器，因为使用 Node.js 加载并执行 JavaScript 代码更加方便。

在 Node.js、TypeScript 编译器和 VS Code 的帮助下，我们还能方便地调试 TypeScript（以及 JavaScript）代码。

2.1.4 调试 TypeScript 代码

在开始调试 TypeScript 代码之前，让我们先来看看如何通过 Node.js 快速地执行 JavaScript 代码。为此，我们需要单击 VS Code 集成终端右上角的"新的终端"图标，让 VS Code 打开一个新的集成终端，如图 2-21 所示。

接着在新打开的终端中输入并执行以下 node 命令：

```
node hello-world.js
```

以上命令首先会加载 Node.js 运行时，接着 Node.js 运行时会加载当前项目下的 JavaScript 文件 hello-world.js，并开始它的执行。

说明

node 命令的第一个参数是需要被执行的 JavaScript 文件的路径，由于 VS Code 集成终端当前的工作路径就是当前项目所在的路径（即 E:\Work\AngularAppDev\Chapter2-1），因此当执行当前项目中的 JavaScript 文件时，我们可以使用其相对于项目路径的相对路径。

当以上命令执行完时，hello-world.js 中的函数 helloWorld()会被调用，并向当前终端输出我们期待已久的问候，如图 2-22 所示。

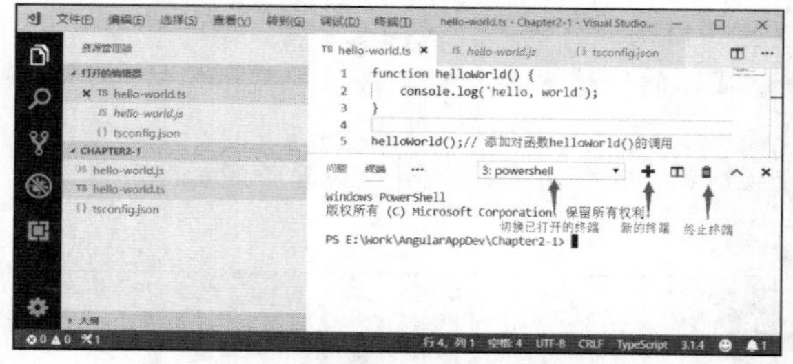

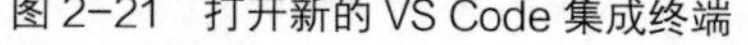

图 2-21 打开新的 VS Code 集成终端

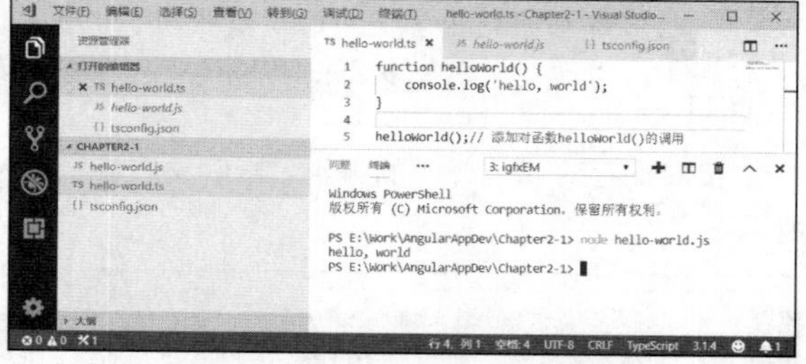

图 2-22 在 Node.js 中执行 JavaScript 代码

是不是很方便？只需要一条命令，就使指定的 JavaScript 代码得到了执行。

事实上，在 VS Code 中调试 JavaScript 代码也是这么方便。为了证明这一点，让我们在编辑器中打开 hello-world.js，然后单击行号 4 左侧的空白区域，随后我们将看到被单击的地方会出现一个调试断点，如图 2-23 所示。

注意

确保 hello-world.js 处于被打开状态很重要，因为当启动调试时，VS Code 会默认启动被打开的（JavaScript）文件的调试。

接着，按下键盘上的 F5 键（或单击 VS Code 工具栏中的"调试(D)"选项，然后从弹出的菜单中选择"启动调试(S)"命令），此时 VS Code 将自动加载 Node.js 运行时，然后在 Node.js 中加载并执行 hello-world.js。

另外，由于我们在 hello-world.js 的第四行添加了调试断点，因此 VS Code 会使 hello-world.js 的执行停在第四行，如图 2-24 所示。

可以看到，除了将代码的执行停在了断点处，VS Code 还打开了调试面板和调试动作工具条。我们可以通过调试面板查看当前作用域下的变量以及调用堆栈等，通过调试动作工具条则可以对正在调试的代码进行单步跳过、单步调试和单步跳出等操作。

比如，接下来如果我们单击调试动作工具条中的"单步调试"图标（或按下键盘上的 F11 键），那么将进入函数 helloWorld()的内部，然后开始函数 helloWorld()内容代码的调试；而如果我们单击的是其中的“单步跳过”图标（或按下键盘上的 F10 键），那么将直接跳过函数 helloWorld()的执行，等等。

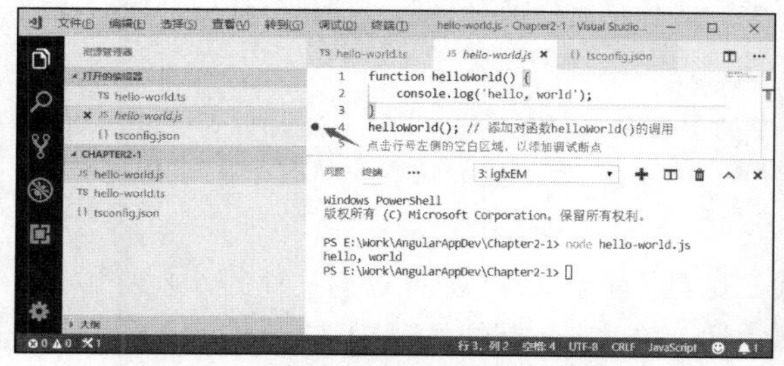

图 2-23　给 JavaScript 文件添加调试断点

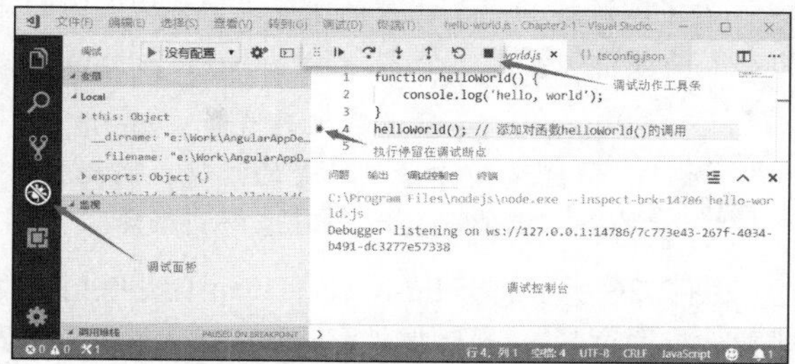

图 2-24　调试 JavaScript 代码

除了调试面板和调试动作工具条，VS Code 底部还显示了一个调试控制台。这个控制台和浏览器调试工具的控制台类似，调试期间代码中的 console.log()函数输出的内容会被输出到其中，而其底部被输入的表达式和语句也会在调试期间得到执行。

为了节省时间，此处不一一演示调试动作工具条和调试控制台的用法。接下来，我们的任务是掌握如何在 VS Code 中调试 TypeScript 代码。为了执行这一任务，我们需要打开当前项目中唯一的 TypeScript 文件 hello-world.ts，然后再次按下键盘上的 F5 键，随后我们将看到不幸的一幕：VS Code 没有开启 hello-world.ts 的调试，而是抛出一个错误，如图 2-25 所示。

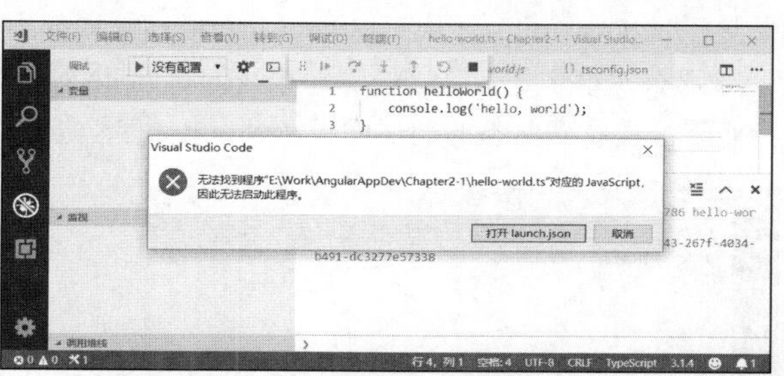

图 2-25　因缺少映射文件而无法调试 TypeScript 代码

图 2-25 所示的错误信息告诉我们，之所以无法顺利启动 hello-world.ts 调试，是因为与其对应的 JavaScript 文件（编辑结果）未被找到。

说明

图 2-25 中有一个“打开 launch.json”的提示，但单击这个提示并不能解决以上问题，随后我们会看到这一提示的作用。

此时读者或许会有两个疑问：一是 VS Code 为什么要找这么一个文件？二是这个文件不就是 hello-world.js 吗？为什么会找不到它呢？

对于第一个疑问，答案是：因为 TypeScript 代码是无法被直接运行的，所以当我们试图通过 VS Code 调试 TypeScript 代码时，VS Code 必须找到包含目标 TypeScript 代码的编译结果的 JavaScript 文件，然后把它加载到 Node.js 中去运行。

对于第二个疑问，答案是：hello-world.js 确实是 hello-world.ts 的编译结果文件，但这件事情只有 TypeScript 编译器和开发人员自己知道，VS Code 对此其实“一无所知”。

因此，若要解决上述问题，我们必须让 VS Code“知道”hello-world.js 就是 hello-world.ts 的编译结果文件。为了实现这一目的，我们需要修改当前 TypeScript 项目的配置文件 tsconfig.json，使其内容与代码清单 2-4 一致。

代码清单 2-4　tsconfig.json

```
{
    "compilerOptions": {  // 编译器选项
        "sourceMap": true   // 生成映射文件
    }
}
```

以上修改添加了 TypeScript 编译器选项属性 compilerOptions，这个属性的值是对象，而这个对象的属性将影响 TypeScript 编译器对当前项目中的 TypeScript 文件的编译。

比如，代码中的源文件映射属性 sourceMap，它将使 TypeScript 编译器在对当前项目中的 TypeScript

文件进行编译时，为它们各生成一个扩展名为.map 的映射文件。

为了验证这一点，让我们保存以上代码的编辑，然后执行一次当前项目的“构建”任务，随后我们将在当前项目中看到一个名为 hello-world.js.map 的文件，如图 2-26 所示。

说明

TypeScript 编译器只会监听 tsconfig.json 中的大部分属性的修改，而不会监听其 sourceMap 属性和 outDir 属性等的修改，因此在保存以上修改之后，我们还需要执行一次“构建”任务，以使 hello-world.ts 得到编译。

图 2-26 所示的 hello-world.js.map 就是映射文件，我们目前无须关心这个映射文件的太多细节，只需要知道通过其 sources 属性、sourceRoot 属性及 file 属性，VS Code 就能找到与源 TypeScript 文件对应的那个编译结果文件。

说明

映射文件所在的目录总是和对应的编译结果文件一样，其名字总是在对应的编译结果文件的名字后面加一个.map 扩展名。

另外，随后我们也会发现，映射文件也是 TypeScript 文件在浏览器环境中调试的基础。

也就是说，有了映射文件 hello-world.js.map 之后，VS Code 就能通过它找到 hello-world.ts 的编译结果文件 hello-world.js，从而使 hello-world.js 被加载到 Node.js 中，进而使 hello-world.ts 的调试变得可能。

那么，事实是否是这样呢？让我们将 hello-world.ts 切换到打开状态，然后按键盘上的 F5 键，随后我们将再次看到熟悉的调试面板和调试控制台，如图 2-27 所示。

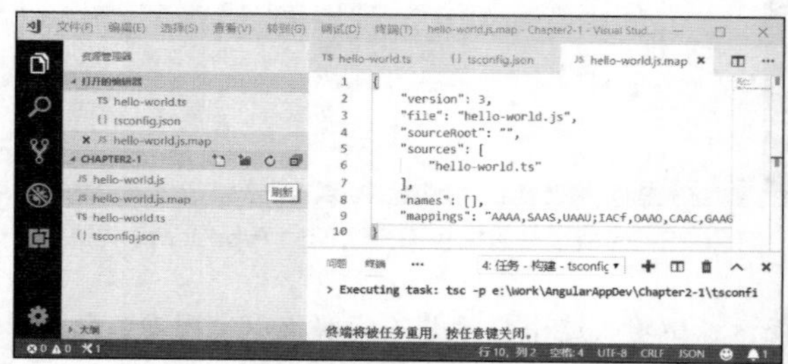

图 2-26　映射文件

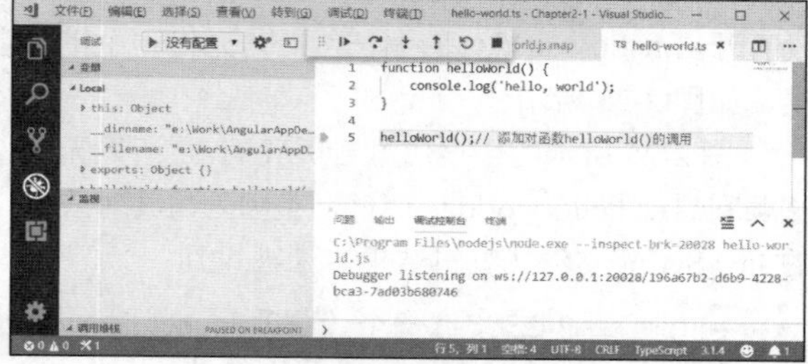

图 2-27　调试 TypeScript 代码

可以看到，尽管被加载到 Node.js 中的仍是 hello-world.js，但现在被调试的却是 hello-world.ts，并且 hello-world.js 中的断点还对 hello-world.ts 的调试产生了影响，从而使调试停在了 hello-world.ts 中对函数 helloWorld()的调用这一行。

此外，图 2-27 左侧还展示了一些列功能强大的调试面板，比如列举当前调试上下文中所有变量的“变量”面板、列举当前函数被调用之前被调用过的所有函数的“调用堆栈”面板和允许我们监视指定变量的“监视”面板等。

根据图 2-27 的内容，我们可以知道接下来 hello-world.ts 的调试过程和 hello-world.js 的调试过程会是一样的，故不再赘述。

接下来，让我们考虑一个更实际的问题，即程序往往不是由一个代码文件组成的，当应用程序中有多个 TypeScript 文件时，它们是如何协同工作的，我们又该如何对它们进行调试呢？

为了回答这个问题，让我们先对 hello-world.ts 中的内容做些修改，使其与代码清单 2-5 一致。

代码清单 2-5　hello-world.ts

```
export function helloWorld() {
  console.log('hello, world');
}
```

我们删除了代码段最后一行对函数 helloWorld()的调用，然后在函数关键字 function 的左侧添加了一个标识符 export。这将使当前 TypeScript 文件成为一个 TypeScript 模块（Module），并使其中的函数 helloWorld()被导出为公共函数。

说明

模块是 TypeScript、Node.js 和 JavaScript（ECMAScript 2015）中极为重要的概念，本章 2.2 节将介绍它们的来源、作用和区别，而第 3 章和第 5 章还将详细介绍 TypeScript 中的模块。

接着，让我们在当前项目下新建一个名为 index.ts 的 TypeScript 文件，并将代码清单 2-6 复制到其中。

代码清单 2-6 index.ts

```
import { helloWorld } from './hello-world'; //导入模块 hello-world(.ts)内的公共函数 helloWorld
debugger;      // 断点标识符
helloWorld(); // 调用 helloWorld()函数
```

其中第一行的标识符 import 的作用和代码清单 2-5 的 export 的作用正好相反，即从当前目录下的 TypeScript 模块（文件）hello-world.ts（作为模块，扩展名.ts 应该被省略）中导入其公共函数 helloWorld()，并同时使当前 TypeScript 文件成为另一个 TypeScript 模块。

接下来，由于已经导入了函数 helloWorld()，当前模块便可以名正言顺地调用它。为了验证这一点，让我们保存所有代码的编辑，然后在合适的 VS Code 集成终端中输入并执行以下 node 命令：

```
node index.js
```

注意

以上命令不能写成"node index.ts"，因为 TypeScript 文件不能运行在 Node.js 中。但这一命令可以被简写成"node index"，因为 node 命令的目标文件的.js 扩展名是可以省略的。

随后，当前终端输出熟悉的问候"hello, world"，如图 2-28 所示。

从代码中可以看到，TypeScript 编译器自动对新增的 index.ts（和修改后的 hello-world.ts）进行了编译，并为其生成了编译结果文件和映射文件。终端输出问候"hello, world"，则是因为编译结果 index.js 和 hello-world.js 先后被加载到了 Node.js 中，并且 hello-world.js 中的函数 helloWorld()最终被 index.js 调用了——一个复杂的 TypeScript 应用程序就是基于这样的雏形构建的。

除了探究复杂应用程序的创建，我们的另一个目的是掌握其中多个 TypeScript 文件的调试，因此接下来我们需要保证 index.ts 处于打开状态，然后按键盘上的 F5 键。随后，VS Code 将会开始 index.ts 的调试，并将代码执行停留在其中的断点标识符 debugger 所在的第二行，如图 2-29 所示。

注意

如果读者刚刚在尝试调试 hello-world.ts 时单击过 VS Code 弹出的"打开 launch.json"提示，那么需要在调试 index.ts 之前删除当前项目下的.vscode 文件夹，因为它会使调试总是从 hello-world.ts 开始调试。

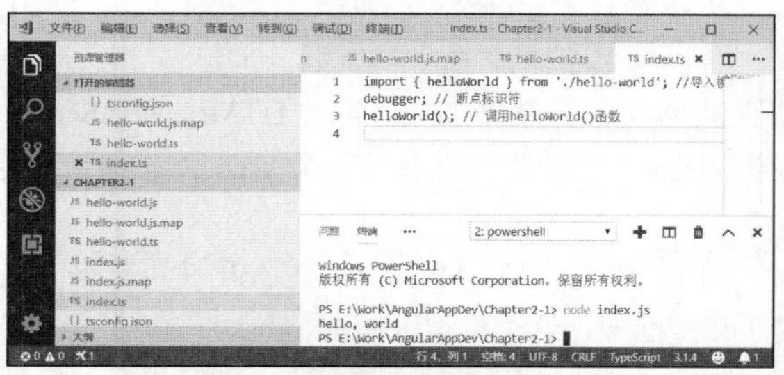

图 2-28 执行多个文件

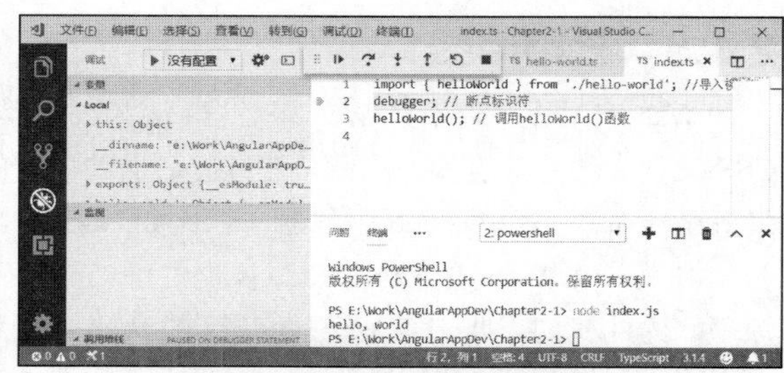

图 2-29 调试多个 TypeScript 文件（一）

接着，我们可以按下 F10 键跳过图 2-29 中的断点标识符，然后调用下一行的函数 helloWorld()，并按下 F11 键进入 hello-world.ts 的函数 helloWorld()中，如图 2-30 所示。

此时，我们可以按 F5 键继续执行剩余的代码，待执行完成之后，我们将再次在调试控制台看到熟悉的问候"hello, world"，如图 2-31 所示。

注意

虽然我们可以在 TypeScript 文件的编译结果文件中添加断点或断点标识符，但修改编译结果文件这种做法是不被推荐的，因为这些修改很容易被 TypeScript 编译器覆盖。

另外，相比于断点，断点标识符 debugger 显得更加可靠。因为当 TypeScript 被加载到浏览器上时，在 VS Code 中添加的断点无法被传递到浏览器上，但断点标识符可以。

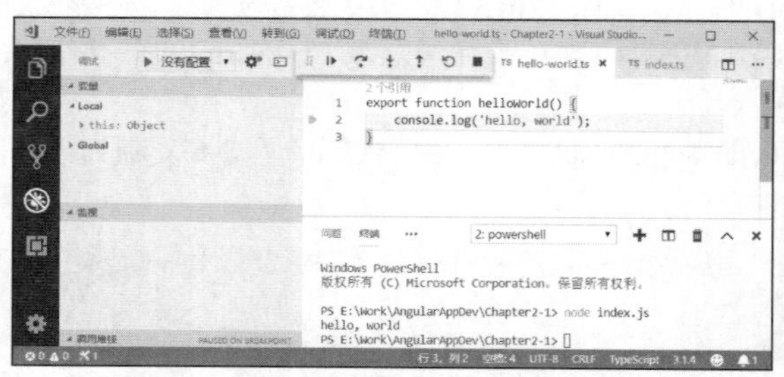

图 2-30　调试多个 TypeScript 文件（二）

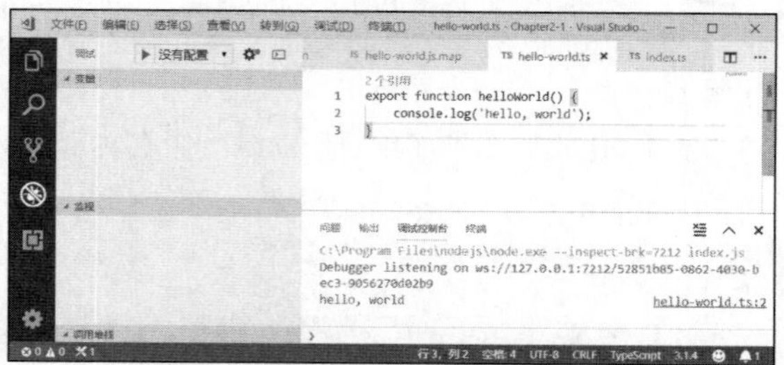

图 2-31　调试多个 TypeScript 文件（三）

至此，我们便知道了如何通过 export 和 import 来构建一个复杂 TypeScript 应用程序的雏形，并掌握了对其中多个 TypeScript 文件的调试方法。

接下来，让我们再考虑另一个实际的问题，即我们将基于 Angular 创建的都是 Web 应用程序，那么用于编写 Angular 应用程序的 TypeScript 文件怎样才能“运行”在浏览器中？

说明

我们第一次尝试调试 hello-world.ts 时，VS Code 报了一个无法找到对应的 hello-world.js 的错误，并给出了一个“打开 launch.json”的提示。如果我们单击这个提示，VS Code 会为当前项目创建一个名为.vscode 的文件夹，并在其中创建一个名为 launch.json 的 JSON 文件。这个文件中的以下四个属性会影响 VS Code 的调试行为。

（1）"type": "node"——表示在 Node.js 运行时上调试程序。

（2）"request": "launch"——表示以启动应用程序的方式开始调试程序。

（3）"program": "${workspaceFolder}/hello-world.ts"——表示要启动已调试的应用程序是项目根目录下的 TypeScript 文件 hello-world.ts。

（4）"outFiles": ["${workspaceFolder}/**/*.js"]——表示相应的输出文件（要加载到 Node.js 运行时中运行的文件）是项目根目录或其任意子目录中与以上启动文件同名的 JavaScript 文件，即 hello-world.js。

有了以上文件，不管我们当前打开的是哪个 TypeScript 文件，按下键盘上的 F5 键时，被调试的都是 hello-world.ts。

为了阻止这样的事情发生，我们可以修改以上文件中的 program 属性的值，或直接删除这个文件。本书选择的是直接删除方式。

2.1.5　Express

Web 应用程序离不开 Web 服务器，因为浏览器需要从 Web 服务器中加载必需的 HTML、JavaScript、CSS 文件和图片等资源。因此，在继续后面的内容的学习之前，我们需要准备好一个 Web 服务器，并且最好是一个跨平台的 Web 服务器——比如 Node.js。

作为一个 Web 服务器，Node.js 提供了一些基础的 HTTP 和文件 I/O API，但这些 API 使用起来有些烦琐，为此我们需要一个基于 Node.js 的 Web 应用程序开发框架，这个框架就是 Express。

作为一个基于 Node.js 的 Web 应用程序开发框架，Express 继承了 Node.js 的优点，即跨平台、轻型且功能强大。通过 Express 提供的 API，我们能快速地开发出一个功能丰富的 Web 应用程序或 Web API。

由于是基于 Node.js 实现的，因此 Express 也是一个 Node.js 包，并且也可以通过 npm 命令被安装到开发设备中。接下来，我们要做的就是安装 Express。

1. 安装 Express

打开 VS Code 集成终端，输入并执行以下命令：

```
npm install express
```

以上命令和 2.1.4 节用于安装 TypeScript 编译器的命令几乎是一致的，不同的是我们省略了其中的-g 参数，然后将目标 Node.js 包的名字替换成了 Express 的包名，即 express（不能写成 Express，因为 Node.js

包名中不能包含大写字母)。

当以上命令执行完时，VS Code 集成终端会输出一些警告信息，并显示安装成功的 Express 的版本，如图 2-32 所示。

忽略图 2-32 中的警告信息，我们将看到包括 Express 在内，共成功安装了 48 个 Node.js 包，其中 47 个是 Express 所依赖的第三方 Node.js 包。

说明

图 2-32 中显示的 Express 的版本是 4.16.4，随着时间的推移，Express 的版本可能会升级，并且所依赖的其他 Node.js 包的数量也可能会发生改变。

另外，如果要查看被安装到当前项目下的 Express 的版本，我们也可以在 VS Code 集成终端中输入并执行 npm 命令：npm ls express。

那么，我们可以在哪里找到 Express 及其所依赖的第三方 Node.js 包呢？答案是在当前项目中。由于我们刚刚省略了 Express 安装命令中的参数-g，因此 Express 的安装目录不再是 npm 的全局安装目录，而是 npm 在当前项目中的本地安装目录。

如图 2-32 左侧所示，当前项目下多了一个名为 node_modules 的文件夹，而这个文件夹就是 npm 为当前项目创建的本地安装目录，展开它，我们将看到大量的子文件夹，其中名为 express 的子文件夹就是 Express 的安装目录，其他子文件夹则是 Express 所依赖的第三方 Node.js 包的安装目录。

另外，我们还能发现当前项目中还多了一个名为 package-lock.json 的 JSON 文件，这个文件是 npm 自动生成的 Node.js 包描述文件，用于描述 npm 本地安装目录（即当前项目中的 node_modules 文件夹）中各个 Node.js 包的版本及依赖等信息。

除了 package-lock.json，我们在 2.2 节中还将接触一个类似的 Node.js 包描述文件，即 package.json。通过这个文件我们可以批量地安装 Node.js 包，并消除图 2-32 中的警告信息。但在这么做之前，我们先尝试通过 Express 创建一个基于 Node.js 的跨平台 Web 应用程序。

2. 创建 Web 应用程序

在 2.1.1 节中，我们已经知道 Node.js 是 JavaScript 的一个运行时，所有运行在 Node.js 上的应用程序都是用 JavaScript 编写的，这对我们要创建的 Web 应用程序来说也不是例外。

因此，接下来我们要做的就是从创建一个 JavaScript 文件开始——当然，我们也可以创建一个 TypeScript 文件，然后将它编译成 JavaScript 文件，但现在来讲，创建一个 JavaScript 文件可能更加方便一点。

在 VS Code 资源管理器中选中当前项目，为其新建一个名为 server-app.js 的 JavaScript 文件。执行这一操作之后，server-app.js 在项目中的位置如图 2-33 所示。

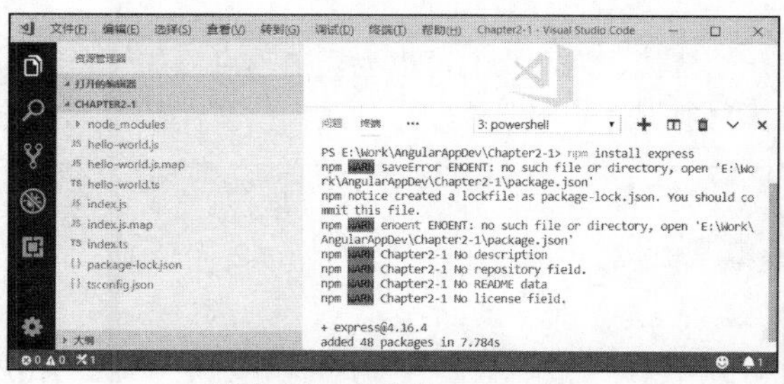

图 2-32 安装 Express

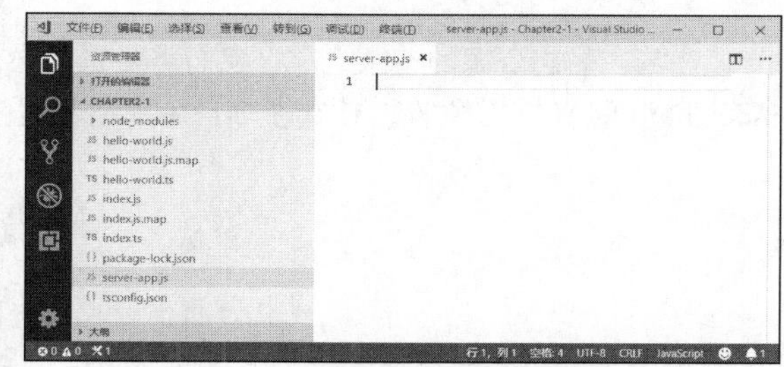

图 2-33 server-app.js 在项目中的位置

接下来，将代码清单 2-7 复制到 server-app.js 中。

代码清单 2-7 server-app.js

```
var express = require('express'); // 导入 Express 模块
var app = express();              // 创建基于 Express 的服务端应用程序

// 处理客户端发起的路径为/的 HTTP GET 请求
app.get('/', function (req/*请求对象*/, res/*响应对象*/) { // 请求处理函数
    // 向客户端发送字符串响应
    res.send('hello, world');
```

```
});

// 让应用程序监听 3000 端口上的 HTTP 请求
var server = app.listen(3000, function () { // 监听开始回调函数
    var host = server.address().address;     // 请求的主机名
    var port = server.address().port;        // 请求的端口

    // 向服务端控制台输出应用程序启动成功提示
    console.log('当前应用程序正在监听 http://%s:%s', host, port);
});
```

以上 JavaScript 代码是一个 Node.js 模块，其中的第一行通过 Node.js 内置的 require()函数导入了另一个模块，即 Express 框架中的主模块 express。通过 express 模块，第二行代码创建了一个服务端应用程序对象，然后将这个对象的引用赋给了变量 app。

接着，我们调用了服务端应用程序（即变量 app）的 get()函数，使服务端应用程序接收客户端发起的路径为/的、HTTP 方法为 GET 的请求，并在接收到这一请求时向客户端发送字符串响应，即“hello, world”。

最后，我们调用了变量 app 的 listen()函数，使服务端应用程序开始启动并监听当前设备的 3000 端口，然后在启动成功时向服务端控制台输出相应的提示信息。

接下来的问题是，如何使以上代码得到执行，从而启动所创建的应用程序呢？答案是使用 node 命令，因为以上代码已经是一个 Node.js 应用程序了。

打开一个新的 VS Code 集成终端，然后输入并执行以下 node 命令：

```
node server-app.js
```

以上命令会加载 Node.js 运行时，并使 Node.js 运行时加载并执行 JavaScript 文件 server-app.js 中的代码，因此，在以上命令执行完成时，我们将在 VS Code 集成终端中看到以下信息：

```
当前应用程序正在监听 http://:::3000
```

这一信息表示刚刚创建的 Web 应用程序已经启动成功，此时如果我们打开浏览器，在地址栏中输入“http://localhost:3000”并按回车键，就会看到服务端返回的“hello, world”，如图 2-34 所示。

说明

本书案例中所用的浏览器是谷歌的 Chrome，所用的端口是 3000 和 50424，但这些都不是强制的。

图 2-34 所示的效果再次证明，我们通过 Express 创建的 Web 应用程序已经运行成功。但目前这个应用程序还不具备太多实际的作用，接下来我们还需要对它做些扩展，使其能够响应静态资源的请求。

3. 静态资源服务

在响应静态资源的请求之前，我们需要先有这么一个资源，为此我们可以为当前项目添加一个名为 index.html 的 HTML 文件，使其在项目中的位置与图 2-35 所示的一致。

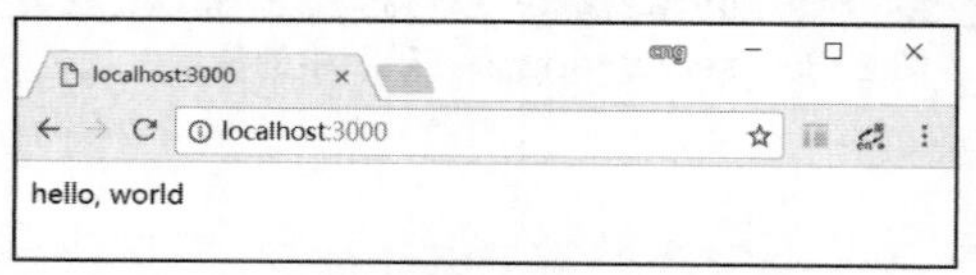

图 2-34　浏览 http://localhost:3000

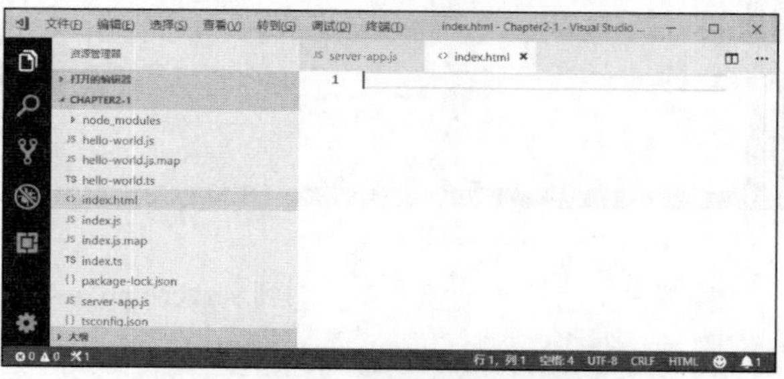

图 2-35　index.html 在项目中的位置

接着，让我们将代码清单 2-8 复制到 index.html 中。

代码清单 2-8　index.html

```
<html>
<head>
```

```
    <title>hello, world</title>
</head>
<body>
    hello, world
</body>
</html>
```

这是一段简单的 HTML 代码，它应向浏览器中显示熟悉的“hello, world”，但当我们试图通过浏览器请求 http://localhost:3000/index.html 时，得到的却是图 2-36 所示的结果。

可以看到，图 2-36 中并没有显示我们所期待的“hello, world”，却显示了 Express 输出的错误提示，即无法找到/index.html 这个资源。

出现这一错误的原因是 Express 默认不支持客户端对静态文件的请求，为了覆盖这一默认行为，我们需要对 server-app.js 做些修改，使其内容与代码清单 2-9 一致。

代码清单 2-9　server-app.js

```
var express = require('express'); // 导入 Express 模块
var app = express(); // 创建基于 Express 的服务端应用程序

// 将项目根目录设置为静态文件目录
app.use(express.static(__dirname));

// 让应用程序监听 3000 端口上的 HTTP 请求
var server = app.listen(3000, function () { // 监听开始回调函数
    var host = server.address().address;     // 请求的主机名
    var port = server.address().port;        // 请求的端口

    // 向服务端控制台输出应用程序启动成功提示
    console.log('当前应用程序正在监听 http:      //%s:%s', host, port);
});
```

我们仅对 server-app.js 做了一处修改，即删除了其中 app.get()函数的调用，将其替换成了 app.use()函数的调用，并向这个函数提供了一个参数 express.static(__dirname)。

说明

__dirname（开头是两个英文下画线）是 Node.js 中的全局变量，其值是当前 Node.js 应用程序（server-app.js）所在的路径，即当前项目的根路径。

Express 的 app.get()方法可以轻松地实现对请求的路由，本书后面的内容还会用到它。

这一修改将使 Express 把当前项目的根目录当作 Web 应用程序的静态资源目录，从而使这个目录下的所有静态资源都可以通过它们的路径被访问。为了使这一修改起效，我们需要重启 Web 应用程序。

回到之前用于启动 Web 应用程序的 VS Code 集成终端，按组合键“Ctrl + C”以停止 Web 应用程序，然后再次输入并执行 node 命令“node server-app.js”以启动它。

重启后，回到浏览器中并再次请求 http://localhost:3000/index.html，我们将看到 Express 成功返回的 index.html 的内容，如图 2-37 所示。

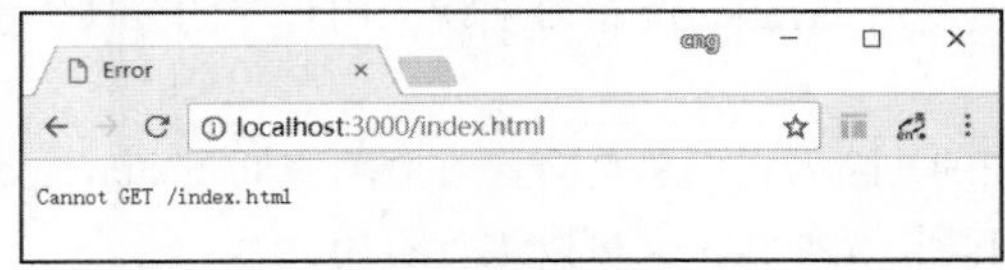

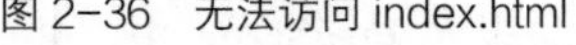

图 2-36　无法访问 index.html

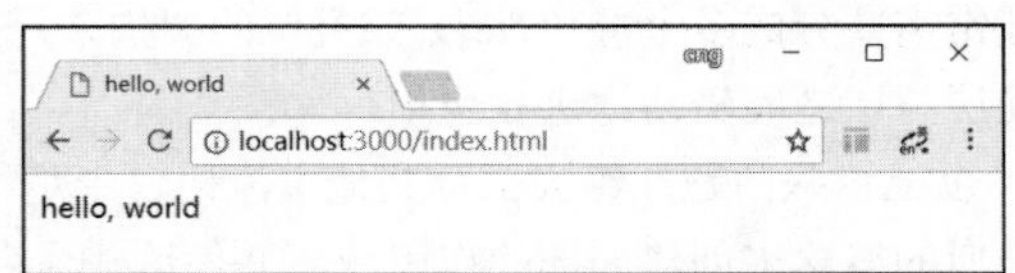

图 2-37　成功响应 Express 服务静态资源的请求

说明

和很多其他 Web 应用程序开发框架一样，Express 会把名为 index.html 的 HTML 文件当作一个静态资源目录下的默认首页，所以此时如果我们继续浏览 http://localhost:3000，就会得到与图 2-37 一致的内容。

至此，Web 应用程序便具备了提供静态资源服务的功能。接下来，我们要做的是继续 2.1.4 节结束时留下的任务，即让我们编写的 TypeScript 代码运行到浏览器中。

当然，前面已经多次提到，TypeScript 代码是无法直接被运行的，因此我们只能把由它们编译而来

的 JavaScript 代码加载到浏览器中。

为了将这些 JavaScript 代码加载到浏览器中，我们需要再次修改 index.html 的内容，使其与代码清单 2-10 一致。

代码清单 2-10　index.html

```
<html>
<head>
    <title>hello, world</title>
    <!—加载 hello-world.js-->
    <script src="index.js"></script>
</head>
<body>
    hello, world
</body>
</html>
```

我们向 index.html 中添加了一个<script>标签，将这个标签的 src 特性设置为 index.js，以使项目根目录下的 index.js 能够在 index.html 被加载到浏览器中之后也被加载到浏览器中。

前面我们将 index.js 加载到 Node.js 运行时中时，index.js 中的代码调用了 hello-world.js 中定义的函数 helloWorld()，因此我们可以想象当将 index.js 加载到浏览器中时，它也应该会以相同的方式调用 hello-world.js 中定义的函数 helloWorld()，从而向浏览器控制台输出问候“hello, world”。

那么，事实是否就是这样呢？保存以上代码的编辑，然后刷新浏览器，我们将看到图 2-38 所示的加载失败页面。

我们之所以会遇到图 2-38 所示的错误，是因为 index.js 正在试图以某种方式将自己定义为一个模块，并同时将 hello-world.js 加载到浏览器中。但不幸的是，浏览器并不认同这种方式——Node.js 却认同这种方式。

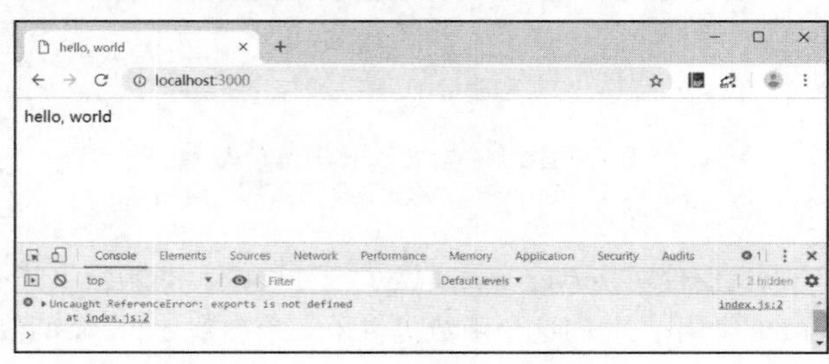

图 2-38　hello-world.js 加载失败

那么，这究竟是怎样一种方式呢？我们将在 2.2 节将给出答案。

2.2　了解模块

Ajax 让 JavaScript 开始受到重视并被用于越来越多的 Web 应用程序的开发，但随后人们慢慢发现，使用 JavaScript 开发大型 Web 应用程序不是一件轻松的事。

为什么这么说呢？原因至少有两个：一是所有 JavaScript 代码都会共享一个全局的作用域，这使来自于不同组织的 JavaScript 代码很容易发生冲突和覆盖；二是为了便于测试、开发和维护，大型应用程序通常需要分成多个层（Tier）或类似的架构来开发，但使用 JavaScript 很难实现应用程序的分层，也很难使层与层之间轻易地进行引用。

以上这些问题在绝大部分其他主流语言中是不存在的，因为它们总是会通过命名空间（Namespace）或类似的概念来创建局部的作用域，并使这些命名空间既相互独立，又可以进行引用。

为此，人们开始尝试借鉴其他语言，将类似于命名空间的模块引入 JavaScript 中，并最终使它被写进了 ECMAScript 2015 规范中。在本节中，我们的任务就是了解模块的前世今生，从而为今后的学习奠定一个必备的基础。

2.2.1　通用模块

在标准的模块被写入 ECMAScript 2015 中之前，其实人们已经在 JavaScript 中使用非标准的模块了，只是这种非标准的模块并非由 ECMA 国际组织官方定义，而是由一些热心的开发人员和社区“私下”定义的。由于热心的开发人员和社区都不止有一个，因此这种非官方定义的模块便有多种，而每一种都必须遵守其定义者提出的规范。

尽管定义模块的规范有很多，但它们都有一个相同的优点，即兼顾多个平台（比如浏览器和 Node.js）或同一平台的多个版本（比如 IE 的多个版本）。因此本书将这些规范称为通用模块规范，而将遵循这些规范的模块称为通用模块。

接下来，就让我们看看热心的人们都提出了哪些通用模块规范。

1. 通用模块规范

曾经出现过的通用模块规范有很多，其中有的已经不再活跃了，有的生命力正旺盛，而有的也很有可能在将来的某个时间淡出我们的视野——毕竟模块已经被写入了 ECMAScript 2015 中，并且有很多主流浏览器早已开始原生支持被写入 ECMAScript 2015 中的模块了。

因此，作为应用程序开发者的我们，根本不需要精通通用模块规范的所有具体细节，只需要知道它们的存在，以及它们是如何在 ECMAScript 2015 被广泛遵守之前，帮助我们在不同版本的不同平台上实现通用模块的加载的。

接下来，就让我们先来看看名声最为显赫的 CommonJS。

（1）CommonJS。CommonJS 不像 jQuery，它不是一个代码库，我们无法将它加载到浏览器中。CommonJS 是一个规范，它规定了怎样的 JavaScript 代码才是一个 CommonJS 模块，以及应该如何加载这样的模块。

当然，现如今我们也不需要学着如何编写 CommonJS 模块，因为 TypeScript 编译器可以为我们代劳。

打开 2.1 节的 hello-world.ts 的编译结果文件 hello-world.js，我们将看到如代码清单 2-11 所示的内容。

代码清单 2-11　hello-world.js

```
"use strict";
exports.__esModule = true;
function helloWorld() {
    console.log('hello, world');
}
exports.helloWorld = helloWorld;
// helloWorld();// 添加对函数 helloWorld()的调用
//# sourceMappingURL=hello-world.js.map
```

可以看到，在给 hello-world.ts 添加导出标识符 export 之前，其编译结果还仅包含一个函数 helloWorld() 的定义，但在添加导出标识符 export 之后，其编译结果就变成上面这个样子了。

这是为什么呢？因为添加了导出标识符 export 之后，hello-world.ts 变成了一个 TypeScript 模块，TypeScript 编译器默认将它编译成了一个 CommonJS 模块。也就是说，以上代码就是一个 CommonJS 模块，而其中的“exports.__esModule = true”和“exports.helloWorld = helloWorld”就是 CommonJS 规范约定的写法，它们的作用是将当前 CommonJS 模块内定义的函数 helloWorld 导出为一个公共的函数。

说明

代码底部的“//# sourceMappingURL=hello-world.js.map”不是 CommonJS 规范的要求，是 TypeScript 编译器根据 tsconfig.json 中的 sourceMap 属性的值为 true 生成的，用于 VS Code 和浏览器加载 hello-world.js 的源映射文件 hello-world.js.map。

VS Code 和浏览器会通过源映射文件 hello-world.js.map 加载相应的 TypeScript 文件 hello-world.ts，并建立 hello-world.js 和 hello-world.ts 之间的函数和变量的映射关系，从而实现 hello-world.ts 在 VS Code 和浏览器中的调试。

既然有导出，那么是不是还有导入呢？如果我们继续打开 index.ts 的编译结果文件 index.js，就将看到与代码清单 2-12 一致的内容。

代码清单 2-12　index.js

```
"use strict";
exports.__esModule = true;
// 从当前目录下导入模块 hello-world(.ts)内的公共函数 helloWorld
var hello_world_1 = require("./hello-world");
```

```
debugger; // 断点标识符
hello_world_1.helloWorld(); // 调用 hello-world()函数
//# sourceMappingURL=index.js.map
```

可以想象，以上代码仍然遵循了 CommonJS 规范，因此，index.js 也是一个 CommonJS 模块。而其中函数调用“require("./hello-world")”的作用就是将 hello-world.js 这个 CommonJS 模块导入当前 CommonJS 模块 index.js 中。

以上 require()函数会执行目标模块 hello-world.js 中的代码，并返回一个对象给变量 hello_world_1，同时将 hello-world.js 中导出的函数 helloWorld()定义成这个对象的一个同名方法——因此，以上最后一行代码访问的就是 hello-world.js 中导出的函数 helloWorld()。

说明

require()函数的参数是需要被导入的 CommonJS 模块的路径，其扩展名.js 可以被省略。

此时读者或许会有一个疑问，即以上两个 CommonJS 模块中的对象 exports 和函数 require()从何而来？答案是由通用模块加载器（Module Loader）提供。

提示

还记得之前我们试图在浏览器上运行 index.js 时，浏览器抛出的“exports is not defined”这个错误吗？这个错误就是因为通过<script>标签加载的 index.js 会被执行在 JavaScript 全局作用域中，而 JavaScript 全局作用域中根本没有 exports 对象（和 require()函数）造成的。若要消除这个错误，我们需要让浏览器加载一个合适的通用模块加载器。

CommonJS 约定：只要是 CommonJS 模块，就都可以使用 exports 对象来导出变量和函数等定义，并使用 require()函数来导入其他 CommonJS 模块。但作为一个规范，CommonJS 本身并不提供 exports 对象和 require()函数，需要提供它们的是能够加载 CommonJS 模块的模块加载器。

模块加载器和 jQuery 一样，是一个 JavaScript 代码库，之前我们用来成功地执行了 index.js 的 Node.js 就内置了这样一个模块加载器，因此它可以很好地处理 CommonJS 模块的加载和其中的导入及导出。

随后我们会了解可以作用在浏览器中的模块加载器，但在此之前，让我们再花点时间来了解一些其他通用模块规范。

（2）AMD。CommonJS 给模块规范起了一个好头，但仍有一些不足，其中最著名的就是它定义的模块加载方式不是异步的。为了弥补 CommonJS 的不足，人们在它的基础上制订了允许模块异步加载的规范，即异步模块定义（Asynchronous Module Definition，AMD）。

那么，我们应该如何编写 AMD 模块呢？答案仍然是我们无须自己编写，因为 TypeScript 编译器同样会代劳。

打开 TypeScript 项目配置文件 tsconfig.json，将其内容修改至与代码清单 2-13 一致。

代码清单 2-13　tsconfig.json

```
{
    "compilerOptions": {    // 编译器选项
        "sourceMap": true, // 生成映射文件
        "module": "amd"     // 指定生成的 JavaScript 的模块规范
    }
}
```

我们仅对 tsconfig.js 做了一处修改，即为其编译器选项 compilerOptions 添加了一个名为 module 的属性，然后将这个属性的值设置成了 amd。

说明

tsconfig.json 中的属性名是大小写敏感的，但（部分）属性的值不是，因此以上 module 属性的值也可以写成看上去更加正式的 AMD。但由于 VS Code 给出的提示都是小写的，为了便于输入，本书选择了小写的 amd。

基于同样的原因，随后我们还会看到 module 属性的值被设置为 commonjs（而非 CommonJS），以及同级的 target 属性的值被设置为 es5（而非 ES5）等情况。

让我们保存以上代码的编辑，等待 TypeScript 编译器完成对整个项目的编译，然后将 index.js 切换到编辑器中，我们会发现其内容已经发生了改变，如代码清单 2-14 所示。

代码清单 2-14 index.js

```
define(["require", "exports", "./hello-world"], function (require, exports, hello_world_1) {
    "use strict";
    exports.__esModule = true;
    debugger;                    // 断点标识符
    hello_world_1.helloWorld(); // 调用 hello-world()函数
});
//# sourceMappingURL=index.js.map
```

以上就是由 TypeScript 生成的一个 AMD 模块，而它的由来，相信读者已经猜到，即当我们将当前项目的 tsconfig.json 中的 module 属性的值设置为 amd 时，TypeScript 便会将项目中的 TypeScript 模块编译成 AMD 模块。

也就是说，如果读者有兴趣打开 hello-world.js，就会发现它的内容也已经变成了一个 AMD 模块。但为了节省时间，此处便不再演示了。

接下来，让我们再来看看另一个通用模块规范。

（3）UMD

有了 AMD 之后，人们面临着一个问题，即同一个项目中可能会同时包含一部分（老的）遵循 CommonJS 规范的模块，以及另一部分（新的）遵循 AMD 规范的模块。这种情形会使模块的加载变得难以控制，因为遵循不同规范的模块需要使用遵循不同规范的模块加载器才能加载。

为了解决以上问题，人们又制订了通用模块定义（Universal Module Definition，UMD），使遵循 UMD 规范的模块加载器可以同时用于加载 CommonJS 模块和 AMD 模块。

同样，有了 TypeScript 编译器之后，我们也不用编写自己的 UMD 模块。我们只需要再次对当前项目的 tsconfig.json 进行修改，使其与代码清单 2-15 一致。

代码清单 2-15 tsconfig.json

```
{
    "compilerOptions": {    // 编译器选项
        "sourceMap": true,  // 生成映射文件
        "module": "umd"     // 指定生成的 JavaScript 的模块规范
    }
}
```

我们只对以上代码做了一处修改，即将其中 module 属性的值由之前的 amd 修改成了 umd。

接下来，我们只需要保存以上代码的编辑，等待 TypeScript 再次完成整个项目的编译，然后再次将 index.js 切换到编辑器中，那时我们将看到其内容再次发生了改变，如代码清单 2-16 所示。

代码清单 2-16 index.js

```
(function (factory) {
    if (typeof module === "object" && typeof module.exports === "object") {
        var v = factory(require, exports);
        if (v !== undefined) module.exports = v;
    }
    else if (typeof define === "function" && define.amd) {
        define(["require", "exports", "./hello-world"], factory);
    }
})(function (require, exports) {
    "use strict";
    exports.__esModule = true;
    // 从当前目录下导入模块 hello-world(.ts)内的公共函数 helloWorld
    var hello_world_1 = require("./hello-world");
    debugger; // 断点标识符
    hello_world_1.helloWorld(); // 调用 hello-world()函数
});
//# sourceMappingURL=index.js.map
```

以上是由 TypeScript 编译器生成的一个 UMD 模块，而它的由来，相信读者也早已猜到，即当 TypeScript 编译器发现当前项目的 tsconfig.json 中的 module 属性被设置为 umd 时，它会将项目中的所有 TypeScript 模块编译成 UMD 模块。

同样，如果打开 hello-world.js，我们会发现其中的内容也由之前的 AMD 模块变成了 UMD 模块。同样为了节省时间，此处也不进行相应的演示。

接下来，让我们利用节省下来的时间来看看通用模块是如何被加载的。

2. 通用模块加载器

前面我们已经知道，CommonJS 模块之所以可以被 Node.js 加载，是因为 Node.js 中内置了一个遵循 CommonJS 规范的模块加载器。另外，由于 UMD 兼容 CommonJS，Node.js 也能加载 UMD 模块。

说明

即使读者将当前项目的所有 TypeScript 模块都编译器成 UMD 模块，仍然能够通过 node 命令“node index.js”加载 index.js 和 hello-world.js，并使它们向控制台输出“hello, world”。但由于 CommonJS 最为简洁，因此若未特别说明，本书接下来的所有示例也将用 CommonJS 作为通用模块规范。

现在的问题是，我们开发的 Web 应用程序除了其中的服务端部分运行在 Node.js 中，还有很大一部分客户端需要运行在浏览器上，而浏览器上是没有内置任何通用模块加载器的——这也是之前当我们试图在浏览器上运行 index.js 时，浏览器提示“exports is not defined”的原因。

好在一部分热心人定义了通用模块规范之后，另一部分热心人随后就创建了相应的通用模块加载器。

模块加载器和模块规范不同，它们不再仅仅是契约的集合，而是基于这些契约编写的 JavaScript 代码（库）。这些代码中包含了模块规范中约定的 exports、require()、define()和 factory()等对象和函数的定义，当这些对象和函数被加载到 JavaScript 运行环境（如浏览器）中时，我们便能通过它们来将符合指定规范的模块加载到 JavaScript 运行环境中。

那么，除了 Node.js 内置的模块加载器，还有哪些著名的模块加载器呢？

（1）RequireJS。RequireJS 是遵循 AMD 规范的模块加载器，可用于在浏览器和 Node.js 中异步加载 AMD 模块——Node.js 内置的模块加载器只能加载 CommonJS 模块和 UMD 模块。

此外，RequireJS 的开发团队还发布了基于 RequireJS 实现的另一个模块加载器 cajon。通过 cajon，我们可以在浏览器上加载 CommonJS 模块。

同时，RequireJS 的开发团队还发布了 RequireJS 的一个适配器 r.js。通过 r.js，我们可以将 CommonJS 模块转换成 AMD 模块，然后将它们加载到 Node.js 或浏览器中。

有没有觉得很乱？放心，本书不打算对 RequireJS 进行过多的介绍。更何况在 RequireJS 之外，我们还有更好的选择，那就是更加简单易用但功能更加强大的 SystemJS。

（2）SystemJS。不同于 Node.js 内置的模块加载器和 RequireJS 对能够加载的目标模块有所限制，SystemJS 在其设计之初的目标就是加载符合任何规范的模块以及任何资源文件，比如 CommonJS 模块、AMD 模块、UMD 模块甚至 ECMAScript 模块，以及图片、文本、CSS、音频和 HTML 等文件。

说明

SystemJS 也有自己的模块规范，这一规范与 CommonJS 和 AMD 等规范互不兼容，因此其他模块加载器无法加载 SystemJS 模块。

另外，SystemJS 需要在相应的插件的帮助下才能加载 ECMAScript 模块及图片和文本等资源。这些插件的用法并不复杂，但由于本书不涉及 ECMAScript 模块及图片和文本等资源的加载，因此不会介绍这些插件的用法。

因此，本书（以及很长一段时间内的 Angular 官方案例）采用的模块加载器都是 SystemJS，但在使用 SystemJS 之前，我们需要先将它安装到当前项目中。

为了安装 SystemJS，我们本应该在 VS Code 集成终端输入并执行相应的 npm 命令，但这一次我们打算换一种更加易于管理的 Node.js 包安装方式。

首先，我们需要在当前项目下新建一个名为 package.json 的 JSON 文件，然后将代码清单 2-17 复制到其中。

代码清单 2-17 package.json

```
{
    "name": "chapter2-1",
    "version": "1.0.0",
    "private": true,
    "dependencies": {
        "express": "4.16.3",
        "systemjs": "0.21.5"
    }
}
```

说明

package.json 暂时不支持注释，这一文件的存在会消除图 2-32 所示的警告。

当我们在某个目录中创建一个 package.json 文件时，这个目录会被当成一个 Node.js 包，而 package.json 就是这个 Node.js 包的描述文件。

因此，经过以上操作之后，当前项目便成了一个 Node.js 包，而以上代码中的 name 和 version 属性则分别描述了当前 Node.js 包的名字和版本，另一个值为 true 的 private 属性则用于说明当前 Node.js 包是一个不打算发布到 npm 上的私有包。

将项目描述成一个 Node.js 包有两个好处：一是可以将它发布到 npm 的在线仓库中，从而使别人可以下载并使用它；二是可以通过其中的 package.json，为其批量下载其所依赖的其他 Node.js 包。

显然，我们现在更加关心的是第二个好处，即实现当前项目所依赖的 Node.js 包的批量下载。那么这该如何实现呢？让我们保存以上代码的编辑，然后在 VS Code 集成终端输入并执行以下 npm 命令：

```
npm install
```

经过几秒的等待之后，npm 将通过终端提示我们一个 Node.js 包已经安装成功，同时当前项目的 node_modules 目录之下也会多出一个名为 systemjs 的子目录，如图 2-39 所示。

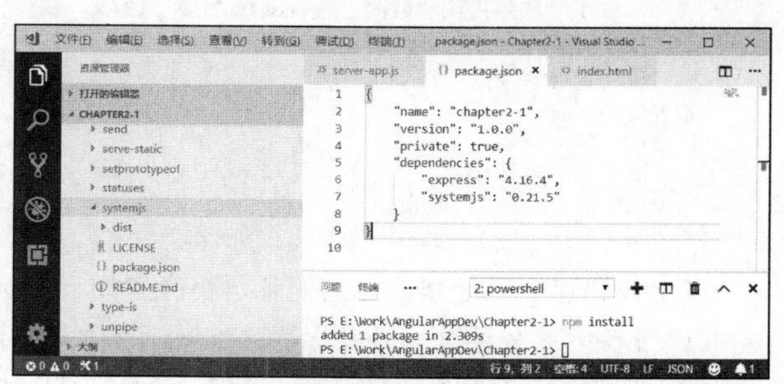

图 2-39 批量安装 Node.js 包

显然，被安装成功的那个 Node.js 包就是 SystemJS，而 node_modules 目录下新增的子目录 systemjs 就是 SystemJS 在当前项目中的安装路径。那么，这一切是怎么发生的呢？答案得回到刚刚创建的 package.json 中去找。

说明

以上被安装的 SystemJS 的版本是 0.21.5，其另一个分支版本是 2.0.0。但那个分支不支持 CommonJS 模块的加载，所以我们需要使用 0.21.5 这个分支。

在 VS Code 集成终端中执行 npm 命令“npm install”时，由于我们没有提供代表目标 Node.js 包名字的第二个参数，npm 便会检查当前工作目录（即当前项目的根目录）下是否存在一个合法的 package.json 文件，并在发现存在时，将其 dependencies 属性所描述的所有 Node.js 包安装（或更新）到当前工作目录的 node_modules 目录下。

显然，我们已经给当前项目添加了一个合法的 package.json 文件，并且这个文件的 dependencies 属性下有以下两个属性。

（1）"express": "4.16.3"——指向版本号为 4.16.3 的 Express。

（2）"systemjs": "0.21.5"——指向版本号为 0.21.5 的 SystemJS。

这就是说，当前面的“npm install”指令在被执行时，它首先发现了 express 属性，从而试图将版本号为 4.16.3 的 Express 安装到当前项目中，但由于当前项目中已有最新版本的 Express 了，因此它会跳过 Express 的安装；接着它又发现了 systemjs 属性，于是将版本号为 0.21.5 的 SystemJS 安装到当前项目中。

以上便是 SystemJS 被安装到当前项目中的过程，相比直接在 npm 命令中指定要安装的 Node.js 包的名字，此方式显然更加便利。因此，在本书后面的内容中，我们将继续使用这种批量安装的方式完成更多 Node.js 包（比如 Angular 包等）的安装。

此外，以上方式除了可以实现 Node.js 包的批量安装，还能实现它们的批量删除。为此我们只需要将相应的 Node.js 包从 package.json 的 dependencies 属性中删除，然后再次在 VS Code 集成终端中输入并执行命令“npm install”即可。

为了节省时间，此处不再演示 Node.js 包的批量删除。接下来，让我们看看如何通过 SystemJS 加载项目中的通用模块。

说明

若要了解更多有关 npm 和 package.json 的更多细节，请参考其官方网站。

3. 通用模块的综合运用

前面我们已经多次指出了浏览器提示“exports is not defined”的原因，现在终于是消除这个错误的时候了，为此我们需要修改 index.html 的内容，使其与代码清单 2-18 一致。

代码清单 2-18 index.html

```
<html>
<head>
    <title>hello, world</title>
    <!—加载模块加载器 SystemJS-->
    <script src="/node_modules/systemjs/dist/system.js"></script>
    <script>
        // 使用模块加载器 SystemJS 加载 index.js
        System.import('index.js');
    </script>
</head>
<body>
    hello, world
</body>
</html>
```

以上代码包含三处修改，它们各自将产生如下影响。

（1）删除了原先通过<script>标签对 index.js 的加载，这将避免 index.js 被运行在 JavaScript 全局作用域中。

（2）新增了一对加载“/node_modules/systemjs/dist/system.js”的<script>标签，这将使 SystemJS 的源代码被加载到浏览器中，并在浏览器的全局作用域中创建一个名为 System 的模块加载器——其本质是一个 JavaScript 对象。

（3）新增了一对未设置 src 特性的<script>标签，并向其中写入了唯一的一行 JavaScript 代码 System.import ('index.js')，这将使 index.js 被 SystemJS 加载到浏览器中，并被运行在由 SystemJS 创建的一个独立作用域中。

说明

当提及 SystemJS 时，我们可能指的是包含其源代码在内的整个生态，也可能指的只是由其源代码创建的模块加载器。这就跟我们提及 jQuery 时，有时指的是其源代码库，而有时指的是$对象一样。

SystemJS 创建的独立作用域会被注入一些用于模块的导入和导出的工具，比如前面提到的 exports 对象和 require()函数，因此已经拥有独立作用域的 index.js 中的 exports 和 require 语句不会再引发语法错误。尤其是其中的 require('./hello-world')语句还将把 hello-world.js 加载到浏览器中，并使其运行在另一个独立的作用域中。

那么，事实是否就是这样呢？保存以上代码的编辑并刷新浏览器，随后我们将看到图 2-40 所示的结果。

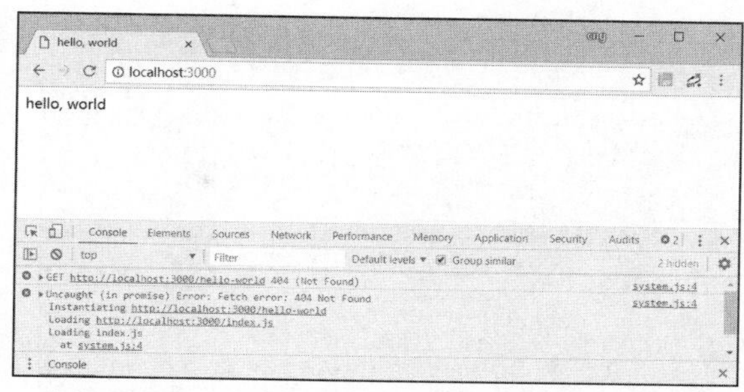

图 2-40 使用 SystemJS 加载 index.js 失败

这是什么？！请不要着急，通过检查图 2-40 中的错误就会发现，至少“exports is not defined”不见了！

另外，通过仔细分析图 2-40 中的错误还可以发现，SystemJS 已经成功地创建了一个独立的作用域，并成功地将 index.js 加载到了其中。只是接下来当它试图加载 hello-world.js 时，使用了一个错误的 URL，即 http://localhost:3000/hello-world——正确的应该是有扩展名的 http://localhost:3000/hello-world.js。

或许读者已经知道出错的原因，那就是 index.js 中的 require('./hello-world')的参数本来就没有扩展名，因此 SystemJS 只能请求没有扩展名的 URL。或许读者又想到了解决方案，那就是给函数 require()的参数添加上.js 扩展名。但我们不需要也不应该这样做，因为对 index.js 的任何修改都会被 index.ts 的下一次编译覆盖。

那么，还有别的办法吗？当然有！那就是再次修改 index.html 的内容，使其与代码清单 2-19 一致。

代码清单 2-19 index.html

```
<html>
<head>
    <title>hello, world</title>
    <!-加载模块加载器 SystemJS-->
    <script src="/node_modules/systemjs/dist/system.js"></script>
    <script>
        (function () {
            System.config({ // 对 SystemJS 进行配置
                packages: { // 路径配置
                    '/': {  // 根路径
                        defaultExtension: 'js' // 设置根路径下的资源的默认后缀为.js
                    }
                }
            })
        })();

        // 使用模块加载器 SystemJS 加载 index.js
        System.import('index.js');
    </script>
</head>
<body>
    hello, world
</body>
</html>
```

以上代码在调用 System.import()函数之前执行了一个自调用函数，这最终会调用 SystemJS 的配置函数 config()，并向它传递一个配置对象。

SystemJS 的配置对象包含 map、paths 和以上代码中的 packages 等属性，其中 packages 属性用于设置指定服务端路径的一些配置，比如，以上代码为服务端根路径（/）设置了一个属性 defaultExtension，并将这个属性的值设置为 js。其作用就是使 SystemJS 在加载服务端根路径下的资源时，默认使用.js 作为这些资源的扩展名。

也就是说，经过以上修改之后，当 index.js 中的 require('./hello-world')被调用时，SystemJS 将自动在 hello-world 的后面添加.js 扩展名，并成功地完成 hello-world.js 的加载和运行。

因此，如果再次保存 index.html 的编辑并刷新浏览器，我们将看到图 2-41 所示的结果。

此时，如果单击继续执行图标（或按键盘上的 F8 键），然后切换到调试工具的控制台标签，我们将看到图 2-42 所示的结果。

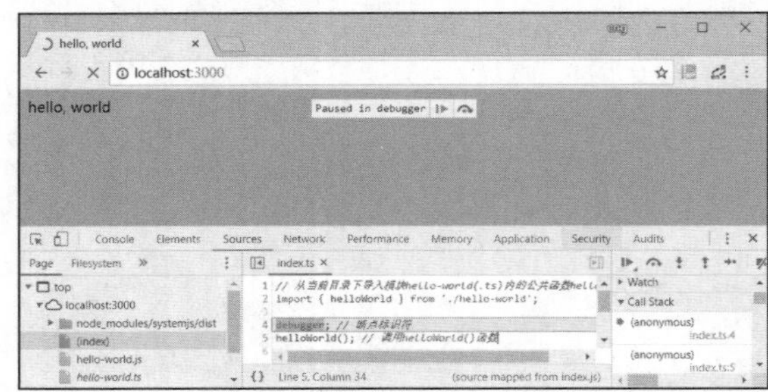
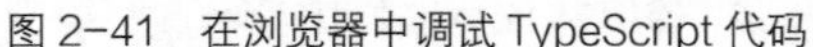

图 2-41　在浏览器中调试 TypeScript 代码

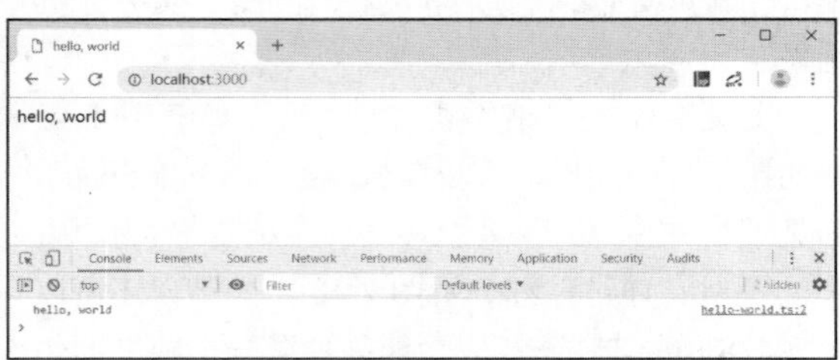

图 2-42　SystemJS 加载通用模块

期待已久的问候“hello, world”终于出现在控制台中了！但从以上两个图的变化来看，这一问候出现的过程似乎有些复杂，为此让我们通过以下步骤来看看它出现的背后都发生了什么。

（1）System.import('index.js')被执行，从而创建一个独立的作用域，并成功地将 index.js 加载到其中。

（2）浏览器发现 index.js 底部的注释“//# sourceMappingURL=index.js.map”，从而开始加载并分析源映射文件 index.js.map，并基于分析结果开始加载 TypeScript 文件 index.ts。

（3）浏览器开始执行 index.js 的内容，在这个过程中发生了两件事：

- 当 index.js 中的 require('./hello-world')被执行时，SystemJS 会创建另一个独立作用域，然后成功地将 hello-world.js 加载到其中，并将 hello-world.js 中的函数 helloWorld()导出到 index.js 所在的作用域中；
- 当 index.js 中的调试标识符 debugger 被发现时，浏览器会根据源映射文件 index.js.map 的内容，将代码的执行停在 index.ts 相应的断点标识符 debugger 处，从而使我们可以在浏览器中调试 index.ts——这就是图 2-41 所示的结果。

（4）接着，我们单击了浏览器调试工具的“继续执行”按钮（或按下 F8 键），index.js 中的函数调用 helloWorld()因此而被执行，这将导致自 hello-world.js 中导入的同名函数 helloWorld()被执行，并向控制台输出问候“hello, world”。

（5）最后，我们切换到了控制台，并看到了其中的问候“hello, world”——这就是图 2-42 所示的结果。

注意

在源映射文件的帮助下，（大部分较新的）浏览器会将与 JavaScript 文件对应的 TypeScript 文件加载到其中，并使我们像在 VS Code 中那样调试 TypeScript 文件。这让我们感觉 TypeScript 代码可以运行在浏览器中，但事实上被运行的仍是 JavaScript 代码。

以上便是使用 SystemJS 加载通用模块 index.js 和 hello-world.js 的过程，同时我们还顺便见证了 TypeScript 在浏览器中也能调试。但到目前为止，我们都还没有感受到通用模块带来的实际好处，为此让我们对 index.ts 和 hello-world.ts 再进行一次最后的修改，使它们的内容分别与代码清单 2-20 和代码清单 2-21 一致。

代码清单 2-20　index.ts

```
import { helloWorld } from './hello-world'; //导入模块 hello-world(.ts)内的公共函数 helloWorld
debugger;      // 断点标识符
helloWorld(); // 调用 hello-world()函数
var i = 1;
setInterval(function(){
    console.log('奇数 i: ' + i);
    i += 2;
}, 3000);
```

代码清单 2-21　hello-world.ts

```
export function helloWorld() {
    console.log('hello, world');
}
var i = 0;
```

```
setInterval(function(){
    console.log('偶数 i: ' + i);
    i += 2;
}, 3000);
```

我们给 index.ts 和 hello-world.ts 各添加了一个分别表示奇数和偶数的变量 i，还通过两个定时器每隔 3 秒向控制台输出这两个变量，并使它们自加了 2 以保证每一次被输出的都是一个更大的奇数或偶数。

保存以上两个文件的编辑，使以上修改可以被编译到相应的通用模块 index.js 和 hello-world.js 中，然后刷新浏览器并切换到控制台，我们将看到不断自增的奇数 i 和偶数 i，如图 2-43 所示。

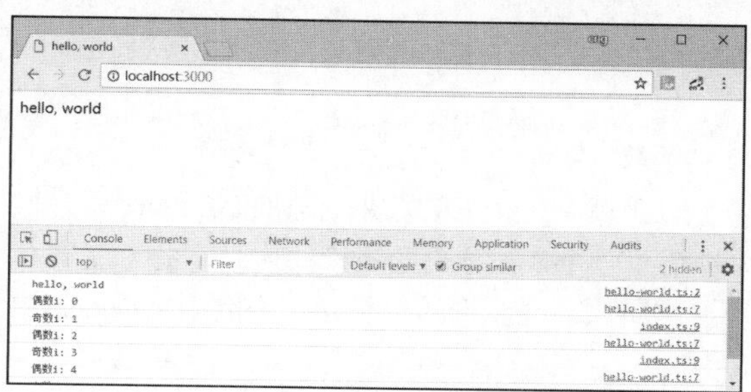

图 2-43 不同模块中的同名变量

可以想象，如果没有模块和模块加载器，当 index.js 和 hello-world.js 被同时加载到浏览器中时，其中必有一个文件中的变量 i 会被另一个文件中的变量 i 覆盖，因此最后被输出到控制台的只能永远是奇数或偶数。

这就是模块的魅力，每一个模块都有各自的作用域，同时每一个模块也可以导出公共的变量和函数，或导入其他模块导出的公共变量和函数。

基于这样的魅力，用 JavaScript 创建大型 Web 应用程序便不再是一件困难的事。

说明

注意到了吗？此刻 tsconfig.json 中的 module 属性的值是 umd，而以上实践证明了 SystemJS 可以加载 UMD 模块。如果读者愿意，还可以将 tsconfig.json 中的 module 属性的值先后改成 amd 和 commonjs，完成所有 TypeScript 代码的编译，然后刷新浏览器，就会发现所有结果都不会发生任何变化。

尽管如此，我们需要保证最后 tsconfig.json 的 module 属性的值是 commonjs（或 umd），因为接下来我们还会使用 Node.js 加载 TypeScript 文件的编译结果，而 Node.js 原生是不支持 AMD 模块的。

2.2.2 ECMAScript 模块

尽管通用模块有着迷人的魅力，但（在不使用 TypeScript 的情况下）书写通用模块是一件极为烦琐的事，并且通用模块中的各种辅助对象和函数（比如 exports 和 require()等）也使得其可读性急剧下降。

为了弥补以上缺陷，ECMA 国际组织在 2015 年将模块写入了 ECMAScript 2015（简称 ES 2015）中，从而使支持 ES 2015 的浏览器（或其他 JavaScript 运行环境）可以直接加载符合 ES 2015 规范的模块，即 ECMAScript 模块。

说明

ECMA 国际组织成立于 1961 年，当时的名字为欧洲计算机制造商协会（European Computer Manufacturers Association，ECMA），但于 1996 年被更名为 ECMA 国际组织（ECMA International）。此后，ECMA 不再代表欧洲计算机制造商协会的首字母缩写，而是一个具有独立意义的名字。

ECMAScript 是由 ECMA 国际组织于 1996 年根据网景公司提交给它的 JavaScript 编写的语言规范，其存在的很大一部分意义是指导 JavaScript 运行环境（比如浏览器和 Node.js）厂商开发符合规范的 JavaScript 运行时，至 2018 年 11 月已有九个版本（包括已被弃用的第四个版本）。

从 ECMAScript 的第六个版本开始，其名称不再以版本序号命名。因此，ECMAScript 的第六个版本的正式名称开始是 ECMAScript 6（简称 ES 6），但随后被更改为 ECMAScript 2015（简称 ES 2015）。以此类推，ECMAScript 的第七个版本的正式名称是 ECMAScript 2016（简称 ES 2016），第八个版本的正式名称是 ECMAScript 2017（简称 ES 2017），第九个版本的正式名称是 ECMAScript 2018（简称 ES 2018）。

另外，在最新的 ECMAScript 正式定稿之前，它有一个比较特殊的名字，叫作 ES.Next。

那么，ECMAScript 模块（后文简称 ES 模块）长什么样子呢？简单来说，它和我们已经见识过的 TypeScript 模块几乎是一模一样的。为了见识这种“一样”，让我们在当前项目下新建一个名为 hello-world.es2015.js 的 JavaScript 文件，然后将代码清单 2-22 复制到其中。

代码清单 2-22　hello-world.es2015.js

```
// 导出公共函数
export function helloWorld() {
    console.log('hello, world. I am an ES2015 module.');
}
// 模块内的奇数变量，未通过 export 导出，因此其他模块不能使用这个变量
var i = 1;
```

以上就是一个 ES 模块，它和 TypeScript 模块一样，通过标识符 export 导出了公共函数 helloWorld，并声明了一个未被导出的（模块内私有的）变量 i。

接下来，让我们继续新建一个名为 index.es2015.js 的 JavaScript 文件，然后将代码清单 2-23 复制到其中。

代码清单 2-23　index.es2015.js

```
// 从模块 hello-world.es2015.js 中导入函数 helloWorld
import { helloWorld } from './hello-world.es2015.js';
// 调用导入自模块 hello-world.es2015.js 的函数 helloWorld
helloWorld();
// 错误，无法使用其他模块未通过 export 导出的变量
console.log(i);
```

以上仍是一个 ES 模块，它从上一个 ES 模块 hello-world.es2015.js（代码中此处的扩展名.js 不能省略）中导入了函数 helloWorld，然后调用了这个函数，并试图向控制台输出变量 i。

最后，让我们再新建一个名为 index.es2015.html 的 HTML 文件，然后将代码清单 2-24 复制到其中。

代码清单 2-24　index.es2015.html

```
<html>
<head>
    <title>'hello, world' from ECMAScript module</title>
    <!--通过 type 特性的值为 module 的<script>标签加载 ES 模块-->
    <script type="module" src="/index.es2015.js"></script>
</head>
<body>
    'hello, world' from ECMAScript module
</body>
</html>
```

以上代码通过一对<script>标签将刚刚创建的 JavaScript 文件 index.es2015.js 加载到浏览器中，但由于 index.es2015.js 是一个 ES 模块，由此我们将这对<script>标签的 type 特性的值设置成了 module（模块）——这是 ES 2015 规范的要求。

这样一来，（版本较新的）浏览器内置的 ES 模块加载器便会以加载 ES 模块的方式加载 index.es2015.js，并在遇到其中的 import 语句时再次以加载 ES 模块的方式加载 hello-world.es2015.js。

因此，当我们保存以上所有代码的编辑，并在浏览器中访问 localhost:3000/index.es2015.html 时，我们将看到控制台中输出的是来自 ES 模块的问候，如图 2-44 所示。

如果没有加框标注的那部分，那么结果堪称完美。但事实上，它从反面说明了 ES 模块和通用模块一样都有自己的独立作用域——hello-world.es2015.js 中未被导出的（私有）变量 i 在 index.es2015.js 中是无法被访问的。

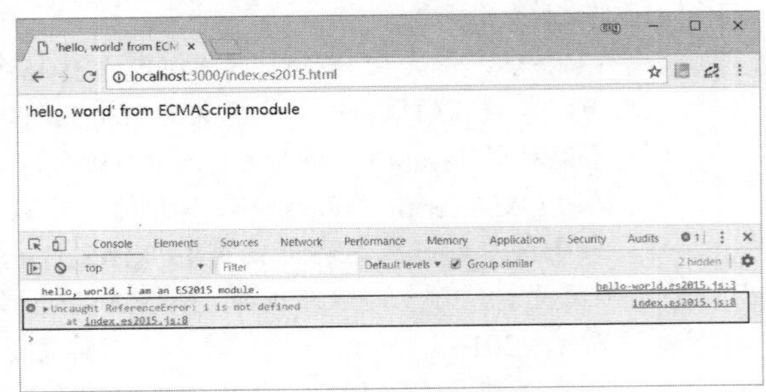

图 2-44　使用 ES 模块

此时，读者是不是在感叹 ES 模块的简洁和强大，并在憧憬着它被广泛普及？然而，Web 领域中新事物（事实上 ES 2015 的发布已经过去四年了）的普及速度总是远低于我们的期望，我的同事去年还在用“经典、稳定、流畅并且更加称手”的 Windows XP。

为了照顾我们念旧的同事、设备确实无法换代的朋友，大量的 Web 应用程序开发人员不得不将 ES 2015（更不用说 ES 2016、ES 2017 和 ES 2018）拒之门外。

好在，现在我们有了 TypeScript。我们可以通过 TypeScript 来编写遵循 ES 2015 规范的模块，然后将它编译成兼容更多环境的通用模块。

2.3 小结

通过对本章内容的学习，我们对 Node.js 和 npm 有了一个大概的了解，并准备了一个基于 Node.js 的跨平台开发环境，最终还基于这一环境创建了一个简单的 Web 应用程序。

在这个过程中，我们接触了一些命令。为了便于记忆，现将它们的概况描述如下。

（1）查看 Node.js 版本的命令：node -v。

（2）在 Node.js 中执行 JavaScript 模块（文件）的命令：node hello-world.js，其中 hello-world.js 是文件路径。

（3）查看 npm 版本的命令：npm -v。

（4）设置 npm 镜像的命令：npm config set registry https://registry.npm.taobao.org。

（5）查看 npm 镜像的命令：npm config get registry。

（6）查看 npm 镜像中是否有指定包的命令：npm view jquery，其中 jquery 是目标包的名字，且必须小写。

（7）安装 TypeScript 编译器到当前设备的 npm 全局安装路径的命令：npm install -g typescript。

（8）查看当前设备的 npm 全局安装路径下是否有 TypeScript 编译器的命令：npm ls -g typescript。

（9）安装 Express 到当前项目的命令：npm install express。

（10）查看当前项目下是否有 Express 的命令：npm ls express。

此外，我们还接触了一个配置，即 TypeScript 项目配置 tsconfig.json：

```
{
    "compilerOptions":{     // 编译器选项
        "sourceMap": true   // 生成映射文件
    }
}
```

这个配置首先是 VS Code 自动编译项目中的 TypeScript 文件的基础，而其中的 sourceMap 属性则是允许 VS Code 调试 TypeScript 文件的前提条件。

此外，我们还了解到了模块存在的意义，同时也体会到了其发展的艰辛和混乱。但从第 3 章开始，我们可以忽略这些混乱，因为其中介绍的 TypeScript 会处理好这一问题。

第 3 章　TypeScript 语法基础

在第 2 章里，我们准备了一个开发 Angular 应用程序的环境，但在开始正式走进 Angular 的世界之前，我们需要先熟悉 Angular 应用程序的开发语言，即 TypeScript。

首先，让我们来熟悉一下 TypeScript 中的一些基础概念。

如果读者已经有了扎实的 JavaScript 以及其他面向对象编程语言的基础，那么可以快速略过，然后跳过随后两章内容的学习，直接进入第 6 章开始学习 Angular 应用程序的开发。

如果读者在快速进入 Angular 的学习之后遇到了语法困惑，也可以花些时间阅读完本章及随后两章的内容，达到答疑解惑的效果。

3.1　基础概念

在开始了解 TypeScript 基础概念之前，我们需要先为本章创建一个用于体验这些基础概念的项目。为此，我们需要在本书的工作目录 E:\Work\AngularAppDev 下新建一个名为 Chapter3 的子文件夹，然后在 VS Code 中将这个子文件夹当作本章的体验项目打开。

打开这个项目之后，我们要做的第一件事使其成为一个 TypeScript 项目。为此，我们需要在其根目录下新建一个名为 tsconfig.json 的 JSON 文件，然后将代码清单 3-1 复制到这个文件中。

代码清单 3-1　tsconfig.json

```
{
    "compilerOptions": {      // 编译器选项
        "sourceMap": true,    // 生成源映射文件
        "module": "commonjs" // 将 TypeScript 模块编译成 CommonJS 模块
    }
}
```

我们在第 2 章见过以上代码，知道其作用是使 TypeScript 编译器在编译项目中的 TypeScript 代码时生成调试 TypeScript 代码所需的源映射文件，并将 TypeScript 模块编译成 CommonJS 模块。

但第 2 章有关 TypeScript 模块的介绍并不多，而模块又是 TypeScript 可以方便地用于开发大型应用程序的基础，因此接下来我们要了解的 TypeScript 的基础概念就是模块。

3.1.1　模块

在开始了解“模块”这一概念之前，我们需要知道一个事实，那就是 TypeScript 并没有要求我们总是使用模块。

为了明白这一点，我们需要在当前项目下新建一个名为 basics 的文件夹，然后在这个文件夹下新建一个名为 modules 的子文件夹，接着在这个子文件夹下新建一个名为 air.ts 的 TypeScript 文件，并将代码清单 3-2 复制到这个文件中。

代码清单 3-2　basics/modules/air.ts

```
var temperature = 20;                          // 空气中的温度
console.log('当前空气温度：' + temperature); // 输出"当前空气温度：20"
```

以上代码不是一个 TypeScript 模块，它像我们以往在使用 JavaScript 时那样，定义了一个全局作用域下的变量 temperature。

尽管如此，如果我们对它进行保存，那么 TypeScript 编译器也会对它进行编译。

提示

为了使 TypeScript 文件在被保存的同时也被编译，我们需要选择 VS Code 工具栏中的“终端(T)”选项，然后在弹出的下拉菜单中选择“运行任务(R)”命令，最后从弹出的下拉框中选择“tsc:监视-tsconfig.json”以开启 TypeScript 编译器对当前项目的“监视”任务。

如果我们在 VS Code 集成终端输入并执行 node 命令“node basics/modules/air.js”，从而使以上代码的编译结果被加载到 Node.js 上执行，那么我们也将得到期望的输出，如图 3-1 所示。

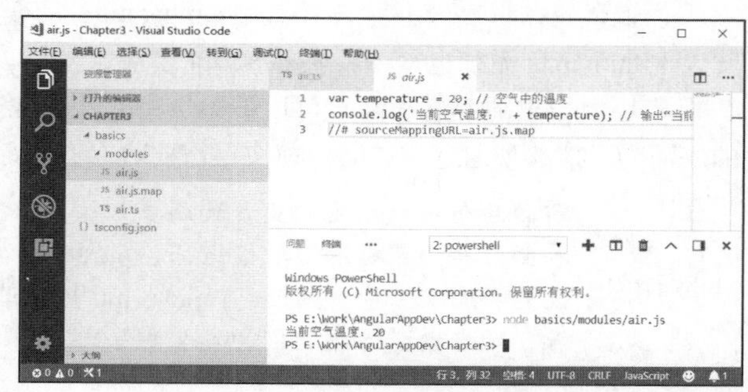

图 3-1　air.js 的输出

由此可见，即使不用模块，我们也可以用 TypeScript 进行应用程序开发。

但正如第 2 章说明过的那样，在不使用模块的情况下，我们将面临各种命名冲突的问题，因此在大型应用程序开发中使用模块是必然的选择。

那么 TypeScript 中的模块是怎样的呢？简单来说，任何包含顶层（Top-level）的 import 或 export 语句的 TypeScript 文件都是模块——以上 air.ts 未包含任何 import 或 export 语句，因此它不是一个模块。

顶层的 import 或 export 语句又是什么呢？为了回答这个问题，我们继续在项目目录 basics/modules 下新建一个名为 land.ts 的 TypeScript 文件，并将代码清单 3-3 复制到其中。

代码清单 3-3　basics/modules/land.ts

```
namespace Land {
    export var temperature = 25;
}
```

以上代码在全局作用域下定义了一个名为 Land 的命名空间，并通过标识符 export 导出了这个命名空间内一个名为 temperature 的变量。但由于导出这个变量的 export 语句是被嵌套在命名空间内的，因此以上 land.ts 就不是一个 TypeScript 模块。

也就是说，顶层就是指未被嵌套。接下来，就让我们试着通过未被嵌套的 export 语句来定义一些具备导出功能的 TypeScript 模块。

说明

TypeScript 中确实存在命名空间的概念，并且它也可以用来解决命名冲突的问题，但在可以使用模块的情况下我们应该避免使用命名空间。第 5 章将补充有关命名空间的相关细节。

1. 导出

首先，让我们在项目目录 basics/modules 下新建一个名为 sea.ts 的 TypeScript 文件，然后将代码清单 3-4 复制到其中。

代码清单 3-4　basics/modules/sea.ts

```
export var temperature = 15;
```

以上代码先通过我们熟悉的标识符 var 定义了另一个名为 temperature 的变量，然后通过标识符 export 对这个变量进行了导出。

说明

如果在模块中定义了和全局作用域下同名的变量，全局作用域下的这个同名变量在模块中就会失效。

由于以上 export 语句未被嵌套在任何其他环境中，因此以上 sea.ts 就是一个 TypeScript 模块。

除了变量，TypeScript 模块还能导出函数，比如，我们可以在项目目录 basics/modules 下新建一个名为 human.ts 的 TypeScript 文件，然后将代码清单 3-5 复制到其中。

代码清单 3-5　basics/modules/human.ts

```
export var temperature = 36.5;
export function swim() {
    console.log('天生不会游泳');
}
```

以上代码在再次导出另一个名为 temperature 的变量的同时，还导出了一个名为 swim()的函数，因此以上 human.ts 无疑也是一个 TypeScript 模块。

模块中导出的变量和函数可以被模块内的其他代码访问，但更多时候它们是提供给其他模块使用的。而为了能够使用它们，其他模块还需要对它们进行导入。

说明

前面两个模块定义的变量和函数都被导出了，但其实模块中完全可以定义不被导出的变量和函数——只要不使用标识符 export 修饰它们即可。

此外，除了变量和函数，TypeScript 中还有类、接口、类型和命名空间。随着本书内容的深入，读者也会看到它们的定义和导出。

2. 导入

在尝试导入模块中导出的变量和函数之前，让我们先试着访问一下前面的非模块文件 air.ts 中定义的变量 temperature，为此我们需要在项目目录 basics/modules 下新建一个名为 index.ts 的 TypeScript 文件，并将代码清单 3-6 复制到其中。

代码清单 3-6　basics/modules/index.ts

```
console.log('海水温度：' + temperature); // 访问 air.ts 中的变量 temperature
```

以上代码像我们以往在使用 JavaScript 时那样，直接访问了前面的 air.ts 定义在全局作用域下的变量 temperature。

如果我们对以上代码进行保存，那么 TypeScript 编译器仍然会对它进行编译。同时，如果将 air.ts 和以上代码的编译结果加载到浏览器中，那么我们也会得到相应的输出：

```
海水温度：20
海水温度：20
```

说明

如果我们在 Node.js 中通过命令“node basics/modules/index.js”来执行以上代码的编译结果，会得到以下错误：

```
temperature is not defined (temperature 未被定义)
```

之所以会出现这样的错误，是因为 Node.js 中的全局作用域和浏览器中的全局作用域略有不同。本书第 5 章会补充有关 Node.js 中全局作用域的描述。

此时读者或许会疑惑：为什么以上 index.ts 访问的不是前面的另一个 TypeScript 文件 sea.ts 中定义的变量 temperature 呢？

答案很简单，因为 TypeScript 模块有自己的作用域，其中定义的变量和函数默认仅对定义它们的模块可见——即使它们被标识符 export 导出了。

如果要使一个模块导出的变量和函数对其他模块可见，那么其他模块必须先导入这个模块。为了体验这一点，让我们对前面的 index.ts 做些修改，使其内容与代码清单 3-7 一致。

代码清单 3-7　basics/modules/index.ts

```
// console.log('空气温度：' + temperature);  // 访问 air.ts 中的变量 temperature
import { temperature } from './sea';         // 导入模块 sea.ts 导出的变量 temperature
console.log('海水温度：' + temperature);      // 输出"海水温度：15"
```

首先我们注释了对 air.ts 定义的全局变量 temperature 的访问，因为它会导致 Node.js 上的运行时错误。

接着我们添加了一条 import 语句，其作用是导入模块 sea.ts（由标识符 from 后面的相对路径./sea 指定）导出的变量 temperature（由标识符 import 后面的花括号指定），同时使当前 TypeScript 文件成为一个模块——当前 import 语句处在文件的顶层。

说明

import 语句中目标模块的路径不能包含扩展名，因为它也有可能指向的是一个目录，或者扩展名为.tsx 或.d.ts 的文件。但就目前来说，我们可以认为它就是指向同名的扩展名为.ts 的 TypeScript 文件。

import 语句中目标模块的路径可以是相对路径或非相对路径，其中相对路径以“./”或“../”开头，前者表示当前模块（即实施模块导入的模块）所在的目录，后者表示当前模块所在目录的父目录。

本书第 5 章将继续介绍有关模块路径的更多相关细节，而就现在来说，综合以上描述我们可以知道以上 import 语句导入的目标模块，就是 index.ts 所在目录下的 sea.ts。

和模块中自己定义的变量一样，模块中导入自其他模块所导出的变量也会覆盖全局作用域下的同名变量，因此当以上最后一行代码试图输出变量 temperature 时，它将输出的会是：

```
海水温度：15
```

以上便是对 sea.ts 导出的变量 temperature 的导入，但似乎除了 sea.ts，我们还有另一个模块 human.ts 也导出了一个名为 temperature 的变量。

接下来，我们还打算继续在 index.ts 中导入 human.ts 导出的这个变量，为此我们需要将 index.ts 中的内容修改至与代码清单 3-8 一致。

代码清单 3-8　basics/modules/index.ts

```
// console.log('空气温度：' + temperature);      // 访问 air.ts 中的变量 temperature
import { temperature } from './sea';             // 导入模块 sea.ts 导出的变量 temperature
console.log('海水温度：' + temperature);          // 输出"海水温度：15"

// 导入模块 human.ts 导出的变量 temperature 和函数 swim()
import { temperature as humanTemperature, swim } from './human';
console.log('人体温度：' + humanTemperature);     // 输出"人体温度：36.5"
swim(); // 输出"天生不会游泳"
```

按照要求，我们导入了路径“./human”指向的模块 human.ts 导出的变量 temperature，还顺便导入了这个模块导出的方法 swim()。

需要注意的是，为了避免与导入自 sea.ts 中的变量 temperature 发生命名冲突，我们使用操作符 as 为导入自 human.ts 中的变量 temperature 取了一个别名，即 humanTemperature。

完成以上导入之后，我们则通过别名 humanTemperature 输出了模块 human.ts 导出的变量 temperature，同时还调用了其导出的函数 swim()。

因此，接下来如果我们保存以上代码的修改，然后在 VS Code 集成终端中执行 node 命令“node basics/modules/index.js”，那么将得到以下输出：

```
海水温度：15
人体温度：36.5
天生不会游泳
```

此时读者可能会有一个疑问，即当一个模块导出多个会与其他模块产生命名冲突的变量和函数时，我们是不是需要不厌其烦地多次使用操作符 as 取多个别名？

答案是，不需要，比如我们可以继续修改 index.ts 的内容，使其与代码清单 3-9 一致。

代码清单 3-9　basics/modules/index.ts

```
import { temperature } from './sea';
console.log('海水温度：' + temperature);

import { temperature as humanTemperature, swim } from './human';
console.log('人体温度：' + humanTemperature);
swim();

import * as human from './human';
console.log('人体温度：' + human.temperature);
human.swim();
```

以上代码为模块 human.ts 导出的整体取了一个别名 human，然后通过这个别名访问了其所代表的整体中的变量 temperature 和函数 swim()。

因此，如果我们再次在 VS Code 集成终端中执行 node 命令“node basics/modules/index.js”，那么将看到变量 temperature 再次被输出到控制台，以及函数 swim()的调用结果：

```
海水温度：15
人体温度：36.5
天生不会游泳
人体温度：36.5
天生不会游泳
```

至此，我们便对模块的导出和导入有了一定的了解。但与模块有关的内容远非我们目前所了解到的这些，比如，一个模块可以在导出自己定义的变量和函数的同时导入其他模块定义的变量和函数，模块中定义的变量和函数并不一定需要被导出，而模块中未被导出的变量和函数是无法被其他模块导入的，等等。

随着学习的深入，我们会遇到以上各种情况。而在第 5 章中，我们还将继续专门了解有关模块的更多细节。但在了解这些细节之前，先来了解一下不久之后我们就要大量用到的变量，以及与变量对应的常量。

说明

当项目中的 TypeScript 文件越来越多时，大量编译而来的映射文件和 JavaScript 文件将迅速使整个项目看起来十分臃肿。为了避免这样的问题，我们可以选择 VS Code 工具栏中的“文件(F)”选项，然后在弹出的菜单中继续选择“首选项(P)”命令，接着在弹出的子菜单中选择“设置(S)”命令，随后我们将看到被打开的 VS Code 设置界面，如图 3-2 所示。

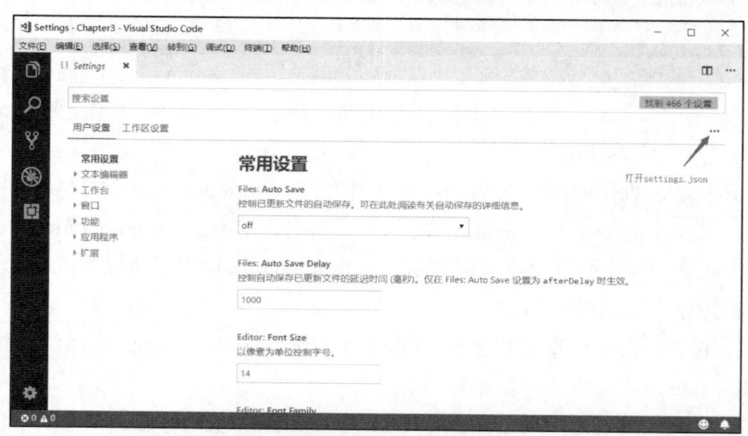

图 3-2　VS Code 设置界面

单击 VS Code 设置页面右上角的省略号“...”，然后选择弹出项中的“打开 settings.json”选项，随后我们将看到 VS Code 配置文件 settings.json 中的内容，如图 3-3 所示（由于 VS Code 版本的不同，读者所见到的内容可能会略有不一致）。

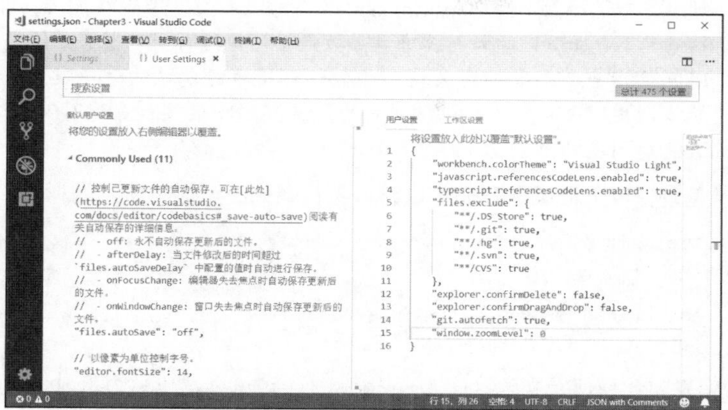

图 3-3 VS Code 配置文件

我们要做的是将图 3-3 所示的内容修改至与代码清单 3-10 一致。

代码清单 3-10 VS Code 配置文件

```
{
    "workbench.colorTheme": "Visual Studio Light",
    "javascript.referencesCodeLens.enabled": true,
    "typescript.referencesCodeLens.enabled": true,
    "files.exclude": {
        "**/.DS_Store": true,
        "**/.git": true,
        "**/.hg": true,
        "**/.svn": true,
        "**/CVS": true,
        "**/*.js": { "when": "$(basename).ts"}, //隐藏编译结果文件
        "**/*.js.map": { "when": "$(basename)"} //隐藏编译结果映射文件
    },
    "explorer.confirmDelete": false,
    "explorer.confirmDragAndDrop": false,
    "git.autofetch": true,
    "window.zoomLevel": 0
}
```

以上加粗显示的两行代码分别用于隐藏 VS Code 项目中由 TypeScript 文件编译而来的 JavaScript 文件和映射文件，但不会隐藏由我们自己手动向项目中添加的 JavaScript 文件和必要的映射文件。

因此，当保存以上代码之后，我们将看到当前项目中的 air.js、air.js.map、sea.js 和 index.js.map 等文件都不见了——但仍然可以在文件系统中找到它们。

3.1.2 变量和常量

JavaScript 是一门很灵活的语言，而其中变量的灵活尤为突出。相信很多开发人员都曾经被 JavaScript 中的变量“欺骗”过，比如代码清单就是它欺骗我们的经典手段之一：

```
for (var i = 0; i < 10; i++) {
    setTimeout(function() { console.log(i); }, 100 * i);
}
```

这段代码原本的意图是每隔 100 毫秒向控制台输出一个从 0 递增至 9 的数字，但执行它时，却会发现每一次输出的都是 10。

为什么会这样呢？因为在 ECMAScript 2015 之前，JavaScript 中没有块作用域（Block Scope），以上通过关键字 var 定义的变量 i 的作用域在 for 循环语句之外，当循环结束时它的值被递增到了 10。

在循环结束之后，当每一个计时器触发时，相应的回调函数通过闭包（Closure）获得的变量 i 的值便也就一直是 10，从而使我们最终看到的输出都是 10。

参考资料

计时器回调函数不会在 setTimeout()函数被执行之后立即被调用，即使在提供的到期时间为 0 的情况下也是如此。计时器回调函数最早的执行时间为当前事件循环（Event Loop）结束时。闭包是指一个函数和定义这个函数的环境（可以认为就是这个函数的作用域）。当一个函数被调用时，这个函数能访问它的定义环境中的变量（而不仅是这个函数中定义的变量），这就是闭包的作用。

如果要避免蒙受以上欺骗，我们可以将以上代码修改至如下所示的样式：

```
for (var i = 0; i < 10; i++) {
    (function() {
        var j = i;
          setTimeout(function(){ console.log(j); }, 100 * i);
    })();
}
```

以上代码将 for 循环中原先的代码放在了一个自调用函数（Self-invoking Function）中，然后在自调用函数中定义了一个值为 i 的新变量 j。

由于函数具有独立的作用域，而自调用函数在每一次循环中都会被调用，因此以上代码事实上定义了 10 个名字都为 j 但值分别是从 0 递增到 9 的变量，并使每一个计时器回调函数各访问了其中一个变量，并最终向控制台输出 0 到 9。

显然，通过自调用函数来避免以上欺骗显得有些烦琐，并且对于 JavaScript 的初学者来说并不轻松。因此，ECMAScript 2015 引入了关键字 let，从而使通过关键字 let 定义循环变量的 for 循环可以获得块作用域，以降低开发人员受到以上欺骗的成本。

作为 ECMAScript 标准的遵循者，TypeScript 自然不会错过这个关键字。那么 TypeScript（以及 ES 2015）具体是如何通过关键字 let 获得块作用域的呢？

让我们在项目目录 basics 下新建一个名为 variables 的子文件夹，然后在这个子文件夹下新建一个名为 index.ts 的 TypeScript 文件，并将代码清单 3-11 复制到这个文件中。

代码清单 3-11　basics/variables/index.ts

```
export {} // 使当前文件成为一个模块

for (let i = 0; i < 10; i++) {
    setTimeout(function(){ console.log(i); }, 100 * i);
}
```

以上代码分两部分。其中第一部分使用 export 语句导出了一个空对象，从而使 index.ts 成为一个 TypeScript 模块，进而使 index.ts 不会与项目中的其他 TypeScript 文件发生变量和函数的命名冲突——随后我们还会见到这样的代码。第二部分和前面第一个 for 循环几乎是一样的，但其中用于定义循环变量的关键字 var 被换成了 let，因此以上 for 循环的循环体在每一次被执行时都会获得一个独立的块作用域，并且其中每一个块作用域都会获得一个不同的变量 i。

因此，如果我们保存以上代码的编辑，然后在 VS Code 集成终端中输入并执行 node 命令“node basics/variables/index.js”，那么将得到以下期望的输出（中间部分被省略）：

```
0
1
2
...
9
```

标识符 let 除了在定义循环变量时比 var 有优势，在定义常规变量时也有明显的优势。为了体验这一点，让我们在 index.ts 中添加一些内容，使其完整内容与代码清单 3-12 一致。

代码清单 3-12　basics/variables/index.ts

```
export {} // 使当前文件成为一个模块

for (let i = 0; i < 10; i++) {
```

```
    setTimeout(function(){ console.log(i); }, 100 * i);
}

var student = 'L';
var student = 'Lcng';  // 关键字 var 重复定义的变量会覆盖已有的变量

let teacher = '刘东晓';
let teacher = '刘小东'; // 错误：关键字 let 不能定义重复的变量
```

以上新增的代码首先使用关键字 var 合法地定义了两个同名的变量 student，这可以说是一种灵活，但有时也是一场灾难——我们很有可能因此而把某个重要的变量覆盖掉。

为了避免这样的灾难，TypeScript（以及 ES 215）推荐我们使用关键字 let 定义变量，因为 TypeScript 编译器会阻止关键字 let 定义重名的变量。

也就是说，当以上最后一行代码试图通过关键字 let 定义第二个名为 teacher 的变量时，TypeScript 编译器会阻止这一行为，并抛出相应的语法错误提示：

```
Cannot redeclare block-scoped variable 'teacher'（无法重新声明块范围变量"teacher"）
```

基于以上原因，在今后的开发中，我们应该尽量使用关键字 let 定义变量。除了关键字 let，TypeScript（以及 ES2015）还引入了另一个关键字 const，以定义与变量对应的常量。

常量必须在定义的同时被赋值，并且在定义之后不能再被赋予新值。为了体验这一点，让我们继续向 index.ts 中添加一些内容，使其整体内容与代码清单 3-13 一致。

代码清单 3-13 basics/variables/index.ts

```
export {} // 使当前文件成为一个模块

for (let i = 0; i < 10; i++) {
    setTimeout(function(){ console.log(i); }, 100 * i);
}

var student = 'L';
var student = 'Lcng';      // 关键字 var 重复定义的变量会覆盖已有的变量

let teacher = '刘东晓';
// let teacher = '刘小东'; // 错误：关键字 let 不能定义重复的变量

// 定义常量自然对数的底
const E;     // 错误，常量必须在声明的同时被赋值

// 定义常量 π
const PI = 3.14;
PI = 3.142; // 错误，常量不可重新赋值

// 定义常量对象圆
const CIRCLE = {
    radius: 12
}
CIRCLE.radius = 23; // 合法，常量的属性可以被重新赋值
```

以上新增的代码定义了三个常量：其中第一个常量 E 在定义时未被赋值，因此是非法的；第二个常量 PI 的定义是合法的，但随后为其赋新值 3.142 这一行为是非法的；第三个常量 CIRCLE 的定义也是合法的，并且随后为其属性 radius 赋新值 23 也是合法的——这并非给常量 CIRCLE 赋新值。

除了以上规则，常量和变量一样也不能被重复定义。我们甚至可以将用以定义循环变量的关键字 let 换成 const，以使循环变量变成循环常量，从而防止被迭代的值被意外地修改。

在今后的开发中，我们会遇到常量的以上运用。但在遇到它们之前，让我们先再花些时间来了解一下 TypeScript 中的另一个基础概念，即基础类型。

3.1.3 基础类型

前面声明的变量或常量都未被指定类型。在 TypeScript 中，其实所有的变量、常量、函数参数甚至

函数都有类型，并且不同类型的变量通常不能相互兼容。

在本节中，我们的任务就是快速地了解 TypeScript 中的 13 个基础类型（Basic Type）。在随后的章节中，我们还将继续了解更多复杂类型。

尽管在 JavaScript 中有类型的概念，但是缺乏对类型的检查，从而使代码变得容易出错。比如，以下代码在 JavaScript 中是合法的，但在 TypeScript 中是非法的：

```
var n = 3;
n = '4';
```

说明

本章随后不会列举完整的代码清单，而仅列举关键的代码片段。为了运行这些片段，读者需要在项目中创建相应的目录和 TypeScript 文件。尽管如此，读者仍然可以在本书的配套资源中找到本章的完整源码。

如果是在 JavaScript 中，以上第一行代码会使变量 n 的类型被推断为数字 number，而接下来的第二行代码则会使其类型被动态地修改为字符串 string，因为 JavaScript 是一门动态类型（弱类型）编程语言。

但在 TypeScript 中，以上第一行代码将变量 n 的类型推断为数字 number 之后，变量 n 的类型便被永远地固定为 number 了。同时，由于在 TypeScript 中数字类型 number 和字符串类型 string 是不兼容的，因此当接下来的第二行代码试图将字符串类型的 4 赋给类型被固定为数字类型的变量 n 时，TypeScript 编译器会抛出类型不兼容的错误。

除了数字类型 number 和字符串类型 string，JavaScript 还提供了另外四个简单类型（Primitive Type）boolean、null、undefined 和 symbol 以及一个对象类型 object。为了方便使用，TypeScript 在 JavaScript 提供的这些类型上进行了一些扩展，从而使我们可以使用包含 boolean、number 和 string 等在内的 13 个基础类型。

在本节中，我们的任务就是了解 TypeScript 中的 13 个基础类型。我们从最基本的布尔类型 boolean 开始。

1. boolean

boolean 类型的变量只能从 true 和 false 中取一个值，如果将其他值赋给 boolean 类型的变量，或者将 true 或 false 赋给其他类型的变量，我们都将得到类型不匹配的错误。

以下是 TypeScript 中定义 boolean 类型变量的示例：

```
let areYouReady: boolean = true; // 定义变量时指定其类型
```

以上代码定义了一个 boolean 类型的变量 areYouReady，其中的英文冒号和随后的标识符 boolean 指定了这个变量的类型，因此这个变量只能被赋值为 true 或 false。

为什么之前我们定义的那些变量都可以不被指定类型？这是不是意味着它们就没有类型呢？并非如此，因为 TypeScript 编译器会根据变量的初始值为变量推断一个类型，因此按照以下方式定义的变量 areYouReady 的类型仍然是 boolean：

```
let areYouReady = true; // 变量类型由其初始值推断
```

某一类型的变量通常不能被赋予其他类型的值，比如以下第二行代码试图将数字 1 赋给 boolean 类型的变量 areYouReady，TypeScript 编译器则会阻止其通过编译：

```
let areYouReady = true; // 变量类型由其初始值推断
areYouReady = 1;        // 错误：数字 1 的类型不是 boolean
```

了解了 boolean 类型之后，让我们再来看看数字类型 number。

2. number

TypeScript 中的数字是浮点数，其类型是 number，它可以接受二进制、八进制、十进制和十六进制的值。以下是声明 number 类变量的一些例子：

```
let decimal: number = 6;          // 整数
let fraction: number = 6.66;      // 小数
let hex: number = 0xf00d;         // 十六进制数以 0x 开头
let binary: number = 0b1010;      // 二进制数以 0b 开头
let octal: number = 0o744;        // 八进制数以 0o 开头
```

由于 TypeScript 中的数字是浮点数，因此 TypeScript 中 number 类型的变量的值即可以是整数，也可以是小数。但在表示小数时，我们只能使用十进制。

由于 number 和 boolean 是不同的类型，因此以下赋值是非法的：

```
decimal = true;                    // 错误，true 不能赋给 number 类型的变量
let trueOrFalse: boolean = 1; // 错误，数字不能赋给 boolean 类型的变量
```

此外，当变量的类型是根据值推断而来的时，这个变量也不能被赋予其他类型的值。比如，以下代码中的第二行也是非法的：

```
let count = 55; // count 的类型被推断为 number
count = false;  // 错误，false 不能赋给类型为 number 的变量
```

以上跨类型的变量赋值同样不能出现在 TypeScript 中的其他类型之间，但随后我们会看到发生在类型 null 和 undefined 上的一些例外。

3. string

TypeScript 中另一个常用的类型是 string。和 JavaScript 中的字符串一样，TypeScript 中的字符串也使用英文单引号或双引号包围。以下是两个声明 string 类型的变量的例子：

```
let firstName: string = "L";  // 双引号包围的字符串
let lastName: string = 'cng'; // 单引号包围的字符串
```

由于 TypeScript 编译器的强类型检测，我们不能将 number 类型的数字赋给 string 类型的变量，但仍然可以对它们进行拼接，如下所示：

```
let age: number = 100; // 数字
let nameAndAge: string = firstName + lastName + age; // 拼接字符串和数字：Lcng100
```

字符串的拼接在我们日常的工作当中可谓家常便饭，因此 TypeScript 引入了模板字符串（Template String）的概念。

所谓模板字符串，就是使用英文中的反引号（`，键盘上 Esc 键下面、Tab 键上面那个键的符号）包围的字符串。这种字符串可以换行，还可以包含表达式。

下面就是一个模板字符串的例子：

```
let greet: string = `Hi, every body.
    My name is ${firstName + lastName}.
    I am ${age} years old..
    ` // 这个字符串包含三行内容，但我们没有使用"+"号进行拼接
```

以上字符串中的${}及其中的内容不会被当作字符串常量，而是会被求值。比如，其中的${ firstName + lastName }会被 Lcng 替换，因此以上字符串最终的值是以下字符串：

```
Hi, every body.
My name is Lcng.
I am 100 years old..
```

注意

模板字符串中的回车键不会被取消，因此以上结果仍然包含三行，而非一行。如果要使模板字符串最终的结果只有一行，那么其中不能包含回车键。

4. Array

在 JavaScript 中，我们可以通过以下方式创建数组，并向其中添加元素：

```
let array = new Array();
array.push(1);
array.push(2);
array.push('3');
```

但这样的数组在使用的时候可能会给我们带来一些麻烦，比如我们创建以上数组的本意是存放一组数字，但它却允许我们（不小心地）向其中添加字符串。因此当我们打算对其中的所有元素进行累加时，得到的是字符串 33，而事实上我们希望得到的是数字 6。

为了避免遇到这样的麻烦，TypeScript 对数组进行了升级，使我们可以限制数组元素的类型。比如，

打算创建只能容纳数字的数组时，我们可以这样做：

```
let prices: Array<number> = new Array<number>();
prices.push(1);
prices.push(2);
prices.push('3'); // 错误，数字数组只能被添加数字元素
```

以上尖括号中的 number 被称为数组的类型参数（Type Parameter，我们将在 4.2 节介绍与其相关的更多细节），其作用便是将价格数组 prices 的元素类型限制为数字类型 number。

因此，以上中间两行代码能够通过 TypeScript 编译器的编译，而第四行代码试图向数组 prices 中添加字符串 3，无法通过编译——如此一来，当我们打算累加价格数组中的总价时，TypeScript 编译器便早已帮助我们避免字符串拼接现象的发生。

除了通过调用数组的 push()函数向数组中添加元素，我们还能在创建数组时指定其初始元素，或直接通过一个数组常量来创建数组：

```
let cars: Array<string> = new Array<string>('BYD', 'BMW', '乐视汽车~');
let colors: Array<string> = ['red', 'green', 'blue'];
```

以上是两个字符串数组，在被创建时它们各自都获得了初始的三个字符串元素。在使用这种方式创建数组时，我们仍然需要保证提供的初始元素的类型必须是合法的类型。比如，以下数组创建就无法通过 TypeScript 编译器的编译：

```
let genders: Array<string> = ['女', '男', 0, 1]; // 错误，数字 0 和 1 的类型不是 string
```

此外，限定元素类型的数组类型在 TypeScript 中还有另外一种表现形式。比如，前面的数组 cars 还可以通过以下方式声明：

```
let cars1: string[];
```

以上代码中的 string[]作为类型来说和 Array<string>是等价的，但不能被当作构造函数来使用，因此，以下代码中的第一行是合法的，但第二行不是：

```
cars1 = new Array<string>('BYD', 'BMW', '乐视汽车~');
cars = new string[]('BYD', 'BMW', '乐视汽车~'); // 错误，string[]只是类型，不是构造函数
```

至此，我们便对 TypeScript 中升级后的数组类型有了一定的了解。接下来，让我们再来看看如何遍历 TypeScript 中的数组：

```
for (let i = 0; i < colors.length; i++) {
    console.log(colors[i]); // 依次输出字符串 red、green 和 blue
}
```

从以上代码可以发现，在 TypeScript 中遍历数组和在 JavaScript 中遍历数组没有任何区别。但值得注意的是，在以上循环体中，通过下标访问的数组元素（即 colors[i]）都有相同的类型，即 string。

除了 for 循环，我们还能使用 for-in 循环遍历 TypeScript 中的数组。为了节省时间，此处便不再列举相关的例子（本书源代码中展示了这样的例子），而是重点关注 TypeScript 引入的另一个循环，即 for-of：

```
for (let color of colors) {
    console.log(color); // 依次输出字符串 red、green 和 blue
}
```

和 for-in 不同的是，以上循环变量 color 不是数组 colors 的下标，而是数组中当前被迭代的元素。因此以上循环体中的 console.log(color)输出的不是 0、1 和 2，而是数组中的元素，即 red、green 和 blue。

注意

JavaScript 中没有数组类型 Array，JavaScript 中的数组的类型是对象类型 object。

5. Tuple

Tuple（元组）是一种特殊的数组，其特殊之处是其元素个数固定，并且其每一个元素的类型可以不同。以下就是一个元组变量的定义：

```
let heights: [number, string] = [20, '30px'];
```

以上[number, string]是一个元组类型，它规定作为元组变量的 heights 的值必是一个包含两个元素的数组，同时这个数组的第一个元素必须是 number 类型的数字，第二个元素则必须是 string 类型的字符串。

由于元组的本质是数组，我们仍然可以对其进行遍历，甚至向其中添加超过元组类型限定的数量的成员。但 TypeScript 提供元组的目的不是让我们像使用数组一样使用它，而是通过它来快速地描述一些格式固定的数据。

比如，在很多情况下，我们会希望一个函数可以返回多个不同类型的值，此时我们可能需要创建一个复杂类型来封装这些不同的类型。但有了元组类型之后，我们便可以不用额外地创建这么一个复杂的类型了。以下代码展示了这一情形：

```
function getPrice(): [boolean, number, string] {
    return [false, 0, '获取价格失败，服务器异常。'];
}

let priceResult = getPrice();
console.log(priceResult[0]); // 输出 false
console.log(priceResult[1]); // 输出 0
console.log(priceResult[2]); // 输出"获取价格失败，服务器异常。"
```

我们将在 3.2 节了解有关函数返回类型的更多细节，现在我们需要知道的是，以上函数在元组类型的帮助下可以同时返回价格获取失败标识 false、获取失败的价格 0 和获取失败的原因——这使我们无需额外地创建一个封装了分别为 boolean、number 和 string 三个类型的属性的类。

3.3 节将介绍 TypeScript 中的类，但在了解类之前，让我们先继续了解 TypeScript 中的其他基础类型。

6. enum

很多其他编程语言中都有枚举类型，但遗憾的是 JavaScript 中并没有。为了弥补这一遗憾，TypeScript 中引入了枚举类型。

TypeScript 中没有内置一个名字为枚举的类型，这不像其中有名字为 number 的类型。当需要使用枚举类型时，我们需要使用关键字 enum 声明一个枚举类型。

比如，以下是一个性别枚举类型的声明：

```
enum Sex {
    Female,    // 0
    Male,      // 1
    Secret     // 2
}
```

其中的 Sex 就是一个枚举类型，这个枚举类型包含三个成员，即女性 Female、男性 Male 和保密 Secret。

枚举的每一个成员都有一个数字值，其中的第一个成员默认的数字值是 0，随后的每一个成员逐一递增 1。但如果有必要，我们也可以显式地指定枚举成员的值，如以下薪资等级枚举所示：

```
enum SalaryLevel {
    Low = 1000,
    Middle = 10000,
    High = 100000
}
```

接着，我们可以声明类型为以上枚举类型的变量，如以下代码所示：

```
let sex: Sex = Sex.Female;
sex = Sex.Male;
let salaryLevel: SalaryLevel = SalaryLevel.High;
salaryLevel = SalaryLevel.Low;
```

以上代码声明了一个类型为枚举类型 Sex 的变量 sex 和一个类型为枚举类型 SalaryLevel 的变量 salaryLevel，并分别将这两个枚举类型中封装的成员赋给了这两个变量。

由于枚举类型事实上是数字的集合，因此枚举类型的变量还可以直接被赋予数字值，而数字类型的变量也可以直接被赋予枚举类型的成员，如下所示：

```
let secretSex: Sex = 2;                          // 将数字赋给枚举 Sex 类型的变量
let highSalaryLevel: SalaryLevel = 100000;      // 将数字赋给枚举 SalaryLevel 类型的变量
let male: number = Sex.Male;                    // 将枚举类型 Sex 的成员赋给数字类型的变量
let lowSalaryLevel: number = SalaryLevel.Low; // 将枚举类型 SalaryLevel 的成员赋给数字类型的变量
```

此外，当将数字赋给枚举类型的变量时，提供的数字可以超出枚举类型成员的取值范围，比如，以下代码仍是合法的：

```
secretSex = 3;
highSalaryLevel = 20;
```

尽管以上代码是合法的，但实际使用当中没有太大意义。有意义的是，在获得一个枚举成员的值时，我们可以通过这个值从枚举类型中获取这个成员的名称，如下所示：

```
let sexName: string = Sex[1];                          // 获取字符串 Male
let salaryLevelName: string = SalaryLevel[10000]; // 获取字符串 Middle
```

以上代码通过下标的形式访问枚举类型的成员的名称，但其中下标的值不是枚举成员的序号，而是值。如果提供了非法的枚举成员的值，那么将返回 undefined，如下所示：

```
salaryLevelName = SalaryLevel[0]; // 无法获取第 0 个成员的名称，返回 undefined
```

最后，让我们通过对一个枚举和位运算的综合运用，来模拟一个文件系统权限控制功能。首先，为了描述权限，我们需要声明一个权限枚举类型：

```
enum Privilage {
    None = 0,            // 没有任何权限
    Read = 1 << 0,       // 1, 0b0001，读的权限
    Write = 1 << 1,      // 2, 0b0010，写的权限
    Create = 1 << 2,     // 4, 0b0100，新建的权限
    Delete = 1 << 3,     // 8, 0b1000，删除的权限
    All = ~(~0 << 4)     // 15, 0b1111，所有权限
}
```

根据以上权限枚举的定义，用户在文件系统中拥有五个权限，即读 Read、写 Write、新建 Create、删除 Delete、一个表示没有任何权限的权限 None 以及一个涵盖所有权限的权限 All。

接着我们假设文件系统中有一个目录 A，它需要用户有读和新建的权限：

```
// 目录 A 需要的权限
let desiredPrivilageOfDirectA: Privilage = Privilage.Read | Privilage.Create;
```

现在我们要做的是，判断用户是否具备访问目录 A 的权限，为此我们需要声明一个权限判断函数：

```
/**
 ** 判断提供的权限是否涵盖期望的权限
 * @param desiredPrivilage 期望的权限
 * @param providedPrivilage 提供的权限
 */
function permit(desiredPrivilage: Privilage, providedPrivilage: Privilage) {
    // 参数不合法
    if (!desiredPrivilage || !providedPrivilage) {
        return false;
    }

    // 提供的权限未涵盖期望的权限
    if (desiredPrivilage !== (desiredPrivilage & providedPrivilage)) {
        return false;
    }

    // 提供的权限涵盖了期望的权限
    return true;
}
```

以上函数接收两个参数：desiredPrivilage 表示期望的权限，即用户访问目录 A 应当具备的权限；providedPrivilage 表示提供的权限，即用户实际具备的权限。

函数中的主要代码是其中的第二条 if 语句，其条件中的 desiredPrivilage & providedPrivilage 表示将

期望的权限和用户提供的权限进行按位与（&）运算，如果运算结果不等于期望的权限，那么表示用户不具备访问目录 A 的权限；反之，则表示用户具备这一权限。

接下来，让我们模拟一些用户权限：

```
let privilageOfUserA: Privilage = Privilage.Create; // 用户 A 只具备新建的权限
let privilageOfUserB: Privilage = Privilage.Read | Privilage.Delete;  // 用户 B 同时具备读和删的权限
let privilageOfUserC: Privilage = Privilage.Create | Privilage.Write; // 用户 C 同时具备新建和写的权限
let privilageOfUserD: Privilage = Privilage.Read | Privilage.Create;  // 用户 D 同时具备读和新建的权限
let privilageOfUserE: Privilage = Privilage.All;     // 用户 E 同时具备所有权限
```

最后，通过以上权限判断函数我们可以知道这些用户是否具备访问目录 A 的权限：

```
    let isUserAPermitted = permit(desiredPrivilageOfDirectA, privilageOfUserA); // false，用户 A
// 不具备访问目录 A 的权限
    let isUserBPermitted = permit(desiredPrivilageOfDirectA, privilageOfUserB); // false，用户 B
// 不具备访问目录 A 的权限
    let isUserCPermitted = permit(desiredPrivilageOfDirectA, privilageOfUserC); // false，用户 C
// 不具备访问目录 A 的权限
    let isUserDPermitted = permit(desiredPrivilageOfDirectA, privilageOfUserD); // true，用户 D
// 具备访问目录 A 的权限
    let isUserEPermitted = permit(desiredPrivilageOfDirectA, privilageOfUserE); // true，用户 E
// 具备访问目录 A 的权限
```

通过以上代码我们可以发现，当目录 A 受读和新建权限的保护时，用户仅有读或新建权限之一时，他/她将无法访问目录 A（即使他/她可能还拥有其他权限）。用户能够访问目录 A 的条件，必须是他/她同时具备读和新建的权限。

至此，我们便完成了权限管理功能的模拟。而在其实现过程中，我们可以发现枚举类型的一大好处，那就是提高代码的可读性：所有权限都有统一的类型 Privilage，而当看到 Privilage.Create 时，我们立马就可以知道它代表的是读取权限。

了解了枚举类型之后，让我们再来看看 TypeScript 中两个十分相似的类型，即 null 和 undefined。

7. null 和 undefined

null 和 undefined 是两个比较特殊的类型，这两个类型的变量的值只能是它们自己，比如以下赋值是合法的：

```
let job: null = null;
let hobby: undefined = undefined;
```

我们声明了一个类型为 null 的变量 job，为此可以将 null 赋给它；接着我们还声明了一个类型为 undefined 的变量 hobby，为此也可以将 undefined 赋给它。

但如果我们将其他值赋给这两个变量，那么将得到 TypeScript 编译器抛出的错误：

```
job = 'dev';  // 错误，不能将字符串赋给 null 类型的变量
hobby = true; // 错误，不能将布尔值赋给 undefined 类型的变量
```

null 和 undefined 这两个类型还有一个特点，那就是它们都是其他所有类型的子类型，因此默认情况下 null 和 undefined 作为值可以赋给任何类型的变量（或许读者早就发现了）：

```
let address: string = null;
address = undefined;
let height: number = undefined;
height = null;
let skills: string[] = null;
skills = undefined;
```

然而，允许其他类型的变量被赋值为 null 或 undefined 容易引发错误，比如以下价格合计的计算：

```
let price: number = 12.3;          // 商品单价
let count: number = null;          // 商品数量不小心被赋予了 null
let sum: number = price * count; // 合计 0
count = undefined;                 // 不小心被赋予 undefined
sum = price * count;               // NaN
```

以上商品数量变量 count 先后被不小心地赋值为 null 和 undefined，导致价格合计先后被计算为 0 和

NaN，这在和其他语言进行交互时会造成一定的麻烦，因为不是所有语言的数字类型都支持NaN这个值。

因此，允许非null或undefined类型的变量被赋予null或undefined这两个值通常是不被推荐的做法，为了彻底阻止null和undefined被赋给其他类型的变量，我们需要将当前项目的TypeScript项目配置文件tsconfig.json修改至与代码清单3-14一致。

代码清单3-14 tsconfig.json

```
{
    "compilerOptions": {            // 编译器选项
        "sourceMap": true,          // 生成源映射文件
        "module": "commonjs",       // 将TypeScript模块编译成CommonJS模块
        "strictNullChecks": true // 阻止null和undefined被赋给其他类型的变量
    }
}
```

以上代码中新增了一个名为strictNullChecks的编译器选项，当其值被设置为true（默认是false）时，TypeScript编译器会在发现项目中存在将null或undefined赋给其他类型的变量的情况下抛出相应的语法错误。

因此，当我们保存以上代码的修改之后，VS Code会在前面的address和heights等变量的下方划一根红色的波浪线，并抛出以下语法错误：

```
Type 'null' is not assignable to type 'string'（类型"null"不能赋给类型"string"）
Type 'undefined' is not assignable to type 'string'.
Type 'undefined' is not assignable to type 'number'.
Type 'null' is not assignable to type 'number'.
Type 'null' is not assignable to type 'string[]'.
Type 'undefined' is not assignable to type 'string[]'.
```

有了以上语法错误提示之后，我们就能避免意外地将null或undefined赋给其他类型的变量了。但有时候我们其实会希望这样的赋值是被允许的，比如在和第三方组织交互时，我们希望对方提供的是一个数字，但对方提供的有可能是数字、null或undefined，此时我们就需要有一个可以同时接收这三种类型的值的变量了。

那么，怎样才能获得这样的变量呢？类型any和unknown或许可以帮忙。

注意

JavaScript中也有null和undefined这两个类型，并且类型为null的也只有null这一个值，同时类型为undefined的也只有undefined这一个值。

由于历史原因，表达式typeof(null)的值为字符串object，而非字符串null——但这并不意味着JavaScript中的null的类型是object。

8. any和unknown

any是TypeScript中比较特殊的一个类型，它被称为任意类型，通过它声明的变量可以被赋予任何类型的值，因此以下代码可以通过TypeScript编译器的编译：

```
let age: any = 30;
age = null;
age = undefined;
age = '30.1';
```

如果以上变量age的类型被指定为数字类型number，那么以上四条语句中只有第一条是合法的。但现在它的类型是任意类型 any，因此以上剩余的三条赋值语句都是合法的。如果有必要，我们还能继续将boolean、Array及其他任何类型的值赋给变量age。

任意类型any的这一特性看上去给我们带来了一些自由，但在使用它时我们需要格外地小心。因为TypeScript编译器不会（也没有办法）对any类型的变量进行任何类型检测，我们必须自己对any类型的变量的运行时类型有很清晰的认识。

说明

所谓运行时类型（Runtime Type）是指变量在JavaScript运行环境中运行时的类型，与运行时类型对应的为编译时类型（Compile-time Type），即本书目前和往后讨论的TypeScript中的类型。

比如，以下代码虽然可以通过 TypeScript 编译器的编译，但在运行时会抛出异常：

```
let fixedAge = age.toFixed(0); // 运行时错误：变量 age 的运行时类型是 string，不包含 toFixed()方法
```

根据赋值的先后顺序，我们可以知道变量 age 最终的运行时类型会是 string。但 TypeScript 编译器对此一无所知，因此它只能认为作为开发人员的我们正确地判断了变量 age 最终的运行时类型，并通过以上代码的编译。

显然我们让 TypeScript 编译器失望了，因为我们错误地认为变量 age 最终的运行时类型是 number，才调用了其 toFixed()方法。

说明

也正是因为 TypeScript 编译器无法明确 any 类型变量的运行时类型，所以当我们访问 any 类型变量的属性或方法时，VS Code 无法给出任何输入提示。

当然，如果我们像以下代码那样合理地使用 any 类型的变量，那么也不会得到运行时异常：

```
let fixedAge1 = parseInt(age).toFixed(0); // 先基于运行时类型为 string 的变量 age 获取 number 类型的
// 值，然后再调用这个值的 toFixed()方法
```

以上代码先获取变量 age 代表的数字值，然后调用这个值的 toFixed()方法，因此可以成功地运行。

至此，我们体验了一番 any 类型带来的便捷和麻烦。但它所带来的便捷和麻烦其实不止这些，比如，除了可以将任意类型的值赋给 any 类型的变量，我们还可以将 any 类型的值赋给其他任何类型的变量：

```
let height: number;
let weight: any = '57Kg';
height = weight;
```

以上变量 height 的类型是 number，当我们将类型为 any 的变量 weight 赋给它时，TypeScript 编译器只能认为作为开发人员的我们能够确定变量 weight 的运行时类型是 number，从而使这一赋值通过编译——这便是任意类型 any 的神奇之处，即它能逃过 TypeScript 编译器的类型检测，并和 TypeScript 中其他所有类型都相互兼容。

但显然这种兼容也会带来另一个问题，比如，接下来当我们使用变量 height 时，我们又需要格外小心了。因为它的类型仍然是 number，它的值却不是合法的数字，这在有些场合下会引发运行时异常：

```
let doubleHeight: number = height * 2; // 运行时错误：字符串不能参与乘法
```

以上代码显然能够通过 TypeScript 编译器的编译，但在运行时变量 doubleHeight 的值却会是 NaN，因为变量 Height 的实际值已经不再是一个数字，而是一个字符串。

至此，读者可能会感到疑惑：既然 any 类型如此随意，那作为强类型编程语言的 TypeScript 为什么要引入它呢？

答案很简单，因为有时候我们可能需要在 TypeScript 代码中跟一些现有的 JavaScript 代码（库）交互，而 JavaScript 代码返回的数据的类型是未知的，但 TypeScript 又要求数据必须有一个类型，此时 any 便是这样一个类型。

说明

第 5 章将介绍 TypeScript 代码和 JavaScript 代码的交互，那时我们将学会如何通过声明文件来避免使用 any 类型。

也就是说，TypeScript 引入 any 类型很大一部分原因是为了和 JavaScript 代码交互，如果不是处于这样的情景之中，我们应该尽量避免使用 any 类型。尽管如此，我们仍然会在不与 JavaScript 代码交互的情况下用到 any 类型——4.2 节将介绍这样的特殊情况。

但在体验这种特殊情况之前，让我们先继续来了解一下 TypeScript 中与 any 极为相似的一个类型，即未知类型 unknown。

为什么说未知类型 unknown 和任意类型 any 极为相似呢？因为类型为未知类型 unknown 的变量也可以被赋予任何类型的值，因此以下代码也可以通过 TypeScript 编译器的编译：

```
let sex: unknown = '男';
sex = 1;
sex = undefined;
sex = null;
```

当然，我们也必须要合理地使用未知类型，因为它同样容易带来意外的运行时错误。为了尽可能地避免这样的错误，TypeScript 对未知类型做了一个限制，那就是不允许我们将未知类型的值赋给其他类型（any 除外）的变量。

比如，以下赋值就是不被允许的：

```
let gender: boolean = sex; // 错误：不能将 unknown 类型的值赋给 boolean 类型的变量
```

当我们尝试编译以上语句时，TypeScript 编译器会抛出以下语法错误：

```
Type 'unknown' is not assignable to type 'boolean'（不能将类型"unknown"分配给类型"boolean"）
```

至此，我们便对 any 和 unknown 类型有了一个大概的了解。接下来，让我们再来看看 TypeScript 中另一个比较特殊的类型，即 void。

9. void

void 和 any 正好相反，表示没有任何类型。尽管如此，void 类型的变量还是可以被赋予一个特殊的值，即 undefined：

```
let girlFriend: void = undefined;
```

然而，声明可被赋值为 undefined 的变量不是 void 类型的作用所在，其真正的作用是指定函数的返回类型，如下所示：

```
function findGirlFriend(): void {
    console.log('Just do IT');
}
```

我们将在 3.2 节中学习有关函数返回类型的更多细节，但现在我们可以知道，以上代码中的 void 和很多其他语言中的 void 一样，表示函数 findGirlFriend()不返回任何值。

函数的返回类型一旦被指定为 void，那么它便不能返回任何类型的值（undefined 除外），因此以下函数声明是非法的：

```
function findBoyFriend(): void {
    return 'Lcng'; // 错误，不能返回值
}
```

当然，返回类型为 void 的函数中还是可以有空 return 语句的，以下就是通过空 return 语句来阻止乐视汽车倒贴甩卖的示例：

```
function buyCar(money): void {
    if (money <= 0) {
        return;
    }

    console.log('乐视汽车，20 米内超远距离遥控，2 节 5 号电池可绕球场跑一圈~');
}
```

事实上，以上 return 语句隐式地返回了一个 undefined。而有时候，函数是真的不会返回任何值的，这个时候我们就需要将函数的返回类型指定为 never。

10. never

never 表示不存在的值的类型。我们可以声明一个 never 类型的变量，但无法给这个变量赋任何类型的值，如下所示：

```
let bePeace: never;     // 合法的变量声明
bePeace = true;         // 错误，不能将布尔值赋给 never 类型的变量
bePeace = 1000;         // 错误，不能将数字赋给 never 类型的变量
bePeace = '一万年以后'; // 错误，不能将字符串赋给 never 类型的变量
```

那么，never 类型有什么用呢？它可以用于指定一个永远无法返回的函数的返回类型，如下所示：

```
function error(): never {
    throw '错误，若未捕获，程序将终止';
}

function xiaoCaiQi(): never {
    while (true) {
        console.log('根本停不下来的小彩旗');
    }
}
```

对于大多数函数来说，它们总能顺利地执行到终点，但对于以上两个函数来说，它们要么因为抛出了异常而终止了函数的执行，要么因为无限循环而使函数不可能结束。因此，它们都不存在返回值，或说都返回了一个不存在的值。

那么，指定一个函数的返回类型为 never 有什么实际意义呢？大多数情况下，我们不会期望一个函数抛出异常或陷入无限循环中，但在希望获得编译器完整性检查时，我们会这么做。

11. object

在前面介绍的 12 种基础类型中，除了特殊的 any、unknown、void 和 never，剩下的 boolean、number、string、Array、Tuple、enum、null 和 undefined 都用于指定直观的数据的类型。

在这些直观的数据类型中，boolean、number、string、enum、null 和 undefined 被称为简单类型（Primitive Type），Array 和 Tuple 则被称为对象类型。

对象类型有一个共同点，那就是它们都是类型 object 的子类型。在 TypeScript 中子类型是兼容于父类型的，因此以下赋值是合法的：

```
let songs: Array<string> = ['皮影戏', '半岛铁盒'];
let evaluation: [number, string] = [100, '好听，百分好评'];
let obj: object = songs;
obj = evaluation;
```

由于简单类型不是对象类型，因此接下来的赋值是非法的：

```
obj = true;    // 错误：true 的类型 boolean 不是对象类型
obj = 1;       // 错误：1 的类型 number 不是对象类型
obj = null;    // 错误：null 的类型 null 不是对象类型
```

有了以上区别之后，一些希望获得对象参数的函数就可以像以下代码那样，在编译时拒绝非对象参数：

```
function foo(obj: object) {
      // 基于对象 obj 的操作
}
foo(1); // 错误：数字 1 不是对象
```

至此，我们已经了解了 TypeScript 中的 13 种基础类型。除了这些基础类型，TypeScript 中还有更多复杂的类型，比如函数类型、更加精确的对象类型、类的类型、索引类型和组合类型等。

在 3.2 节中，我们将开始 TypeScript 中的函数的学习。但在此之前，让我们先再花些时间来了解一下 TypeScript 中与类型相关的另一个概念，即类型断言。

说明

TypeScript 中类型为 boolean、number、string、null 和 undefined 的变量被编译成 JavaScript 中的变量后，它们的运行时类型也将是 JavaScript 中对应的 boolean、number、string、null 和 undefined；TypeScript 中类型为 Array、Tuple、enum 和 object 的变量被编译成 JavaScript 中的变量后，它们的运行时类型都是 JavaScript 中的 object。

JavaScript（ES 2015）中的 symbol 不是 TypeScript 中的基础类型，我们将在本书第 5 章中介绍如何在 TypeScript 中使用 symbol 类型。

3.1.4 类型断言

在很多其他编程语言中都有类型转换（Type Cast）的概念，但这一概念在 TypeScript 中并不存在，因为类型转换是发生在运行时的行为，而 TypeScript 只能获得编译时支持。作为补偿，TypeScript 提供了另一个被称为类型断言（Type Assertion）的概念。通过类型断言，我们可以告诉 TypeScript 编译器，我们明确地知道某个变量具备更加精确的类型。

以下是未使用类型断言的一个例子：

```
let response: any = 'Web API 返回的一串字符串'; // 通过 ajax 从服务端获取的一串字符串
let responseLength: number = response.length; // 无法获得 VS Code 的输入提示支持
```

以上第一行代码假设我们通过一个第三方 JavaScript 库从 Web API 获取了一个字符串，由于 JavaScript 中没有 string 类型，因此它返回的字符串的类型只能是 any。

接着第二行代码试图获取 Web API 返回的字符串的长度，因此访问了类型为 any 的变量 response 的 length 属性。

以上两行代码能够顺利地通过 TypeScript 编译器的编译，其编译结果也能正常地运行在 JavaScript 的运行环境中。但唯一不足的是，其中第二行代码无法获得 VS Code 输入提示的支持，这降低了编码效率，也增大了出错的可能性。

类型断言就可以很好地解决以上问题，加入类型断言之后，以上代码可以被改写成如下形式：

```
let response: any = 'Web API 返回的一串字符串';          // 通过 ajax 从服务端获取的一串字符串
let strResponse: string = <string>response;            // 告诉编译器，我们明确地知道变量 response 的类型是 string
let responseLength: number = strResponse.length;       // 访问 string 类型变量的 length 属性
```

我们通过在变量前面添加<string>来将变量 response 的类型断言为 string，并将断言的结果赋给另一个类型为 string 的变量 strResponse，最后当我们访问变量 strResponse 的 length 属性时，便获得了 VS Code 的输入提示支持。

根据以上规则，我们同样可以将指定变量的类型断言为 boolean、number 和 Array<string>等。在这些情况下，我们只需要将以上尖括号内的 string 替换成相应的 boolean、number 和 Array<string>即可。

类型断言的另一种写法（同时也是推荐写法）是使用操作符 as，以下是上面这个例子使用操作符 as 之后的版本：

```
let response: any = 'Web API 返回的一串字符串';
let responseLength: number = (response as string).length;
```

我们省略了中间变量 strResponse，然后直接通过操作符 as 将 response 的类型断言成 string，接着访问了断言结果的 length 属性。

在使用类型断言时，我们需要注意两点：一是不能进行类型不兼容的类型断言；二是类型断言无法修改变量的运行时类型。

以下是违反了这两点的一个例子：

```
let strResponseLength: string = responseLength as string; // 错误：类型 number 不能被断言为 string
let weightResponse: any = '50kg';
let weight: number = weightResponse as number;
weight = weight * 2; // 运行时错误：weight 的运行时类型是 string，无法参与乘法运算
```

以上第一行代码试图将前面的类型为 number 的变量 responseLength 的类型断言为 string，但由于 number 和 string 是两个互不兼容的类型，因此 TypeScript 编译器会阻止这一断言。

以上第二段代码试图将类型为 any 的变量 weightResponse 的类型断言为 number，由于 any 和 number 是两个相互兼容的类型，因此 TypeScript 编译器会允许这一断言；但由于变量 weightResponse 的运行时类型是 number，因此这段代码的最后一行会在运行时引发错误。

那么，如果非要在 TypeScript 中进行运行时类型转换，我们该怎么办呢？答案很简单，调用相应的运行时类型转换方法（或函数）即可。比如，当需要将数字转换成字符串时，我们只需要调用数字的 toString()方法：

```
let height: number = 100;
let strHeight: string = height.toString(); // 调用 number 类型变量的 toString()函数
```

不同于类型断言仅在编译时对类型进行“保证”，以上 toString()方法的调用会在运行时返回一个实实在在的类型为 string 的值，并将这个值赋给变量 strHeight。

反过来，如果要将字符串转换成数字，我们可以这样做：

```
let strLeft: string = '20';
let left: number = +strLeft;
```

和 toString()函数一样，以上加号操作符同样会在运行时返回一个实实在在的类型为 number 的值，并将这个值赋给变量 left。

需要注意的是，将字符串转换成数字时，我们需要保证字符串不包含非数字字符，否则得到的转换结果会是 NaN。

至此，我们便对类型断言有了一定的了解。而这在今后的开发中，我们还会有很多使用类型断言的机会（特别是和 Web API 交互时），那时我们会更加深切地体验类型断言带来的便利。

接下来，在了解了本节介绍的基础的概念之后，让我们再来看看这些概念的一个简单的综合运用，即函数。

3.2 函数

与在 JavaScript 中一样，函数在 TypeScript 中也扮演着十分重要的角色，并且其最简单的语法结构和 JavaScript 中的函数没有任何区别。比如，以下是 TypeScript 中一个加法函数的定义：

```
function add(x, y) {
    return x + y;
}
```

和使用 let 声明的变量一样，同一作用域内也不能定义相同名字的函数，这样，别人或我们自己定义的函数不会被意外地覆盖。除此之外，为了使函数的使用更加不容易出错，TypeScript 中的函数还接受更加严格的限制，比如参数类型和返回类型等。

接下来，让我们从函数的参数开始看看 TypeScript 中的函数和 JavaScript 中的函数有哪些不同。

3.2.1 函数参数

函数在 JavaScript 中很重要，但函数的参数竟然是可有可无的——我们可以在调用没有定义参数的函数时向它传递参数，也可以在调用定义了参数的函数时不向它传递参数。

JavaScript 中对函数参数如此的“轻视”使我们经常要猜测它们的重要性，以决定是否向它们提供一个值。好在 TypeScript 扭转了这一局面，在 TypeScript 中调用一个函数时，我们必须要向这个函数的每一个常规参数提供一个对应的值。

说明

TypeScript 函数可以定义可选参数、默认参数和剩余参数，上面的常规参数指这些参数之外的参数。

比如，在调用本节开头的 add()函数时，我们必须同时提供参数 x 和 y 的值：

```
add(1, 2);     // 获得数字 3
add(1, '2');   // 获得字符串 12
add(1);        // 错误，必须提供参数 y 的值
add();         // 错误，必须提供参数 x 和 y 的值
```

可以看到，前两行代码同时提供了参数 x 和 y 的值，因此能通过 TypeScript 编译器的编译；但后两行代码分别未提供参数 y 以及 x 和 y 的值，因此不能通过 TypeScript 编译器的编译。

我们知道，后两行代码是合法的 JavaScript 函数调用，但它们的调用结果（NaN）通常不是我们期待的结果，而 TypeScript 在编译时提前阻止了这一运行结果的出现，这就是 TypeScript 在函数参数方面带来的便利之一。

此外，我们还可以限制函数参数的类型，使函数的职责变得更加清晰。

1. 参数的类型

前面的 add()函数的本意是进行数学加法运算，但我们仍然能将它当作字符串拼接函数使用，比如，刚刚我们通过它得到了字符串拼接结果 12。而根据单一职责原则（Single Responsibility Principle，SRP）的要求，一个函数只应负责一件事情，因此我们应该阻止 add()函数进行字符串的拼接。

在 JavaScript 中，我们可以通过在函数体中对 add()函数的参数值的类型进行判断来达到以上要求。但在 TypeScript 中，我们可以实现得更轻松，只需要显式地指定 add()函数的参数类型即可：

```
function add(x: number, y: number) {
    return x + y;
}
```

我们在参数 x 和 y 的后面各添加了一个英文冒号，然后在冒号的后面添加了数字类型的标识符 number，从而将参数 x 和 y 的类型都限制为 number。

接下来，再次调用函数 add()时，除了必须向其参数 x 和 y 传递值之外，我们只能向它们传递 number 类型的值。因此，以下两行代码中，第一行是合法的，第二行则无法通过 TypeScript 编译器的编译：

```
add(1, 2);   // 获得数字 3
add(1, '2'); // 错误，第二个实际参数的类型是 string，不是 number
```

由此可以知道，如果要定义一个用于拼接两个字符串的函数，我们可以这样做：

```
function concatenate(x: string, y: string) {
    return x + y;
}
```

以上函数同样接收两个参数 x 和 y，但由于这两个参数的类型为 string，因此当调用它时，我们只能向其参数 x 和 y 传递 string 类型的值，如下所示：

```
concatenate(1, 2);     // 错误，1 和 2 的类型是 number，不是 string
concatenate('5', '6'); // 获得字符串 56
```

以上第一行代码提供的参数的类型是 number，因此不能通过 TypeScript 编译器的编译；第二行代码提供了合法的参数，因此可以通过编译，并可在运行时获得字符串拼接结果 56。

2. 可选参数

有时候，总是要求调用方提供函数的所有参数可能显得过于严格，以下模拟的用户注册函数就属于这种情况：

```
function register(name: string, password: string, age: number) {
    console.log(`记录注册信息-用户名:${name},密码:${password}` + (age ? `,年龄:${age}` : ''));
}
```

以上函数 register()模拟了一个简单的用户注册业务，它希望用户总是能够提供用户名 name 和密码 password，但允许用户不提供年龄 age。

尽管如此，由于 TypeScript 对函数参数的限制，当调用以上函数时，如果用户未提供年龄，我们仍然需要向参数 age 提供一个 0：

```
register('Lcng', '1', 0); // 输出"记录注册信息-用户名：Lcng，密码：1"
```

显然，这一要求并不合理，因此 TypeScript 引入了可选参数（Optional Parameter）的概念，从而使我们可以不向函数中那些可有可无的参数提供任何值。以下就是使用了可选参数的用户注册函数：

```
function register(name: string, password: string, age?: number) {
    console.log(`记录注册信息-用户名:${name},密码:${password}` + (age ? `,年龄:${age}` : ''));
}
```

我们在参数 age 的后面添加了一个英文问号，使它成为一个可选参数。接下来，如果用户未提供年龄，我们在调用 register()时便可以不向其 age 参数提供任何值了：

```
register('Lcng', '1'); // 仍然输出"记录注册信息-用户名：Lcng，密码：1"
```

以上调用会使可选参数 age 获得默认值 undefined，从而使其表达式“age ?”被评估为 false，并最终使年龄不被输出。

当然，如果用户提供了年龄，我们仍然可以向 register()的参数 age 传递用户提供的年龄：

```
register('Lcng', '1', 3); // 记录注册信息-用户名：Lcng，密码：1，年龄：3
```

最后，我们需要注意的是，可选参数不能出现在常规参数的前面。因此，以下函数的定义是非法的：

```
function register(age?: number, name: string, password: string) {
    // 错误的函数定义，因为可选参数 age 出现在常规参数 name 的前面
}
```

3. 默认参数

有时候，当调用方未向可选参数提供值时，我们可能会在函数的内部给这个参数一个默认值，以下代码就是这样一个例子：

```
function getBiggerHeight(height: number, unit?: string) {
    if (!unit) {
        unit = 'px';
    }
    return height * 2 + unit;
}
```

以上代码的作用是将指定单位的高度增高一倍，如果调用方未提供高度单位的话，那么以上函数会使用一个默认单位，即 px。

我们可能写过不少上面这样的代码，但在 TypeScript 中，我们再也不需要这样做了，因为 TypeScript 引入了默认参数（Default Parameter）的概念。下面就是以上函数经默认参数修改后的版本：

```
function getBiggerHeight(height: number, unit: string = 'px') {
    return height * 2 + unit;
}
```

我们去掉了可选参数 unit 后面的英文问号，然后直接在参数列表中给它赋了一个默认值 px，使它成为一个默认参数。接下来，在调用 getBiggerHeight()时，我们可以将其默认参数 unit 当作可选参数对待，即选择是否向其提供值，如下所示：

```
getBiggerHeight(20);        // 获得 40px
getBiggerHeight(30, 'em'); // 获得 60em
```

以上第一行代码未向参数 unit 提供值，因此它会获得参数列表中的默认值 px，并最终使函数返回结果 40px；第二行代码向参数 unit 提供了值 em，这会使 unit 的默认值 px 被覆盖，从而使函数返回 60em。

最后我们需要注意，默认参数和可选参数可以同时出现在同一个函数的参数列表中，并且它们的先后顺序不影响函数定义的合法性。但当参数列表中有常规参数时，默认参数和可选参数一样，也不能出现在常规参数的前面。因此，以下函数定义是非法的：

```
function getBiggerHeight(unit: string = 'px', height: number) {
    // 错误，默认参数 unit 出现在常规参数 height 前面
}
```

4. 剩余参数

有时候，我们可能会遇到这样一种情况，即一个函数可能需要调用方根据情况提供零个或多个同一类的参数，比如以下函数：

```
function addContact(phone: string, addresses?:string[]) {
    console.log(`记录联系方式-电话号码：${phone}` + (addresses && addresses.length ? `，地址：
${addresses.join(`,')}` : ''));
}
```

这个函数用于添加用户的联系方式，它接受一个必须提供的电话号码以及一个可选的地址数组。当需要添加用户的联系方式时，如果用户未提供地址信息，那么我们可以以如下方式调用这个函数：

```
addContact('13111111111'); // 输出"记录联系方式-电话号码：13111111111"
```

因为函数 addContact()的参数 addresses 是可选参数，所以以上函数调用可以不提供这个参数。但如果用户提供了一个或多个地址信息，我们则需要以下面这种方式调用 addContact()函数：

```
// 输出"记录联系方式-电话号码：13111111111，地址：Baker Street 221B"
addContact('13111111111', ['Baker Street 221B']);
// 输出"记录联系方式-电话号码：13111111111，地址：Baker Street 221B, Calle Bleeckrr 177A"
addContact('13111111111', ['Baker Street 221B', 'Calle Bleeckrr 177A']);
```

以上代码有一个不方便的地方，就是即使我们只提供了一个地址，仍然要把这个地址写到数组当中，因为参数 addresses 的类型就是数组。为了消除这样的不便，TypeScript 引入了剩余参数（Rest Parameter）的概念。

剩余参数以英文省略号（...）开头，其类型必须是数组，表示它可以接收零个或多个值。通过剩余参数，我们可以将 addContact()重构至以下形式：

```
function addContact(phone: string, ...addresses:string[]) {
    console.log('记录联系方式-电话号码：${phone}' + (addresses && addresses.length ? '，地址：${addresses.join(',')}' : ''));
}
```

上面的参数 addresses 由可选参数变成了剩余参数，由于剩余参数的本质仍然是一个可选的数组参数，因此以上函数内部仍然需要将它当作数组来对待，即对它进行拼接或遍历操作。

但在调用以上函数时，我们并不需要关心 addresses 是否是数组，只需要决定是否向它传值，或向它传递多少个值：

```
// 输出"记录联系方式-电话号码：13111111111"
addContact('13111111111'); // 输出"记录联系方式-电话号码：13111111111"
// 输出"记录联系方式-电话号码：13111111111，地址：Baker Street 221B"
addContact('13111111111', 'Baker Street 221B');
// 输出"记录联系方式-电话号码：13111111111，地址：Baker Street 221B, Calle Bleeckrr 177A"
addContact('13111111111', 'Baker Street 221B', 'Calle Bleeckrr 177A');
```

以上代码展示了剩余参数的优势，即我们仍然可以不向它传递任何值，也可以继续传递一个或多个值，并且可以不用将这个（些）值包含在数组中。

但如果我们像以下代码那样将这些值包装在数组中，会发生什么呢？

```
// 错误：类型"string[]"的值不能赋给类型"string"的参数
addContact('13111111111', ['Baker Street 221B', 'Calle Bleeckrr 177A']);
```

我们会得到 TypeScript 编译器抛出的语法错误，即类型“string[]”的值不能赋给类型“string”的参数。

而如果我们确实只能向剩余参数提供一个数组，就应该像以下代码那样做：

```
// 输出"记录联系方式-电话号码：13111111111，地址：Baker Street 221B, Calle Bleeckrr 177A"
addContact('13111111111', ...['Baker Street 221B', 'Calle Bleeckrr 177A']);
```

以上数组参数左侧的三个连续的英文点号称为展开操作符（Spread Operator），其作用是将数组展开成多个值，因此以上代码就相当于向 addContact()提供了三个参数。

说明

TypeScript 默认仅支持展开操作符的部分功能，若要获得对展开操作符的完整支持，我们需要按照本书第 5 章介绍的方式修改 TypeScript 项目的目标 ECMAScript 版本。

最后我们需要注意，剩余参数、默认参数和可选参数可以同时出现在同一个函数的参数列表中，但剩余参数必须出现在默认参数和可选参数的后面。如果参数列表中还有常规参数，剩余参数也必须出现在常规参数之后，因此以下函数的定义是非法的：

```
function addContact(...addresses:string[], phone: string) {
    // 错误，剩余参数 addresses 不能出现在常规参数 phone 前面
}
```

至此，我们便对 TypeScript 中函数的参数有了一定的了解。接下来，让我们再来看看 TypeScript 中的函数的返回类型。

3.2.2 函数的返回类型

我们除了可以指定函数参数的类型，还可以指定函数的返回类型，比如 3.2.1 节的函数 add()可以被重构至如下形式：

```
function add(x: number, y: number): number {
    return x + y;
}
```

函数的返回类型和变量以及函数参数的类型一样，都是通过冒号和类型标识符来指定，因此以上代码中的 number 就是 add()函数的返回类型。

函数的返回类型必须和函数返回值的实际类型兼容，比如，以下函数的重构就是非法的：

```
// 错误，x + y 的类型是 string，与 number 不兼容
function concatenate(x: string, y: string): number {
    return x + y;
}
```

以上函数的返回类型被指定为 number，但其返回值 x + y 的实际类型是不兼容于 number 的 string，因此以上函数无法通过 TypeScript 编译器的编译。如果要使其通过编译，我们需要将其修改至如下形式：

```
function concatenate(x: string, y: string): string { // 返回类型应为 string
    return x + y;
}
```

事实上，如果我们不指定函数的返回类型，这一类型也会自动被 TypeScript 编译器推断出来。以以下函数为例：

```
function littleThen(x: number, y: number) {
    if (x < y) {
        return true;
    }
    return false;
}
```

以上 littleThen()函数未被指定返回类型，但由于其内的所有 return 语句返回的值是 true 或 false，而这两个值的类型都是 boolean，因此 littleThen()函数的返回类型被推断为 boolean。

接着，如果我们调用 littleThen()函数，并将其返回结果赋给一个变量，这个变量的类型也会被推断为 boolean，因此以下两行代码都是合法的：

```
let isLittleThen: boolean = littleThen(1, 2); // 将 boolean 类型的返回值赋给 boolean 类型的变量
let isLessThen = littleThen(3, 4);            // isLessThen 的类型会被推断为 boolean
```

至此，读者可能会有这样一个疑惑：既然函数的返回类型可以自动被推断，那么为什么要手动指定呢？答案是便于阅读，以下面这个增加高度函数为例：

```
function getBiggerHeight(height: number, unit: string = 'px') {
    if (unit) {
        return height * 2 + unit;
    }
    return height * 2;
}
```

读者能一眼就知道以上 getBiggerHeight()函数的返回类型是什么吗？如果不能，那么很有必要将其重构成以下指定了返回类型的形式：

```
function getBiggerHeight(height: number, unit: string = 'px'): string | number {
    if (unit) {
        return height * 2 + unit;
    }
    return height * 2;
}
```

现在我们能够很清晰地知道 getBiggerHeight()的返回类型是联合类型 string | number，接下来当要调

用这个函数时，我们便可以快速地将其返回值赋给一个类型为 string | number 的变量，并快速地知道可以如何使用这个变量。

联合类型 string | number 的变量既可以接收类型为 string 的值，也可以接收类型为 number 的值。我们将在 4.1.2 节介绍有关联合类型的细节。

另外，函数的返回类型还可以被指定为 void 或 never。这两个类型早在 3.1.3 节就介绍过了，此处便不再赘述。

接下来，我们要做的是将函数的参数和返回类型当作一个整体来看待，因为它们组成了函数类型。

3.2.3 函数类型

在 JavaScript 和 TypeScript 中，函数本身就是一个对象，当使用 typeof 操作符操作一个函数（对象）时，我们会得到一个表示函数类型的字符串 function。

比如，通过以下代码我们将得到 3.2.2 节的 add()函数的类型：

```
let typeOfAdd = typeof add; // 得到字符串 function
```

由于历史原因，尽管在 JavaScript 中通过操作符 typeof 操作一个函数得到的是字符串 function，但这并不意味着 function 是 JavaScript 中的数据类型——函数在 JavaScript 中的数据类型是 object。

然而，字符串 function 并不能满足强类型语言 TypeScript 的要求，为此 TypeScript 引入了它独有的函数类型（Function Type，这一类型指的是编译时类型）概念。

事实上，类型可以说是 TypeScript 中最重要的概念，而函数类型只是 TypeScript 中的类型之一。我们将在本章随后的内容中逐步接触到 TypeScript 中的各种类型，并在第 4 章了解有关这些类型的更多细节。

现在，我们的任务是通过以下例子来初步了解一下函数（的编译时）类型：

```
let myAdd = add; // 变量 myAdd 的类型是什么？
```

我们声明了一个变量 myAdd，然后将 3.2.2 节的函数 add()赋给了它。此时变量 myAdd 在 TypeScript 中的（编译时）类型是什么呢？

TypeScript 中没有一个名为 function 的类型，因此我们不能将变量 myAdd 的声明改写成以下形式：

```
let myAdd: function = add; // 错误，不存在类型 function
```

那么，变量 myAdd 的类型到底是什么呢？如果我们将光标移至变量 myAdd 之上，将看到 VS Code 输入提示根据类型推断得出的以下结果：

```
let myAdd: (x: number, y: number) => number
```

其中(x: number, y: number) => number 就是变量 myAdd 的类型，同时也是函数 add()的类型。因此，变量 myAdd 的声明可以被修改至如下形式：

```
let myAdd: (x: number, y: number) => number = add;
```

变量 myAdd 及其指向的函数 add 的运行时类型是 object，编译时类型是(x: number, y: number) => number。若非特别指明，本书大多数情况下的类型指的都是编译时类型。

从以上代码中可以看到，函数的类型其实就是其参数列表和返回类型的组合，其中箭头符号（=>）左侧的是函数的参数列表，右侧的则是其返回类型。

不同的参数列表和返回类型将组成不同的函数类型，因此以下是三个不同的函数类型：

```
(x: string, y: string) => boolean
(x: number, y?: boolean) => void
(...x: string[]) => number | string
```

以上第一个函数类型表示的是接收两个 string 类型的参数并返回 boolean 类型结果的函数的类型；

第二个函数类型表示的是接收一个 number 类型的常规参数和一个 boolean 类型的可选参数但无返回值的函数的类型；第三个函数类型表示的是仅接收类型为 string 的剩余参数、返回值为联合类型 number | string 的函数的类型。

看着这些略显复杂的函数类型，读者或许会问，它们的实际作用是什么？难道只是用来指定函数变量的类型？

当然不是，但在得到具体的答案之前，让我们先再花些时间来了解一下什么是类型别名。

注意

函数类型中的参数是占位符，修改其中某个（些）的名字不会产生一个新的函数类型，因此(x: string, y: string) => boolean 和(a: string, b: string) => boolean 代表的是同一个函数类型。此外，函数类型中的参数不能被赋予默认值，因此函数类型的参数列表中不能包含默认参数。比如，(x: number = 1) => number 就是一个非法的函数类型，因为其中的参数 x 被赋予了默认值。最后，函数类型还有一种被花括号包围的复杂形式，比如，(x: string, y: string) => boolean 还可以被写成{ (x:string, y: string): boolean }。

1. 类型别名

如果读者正在将以上三个函数类型输入代码中，那么会发现 TypeScript 编译器并不允许这么做，因为通过以上方式描述的函数类型不能单独出现在代码中——这样的出现没有意义。

为了使函数类型确实可以出现在代码中，我们需要用到类型别名（Type Alias）。比如，以下代码就给以上第一个函数类型取了两个别名：

```
type containingType = (x: string, y: string) => boolean;
type comparingType = (x: string, y: string) => boolean;
```

以上代码通过标识符 type 为函数类型(x: string, y: string) => boolean 取了两个别名，即 containingType 和 comparingType。

尽管以上两个类型别名是等价的，但我们不能使用等于号（“==”或“===”）对它们进行比较，因为等于号仅用于值的比较，而类型（别名）不是值。

基于同样的原因，类型别名也不是变量或常量，因此设置类型别名的标识符 type 不能被换成 var、let 或 const。

说明

TypeScript 中的类型别名和类型一样，不会出现在编译后的 JavaScript 代码中。

类型别名和类型具备完全等效的作用，因此我们可以通过以上两个类型别名来定义两个函数变量：

```
// 判断指定字符串是否包含另一个子字符串的函数变量
let contains: containingType = function (x: string, y: string): boolean {
    return x.indexOf(y) > -1;
}
// 按字典顺序判断指定的一个字符串是否大于指定的另一个字符串
let greaterThan: comparingType = function (x: string, y: string): boolean {
    return x > y;
}
```

我们除了可以直接给函数类型取别名，还可以间接地获取函数变量的类型，然后为这个类型取别名。比如，以下代码就给以上函数变量 greaterThan 的类型取了一个新的别名：

```
// 获取函数变量 greaterThan 的类型别名
type greaterThanType = typeof greaterThan;
```

等一等，表达式“typeof greaterThan”不是应该返回字符串 function 吗？怎么会是返回 greaterThan 的类型别名？

在通常情况下，操作符 typeof 获取的确实是指定变量的运行时类型；但由于 TypeScript 编译器对操作符 typeof 的功能做了扩展，因此当它和标识符 type 一起被使用时，获取的则是指定变量的编译时类型。

因此，以上代码的作用就是获取函数变量 greaterThan 的编译时类型(x: string, y: string) => boolean，

并为这个类型取一个新的别名 greaterThanType。若需要获得 greaterThan 的运行时类型，我们应这样做：

```
let typeOfGreaterThan: string = typeof greaterThan; // 获取运行时类型
```

以上代码将使变量 typeOfGreaterThan 获得字符串值 function，从而使我们知道函数变量 greaterThan 的运行时类型是 object——但通常我们更关心它是不是一个函数。

至此，我们便对函数类型的别名有了一定的了解。在今后的学习和开发中，我们还将见到更多类型别名。在此之前，让我们再来看看函数类型的兼容。

2. 类型兼容

知道了函数类型的概念之后，我们便可以将它运用到工作中了，比如，我们可以指定回调函数的类型：

```
/**
 * 模拟 jQuery 中的 ajax()函数
 * @param url 要访问的 URL
 * @param callback 服务端返回响应后要执行的回调函数
 */
function ajax(url: string, callback: (response: string, statusCode: number, statusText: string) => void) {
    // 省略了异步请求
    // 服务端返回响应后，执行调用方提供的回调函数
    callback('服务端响应字符串', 0, '调用成功');
}
```

以上代码模拟了 jQuery 中的 ajax()函数，这个函数接收两个参数，其中第一个是要异步请求的 URL，第二个则是当接收到服务端响应时要执行的回调函数。

由于函数在 TypeScript 中有类型，因此以上回调函数参数被指定了一个类型，即(response: string, statusCode: number, statusText: string) => void。这个类型表示回调函数接收三个类型分别为 string、number 和 string 的参数，并且没有返回值。

接下来，要调用 ajax()函数时，我们必须提供一个 URL 和一个回调函数。其中 URL 必须是一个字符串，回调函数则必须符合以上类型的要求，如下所示：

```
// 异步访问 http://localhost:3000/ajax
ajax('http://localhost:3000/ajax', function(res: string, code: number, text: string): void {
    if (code !== 0) {
        console.log('调用失败');
        return;
    }
    console.log(res);
});
```

在以上调用中，我们提供的第一个参数 http://localhost:3000/ajax 是一个字符串，符合 ajax()的参数 url 的类型要求；我们提供的第二个参数是一个接收三个类型分别为 string、number 和 string 并且没有返回值的函数，也符合参数 ajax()的参数 callback 的类型要求。

注意

以上调用再次说明函数类型中的参数名称作为占位符是可以被替换的，因为回调函数参数 callback 的类型中的三个参数的名字分别是 response、statusCode 和 statusText，而实际传递给它的函数的三个参数的名字分别是 res、code 和 text。

因此，以上调用是一个合法调用，并最终会在控制台输出模拟的“服务端响应字符串”。相比这一输出结果，让人印象更加深刻的应该是以上 ajax()函数的调用过程，因为 VS Code 在全程提醒我们应该给 ajax()函数的每一个参数提供什么值，特别是提醒我们应该向其中的第二个参数提供一个什么样的回调函数：这个回调函数需要接收哪些（类型的）参数，以及这个回调函数是否需要返回什么类型的值——这就是函数类型的作用，因为只有当函数具备类型的时候，VS Code 才能提醒我们这些详细的信息。

当然，除了以上深刻的印象，细心的读者应该还注意到了一点：尽管 ajax()函数向回调函数的第三个参数传递了字符串常量“调用成功”，同时实际的回调函数也通过参数 text 接收了这个字符串常量，但它的内部根本没有使用这个字符串常量。此时好奇的读者或许会问：既然如此，那我们能不能省略实际

回调函数的第三个参数 text 呢？答案是可以的，因为函数的类型存在兼容性，而参数更多的函数类型可以兼容参数更少的函数类型。

3. 参数数量兼容

刚刚我们提出了一个问题，即能不能将传递给 ajax()的实际回调函数的第三个参数 text 去掉，也就是说能否将以上对 ajax()函数的调用修改至以下形式：

```
ajax('http://localhost:3000/ajax', function(res: string, code: number/*此处删除了参数 text: string*/): void {
    if (code !== 0) {
        console.log('调用失败');
        return;
    }
    console.log(res);
});
```

我们删除了实际回调函数的第三个参数 text，这看似随意的举动其实不小心改变了实际回调函数的类型，使其与 ajax()函数的参数 callback 期待的函数类型不再是相同的了。为了使这一变化更加清晰，让我们将这两个函数类型列举如下：

```
// 目标函数类型：参数 callback 期待的函数类型
(response: string, statusCode: number, statusText: string) => void
// 源函数类型：修改后实际传递给参数 callback 的函数的类型
(res: string, code: number) => void
```

虽然以上两个是不同的函数类型，但其中的目标函数类型兼容源函数类型，因此以上修改后的 ajax()函数的调用仍然是合法的，最终它仍然会在控制台输出“服务端响应字符串”。

为什么以上目标函数类型会兼容源函数类型呢？因为 TypeScript 代码最终会被编译成 JavaScript 代码，而在 JavaScript 中向函数传递多于它所期待的参数不会引发任何问题。以上源函数类型表示回调函数期待的参数是两个，目标函数类型表示回调函数被实际调用时会被传递 3 个参数，而多余的实际参数对程序的运行不会有任何影响，因此目标函数类型便被认为兼容源函数类型。

根据以上规则，我们可以知道以上目标函数类型还可以兼容更多类型，比如：

```
(res: string) => void
(response: string) => void
() => void
```

以上类型的参数数量都少于目标函数类型的参数数量 3，因此都兼容于目标函数类型。然而，也并非所有参数数量少于 3 的函数类型都兼容于以上目标函数类型，以下一些函数类型就是例外：

```
(res: string, success: boolean) => void
(code: number) => void
(success: boolean) => void
```

以上函数类型的参数数量都少于 3，但由于它们的第一个参数的类型与目标函数类型的第一个参数的类型不同，或者第二个参数的类型与目标函数类型的第二个参数的类型不同，因此它们都不兼容于目标函数类型。

那么，是否存在参数类型一致但参数数量多于 3 的函数类型会兼容于以上目标函数类型的可能呢？答案是存在，只要多出来的参数是可选参数即可。比如，以下函数类型仍然兼容于以上目标函数类型：

```
(res: string, code: number, text: string, timespan?: number) => void
```

此外，以上函数类型也兼容前面的目标函数类型，因为双方不但具备完全一致的常规参数，而且以上函数类型还有更多的参数。

至此，我们可以总结出目标函数类型兼容源函数类型（源函数类型兼容于目标函数类型）的前提条件是：

① 目标函数类型和源函数类型的返回类型相同；

② 目标函数类型和源函数类型的参数列表中对应序号的参数的类型相同；

③ 目标函数类型的常规参数数量多于或等于源函数类型的常规参数数量。

根据这一规则，让我们再举一个简单的例子：

```
let calculate: (x: number, y: number, operator: string) => number;
calculate = function (a: number, b: number): number {
    return a + b;
}
```

以上代码首先声明了一个类型为(x: number, y: number, operator: string) => number 的函数变量 calculate，然后将一个类型为(a: number, b: number) => number 的加法运算函数赋给了这个变量。

请问这一赋值是否合法呢？答案是合法，因为变量 calculate 的目标函数类型兼容被赋给它的函数的源函数类型——目标函数类型和源函数类型的返回类型相同，目标函数类型和源函数类型的参数列表中对应序号的参数的类型相同，同时目标函数类型的常规参数多于源函数类型的常规参数。

接着让我们尝试将另一个函数赋给变量 calculate：

```
// 错误，类型不兼容
calculate = function(a: string, b: string): number {
    return (a + b).length;
}
```

以上赋值是非法的，因为其中源函数类型(a: string, b: string) => number 与目标函数类型(x: number, y: number, operator: string) => number 的参数列表中对应序号的上的参数类型不同，这会导致源函数类型不兼容于目标函数类型。

那么是不是参数列表中对应序号的参数类型不同的函数类型就一定不可能兼容呢？并非如此。

4. 参数类型兼容

事实上，参数类型不同的函数类型是有可能是兼容的，比如，以下对前面的函数变量 calculate 的赋值就是合法的：

```
calculate = function (x: any, y: any): number {
    return x * y;
}
```

为了更加直观地说明以上赋值合法的原因，让我们将其中涉及的目标函数类型和源函数类型列举如下：

```
// 目标函数类型：变量 calculate 的类型
 (x: number, y: number, operator: string) => number;
// 源函数类型：赋给变量 calculate 的函数的类型
 (x: any, y: any) => number
```

以上源函数类型的参数数量少于目标函数类型的参数数量，并且源函数类型的返回类型和目标函数类型的返回类型相同，但源函数类型的各个参数的类型与目标函数类型中相应的参数的类型并不相同，为什么源函数类型还会兼容于目标函数类型呢？

事实上，如果其他条件满足，参数列表中对应序号的参数的类型存在兼容性也会使两个函数的类型兼容。比如，以上目标函数类型的前两个参数的类型是 number，源函数类型的两个参数的类型是不同于 number 的 any，但由于 number 和 any 之间存在兼容性，因此，以上源函数类型兼容于目标函数类型。

当然，我们也能找到参数类型不兼容的例子，比如以下就是由参数类型导致函数类型不兼容的一个例子：

```
// 错误：类型 number 和 null 不兼容
calculate = function (x: null, y: null): number {
    return 0;
}
```

以上函数的两个参数的类型 null 和目标函数类型的前两个参数的类型 number 不存在兼容性（在编译器选项 strictNullChecks 为 true 的情况下），因此，以上赋值会遭到 TypeScript 编译器的阻止。

至此，我们将目标函数类型兼容源函数类型的前提条件修改为：

（1）目标函数类型和源函数类型的返回类型相同；

（2）目标函数类型和源函数类型的参数列表中对应序号的参数的类型存在兼容性；

（3）目标函数类型的常规参数数量多于或等于源函数类型的常规参数数量。

但或许读者会问，目标函数类型和源函数类型的返回类型真的必须相同吗？答案是不一定需要。

说明

函数参数类型兼容存在一种被称为双向协变的现象，相关内容参见 3.3.5 节。

5. 返回类型兼容

最后，我们还需要知道另一个事实，那就是返回类型不同的函数类型也有可能是兼容的。比如，以下对前面定义到函数变量 calculate 的赋值仍然是合法的：

```
calculate = function(x: number, y: number) : any {
    return x - y;
}
```

不同于目标函数类型中的返回类型 number，以上源函数类型中的返回类型便成了 any。但由于 any 兼容于 number，因此以上源函数类型被认为是兼容于目标函数类型的。

当然，如果源函数类型中的返回类型不兼容于目标函数类型中的返回类型，那么源函数类型也不会兼容于目标函数类型。比如，以下函数的返回类型 undefined 不兼容于 number，因此以下赋值就是非法的：

```
// 错误：类型 undefined 不兼容于 number
calculate = function(x: number, y: number) : undefined {
    return undefined;
}
```

至此，我们将目标函数类型兼容源函数类型的前提条件确定为：

（1）目标函数类型的返回类型兼容源函数类型的返回类型；

（2）目标函数类型和源函数类型的参数列表中对应序号的参数的类型存在兼容性；

（3）目标函数类型的常规参数数量多于或等于源函数类型的常规参数数量。

了解了函数类型兼容之后，让我们再来看一个建立在函数类型兼容上的概念，即函数的重载。

说明

尽管类型 void 不兼容其他类型（undefined 除外），但在其他条件得到满足的情况下，返回类型为 void 的函数类型兼容返回类型是任何其他类型的函数类型。因此在 void 和剩余参数的配合下，我们可以得到一个兼容任何函数类型的函数类型，即所有函数类型的父类型 (...args: any[]) => void。

3.2.4 函数的重载

和很多其他编程语言中的函数（方法）重载类似，TypeScript 中多个类型不同但名字相同的函数被称为函数重载（Overload）；和其他编程语言不同的是，TypeScript 中重载的函数不能包含自己的函数体，而只能共用一个实现函数的函数体。

以下是 TypeScript 中函数重载的一个例子：

```
function add(x: number, y: number): number; // 加法运算函数
function add(x: string, y: string): string; // 字符串拼接函数
function add(x: any, y: any): any {
    return x + y;                            // 加法运算或字符串拼接的实现
}
```

以上是两个（而非三个）函数的重载，这两个函数分别是加法运算函数 add(x: number, y: number): number 和字符串拼接函数 add(x: string, y: string): string——这两个重载函数共用作为实现函数的第三个 add()函数的函数体。

在实现函数的重载时，我们需要遵守以下三个规则：

（1）实现函数和重载函数必须同名；

（2）实现函数的类型必须兼容于任何一个重载函数的类型；

（3）重载函数和实现函数之间不能有其他代码。

显然，以上 add()函数的重载遵守了这三个规则，原因如下：

（1）实现函数和两个参与重载的函数同名，即都是 add()；

（2）实现函数的类型(x: any, y: any) => 兼容于加法运算函数的类型(x: number, y: number) => number 和字符串拼接函数的类型(x: string, y: string) => string；

（3）重载函数和实现函数之间没有包含其他代码。

重载函数的调用和普通函数的调用是一样的，比如，以下是对以上重载的加法运算函数 add()和字符串拼接函数 add()的调用：

```
let sum: number = add(1, 3);              // 得到 3
let fullName: string = add('L', 'cng'); // 得到 Lcng
```

这两行代码会间接地调用实现函数，并最终得到数字 3 和字符串 Lcng。

需要注意的是，函数重载中的实现函数不能被直接调用，因此以下代码是非法的：

```
// 错误，这看上去是在合法地调用类型为(x: any, y: any) => any 的实现函数，但 TypeScript 编译器不允许实现函数被直接调用
let address: string = add('Baker Street', 211);
```

以上代码向 add()函数传递了一个字符串参数和一个数字参数，因此并非在调用加法运算函数或字符串拼接函数，而是在调用两个参数的类型都为 any 的实现函数。但由于函数重载中的实现函数不能被直接调用，因此以上代码不会通过 TypeScript 编译器的编译。

为了加深对函数重载的理解，让我们再看一个非法的函数重载的例子：

```
function subtract(x: number, y: number): number;              // 两个数的减法
function subtract(x: number, y: number, z: number): number; // 三个数的减法
function subtract(x: number, y: number, z: number): number {
    return (z === null || z === undefined) ? (x - y) : (x - y - z)
}
```

以上代码的目的是定义减法运算函数的重载，使其同时支持两个数和三个数的减法。一眼看上去，以上代码确实实现了它的目的，但为什么说它是非法的呢？

因为其中实现函数的类型(x: number, y: number, z: number) => number 不兼容于参与重载的两个数减法函数的类型(x: number, y: number) => number。

如果要使以上函数重载变得合法，我们需要将其修改至如下形式：

```
function subtract(x: number, y: number): number;                 // 两个数的减法
function subtract(x: number, y: number, z: number): number;    // 三个数的减法
function subtract(x: number, y: number, z?: number): number { // 参数 z 应是可选参数
    return (z === null || z === undefined) ? (x - y) : (x - y - z)
}
```

我们在实现函数的参数 z 的后面添加了一个英文问号，使其成了一个可选参数，从而使实现函数的类型兼容于两个数减法函数的类型，最终使以上重载变得合法。

变得合法之后，我们便可以调用以上函数了：

```
let difference = subtract(1, 2);     // 获得-1
difference = subtract(1, 2, 3);      // 获得-4
difference = subtract(1, 2, 3, 4);  // 错误，subtract()函数没有接受 4 个参数的重载
```

不难发现，以上前两行代码都是合法的。但第三行不是，因为 add()函数没有接受 4 个参数的重载。如果要使第三行代码也变得合法，我们可以为 add()函数添加接受 4 个参数的重载。

只是此处不再打算演示这样的添加，因为我们还有新的任务需要完成，那就是了解箭头函数。

说明

TypeScript 中的重载函数之所以不能包含实现，是因为这样会导致多个同名的函数被输出到编译后的 JavaScript 代码中，而 JavaScript 中同名的函数会被覆盖。

3.2.5　箭头函数

在了解箭头函数之前，让我们先在项目目录 functions（如果项目中没有这个目录，那么需要先创建

这个目录）下新建一个名为 arrow-functions 的子文件夹，然后在这个子文件夹下新建一个名为 index.ts 的 TypeScript 文件，并将代码清单 3-15 复制到这个文件中。

代码清单 3-15 functions/arrow-functions/index.ts

```
export { } // 使当前文件成为一个模块

// 人类构造函数
function Person() {
    this.age = 1;
}
// 设置构造函数 Person 上的实例方法 grow()
Person.prototype.grow = function () {
    setInterval(function () {
        console.log(this.age++);
    }, 2000);
}
// 创建人类对象，并调用其方法 grow()
new Person().grow();
```

说明

以上方法 grow()没有被定义在构造函数中，因为这样可以避免方法 grow()（同时也是对象）被重复地创建带来的内存浪费。如果要了解方法定义的更多相关细节，请参考由 Nicholas C.Zakas 著、李松峰和曹力翻译的《JavaScript 高级程序设计》。

以上代码的意图是创建一个描述人类的年龄和成长的构造函数，然后创建一个人类对象并调用其 grow()方法来体现人类对象的成长，即连续地向控制台输出其自增的年龄。

但如果运行以上代码的编译结果，我们得到的却是连续被输出的 NaN，而非期待的 1、2、3……

为什么会这样呢？因为以上定时器回调函数中的 this 对象不是随后被创建的人类对象，this.age 访问的也就不是人类对象的 age 属性。

那么它指向的到底是什么呢？为了回答这个问题，我们需要知道 this 作为函数内置的对象，其取值会因函数被调用的方式的不同而不同：

（1）当函数在全局作用域中被直接调用时，其中的 this 对象为 JavaScript 运行时中的全局对象，比如，浏览器中的 window 以及 Node.js 中的 global——但在 strict 模式下为 undefined；

（2）当函数被当作构造函数调用时，其中的 this 对象为当前正在被构造的对象；

（3）当函数被当作对象的方法调用时，其中的 this 对象为正在调用当前方法的对象；

（4）当函数通过 call()函数或 bind()函数被调用时，其中的 this 对象为 call()或 bind()这两个函数提供的对象。

显然，以上定时器回调函数是由 JavaScript 运行时在全局作用域中直接调用的，并且以上代码的编译结果采用的是 strict 模式，因此，其中的 this 对象的值就是 undefined。

说明

打开以上代码的编译结果文件 functions/arrow-functions/index.js，我们会发现其中头部有一行字符串指令"use strict"，这个指令会使整个文件运行在 strict 模式下。

若要使 TypeScript 文件的编译结果文件中不包含指令"use strict"，我们可以在 TypeScript 项目配置文件中添加一个名为 noImplicitUseStrict 的编译器选项，并将其值设置为 true——本书案例没有这么做。

那么，这是不是就意味着以上定时器函数就再也无法访问相应的人类对象了呢？当然不是，为了解决这个问题，有经验的开发人员会将以上代码修改至如代码清单 3-16 所示。

代码清单 3-16 functions/arrow-functions/index.ts

```
// 人的构造函数
function Person() {
    this.age = 1;
}
// 设置构造函数 Person 上的实例方法 grow()
Person.prototype.grow = function () {
    // 获得方法 grow()内的 this 对象，即正在调用 grow()方法的人类对象
```

```
    let that = this;

    setInterval(function () {
        // 通过闭包中的变量 that 获得人类对象
        console.log(that.age++);
    }, 2000);
}
// 创建人类对象，并调用其方法 grow()
new Person().grow();
```

以上修改将 grow()方法内置的 this 对象赋给了一个变量 that，由于 grow()方法随后是通过被创建的人类对象调用的，因此其中的 this 对象就是随后被创建的人类对象，而被赋值为这个 this 对象的变量 that 引用的也是随后被创建的人类对象。

以上修改还将计时器回调函数中的 this 换成了变量 that，而这个 that 显然就是 grow()方法（计时器回调函数的闭包环境）中的同名变量，因此它引用的就是随后被创建的人类对象，而“that.age++”也就是在对人类对象的 age 属性进行自加。

也就是说，如果我们现在保存以上代码并执行其编译结果，那么将得到期望的输出，即连续的年龄 1、2、3……

但为了得到这个结果，我们定义了一个额外的变量 that。为了避免以上麻烦，TypeScript（以及 ES 2015）引入了箭头函数（Arrow Function），因此我们可以在箭头函数的帮助下将以上代码精简至与代码清单 3-17 一致。

代码清单 3-17　functions/arrow-functions/index.ts

```
// 人的构造函数
function Person() {
    this.age = 1;
}
// 设置构造函数 Person 上的实例方法 grow()
Person.prototype.grow = function () {
    setInterval(() => {
        // 箭头函数没有内置的 this 对象，因此当前 this 对象为 grow()方法中的 this 对象
        console.log(this.age++);
    }, 2000);
}
// 创建人类对象，并调用其方法 grow()
new Person().grow();
```

以上“() => { console.log(this.age++); }”就是箭头函数，在形式上，它和前面介绍的函数类型比较像，其中圆括号“()”包围的内容为参数列表（这个列表中可以包含参数），花括号“{}”包围的内容为函数体——以上代码中省略了圆括号后面的返回类型，即 void。

除了形式的特别，相信仔细的读者还注意到了以上箭头函数中的另一个特别之处，那就是它又用回了 this 对象。只是这一次的 this 对象的值不再是 undefined，为了知道它的值是什么，我们需要先明白有关箭头函数的以下几个特点：

（1）箭头函数不管以什么方式被调用，其中都没有内置的 this 对象；

（2）如果在箭头函数中访问 this 对象，那么这个 this 对象是箭头函数所处的闭包环境中最近的封闭函数内的 this 对象；

（3）如果箭头函数没有处在闭包环境中，那么箭头函数中访问的 this 对象就是 JavaScript 运行时中的全局对象，比如，浏览器中的 window 对象——这一规则与当前文件是否采用 strict 模式无关。

基于以上规则我们可以知道，以上箭头函数中的 this 对象为封闭它的 grow()方法内置的 this 对象。而在前面我们已经知道，grow()方法中内置的 this 对象就是调用这个方法的人类对象，因此以上代码仍将输出我们期望的结果，即连续的年龄 1、2、3……

至此，我们已经感受到了箭头函数带来的便利，因此在今后的开发中，我们将会尽可能地用箭头函数代替通过关键字 function 定义的函数。

比如，当定义函数变量时，我们完全可以像以下代码这样做：

```
// 除法箭头函数
let divide = (x: number, y: number): number => {
    return x / y;
}
// 平方箭头函数
let square = (x: number): number => Math.pow(x, 2);
```

以上代码定义了两个分别用于除法计算和平方计算的箭头函数变量，其中 square 的函数体没有被包围在花括号中，并且省略了方法返回关键字 return——这是被允许的，因为 TypeScript 允许我们对函数体中有且只有一条 return 语句的箭头函数这样做。

此外，在调用数组的 forEach()、filter()、map()和 reduce()等函数时，我们通常也会提供箭头函数作为它们需要的回调函数。比如，当对数字数组进行累加时，我们会这样做：

```
let sum = [1, 2, 3].reduce((p, c) => p + c); // 得到6
```

在后面的学习中，我们还会看到更多这样的例子，此处便不再展示更多。接下来，我们的任务是开始了解 TypeScript 中另一个重要的概念，即类。

说明

箭头函数不能被当作构造函数使用，其中除了没有内置的 this 对象，也没有内置的 arguments 对象、new.target 对象和 super()函数。

此外，由于 Node.js 模块是执行在 Node.js 的 require()函数中的，因此 Node.js 模块顶层的箭头函数访问的 this 对象是这个 require()函数内置的 this 对象——而非全局对象 global。

3.3 类

在 3.2 节中，我们创建了一个人类构造函数。为了避免其 grow()方法被重复地创建导致的内存浪费，我们将其 grow()方法定义到了其原型 prototype 上。

但掌握原型（链）的使用对不少 JavaScript 初学者来说都不是一件容易的事，为了使事情变得简单，TypeScript（以及 ES 2015）引入了类（Class）的概念，以使我们可以在不关心原型的情况下，基于类创建避免内存浪费的对象。

那么 TypeScript 中的类是怎样的呢？以下就是一个简单的类的定义：

```
class Calculator {
    constructor() {
        console.log('构造了一个计算器对象');
    }
}
```

这段代码使用关键字 class 定义了一个计算器类，其中包含一个特殊的函数 constructor()。这个函数被称为构造函数，当我们实例化类的对象时，类的构造函数会被调用。

说明

不同于函数和变量采用**小驼峰命名法**，类的名字通常采用**大驼峰命名法**（也叫帕斯卡命名法），即每一个单词的首字母都大写。本书后面将要介绍的接口和命名空间的名字仍然会采用这种命名法。

接下来，我们可以实例化一个计算器对象：

```
let calculator: Calculator = new Calculator(); // 输出"构造了一个计算器对象"
```

以上代码声明了一个类型为计算器类 Calculator 的变量 calculator，并将表达式 new Calculator()的结果赋给了这个变量。

说明

和我们在 3.1 节定义的枚举 Sex 一样，类 Calculator 也是一个由我们自己创建的类型。

当这行代码被执行时，计算器类 Calculator 的构造函数 constructor()会被执行，因此控制台中会被输出内容为“构造了一个计算器对象”的字符串。当这个构造函数被执行完时，一个计算器对象便会被创建，并且这个对象的引用会被赋给变量 calculator。

此外，在有些情况下，类的构造函数是可以被省略的。比如，以上计算器类的构造函数并没有起到什么实际的作用，因此我们完全可以将其省略，从而使计算器类被精简至以下形式：

```
class Calculator {
}
```

尽管我们省略了计算器类的构造函数，但其实它会获得一个隐式的构造函数，因此我们仍然能够使用关键字 new 实例化一个计算器对象：

```
let calculator: Calculator = new Calculator(); // 不输出任何内容
```

类的隐式构造函数除了用于构造类的实例之外不承担任何其他职责，因此当以上代码被执行时，控制台中不会再被输入任何内容。

至此，我们了解了类的基本概念。而接下来我们将继续深入了解类的更多细节，比如类的实例成员。

3.3.1　实例成员

类的成员分三种，即属性、访问器和方法。同时这三种成员还有实例和静态之分，在本节中，我们的任务是了解类的实例属性、实例访问器和实例方法，而在 3.3.2 节我们将了解类的静态属性、静态访问器和静态方法。

1. 属性

刚刚我们创建了一个计算器类，现在我们打算给它添加一些特征，比如计算结果的精度。为此我们需要对刚刚创建的计算器类进行一番小小的修改，使其与以下代码一致：

```
class Calculator {
    precision: number = 2; // 计算结果精度属性，表示计算结果应保留 2 位小数
}
```

我们在计算器类的内部添加了一条类似于变量声明的语句，但其实这是一条实例属性（Property）定义语句：它为计算器类 Calculator 定义了一个类型为 number、初始值为 2 的计算结果精度属性 precision。

注意

定义类的属性和在构造函数中定义的对象属性不一样，它不需要也不能使用前缀 this.，接下来的访问器和方法的定义也是如此。

由于 precision 是计算器类的实例属性，因此当需要访问它时，我们需要先构造一个计算器实例：

```
let calculator: Calculator = new Calculator();
let precision: number = calculator.precision; // 得到 2
```

以上代码实例化了一个计算器对象，接着访问了这个对象的属性 precision，从而使同名变量 precision 获得这个属性的初始值，即数字 2。

反过来，我们也可以给对象的属性赋值：

```
calculator.precision = 3; // 计算器对象的属性 precision 的值被修改为 3
```

既然对象的属性可以被赋值，那么我们自然也可以在定义类时不指定其中的属性的初始值，因此以下新增属性的定义仍然是合法的：

```
class Calculator {
    precision: number = 2; // 精度属性，表示计算结果应保留 2 位小数
    maxOperand: number;     // 最大操作数属性，表示能计算的最大数
    minOperand;             // 最小操作数属性，表示能计算的最小数
}
```

我们给计算器类新增了两个属性，即最大操作数属性 maxOperand 和最小操作数属性 minOperand。不同于属性 precision，这两个属性在定义时都未被指定初始值，因此当新的计算器对象被实例化时，

这个对象的 maxOperand 和 minOperand 两个属性的值会被默认为 undefined。

此外，minOperand 属性还未被指定类型，因此它会获得一个默认类型，即 any。

说明

不显式指定属性、访问器和方法的类型，从而使它们获得默认类型 any 不是好的编程习惯。

显然，我们不希望计算器对象的最大操作数和最小操作数的是 undefined，因此我们需要给它们提供有实际意义的值：

```
let calculator1: Calculator = new Calculator();
calculator1.maxOperand = 100;
calculator1.minOperand = -100;
```

我们实例化了一个新的计算器对象，然后将其最大操作数和最小操作数分别设置成了 100 和−100。接下来每当要实例化一个新的计算器对象时，我们都需要按照以上方式分别设置新计算器对象的最大操作数和最小操作数。可以想象，这是很容易让人厌烦的一件事，好在我们还有构造函数。

我们已经知道类的构造函数是一个特殊的函数，它总是会在实例化类的对象时被调用。但我们还不知道的是，类的构造函数没有返回类型，但可以有参数列表，并且其参数列表中同样可以出现常规参数、可选参数、默认参数和剩余参数。

接下来，就让我们给计算器类 Calculator 添加一个接收两个常规参数的构造函数，从而使计算器对象的 maxOperand 和 minOperand 属性的赋值变得更加简便。

```
class Calculator {
    precision: number = 2;
    maxOperand: number;
    minOperand: number;

    constructor (maxOperand: number, minOperand: number) {
        this.maxOperand = maxOperand;
        this.minOperand = minOperand;
    }
}
```

以上代码首先补充了属性 minOperand 的类型，接着按照要求添加了一个构造函数，构造函数中的代码则将其接收的两个参数分别赋给了属性 maxOperand 和 minOperand。

我们给构造函数定义的参数名与对应的目标参数的名字完全一样（这并非必需的，而是惯例）。在构造函数的函数体中，当这个名字的前面被添加了前缀 this.时，它指代的是属性；否则，指代的是参数。

事实上，TypeScript 的语法规则要求我们，当在类中访问类的实例成员时，我们必须在成员的前面添加前缀 this.，因为这样可以有效地防止指代错误。因此，如果将以上构造函数换成以下形式，我们将得到 TypeScript 编译器抛出的异常：

```
constructor (max: number, min: number) {
    maxOperand = max;
    minOperand = min;
}
```

以上代码的错不在于参数的名字没有与对应的属性名一致，而在于 maxOperand 和 minOperand 的前面没有被添加前缀 this.，TypeScript 编译器不会认为它们是计算器类的属性，从而认为它们是不存在的。

现在我们知道了构造函数的作用以及在类中访问类的实例成员的规则，接下来我们便可以综合运用它们，从而以更加简便的方式实例化一个新的计算器对象了：

```
let calculator2: Calculator = new Calculator(100, -100);
console.log(calculator2.precision);  // 输出 2
console.log(calculator2.maxOperand); // 输出 100
console.log(calculator2.minOperand); // 输出-100
```

至此，我们给计算器类定义了三个属性，而这些属性的作用都是用于描述计算器的特征。在今后的学习和开发中，当需要通过 TypeScript 描述一类事物时，我们总是会使用类；当需要描述这类事物的特征时，我们通常会使用属性。但有时候，我们可能还会使用访问器。

说明

和可选参数（Optional Parameter）类似，TypeScript 中的类还可以有可选属性（Optional Property），比如，以上计算器类的精度属性被写成“precision?: number”就变成了一个可选属性。可选属性的值可以被赋为 undefined，因为可选属性的本质是一个类型为联合类型的普通属性，比如“precision?: number”的类型就是 number | undefined——本书第 4 章将介绍联合类型的相关细节。

2. 访问器

属性在面对外界的访问时总是显得过于沉默，比如，以下代码可以随意地修改计算器的精度、最大操作数和最小操作数，但却没有任何人知道它们发生了修改：

```
calculator2.precision = 3;
calculator2.maxOperand = 10;
calculator2.minOperand = -10;
```

为了使属性的修改可以被监测，TypeScript（以及 ECMAScript 5.1）引入了访问器（Accessor）的概念。为了在 TypeScript 中使用访问器，我们需要先修改当前项目的 TypeScript 项目配置文件，使其内容与代码清单 3-18 一致。

代码清单 3-18　tsconfig.json

```
{
    "compilerOptions": {              // 编译器选项
        "sourceMap": true,            // 生成源映射文件
        "module": "commonjs",         // 将 TypeScript 模块编译成 CommonJS 模块
        "strictNullChecks": true, // 阻止 null 和 undefined 被赋给其他类型的变量
        "target": "es5" // 使当前项目兼容 ES5 的语法，并将编译结果输出为兼容 ES5 的 JavaScript 代码
    }
}
```

以上代码新增了一个名为 target 的编译器选项，并将其值设置为 es5。这意味着当前项目中的 TypeScript 代码将遵循 ES5 规范，并且会被编译成遵循 ES5 规范的 JavaScript 代码。

说明

编译器选项 target 可选的取值还有 es3（默认值）、es2015（es6）、es2016 和 es2017 等，其不同的取值意味着项目中的 TypeScript 代码将遵循相应的不同 ECMAScript 版本的规范，并会被编译成遵循相应的不同 ECMAScript 版本规范的 JavaScript 代码。

尽管关键字 let 和 class 是 ES 2015 中的特性，但由于这两个关键字过于常用，因此即使项目的编译器选项是低于 ES 2015 的 ES 3 或 ES 5，TypeScript 编译器仍然允许我们在项目中使用它们，并将它们编译成具备相同功能的关键字 var 和 function。

由于当前项目已经遵循了 ES5 规范，因此我们现在可以向计时器类 Calculator 添加 ES5 规范中的访问器，从而使其定义代码与以下代码一致：

```
class Calculator {
    _precision: number = 2; //按照惯例，通过访问器访问的属性的名字以下画线开头
    maxOperand: number;
    minOperand: number;

    /**
     * 访问器，访问属性_precision
     */
    get precision(): number {
        console.log('获取属性_precision 的值')
        return this._precision;
    }

    /**
     * 设置器，设置属性_precision
     */
    set precision(value: number) {
        console.log('设置属性_precision 的值')
        this._precision = value;
```

```
    }

    constructor(maxOperand: number, minOperand: number) {
        this.maxOperand = maxOperand;
        this.minOperand = minOperand;
    }
}
```

访问器的本质是函数，而以上代码中以标识符 get 和 set 开头的函数就是一对访问器。其中以 get 开头的被称为读取器（Getter），通过它我们可以读取一个属性的值；以 set 开头的则被称为设置器（Setter），通过它我们可以设置一个属性的值。

成对的访问器（即读取器和设置器）的名字必须是相同的，因此以上代码中的访问器都被命名为 precision。另外，按照惯例通过访问器访问的属性的名字应该是下画线加访问器的名字，因此以上精度属性被重命名成了_precision。

访问器的本质虽然是函数，但我们不能像调用方法那样调用它们，而应该像访问属性那样访问它们，比如，下面就是以上访问器 precision 的一个使用例子：

```
let calculator3 : Calculator = new Calculator(100, -100);
// 获取属性_precision 的初始值，得到 2
let precision: number = calculator3._precision
// 通过读取器读取属性_precision 的值，仍然得到 2
precision = calculator3.precision; // 控制台被输出"获取属性_precision 的值"

// 通过设置器将属性_precision 的值设置为 3
calculator3.precision = 3;          // 控制台被输出"设置属性_precision 的值"
// 再次通过读取器读取属性_precision 的值，得到 3
precision = calculator3.precision; // 控制台被输出"获取属性_precision 的值"
```

以上加粗显示的就是访问器的使用代码，可以看到，它们确实和属性的使用没有任何区别，但如果我们留意控制台的变化，就会发现这三行代码被执行时，控制台中会被输出内容为“获取属性_precision 的值”和“设置属性_precision 的值”的信息。

聪明的读者应该早已猜到，当我们通过读取器读取属性_precision 的值时（precision = calculator.precision），读取器的函数体会被执行，而控制台中此时被输出的信息正是读取器的函数体中的 console.log()输出的；相应地，当我们通过设置器设置属性_precision 的值时（calculator.precision = 3），设置器的函数体内的代码会被执行，而控制台中此时被输出的信息正是设置器的函数体中的 console.log()输出的。

或许读者还早就注意到以上访问器和设置器的一个不同，即访问器被指定了返回类型 number，而设置器被定义了一个 number 类型的参数 value。一方面，为访问器指定返回类型不是必须做的，但根据 3.2.2 节的内容可以知道，这是被推荐的。另一方面，为设置器定义参数却是必须做的，并且它只接收一个常规参数，而这个参数的类型必须和对应的访问器的返回类型完全一样。

最后读者可能会问，访问器必须成对出现吗？设置器的参数名必须是 value 吗？访问器在实际开发中有什么用？

对于前两个问题，答案都是否定的。定义单独的读取器可以实现只读的属性，定义单独的设置器可以实现只写的属性。设置器的参数名被设置为 value，这虽不是必须做的，却是被推荐的惯例。

至于访问器在实际开发中有什么用，首先本节开头便回答了这个问题，而在本书后面的“天天菜园”案例中我们还将对其作用有更加真实的体验。但在获得此体验之前，我们还需要了解类的最后一个实例成员，即方法。

说明

TypeScript 中的访问器最终是通过 JavaScript 中的 PropertyDescriptor 实现的，其 enumerable 属性和 configurable 属性的值都是 true，因此它可以被迭代、删除和修改。

3. 方法

我们的计算器类已经定义很久了，但至今都无法实现真正的计算，因为它还缺少一些能够实现计算行为的方法（Method）。现在我们要做的，就是给计算器类添加这些方法，使其与以下代码一致：

```
class Calculator {
    _precision: number = 2;
    maxOperand: number;
    minOperand: number;

    // ...省略的访问器和构造函数

    /**
     * 加法
     * @param x 加数
     * @param y 加数
     */
    add(x: number, y: number): number {
        let areOperandsLegal: boolean = this.checkOperands(x, y);
        if (!areOperandsLegal) {
            throw '非法的操作数';
        }

        let fixed: string = (x + y).toFixed(this._precision); // 保留指定位数的小数
        return +fixed; // 将字符串转换成数字
    }

    /**
     * 减法
     * @param x 被减数
     * @param y 减数
     */
    subtract(x: number, y: number): number {
        let areOperandsLegal: boolean = this.checkOperands(x, y);
        if (!areOperandsLegal) {
            throw '非法的操作数';
        }

        let fixed: string = (x - y).toFixed(this._precision); // 保留指定位数的小数
        return +fixed; // 将字符串转换成数字
    }

    /**
     * 判断参与运算的两个操作数是否合法
     * @param x 操作数 1
     * @param y 操作数 2
     */
    checkOperands(x: number, y: number): boolean {
        if (x > this.maxOperand || x < this.minOperand) {
            console.log('操作数 x 超出了可计算数的范围');
            return false;
        }

        if (y > this.maxOperand || y < this.minOperand) {
            console.log('操作数 y 超出了可计算数的范围');
            return false;
        }

        return true;
    }
}
```

我们给计算器类添加了三个方法，即加法运算方法 add()、减法运算方法 subtract()和操作数合法性检测方法 checkOperands()。其中操作数合法性检测方法不用于计算，仅用于检测加法运算方法和减法运算方法接收的操作数（参数）的合法性。

说明

方法的本质是函数，只是在面向对象编程的世界里，被封装成为类的成员的函数被称为方法。但构造函数并非类的成员，因此它不被称为构造方法。

此外，如果查看以上代码的编译结果，就会发现以上 Calculator 被编译成了 JavaScript 中同名的构造函数，以上三个方法则被编译到了这个构造函数的原型上——TypeScript 编译器已经为我们考虑好了避免内存浪费的问题。

方法和属性以及访问器一样，需要通过对象来调用，因此当需要调用以上加法运算方法和减法运算方法时，我们需要先构造一个计时器实例：

```
let calculator4: Calculator = new Calculator(100, -100);
let sum: number = calculator4.add(12.1212, 45.4545); // 加法计算，得到 57.58
let difference: number = calculator4.subtract(12.1212, 45.4545); // 减法计算，得到-33.33
```

最后需要说明的是，由于方法和函数的本质是一样的，因此它也可以接收可选参数、默认参数和剩余参数，同样拥有类型，并且也可以被重载。

由于我们之前介绍过这些特性，因此此处便不再赘述。接下来，我们可以把节省下来的时间放在类的静态成员的了解上。

3.3.2 静态成员

类的静态成员和实例成员是一个相对的概念，为了说明这个概念，先让我们回到以下实例成员的例子中：

```
let calculator5: Calculator = new Calculator(10, -10);
let sum5: number = calculator5.add(20, 20); // 得到 undefined，因为加数超出了范围
let calculator6: Calculator = new Calculator(100, -100);
let sum6: number = calculator6.add(20, 20); // 得到 40
```

我们实例化了两个计算器对象，并通过它们进行了两次加法运算，尽管我们向这两次运算提供的加数都是一样的，但由于第一个计算器能接收的操作数的范围比较小，因此第一次运算返回了 undefined。

事实上，同一类计算器能接收的操作数的范围应该是固定的，不同的计算器实例应该共享同一个操作数范围，而不应该各自有自己的范围。显然，实例属性无法实现这一要求，此时静态属性便应运而生。

1. 属性

接下来，就让我们通过静态属性来对计算器类进行一番改造：

```
class Calculator {
    _precision: number = 2;
    static maxOperand: number; // 静态属性
    static minOperand: number; // 静态属性

  // ...省略的访问器

    // 移除了参数
    constructor() {
    }

    // ...省略的实例函数 add()和 subtract()

    /**
     * 判断参与运算的两个操作数是否合法
     * @param x 操作数 1
     * @param y 操作数 2
     */
    checkOperands(x: number, y: number): boolean {
        if (x > Calculator.maxOperand || x < Calculator.minOperand) {
            console.log('操作数 x 超出了可计算数的范围');
            return false;
        }

        if (y > Calculator.maxOperand || y < Calculator.minOperand) {
            console.log('操作数 y 超出了可计算数的范围');
            return false;
        }

        return true;
    }
}
```

我们对计算器类做了三处修改：一是给参数 maxOperand 和 minOperand 各添加了一个修饰符 static；二是移除了构造函数的参数和其内的赋值代码；三是将函数 checkOperands()内的 this.maxOperand 和

this.minOperand 分别替换成了 Calculator.maxOperand 和 Calculator.minOperand。

以上修改中的修饰符 static 就是类的静态成员的修饰符，因此经过以上修改之后计算器类的 maxOperand 和 minOperand 便成了静态属性。

静态属性在使用上和实例属性有一个区别，即实例属性在类的内部必须通过关键字 this 访问，在类的外部必须通过类的实例访问；而静态属性通常都需要通过封装它的类来访问，因此以上修改后的方法 checkOperands()内的静态属性 maxOperand 和 minOperand 的前缀都由 this.换成了 Calculator.。

至此，我们了解了静态属性的定义和使用规则，接下来就来看看它将如何帮助我们避免多个计算器实例有不同操作数范围的问题：

```
// 设置静态属性的值
Calculator.maxOperand = 100;
Calculator.minOperand = -100;

let calculator7: Calculator = new Calculator();
calculator7.precision = 2;
let sum5: number = calculator7.add(20.123, 20.123); // 得到 40.24

let calculator8: Calculator = new Calculator();
calculator8.precision = 3;
let sum6: number = calculator8.add(20.123, 20.123); // 得到 40.246
```

首先，我们将计算器类的静态属性 maxOperand 和 minOperand 分别赋值为 100 和−100；其次，我们先后构造了两个计算器实例，并通过设置器 precision 分别将它们的实例属性_precision 的值赋为 2 和 3；最后，我们使用相同的参数调用了它们的加法运算方法 add()，并得到了两个不同精度的值，即 40.24 和 40.246。

在以上加法运算中，两个计算器实例都通过表达式 Calculator.maxOperand 和 Calculator.minOperand 共享了计算器类的操作数范围，而非通过各自的同名实例属性拥有不同的操作数范围。因此，当这两个计算器实例检测它们的加法运算方法 add()接收到的参数的合法性时，都获得了代表合法的 boolean 结果 true，从而使它们的 add()方法都得以继续执行。

那么，为什么最终我们会获得不同精度的结果呢？因为计算器类的精度属性_precision 不是静态的，这使以上两个计算器实例都有各自的实例精度属性，而它们各自拥有的这个属性分别被赋予了不同的值（即 2 和 3），这最终使不同的计算器实例的 add()方法返回了不同精度的结果。

至此，我们可以总结出类的实例属性和静态属性的区别：实例属性在类的内部必须通过关键字 this 访问，而静态属性通常需要通过类来访问；实例属性仅属于单个实例，而静态属性可以被所有实例共享。

为什么说静态属性通常而非必须通过类来访问呢？因为在静态访问器和静态方法中，我们也可以通过关键字 this 来访问静态属性。

2. 访问器

静态属性面临着和实例属性一样的问题，即对外界的访问显得过于沉默，因此 TypeScript 中同样允许类的静态访问器的存在。为了体验静态访问器的使用，让我们再次对计算器类进行一番修改，使其与以下代码一致：

```
class Calculator {
    _precision: number = 2;
    static _maxOperand: number; // 按照惯例，通过访问器访问的属性的名字以下画线开头
    static minOperand: number;

    // ...省略的精度访问器

    /**
     * 静态读取器，访问静态属性_maxOperand
     */
    static get maxOperand(): number {
        console.log('读取静态属性_maxOperand 的值');
        return Calculator._maxOperand;
    }
```

```
    /**
     * 静态设置器，设置静态属性_maxOperand
     */
    static set maxOperand(value: number) {
        console.log('设置静态属性_maxOperand的值');
        this._maxOperand = value; // this的是当前类，而非实例
    }

    // ... 省略的构造函数和实例方法
}
```

我们对计算器类做了两次修改：一是添加了一对与静态属性 maxOperand 同名并被标识符 static 修饰了的访问器；二是在静态属性 maxOperand 的名字前面添加了一个下画线。

显然，上面添加的访问器就是一对静态访问器，而通过它们读取和设置的静态属性便是按照惯例被重命名后的_maxOperand。

静态访问器遵守和实例访问器一样的规则，即其中的静态读取器应该被指定返回类型，而静态设置器在必须且只能接收一个参数的同时不能被指定返回类型，并且静态读取器的返回类型必须和静态设置器的参数的类型相同。

此外，静态访问器还需要遵守另一个规则，那就是其函数体内不能访问类的实例成员，只能访问类的静态成员。比如，以上静态访问器都只访问了计算器类的静态属性_maxOperand，不同的是其中的读取器访问_maxOperand 时使用的前缀是 Calculator.，而设置器使用的是访问实例成员的前缀 this.。

事实上，关键字 this 在静态访问器（及稍后我们将了解的静态方法）内指向的不是类的实例，而是类本身。因此，以上静态访问器中的 Calculator._maxOperand 和 this._maxOperand 是等价的，即都是计算器类的静态属性_maxOperand。

至此，我们了解了静态访问器的定义规则，接下来看看应该如何使用它们：

```
// 通过静态访问器设置静态属性_maxOperand的值
Calculator.maxOperand = 100; // 控制台中被输出"设置静态属性_maxOperand的值"
Calculator.minOperand = -100;
let calculator9: Calculator = new Calculator();
let sum: number = calculator9.add(20, 20); // 得到40
```

不出所料，静态访问器在使用上和静态属性没有任何区别，当以上第一行代码被执行时，静态访问器 maxOperand 的设置器部分会被调用，因此控制台中会被输出“设置静态属性_maxOperand 的值”，而随后静态属性_maxOperand 的值便会被设置为 100。

至此，我们便掌握了静态访问器的定义和使用规则，根据这一规则，我们还可以给计算器类添加一个静态的最小操作数访问器，从而使对计算器类的最小操作数静态属性的访问也变得可知。

但此处不打算演示相应的实现过程，我们把它留给读者练习。

3. 方法

事实上，现在我们应该可以猜测到类的静态方法应该如何定义了，比如，在打算给计算器类添加一个静态的操作数范围重置方法时，我们可以这样做：

```
class Calculator {
    _precision: number = 2;
    static _maxOperand: number = 100;  // 设置初始值
    static _minOperand: number = -100; // 设置初始值

    // ...省略的实例访问器和静态访问器

    // ...省略的构造函数

    /**
     * 重置操作数范围
     */
    static resetOperandRange(): void {
        Calculator._maxOperand = 100;
        this._minOperand = -100;
```

```
    }

    // ...省略的实例方法
}
```

以上代码假设我们完成了前面的作业，然后给计算器类的静态属性_maxOperand 和_minOperand 各设置了一个初始值，最后还给计算器类添加了一个被静态标识符 static 修饰了的方法 resetOperandRange()。

显然，以上 resetOperandRange()方法就是一个静态方法，而这个方法的作用是将计算器类的_maxOperand 和_minOperand 两个静态属性重置回它们的初始值——静态方法内的关键字 this 指向的不是类的对象，而是类本身。

接下来，我们也应该已经猜测到了应该如何调用类的静态方法。比如，要调用以上 resetOperandRange()方法时，我们会这么做：

```
Calculator.maxOperand = 200;
Calculator.minOperand = -200;
let calculator: Calculator = new Calculator();
let sum = calculator.add(150, -150);  // 得到 0

Calculator.resetOperandRange();        // 将最大操作数和最小操作数分别重置回 100 和-100
sum = calculator.subtract(150, -150); // 得到 undefined，操作数超出范围
```

以上第一次加法运算是合法的，因为其接收的两个加数都在计算器类的合法操作数范围之内；而最后一次减法运算是非法的，因为在进行这次减法运算之前，我们通过计算器类的名字调用了其静态方法 resetOperandRange()，从而将计算器类的合法操作数范围重置回−100 到 100 之间。

是不是和读者猜测的完全一样？在类的外部使用其静态方法时，我们只需要通过类的名字访问即可；而在类的内部使用其静态方法时，我们既可以使用类的名字访问它，也可以使用关键字 this 访问它。

至此，我们掌握了类的所有静态成员的定义和使用规则。结合 3.3.1 节的内容，我们可以将类的实例成员和静态成员的区别总结如下：

① 实例成员的定义不需要静态标识符 static，而静态成员的定义需要静态标识符 static；

② 实例成员在类的内部必须通过关键字 this 访问，而静态成员在类的内部可以通过关键字 this 或类名访问，但在类的外部则必须通过类名访问；

③ 实例访问器和方法可以访问静态成员，但静态访问器和方法不能访问实例成员；

④ 实例成员仅属于一个实例，而静态成员则被封装它的类和这个类的所有实例共享。

以上前三个区别都是 TypeScript 语法的要求，即使我们没有记住它们 VS Code 也会给出相应的提示；而最后一个区别，则需要我们自己在学习和开发的时候多加注意。特别是当通过某个实例的实例方法修改了类的静态属性的值时，我们需要知道这个修改会影响其他实例对这个静态属性的使用——因此这一做法是不被推荐的。

至此，我们便完成了类的实例成员和静态成员的学习。通过对其中的方法和前面提到的函数的对比，读者会发现它们的作用都是用于实现某个算法，但同时也可能会产生一个疑惑，即我们应该在什么时候使用函数？又应该在什么时候使用方法？

对于这个问题没有一个标准的答案，如果读者是函数式编程的忠实粉丝，那么会更倾向于使用函数；而如果读者是“面向对象控”，那么可能更喜欢将所有算法都封装到类的方法中。但稍微变通一点的选择是，在够用的情况下使用函数，在合适的情况下使用类的方法。

另外，熟知其他编程语言的读者可能会有这样一个疑问，即 TypeScript 中有静态类吗？答案是没有，但 3.3.7 节将介绍如何在 TypeScript 中模拟静态类。

在这么做之前，让我们再来看看与类的成员相关的另一个概念，即可选成员。

3.3.3　可选成员

类的可选成员包括可选属性（Optional Property）和可选方法（Optional Method）——类没有可选访问器。

1. 可选属性

所谓可选属性，是指类型不为undefined但值可被赋为undefined的实例或静态属性。以下代码是可选属性的一个定义示例：

```
class Calculator {
    precision?: number;          // 可选的精度属性

    static maxOperand?: number; // 可选的静态最大操作数属性
    static minOperand: number;  // 非可选的静态最小操作数属性
}
```

以上是一个简化的计时器类Calculator，其实例属性precision和静态属性maxOperand的名字都是以英文问号结尾，因此都是可选属性。

可选属性的值可以被赋为undefined，因此以下代码是合法的：

```
calculator.precision = undefined;
Calculator.maxOperand = undefined;
```

由于可选属性的值可能是undefined，我们不能将它们直接赋给非undefined类型的变量，因此以下代码是非法的：

```
let precision: number = calculator.precision;    // 错误
let maxOperand: number = Calculator.maxOperand; // 错误
```

为了使以上赋值变得合法，我们需要让TypeScript编译器知道以上两个变量不会被赋予undefined，为此需要先给以上两个属性赋非undefined值，如以下代码所示：

```
calculator.precision = 1;
let precision: number = calculator.precision;
Calculator.maxOperand = 100;
let maxOperand: number = Calculator.maxOperand;
```

但有时候我们可以明确地知道可选属性的值不是undefined，这时可以这样做：

```
let precision: number = calculator.precision!;
let maxOperand: number = Calculator.maxOperand!;
```

以上代码结尾的英文叹号被称为非空断言操作符（Non-null Assertion Operator），其作用是告诉TypeScript编译器相应的操作数的值不是空（null或undefined），从而使这个值可以被赋给非空变量。

以上便是有关可选属性的内容，接下来我们再来看看可选方法。

注意 非空断言操作符的作用和类型断言的作用一样，它们无法改变操作对象在运行时的值和类型，因此我们需要确保它们被正确地使用。

2. 可选方法

所谓可选方法，是指类中可以不被实现（不包含方法体）的实例或静态方法。以下是可选方法的一个示例：

```
class Calculator {
    precision?: number;          // 可选的精度属性

    static maxOperand?: number; // 可选的静态最大操作数属性
    static minOperand: number;  // 非可选静态属性

    // 可选的加法计算方法
    add?(x: number, y: number): number;

    // 可选的减法计算方法
    subtract?(x: number, y: number): number {
        return x - y;
    }

    // 可选的最大操作数获取静态方法
    static getMaxOperand?(): number;
```

```
    // 可选的最小操作数获取静态方法
    static getMinOperand?(): number {
        return this.minOperand;
    }
}
```

以上新增的两个实例方法和静态方法的名字都是以英文问号结尾，因此都是可选方法。

可选方法可以不被实现，但也可以被实现。不管是否被实现，当被调用时，可选方法名字的后面都需要添加非空断言操作符：

```
calculator.add!(1, 2);
calculator.subtract!(1, 2);
Calculator.getMaxOperand!();
Calculator.getMinOperand!();
```

但有一种情况例外，那就是这个可选方法被显式地赋予了一个函数值：

```
calculator.add = (x: number, y: number) => x + y;
calculator.add(1, 2);
```

以上便是有关可选方法的内容。在今后的开发中，我们其实很少用到可选方法和可选属性。接下来，让我们再来看一个在今后的开发中同样很少用到的概念，即索引。

3.3.4 索引

在使用 JavaScript 的时候，我们偶尔会遇到通过下标来访问对象的属性的情况，如以下代码所示：

```
var knapsack = { color: 'orange', capacity: 10, material: 'canvas' };
var knapsackColor = knapsack['color']; // 得到"orange"
```

这种情况在 TypeScript 中仍然是被允许的，为了使通过下标访问对象属性这件事情看上去更加理所当然，TypeScript 还引入了索引（Index）的概念。

比如，以下背包类 Knapsack 就封装了一个索引，其中键和值的类型都是 string：

```
class Knapsack {
    [index: string]: string;
}
```

接下来我们可以创建一个背包对象，并向其索引中添加（或从中读取）索引项，如以下代码所示：

```
let knapsack1: Knapsack = new Knapsack();
// 向 knapsack 的索引中添加键为 color 值为 orange 的索引
knapsack1['color'] = 'orange';
// 获得到 undefined，因为我们没有向 knapsack1 添加键为 owner 的索引项
let owner = knapsack1['owner'];
```

封装了索引的类仍然可以封装属性，但属性的类型必须兼容于索引值的类型，如以下代码所示：

```
class Knapsack {
    [index: string]: string;
    material: string; // 包含索引的类可以封装属性
    capacity: number; // 错误：属性的类型必须和索引值的类型一致
}
```

以上新增给背包类 Knapsack 的属性 material 是合法的，因为其类型 string 和索引值的类型相同；但属性 capacity 是非法的，因为其类型 number 不兼容于索引值的类型 string。

由于 JavaScript 中的对象属性除了可以通过字符串下标访问，还可以通过数字下标访问，因此 TypeScript 中的索引键的类型除了可以是 string，也还可以是 number。

比如，以下代码定义了另一个封装了索引的背包类 Packsack，它的索引键的类型就是 number：

```
class Packsack {
    [index: number]: string;
}
```

此外，TypeScript 中的类不只可以封装一个索引，即 TypeScript 中的类其实可以同时封装一个索引键

类型为 string 和一个索引键类型为 number 的索引，但前提是后者的值的类型必须兼容于前者的值的类型。

在多数情况下，我们很少用到索引，但在描述像 CSS 样式这样的键值对集合时，索引是个不错的选择：

```
class Style {
    [index: string]: string | number;
}

let style: Style = { 'width': '200px', 'height': 100, 'backgroundColor': '#ffffff' };
```

了解了索引之后，让我们再来看看与类相关的另一个更为重要的概念，即继承。

3.3.5 继承

继承是面向对象编程语言的三大特性之一，通过继承我们能够复用大量代码，但要在以往的 JavaScript 中实现继承却并非一件容易的事情，比如，其中涉及的原型链（Prototype Chain）就能让很多开发人员头疼。

好在这一困难没有延续到 TypeScript（及 ES 2015）中，因为引进了类（Class）的概念之后，继承在 TypeScript 中获得了它应有的简单——我们不再需要操作原型链。

不信？让我们在项目目录 classes（如果项目中没有这个目录，那么需要先创建它）下新建一个名为 inheritance 的子文件夹，然后在这个子文件夹下新建两个名字分别为 car.ts 和 sports-car.ts 的 TypeScript 文件，并分别将代码清单 3-19 和代码清单 3-20 复制到这两个文件中。

代码清单 3-19 classes/inheritance/car.ts

```
// 汽车类
export class Car {
    color: string;
    run(): void {
        console.log(`${this.color}车在跑。。`);
    }
}
```

代码清单 3-20 classes/inheritance/sports-car.ts

```
import { Car } from "./car"; // 导入汽车类

// 跑车类
export class SportsCar extends Car {
}
```

其中 car.ts 定义并导出了一个汽车类 Car，sports-cart.ts 则导入了 car.ts 导出的汽车类 Car，然后定义并导出了一个通过关键字 extends 继承自汽车类的跑车类 SportsCar。

说明

查看 sportscart.ts 的编译结果读者会发现，TypeScript 考虑了在 JavaScript 中实现继承的方方面面。

为了验证以上继承关系的建立，我们可以在项目目录 classes/inheritance 下新建一个名为 index.ts 的 TypeScript 文件，然后将代码清单 3-21 复制到其中。

代码清单 3-21 classes/inheritance/index.ts

```
import { SportsCar } from "./sports-car"; // 导入跑车类

let sportsCar: SportsCar = new SportsCar();
sportsCar.color = '白色';                    // 访问继承自父类 Car 的属性
sportsCar.run();                             // 调用继承自父类 Car 的方法
```

以上代码从 sports-car.ts 导入了跑车类，然后构造了一个跑车实例 sportsCar，并访问了这个实例继承自父类 Car 的属性 color 和方法 run()。

因此，如果我们保存以上所有代码的编辑，然后在 VS Code 集成终端执行 node 命令“node classes/inheritance/index.js”，那么将得到跑车类 Car 的 run()方法输出的以下内容：

```
白色车在跑。。
```

相信读者已经体会到了继承在 TypeScript 中是多么简单，而通过这种简单的方式，我们还能轻而易举地实现更多级的继承。为了继续体会多级继承，我们需要在项目目录 classes/inheritance 下新建一个名为 super-sports-car.ts 的 TypeScript 文件，并将代码清单 3-22 复制到其中。

代码清单 3-22　classes/inheritance/super-sports-car.ts

```
import { SportsCar } from "./sports-car"; // 导入跑车类

// 超级跑车类
export class SuperSportsCar extends SportsCar {
    nos: number; // 氮氧化物加速系统
    accelerate(): void {
        console.log(`加速 1 分钟，N2O 剩余${--this.nos}千克。。`);
    }
}
```

以上代码定义了一个继承自跑车类 SportsCar 的超级跑车类 SuperSportsCar，但由于跑车类 SportsCar 继承自汽车类 Car，因此超级跑车类 SuperSportsCar 也会通过跑车类 SportsCar 的传递继承汽车类 Car 的成员 color 和 run()。

因此，我们仍然可以通过超级跑车类 SuperSportsCar 的实例访问汽车类 Car 中的属性 color 和方法 run()，为了体验这一点，我们需要修改以上 index.ts 的内容，使其与代码清单 3-23 一致。

代码清单 3-23　classes/inheritance/index.ts

```
import { SportsCar } from "./sports-car"; // 导入跑车类
import { SuperSportsCar } from "./super-sports-car"; // 导入超级跑车类

let sportsCar: SportsCar = new SportsCar();
sportsCar.color = '白色'; // 访问继承自父类 Car 的属性
sportsCar.run();          // 调用继承自父类 Car 的方法

let superSportsCar: SuperSportsCar = new SuperSportsCar();
superSportsCar.color = '红色';  // 继承自 Car 的属性 color
superSportsCar.nos = 11;        // SuperSportsCar 本身的属性 nos
superSportsCar.run();           // 继承自 Car 的方法 run()
superSportsCar.accelerate();    // SuperSportsCar 本身的方法 accelerate()
```

以上新增的代码创建了一个超级跑车对象 superSportsCar，接着我们访问了这个对象传递继承自汽车类 Car 的属性 color 和方法 run()，并访问了其所属类 SuperSportsCar 自身的属性 nos 和方法 accelerate()。

由于传递继承是合法的，因此如果我们保存以上所有代码的编辑，并执行 node 命令“node classes/inheritance/index.js”，那么将得到汽车类 Car 的方法 run()以及超级跑车类 SuperSportsCar 的方法 accelerate()输出的以下内容：

```
红色车在跑。。
加速 1 分钟，N2O 剩余 10 千克。。
```

可以看到，多级继承在 TypeScript 中也很简单。基于这一发现，我们还可以继续定义跑车类的更多子类、超级跑车类的更多子类、或者汽车类的父类，从而形成一个完整的汽车类型树。但在这个过程中，我们需要注意一点，即一个类可以有多个子类，但只能有一个父类。

此外，当为子类提供显式的构造函数时，子类中的显式构造函数必须通过关键字 super 调用父类的构造函数。为了体验这一点，让我们继续在项目目录 classes/inheritance 下新建一个名为 hovercar 的 TypeScript 文件，并将代码清单 3-24 复制到其中。

代码清单 3-24　classes/inheritance/hovercar.ts

```
import { Car } from "./car"; // 导入汽车类

// 飞行汽车类
export class Hovercar extends Car {
    constructor(color: string) {
```

```
        super(); // 调用父类的构造函数
        this.color = color;
    }
}
```

以上代码定义了汽车类 Car 的一个飞行汽车子类 Hovercar，并为其指定了一个显式的构造函数，同时在这个构造函数中调用了一个特殊的函数 super()。

这个特殊函数就是父类 Car 的构造函数——尽管我们没有显式地为 Car 定义一个构造函数，但它会有一个隐式的构造函数。

子类的构造函数在调用父类的构造函数之前不能访问子类或父类的任何实例成员，因此以上代码中对继承自父类的实例属性 color 的赋值不能出现在函数 super()的调用之前——这样可以防止子类构造函数的工作被父类构造函数覆盖。

读者可以试着违背以上规则来查看 TypeScript 编译器给出的错误提示。进行完这样的尝试之后，让我们继续来了解一些与继承相关的概念。

1. 重写

和很多其他编程语言类似，TypeScript 中的子类可以重写（Override）继承自父类中的成员，即在类型兼容的情况下，子类可以定义父类中已有的成员。

为了体验这一点，让我们在项目目录 classes/inheritance 下新建一个名为 electro-car.ts 的 TypeScript 文件，并将代码清单 3-25 复制到其中。

代码清单 3-25 classes/inheritance/electro-car.ts

```
import { Car } from "./car"; // 导入汽车类

// 电动汽车类
export class ElectroCar extends Car {
    // 重写继承自父类的 run()方法
    run(): void {
        super.run();          // 调用父类的 run()方法
        console.log('我是烧电的。。');
    }
}
```

以上代码定义了一个继承自汽车类 Car 的电动汽车子类 ElectroCar，并为其重写了方法 run()——父类 Car 中已有这个方法。

子类中重写的方法可以通过关键字 super 访问父类中被重写的那个方法，因此以上重写的 run()方法中的“super.run()”调用的就是父类 Car 中被重写的 run()方法。

对重写方法的调用和对普通方法的调用没有任何区别，为了体验这一点，我们可以向前面的 index.ts 中添加一些内容，使其完整内容与代码清单 3-26 一致。

代码清单 3-26 classes/inheritance/index.ts

```
import { SportsCar } from "./sports-car";            // 导入跑车类
import { SuperSportsCar } from "./super-sports-car"; // 导入超级跑车类
import { ElectroCar } from "./electro-car";          // 导入电动车类

// ...省略的代码

let electroCar: ElectroCar = new ElectroCar();
electroCar.color = 'blue';
electroCar.run(); // 调用 ElectroCar 重写的 run()方法
```

以上新增的代码构造了一个电动汽车实例 electroCar，然后将其继承自汽车类 Car 的属性 color 的值赋为 blue，并调用了其重写的方法 run()。

由于这个重写的 run()方法还调用了父类 Car 中被重写的 run()方法，因此在保存以上所有代码的编辑并执行以上代码的编译结果时，我们将得到汽车类 Car 的 run()方法以及电动汽车类 ElectroCar 重写的 run()方法输出以下内容：

```
blue 车在跑。。
我是烧电的。。
```

方法的重写有一个前提，那就是类型兼容，即子类中重写的方法的类型需要兼容于父类中被重写的那个方法的类型。

为了体验这一点，我们向汽车类 Car 中添加一个鸣笛方法 beep()，使其定义代码与代码清单 3-27 一致。

代码清单 3-27 classes/inheritance/car.ts

```
// 汽车类
export class Car {
    color: string;
    run(): void {
        console.log('${this.color}车在跑。。');
    }

    beep(): string {
        return '嘟嘟';
    }
}
```

接着我们打算在超级跑车类 SuperSportsCar 中重写这个鸣笛方法，为此我们可能会像代码清单 3-28 中这样做。

代码清单 3-28 classes/inheritance/super-sports-car.ts

```
// 导入跑车类
import { SportsCar } from "./sports-car";

// 超级跑车类
export class SuperSportsCar extends SportsCar {
    nos: number; // 氮氧化物加速系统
    accelerate(): void {
        console.log('加速 1 分钟，N2O 剩余${--this.nos}千克。。');
    }

    beep(): void {
        console.log('滴滴');
    }
}
```

以上代码重写了父类 Car 中的鸣笛方法 beep()，但事实上这一重写是非法的，因为以上重写的 beep() 方法的类型() => void 不兼容于父类 Car 中被重写的方法 beep()的类型() => string。

根据 3.2 节有关函数类型的介绍可知，为了使以上重写变得合法，我们大概需要将以上代码修改至与代码清单 3-29 一致。

代码清单 3-29 classes/inheritance/super-sports-car.ts

```
// 导入跑车类
import { SportsCar } from "./sports-car";

// 超级跑车类
export class SuperSportsCar extends SportsCar {
    nos: number; // 氮氧化物加速系统
    accelerate(): void {
        console.log('加速 1 分钟，N2O 剩余${--this.nos}千克。。');
    }

    // 非法的重写：类型() => void 不兼容于类型() => string
    // beep(): void {
    //     console.log('滴滴');
    // }

    beep(): string {
        return '滴滴';
    }
}
```

我们将超级跑车类 SuperSportsCar 的 beep()方法的返回类型改成了 string，从而使其完整的类型变成了与父类 Car 的 beep()方法的类型完全一致的() => string。

至此，我们便对 TypeScript 中的方法重写有了一定的了解。基于这一了解，我们完全可以知道属性和访问器的重写是怎么一回事，因此这里便不再展示相关的代码。

接下来，我们的任务是了解与继承相关的另一个概念，即对象类型兼容。

注意

我们也可以在子类的非重写方法中通过关键字 super 访问父类中的方法，但如果要在子类中访问父类中的属性和访问器，则只能使用关键字 this。

2. 类的兼容

本节的开头已经说明过，当创建一个类时，我们同时也创建了一个类型。而当创建这个类的对象时，这些对象的类型就是这个类。

因此，本节前面出现了不少这样的对象变量定义语句：

```
let sportsCar: SportsCar = new SportsCar();
let superSportsCar: SuperSportsCar = new SuperSportsCar();
let electroCar: ElectroCar = new ElectroCar();
```

以上语句定义了一个跑车对象变量 sportsCar、一个超级跑车对象变量 superSportsCar 和一个电动汽车对象变量 electroCar，并将这三个对象变量的类型分别指定为 SportsCar、SuperSportsCar 和 ElectroCar，即这三个变量所引用的对象的构造类。

其实对象变量的类型并不一定需要是用于构造这个对象的类，为了体验这一点，我们需要在项目目录 classes/inheritance 下新建一个名为 compatibility.ts 的 TypeScript 文件，并将代码清单 3-30 复制到其中。

代码清单 3-30　classes/inheritance/compatibility.ts

```
// 必要的导入
import { Car } from "./car";
import { SuperSportsCar } from "./super-sports-car";

// 类型为 Car 的 SportsCar 实例
let superSportsCar: Car = new SuperSportsCar();
let beep = superSportsCar.beep(); // 获得"滴滴"
```

以上代码构造了一个超级跑车对象 superSportsCar，其类型却被指定为汽车类 Car。由于汽车类 Car 是超级跑车类 SuperSportsCar 的父类，因此这样的类型指定是合法的——TypeScript 中的父类兼容子类。

同时由于汽车类 Car 定义了 beep()方法，因此以上代码最后能成功地调用类型被指定为汽车类 Car 的 superSportsCar 的方法 beep()。

但由于 superSportsCar 实际是通过超级跑车类 SuperSportsCar 构造的，并且超级跑车类 SuperSportsCar 重写了父类 Car 中的 beep()方法，因此以上 beep()方法实际是超级跑车类 SuperSportsCar 中重写的 beep()方法，它返回的结果是字符串“滴滴”，而非“嘟嘟”。

另外，由于 superSportsCar 的类型被指定为汽车类 Car，因此我们不能访问这个对象本确实拥有但却未被定义在汽车类 Car 中的成员，因而以下代码是非法的：

```
superSportsCar.accelerate(); // 错误：汽车类 Car 未定义方法 accelerate()
```

当然，如果非要调用 superSportsCar 的 accelerate()方法，我们可以像以下代码那样对 superSportsCar 进行类型断言：

```
let _superSportsCar = superSportsCar as SuperSportsCar; // 类型断言
_superSportsCar.nos = 10;
_superSportsCar.accelerate(); // 输出"加速 1 分钟，N2O 剩余 9 千克。。"
```

注意

类型断言不能改变对象的实际类型，以上代码之所以能够运行，是因为对象 superSportsCar 的实际类型确实是 SuperSportsCar。

基于以上复杂现象，在大多数情况下我们不会将一个对象的类型指定为其实际类型的父类型，但在有些情况下这样做可以带来很多便利。为了体验这样的便利，让我们向以上 compatibility.ts 中添加一些内容，使其完整内容与代码清单 3-31 一致。

代码清单 3-31 classes/inheritance/compatibility.ts

```
// 必要的导入
import { Car } from "./car";
import { SuperSportsCar } from "./super-sports-car";
import { ElectroCar } from "./electro-car";

// 类型为 Car 的 SportsCar 实例
let superSportsCar: Car = new SuperSportsCar();
let beep = superSportsCar.beep(); // 获得"滴滴"
// superSportsCar.accelerate();    // 错误：汽车类 Car 未定义方法 accelerate()
let _superSportsCar = superSportsCar as SuperSportsCar; // 类型断言
_superSportsCar.nos = 10;
_superSportsCar.accelerate();      // 输出"加速 1 分钟，N2O 剩余 9 千克。。"

// 汽车质量检车函数
function checkCar(car: Car): boolean {
    try {
        car.beep();
        car.run();
        return true;   // 车辆合格，返回 true
    }
    catch {
        return false;  // 车辆不合格，返回 false
    }
}

// 检测超级跑车和电动汽车是否合格
let electroCar: ElectroCar = new ElectroCar();
let isSuperSportsCarQualified: boolean = checkCar(superSportsCar);
let isElectroCarQualified: boolean = checkCar(electroCar);
```

以上代码新增了一个汽车质量检测函数 checkCar()，它接收一个类型为汽车类 Car 的参数，并通过调用这个参数的 beep()和 run()方法来判断被捡车辆是否合格（车辆是否具备“氮氧加速”功能不在检测范围），然后返回代表这一合格性的布尔值。

随后我们定义了一个类型被指定为电动汽车类 ElectroCar 的对象变量 electroCar，并先后以前面定义的类型被指定为汽车类 Car 的对象变量 superSportsCar 和当前对象变量 electroCar 为参数调用了汽车质量检测函数 checkCar()。

基于前面介绍的类的兼容性（即父类兼容子类），我们可以知道以上两个调用都是合法的。如果没有这样的兼容性，我们就需要定义（或重载）多个参数类型分别为 Car、SuperSportsCar、ElectroCar 及其他类的 checkCar()函数——显然这是比较累人的一件事。

感谢类的继承和兼容性，它们将使我们今后的开发变得轻松很多。但有时候，我们需要格外小心地使用它们，特别是在使用函数的双向协变时。

说明

以上这种父类型（Car）参数或变量可以被传递任意子类型（SuperSportsCar 或 ElectorCar）值的现象是面向对象编程语言的三大特性之一，即多态（Polymorphism）。

3. 函数参数的双向协变

在 3.2 节，我们知道函数类型的兼容与其中参数的数量、对应序号参数的类型和返回类型有关。在对应序号参数的类型这一因素上，我们还需要格外地注意，因为它有时候可能会表现得有些“诡异”。

为什么这么说呢？让我们在项目目录 classes/inheritance 下新建一个名为 bivariance.ts 的 TypeScript 文件，并将代码清单 3-32 复制到其中。

代码清单 3-32 classes/inheritance/bivariance.ts

```
// 必要的导入
import { Car } from "./car";
import { SportsCar } from "./sports-car";
import { SuperSportsCar } from "./super-sports-car";

// 定义汽车质量检测函数变量，并将一个类型兼容的函数赋给它
let checkSportsCar: (sportsCar: SportsCar) => boolean;
checkSportsCar = (car: Car): boolean => {
    try {
        car.beep();
        car.run();
        return true;  // 车辆合格，返回 true
    }
    catch {
        return false; // 车辆不合格，返回 false
    }
}

// 创建跑车对象，并以其为参数调用汽车质量检测函数
let sportscar: SportsCar = new SportsCar();
sportsCar.color = '灰色';
let isSportsCarQualified = checkSportsCar(sportsCar); // 获得 true
```

以上代码定义了一个类型为(sportscar: SportsCar) => boolean 的函数变量 checkSportsCar，然后将这个变量的值赋为类型为(car: Car) => boolean 的箭头函数，并以一个类型为 SportsCar 的对象 sportsCar 为参数调用了这个函数。

以上函数赋值和调用都是合法的，因为子类 SportsCar 继承了父类 Car 的所有成员，以上箭头函数将类型实际上为 SportsCar 的对象当作类型为 Car 的对象使用不会有任何问题。

至此，诡异的现象还没有出现。我们在以上代码的末尾添加一些内容，使其与代码清单 3-33 一致。

代码清单 3-33 classes/inheritance/bivariance.ts

```
// 必要的导入
import { Car } from "./car";
import { SportsCar } from "./sports-car";
import { SuperSportsCar } from "./super-sports-car";

// 定义汽车质量检测函数变量，并将一个类型兼容的函数赋给它
let checkSportsCar: (sportsCar: SportsCar) => boolean;
checkSportsCar = (car: Car): boolean => {
    // ...省略的代码
}

// 创建跑车对象，并以其为参数调用汽车质量检测函数
let sportsCar: SportsCar = new SportsCar();
sportsCar.color = '灰色';
let isSportsCarQualified = checkSportsCar(sportsCar); // 获得 true

// 将一个类型为(superSportsCar: SuperSportsCar) => boolean 的箭头函数赋给函数变量 checkSportsCar
checkSportsCar = (superSportsCar: SuperSportsCar): boolean => {
    try {
        superSportsCar.beep();
        superSportsCar.run();
        superSportsCar.accelerate();
        return true;  // 车辆合格，返回 true
    }
    catch (ex) {
        console.log(ex);
        return false; // 车辆不合格，返回 false
    }
}
```

```
// 以 sportsCar 为参数调用类型为(superSportsCar: SuperSportsCar) => boolean 的函数
isSportsCarQualified = checkSportsCar(sportsCar); // 获得 false
```

以上新增的代码重新将一个类型为(superSportsCar: SuperSportsCar) => boolean 的函数赋给函数变量 checkSportsCar，然后继续以类型为 SportsCar 的对象为参数调用这个函数。

按理来说 TypeScript 编译器应该阻止以上函数赋值，因为子类 SuperSportsCar（可能）定义了父类 SportsCar 中没有的成员，以上新的函数将实际类型为 SportsCar 的对象当作类型为 SuperSportsCar 的对象使用（可能）会引发非法成员访问的问题。

事实上，新增的代码已经造成了这样的问题，因为如果我们试着执行以上代码的编译结果，将得到以下运行时错误：

```
superSportsCar.accelerate is not a function (superSportsCar.accelerate 不是函数)
```

而“诡异”的是，TypeScript 编译器却通过了以上新增代码的编译——函数类型(sportsCar: SportsCar) => boolean 兼容(car: Car) => boolean，同时也兼容(superSportsCar: SuperSportsCar) => boolean。

这样诡异的现象在 TypeScript 中被称为函数参数的双向协变（Bivariance），而 TypeScript 之所以要允许这样的双向协变，是因为这样的现象在 JavaScript 中较为常见。

TypeScript 官方文档给出了 JavaScript 中的双向协变的例子，此处便不赘述了。

最后，基于对双向协变的理解，我们可以将 3.2 节总结的目标函数类型兼容源函数类型的前提条件，重新描述为：

① 目标函数类型的返回类型兼容源函数类型的返回类型；

② 目标函数类型和源函数类型的参数列表中对应序号的参数的类型是双向协变的，即其中的任何一方兼容另一方都可以；

③ 目标函数类型的常规参数数量多于或等于源函数类型的常规参数数量。

至此，我们便对类的继承有了一个比较完整的了解。接下来，让我们再来看一个与父类中的成员是否能够被子类继承有关的概念，即可访问性。

3.3.6　可访问性

在 3.3.5 节中，我们了解到子类默认会继承父类的所有成员，甚至包括父类的构造函数。之所以会出现这样的情况，是因为默认情况下类的构造函数和成员的可访问性（Accessibility）都是公共的，任何人都可以访问它们。

TypeScript 中的可访问性是由访问修饰符（Access Modify）指定的，而 TypeScript 支持的访问修饰符有 public、protected 和 private，其中 public 是类的构造函数和所有成员默认的访问修饰符。

在本节中，我们将从 public 开始逐一了解 TypeScript 中各个访问修饰符的作用，然后了解与可访问性相关的两个概念，即只读属性和参数属性。

1. public

我们已经知道，类的构造函数和成员默认的访问修饰符是 public。为了验证这一情况，让我们在项目目录 classes 下新建一个名为 accessibility 的子文件夹，然后在这个子文件夹下新建一个名为 calculator.ts 的 TypeScript 文件，并将代码清单 3-34 复制到这个文件中。

代码清单 3-34　classes/accessibility/calculator.ts

```
// 计算器类
export class Calculator {
    public precision: number = 2;
    public static maxOperand: number = 100;
    public static minOperand: number = -100;

    public constructor(precision: number) {
        this.precision = precision;
    }
```

```
    public checkOperands(x: number, y: number): boolean {
        if (x > Calculator.maxOperand || x < Calculator.minOperand) {
            console.log('操作数 x 超出了可计算数的范围');
            return false;
        }

        if (y > Calculator.maxOperand || y < Calculator.minOperand) {
            console.log('操作数 y 超出了可计算数的范围');
            return false;
        }

        return true;
    }
}
```

以上代码再次定义了一个计算器类 Calculator，它和本节前面定义的计算器类类似，不同的是，其构造函数和每一个成员都被访问修饰符 public 修饰了。

注意 按照 TypeScript 语法规则的要求，访问修饰符必须出现在构造函数和成员名称的左侧，如果成员是静态的，那么访问修饰符必须出现在静态标识符 static 左侧。
此外，当类的构造函数或成员的可访问性是公共的时，我们通常会省略它们的访问修饰符 public。

由于类的构造函数和成员的可访问性默认就是公共的，因此以上访问修饰符 public 的存在对计算器类的构造函数和成员的可访问性不会造成任何影响。而真正会对它们的可访问性造成影响的是另外两个访问修饰符，即 protected 和 private。

2. protected

为了体验访问修饰符 protected 的作用，让我们继续在项目目录 classes/accessibility 下新建一个名为 index.ts 的 TypeScript 文件，并将代码清单 3-35 复制到其中。

代码清单 3-35　classes/accessibility/index.ts

```
// 必要的导入
import { Calculator } from "./calculator";

let calculator: Calculator = new Calculator(2);
calculator.checkOperands(1, 2);
```

以上代码创建了一个计算器实例，并调用了它的方法 checkOperands()来判断了两个操作数（1 和 2）的合法性。但这样的判断没有任何意义，因为接下来我们没有进行基于这两个操作数的计算。

而为了进行计算，我们打算定义一个新的继承自 Calculator 的计算器类，为此我们需要在项目目录 classes/accessibility 下新建一个名为 simple-calculator 的 TypeScript 文件，并将代码清单 3-36 复制到其中。

代码清单 3-36　classes/accessibility/simple-calculator.ts

```
// 必要的导入
import { Calculator } from "./calculator";

// 简单计算器类
export class SimpleCalculator extends Calculator {
    add(x: number, y: number): number {
        let areOperandsLegal: boolean = this.checkOperands(x, y);
        if (!areOperandsLegal) {
            throw '非法的操作数';
        }

        let fixed: string = (x + y).toFixed(this.precision);
        return +fixed;
    }

    subtract(x: number, y: number): number {
        let areOperandsLegal: boolean = this.checkOperands(x, y);
```

```
        if (!areOperandsLegal) {
            throw '非法的操作数';
        }

        let fixed: string = (x - y).toFixed(this.precision);
        return +fixed;
    }
}
```

以上代码定义了一个继承自计算器类 Calculator 的简单计算器类 SimpleCalculator，它在复用父类的操作数检查方法 checkOperands()方法的情况下完成了加减法运算。

接下来，我们可以创建一个简单计算器实例来完成一些加减法运算，为此我们需要向前面的 index.ts 中添加一些内容，使其完整内容与代码清单 3-37 一致。

代码清单 3-37 classes/accessibility/index.ts

```
// 必要的导入
import { Calculator } from "./calculator";
import { SimpleCalculator } from "./simple-calculator";

let calculator: Calculator = new Calculator(2);
calculator.checkOperands(1, 2);

let simpleCalculator: SimpleCalculator = new SimpleCalculator(2);
let sum = simpleCalculator.add(1, 2);          // 得到 3
let difference = simpleCalculator.subtract(1, 2) // 得到-1
```

以上代码按照我们期望的那样计算了 1 加 2 的和以及 1 减 2 的差，但其中毫无意义的计算器对象 calculator 的创建以及其 checkOperands()方法的调用仍被保留着——我们定义计算器类 Calculator 并将方法 checkOperands()封装到其中的目的，是使其（将来可能更多的）子类可以复用这个方法。

而为了避免这个方法像以上那样被毫无意义地使用，我们需要修改计算器类的定义代码，使其与代码清单 3-38 一致。

代码清单 3-38 classes/accessibility/calculator.ts

```
// 计算器类
export class Calculator {
    public precision: number = 2;
    public static maxOperand: number = 100;
    public static minOperand: number = -100;

    public constructor(precision: number) {
        this.precision = precision;
    }

    // 受保护的操作数检查方法
    protected checkOperands(x: number, y: number): boolean {
        // ...省略的代码
    }
}
```

我们将 Calculator 的 checkOperands()方法的访问修饰符改成了 protected，这样一来这个方法的可访问性就变成了受保护的，因此，它只能被封装它的 Calculator 及其子类访问。

而由于前面的 index.ts 中的代码并不在 Calculator 或某个子类中，如果我们现在尝试编译 index.ts 中的代码，那么我们将得到其中的语句“calculator.checkOperands(1, 2)”引发的语法错误：

```
Property 'checkOperands' is protected and only accessible within class 'Calculator' and its subclasses（属性“checkOperands”是受保护的，只能在类“Calculator”及其子类中被访问）
```

至此，我们便通过访问修饰符 protected 成功地阻止了计算器类 Calculator 中的 checkOperands()被无意义地使用。

接下来，我们的任务是删除或注释 index.ts 中对 calculator 对象的 checkOperands()方法的非法调用语句，然后继续了解 TypeScript 中最后一个访问修饰符，即 private。

3. private

目前，计算器类 Calculator 的三个属性的可访问性都是公共的，这使它们的值很容易被篡改，而为了避免这样的篡改，我们需要将计算器类的定义代码修改至与代码清单 3-39 一致。

代码清单 3-39 classes/accessibility/calculator.ts

```
// 计算器类
export class Calculator {
    public precision: number = 2;
    private static maxOperand: number = 100;
    private static minOperand: number = -100;

    public constructor(precision: number) {
        this.precision = precision;
    }

    // 受保护的操作数检查方法
    protected checkOperands(x: number, y: number): boolean {
        // ...省略的代码
    }
}
```

以上代码将计算器类 Calculator 的最大操作数属性 maxOperand 和最小操作数属性 minOperand 的访问修饰符更改成了 private，这样一来这两个属性就只能在计算器类 Calculator 内部被访问了。

因此如果我们现在尝试在 index.ts 或简单计算器类 SimpleCalculator 中通过语句“Calculator.maxOperand = 200”来修改计算器类 Calculator 的最大操作数属性 maxOperand 的值，那么我们会得到以下语法错误：

```
Property 'maxOperand' is private and only accessible within class 'Calculator'（属性“maxOperand”是私有的，只能在类“Calculator”中被访问）
```

但有时候我们不打算修改计算器类的最大或最小操作数属性，而只是想读取它们的值。然而访问修饰符 private 并不能理解我们的意图，它只能将我们的读取请求拒之门外。

好在我们还有读取器（Getter），而代码清单 3-40 就是在读取器的帮助下，使我们可以读取到计算器类的私有属性 maxOperand 的值。

代码清单 3-40 classes/accessibility/calculator.ts

```
// 计算器类
export class Calculator {
    public precision: number = 2;
    private static _maxOperand: number = 100;
    private static minOperand: number = -100;

    // 读取私有属性_maxOperand 的公共读取器
    static get maxOperand(): number {
        return this._maxOperand;
    }

    public constructor(precision: number) {
        this.precision = precision;
    }

    // 受保护的操作数检查方法
    protected checkOperands(x: number, y: number): boolean {
        // ...省略的代码
    }
}
```

现在我们仍然无法设置更名后的私有属性_maxOperand 的值，但我们可以通过读取器 maxOperand 读取到它的值，如以下代码所示：

```
console.log(`计算器最大操作数：${Calculator.maxOperand}`)
```

提示

通过公共设置器和私有属性的配合，我们还能实现不能被读取，只能被设置值的属性。但这么做没有太多实际意义，因此在以后的学习和工作中，我们应该很少见到这种操作。

至此，我们成功地使属性_maxOperand 在可以被外界读取的同时，阻止了外界意外或恶意地对它的修改。但这并不意味着这个属性就彻底安全了，因为我们仍然可以在计算器类 Calculator 的内部修改它。为了消除这样的可能性，我们需要用到只读属性标识符，即 readonly。

4. readonly

首先，我们需要知道的是，只读属性标识符 readonly 不是访问修饰符，因此它的作用不是控制可访问性，并且可以和访问修饰符一起使用。

那么它具体的作用是什么呢？让我们对计算器类 Calculator 的定义代码再做一番修改，使其与代码清单 3-41 一致。

代码清单 3-41 classes/accessibility/calculator.ts

```
// 计算器类
export class Calculator {
    protected readonly precision: number = 2;
    private static _maxOperand: number = 100;
    public static readonly minOperand: number = -100;

    // 读取私有属性_maxOperand 的公共读取器
    static get maxOperand(): number {
        return this._maxOperand;
    }

    public constructor(precision: number) {
        this.precision = precision;
    }

    // 受保护的操作数检查方法
    protected checkOperands(x: number, y: number): boolean {
        // ...省略的代码
    }
}
```

虽然不是必须有的，但我们首先将计算器类 Calculator 的精度属性 precision 的可访问性更改成了 protected，使其仅可在计算器类 Calculator 及其子类中被访问。

接着我们在精度属性 precision 的访问修饰符 protected 之后添加了标识符 readonly，这会使它成为一个只读属性，从而使它只有在以下两种情况下可以被赋值：

（1）在定义时被赋初始值，比如，以上代码将它的初始值赋为 2；

（2）在构造函数中被重新赋值，比如，以上构造函数会将它的值重新赋为参数 precision 的值。

结合访问修饰符 protected 和标识符 readonly 的作用，我们可以知道以上精度属性现在处在这样一个状态：可以在计算器类 Calculator 及其子类的任何地方被读取，但只能在以上提到的两种情况下被赋值——这在很大程度上保护了精度属性的安全。

而对于另一个属性 minOperand，我们则最大限度地保护了它的安全。因为它作为静态属性也被我们使用标识符 readonly 修饰了，这样一来，它就只有定义的同时可以被赋初始值——即使是在构造函数中我们也不能对它进行重新赋值，更不用说其他实例方法中了。

以上便是有关只读属性标识符 readonly 的介绍，在今后的开发中，我们可以根据需求决定是通过访问修饰符和读取器的组合来稍微宽泛地控制属性的可写性，还是通过 readonly 来严格地决定属性的可写性。

接下来，让我们再来看看与可访问性有关的另一个概念，即参数属性。

注意

访问修饰符可以修饰类的构造函数和所有成员，但只读属性标识符 readonly 则只能修饰类的属性。

5. 参数属性

参数属性（Parameter Property）并非是一种新的属性，而是 TypeScript 中声明属性的另一种方式。通过这种方式，我们可以在类的构造函数参数列表中声明类的实例属性，从而简化实例属性的声明和赋值过程。

为了体验这一简化过程，让我们在项目目录 classes/accessibility 下再新建一个名为 car.ts 的 TypeScript 文件，并将代码清单 3-42 复制到其中。

代码清单 3-42 classes/accessibility/car.ts

```
// 汽车类
export class Car {
    // 通过构造函数参数列表定义参数属性
    constructor(public color: string) {
    }

    run(): void {
        console.log('${this.color}车在跑。。');
    }
}
```

以上代码和前面的汽车类的定义代码十分相似，不同的是，其中的构造函数参数 color 的前面添加了一个访问修饰符 public。

这种被访问修饰符修饰的构造函数参数就是所谓的参数属性，即它确实是构造函数的参数，但同时也是当前类的实例属性，并且这个属性的值将会是它作为参数接收到的值。

什么意思呢？意思是代码清单 3-42 中的代码和以下代码是等价的：

```
export class Car {
    public color: string;

    constructor(color: string) {
        this.color = color;
    }

    run(): void {
        console.log('${this.color}车在跑。。');
    }
}
```

也就是说，代码清单 3-42 在参数属性的帮助下，以更加简洁便利的方式为汽车类定义了一个公共的字符串属性 color，并将同名的构造函参数赋的值赋给了它。

为了验证这一点，让我们向代码清单 3-42 中添加一些内容，使其完整内容与代码清单 3-43 一致。

代码清单 3-43 classes/accessibility/car.ts

```
// 汽车类
export class Car {
    // 通过构造函数参数列表定义参数属性
    constructor(public color: string) {
    }

    run(): void {
        console.log('${this.color}车在跑。。');
    }
}

let car: Car = new Car('蓝色');
car.run(); // 输出"蓝色车在跑。。"
```

以上新增的代码按照我们以往所采用的方式构造了一个汽车对象 car，并调用了其 run()方法——这个方法访问了汽车对象的 color 属性。

如果我们保存以上代码的编辑并执行其相应的编译结果，将得到以下输出：

```
蓝色车在跑。。
```

这就证明，汽车类 Car 的参数属性 color 确实已如我们所期望的那样工作。基于这一结果，我们还能猜测到参数属性除了可以是公共的，应该还可以是受保护的（protected）、私有的（private）甚至是只读的（readonly）。

除了以上情况，参数属性其实还可以是可选的，并且还可以有默认值。比如，前面的计算器类 Calculator 的精度属性 precision，就可以被写成如下所示的参数属性：

```
// 计算器类
export class Calculator {
    // ...省略的代码
    // 受保护的、拥有默认值的只读参数属性
    public constructor(protected readonly precision: number = 2) {
    }
    // ...省略的代码
}
```

基于这一应用，相信读者可以扩展更多，此处便不再一一展示了。接下来，让我们再来看看 TypeScript 中与类相关的最后一个概念，即抽象类。

3.3.7 抽象类

在之前介绍访问修饰符 protected 时，我们意识到调用一个计算器实例的 checkOperands()方法没有任何实际意义，因此我们将这个方法的可访问性更改成了受保护的，以防它被无意义地调用。

但其实构造一个计算器对象本身也没有任何实际意义，因为它无法帮助我们完成任何实际的工作，所以我们也应该阻止计算器对象的构造。

那么，怎样才能阻止计算器对象的构造呢？我们可以将计算器类定义成一个抽象类（Abstract Class），如以下代码所示：

```
// 计算器类
export abstract class Calculator {
    // ...省略的代码
    // 受保护的、拥有默认值的只读参数属性
    public constructor(protected readonly precision: number = 2) {
    }

    protected checkOperands(x: number, y: number): boolean {
        if (x > Calculator.maxOperand || x < Calculator.minOperand) {
            console.log('操作数 x 超出了可计算数的范围');
            return false;
        }

        if (y > Calculator.maxOperand || y < Calculator.minOperand) {
            console.log('操作数 y 超出了可计算数的范围');
            return false;
        }

        return true;
    }
}
```

以上代码使用标识符 abstract 将计算器类 Calculator 定义成了一个抽象类，而 TypeScript 中的抽象类是不能被实例化的，因此以下尝试构造计算器实例的代码将无法通过编译：

```
let calculator: Calculator = new Calculator(); // 错误：无法创建抽象类的实例
```

当然，抽象类存在的意义并不仅仅是为了阻止相应的实例被创建，它的另一大作用是帮助我们快速地定义相关的特征和行为的规范。

为了体验这一点，让我们在项目目录 classes 下新建一个名为 abstract 的子文件夹，然后在这个子文件夹下新建一个名为 discount.ts 的 TypeScript 文件，并将代码清单 3-44 复制到这个文件中。

代码清单 3-44 classes/abstract/discount.ts

```
// 折扣策略
export abstract class Discount {
    // 折扣描述
    abstract description: string;

    /**
     * 折扣策略构造函数
     * @param totalAmount 总金额
     */
    constructor(protected totalAmount: number) {
    }

    // 获取折扣金额
    abstract getDiscountAmount(): number;
}
```

以上代码定义了一个抽象的折扣策略类 Discount，并为其定义了一个抽象的折扣属性 description，以及一个抽象的获取折扣金额方法 getDiscountAmount()。

抽象类可以包含非抽象成员（比如上面的参数属性 totalAmount），也可以包含抽象成员（比如上面的属性 description 和方法 getDiscountAmount()），其中职责仅为规范类的特征和行为的抽象成员不能被赋值或实现——这提高了我们规范行为和特征的速度。

说明

以上代码仅展示了抽象属性和抽象方法的定义，但抽象类中也可以定义抽象访问器。

因此，我们可以看到以上折扣策略抽象类 Discount 的描述属性 description 没有被赋值，同时折扣金额获取方法 getDiscountAmout()也没有被实现——它们的职责仅仅是说明一个具体的折扣策略应该需要一个描述属性 description 以及一个折扣金额获取方法 getDiscountAmount()。

为了获得具体的折扣策略，我们还需要定义相应的具体折扣策略类，为此需要在项目目录 classes/abstract 下新建两个名字分别为 newbie-discount.ts 和 rich-discount.ts 的 TypeScript 文件，并分别将代码清单 3-45 和代码清单 3-46 复制到这两个文件中。

代码清单 3-45 classes/abstract/newbie-discount.ts

```
import { Discount } from "./discount";

export class NewbieDiscount extends Discount {
    description: string = '新用户一律 5 折';

    getDiscountAmount(): number {
        return this.totalAmount * 0.5;
    }
}
```

代码清单 3-46 classes/abstract/rich-discount.ts

```
import { Discount } from "./discount";

export class RichDiscount extends Discount {
    description: string = '满额 100 打 8 折';

    getDiscountAmount(): number {
        return this.totalAmount < 100 ? this.totalAmount : this.totalAmount * 0.8;
    }
}
```

以上代码定义了一个新用户折扣策略类 NewbieDiscount 和一个满额折扣策略类 RichDiscount，由于它们都继承自抽象折扣策略类 Discount，因此它们必须实现抽象折扣策略类 Discount 中的抽象属性 description 和抽象方法 getDiscountAmount()。

说明

实现（Implement）与重写（Override）类似，它们都是指在子类中定义父类中已有的成员。但重写是指在子类中定义父类中已有的非抽象成员，不是子类的必须行为；而实现是指在子类中定义父类中已有的抽象成员，是（抽象类的）子类的必须行为。

此外，由于子类必须实现抽象类中的抽象成员，因此抽象类中的抽象成员的可访问性不能是 private。

基于以上经验，相信读者还能快速地定义更多符合抽象折扣策略类 Discount 规范的子类，因此这里便不再进行相应的演示了。

接下来，我们的任务是解决前面的 3.3.2 节留下的问题，即如何在 TypeScript 中模拟静态类。

在其他编程语言中，静态类是指被标识符 static 修饰、不能被实例化并且不能被继承的类，但在 TypeScript 中类不能被标识符 static 修饰，因此 TypeScript 中没有所谓的静态类。

尽管如此，我们仍然可以结合现有的知识在 TypeScript 中模拟静态类。比如，当打算定义一个静态的字符串工具类时，我们可以在项目目录 classes/abstract 下新建一个名为 string-utility.ts 的 TypeScript 文件，并将代码清单 3-47 复制到其中。

代码清单 3-47　classes/abstract/string-utility.ts

```
/**
 * 字符串工具类
 */
export abstract class StringUtility { // 抽象类，防止被实例化
    private constructor() { // 私有构造函数，防止被继承
    }

    /**
     * 判断指定的字符串是否是 undefined、null、空字符串或空格组成的字符串
     * @param 要被判断的字符串
     */
    static isEmpty(str: string): boolean {
        return (!str || /^\s*$/.test(str));
    }

    /**
     * 判断指定的字符串是否是数字
     * @param str 要判断的字符串
     */
    static isNumber(str: string): boolean {
        return this.isEmpty(str) ? false : !isNaN(+str);
    }
}
```

以上字符串工具类 StringUtility 没有（也不能）被标识符 static 修饰，但它功能上已经是一个静态类，因为它拥有静态类的以下本质特征：

① 不能被实例化，因为它是抽象的；

② 不能被继承，因为它的构造函数的可访问性是私有的。

那么 StringUtility 是不是就毫无用处了呢？显然不是，我们给它定义了两个静态方法 isEmpty()和 isNumber()，这使我们以后无须（当然也不能）频繁地构造 StringUtility 的实例，便能直接通过类名 StringUtility 调用这两个方法：

```
let isEmpty: boolean = StringUtility.isEmpty('    '); // 得到 true
isEmpty = StringUtility.isEmpty('white space');       // 得到 false
let isNumber: boolean = StringUtility.isNumber('12'); // 得到 true
isNumber = StringUtility.isNumber(''); // 得到 false，调用 isNaN('')会得到 true
```

以上便是静态类的模拟，尽管我们仍然可以在其中定义实例成员，但这些定义都将变得毫无意义，

因为我们根本无法构造静态类的实例。

至此，我们便完成了对抽象类的学习。在随后的学习中，我们将看到静态类是如何帮助我们规范开发并提高开发效率的。在此之前，我们很有必要进一步深入了解 TypeScript 中的更多细节。

3.4 小结

在 3.1 节中，我们进一步了解了有关模块的导出和导入，从而更加深刻地体会到了 TypeScript 在大型应用程序开发中的优势。

随后我们开始了对 TypeScript 中的变量、常量、基础类型和类型断言的学习，并因此初步感受到了类型在开发中的作用，即提高应用程序的开发效率并降低其在运行过程中出错的概率。

在 3.2 节中，我们发现函数的一切都和类型有关：函数的参数需要有类型，函数的返回也有类型，甚至函数本身也有类型。随后我们发现函数的类型是由它的参数个数、参数类型和返回类型决定的，这些因素的变化会导致函数类型的变化，而其中有规律的变化会使相应的不同函数类型存在兼容性。接着，我们学习了建立在函数类型兼容的基础上的函数重载，明白了同一作用域下职责类似但实现不同的函数可以有相同的名字，而这一相同的名字方便了用户对它们的调用。最后，我们看到了 TypeScript（以及 ES 2015）在改善函数的用户体验方面做出的另一项努力，即引入了箭头函数。

在 3.3 节中，我们对 TypeScript 中的类进行了一次全面的学习，从而体验了一遍面向对象在 TypeScript 中的运用。在这一学习过程中，我们发现类型仍然是与类相关的一个重要概念，比如父类（所代表的对象类型）兼容子类（所代表的对象类型）。

但 TypeScript 对类型的追求远不止于此，我们将在第 4 章继续深入学习 TypeScript 中的更多类型，以及与之相关的更多细节。

第 4 章　TypeScript 进阶

通过第 3 章的内容，我们对 TypeScript 已经有了一个基本的了解，并切实地感受到 TypeScript 就是一个强类型版本的 JavaScript。

但为了使我们编写的代码更加坚固，TypeScript 还提供了更加丰富的类型，以及基于类型的代码复用方案（泛型）和将类型带入运行时的解决方案（装饰器）。

在本章中，我们的任务就是继续深入学习这些丰富的类型以及相关概念，然后尝试用它们来创建一些在实际的工作中可以使用的工具，比如 JSON.parse()更加强大的 JSON 字符串反序列化工具，以及依赖注入器。

4.1　类型和接口

作为 JavaScript 的强类型超集，TypeScript 对类型有着迷一般的追求。在本节中，我们的任务就是深入理解 TypeScript 中的类型，以及与类型紧密相关的另一个概念，即接口。

在了解这些概念之前，我们需要先为本章创建一个独立的 TypeScript 项目，为此需要在本书的工作目录 E:\Work\AngularAppDev 下新建一个名为 Chapter4 的子文件夹，然后在 VS Code 中将这个子文件夹当作本章的体验项目打开。

打开这个项目之后，我们要做的第一件事就是使其成为一个 TypeScript 项目，为此需要在其根目录下新建一个名为 tsconfig.json 的 JSON 文件，然后将代码清单 4-1 复制到这个文件中。

代码清单 4-1　tsconfig.json

```
{
    "compilerOptions": {            // 编译器选项
        "sourceMap": true,          // 生成源映射文件
        "module": "commonjs",       // 将 TypeScript 模块编译成 CommonJS 模块
        "strictNullChecks": true,   // 阻止 null 和 undefined 被赋给其他类型的变量
        "target": "es5" // 使当前项目兼容 ES5 的语法，并将编译结果输出为兼容 ES5 的 JavaScript 代码
    }
}
```

接下来，我们通过这个项目来深入了解 TypeScript 中的类型和接口。首先，我们要做的是了解 TypeScript 中的常用类型。

4.1.1　常用类型

在 TypeScript 中，常用的类型有四种，它们分别是基础类型、函数类型、对象类型和类的类型。我们在 3.1 节和 3.2 节中介绍了基础类型和函数类型，在本节中，将介绍对象类型和类的类型。

1. 对象类型

在 3.3 节中，我们知道了对象的类型就是类，但其实这样的理解是片面的。为什么这么说呢？让我们在刚刚创建的本章项目下新建一个名为 types-interfaces 的文件夹，然后在这个文件夹下新建一个名为 common-types 的子文件夹，接着在这个子文件夹下新建一个名为 object-type.ts 的 TypeScript 文件，并将代码清单 4-2 复制到这个文件中。

代码清单 4-2 types-interfaces/common-types/object-type.ts

```
// 人类
export class People {
    name: string;
}

// 动物类
export class Animal {
    name: string;
}
```

以上是人类 People 和动物类 Animal 的定义，这对现在的我们来说是很熟悉的代码，但接下来的代码可能就不会给我们这种感觉了：

```
let person: People = new Animal();
let animal: Animal = new People();
```

我们先后声明了两个类型分别为 People 和 Animal 的变量，但它们分别被赋予了 Animal 的实例和 People 的实例。这在大多数强类型语言中是非法的，但在 TypeScript 中是合法的，因为 TypeScript 中对象类型的比较只基于类型的结构。

说明

基于结构判断类型的兼容性的类型系统称为结构类型系统（Structural Type System），与结构类型系统相对的是记名类型系统（Nominal/Nominative Type System）。在结构类型系统中，即使两个类型的名字不同，但如果它们的结构（成员的名字和类型）相同，它们也会被认为是相同的类型；在记名类型系统中，即使两个类型的结构是一样的，但如果这两个类型的名字不一样，它们也会被认为是不同的类型。

目前，主流的强类型语言（比如 C++、Java、C#和 Swift 等）大多采用记名类型系统，而早期的一些语言（比如 OCaml 和 Go）采用结构类型系统。

那么，TypeScript 是如何基于类型的结构对类型进行比较的呢？在回答这个问题之前，让我们先了解一下 TypeScript 中的对象类型。

我们一直认为对象的类型就是用于构造对象的那个类，但其实这么说在 TypeScript 中是不准确的，因为 TypeScript 中的类是由两部分组成的：其中一部分是它代表的类型，另一部分则是它代表的一个对象。

为什么这么说呢？因为 TypeScript 中的类可以用于构造对象，但同时它自己也是一个对象——当我们定义类的静态成员时，这些静态成员其实都会归属到类所代表的那个对象中，因此我们才能够通过类的名字访问它的静态成员。

说明

TypeScript 中的类会被编译成 JavaScript 中的函数，而 JavaScript 中所有的函数本身也是对象，这些对象都是基于 JavaScript 中内置的构造函数 Function()构造的。类的静态成员最终会被编译成对应的 JavaScript 函数（对象）的成员，理解这一点对学习后面介绍的类的类型是至关重要的。

那么，类所代表的类型又是怎么回事呢？为了更好地描述类所代表的类型，TypeScript 引入了类型字面量（Type Literal）的概念。前面的 People 和 Animal 这两个类所代表的类型，都可以通过以下类型字面量描述：

```
{ name: string }
```

类型字面量在形式上和 JavaScript 中的对象字面量（Object Literal）很像，不同的是，对象字面量中英文冒号右侧的是对象成员的值，而类型字面量中英文冒号右侧的是类型成员的类型。因此，以上类型字面量描述的是只包含了一个类型为 string、名字为 name 的属性的类型，而 People 和 Animal 这两个类所代表的正是这样一个类型。

也就是说，尽管 People 和 Animal 这两个类的名字不同，但它们所描述的类型其实是一样的。因此，当我们将 Animal 实例赋给 People 类型的变量，或将 People 实例赋给 Animal 类型的变量时，其实是在将相同类型的实例赋给相同类型的变量，这样的赋值肯定是合法的。

类型字面量除了可以用来描述类的类型，还可以直接用来声明变量，因此变量 person 和 animal 的声明，和下面的代码是完全等价的：

```
let person1: { name: string } = new Animal();
let animal1: { name: string } = new People();
```

和对象字面量一样，类型字面量除了可以封装属性，还可以封装方法，因此我们可以继续尝试下面的赋值：

```
let plants: { name: string, grow: () => void } = {
    name: '栀子树',
    grow: (): void => {
        console.log('生长，开花，结果，叶不落。');
    }
};
```

以上变量 plants 的类型同时封装了一个 string 类型的属性 name 和一个类型为() => void 的方法 grow()，而其被赋予的值也同时封装了这两个成员，因此这一赋值也是合法的。

同样，类型字面量还可以描述封装了访问器的对象的类型，只是其描述方式可能会与我们期待的有些不同。为了明白这一点，让我们继续向 object-type.ts 中加入一个细菌类，使其内容与代码清单 4-3 一致。

代码清单 4-3　types-interfaces/common-types/object-type.ts

```
// 人类
export class People {
    name: string;
}

// 动物类
export class Animal {
    name: string;
}

// ... 省略的代码

// 细菌类
export class Bacteria {
    name: string;
    private _age: number

    get age(): number {
        return this._age;
    }
    set age(value: number) {
        this._age = value;
    }

    grow(): void {
        this._age++;
    }
}
```

以上代码将细菌类定义为 Bacteria，并为其封装了我们熟悉的公共属性 name 和公共方法 grow()，以及新的公共访问器 age 和相应的私有属性_age。

基于这个细菌类，我们可以像以下代码那样理所当然地定义细菌对象变量并为其赋值：

```
let bacteria: Bacteria = new Bacteria();
```

但如果要用类型字面量来描述细菌类 Bacteria 所代表的类型，并通过它来定义细菌对象变量呢？我们应该这样做：

```
let bacterial: { name: string, age: number, grow(): void } = new Bacteria();
```

以上细菌对象变量 bacterial 的定义是合法的，因为细菌类 Bacteria 所代表的类型就是{ name: string, age: number, grow(): void }，其中看上去像是在描述属性类型的“age: number”，描述的就是细菌类的访问器 age 的类型——TypeScript 中访问器的类型在形式上和属性的类型是一致的。

明白了访问器的类型之后，我们还需要注意的一点是，以上类型字面量中没有包含私有属性_age 的类型，因为 TypeScript 中类所代表的类型仅由类的公共实例成员组成，类的私有成员或静态成员不影响类所代表的类型。

基于以上描述，我们可以知道以下赋值是非法的：

```
let bacteria2: { name: string, age: number, _age: number, grow(): void } = new Bacteria();
```

以上类型字面量描述的是包含四个公共成员（其中属性或访问器_age 的可访问性也是公共的）的类所代表的类型，而细菌类只有其中的三个公共成员，因此以上赋值会因类型不兼容而无法通过编译。

类型兼容？是的，和函数类型一样，对象类型也存在兼容性。

说明

准确地说，TypeScript 中对象的类型是构造这个对象的类所代表的对象类型。但为了方便描述，我们会像对待其他面向对象编程语言一样，将 TypeScript 中的对象的类型描述为构造这个对象的类。比如，前面的 person 对象的类型是人类 People 所代表的对象类型{ name: string }，但我们仍然会说它的类型就是人类 People。

除了实例属性、访问器和方法，对象中还可以封装索引，因此索引类型其实也是对象类型的组成部分，比如，{ [index: string]: string, material: string }描述的就是以下封装了索引的背包类所代表的类型：

```
class Knapsack {
   [index: string]: string;
   material: string;
}
```

2. 对象类型的兼容

在第 3 章中学习类的继承时，我们知道了父类兼容子类。事实上，这一兼容的本质是类代表的对象类型的兼容。对象类型的兼容其实并不取决于代表它们的类的继承关系（对象类型甚至不需要通过类来表述），而是取决于其三个组成要素：成员名字、成员类型和成员数量。

接下来，就让我们先来看看最简单的基于成员名字的兼容。

（1）基于成员名字的兼容。刚才，我们尝试了将一个类的实例赋给另一个结构相同的类的变量，并发现这样的赋值能通过 TypeScript 编译器的编译。

现在，我们再定义两个结构不同的类，为此需要在项目目录 types-interfaces/common-types 下新建一个名为 object-type-compatibility.ts 的 TypeScript 文件，然后将代码清单 4-4 复制到其中。

代码清单 4-4　types-interfaces/common-types/object-type-compatibility.ts

```
// 圆
export class Circle {
    area: number;   // 面积
    radius: number; // 半径
}

// 正方形
export class Square {
    area: number;  // 面积
    width: number; // 边长
}
```

然后，让我们将这两个类的实例分别赋给类型为对方类的变量：

```
let circle: Circle = new Square(); // 错误，类型不兼容
let square: Square = new Circle(); // 错误，类型不兼容
```

此时，如果我们试图编译以上赋值的语句，就会得到 TypeScript 编译器抛出的语法错误：

```
不能将类型"Square"分配给类型"Circle"
不能将类型"Circle"分配给类型"Square"
```

这是为什么呢？因为我们新定义的 Circle 和 Square 代表的是两个不同的类型：

```
{ area: number, radius: number } // Circle 所代表的类型
{ area: number, width: number }  // Square 所代表的类型
```

以上两个类型虽然拥有相同的属性 area，但它们分别还拥有对方都没有的属性 radius 或 width，因此它们并非是两个相同的类型。

那么是不是在任何情况下，当一个对象类型拥有另一个对象类型没有的成员时，这两个对象类型都不存在兼容性呢？并非如此，因为对象类型的兼容性还与成员数量有关。

（2）基于成员数量的兼容。为了明白基于成员数量的兼容，我们先在 object-type-compatibility.ts 中定义一个形状类 Shape，使这个文件的完整内容与代码清单 4-5 一致。

代码清单 4-5　types-interfaces/common-types/object-type-compatibility.ts

```
// 圆
export class Circle {
    // ... 省略的代码
}

// 正方形
export class Square {
    // ... 省略的代码
}

// ... 省略的代码

// 形状类
export class Shape {
    area: number; // 面积
}
```

接着，让我们尝试以下赋值：

```
let shape: Shape = new Circle();
let shape1: Shape = new Square();
```

TypeScript 编译器会让以上代码通过编译吗？虽然圆形和方形都是形状，但以上代码并没有让圆形类 Circle 和方形类 Square 继承形状类 Shape，因此以上代码无法通过编译？

不，以上代码可以通过编译。让我们来看看 Shape、Circle 和 Square 这三个类分别所代表的类型：

```
{ area: number}                   // Shape 代表的类型
{ area: number, radius: number} // Circle 代表的类型
{ area: number, width: number}  // Square 代表的类型
```

在这三个类型中，尽管 Circle 和 Square 不是 Shape 的子类，但它们所代表的类型拥有 Shape 所代表的类型中的所有成员（即 number 类型的属性 area），TypeScript 编译器会因此认为 Circle 和 Square 所代表的类型就是 Shape 所代表的类型的子类型，从而使以上赋值通过编译。

基于以上现象我们可以知道，当成员多的对象类型拥有成员少的对象类型中的所有成员时，前者兼容于后者，或说成员少的对象类型兼容成员多的对象类型。

注意

在 3.1 节中，我们已经知道，object 是所有对象（包括数组和函数）的父类型，但不是 number、string 和 boolean 等简单类型的父类型。

但 TypeScript 中有这么一个所有类型（包括 number、string、boolean 和对象类型）的父类型，即不包含任何成员的类型{}，因此以下语句是合法的：

```
let n: {} = 1;
let s: {} = "2";
let f: {} = () => { console.log(123) };
```

但有一种情况，以上规则似乎很容易被打破，那就是像下面这样的对象字面量赋值：

```
let circle: Shape = { area: 28.27, radius: 3 }; // 错误，对象字面量的类型必须和目标变量的类型完全一致
let square: Shape = { area: 9, width: 3 };     // 错误，对象字面量的类型必须和目标变量的类型完全一致
```

显然，以上两个对象字面量的类型仍然是 Shape 类所代表的对象类型的子类型，但当我们试图编译以上赋值语句时，TypeScript 编译器却会抛出类型不兼容的语法错误。

这是在说前面的规则出错吗？并非如此，只是 TypeScript 编译器在面对对象字面量赋值时略显特殊，它会要求我们提供的对象字面量的类型必须与目标变量的类型完全一致。

那么，有没有什么办法使以上对象字面量赋值变得合法呢？答案是有，我们可以这样做：

```
let circle: Shape = { area: 28.27, radius: 3 } as { area: number, radius: number };
let square: Shape = { area: 9, width: 3 } as { area: number, width: number };
```

我们显式地将对象字面量的类型断言成了类型{ area: number }的子类型，从而使 TypeScript 编译器"知道"我们的赋值意图，并因此使它们通过编译。

除了以上情况，当父类型中包含可选成员时，以上类型兼容规则也会被打破。比如，以下赋值就是合法的：

```
let size: { length: number, width: number, height?: number } = { length: 1, width: 2 }
```

以上赋值中的子类型并没有包含父类型中的成员 height，但由于父类型中的这个成员是可选的，因此以上赋值仍然是合法的。

至此，我们便对基于成员名字的对象类型兼容有了一个了解。接下来，我们再来看看基于成员类型的兼容。

（3）基于成员类型的兼容。首先，我们在 object-type-compatibility.ts 中再定义三个饼干类，使这个文件的完整内容与代码清单 4-6 一致。

代码清单 4-6 types-interfaces/common-types/object-type-compatibility.ts

```
// ... 省略的代码

// 饼干类
export class Cookie {
    name: string;
    shape: Shape;
}

// 圆形饼干类
export class CircleCookie {
    name: string;
    shape: Circle;
}

// 方形饼干类
export class SquareCookie {
    name: string;
    shape: Square;
}
```

以上三个饼干类都有 name 属性和 shape 属性，但它们的 shape 属性的类型都不相同，因此这三个类所代表的类型也不相同。这会意味着以下赋值是非法的吗？

```
let circleCookie: Cookie = new CircleCookie();
let squareCookie: Cookie = new SquareCookie();
```

答案是不会，因为饼干类 Cookie 代表的类型兼容圆形饼干类 CircleCookie 和方形饼干类 SquareCookie 所代表的类型。

为什么会有这样的兼容呢？因为 Cookie 类的 shape 属性的类型 Shape 既兼容 CircleCookie 类的 shape 属性的类型 Circle，也兼容 SquareCookie 的 shape 属性的类型 Square。

也就是说，在成员名称和成员数量条件都满足的情况下，如果源对象类型的成员类型兼容目标对象

类型的相应成员的类型，那么源对象类型就兼容目标对象类型。

基于以上描述，我们可以将 TypeScript 中对象类型兼容的规则归纳如下：

① 子类型必须具备父类型中所有非可选的同名的成员；

② 子类型可以包含更多其他成员；

③ 子类型中成员的类型必须兼容于父类型中同名成员的类型。

明白了 TypeScript 中对象类型兼容的规则之后，接下来让我们再来看看什么是类的类型。

说明

前面示例中的类型成员都是属性，但以上对象类型兼容规则仍适用于包含方法和访问器的类型。此外，对象类型中还可以封装索引，在其他条件满足的情况下，索引类型兼容的对象类型也兼容——索引的兼容性只由索引值的兼容性决定，索引键的类型（string 或 number）不会影响索引的兼容性。

3. 类的类型

在前面几节，我们了解到类可以被分为两个部分，其中一部分是它所代表的类型，另一部分是它所代表的对象。我们还知道，TypeScript 是一门强类型语言，其中所有对象都有类型。因此，我们可以知道，类所代表的对象也必定有其类型。

为了方便描述，我们将类所代表的对象的类型称为类的类型。那么类的类型是什么样的呢？为了回答这个问题，我们在项目目录 types-interfaces/common-types 下新建一个名为 class-type.ts 的 TypeScript 文件，然后将代码清单 4-7 复制到其中。

代码清单 4-7　types-interfaces/common-types/class-type.ts

```
// 计算器类
export class Calculator {
    precision: number = 2;
    static maxOperand: number = 100;
    static minOperand: number = -100;
}
```

我们重新定义了一个精简版的计算器类 Calculator，这个计算器类目前只封装了一个实例属性 precision 和两个静态属性 maxOperand 及 minOperand。

接下来，让我们尝试以下赋值：

```
let calculatorClass = Calculator;
```

在很多主流的面向对象编程语言中，将类作为值赋给变量或参数是不合法的。但在 TypeScript 中，以上赋值是合法的，因为 TypeScript 中的类除了是一个类型，还是一个对象，而将对象（的引用）作为值赋给变量是合法的。

那么，作为一个对象，计算器类 Calculator 的类型是什么呢？让我们继续尝试编译以下代码：

```
console.log(calculatorClass.maxOperand); // 输出 100
console.log(calculatorClass.minOperand); // 输出-100
console.log(calculatorClass.precision);  // 错误，precision 不是 Calculator 的对象一侧的成员
```

根据常识我们知道，以上代码中的前两行将先后向控制台中输出 100 和−100，而第三行代码无法通过 TypeScript 编译器的编译，因为类的实例成员无法通过类名（变量 calculatorClass 和类 Calculator 已经是等价的了）访问。

如果以看待对象的角度看待计算器类，我们可以认为目前只有 maxOperand 和 minOperand 是计算器类作为对象时的成员，所以我们才能够通过英文点号访问它们。

接着，根据结构类型系统的规定，对象的类型是由其结构（即成员）决定的，由此我们可以知道计算器类（作为对象时）的类型必然也是由它目前的成员决定的，即{ maxOperand: number, minOperand: number }。

为了验证这一点，我们可以给变量 calculatorClass 显式地指定类型：

```
let calculatorClass: { maxOperand: number, minOperand: number } = Calculator;
```

这行代码将顺利地通过 TypeScript 编译器的编译，因此我们的推断目前可以被认为是正确的。为了

使推断更加可信，我们还可以继续尝试以下类型：

```
// 错误，类Calculator（作为对象）缺少属性precision
let calculatorClass1: { maxOperand: number, minOperand: number, precision: number } = Calc
ulator;
```

我们在类型{ maxOperand: number, minOperand: number }中加了一个属性 precision，而计算器类也确实封装了这个属性，但以上赋值无法通过 TypeScript 编译器的编译。

由此可见，类的实例成员只能影响类的实例的类型（也就是类所代表的类型），而无法影响类（作为对象）本身的类型——只有类的静态成员才能够影响类的类型。

显然，类的静态成员除了属性还包括访问器和方法，比如我们可以给计算器类 Calculator 添加一个简单的操作数检测方法：

```
/**
 * 计算器类
 */
class Calculator {
    precision: number = 2;
    static maxOperand: number = 100;
    static minOperand: number = -100;

    static checkOperands(x: number, y: number): boolean {
        return  true;
    }
}
```

添加以上方法之后，计算器类 Calculator 的类型将多一个方法签名：

```
let calculatorClass2: {
    maxOperand: number,
    minOperand: number,
    checkOperands: (x: number, y: number) => boolean
} = Calculator;
```

至此读者会发现，所谓类的类型，其本质实际上也是对象类型，只不过对象类型通常是指那些通过类构造的对象的类型，而类的类型是指类的对象一面的类型。

读者的发现是没有错的，但类的类型还有它特别的地方，它可以包含构造函数的类型：

```
let calculatorClass3: {
    new(): Calculator,
    maxOperand: number,
    minOperand: number,
    checkOperands: (x: number, y: number) => boolean
} = Calculator;
```

以上代码中加粗显示的内容就是计算器类 Calculator 的构造函数的类型，它表示计算器类 Calculator 的（隐式）构造函数不接收任何参数，并返回一个类型为 Calculator 的实例。

构造函数的兼容规则和普通函数的兼容规则是一样的，因此如果我们给计算器类添加以下构造函数，以上赋值将变成非法的：

```
class Calculator {
    // 省略的属性
    constructor(precision: number) {
        this.precision = precision;
    }
    // 省略的方法
}
```

以上构造函数接收一个类型为 number 的参数，因此不再兼容于前面的目标类型 new(): Calculator。如果要使其兼容，我们需要修改前面的构造函数类型：

```
let calculatorClass4: {
    maxOperand: number,
    minOperand: number,
```

```
    new(precision: number): Calculator,
    checkOperands: (x: number, y: number) => boolean
} = Calculator;
```

这样一来，类的类型中的构造函数也接收了一个类型为 number 的参数，从而变成兼容于计算器类 Calculator 的构造函数的类型。

至此，我们了解了类的类型的所有内容，即其本质是一个对象类型。不同于普通对象类型的是，类的类型只封装类的静态成员以及构造函数。

最后，基于对象类型（基于成员数量）的兼容规则，我们可以将以上赋值简写成以下形式：

```
let calculatorClass5: {
    new(precision: number): Calculator
} = Calculator;
```

为了使这种简写可以更加便于书写，TypeScript 还允许我们继续简化：

```
let calculatorClass6: new (precision: number) => Calculator = Calculator;
```

以上简化中的 new (precision: number) => Calculator 是一个构造函数的类型，但它其实和 { new(precision: number): Calculator }是等价的，即仍然描述了计算器类 Calculator 的类型。

说明

TypeScript 中的类实际上会被编译成 JavaScript 中的构造函数，因此 TypeScript 中类的类型本质上就是 JavaScript 中构造函数的类型。

那么，这样的简化有什么意义呢？有时候我们可能不是那么关心类的静态成员，而只关心这个类的构造函数，因为通过类的构造函数，我们可以创建类的实例。

为了体验这一点，我们在 class-type.ts 中定义一个计算器工厂类 CalculatorFactory，使其完整内容与代码清单 4-8 一致。

代码清单 4-8　types-interfaces/common-types/class-type.ts

```
// 计算器类
export class Calculator {
    // ... 省略的代码
}

// ... 省略的代码

// 计算器工厂类，这是一个"静态"类
abstract class CalculatorFactory {
    /**
     * 创建计算器
     * @param constructor 计算器类
     */
    static createCalculator(constructor: new (precision: number) => Calculator): Calculator {
        return new constructor(2);
    }
}
```

接下来，我们可以使用这个计算器工厂类来“快速”地创建计算器对象：

```
// 使用工厂创建计算器对象
let calculator: Calculator = CalculatorFactory.createCalculator(Calculator);
```

事实上，读者应该会觉得以上计算器对象的创建并没有多么快速。但在随后的 4.2 节中，我们将创建一个真正快速地把 JSON 转换成 TypeScript 对象的工厂类，而这个工厂类就是在以上计算器对象工厂类的基础上改进的。

或许好奇的读者要问什么是泛型了。请不要着急，在得到这个问题的答案之前，我们先来看看 TypeScript 中还有哪些类型。

4.1.2　特殊类型

除了前面介绍的常用类型，TypeScript 中还有一些虽然常用但看上去有些特殊的类型。在本节中，我们的任务就是了解这些特殊类型。

1. **联合类型**

在 3.1 节中，为了防止非空类型的变量被赋空值，我们将项目的 TypeScript 编译器选项 strictNullChecks 的值设置成了 true。

但有时候我们确实需要让某个非空类型变量可以被赋空值，这时便可以用到联合类型（Union Type）：

```
let color: string | null;
```

以上代码定义了一个类型为“string | null”的变量 color，其中“string | null”就是一个联合类型，它表示变量既可以接收类型为 string 的值，也可以接收类型为 null 的值，因此以下赋值是合法的：

```
color = 'red';
color = null;
```

由于 null 和 undefined 是两个互不兼容的类型，因此变量 color 的值仍然不能被赋为 undefined。为了实现这样的赋值，我们可以像以下代码那样将类型 undefined 联合到变量 color 的类型中：

```
let color: string | null | undefined;
```

以上是联合类型的基础应用。事实上，任何类型都可以参与联合。为了体验这一点，我们在项目目录 types-interfaces 下新建一个名为 special-types 的子文件夹，然后在这个子文件夹下新建一个名为 union-type.ts 的 TypeScript 文件，并将代码清单 4-9 复制到这个文件中。

代码清单 4-9 types-interfaces/special-types/union-type.ts

```
// 飞机类
export class Plane {
    fly() {
        console.log('I\'m flying..');
    }
}

// 轮船类
export class Ship {
    sail() {
        console.log(`I\'m sailing..`);
    }
}
```

以上代码定义了一个飞机类 Plane 和一个轮船类 Ship，接下来让我们定义一个类型为由这两个类组成的联合类型的交通工具变量：

```
let vehicle: Plane | Ship;
```

根据前面的经验，我们可以知道，交通工具变量 vehicle 既可以被赋予一个类型为 Plane 的飞机对象，也可以被赋予一个类型为 Ship 的轮船对象：

```
vehicle = new Plane();
vehicle.fly();
vehicle = new Ship();
vehicle.sail();
```

以上代码在变量 vehicle 被赋值之后还立即合法地调用了这个值所拥有的方法，这是因为 TypeScript 编译器能够基于这两次赋值推断出变量 vehicle 的具体类型：第一次赋值后，其具体类型是 Plane；第二次赋值后，其具体类型是 Ship。

但有时候，TypeScript 编译器没有这么聪明，比如，它无法推断出以下类型为“Plane | Ship”的参数 vehicle 的具体类型：

```
function travel(vehicle: Plane | Ship): void {
    vehicle.fly();  // 错误：TypeScript 编译器无法推断参数 vehicle 的具体类型
    vehicle.sail(); // 错误：TypeScript 编译器无法推断参数 vehicle 的具体类型
}
```

由于 TypeScript 编译器无法知道以上参数 vehicle 会被赋予什么值，因此它无法推断出这个参数的具体类型。我们需要将以上函数修改为以下形式：

```
function travel(vehicle: Plane | Ship): void {
    // vehicle.fly();  // 错误：TypeScript 编译器无法推断参数 vehicle 的具体类型
    // vehicle.sail(); // 错误：TypeScript 编译器无法推断参数 vehicle 的具体类型

    if (vehicle instanceof Plane) {
        vehicle.fly();
    }
    else {
        vehicle.sail();
    }
}
```

以上代码主动判断了参数 vehicle 是否是飞机类 Plane 的实例，并在得到肯定的结果之后合法地调用了其 fly()方法，同时在得到否定的结果之后合法地调用了其 sail()方法——参数 vehicle 如果不是飞机类 Plane 的实例，那么必然是轮船类 Ship 的实例。

至此，我们对联合类型有了一定的了解。接下来，我们再来看看另一个形式与其类似、意义却截然不同的类型——交叉类型。

像以上对代码那样对参数（或变量）进行类型判断，并在确定其类型之后访问其相应成员的行为称为类型保护（Type Guard）。

2. 交叉类型

交叉类型（Intersection Type）在书写上和联合类型相似，比如：

```
let seaplane: Plane & Ship;
```

以上“Plane & Ship”就是一个交叉类型，它表示被赋予变量 seaplane 的值必须同时具备飞机类 Plane 和轮船类 Ship 的公共成员。

为了获得这样一个值，我们可以定义一个同时封装了 fly()方法和 sail()方法的类，然后创建这个类的一个实例。但除此之外，我们可以定义下面这么一个函数：

```
function createSeaplane(plane: Plane, ship: Ship) : Plane & Ship {
    let seaplane:any = {};

    for (let key in plane) {
        seaplane[key] = plane[key];
    }

    for (let key in ship) {
        seaplane[key] = ship[key];
    }

    return seaplane;
}
```

接下来我们便可以通过以下方法获得类型为“Plane & Ship”的对象：

```
seaplane = createSeaplane(new Plane(), new Ship);
seaplane.fly();
seaplane.sail();
```

相信此时读者已经发现，交叉类型通常被用在对象合并（扩展）的场合，而这样的场合在 JavaScript 中很是常见。

接下来，我们再来看看 TypeScript 中还有哪些特殊类型。

有些类型联合之后会没有意义，比如 null & undefined；有些类型联合之后则会变成 never，比如 boolean & number。

3. 字符串字面量类型

字符串字面量类型（String Literal Type）允许我们定义值必须是指定字符串的变量，比如以下代码

就定义了一个类型为字符串字面量类型“circle”、同时值也必须是字符串“circle”的变量 shape:

```
let shape: 'circle' = 'circle';
```

读者没有看错，以上变量 shape 的类型确实就是字符串“circle”，同时它的值也必须是字符串“circle”。因此以下赋值是错误的:

```
shape = 'rectangle'; // 错误：字符串"rectangle"不是合法的值
```

字符串字面量类型可以组成联合类型，比如我们可以将变量 shape 的类型修改成以下联合类型:

```
let shape: 'circle' | 'square' = 'circle';
```

此时变量 shape 的值既可以被赋为字符串“circle”，也可以被赋为字符串“square”，因此以下代码是合法的:

```
shape = 'square';
```

联合字符串字面量类型通常用来约束类的属性名，比如我们有这么一个熟悉的圆形类:

```
// 圆
export class Circle {
    area: number;   // 面积
    radius: number; // 半径
}
```

接下来我们可以通过操作符 keyof 获取由圆形类的属性名联合而成的类型:

```
type keyOfCircle = keyof Circle; // 'area' | 'radius'
```

以上类型别名 keyOfCircle 代表的类型是'area' | 'radius'，因此使用它定义的变量的值只能是字符串“area”或“radius”。

接下来，我们再来看看与字符串字面量类型相似的数字字面量类型。

4. 数字字面量类型

基于对字符串字面量类型的了解，相信读者已经知道数字字面量类型（Number Literal Type）是怎样的类型了，应该可以判断以下几个赋值的对错:

```
let dayInWeek: 1 | 2 | 3 | 4 | 5 | 6 | 7;
dayInWeek = 1;
dayInWeek = 6;
dayInWeek = 8; // 错误：值必须是从 1 到 7 的整数
```

以上变量 dayInWeek 的类型就是有数字字面量类型 1 到 7 联合而成的类型，它的值只能是数字 1 到 7 中的某一个，因此，将数字 8 赋给它是非法的。

至此，我们便对 TypeScript 中的常用类型和特殊类型有了一个比较全面的了解。接下来，我们来了解 TypeScript 中与类型紧密相关的另一个概念——接口。

4.1.3 接口

事实上，除了大部分基础类型和之前介绍的特殊类型，TypeScript 中的其他所有类型都可以通过接口（Interface）来描述。在本节中，我们便将学习如何使用接口来描述我们熟悉的对象类型、函数类型以及类的类型。

为了方便描述，我们会将用于描述这些类型的接口分别称为对象类型接口、函数类型接口和类的类型接口。接下来，就让我们先来看看什么是对象类型接口。

1. 对象类型接口

很多编程语言中都有接口的概念，而 TypeScript 的所有接口中，与其他语言中的接口最相近的便是对象类型接口。

那么 TypeScript 中的对象类型接口是什么样的呢？为了找到这个问题的答案，我们在项目目录 types-interfaces 下新建一个名为 interfaces 的子文件夹，然后在这个子文件夹下新建一个名为 object-interface.ts 的 TypeScript 文件，并将代码清单 4-10 复制到这个文件中。

代码清单 4-10 types-interfaces/interfaces/object-interface.ts

```
// 人类
export class People {
    name: string;
}

// 动物类
export class Animal {
    name: string;
}

// 生物接口
export interface Biology {
    name: string;
}
```

以上代码使用标识符 class 定义了一个人类 People 和一个动物类 Animal，并使用标识符 interface 定义了一个在结构上和这两个类一致的生物接口 Biology。

由于生物接口 Biology 在结构上和人类 People 以及动物类 Animal 一致，它描述了人类 People 和动物类 Animal 所代表的类型，因此以下赋值是合法的：

```
let person: Biology = new Animal(); // 类型为Biology的变量person
let animal: Biology = new People(); // 类型为Biology的变量animal
```

提示

读者可以将以上生物接口 Biology 的定义看作与以下类型别名的创建是等价的：

```
type Biology = { name: string };
```

如果仅仅是为了描述类型，那么接口应该没有存在的必要，因为类型别名和类型字面量完全可以胜任这份工作。那么，接口还有什么作用？我们给以上生物接口 Biology 添加一个生长方法 grow()：

```
interface Biology {
    name: string;
    grow(): void; // 不能被实现
}
```

注意

接口的主要作用是描述类型，因此接口和类型字面量一样不能封装访问器，并且其属性也不能被赋值，其方法也不能被实现。

经过以上修改之后，基于类型兼容的原则，如果要让以上对变量 person 和 animal 的赋值保持合法，我们必须给人类 People 和动物类 Animal 也各添加一个 grow()方法：

```
class People {
    name: string;
    grow(): void {
        console.log(`长个`);
    }
}

class Animal {
    name: string;
    grow(): void {
        console.log(`长膘`);
    }
}
```

但有时候我们可能会忘记这样的修改，为此，TypeScript 允许我们（像在其他编程语言中那样）通过标识符 implements 来强制指定的类必须实现某个（些）接口：

```
class People implements Biology { // People类必须实现接口Biology中的所有成员
    name: string;
    grow(): void {
        console.log(`长个`);
    }
```

```
}

class Animal implements Biology { // Animal 类必须实现接口 Biology 中的所有成员
    name: string;
    grow(): void {
        console.log('长膘');
    }
}
```

以上修改表示 People 类和 Animal 类必须实现接口 Biology 中的所有成员，如果其中的任何一个类未达到这一要求，TypeScript 编译器将抛出相应的语法错误。

下面的植物类 Plants 就是引发这一语法错误的一个例子：

```
// 植物类
class Plants implements Biology { // 错误：植物类未实现接口 Biology 中的 name 属性和 grow() 方法
    height: number;
}
```

我们定义了一个植物类 Plants，并通过标识符 implements 要求这个类必须实现接口 Biology 中的所有成员。但植物类 Plants 中只包含一个不相关的成员 height，因此它无法通过 TypeScript 编译器的编译。

为了使植物类 Plants 能够通过编译，我们必须使其实现生物类 Biology 中的所有成员：

```
class Plants implements Biology {
    height: number;
    name: string;
    grow(): void {
        console.log(`我已经长到${this.height++}米了。`);
    }
}
```

从以上代码中我们可以发现，类在实现接口的同时，其实还可以封装接口中没有定义的成员（比如以上植物类 Plants 中的属性 height），这归根到底还是类型的兼容性所促使的。

接口相比类型字面量的另一个优点是，接口可以像类一样通过继承来实现代码的复用。比如，我们可以定义一个封装 name 属性的实体接口 Entity：

```
export interface Entity {
    name: string;
}
```

接下来我们可以通过关键字 extends 让前面的生物接口 Biology 继承这个实体接口：

```
export interface Biology extends Entity {
    // name: string;
    grow(): void;
}
```

我们注释掉了生物接口 Biology 中的 name 属性，但它会继承实体接口 Entity 中的 name 属性，因此实现生物接口的人类 People 和动物类 Animal 仍然需要封装 name 属性。

此时读者或许已经发现，对象类型接口和第 3 章介绍的抽象类存在不少相似之处，比如它们都可以封装不能被实现的属性和方法，并且都可以被接口（子类）实现（继承）。因此，在很多情况下，对象类型接口和抽象类可以被对方替代，但有时并非如此。

4.1.3 节最后的“接口和抽象类”部分将介绍抽象类不能被接口替代的情况，并列举它们之间更多的异同。在此之前，我们先继续看看什么是函数类型接口。

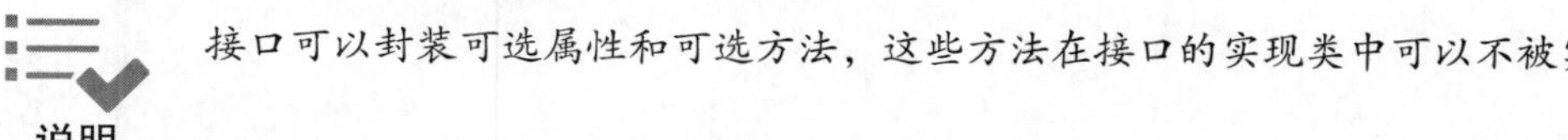

说明

接口可以封装可选属性和可选方法，这些方法在接口的实现类中可以不被实现。

2. 函数类型接口

根据前面的学习我们可以知道，对象类型接口的本质其实就是命名的对象类型，而接下来我们将要学习的函数类型接口其实也是命名的函数类型。

为了体验这一点，我们在项目目录 types-interfaces/interfaces 下新建一个名为 function-interface.ts 的 TypeScript 文件，并将代码清单 4-11 复制到其中。

代码清单 4-11 types-interfaces/interfaces/function-interface.ts

```
// 函数类型接口
export interface functionType {
    (x: number, y: number): number;
}
```

以上代码定义了一个名为 functionType 的接口，但这个接口不包含有名字的属性或方法，而只包含一个没有函数名的函数签名，因此被称为函数类型接口。

不同于对象类型接口，函数类型接口无法被类实现，因此以下代码是非法的：

```
class FunctionClass implements functionType { // 错误，函数类型接口无法被类实现
}
```

那么，函数类型接口有什么用呢？它可以跟函数类型一样用于声明变量，从而简化代码：

```
let add: functionType = (x: number, y: number): number => {
    return x + y;
}
let sum: number = add(1, 2); // 得到 3
```

可以想象，当需要多次使用函数类型(x: number, y: number) => number 时，将其替换成 functionType 是省时又省力的事情——尽管使用类型别名也可以达到这一目的。

除了函数类型接口，TypeScript 中还有一种接口也不能被类实现，它就是类的类型接口。

3. 类的类型接口

基于前面的经验，我们大概可以知道类的类型接口和类的类型字面量应该没什么区别。为了更加清楚地明白这一点，我们在项目目录 types-interfaces/interfaces 下新建一个名为 class-interface.ts 的 TypeScript 文件，并将代码清单 4-12 复制到其中。

代码清单 4-12 types-interfaces/interfaces/class-interface.ts

```
// 从 4.1.1 节的 class-type.ts 中导入计算器类
import { Calculator } from '../common-types/class-type';

// 计算器类的类型接口
interface CalculatorClassType {
    new(precision: number): Calculator;
    maxOperand: number;
    minOperand: number;
    checkOperands: (x: number, y: number) => boolean
}
```

以上接口 CalculatorClassType 描述的就是精简计算器类 Calculator 的类型，其中封装的是计算器类 Calculator 的构造函数以及静态成员的类型。

和类的类型字面量一样，类的类型接口中的静态成员可以在没有必要出现的情况下被省略，因此以上 CalculatorClassType 接口也可以被定义成如下形式：

```
interface CalculatorClassType {
    new(precision: number): Calculator;
}
```

和构造函数类型对应，以上不包含静态成员的接口通常也被称为构造函数接口，并且同样可以用来声明值为计算器类的变量：

```
let calculatorClass: CalculatorClassType = Calculator;
let calculator: Calculator = new calculatorClass(2);
// 错误：calculatorClass 是计算器类 Calculator 的对象一侧，而非类型一侧
let calculator1: culatorClass = new calculatorClass(2);
```

经过以上第一行代码的赋值之后，变量 calculatorClass 指向的是计算器类 Calculator 所代表的对象，而这个对象实际上就是 JavaScript 中的构造函数（对象），因此接下来的一行代码能够通过 new calculatorClass(2)构造计算器对象。

但在第三行代码中，我们试图将变量 calculatorClass 当作类型来声明变量，却会被 TypeScript 编译器拒绝，因为变量 calculatorClass 不是 Calculator 代表的类型部分。

为了得到计算器类 Calculator 的类型部分，我们需要像以下代码那样定义类型别名：

```
type calculatorType = Calculator;
let calculator2: calculatorType = new calculatorClass(2);
```

以上便是有关类的类型接口的内容，接下来让我们再来看看本节留下来的一个问题，即接口和抽象类具体的异同是什么。

说明

在一些声明文件（我们将在第 5 章介绍有关声明文件的细节）中，我们可能会看到一些这样的接口：

```
interface NumberConstructor {
    new(value?: any): Number;
    (value?: any): number;
}
```

以上接口既描述了一个类（构造函数）的类型，也描述了一个普通函数的类型，因此可以被认为是一个交叉类型接口——其所代表的交叉类型为(new(value?: any) => number) & ((value?: any) => number)。

显然，TypeScript 中没有既是类又是函数的存在，但在 JavaScript 中并非如此，因为以上类型就是 JavaScript 中的（构造）函数 Number()的类型——当 Number()被当作构造函数调用时，它会返回一个数字对象；当其被当作普通函数被调用时，它会返回一个数字。

在今后的开发中，我们自己很少会定义以上交叉类型接口。但如果遇到，基于以上说明我们应该可以知道它们的作用。

4. 接口和抽象类

经过前面的学习我们可以发现，接口和抽象类存在很多相同的地方，但也有着不少的区别。接下来，就让我们来看看它们的异同之处都有哪些。

首先，以下是它们的相同之处：

（1）接口和抽象类都能封装未被实现的属性和方法，尽管抽象类中的这些属性和方法需要被标识符 abstract 修饰；

（2）接口类的实现类必须实现接口中的非可选属性和非可选方法，抽象类的子类也必须实现抽象类中的非可选抽象属性和非可选抽象方法；

（3）接口和抽象类都不能被实例化。

基于以上相同之处，我们会觉得接口和抽象类在很多情况下可以被对方替换，因此可能会定义下面这样的接口和抽象类：

```
// 耳机接口
interface Earphone {
    // 输出声音
    output(voice: string):void;
}

// 耳机抽象类
abstract class AbstractEarphone {
    // 输出声音
    abstract output(voice: string):void;
}
```

以上代码定义了一个耳机接口 Earphone 和一个耳机抽象类 AbstractEarphone，并为它们各封装了一个声音输出方法 output()，从而使它们各描述了一个相同的规范，即耳机类必须拥有一个声音输出方法 output()。

此时读者可能会疑惑，即以上哪种规范描述方式是合法的呢？从语法上看，它们都是合法的，因为它们都可以用来指导耳机类的定义：

```
// 小米耳机类
class XiaoMiEarphone implements Earphone {
    // 输出声音
    output(voice: string): void {
        console.log(`来自小米耳机的输出：${voice}`);
    }
}

// 苹果耳机
class AppleEarphone extends AbstractEarphone {
    // 输出声音
    output(voice: string): void {
        console.log(`来自苹果耳机的输出：${voice}`);
    }
}
```

以上代码定义了一个实现接口 Earphone 的小米耳机类 XiaoMiEarphone 和一个继承抽象类 AbstractEarphone 的苹果耳机类 AppleEarphone，并使它们都按照规范封装了声音输出方法 output()。

从作用上看，耳机接口 Earphone 和耳机抽象类 AbstractEarphone 都很好地完成了它们的任务。但从语义上看，以上耳机抽象类 AbstractEarphone 的定义显得有些大材小用，因为类的作用是封装特征和行为，而以上耳机抽象类只封装了行为，即声音输出方法 output()。

也就是说，尽管接口和抽象类存在诸多相同之处，并因此在很多情况下可以被对方替换。但如果是为了描述一些行为（或算法）规范，我们不应该违背语义去使用抽象类，而应该选择使用接口。另外，尽管接口也可以封装用于描述特征的属性，但在需要描述同时包含特征和行为的规范时，我们则应该使用更加符合语义的抽象类。

以上便是接口和抽象类的相同和最大的不同之处，除此之外，它们还有以下不同之处：

（1）接口不能封装被实现的属性和方法，但抽象类可以；

（2）接口不能封装访问器，但抽象类可以；

（3）接口可以重复定义，但抽象类不能。

关于第一个不同之处，其实我们已经经历过。基于 TypeScript 中的作用域的规则，我们可以很好地理解抽象类不能被重复定义的原因——为了防止命名冲突或覆盖。

但接口为什么可以重复定义呢？因为 JavaScript 中没有接口的概念，TypeScript 中的接口被编译之后不会向 JavaScript 代码中输出任何响应的内容，TypeScript 可以比较自由地控制接口的特性。

那么，重复定义的接口有什么作用呢？在回答这个问题之前，我们继续定义另一个名为 Earphone 的接口：

```
// 另一个耳机接口
interface Earphone {
    // 输入声音
    input(voice: string): void;
}
```

以上同名耳机接口的定义是合法的，TypeScript 编译器并会不认为它有什么不妥之处，但会突然认为前面的小米耳机类 XiaoMiEarphone 包含语法错误：

```
类"XiaoMiEarphone"错误地实现接口"Earphone"。类型"XiaoMiEarphone"中缺少属性"input"。
```

之所以出现这个错误，是因为 TypeScript 编译器对两个同名的耳机接口 Earphone 进行了合并，从而使它们成了一个同时封装了声音输出方法 output()和声音输入方法 input()的接口。

为了消除这个错误，我们需要在小米耳机类中实现声音输入方法 input()，使其定义代码与以下代码一致：

```
// 小米耳机类
class XiaoMiEarphone implements Earphone {
    // 输出声音
    output(voice: string): void {
```

```
        console.log(`来自小米耳机的输出：${voice}`);
    }

    // 声音输入
    input(voice: string): void {
        console.log(`小米耳机接收到的输入：${voice}`);
    }
}
```

TypeScript 除了支持接口的合并，还允许我们通过接口来对类进行扩展，而这一扩展也是通过定义和已有的类同名的接口来实现的。

为了体验如何通过接口来对类进行扩展，我们可以创建以下小米耳机接口：

```
// 小米耳机接口：通过接口对类进行扩展
interface XiaoMiEarphone {
    // 降噪
    denoise():void;
}
```

以上代码定义了一个和小米耳机类同名的小米耳机接口 XiaoMiEarphone，并使其封装了一个降噪方法 denoise()。

接下来，在创建小米耳机类的实例时，我们就可以调用这个降噪方法了：

```
let xiaoMiEarphone: XiaoMiEarphone = new XiaoMiEarphone();
xiaoMiEarphone.denoise(); // 运行时错误：xiaoMiEarphone.denoise 不是一个方法
```

以上代码能够完美地通过 TypeScript 编译器的编译，因为接口 XiaoMiEarphone 已经为同名的类扩展（添加）了方法 denoise()。

但在运行以上代码的编译结果时，我们却会得到以下运行时错误：

```
xiaoMiEarphone.denoise is not a function (xiaoMiEarphone.denoise 不是一个函数)
```

前面已经提过，TypeScript 中的接口被编译后不会向相应的 JavaScript 代码中输出任何内容，因此接口对类的扩展仅仅是对类所代表的（编译时）类型进行扩展，它无法使目标类获得这个方法的实现。

为了使目标类获得这个方法的实现，我们需要修改目标类的原型 prototype（在不修改目标类的定义代码的情况下）：

```
XiaoMiEarphone.prototype.denoise = function() {
    console.log('降噪功能开启');
}
```

以上代码在小米耳机类 XiaoMiEarphone 的原型 prototype 上添加了方法 denoise()的实现，当我们再次创建小米耳机的实例并调用其降噪方法 denoise()时，便不会再得到运行时错误，而是得到降噪方法 denoise()输出的以下内容：

```
降噪功能开启
```

以上是对同一个模块内的类进行扩展的一个示例，而在 5.1.4 节中，我们还将看到如何使用类似的方式对其他模块内的类进行扩展。在此之前，我们再来看看与类型相关的最后一部分内容，即运行时类型判断。

4.1.4 运行时类型判断

在开始运行时类型（Runtime Type）判断的学习之前，我们必须明白一个事实，即 TypeScript 不是一门运行时语言，它的很多“凌驾于”JavaScript 之上的特性都只能获得 TypeScript 编译器的支持。因此 TypeScript 代码一旦被编译成 JavaScript 代码，其中很多让人怀念的东西都会丢失，而编译时类型（Compile-time Type）就是其中之一。

比如，我们可以看看以下熟悉的函数赋值：

```
let add: (x: number, y: number) => number;
add = (x: string, y: string): string => {
    return x + y;
}
```

以上赋值会使 TypeScript 编译器抛出异常，因此我们可以快速地注意到以上赋值涉及非法的函数类型兼容。但在默认情况下，TypeScript 编译器仍然会将以上赋值编译成以下合法的 JavaScript 代码：

```
var add;
add = function (x, y) {
    return x + y;
};
```

提示

通过将 tsconfig.json 中的 noEmitOnError 节点的值设置为 true，可以阻止 TypeScript 器的以上默认行为，也就是说，使其在发现 TypeScript 中的语法错误时不生成新的 JavaScript 代码。

事实上，即使将以上 TypeScript 代码中的函数修改成类型为 (x: number, y: number) => number 的合法函数，最终我们得到的仍将是以上 JavaScript 结果——所有类型都会丢失。

为什么会出现这样的情况呢？因为函数类型、参数类型和函数返回类型只能被 TypeScript 编译器认识，它们在 JavaScript 中是不存在的。也因为如此，类型检查只能发生在 TypeScript 代码的编译时，它存在的意义是保证我们编写的代码是稳固的，但无法保证我们编写的代码能够稳定地运行。

为什么这么说呢？我们在项目目录 types-interfaces 下新建一个名为 type-checking 的子目录，然后在这个子目录下新建一个名为 introduction.ts 的 TypeScript 文件，并将代码清单 4-13 复制到这个文件中：

代码清单 4-13　types-interfaces/type-checking/introduction.ts

```
// 人类
export class People {
    name: string;
    age: number;

    greet(): void {
        console.log(`Hi, I'm ${this.name}. And my age is ${this.age}.`);
    }
}

let json = '{"name": "Lcng", "age": "1"}';
export let person = JSON.parse(json) as People;
person.greet(); // 运行时错误，变量未包含名为greet 的成员
```

以上代码模拟了一个 AJAX 回调函数中的逻辑，即将 Web 服务端返回的 JSON 字符串解析成一个对象，然后为了方便使用，将这个对象的类型断言成实体类型 People，最后调用 People 类型的变量 person 的 greet()函数。

这一切看上去是那么自然，因此以上代码能够获得 TypeScript 编译器的编译，但在运行其编译结果时，我们却会得到 JavaScript 运行时抛出的错误：

```
person.greet is not a function (person.greet 不是一个函数)
```

这个错误在说变量 person 的成员 greet 不是函数，但变量 person 的类型不是 People 类，可 People 类不是封装了 greet()函数吗？

是的，变量 person 的类型是 People 类，但那只是通过断言而获得的编译时类型，而非它的运行时类型。那么，变量 person 的运行时类型是什么呢？

1. typeof

事实上，不只是前面提到的函数类型和对象类型，到目前为止，我们所讨论过的所有类型（包括第 3 章中的基础类型、函数类型和对象类型）都是编译时类型。

编译时类型存在的意义是配合 TypeScript 编译器的约束能力，以最大限度地保证我们编写的 TypeScript 代码的稳固。一旦编译完成，编译时类型便完成了它们的使命，因此不会（当然也无法）被保留到作为编译结果的 JavaScript 代码中。

尽管 TypeScript 中的编译时类型无法被保留到 JavaScript 中，但 JavaScript 中的变量也有它自己的类型。为了和编译时类型对应，我们可以将 JavaScript 中的类型称为运行时类型。那么，我们该如何获取

JavaScript 中的（运行时）类型呢？答案是使用操作符 typeof。

在 3.1 节中，我们已经知道 JavaScript 包含七个（运行时）类型，它们是六个简单类型（Primitive Type）boolean、number、string、undefined、null 和 symbol，以及一个对象类型 object。

为了获得这些运行时类型，我们在项目目录 types-interfaces/type-checking 下新建一个名为 typeof.ts 的 TypeScript 文件，并将代码清单 4-14 复制到其中。

代码清单 4-14 types-interfaces/type-checking/typeof.ts

```
// 导入人类 People 和人类对象
import { People, person } from './introduction';
let runtimeTypeOfPerson: string = typeof person; // 得到字符串"object"
```

注意

操作符 typeof 在 TypeScript 中有两个作用：将其操作所得的结果赋给由标识符 var、let 或 const 定义的变量或常量时（就如以上代码那样），我们得到的是目标变量的运行时类型；将其操作结果赋给由标识符 type 创建的类型别名时，我们得到的是目标变量的编译时类型。

以上代码最终将使变量 runtimeTypeOfPerson 获得字符串值 object，这表示变量 person 的运行时类型就是 object。然而知道了这一点似乎还不够，我们无法根据变量 person 的运行时类型是 object 这一事实来决定能否调用其 greet()函数，因为 JavaScript 中所有对象（包括通过 new People()构造的人类对象）的运行时类型都是 object。

也就是说，我们通过操作符 typeof 可以确定某个变量是（或不是）对象，但无法知道这个对象是基于哪个类（或构造函数）构造的，从而无法知道这个对象有哪些成员。那么，操作符 typeof 就没有更加实际的意义了吗？答案是有，因为有时候我们只想知道一个变量是否属于某个简单类型：

```
/**
 * 字符串拼接函数
 * @param x 参与拼接的参数，这个参数可能来自 JavaScript 库，因此其类型可能不确定
 * @param y 参与拼接的参数，这个参数可能来自 JavaScript 库，因此其类型可能不确定
 */
function concatenate(x: any, y: any): string {
    if (typeof x !== 'string') {
        x = x.toString();
    }

    if (typeof y !== 'string') {
        y = y.toString();
    }

    return x + y;
}
```

以上是 3.2 节介绍的字符串拼接函数 concatenate()的变体，我们将其参数的类型修改成了 any，从而使其可以接收第三方 JavaScript 库提供的数据作为参数。接下来，为了防止出现数学加法运算，我们通过操作符 typeof 对参数的运行时类型进行了判断：如果参数的运行时类型不是 string，那么我们会将其转换成字符串。

以上是通过操作符 typeof 判断参数的类型是否是 string 的例子。在工作中，我们也不乏需要得知一个变量的类型是否是 boolean、number、undefined、null 或 symbol 这些简单类型的情况。对于这样的情况，typeof 操作符总是能够发挥其作用——为了节省时间，此处便不再列举相应的例子。

如果我们确实想知道某个对象是通过哪个类构造的，那么需要使用另一个操作符，即 instanceof。

说明

在用 typeof 获取函数（变量）的运行时类型时，我们得到的结果是字符串 function，但这并不意味着函数在 JavaScript 中的类型是 function——函数在 JavaScript 中的类型是 object。此外，在用 typeof 获取 null 的运行时类型时，我们得到的也不是相应的简单类型 null，而是对象类型 object。

2. instanceof

在 TypeScript（以及 JavaScript）中，用于获取变量运行时类型的办法只有一个，那就是使用 typeof

操作符。但在前面我们已经发现，当变量的运行时类型是 object 时，有时候我们还需要知道这个变量所引用的对象是通过哪个类（或构造函数）构造的。在这种情况下，我们需要用到 TypeScript/JavaScript 提供的另一个操作符，即 instanceof。

为了明白这一点，我们在项目目录 types-interfaces/type-checking 下新建一个名为 instanceof.ts 的 TypeScript 文件，并将代码清单 4-15 复制到这个文件中。

代码清单 4-15　types-interfaces/type-checking/instanceof.ts

```
// 导入人类 People 和人类对象 person
import { People, person } from './introduction';

// 仅在 person 对象是由 People 类构造的情况下调用其 greet() 方法
if (person instanceof People) {
    person.greet();
}
```

我们在调用变量 person 所引用的对象的 greet()方法之前先进行了一次判断，这个判断中的表达式“person instanceof People”会在 person 对象是由 People 类构造的情况下被评估为 true。如果 person 对象不是由 People 类构造的，这个表达式则会被评估为 false。

显然，person 对象不是由 People 类构造的，而是由 JSON 对象的 parse()函数（这个函数由 JavaScript 运行时实现）构造的。因此以上表达式会被评估为 false，以上对 person 对象的 greet()方法的调用不会被执行——它也没有这个方法。

如果确实需要使 person 对象获得 greet()方法，我们可以向 instanceof.ts 中添加一些内容，使其完整内容与代码清单 4-16 一致：

代码清单 4-16　types-interfaces/type-checking/instanceof.ts

```
// 导入人类 People、人类对象 person 以及生物类 Biology
import { People, person, Biology } from './introduction';

// 仅在 person 对象是由 People 类构造的情况下调用其 greet() 方法
if (person instanceof People) {
    person.greet();
}

// 使用 People 类构造一个人类对象
let person1 = new People();
person1.name = person.name;
person1.age = person.age;

// person1 对象是由 People 类构造的，其 greet() 函数最终会被调用
if (person1 instanceof People) {
    person1.greet();
}
```

以上新增的代码通过表达式“new People()”构造了一个人类对象 person1，从而使表达式“person1 instanceof People”被评估为 true，进而使人类对象 person1 的 greet()方法成功地被调用，并最终使控制台中被输出以下问候：

```
Hi, I'm Lcng. And my age is 1.
```

至此，我们便知道了如何判断一个对象是否是由某个指定的类构造的，即将引用这个对象的变量、操作符 instanceof 和指定的类名组成一个表达式，使 JavaScript 运行时对这个表达式的值进行评估，然后根据评估结果进行判断：如果评估结果是 true，那么这个对象是由指定的类构造的；反之，则不是。

然而，当遇到继承时，我们可能会发现一些怪异的现象。为了明白这一点，我们需要对前面的 introduction.ts 做一些修改，使其内容与代码清单 4-17 一致。

代码清单 4-17　types-interfaces/type-checking/introduction.ts

```
// 生物类
export class Biology {
```

```
    name: string;
}

// 继承生物类的人类
export class People extends Biology {
    age: number;

    greet(): void {
        console.log(`Hi, I'm ${this.name}. And my age is ${this.age}.`);
    }
}

let json = '{"name": "Lcng", "age": "1"}';
export let person = JSON.parse(json) as People;
person.greet(); // 运行时错误，变量未包含名为 greet 的成员
```

以上代码新增了一个生物类 Biology，然后将人类 People 的 name 属性转移到了生物类 Biology 中，并使人类 People 继承了生物类。

接下来，我们还需要继续修改 instanceof.ts 的内容，使其与代码清单 4-18 一致。

代码清单 4-18 types-interfaces/type-checking/instanceof.ts

```
// 导入人类 People、人类对象 person 以及生物类 Biology
import { People, person, Biology } from './introduction';

// 仅在 person 对象是由 People 类构造的情况下调用其 greet()方法
if (person instanceof People) {
    person.greet();
}

// 使用 People 类构造一个人类对象
let person1 = new People();
person1.name = person.name;
person1.age = person.age;

// person1 对象是由 People 类构造的，其 greet()函数最终会被调用
if (person1 instanceof People) {
    person1.greet();
}

// person 对象也是由生物类 Biology 构造的
if (person1 instanceof Biology) {
    console.log(`生物名：${person1.name}`);
}
```

以上新增的代码试图判断通过人类 People 构造的对象 person1 是否是由生物类 Biology 构造的，显然根据这一描述我们就应该知道以上判断会被评估为 false，但事实却相反。

这是为什么呢？简单来说，这是 JavaScript 的基于原型链的继承机制导致的。为了直观地了解这一机制，我们可以看一下前面定义了人类 People 和生物类 Biology 的 TypeScript 文件 introduction.ts 的编译结果（内容做了精简）：

```
// 生物类
function Biology() {
}

// 继承生物类的人类
function People() {
    // 实现继承的第一步：继承 Biology 的属性
    Biology.apply(this);
}

// 实现继承的第二步：继承 Biology 的方法
People.prototype = Object.create(Biology.prototype);

// 修正构造函数
People.prototype.constructor = People;
```

```
// 定义人类 People 的方法
People.prototype.greet = function () {
    console.log("Hi, I'm " + this.name + ". And my age is " + this.age + ".");
};
```

JavaScript 中的继承分两步来实现：第一步，通过在子构造函数中调用父构造函数来实现属性的继承；第二步，通过构造一个原型属性 prototype 为父构造函数的原型属性 prototype 的对象，并将子构造函数的原型属性 prototype 设置为这个对象来实现方法的继承。

正是子构造函数和父构造函数的原型属性 prototype 这样的关系，使 JavaScript 运行时认为基于子构造函数构造的对象也是父构造函数的实例——这是 ECMAScript 对继承的要求。

说明

由于 JavaScript 中所有构造函数的原型链（Prototype Chain）的终点默认都是 JavaScript 中的内置构造函数 Object 的原型属性 prototype，因此 JavaScript 中的所有对象（不包括简单类型的值）也都是 Object 的实例，因而表达式“person1 instanceof Object”的值也是 true。如果要让表达式“person1 instanceof Biology”和“person1 instanceof Object”不被评估为 true，我们可以显式地将人类 People 的原型属性 prototype 的值设置为 undefined 或 null。但显然我们不应该这样做，因为这会导致人类 People 失去对生物类 Biology 的继承——请不要擅自给 TypeScript 中的任何类的原型属性 prototype 赋值。

读者若要了解有关原型和原型链的更多细节，请参考由 Nicholas C.Zakas 著、李松峰和曹力翻译的《JavaScript 高级程序设计》一书。

以上是人类对象被认为是生物类的实例的原因，基于这一原因可知，生物对象应该不会被认为是人类的实例：

```
// 通过父类 Biology 构造的对象 biology，不是人类 People 的实例
let biology = new Biology();
if (biology instanceof People) {
    biology.greet();
}
```

以上 instanceof 表达式会被评估为 false，因为人类和生物类的编译结果中没有（也不能）包含以下语句：

```
Biology.prototype = Object.create(People.prototype);
```

以上便是 TypeScript 中的继承对操作符 instanceof 的影响，对于这样的影响，起初读者或许会觉得不适应，但如果仔细回想 TypeScript 中的继承规则，就会发现以上表现是合理的。

比如，当我们需要一个生物类对象时，如果得到的是一个人类对象，起初我们可能会觉得这不是我们想要的。但其实人类对象继承了生物类的所有公共成员，在语义上它完全可以被当作一个生物类对象来使用，因此将人类对象认为是生物类的实例正是对继承的运用。

当然，父类中的成员可以被子类重写（Override），因此在实际工作中，子类对象并非总是能够替代父类对象。在这种情况下，我们需要确切地知道一个对象最初是通过哪个类（或构造函数）构造的。为此，我们需要使用所有对象都会有的一个属性，即 constructor。

3. constructor

TypeScript/JavaScript 中的每一个对象都有一个默认属性 constructor，并且这个属性的值默认都是其所属对象的直接构造类（函数）。

为了理解这一点，我们在项目目录 types-interfaces/type-checking 下新建一个名为 constructor.ts 的 TypeScript 文件，并将代码清单 4-19 复制到其中。

代码清单 4-19　types-interfaces/type-checking/constructor.ts

```
// 导入人类 People、人类对象 person 以及生物类 Biology
import { People, person, Biology } from './introduction';

let person1 = new People();
person1.name = person.name;
person1.age = person.age;
```

```
let biology: Biology = new Biology();
biology.name = 'T-800';

// false
if (person.constructor === People) {
    console.log('person.greet()');
    person.greet();
}

// true
if (person1.constructor === People) {
    console.log('person1.greet()');
    person1.greet();
}

// false
if (person1.constructor === Biology) {
    console.log('person1.greet() // Biology');
    person1.greet();
}

// true
if (biology.constructor === Biology) {
    console.log(`${biology.name} will be back.`);
}
```

在访问对象的 constructor 属性时，VS Code 并不会给出智能提示，但我们仍然可以放心地这样做。

以上三条 if 语句中的条件表达式分别会被评估为：

（1）false，因为对象变量 person 引用的是 JSON.parse()返回的对象，其直接构造类（函数）不是人类 People，而是 Object；

（2）true，因为对象变量 person1 引用的是由人类 People 构造的对象，其直接构造类就是人类 People；

（3）false，因为对象变量 person1 引用的是由人类 People 构造的对象，其直接构造类不是生物类 Biology；

（4）true，因为对象变量 biology 引用的是由生物类类 Biology 构造的对象，其直接构造类就是生物类 Biology。

因此，我们在编译并执行以上代码的编译结果时，只会得到以下输出：

```
person1.greet()
Hi, I'm Lcng. And my age is 1.
T-800 will be back.
```

此时对 JavaScript 理解不够深入的读者或许要问：对象的默认属性 constructor 是怎么来的？它的值为什么会默认是对象的直接构造类（函数）呢？

简单来说，constructor 其实是对象的直接构造类（函数）的原型属性 prototype 的属性，而这一属性可以通过对象访问并且其值是对象的直接构造类（函数），则是 ECMAScript 有关原型的规范要求。

或许读者早已留意到了前面 introduction.ts 的编译结果中内容为“People.prototype.constructor = People”的那行代码，并因此担心其中是否遗漏了内容类似的另一行代码，即 Biology.prototype.constructor = Biology。

这一担心是多余的，因为 Biology 的原型属性 prototype 没有被覆盖（People 的原型属性 prototype 之所以要被覆盖，是因为它需要通过这种方式来实现对 Biology 的方法的继承），其 constructor 属性的值默认就是 Biology。

以上便是有关对象的默认属性 constructor 的来源和值的简单解释，如果读者希望获得更加详细的解释，也可以参考之前提到的《JavaScript 高级程序设计》一书。

事实上，作为 TypeScript 的初次使用者，我们根本无须关心 TypeScript 中的类是如何实现继承的，也不用关心对象的默认属性 constructor 是怎样来的。因为 TypeScript 已经向我们隐藏了 JavaScript 中复杂难懂的细节，我们只需知道通过关键字 extends 可以实现类的继承，通过访问对象的默认属性 constructor 总能获取到对象的直接构造类即可——前提是我们没有擅自给类的原型属性 prototype 赋值。

当然，如果时间、精力以及其他条件允许，深入理解 JavaScript 中的原型（链）以及其他细节可以拓宽我们的技术视野。但就目前来说，或许条件还不允许我们这么做，因为我们打算通过表 4-1 来对目前我们掌握的判断对象的运行时类型的三种方法做个比较。

表 4-1　三种类型判断方法

类型判断方法	判断 person1 的类型	判断 biology 的类型
typeof	typeof person1 === 'object'	typeof biology === 'object'
instanceof	person1 instanceof People === true person1 instanceof Biology === true	biology instanceof People === false biology instanceof Biology === true
constructor	person1.constructor === People person1.constructor !== Biology	biology.constructor !== People biology.constructor === Biology

根据表格中的内容，我们可以发现在对待对象类型方面，从 typeof 到 instanceof 再到 constructor，它们的态度是越来越严谨的：

① typeof 能告诉我们一个指定的变量是否是一个对象；

② instanceof 能告诉我们一个指定的对象是否是由某个类或其子类构造的；

③ constructor 属性能告诉我们一个指定的对象是否是由某个类直接构造的。

由于 TypeScript 中编译时类型的存在，因此在今后的开发中我们很少会需要通过 typeof 操作符来判断某个变量是否是对象；由于 TypeScript 中的继承带来了多态（Polymorphism），因此今后我们通常会使用 instanceof 操作符来运用多态；至于 constructor 属性，或许它会是最为常用的，因为只有它能够明确地告诉我们对象的直接构造类。

值得说明的是，尽管我们很少用 typeof 操作符来判断某个变量是否是对象，但这并不意味着它不重要。因为今后我们仍然会接触到编译时类型为 any 或 unknown 的变量，那时如果需要判断变量是否是数字、字符串、对象甚至函数，那么 typeof 操作符通常会是我们的首选。

4.2　泛型

很多编程语言中都有泛型的概念，并且它们和 TypeScript 中的泛型的作用都是一致的——使指定的数据结构或算法可以支持更多的数据类型，并在保证被支持的数据类型的安全的同时，使这些数据结构或算法可以最大限度地被复用。

这句话是什么意思呢？让我们看看以下熟悉的函数：

```
function add(x: any, y: any) {
    return x + y;
}
```

这是一个加法运算函数，但它也可以用于字符串的拼接，因此算是一个可以被复用的算法。但在实际使用过程中，我们可能会遇到类型不安全的问题，比如我们完全可以按照以下方式调用这个方法：

```
let sum = add(1, true); // 得到数字 2，但这并非我们希望出现的调用
```

尽管以上代码可以通过编译并被顺利执行，但它的执行没有任何意义，因为我们应该不会遇到需要对数字和布尔值进行加法运算（或拼接）的情况。

为了阻止以上代码的执行，我们可以在 add()函数中对其参数 x 和 y 的类型进行判断；为了阻止以上代码的编译，我们还可以通过函数重载（Function Overload）来将参数 x 和 y 的类型定义为 string 或

number——在 3.2 节中我们已经这样做过了。

显然，以上方式加重了我们的工作负担。如果使用泛型的话，那么我们可以通过更加轻松的方式在复用以上算法的同时保证其参数类型的安全。

4.2.1 泛型函数

泛型到底能让我们的工作变得多轻松呢？我们在本章项目中新建一个名为 generics 的文件夹，然后在这个文件夹下新建一个名为 function.ts 的 TypeScript 文件，并将代码清单 4-20 复制到这个文件中。

代码清单 4-20 generics/function.ts

```
// 加法运算和字符串拼接函数
export function add<T>(x: T, y: T): T {
}
```

以上修改后的 add()函数变成了一个泛型函数（Generic Function），其名字后面的一对尖括号及尖括号内的字母 T 是其作为泛型函数的标志。其中，字母 T 称为类型参数（Type Parameter），代表一个（定义时未知的）类型，在整个函数的定义过程中都可以当作类型使用——比如，以上代码中被用来指定参数 x 和 y 的类型，以及整个函数的返回类型。

说明

泛型函数的类型参数的名字可以是任何合法的标识符，但使用大写字母 T 或大写字母 T 加一个单词（比如 TEntity）是多数情况下的惯例。

由于类型参数 T 代表的是一个未知的类型，因此在函数的定义过程中，我们无法访问类型为 T 的参数（或变量）的成员，也不能使其参与加法运算——我们访问的成员可能并不存在于类型参数 T 将来要代表的具体类型中。

那么怎样才能在以上泛型函数 add()中实现加法或字符串拼接运算呢？我们需要像代码清单 4-21 这样做。

代码清单 4-21 generics/function.ts

```
// 加法运算和字符串拼接函数
export function add<T>(x: T, y: T): T {
    let result: T = (x as any) + (y as any);
    return result;
}
```

我们将参数 x 和 y 的类型断言成了任意类型 any，由于 TypeScript 编译器不会对类型为 any 的变量进行类型检查，因此以上代码可以通过 TypeScript 编译器的编译。

注意

泛型中的类型参数和 any/unknown 不是等价的，因为 any 和 unknown 是具体的类型，而类型参数不是——它可能代表任何类型。

那么，泛型函数的类型参数所代表的类型会在什么时候被确定呢？答案是当泛型函数被调用时：

```
let sum = add<number>(1, 2); // 得到数字 3
```

以上是对泛型函数 add<T>()的调用，其中函数名后面的一对尖括号是调用泛型函数的标志，尖括号内的实际类型 number 则会被传递给 add()函数的类型参数 T，这会使 add()函数的类型参数 T 在当前调用中代表数字类型 number。

因此，对于当前这次调用来说，泛型函数 add<T>()的参数 x 和 y 的类型以及返回类型都变成了 number，这使它在当前这次调用中变成了一个加法运算函数，并使以上调用获得的结果为数字 3。

当然，除了向泛型函数的类型参数传递数字类型 number，我们还可以传递字符串类型 string：

```
let concatenation = add<string>('1', '2'); // 得到字符串 12
```

毫无疑问，对于以上调用来说，泛型函数 add<T>()的类型参数 T 代表字符串类型 string，并最终将返回字符串拼接结果“12”。

这就是泛型（函数）的魅力：我们没有进行额外的函数重载，却使一个算法得到了复用，同时实现了数字的加法运算和字符串的拼接。

除了复用之外，我们还得到了一定的类型安全保障：

```
let result = add<number>(1, true); // 错误，布尔值 true 的类型不是 number
```

以上是本节开头提及的类型不安全的 add()函数调用的变体，TypeScript 编译器会发现其中的第二个参数 true 的类型 boolean 与类型参数所代表的实际类型 number 不兼容，从而阻止其通过编译。

这便是泛型的另一处魅力所在：使被传递给函数的实际参数的类型必须是我们期待的类型，从而阻止意外情况的发生。

尽管如此，目前泛型函数 add<T>()还不是完全类型安全的：

```
let result1 = add<boolean>(true, true); // 得到数字 2
```

以上代码传递给泛型函数 add<T>()的类型参数 T 的具体类型是布尔类型 boolean，因此 TypeScript 允许我们给它传递布尔类型的参数，从而使以上代码通过编译并被顺利执行。

说明

在 JavaScript 运行时中，true 和 false 可以参与数学运算，其中 true 会被认为是数字 1，false 会被认为是数字 0。

相信读者已经发现问题所在了，即虽然我们可以通过类型参数来限制函数 add()的参数的类型，但无法限制被传递给类型参数的具体类型。

那么，有没有什么办法可以解决这个问题呢？答案当然是有，但在解决这个问题之前，我们先来看看什么是泛型类。

说明

箭头函数也可以是泛型的，比如前面的泛型函数 add<T>()就可以被写成等价的泛型箭头函数：<T>(x: T, y: T): T => { return (x as any) + (y as any); }。

泛型函数后面的尖括号以及其中的类型参数不是函数名的组成部分，因此 add()和 add<T>()会被认为是两个同名的函数——这一规则对后面将要介绍的泛型类和泛型接口也是一样的。

4.2.2　泛型类

根据前面掌握的经验，我们大概已经可以猜到，泛型类（Generic Class）就是在普通类的类名后面添加类型参数。

为了验证这一猜测，我们在项目目录 generics 下新建一个名为 classes 的子文件夹，然后在这个子文件夹下新建一个名为 calculator.ts 的 TypeScript 文件，并将代码清单 4-22 复制到其中。

代码清单 4-22　generics/classes/calculator.ts

```
// 泛型计算器类
export class Calculator<T> {
    add(x: T, y: T): T {
        return (x as any) + (y as any);
    }
}
```

以上就是一个泛型类，更准确地说，它是一个泛型计算器类，其类名 Calculator 后面尖括号中的 T 是其类型参数。

泛型类的类型参数可以在整个类中被使用，因此以上 add()方法可以将 T 作为其参数类型和返回类型。

和调用泛型函数时一样，当创建泛型类的实例时，我们需要向泛型类的类型参数提供一个具体的类型：

```
let calculator = new Calculator<number>();
let sum = calculator.add(1, 2); // 得到数字 3
let concatenation = calculator.add('1', '2'); // 错误，string 与 number 不兼容
```

以上第一行代码在创建计算器对象时向泛型计算器类 Calculator<T>的类型参数 T 提供的具体类型是 number，这会使被创建的计算器对象的 add()方法的参数类型和返回类型都成为 number。因此，接下

来的第二行代码可以通过 TypeScript 编译器的编译，并且也可以在被执行时得到数字 3。但第三行代码无法通过编译，因为其中提供的参数的类型 string 与期望的参数的类型 number 不兼容。

如果要让第三行代码通过编译，我们需要创建一个新的计算器对象，并在创建这个对象时向 Calculator<T>的类型参数提供字符串类型 string：

```
let calculator1 = new Calculator<string>();
let concatenation1 = calculator1.add('1', '2'); // 得到字符串"12"
```

当然，以上新创建的计算器对象 calculator1 也无法用于计算加法，因为其 add()方法只接收类型为 string 的参数。

至此，相信读者已经更加深刻地感受到泛型的魅力了。为了进一步加深这一感受，我们回忆一下 4.1.4 节中的这样一段代码：

```
let json = '{"name": "Lcng", "age": "1"}';
let _person = JSON.parse(json) as People;
let person = new People();
person.name = _person.name;
person.age = _person.age;
```

这段代码的作用是基于一个 JSON 字符串构造人类 People 的一个实例，从而使这个实例获得方法 greet()，并最终使调用方可以通过调用这个方法来向控制台输出一个问候。

如果我们需要在更多地方实现相同的功能，那么可能需要将这段代码复制到那些地方。为了避免大量代码的重复，我们也可以创建一个人类对象工厂，为此需要在项目目录 generics/classes 下新建一个名为 people-factory.ts 的 TypeScript 文件，并将代码清单 4-23 复制到其中。

代码清单 4-23　generics/classes/people-factory.ts

```
// 导入 4.1.4 节的人类 People
import { People } from '../../types-interfaces/type-checking/introduction'

// 人类对象工厂类
export class PeopleFactory {
    /**
     * 创建人类对象
     * @param json 人类对象的 JSON 字符串
     */
    createPerson(json: string) {
        let _person = JSON.parse(json) as People;
        let person = new People();
        person.name = _person.name;
        person.age = _person.age;
        return person;
    }
}
```

有了这个人类对象工厂类，任何需要基于 JSON 字符串创建人类对象的地方，都可以通过以下方式获得它想要的人类对象：

```
let json = '{"name": "Lcng", "age": "1"}';
let person: People = new PeopleFactory().createPerson(json);
person.greet(); // 输出 Hi, I'm Lcng. And my age is 1
```

这样一来，我们便成功地避免了大量代码的重复。如果有基于 JSON 字符串创建其他类型（比如我们在 4.1 节中介绍的动物类 Animal）对象的需要，我们也能快速创建一个类似的对象工厂类——毕竟，我们要做的几乎也就是对人类对象工厂类进行复制。

然而掌握了泛型类之后，我们根本没有必要创建那么多的工厂类，因为我们可以创建一个更加通用的泛型对象工厂类。

为了创建这个泛型对象工厂类，我们需要在项目目录 generics/classes 下新建一个名为 object-factory 的 TypeScript 文件，并将代码清单 4-24 复制到其中。

代码清单 4-24　generics/classes/object-factory.ts

```
// 对象工厂类：将 JSON 字符串转换成指定类型的对象
export class ObjectFactory<T> {
    /**
     * 构造对象工厂
     * @param _constructor 目标对象所属的类（构造函数）
     */
    constructor(private _constructor: new () => T) {
    }

    // 创建目标对象
    createObject(json: string): T {
        let jsonObject = JSON.parse(json);           // 将 JSON 字符串解析成 JSON 对象
        let targetObject = new this._constructor(); // 构造目标对象

        // 将 JSON 对象中的属性复制到目标对象中
        for (let property in jsonObject) {
            targetObject[property] = jsonObject[property];
        }

        return targetObject; // 返回目标对象
    }
}
```

以上 ObjectFactory<T>就是泛型对象工厂类，其核心部分仍然是 createObject()方法，但与人类对象工厂类 PeopleFactory 的这个方法不同，其返回类型是类型参数 T——而非固定的 People。

也就是说，当创建泛型对象工厂时，我们向 ObjectFactory<T>的类型参数 T 提供了什么类型，被创建的泛型对象工厂实例的 createObject()方法便能为我们创建什么类型的对象。

这是怎么做到的呢？让我们再看看 ObjectFactory<T>的构造函数：它需要我们向它的参数属性 _constructor 提供一个类型为 new() => T 的构造函数，这个构造函数最终会被方法 createObject()用于创建目标对象。由于我们提供的构造函数的返回类型是 T，因此最终被 createObject()方法创建并被返回的目标对象的类型就是 T，即我们创建泛型对象工厂时将要提供的具体类型。

那么，实际效果是不是这样呢？我们在项目目录 generics/classes 下新建一个名为 index.ts 的 TypeScript 文件，并将代码清单 4-25 复制到其中。

代码清单 4-25　generics/classes/index.ts

```
// 导入 4.1.4 节的人类 People
import { People, Biology } from '../../types-interfaces/type-checking/introduction'
// 导入对象工厂类
import { ObjectFactory } from './object-factory';

// 使用对象工厂创建人类 People 对象
let peopleFactory = new ObjectFactory<People>(People);
let people: People = peopleFactory.createObject('{"name": "Lcng", "age": "1"}');
people.greet(); // 输出 Hi, I'm Lcng. And my age is 1.
```

以上代码创建了泛型对象工厂类 ObjectFactory<T>的一个实例 peopleFactory，由于此时被传递给 ObjectFactory<T>的类型参数和构造函数参数是人类 People，因此 peopleFactory 的 createObject()方法将返回一个由人类 People 直接构造的对象。

因此，在执行以上代码的编译结果时，我们将得到以下熟悉的输出：

```
Hi, I'm Lcng. And my age is 1.
```

接下来，为了证明泛型对象工厂类 ObjectFactory<T>是可以被复用的，我们再向 index.ts 中添加一些内容，使其完整内容与代码清单 4-26 一致。

代码清单 4-26　generics/classes/index.ts

```
// 导入 4.1.4 节的人类 People 和生物类 Biology
import { People, Biology } from '../../types-interfaces/type-checking/introduction'
```

```
// 导入对象工厂类
import { ObjectFactory } from './object-factory';

// 使用对象工厂创建人类 People 对象
let peopleFactory = new ObjectFactory<People>(People);
let people: People = peopleFactory.createObject('{"name": "Lcng", "age": "1"}');
people.greet(); // 输出 Hi, I'm Lcng. And my age is 1.

// 使用对象工厂类创建生物类 Biology 的对象
let biologyFactory = new ObjectFactory<Biology>(Biology);
let biology: Biology = biologyFactory.createObject('{"name": "T-800"}');
console.log(`${biology.name} will be back`);
```

以上新增的代码首先导入了 4.1.4 节的生物类 Biology，然后再次创建了一个泛型对象工厂类 ObjectFactory<T>的实例 biologyFactory。但由于这次被传递给 ObjectFactory<T>的类型参数和构造函数参数是生物类 Biology，因此这次 biologyFactory 的 createObject()方法会返回一个由生物类 Biology 直接构造的对象。

因此，如果我们再次执行以上代码的编译结果，将得到以下输出：

```
Hi, I'm Lcng. And my age is 1.
T-800 will be back.
```

至此，相信读者已经充分感受到了泛型的魅力：仅使用一个泛型对象工厂类，我们就可以将不同的 JSON 字符串转换成相应类型的对象，并访问这些对象的（方法）成员。

基于泛型的这一魅力，在今后的开发中我们将经常通过泛型来复用代码。我们还需要注意与泛型相关的以下几点：

（1）泛型类的静态成员不能使用泛型类的类型参数，因为类型参数所代表的类型只在泛型类的实例中是确定的，而泛型类的静态成员不属于泛型类的实例；

（2）泛型类可以包含泛型方法，这可能会使泛型方法和泛型类拥有不同的类型参数；

（3）泛型类、泛型函数和接下来的泛型接口都可以拥有多个逗号分隔的类型参数；

（4）非泛型类也可以包含泛型方法。

对于以上几点的验证，读者需要通过自己的代码来完成。接下来，我们再来看看与泛型类相似的泛型接口。

4.2.3 泛型接口

通过前面的学习我们已经知道，TypeScript 中的接口有很多种，其中最常用的有对象类型接口、函数类型接口和类的类型接口。接下来，我们将介绍泛型的这些接口，首先介绍的是泛型对象类型接口。

1. 泛型对象类型接口

泛型对象类型接口的本质仍然是对象类型接口，只是相比于普通的对象类型接口，泛型对象类型接口多了类型参数。比如，前面的泛型计算器类，我们可以将其接口定义如下：

```
// 计算器对象接口
interface ICalculator<T> {
    add(x: T, y: T): T;
}
```

当被非泛型类实现时，泛型对象类型接口的类型参数需要被传递一个具体类型，如以下代码所示：

```
// 数字计算器类
class NumericCalculator implements ICalculator<number> {
    add(x: number, y: number): number {
        return x + y;
    }
}

// 字符串计算器类
class StringCalculator implements ICalculator<string> {
    add(x: string, y: string): string {
```

```
        return x + y;
    }
}
```

以上代码定义了一个非泛型的数字计算器类 NumericCalculator 和一个非泛型的字符串计算器类 StringCalculator，并使这两个类都实现了泛型计算器接口 ICalculator<T>。

由于以上两个计算器类都不是泛型类，因此它们在实现泛型计算器接口 ICalculator<T>时必须向其类型参数 T 传递一个具体类型（number 和 string）；由于它们传递了这个具体类型，因此它们实现的 add()方法的参数类型和返回类型便被固定成了这个具体类型。

除了可以被非泛型类实现，泛型接口还可以被泛型类实现，如以下代码所示：

```
// 泛型计算器类
class Calculator<T> implements ICalculator<number> {
    add(x: number, y: number): number {
        return (x as any) + (y as any);
    }
}
```

以上代码定义了一个实现泛型计算器接口 ICalculator<T>的泛型计算器类 Calculator<T>，并向 ICalculator<T>的类型参数 T 传递了一个具体类型 number，因此以上 add()方法的参数类型和返回类型也必须是具体的 number。

除了具体类型，泛型对象接口在被泛型类实现时，其类型参数还可以被传递泛型类的类型参数，如以下代码所示：

```
// 另一个泛型计算器类
class Calculator1<T> implements ICalculator<T> {
    add(x: T, y: T): T {
        return (x as any) + (y as any);
    }
}
```

以上代码定义了一个实现泛型计算器接口 ICalculator<T>的另一个泛型计算器类 Calculator1<T>，但这一次 ICalculator<T>的类型参数 T 被传递的不再是具体类型，而是 Calculator1<T>的类型参数 T，因此以上 add()方法的参数类型和返回类型也都变成了 T。

至此，我们了解了泛型对象类型接口被实现的多种方式。在今后的开发中，我们需要根据实际需要来决定通过什么样的方式来实现泛型对象类型接口。

接下来，我们再来看看另一种泛型接口，即泛型函数类型接口。

2. 泛型函数类型接口

泛型函数类型接口的本质也是普通函数类型接口，只是其定义中多了类型参数而已。比如，前面的泛型函数 add<T>()，我们可以将其接口定义如下：

```
// 泛型函数 add()的类型接口
interface TypeOfAdd<T> {
    (x: T, y: T): T;
}
```

然后，我们可以声明这个类型的函数变量：

```
let add: TypeOfAdd<number> = (x: number, y: number) => x + y;  // 数字加法运算函数
let add1: TypeOfAdd<string> = (x: string, y: string) => x + y; // 字符串拼接函数
```

同时，这个接口描述的类型也可以通过以下方式描述：

```
<T>(x: T, y: T) => T;
```

因此，我们也可以声明这一类型的函数变量：

```
let add2: <T>(x: T, y: T) => T;
add2 = <T>(x: T, y: T) => (x as any) + (y as any); // 数字加法运算或字符串拼接函数
```

接下来，我们可以像以下代码那样调用这个函数：

```
add2<number>(1, 2);      // 得到数字 3
add2<string>('1', '2'); // 得到字符串 12
```

最后，我们再来看看泛型类的类型接口。

3. 泛型类的类型接口

在 4.1.1 节中我们已经知道，（非泛型）类的类型由类的构造函数和静态成员的类型组成。这一点对于泛型类的类型来说仍然不变，只是泛型类的构造函数的类型和非泛型类的构造函数的类型略有不同。

比如，以下代码定义的泛型计算器类：

```
// 泛型计算器类
class Calculator<T>  {
    add(x: T, y: T): T {
        return (x as any) + (y as any);
    }
}
```

其构造函数类型就不再是 new() => Calculator，而是 new <T>() => Calculator<T>，因此以上泛型计算器类 Calculator<T>的类型对应的接口应该是：

```
// 泛型计算器类的类型接口
interface TypeOfCalculator {
    new <T>(): Calculator<T>
}
```

以下代码可以证明以上接口描述的确实是泛型计算器类 Calculator<T>的类型：

```
// 定义值为泛型计算器类的变量，并使用它来创建计算器对象
let genericCalculator: TypeOfCalculator = Calculator;
let calculator: Calculator<number> = new genericCalculator<number>();
calculator.add(1, 2); // 得到数字 3
```

当然，以上 Calculator<T>没有封装静态成员。如果需要描述封装了静态成员的 Calculator<T>的类型，我们只需要将相应的静态成员的名字和类型也添加到以上类型接口 TypeOfCalculator 中即可——需要注意的是，静态成员不能是泛型的。

至此，我们便对泛型接口有了一定的了解，接下来让我们再来看看在使用泛型的过程中，能给我们带来便利的一个概念，即类型推断。

4.2.4 类型推断

之前我们在调用泛型函数、泛型方法或泛型类（的构造函数）时，总是显式地提供了一个具体类型。事实上，很多时候我们可以不用这么做，因为 TypeScript 编译器中有一个类型推断（Type Inference）机制，它在很多情况下都会自动向泛型函数、泛型方法和泛型类的类型参数传递我们期望的类型。

比如，前面的泛型函数 add<T>()，之前我们在通过它计算数字加法运算时，我们是这样做的：

```
let sum = add<number>(1, 2); // 得到数字 3
```

但其实以下做法也是合法的，并且和以上做法是等价的：

```
let sum1 = add(1, 2); // 得到数字 3
```

当 TypeScript 编译器遇到以上语句时，它会自动根据提供给泛型函数 add<T>()的第一个参数的类型，将传递给 add<T>()的类型参数 T 的具体类型推断为 number，并最终使以上代码通过编译。

也因为如此，所以下面这行代码是非法的：

```
let sum2 = add(1, true); // 错误，类型参数会被推断为 number
```

以上代码仍然会使 add<T>()的类型参数 T 所代表的类型被推断为 number，但其中被传递给 add<T>()的第二个参数 true 的类型是不兼容于 number 的 boolean，因此 TypeScript 编译器会阻止以上代码的编译。

基于前面的经验，读者应该可以知道类型推断不仅会发生在函数调用中，还会发生在方法调用和类的构造函数调用中。

接下来，就让我们来看看类型推断在类的构造函数调用中的作用。比如，前面创建的泛型对象工厂类，当时我们是这样通过它来创建人类对象工厂实例的：

```
let peopleFactory = new ObjectFactory<People>(People);
```

但事实上，我们可以将以上代码替换成以下等价形式：

```
let peopleFactory1 = new ObjectFactory(People);
```

以上代码中发生了什么呢？让我们先来看看 ObjectFactory<T>的构造函数参数：

```
constructor: new () => T
```

这个参数期待一个用于构造类型为 T 的对象的类（构造函数），而我们传递给它的实际类是人类 People，这意味着实际被构造的对象的类型是人类 People，而 TypeScript 编译器会因此将 T 所代表的类型推断为人类 People。

基于同样的原因，前面的地址对象工厂实例的创建代码，也可以被简化至如下形式：

```
let address = new ObjectFactory(Address);
```

以上是基于构造函数的参数类型推断泛型类的类型参数的情况，但并非所有类的构造函数都有参数，面对这种情况类型推断是怎么工作的呢？以下代码可以给出答案：

```
let calculator = new Calculator();
let result1 = calculator.add(1, true);
```

以上代码在创建泛型计算器类 Calculator<T>的一个实例，却没有向其类型参数 T 提供一个具体的类型，也没有向其构造函数提供一个参数——它没有包含参数的构造函数。

尽管如此，以上计算器实例的创建仍然是合法的，因为类型推断机制会将被创建的计算器实例的类型参数 T 的类型推断为 TypeScript 中所有类型的父类型，即{}。

也正因如此，以上代码在调用计算器实例的 add()方法时可以提供两个类型分别为 number 和 boolean 的参数——number 和 boolean 都是{}的子类型。

显然，我们不希望以上 add()方法的调用被合法化，因此我们不应该在调用泛型类的无参构造函数时，忽略为泛型类的类型参数提供一个具体类型这件事。

但有时候因不小心而导致的忽略是不可避免的，为了尽可能降低这样的忽略导致的影响，我们可以使用类型约束。

4.2.5　类型约束

类型约束（Generic Constraint）是我们要了解的和泛型有关的最后一个概念，我们通过它可以解决泛型留给我们的最后一个问题，即类型安全。

事实上，泛型已经带来了很大程度的类型安全，只要我们向类型参数提供了一个具体类型，那么我们操作的数据就是类型安全的。但我们还面临着的一个问题，即所提供的具体类型是不受限制的。比如，本节开头介绍的泛型函数 add<T>()，当我们向其类型参数 T 提供的具体类型是 boolean 时，它就可以接收 boolean 类型的参数了。

好在类型约束可以将我们从危险的边缘拯救回来，比如，为了将泛型函数 add<T>()的类型参数可以接收的具体类型限制为 number 或 string，我们可以这样做：

```
// 使用类型约束
function add<T extends number | string>(x: T, y: T): T {
    return (x as any) + (y as any);
}
```

以上代码中的标识符 extends 在此不是用于标识继承，而是用于表示将泛型方法 add<T>()的类型参数 T 所能接收的类型约束为兼容于其后的联合类型 number | string 的类型。

显然，经过以上修改之后，下面的调用仍然是合法的：

```
let sum = add(1, 2);                // 得到数字 3
let concatenation = add('1', '2'); // 得到字符串 12
```

因为这两行代码会使正在被调用的 add<T>()函数的类型参数 T 所代表的具体类型分别被推断为 number 和 string，而 number 和 string 都兼容于联合类型 number | string。

但接下来的调用就是非法的了：

```
let result = add<boolean>(true, true); // 错误，boolean 不兼容于 number | string
let result1 = add(false, false);       // 错误，推断类型 Boolean 不兼容于 number | string
```

以上两行代码最终都将使泛型函数 add<T>()的类型参数 T 被传递具体类型 boolean，但由于 boolean 不兼容于联合类型 number | string，因此 TypeScript 编译器会阻止以上两行代码的编译，从而使我们获得了更加完善的类型安全的支持。

除了泛型函数的类型参数，泛型类和泛型接口的类型参数都可以通过泛型约束得到限制，比如，假设我们不打算使前面定义的泛型对象工厂类 ObjectFactory<T>变得那么通用，就可以将其修改至如下形式：

```
class ObjectFactory<T extends Biology> {
    constructor(constructor: new() => T) {
    }
    // ...省略的代码
}
```

以上修改将使 ObjectFactory<T>的类型参数 T 只能接收兼容于生物类 Biology 的类型，因此以下代码仍然是合法的：

```
let peopleFactory = new ObjectFactory(People);
```

以上代码将使 ObjectFactory<T>的类型参数 T 所代表的类型被推断为人类 People，而人类 People 继承自 Biology，因此它符合 ObjectFactory<T>的类型参数 T 的类型约束要求。

如果我们还有一个地址类 Address，并且它应该不是生物类 Biology 的子类，同时也不包含 string 类型的 name 属性，那么以下这行代码则会被 TypeScript 编译器拒绝：

```
let addressFactory = new ObjectFactory(Address);
```

以上便是有关类型约束的内容，从中我们看到了类型约束如何使泛型对象工厂以更加严谨的态度对待其所能接收的实际类型。在 4.3 节中，我们还将对泛型对象工厂类进行一些改进，使它能够以更加严谨的态度对待目标对象的构建。

4.3 装饰器

在 4.2 节中，我们创建了一个泛型对象工厂类，并通过实例证明它可以用于将指定的 JSON 字符串转换成任意相应类型的对象。

但事实上我们的这一结论下得有点早，为什么这么说呢？我们在本章项目下新建一个名为 decorators 的文件夹，然后在这个文件夹下新建一个名为 introduction.ts 的 TypeScript 文件，并将代码清单 4-27 复制到这个文件中。

代码清单 4-27 decorators/introduction.ts

```
// 地址类
export class Address {
    street: string;      // 街道
    houseNumber: number; // 门牌号

    // 详细地址
    get detail(): string {
        return `Street: ${this.street}; House Number: ${this.houseNumber}.`;
    }
}

// 人类
```

```
    export class People {
        name: string;      // 姓名
        age: number;       // 年龄
        address: Address; // 地址

        // 打招呼
        greet() {
            // 通过地址属性的 detail 访问器获取详细地址信息
            console.log(`Hi, I'm ${this.name}. My age is ${this.age}. And I lives in: ${this.a
ddress.detail}`);
        }
    }
```

以上代码定义了一个地址类 Address 以及一个新的人类 People，不同于前面 People 类，这里的 People 类多了一个类型为地址类 Address 的属性 address。

接下来，我们继续向 introduction.ts 中添加一些内容，使其完整内容与代码清单 4-28 一致。

代码清单 4-28 decorators/introduction.ts

```
    // 导入 4.2.2 节的泛型对象工厂类 ObjectFactory
    import { ObjectFactory } from '../generics/classes/object-factory';

    // 地址类
    export class Address {
        // ... 省略的代码
    }

    // 人类
    export class People {
        // ... 省略的代码
    }

    // 创建人类对象工厂，并试图将 JSON 转换成人类对象
    let peopleFactory = new ObjectFactory(People);
    let person = peopleFactory.createObject('{"name": "Lcng", "age": 1, "address": {"street":
"Baldwin Street", "houseNumber": 3}}');
    person.greet();
```

以上新增的代码导入了 4.2.2 节的泛型对象工厂类 ObjectFactory<T>，然后以人类 People 为其构造函数参数创建了一个人类对象工厂 peopleFactory，并试图将一个包含 address 属性的 JSON 字符串转换成同样包含 address 属性的人类对象。

按照期望，如果我们执行以上代码的编译结果，那么将得到以下问候：

```
Hi, I'm Lcng. My age is 1. And I lives in: Street: Baldwin Street; House Number: 3.
```

但事实上，我们得到的却是：

```
Hi, I'm Lcng. My age is 1. And I lives in: undefined
```

为什么会出现这样的情况呢？因为人类对象 person 的属性 address 虽然是一个对象，但这个对象却不是通过地址类 Address（构造函数）构造的，而是由全局对象 JSON 的 parse()方法构造的（见 4.1.4 节）。

可以想象，相同的问题还会出现在人类 People（及其他类）的更多对象属性上，因为 JavaScript 运行时在通过人类 People 构造人类对象时，对人类对象的这些对象属性所属的类是不可知的——JavaScript 是一门弱类型语言。

那么，泛型对象工厂类的生命周期就到此为止了吗？它再也不能用来构造封装了对象属性的对象了吗？非也，我们可以使用装饰器（Decorator）重新“点燃”它。在了解什么是装饰器之前，我们需要先了解装饰器得以实现的一个基础，即元数据。

4.3.1 元数据

元数据（Metadata）是用来描述另一种数据的数据，什么意思呢？我们可以将前面提到的人类 People 当作一种数据，这个数据里面包含了 name、age 和 address 等属性，但这些信息对我们来说还不够——我

们还想知道这些属性各自的构造类（函数）。

为了解决这个问题，我们自己（或下一个版本的 JavaScript）可以创建一种数据，使这种数据在不影响人类 People 原有功能的前提下描述它的一些额外信息，从而使我们的代码可以基于这些额外的信息获得功能增强——这些额外的信息就是一种元数据。

那么，我们应该怎样创建这样的元数据呢？我们在项目目录 decorators 下新建一个名为 metadatas 的子文件夹，然后在这个子文件夹下新建一个名为 utility.ts 的 TypeScript 文件，并将代码清单 4-29 复制到这个文件中。

代码清单 4-29　decorators/metadatas/utility.ts

```
// 导入前面新定义的人类 People
import { People, Address } from "../introduction";

// 为人类 People 定义元数据
export function setPeopleMetadata() {
    let _people = People as any;
    _people.__metadata = {
        name: {
            constructor: String
        },
        age: {
            constructor: Number
        },
        address: {
            constructor: Address
        }
    };
}
```

以上代码给本节开头定义的人类 People 添加了一个名为__metadata 的静态对象属性，这个静态对象属性拥有和人类 People 的实例属性同名的 name、age 和 address。

这三个属性有一个共同点，即它们的值都是一个只拥有 constructor 属性的对象，且这些 constructor 属性的值都是人类 People 中对应的属性的构造类（函数）：

（1）以上 name 属性的 constructor 属性的值为 String，这是人类 People 的 name 属性的构造函数；

（2）以上 age 属性的 constructor 属性的值为 Number，这是人类 People 的 age 属性的构造函数；

（3）以上 address 属性的 constructor 属性的值为 Address，这是人类 People 的 address 属性的构造类。

说明

以上代码中的 String 和 Number 不能写成 string 和 number，因为 string 和 number 是类型，不能当作值使用。

通过以上描述我们可以知道，__metadata 的作用就是描述人类 People 的各个实例属性的构造类（函数），而起到这一作用的__metadata，就可被认为是人类 People 的元数据。

基于以上经验，我们可以继续为前面的地址类 Address 定义元数据。为了实现这一目的，我们需要向前面的 utility.ts 中添加一些内容，使其完整内容与代码清单 4-30 一致。

代码清单 4-30　decorators/metadatas/utility.ts

```
// 导入前面新定义的人类 People
import { People, Address } from "../introduction";

// 为人类 People 定义元数据
export function setPeopleMetadata() {
    // ... 省略的代码
}

// 为地址类定义元数据
export function setAddressMetadata() {
    let _address = Address as any;
    _address.__metadata = {
```

```
            street: {
                constructor: String
            },
            houseNumber: {
                constructor: Number
            }
        }
    }
```

以上元数据说明地址类 Address 的 street 属性的构造函数是 String，houseNumber 属性的构造函数是 Number。

有了这些元数据之后，我们可以做什么呢？我们可以创建一个更加通用的泛型对象工厂类。为了实现这一目的，我们需要在项目目录 decorators/metadatas 下新建另一个名为 object-factory.ts 的 TypeScript 文件，并将代码清单 4-31 复制到其中。

代码清单 4-31 decorators/metadatas/object-factory.ts

```
// 对象工厂类：将 JSON 字符串转换成指定类型的对象
export class ObjectFactory<T> {
    /**
     * 构造一个创建指定类型对象的对象工厂
     * @param _constructor 目标对象的构造类（函数）
     */
    constructor(private _constructor: new () => T) {
    }

    // 创建目标对象
    createObject(json: string | object): T {
        // 如果参数 json 的类型是 string，那么把它解析成对象；否则，什么也不用做
        let jsonObject = typeof json === 'string' ? JSON.parse(json) : json;

        // 使用目标对象的构造类（函数）构造目标对象
        let _constructor = this._constructor as any;
        let targetObject = new this._constructor();

        // 目标类的元数据__metadata 包含了目标类的所有属性的名字和构造函数
        // 迭代元数据，从而为目标对象的每一个属性赋值
        for (let propertyName in _constructor.__metadata) {
            // 获得当前被迭代的属性的构造类（函数）
            let propertyConstructor = _constructor.__metadata[propertyName].constructor;

            // 如果当前被迭代的属性的类型是简单类型 boolean、number、string、null 或 undefined（没有考虑 symbol）
            // 那么直接将 JSON 对象中相应属性的值赋给目标对象的当前属性
            if (propertyConstructor === Boolean || propertyConstructor === Number || prope
rtyConstructor === String || propertyConstructor === null || propertyConstructor === undefined)
 {
                targetObject[propertyName] = jsonObject[propertyName];
                continue;
            }

            // 如果当前被迭代的属性的构造类（函数）是我们自己定义的类（比如 Address）
            // 那么，我们需要创建新的对象工厂实例，通过它以递归的方式创建当前属性引用的对象
            let propertyFactory = new ObjectFactory(propertyConstructor);
            let propertyInstance = propertyFactory.createObject(jsonObject[propertyName]);

            // 将递归创建的属性对象赋给目标对象的当前属性
            targetObject[propertyName] = propertyInstance;
        }

        // 返回目标对象
        return targetObject;
    }
}
```

除了注释，以上泛型对象工厂类相对于 4.2.2 节的这个类主要发生了以下三处修改：

① 其中 createObject()方法的参数 json 的类型被改成了联合类型 string | object，因为接下来这个方法被递归调用时需要接收一个类型为 object 的参数；

② createObject()方法中的 for-in 循环迭代的不再是 JSON 对象的属性，而是目标类的元数据_ _metadata 的属性；

③ 在迭代过程中，我们对目标对象的属性的构造类（函数）进行了判断，然后将目标对象的简单类型属性直接赋值为 JSON 对象中对应的属性的值，而将目标对象的非简单类型属性的创建以递归的方式交给了一个新的对象工厂实例。

这样一来，当通过以上泛型对象工厂类创建一个人类对象工厂，并通过这个人类对象工厂来基于 JSON 字符串创建人类对象时，人类对象工厂便会发现人类 People 的 name 和 age 属性的构造函数分别是 String 和 Number，从而将 JSON 对象中对应的属性复制给人类对象的这两个属性，并发现人类 People 的 address 属性的构造函数是地址类 Address，从而创建一个新的地址对象工厂，并通过它以递归的方式创建对应的地址对象，然后在递归返回时将这个地址对象赋给人类对象的 address 属性。

那么真相是不是这样呢？我们在项目目录 decorators/metadatas 下新建一个名为 index.ts 的 TypeScript 文件，并将代码清单 4-32 复制到其中。

代码清单 4-32　decorators/metadatas/index.ts

```
// 导入本节开头的人类 People
import { People } from '../introduction';
// 导入本小节的泛型对象工厂类 ObjectFactory
import { ObjectFactory } from './object-factory';
// 导入元数据定义函数
import { setPeopleMetadata, setAddressMetadata } from './utility';

// 定义元数据
setPeopleMetadata();
setAddressMetadata();

// 创建人类对象工厂，并将 JSON 转换成包含 address 属性的人类对象
let peopleFactory = new ObjectFactory(People);
let person = peopleFactory.createObject('{"name": "Lcng", "age": 1, "address": {"street": "Baldwin Street", "houseNumber": 3}}');
person.greet();
```

按照要求，以上代码首先为人类 People 和地址类 Address 定义了元数据，然后通过前面修改后的泛型对象工厂类创建了一个人类对象工厂，接着试图将一个包含 address 属性的 JSON 字符串转换成一个同样包含 address 属性的人类对象，并在最后调用了这个人类对象的 greet()方法。

接下来，如果我们保存以上所有代码的编辑，然后在 VS Code 集成终端输入并执行以下 node 命令：

```
node decorators/metadatas/index.js
```

那么，将得到以上人类对象的 greet()方法输出的问候：

```
Hi, I'm Lcng. My age is 1. And I lives in: Street: Baldwin Street; House Number: 3.
```

从以上问候中我们可以发现，这一次人类对象的 address 属性的访问器 detail 不再是 undefined，因此我们可以确定以上有关修改后的泛型对象工厂类的推断是正确的——它在发现人类 People 的属性 address 的类型不是简单类型时，会递归地创建一个新的地址对象工厂，并使这个地址对象工厂内部通过地址类 Address 来为正在被创建的人类对象的 address 属性创建一个地址对象。

以上修改后的泛型对象工厂类之所以可以做到这一点，主要是因为我们为人类 People 定义了一个名为_ _metadata 的元数据，从而使泛型对象工厂类得以在运行时知道人类 People 的各个属性的构造类（函数）。

这就是元数据的魅力，在它的帮助下，我们完全可以定义更多更复杂的类，然后通过以上泛型对象工厂类来将相应的 JSON 字符串转换成这些类的对象。

但如果真这样做的话，我们也会遇到一些问题，比如，我们不能期望别人写的代码中也包含元数据，或者他们实现元数据的方式和我们的可能会有所不同，这些情况都会导致大家的元数据变得不通用。

好在为了解决以上问题，元数据已被建议加入 ECMAScript 标准中。在 ECMAScript 正式接受元数据之前，我们可以使用第三方 Node.js 包 reflect-metadata 来定义和获取类（以及其他任何对象）的元数据。

4.3.2 reflect-metadata

在使用 reflect-metadata 之前，我们需要先将它安装到本章项目中，为此需要在本章项目根目录下新建一个名为 package.json 的 JSON 文件，并将代码清单 4-33 复制到其中。

代码清单 4-33　package.json

```
{
    "name": "chapter4",
    "version": "1.0.0",
    "private": true,
    "dependencies": {
        "reflect-metadata": "0.1.12"
    }
}
```

在第 2 章中，我们已经知道，以上名为 package.json 当前项目的 Node.js 包描述文件，而其中 dependencies 属性下目前唯一的属性就是 reflect-metadata 的包名和版本号。

说明

读者在阅读本书时，reflect-metadata 最新的版本号可能会高于以上指定的 0.1.12，届时可以尝试将项目中的 reflect-metadata 更新为更高的版本。

接下来，为了完成 reflect-metadata 的安装，我们需要在 VS Code 集成终端输入并执行以下 npm 命令：

```
npm install
```

当以上命令执行完时，当前项目的根目录下将新增一个名为 node_modules 的文件夹，同时这个文件夹下还会有一个名为 reflect-metadata 的子文件夹，而在这个子文件夹中我们则能看到 package.json、index.d.ts 和 Reflect.js 等文件。这些便是 npm 安装到当前项目中的 reflect-metadata 文件。

接下来我们的任务是在这些文件的帮助下使用更加规范的方式定义和获取元数据，为此我们需要在项目目录 decorators 下新建一个名为 reflect-metadata 的子文件夹，然后在这个子文件夹下新建另一个名为 utility.ts 的 TypeScript 文件，并将代码清单 4-34 复制到这个文件中。

代码清单 4-34　decorators/reflect-metadata/utility.ts

```
// 导入reflect-metadata
import 'reflect-metadata';
// 导入前面新定义的人类 People
import { People, Address } from "../introduction";

// 为人类 People 定义元数据
export function setPeopleMetadata() {
    Reflect.defineMetadata('__metadata', {
        name: {
            constructor: String
        },
        age: {
            constructor: Number
        },
        address: {
            constructor: Address
        }
    }, People);
}

// 为地址类定义元数据
export function setAddressMetadata() {
    Reflect.defineMetadata('__metadata', {
        street: {
            constructor: String
```

```
        },
        houseNumber: {
            constructor: Number
        }
    }, Address);
}
```

以上代码大体上和 4.3.1 节的 utility.ts 的内容是一样的,但以上代码没有将_ _metadata 定义为人类和地址类的静态属性，而是将这一工作交给了 reflect-metadata 中的 Reflect 对象的元数据定义方法 defineMetadata()。

说明

以上对 reflect-metadata 的导入和我们到目前为止见过的其他模块导入略有不同，它涉及副作用导入、模块解析、非相对模块导入和 global 扩展等概念。

我们将在第 5 章逐一介绍这些概念，现在只需要知道，在调用 reflect-metadata 中的 Reflect 对象的元数据定义方法 defineMetadata()和接下来我们将要用到的元数据获取方法 getMetadata()之前，我们必须先通过语句“import "reflect-metadata"”对 reflect-metadata 进行导入。

Reflect 对象的元数据定义函数 defineMetadata()接收四个参数：其中第一个参数为我们要定义的元数据的名字，它的类型是 any；第二个参数为元数据本身，它的类型也是 any；第三个参数为需要被定义元数据的对象，它的类型是 object；第四个参数为可选的需要被定义元数据的对象属性，它的类型是联合类型 string | symbol。

说明

任何第三方 Node.js 包或 TypeScript 内置的变量、函数、类、接口和类型都可以被查看定义，为此我们只需要单击其名字，然后按下键盘上的 F12 键即可。

查看 reflect-metadata 中的定义时，VS Code 会为我们打开一个扩展名为.d.ts 的 TypeScript 文件。这样的文件称为声明文件，其中包含各种定义的声明（签名），却未包含任何实现和值。我们将在第 5 章介绍有关声明文件的细节，比如，它是如何被导入模块中，以及如何帮助代码通过编译以及运行的。

基于以上描述我们可以知道，以上代码的作用和 4.3.1 节的 utility.ts 的作用其实是一样的，即为人类 People 和地址类 Address 定义描述属性的构造类（函数）的元数据_ _metadata——不同的是，Reflect.defineMetadata()内部的实现并非简单地将_ _metadata 设置为目标类的静态属性。

说明

为了显得直观，本节开头是通过直接给 People 和 Address 两个类添加一个名为_ _metadata 的静态属性来实现元数据的定义的。

但在实际开发中，修改已有类的属性这种行为应该尽量避免。因此，reflect-metadata 并没有采用这种方式，而是定义了一个用于维护应用程序中所有元数据的独立对象，即 Reflect。reflect-metadata 的这种维护元数据的方式也有它自身的问题，因为它实际上是通过对象 Reflect 维护的字典（Map）来保存元数据的，当应用程序中定义的元数据逐渐增多时，这个字典的膨胀会造成一定的性能影响。

但不管元数据是基于什么方式维护的，对元数据的使用都意味着更多内存的消耗和更多操作的执行，因此对性能有严格要求的项目可能需要考虑是否使用元数据。

完成了人类 People 和地址类 Address 的元数据的定义之后，接下来我们需要通过 reflect-metadata 来获取它们。为此我们需要再次在目录 decorators/reflect-metadata 下新建另一个名为 object-factory.ts 的 TypeScript 文件，并将代码清单 4-35 复制到其中。

代码清单 4-35 decorators/reflect-metadata/object-factory.ts

```
// 导入 reflect-metadata
import 'reflect-metadata';

/**
 * 对象工厂类：将 JSON 字符串转换成指定类型的对象
 */
export class ObjectFactory<T> {
    /**
```

```
     * 构造一个创建指定类型对象的对象工厂
     * @param _constructor 目标对象的构造类（函数）
     */
    constructor(private _constructor: new () => T) {
    }

    // 创建目标对象
    createObject(json: string | object): T {
        // 解析 JSON 对象
        let jsonObject = typeof json === 'string' ? JSON.parse(json) : json;

        // 构造目标对象
        let _constructor = this._constructor as any;
        let targetObject = new this._constructor();

        // 获取目标类的名为__metadata 的元数据
        let metadataProperties = Reflect.getMetadata('__metadata', this._constructor);

        // 为目标对象的属性赋值
        for (let propertyName in metadataProperties) {
            let propertyConstructor = metadataProperties[propertyName].constructor;

            if (propertyConstructor === Boolean || propertyConstructor === Number ||
propertyConstructor === String || propertyConstructor === null || propertyConstructor === undefined) {
                targetObject[propertyName] = jsonObject[propertyName];
                continue;
            }

            let propertyFactory = new ObjectFactory(propertyConstructor);
            let propertyInstance = propertyFactory.createObject(jsonObject[propertyName]);

            targetObject[propertyName] = propertyInstance;
        }

        return targetObject;
    }
}
```

以上代码首先导入了 reflect-metadata，然后再次重新定义了一个泛型对象工厂类 ObjectFactory<T>。这个泛型对象工厂类和前一个版本几乎是一模一样的，唯一不同的是其中获取目标类的元数据的代码换成了以上加粗显式的部分，即对 reflect-metadata 中的元数据获取函数 Reflect.getMetadata()函数的调用。

Reflect.getMetadata()接收三个参数：其中第一个是要被获取的元数据的名字，它的类型为 any；第二个是拥有指定名字的元数据的对象，它的类型是 object；第三个是可选的拥有指定名字的元数据的对象属性，它的类型是联合类型 string | symbol。

显然，在以上泛型对象工厂类中，需要被获取的元数据的名字就是__metadata，而拥有名字为__metadata 的元数据的对象就是将要用于构造其对象的目标类（构造函数）。因此，以上代码中被传递给 Reflect.getMetadata()的两个参数，就分别是__metadata 和代表目标类（构造函数）的 this._constrcutor。

至此，我们便通过 reflect-metadata 完成了地址类 Address 和人类 People 的元数据的定义和获取。接下来我们的任务是检查这一定义和获取的有效性，为此我们需要继续在目录 decorators/reflect-metadata 下添加一个名为 index.ts 的 TypeScript 文件，然后将代码清单 4-36 复制到其中。

代码清单 4-36　decorators/reflect-metadata/index.ts

```
// 导入本节开头的人类 People
import { People } from '../introduction';
// 导入本节的泛型对象工厂类 ObjectFactory
import { ObjectFactory } from './object-factory';
// 导入元数据定义函数
import { setPeopleMetadata, setAddressMetadata } from './utility';

// 定义元数据
setPeopleMetadata();
setAddressMetadata();
```

```
    // 创建人类对象工厂，并将 JSON 转换成包含 address 属性的人类对象
    let peopleFactory = new ObjectFactory(People);
    let person = peopleFactory.createObject('{"name": "Lcng", "age": 1, "address": {"street":
"Baldwin Street", "houseNumber": 3}}');
    person.greet();
```

以上代码和 4.3.1 节的 utility.ts 文件中的代码是完全一样的，不同的是以上代码导入的泛型对象工厂类和元数据定义函数都是本节重新定义的——请注意模块路径。

接下来如果我们保存以上所有代码的编辑，然后在 VS Code 集成终端输入并执行以下 node 命令：

```
node decorators/reflect-metadata/index.js
```

那么将得到以上人类对象的 greet()方法输出的以下问候：

```
Hi, I'm Lcng. My age is 1. And I lives in: Street: Baldwin Street; House Number: 3.
```

以上输出和 4.3.1 节最后得到的输出是一样的，因此我们可以确定，reflect-metadata 中的 Reflect.defineMetadata()和 Reflect.getMetadata()这两个方法成功地帮助我们实现了人类 People 和地址类 Address 的元数据__metadata 的定义。

由于 reflect-metadata 是一个通用的 Node.js 包，因此我们可以呼吁其他 Node.js 包的开发者也使用 reflect-metadata 来定义和获取对象的元数据，从而使更多第三方 Node.js 包以及我们自己编写的代码中的元数据变得通用。

尽管如此，我们仍然难以要求第三方 Node.js 包的开发人员将__metadata 作为我们期望的元数据的名字，并且重复地调用 reflect-metadata 中的 Reflect.defineMetadata()方法也会是一件相对烦琐的事情。

好在 TypeScript 提供了装饰器，我们通过它可以获得统一的元数据名字，并避免重复调用 reflect-metadata 中的 Reflect.defineMetadata()方法带来的烦琐。

说明

其实在 reflect-metadata 之前，ES 2015 中已有全局的 Reflect（反射）对象。ES 2015 引入 Reflect 对象的目的，是将 Object 对象中一些不合理的方法转移到它上面，但并未给它定义与元数据相关的方法。

4.3.3 属性装饰器

在 23 种经典设计模式中，有一种叫作装饰器模式（Decorator Pattern），其作用是在不修改类的原有定义代码的前提下，给类添加额外的功能——reflect-metadata 中的元数据定义方法 Reflect.defineMetadata()就是这一模式的实践，因为我们在未修改人类 People 和地址类 Address 的情况下，通过这个方法给人类和地址类添加了元数据。

然而，当项目中有很多类需要被添加元数据时，我们需要定义大量的元数据（对象），并不断重复地调用 Reflect.defineMetadata()函数，这显然会让我们感到厌烦。为此，TypeScript 引入了装饰器（Decorator）的概念。

TypeScript 中的装饰器有类装饰器、属性装饰器、方法装饰器、访问器装饰器和参数装饰器，当使用这些装饰器装饰类和属性等目标时，TypeScript 编译器会自动为这些目标定义一些必要的元数据。如果有必要，我们还可以通过装饰器来为被装饰的目标定义一些额外的元数据，从而实现更加丰富的功能。

那么，我们应该怎样使用类装饰器呢？首先，我们需要开启 TypeScript 编译器对装饰器的支持。为此，我们需要修改本章项目的 TypeScript 配置文件 tsconfig.json，使其内容与代码清单 4-37 一致。

代码清单 4-37 tsconfig.json

```
{
    "compilerOptions": {                    // 编译器选项
        "sourceMap": true,                  // 生成源映射文件
        "module": "commonjs",               // 将 TypeScript 模块编译成 CommonJS 模块
        "strictNullChecks": true,           // 阻止 null 和 undefined 被赋给其他类型的变量
        "target": "es5", // 使当前项目兼容 ES5 的语法，并将编译结果输出为兼容 ES5 的 JavaScript 代码
```

```
        "experimentalDecorators": true, // 开启对装饰器的支持
        "emitDecoratorMetadata": true   // 通过装饰器生成必要的元数据
    }
}
```

以上代码新增了两个编译器项，即 experimentalDecorators 和 emitDecoratorMetadata：其中前者的值被设置为 true，这将使 TypeScript 编译器开启对装饰器的支持；后者的值也被设置为 true，这将使 TypeScript 编译器为被装饰器装饰过的目标生成必要的元数据。

注意

如果 experimentalDecorators 的值被设置为 false（默认值），那么当我们使用装饰器时，TypeScript 编译器会提示语法错误；如果 emitDecoratorMetadata 的值被设置为 false（默认值），那么 TypeScript 编译器会通过代码中的装饰器的编译，但不会为被装饰器装饰过的对象生成必要的元数据。

完成以上配置之后，我们便可以开始使用装饰器了。但装饰器是什么呢？简单来说，装饰器就是函数，而 TypeScript 中并没有内置这样的函数。因此，如果要使用装饰器，我们需要先定义代表装饰器的函数。

由于装饰器有多种，因此代表装饰器的函数也会有多种。在本节，我们将定义一个代表属性装饰器的函数，然后用它来装饰人类 People 的各个属性，从而以可复用的代码来为人类 People 定义描述其各个属性的构造类（函数）的元数据。

为了完整地体验装饰器的创建和使用过程，我们先在项目目录 decorators 下新建一个名为 property-decorators 的子文件夹，然后在这个子文件夹下新建一个名为 property-decorator.ts 的 TypeScript 文件，并将代码清单 4-38 复制到这个文件中。

代码清单 4-38　decorators/property-decorators/property-decorator.ts

```
/**
 * 属性装饰器
 * @param target 静态属性所属的类或实例属性所属的类的原型 prototype
 * @param propertyName 被装饰的属性的名字
 */
export function PropertyDecorator(target: any, propertyName: string): void {
}
```

以上函数 PropertyDecorator 将代表一个属性装饰器，它的两个参数 target 和 propertyName 将分别接收两个值：被装饰的静态属性所属的类，或被装饰器的实例属性所属的类的原型 prototype；被装饰的属性的名字。

说明

代表装饰器的函数的名字可以是任意合法的函数名，TypeScript 官方文档示例中代表装饰器的函数的名字采用的是“小驼峰”命名法，而 Angular 中装饰器的名字采用的是“大驼峰”命名法（帕斯卡命名法）。本书采用的是 Angular 的惯例。

完成了属性装饰器的定义之后，我们的任务是用它来装饰类的属性，为此需要在项目目录 decorators/property-decorators 下新建一个名为 address.ts 的 TypeScript 文件，然后将代码清单 4-39 复制这个文件中。

代码清单 4-39　decorators/property-decorators/address.ts

```
// 导入属性装饰器 PropertyDecorator
import { PropertyDecorator } from './property-decorator';

// 地址类
export class Address {
    // 装饰 street 属性
    @PropertyDecorator
    street: string; // 街道

    // 装饰 houseNumber 属性
    @PropertyDecorator
    houseNumber: number; // 门牌号

    get detail(): string { // 详细地址
        return `Street: ${this.street}; House Number: ${this.houseNumber}.`;
    }
}
```

以上代码重新定义了一个和本节开头所示的那个几乎一模一样的地址类 Address，不同的是，当前这个地址类的每一个属性的上面都多了这样一行代码：@PropertyDecorator。

显然，这个 PropertyDecorator 就是以上第一行代码通过 import 语句导入的属性装饰器。在它前面添加一个@符号，并将其写到地址类的属性上面，则意味着我们用它对相应的属性进行了装饰。

那么，被属性装饰器装饰之后，地址类的各个属性发生了什么变化呢？如果我们保存以上所有代码的编辑以完成它们的编译，然后打开 address.ts 的编译结果 address.js，我们将看到如代码清单 4-40 所示的内容。

代码清单 4-40 src/decorators/address.js

```
"use strict";
var __decorate = (this && this.__decorate) || function (decorators, target, key, desc) {
    // ...省略的代码
};
var __metadata = (this && this.__metadata) || function (k, v) {
    // ...省略的代码
};
Object.defineProperty(exports, "__esModule", { value: true });
var property_decorator_1 = require("./property-decorator"); // 导入属性装饰器 PropertyDecorator
/**
 * 地址类
 */
var Address = /** @class */ (function () {
    function Address() {
    }
    Object.defineProperty(Address.prototype, "detail", {
        get: function () {
            return "Street: " + this.street + "; House Number: " + this.houseNumber + ".";
        },
        enumerable: true,
        configurable: true
    });
    __decorate([
        property_decorator_1.PropertyDecorator,
        __metadata("design:type", String)
    ], Address.prototype, "street", void 0);
    __decorate([
        property_decorator_1.PropertyDecorator,
        __metadata("design:type", Number)
    ], Address.prototype, "houseNumber", void 0);
    return Address;
}());
exports.Address = Address;
//# sourceMappingURL=address.js.map
```

相比使用属性装饰器之前的编译结果，以上代码中多出了加粗显示的两个部分：第一部分声明了两个名字分别为__decorate 和__metadata 的函数（其中的函数体已被省略）；第二部分则分两次先后调用了这两个函数。

我们无须探究这两个函数的实现细节，只需要知道它们是由 TypeScript 编译器生成的元数据定义代码，它们将在运行时通过 reflect-metadata 实现以下目的：

（1）为地址类 Address 的原型 prototype 的 street 属性（尽管 Address.prototype 不包含 street 属性），定义一个名为“design:type”、值为字符串构造函数 String 的元数据；

（2）为地址类 Address 的原型 prototype 的 houseNumber 属性（尽管 Address.prototype 不包含 houseNumber 属性），定义一个名为“design:type”、值为字符串构造函数 String 的元数据。

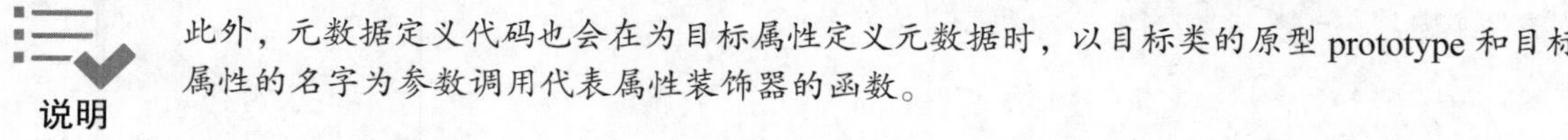

说明 此外，元数据定义代码也会在为目标属性定义元数据时，以目标类的原型 prototype 和目标属性的名字为参数调用代表属性装饰器的函数。

也就是说，在属性装饰器的帮助下，我们再也不需要手动为目标类的各个属性定义描述这些属性的构造类（函数）的元数据——装饰器会自动完成这一工作。

为了再次体验这一便利，我们在项目目录 decorators/property-decorators 下再新建一个名为 people.ts

的 TypeScript 文件，并将代码清单 4-41 复制到其中。

代码清单 4-41 decorators/property-decorators/people.ts

```
// 导入属性装饰器和地址类
import { PropertyDecorator } from './property-decorator';
import { Address } from './address';

/**
 * 人类
 */
export class People {
    // 装饰 name 属性
    @PropertyDecorator
    name: string; // 姓名

    // 装饰 age 属性
    @PropertyDecorator
    age: number; // 年龄

    // 装饰 address 属性
    @PropertyDecorator
    address: Address; // 地址

    // 打招呼
    greet() {
        console.log(`Hi, I'm ${this.name}. My age is ${this.age}. And I lives in: ${this.
address.detail}`)
    }
}
```

以上重新定义的人类 People 和本节开头所示的那个几乎是一模一样的，不同的是当前这个人类的每一个属性都被属性装饰器@PropertyDecotator 装饰。

基于前面对地址类中的属性装饰器的描述，我们可以知道以上每个属性装饰器的作用是这样的：

（1）为人类 People 的原型 prototype 的 name 属性定义一个名为“design:type”、值为字符串构造函数 String 的元数据；

（2）为人类 People 的原型 prototype 的 age 属性定义一个名为“design:type”、值为数字构造函数 Number 的元数据；

（3）为人类 People 的原型 prototype 的 address 属性定义一个名为“design:type”、值为地址类 Address 的元数据。

注意

TypeScript 编译器会在编译时基于装饰器为目标对象生成元数据定义代码，这些代码只能在运行时得到执行，因此，元数据也是在运行时才被定义的——元数据不是在编译时定义的。

那么属性装饰器自动定义的元数据该如何被获取呢？为了回答这个问题，我们需要再创建一个新的泛型对象工厂类，为此需要在项目目录 decorators/property-decorators 下新建一个名为 object-factory.ts 的 TypeScript 文件，并将代码清单 4-42 复制到其中。

代码清单 4-42 decorators/property-decorators/object-factory.ts

```
// 导入 reflect-metadata
import 'reflect-metadata';

/**
 * 对象工厂类：将 JSON 字符串转换成指定类型的对象
 */
export class ObjectFactory<T> {
    /**
     * 构造一个创建指定类型对象的对象工厂
     * @param _constructor 目标对象的构造类（函数）
     */
    constructor(private _constructor: new () => T) {
    }
```

```
        // 创建目标对象
        createObject(json: string | object): T {
            // 解析 JSON 对象
            let jsonObject = typeof json === 'string' ? JSON.parse(json) : json;

            // 构造目标对象
            let targetObject = new this._constructor();

            // 迭代 JSON 对象中的各个属性名
            for (let propertyName in jsonObject) {
                // 获取属性装饰器为目标类的被迭代属性创建的名为"design:type"的元数据，
                // 即目标类中被迭代属性的构造类（函数）
                let designType = Reflect.getMetadata('design:type', this._constructor.prototype,
 propertyName);

                // 如果被迭代属性的类型是 boolean、number、string、null 或 undefined（未考虑 symbol），
                // 或者其未被属性装饰器 PropertyDecorator 装饰，
                // 那么直接将 JSON 对象中相应属性的值赋给目标对象的当前属性
                if (designType === Boolean || designType === Number || designType === String |
| designType === null || designType === undefined) {
                    targetObject[propertyName] = jsonObject[propertyName];
                    continue;
                }

                // 如果当前被迭代的属性的构造类（函数）是我们自己定义的类（比如 Address）
                // 那么，我们需要创建新的对象工厂实例，通过它以递归的方式创建当前属性引用的对象
                let propertyFactory = new ObjectFactory(designType);
                let propertyInstance = propertyFactory.createObject(jsonObject[propertyName]);

                // 将递归创建的属性对象赋给目标对象的当前属性
                targetObject[propertyName] = propertyInstance;
            }

            // 返回目标对象
            return targetObject;
        }
    }
```

以上重新定义的泛型对象工厂类 ObjectFactory<T>和 4.3.2 节定义的那个几乎是一模一样的，不同的是其中获取目标类各属性的构造类（函数）的代码换成了以下代码：

```
    let designType = Reflect.getMetadata('design:type', this._constructor.prototype, propertyName);
```

这行代码仍然调用了 reflect-metadata 中的元数据获取方法 Reflect.getMetadata()，但和前面在调用这个方法时不同的是，以上调用向这个方法传递了第三个参数，即目标类中被迭代的属性的名字。

因此，这行代码的作用就是获取属性装饰器自动为目标类的原型 prototype 中被迭代的属性上名为“design:type”的元数据，即目标类中当前被迭代的属性的构造类（函数）。

在获取到这个构造类（函数）之后，以上泛型对象工厂类剩下的代码所做的事情在 4.3.2 节我们已经见识过了，即通过这个构造类（函数）来为目标对象构造相应的属性。

为了证明以上重新定义的泛型对象工厂类确实会如我们理解的那样工作，我们再在本节目录 decorators/property-decorators 下新建一个名为 index.ts 的 TypeScript 文件，并将代码清单 4-43 复制到其中。

代码清单 4-43　decorators/property-decorators/index.ts

```
    // 导入 reflect-metadata
    import 'reflect-metadata';
    // 导入本节开头的人类 People
    import { People } from './people';
    // 导入本节的泛型对象工厂类 ObjectFactory
    import { ObjectFactory } from './object-factory';

    // 创建人类对象工厂，并将 JSON 转换成包含 address 属性的人类对象
    let peopleFactory = new ObjectFactory(People);
    let person = peopleFactory.createObject('{"name": "Lcng", "age": 1, "address": {"street":
"Baldwin Street", "houseNumber": 3}}');
    person.greet();
```

以上代码和 4.3.2 节的 index.ts 中的内容也极为相似，不同的是以上代码导入了 reflect-metadata，但没有调用人类和地址类的元数据定义函数。

注意　以上对 reflect-metadata 的导入极为重要，因为我们要保证人类 People 的编译结果中使用的 Reflect 对象是 reflect-metadata 中的 Reflect 对象。现在我们可能无法理解这一点，但在第 5 章学习完模块的更多相关概念之后，我们对此便不会再有疑惑。

接下来让我们保存以上所有代码的编辑，然后在 VS Code 集成终端输入并执行以下 node 命令：

```
node decorators/property-decorators
```

随后我们将再次看到以下熟悉的输出：

```
Hi, I'm Lcng. My age is 1. And I lives in: Street: Baldwin Street; House Number: 3.
```

这一输出足以说明以上重新定义的泛型对象工厂类确实会如我们所理解的那样工作，而它能够这样工作的基础则是属性装饰器，因为属性装饰器自动地为目标类的原型 prototype 定义了我们需要的元数据，即目标类的各个属性的构造类（函数）。

基于属性装饰器的这一自动行为，我们的工作必然变得轻松不少，同时我们也不用担心 4.3.3 节结尾提到的元数据命名不一致的问题，因为只要是通过属性装饰器自动定义的元数据的名字必定是“design:type”——这是 TypeScript 编译器决定的。

除了利用属性装饰器的自动行为，其实我们还能在属性装饰器（这个函数）中编写自己的代码，并通过这些代码来为目标类以及其属性定义更多元数据，或实现一些与元数据没有任何关系的功能。

本节的最后一部分将展示相应的应用，接下来让我们先来看看什么是类装饰器。

说明　读者可能会觉得对类的每一个属性进行装饰是一件烦琐的事，但事实上我们不需要装饰其中的简单类型的属性，因为简单类型属性的值可以直接从 JSON 对象中取，而不需要通过构造类进行构造——删除或注释代码清单 4-39 和代码清单 4-41 中的 street、houseNumber、name 和 age 这四个属性上的属性装饰器之后，读者会发现这一点。

4.3.4　类装饰器

在开始类装饰器（Class Decorator）的学习之前，我们先来假设这样一个场景，即我们需要在一个三层架构（Three-tier Architecture）中实现一个商品展示的功能。

说明　在大型应用程序开发中，对应用程序分层有利于应用程序的开发、测试以及代码的维护，而 TypeScript 对模块的支持使得 TypeScript 天然地适用于分层应用程序的开发。

那么我们打算怎样来实现这一功能呢？图 4-1 展示了我们的一个初步设想。

根据图 4-1，我们应该需要定义四个类，它们分别是：处于展示层的商品展示类，可以被命名为 ProductPresentation；处于逻辑层的商品逻辑类，可以被命名为 ProductLogic；处于数据层的商品数据类，可以被命名为 ProductData；用于描述商品对象的商品类，可以被命名为 Product。

接下来就让我们先来定义商品类 Product，为此我们需要在项目目录 decorators 下新建一个子目录 class-decorators，然后在这个子目录下新建一个名为 product.ts 的 TypeScript 文件，并将代码清单 4-44 复制到这个文件中。

代码清单 4-44　decorators/class-decorators/product.ts

```
// 商品类
export class Product {
    id: number;      // Key
    name: string;   // 商品名称
    price: number; // 商品价格
}
```

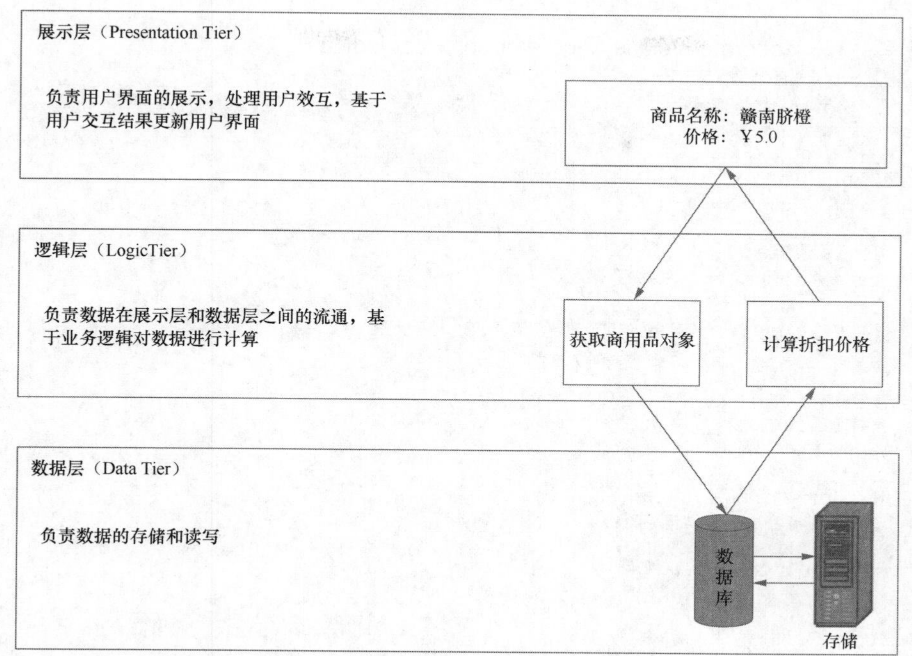

图 4-1 基于三层架构的商品展示

接下来的任务是获取商品对象（数据），因此我们需要实现一个访问数据库的商品数据类 ProductData。但尴尬的是，作为前端应用程序开发人员，我们可能还没有掌握访问数据库的技巧，甚至不便求助于他人。

该如何解决这个问题呢？我们可以实现一个模拟的数据库访问类 ProductData，让它无须进行真实的数据库访问，但必须返回商品对象以支持商品的展示。

为了实现这一模拟，我们需要在项目目录 decorators/class-decorators 下新建一个名为 product-data.ts 的 TypeScript 文件，并将代码清单 4-45 复制到其中。

代码清单 4-45 decorators/class-decorators/product-data.ts

```
// 导入商品类
import { Product } from './product';

// 商品数据类
export class ProductData {
    /**
     * 获取指定 ID 的商品
     * @param id 目标商品的 ID
     */
    getProduct(id: number): Product {
        // 模拟从数据库中获取商品
        let product = new Product();
        product.id = id;
        product.name = '赣南脐橙';
        product.price = 10;

        return product;
    }
}
```

然后通过以上模拟的商品数据类来获取商品对象，并计算商品对象的折扣价格。根据三层架构的职责划分，我们可以知道负责完成这一任务的应该是商品逻辑类。为了实现这个商品逻辑类，我们需要继续在项目目录 decorators/class-decorators 下新建一个名为 product-logic.ts 的 TypeScript 文件，并将代码清单 4-46 复制到其中。

代码清单 4-46　decorators/class-decorators/product-logic.ts

```
// 导入商品数据类和商品类
import { ProductData } from "./product-data";
import { Product } from "./product";

// 商品逻辑类
export class ProductLogic {
    /**
     * 构造商品逻辑对象
     * @param productData 商品数据对象
     */
    constructor(private productData: ProductData) {
    }

    /**
     * 获取指定 ID 的商品
     * @param id 目标商品 ID
     */
    getProduct(id: number): Product {
        // 通过商品数据对象获取商品
        let product: Product = this.productData.getProduct(id);
        // 计算商品对象的折扣价格
        product.price *= 0.5;

        return product;
    }
}
```

最后我们需要在展示层展示商品，为此需要在项目目录 decorators/class-decorators 下新建一个名为 product-presentation.ts 的 TypeScript 文件，并将代码清单 4-47 复制到其中。

代码清单 4-47　decorators/class-decorators/product-presentation.ts

```
// 导入商品逻辑类和商品类
import { ProductLogic } from "./product-logic";
import { Product } from "./product";

/**
 * 商品展示类
 */
export class ProductPresentatioin {
    /**
     * 构造商品展示对象
     * @param productLogic 商品逻辑对象
     */
    constructor(private productLogic: ProductLogic) {
    }

    // 展示商品
    present(): void {
        // 通过商品逻辑对象获取商品对象
        let product: Product = this.productLogic.getProduct(1);
        console.log(`商品名称：${product.name}`);
        console.log(`价格：${product.price}`);
    }
}
```

现在我们可以通过商品展示类来展示商品信息了，为此可以在项目目录 decorators/class-decorators 下新建一个名为 index.ts 的 TypeScript 文件，并将代码清单 4-48 复制到其中。

代码清单 4-48　decorators/class-decorators/index.ts

```
// 导入商品数据类、商品逻辑类和商品展示类
import { ProductPresentatioin } from "./product-presentation";
import { ProductData } from "./product-data";
import { ProductLogic } from "./product-logic";
```

```
// 创建商品数据对象、商品逻辑对象和商品展示对象
let productData = new ProductData();
let productLogic = new ProductLogic(productData);
let productPresentation = new ProductPresentatioin(productLogic);

// 通过商品展示对象展示商品
productPresentation.present();
```

此时，如果我们保存以上所有代码的编辑，然后在 VS Code 集成终端输入并执行以下 node 命令：

```
node decorators/class-decorators
```

那么将得到期待的商品展示结果：

```
商品名称：赣南脐橙
价格：5
```

基于以上展示结果，前面的问题算是解决了，但新的问题接踵而至。因为后端开发人员在着手基于数据库的商品对象获取代码的编写时，陷入了两难之地。

首先，他们可以直接修改 ProductData 中的代码来访问数据库，但保留 ProductData 中的代码其实是一个不错的选择，因为这些代码可以用于测试商品展示功能的完整性。

其次，他们也可以定义一个新的商品数据类（如 DbProductData），然后将以上 index.ts 中的 ProductData 换成这个新的商品数据类。但这种做法导致的修改可能不只有 index.ts 中的内容，因为整个应用程序中依赖于 ProductData 这个类的地方可能不只有 ProductLogic。

说明

在软件开发中，像商品业务类 ProductLogic 这种需要通过商品数据类 ProductData 才能获取商品数据的关系称为依赖关系，其中像 ProductLogic 这样存在依赖需求的一方称为依赖方，而像 ProductData 这样被依赖的一方则称为被依赖方。

依赖关系无法避免，但可以在依赖倒转原则（Dependency Inversion Principal）的指导下削弱，并在依赖注入器的帮助下变得更加易于维护。本节的目的是介绍如何在类装饰器的帮助下来实现一个简单的依赖注入器，并以此来为学习 Angular 中的依赖注入打下基础。

在使用很多其他面向对象编程语言时，后台开发人员会使用依赖注入（Dependency Injection）来解决以上多个地方的 ProductData 需要被替换成新的商品数据类的问题。其实在使用 TypeScript 时，我们也可以这么做。

那么依赖注入到底是这么一回事呢？在回答这个问题之前，我们需要先定义一个类装饰器，为此需要在项目目录 decorators/class-decorators 下新建一个名为 class-decorator.ts 的 TypeScript 文件，并将代码清单 4-49 复制到其中。

代码清单 4-49 decorators/class-decorators/class-decorator.ts

```
/**
 * 类装饰器
 * @param constructor 目标类
 */
export function ClassDecorator(constructor: new (...args: any[]) => void): void {
}
```

和属性装饰器一样，类装饰器的本质也是函数，因此函数 ClassDecorator 其实就是一个类装饰器。其唯一的参数 constructor 将接收被它装饰的目标类，而由于我们无法预测目标类的具体类型，因此只能将其类型指定为 new(...args: any[]) => void——它描述了一个构造函数可以接收任何（类型和数量的）参数，并可用于构造任何对象的类。

接下来，我们需要使用这个类装饰器装饰商品逻辑类 ProductLogic，为此需要修改 ProductLogic 的定义代码，使其与代码清单 4-50 一致。

代码清单 4-50 decorators/product-logic.ts

```
// 导入商品数据类、商品类和类装饰器
import { ProductData } from "./product-data";
import { Product } from "./product";
```

```
import { ClassDecorator } from "./class-decorator";

// 商品逻辑类
@ClassDecorator // 使用类装饰器装饰商品逻辑类
export class ProductLogic {
    constructor(private productData: ProductData) {
    }

    getProduct(id: number): Product {
        // ... 省略的代码
    }
}
```

以上修改包含两个部分：一是通过 import 语句导入了类装饰器 ClassDecorator；二是像使用装饰属性那样使用类装饰器 ClassDecorator 装饰了商品逻辑类 ProductLogic。

以上修改会带来什么结果呢？如果我们保存以上所有代码的编译，然后打开 product-logic.ts 的编译结果文件 product-logic.js，就会看到如代码清单 4-51 所示的内容。

代码清单 4-51　decorators/product-logic.js

```
"use strict";
var __decorate = (this && this.__decorate) || function (decorators, target, key, desc) {
    // ... 省略的代码
};
var __metadata = (this && this.__metadata) || function (k, v) {
    // ... 省略的代码
};
Object.defineProperty(exports, "__esModule", { value: true });
// 导入商品数据类、商品类和类装饰器
var product_data_1 = require("./product-data");
var class_decorator_1 = require("./class-decorator");
// 商品逻辑类
var ProductLogic = /** @class */ (function () {
    function ProductLogic(productData) {
        this.productData = productData;
    }
    ProductLogic.prototype.getProduct = function (id) {
        // ... 省略的代码
    };
    ProductLogic = __decorate([
        class_decorator_1.ClassDecorator // 使用类装饰器装饰商品逻辑类
        ,
        __metadata("design:paramtypes", [product_data_1.ProductData])
    ], ProductLogic);
    return ProductLogic;
}());
exports.ProductLogic = ProductLogic;
//# sourceMappingURL=product-logic.js.map
```

以上编译结果中再次出现了熟悉的__decorate 和__metadata 这两个函数，通过对被传递给它们的参数的观察我们可以发现，最终它们将为目标类 ProductLogic（而非这个类的原型 prototype）定义一个名为“design:paramtypes”、值为商品数据类 ProductData（组成的数组）的元数据。

说明

此外，元数据定义代码也会在为目标类定义元数据时，以目标类为参数调用代表类装饰器的函数。

以上便是类装饰器的作用，即自动为目标类定义一个名为“design:paramtypes”的元数据，而这个元数据的值则是目标类的构造函数的所有参数的构造类（函数）组成的数组。

这个元数据有什么用呢？它能帮助我们（事实上是 JavaScript 运行时）发新商品逻辑类 ProductLogic 对商品数据类 ProductData 的依赖，基于这一发现，我们可以创建一个自动为商品逻辑对象注入商品数据对象的依赖注入器。

这个依赖注入器会怎样实现这样的注入呢？让我们继续在项目目录 decorators/class-decorators 下新

建一个名为 dependency-injector.ts 的 TypeScript 文件，并将代码清单 4-52 复制到其中。

代码清单 4-52 decorators/class-decorators/dependency-injector.ts

```
// 导入 reflect-metadata 模块
import 'reflect-metadata';

/**
 * （静态）依赖注入器类
 */
export abstract class DependencyInjector {
    // 目标类和映射类的映射集合
    private static map = new Array<{ target: new (...args: any[]) => void, source: new (...args: any[]) => void }>();

    // 注册目标类和映射类的映射
    static register<TTarget, TSource extends TTarget>(target: new (...args: any[]) => TTarget, source: new (...args: any[]) => TSource): void {
        // 省略了对参数合法性的判断
        this.map.push({ target: target, source: source });
    }

    /**
     * 获取指定目标类的实例
     * @param constructor 目标类
     */
    static getService<TTarget>(constructor: new (...args: any[]) => TTarget): TTarget {
        // 基于映射获取目标类的映射类
        let source: (new (...args: any[]) => void) | undefined = undefined;
        for (let item of this.map) {
            if (item.target === constructor) {
                source = item.source;
                break;
            }
        }

        if (source === undefined) {
            throw `未找到类"${(constructor as any).name}"的映射源`;
        }

        // 创建映射类的实例
        let instance: any = this.createInstance(source);
        return instance;
    }

    // 创建映射类的实例
    private static createInstance(constructor: new (...args: any[]) => any): any {
        // 从映射类的元数据中，获取映射类的参数的构造类（函数）组成的数组
        let paramtypes: any = Reflect.getMetadata('design:paramtypes', constructor);

        // 如果映射类没有参数，那么直接返回通过映射类创建的实例
        if (!paramtypes || !paramtypes.length) {
            return new constructor();
        }

        // 构造映射类的参数列表
        let parameters: any[] = [];
        for (let parameterType of paramtypes) {
            // 获取参数实例
            let parameter: any = this.getService(parameterType);

            // 保存参数实例到参数列表
            parameters.push(parameter);
        }

        // 创建映射类的实例
        return new constructor(...parameters);
    }
}
```

注意

以上倒数第三行代码中的展开操作符（Spread Operator，即三个连续的英文点号）不能被省略，否则被传递给映射类的构造函数的参数值会变成一个数组。

以上 DependencyInjector 便是一个依赖注入器（类），它由四个成员组成：属性 map，用于维护一个类映射数组；方法 register()，用于向属性 map 中注册类映射；方法 getService()，用于获取指定目标类的映射类的实例；方法 createInstance()，为方法 getService()服务，用于发现映射类所依赖的类，创建这些依赖类（如果有的话）的实例，并最终创建映射类的实例。

如果读者是第一次接触“依赖注入”这个概念，可能会觉得以上描述有些过于简单，但接下来的内容应该会让读者逐步明白以上依赖注入器是怎样工作的。

首先，我们要继续的是注册类映射，为此需要在项目目录 decorators/class-decorators 下新建一个名为 di-config.ts 的 TypeScript 文件，并将代码清单 4-53 复制到其中。

代码清单 4-53　decorators/class-decorators/di-config.ts

```
// 导入 reflect-metadata
import 'reflect-metadata';
// 导入依赖注入器、目标类和映射类类
import { DependencyInjector } from './dependency-injector';
import { ProductData } from './product-data';
import { ProductLogic } from './product-logic';

// 注册类映射
export function config(): void {
    DependencyInjector.register(ProductData, ProductData);
    DependencyInjector.register(ProductLogic, ProductLogic);
}
```

注意

以上第一行代码对 reflect-metadata 的导入是不能省略的，因为我们要保证商品数据类 ProductData 和商品逻辑类 ProductLogic 的编译结果中使用的 Reflect 对象就是 reflect-metadata 中的 Reflect 对象。

以上代码先导入了必要的类，然后定义了一个类映射注册函数 config()，这个函数内的这两行代码的作用为：第一行代码所做的工作是向依赖注入器 DependencyInjector 注册商品数据类 ProductData 到商品数据类 ProductData 的映射，其作用是使依赖注入器 DependencyInjector 在发现需要构造商品数据类 ProductData 的对象时，使用商品数据类 ProductData 来构造这个对象；第二行代码所做的工作是向依赖注入器 DependencyInjector 注册商品逻辑类 ProductLogic 到商品逻辑类 ProductLogic 的映射，其作用是使依赖注入器 DependencyInjector 在发现需要构造商品逻辑类 ProductLogic 的对象时，使用商品逻辑类 ProductLogic 来构造这个对象。

将商品数据类 ProductData 和商品逻辑类 ProductLogic 各自映射为它们自己，这有什么意义呢？请不要着急，让我们回到前面的 index.ts 中，然后将其中的内容替换成代码清单 4-54 所示的内容。

代码清单 4-54　decorators/class-decorators/index.ts

```
// 导入依赖注入器
import { DependencyInjector } from './dependency-injector';
// 导入依赖映射注册函数
import { config } from './di-config';
// 导入商品展示类和商品逻辑类
import { ProductPresentatioin } from "./product-presentation";
import { ProductLogic } from './product-logic';

// 注册依赖映射
config();

// 通过依赖注入器获取商品逻辑实例
let productLogic = DependencyInjector.getService(ProductLogic);

// 创建商品展示实例，并展示商品
```

```
let productPresentation = new ProductPresentatioin(productLogic);
productPresentation.present();
```

相比 index.ts 中原先的内容，以上内容没有再通过相应的类构造商品数据实例和商品逻辑实例，而是调用了依赖注入器 DependencyInjector 的 getService()方法，以商品逻辑类 ProductLogic 为参数直接获取到了商品逻辑实例。

在获取到商品逻辑实例之后，一切又都还是一样的，即以商品逻辑实例为参数构造商品展示实例，然后调用商品展示实例的 present()以展示商品。

以上代码能实现商品的展示吗？让我们保存所有代码的编辑，然后在 VS Code 集成终端输入并执行一下 node 命令：

```
node decorators/class-decorators/index.js
```

将得到以下熟悉的输出：

```
商品名称：赣南脐橙
价格：5
```

显然，商品已经成功地展示了。但此时读者一定有一个最大的疑惑，那就是依赖注入器 DependencyInjector 的 getService()方法是如何在仅接收商品逻辑类 ProductLogic 这个参数的情况下创建商品逻辑实例的？

让我们回过头来看看 DependencyInjector 的 getService()方法的代码：

```
static getService<TTarget>(constructor: new (...args: any[]) => TTarget): TTarget {
    // 基于映射获取目标类的映射类
    let source: (new (...args: any[]) => void) | undefined = undefined;
    for (let item of this.map) {
        if (item.target === constructor) {
            source = item.source;
            break;
        }
    }

    if (source === undefined) {
        throw '未找到类"${(constructor as any).name}"的映射源';
    }

    // 创建映射类的实例
    let instance: any = this.createInstance(source);
    return instance;
}
```

当 index.ts 以商品逻辑类 ProductLogic 调用以上方法时，以上方法会从前面通过映射配置方法 config()配置的映射集合 map 中找到商品逻辑类 ProductLogic 的映射类——当然，这个映射类还是 ProductLogic。

接下来以上代码会以商品逻辑类 ProductLogic 为参数调用映射类实例创建方法 createInstance()，而这个方法的代码是这样的：

```
private static createInstance(constructor: new (...args: any[]) => any): any {
    // 从映射类的元数据中，获取映射类的参数的构造类（函数）组成的数组
    let paramtypes: any = Reflect.getMetadata('design:paramtypes', constructor);

    // 如果映射类没有参数，那么直接返回通过映射类创建的实例
    if (!paramtypes || !paramtypes.length) {
        return new constructor();
    }

    // 构造映射类的参数列表
    let parameters: any[] = [];
    for (let parameterType of paramtypes) {
        // 获取参数实例
        let parameter: any = this.getService(parameterType);

        // 保存参数实例到参数列表
        parameters.push(parameter);
```

```
    }

    // 创建映射类的实例
    return new constructor(...parameters);
}
```

这个方法的第一行代码通过 reflect-metadata 中的 Reflect 对象的 getMetadata()方法获取商品逻辑类 ProductLogic 上的名为“design:paramtypes”的元数据，而这个元数据的值是商品逻辑类 ProductLogic 的构造函数参数 productData 的构造类（即商品数据类 ProductData）组成的数组[ProductData]——还记得这个元数据是怎么来的吗？答案是装饰商品逻辑类 ProductLogic 上的装饰器 ClassDecorator。

获得了数组[ProductData]之后，以上代码会以其中唯一的成员为参数递归调用以上 getService()方法（这个方法会递归调用 createInstance()方法）以获得一个商品数据实例，然后以这个商品数据实例组成的数组为参数调用商品逻辑类 ProductLogic 的构造函数，从而创建并返回一个商品逻辑实例。

也就是说，在类装饰器 ClassDecorator 为商品逻辑类 ProductLogic 定义的元数据的帮助下，依赖注入器 DependencyInjector 能够发现商品逻辑类 ProductLogic 对商品数据类 ProductData 的依赖，并自动地通过配置好的商品数据类 ProductData 创建一个商品数据实例，然后以这个商品数据实例为参数调用商品逻辑类 ProductLogic 的构造函数，以完成商品逻辑对象的创建。

至此，我们明白了依赖注入器“复杂”的工作原理，但还没有体会到其复杂背后的好处在哪里。而为了体会这一点，我们需要继续在项目目录 decorators/class-decorators 下新建一个名为 db-product-data.ts 的 TypeScript 文件，并将代码清单 4-55 复制到其中。

代码清单 4-55　decorators/class-decorators/db-product-data.ts

```
// 导入商品类
import { Product } from './product';

// 数据库商品数据类/
export class DbProductData {
    /**
     * 获取指定 ID 的商品
     * @param id 目标商品的 ID
     */
    getProduct(id: number): Product {
        // 请将以下代码当作后端同事写的数据库访问代码
        let product = new Product();
        product.id = id;
        product.name = '数据库中的赣南脐橙';
        product.price = 12;

        return product;
    }
}
```

以上是后端同事定义的数据库商品数据类 DbProductData。接下来，我们打算用它来代替前面的（测试）商品数据类 ProductData，为此我们不再需要修改 index.ts 中的代码，只需要将依赖注入配置文件 di-config.ts 中的代码修改至与代码清单 4-56 一致。

代码清单 4-56　decorators/class-decorators/di-config.ts

```
// 导入 reflect-metadata
import 'reflect-metadata';
// 导入依赖注入器、目标类和映射类类
import { DependencyInjector } from './dependency-injector';
import { ProductData } from './product-data';
import { ProductLogic } from './product-logic';
import { DbProductData } from './db-product-data';

// 注册类映射
export function config(): void {
    // DependencyInjector.register(ProductData, ProductData);
    DependencyInjector.register(ProductData, DbProductData);
```

```
    DependencyInjector.register(ProductLogic, ProductLogic);
}
```

我们注释掉了商品数据类 ProductData 到其自身的映射注册，然后重新注册了商品数据类到数据库商品数据类 DbProductData 的映射。

提示

我们之所以能够进行这样的映射注册，是因为依赖注入器 DependencyInjector 的映射注册方法 register()是一个泛型方法，其类型参数的约束要求映射类的类型必须兼容于目标类的类型，而作为映射类的数据库商品数据类 DbProductData 的类型确实兼容于目标类商品数据类 ProductData 的类型。

在以上映射被注册之后，当依赖注入器 DependencyInjector 的 getService()方法在获取商品数据类 ProductData 的映射类时，获取到的就是数据库商品数据类 DbProductData（而不再是商品数据类 ProductData 自身）。

随后数据库商品类 DbProductData 的实例会被创建，并被传递给商品逻辑类 ProductLogic 的构造函数以构造一个商品逻辑实例。而这个商品逻辑实例最终则仍然会在 index.ts 中被传递给商品展示类 ProductPresentation 的构造函数，以创建一个商品展示实例并完成数据库商品的展示。

因此，如果我们现在保存以上修改，然后继续在 VS Code 集成终端执行以下 node 命令：

```
node decorators/class-decorators/index.js
```

将得到以下来自于数据中的商品的信息：

```
商品名称：数据库中的赣南脐橙
价格：6
```

这就是依赖注入的魅力，它使我们避免了对 index.ts 的修改，而仅需修改映射就可以向商品逻辑类 ProductLogic 的构造函数注入一个数据库商品数据类 DbProductData 的实例。

可以想象，如果应用程序在多个地方依赖了商品数据类 ProductData，我们也不需要在那些地方将商品数据类 ProductData 替换成数据库商品数据类 DbProductData。

此外，除了商品数据类 ProductData 的实例可以被注入，任何注册到了依赖注入器的映射集合中的类的实例都可以被注入。为了体验这一点，让我们再向前面的 di-config.ts 添加几行代码，使其完整内容与代码清单 4-57 一致。

代码清单 4-57 decorators/class-decorators/di-config.ts

```
// 导入 reflect-metadata
import 'reflect-metadata';
// 导入依赖注入器、目标类和映射类类
import { DependencyInjector } from './dependency-injector';
import { ProductData } from './product-data';
import { ProductLogic } from './product-logic';
import { DbProductData } from './db-product-data';
import { ProductPresentatioin } from './product-presentation';

// 注册类映射
export function config(): void {
    // DependencyInjector.register(ProductData, ProductData);
    DependencyInjector.register(ProductData, DbProductData);
    DependencyInjector.register(ProductLogic, ProductLogic);
    DependencyInjector.register(ProductPresentatioin, ProductPresentatioin);
}
```

以上新增的代码注册了商品展示类 ProductPresentation 到其自身的映射，接下来我们还需要修改 index.ts 中的内容，使其与代码清单 4-58 一致。

代码清单 4-58 decorators/class-decorators/index.ts

```
// 导入依赖注入器
import { DependencyInjector } from './dependency-injector';
// 导入依赖映射注册函数
import { config } from './di-config';
```

```
// 导入商品展示类和商品逻辑类
import { ProductPresentatioin } from "./product-presentation";
// 此处删除了商品逻辑类 ProductLogic 的导入

// 注册依赖映射
config();

// 通过依赖注入器获取商品展示实例
let productPresentation = DependencyInjector.getService(ProductPresentatioin);
productPresentation.present();
```

以上代码删除了商品逻辑类 ProductLogic 的导入，同时删除了相应的商品逻辑实例的获取，并尝试通过依赖注入器 DependencyInjector 的 getService()方法来获取商品展示类 ProductPresentation 的实例。

根据前面的经验，我们可以知道依赖注入器 DependencyInjector 会发现从商品展示类 ProductPresentation 到商品逻辑类 ProductLogic 再到数据库商品数据类 DbProductLogic 的依赖，然后依次完成数据库商品数据实例、商品逻辑实例和商品展示实例的创建。

但事实并非如此，如果我们保存以上所有修改，然后再次执行 index.ts 的编译结果，得到的会是以下异常输出：

```
TypeError: Cannot read property 'getProduct' of undefined
```

如果留意以上输出下方的调用堆栈，我们会发现这一异常是商品展示对象的参数属性 productLogic 为 undefined 导致的。

依赖注入器不是为商品展示实例的以上参数属性注入一个商品逻辑实例吗？为什么它的值会是 undefined？因为商品展示类还没有被类装饰器 ClassDecorator 装饰，依赖注入器还无法发现商品展示类对商品逻辑类的依赖——这一依赖是根据类装饰器为商品展示类定义的元数据发现的。

显然，接下来我们要做的就是完成以上装饰，为此需要修改商品展示类的定义代码，使其与代码清单 4-59 一致。

代码清单 4-59　decorators/class-decorators/product-presentatioin.ts

```
// 导入商品逻辑类、商品类和类装饰器
import { ProductLogic } from "./product-logic";
import { Product } from "./product";
import { ClassDecorator } from "./class-decorator";

// 商品展示类
@ClassDecorator
export class ProductPresentatioin {
    constructor(private productLogic: ProductLogic) {
    }

    present(): void {
        // ... 省略的代码
    }
}
```

按照要求，我们导入了类装饰器 ClassDecorator，并使用它对商品展示类进行了装饰。

接下来，如果我们保存以上修改，然后再次在 VS Code 中执行以下 node 命令：

```
node decorators/class-decorators/index.js
```

将再次得到以下熟悉的输出：

```
商品名称：数据库中的赣南脐橙
价格：6
```

以上便是类装饰器和依赖注入器的运用，其核心思想是利用类装饰器为目标类定义的元数据（目标类的构造函数参数的构造类或构造函数组成的数组），然后在依赖注入器中获取这一元数据以构造目标类的依赖对象（目标类的构造函数参数），并最终完成目标类的实例的创建——这一过程是递归的。

基于前面所述的优点，依赖注入在大型应用程序开发中得到了相当广泛的应用，而 Angular 更是内置了自己的依赖注入器。因此，在开发 Angular 应用程序时，我们无须定义自己的依赖注入器，可以轻松地获得各种对象的注入。

是不是想要快点走进 Angular 的世界，看看 Angular 中的依赖注入器和我们现在定义的这个有什么不同了？不急，让我们先再来看看 TypeScript 中剩下的其他装饰器是什么样子。

说明

本节的依赖注入器 DependencyInjector 的设计目的是展示依赖注入器的工作原理，如果要在其他应用程序开发中使用依赖注入器，那么可以在此依赖注入器的基础上根据需求进行扩展。

4.3.5 其他装饰器

经过前面的学习，我们对元数据和装饰器已经比较熟悉了，因此本节只打算对 TypeScript 中剩下的方法装饰器（Method Decorator）、参数装饰器（Parameter Decorator）和访问器装饰器（Accessor Decorator）进行简单的介绍。

首先，我们要了解的是方法装饰器，因此需要在项目目录 decorators 下新建一个名为 other-others 的子文件夹，然后在这个子文件夹下新建一个名为 method-decorator.ts 的 TypeScript 文件，并将代码清单 4-60 复制到这个文件中。

代码清单 4-60 decorators/other-others/method-decorator.ts

```
// 导入 reflect-metadata 模块
import 'reflect-metadata';

/**
 * 方法装饰器
 * @param target 静态方法所属的类或实例方法所属的类的原型 prototype
 * @param methodName 方法名
 * @param descriptor 方法的属性描述符
 */
export function MethodDecorator(target: any, methodName: string, descriptor: PropertyDescriptor)
: void {
    let type = Reflect.getMetadata('design:type', target, methodName);
    let paramtypes = Reflect.getMetadata('design:paramtypes', target, methodName);
    let returntype = Reflect.getMetadata('design:returntype', target, methodName);

    console.log(`方法的类型：${type.name}；参数类型：${paramtypes.map(x => x.name)}；返回类型：${returntype ? returntype.name : 'void'}`);
}
```

TypeScript 中所有装饰器的本质都是函数，而以上 MethodDecorator()的函数是一个方法装饰器。

方法装饰器会在被编译时为目标方法生成元数据定义代码，然后在运行时通过生成的元数据定义代码为目标方法定义三个元数据，并在完成这些元数据的定义后被作为函数调用。

首先，方法装饰器为目标方法定义的三个元数据是：design:type，其值为目标方法的构造函数，即 Function——TypeScript 中的方法的本质是 JavaScript 中的函数，而 JavaScript 中的函数都是通过 JavaScript 内置的构造函数 Function 构造的对象；design:paramtypes，其值为目标方法的参数的构造类（函数）组成的数组；design:returntype，其值为目标方法的返回类型对应的类、构造函数或 undefined。

随后方法装饰器被作为函数调用时，被传递的参数是：target，类型为 any，值为被装饰的静态方法所属的类或被装饰的实例方法所属的类的原型 prototype；methodName，类型为 string，值为目标方法的名字；descriptor，类型为 PropertyDescriptor，值为目标方法的描述对象。

为了体验以上过程，我们在项目目录 decorators/other-decorators 下新建一个名为 calculator.ts 的 TypeScript 文件，并将代码清单 4-61 复制到其中。

代码清单 4-61 decorators/other-decorators/calculator.ts

```
// 导入方法装饰器
import { MethodDecorator } from './method-decorator';
```

```
// 计算器类
export class Calculator {
    @MethodDecorator // 使用方法装饰器装饰 add()方法
    add(x: number, y: number): number {
        return x + y;
    }
}
```

以上代码重新定义了一个简单的计算器类 Calculator，并使用方法装饰器 MethodDecorator 对其中的 add()方法进行了装饰。

接下来如果我们保存以上代码的编辑，然后在 VS Code 集成终端执行以下 node 命令：

```
node decorators/other-decorators/calculator.js
```

将得到以下输出：

```
方法的类型: Function; 参数类型: Number,Number; 返回类型: Number
```

以上输出是从哪来的呢？相信读者早就知道答案了，那就是方法装饰器 MethodDecorator——它作为函数被由 TypeScript 编译器生成的元数据定义代码调用时，获取并输出了已被定义在计算器类的 add()方法上的元数据。

了解了方法装饰器的工作原理之后，我们要继续了解的是参数装饰器，为此需要在项目目录 decorators/other-decorators 下新建一个名为 parameter-decorator.ts 的 TypeScript 文件，并将代码清单 4-62 复制到其中。

代码清单 4-62　decorators/other-decorators/parameter-decorator.ts

```
/**
 * 参数装饰器
 * @param target 参数所在的静态方法所属的类或参数所在的实例方法所属的类的原型 prototype
 * @param methodName 参数所在方法的名字
 * @param parameterIndex 参数在参数列表中的位置
 */
export function ParameterDecorator(target: any, methodName: string, parameterIndex: number): void {
    console.log(`第${parameterIndex}个参数被装饰了`);
}
```

以上代码定义了一个参数装饰器 ParameterDecorator，其前两个参数和方法装饰器的前两个参数的作用是一样的，第三个参数则是被装饰的目标参数在参数列表中的位置。

接下来我们再对前面的计算器类 Calculator 的定义代码做些修改，使其与代码清单 4-63 一致。

代码清单 4-63　decorators/other-decorators/calculator.ts

```
// 导入方法装饰器和参数装饰器
import { MethodDecorator } from './method-decorator';
import { ParameterDecorator } from './parameter-decorator';

// 计算器类
export class Calculator {
    @MethodDecorator // 使用方法装饰器装饰 add()方法
    add(/*参数装饰器*/@ParameterDecorator x: number, y: number): number {
        return x + y;
    }
}
```

接下来让我们再次保存以上代码的编辑，然后再次执行其编译结果，随后我们将得到以下输出：

```
第 0 个参数被装饰了
方法的类型: Function; 参数类型: Number,Number; 返回类型: Number
```

由此可知，以上新增的第一行内容是由参数装饰器 ParameterDecorator 输出的，并且参数装饰器的调用发生在方法装饰器的调用之前。

此外，参数装饰器同样会为目标方法定义属性装饰器所定义的那三个元数据，因此，即便移除以上装饰 add()方法的方法装饰器，仍然还能获得到 add()方法上的名字分别为“design:type”“design:paramtypes”和“design:returntype”的元数据。

以上便是有关参数装饰器的描述，接下来让我们再来看看什么是访问器装饰器，为此需要在项目目录 decorators/other-decorators 下新建一个名为 accessor-decorator.ts 的 TypeScript 文件，并将代码清单 4-64 复制到其中。

代码清单 4-64 decorators/other-decorators/accessor-decorator.ts

```
/**
 * 访问器装饰器
 * @param target 静态访问器所属的类或实例访问器所属的类的原型 prototype
 * @param accessorName 访问器名
 * @param descriptor 访问器的属性描述符
 */
export function AccessorDecorator(target: any, accessorName: string, descriptor: PropertyD
escriptor): void {
}
```

以上代码定义了一个访问器装饰器，其三个参数的作用和方法访问器的三个参数的作用是类似的——毕竟访问器的本质是方法。

访问器中的读取器和设置器不能同时被访问器装饰器装饰，即当读取器被装饰时对应的设置器就不能被装饰，而当设置器被装饰时对应的读取器也不能被装饰。

当读取器被装饰时，读取器会获得以下元数据：design:type，读取器的返回类型对应的类或构造函数；

而当设置器被装饰时，设置器则会获得以下元数据：design:paramtypes，设置器的参数的构造类（函数）组成的数组。

为了体验访问器装饰器对访问器的装饰，我们继续对计算器类 Calculator 的定义代码做些修改，使其与代码清单 4-65 一致。

代码清单 4-65 decorators/other-decorators/calculator.ts

```
// 导入方法装饰器、参数装饰器和访问器装饰器
import { MethodDecorator } from './method-decorator';
import { ParameterDecorator } from './parameter-decorator';
import { AccessorDecorator } from './accessor-parameter';

// 计算器类
export class Calculator {
    private _precision:number;

    @AccessorDecorator // 装饰读取器
    get precision():number {
        return this._precision;
    }

    @AccessorDecorator // 错误：读取器被装饰过，设置器不能再被装饰
    set precision(value: number) {
        this._precision = value;
    }

    @MethodDecorator    // 使用方法装饰器装饰 add()方法
    add(/*参数装饰器*/@ParameterDecorator x: number, y: number): number {
        return x + y;
    }
}
```

以上修改使用访问器装饰器同时对精度读取器和设置器进行了装饰，因此会引发语法错误：不能向多个同名的 get/set 访问器应用修饰器——VS Code 将 Decorator 译成修饰器。

相信读者已经明白怎样才能消除以上语法错误，基于本节前面对元数据的应用举例，聪明的读者也一定可以探索出方法装饰器、参数装饰器和访问器装饰器在实际开发中的运用。

但在进行这样的运用之前，我们很有必要再了解一下与装饰器相关的另一个概念，即装饰器工厂。

4.3.6 装饰器工厂

通过前面的学习，我们已经发现装饰器（以及元数据）给开发提供了极大的便利，而事实上装饰器

的威力远不止这些。

有过 Java、C#或其他语言使用经验的读者都知道，在这些语言中，我们可以像以下代码那样向装饰器（注解、特性或其他类似的概念）传递参数：

```
// 人类
export class People {
    @Required('姓名是必需的')
    name: string; // 姓名
    age: number;  // 年龄
}
```

以上代码使用了一个名为 Required 的属性装饰器，并同时向它传递了一个值为“姓名是必需的”的字符串参数。

先不管这个属性装饰器的作用是什么，如果我们现在回到 4.3.3 节的人类 Reople 的定义代码中，然后试着给其中的属性装饰器 PropertyDecorator 传递一个参数，那么将得到以下语法错误提示：

```
作为表达式调用时，无法解析属性修饰器的签名
```

我们可能需要反过来理解这个提示的意思，那就是函数被作为装饰器使用时，我们无法人为地向它传递参数——这是元数据定义代码的工作。

然而，从上面展示的代码可以看出，人为地向装饰器传递额外的参数应该会是一项普遍的需求。为了满足这样的需求，TypeScript 向我们提供了装饰器工厂（Decorator Factory）。

装饰器工厂是什么呢？我们在项目目录 decorators 下新建一个名为 decorator-factories 的子文件夹，然后在这个子文件夹下新建一个名为 required.ts 的 TypeScript 文件，并将代码清单 4-66 复制到这个文件中。

代码清单 4-66 decorators/decorator-factories/required.ts

```
// 导入 reflect-metadata 模块
import 'reflect-metadata';

/**
 * 必需属性装饰器工厂
 * @param errorMessage 可选的错误消息：当前属性未被提供值时，通过这个错误消息提示用户
 */
export function Required(errorMessage?: string): (target: any, propertyName: string) => void {
    // 返回一个必需属性装饰器
    return function (target: any, propertyName: string): void {
        // 如果用户未提供错误消息，那么构造默认的错误消息
        errorMessage = errorMessage ? errorMessage : `${target.constructor.name}.${propertyName} is required`;

        // 在目标属性上定义元数据 custom:required，并将其值设置为错误消息
        Reflect.defineMetadata('custom:required', errorMessage, target, propertyName);

        // 在目标类的原型 prototype 上定义元数据 customer:requiredProperties，
        // 通过它记录目标类中所有被必需属性装饰器装饰过的属性
        let properties: string[] = Reflect.getMetadata('custom:requiredProperties', target) as string[] || [];
        properties.push(propertyName);
        Reflect.defineMetadata('custom:requiredProperties', properties, target);
    }
}
```

根据其类型我们可以发现，以上代码中的匿名函数其实是一个属性装饰器。作为定义并返回这个属性装饰器的函数 Required()被称为属性装饰器工厂。

属性装饰器工厂和属性装饰器一样，其本质也是函数，并且也可以用于装饰属性。为了体验这一点，我们在项目目录 decorators/decorator-factories 下新建一个名为 people.ts 的 TypeScript 文件，并将代码清单 4-67 复制到其中。

代码清单 4-67 decorators/decorator-factories/people.ts

```
// 导入必需属性装饰器（工厂）
import { Required } from './required';

// 人类
export class People {
    @Required('姓名不能为空')
    name: string; // 姓名
    age: number;  // 年龄
}
```

以上代码定义了一个简单的人类 Peopoe，其姓名属性 name 上面的@Required()就是前面定义的属性装饰器工厂。

在使用属性装饰器工厂装饰属性时，我们不能省略它后面的方法调用括号，因为它最终需要在运行时被调用以获得相应的属性装饰器。

由于属性装饰器工厂后面的方法调用括号得到了保留，因此我们可以向它传递一些必要的参数，比如以上代码中的字符串'姓名不能为空'。

那么这个（些）参数能起什么作用呢？回到属性装饰器工厂的定义代码中我们可以发现，其接收的参数 errorMessage 会在闭包的作用下被传递到匿名的属性装饰器中，而这个匿名的属性装饰器则封装了两个关键行为：为目标属性定义元数据 custom:required，并将参数 errorMessage 的值保存到其中；为目标类定义元数据 custom:requiredProperties，并将目标属性的名字保存到其中。

简单来说，这两个关键行为的目的是将目标属性标记为必需（值不能为空的）属性，并记录目标属性在值为空时的相应提示——因此我们将实现这一目的的匿名属性装饰器称为必需属性装饰器，同时也将定义并返回它的方法 Required()称为必需属性装饰器工厂。

那么必需属性装饰器（工厂）实现这一目的的意义何在呢？——它能使泛型对象工厂类 ObjectFactory<T> 实现更加严谨的反序列化。

怎么说呢？让我们继续在项目目录 decorators/decorator-factories 下新建一个名为 object-factory.ts 的 TypeScript 文件，并将代码清单 4-68 复制到其中。

代码清单 4-68 decorators/decorator-factories/object-factory.ts

```
// 导入 reflect-metadata
import 'reflect-metadata';

/**
 * 对象工厂类：将 JSON 字符串转换成指定类型的对象
 */
export class ObjectFactory<T> {
    /**
     * 构造一个创建指定类型对象的对象工厂
     * @param _constructor 目标对象的构造类（函数）
     */
    constructor(private _constructor: new () => T) {
    }

    // 创建目标对象
    createObject(json: string | object): T {
        // 解析 JSON 对象
        let jsonObject = typeof json === 'string' ? JSON.parse(json) : json;

        // 构造目标对象
        let targetObject = new this._constructor();

        // 迭代 JSON 对象中的各个属性名
        for (let propertyName in jsonObject) {
            // 获取属性装饰器为目标类的被迭代属性创建的名为"design:type"的元数据，
            // 即目标类中被迭代属性的构造类（函数）
            let designType = Reflect.getMetadata('design:type', this._constructor.prototype,
propertyName);
```

```
            // 如果被迭代属性的类型是 boolean、number、string、null 或 undefined（未考虑 symbol），
            // 或者其未被属性装饰器 PropertyDecorator 装饰，
            // 那么直接将 JSON 对象中相应属性的值赋给目标对象的当前属性
            if (designType === Boolean || designType === Number || designType === String
                || designType === null || designType === undefined) {
                targetObject[propertyName] = jsonObject[propertyName];
            }
            else {
                // 如果当前被迭代的属性的构造类（函数）是我们自己定义的类（比如 Address）
                // 那么，我们需要创建新的对象工厂实例，通过它以递归的方式创建当前属性引用的对象
                let propertyFactory = new ObjectFactory(designType);
                let propertyInstance = propertyFactory.createObject(jsonObject[propertyName]);

                // 将递归创建的属性对象赋给目标对象的当前属性
                targetObject[propertyName] = propertyInstance;
            }
        }

        // 如果目标属性被必需属性装饰器（工厂）Required 装饰了，并且目标属性未获得到值
        // 那么抛出记录在目标属性的元数据 customer:required 上的错误提示
        let requiredProperties: string[] = Reflect.getMetadata('custom:requiredProperties',
this._constructor.prototype) as string[] || [];
        for (let propertyName of requiredProperties) {
            if (targetObject[propertyName] == undefined || targetObject[propertyName] == n
ull || targetObject[propertyName].toString().trim() == '') {
                // 获取元数据：错误提示
                let requiredErrorMessage = Reflect.getMetadata('custom:required', this._co
nstructor.prototype, propertyName);
                throw requiredErrorMessage;
            }
        }

        // 返回目标对象
        return targetObject;
    }
}
```

以上代码定义了一个新的泛型对象工厂类 ObjectFactory<T>，使它在 4.3.3 节中定义的这个类的基础上做了些改进，即新增了其中加粗显示的部分。

这部分内容首先通过由必须属性装饰器（工厂）Required 在目标类上定义的元数据“custom:requiredProperties”获取了目标类的必需属性数组，然后对这个数组进行迭代以检查被构造的对象中是否存在必需属性未获得值的情况，并在发现这一情况存在时抛出必需属性装饰器（工厂）Required 记录在此必需属性上的元数据“custom:required”上的错误提示。

什么时候会出现被构造对象的必需属性未获得值的情况呢？我们继续在项目目录 decorators/decorator-factories 下新建一个名为 index.ts 的 TypeScript 文件，并将代码清单 4-69 复制到其中。

代码清单 4-69　decorators/decorator-factories/index.ts

```
// 导入本小节的泛型对象工厂类 ObjectFactory 和人类 People
import { ObjectFactory } from './object-factory';
import { People } from './people';

// 创建泛型对象工厂，并使用它将指定 JSON 字符串反序列化为人类对象
let objectFactory = new ObjectFactory(People);
let json: string = '{"age": 1}';
let person: People = objectFactory.createObject(json);
console.log(person.name);
```

以上代码对现在的我们来说一定不陌生，因此我们一眼就能看出它的执行结果应该是向控制台输出“年龄：1”。但事实上它会抛出以下异常：

```
姓名不能为空
```

为什么会这样呢？因为以上泛型对象工厂类中新增的代码起作用了：它发现基于以上未包含 name

属性的 JSON 字符串构造的人类对象的 name 属性的值是 undefined，同时人类对象的 name 属性又被@Required 装饰成了必需属性，就将记录在这一属性上的元数据“custom:required”的值（即'姓名不能为空'）作为异常抛出了。

这就是属性装饰器工厂的魅力所在，它扩展了属性装饰器的能力，使属性装饰器在为目标属性定义固定的元数据（design:type）的同时，还能根据属性装饰器工厂的参数为目标属性以及目标类定义更多定制化的元数据，以应对开发中的更多需求。

当然，正如前面的必需属性装饰器工厂 Required 所展示的那样，属性装饰器工厂的参数也可以是可选的。为了体验这一点，我们继续在项目目录 decorators/decorator-factories 下新建一个名为 address.ts 的 TypeScript 文件，并将代码清单 4-70 复制到其中。

代码清单 4-70　decorators/decorator-factories/address.ts

```
// 导入必需属性装饰器（工厂）
import { Required } from './required';

// 地址类
export class Address {
    @Required()
    street: string; // 街道
}
```

以上代码定义了一个简单的地址类 Address，并使用未获得参数的必需属性装饰器工厂 Required 对其街道属性 street 进行了装饰。

接下来再对人类 People 的定义代码做些修改，使其与代码清单 4-71 一致。

代码清单 4-71　decorators/decorator-factories/people.ts

```
// 导入必需属性装饰器（工厂）
import { Required } from './required';
import { Address } from './address';

// 人类
export class People {
    @Required('姓名不能为空')
    name: string;      // 姓名
    age: number;       // 年龄
    @Required()
    address: Address; // 地址
}
```

以上修改给人类 People 添加了一个必需的地址属性 address。接下来，我们再将另一个 JSON 字符串反序列化成人类对象，为此需要修改前面的 index.ts 中的代码，使其与代码清单 4-72 一致。

代码清单 4-72　decorators/decorator-factories/index.ts

```
// 导入本小节的泛型对象工厂类 ObjectFactory 和人类 People
import { ObjectFactory } from './object-factory';
import { People } from './people';

// 创建泛型对象工厂，并使用它将指定 JSON 字符串反序列化为人类对象
let objectFactory = new ObjectFactory(People);
// let json: string = '{"age": 1}';
// let person: People = objectFactory.createObject(json);
// console.log(`年龄：${person.age}`);

// 将包含 address 属性的 JSON 字符串反序列化成人类对象
let json1: string = '{"name": "Lcng", "age": 1, "address":{"street":""}}';
let person1: People = objectFactory.createObject(json1);
```

我们注释了上一次的反序列化代码，然后尝试将另一个包含 address 属性的 JSON 字符串反序列化成人类对象。

接下来让我们保存以上所有代码的编辑，然后在 VS Code 集成终端输入并执行以下 node 命令：

```
node decorators/decorator-factories
```

将得到以下异常信息：

```
Address.street is require
```

以上是必须属性装饰器在封装它的工厂方法未接收到参数的情况下，发现需反序列化的 JSON 字符串中未提供 address 属性的 street 属性的值时抛出的默认异常信息。

以上便是有关属性装饰器工厂的介绍，基于这一介绍，读者应该猜到 TypeScript 中除了有属性装饰器工厂，还有相应的类装饰器工厂、方法装饰器工厂、参数装饰器工厂和访问器装饰器工厂。

这些装饰器工厂在定义和使用上和属性装饰器工厂并没有区别，故此处不再赘述。

注意

为了方便描述，在没有特别需要的情况下，后文会将装饰器工厂也称为装饰器。但需要记住的是，在实际使用的是装饰器工厂时，我们需要在装饰器工厂的名字的后面带上圆括号，在使用装饰器时则不能这样做。

最后，再来回顾一下我们在本章学到的内容。

4.4　小结

在 4.1 节中，我们在第 3 章介绍的基础类型和函数类型的基础上，继续拓展了对对象类型和类的类型的学习，并进一步了解了一些特殊类型。

随后，我们还学习了同样可以用于描述类型，但功能更加丰富（如可以约束类的定义）的接口，并对接口和抽象类进行了一个对比。

最后，我们还掌握了一项非常实用的技能，即如何判断变量的运行时类型，以降低今后我们编写的 TypeScript 代码在运行时引发异常的概率。

在 4.2 节中，我们以复用代码和保证类型安全为出发点，开始了对泛型函数、泛型类和泛型接口的学习，并通过一个泛型对象工厂类 ObjectFactory<T>深入体验了泛型对代码复用和类型安全的支持。

在今后的开发中，我们经常会使用泛型来实现代码的复用，并适当地通过本节最后介绍的类型约束来限制泛型中的类型参数实际能接收的类型。

在 4.3 节中，我们了解了什么是元数据（它可以是任何数据，比如描述一个类的各个属性的构造类的对象），并体验了元数据给开发带来的便利；接着学习了如何使用 Node.js 包 reflect-metadata 来以更加统一的方式定义和获取元数据，并开始展开了对建立在 reflect-metadata 基础上的属性装饰器、类装饰器等装饰器及装饰器工厂的学习。在此过程中，装饰器（工厂）展示了它令人惊叹的魅力，让我们轻松地实现了一个依赖注入器，并将 4.2 节的泛型对象工厂类改进得更加严谨。

尽管在这个过程中我们掌握了很多，但此处仍然需要补充以下两点：其一，装饰器作为一个函数可以有返回值，这一返回值对被装饰的目标会有一定的影响；其二，任何目标都可以被同一个或不同的装饰器装饰多次，并且它们会被按照一定的顺序执行。

本章没有描述与以上两点相关的细节，但读者可以在 TypeScript 装饰器的官方文档中找到相应的描述。

第 5 章　TypeScript 补充

经过前面第 3 章和第 4 章的学习，我们对 TypeScript 有了一个比较充分的了解。但为了更加得心应手地使用 TypeScript，我们还需要补充一些相关的概念。

比如，第 3 章和第 4 章提到，在导入模块时不同目标模块的路径会有所不同。在本章中，我们将深入了解它们的区别，并掌握应该在何时进行怎样的模块导入。

第 3 章和第 4 章还提到，TypeScript 中存在着和模块同样可以避免命名冲突的命名空间。在本章中，我们也将深入了解命名空间和模块的不同。

最后在第 4 章学习 reflect-metadata 的用法时，我们还接触到一种扩展名为.d.ts 的 TypeScript 文件。这种文件称为声明文件，本章的后半部分将介绍它的作用，并总结 TypeScript 项目配置文件 tsconfig.json 中常用编译器选项的作用。

接下来，就让我们从模块来开始本章的学习。

5.1　模块

在继续探索模块之前，我们需要为本章创建一个独立的 TypeScript 项目，因此需要在本书工作目录（E:\Work\AngularAppDev）下创建一个名为 Chapter5 的子目录，然后将第 2 章结束时的项目代码复制到这个子目录中。

执行完以上操作之后，在 VS Code 中将以上子目录（E:\Work\AngularAppDev\Chapter5）作为本章项目打开，然后删除其中名为的 index.ts、index.html、index.es2015.js、index.es2015.html、hello-world.ts 和 hello-world.es2015.js 的文件，并在项目根目录下新建一个名为 modules 的子文件夹，从而使本章项目的结构与图 5-1 所示的一致。

完成本章项目的创建之后，让我们先来看看模块的导出中，有哪些是还需要我们继续了解的。

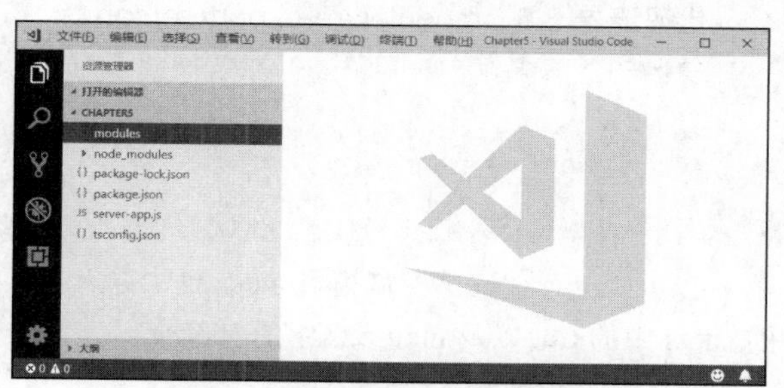

图 5-1　本章项目创建

5.1.1　导出

在第 3 章和第 4 章中，我们使用熟悉的方式导出过大量的变量、函数、类、接口和类型。但在今后的学习和开发当中，我们其实还会用到其他一些导出方式，如重新导出、默认导出和分配导出。

在本节中，我们的任务就是从重新导出开始，逐一了解这些导出方式。

1．重新导出

为了理解什么是重新导出（Re-export），我们在刚刚创建的 modules 文件夹下新建一个名为 re-export 的子文件夹，然后在这个子文件夹下新建两个名字分别为 cat.ts 和 mouse.ts 的 TypeScript 文件，并分别将代码清单 5-1 和代码清单 5-2 复制到这两个文件中。

代码清单 5-1 modules/re-export/cat.ts

```
export class Cat {
    name: string = 'Tom';
}
```

代码清单 5-2 modules/re-export/mouse.ts

```
export class Mouse {
    name: string = 'Jerry';
}
```

接着在 re-export 文件夹下新建一个名为 person.ts 的 TypeScript 文件，然后将代码清单 5-3 复制到其中。

代码清单 5-3 modules/re-export/person.ts

```
import { Cat } from './cat';
import { Mouse } from './mouse';

let cat = new Cat();
let mouse = new Mouse();

console.log('我有一只猫和一只老鼠，它们的名字分别是${cat.name}和${mouse.name}');
```

以上代码中包含两条 import 语句，如果有多个地方需要导入 cat.ts 和 mouse.ts 这两个模块，那么这些地方都需要以上两条 import 语句。

为了减少 import 语句的数量，我们可以在 re-export 文件夹下再新建一个名为 index.ts 的 TypeScript 文件，然后将代码清单 5-4 复制到其中。

代码清单 5-4 modules/re-export/index.ts

```
export { Cat } from './cat';      // 重新导出 cat.ts 中的 Cat
export { Mouse } from './mouse'; // 重新导出 mouse.ts 中的 Mouse
```

以上两行代码将分别通过当前模块（index.ts）导出模块 cat.ts 和模块 mouse.ts 导出的 Cat 和 Mouse 两个类，这种操作称为重新导出。

鉴于有以上重新导出，接下来我们可以将 person.ts 的定义代码修改至与代码清单 5-5 一致，以减少 import 语句的数量。

代码清单 5-5 modules/re-export/person.ts

```
import { Cat, Mouse } from './index'; // 导入 index.ts 重新导出的 Cat 和 Mouse

let cat = new Cat();
let mouse = new Mouse();

console.log('我有一只猫和一只老鼠，它们的名字分别是${cat.name}和${mouse.name}');
```

以上第一行代码试图从模块 index.ts 中导入 Cat 和 Mouse，但实际上它导入的是由 index.ts 重新导出的 cat.ts 中的 Cat 以及 mouse.ts 中的 Mouse。

2. 默认导出

为了体验默认导出的使用，我们在当前项目的 modules 文件夹的 default-export 子文件夹下新建一个名为 calculator.ts 的 TypeScript 文件，并将代码清单 5-6 复制到这个中。

代码清单 5-6 modules/default-export/calculator.ts

```
// 默认导出加法函数 add()
export default function add(x, y) {
    return x + y;
}

// 导出减法函数 subtract()
export function subtract(x, y) {
    return x - y;
}
```

以上代码定义了一个计算器模块，它先后导出了加法函数 add()和减法函数 subtract()。其中，减法函数 add()的导出标识符 export 后面多了另一个标识符 default，这便表示当前模块默认导出减法函数 add()。

默认导出（Default Export）的作用和常规导出的作用是一样的，不同的是它在被导入时可以给我们带来一些方便。

为了体验这一方便，我们继续在 default-export 子文件夹下新建一个名为 index.ts 的 TypeScript 文件，然后将代码清单 5-7 复制到其中。

代码清单 5-7 modules/default-export/index.ts

```
// 导入模块 calculator.ts 默认导出的加法函数 add
import add from './calculator';
// 导入模块 calculator.ts 默认导出的加法函数 add，并为其取别名 concatenate
import concatenate from './calculator';
// 导入模块 calculator.ts 非默认导出的减法函数 subtract
import { subtract } from './calculator';

// 加法计算
var sum = add(1, 2); // 得到 3
console.log(sum);    // 输出 3

// 字符串拼接
var concatenation = concatenate('1', '2'); // 得到字符串 12
console.log(concatenation);                // 输出字符串 12
```

以上代码首先从 calculator.ts 中导入了函数 add()，但由于 add()是由 calculator.ts 默认导出的，因此以上 import 标识符之后的 add 不需要（也不能）被写在花括号中。

接着以上代码似乎继续从 calculator.ts 中导入了其默认导出的另一个定义 concatenate，但其实 calculator.ts 只（能）有一个默认导出，因此这行代码导入的仍是 calculator.ts 中的加法函数 add()，只是这一次我们给它取了一个别名，即 concatenate——表示这是一个字符串拼接函数。

随后我们还导入了 calculator.ts 非默认导出的减法函数 subtract()，由于 subtract()不是由 calculator.ts 默认导出的，因此它仍然需要被放置在一对花括号中。

最后，我们先后调用了加法函数 add()和字符串拼接函数 concatenate()，因此如果现在保存所有代码的编辑，然后在 VS Code 集成终端执行 node 命令“node modules/default-export/index.js”，将得到以下输出：

```
3
12
```

以上结果便说明默认导出已经生效，但需要注意的是，一个模块只能有一个默认导出。

此外，我们还可以默认导出变量：

```
var color = 'red';     // 声明变量 color
export default color; // 默认导出变量
```

也可以直接默认导出值：

```
export default 0xff0000; // 默认导出红色的 RGB 编码值
```

需要注意的是，当默认导出变量时，我们不能在定义它的同时默认导出它，而只能在完成它的声明之后再默认导出它，因此以上代码用了两条语句才完成变量 color 的默认导出。

为了节省时间，此处便不再演示默认导出的变量和值的导入——对它们的导入和对默认导出的函数的导入是一样的。接下来，让我们再来看看最后一种形式的导出。

3. 分配导出

刚刚我们通过 modules/default-export/calculator.ts 导出了 add()和 subtract()两个函数，但由于 add()函数完全可以作为减法函数来使用，因此我们希望 calculator.ts 只导出 add()一个函数。

但怎样才能限制一个模块只包含一个导出呢？我们答案是使用分配导出（Export Assignment）。

为了掌握分配导出的使用，我们需要在 modules 文件夹下新建一个名为 export-assignment 的子文件夹，然后在这个子文件夹下新建一个名为 calculator.ts 的 TypeScript 文件，并将代码清单 5-8 复制到这个文件中。

代码清单 5-8　modules/export-assignment/calculator.ts

```
export = function (x, y) {
    return x + y;
}
```

以上就是分配导出的用法，即将需要导出的函数（或其他定义）赋给标识符 export，从而使当前模块只导出这个函数——如果我们继续在当前模块中导出减法函数或其他定义，TypeScript 编译器会提示相应的语法错误。

接下来，我们继续在 export-assignment 子文件夹下新建另一个名为 index.ts 的 TypeScript 文件，然后将代码清单 5-9 复制到其中。

代码清单 5-9　modules/export-assignment/index.ts

```
// 导入模块 calculator.ts 导出的唯一一个匿名函数，并为其取别名 add
import add = require('./calculator');

var sum = add(1, 2);                // 得到和 3
var concatenation = add('1', '2'); // 得到字符串拼接结果 12
var difference = add(1, -2);       // 得到 1-2 的差，即-1
```

以上代码从当前目录下的模块 calculator.ts 中导入了其导出的匿名函数，同时为这个函数取了一个别名 add，并将它作为加法函数、字符串拼接函数和减法函数进行了相应的计算和操作。

需要注意的是，由于模块 calculator.ts 中的匿名函数是通过分配导出进行导出的，因此以上导入需要使用相应的“分配导入”，即使用操作符 require 导入模块 calculator.ts，然后将结果（calculator.ts 唯一导出的匿名函数）赋给别名 add。

还需要注意的一点是，以上操作符 require 不是函数，它最终会被编译成相应通用模块下的 require()、define()或 register()等函数。

至于以上代码的执行结果，注释中已经给出了相应的提示，此处便不再进行演示。接下来，让我们再来看看与模块导入相关的一些其他概念。

5.1.2　导入

1. 副作用导入

有时候我们不打算从一个模块中导入任何定义，但还是希望这个模块（的编译结果）可以被加载到 JavaScript 运行时中。

为了说明这样的情况，我们在 modules 文件夹下新建一个名为 side-effect-import 的子文件夹，然后在这个子文件夹下新建一个名为 info.ts 的 TypeScript 文件，并将代码清单 5-10 复制到这个文件中。

代码清单 5-10　modules/side-effect-import/info.ts

```
export {}
console.log('应用程序启动中。。');
console.log('作者：Lcng');
console.log('版本：0.0.1');
```

以上模块导出了一个空对象，并打算向控制台输出一些与应用程序相关的信息。

接下来我们需要创建一个简单的应用程序，并使这个应用程序在启动时输出以上模块打算输出的信息，为此需要继续在 side-effect-import 子文件夹下新建一个名为 program.ts 的 TypeScript 文件，然后将代码清单 5-11 复制到其中。

代码清单 5-11　modules/side-effect-import/program.ts

```
import './info'; // 副作用导入模块 info.ts
console.log('应用程序启动完毕');
```

以上模块就是我们的应用程序，其中的 import 语句没有从模块 info.ts 中导入任何定义，但最终它会使 info.js 被加载到 JavaScript 运行时中。

因此，如果我们保存以上所有代码，并执行 node 命令“node modules/side-effect-import/program.js”，将得到以下输出：

```
应用程序启动中。。
作者：Lcng
版本：0.0.1
应用程序启动完毕
```

模块 info.ts 的导入不像以往的导入那样总是导入一些函数或类的定义，而是带来了向控制台输出一些信息这样的副作用，因此对模块 info.ts 的导入被称为副作用导入。

说明

把“import './info'”换成“import {} from './info'”不会使 info.ts（的编译结果）被加载到 JavaScript 运行时中，随后我们将看到原因。

2. 选择性加载

副作用导入总是会将目标模块（的编译结果）加载到 JavaScript 运行时中，但其他导入并非如此。

为了说明这一现象，我们在当前项目的 modules 文件夹下新建一个名为 optional-loading 的子文件夹，然后为其新建一个名为 rectangle.ts 的 TypeScript 文件，并将代码清单 5-12 复制到这个文件中。

代码清单 5-12 modules/optional-loading/rectangle.ts

```
// 导出矩行类
export default class Rectangle {
    length: number; // 长
    width: number;  // 宽
}
```

以上代码默认导出了一个包含长度属性 length 和宽度属性 width 的矩形类 Rectangle。

接下来，我们继续在 optional-loading 子文件夹中新建一个名为 index.ts 的 TypeScript 文件，然后将代码清单 5-13 复制到其中。

代码清单 5-13 modules/optional-loading/index.ts

```
// 导入模块 rectangle.ts 中的矩形类 Rectangle
import Rectangle from './rectangle';

// 计算矩形面积的函数
function getArea(rectangle: Rectangle) {
    return rectangle.length * rectangle.width;
}
```

以上代码导入了模块 rectangle.ts 中的矩形类 Rectangle，然后定义了矩形面积计算函数 getArea()——这个函数接收一个类型为 Rectangle 的参数，而未创建 Rectangle 的实例。

接下来，让我们保存所有代码的编辑，然后在文件系统中找到并打开以上 index.ts 的编译结果文件 index.js，则将看到如代码清单 5-14 所示的内容。

代码清单 5-14 modules/optional-loading/index.js（CommonJS 模块）

```
"use strict";
exports.__esModule = true;
// 计算矩形面积的函数
function getArea(rectangle) {
    return rectangle.length * rectangle.width;
}
//# sourceMappingURL=index.js.map
```

以上代码中竟然没有“require('./rectangle')”这条语句！源文件 index.ts 中不是有对 rectangle.ts 中的矩形类 Rectangle 的导入吗？为什么编译后这一导入会消失了呢？

答案是：index.ts 虽然导入了 rectangle.ts 中的矩形类 Rectangle，但它没有使用 Rectangle 作为值的部分，只使用了其作为类型的部分。而 TypeScript 中的类型在 JavaScript 运行时中是无效的，因此 index.js 根本无须导入 rectangle.js。

换句话说，TypeScript 编译器发现了将 rectangle.js 加载到 JavaScript 运行时中是没有必要的，因此选择了不生成加载 rectangle.js 的代码，从而一定程度地提高了应用程序的性能。

当然，如果有必要的话，TypeScript 编译器仍然会生成 rectangle.js 的加载代码。为了体验这一点，我们需要将 index.ts 中的代码修改至与代码清单 5-15 一致。

代码清单 5-15　modules/optional-loading/index.ts

```
// 导入模块 rectangle.ts 中矩形类 Rectangle
import Rectangle from './rectangle';

// 计算矩形面积的函数
function getArea(rectangle: Rectangle) {
    return rectangle.length * rectangle.width;
}

// 实例化一个矩形对象
var rectangle = new Rectangle();
rectangle.length = 100;
rectangle.width = 200;

// 计算矩形对象的面积
var area = getArea(rectangle);
console.log(area);
```

保存以上修改，然后再次打开编译后的 index.js，我们将看到与代码清单 5-16 一致的内容。

代码清单 5-16　modules/optional-loading/index.js

```
"use strict";
exports.__esModule = true;
// 导入模块 rectangle.ts 中矩形类 Rectangle
var rectangle_1 = require("./rectangle");
// 计算矩形面积的函数
function getArea(rectangle) {
    return rectangle.length * rectangle.width;
}
// 实例化一个矩形对象
var rectangle = new rectangle_1["default"]();
rectangle.length = 100;
rectangle.width = 200;
// 计算矩形对象的面积
var area = getArea(rectangle);
console.log(area);
//# sourceMappingURL=index.js.map
```

相比上一个版本，以上编译结果中包含了“require("./rectangle")”这条语句，因为随后的代码使用了 rectangle.js/ts 中导出的矩形类 Rectangle（中作为值的部分）来实例化矩形对象。

以上是 TypeScript 编译器基于 TypeScript 代码自动做出的选择性加载（Optionally Loading），但有时候是否有必要加载有些模块只能在运行时确定，此时 TypeScript 编译器是无法做出智能判断的。

为了说明这样的情况，我们继续在 optional-loading 子文件夹下新建一个名为 index-1.ts 的 TypeScript 文件，然后将代码清单 5-17 复制到其中。

代码清单 5-17　modules/optional-loading/index-1.ts

```
// 导入模块 rectangle.ts 中矩形类 Rectangle
import Rectangle from './rectangle';

// 计算矩形面积的函数
function getArea(rectangle: Rectangle) {
    return rectangle.length * rectangle.width;
}

// 仅当随机数变量 random 的值大于 0.5 时才实例化矩形对象
var random = Math.random();
if (random > 0.5) {
```

```
    // 实例化一个矩形对象
    var rectangle = new Rectangle();
    rectangle.length = 100;
    rectangle.width = 200;

    // 计算矩形对象的面积
    var area = getArea(rectangle);
    console.log(area);
}
```

以上代码在 index.ts 的基础上添加了一个判断，即在运行时（而非编译时）获得一个随机数，然后根据这个随机数的值是否大于 0.5 来决定是否要实例化矩形对象。显然，随机数并不一定总是会大于 0.5，因此导出矩形类 Rectangle 的 rectangle.js 也就不一定总是需要被加载到 JavaScript 运行时中。

然而，TypeScript 编译器对 JavaScript 运行时的事情一无所知，因此它只能做有备无患的操作，即总是将"require("./rectangle")"编译到编译结果中，以使 rectangle.js 总是会被加载到 JavaScript 运行时中。

好在，这个时候作为开发人员的我们可以发挥作用。我们继续在 optional-loading 子文件夹中新建一个名为 index-2.ts 的 TypeScript 文件，然后将代码清单 5-18 复制到其中。

代码清单 5-18 modules/optional-loading/index-2.ts

```
// 声明一个符合 CommonJS 规范的模块加载函数 require()
declare function require(moduleName: string): any;

// 导入模块 rectangle.ts 中矩形类 Rectangle
import Rectangle from './rectangle';

// 计算矩形面积的函数
function getArea(rectangle: Rectangle) {
    return rectangle.length * rectangle.width;
}

// 在获取到的随机数不小于 0.5 的情况下导入 rectangle.js
// 并通过其默认导出的矩形类实例化一个矩形对象
var random = Math.random();
if (random >= 0.5) {
    // 导入模块 rectangle.js
    let rectangleModule = require('./rectangle');
    // 获取模块 rectangle.js 默认导出的矩形类
    let RectangleClass: typeof Rectangle = rectangleModule['default'];

    // 实例化一个矩形对象
    var rectangle = new RectangleClass();
    rectangle.length = 100;
    rectangle.width = 200;

    // 计算矩形对象的面积
    var area = getArea(rectangle);
    console.log(area);
}
```

以上代码在前面的 index-1.ts 的基础上又做了些修改，其中最主要修改是实例化矩形对象时，我们没有调用矩形类 Rectangle 的构造函数。因此，TypeScript 编译器不会自动将"require("./rectangle")"生成到 index-2.js 中，rectangle.js 不会在 index-2.js 被加载时也立即被加载。

那么，rectangle.js 是不是永远不会被加载呢？非也，我们在 if 语句块中显示地写入了"require("./rectangle")"，而这条语句最终会被编译到 index-2.js 的 if 语句块中，并在随机数大于 0.5 时被执行，从而使 rectangle.js 在随机数大于 0.5 时被加载。

接下来，当 rectangle.js 被加载完成时，我们根据 CommonJS 规范通过下标 default 从 rectangle.js 中获取到其默认导出的矩形类，最终通过这个矩形类构造了矩形变量。

也就是说，经过以上修改之后，我们终于实现了更加智能的选择性加载。这一实现的基础还涉及另一个关键的概念，即以上代码顶端的环境函数（Ambient Function）的声明，因为它是我们可以在 if 语句中调用函数 require()的关键——没有这一声明，我们是无法在 TypeScript 中调用 Node.js 中的 require()函数的。

说明

在 5.1.1 节我们已经了解过，require 并非 TypeScript 内置的函数，在导入分配中它只是一个操作符。因此，如果需要将 require 当作一个函数使用，我们需要先将它声明成一个环境函数，并保证这个函数在 JavaScript 运行时中是存在的。我们将在 5.3 节中介绍与环境函数声明相关的更多细节。

最后需要指出的是，以上 require()函数只被符合 CommonJS 规范的模块加载器（如 Node.js 内置的模块加载器和 SystemJS）认可。如果需要实现符合其他通用模块规范的模块加载器上的选择性加载，我们需要在代码的开头声明相应的 define()或 register()等模块加载函数，并在调用它们时传递相应的参数。

由于本书选择的模块规范是 CommonJS，此处便不再列举更多的实现代码。接下来，让我们再来看看模块导入背后的一个基础概念，即模块解析。

5.1.3　模块解析

到目前为止，我们写过的 import 语句中的模块路径大多是相对路径（它们总是以“./”“../”或“/”开头），因此它们执行的模块导入称为相对模块导入（Relative Module Import）。

此外，我们还在 4.3 节中写过这样一条 import 语句：

```
import 'reflect-metadata'
```

这条语句的模块路径（reflect-metadata）不是相对路径，因此其执行的模块导入称为非相对模块导入（Non-relative Module Import）。

不管是相对模块导入还是非相对模块导入，它们都成功地帮助我们导入了指定的目标模块，但它们的背后有些什么区别呢？这需要根据项目所选的模块解析策略（Module Resolution Strategy）来定，因为 TypeScript 编译器支持 Classic 和 Node 两种模块解析策略，而不同模块解析策略下的相对模块导入和非相对模块导入是不同的。

1. Classic 策略

TypeScript 项目的模块解析策略是可以配置的。为了使当前项目使用 Classic 策略，我们可以将当前项目的 tsconfig.json 文件中的内容修改至与代码清单 5-19 一致。

代码清单 5-19　tsconfig.json

```
{
    "compilerOptions": {                  // 编译器选项
        "sourceMap": true,                // 生成映射文件
        "module": "commonjs",             // 指定生成的 JavaScript 的模块规范
        "moduleResolution": "classic"     // 指定模块解析策略
    }
}
```

以上代码给编译器配置添加了一个新的属性 moduleResolution，并将其值设置为 classic。这样一来，当前项目使用的模块解析策略就是 Classic 策略了。

说明

为了使这一配置（立即）生效，有时候我们需要在 VS Code 中关闭并重新打开项目。

接下来，为了体验 Classic 策略对模块导入的影响，我们需要在项目中的 modules 文件夹下新建一个名为 resolution 的子文件夹，然后在这个子文件夹中新建一个名为 classic.ts 的 TypeScript 文件，并将代码清单 5-20 复制到其中。

代码清单 5-20　modules/resolution/classic.ts

```
export let greeting = 'hi..';
```

以上代码导出了一个变量，接下来我们需要使用非相对模块导入来导入这个变量，为此需要在

resolution 子文件夹下新建一个名为 classic-index.ts 的 TypeScript 文件，然后将代码清单 5-21 复制到其中。

代码清单 5-21 modules/resolution/classic-index.ts

```
import { greeting } from 'classic'; // 非相对导入当前目录下的模块 classic.ts
console.log(greeting);              // 输出"hi..."
```

以上 import 语句中的目标模块路径没有以“./”“../”或“/”开头，因此它使用的是非相对模块导入。而作为 Classic 策略下的非相对模块导入，它会尝试按照以下顺序查找目标模块：

（1）modules/resolution/classic.ts；

（2）modules/resolution/classic.d.ts；

（3）modules/classic.ts；

（4）modules/classic.d.ts；

（5）classic.ts；

（6）classic.d.ts。

说明

扩展名为.d.ts 的文件是 TypeScript 中的声明文件，相关细节参见 5.3 节。

也就是说，Classic 策略下的非相对模块导入会从当前目录及当前目录的更高级目录中查找目标模块，并在找到目标模块或到达项目根目录后仍未找到目标模块时停止。

显然，当前项目中存在路径为 modules/resolution/classic.ts 的模块，因此以上查找会在第一次尝试后停止，并为 classic-index.ts 导入我们刚刚创建的 classic.ts 这个模块，从而使 classic-index.ts 最终向控制台输出以下内容：

```
hi...
```

为了更加深刻地体会 Classic 策略下非相对模块导入查找目标模块的过程，我们继续在 modules 文件夹下新建一个名为 classic1.ts 的 TypeScript 文件，然后将代码清单 5-22 复制到其中。

代码清单 5-22 modules/classic1.ts

```
export let name = 'Lcng';
```

接着，我们还需要向 classic-index.ts 中添加一些内容，使其与代码清单 5-23 一致。

代码清单 5-23 modules/resolution/classic-index.ts

```
import { greeting } from 'classic'; // 非相对导入当前目录下的模块 classic.ts
console.log(greeting);              // 输出"hi..."

import { name } from 'classic1';    // 非相对导入上级目录下的模块 classic1.ts
console.log(name);                  // 输出"Lcng"
```

新增的 import 语句将尝试按照以下顺序查找目标模块：

（1）modules/resolution/classic1.ts；

（2）modules/resolution/classic1.d.ts；

（3）modules/classic1.ts；

（4）modules/classic1.d.ts；

（5）classic1.ts；

（6）classic1.d.ts。

显然，以上 import 语句会在以上第三次尝试后停止，并找到目标模块 modules/classic1.ts，因此新增的 console.log()函数调用最终会向控制台输出以下内容：

```
Lcng
```

至此，我们可以发现，Classic 策略下的非相对模块导入显得有些灵活。相比非相对模块导入，Classic 策略下的相对模块导入则显得比较简单。

为了体验这一点，我们继续向以上 classic-index.ts 中添加一些内容，使其与代码清单 5-24 一致。

代码清单 5-24　modules/resolution/classic-index.ts

```
import { greeting } from 'classic';          // 非相对导入当前目录下的模块 classic.ts
console.log(greeting);                        // 输出"hi..."

import { name } from 'classic1';             // 非相对导入上级目录下的模块 classic1.ts
console.log(name);                            // 输出"Lcng"

import { greeting as hi } from './classic'; // 相对导入当前目录下的模块 classic.ts
console.log(hi);                              // 输出"hi..."

import { name as lcng } from '../classic1'; // 相对导入上级目录下的模块 classic1.ts
console.log(lcng);                            // 输出"Lcng"
```

新添加的两条 import 语句采用的是相对模块导入，其中第一条 import 语句将尝试按照以下顺序查找目标模块：

（1）modules/resolution/classic.ts；

（2）modules/resolution/classic.d.ts。

第二条 import 语句将尝试按照以下顺序查找目标模块：

（1）modules/classic1.ts；

（2）modules/classic1.d.ts。

从中我们可以发现，由于 Classic 策略下的相对模块导入被指定了明确的相对路径，因此不会逐级地从上级目录中查找目标模块。

此外，除了以“./”和“../”开头，相对模块导入的目标模块路径还可以以“/”开头，比如以下 import 语句就是这样做的：

```
import { something } from '/root/libraries/lib1';
```

以上目标路径中开头的“/”指的是文件系统中的根路径（对 Windows 来说则是系统盘），因此不管以上 import 语句出现在哪个 TypeScript 项目下的哪个目录，它都将按照以下顺序查找目标模块：

（1）root/libraries/lib1.ts（Windows 系统 C:\root\libraries\lib1.ts）；

（2）root/libraries/lib1.d.ts（Windows 系统 C:\root\libraries\lib1.d.ts）。

至此，我们便对 Classic 策略下的非相对模块导入和相对模块导入有了一定的了解。其实在今后的开发中，我们用得更多的是 Node 策略——后文所有案例使用的就是这个策略。

2. Node 策略

为了使 TypeScript 编译器用 Node 策略来解析模块，我们需要修改项目中的 TypeScript 项目配置文件 tsconfig.json，使其内容与代码清单 5-25 一致。

代码清单 5-25　tsconfig.json

```
{
    "compilerOptions": {            // 编译器选项
        "sourceMap": true,          // 生成映射文件
        "module": "commonjs",       // 指定生成的 JavaScript 的模块规范
        "moduleResolution": "node" // 指定模块解析策略
    }
}
```

我们将编译器配置的 moduleResolution 属性的值改成了 node，这样一来，TypeScript 编译器便会使用 Node 策略来为当前项目解析模块的导入了。

说明

执行完以上修改之后，modules/resolution/classic-index.ts 中的前两条 import 语句会出现语法错误——如果没有出现，请关闭并重新打开当前项目。

随后我们会知道这一语法错误出现的原因，现在请先将这两条 import 语句及它们下方的 console.log()语句注释掉。

Node 策略和 Classic 策略有什么不同呢？首先让我们来看看 Node 策略下的相对模块导入。

打开 modules/resolution/index.ts 之后我们会发现，其中的后两条 import 语句仍然是没有语法错误的。因为这两条 import 语句使用的是相对模块导入，而 Node 策略下的相对模块导入会使这两条语句分别尝试按照以下顺序查找目标模块：

（1）modules/resolution/classic.ts；

（2）modules/resolution/classic.tsx；

（3）modules/resolution/classic.d.ts；

（4）modules/resolution/classic/package.json（导入这个文件的 types 或 typings 属性指向的模块）；

（5）modules/resolution/classic/index.ts；

（6）modules/resolution/classic/index.tsx；

（7）modules/resolution/classic/index.d.ts；

（8）modules/person.ts；

（9）modules/person.tsx；

（10）modules/person.d.ts；

（11）modules/person/package.json（导入这个文件的 types 或 typings 属性指向的模块）；

（12）modules/person/index.ts；

（13）modules/person/index.tsx；

（14）modules/person/index.d.ts。

说明

当使用 TypeScript 开发 React 应用程序时，我们会用到扩展名为.tsx 的文件。

可以发现，相对模块导入在 Node 策略下比在 Classic 策略下略显复杂，除了会将 from 标识符后面的路径当作一个文件的路径，还会将它当作一个目录的路径，并尝试导入这个目录下名为 package.json 的 JSON 文件中的 types 或 typings 属性所列举的模块，或尝试导入这个目录下名为 index.ts、index.tsx 或 index.d.ts 的模块。

但这样的复杂可以带来另一面的方便，为了体验这一点，我们在项目下的 modules 文件夹下新建一个名为 my-package 的子文件夹，然后在这个子文件夹下新建两个名字分别为 square.ts 和 circle.ts 的 TypeScript 文件，并分别将代码清单 5-26 和代码清单 5-27 复制到这两个文件中。

代码清单 5-26　modules/my-package/square.ts

```
export var width = 3; // 正方形的边长
```

代码清单 5-27　modules/my-package/circle.ts

```
export var radius = 4; // 圆的半径
```

如果有多个模块需要导入以上两个模块，那么这些模块都需要包含相应的两条 import 语句。

为了避免过多的 import 语句，我们可以使用前面介绍的重新导出，为此需要继续在目录 modules/my-package 下新建一个名为 main.ts 的 TypeScript 文件，并将代码清单 5-28 复制到其中。

代码清单 5-28　modules/my-package/main.ts

```
export { width } from './square';  // 重新导出当前目录下的模块 square.ts
export { radius } from './circle'; // 重新导出当前目录下的模块 circle.ts
```

接下来，为了导入以上两个模块，我们可以在目录 modules/resolution 下新建一个名为 node-index.ts 的 TypeScript 文件，然后将代码清单 5-29 复制到其中。

代码清单 5-29　modules/resolution/node-index.ts

```
import { width, radius } from '../my-package/main';
console.log(width);
console.log(radius);
```

以上代码通过一条 import 语句导入了两个模块，但这条 import 语句其实还可以被精简。为了实现这样的精简，我们需要在目录 modules/my-package 下新建一个名为 package.json 的 JSON 文件，然后将代码清单 5-30 复制到其中。

代码清单 5-30　modules/my-package/package.json

```
{
    "name": "my-package",
    "version": "1.0.0",
    "private": true,
    "types": "./main.ts",
    "main": "./main.js"
}
```

以上 package.json 文件将当前目录（modules/my-package）描述为一个 Node.js 包，并通过其 types 属性（这个属性可以被换成 typings）将当前目录下的 main.ts 描述为当前 Node.js 包的主文件。

有了以上文件（及其中的内容）之后，我们可以将前面的 node-index.ts 中的内容修改至与代码清单 5-31 一致。

代码清单 5-31　modules/resolution/node-index.ts

```
// 相对导入同级目录 my-package 下的 package.json 的 types 属性指向的模块 main.ts
import { width, radius } from '../my-package'
console.log(width);
console.log(radius);
```

我们删除了 import 语句的目标路径中的文件路径“/main”，因此这条 import 语句将尝试按照以下顺序查找目标模块：

（1）modules/my-package.ts；

（2）modules/my-package.tsx；

（3）modules/my-package.d.ts；

（4）modules/my-package/package.json（导入这个文件的 types 或 typings 属性指向的模块）；

（5）modules/my-package/index.ts；

（6）modules/my-package/index.tsx；

（7）modules/my-package/index.d.ts。

由于 modules/my-package/package.json 的存在，并且它的 types 属性指向了一个存在的目标模块，因此以上 import 语句会在第四次尝试之后找到这个目标模块，即 modules/my-package/main.ts。

至此，我们便实现了多个模块的导入的简化，但这一简化过程中涉及的 package.json 文件带来了另一面的烦琐。此时读者或许不禁要问，有没有不使用 package.json 文件，又可以简化模块导入的方案呢？

说明

如果打算发布一个 Node.js 包，那么在这个包中创建一个相应的 package.json 文件是不可避免的。此外，经过以上简化之后，目标模块的新路径“../my-package”比旧路径“../my-package/main”更易于记忆——就像“import 'reflect-metadata'”比“import 'reflect-metadata/index'”更容易被记住一样。

最后，代码清单 5-30 中还有一个值为./main.js（不是.ts）的属性。其作用是使 Node.js 在执行 node-index.ts 的编译结果文件 node-index.js 中的语句“require(../my-package)”时，找到 modules/my-package/main.ts 的编译结果文件 modules/my-package/main.js——Node.js 也有自己的模块解析过程。

为了回答上述问题，我们需要在 modules 文件夹下另外新建一个名为 another-package 的子文件夹，然后在其中新建三个名字分别为 color.ts、shape.ts 和 index.ts 的 TypeScript 文件，然后将代码清单 5-32、代码清单 5-33 和代码清单 5-34 分别复制到这三个文件中。

代码清单 5-32　modules/another-package/color.ts

```
export var red = '#ff0000';
export var green = '#00ff00';
```

代码清单 5-33 modules/another-package/shape.ts

```
export var square = {
    width: 3
};

export var circle = {
    circle: 4
};
```

代码清单 5-34 modules/another-package/index.ts

```
export { red, green } from './color';
export { square, circle } from './shape';
```

接着我们还需要修改 modules/resolution/node-index.ts 中的内容，使其与代码清单 5-35 一致。

代码清单 5-35 modules/resolution/index.ts

```
// 相对导入同级目录 my-package 下的 package.json 的 types 属性指向的模块 main.ts
import { width, radius } from '../my-package';
console.log(width);
console.log(radius);

// 相对导入同级目录 another-package 下的模块 index.ts
import {red, green, square, circle} from '../another-package';
console.log(red);
console.log(green);
console.log(square);
console.log(circle);
```

新增的 import 语句会使 TypeScript 编译器尝试按照以下顺序查找目标模块：

（1）modules/another-package.ts；

（2）modules/another-package.tsx；

（3）modules/another-package.d.ts；

（4）modules/another-package/package.json（导入这个文件的 types 或 typings 属性指向的模块）；

（5）modules/another-package/index.ts；

（6）modules/another-package/index.tsx；

（7）modules/another-package/index.d.ts。

显然，TypeScript 编译器会在进行以上第五次查找尝试时找到目标模块，即 modules/another-package/index.ts。

由于 index.ts 重新导出了 color.ts 和 shape.ts 两个模块，因此 TypeScript 编译器最终会通过以上新增的 import 语句导入 color.ts 和 shape.ts 这两个模块。

至此，我们便对略显复杂的 Node 策略下的相对模块导入有了一个完整的了解。那么，Node 策略下的非相对模块导入是否也会这样复杂呢？

比如，modules/resolution/classic-index.ts 中的第一条 import 语句“import { greeting } from 'classic'”会在 Node 策略下出现语法错误，这是因为，面对 Node 策略下的非相对模块导入，TypeScript 编译器会为其尝试按照以下顺序查找目标模块：

（1）modules/resolution/node_modules/classic.ts；

（2）modules/resolution/node_modules/classic.tsx；

（3）modules/resolution/node_modules/classic.d.ts；

（4）modules/resolution/node_modules/classic/package.json（导入其 types 或 typings 指向的模块）；

（5）modules/resolution/node_modules/classic/index.ts；

（6）modules/resolution/node_modules/classic/index.tsx；

（7）modules/resolution/node_modules/classic/index.d.ts；

（8）modules/node_modules/classic.ts；

（9）modules/node_modules/classic.tsx；

（10）modules/node_modules/classic.d.ts；

（11）modules/node_modules/classic/package.json（导入其 types 或 typings 指向的模块）；

（12）modules/node_modules/classic/index.ts；

（13）modules/node_modules/classic/index.tsx；

（14）modules/node_modules/classic/index.d.ts；

（15）node_modules/classic.ts；

（16）node_modules/classic.tsx；

（17）node_modules/classic.d.ts；

（18）node_modules/classic/package.json（导入其 types 或 typings 指向的模块）；

（19）node_modules/classic/index.ts；

（20）node_modules/classic/index.tsx；

（21）node_modules/classic/index.d.ts。

可以看到，Node 策略下的非相对模块导入看上去不只是略有复杂，而是复杂了很多。

但其实这一复杂之下遵循着简单的规律：

（1）查找当前目录下名为 node_modules 的子目录下与 import 语句中 from 标识符后面的模块路径同名的.ts、.tsx 和.d.ts 文件，以及这个子目录下与模块路径同名的子目录下名为 package.json、index.ts、index.tsx 和 index.d.ts 的文件；

（2）从当前目录的父目录开始逐级向上查找更上级目录下名为 node_modules 的子目录，并对这些子目录执行以上文件查找尝试；

（3）查找最终在项目根目录下名为 node_modules 的目录中结束，如果此时没有找到目标模块，那么 TypeScript 编译器会抛出相应的异常。

基于以上规律，我们便会发现 Node 策略下的非相对模块导入确实并不复杂，同时也可以知道如果要让 modules/resolution/classic-index.ts 中的前两条 import 语句变得合法，我们只需要创建相应的 node_modules 目录，并在这个目录中创建必需的 classic.ts 和 classic1.ts 文件即可。

但在实际开发中我们不应该这样做，因为 node_modules 目录是由 npm 创建的 Node.js 包安装目录，它不应该由我们开发人员创建，我们更不应该向其中添加任何文件。

说明

如果读者非要创建自己的 node_modules 文件夹，或向 npm 创建的这个文件夹中添加 TypeScript 文件，就会发现 TypeScript 编译器默认不会编译其中的代码。

如果读者希望 TypeScript 改变这一默认行为，那么需要用到 tsconfig.json 中的 include 属性——相关介绍参见 tsconfig.json 的官方文档。

同样是基于以上原因，我们不应该使用 Node 策略下的非相对模块导入语句导入自创建的模块，而是用它导入通过 npm 安装的 Node.js 包中的模块。

为了体验 Node 策略下的非相对模块导入是如何导入通过 npm 安装的 Node.js 包中的模块的，我们向当前项目的 Node.js 包描述文件 package.json 中添加一个依赖包，使其内容与代码清单 5-36 一致。

代码清单 5-36　package.json

```
{
    "name": "chapter5",
    "version": "1.0.0",
    "private": true,
    "dependencies": {
        "express": "4.16.3",
        "systemjs": "0.21.5",
        "reflect-metadata": "0.1.12"
    }
}
```

以上代码将 4.3 节介绍的 reflect-metadata 描述为当前项目新增的依赖包。为了将这个依赖包安装到项目中，我们需要在 VS Code 集成终端中输入并执行 npm 命令“npm install”。

在以上命令将 reflect-metadata 安装到项目中之后，我们需要继续修改前面的 node-index.ts 的内容，使其与代码清单 5-37 一致。

代码清单 5-37 modules/resolution/node-index.ts

```
// 相对导入同级目录 my-package 下的 package.json 的 types 属性指向的模块 main.ts
import { width, radius } from '../my-package'
console.log(width);
console.log(radius);

// 相对导入同级目录 another-package 下的模块 index.ts
import {red, green, square, circle} from '../another-package';
console.log(red);
console.log(green);
console.log(square);
console.log(circle);

// 非相对导入 node_modules/reflect-metadata/index.d.ts
import 'reflect-metadata';
Reflect.defineMetadata('Author', 'Lcng', Object);
```

以上新增的 import 语句将尝试按照以下顺序导入 reflect-metadata 中的模块：

（1）modules/resolution/node_modules/reflect-metadata.ts；

（2）modules/resolution/node_modules/reflect-metadata.tsx；

（3）modules/resolution/node_modules/reflect-metadata.d.ts；

（4）modules/resolution/node_modules/reflect-metadata/package.json（导入其 types 或 typings 指向的模块）；

（5）modules/resolution/node_modules/reflect-metadata/index.ts；

（6）modules/resolution/node_modules/reflect-metadata/index.tsx；

（7）modules/resolution/node_modules/reflect-metadata/index.d.ts；

（8）modules/node_modules/reflect-metadata.ts；

（9）modules/node_modules/reflect-metadata.tsx；

（10）modules/node_modules/reflect-metadata.d.ts；

（11）modules/node_modules/reflect-metadata/package.json（导入其 types 或 typings 指向的模块）；

（12）modules/node_modules/reflect-metadata/index.ts；

（13）modules/node_modules/reflect-metadata/index.tsx；

（14）modules/node_modules/reflect-metadata/index.d.ts；

（15）node_modules/reflect-metadata.ts；

（16）node_modules/reflect-metadata.tsx；

（17）node_modules/reflect-metadata.d.ts；

（18）node_modules/reflect-metadata/package.json（导入其 types 或 typings 指向的模块）；

（19）node_modules/reflect-metadata/index.ts；

（20）node_modules/reflect-metadata/index.tsx；

（21）node_modules/reflect-metadata/index.d.ts。

TypeScript 编译器会在进行以上第十八次尝试时找到目标文件 node_modules/reflect-metadata/package.json，并通过这个文件的 types 属性的值“index.d.ts”找到目标模块 node_modules/reflect-metadata/index.d.ts。

说明

如果没有以上 package.json 文件，或其中的 types 或 typings 属性不存在，那么 TypeScript 编译器将在进行以上最后一次查找尝试时找到目标模块。

打开以上目标模块之后，我们将看到如代码清单 5-38 所示的代码。

代码清单 5-38　node_modules/reflect-metadata/index.d.ts（节选）

```
export { };

declare global {
    namespace Reflect {
        // ...省略的代码
        function defineMetadata(metadataKey: any, metadataValue: any, target: Object): void;

        // ...省略的代码
}
```

以上 defineMetadata()函数就是我们在 4.3 节用来定义元数据的那个函数，但这个函数并没有被通过 export 标识符导出，它是怎样做到可以在其他模块中被访问的呢？

答案是通过 global 扩展，但在了解什么是 global 扩展之前，让我们先来了解一下与当前我们正在学习的模块相关的模块扩展。

说明

当项目的目标模块规范是 CommonJS 时，TypeScript 编译器会将项目的模块解析策略默认为 Node 策略。尽管如此，在 tsconfig.json 显式地将其 modeuleResolution 设置为 node 可以避免不必要的猜测。

从第 5 章开始，我们将用到大量的非相对模块导入，比如从 Angular 包中导入各种定义：

```
import { NgModule, Component } from '@angular/core';
import { CommonModule } from '@angular/common';
import { RouterModule, Routes } from "@angular/router";
```

5.1.4　模块扩展

为了探究什么是模块扩展（Module Augmentation），我们先在当前项目的 modules 文件夹下新建一个名为 module-augmentation 的子文件夹，然后在这个子文件夹中新建一个名为 cat.ts 的 TypeScript 文件，并将代码清单 5-39 复制到这个文件中。

代码清单 5-39　modules/module-augmentation/cat.ts

```
export class Cat{
    greet(): void {
        console.log('Hi...');
    }
}
```

以上是一个很简单的猫（Cat）类，其中包含一个同样简单的打招呼方法 greet()。

接下来我们打算给这个类添加一个跑步方法 run()，但以下两个原因会阻止我们直接修改这个类的代码：Cat 类不是我们自己创建的，它来自第三方库（包）；Cat 类属于我们自己的某个核心库（包），但 run()方法不属于核心库的功能。

不管因为什么原因，我们面临的需求都是在不修改 Cat 类的原有代码的情况下，使 Cat 类获得跑步方法 run()。

为了实现这一需求，我们需要在目录 modules/module-augmentation 下新建另一个 TypeScript 文件，然后将代码清单 5-40 复制到其中。

代码清单 5-40　modules/module-augmentation/run.ts

```
import { Cat } from './cat';

// 给 Cat 类的原型添加 run() 方法
Cat.prototype.run = function() {
    console.log('I can run..');
}
```

以上代码向 Cat 类的原型添加了一个 run()方法，从而使 Cat 类获得这个方法。

如果我们写的是 JavaScript 代码，那么以上代码不会有任何问题。但现在我们写的是强类型的

TypeScript 代码，TypeScript 编译器会抛出这样一个错误：

```
Property 'run' does not exist on type 'Cat' (类型“Cat”是不存在属性“run”)
```

我们必须通过原型来给 Cat 类添加 run()方法，但 TypeScript 编译器又阻止我们访问 Cat 类中不存在的 run 属性（方法），到底应该怎么办呢？

我们需要修改 run.ts 的内容，使其与代码清单 5-41 一致。

代码清单 5-41 modules/module-augmentation/run.ts

```
import { Cat } from './cat';

// 扩展模块 modules/module-augmentation/cat.ts
declare module './cat' {
    // 定义类型 Cat，这一类型会被合并到 cat.ts 中的 Cat 类型中
    interface Cat {
        // 类型 Cat 的 run() 方法
        run(): void;
    }
}

// 给 Cat 类的原型添加 run() 方法，从而使 Cat 类的 run() 方法得到实现
Cat.prototype.run = function() {
    console.log('I can run..');
}
```

以上新增的代码称为模块扩展，其中“declare module”是模块扩展语法中的固定部分，“./cat”是要被扩展的模块的路径，即 modules/module-augmentation/cat.ts。

注意

被扩展的模块必须先被导入，因此 import 语句“import { Cat } from './cat'”不能被省略。这是我们第二次接触标识符 declare，本章最后一节将介绍有关这个标识符的更多细节。

在以上模块扩展中，我们定义了一个名为 Cat 的接口（接口不能被换成类，因为这会导致命名冲突），并为这个接口定义了一个名为 run()的方法。

这样一来，TypeScript 编译器就会对模块 modules/module-augmentation/cat.ts 进行扩展，并将接口 Cat 所代表的类型合并到类 Cat 中，从而使类 Cat 拥有名为 run()的方法。

但由于接口方法不能包含实现部分，因此以上代码的最后一部分需要被保留——我们仍然需要通过 Cat 类的原型来实现被合并到 Cat 类中的 run()方法。

至此，我们便成功地将 run()方法添加到了 Cat 类中。但我们应该怎样使用这个方法呢？为了回答这个问题，我们需要继续在 modules/module-augmentation 下新建一个名为 index.ts 的 TypeScript 文件，然后将代码清单 5-42 复制到其中。

代码清单 5-42 modules/module-augmentation/index.ts

```
import { Cat } from './cat'; // 导入模块 cat.ts

let cat = new Cat();
cat.greet(); // 输出'Hi...'
cat.run();   // 编译成功
```

以上代码从模块 modules/module-augmentation/cat.ts 中导入了 Cat 类，然后创建了 Cat 类的一个实例，并调用了这个实例自身拥有的 greet()方法。

此外，由于我们通过对模块 cat.ts 的扩展向 Cat 类添加了一个 run()方法，因此以上代码还调用了 Cat 实例的 run()方法——这一调用能通过 TypeScript 编译器的编译。

但如果我们保存所有代码的编辑，并试图通过 node 命令“node modules/module-augmentation/index.js”来运行以上代码的编译结果，却会得到 Node.js 抛出的以下运行时错误：

```
cat.run is not a function
```

这是为什么呢？打开以上 index.ts 的编译结果文件之后，我们将看到如代码清单 5-43 所示的内容。

代码清单 5-43　modules/module-augmentation/index.js

```
"use strict";
exports.__esModule = true;
var cat_1 = require("./cat"); // 导入模块 cat.ts
var cat = new cat_1.Cat();
cat.greet(); // 输出'Hi...'
cat.run();    // 编译成功
//# sourceMappingURL=index.js.map
```

聪明的读者应该已经发现问题所在了，即被添加到 Cat 类中的 run()方法是在 run.ts 中实现的，但 run.ts 的编译结果文件 run.js 没有被加载到 index.js 中——被加载的只有 cat.js。

那么，怎样才能让 run.js 加载到 index.js 中呢？我们需要修改 index.ts 的内容，使其与代码清单 5-44 一致。

代码清单 5-44　modules/module-augmentation/index.ts

```
import { Cat } from './cat'; // 导入模块 cat.ts
import './run'; // 副作用导入 run.ts

let cat = new Cat();
cat.greet(); // 输出'Hi...'
cat.run();    // 编译成功
```

以上代码中被添加了一条副作用导入语句，对应的 run.js 便会被加载到 index.js 中。

如果我们保存以上代码的编辑，那么将看到其编译结果文件会发生一些变化，如代码清单 5-45 所示。

代码清单 5-45　modules/module-augmentation/index.js

```
"use strict";
exports.__esModule = true;
var cat_1 = require("./cat"); // 导入模块 cat.ts
require("./run"); // 副作用导入 run.ts
var cat = new cat_1.Cat();
cat.greet(); // 输出'Hi...'
cat.run();    // 编译成功
//# sourceMappingURL=index.js.map
```

以上代码中多了“require("./run")”这条语句，它是由刚刚被添加到 index.ts 中的副作用导入语句编译而来，它的作用显然则是将 run.js 加载到 index.js 中。

因此，如果现在我们再次执行 node 命令“node modules/module-augmentation/index.js”，那么将顺利地看到 Cat 类的 greet()和 run()方法输出的内容：

```
Hi...
I can run..
```

至此，我们便明白了模块扩展是怎么一回事。在今后的开发中，我们可以通过它来扩展一些第三方库（包），或缩小自己开发的一些核心包的体积。

注意

模块扩展只能扩展模块中已有的定义的功能，并不能向模块中添加新的定义。
此外，我们不应该通过模块扩展来向模块中的类添加属性和访问器，因为属性和访问器不应该被定义在类的原型 prototype 上。

接下来，让我们再来看看与模块类似的一个概念，即命名空间。

5.2　命名空间

我们已经知道，每一个 TypeScript 模块都有自己的作用域，因此不同模块中相同名字的变量不会发生冲突和覆盖，而非模块中的同名变量则没有这么幸运了。为了体验这一点，我们为当前项目新建一个名为 namespaces 的文件夹，然后在这个文件夹下新建两个名字分别为 bull.ts 和 ox.ts 的 TypeScript 文件，然后将代码清单 5-46 和代码清单 5-47 分别复制到这两个文件中。

代码清单 5-46 namespaces/bull.ts

```
// 错误：ox.ts 已经定义了全局作用域下的 moo() 函数
function moo() {
    console.log('I am a bull..');
}
```

代码清单 5-47 namespaces/ox.ts

```
// 错误：bull.ts 已经定义了全局作用域下的 moo() 函数
function moo() {
    console.log('I am an ox..');
}
```

TypeScript 拥有和 JavaScript 类似的全局作用域，由于以上两个 TypeScript 文件不是模块（它们没有包含顶层的 export 或 import 语句），因此以上两个 moo()函数被定义到了 TypeScript 全局作用域中。

和 JavaScript 不同的是，TypeScript 中的全局作用域不允许出现同名的定义（使用关键字 var 定义的变量除外），因此 TypeScript 编译器会为以上两个 moo()函数抛出错误：函数实现重复。

为了避免以上错误，我们第一时间想到的应该会是模块。但在一些传统的 Web 应用程序开发中，我们可能是无法使用模块的，这时应该怎么办呢？答案是使用命名空间。

5.2.1 全局命名空间

为了明白如何在传统的 Web 应用程序开发中使用命名空间（Namespace）来避免命名冲突，我们可以修改 bull.ts 和 ox.ts 这两个文件的内容，使它们分别与代码清单 5-48 和代码清单 5-49 一致。

代码清单 5-48 namespaces/bull.ts

```
// 命名空间 Bull
namespace Bull {
    function moo() {
        console.log('I am a bull..');
    }
}
```

代码清单 5-49 namespaces/ox.ts

```
// 命名空间 Ox
namespace Ox {
    function moo() {
        console.log('I am an ox..');
    }
}
```

以上代码通过标识符 namespace 在全局作用域下创建了两个名字分别为 Bull 和 Ox 的命名空间，由于 TypeScript 中不同命名空间内的命名是互不干扰的，因此以上代码能通过 TypeScript 编译器的编译。

那么，成功地通过编译之后，以上代码中的 moo()函数将如何被调用呢？让我们继续在 namespaces 目录下新建一个名为 index.ts 的 TypeScript 文件，并将代码清单 5-50 复制到其中。

代码清单 5-50 namespaces/index.ts

```
Bull.moo(); // 调用命名空间 Bull 下的 moo() 函数
Ox.moo();   // 调用命名空间 Ox 下的 moo() 函数
```

全局作用域下的命名空间是全局可见的，因此以上代码可以成功地访问全局命名空间 Bull 和 Ox。同时，命名空间内的定义可以通过命名空间的名字访问，因此以上代码在尝试通过命名空间名 Bull 和 Ox 来访问对应命名空间内的 moo()函数。

但命名空间内的变量、函数和类等定义默认仅在定义它们的命名空间内可见，因此 TypeScript 编译器会为以上两行代码抛出这样的错误：

```
类型"typeof Bull"中不存在属性"moo"
类型"typeof Ox"中不存在属性"moo"
```

那么我们怎样才能避免以上错误呢？我们需要修改 bull.ts 和 ox.ts 中的内容，使它分别与代码清单 5-51 和代码清单 5-52 一致。

代码清单 5-51　namespaces/bull.ts

```
// 命名空间 Bull
namespace Bull {
    export function moo() {
        console.log('I am a bull..');
    }
}
```

代码清单 5-52　namespaces/ox.ts

```
// 命名空间 Ox
namespace Ox {
    export function moo() {
        console.log('I am an ox..');
    }
}
```

我们在以上两个 moo()函数的前面各添加了一个熟悉的导出标识符 export，这便使这两个 moo()函数对外界可见了。因此，如果我们现在回到 index.ts 中，将看到其中的两行代码不再包含语法错误了。

说明

以上两个 export 标识符没有处在文件的顶层，因此以上两个文件不是模块。

接下来，或许读者会习惯性地尝试在 VS Code 集成终端执行 node 命令“node namespaces/index.js”。而如果确实这样做了，那么会得到以下运行时错误：

```
Bull is not defined
```

这是为什么呢？打开 index.ts 的编译结果文件，我们将看到如代码清单 5-53 所示的内容。

代码清单 5-53　namespaces/index.js

```
Bull.moo(); // 调用命名空间 Bull 下的 moo()函数
Ox.moo();   // 调用命名空间 Ox 下的 moo()函数
//# sourceMappingURL=index.js.map
```

以上代码在试图访问全局作用域下的对象（JavaScript 中没有命名空间的说法）Bull 和 Ox 的方法 moo()，但遗憾的是 Bull 和 Ox 并非 Node.js 的全局作用域下的对象，因此 Node.js 在执行以上第一行语句时便抛出了内容为“Bull is not defined”的错误。

为了使 Bull 和 Ox 成为 Node.js 全局作用域下的对象，我们需要向 Bull.ts 和 Ox.ts 中长添加一些额外的内容，然后将它们以副作用导入的方式导入 index.ts 中——5.2.4 节会演示具体的做法。

说明

或许读者会在前面的 index.ts 的头部添加副作用导入语句“import './bull'”和“import './ox'”，以解决以上问题，但目前这一做法不会起作用。

但在做出修改之前，我们可以先让 Bull 和 Ox 成为 Web 浏览器中的全局对象，比如可以在项目根目录下新建一个名为 index.html 的 HTML 文件，然后将代码清单 5-54 复制到其中。

代码清单 5-54　index.html

```
<html>
    <head>
        <script src='./namespaces/bull.js'></script>
        <script src='./namespaces/ox.js'></script>
        <script src='./namespaces/index.js'></script>
    </head>
</html>
```

以上代码中的主角是其中的三对<script>标签，它们将先后把前面的 bull.ts、ox.ts 和 index.ts 的编译结果文件 bull.js、ox.js 和 index.js 加载到浏览器中。

这样的加载会带来什么效果呢？如果我们在 VS Code 集成终端中执行 node 命令“node server-app.js”来启动服务端应用程序，然后打开浏览器并访问 http://localhost:3000，那么将看到相应的效果，如图 5-2 所示。

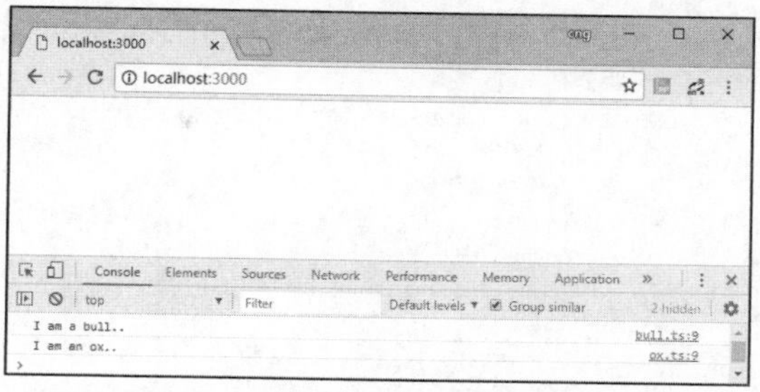

可以看到，这一次 index.js 中的代码被成功地执行了，因为其中调用的两个方法成功地向控制台输出了它们本该输出的内容。

是不是还在疑惑以上内容是怎么被输出的？答案如代码清单 5-55 和代码清单 5-56 所示。

图 5-2 在浏览器中执行全局命名空间编译结果文件

代码清单 5-55 namespaces/bull.js

```
// 命名空间 Bull
var Bull;
(function (Bull) {
    function moo() {
        console.log('I am a bull..');
    }
    Bull.moo = moo;
})(Bull || (Bull = {}));
//# sourceMappingURL=bull.js.map
```

代码清单 5-56 namespaces/ox.js

```
// 命名空间 Ox
var Ox;
(function (Ox) {
    function moo() {
        console.log('I am an ox..');
    }
    Ox.moo = moo;
})(Ox || (Ox = {}));
//# sourceMappingURL=ox.js.map
```

以上为 bull.ts 和 ox.ts 的编译结果，从中可以看到，TypeScript 编译器将 bull.ts 中的命名空间 Bull 以及 ox.ts 中的命名空间 Ox 编译成了同名的对象变量，并使这两个命名空间中的函数 moo()各自成了对应的对象变量的同名方法 moo()。

接下来，当 bull.js 和 ox.js 被加载到浏览器中时，其中的对象变量 Bull 和 Ox 便成了全局对象变量。这最终使随后被加载到浏览器中的 index.js 成功地访问了它们，并成功地调用了它们的 moo()方法。

至此，在全局命名空间的帮助下，我们便成功地将 TypeScript 运用到了传统（不支持模块）的 Web 应用程序开发中。

当然，以上应用显得有些局限，因为我们只体验了命名空间内的函数的定义和调用。在实际开发中，我们完全可以将更多的变量、函数、类、接口和类型定义到命名空间中，从而使传统的 Web 应用程序开发更加全面地受益于 TypeScript 带来的便捷和高效。

说明

命名空间还可以合并，即 TypeScript 允许在同一作用域下定义两个同名的命名空间这一行为，并将它们合并为一个命名空间。

尽管命名空间可以解决命名冲突的问题，但在可以使用模块的情况下，我们应该避免使用全局命名空间，因为使用全局命名空间会使应用程序变得不再模块化。

5.2.2 模块内的命名空间

命名空间除了可以用于解决全局作用域下的命名冲突问题，还可以用于解决模块内的命名冲突问题。

为了体验命名空间的这一作用，我们在项目目录 namespaces 下新建一个名为 module-namespace 的子文件夹，然后在这个子文件夹下新建一个名为 utility.ts 的 TypeScript 文件，并将代码清单 5-57 复制到这个文件中。

代码清单 5-57　namespaces/module-namespace/utility.ts

```
// 计算时间差
export function difference(date1: Date, date2: Date): { days, hours, minutes, seconds } {
    let ms = date1.getTime() - date2.getTime();

    let msInDay = 24 * 60 * 60 * 1000;
    let msInHour = 60 * 60 * 1000;
    let msInMinute = 60 * 1000;

    let days = Math.floor(ms / msInDay);
    let hours = Math.floor((ms - days * msInDay) / msInHour);
    let minutes = Math.floor((ms - days * msInDay - hours * msInHour) / msInMinute);
    let seconds = Math.floor((ms - days * msInDay - hours * msInHour - minutes * msInMinute) / 1000);

    return { days, hours, minutes, seconds };
}

// 计算字符串差集
export function difference(str1: string, str2: string): string {
    return str1.split('').filter(x => str2.indexOf(x) == -1).join('');
}
```

以上模块尝试导出两个名字都为 difference()的函数，但遭到了 TypeScript 编译器的阻止，因为同一个模块中不允许出现同名的方法。

显然，方法重载可以解决以上问题。但 TypeScript 中的方法重载会带来太多的 if 语句，因此这一次我们打算换一种方法，这种方法就是使用模块内的命名空间。

修改以上代码的内容，使其与代码清单 5-58 一致。

代码清单 5-58　namespaces/module-namespace/utility.ts

```
// 时间操作工具命名空间
export namespace DateUtility {
    // 计算时间差
    export function difference(date1: Date, date2: Date): { days, hours, minutes, seconds } {
        let ms = date1.getTime() - date2.getTime();

        let msInDay = 24 * 60 * 60 * 1000;
        let msInHour = 60 * 60 * 1000;
        let msInMinute = 60 * 1000;

        let days = Math.floor(ms / msInDay);
        let hours = Math.floor((ms - days * msInDay) / msInHour);
        let minutes = Math.floor((ms - days * msInDay - hours * msInHour) / msInMinute);
        let seconds = Math.floor((ms - days * msInDay - hours * msInHour - minutes * msInMinute)
/ 1000);

        return { days, hours, minutes, seconds };
    }
}

// 字符串操作工具命名空间
export namespace StringUtility {
    // 计算字符串差集
    export function difference(str1: string, str2: string): string {
        return str1.split('').filter(x => str2.indexOf(x) == -1).join('');
    }
}
```

以上修改导出了两个名字分别为 DateUtility 和 StringUtility 的命名空间，并使它们各封装了一个 difference()函数，从而使这两个 difference()函数处在不同的作用域中，并因此而不再引发命名冲突。

接下来我们打算尝试调用这两个 difference()方法，为此需要继续在项目目录 namespaces/module-namespace 下新建一个名为 index.ts 的 TypeScript 文件，并将代码清单 5-59 复制到其中。

代码清单 5-59 namespaces/module-namespace/index.ts

```
// 导入模块内的命名空间
import { DateUtility, StringUtility } from './utility';

// 计算时间差
let date1 = new Date(2018, 9, 4, 10, 57);
let date2 = new Date(2008, 9, 1, 16, 59);
let dateDifference = DateUtility.difference(date1, date2);
console.log(JSON.stringify(dateDifference)); // 输出{"days":3654,"hours":17,"minutes":58,"seconds":0}

// 计算字符串差集
let stringDifference = StringUtility.difference('Lcng', 'Lc');
console.log(stringDifference); // 输出 ng
```

以上代码像我们以往导入模块中的类那样，从模块 utility.ts 中导入了其中的命名空间 DateUtility 和 StringUtility，并以这两命名空间为前缀调用了它们各自封装的 difference()函数。

说明

由于 utility.ts 是一个模块，因此其中的命名空间未被定义在全局作用域中，我们必须导入 utility.ts 这个模块才能访问其中的命名空间。

接下来，如果保存以上所有代码的编辑，并在 VS Code 集成终端执行 node 命令“node namespaces/module-namespace/index.js”，那么将看到以下输出：

```
{"days":3654,"hours":17,"minutes":58,"seconds":0}
ng
```

至此，我们体验了一番如何通过使用模块内的命名空间来避免模块内函数的命名冲突。

基于上述内容，相信读者必然还能将这一体验运用到避免模块内变量和类的命名冲突的情形中，因此这里便不再展示相应的例子了。

说明

命名空间的使用比较灵活，比如命名空间中还可以嵌套命名空间，并且模块中的命名空间也不一定需要被导出。尽管如此，在实际开发中我们应该尽量避免使用模块内的命名空间，而应该选择将过大的模块拆分成多个更小的模块。

5.2.3 global 扩展

我们已经知道，非模块或命名空间中的变量是被定义在全局作用域中的，而为了避免造成全局作用域中的命名冲突，变量及其他定义总是应该被封装在模块或命名空间中的。

这是否意味着全局作用域就是变量及其他定义的禁区呢？对于我们应用程序开发人员来说，这一答案通常是肯定的；但对于 JavaScript 运行时来说，答案就没有那么肯定了。

为什么这么说呢？因为 JavaScript 运行时提供了一些常用的对象和函数（如 console 对象、Date()函数和 Math 对象等），而这些对象和函数都被定义在全局作用域中——这也是我们可以在任何地方（全局作用域、模块或命名空间内）直接访问这些对象和函数的原因。

在使用 JavaScript 时，我们少不了对这些全局的对象和函数进行扩展，从而为开发带来更多的便利。那么在使用 TypeScript 时，我们可以进行这样的扩展吗？

为了回答这个问题，我们在项目目录 namespaces 下新建一个名为 global-augmentation 的子文件夹，然后在这子文件夹下新建一个名为 number.ts 的 TypeScript 文件，并将代码清单 5-60 复制到这个文件中。

代码清单 5-60 namespaces/global-augmentation/number.ts

```
// 将数字转换成指定长度的字符串
Number.prototype.padZero = function() {
}
```

以上代码是在 JavaScript 中给全局构造函数 Number 添加扩展方法的标准写法，但 TypeScript 编译器会为这一扩展抛出以下语法错误：

```
Property 'padZero' does not exist on type 'Number'（类型“Number”上不存在属性“padZero”）
```

我们在 5.1.4 节看到过类似的错误，但现在怎样才能消除这一错误呢？我们需要通过 global 扩展来给构造函数 Number 添加一个名为 padZero()的函数。

1. 构造函数扩展

为了给构造函数 Number 扩展 padZero()函数，我们需要将 number.ts 中的内容修改至与代码清单 5-61 一致。

代码清单 5-61　namespaces/global-augment/number.ts

```
// 使当前文件成为一个模块，因为 global 扩展必须发生在模块中
export { }

// global 扩展
declare global {
    interface Number {
        padZero(length: number): string;
    }
}

// 将数字转换成指定长度的字符串
// 如果数字位数小于目标长度，那么在数字的左侧补 0
// 如果数字位数大于目标长度，那么数字左侧多余的位数会被丢弃
Number.prototype.padZero = function(length: number): string {
    let value = this as Number;
    return (Array(length).join("0") + value).slice(-length);
}
```

以上代码中新增的“declare global {}”便是所谓的 global 扩展，其中定义的接口（不能被换成类，因为这会导致命名冲突）Number 所代表的类型会被合并到全局作用域中的构造函数 Number 中，从而使其拥有签名为“padZero(length: number): string”的函数。

注意

global 扩展必须发生在模块中，以上代码头部的“export {}”的作用就是使当前文件成为一个模块。

由于拥有了签名为“padZero(length: number): string”的函数，因此以上代码便可以合法地访问构造函数 Number 的原型 prototype 上的 padZero“属性”，并将一个类型为(length: number) => string 的函数赋给这个属性。

接下来，怎样才能调用到这个方法呢？我们在项目目录 namespaces/global-augmentation 下新建一个名为 date.ts 的 TypeScript 文件，然后将代码清单 5-62 复制到其中。

代码清单 5-62　namespaces/global-augmentation/date.ts

```
// 导入模块 number.ts
import './number';

// 为全局作用域下的构造函数 Date 添加函数 toChineseDate()
declare global {
    interface Date {
        toChineseDate(): string;
    }
}

// 给构造函数的原型添加转换带中文的日期的函数 toChinese()
Date.prototype.toChineseDate = function (): string {
    let date = this as Date;

    // 此处调用了模块 number.ts 为 Number 扩展的函数 padZero()
    return `${date.getFullYear()}年${date.getMonth().padZero(2)}月${date.getDate().padZero(2)}日`;
}
```

以上代码通过 global 扩展向全局作用域中的构造函数 Date 添加了函数 toChineseDate()，在这一扩展的实现中，我们调用了模块 number.ts 为全局作用域中的构造函数 Number 扩展的函数 padZero()。

说明

以上代码中的 import 语句会使当前文件成为一个 TypeScript 模块，因此以上代码不需要额外的导出语句“export {}”。

接下来，为了体验以上扩展带来的效果，我们继续在项目目录 namespaces/global-augmentation 下新建一个名为 index.ts 的 TypeScript 文件，然后将代码清单 5-63 复制到其中。

代码清单 5-63　namespaces/global-augmentation/index.ts

```
// 导入模块 date.ts
import './date';

// 创建 Date 对象，并调用其 toChineseDate() 函数——这个函数由模块 date.ts 扩展而来
let date = new Date();
console.log(date.toChineseDate());
```

如果我们保存以上所有代码的编辑，然后在 VS Code 集成终端中执行命令“node namespaces/global-augmentation/index.js”，那么将看到以下输出（实际输出取决于执行这一命令的时间）：

```
2018 年 08 月 04 日
```

至此，我们便明白了如何对全局作用域下的构造函数进行扩展。除了这一扩展，其实我们还可以对全局作用域下的对象进行扩展。

2. 对象扩展

为了明白什么是对象的扩展，我们需要继续在项目目录 namespaces/global-augmentation 下新建一个名为 objects.ts，然后将代码清单 5-64 复制到其中。

代码清单 5-64　namespaces/global-augmentation/objects.ts

```
// 导入模块 date.ts
import './date';

// global 扩展
declare global {
    // 为 console 对象的类型 Console 添加函数 logWidthDate()
    interface Console {
        logWithDate(message?: string): void;
    }

    // 为 Math 对象的类型 Math 添加属性 PHI（黄金比）
    interface Math {
        PHI: number;
    }
}

// 实现 console 对象的 logWithDate() 函数
console.logWithDate = function (message?: string): void {
    // 此处用了 date.ts 模块为 Date 类型扩展的 toChineseDate() 方法
    console.log('${new Date().toChineseDate()}: ${message}');
}

// 给 Math 对象的 PHI 属性赋值
Math.PHI = 0.618033988749895;
```

以上代码给全局作用域下的 console 对象的类型 Console 扩展了一个方法 logWithDate()，并给全局作用域下的 Math 对象的类型 Math 扩展了一个属性 PHI（黄金比）。

说明

为什么 console 对象的类型是首字母大写的 Console？我们将在 5.3.5 节给出答案。

需要注意的是，由于 console 和 Math 不是构造函数，因此它们没有原型属性 prototype，我们必须将 logWithDate()方法和 PHI 属性直接添加到这两个对象上。

接下来，我们可以尝试访问这两个被扩展的方法和属性，为此需要继续修改 index.ts 中的内容，使

其与代码清单 5-65 一致。

代码清单 5-65　namespaces/global-augmentation/index.ts

```
import './date';
// 导入模块 objects.ts
import './objects';

let date = new Date();
console.log(date.toChineseDate());

// 获得被扩展到 Math 对象中的 PHI 属性所代表的黄金比
let PHI = Math.PHI;
// 通过被扩展到 console 对象中的 logWithDate()方法输出黄金比
console.logWithDate('黄金比：${PHI}');
```

我们导入了用于对 console 对象和 Math 对象进行扩展的模块 objects.ts，然后像访问 Math 属性的 PI（圆周率）属性和 console 的 log()方法那样，访问了被扩展给它们的 PHI 属性和 logWithDate()方法。

接下来，如果我们保存以上所有代码的编辑，然后再次执行 node 命令“node namespaces/global-augmentation/index.js”，那么将看到以下输出：

```
2018 年 08 月 05 日
2018 年 08 月 05 日：黄金比：0.618033988749895
```

显然，以上第二行内容是由 console.logWithDate()输出的，而其中的 0.618033988749895 则是 Math.PHI 返回的黄金比。

至此，我们便明白了如何对全局作用域下的对象进行扩展。除了这一扩展，其实我们还可以对全局作用域下的命名空间进行扩展。

3. 命名空间扩展

为了了解什么是命名空间扩展，我们需要继续在项目目录 namespaces/global-augmentation 下新建一个名为 namespace.ts 的 TypeScript 文件，然后将代码清单 5-66 复制到其中。

代码清单 5-66　namespaces/global-augmentation/namespace.ts

```
// 使当前文件成为一个模块
export {}

// 为全局作用域下的命名空间 Bull（被定义在 namespaces/bull.ts 中）扩展 run()函数
declare global {
    namespace Bull {
        function run(): void;
    }
}

// 实现扩展至命名空间 Bull 下的函数 run()
Bull.run = function(): void {
    console.log('I\'m running..');
}
```

以上代码为我们自己定义的全局命名空间 Bull 扩展了一个 run()方法，并对这个方法进行了实现。

为了调用以上 run()方法，我们需要再次修改 index.ts 中的内容，使其与代码清单 5-67 一致。

代码清单 5-67　namespaces/global-augmentation/index.ts

```
import './date';
import './objects';
// 导入模块 namespace.ts
import './namespaces';

let date = new Date();
console.log(date.toChineseDate());

let PHI = Math.PHI;
console.logWithDate('黄金比：${PHI}');
```

```
// 调用被扩展到命名空间 Bull 中的 run() 方法
Bull.run();
```

以上修改导入了对全局命名空间 Bull 进行扩展的模块 namespace.ts，然后调用了其扩展至命名空间 Bull 中的函数 run()。

根据前面的经验，我们会认为这一调用将输出以下内容：

```
I'm running..
```

事实上，在保存以上所有代码的编辑并执行命令“node namespaces/global-augmentation/index.js”时，我们得到的却是 Node.js 抛出的以下错误：

```
Bull is not defined
```

我们曾在 5.2.1 节中见过这个错误，并知道导致这一错误的原因是 bull.js 中的对象变量 Bull 未被定义到 Node.js 全局作用域中。

好在除了 Node.js 全局作用域，我们还可以使用 Web 浏览器中的全局作用域。因此，如果要让被扩展到命名空间 Bull 中的 run()方法得以被成功调用，我们可以修改项目根目录下的 index.html 中的内容，使其与代码清单 5-68 一致。

代码清单 5-68 index.html

```
<html>
    <head>
        <script src='./namespaces/bull.js'></script>
        <script src='./namespaces/ox.js'></script>
        <script src='./namespaces/index.js'></script>

        <!--加载模块加载器 SystemJS-->
        <script src="/node_modules/systemjs/dist/system.js"></script>
        <script>
            (function () {
                System.config({ // 对 SystemJS 进行配置
                    packages: { // 路径配置
                        '/': { // 根路径
                            defaultExtension: 'js' // 设置根路径下的资源的默认后缀为 .js
                        }
                    }
                })
            })();

            // 使用模块加载器 SystemJS 加载/namespaces/global-augmentation/index.js
            System.import('/namespaces/global-augmentation/index.js');
        </script>
    </head>
</html>
```

我们先保留了对 bull.js 的加载，从而使其中的对象变量 Bull 被加载到全局作用域中。接着，我们通过模块加载器 SystemJS 将 namespaces/global-augmentation/index.js 加载到了浏览器中，从而使同一目录下的 date.js、objects.js 和 namespaces.js 也被加载到浏览器中——这些文件之所以需要通过 SystemJS 来加载，是因为它们都是 CommonJS 模块。

这样一来，当 date.js、objects.js 和 namespaces.js 都被加载到了浏览器中时，它们就会先后对 JavaScript 全局作用域下的 Number 构造函数、Date 构造函数、console 对象和 Math 对象进行扩展，并对 bull.js 在全局作用域下定义的命名空间（实则是对象变量）Bull 进行扩展。

在以上扩展完成之后，index.js 会调用这些扩展的方法和属性，并向浏览器控制台输出相应的内容。因此，如果我们现在保存所有代码的编辑并刷新浏览器，那么将看到图 5-3 所示的输出结果。

提示

如果读者之前关闭了 Web 服务器，就需要先启动它，为此需要在 VS Code 集成终端中输入并执行 node 命令：node app-server.js。

如果读者之前关闭了浏览器，就需要打开浏览器，然后在浏览器地址栏中输入 http://localhost:3000，并按回车键。

至此，我们便对 global 扩展有了一个完整的了解。通过这一了解我们可以发现，global 扩展和 5.1.4 节介绍的模块扩展的本质是一样的。此外，我们还需要注意有关 global 扩展和模块扩展的以下几点。

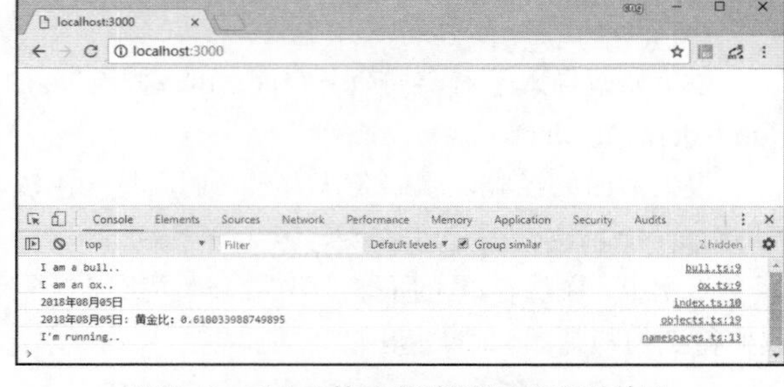

图 5-3　global 扩展在浏览器上运行的效果

（1）在 5.1.4 节中，我们仅了解了对模块内的类的扩展，但仍然可以对模块内的对象和命名空间进行扩展。

（2）不管是模块扩展还是 global 扩展，它们都只能为模块或全局作用域中已有的定义扩展成员，而不能向模块或全局作用域中添加新的定义。

（3）扩展在被使用之前都需要被实现，比如，一旦 Date 构造函数被扩展了 toChineseDate()函数，那么我们就需要给 Date.prototype 添加一个名为 toChineseDate 的方法，否则调用 Date 对象的 toChineseDate()方法时会引发内容为“Property 'toChineseDate' does not exist on type 'Date'”的异常。

5.2.4　Node.js 全局作用域

在 5.2.1 节中，我们留下了一个疑问，即如何将对象定义到 Node.js 的全局作用域中，从而使全局命名空间可以被运用到 Node.js 中。

为了解答这个疑问，我们先在项目目录 namespaces 下新建一个名为 node-global 的子文件夹，然后在这个子文件夹下新建一个名为 cow.ts 的 TypeScript 文件，并将代码清单 5-69 复制到这个文件中。

代码清单 5-69　namespaces/node-global/cow.ts

```
// 全局命名空间 Cow
namespace Cow {
    export function moo() {
        console.log('I\'m a cow..');
    }

    // 声明 Node.js 中的 global 对象
    declare let global: any;

    // 给 global 对象添加名为 Cow 的属性，并将命名空间 Cow 赋给这个属性
    if (global) {
        global.Cow = Cow;
    }
}
```

以上代码按照我们熟悉的方式定义了一个全局命名空间 Cow，并在这个命名空间中定义了一个公共函数 moo()。

此外，我们还在命名空间 Cow 中使用标识符 declare 声明了一个类型为 any 的变量 global，然后将命名空间 Cow 赋给了这个变量的一个名字同样为 Cow 的属性。

说明

以上标识符 declare 不能被省略，具体原因参见 5.3 节。

global 是 Node.js 中代表全局作用域的对象，当将对象作为属性添加到 global 对象中时，这个对象就成了 Node.js 全局作用域下的对象。因此，以上代码将命名空间 Cow 赋给 global 对象的同名属性之后，本质是对象的命名空间 Cow 就成了 Node.js 全局作用域下的对象。

为了验证这一点，我们继续在目录 namespaces/node-global 下新建一个名为 index.ts 的 TypeScript 文件，然后将代码清单 5-70 复制到其中。

代码清单 5-70 namespaces/node-global/index.ts

```
import './cow'; // 副作用导入 cow.ts——这是合法的
Cow.moo();      // 调用全局命名空间 Cow 下的函数 moo()
```

现在如果我们保存以上所有代码的编辑，然后在 VS Code 集成终端执行 node 命令“node namespaces/node-global/index.js”，那么将看到期待已久的输出：

```
I'm a cow..
```

这一输出足以证明前面的 Cow.ts 成功地将命名空间 Cow 定义到了 Node.js 的全局作用域中，而 Index.ts 也成功地访问了已经被定义在全局作用域中的命名空间 Cow 导出的函数 moo()。

为了更加清晰地明白这一成功背后的过程，我们可以打开 Cow.ts 和 Index.ts 的编译结果文件，并看到如代码清单 5-71 和代码清单 5-72 所示的内容。

代码清单 5-71 namespaces/node-global/cow.js

```
// 全局命名空间 Cow
var Cow;
(function (Cow) {
    function moo() {
        console.log('I\'m a cow..');
    }
    Cow.moo = moo;
    // 给 global 对象添加名为 Cow 的属性，并将命名空间 Cow 赋给这个属性
    if (global) {
        global.Cow = Cow;
    }
})(Cow || (Cow = {}));
//# sourceMappingURL=cow.js.map
```

代码清单 5-72 namespaces/node-global/index.js

```
"use strict";
exports.__esModule = true;
require("./cow"); // 副作用导入 cow.ts——这是合法的
Cow.moo();        // 调用全局命名空间 Cow 下的函数 moo()
//# sourceMappingURL=index.js.map
```

从以上编译结果中可以发现，index.js 通过 Node.js 内置的 require()函数加载了 cow.js，cow.js 则通过 global 对象将其中的对象变量 Cow 定义到了 Node.js 全局作用域中。

由于全局作用域下的变量对所有模块都是可见的，因此 index.js 便可以成功地访问已被添加到全局作用域下的对象变量 Cow，并调用它的 moo()方法。

注意

如果删除前面的 index.ts 中的副作用导入语句“import './cow'”，其下方的“ Cow.moo()”这条语句仍然能够通过 TypeScript 编译器的编译，因为 Cow 是全局命名空间。

但不能这么做，因为这条语句的作用是保证 cow.ts 的编译结果文件 cow.js 能被加载到 Node.js 中，从而使 cow.js 中的对象 Cow 可以被定义到 Node.js 的全局作用域中。

至此，我们便成功地将全局命名空间运用到了 Node.js 中。但在今后的开发中，我们很少会用到全局命名空间，因为这很容易造成命名的覆盖和冲突。

尽管如此，我们还是会看到一些运用了全局命名空间的地方，比如 reflect-metadata。为了明白 reflect-metadata 是怎样运用全局命名空间的，我们在目录 namespaces/node-global 下新建一个名为 use-reflect.ts 的 TypeScript 文件，然后将代码清单 5-73 复制到其中。

代码清单 5-73 namespaces/node-global/use-reflect.ts

```
import 'reflect-metadata';
Reflect.defineMetadata('Author', 'Lcng', Object);
console.log(Reflect.getMetadata('Author', Object));
```

以上代码最终会向控制台输出“Lcng”，但它是如何通过 TypeScript 编译器的编译，并成功地运行

在 Node.js 中的呢？

在 5.1.3 节中，我们已经知道，以上 import 语句最终会帮助我们导入声明文件 node_modules/reflect-metadata/index.d.ts，打开这个声明文件之后，我们将看到如代码清单 5-74 所示的内容。

代码清单 5-74　node_modules/reflect-metadata/index.d.ts（节选）

```
export { };

declare global {
    namespace Reflect {
        // ...省略的代码
        function defineMetadata(metadataKey: any, metadataValue: any, target: Object): void;

        function getMetadata(metadataKey: any, target: Object): any;
        // ...省略的代码
}
```

以上模块通过 global 扩展为全局作用域下的命名空间 Reflect 扩展了函数 defineMetadata()和 getMetadata()，因此上面的 use-reflect.ts 导入了以上模块之后便可以合法地通过 Reflect 访问这两个函数。

但 use-reflect.ts 的编译结果是如何成功地运行在 Node.js 中的呢？我们需要从代码清单 5-75 所示的 use-reflect.ts 的编译结果开始寻找答案。

代码清单 5-75　namespaces/node-global/use-reflect.js

```
"use strict";
exports.__esModule = true;
require("reflect-metadata");
Reflect.defineMetadata('Author', 'Lcng', Object);
console.log(Reflect.getMetadata('Author', Object));
//# sourceMappingURL=use-reflect.js.map
```

我们知道，以上编译结果中的语句“require("reflect-metadata")”是由 use-reflect.ts 中的 import 语句“import 'reflect-metadata'”编译而来。但这条语句最终会将哪个 Node.js 模块加载到 Node.js 运行时中呢？根据 Node.js 的模块解析策略，“require("reflect-metadata")”会使 Node.js 尝试按照以下顺序查找目标 Node.js 模块：

（1）namespaces/node-global/node_modules/reflect-metadata.js；

（2）namespaces/node-global/node_modules/reflect-metadata/package.json（加载这个文件的 main 属性指向的模块）；

（3）namespaces/node-global/node_modules/reflect-metadata/index.js；

（4）namespaces/node_modules/reflect-metadata.js；

（5）namespaces/node_modules/reflect-metadata/package.json（加载这个文件的 main 属性指向的模块）；

（6）namespaces/node_modules/reflect-metadata/index.js；

（7）node_modules/reflect-metadata.js；

（8）node_modules/reflect-metadata/package.json（加载这个文件的 main 属性指向的模块）；

（9）node_modules/reflect-metadata/index.js。

提示

相信读者已经发现，TypeScript 编译器的 Node 模块解析策略借鉴了 Node.js 的模块解析策略。

Node.js 会在以上第八次尝试中找到 reflect-metadata 的包描述文件，即 node_modules/reflect-metadata/package.json。

打开这个文件，我们将看到如代码清单 5-76 所示的内容。

代码清单 5-76　node_modules/reflect-metadata/package.json（节选）

```
{
  // ... 省略的代码
```

```
    "homepage": "http://rbuckton.github.io/reflect-metadata",
    // ... 省略的代码
    "main": "Reflect.js",
    "name": "reflect-metadata",
    // ... 省略的代码
    "types": "index.d.ts",
    // ... 省略的代码
}
```

最终 Node.js 会加载以上 main（不是 types 或 typings）属性的值 Reflect.js 指向的模块，而这个模块就是 reflect-metadata 在当前项目的安装目录下的同名 JavaScript 文件，即 node_modules/reflect-metadata/Reflect.js。

打开 Reflect.js，我们将看到如代码清单 5-77 所示的内容。

代码清单 5-77　node_modules/reflect-metadata/Reflect.js（节选）

```
var Reflect;
(function (Reflect) {
    (function (factory) {
        var root = typeof global === "object" ? global :
            typeof self === "object" ? self :
                typeof this === "object" ? this :
                    Function("return this;")();
        var exporter = makeExporter(Reflect);
        if (typeof root.Reflect === "undefined") {
            root.Reflect = Reflect;
        }
        else {
            exporter = makeExporter(root.Reflect, exporter);
        }
        factory(exporter);
        function makeExporter(target, previous) {
            return function (key, value) {
                if (typeof target[key] !== "function") {
                    Object.defineProperty(target, key, { configurable: true, writable: true
, value: value });
                }
                if (previous)
                    previous(key, value);
            };
        }
    })(function (exporter) {
        // ... 省略的代码
        function defineMetadata(metadataKey, metadataValue, target, propertyKey) {
            // ... 省略的代码
        }
        exporter("defineMetadata", defineMetadata);
        // ... 省略的代码
    });
})(Reflect || (Reflect = {}));
```

以上代码比较长，大体来说，它的基本工作原理和前面的 cow.js 是一样的，即定义一个对象变量 Reflect，然后将为这个对象添加 defineMetadata()及其他方法，并将这个对象设置到 global 对象的同名属性上，从而使这个对象成为全局作用域下的对象。

至此，我们已经明白了 reflect-metadata 是如何对全局命名空间 Reflect 进行扩展的。但读者或许还会有一个疑问，那就是像前面提到的 Reflect.d.ts 这样的声明文件到底是什么？

5.3 声明文件

在今后的开发中，我们将要用到的很多 Node.js 包都是通过 TypeScript 编写的。但在这些 Node.js 包的安装目录中，我们通常找不到任何 TypeScript 源代码，只能找到编译后的 JavaScript 代码，以及大量扩展名为.d.ts 的“伪”TypeScript 代码——reflect-metadata 就是这样。

事实上，这些“伪”TypeScript 代码仍然是合法的 TypeScript 代码，而包含它们的扩展名为.d.ts 的文件则称为声明文件（Declaration File）。

声明文件有什么用呢？如果读者了解过 C/C++中的头文件，那么可以将 TypeScript 中的声明文件比作 C/C++中的头文件；如果没有，请接着往下看。

刚刚提到，很多通过 TypeScript 编写的 Node.js 包都没有提供 TypeScript 源代码，而是选择提供编译后的 JavaScript 代码。这样做有一个好处，那就是避免安装了这些 Node.js 包的项目对它们的编译——这一编译过程可能是极其烦琐的。

然而，如果只提供编译后的 JavaScript 代码，那么 TypeScript 无法知道这些 Node.js 包中各个 JavaScript 文件中声明了那些变量和函数，以及这些变量和函数的类型——它们可以被称为 JavaScript 文件的结构。

为了让 TypeScript 编译器知道各个 JavaScript 文件的结构，这些 Node.js 包还提供了一种扩展名为.d.ts 的声明文件，而这些声明文件的作用就是以 TypeScript 编译器能够理解的方式描述相应的 JavaScript 文件的结构。

那么，这些声明文件具体是怎么描述 JavaScript 文件的结构的呢？在回答这个问题之前，让我们先来看看与声明文件相关的一个基础概念，即环境上下文。

5.3.1　环境上下文

在 5.1.2 节的“选择性加载”部分的代码清单 5-18 中，我们使用标识符 declare 声明了一个未包含实现的函数 require()，从而可以在 TypeScript 中调用 Node.js 中的 require()函数。

除了没有（也不能）包含实现，被标识符 declare 修饰的 require()函数和普通函数还有一个不一样的地方，那就是不会被输出到编译结果中。

为了证明这一点，我们在当前项目下新建一个名为 declaration-files 的文件夹，然后在这个文件夹下新建一个名为 ambient-context 的子文件夹，并在这个子文件夹下新建两个名字分别为 response.ts 和 require.ts 的 TypeScript 文件，然后分别将代码清单 5-78 和代码清单 5-79 复制到这两个文件中。

代码清单 5-78　declaration-files/ambient-context/response.ts

```
export function response() {
    console.log('不要回答！不要回答!! 不要回答!!! ');
}
```

代码清单 5-79　declaration-files/ambient-context/require.ts

```
export{};
declare function require(moduleName: string): any;
let responseModule = require('./response');
responseModule.response();
```

以上 response.ts 定义了一个普通函数 response()，require.ts 则通过标识符 declare（这个标识符不能被省略）声明了一个未包含实现的函数 require()。

如果我们对以上两个文件进行编译，那么将得到如代码清单 5-80 和代码清单 5-81 所示的结果。

代码清单 5-80　declaration-files/ambient-context/response.js

```
"use strict";
exports.__esModule = true;
function response() {
    console.log('不要回答！不要回答!! 不要回答!!! ');
}
exports.response = response;
//# sourceMappingURL=response.js.map
```

代码清单 5-81　declaration-files/ambient-context/require.js

```
"use strict";
exports.__esModule = true;
var responseModule = require('./response');
responseModule.response();
//# sourceMappingURL=require.js.map
```

从以上两份编译结果中可以看到，普通函数 response()被输出到了编译结果中，而被标识符 declare 修饰的函数 require()没有。

尽管如此，如果我们尝试在 Node.js 上执行 require.js 中的代码，那么仍将得到以下输出：

```
不要回答！不要回答!! 不要回答!!!
```

这一切都是我们希望得到的结果，而这结果的背后涉及 TypeScript 中的一个重要概念，即环境上下文（Ambient Context）。

所谓环境上下文，是指 TypeScript 编译器进行编译时基于的一个环境，这个环境向 TypeScript 编译器提供编译时必须有的变量、函数、类、接口、类型、模块和命名空间的声明。但这些声明最终不会被输出到编译结果文件中，因此它们不能包含值或实现。

显然，以上 require.ts 中的 require()函数的声明就创造了这样一个环境：它使随后的 require()函数调用语句"require('./response')"可以通过 TypeScript 编译器的编译，但不会被输出到编译结果文件 require.js 中——这样的函数称为环境函数（Ambient Function）。

声明环境函数（变量、类或其他定义）时需要注意一点，即它们必须在相应的 JavaScript 代码中被赋值或实现过，并且这些值或实现已经被加载到了 JavaScript 运行时中。

为了说明这一点，我们继续在项目目录 declaration-files/ambient-context 下新建一个名为 index.ts 的 TypeScript 文件，并将代码清单 5-82 复制到其中。

代码清单 5-82 declaration-files/ambient-context/index.ts

```
export {}

declare class Ghost {
    fly():void;
}

let ghost = new Ghost();
ghost.fly();
```

以上代码通过标识符 declare 声明了一个环境类（Ambient Class）Ghost，然后创建了它的一个实例，并调用了这个实例的 fly()方法。

注意 环境类和抽象类都不能包含实现，但环境类可以被用于构造实例。

接下来，如果我们保存以上代码的编辑以完成它的编译（它确实可以通过编译），然后在 Node.js 上执行相应的编译结果，那么将得到以下运行时错误：

```
Ghost is not defined（Ghost 未被定义）
```

为什么会出现这样的错误呢？答案可以从代码清单 5-83 所示的编译结果得知。

代码清单 5-83 declaration-files/ambient-context/index.js

```
"use strict";
exports.__esModule = true;
var ghost = new Ghost();
ghost.fly();
//# sourceMappingURL=index.js.map
```

以上代码尝试调用一个名为 Ghost 的构造函数，但由于 Ghost 不是一个已知的构造函数，因此 Node.js 阻止了以上代码的运行——为什么前面的 require.js 可以随意地调用函数 require()呢？因为 require()是 Node.js 内置的函数。

为了使以上代码得到执行，我们需要定一个名为 Ghost 的构造函数，然后将它加载到 Node.js 中，为此需要在项目目录 declaration-files/ambient-context 下新建一个 ghost.js 的 JavaScript 文件，并将代码 5-84 复制到其中。

代码清单 5-84　declaration-files/ambient-context/ghost.js

```
var Ghost = (function(){
    function Ghost(){
    }
    Ghost.prototype.fly = function() {
        console.log('读者看不见我。。');
    }

    if (global) {
        global.Ghost = Ghost;
    }

    return Ghost;
}());
```

以上代码在全局作用域上定义了一个名为 Ghost 的构造函数，为了使这个构造函数被加载到 Node.js 中，我们还需要修改前面的 index.ts 中的内容，使其与代码清单 5-85 一致。

代码清单 5-85　declaration-files/ambient-context/index.ts

```
export {}

declare class Ghost {
    fly():void;
}

declare function require(moduleName: string): any;
require('./ghost');

let ghost = new Ghost();
ghost.fly();
```

我们再次声明了环境函数 require()，然后通过它来加载前面的 ghost.js。

相信读者已经知道了以上修改的作用：其中的“require('./ghost')”将被输出到编译结果 index.js 中，然后将 ghost.js 加载到 Node.js 中以在 Node.js 全局作用域下定义构造函数 Ghost，从而使 index.js 最终得以构造 Ghost 的实例，并向控制台输出：

```
读者看不见我。。
```

我们是不是找到了在 TypeScript 中访问 JavaScript 的方法!？是的，如果我们还有另一个名为 index2.ts 的 TypeScript 文件需要访问 ghost.js 中的构造函数 Ghost，那么只需要将以上环境类 Ghost 的声明复制到 index2.ts 中即可。

或许警觉的读者又会提出疑问：复制代码不是会降低项目的可维护性吗？有没有什么办法可以避免这样的复制？答案自然是有，那就是编写一个独立的声明文件来声明环境类 Ghost。

说明

在前面我们还使用标识符 declare 对模块和全局作用域进行过扩展，事实上这些扩展的本质也是向 TypeScript 编译器提供一个环境上下文。

5.3.2　编写声明文件

在编写声明文件（Declaration File）之前，我们先在项目目录 declaration-files 下新建一个名为 write-dts 的子目录，然后在这个子目录下新建一个名为 sky.js 的 JavaScript 文件，并将代码清单 5-86 复制到这个文件中。

代码清单 5-86　declaration-files/write-dts/sky.js

```
var Sky = (function () {
    function Sky() {
        this.color = '';
    }
    Sky.prototype.rain = function () {
        console.log(`The sky is crying ${this.color}, as I wait for you.`);
```

```
    };

    if (global) {
        global.Sky = Sky;
    }

    return Sky;
}());
```

以上代码在全局作用域下声明了一个构造函数 Sky，并为其添加了一个对象属性 color 以及一个原型方法 rain()。

接下来我们的任务是创建一个声明文件来描述这个构造函数，为此需要继续在 sky.js 所在的目录（declaration-files/write-dts）下新建一个名为 sky.d.ts 的 TypeScript 文件，然后将代码清单 5-87 复制到其中。

代码清单 5-87　declaration-files/write-dts/sky.d.ts

```
declare class Sky {
    color: string;
    rain(): void;
}
```

以上代码使用我们已经熟悉了的标识符 declare 声明了一个全局作用域下的环境类 Sky，并为其添加了一个属性 color 以及一个方法 rain()——这使当前环境类 Sky 和前面的构造函数 Sky 是对等的。

说明

TypeScript 声明文件的扩展名是.d.ts，它通常和它要描述的 JavaScript 文件同名且处在同一目录下。声明文件中的所有代码都处在环境上下文中，因此整个声明文件中都不能出现赋值以及函数和类的实现。

现在我们打算复用以上环境类 Sky，为此需要在项目目录 declaration-files/write-dts 下新建两个名字分别为 index.ts 和 index1.ts 的 TypeScript 文件，然后分别将代码清单 5-88 和代码清单 5-89 复制到这两个文件中。

代码清单 5-88　declaration-files/write-dts/index.ts

```
export { }
declare function require(moduleName: string):any;
require('./sky');

let sky = new Sky();
sky.color = 'blue';
sky.rain();
```

代码清单 5-89　declaration-files/write-dts/index1.ts

```
export { }
declare function require(moduleName: string):any;
require('./sky');

let sky = new Sky();
sky.color = 'gray';
sky.rain();
```

以上两段代码几乎是一样的，它们都通过自己声明的环境函数 require()将 sky.js 加载到 Node.js 中，然后通过声明文件 sky.d.ts 声明在全局作用域下的环境类 Sky 构建了对象 sky，并最终访问了这个对象的 color 属性和 rain()方法。

提示

是不是觉得重复地声明环境函数 require()也是件累人的事？不急，不久之后我们就不用这样做了。

接下来如果我们在 Node.js 上运行以上两份代码的编译结果，将得到相应的以下两份输出：

```
The sky is crying blue, as I wait for you.
The sky is crying gray, as I wait for you.
```

至此，我们便成功地通过独立的声明文件实现了全局作用域下的环境类的复用。基于这一成功的经验，当需要在 TypeScript 项目中访问自己曾经写过的作用于全局作用域下的 JavaScript 代码（库）时，我们就可以通过为那些 JavaScript 代码编写相应的 TypeScript 声明文件来实现——这比将 JavaScript 代码翻译成包含实现的 TypeScript 代码简单多了。

当然，我们以前写的 JavaScript 代码也并不一定就是作用在全局作用域下的，它们可能是一些 CommonJS 模块。面对这种情况，我们该如何编写相应的声明文件呢？

为了回答这个问题，我们继续在项目目录 declaration-files/write-dts 下新建一个名为 universe.js 的 JavaScript 文件，然后将代码清单 5-90 复制到其中。

代码清单 5-90　declaration-files/write-dts/universe.js

```
// 月亮构造函数
var Moon = (function () {
    function Moon(){
    }
    Moon.prototype.revolve = function () {
        console.log('读者无法看到我的另一面。。');
    }
    return Moon;
}());

// 太阳构造函数
var Sun = (function () {
    function Sun(){
    }
    Sun.prototype.shine = function () {
        console.log('读者无法靠近我。。');
    }
    return Sun;
}());

// 宇宙对象
var universe = {
    moon: new Moon(),
    sun: new Sun()
}

// 导出太阳构造函数、月亮构造函数和宇宙对象
exports.Moon = Moon;
exports.Sun = Sun;
exports.universe = universe;
```

以上是一个 CommonJS 模块，它导出了一个太阳构造函数、一个月亮构造函数和一个宇宙对象。

为了描述以上 CommonJS 模块及其导出的构造函数和对象，我们需要在 universe.js 所在的目录（即 declaration-files/write-dts）下新建一个同名的声明文件 universe.d.ts，然后将代码清单 5-91 复制到这个声明文件中。

代码清单 5-91　declaration-files/write-dts/universe.d.ts

```
// 导出月亮类
export class Moon{
    revolve(): void;
}

// 导出太阳对象类型
export interface Sun {
    shine(): void;
}

// 导出太阳构造函数
export let Sun: {
    new(): Sun;
}

// 导出宇宙对象
export let universe: {
```

```
    moon: Moon,
    sun: Sun
}
```

以上代码导出了相应的月亮类 Moon 和宇宙对象 universe，同时还导出了名字都为 Sun 的接口和构造函数——它们一起描述了名字为 Sun 的类。

说明

声明文件中导出的变量、类和接口等定义不需要（但可以）被标识符 declare 修饰，不被导出的接口和类型别名也不需要（当然也可以）被标识符 declare 修饰。

此外，由于 TypeScript 中的命名空间实际上就是 JavaScript 中的对象，因此 JavaScript 中的对象也可以通过声明文件中的命名空间来描述。比如，上面的对象 universe 就可以通过以下命名空间描述：

```
export namespace universe {
   let moon: Moon;
   let sun: Sun;
}
```

有了以上声明文件，我们便可以在 TypeScript 代码中访问 CommonJS 模块 universe.js 导出的构造函数和对象了。

为了实现这样的访问，我们在项目目录 declaration-files/write-dts 下新建一个名为 index2.ts 的 TypeScript 文件，并将代码清单 5-92 复制到其中。

代码清单 5-92 declaration-files/write-dts/index2.ts

```
import { Moon, Sun, universe } from './universe'; // 导入 universe.d.ts

let moon = new Moon();          // 通过类 Moon 构造月亮对象
moon.revolve();                 // 调用类 Moon 的方法 revolve()

let sun = new Sun();            // 通过构造函数 Sun 构造太阳对象
sun.shine();                    // 调用接口 Sun 的 shine()方法

universe.moon.revolve();  // 调用宇宙对象的 moon 属性的 revolve()方法
universe.sun.shine();     // 调用宇宙对象的 sun 属性的 revolve()方法
```

以上代码对我们来说一点也不陌生，它像导入我们熟悉的扩展名为.ts 的 TypeScript 模块那样导入了前面的 universe.d.ts 中的类、接口、构造函数和对象变量，并以我们熟悉的方式访问了它们。

说明

根据 Node 策略下的相对模块导入规则，我们可以知道以上 import 语句将尝试通过以下顺序查找目标模块：

（1）declaration-files/write-dts/universe.ts；

（2）declaration-files/write-dts/universe.tsx；

（3）declaration-files/write-dts/universe.d.ts；

（4）declaration-files/write-dts/universe/package.json（导入这个文件的 types 或 typings 属性指向的模块）；

（5）declaration-files/write-dts/universe/index.ts；

（6）declaration-files/write-dts/universe/index.tsx；

（7）declaration-files/write-dts/universe/index.d.ts。

显然，以上 import 语句会在进行以上第三次尝试时找到目标模块 universe.d.ts。

接下来如果我们完成以上代码的编译并打开其编译结果文件，那么我们将看到如代码清单 5-93 所示的内容。

代码清单 5-93 declaration-files/write-dts/index2.js

```
"use strict";
exports.__esModule = true;
var universe_1 = require("./universe"); // 导入 universe.d.ts
var moon = new universe_1.Moon();       // 通过类 Moon 构造月亮对象
moon.revolve();                         // 调用类 Moon 的方法 revolve()
```

```
var sun = new universe_1.Sun();         // 通过构造函数 Sun 构造太阳对象
sun.shine();                            // 调用接口 Sun 的 shine()方法
universe_1.universe.moon.revolve();     // 调用宇宙对象的 moon 属性的 revolve()方法
universe_1.universe.sun.shine();        // 调用宇宙对象的 sun 属性的 revolve()方法
//# sourceMappingURL=index2.js.map
```

以上编译结果加载了前面的 CommonJS 模块 universe.js，并最终将通过这个模块导出的构造函数 Moon 和 Sun 以及对象变量 universe 向控制台输出以下内容：

```
读者无法看到我的另一面..
读者无法靠近我..
读者无法看到我的另一面..
读者无法靠近我..
```

至此，我们便明白了如何通过声明文件描述 JavaScript 模块的结构。如果我们再打算在 TypeScript 项目中使用自己编写过的 JavaScript 代码（库），就可以按照目前所掌握的方式为现有的 JavaScript 代码编写相应的声明文件，然后通过导入它们来实现对 JavaScript 代码的访问。

同时，如果我们还打算将自己的 JavaScript 代码发布到 npm 上，从而使其他人的 TypeScript 项目也能使用我们的 JavaScript 代码，也少不了要编写并提交相应的声明文件。

可以想象，随着声明文件的介入，我们要发布的 Node.js 包的文件数量会成倍地增长：如果要发布的 Node.js 包有 100 个 JavaScript 模块，那么还需要发布 100 个相应的声明文件。

那么，有没有什么办法可以阻止这样的事情发生呢？答案当然是有，那就是使用环境模块。

说明

如果需要为大量的 JavaScript 代码生成声明文件，那么可以考虑使用微软发布的声明文件生成工具 dts-gen。

如果读者正在编写 TypeScript 代码，同时希望获得编译后的 JavaScript 代码的声明文件，那么需要做的仅仅是给项目的 tsconfig.json 文件添加一个编译器选项 declaration，并将其值设置为 true。

如果读者既打算在项目中使用 JavaScript 代码，又不打算编写或生成相应的声明文件，那么可以使用编译器选项 allowJS。

5.3.3 环境模块

环境模块（Ambient Module）是怎么帮助我们减少声明文件的数量的呢？为了回答这个问题，我们需要模拟一个 Node.js 包，为此需要在当前项目的 npm 安装目录 node_modules 下新建一个模拟的 Node.js 包安装目录 hero-package，然后在这个目录下新建两个名字分别为 dc.js 和 marvel.js 的 JavaScript 文件，并分别将代码清单 5-94 和代码清单 5-95 复制到这两个文件中。

代码清单 5-94 node_modules/hero-package/dc.js

```
var Superman = (function(){
    function Superman(){
        this.name = 'Clark Kent'
    }
    return Superman;
}());

exports.Superman = Superman;
```

代码清单 5-95 node_modules/hero-package/marvel.js

```
var Ironman = (function () {
    function Ironman() {
        this.name = 'Tony Stark';
    }
    return Ironman;
}());

exports.Ironman = Ironman;
```

注意

不建议手动向 npm 的安装目录中添加内容，这里这样做的目的仅仅是为了演示环境模块的定义和使用。在今后的开发中，我们不会用这种方式定义环境模块。

以上两段代码分别声明了 DC 和漫威两个超级英雄 Superman 和 Ironman 的构造函数。

接下来，我们打算通过一个声明文件来描述以上两个构造函数，为此可以在当前模拟 Node.js 包的安装目录（既 node_modules/hero-package）下新建一个名为 heroes.d.ts 的声明文件，然后将代码清单 5-96 复制到其中。

代码清单 5-96　node_modules/hero-package/heroes.d.ts

```
// 声明环境模块 hero-package/dc
declare module 'hero-package/dc' {
    export class Superman {
        name: string;
    }
}

// 声明环境模块 hero-package/marvel
declare module 'hero-package/marvel' {
    export class Ironman {
        name: string;
    }
}
```

以上声明文件不是 TypeScript 模块，但它通过标识符 declare 声明了两个路径分别为“hero-package/dc”和“hero-package/marvel”的环境模块，并使这两个环境模块分别描述并导出了它们的路径指向的 JavaScript 文件中所导出的 Superman 和 Ironman 的构造函数。

注意

声明环境模块的声明文件中不能包含顶层的 import 或 export 语句，否则 TypeScript 编译器会无法识别其中的环境模块。

环境模块的路径不能是相对路径，因为在标识符“declare module”之后指定相对路径是模块扩展（Module Augmentation）的语法。

环境模块的路径必须用引号引起来，因为在标识符“declare module”之后指定未被引号包围的标识符是命名空间声明的语法——在 TypeScript 1.5 之前有内部模块的说法，后来内部模块被称为命名空间。

环境模块和普通模块一样可以被导入，为了说明这一点，我们在项目目录 declaration-files 下新建一个名为 ambient-module 的子文件夹，然后在这个子文件夹下新建一个名为 index.ts 的 TypeScript 文件，并将代码清单 5-97 复制到这个文件中。

代码清单 5-97　declaration-files/ambient-module/index.ts

```
/// <reference path="../../node_modules/hero-package/heroes.d.ts" />
import { Superman } from 'hero-package/dc';
import { Ironman } from 'hero-package/marvel';

let superman = new Superman();
console.log(superman.name);

let ironman = new Ironman();
console.log(ironman.name);
```

以上代码像导入普通模块那样导入了 heroes.d.ts 声明的两个环境模块导出的类——Superman 类和 Ironman 类，然后以我们熟悉的方式构造了 Superman 和 Ironman 的实例，并输出了这两个实例的 name 属性。

注意

以上代码头部的内容称为文件引用指令，其作用是使 TypeScript 编译器知道当前文件在编译时依赖于声明文件 heroes.d.ts，从而使当前文件可以识别 heroes.d.ts 中声明的环境模块的路径——如果没有这条指令，当前文件将无法识别模块路径“hero-package/dc”和“hero-package/marvel”。

接下来，如果完成以上代码的编译并打开相应的编译结果文件，那么将看到如代码清单 5-98 所示的内容。

代码清单 5-98　declaration-files/ambient-module/index.js

```
"use strict";
exports.__esModule = true;
/// <reference path="../../node_modules/hero-package/heroes.d.ts" />
var dc_1 = require("hero-package/dc");
var marvel_1 = require("hero-package/marvel");
var superman = new dc_1.Superman();
console.log(superman.name);
var ironman = new marvel_1.Ironman();
console.log(ironman.name);
//# sourceMappingURL=index.js.map
```

以上编译结果将先后加载本节最初创建的两个路径分别为 node_modules/hero-package/dc.js 和 node_modules/hero-package/marvel.js 的 Node.js 模块，然后通过这两个模块导出的两个名字分别为 Superman 和 Ironman 的构造函数构造相应的两个实例，并最终向控制台输出这两个实例的 name 属性：

```
Clark Kent
Tony Stark
```

至此，我们便在环境模块的帮助下，成功地通过一个声明文件描述了两个 JavaScript 文件的结构。

基于这一经验，我们完全可以通过一个声明文件来描述更多甚至整个 JavaScript 包中的所有 JavaScript 文件的结构。但接下来我们的任务不是描述自己的 JavaScript 包，而是看看如何在 TypeScript 项目中使用由别人发布的那些有名的 JavaScript 包。

注意

环境模块的路径理论上可以是任意合法的路径，但实际上它必须是模块加载器能够识别的路径。什么意思呢？假设以上 Superman 所在的环境模块的路径被声明为 node_modules/hero-package/dc（这是一个合法并且看上去更加合理的路径），那么随后 index.ts 导入这个模块的语句就需要被换成：

```
import { Superman } from 'node_modules/hero-package/dc';
```

这条语句被编译后的结果会是：

```
var dc_1 = require("node_modules/hero-package/dc");
```

基于 Node.js 的模块解析策略，这条语句是无法加载到目标 Node.js 模块 dc.js 的，因此将 Superman 所在的环境模块的路径声明为 node_modules/hero-package/dc 实际上是不可行的。当然，如果 JavaScript 运行时不是 Node.js，同时还有一个可配置的模块加载器（如 SystemJS），那么以上结论就不成立了。

5.3.4　使用 JavaScript 包

几乎所有 Web 开发人员都用过并且喜欢 jQuery，因为它所带来的便利对很多 Web 项目都具有很大的吸引力，即使这些 Web 项目可能是由“新潮”的 TypeScript 编写的。

然而稍微有点遗憾的是，由于 jQuery 是用 JavaScript 编写的，因此我们开发的 TypeScript 项目无法（很好地）直接使用它——环境变量（Ambient Variable）声明语句“declare let $: any”可以帮助我们，但这会使我们失去 jQuery 中的所有类型支持。

好在这一点早就被大家发现了，其中一群热心的人更是为 jQuery 创建了声明文件，从而使我们可以在 jQuery 声明文件的帮助下方便地使用 jQuery 提供的所有功能。

那么，怎样可以获得 jQuery 的声明文件呢？我们需要修改当前项目的 Node.js 包描述文件 package.json，使其内容与代码清单 5-99 一致。

代码清单 5-99　package.json

```
{
    "name": "chapter5",
    "version": "1.0.0",
```

```
        "private": true,
        "dependencies": {
            "express": "4.16.3",
            "systemjs": "0.21.5",
            "reflect-metadata": "0.1.12",
            "@types/jquery": "3.3.29"
        }
    }
```

以上代码为当前项目添加了一个新的依赖包@types/jquery（包名就是@types/jquery，而非 jquery），而这个依赖包的主要内容就是 jQuery 的声明文件——除了声明文件，这个依赖包中并不包含可运行的 JavaScript 文件，因此这个依赖包称为 jQuery 的类型包。

接下来，如果我们保存以上代码的编辑，然后在 VS Code 集成终端中执行 npm 命令“npm install”，那么经过几秒钟的等待之后，npm 会提示我们一个 Node.js 包被添加成功。

此时我们可以在项目中的 node_modules 文件夹下找到一个新的名为@types 的子文件夹，展开这个子文件夹，还会发现一个更深层的子文件夹 jquery。

显然，文件夹 node_modules/@types/jquery 就是 jQuery 的声明文件在当前项目中的安装目录，而其中名为 index.d.ts 的 TypeScript 文件就是 jQuery 的声明文件。

打开这个文件我们会发现，其中没有包含任何一条顶层的 export 语句，因此它不是一个 TypeScript 模块，它所声明的变量和函数等都是全局可访问的。

在所有这些全局可见的声明中，我们最关心的应该是以下两个：

```
declare var jQuery: JQueryStatic;
declare var $: JQueryStatic;
```

显然，以上就是我们熟悉的 jQuery 全局变量 jQuery 和$的声明。由于它们对 TypeScript 编译器来说是全局可见的，因此当前项目中的任何一个 TypeScript 文件都可以访问它们。

注意

由于 jQuery 和$都是全局变量，因此当项目中安装了 jQuery 的类型包时，我们不能在全局作用域下定义自己的名为 jQuery 和$的变量。

为了体验这一点，让我们在项目目录 declaration-files 下新建一个名为 javascript-types 的子文件夹，然后在这个子文件夹中新建一个名为 use-jquery.ts 的 TypeScript 文件，并将代码清单 5-100 复制到其中。

代码清单 5-100　declaration-files/javascript-types/use-jquery.ts

```
// 使用 jQuery 的声明文件 node_modules/@types/jquery/index.d.ts 声明的全局变量$
$('body').append('<h1>Head added by jQuery.</h1>');
```

以上代码的主要作用是：按照我们熟悉的方式使用 jQuery（$）查找 DOM 中的 BODY 元素，然后向其中添加了一个 H1 元素——在这个过程中，由于 jQuery 的声明文件的存在，VS Code 提供了使用 jQuery 的输入提示。

接下来，为了让以上代码的编译结果得到执行，我们需要将其加载到浏览器中，为此需要修改项目根目录下的 index.html，使其内容与代码清单 5-101 一致。

代码清单 5-101　index.html

```
<html>
    <head>
        <script src='./namespaces/bull.js'></script>
        <script src='./namespaces/ox.js'></script>
        <script src='./namespaces/index.js'></script>

        <!--加载模块加载器 SystemJS-->
        <script src="/node_modules/systemjs/dist/system.js"></script>
        <script>
            (function () {
                System.config({ // 对 SystemJS 进行配置
                    packages: { // 路径配置
```

```
                    '/': { // 根路径
                        defaultExtension: 'js' // 设置根路径下的资源的默认后缀为.js
                    }
                }
            })
        })();

        // 使用模块加载器 SystemJS 加载 index.js
        System.import('/namespaces/global-augmentation/index.js');
    </script>
</head>
<body>
    <!--加载 use-javascript.ts 的编译结果-->
    <script src="./declaration-files/javascript-types/use-jquery.js"></script>
</body>
</html>
```

我们在<head>标签的下方添加了一对<body>标签，然后在这对<body>标签内添加了一对用于加载前面的 use-jquery.ts 的编译结果文件 use-jquery.js 的<script>标签。

接下来，如果我们保存所有代码的编辑并刷新浏览器，那么将看到 use-jquery.js 的运行结果，如图 5-4 所示。

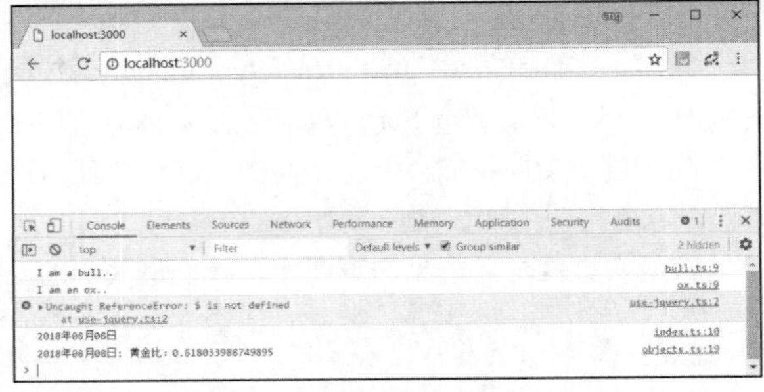

图 5-4 在 TypeScript 中使用第三方 JavaScript 库-1

$未定义（$ is not defined）！什么情况？我们忘了一件重要的事情，那就是将 jQuery 加载到浏览器中——jQuery 的类型包@types/jquery 中并不包含 jQuery 的实现。

在将 jQuery 加载到浏览器中之前，我们需要先将它安装到项目中，为此需要再次修改当前项目的 Node.js 包描述文件 package.json，使其与代码清单 5-102 一致。

代码清单 5-102 package.json

```
{
    "name": "chapter5",
    "version": "1.0.0",
    "private": true,
    "dependencies": {
        "express": "4.16.3",
        "systemjs": "0.21.5",
        "reflect-metadata": "0.1.12",
        "@types/jquery": "3.3.29",
        "jquery": "3.3.1"
    }
}
```

以上代码添加了一个新的依赖包 jquery，而它就是我们需要安装的 jQuery。为了完成它的安装，我们需要再次在 VS Code 集成终端中执行 npm 命令“npm install”。

> **说明** jQuery 和其类型包的版本号不是同步的，jQuery 已经有一年没有更新了，而其类型包仍在更新中。

经过几秒钟的等待之后，jQuery 将成功地被安装到当前项目的 node_modules 文件夹下的名为 jquery 的子文件夹中。

随后要做的是将 jQuery 加载到浏览器中，为此我们需要修改项目根目录下的 index.html 的内容，使其与代码清单 5-103 一致。

代码清单 5-103 index.html

```
<html>
    <head>
```

```
        <script src='./namespaces/bull.js'></script>
        <script src='./namespaces/ox.js'></script>
        <script src='./namespaces/index.js'></script>

        <!--加载模块加载器 SystemJS-->
        <script src="/node_modules/systemjs/dist/system.js"></script>
        <script>
            (function () {
                System.config({ // 对 SystemJS 进行配置
                    packages: { // 路径配置
                        '/': {  // 根路径
                            defaultExtension: 'js' // 设置根路径下的资源的默认后缀为.js
                        }
                    }
                })
            })();

            // 使用模块加载器 SystemJS 加载 index.js
            System.import('/namespaces/global-augmentation/index.js');
        </script>
    </head>
    <body>
        <!--加载 jQuery-->
        <script src="/node_modules/jquery/dist/jquery.js"></script>
        <!--加载 use-javascript.ts 的编译结果-->
        <script src="./declaration-files/javascript-types/use-jquery.js"></script>
    </body>
</html>
```

以上代码仅有一处修改，即新增了一对<script>标签，使其用于加载被安装到项目中的 jQuery 源文件。

现在，如果我们保存以上代码的编辑并刷新浏览器，那么将看到预期的效果，如图 5-5 所示。

感谢那些热心的人们，是他们编写的 jQuery 声明文件，让我们如此轻易地在 TypeScript 代码中使用了 jQuery。

如果有需要，我们还能在他们提供的更多声明文件的帮助下，使用更多相应的 JavaScript 库，比如 Express 和 Node.js 内置的库。

为了使用 Node.js 中的库，我们需要将 Node.js 的类型包安装到项目中，为此需要再次修改当前项目中的 package.json 的内容，使其与代码清单 5-104 一致。

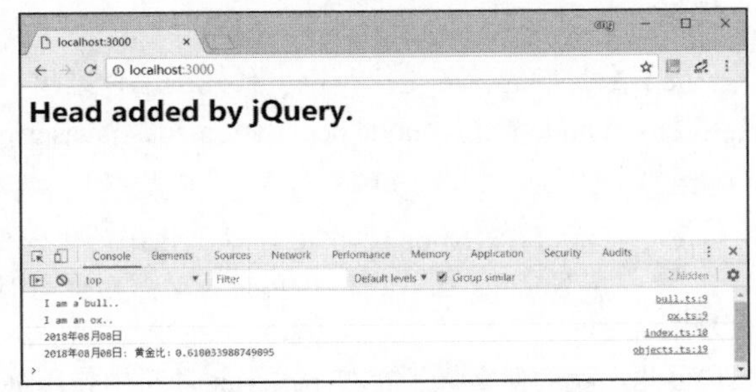

图 5-5 在 TypeScript 中使用第三方 JavaScript 库-2

代码清单 5-104 package.json

```
{
    "name": "chapter5",
    "version": "1.0.0",
    "private": true,
    "dependencies": {
        "express": "4.16.3",
        "systemjs": "0.21.5",
        "reflect-metadata": "0.1.12",
        "@types/jquery": "3.3.29",
        "jquery": "3.3.1",
        "@types/node": "10.12.9"
    }
}
```

以上修改中新增的依赖包@types/node 就是 Node.js 的类型包，为了将它安装到项目中，我们还需要再次在 VS Code 集成终端中执行 npm 命令“npm install”。经过几秒的等待之后，Node.js 的类型包将被安装到项目目录 node_modules/@types 下一个名为 node 的子目录中。

说明

由 DefinitelyTyped（读者可在 GitHub 官方网站查找该项目）维护的所有 JavaScript 类型包的名字都是以@types 开头的，并且它们都会被安装在项目中的 node_modules 文件夹下的名为@types 的子文件夹下。

打开这个目录，我们将看到 Node.js 的类型文件 index.d.ts，并在打开这个文件之后找到以下内容：

```
declare var global: NodeJS.Global;
declare var require: NodeRequire;
```

这两行代码分别声明了代表 Node.js 全局作用域的对象变量 global 和模块加载函数 require()，因此接下来如果我们要在项目中使用它们，就不需要通过标识符 declare 声明它们了。

为了体验这一点，我们在项目目录 declaration-files/javascript-types 下新建两个名字分别为 use-node.ts 和 index.ts 的 TypeScript 文件，然后分别将代码清单 5-105 和代码清单 5-106 复制到这两个文件中。

代码清单 5-105　declaration-files/javascript-types/use-node.ts

```
(global as any).Hi = function () {
    console.log('Hi...');
}
```

代码清单 5-106　declaration-files/javascript-types/index.ts

```
require('./use-node');
(global as any).Hi();
```

由于 Node.js 的声明文件声明了全局作用域下的 global 对象和 require()函数，因此以上两段代码在没有（也不能）额外声明它们的情况下也可以合法地访问它们——但由于 global 对象的类型 NodeJS.Global 不包含名为 Hi 的属性，我们需要通过 as 操作符将 global 的类型断言为 any。

提示

还记得我们在前面多次声明环境函数 require()吗？有了 Node.js 的类型包，我们就可以删除那些声明语句了。

接下来我们的任务是执行以上代码的编译结果，为此需要保存以上代码的编辑，然后在 VS Code 集成终端执行 node 命令“node declaration-files/javascript-types/index.js”即可——随后我们会得到输出：

```
Hi...
```

说明

为了在 Node.js 中运行以上代码的编译结果，我们不需要像加载 jQuery 包那样手动加载“Node.js 包”，因为 Node.js 运行时会自行加载“Node.js 包”。

至此，我们便掌握了在 TypeScript 项目中使用 jQuery 和 Node.js 的类型包的方法。基于这一经验，我们应该可以快速地开始其他类型包的使用了。

但在今后的使用过程中，我们还需要注意一点，那就是被安装到项目中的 JavaScript 类型包有时候会“失效”。

为了说明这一点，我们需要修改当前项目的 TypeScript 项目配置文件 tsconfig.json 的内容，使其与代码清单 5-107 一致。

代码清单 5-107　tsconfig.json

```
{
    "compilerOptions": {              // 编译器选项
        "sourceMap": true,            // 生成映射文件
        "module": "commonjs",         // 指定生成的 JavaScript 的模块规范
        "moduleResolution": "node",  // 指定模块解析策略
        "types": [ // 需要使用的 JavaScript 类型包
            "jquery"
        ]
    }
}
```

我们在以上代码中新增了一个名为 types 的编译器选项，并将其值设置为仅包含一个字符串成员

jquery 的数组。

这样一来，TypeScript 编译器便会认为当前项目只打算使用前面被安装到项目中的名为 jquery 的 jQuery 类型包（即@types/jquery），而忽略被安装到当前项目中的其他 JavaScript 类型包，比如名为 node 的 Node.js 类型包。

因此，如果我们保存以上代码的编辑，然后回到前面的 use-node.ts 和 index.ts 中，那么将看到 TypeScript 编译器抛出的以下语法错误：

```
Cannot find name 'global'.（找不到名称"global"。）
Cannot find name 'require'.（找不到名称"require"。）
```

当然，我们不希望这样的错误出现，为此需要再次修改 tsconfig.json 中的内容，使其与代码清单 5-108 一致。

代码清单 5-108　tsconfig.json

```
{
    "compilerOptions": {        // 编译器选项
        "sourceMap": true,      // 生成映射文件
        "module": "commonjs", // 指定生成的 JavaScript 的模块规范
        // "moduleResolution": "classic", // 指定模块解析策略
        "moduleResolution": "node",        // 指定模块解析策略
        "types": [ // 需要使用的 JavaScript 类型包
            "jquery",
            "node"
        ]
    }
}
```

我们在编译器选项 types 中添加了一个新的成员 node，这会使 TypeScript 编译器知道当前项目还需要使用名为 node 的 Node.js 类型包（即@types/node），并再次使前面的 use-node.ts 和 index.ts 通过编译。

或许读者会疑惑，为什么在向 tsconfig.json 中添加编译器选项 types 之前，TypeScript 编译器没有出现任何“异常”呢？答案很简单，因为 TypeScript 编译器默认每一个 TypeScript 项目都需要使用项目目录 node_modules/@types 下的所有 JavaScript 类型包；但如果我们向某个项目的 tsconfig.json 文件中添加了编译器选项 types，那么 TypeScript 编译器就会认为这个项目只需要使用编译器选项 types 所列举的那些 JavaScript 类型包——前提是，这些类型包已被安装到了项目中。

当然，在大多数情况下，我们不会选择将某个（些）JavaScript 类型包安装到项目中，但又不使用它（们）。因此，似乎在大多数情况下，我们不需要用到这个名为 types 的编译器选项。但为了使开发团队中的其他成员可以快速地了解项目中使用了哪些 JavaScript 类型包，不妨保留项目 tsconfig.json 文件中的编译器选项 types，并将项目中使用了的 JavaScript 类型包显式地列举在其中——本书案例就是这样做的。

说明

与 JavaScript 类型包相关的编译器选项还有 typeRoots。

编译器选项 types 中的成员的名字通常是 JavaScript 包的包名去除@types 前缀，比如百度地图类型包的名字是“@types/baidumap-web-sdk”，为了将这个类型包包含到项目中，我们需要将“baidumap-web-sdk”添加到编译器选项 types 中。

5.3.5 TypeScript 库

在 5.2.3 节中，我们对 JavaScript 全局作用域下的一些构造函数和对象（即 Number、Date、console 和 Math）进行了扩展。这些构造函数和对象是如何出现在全局作用域下的，我们为什么不需要安装它们的类型包呢？

答案很简单，因为在安装 VS Code 时，一些用于描述 JavaScript 全局作用域下的变量、函数和类型的声明文件也会被安装到 VS Code 的安装目录下，而 TypeScript 编译器默认允许我们在项目中使用其中一些声明文件声明的变量和类型。

说明

安装 TypeScript 编译器时，这些声明文件也会一起被安装到 TypeScript 编译器的安装目录中，因此这些声明文件通常被称为 TypeScript 库。

那么，随 VS Code 一起被安装的声明文件（TypeScript 库）有哪些呢？打开 VS Code 安装目录下的子目录 resources\app\extensions\node_modules\typescript\lib，我们将看到它们（部分被省略）：

```
lib.d.ts
lib.dom.d.ts
lib.dom.iterable.d.ts
lib.es5.d.ts
lib.es6.d.ts
lib.es2015.d.ts
lib.es2016.d.ts
lib.es2017.d.ts
lib.es2018.d.ts
```

以上声明文件中的 lib.dom.d.ts 声明了 DOM 中的变量、函数和类型，比如文档对象变量 document、文档对象的类型 Document、控制台对象变量 console、控制台对象的类型 Console、节点对象的基类型 Node、元素对象的基类型 Element 和事件对象的基类型 Event 等。剩下的 lib.es5.d.ts、lib.es6.d.ts、lib.es2015.d.ts、lib.es2016.d.ts、lib.es2017.d.ts、lib.es2018.d.ts 和 lib.esnext.d.ts 则分别声明了相应版本的 ECMAScript 中的全局变量、函数和类型，比如数字构造函数及数字对象类型 Number、日期构造函数及日期对象类型 Date、数组构造函数及数组类型 Array、集合构造函数及集合类型 Set 和字典构造函数及字典类型 Map 等。

说明

以上构造函数和类型是分开定义的，因此我们找不到数字类 Number、日期类 Date 和字典 Map 类等环境类。

以数字构造函数和数字对象类型 Number 为例，它们是通过以下接口和常量定义的：

```
// 数字对象类型 Number
interface Number {
     toString(radix?: number): string;
     // ... 省略的代码
}
// 数字构造函数的类型
interface NumberConstructor {
     new(value?: any): Number;
     (value?: any): number;
     readonly prototype: Number;
     readonly MAX_VALUE: number;
     // ... 省略的代码
}
// 数字构造函数 Number
declare const Number: NumberConstructor;
```

那么，我们的项目中具体默认可以使用以上哪些声明文件中的变量、函数和类型呢？目前来说是 lib.dom.d.ts、lib.es5.d.ts 和 lib.scripthost.d.ts。

当然，默认情况是可以被覆盖的。为了覆盖以上默认情况，我们需要修改当前项目的 tsconfig.json 文件中的内容，使其与代码清单 5-109 一致。

代码清单 5-109　tsconfig.json

```
{
    "compilerOptions": {                // 编译器选项
        "sourceMap": true,              // 生成映射文件
        "module": "commonjs",           // 指定生成的 JavaScript 的模块规范
        "moduleResolution": "node",     // 指定模块解析策略
        "types": [                      // 需要使用的 JavaScript 类型包
            "jquery",
            "node"
        ],
        "lib": [                        // 需要使用的 TypeScript 库
            "es2015",
        ]
```

```
        }
    }
```

我们在以上代码中新增了一个名为lib的编译器选项，并将其值设置为仅包含一个字符串成员es2015的数组。这样一来，TypeScript编译器便会认为当前项目只打算使用前面列举的TypeScript库中的lib.es2015.d.ts，而忽略剩余的其他库——比如lib.dom.d.ts。

刚刚我们已经了解到，lib.dom.d.ts声明了DOM中的变量、函数和类型，而以上修改将lib.dom.d.ts排除到了当前项目之外，因此我们在保存以上修改并试图编译整个项目时，会得到大量的语法错误：

```
node_modules/@types/jquery/index.d.ts:39:15 - error TS2304: Cannot find name 'Event'.
node_modules/@types/jquery/index.d.ts:67:49 - error TS2304: Cannot find name 'HTMLElement'.
......
```

以上语法错误都是由jQuery的声明文件引发的，因为其中使用了大量DOM中的变量、函数和类型，而它们被排除到了项目之外。

说明

TypeScript编译器默认情况下会检查声明文件中的类型的合法性，但我们可以覆盖这一默认行为——相应的方法参见5.4节。

除了jQuery的声明文件，我们自己编写的TypeScript文件也使用了不少DOM中的console对象变量和Console类型。TypeScript编译器之所以没有认为这些文件引发了语法错误，是因为除了lib.dom.ts，5.3.4节安装的Node.js声明文件也声明了console对象变量和Console类型。

为了消除以上语法错误，我们需要再次修改tsconfig.json中的内容，使其与代码清单5-110一致。

代码清单5-110 tsconfig.json

```
{
    "compilerOptions": {                // 编译器选项
        "sourceMap": true,              // 生成映射文件
        "module": "commonjs",           // 指定生成的 JavaScript 的模块规范
        "moduleResolution": "node",     // 指定模块解析策略
        "types": [                      // 需要使用的 JavaScript 类型包
            "jquery",
            "node"
        ],
        "lib": [                        // 需要使用的 TypeScript 库
            "es2015",
            "dom"
        ]
    }
}
```

我们在编译器选项lib中添加了一个新的成员dom，这会使TypeScript编译器将lib.dom.d.ts包含到当前项目中，从而使jQuery声明文件可以合法地使用Event和HTMLElement等类型。因此，如果我们再次编译整个项目，将发现jQuery声明文件不会再引发语法错误了。

当然，由于在不提供编译器选项lib的情况下，lib.es2015.d.ts和lib.dom.d.ts都是当前项目默认包含的TypeScript库，即使删除以上tsconfig.json文件中的编译器选项lib，当前项目仍然能够通过TypeScript编译器的编译。

但为了使开发团队中的成员可以快速地了解项目中使用了哪些TypeScript库，不妨保留项目tsconfig.json文件中的编译器选项lib，并将需要被包含到项目中的TypeScript库显式地列举在其中——本书案例就是这样做的。

说明

编译器选项lib中的成员的名字通常是TypeScript库的文件名除去前缀“lib.”和后缀“.d.ts”后的值，比如，前面的dom和es2015分别指向lib.dom.d.ts和lib.es2015.d.ts。因此，如果要将lib.webworker.d.ts和lib.es2018.promise.d.ts包含到项目中，就需要向编译器选项lib中添加成员webworker和es2018.promise。

至此，我们便对TypeScript库有了一个全局的了解，同时也接触了不少TypeScript项目中的配置。接下来，就让我们花些时间来对这些配置做一个系统的回顾和总结。

5.4 项目配置

经过本章和前面两章的努力，我们对 TypeScript 已经有了比较全面的了解，这一了解对我们今后的 Angular 应用程序开发以及相关的声明文件和源代码的阅读会有不小的帮助。

最后，我们再花几分钟来总结一下目前我们了解到的 TypeScript 项目的常用编译器选项。

（1）sourceMap，默认值是 false，当被设置为 true 时用于通知编译器生成调试用的映射文件。

（2）strictNullChecks，默认值是 false，当被设置为 true 时用于通知编译器阻止 null 和 undefined 被赋给其他类型的变量。

（3）target，默认值是“es3”，可被设置为“es5”“es6/es2015”和“es2016”等目标 ECMAScript 版本，从而使项目中的 TypeScript 代码可以使用相应目标 ECMAScript 版本的特性，并通知编译器将项目中的 TypeScript 代码编译成遵循相应目标 ECMAScript 版本规范的 JavaScript 代码。

（4）module，默认值是“commonjs”（当以上 target 选项的值是“es3”或“es5”时）或“es6”（当以上 target 的值是“es6/es2015”或更高版本的 ECMAScript 时），可被设置为“umd”和“amd”等值，用于通知编译器将 TypeScript 中的模块编译成相应规范的模块。

（5）moduleResolution，默认值是“classic”（当以上 module 选项的值是“amd”“system”或“es2015”时）或“node”（当以上 module 选项的值是“none”“commonjs”或“umd”等值时），仅这两个值可选，用于通知编译器使用相应的模块解析方式解析 TypeScript 模块。

（6）experimentalDecorators，默认值是 false，当被设置为 true 时用于通知编译器允许 TypeScript 代码中出现装饰器。

（7）emitDecoratorMetadata，默认值是 false，当被设置为 true 时（需要以上 experimentalDecorators 也被设置为 true），用于通知编译器为 TypeScript 代码中的装饰器生成元数据定义代码。

（8）types，默认值为被安装到项目目录 node_modules/@types 下的所有 JavaScript 类型包，当被提供显式的值时，用于通知编译器允许项目中的 TypeScript 代码使用显式指定的 JavaScript 类型包。

（9）lib，默认值是数组["dom", "es5", "scripthost"]（当以上 target 选项的值是“es5”时）、数组["dom", "es6", "dom.iterable", "scripthost"]（当以上 target 选项的值是“es6/es2015”时）或空（当以上 target 的值是“es3”“es2016”和“es2017”等值时），当被提供显式的值时，用于通知编译器允许项目中的 TypeScript 代码使用显式指定的 TypeScript 库。

除了以上熟悉的编译器选项，TypeScript 编译器还包含几十个其他可用的选项，其中 skipLibCheck 选项对我们今后的开发也会有很大帮助。SkipLibCheck 的默认值是 false。当被设置为 true 时，该选项用于通知编译器跳过对项目中的所有声明文件（包括被安装到 node_modules 目录下的 Node.js 包中的声明文件）的类型检查，以在一定程度上缩短项目的编译时间。

基于以上总结以及本章和前面两章的使用经验，本书后面的章节将使用代码清单 5-111 所示的配置。

代码清单 5-111　tsconfig.json

```
{
        "compilerOptions": {                        // 编译器选项
                "sourceMap": true,                  // 生成源映射文件
                "strictNullChecks": true,           // 阻止 null 和 undefined 被赋给其他类型的变量
                "target": "es5",                    // 使当前项目兼容 ES5 的语法，并将编译结果输出为兼
// 容 ES5 的 JavaScript 代码
                "module": "commonjs",               // 将 TypeScript 模块编译成 CommonJS 模块
                "moduleResolution": "node",         // 指定模块解析策略
                "experimentalDecorators": true,     // 开启对装饰器的支持
                "emitDecoratorMetadata": true,      // 通过装饰器生成必要的元数据
                "skipLibCheck": true,               // 跳过项目中所有声明文件的类型检查
                "types": [                          // 需要使用的 JavaScript 类型包
                  "node"                            // Node.js 类型包
```

```
            ],
            "lib": [                                    // 需要使用的 TypeScript 库
              "es2015",                                 // ECMAScript 库
              "dom"                                     // DOM 库
            ]
        }
}
```

由于以上编译器选项 target 被设置为 es5，因此项目中的 TypeScript 代码本应该只能使用 ECMAScript 5 规范下的特性，并且会被编译成遵循 ECMAScript 5 规范的 JavaScript 代码。

但由于以上编译器选项 lib 的值中包含“es2015”，因此，项目会被额外允许使用 ECMAScript 2015 规范下的特性，比如 symbol 类型、Map 构造函数以及数组的 find()和 findIndex()等方法。

这在不兼容 ES2015 的 Javascript 运行时（如 IE 11）中会有问题，因为 TypeScript 代码中使用的这些 ES 2015 特性会被输出到编译后的 JavaScript 代码中，而不兼容 ES 2015 的 JavaScript 运行时无法识别这些特性。

为了避免这样的问题，我们需要使用 ECMAScript 垫片。但这已经不是本章的任务了，因为从第 6 章开始，我们将开始一个真实的 Angular 应用程序的开发。为了使它能够运行在一些低版本的浏览器中，我们将会用到 ECMAScript 垫片。

此外，除了编译器选项 compilerOptions，tsconfig.json 还支持 files、include、exclude 和 extends 等属性。本书随后的章节不会涉及这些属性的使用，故不作赘述。

注意

将编译器选项 target 的值设置为“es6/es2015”“es2016”或“es2017”等较高的 ECMAScript 版本，会使项目中的 TypeScript 代码可以使用相应版本的 ECMAScript 特性，同时也会使 TypeScript 编译器将 TypeScript 代码中的关键字 let 和 class 输出到编译后的 JavaScript 代码中。将编译器选项 target 的值设置为“es3”或“es5”这两个较低的 ECMAScript 版本，同时向编译器选项 lib 提供“es6/es2015”“es2016”或“es2017”等更高的 ECMAScript 版本，也会使项目中的 TypeScript 代码可以使用高版本的 ECMAScript 特性，但不会使 TypeScript 编译器将 TypeScript 代码中的关键字 let 和 class 输出到编译后的 JavaScript 代码中——被输出的是可替代它们的 var 和 function。

5.5 小结

在 5.1 节中，我们对 TypeScript 中的模块有了一个更加彻底的认识，知道了有关模块的导出和导入的更多选择以及它们的作用。我们还学习了 TypeScript 的两种模块解析策略，以及这两种策略下的相对模块导入和非相对模块导入的执行过程。最后，我们了解了什么是模块扩展，从而掌握了在不修改目标模块的代码的情况下如何向那些模块中的类添加方法。

在 5.2 节中，我们学习了如何通过全局命名空间来避免传统 Web 应用程序开发中的命名冲突，以及如何通过模块中的命名空间来避免模块中的命名冲突。我们还学习了 global 扩展的概念，掌握了通过它来对全局作用域下的构造函数、对象和命名空间进行扩展的方法，以方便我们丰富它们的功能。最后，我们了解了 Node.js 中的全局作用域，并结合前面的 global 扩展了解了 reflect-metadata 是如何能够在 Node.js 中工作的。

在 5.3 节中，我们从环境上下文开始，学习了如何在 TypeScript 中访问 JavaScript 代码，并学习了如何通过声明文件来复用并分离 TypeScript 代码中的环境上下文，以及如何通过环境模块来将多个声明文件合并到一起。接着，我们学习了如何安装 JavaScript 包的声明文件，从而使我们的 TypeScript 项目可以方便地使用这些 JavaScript 包。最后，我们还知道了 TypeScript 项目中之所以总是可以使用 JavaScript 中的一些特性，是因为 VS Code 会安装定义这些特性的 TypeScript 库，同时 TypeScript 编译器默认会将其中一些库包含到项目中。

在 5.4 节中，我们对常用的 TypeScript 项目配置做了一个总结。在今后的开发中，我们可以基于这一总结创建新的 TypeScript 项目。在有需要的情况下，我们还应该根据 TypeScript 官方文档的介绍对这一配置做出相应的修改。

第 6 章　Angular 基础概念

经过前面五章的努力，我们已经做好了走进 Angular 世界的充分准备。在本章中，我们将开始了解 Angular 中的一些基础概念，并逐步创建一个简单的 Angular 应用程序。

在第 7 章及之后的五章里，我们将着手开发一个名为“天天菜园”的蔬菜订购 Web 应用程序，并通过这一“漫长”的开发过程来搭建自己的 Angular 技术框架。

首先，让我们通过图 6-1～图 6-3 来熟悉一下“天天菜园”中的一些“页面”。

图 6-1　商品列表视图

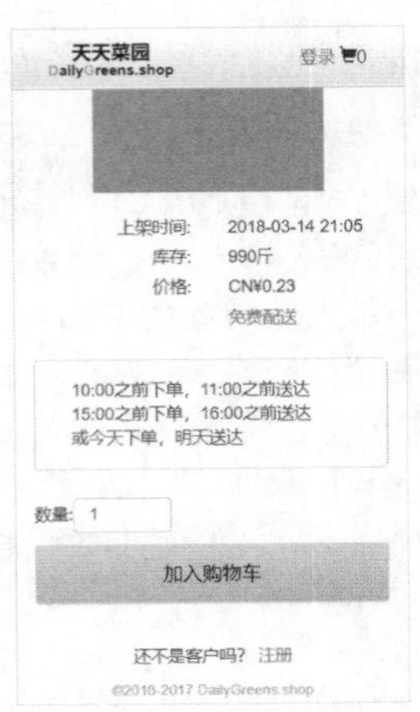

图 6-2　商品细节视图

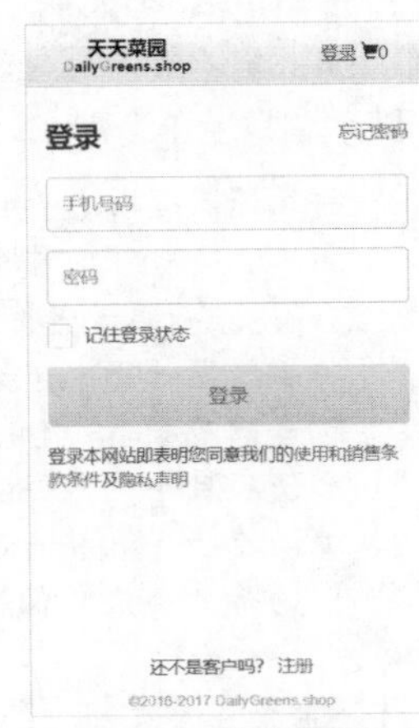

图 6-3　登录视图

事实上，天天菜园是一个单页面应用程序（Single Page Application，SPA），而以上三张图中所示的内容都是同一个页面中的不同视图（View），因此它们之间的切换不会导致整个页面的刷新——这将给用户带来本地应用程序的使用体验。

创建单页面应用程序需要应对的挑战有很多，但 Angular 能给我们带来轻松的开发体验，比如更明显的模块化和更清晰的职责分离，以及由此带来的开发、测试和维护上的方便。

那么，Angular 是怎样做到这些的呢？总的来说，Angular 将应用程序分成几个组成部分，我们只需要分别完成这些部分，就可以快速地创建一个应用程序。

在本章中，我们的任务就是了解 Angular 应用程序的组成部分，然后基于这一了解创建一个简单的 Angular 应用程序，最后再看看 MVC 模式在 Angular 应用程序的应用。

首先，我们先来了解 Angular 应用程序的组成部分。

6.1　Angular 应用程序的组成部分

对于传统的 Web 应用程序来说，其主要组成部分 HTML、JavaScript 和 CSS，并且其中的 HTML 总是我们关注的焦点，开发过程中的所有工作也都是围绕这一焦点发生的：我们需要一个什么样的页面，我们需要获取这个页面上的什么元素，我们向页面中写入或更新其中的什么内容，等等。

这样的开发模式很容易让代码变得混乱，并因此而变得难以理解和维护，比如，在编写 JavaScript 代码时，我们总是要关心 HTML 文件中有哪些标签、这些标签的 ID 是什么，等等。

好在 Angular 摒弃了这种模式，它赋予了 HTML 更加强大的能力，对 JavaScript 所应承担的职责进行了划分，从而将 Web 应用程序分成了几个新的（逻辑上的）组成部分。

在本节中，我们的任务就是了解 Angular 应用程序的几个组成部分，从而为接下来的 Angular 应用程序开发做好必需的理论准备。

首先，让我们先来看看这些组成部分中最主要的成员，即组件。

6.1.1 组件

前面提到传统 Web 开发中 HTML 是所有工作的焦点，但在基于 Angular 的 Web 应用程序开发中，我们关注的焦点变成了组件（Component）——一个维护用户数据、处理用户交互以及相关的应用逻辑，并最终可以呈递一个视图的 TypeScript 类。

说明

严格来说，组件是基于组件类创建的对象，即组件对象。但为了方便描述，“组件”一词通常既用于指代组件类，也用于指代组件对象。相同的情况也会出现在接下来我们将要遇到的“服务”“指令”和“模块”等词上面，也就是说，这些词既用于指代相应的类，也用于指代相应的对象。

代码清单 6-1 展示了一个简单的组件类。

代码清单 6-1 app.component.ts

```
import { Component } from '@angular/core';

@Component({})
export class AppComponent {
}
```

在 Angular 应用程序中，像以上代码中那样被装饰器 Component 装饰了的 TypeScript 类 AppComponent 就称为组件类。

说明

在 6.2 节，我们将通过实际行动来完成以上组件类 AppComponent 的创建和完善。

当用户打开一个 Angular 应用程序时，Angular 运行时首先就会加载一个组件类，然后基于它创建一个相应的组件对象。一旦组件对象被创建，它便会开始获取用户关心的数据，并最终向用户展示一个包含了这些数据的视图。

大多数真实的 Angular 应用程序都不只包含一个组件，在应用程序的运行过程中，用户的行为可能触发更多组件对象的创建，从而使这些组件对象向用户展示更多相应的视图。

在 Angular 应用程序的所有组件中，第一个被加载到 Angular 运行时中的组件称为根组件（Root Component），其所展示的视图称为根视图（Root View）。随后被加载的组件则都是根组件的子组件，子组件所展示的视图都是被嵌套在根视图中的子视图。

在应用程序关闭之前，根组件（以及根视图）是不会被销毁的，但其他子组件（和子视图）会因为用户的行为而被重复地创建和销毁。

比如，前面提到的“天天菜园”，当用户打开它进行登录时，Angular 运行时会先后为用户加载天天菜园中的根组件和客户登录组件，并最终向用户呈递相应的根视图和客户登录视图。

待用户完成登录时，Angular 运行时会销毁登录组件和登录视图（但不销毁根组件和根视图），然后创建商品列表组件，并将商品列表视图呈递到根视图中——在这个过程中，浏览器页面不会被刷新。图 6-4 展示了以上所描述的过程。

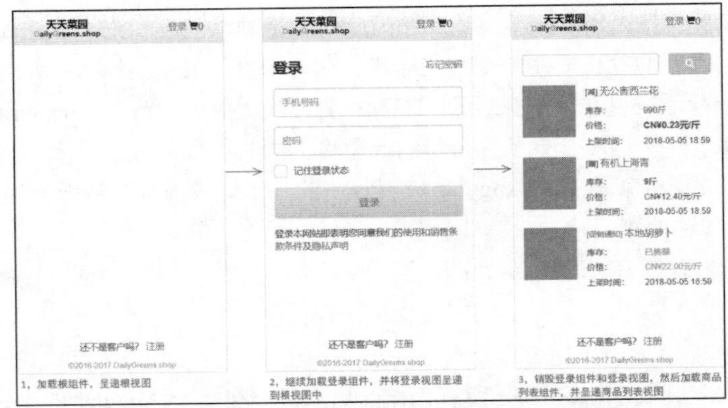

图 6-4　Angular 应用程序中的组件的创建和销毁

以上每一步都涉及一个组件和视图的创建。现在我们已经知道组件是基于组件类创建而来的，那么视图又是基于什么创建的呢？答案是 Angular 应用程序的另一个组成部分，即模板。

6.1.2　模板

简单来说，模板（Template）是一个 HTML 片段，因此它的主要内容是一些 HTML 标签和普通文本。

模板可以和组件类一起定义，也可以被定义在一个独立的 HTML 文件中。代码清单 6-2 展示了一个和 6.1.1 节的组件类 AppComponent 定义在一起的模板。

代码清单 6-2　app.component.ts

```
import { Component} from '@angular/core';

@Component({
    template: '
    <h2>欢迎来到宠物商店</h2>
    <div>商店建设中，敬请期待</div>
    '
})
export class AppComponent {
}
```

其中加粗的代码就是一个模板，其内容目前只包含一对标准的<h2>标签、一对标准的<div>标签以及这两对 HTML 标签中的文本。

模板对组件至关重要，因为最终被呈递到浏览器上的视图是基于组件的模板创建而来的。图 6-5 展示了以上模板被创建为视图的过程。

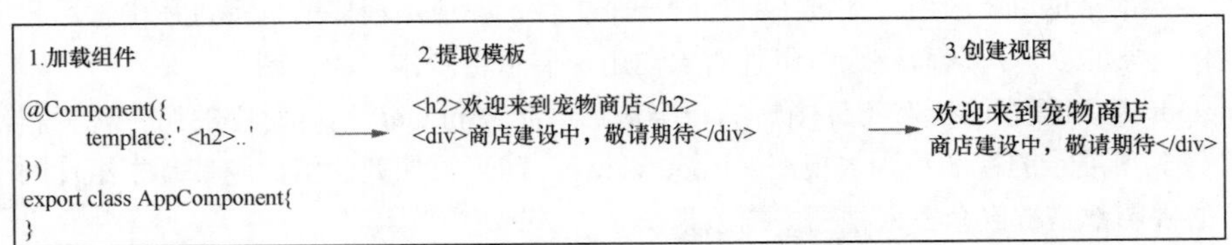

图 6-5　Angular 通过组件的模板创建视图的过程

按照图 6-5 中所示，一旦组件 AppComponent 被加载到浏览器中，Angular 运行时会将其模板提取出来，然后基于它创建一个视图。

当然，Angular 创建视图的目的是将其显示到浏览器中，而以上视图被显示到浏览器中时的效果将与图 6-6 所示的一致。

说明　在 6.2 节中，我们将通过运行程序来看到图 6-6 所示的效果。

从图 6-6 可知，组件 AppComponent 和它的模板应该是被用于开发一个宠物商店应用程序。但从显式效果来看，这个宠物商店是留不住几个顾客的，因为它看上去显得太简陋了。

在 Angular 应用程序中，为了使视图看上去“高档”一点，我们可以通过给模板中的 HTML 标签添加 style 特性来实现。但在大多数情况下，直接设置 HTML 标签的 style 特性不是一件好事，因此 Angular 允许我们通过定义独立的样式表来修改视图的样式。

和模板一样，独立的样式表可以随组件类一起定义，也可以被定义在独立的文件中。代码清单 6-3 展示了随组件类一起定义的独立样式表。

代码清单 6-3　app.component.ts

```
import { Component} from '@angular/core';

@Component({
    template: '
    <h2>欢迎来到宠物商店</h2>
    <div>商店建设中，敬请期待</div>
    ',
    styles:['div{font-style:italic;}']
})
export class AppComponent {
}
```

经过以上修改之后，我们将在浏览器上看到图 6-7 所示的效果。

图 6-6　基于模板创建的视图

图 6-7　通过样式表修改视图的样式

当然，如果希望视图变得更加丰富，还可以通过向相应的模板中添加更多 HTML 标签来实现。但不管添加再多的 HTML 标签，相应的视图都只会是静态的，因为它还不会因为用户的交互而做出响应。

那么，如何让视图“动”起来呢？我们需要用到 Angular 提供的数据绑定技术。

说明

Angular 会基于组件的模板创建一个模板对象和一个相应的视图对象，但初次接触 Angular 的读者目前无须了解这些细节，只需要知道组件的模板会被显示成浏览器上的视图即可。

6.1.3　数据绑定

数据绑定（Data Binding）可以说是 Angular 中最重要的技术，因为是它让用户可以看到“生动鲜活”的视图，也是它让我们的开发工作变得异常轻松的。

那么，数据绑定是怎样做到这些的呢？让我们通过代码清单 6-4 来进行一次初体验。

代码清单 6-4　app.component.ts

```
import { Component} from '@angular/core';

@Component({
    template: '
    <h2>欢迎来到宠物商店</h2>
    <div>我们拥有了{{petCount}}只宠物，</div>
    <div>尽管我们的商店仍在建设中</div>
    ',
    styles:['div{font-style:italic;}']
})
export class AppComponent {
    petCount: number = 120; // 宠物库存
}
```

刚刚我们了解到，模板的主要内容是 HTML 标签和普通文本，但以上代码向我们展示了一个例外，那就是其中的插值绑定（Interpolation）：{{petCount}}。

插值绑定是 Angular 七种数据绑定技术中的一种，其作用是将组件中指定属性的值绑定到基于模板创建的视图上。图 6-8 展示了以上插值绑定的工作过程。

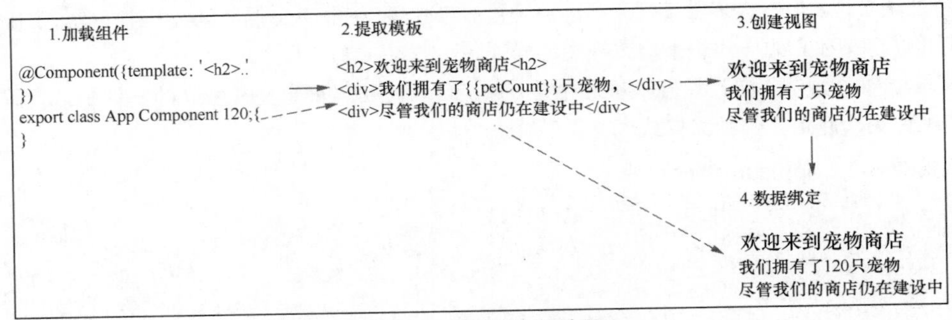

图 6-8　数据绑定的过程

如图 6-8 所示，当模板被创建成视图时，Angular 运行时并不会将模板中的插值绑定{{petCount}}当作普通文本输出到视图中，而是找到组件中和插值绑定中同名的属性 petCount，然后将这个属性的值（即 120）输出到视图中。

因此，经过以上修改之后，浏览器中的视图将与图 6-9 所示的一致。

没有$('#id')，更没有 querySelector('#id')或 getElementById('#id')，甚至都没有给任何 HTML 标签添加 id 特性，但我们成功地向视图中输出了宠物商店中现有的宠物库存。这就是数据绑定的魅力，在它的帮助下，我们不用写任何一行 DOM 遍历代码，就可以将用户关心的任何数据显示到视图中的任何位置。

图 6-9　数据绑定之插值绑定

事实上，数据还可以被逆向绑定，即从视图绑定到组件中。在本书后面的章节中，我们将看到这样的情况，但在了解这样的情况之前，我们先来了解一下 Angular 应用程序中与数据紧密相关的另一个部分，即服务。

6.1.4　服务

当数据绑定将数据从组件绑定到视图中时，读者是否有过这样一个疑问，即组件中的数据从何而来？不管是否有过，这确实是一个问题，而这个问题的答案就是服务（Service）。

服务和组件类似，也是 TypeScript 类。和组件不同的是，服务不需要被装饰器 Component 装饰，因为它不需要向浏览器中呈递任何视图，（目前来说）它的职责只是向组件提供数据。

代码清单 6-5 展示了一个为宠物商店提供宠物数据的宠物服务类。

代码清单 6-5　pet.service.ts

```
export class PetService {
    private pets: Array<{ family: string, name: string, price: number }> = [{
        family: 'Dog',
        name: 'Spike',
        price: 12.3
    }, {
        family: 'Cat',
        name: 'Tom',
        price: 1.2
    }];

  // 获取宠物库存
    getPetCount(): number {
        return this.pets.length;
    }
```

```
// 获取宠物数组
    getPets(): Array<{ family: string, name: string, price: number }> {
        return this.pets;
    }
}
```

从代码中可以发现，宠物服务类 PetService 只是一个普通的 TypeScript 类，它通过方法 getPetCount() 和 getPets()来提供获取宠物库存和宠物数组的服务。

说明

在 Angular 应用程序中，任何类都可以成为服务类。

显然，这两个方法的服务对象应该是组件类 AppComponent。为了使组件类 AppComponent 得以调用这两个方法，我们需要将其定义代码修改成与代码清单 6-6 一致。

代码清单 6-6 pet-shop.component.ts

```
import { Component} from '@angular/core';
import { PetService } from './pet.service';

@Component({
    template: '
    <h2>欢迎来到宠物商店</h2>
    <div>我们拥有了{{petCount}}只宠物，</div>
    <div>尽管我们的商店仍在建设中</div>
    ',
    styles:['div{font-style:italic;}']
})
export class AppComponent {
    petCount: number = 120; // 宠物库存
    pets: Array<{ family: string, name: string, price: number }>; // 宠物数组

    constructor() {
        let petService: PetService = new PetService(); // 创建服务实例
        this.petCount = petService.getPetCount();       // 通过服务获取宠物库存
        this.pets = petService.getPets();               // 通过服务获取宠物数组
    }
}
```

以上修改先导入了宠物服务类 PetService 的定义，接着添加了一个没有参数的构造函数，并在这个构造函数中添加了创建宠物服务实例，以及基于宠物服务实例获取宠物数据的代码。

显然，在接下来的组件实例创建过程中，以上代码会被执行，组件实例的属性 petCount 和 pets 将得到相应的值，即宠物数量 2 和包含两个宠物对象的宠物数组。

再接下来的一切，相信读者已经猜到了，即组件的模板被提取并被用于创建视图，组件属性 petCount 的值（即数字 2）被绑定到视图中，而这个视图被展示到浏览器中的效果最终将与图 6-10 一致。

对于图 6-10 所示的结果，或许读者并不会感到满意，因为宠物服务提供的宠物数据仍然只是内存中模拟的。在真实的开发中，我们希望数据来自持久化的数据源，比如 Web API、Cookie 和 Local Storage 等。本书 10.3 节将介绍如何在服务中和 Web API 通信，以从 Web API 获取真实数据，以及将用户输入的数据提交到 Web API。

图 6-10 通过服务获取宠物数据

但在了解和 Web API 通信之前，我们还需先完成一些更加紧迫的任务，比如通过指令将服务提供的宠物数组显示到视图中。

6.1.5 指令

指令（Directive）在 Angular 应用程序中扮演着和数据绑定（Data Binding）类似的角色，因为指令也是被用在模板中，并且也可以将数据从组件中绑定到视图中。

但和数据绑定不同的是，指令还能通过增加或移除 DOM 元素来影响整个视图的布局和外观。比如，通过 Angular 内置的指令*ngFor，代码清单 6-7 将重复地向视图中增加多个结构相同的 DIV 元素，从而向用户展示一个宠物列表。

代码清单 6-7　app.component.ts

```
import { Component} from '@angular/core';
import { PetService } from './pet.service';

@Component({
    template: '
    <h2>欢迎来到宠物商店</h2>
    <div>我们拥有了{{petCount}}只宠物，它们分别是：</div>
    <div *ngFor="let pet of pets">
        科：{{pet.family}} <br/>
        名字：{{pet.name}} <br/>
        价格：{{pet.price}}
        <hr/>
    </div>
    ',
    styles:['div{font-style:italic;}']
})
export class AppComponent {
    petCount: number = 120; // 宠物库存
    pets: Array<{ family: string, name: string, price: number }>; // 宠物数组

    constructor() {
        let petService: PetService = new PetService(); // 创建服务实例
        this.petCount = petService.getPetCount();       // 通过服务获取宠物库存
        this.pets = petService.getPets();               // 通过服务获取宠物数组
    }
}
```

指令的本质仍然是 TypeScript 类，而以上代码中的*ngFor 是 Angular 内置指令类 NgForOf 的选择器（Selector，可以被理解为指令的名字）别名，其作用是使 Angular 运行时在创建基于以上模板的视图时，通过它找到指令类 NgForOf 并创建其实例。

说明

指令类 NgForOf 的选择器是同时出现的 ngFor 和 ngForOf，*ngFor 是它们的简写别名。在第 7 章中，我们还将遇到另一些内置指令的选择器的简写别名，比如*ngIf。

指令类 NgForOf 的实例一旦被创建，它便会对组件的数组属性 pets 进行遍历，然后在每一次迭代中向视图输出一个 DIV 元素（基于被指令修饰的<div>标签）。由于相应的<div>标签中使用了插值绑定，而它们绑定的数据是当前被迭代的宠物对象（pet）的属性，因此以上模板最终将向浏览器中展示图 6-11 所示的视图。

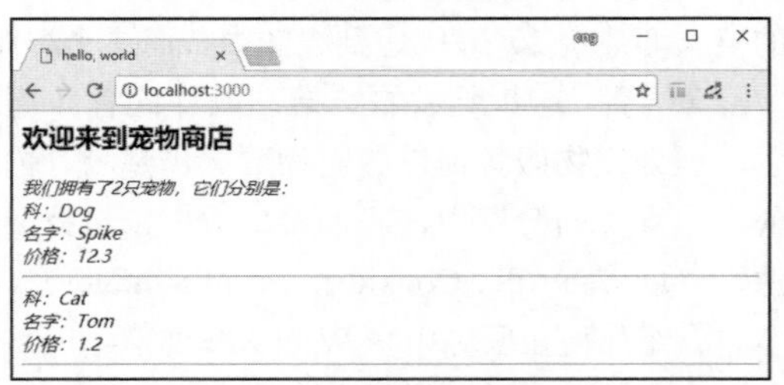

图 6-11　指令的作用

我们再一次体验到了未编写任何 DOM 遍历的代码，却向视图中输出了数据的快感。更加令人兴奋的是，这次我们输出的是列表（数组）数据。

当然，除了输出列表，在另外一些内置指令的帮助下我们还能使模板的功能变得更加强大。如果内置指令无法满足我们的需求，我们还能定义自己的指令类，以实现对模板的更加灵活的控制。

那么，我们该如何使用其他内置指令？又该如何定义自己的指令呢？我们将在第 7 章和第 13 章给出相应的答案。在此之前，我们先来了解一下与数据绑定有关的另一个概念，即管道。

6.1.6　管道

管道（Pipe）被用在数据绑定中，以在数据被展示到视图中之前将其格式化。Angular 提供了一些内

置的管道，比如，代码清单 6-8 就通过 Angular 内置的货币管道 currency 对宠物价格进行了格式化。

代码清单 6-8 app.component.ts

```
import { Component} from '@angular/core';
import { PetService } from './pet.service';

@Component({
    template: '
    <h2>欢迎来到宠物商店</h2>
    <div>我们拥有了{{petCount}}只宠物，它们分别是：</div>
    <div *ngFor="let pet of pets">
        科：{{pet.family}} <br/>
        名字：{{pet.name}} <br/>
        价格：{{pet.price | currency}}
        <hr/>
    </div>
    ',
    styles:['div{font-style:italic;}']
})
export class AppComponent {
    petCount: number = 120; // 宠物库存
    pets: Array<{ family: string, name: string, price: number }>; // 宠物数组

    constructor() {
        let petService: PetService = new PetService(); // 创建服务实例
        this.petCount = petService.getPetCount();      // 通过服务获取宠物库存
        this.pets = petService.getPets();              // 通过服务获取宠物数组
    }
}
```

和指令一样，管道的本质也是 TypeScript 类。以上代码中的 currency 是 Angular 内置管道类 CurrencyPipe 的名字，其作用是使 Angular 运行时在编译以上模板时通过它找到管道类 CurrencyPipe 并创建其实例。

管道 CurrencyPipe 的实例一旦被创建，Angular 运行时便会通过这个实例对 pet.price 进行格式化，然后通过插值绑定将格式化后的宠物价格显示到视图中。

那么，格式化后的宠物价格会是什么样的呢？这里默认使用美元格式，如图 6-12 所示。

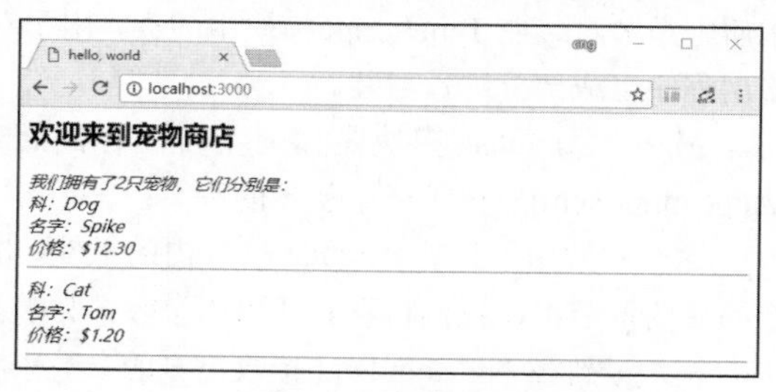

图 6-12 管道的作用

当然，我们身边的大多数应用程序需要的货币格式都应该是人民币格式（或者根本不使用货币格式），另外，这些应用程序中等着我们去格式化的数据肯定也不只有货币（比如，还有最常见的日期）。

面对这些需求，Angular 自然也提供了更多相应的内置管道。当格式化需求比较特殊，Angular 内置的管道类无法满足这些特殊的需求时，我们也还可以定义自己的管道类。

在了解这些之前，我们再来了解一下 Angular 应用程序中的最后一个组成部分，即模块。

6.1.7 模块

模块（Module）的概念对于现在的我们来说已经不陌生了，因为早在第 2 章我们便开始接触三种模块，即通用模块、ECMAScript 模块和 TypeScript 模块。这三种模块可以被视为语言级的模块，因为它们的作用是为模块内的代码提供一个独立的作用域，从而使相应的语言适合大型应用程序的开发。而 Angular 中的模块是框架级的，它不服务于 TypeScript 或其他任何语言，它存在的作用是使 Angular（这个框架）更加适合大型应用程序的开发。

什么意思呢？我们仍以天天菜园为例：当需要向用户展示一个商品列表时，我们需要定义一个维护商品数组的组件、一个提供商品数组的服务、一个用于创建商品列表视图的模板以及可能需要的指令和管道；当需要向用户展示某个商品的细节信息时，我们还需要定义一个维护商品细节的组件以及相应的

服务、模板和可能需要的指令和管道；等等。

可以想象，随着业务的扩展，天天菜园中的组件、服务、模板、指令和管道的数量将会越来越多，届时如果它们没有被很好地组织，那么整个项目将变得越来越难以管理和维护。

好在 Angular 不会让这样的事情发生，因为 Angular 允许我们对组件、模板和服务等按功能进行分类，并通过模块来对属于同一个分类下的它们进行封装，从而使所开发的应用程序变得模块化并因此而易于管理和维护。

除了基于 Angular 开发的应用程序，Angular 这个框架本身也是模块化的，因为它本身就是由一个个提供了不同功能的模块组成的——我们将在 6.2.2 节看到这一点。

那么，Angular 模块究竟长什么样？它是怎样做到对 Angular（应用程序）进行模块化的呢？代码清单 6-9 给出了一个初步的答案。

代码清单 6-9　app.module.ts

```
import { NgModule } from '@angular/core';
import { AppComponent } from './app.component';
import { PetService } from './pet.service';

@NgModule({
    declarations: [AppComponent], // 封装组件 AppComponent
})
export class AppModule {
    // 模块中通常不需要包含任何代码
}
```

以上代码定义了一个名为 AppModule 的 TypeScript 类，由于这个类被模块装饰器 NgModule 装饰了，因此它也是一个 Angular 模块。

根据以上 Angular 模块的定义，我们能发现 TypeScript 模块和 Angular 模块在本质上的不同：TypeScript 模块的本质是一个文件，用于封装 TypeScript 变量、函数、类和接口等定义；Angular 模块的本质则是被封装在 TypeScript 模块中的类，用于对 Angular（应用程序）中的组件、服务、指令和管道等应用程序组成部分进行封装。

那么，Angular 模块是如何实现这样的封装的呢？模块装饰器 NgModule 的参数 declarations: [AppComponent]给出了一个初步的答案：

这个参数用于封装 Angular 模块内的组件、指令和管道，目前完成了对组件 AppComponent 的封装。在随后的章节中，我们将看到使用这个参数封装指令和更多其他组件的情况。

模块装饰器 NgModule 还接收更多的参数来完成对服务的封装，在随后的章节中，我们也将目睹这样的情形。

此外，尽管模块的作用是将相关的组件、指令、管道和服务封装成一个整体，但这并不意味着 Angular 中的模块是孤立的。Angular 模块和 TypeScript 虽然本质上存在着不同，但它们也存在着类似的地方，比如它们都具备导入和导出的功能。

简单来说，模块可以导出它所封装的组件、指令和管道，同时模块本身可以被其他模块导入。如果一个模块导出了它所封装的组件、指令和管道，那么导入了这个模块的其他模块便可以使用这些组件、指令和管道。

模块对服务的封装方式比较特殊，并且不存在导出服务这么一说，这在本书 8.5 节会有专门的介绍。

相比了解 Angular 应用程序中的依赖注入，相信读者更急于尝试创建一个简单的 Angular 应用程序。鉴于本节所描述的内容，读者或许已经能够想象到一个 Angular 应用程序的创建过程了。

6.2　创建一个 Angular 应用程序

在 6.1 节里，我们了解了 Angular 应用程序的组成部分，并接触了一个想象中的宠物商店。在本节中，我们将基于前面对 Angular 应用程序各组成部分的介绍，创建一个真实的宠物商店应用程序。

在开始真正的编码工作之前，我们还需要做一些准备，即安装必要的 Node.js 包、配置 TypeScript 编译器选项以及配置 SystemJS。

说明

Angular 提供了一个 Angular 应用程序创建工具 Angular CLI，这个工具是一个基于 Node.js 的命令行应用程序，通过它，我们只需执行一个命令就可以快速地创建一个 Angular 应用程序。本书我们将在第 14 章中介绍 Angular CLI 的用法，现在要做的是手动创建 Angular 应用程序的每一个组成部分，因为这样能够加深我们对这些组成部分的认识。

6.2.1 准备工作

作为准备工作的第一步，我们要做的是在本书工作目录（E:\Work\ AngularAppDev）下创建一个名为 Chapter6 的子目录，然后在 VS Code 中将这个子目录（E:\Work\AngularAppDev\Chapter6）作为本章项目打开。

打开本章项目之后，我们要做的是为它安装必要的 Node.js 包。

1. 安装 Node.js 包

在第 5 章中，我们已经知道，安装 Node.js 包有两种方式：一是通过 npm 命令逐个安装；二是通过 package.json 文件批量安装。

由于 Angular 应用程序依赖的 Node.js 包比较多，因此我们打算选择批量安装的方式，为此需要在项目根目录下新建一个名为 package.json 的 JSON 文件。

那么，Angular 应用程序到底需要依赖哪些 Node.js 包呢？在回答这个问题之前，我们先把代码清单 6-10 复制到 JSON 文件 package.json 中。

代码清单 6-10 package.json

```
{
    "name": "chapter6",
    "version": "1.0.0",
    "private": true,
    "dependencies": {
        "@angular/common": "7.0.4",
        "@angular/compiler": "7.0.4",
        "@angular/core": "7.0.4",
        "@angular/platform-browser": "7.0.4",
        "@angular/platform-browser-dynamic": "7.0.4",
        "core-js": "2.5.7",
        "rxjs": "6.3.3",
        "systemjs": "0.21.5",
        "zone.js": "0.8.26"
    },
    "devDependencies": {
        "@types/node": "10.12.9",
        "express": "4.16.4"
    }
}
```

说明

项目的依赖包可以被分类，其中仅用于支持项目的开发（而非运行）的属于开发类依赖包，而开发类依赖包应该被放置在 package.json 文件的 devDependencies 属性下。

由于 Node.js 类型包和 Express 不参与 Angular 应用程序在客户端的运行，它们的作用仅仅是提供 Node.js 的类型支持和服务端支持，因此它们被当作开发类依赖包放置到了 devDependencies 下。

此外，当 Node.js 包批量安装命令“npm install”被执行时，package.json 文件的 dependencies 属性和 devDependencies 属性下的依赖包都会被安装到项目根目录下的 node_modules 文件夹中。如果被执行的是带参数“--production”（生产环境）的命令“npm install --production”，那么 devDependencies 属性下的开发类依赖包就不会被安装——这可以减少生产环境下依赖包的安装数量。

以上代码列举了 11 个依赖包，它们可以被分成以下三类。

第一类是 Angular 包，它们完全由 Angular 团队开发和维护，其作用是支持 Angular 应用程序的开发和运行。它们分别是：

（1）@angular/core，Angular 框架的核心包，包含底层的编译器、变化监测系统、依赖注入器、各种装饰器（如 Component 和 NgModule）、各种核心接口和类型以及对应用程序生命周期的管理机制等；

（2）@angular/common，通用功能包，包含通用的指令（如 NgForOf）、管道和服务等；

（3）@angular/platform-browser，浏览器平台包，负责应用程序在浏览器上的静态启动，同时包含 URL 处理、DOM 操作、事件处理和动画等功能；

（4）@angular/compiler，编译器包，包含即时编译器（Just-in-time Compiler），负责应用程序代码的运行时编译，比如将模板编译成可执行的 JavaScript 代码；

（5）@angular/platform-browser-dynamic，浏览器平台动态包，负责在@angular/compiler 和@angular/platform-browser 的基础之上动态启动应用程序，并对应用程序代码进行即时编译。

第二类是浏览器环境包，它们由第三方组织开发，它们的作用是增强浏览器的功能，使浏览器支持更加“现代化”的编程方式。它们分别是：

（1）core-js，ECMAScript 垫片，使低版本的浏览器上可以运行遵循 ES 5、ES 2015 甚至更高版本 ECMAScript 规范的 JavaScript，比如支持 Reflect；

（2）zone.js，跨异步任务的 JavaScript 执行上下文，是 Angular 的变化监测系统得以实现的基础；

（3）rxjs，反应式编程（Reactive Programming）API，使异步操作结果是可监听的（Observable）；

（4）systemjs，通用模块加载器，我们已经接触过了。

第三类是开发依赖包：

（1）@type/node，Node.js 类型包，我们需要通过它来获得 Node.js 中的类型支持；

（2）express，基于 Node.js 的服务端 Web 应用程序开发框架，我们需要使用它承载静态文件和 Web API。

说明

除了 SystemJS，以上各个包的版本都是当前（2018 年 11 月 20 日）的最新版本。读者在阅读本章时可以尝试更新这些包的版本号，以体验它们带来的最新功能，或检验它们的向下兼容性。值得一提的是，本书所有案例起初使用的 Angular 的版本还是 2.*.*。随后其中部分案例使用的 Angular 包先后被升级到 4.*.*、5.*.*和 6.*.*，并最终都被升级到 7.0.4。在这个过程中，所有案例的代码仅做过以下三处调整：模板中的<template>换成了<ng-template>；HttpModule 换成了 HttpClientModule——尽管 HttpModule 仍然能用；SystemJS 配置文件的路径配置 packages 中添加了“'rxjs/operators': { main: 'index.js' }”。

事实上以上最后一处调整还是由 RxJS 的更新导致的，因此，我们可以知道尽管 Angular 每隔半年就会更新一个主版本，但它保持了很好的向下兼容性。

这 11 个包的主要内容是 TypeScript 声明文件和 JavaScript 文件，除了 Node.js 类型包和 Express，其他 9 个包中的大部分 JavaScript 代码都需要被加载到浏览器中，以便为 Angular 应用程序提供运行时支持。

图 6-13 展示了这 9 个包中的 JavaScript 代码具体为 Angular 应用程序的运行提供了怎样的支持。

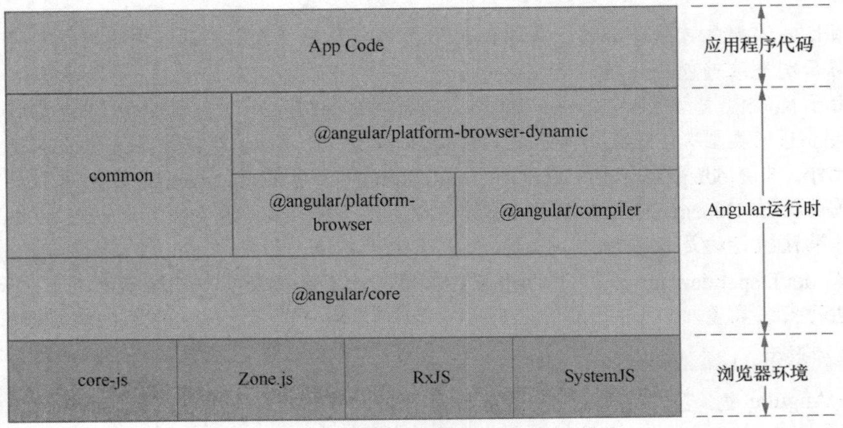

图 6-13　Angula 应用程序 Node.js 包结构

最先被加载到浏览器上的是浏览器环境包，它们用于创建一个“现代化”的浏览器环境。具体它们是怎样做到的呢？6.3 节会给出答案。

接着被加载到浏览器上的是 Angular 包，它们会在上一步创建的浏览器环境的基础上，继续创建一个 Angular 运行时（Runtime），其中包括 Angular 即时编译器、依赖注入器、变化监测系统和 Angular 应用程序运行所依赖的所有基础对象。

最后被加载到浏览器上的是应用程序代码，它们会被 Angular 即时编译器编译成可执行的 JavaScript 代码，并最终向浏览器中呈递相应的视图。

说明

TypeScript 编译器和 Angular 即时编译器不是一回事：TypeScript 编译器的工作地点是开发设备，其作用是将编写 Angular 应用程序的 TypeScript 代码在加载到浏览器之前编译成 JavaScript 代码；Angular 即时编译器的工作地点是浏览器，其作用是将由 TypeScript 代码编译而来的 JavaScript 代码、模板代码和样式代码一起编译成可执行的 JavaScript 代码。除了即时编译，Angular 还提供了一种预先编译（Ahead-of-Time Compilation）技术。通过这种技术，我们也可以在开发设备中预先将应用程序中由 TypeScript 代码编译而来的 JavaScript 代码、模板代码和样式代码一起编译成可执行的 JavaScript 代码，从而免除它们在浏览器中的编译环节，以节省应用程序的启动时间。我们将在第 14 章介绍预先编译技术的用法。

除了 JavaScript 代码，以上 9 个包的另一部分主要内容是 TypeScript 声明文件，它们的作用是为 Angular 应用程序的开发提供编译时类型支持。比如 6.1 节提到的组件装饰器 Component 和模块装饰器 NgModule，它们都是被定义在 Angular 核心包@angular/core 中，因此之前提到的以下代码：

```
import { Component} from '@angular/core';
import { NgModule } from '@angular/core';
```

实际上做的是从声明文件（同时也是 TypeScript 模块）node_modules/@angular/core/core.d.ts 中导入 Component 和 NgModule 的定义，从而使它们可以被所编写的应用程序代码使用。

提示

按照第 2 章介绍的模块解析策略我们可以知道，以上模块路径@angular/core 最终会被指向 node_modules/@angular/core/core.d.ts，因为路径 node_modules/@angular/core 下有一个 Node.js 包配置文件 package.json，而这个文件中的 typings 属性的值为“./core.d.ts”。

知道了以上依赖包的作用之后，我们的任务便是完成以上依赖包的安装了，为此需要打开 VS Code 集成终端，然后输入并执行以下 Node.js 包批量安装命：

```
npm install
```

经过一段时间的等待之后，如果 VS Code 集成终端将提示所有依赖包已安装完成，就可以在项目根目录下多出的 node_modules 文件夹下找到每一个依赖包的安装路径。

说明

Angular 包被安装在 node_modules 文件夹下的名为@angular 的子文件夹中。目前我们只安装了 5 个基础的 Angular 包，但随着本书内容的推进，我们将陆续安装更多其他 Angular 包。

2. 配置 TypeScript 编译器选项

完成依赖包的安装之后，我们还需要配置当前项目的 TypeScript 编译器选项，为此需要在项目根目录下新建一个名为 tsconfig.json 的 JSON 文件，然后将代码清单 6-11 复制到其中。

代码清单 6-11 tsconfig.json

```
{
  "compilerOptions": {   // 编译器选项
      "sourceMap": true, // 生成源映射文件
      "strictNullChecks": true,        // 阻止 null 和 undefined 被赋给其他类型的变量
      "target": "es5",    // 使当前项目兼容 ES5 的语法，并将编译结果输出为兼容 ES5 的 JavaScript 代码
      "module": "commonjs",            // 将 TypeScript 模块编译成 CommonJS 模块
      "moduleResolution": "node",      // 指定模块解析策略
      "experimentalDecorators": true, // 开启对装饰器的支持
      "emitDecoratorMetadata": true,   // 通过装饰器生成必要的元数据
```

```
        "skipLibCheck": true,
        "types": [       // 需要使用的 JavaScript 类型包
          "node"         // Node.js 类型包
        ],
        "lib": [         // 需要使用的 TypeScript 库
          "es2015",      // ECMAScript 库
          "dom"          // DOM 库
        ]
    }
}
```

以上配置对现在的我们来说已经很熟悉了，因此这里便不再赘述它们的作用。接下来，让我们进入通用模块加载器 SystemJS 的配置。

3. 配置 SystemJS

完成 TypeScript 编译器的配置之后，我们便可以开始编写并编译代码了。但如果要让编译结果被加载到浏览器上运行，我们还需要获得模块加载器 SystemJS 的帮助。为了让 SystemJS 正常工作，我们还需要对其进行一番配置。

为了完成这样的配置，我们需要在项目根目录下新建一个名为 src 的源代码文件夹，然后在这个文件夹下新建一个名为 systemjs.config.js 的 JavaScript 文件，并将代码清单 6-12 复制到这个文件中。

说明

在第 2 章中，我们将对 SystemJS 进行配置的代码写在了页面中。从本章开始，由于要对 SystemJS 进行的配置比较多，因此我们会将相应的代码写到独立的 JavaScript 文件 systemjs.config.js 中。

当然，不是必须用 systemjs.config.js 作为 SystemJS 的配置文件的名字，此处使用这个名字只是遵循了 Angular 官方示例的惯例。

代码清单 6-12　systemjs.config.js

```
(function (global) {
    System.config({
        paths: { // 路径变量
            'npm:': 'node_modules/'
        },
        map: { // 路径映射
            'rxjs': 'npm:rxjs',
            '@angular/core': 'npm:@angular/core/bundles/core.umd.js',
            '@angular/common': 'npm:@angular/common/bundles/common.umd.js',
            '@angular/platform-browser': 'npm:@angular/platform-browser/bundles/platform-
browser.umd.js',
            '@angular/compiler': 'npm:@angular/compiler/bundles/compiler.umd.js',
            '@angular/platform-browser-dynamic': 'npm:@angular/platform-browser-dynamic/
bundles/platform-browser-dynamic.umd.js'
        },
        packages: { // 路径配置
            'src': {
                defaultExtension: 'js'
            },
            'rxjs': {
                main: 'index.js',
                defaultExtension: 'js'
            },
            'rxjs/operators': {
                main: 'index.js'
            }
        }
    });
})();
```

以上配置文件在本质上和第 2 章对 SystemJS 进行配置的代码是一样的，即也是一个自调用函数，并且也是通过调用 SystemJS 的 config()方法并向其传递一个配置对象来实现对 SystemJS 进行配置的。

不同于第 2 章的是，以上配置对象显得复杂了不少。但请不要担心，在对其中的每一个属性有了初

步了解之后，读者就会发现它们其实并没有想象中的复杂。

我们先来看看路径变量定义属性 path，它目前定义了名为“npm:”的路径变量——'npm:':'node_modules/'，这会使 SystemJS 在实际需要加载的资源的路径中发现了字符串“npm:”时，将这个字符串替换成另一个字符串“node_modules/”。

接着是模块路径映射属性 map，它目前定义了如下 6 个模块路径映射：

（1）'rxjs':'npm:rxjs'，这会使 SystemJS 在发现需要加载路径为“rxjs”的资源时，实际加载路径为“node_modules/rxjs”的资源——“npm:”被替换成了“node_modules/”；

（2）'@angular/core':npm:@angular/core/bundles/core.umd.js'，这会使 SystemJS 在发现需要加载路径为“@angular/core”的资源时，实际加载路径为“node_modules/@angular/core/bundles/core.umd.js”的资源；

（3）'@angular/common':'npm:@angular/common/bundles/common.umd.js '，这会使 SystemJS 在发现需要加载路径为“@angular/common”的资源时，实际加载路径为“node_modules/@angular/common/bundles/common.umd.js”的资源；

（4）'@angular/platform-browser':'npm:@angular/platform-browser/bundles/platform-browser.umd.js'，这会使 SystemJS 在发现需要加载路径为“@angular/platform-browser”的资源时，实际加载路径为“node_modules/@angular/platform-browser/bundles/platform-browser.umd.js”的资源；

（5）'@angular/compiler':'npm:@angular/compiler/bundles/compiler.umd.js'，这会使 SystemJS 在发现需要加载路径为“@angular/compiler”的资源时，实际加载路径为“node_modules/@angular/compiler/bundles/compiler.umd.js”的资源；

（6）'@angular/platform-browser-dynamic':'npm:@angular/platform-browser-dynamic /bundles/platform-browser-dynamic.umd.js'，这会使 SystemJS 在发现需要加载路径为“@angular/platform-browser-dynamic”的资源时，实际加载路径为“node_modules/@angular/platform-browser-dynamic /bundles/platform-browser-dynamic.umd.js”的资源。

在明白以上映射的意义所在之前，让我们最后再来看看以上配置文件的路径配置属性 packages 中的三个路径配置：

（1）"src":{ defaultExtension:'js' }，这会使 SystemJS 在发现需要加载路径“src”及其子路径下的未指定扩展名的资源时，为目标路径自动添加扩展名“.js”；

（2）“rxjs”:{ main:'index.js',defaultExtension:'js' }，这会使 SystemJS 在发现需要加载路径为“rxjs”映射后的“node_modules/rxjs”的资源时，实际加载路径为“node_modules/rxjs/index.js”的资源，并在发现需要加载路径“node_modules/rxjs”及其子路径下的未指定扩展名的资源时，为目标路径自动添加扩展名“.js”；

（3）“rxjs/operators”:{ main:'index.js' }，这会使 SystemJS 在发现需要加载路径为“rxjs/operators”映射后的“node_modules/rxjs/operators”的资源时，实际加载路径为“node_modules/rxjs/operators/index.js”的资源。

以上看似复杂的配置的意义是什么呢？在随后的开发中我们将编写大量类似于以下代码的 TypeScript 模块导入语句：

（1）import { platformBrowserDynamic } from '@angular/platform-browser-dynamic'；

（2）import { Component } from '@angular/core'。

这些语句会被编译成以下 CommonJS 模块导入语句：

（1）require('@angular/platform-browser-dynamic')；

（2）require('@angular/core')。

以上语句最终会被加载到浏览器中，并使 SystemJS 尝试加载以下两个路径指向的服务端资源：

（1）@angular/platform-browser-dynamic；

（2）@angular/core。

事实上，我们希望 SystemJS 加载的并不是这两个路径指向的资源（因为它们不存在），而是以下两个路径指向的 Angular 浏览器平台动态包和 Angular 核心包的编译结果文件：

（1）node_modules/@angular/platform-browser-dynamic/bundles/platform-browser-dynamic.umd.js；

（2）node_modules/@angular/core/bundles/core.umd.js。

为了使 SystemJS 能够实现以上加载，我们需要把这一意图通过以上配置中与 Angular 相关的部分告诉 SystemJS。

此外，Angular 的源代码中还包含大量以下 TypeScript 模块导入语句：

（1）import { Observable } from 'rxjs';

（2）import { map } from 'rxjs/operators'。

这些语句会被编译成以下 CommonJS 模块导入语句：

（1）require('rxjs');

（2）require('rxjs/operators')。

以上语句同样会被加载到浏览器中，并使 SystemJS 尝试加载以下两个路径指向的服务端资源：

（1）rxjs；

（2）rxjs/operators。

Angular 的意图其实也不是加载这两个路径指向的资源（它们也不存在），而是加载以下两个路径指向的 RxJS 编译结果文件：

（1）node_modules/rxjs/index.js；

（2）node_modules/rxjs/operators/index.js。

为了使 SystemJS 能够实现以上加载，我们需要把这一意图通过以上配置中与 RxJS 相关的部分告诉 SystemJS。

最后，我们在 6.2.2 节还会将应用程序代码文件保存在项目目录 src 之下。为了使 SystemJS 能够正确地加载这个目录下的应用程序代码文件编译后的 JavaScript 文件，我们还需要把这一意图通过以上配置中的路径配置 src 告诉 SystemJS。

如果读者仍不能完全清晰地理解以上配置的意图，也不需要着急。因为接下来我们将开始应用程序代码的编写，并在编码的过程中加深对以上配置的理解。

6.2.2　编写应用程序代码

我们终于要开始编写真正的 Angular 应用程序代码了。但我们该从哪里开始呢？如 6.1.1 节提到的，当用户打开一个 Angular 应用程序时，Angular 运行时总是会先加载一个根组件。因此，我们就从根组件的创建开始。

1. 创建组件

在 6.1.1 节中，我们已经知道，组件的本质是 TypeScript 类，因此，组件的创建其实就是 TypeScript 类的创建。

为了创建一个代表应用程序根组件的 TypeScript 类，我们需要在项目源代码目录 src 下新建一个名为 app.component.ts 的 TypeScript 文件，然后将代码清单 6-13 复制到其中。

说明

按照 Angular 官方示例的惯例，应用程序源代码应被存放在项目中名为 src 的目录下，根组件的声明文件的名字应为 app.component.ts。

此外，其他组件的声明文件的名称应为“功能名/业务名.component.ts”，随后我们将要创建的服务和模块的声明文件的名字应为“功能名/业务名.service.ts”和“功能名/业务名.module.ts”。

代码清单 6-13　src/app.component.ts

```
import { Component} from '@angular/core'; // 导入组件装饰器

// 将普通 TypeScript 类 AppComponent 装饰成组件类
@Component({
})
```

```
export class AppComponent {
    petCount: number; // 宠物库存
    pets: Array<{ family: string, name: string, price: number }>; // 宠物数组
}
```

是不是有一种似曾相识的感觉？是的，因为 6.1.1 节展示过这个组件类的定义代码。尽管如此，此处还是有必要对这个组件进行一番更加详细的介绍。

首先，以上代码中的第一行，其作用是从路径“@angular/core”指向的 TypeScript 模块 node_modules/@angular/core/core.d.ts 导入组件装饰器 Component 的定义。

说明

按照 5.1.3 节的介绍，以上 import 语句会使 TypeScript 编译器首先发现 JSON 文件 node_modules/@angular/core/package.json，然后根据这个 JSON 文件的 typings 属性的值（./core.d.ts）找到目标模块 node_modules/@angular/core/core.d.ts。

这个目标模块是 Angular 核心包的声明文件，打开这个文件之后，我们会发现它唯一的职责是重新导出了更多其他声明文件中的定义，而组件装饰器 Component 就是其中之一。

此外，以上 import 语句会被编译成 CommonJS 模块加载语句 require('@angular/core')。根据 6.2.1 节的“配置 SystemJS”部分的描述，这条语句最终会被 SystemJS 执行以加载服务端路径为 node_modules/@angular/core/bundles/core.umd.js 的 CommonJS 模块。

这个 CommonJS 模块是 Angular 核心包的编译结果文件，它能够顺利被加载到浏览器中，这是我们需要通过 systemjs.config.js 对 SystemJS 进行配置的原因。

在随后的开发和学习过程中，我们还会看到大量类似于 import { ** } from '@angular/**'的语句。这些语句的作用都是导入相应的 Angular 包的声明文件中的定义，以使所编写的 TypeScript 代码能够通过编译。这些 import 语句最终都会被编译成相应的 CommonJS 模块加载语句 require('@angular/**')，从而使 SystemJS 加载相应的 Angular 包编译结果文件 node_modules/@angular/**/bundles/**.umd.js，以支撑应用程序在浏览器中的运行。

接着是代码中的第二部分，即对组件装饰器的使用：

```
@Component({
})
```

对于装饰器的使用，我们一点都不陌生，其作用无非就是为被其装饰的对象（类、属性、访问器、方法和参数）添加一些元数据，从而使这些元数据可以在应用程序的运行中使用。

显然，以上组件装饰器 Component 是一个类装饰器，其作用则是为被其装饰的目标类 AppComponent 添加元数据，从而使 Angular 运行时知道 AppComponent 是一个组件类。

说明

让 Angular 运行时知道一个类是组件类至关重要，因为应用程序中的类可能会有成百上千个，而 Angular 运行时只会基于组件类创建相应的组件对象，并基于组件类的模板展示相应的视图。

最后是组件类 AppComponent 本身，它通过属性 petCount 和 pets 维护了两个用户数据，即宠物库存和宠物数组。

用户数据是要展示给用户看的，为此我们还需要给组件添加一个模板，并在模板上完成数据绑定。

2. 创建模板

我们在 6.1.2 节见过和组件定义在一起的模板，现在我们打算创建一个定义在独立文件中的模板，为此需要在项目源代码目录 src 下新建一个名为 app.html 的 HTML 文件，然后将代码清单 6-14 复制到其中。

代码清单 6-14 src/app.html

```
<h2>欢迎来到宠物商店</h2>
<div>我们拥有了{{petCount}}只宠物，它们分别是：</div>
<div *ngFor="let pet of pets">
    科：{{pet.family}}
    <br/> 名字：{{pet.name}}
    <br/> 价格：{{pet.price | currency}}
    <hr/>
</div>
```

以上模板对我们来说也不陌生，因为在 6.1.2 节也提到过这个模板，还说明了这个模板将通过插值绑定{{petCount}}把基于组件类 AppComponent 创建的组件对象的属性 petCount 绑定（显示）到视图中，同时通过指令*ngFor 把组件对象的数组属性 pets 循环输出到视图中，并通过管道对循环输出的宠物价格进行格式化。

和 6.1.2 节不同的是，这次我们是将模板定义在独立的 HTML 文件中的。此时，如果要让这个模板成为组件 AppComponent 的模板，就需要修改组件 AppComponent 的定义代码，使其与代码清单 6-15 一致。

代码清单 6-15　src/app.component.ts

```
import { Component} from '@angular/core'; // 导入组件装饰器

// 将普通 TypeScript 类 AppComponent 装饰成组件类
@Component({
    templateUrl: 'src/app.html' // 设置组件的模板路径
})
export class AppComponent {
    petCount: number;                    // 宠物库存
    pets: Array<{ family: string, name: string, price: number }>; // 宠物数组
}
```

我们给组件装饰器 Component 提供了一个参数 templateUrl（不是 template），然后将这个参数的值设置为刚刚创建的模板的路径，即 src/app.html——这是一个绝对路径。

经过以上修改之后，当 Angular 运行时在加载组件 AppComponent 时，便会加载路径 src/app.html 指向的模板，并在模板加载完成时基于它创建组件 AppComponent 的视图。

3. 创建服务

前面创建的组件 AppComponent 虽然封装了两个数据属性（即 petCount 和 pets），但其实到现在为止，基于 AppComponent 创建的组件对象的这两个属性是不会获得任何数据的。

为了使组件对象的数据属性获得数据，我们还需要创建一个提供宠物数据的服务类，为此需要在项目源代码目录 src 下新建一个名为 pet.service.ts 的 TypeScript 文件，并将代码清单 6-16 复制到其中。

说明

使用“功能/业务名.service.ts”作为服务类声明文件的名字，是 Angular 官方示例命名服务类声明文件时使用的惯例。

代码清单 6-16　src/pet.service.ts

```
// 定义宠物服务类
export class PetService {
    // 宠物数组——模拟的宠物数据
    private pets: Array<{ family: string, name: string, price: number }> = [{
        family: 'Dog',
        name: 'Spike',
        price: 12.3
    }, {
        family: 'Cat',
        name: 'Tom',
        price: 1.2
    }];

    // 获取宠物库存
    getPetCount(): number {
        return this.pets.length;
    }

    // 获取宠物数组
    getPets(): Array<{ family: string, name: string, price: number }> {
        return this.pets;
    }
}
```

毋庸置疑，以上 PetService 从 6.1.4 节复制过来的宠物服务类，它维护了一个私有的宠物数组，并通

过公共的方法 getPetCount()和 getPets()向组件 AppComponent 提供宠物库存和宠物数组。

为了使 AppComponent 获得以上宠物类提供的宠物数据，我们需要对 AppComponent 的定义代码做些修改，使其与代码清单 6-17 一致。

代码清单 6-17 src/app.component.ts

```
import { Component} from '@angular/core';    // 导入组件装饰器
import { PetService } from './pet.service'; // 导入宠物类

// 将普通 TypeScript 类 AppComponent 装饰成组件类
@Component({
    templateUrl: 'src/app.html'
})
export class AppComponent {
    petCount: number; // 宠物数量
    pets: Array<{ family: string, name: string, price: number }>; // 宠物数组

    /**
     * 构造组件实例
     */
    constructor() {
        let petService: PetService = new PetService(); // 创建服务实例

        this.petCount = petService.getPetCount();      // 获取宠物库存
        this.pets = petService.getPets();              // 获取宠物数组
    }
}
```

以上修改同样是来自 6.1.4 节的内容，其作用是使 Angular 运行时在创建根组件实例的同时也创建一个宠物服务实例，从而使根组件可以获得来自于宠物服务中的宠物库存和宠物数组。

至此，我们便完成了一个 Angular 应用程序的雏形：组件负责用户数据的维护，模板负责将用户数据呈递到视图，服务负责提供用户数据。

但如果要让组件、模板和服务如我们期望的那样工作，我们还需要创建一个模块，并将组件封装到这个模块中。

4. 创建模块

在 6.1.7 节中，我们已经知道 Angular 模块的本质也是 TypeScript 类，并同时见过一个封装应用程序根组件 AppComponent 的 Angular 模块。

现在我们仍然打算使用这个模块来完成以上工作，但作为应用程序中的第一个模块，它所需要承担的职责可能会比我们目前了解到的多一点。

怎么说呢？让我们先在项目源代码目录 src 下新建一个名为 app.module.ts 的 TypeScript 文件，然后将代码清单 6-18 复制到其中。

说明

一个真实的 Angular 应用程序通常不只包含一个模块，其中封装了应用程序根组件的模块称为根模块（Root Module），而将根模块的声明文件命名为 app.module.ts 也是 Angular 官方示例的惯例。

此外，使用“功能/业务名.module.ts”作为模块类声明文件的名字，是 Angular 官方示例命名其他模块的声明文件时使用的惯例。

代码清单 6-18 src/app.module.ts

```
import { NgModule } from '@angular/core';                        // 导入模块装饰器的定义
import { BrowserModule } from '@angular/platform-browser'; // 导入浏览器模块的定义
import { AppComponent } from './app.component';              // 导入组件 AppComponent 的定义

@NgModule({
    imports: [BrowserModule],        // 导入浏览器模块
    declarations: [AppComponent], // 声明组件 AppComponent 为当前模块内的组件
    bootstrap: [AppComponent]       // 从组件 AppComponent 启动
})
```

```
export class AppModule {
    // 模块中通常不需要包含任何代码
}
```

显然，以上 TypeScript 类 AppModule 就是所要创建的（根）模块。

虽然我们在 6.1 节就对这个模块（的简化版本）有了一定的了解，但此处仍有必要再次对它做一个详细的介绍。

首先是其中的以下代码：

```
import { NgModule } from '@angular/core';
@NgModule({})
```

这两行代码先从 Angular 核心包声明文件（node_modules/@angular/core/core.d.ts，一个 TypeScript 模块）中导入了模块装饰器 NgModule 的定义，接着通过模块装饰器 NgModule 对 TypeScript 类 AppModule 进行了装饰，从而使 Angular 运行时知道 AppModule 是一个 Angular 模块。

接着是以下代码：

```
import { AppComponent } from './app.component';
declarations: [AppComponent]
```

这两行代码先从所创建的应用程序根组件声明文件（也是 TypeScript 模块）中导入了组件类 AppComponent 的定义，接着将这个类传递给模块装饰器 NgModule 的参数 declarations，从而使这个类被封装到模块 AppModule 中。

再接着是我们尚不熟悉的代码：

```
import { BrowserModule } from '@angular/platform-browser';
imports: [BrowserModule]
```

这两行代码首先从 Angular 浏览器平台包声明文件（node_modules/@angular/platform-browser/platform-browser.d.ts，一个 TypeScript 模块）中导入了浏览器模块 BrowserModule 的定义。

BrowserModule 是 Angular 框架中内置的一个 Angular 模块，它和我们定义的应用程序根模块 AppModule 一样，本质上也是一个被模块装饰器 NgModule 装饰了的 TypeScript 类。

目前，我们不需要深究 BrowserModule 的细节，只需要知道它封装了大量的浏览器功能（如 DOM 操作和事件处理等），并间接地导出了 Angular 通用功能包@angular/common 中的指令（如*ngFor）。

以上代码将 BrowserModule 添加到了根模块 AppModule 的装饰器参数 imports 中，这意味着我们将 BrowserModule 导入 AppModule 中，从而使根模块 AppModule 获得了浏览器功能，并使根模块 AppModule 可以使用 Angular 通用功能包@angular/common 中的指令——这是 Angular 应用程序能够运行在浏览器上的基础。

说明

TypeScript 中的 import 语句是语言级的，其作用是使一个 TypeScript 模块导入另一个 TypeScript 模块导出的定义，从而使当前 TypeScript 模块在使用其导入的定义时获得 TypeScript 编译器的支持。

Angular 模块装饰器中的 imports 参数是框架级的，其作用是使一个 Angular 模块导入另一个 Angular 模块封装指令、组件、管道和服务，从而使当前 Angular 模块在使用另一个 Angular 模块封装的指令、组件、管道和服务时可以获得 Angular 运行时的支持。

从第 7 章开始，我们还会继续进行更多 Angular 模块的导入，并且这些模块包含 Angular 内置的模块和我们自己创建的模块。

最后是以下代码：

```
bootstrap: [AppComponent]
```

这行代码对应用程序的启动至关重要，因为随后我们会将模块 AppModule 加载到浏览器上，一旦 AppModule 被加载到浏览器上，Angular 运行时便会因为这行代码的存在而开始创建组件 AppComponent 的实例，并最终将相应的视图呈递到浏览器上。

那么，AppModule 怎样才会被加载到浏览器上呢？我们需要一个应用程序入口。

5. 创建应用程序入口

所谓应用程序入口，是一段用于加载 Angular 应用程序根模块的代码。

那么，这段代码究竟是什么样的呢？我们在项目源代码目录 src 下新建一个名为 mian.ts 的 TypeScript 文件，然后将代码清单 6-19 复制到其中。

代码清单 6-19 src/main.ts

```
import { platformBrowserDynamic } from '@angular/platform-browser-dynamic'; // 导入浏览器平
// 台创建函数
import { AppModule } from './app.module';  // 导入 AppModule

const platform = platformBrowserDynamic(); // 创建浏览器平台对象
platform.bootstrapModule(AppModule);       // 加载根模块 AppModule
```

以上代码可以分成两部分，第一部分代码是：

```
import { platformBrowserDynamic } from '@angular/platform-browser-dynamic';
const platform = platformBrowserDynamic();
```

这部分代码从 Angular 提供的浏览器平台动态包（node_modules/@angular/platform-browser-dynamic/platform-browser-dynamic.d.ts）中导入了浏览器平台创建函数 platformBrowserDynamic，并通过调用这个函数创建了一个浏览器平台对象 platform——浏览器中的 Angular 运行时也会因此而创建。

第二部分代码是：

```
import { AppModule } from './app.module';
platform.bootstrapModule(AppModule);
```

这部分代码导入了我们自己创建的应用程序根模块 AppModule，然后以它为参数调用浏览器平台对象的应用程序启动方法 bootstrapModule——这将使 Angular 运行时开始加载根模块 AppModule。

由于根模块 AppModule 中封装了根组件 AppComponent，因此以上代码还会继续加载根组件以及根组件依赖的模板和宠物服务。在完成所有资源的加载之后，Angular 运行时则会开始创建根组件的实例、宠物服务的实例和相应的视图实例，然后完成必要的数据绑定，并最终将视图呈递到浏览器中。

也就是说，至此我们已经完成了一个 Angular 应用程序的创建，并做好了启动它的准备。接下来，我们的任务就是要启动应用程序了。

6.2.3 启动应用程序

如果要启动 Angular 应用程序，我们只需要将前面提到的应用程序入口文件 main.ts 编译成相应的 JavaScript 文件 main.js，然后将 main.js 加载到浏览器中，以使其中的 JavaScript 代码得到执行即可。

在此之前，我们还有最后的一些准备要做，比如，创建一个服务端应用程序以承载 Angular 应用程序中的所有资源（JavaScript、HTML、CSS 和 Web API 文件等）。

1. 创建服务端

在第 2 章中，我们通过 Express 创建过一个简单的基于 Node.js 的服务端应用程序。现在，我们要做的就是再次通过 Express 创建一个符合承载 Angular 应用程序要求的 Node.js 服务端应用程序。

按照当时的经验，通过 Express 创建 Node.js 服务端应用程序的第一步应该是安装 Express 包。但由于我们在 6.2.1 节已经完成了这一步，因此接下来要做的是直接开始服务端应用程序的创建。

为了创建服务端应用程序，我们需要在项目根目录下新建一个名为 server-app.js 的 JavaScript 文件，然后将代码清单 6-20 复制到其中。

代码清单 6-20 server-app.js

```
// 导入 Express 模块，并创建 Express 应用程序对象
var express = require('express');
var app = express();

// 中间件配置：允许客户端请求服务端目录/node_modules 和/src 下的静态资源
app.use('/node_modules', express.static('node_modules'));
```

```
    app.use('/src', express.static('src'));

    // 路由配置：当客户端通过 GET 方式请求服务端根路径（即 http://localhost:50424/）时，返回目录 src 下的 HTML
文件 index.html
    app.get('/', function (req, res) {
        res.sendFile(__dirname + '/src/index.html');
    });

    // 启动应用程序，并监听 50424 端口上的请求
    var server = app.listen(50424, function () {
        var host = server.address().address;
        var port = server.address().port;

        console.log('当前应用程序正在监听 http://%s:%s', host, port);
    });
```

以上代码对现在的我们来说并不陌生，因为在 2.1.5 节我们写过几乎一样的代码，并知道其作用就是创建一个服务端应用程序。

但和第 2 章相比，以上代码有三处主要的变化。其中第一处变化是：

```
app.use('/node_modules', express.static('node_modules'));
app.use('/src', express.static('src'));
```

这两行代码将使服务端应用程序只接收目录 node_modules 和 src 下的静态资源（这些资源包括各种 Node.js 包和所开发的应用程序中 JavaScript、HTML 和 CSS 等文件）的请求，而非像第 2 章的 app.use (express.static(__dirname))那样允许客户端访问服务端的所有静态资源——出于基本的安全考虑。

第二处变化是：

```
app.get('/', function (req, res) {
    res.sendFile(__dirname + '/src/index.html');
});
```

这段代码将使服务端在接收到客户端对服务端根路径的 GET 请求时，向客户端返回服务端 src 目录下的 HTML 文件 index.html。

第三处变化是使应用程序监听的端口由 3000 变成了 50424，其目的仅仅是为了说明服务端应用程序监听的端口是可变的——如果有需要，也可以将 50424 换成任何其他合法且未被占用的端口。

基于以上三处变化，我们可以知道，如果此时启动服务端应用程序，然后在浏览器地址栏输入 http://localhost:50424 并按回车键，随后服务端将会返回目录 src 下的 HTML 文件 index.html。

说明

如果代码清单 6-20 中没有以上第二处变化提及的代码，我们仍然可以通过 http://localhost:50424/src 或 http://localhost:50424/src/index.html 访问目标 HTML 文件。但显然这两个 URL 没有 http://localhost:50424 友好。

显然，目前服务端目录 src（即应用程序源代码目录）下还没有一个名为 index.html 的 HTML 文件。因此，接下来我们要做的就是创建这么一个文件。

2. 创建启动页面

每个 Web 应用程序都有一个首页，Angular 应用程序也不例外。通常首页是由域名（加端口）直接访问的，因此刚刚提到的名为 index.html 的 HTML 文件将要展示的就是 Angular 应用程序的首页。

和传统的 Web 应用程序相比，Angular 应用程序的首页比较特殊，因为它本身通常不包含任何用户数据或视觉元素，它的职责是加载必要的 ECMAScript 垫片、Angular 和应用程序源代码，并完成 Angular 应用程序的启动——因此本书将这个页面称为 Angular 应用程序的启动页面。

那么，这个启动页面具体长什么样呢？让我们在项目源代码目录 src 下新建一个名为 index.html 的 HTML 文件，然后将代码清单 6-21 复制到其中。

代码清单 6-21　src/index.html

```
<html>
<head>
    <title>宠物商店</title>
```

```
        <!-- 1. 加载 ECMAScript 垫片 -->
        <script src="node_modules/core-js/client/shim.js"></script>
        <script src="node_modules/zone.js/dist/zone.js"></script>
        <script src="node_modules/systemjs/dist/system.src.js"></script>

        <!-- 2. 配置 SystemJS -->
        <script src="src/systemjs.config.js"></script>

        <!-- 3. 加载 Angular 应用程序入口文件 src/main.js，以完成对 Angular 的加载，和对应用程序的启动 -->
        <script>
            System.import('src/main.js').catch(function (err) {
                // 捕获并显示应用程序启动异常
                console.error(err);
            });
        </script>
    </head>
    <body>
    </body>
    </html>
```

这是一个极简单的 HTML 文件，其主要内容是代码中被添加了注释的三部分<script>标签，其中第一部分包含以下三对<script>标签：

```
    <script src="node_modules/core-js/client/shim.js"></script>
    <script src="node_modules/zone.js/dist/zone.js"></script>
    <script src="node_modules/systemjs/dist/system.src.js"></script>
```

这三对<script>标签将分别从服务端加载被安装到当前项目中的 core-js、Zone.js 和 SystemJS 的 JavaScript 源代码的浏览器中。

说明

在 core-js、Zone.js 和 SystemJS 的安装目录下，我们能发现大量的 JavaScript 或 TypeScript 文件，这些文件是组成 core-js、Zone.js 和 SystemJS 的子模块。

在 6.2.1 节的“安装 Node.js 包”部分我们已经知道，core-js、Zone.js、RxJS 和 SystemJS 一起作用于现代浏览器环境的准备，它们是 Angular 这个框架能够运行在浏览器上的前提。

但为什么以上代码没有将 RxJS 加载到浏览器上呢？因为 Angular 对 RxJS 的依赖程度比较深，RxJS 会随 Angular 一起被加载到浏览器中。

然而 Angular 的加载通过简单的<script>是无法实现的，因为 Angular 是模块化的，我们必须通过模块加载器 SystemJS 才能实现对 Angular 的加载。在 SystemJS 能够工作之前，我们需要确保以上代码的第二部分能够顺利执行：

```
    <script src="src/systemjs.config.js"></script>
```

这行代码将把 6.2.1 节的“配置 SystemJS”部分创建的 SystemJS 配置文件 systemjs.config.js 加载到浏览器中，以完成对 SystemJS 的配置。

之前在创建 SystemJS 配置文件 systemjs.config.js 时，我们曾提出过这样一个问题，即为什么要配置模块路径映射？现在是进一步回答这个问题的时候了。

让我们回顾一下 6.2.2 节创建的组件、模块和应用程序入口文件中曾编写过这样的 TypeScript 代码：

```
    import { Component} from '@angular/core';
    import { NgModule } from '@angular/core';
    import { BrowserModule } from '@angular/platform-browser';
    import { platformBrowserDynamic } from '@angular/platform-browser-dynamic';
```

现在我们已经知道以上代码的作用是从 Angular 核心包声明文件@angular/core/core.d.ts、浏览器平台包声明文件@angular/platform-browser/platform-browser.d.ts 和浏览器平台动态包声明文件@angular/platform-browser-dynamic/platform-browser-dynamic.d.ts 中，导入 Angular 组件装饰器 Component、模块装饰器 NgModule、浏览器模块 BrowserModule 和浏览器平台创建函数 platformBrowserDynamic 的定义，从而使这些定义在接下来的 TypeScript 代码中可以被使用。

那么，以上 TypeScript 代码被编译成 JavaScript 代码之后会是什么样的，它们被加载到浏览器上之后是怎样工作的呢？首先它们大概是这样的：

```
var core_1 = require("@angular/core");
var platform_browser_1 = require("@angular/platform-browser");
var platform_browser_dynamic_1 = require("@angular/platform-browser-dynamic");
```

当这三行代码被加载到浏览器上时，它们会调用通用模块加载器 SystemJS 的 require()函数，以试图将服务端路径为@angular/core、@angular/platform-browser 和@angular/platform-browser-dynamic 的资源加载到浏览器中。

然而，我们的本意不是加载以上路径所指向的资源，并且服务端也没有这些路径所指向的资源。我们实际上要加载的是 Angular 核心包、浏览器平台包和浏览器平台动态包编译后的 JavaScript 文件，因为只有把它们加载到浏览器中，接下来的应用程序代码才能够顺利执行。

那么，Angular 的这三个包的编译结果文件在服务端的路径是什么呢？它们是：

（1）node_modules/@angular/core/bundles/core.umd.js；

（2）node_modules/@angular/platform-browser/bundles/platform-browser.umd.js；

（3）node_modules/@angular/platform-browser-dynamic/bundles/platform-browser-dynamic.umd.js。

也就是说，我们实际上希望的是，当前面的三个 require()函数被执行时，SystemJS 会加载以上三个路径所指向的服务端资源。为此，我们必须在前面三个 require()函数被执行之前，通过 SystemJS 的配置文件将 TypeScript 模块路径@angular/core、@angular/platform-browser 和@angular/platform-browser-dynamic 映射成以上三个 JavaScript 文件的路径。

显然，完成以上映射的就是 SystemJS 配置文件 systemjs.config.js 中的以下模块路径映射配置：

```
    map: {
        'rxjs': 'npm:rxjs',
        '@angular/core': 'npm:@angular/core/bundles/core.umd.js',
        '@angular/common': 'npm:@angular/common/bundles/common.umd.js',
        '@angular/platform-browser': 'npm:@angular/platform-browser/bundles/platform-browser.umd.js',
        '@angular/compiler': 'npm:@angular/compiler/bundles/compiler.umd.js',
        '@angular/platform-browser-dynamic': 'npm:@angular/platform-browser-dynamic/bundles/
platform-browser-dynamic.umd.js'
    }
```

当然，除了前面提到的三个包，以上配置还包含了 RxJS、Angular 通用功能包和编译器包的映射。虽然目前我们还没有直接使用这些包，但它们出现在以上配置中的原因和前面那三个包是一样的，此处便不赘述了。

说明

我们的代码中还有一些导入自己编写的 TypeScript 模块语句，比如：

```
import { AppModule } from './app.module';
import { AppComponent } from './app.component';
import { PetService } from './pet.service';
```

这些语句最终会被编译成以下 JavaScript 代码：

```
require("./app.module");
require("./app.component")
require("./pet.service")
```

我们没有对以上模块路径做映射，是因为它们和它们本应该指向的服务端 JavaScript 文件的路径（即./app.module.js、./app.component.js 和./pet.service.js）几乎是一样的，我们只需要在它们的末尾加上扩展名.js 就好了。

相信读者已经猜到了，实现以上扩展名添加的就是 SystemJS 配置文件 systemjs.config.js 的路径配置属性 packages 下的 src 配置，其作用就是通知 SystemJS 在加载服务端路径 src 下的资源时，如果这个资源的路径不包含扩展名，那么给它加上默认扩展名.js。

至此，我们便对 SystemJS 配置文件有了进一步的了解，接下来我们要关心的是如何通过 SystemJS 将 Angular 加载到浏览器中。

启动页面中的第三部分内容解决了我们关心的问题：

```
<script>
    System.import('src/main.js').catch(function (err) {
        console.error(err);
    });
</script>
```

以上代码将通过 SystemJS 的 import()函数加载 6.2.2 节创建的应用程序入口文件（编译后的 JavaScript 文件 src/main.js），并捕获加载过程中发生的异常。

一旦应用程序入口文件被加载到浏览器中，应用程序入口文件便会（通过 SystemJS）先后加载 Angular 浏览器平台动态包和应用程序根模块，然后继续加载更多其他被依赖的 Angular 包和应用程序根组件等资源，并完成应用程序的启动。

图 6-14 展示了应用程序入口文件被加载到浏览器中之后，剩余的 Angular 包和应用程序资源相继被加载到浏览器中的过程。

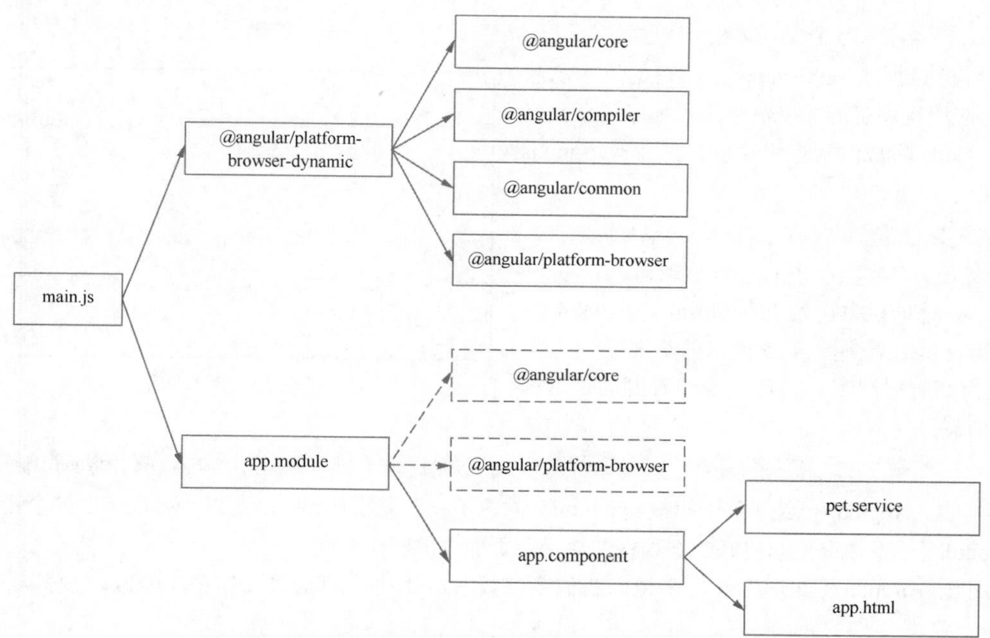

图 6-14 main.js 引发的所有 Angular 包和应用程序代码的加载

可以看到，main.js 的工作可以被分成两步，其中第一步是先将所有 Angular 包加载到浏览器中，以在浏览器中创建一个 Angular 运行时；第二部分则是加载我们自己编写的应用程序代码，即模块、组件、服务和模板。

说明

图 6-14 中的虚线部分表示当 SystemJS 遇到应用程序根模块 app.module.js 对 Angular 核心包和浏览器平台包的导入（require）时，SystemJS 不会再次从服务端加载这两个包，因为这两个包早在 SystemJS 加载浏览器平台动态包时已经被加载到浏览器中了。

那么，应用程序代码被加载到浏览器中之后会发生什么呢？其实 6.2.2 节的结尾给出了这个问题的答案，即应用程序入口文件中的以下代码会被执行：

```
platform.bootstrapModule(AppModule);
```

这行代码会使 Angular 运行时创建应用程序根模块 AppModule 的一个实例，并发现 AppModule 的以下模块装饰器参数：

```
bootstrap: [AppComponent]
```

基于以上参数的发现，Angular 运行时会创建应用程序根组件 AppComponent 的实例，然后加载 AppComponent 的模板 app.html，接着基于这个模板创建相应的视图，并最终将视图呈递到浏览器中。

至此，我们明白了启动页面中三部分<script>标签的作用：

（1）准备现代化的浏览器环境；

（2）配置 SystemJS；

（3）通过 SystemJS 加载 Angular 包和应用程序代码，创建 Angular 运行时，并启动应用程序——直观表现是在浏览器中呈递应用程序根视图。

也就是说，现在如果我们启动服务端应用程序，并在浏览器地址栏输入应用程序启动页面 URL http://localhost:50424，那么将看到一个期待已久的“宠物商店”视图。

是不是这样呢？让我们试试看吧。

3. 启动应用程序

刚刚提到，应用程序的启动分两步，第一步是服务端 Node.js 应用程序的启动，第二步是客户端 Angular 应用程序的启动。

现在让我们先从第一步开始，在 VS Code 集成终端输入并执行以下 node 命令：

```
node server-app.js
```

随后我们通过 server-app.js 编写的用于承载 Angular 应用程序资源的服务端应用程序将会被启动，VS Code 集成终端也将输出来自 server-app.js 的以下提示：

```
当前应用程序正在监听 http://:::50424
```

接着是第二步（有没有一点小激动？），打开浏览器，在地址栏中输入 http://localhost:50424 并按回车键，就会看到图 6-15 所示的结果。

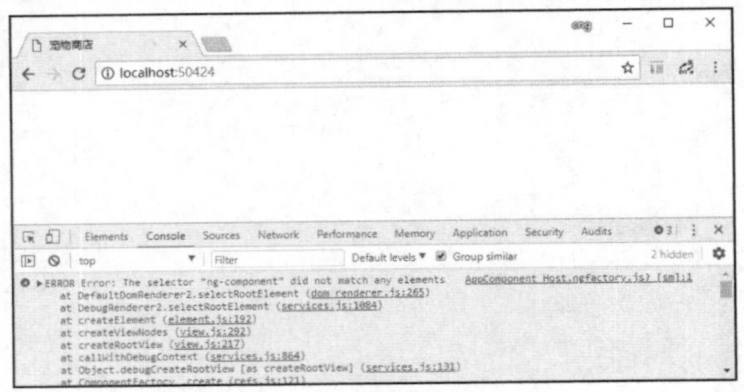

图 6-15　宠物商店（1）

宠物商店视图呢？为什么我们看到的是这样的错误信息：

```
The selector "ng-component" did not match any elements（选择器"ng-component"无法匹配任何元素）
```

事实上，Angular 已经（基于模板 app.html）创建了一个宠物视图。之所以会出现上面这个错误，是因为 Angular 还不知道把创建好的宠物视图显示到页面中的哪个位置。

为了让 Angular“知道”这件事情，我们还需要对应用程序启动页面做些小修改，使其与代码清单 6-22 一致。

代码清单 6-22　index.html

```
<html>
<head>
    <title>宠物商店</title>

    <!-- 1. 加载 ECMAScript 垫片 -->
    <script src="node_modules/core-js/client/shim.js"></script>
    <script src="node_modules/zone.js/dist/zone.js"></script>
    <script src="node_modules/systemjs/dist/system.src.js"></script>

    <!-- 2. 配置 SystemJS -->
    <script src="src/systemjs.config.js"></script>

    <!-- 3. 加载 Angular 应用程序入口文件 src/main.js，以完成对 Angular 的加载，和应用程序的启动 -->
    <script>
        System.import('src/main.js').catch(function (err) {
            // 捕获并显示应用程序启动异常
            console.error(err);
        });
    </script>
</head>

<body>
    <!-- 组件 AppComponent 的选择器，以通知 Angular 将组件 AppComponent 的视图显示到此处 -->
```

```
        <ng-component></ng-component>
    </body>
    </html>
```

我们在<body>标签内添加了一对非标准 HTML 标签<ng-component>，其标签名 ng-component 是组件 AppComponent 默认的选择器（Selector），其作用是将组件 AppComponent 的视图显示到其在页面中所处的位置。

说明

选择器可以被视为组件类的别名，其作用是被当作 HTML 标签写入模板中，从而使 Angular 运行时通过它加载相应的组件类和模板，并创建相应的组件实例和视图。

使用组件的默认选择器不是一个好的习惯，因此在第 7 章里，我们会为 AppComponent 显式地设置一个选择器。

也就是说，将标签<ng-component>添加启动页面的<body>标签内之后，Angular 便会将组件 AppComponent 的视图（即宠物视图）显示到启动页面的<body>标签内。

那么事实是否就是这样呢？保存以上代码的编辑并刷新浏览器，我们将看到图 6-16 所示的结果。

哇哦！我们成功了！在一步一步的努力之下，我们终于完成了一个 Angular 应用程序的创建，并使它如我们所愿地运行在了浏览器上！

虽然过程看上去有些漫长，但其实我们所做的事情其实并不多。图 6-17 所示的本章项目结构展示了我们创建过的文件。

图 6-16　宠物商店（2）

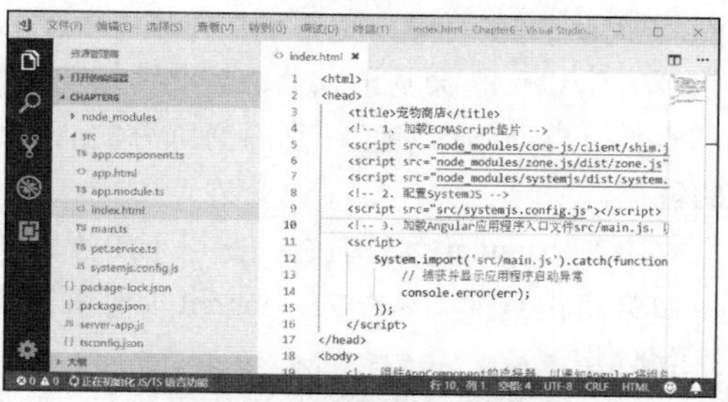

图 6-17　本章项目结构

6.2.4　创建过程回顾

在本节中，我们从零开始一步一步地创建了一个名为“宠物商店”的 Angular 应用程序。在这个应用程序的创建过程中，我们首先做的是以下开发前的准备：

（1）安装 Node.js 包，它们包括支持 Angular 应用程序开发和运行的 Angular 包，为浏览器提供现代化支持的浏览器环境包，以及 Node.js 类型包和服务端开发包 Express；

（2）配置 TypeScript 编译器选项，以使项目中的 TypeScript 代码能被正确地编译；

（3）配置 SystemJS，以使它能够正确地加载应用程序中的各个模块。

接着我们按照以下步骤开始了宠物商店的开发：

（1）创建根组件，用来维护商店中的宠物数据；

（2）创建根模板，用来展示根组件维护的宠物数据；

（3）创建根组件依赖的服务，用来向根组件提供宠物数据；

（4）创建根模块，用来封装根组件，并导入 Angular 内置的浏览器模块；

（5）创建应用程序入口，用来创建 Angular 运行时，并加载根模块以启动应用程序。

最后，我们按照以下步骤在浏览器上启动了宠物商店：

（1）创建服务端应用程序，用来承载服务端资源，并处理客户端请求；

（2）创建启动页面，用来加载浏览器环境包并启动应用程序；

（3）启动应用程序，通过浏览器请求启动页面，使其完成应用程序的启动。

在应用程序的启动和运行过程中，通用模块加载器 SystemJS 起着至关重要的作用，因为编译后的 Angular 应用程序是由大量的 CommonJS 模块组成的，而 SystemJS 作为通用模块加载器则保证了这些模块按照以下顺序被加载。

（1）启动页面中的 System.import('src/main.js')使 SystemJS 开始加载应用程序入口文件。

（2）应用程序入口文件 main.js 中包含以下两条 require()函数调用语句：require("@angular/platform-browser-dynamic")和 require("./app.module")。

（3）SystemJS 基于以上两条语句继续加载以下 CommonJS 模块：Angular 内置的浏览器平台动态包，即 node_modules/@angular/platform-browser-dynamic/bundles/platform-browser-dynamic.umd.js；应用程序根模块，即 src/app.module.js。

（4）在以上浏览器平台动态包的加载过程中，SystemJS 会继续加载更多 Angular 包（比如 node_modules/@angular/core/bundles/core.umd.js），以创建 Angular 运行时。

（5）在应用程序根模块的加载过程中，SystemJS 会发现其中包含的以下 require()函数调用语句：require("@angular/core")；require("@angular/platform-browser")；require("./app.component")。

（6）SystemJS 会基于以上语句继续加载以下 CommonJS 模块（@angular/core 在以上第 4 步中被递归地加载过了）：Angular 内置的浏览器平台包，即 node_modules/@angular/platform-browser /bundles/platform-browser.umd.js；应用程序根组件，即 src/app.component.js。

（7）而在应用程序根组件的加载过程中，SystemJS 会发现其中包含的以下 require()函数调用语句：require("@angular/core")；require("./pet.service")。

（8）SystemJS 会基于以上语句继续加载以下 CommonJS 模块：商品服务模块，即 src/pet.service.js。

至此，SystemJS 完成了所有必须有的 Angular 包以及应用程序模块的加载，并完成了 Angular 运行时的创建。

接下来 Angular 运行时会按照以下步骤完成应用程序的启动：

（1）将根组件类 AppComponent 即时编译成组件工厂（Component Factory），并基于此工厂创建根组件实例；

（2）加载并解析根组件的模板，并创建模板实例；

（3）基于以上模板实例创建相应的根视图实例，并通过数据绑定将组件实例的宠物数据绑定到根视图中；

（4）在页面中显示根视图。

以上便是一个 Angular 应用程序从开发前的准备到开发再到运行的过程。从第 7 章开始，我们将基于这一过程完成一个更加完整的天天菜园应用程序的开发。

但在此之前，我们很有必要再来了解一下 Angular 背后的一个软件架构模式，即 MVC。

说明

各个 Angular 包的编译结果文件（比如 core.umd.js、common.umd.js 和 platform-browser.umd.js 等）其实是 UMD 模块（为了方便，前面一直将它们描述为 CommonJS 模块），而我们编写的应用程序代码会被编译为 CommonJS 模块。但这对 SystemJS 来说不是问题，因为 SystemJS 可以同时加载 CommonJS 模块和 UMD 模块。

6.3　Angular 和 MVC

提到 Angular，不得不提到的一个概念就是 MVC（Model View Controller）。MVC 是一个软件架构模式，用于对应用程序进行职责分离（Separation of Concern，也译作关注点分离），从而使应用程序的开发、测试和维护变得更加轻松，同时使应用程序的代码尽可能地变得可以复用。

那么，Angular 和 MVC 到底有什么关系呢？为了回答这个问题，我们先来回顾一下 MVC 的历史。

6.3.1　MVC

1973 年，美国施乐帕克研究中心（Xerox Palo Alto Research Center，Xerox PARC）开发出了世界上

第一款图形用户界面（Graphical User Interface，GUI）操作系统 Alto。

从此，计算机应用程序的开发面临了一个新的挑战，即如何在计算机中的数字模型（Digital Model）和人类的心智模型（Mental Model）之间建立一座桥梁，从而使人类可以通过这座桥梁查看和操作计算机中的数据——说白了，就是如何优雅地实现应用程序界面和应用程序存储之间的数据同步。

第一个成功应对这个挑战的人是 Trygve Mikkjel Heyerdahl Reenskaug，1978 年，他作为一名计算机科学家访问 Xerox PARC 时提出了相应的解决方案，即 MVC——世界上最早的用于职责分离的软件架构模式之一。

Xerox PARC 意识到了 MVC 的合理和精妙之处，便很快将 MVC 模式运用到了其开发的这个世界上最具影响力的面向对象编程语言 Smalltalk-80 中，从而使基于 Smalltalk-80 编写图形界面应用程序成了一件轻松的事。

为什么这么说呢？因为 MVC 将 GUI 应用程序拆分成了三个部分，如图 6-18 所示。

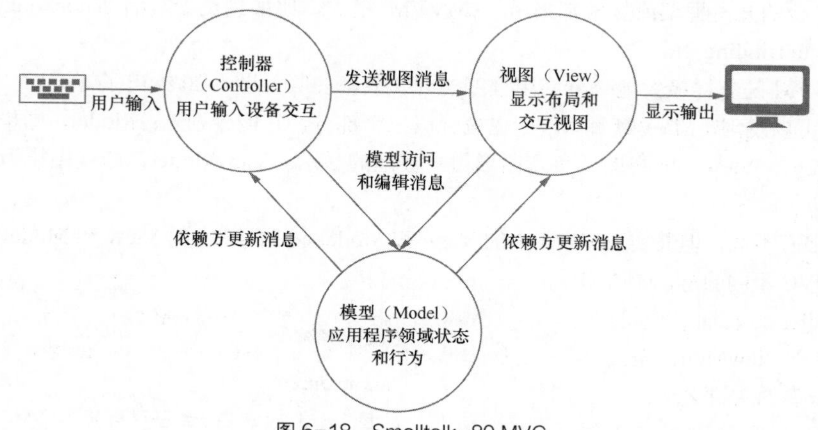

图 6-18 Smalltalk-80 MVC

说明

图 6-18 源自《A cookbook for using the Model-view-controller user interface paradigm in Smalltalk-8》。

根据图 6-18 所示，基于 Smalltalk-80 MVC 开发的 GUI 应用程序被分成三个部分：Model，即模型，负责维护应用程序的领域状态和行为；View，即视图，负责维护应用程序的布局和交互视图；Controller，即控制器，负责和用户输入设备的交互。

按照以上职责的分离，GUI 应用程序代码的架构变得更加清晰，开发人员的分工可以变得更加明确，同时相同的代码也变得更加容易被复用。

尽管如此，Smalltalk-80 MVC 也存在着一些缺点，比如，作为应用程序核心的 Model 需要记录其依赖方 Controller 和 View（但不需要关心它们的实现细节），并在必要的时候向它们发送数据更新消息——这将给单元测试带来一定的困难。

基于 Smalltalk-80 MVC 存在的缺点，后来人们尝试着对它做了改进，并将这一改进运用在逐渐蓬勃发展的 Web（服务端）应用程序开发中。

最先做出了成功尝试的应该是 Ruby on Rails，接着还有很多追随者，比如 Java SpringMVC、ASP.NET MVC 和 PHP Laravel 等。

大体来说，适用于 Web 应用程序中的 MVC 的各部分的关系是图 6-19 所示这样的。

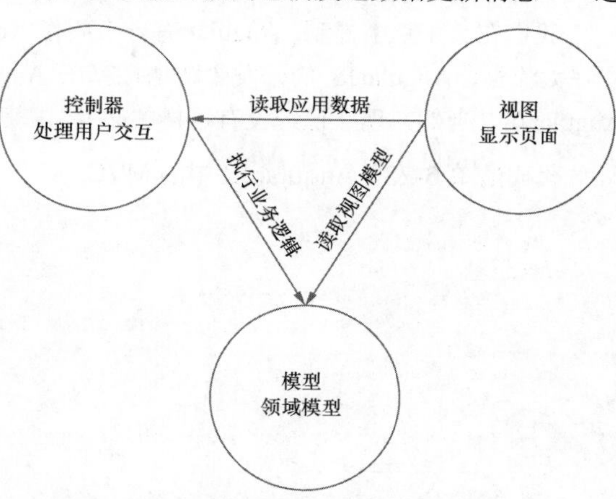

图 6-19 Web（服务端）应用程序中的 MVC

长期以来，Web 应用程序的“请求-响应”模式使服务端的 Model 的更新无法主动推送到客户端（Web Socket 的出现改变了这一情况），因此 Web 应用程序中 Model 便也不再需要记录依赖于它的 View 和 Controller——这使对 Model 和 Controller 的测试变得相当轻松。

除了依赖关系的改变，如今 MVC 的各部分所承担的职责也有了新的定义。但在了解这些定义之前，我们先花些时间来了解以下 MVC 的一个变体，即 MVVM。

6.3.2 MVVM

MVVM（Model View View Model）模式是微软的架构师 Ken Cooper 和 Ted Peters 基于 MVC 发明的，最初用在微软于 2006 年发布的桌面应用程序开发技术 WPF（Windows Presentation Foundation）上。

由于 MVVM 不仅继承了 MVC 的职责分离的基本思想，还有助于极大地提高应用程序的开发效率，后来大量不同平台的开发框架或技术都采用了 MVVM 模式，比如浏览器端的 Knockout.js 和 Vue.js、Android 上的 Data Binding 等。

那么，MVVM 是怎样极大地提升应用程序的开发效率的呢？图 6-20 给出了答案。

从图 6-20 可以发现，MVVM 和 MVC 也被分成三个部分，它们分别是：Model，即模型，负责业务逻辑和数据的维护；View，即视图，负责图形用户界面的显示；ViewModel，即视图模型，负责显示逻辑的维护。

虽然描述上有不同，但其实 MVVM 中的 View 和 Model 和 MVC 中的 View 和 Model 的职责大体上是一样的。和 MVC 不同的是，MVVM 中没有 Controller，取而代之的是 ViewModel。这个 ViewModel 是提高应用程序开发效率的关键之一。

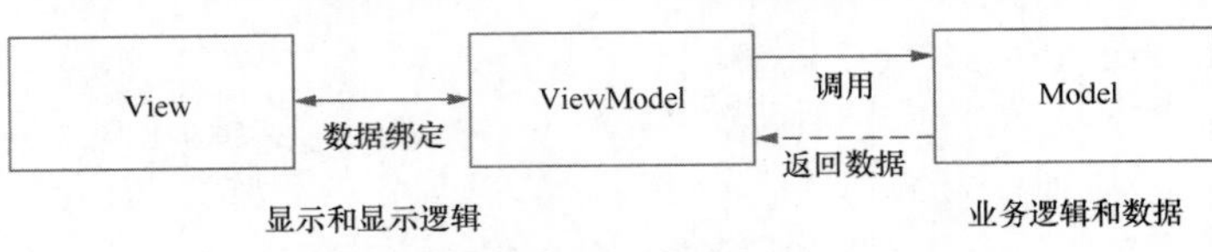

图 6-20 （来自于维基百科）：MVVM

为什么这么说呢？因为在以往的桌面应用程序开发中，如果要将数据显示到图形用户界面中，开发人员需要编写大量的控件查找和赋值代码——这就和我们之前需要编写大量的 DOM 遍历代码一样。

但有了 MVVM 模式之后，一切都变得不同了，其内置的数据绑定机制能够将视图模型（View Model）中的属性自动绑定到视图（View）的控件上，并且当视图模型中的属性的值发生变化时，这一变化也会被自动更新到视图中相应的控件上。

等等，Angular 中似乎也有这样一个数据绑定机制，它好像也能自动将组件中的属性绑定到视图中？

没错，因为 Angular 就是 MVVM 模式的实践者。但事实可能更复杂一点，因为 Angular 同时也运用了 MVC 模式。

6.3.3 Angular 中的 MVC

我们在第 1 章中提到，Angular 有一个叫作 AngularJS 的前身。在 AngularJS 的设计之初，由于 MVC 实在太流行，AngularJS 的开发团队也打算在 AngularJS 中使用 MVC 模式，因此，如果读者打算学习 AngularJS（当然，现在已经没有这样的必要），就肯定会看到类似于代码清单 6-23 所示的代码。

代码清单 6-23 AngularJS 中的 MVC

```
<!DOCTYPE html>
<html>
<head>
    <meta charset="utf-8">
    <script src="http://apps.bdimg.com/libs/angular.js/1.4.6/angular.min.js"></script>
</head>

<body>
    <div ng-app="myApp" ng-controller="MyController as ctrl">
        {{ctrl.greeting}}
    </div>
```

```
    <script>
        var app = angular.module('myApp', []);
        app.controller('MyController', function () {
            this.greeting = 'hello, world';
        });
    </script>
</body>
</html>
```

说明

以上是一份简单的 AngularJS 入门代码，如果将它保存到一个 HTML 文件中，然后用浏览器打开这个文件，就可以看到它的运行效果——一行内容为“hello, world”的问候。

以上代码似乎给人一种 AngularJS 比 Angular 更简单的感觉，但事实上，AngularJS 远比 Angular 复杂，而 Angular 的使用远比大多数人认为的简单。

以上代码创建了一个名为 myApp 的模块，并在这个模块下创建了一个名为 MyController 的控制器——这没什么好惊讶的，因为 AngularJS 是 MVC 的实践者。

然而令人觉得混乱的是，控制器 MyController 中定义了一个属性，而这个属性还在属性绑定的帮助下被显示到了视图中——这不就是 MVVM 模式吗，因此代码中的控制器不是应该被称为视图模型吗？

基于以上混乱，人们开始争论 AngularJS 到底采用的是 MVC 还是 MVVM，而 AngularJS 官方给出的回答是 MVW（Model-View-Whatever，翻译成中文就是“模型-视图-管它是什么”）。

AngularJS 官方给出这样的回答，只是因为他们不希望 AngularJS 的用户浪费时间来进行不必要的模式之争，他们只想用户们在这个实现了职责分离的框架的帮助下，快速高效地开发出强大的应用程序。

当然，AngularJS 开发团队的愿望实现得有些艰难，因为虽然 AngularJS 的出发点是好的，但它本身的学习曲线过于陡峭，让很多人无法轻易地精通对它的使用。

好在 AngularJS 的开发团队意识到了这一点，并基于 AngularJS 的核心思想，开发出了焕然一新的 Angular——Angular 的开发团队中有很大一部分成员来自于 AngularJS 的开发团队。

那么，Angular 采用的架构模式到底是 MVC，还是 MVVM 呢？其实，它仍然同时采用了这两种模式，只是不再使用控制器和视图模型这样的概念，而是将控制器和视图模型的职责融合到了组件中。

因此，Angular 采用的模式仍然可以称为 MVC，只是这次 MVC 是 Model View Component 的首字母简写。

在 Angular 中，MVC（Model-View-Component）中各部分的职责和它们之间的关系如图 6-21 所示。

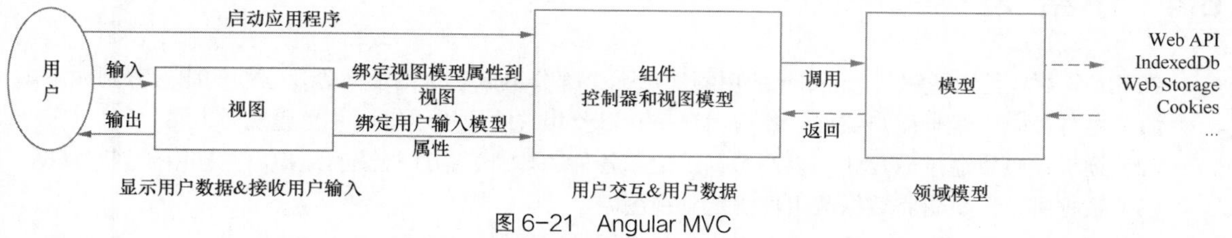

图 6-21 Angular MVC

如图 6-21 所示，基于 Angular 开发的应用程序应该被分成以下各部分：

（1）Model，领域模型，应用程序的核心，负责维护业务领域中的数据，以及数据必须遵守的业务规则，和基于数据的业务逻辑（Business Logic）；

（2）View，视图，应用程序的 GUI，负责展示用户数据和接收用户输入，并维护相应的显示逻辑（Display Logic）；

（3）Component，组件，应用程序 GUI 和核心之间的桥梁，同时兼具 MVC 中的控制器和 MVVM 中的视图模型的职责，因此它负责处理用户交互，并维护相应的用户数据和应用逻辑（Application Logic）。

对于上面提到的视图模型和领域模型，它们的区别如下。

- 领域模型：简单来说是某个业务中完整的数据，以及基于数据的规则和操作。以银行账户为例，其领域模型就是由客户姓名、出生日期、性别、账号和密码等组成的账户数据，以及客户姓名不能为空、出生日期必须包含合法的年月日、性别必须用数字 0 或 1 表示等这样的规则，还有基于账户数据进行的开户、销户和设置等级等业务操作。

- 视图模型：简单来说是更接近于用户的数据，它是领域模型中的部分数据的投影。以银行账户为例，当客户需要登录其账户时，客户账户数据中投影出来的账号和密码就组成了支持客户输入以实现账户登录的视图模型。

除了两种模型，我们在上文中还提到了三种逻辑，它们的区别如下。

- 业务逻辑：是应用程序的核心逻辑，它必须描述相应业务的执行和执行规则。以银行转账业务为例，其业务逻辑包含判断转出账户的合法性、判断转出账户的余额是否充足，执行转出账户的扣款和转入账户的入账等。
- 显示逻辑：是应用程序中与视觉反馈相关的逻辑，它的作用是为相应业务的执行提供便利。以银行转账业务为例，其显示逻辑包含对被输入的密码长度的判断，以及基于判断结果显示相应的提示等。
- 应用逻辑：是保证应用程序顺利执行的逻辑，它包含对业务逻辑的调用，以及对返回结果的选择。以银行转账业务为例，其应用逻辑包含收到转账请求时调用业务逻辑中的转出账户合法性判断和余额判断，并基于这些判断结果以决定返回非法请求结果，或继续执行业务逻辑中的扣款和入账逻辑等。

结合以上描述和 6.2 节创建过的 Angular 应用程序，读者可能会有这样的疑问：我是不是已经无意中运用了 MVC 模式？！

回答这个问题之前，让我们先来看看 6.2 节的 Angular 应用程序中参与了应用程序业务的几个部分。

（1）pet.service.ts：宠物服务，维护了宠物数据以及对宠物数据的获取方法。

（2）app.html：模板，用于展示包含宠物数据视图。

（3）app.component.ts：组件，app.html 和 pet.service.ts 之间的桥梁，负责从宠物服务获取宠物数据，并为视图提供支持数据绑定的宠物数据源。

现在读者应该明确了，pet.service.ts 就是 MVC 中的 Model，app.html 就是 MVC 中的 View，而 app.component.ts 是 MVC 中的 Component（同时具备 Controller 和 ViewModel 的功能）。

6.4　小结

在 6.1 节中，我们了解到 Angular 应用程序由七个部分组成。这七个部分及它们的职责分别如下。

（1）组件：负责维护用户数据、处理用户交互以及相关的应用逻辑，并呈递视图。

（2）模板：负责通过 HTML（以及数据绑定和各种选择器）描述视图的结构，并被用于创建视图。

（3）数据绑定：负责将数据从组件绑定到视图中。

（4）服务：负责获取用户数据，并将这一数据提供给组件。

（5）指令：负责在模板中对组件获取到的用户数据进行操作，比如循环输出。

（6）管道：负责在模板中对组件获取到的用户数据进行格式化，比如添加货币符号。

（7）模块：负责对以上六个组成部分进行逻辑上的分类和封装，以方便它们的管理。

在 6.2 节中，我们从零开始一步一步地创建了一个简单的 Angular 应用程序。这一过程看似复杂，但却是我们深入了解 Angular 不可或缺的一步。当然，工作中的一切都可以相当简单，因为通过本书最后一章将要介绍的 Angular CLI，我们只需要一行命令就可以完成一个可运行的 Angular 应用程序的创建。

在 6.3 节中，我们回顾了 MVC 的历史，了解了基于 MVC 演进而来的 MVVM，并体验了 MVC 和 MVVM 在 Angular 的运用。

从第 7 章开始，我们还将开发一个更加完整的 Angular 应用程序，并更加深入地体会 MVC 和 MVVM 给开发带来的便捷。

第 7 章　天天菜园：一个真实的 Angular 应用程序

经过前面几章的学习，我们学会了如何准备 Angular 应用程序的开发环境，掌握了如何使用 TypeScript 开发大型应用程序，并试着创建了一个简单的 Angular 应用程序。

现在，基于前面的努力，我们来尝试开发一个真实的 Angular 应用程序。

这个真实的应用程序叫作“天天菜园”，是一个订购蔬菜的 Web 应用程序。和其他电商平台一样，天天菜园会有一个商品列表供用户浏览商品或查看商品的详情，允许客户注册和登录之后订购其销售的蔬菜；还有一个可以存放客户打算购买的菜的购物车。

虽然只实现了三块功能，但天天菜园不再是一个示例程序。我们将用七章的内容来介绍它的创建和完善过程：在每一章中，我们都将引入 Angular 中三到四个概念，并以（某种程度上的）最佳实践的方式将它们运用到开发中。

因此，在经过这七章的学习之后，读者可以将自己所掌握的内容运用到真实产品的开发当中，甚至也可以用天天菜园作为模板并加以改动来开发自己的真实产品。

那么，天天菜园到底会是什么样子？它的开发过程会是什么样的呢？让我们从创建一个项目来开始回答这个问题。

7.1　创建项目

在第 6 章里，我们创建了一个简单的 Angular 应用程序。可以说这个应用程序对我们弥足珍贵，不仅因为我们为它做了不少准备并付出了不少努力，也因为它将成为我们今后创建 Angular 应用程序的模板。

为了基于这一模板创建本章的天天菜园，我们需要在本书工作目录（E:\Work\AngularAppDev）下创建一个名为 Chapter7 的子目录，然后将第 6 章的项目目录（E:\Work\AngularAppDev\Chapter6）下的所有内容复制到这个子目录中。

说明

项目目录下的 node_modules 文件夹包含了大量 Node.js 包，忽略这个文件夹的复制可以节省复制整个项目的时间，但在完成复制后，我们切记通过命令“npm install”来恢复 Node.js 包的安装。

执行完以上操作之后，我们还需要在 VS Code 中将这个子目录（E:\Work\AngularAppDev\Chapter7）作为本章项目打开，并删除其中仅与宠物有关的文件 pet.service.ts，从而使其结构将与图 7-1 所示的一致。

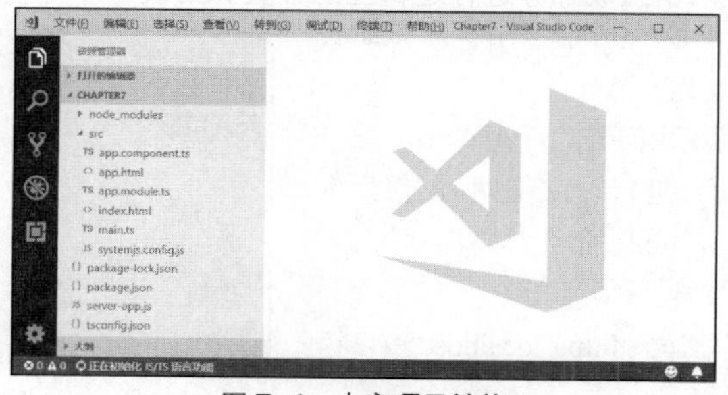

图 7-1　本章项目结构

接下来，我们还需要删除根组件中与宠物相关代码，使其定义代码与代码清单 7-1 一致。

代码清单 7-1　src/app.component.ts

```
import { Component} from '@angular/core'; // 导入组件装饰器
// 此处删除了对宠物服务 PetService 的导入

// 将普通 TypeScript 类 AppComponent 装饰成组件类
@Component({
    selector: 'app-root', // 组件选择器
    templateUrl: 'src/app.html'
})
export class AppComponent {
    // 此处删除了宠物数量属性 petCount、宠物数组属性 pets 和构造函数
}
```

除了执行必要的删除任务，我们还给根组件的装饰器提供了一个名为 selector 的参数，并将其值设置为字符串 app-root。这样一来，根组件就获得到了一个显式的选择器 app-root，随后这个显式的选择器会被当作 HTML 标签使用在应用程序的启动页面中。

说明

将应用程序根组件的选择器设置为 app-root 是 Angular 官方示例的惯例，我们可以将 app-root 换成任意合法的值，但遵守这一惯例是一个好习惯。

完成以上工作之后，我们还要删除根模板中原有的所有内容，并向其中添加与“天天菜园”相关的问候，使其内容最终与代码清单 7-2 一致。

代码清单 7-2　src/app.html

```
<h1>天天菜园</h1>
```

最后我们还需要对应用程序启动页面做些修改，使其完整内容与代码清单 7-3 一致。

代码清单 7-3　src/index.html

```
<html>
<head>
    <title>天天菜园-送菜到家</title>
    <!-- 1. 加载 ECMAScript 垫片 -->
    <script src="node_modules/core-js/client/shim.js"></script>
    <script src="node_modules/zone.js/dist/zone.js"></script>
    <script src="node_modules/systemjs/dist/system.src.js"></script>
    <!-- 2. 配置 SystemJS -->
    <script src="src/systemjs.config.js"></script>
    <!-- 3. 加载 Angular 应用程序入口文件 src/main.js，以完成对 Angular 的加载，和应用程序的启动 -->
    <script>
        System.import('src/main.js').catch(function (err) {
            // 捕获并显示应用程序启动异常
            console.error(err);
        });
    </script>
</head>
<body>
    <!-- 组件 AppComponent 的选择器，以通知 Angular 将组件 AppComponent 的视图显示到此处 -->
    <app-root></app-root>
</body>
</html>
```

以上修改包含两部分：<title>标签的内容换成了天天菜园的广告语，即“天天菜园-送菜到家”；<body>标签内的选择器<ng-component>换成了应用程序根组件的显式选择器，即<app-root>。

完成以上所有修改之后，我们开启 TypeScript 编译器的监视任务（以对整个项目进行一次构建），然后在 VS Code 集成终端中执行以下 node 命令：

```
node server-app.js
```

随后如果我们通过浏览器访问 http://localhost:50424/，那么将得到图 7-2 所示的结果。

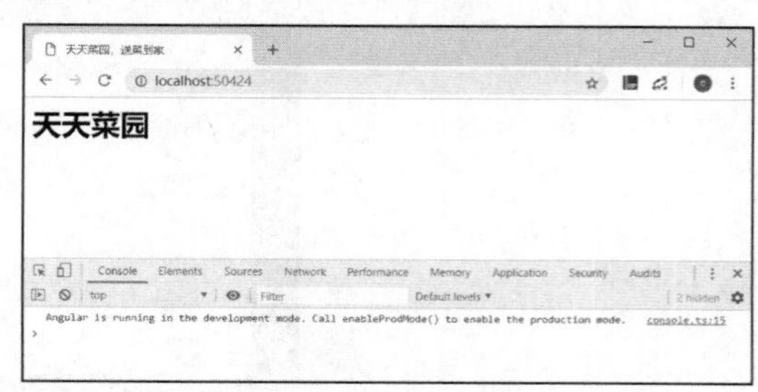

图 7-2　空白的 Angular 应用程序

说明

Angular 向浏览器控制台输出了一个提示，这个提示告诉了我们当前 Angular 应用程序运行在开发模式下以及启用生产模式的方法。在本书第 14 章中，我们将在构建天天菜园时启用生产模式。

以上便是天天菜园的第一个版本，虽然显得有些过于简单，但它的顺利问世给了我们继续前进的动力。

作为继续前进的第一步，按照 Angular 官方示例的惯例，我们应该在项目根目录下新建一个名为 app 的子文件夹，然后将应用程序根模块、根组件和根模板都转移到这个文件夹下。

说明

当在 VS Code 中重命名或移动 TypeScript 文件时，VS Code 会提示是否要更新导入这个文件（模块）的 import 语句。比如，当我们将根模块声明文件 app.module.ts 从目录 src 移动到目录 src/app 中时，VS Code 会给出图 7-3 所示的提示：

此时如果我们单击“是”，那么 VS Code 会自动将应用程序入口文件 main.ts 中导入 app.module.ts 的 import 语句从“import { AppModule } from './app.module'”更新为“import { AppModule } from './app/app.module'”——对 main.ts 来说，移动后的 app.module.ts 的路径变成了./app/app.module。

如果我们单击的是“始终自动更新 import 语句”，那么今后在重命名或移动其他 TypeScript 文件时，VS Code 不会再给出以上提示，并总是自动更新导入被重命名或移动的文件的 import 语句。

如果读者不小心点错了选项，读者可以单击 VS Code 工具栏中的“文件(F)”，然后单击弹出的菜单中选择“首选项”选项，接着从弹出的子菜单中选择“设置”命令，并在打开的“Settings”界面中搜索“重命名”，随后会在搜索结果中找到图 7-4 所示的内容：

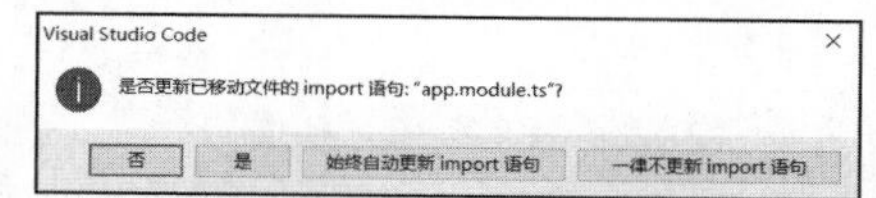

图 7-3 是否在重命名或移动文件时自动更新 import 语句

Typescript › Update Imports On File Move: Enabled
当在 VS Code 中重命名或移动文件时，启用或禁用自动更新导入路径。要求工作区使用高于 2.9 版本的 TypeScript。
always

图 7-4 重新设置图 7-3 中所做的选择

通过图 7-4 所示的下拉列表，读者可以再次对以上提示做出选择。

此外，根据图 7-4 所示，本书选择的是“始终自动更新 import 语句”，因此 main.ts 导入 app.module.ts 的 import 语句被自动更新了。

执行完以上推荐操作之后，天天菜园在 VS Code 中的结构将与图 7-5 一致。

现在，我们再次刷新浏览器，将会看到图 7-6 所示的结果。

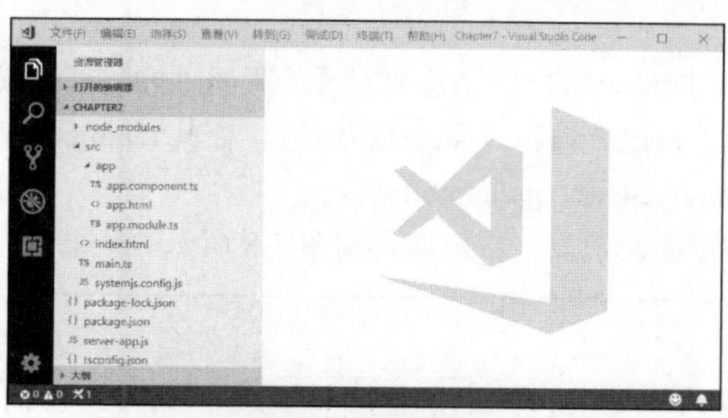

图 7-5 添加目录 src/app 后的项目结构

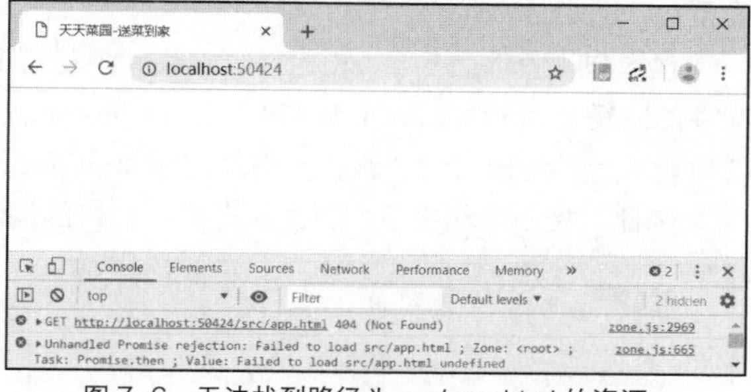

图 7-6 无法找到路径为 src/app.html 的资源

为什么无法找到路径为 src/app.html 的资源？我们忘记了一件重要的事情，那就是当我们将根模板文件 app.html 转移到目录 src/app 之下时，忘记了将根组件的 templateUrl 的值由原来的“src/app.html”更新为“src/app/app.html”——VS Code 不会为我们自动更新这一步。

说明

templateUrl 是组件装饰器 Component 的参数的属性，但为了方便，以后直接将其称为组件的属性或元数据。这对 template、styles 以及接下来将要出现的 styleUrls 和 moduleId 等属性也是一样的。

但在进行这样的更新之前，我们先来考虑这样一个问题：如果将来我们打算将文件夹 app 重命名为 root，或者将 AppComponent 及其模板的定义转移到其他目录，那么是不是也要再次对 AppComponent

的 templateUrl 的值进行一次更新呢？

答案显然是肯定的，为了避免这样的问题，我们需要将 AppComponent 的定义代码修改至与代码清单 7-4 一致。

代码清单 7-4 src/app/app.component.ts

```
import { Component} from '@angular/core'; // 导入组件装饰器

// 将普通 TypeScript 类 AppComponent 装饰成组件类
@Component({
    selector: 'app-root',      // 组件选择器
    templateUrl: './app.html' // 模板的相对路径
})
export class AppComponent {
}
```

或许读者已经猜到了，以上代码将 templateUrl 的值由非相对路径改成了相对路径，即./app.html——这指向当前文件所在目录下的名为 app.html 的 HTML 文件。但如果保存以上代码的编辑并刷新浏览器，我们却会得到另一个错误的结果，如图 7-7 所示。

为什么无法找到路径为 app.html 的资源？相对路径./app.html 为什么被解析成了相对于根路径的 app.html，它不是应该被解析为相对于根组件所在目录 src/app 的 src/app/app.html 吗？

事实并非如此，如果要使根组件模板的相对路径被按照我们希望的那样来解析，我们需要再次修改根组件的声明文件，使其内容与代码清单 7-5 一致。

代码清单 7-5 src/app/app.component.ts

```
import { Component } from '@angular/core'; // 导入组件装饰器

// 将普通 TypeScript 类 AppComponent 装饰成组件类
@Component({
    selector: 'app-root',       // 组件选择器
    templateUrl: './app.html', // 模板的相对路径
    moduleId: module.id         // 用于解析模板和样式相对路径的模块 ID
})
export class AppComponent {
}
```

以上代码给 AppComponent 设置了一个 moduleId，并将其值设置成了 module.id——module 由 Node.js 类型包@types/node 定义。

经过以上修改之后，当根组件被加载到浏览器中时，其 moduleId 的值会被设置为根组件的编译结果文件的路径（http://localhost:50424/src/app/app.component.js，这个值由 SystemJS 生成），而其 templateUrl 的值会被解析为相对这个路径的路径，即 http://localhost:50424/src/app/app.html。

因此，接下来如果我们再次保存以上代码的编辑并刷新浏览器，将再次得到图 7-8 所示的结果。

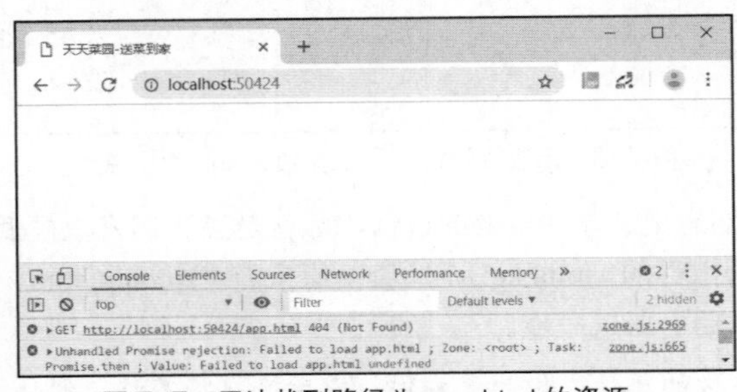

图 7-7 无法找到路径为 app.html 的资源

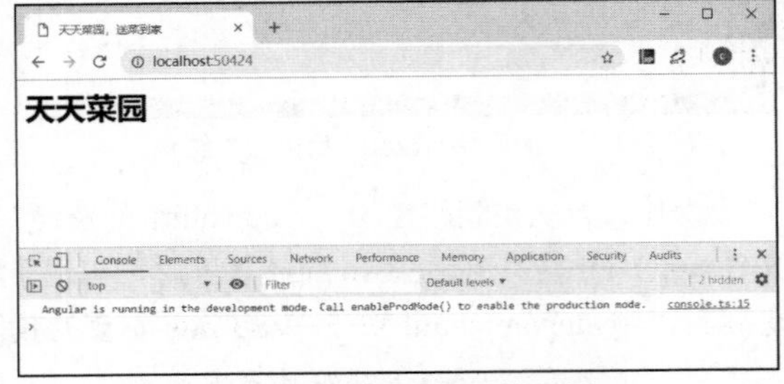

图 7-8 使用相对路径加载模板

至此，我们就完成了天天菜园的基础框架。接下来，我们将基于这个基础框架向用户展示一个商品列表。

说明

将组件的模板路径修改为相对路径，并不只是为了使组件和模板变得易于迁移，还因为这是**预先编译**（Ahead-of-Time Compilation，AoT 编译）的要求。

7.2 服务：领域模型

天天菜园的商品列表引入了一个新的业务领域，即商品业务领域。按照**领域驱动设计**（Domain Driven Design，DDD）的方式，当实现应用程序某个业务领域时，我们首先应该创建这个业务领域内的领域模型。

也就是说，对于天天菜园商品列表的展示，我们最先应该做的不是创建一个相应的页面或模板，而是创建 Angular 中负责实现领域模型（MVC 中的 Model）的服务。

具体来说，我们要创建的是一个商品服务，但由于商品服务的职责之一是维护商品数据，我们还应该先创建一个用于描述商品数据的实体类，即商品实体类。

为了创建这个商品实体类，我们需要在项目目录 src/app 下新建一个名为 ware.ts 的 TypeScript 文件，然后将代码清单 7-6 复制到其中。

代码清单 7-6 src/app/ware.ts

```
/**
 * 商品实体类
 */
export class Ware {
    id: number;              // ID
    name: string;            // 商品名
    description: string;     // 描述
    stock: number;           // 库存量
    price: number;           // 价格
    promotion: number;       // 促销标记：1，满额减价；2，有买有赠；3，满额返券；其他数字，不促销
    addedTime: Date;         // 上架时间
    thumbnailUrl: string;  // 缩略图 URL
    imageUrl: string;        // 正常图片 URL
}
```

以上代码定义了一个用于描述商品 ID、名字和价格等属性的商品实体类 Ware，接下来我们便可以创建维护商品数据的商品服务类了。

为此，我们需要继续在项目目录 src/app 下新建一个名为 ware.service.ts 的 TypeScript 文件，然后将代码清单 7-7 复制到其中。

代码清单 7-7 src/app/ware.service.ts

```
import { Ware } from './ware';  // 导入商品实体类型的定义

/**
 * 商品服务
 */
export class WareService {
    private wares: Array<Ware>; // 商品列表

    constructor() {
        let ware0 = new Ware(); // 第一个商品的实例化
        ware0.id = 1;
        ware0.name = '无公害西蓝花';
        ware0.description = '绿色无公害，也叫青花菜';
        ware0.stock = 990;
        ware0.price = 0.23;
        ware0.promotion = 1;
        ware0.addedTime = new Date();                     // 当前时间
        ware0.thumbnailUrl = 'images/OnePixelOrange.png';
        ware0.imageUrl = 'images/OnePixelOrange.png'; // 商品图片

        let ware1 = new Ware();           // 第二个商品的实例化
        ware1.id = 2;
        ware1.name = '有机上海青';
        ware1.description = '阿拉的青菜比肉贵';
        ware1.stock = 9;
        ware1.price = 12.4;
        ware1.promotion = 2;
```

```
        ware1.addedTime = new Date(); // 当前时间
        ware1.thumbnailUrl = 'images/OnePixelOrange.png';
        ware1.imageUrl = 'images/OnePixelOrange.png'; // 商品图片

        let ware2 = new Ware();          // 第三个商品的实例化
        ware2.id = 3;
        ware2.name = '本地胡萝卜';
        ware2.description = '本地的胡萝卜就是甜';
        ware2.stock = 0;
        ware2.price = 22;
        ware2.promotion = 0;
        ware2.addedTime = new Date(); // 当前时间
        ware2.thumbnailUrl = 'images/OnePixelOrange.png';
        ware2.imageUrl = 'images/OnePixelOrange.png'; // 商品图片

        // 将三个商品添加到商品列表中
        this.wares = new Array<Ware>(ware0, ware1, ware2);
    }

    /**
     * 获取商品列表
     */
    getWareList(): Array<Ware> {
        return this.wares;
    }
}
```

以上虽然是很长的一段代码，但它做的事情其实很简单，即定义了一个名为 WareService 的商品服务类，通过这个类维护了一个包含三个商品对象的商品数组，并使其提供了一个供外界获得这个数组的方法 getWareList()。

至此，我们便创建好了天天菜园商品业务领内的领域模型：它维护了作为业务数据的商品数组以及作为基于这些数据的业务逻辑的商品数组获取方法 getWareList()。

接下来，我们要考虑的问题是用户如何才能从商品业务领域模型中获得商品数据。

说明

如果严格遵守领域驱动设计的规范，那么以上商品服务类应该被一个商品仓储（Repository）类替代。此外，领域驱动设计下的实体应该有自己的行为方法，但本书没有为以上商品实体及后面几章将要介绍的客户实体和购物车实体设计行为方法，而是将这些行为方法交给了相应的服务。

本书之所以这样做，是因为天天菜园这个项目的职责是帮助读者搭建自己的 Angular 技能框架，而非掌握如何在 Angular 应用程序开发中严格地实践领域驱动设计——本书只向读者展示在 Angular 应用程序开发中实现领域驱动设计的可能。

7.3　组件：应用逻辑

在 Angular MVC 中，负责和领域模型交互的是**组件**（Component），因此接下来我们可以在根组件 AppComponent 中创建一个商品服务 WareService 的实例，并通过来它获取商品数据。

但由于我们打算获取的是商品数据，因此应该新创建一个商品列表组件，为此需要在项目目录 src/app 下新建一个名为 ware-list.component.ts 的 TypeScript 文件，然后将代码清单 7-8 复制到其中。

代码清单 7-8　src/app/ware-list.component.ts

```
import { Component, OnInit } from '@angular/core'; // 从 Angular 的核心包导入组件初始化钩子方法所
// 在接口 OnInit 的定义
import { Ware } from './ware';                      // 导入商品实体类 Ware
import { WareService } from './ware.service';       // 导入商品服务类 WareService

/**
 * 商品列表组件
 */
@Component({})
export class WareListComponent implements OnInit {
```

```
    wares: Array<Ware>;                    // 代表商品列表的数组属性
    private wareService: WareService;          // 商品服务

    // 构造函数
    constructor() {
        this.wareService = new WareService(); // 构造商品服务实例
    }

    // 组件初始化钩子方法
    ngOnInit() {
        // 通过商品服务获取商品数组
        this.wares = this.wareService.getWareList();
    }
}
```

以上代码将商品列表组件定义为 WareListComponent，并为其定义了一个公共的商品数组属性 wares 和一个私有的商品服务属性 wareService。

说明

如果应用程序需要被预先编译，那么组件中需要（通过数据绑定或指令）被显示到视图中的属性的可访问性必须是公共的（public）。

以上代码还通过构造函数构造了商品服务实例，并在一个名为 ngOnInit()的方法中调用了商品服务实例的 getWareList()方法，以获取商品服务提供的商品数组。ngOnInit()方法是对导入自 Angular 核心包中的接口 OnInit 中的同名方法的实现，它会在商品列表组件初始化完成之后被 Angular 运行时调用，因此被称为**组件初始化钩子**（Hook）方法。

说明

钩子方法是什么？可以把它想象成 Angular 运行时在组件中放了一个钩子；它会在组件被初始化之后拉起这个钩子，并在发现这个钩子上挂了一个名为 ngOnInit()方法时调用它；而在未发现这个方法时，什么也不做。

除了 Angular，其实很多其他框架中一些类似于 Angular 组件的实现都有其初始化钩子方法，比如 ASP.NET MVC 的 Controller 的 Initialize()方法。除了初始化钩子方法，Angular 还提供了组件的销毁钩子方法，相关内容参见本书第 13 章。

此时，读者或许会有一个疑问：我们为什么不将商品数组的获取也放到构造函数中呢？

原因和我们在使用其他面向对象编程语言时一样，即类的构造函数的职责是**适当地**初始化对象的字段和属性，这里的“适当”是指对象的某个字段或属性的初始化除了依赖于构造函数的参数，若还需要依赖于其他耗时的资源（比如磁盘和网络等 I/O 资源），那么这个字段或属性的初始化不应该由构造函数负责，因为这会降低对象的构造速度，从而影响应用程序的启动和运行效率。

目前，商品列表组件的属性 wares 的初始化并没有依赖于任何其他耗时的资源，因为它所包含的还只是我们在客户端模拟的商品数据，如果我们将其初始化放到组件的构造函数中来实现，并不会有任何问题。

但随着开发的推进，我们会从远程服务端获取真实的商品数据来初始化天天菜园的商品列表。那时，商品列表的获取将会变得相对耗时，我们必定不能将其初始化交由组件的构造函数来完成，而应该交给在组件的初始化结束了之后才被执行的钩子方法 ngOnInit()来处理。

现在为了让我们尽早地了解组件生命周期的概念，我们提前将并不耗时的模拟商品数据的获取放在了组件的 ngOnInit()方法中来完成。

解除了疑惑之后，我们不能忘了有关组件的关键一点，即它们都必须被封装在模块中才能被 Angular 运行时发现。因此，接下来我们还需要修改应用程序根模块的定义代码，使其与代码清单 7-9 一致。

代码清单 7-9　src/app/app.module.ts

```
import { NgModule } from '@angular/core'; // 导入模块装饰器的定义
import { BrowserModule } from '@angular/platform-browser'; // 导入浏览器模块的定义
import { AppComponent } from './app.component'; // 导入组件 AppComponent 的定义
import { WareListComponent } from './ware-list.component'; // 导入组件 WareListComponent 的定义

@NgModule({
    imports: [BrowserModule], // 导入浏览器模块
```

```
        declarations: [AppComponent, WareListComponent], // 声明组件 AppComponent 和 WareListComponent
// 为当前模块内的组件
        bootstrap: [AppComponent] // 从组件 AppComponent 启动
    })
    export class AppModule {
        // 模块中通常不需要包含任何代码
    }
```

以上代码包含两处修改：一是通过 TypeScript 的 import 语句导入了商品列表组件 WareListComponent 的定义；二是将这个定义添加到了根模块 AppModule 的 declarations 列表中。

经过以上修改之后，Angular 运行时在需要创建 WareListComponent 的实例时，便能从 AppModule 中找到 WareListComponent 的定义。

那么，Angular 运行时何时会创建 WareListComponent 的实例呢？在回答这个问题之前，我们需要先完成另一个和商品列表相关的任务，即呈递商品数据给用户。

7.4　模板：展示逻辑

在 Angular MVC 中，负责将数据呈递给用户的是视图，而视图的实现介质是模板。因此，接下来我们要做的就是创建一个商品列表模板，并在这个模板中通过指令、数据绑定和管道来实现数据的呈递。

模板可以被定义在组件的装饰器参数中，也可以被定义在独立的 HTML 文件中。为了便于管理，我们打算通过后者来完成商品列表模板的定义。

为此，我们需要在项目目录 src/app 下新建一个名为 ware-list 的 HTML 文件，并将代码清单 7-10 复制到其中。

代码清单 7-10　src/app/ware-list.html

```
<div>欢迎光临天天菜园</div>
```

以上代码仅定义了一个简单的模板，但这并不能阻止它被用于呈递一个视图。为了实现视图的呈递，我们还需要修改商品列表组件的定义代码，使其与代码清单 7-11 一致。

代码清单 7-11　src/app/ware-list.component.ts

```
// ...省略的 import

/**
 * 商品列表组件
 */
@Component({
    moduleId: module.id, // 模块 ID
    templateUrl: './ware-list.html' // 模板路径
})
export class WareListComponent implements OnInit {
    // ...省略的代码
}
```

以上代码仅包含两处修改：一是设置了商品列表组件 WareListComponent 的 moduleId；二是将相对路径./ware-list.html 设置给了商品列表组件的模板路径 templateUrl。第一处修改的作用是使相对路径可被用于组件的 templateUrl，第二处修改的作用是将组件 WareListComponent 的模板路径设置为商品列表模板 ware-list.html 的路径。

经过以上修改之后，当商品列表组件被 Angular 即时编译器编译时，商品列表模板 ware-list.html 会被加载到浏览器中；当商品列表组件的实例被创建时，基于 ware-list.html 的视图会被创建，并被显示到浏览器中。

那么商品列表组件何时会被编译？其实例何时会被创建？相应的视图又会被显示到浏览器中的哪个位置呢？

首先，商品列表组件已被声明为应用程序根模块 AppModule 中的组件，因此它会在 AppModule 被加载到浏览器中时一起被加载到浏览器中，并同时被编译。

其次，我们希望商品列表组件的实例会在应用程序启动时被创建，而相应的视图随后也会同时被创建并被显示在应用程序启动页中。

为此，我们需要用到组件的**选择器**（Selector），因为只有当组件的选择器被设置到应用程序启动页面中时，组件的实例才会被创建，相应的视图才会被显示到浏览器中——至少目前我们知道的是这样。

我们已经知道，使用组件的默认选择器不是一个好习惯，因此需要为商品列表组件设置一个显式的选择器，这就需要再次修改商品列表组件的定义代码，使其与代码清单 7-12 一致。

代码清单 7-12 src/app/ware-list.component.ts

```
// ...省略的 import

/**
 * 商品列表组件
 */
@Component({
    selector: 'ware-list',            // 选择器
    moduleId: module.id,              // 模块 ID
    templateUrl: './ware-list.html' // 模板路径
})
export class WareListComponent implements OnInit {
    // ...省略的代码
}
```

按照要求，我们给商品列表组件设置了一个显式的选择器，即 ware-list——就像之前我们对应用程序根组件所做的那样。

有了选择器之后，我们应该通过它将商品列表视图显示到页面中的哪个区域呢？按照图 6-4 所示，商品列表视图应该被显示到根视图中。为了实现这一目的，我们需要将商品列表组件的选择器作为 HTML 标签写到根模板中，使根模板的内容与代码清单 7-13 一致。

代码清单 7-13 src/app.html

```
<h1>天天菜园</h1>
<ware-list></ware-list>
```

经过以上修改之后，Angular 运行时在呈递应用程序的根视图时，就会发现其中的商品列表组件选择器<ware-list>，从而创建相应的商品列表组件实例及相应的商品列表视图，并最终将商品列表视图展示到根视图中。

那么，事实是否就是这样呢？我们保存所有代码的编辑并刷新浏览器，随后将看到图 7-9 所示的效果。

成功了！商品列表视图被呈递到了浏览器中！但遗憾的是，其中还没展示用户期待的商品列表。

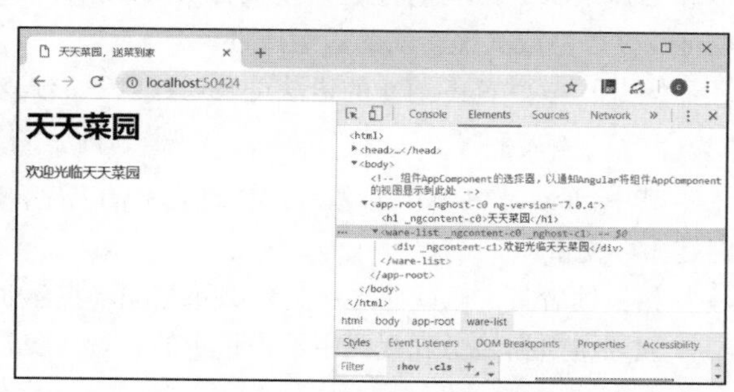

图 7-9 商品列表视图——模板

7.4.1 指令

指令和组件一样，其本质是 TypeScript 类。但和组件不一样的是，指令不呈递视图，其作用是改变 DOM 元素的外观或行为，以及向（从）DOM 树中输出（删除）DOM 元素。

Angular 内置了一些常用指令，比如 NgForOf、NgSwitch、NgIf、NgClass、NgStyle 等。通过这些指令，我们可以在视图中循环输出某个 DOM 元素、决定是否显示某个 DOM 元素或设置某个 DOM 元素的样式。

正好我们当前有一个循环输出 DOM 元素的任务，那就是对商品列表组件的商品数组属性 wares 进行遍历，并在每一次迭代中向视图中输出一个 DIV，以使被迭代的商品数组成员（即商品对象）被呈递到这个 DIV 中。

在以上 Angular 常用内置指令中，能完成这一任务的是 NgForOf 指令，因此我们需要将其用在商品

列表模板中，使商品列表模板的定义代码与代码清单 7-14 一致。

代码清单 7-14　src/app/ware-list.html

```
<div>欢迎光临天天菜园</div>
<div *ngFor="let ware of wares">商品</div><!--使用指令 NgForOf-->
```

我们在模板的最后一行添加了一对<div>标签，并为这对<div>标签添加了一个名为*ngFor 的特性。

这个特性是 NgForOf 指令的选择器别名，而 NgForOf 指令的作用是对组件中的数组属性进行遍历，以向视图中循环输出模板中被其别名标记的 HTML 标签对应的 DOM 元素。

因此，在以上代码中，我们将指令 NgForOf 的选择器别名*ngFor 作为特性设置到标签<div>中，这意味着我们打算向视图中循环输出内容为“商品”文本的 DIV 元素。

那么这个 DIV 元素会被循环输出多少次呢？答案取决于被赋给*ngFor 的值“let ware of wares”。这个值被称为微语法（Microsyntax），Angular 运行时会像 JavaScript 运行时评估 for…of 语句的循环表达式那样，基于商品列表组件对这个微语法进行评估。

简单来说，就是 Angular 运行时会将以上“let ware of wares”中的 wares 当作商品列表组件中的同名属性，并对它进行遍历。而这一遍历的结果就是向视图中输出三个内容为“商品”文本的 DIV 元素，因为商品列表组件的属性 wares 是一个包含三个商品对象的数组。

因此如果我们保存以上代码的编辑并刷新浏览器，将看到图 7-10 所示的效果。

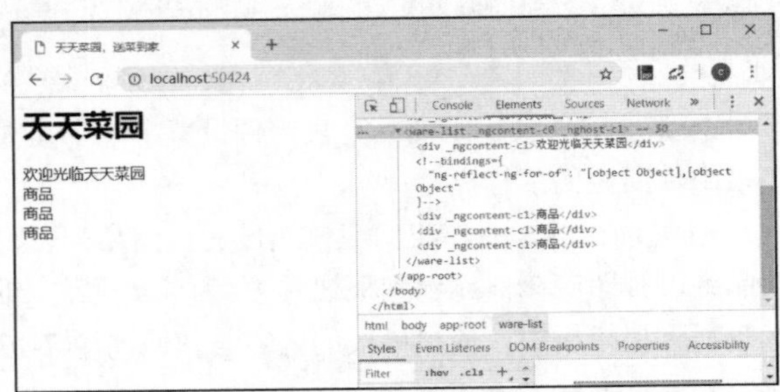

图 7-10　商品列表视图-指令

而根据以上经验我们还能知道，如果某个组件中有一个汽车数组属性 cars，我们希望将这个数组输出到相应的视图中，那么我们可以在这个组件的模板中添加这么一对使用了 NgForOf 指令的<div>标签：

```
<div *ngFor="let car of cars">汽车</div>
```

当然，以上<div>标签也可以被替换成其他标签（如<span>、<li>和<p>等），而其中的汽车数组 cars 也可以被替换成其他合法的数组属性。

因此，指令 NgForOf 的语法可以通过以下形式来描述：

```
<tag *ngFor="let item of items">...</tag>
```

其中，tag 是 HTML 标签或组件选择器的名字，items 是当前模板所属的组件中的数组属性，而 item 则是循环变量。

相信读者肯定早就想过：为什么不把循环变量也输出到视图中呢？

因为将数据显示到视图中不是指令的职责，负责完成这件事情的是数据绑定。

7.4.2　数据绑定

通过 Angular 中的 NgForOf 指令，我们已经成功地在模板中遍历了天天菜园的商品数组，并通过三个重复的“商品”DIV 证明了这次遍历确实已经发生了。

接下来，我们将删除 NgForOf 指令循环体中的“商品”二字，并在这个循环体中使用数据绑定技术将商品的名字、图片、价格及描述等信息显示到视图中。

Angular 模板的数据绑定分七种，它们分别是插值绑定、属性绑定、特性绑定、样式绑定、CSS 类绑定、事件绑定和双向绑定。我们将在第 10 章开始学习这七种数据绑定中的事件绑定和双向绑定，在本节中，需要完成对前面五种数据绑定的学习。

首先，让我们从最简单直观的插值绑定开始。

1. 插值绑定

插值绑定（Interpolation）可以出现在模板中的任何可以放置文本内容的地方（比如<body>、<div>和<span>等成对的 HTML 标签的内容区域），其作用是将其模板表达式所代表的值作为文本输出到视图中。

以下是插值绑定的语法：

```
{{模板表达式}}
```

其中，嵌套的两对大括号（{{}}）为语法中固定的部分，模板表达式（Template Express）是一段可被求值的代码。

大部分 JavaScript 表达式都是合法的 Angular 模板表达式，但符合以下情况的表达式除外：

（1）包含赋值（=、+=和-=等）；

（2）包含 new 操作；

（3）包含分号（;）和逗号（,）；

（4）包含自加（++）和自减（--）。

符合以上情况的表达式虽然可以被求值，但它们在被求值的过程中会带来其他的影响。

比如，“i++”是一个合法的 JavaScript 表达式，但它在被求值的过程中会使 i 的值被增加 1，因此它不是合法的 Angular 表达式；而“i + 1”是一个合法的 Angular 表达式，因为它被求值后不会影响 i 的值。

除了以上情况，Angular 模板表达式也不能符合以下情况：

（1）包含位运算符（|和&）；

（2）包含 Angular 表达式操作符（|、?.、!和$any()）。

Angular 模板表达式之所以不能符合以上情况，主要是因为“|”“?.”“!”和“$any()”是表达式操作符（在本书后面的章节中，我们会逐一接触这些操作符），它们不能成为模板表达式的一部分。

位操作符“&”之所以不能出现在 Angular 模板表达式，仅仅是因为另一个位操作符“|”作为管道操作符无法出现在模板表达式中，如果允许，“&”的合法性会显得不对称而已。

那么，排除以上情况之后，常用的模板表达式有哪些呢？它们通常是组件的属性和访问器、模板输入变量（Template Input Variable）以及模板引用变量（Template Reference Variable）。

属性和访问器对我们来说已经很熟悉了，模板引用变量将在 7.5.2 节出现在我们的视野中，而模板输入变量则是现在我们要接触的概念。

那么，模板输入变量是什么呢？为了回答这个问题，我们对商品列表模板做些修改，使其定义代码与代码清单 7-15 一致。

代码清单 7-15　src/app/ware-list.html

```
<div>欢迎光临天天菜园</div>
<div *ngFor="let ware of wares">
    {{ware.name}}<!--使用插值绑定-->
</div>
```

我们将运用了 NgForOf 指令的<div>标签内的文本“商品”替换成了插值绑定{{ware.name}}，其中 ware 便是一个模板输入变量——这个变量通过 NgForOf 指令的微语法“let ware of wares”被“输入”到了模板中。

当 Angular 运行时在执行 NgForOf 指令的循环时，模板输入变量 ware 会引用每一次被迭代的商品对象，因此模板表达式 ware.name 被评估后的值就是被迭代的商品对象的名称。

说明

模板输入变量是 Angular 中的概念，但大多数时候我们会将引用被迭代对象的变量称为更多人已经习惯的循环变量。

再结合 NgForOf 指令的作用我们可以知道，以上修改的最终的作用是向视图中输出的三个 DIV 元素，并先后向这三个 DIV 元素中输出商品列表组件从商品服务中获取到的三个商品的名字。

因此，如果我们保存以上代码的编辑并刷新浏览器，我们将看到图 7-11 所示的运行效果。

图 7-11　商品列表视图-插值绑定

正如我们所料，“无公害西蓝花”“有机上海青”和“本地胡萝卜”这三个商品名称分别被显示到了三对<div>中。

基于以上结果，不难想到，如果要将商品的价格和其他属性显示到浏览器中，我们可以怎样做。但在此之前，让我们先花些时间来了解一下 Angular 数据绑定中的其他绑定。

注意

如果将以上插值绑定{{ware.name}}被替换成{{ware}}，Angular 运行时不会将商品对象的所有属性显示到视图中，它会显示的是字符串“[object Object]”。因为 Angular 运行时对插值绑定中的模板表达式的值进行评估时，最终会调用这个值的 toString()方法。

如果循环变量 ware 的值是 null 或 undefined，那么插值绑定{{ware.name}}会引发运行时错误“Cannot read property 'name' of null/undefined”。而为了避免这样的错误，我们将插值绑定{{ware.name}}换成{{ware && ware!.name}}或{{ware?.name}}。

以上“!”被称为非空断言操作符（Non-null assertion operator），其作用是告诉 Angular 编译器被操作对象不为 null 或 undefined。

以上“?.”被称为安全导航操作符（Safe Navigation Operator），其作用是在被操作对象为 null 或 undefined 时，取消对相应属性的访问而直接返回 null。

那么如果商品列表组件的商品数组属性 wares 的值是 null 或 undefined，NgForOf 指令在对它进行遍历时会引发运行时错误吗？答案是不会，因为 NgForOf 指令会忽略 null 和 undefined。

2. 属性绑定

刚刚，我们通过 Angular 模板的插值绑定在视图中显示了商品的名称，接下来，我们将要使用 Angular 数据绑定中的**属性绑定**（Property Binding）把商品的缩略图显示到视图中。

为此，我们需要继续修改商品列表模板，使与如代码清单 7-16 一致。

代码清单 7-16　src/app/ware-list.html

```
<div>欢迎光临天天菜园</div>
<div *ngFor="let ware of wares">
    <!--使用属性绑定-->
    <img width="55" height="55" alt="ware" [src]="ware.thumbnailUrl" />
    <div>{{ware.name}}</div>
</div>
```

以上代码包含两处修改：一是添加了一个<img>标签；二是将插值绑定{{ware.name}}转移到了一对嵌套的<div>标签中。

显然，我们需要关注的是新增的那个<img>标签。确切地说，我们应该关注的是它的属性 src，因为它看上去有些特别——它被中括号包围了，并且它的值看上去是一个模板表达式。

使用中括号包围 HTML 标签的属性，并将其值设置为一个模板表达式，这便是属性绑定的用法。当 Angular 运行时遇到模板中的属性绑定时，它会评估其中的模板表达式的值，并最终将这个值赋给目标 HTML 元素的参与绑定的属性。

因此，当以上<img>标签被浏览器渲染成图片元素之后，图片元素的 src 属性的值会被赋为被迭代的商品对象的 thumbnailUrl 属性的值，即“images/OnePixelOrange.png”——这会使浏览器加载服务端路径为 images/OnePixelOrange.png 的图片，并将这张图片显示到图片元素中。

显然，目前服务端还没有这么一张图片。因此，我们还需要在项目根目录下新建一个名为 images 的文件夹，然后向这个文件夹中添加一张格式为 png 的图片，并将这张图片的名字修改为 OnePixelOrange.png。

说明

读者可以将任何读者喜欢的图片放置到 images 目录中，但如果读者确实没有一张喜欢的图片，也可以从本书配套资源中复制这张名为 OnePixelOrange.png 的只有一像素大小的单色图片。

执行完以上操作之后，新增图片在项目中的位置将与图 7-12 所示的一致。

确保图片已被添加到项目中之后，我们可以保存商品列表模板的编辑并刷新浏览器，随后将看到图 7-13 所示的效果。

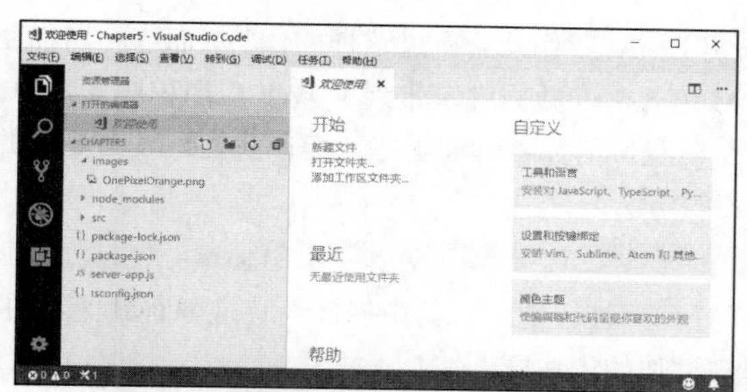

图 7-12　图片 OnePixelOrange.png 在项目中的位置

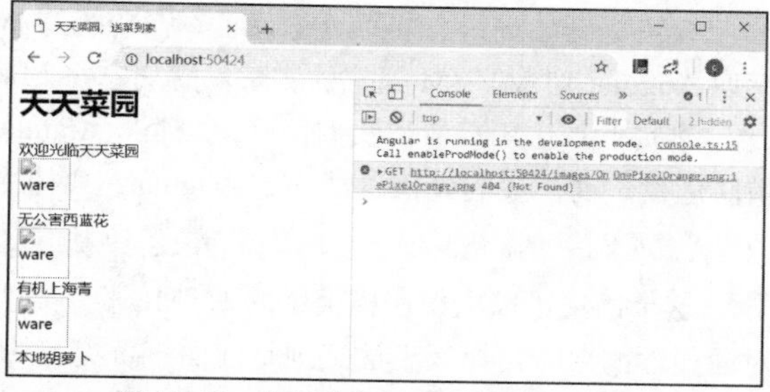

图 7-13　商品列表——属性绑定（1）

可以看到，<img>标签中通过常规方式赋值的 alt 属性起作用了，但通过属性绑定赋值的 src 属性却没有起到任何效果，这似乎在预示着我们的属性绑定失败了。

说明

<img>标签的 alt 属性被赋值为 ware，这不会使 Angular 运行时将 ware 视作模板表达式并将其值评估为字符串“[object Object]”，因为 alt 属性没有被中括号包围，它没有运用属性绑定。

然而事实并非如此，Chrome 调试工具的控制台已经告诉了我们真相：浏览器尝试过从我们绑定的 URL 去加载图片，只是服务端返回了 404 响应而已。

那么服务端为什么会这样做呢，我们不是已经在项目中添加了相应的图片吗？是的，我们添加了，但 Express 并没有允许客户端访问它。为了使 Express 允许客户端访问我们添加的图片，我们需要对服务端应用程序代码做些修改，使其与代码清单 7-17 一致。

代码清单 7-17　server-app.js

```
    // 导入 Express 模块，并创建 Express 应用程序对象
    var express = require('express');
    var app = express();

    // 中间件配置：允许客户端请求服务端目录/node_modules、/src 和/images 下的静态资源
    app.use('/node_modules', express.static('node_modules'));
    app.use('/src', express.static('src'));
    app.use('/images', express.static('images'));

    // 路由配置：当客户端请求服务端根路径（即 http://localhost:50424/）时，返回目录 src 下的 HTML 文件
// index.html
    app.get('/', function (req, res) {
        res.sendFile(__dirname + '/src/index.html');
    });

    // 启动应用程序，并监听 50424 端口上的请求
    var server = app.listen(50424, function () {
        var host = server.address().address;
        var port = server.address().port;

        console.log('当前应用程序正在监听 http://%s:%s', host, port);
    });
```

我们向以上代码中添加了这么一行代码：

```
app.use('/images', express.static('images'));
```

如果读者对 6.2.3 节还有印象的话，就会知道这行代码的作用是放行服务端目录 images 下的静态资

源，即允许客户端访问这一目录下的包括图片 OnePixelOrange.png 在内的所有静态资源。

那么，它的作用是否就是这样呢？保存以上代码的编辑，重启服务端应用程序并刷新浏览器，我们将看到图 7-14 所示的结果。

说明

打开运行服务端应用程序的 VS Code 集成终端，按组合键“Ctrl + C”可以停止服务端应用程序，随后再次输入 node 命令“node server-app.js”即可完成服务端应用程序的重启。

有没有开始觉得有些不可思议了？在传统的 Web 开发中，我们从未有过这样的体验，而这一切都要感谢 Angular 对 MVVM 模式的实现，感谢它将 MVVM 模式中的数据绑定带到了 Web 应用程序开发中。

事实上，这还不值得我们彻底地兴奋，Angular 带给我们的惊喜远非这些。但在我们继续向更多的惊喜迈进之前，我们先来总结一下 Angular 中属性绑定的语法：

```
[属性名]="模板表达式"
```

这个语法可以出现在模板中的 HTML 标签的几乎任何属性设置上，其中属性名就是 HTML 标签的对应属性的名字，模板表达式则是前面一直提及的可被评估的表达式。

根据这个语法，让我们再将商品的名称绑定到 img 标签的 title 属性上，以使用户将鼠标指针移到商品图片上时获得商品名称提示。

为了实现以上属性绑定，我们需要再次修改商品列表模板，使其与代码清单 7-18 一致。

代码清单 7-18　src/app/ware-list.html

```
<div>欢迎光临天天菜园</div>
<div *ngFor="let ware of wares">
    <!--使用属性绑定-->
    <img width="55" height="55" alt="ware" [src]="ware.thumbnailUrl" [title]="ware.name" />
    <div>{{ware.name}}</div>
</div>
```

根据要求，我们给<img>标签添加了一个 title 属性绑定，并将其模板表达式设置为 ware.name，从而使 Angular 运行时将被迭代的商品的名称绑定到图片元素的 title 属性上。

接下来，如果我们保存以上代码的编辑并刷新浏览器，将看到图 7-15 所示的效果。

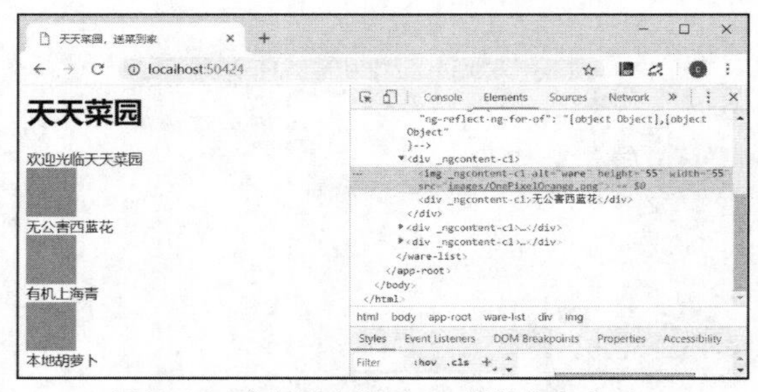

图 7-14　商品列表视图——属性绑定（2）

图 7-15　使用属性绑定为 img 标签绑定 title 属性

可以看到，在将鼠标指针移到有机上海青的图片上时，显示被绑定到图片元素的 title 属性上的商品名称。如果我们将指针移到其他商品图片上，一样可以看到被弹出显示的相应商品的名称。

至此，我们便熟悉了属性绑定的使用。同时，读者可能会有这样一个疑惑，即插值绑定和属性绑定的作用看上去都是向视图中绑定一个值，那它们有什么不同呢？

首先，插值绑定最终会被转换为属性绑定。但在被转换之前，插值绑定中的模板表达式会先被求值，而这个值的类型总是字符串类型 string。比如，对于以下插值绑定来说：

```
<div>{{ware.name}}</div>
```

其中的 ware.name 会被评估为被迭代的商品的名称（比如“无公害西蓝花”），而在完成这一评估之后，以上插值绑定会被转换成以下属性绑定：

```
<div [innerHTML]="'无公害西蓝花'"></div>
```

因此，我们可以发现插值绑定的本质也是属性绑定，并且它在很多时候可以代替属性绑定。比如，对于以下属性绑定来说：

```
<img [title]="ware.name" />
```

它完全可以被替换成以下插值绑定：

```
<img title="{{ware.name}}" />
```

因为这一插值绑定中的模板表达式 ware.name 会被评估为类型为字符串的商品名称（比如“无公害西蓝花”），接着这一插值绑定会被转换为以下属性绑定：

```
<img [title]="'无公害西蓝花'" />
```

显然，以上属性绑定会把被迭代的商品名称绑定到图片元素的 title 属性上，这就意味着转换成以上属性绑定的插值绑定也能实现这样的绑定。

但有时候属性绑定不能被替换成插值绑定，比如，对于以下插值绑定来说：

```
<input type="text" [disabled]="false" />
```

以上属性绑定将使文本域处于可输入状态，它不能被替换成以下插值绑定：

```
<input type="text" disabled="{{false}}" />
```

因为这一插值绑定中的模板表达式 false 会被评估为字符串 false（而非 boolean 类型的 false），接着这一插值绑定会被转换为以下属性绑定：

```
<input type="text" [disabled]="'false'" />
```

以上属性绑定尝试把字符串常量 false（而非 boolean 类型的 false）绑定到文本域的 disabled 属性上，而任何非空对象、非 0 数字和非空字符串都会被评估为 true，因此以上属性绑定会将文本域的 disabled 属性的值绑定为 boolean 类型的 true，从而使文本域处于不可输入的状态。

基于以上现象我们可以知道，插值绑定只能用于绑定字符串值，而属性绑定则能用于绑定任何类型的值。因此，当需要绑定字符串类型的值时，插值绑定和属性绑定可以互换；当需要绑定非字符串类型的值时，我们则不能使用插值绑定，只能使用属性绑定。

有些时候，虽然插值绑定和属性绑定可以互换，但我们会倾向于使用更加便利的插值绑定。比如，当向 DIV 元素中输出文本内容时，我们会选择使用以下插值绑定：

```
<div>{{ware.name}}</div>
```

而非以下可替换的属性绑定：

```
<div [innerHTML]="ware.name"></div>
```

至此，我们便明白了插值绑定和属性绑定的异同。接下来，让我们再来看看另一个看上去与属性绑定也十分相似的绑定，即特性绑定。

3. 特性绑定

现在，我们要做一件负责任的事情，那就是实现无障碍阅读，让有阅读障碍的人士也能使用天天菜园来买菜。

在开始之前，请允许我先引用一条推文。

译文：我们对提高可访问性最大的误解是认为那是在帮助别人，但是你错了，这是你的职责。

原文：The biggest misconception about accessibility is that by adding it you're doing somebody a favor. You're not, you're doing your job.

作为程序开发人员，让每一个人都能使用我们开发的程序，这便是我们的职责。

那么，我们应该怎样履行自己的职责呢？我们可以使用 HTML 标签的 aria-label 特性，来帮助天天菜园的盲人用户听到页面中的内容。

为此，我们需要修改商品列表模板，使其与代码清单 7-19 一致。

代码清单 7-19 src/app/ware-list.html

```
<div>欢迎光临天天菜园</div>
<div *ngFor="let ware of wares">
    <img width="55" height="55" alt="ware" [src]="ware.thumbnailUrl" [title]="ware.name" />
    <div>
        <!--使用特性绑定-->
        <a href="#" [attr.aria-label]="'导航到' + ware.name + '的详情页面'">{{ware.name}}</a>
    </div>
</div>
```

以上代码在指令 NgForOf 内嵌套的 div 标签中添加了一对<a>标签，并将原来用于绑定商品名称的插值绑定移到了这对标签的里面。

此外，更值得我们注意的是，我们还在<a>标签上使用了一个不太一样的"属性绑定"：

```
[attr.aria-label]="'导航到' + ware.name + '的详情页面'"
```

事实上，这不是属性绑定，而是 Angular 数据绑定中的另一种，被称为特性绑定（Attribute Binding）。

特性绑定和属性绑定的语法和作用都极为相似，以下是特性绑定的语法：

```
[attr.特性名]="模板表达式"
```

从语法中我们可以看到，特性绑定将属性绑定中的属性名换成了特性名，并在特性名之前加了一个前缀"attr."——特性的英文单词 attribute 的前四个字母加英文点号。

那么，HTML 中的特性和属性到底有什么区别呢？在回答这个问题之前，让我们先来了解一下以上特性绑定的作用。

首先，让我们来看看以上特性绑定中的模板表达式：

```
'导航到' + ware.name + '的详情页面'
```

这个模板表达式看上去有些复杂，但实际上它仅仅进行了两次字符串拼接，即将字符串常量"导航到"、被迭代的商品的名字和另一个字符串常量"的详细页面"拼接成一个字符串。而这一拼接的结果，就是被赋给<a>标签对应的超链接元素的特性 aria-label。

提示

特性 aria-label 是 HTML5 中的标签特性，它的存在对标签的视觉呈现不起任何影响，它的作用是给屏幕阅读器提供一个值，从而使屏幕阅读器在聚焦到被它所标记的标签时，将这个值朗读出来——这对于盲人用户来说，是一个极大的便利。

如果一个超链接元素上的特性 aria-label 被赋了值，那么当屏幕阅读器聚焦到这个超链接上时，这个值就会被屏幕阅读器朗读出来。

因此，如果我们保存以上代码的编辑并刷新浏览器，首先会看到图 7-16 所示的显示结果。

从图 7-16 中可以发现，被放置到<a>标签内的商品名称插值绑定被显示成了一个链接，同时这个链接的特性 aria-label 也在特性绑定的帮助下，获得了相应的值（比如"导航到无公害西蓝花的详情页面"）。

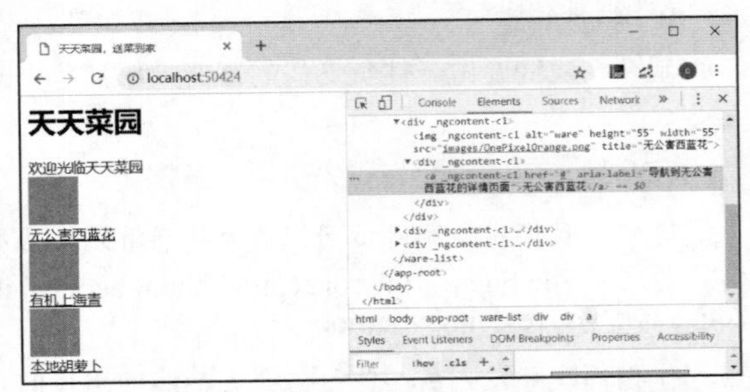

图 7-16 使用特性绑定为<a>标签的 aria-label 特性绑定值

接下来，我们需要找到一款屏幕阅读器，以验证它确实会为我们朗读超链接的 aria-label 特性的值。

所幸的是，Windows 已经提供了一个名为"讲述人"的屏幕阅读器。为了启用它，我们只需要在 Cortana 的搜索框中输入"讲述人"，随后将看到图 7-17 所示的最佳匹配。

单击图 7-17 所示的"讲述人"桌面应用图标，讲述人将被启动，并展示图 7-18 所示的设置界面。

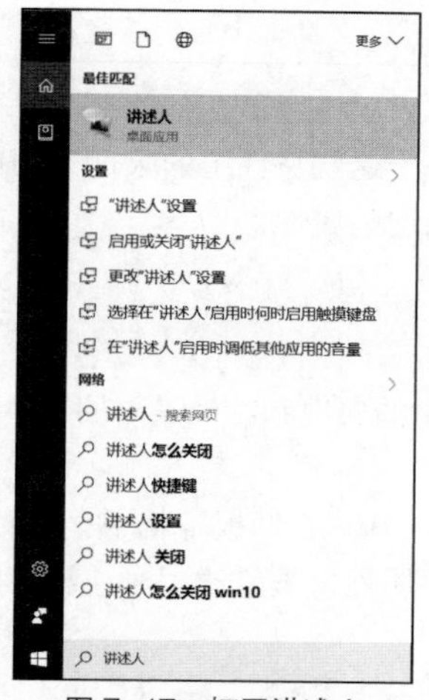

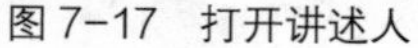

图 7-17 打开讲述人

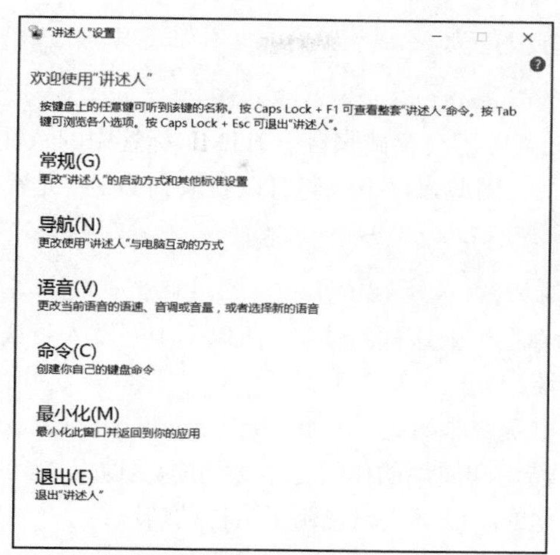

图 7-18 讲述人设置

由于无须对讲述人进行任何设置，因此我们回到 Chrome 浏览器中，并通过 Tab 键聚焦到“无公害西蓝花”的名称链接上，随后讲述人将向我们朗读链接上 aria-label 特性的值，即“导航到无公害西蓝花的详情页面”。如果我们聚焦到其他商品名称链接上，讲述人也会朗读相应的无障碍提示。

多么美好的一件事情，如果有一天我们变得高度近视且总是忘记眼镜放在哪里，却又不得不在天天菜园上购买所需的菜品，那时就会庆幸自己做了一件好事，那就是提高了所开发应用程序的可访问性。

我们还有可能遭遇记忆力下降的危机，并因此而忘记开发中的一些重要事情（如果那时我们还在写代码的话）。

比如，我们可能会忘记特性绑定中的前缀，将前面<a>标签是的特性绑定写成如下形式：

```
<a href="#" [aria-label]="'导航到' + ware.name + '的详情页面'">{{ware.name}}</a>
```

如果我们将这样的特性绑定交给 Angular 运行时，Angular 运行时会抛出以下错误信息：

```
Template parse errors: Can't bind to 'aria-label' since it isn't a known property of 'a'.
```

这条异常信息告诉我们 Angular 运行时在解析模板时发现了错误，它无法使用属性绑定为超链接元素绑定属性 aria-label，因为 aria-label 不是超链接元素的属性。

是的，没有前缀 attr.的[aria-label]变成了属性绑定。而 aria-label 是超链接元素的特性（不是属性），因此我们不能使用属性绑定为其绑定值。

好吧，特性绑定不能被写成属性绑定。那么，属性绑定可以被写成特性绑定吗？比如，前面的<img>标签，它可以被写成这样吗？

```
<img width="55" height="55" alt="ware" [src]="ware.thumbnailUrl" [attr.title]="ware.name" />
```

答案是可以的，因为图片元素确实有一个名为 title 的特性，以上特性绑定会将图片元素的特性 title 设置为被迭代的商品的名字，并最终使这个名字在鼠标指针经过商品图片时被显示出来。

HTML 中的属性和特性到底有什么区别？而 Angular 中相应的属性绑定和特性绑定又有什么区别？

简单来说，特性（Attribute）和属性（Property）是两个不同的概念：特性这个概念适用于 HTML 标签和 DOM 元素，而属性这个概念只适用于 DOM 元素。

以下面的文本域标签为例：

```
<input type="text" id="name" value="Lcng" />
```

这个标签被显式地设置了三个特性，即 type、id 和 value。当这个标签被加载到浏览器中并被解析成 DOM 元素时，我们可以通过以下代码获取到这个元素：

```
var textInput = document.getElementById('name')
```

HTML 标签被解析成 DOM 元素之后，HTML 标签中的特性会被存储到对应的 DOM 元素中，因此以下代码可以获取到 DOM 元素 textInput 存储的来自于<input>标签的特性：

```
textInput.getAttribute('type')  // text
textInput.getAttribute('id')    // name
textInput.getAttribute('value') // Lcng
```

DOM 元素除了会存储来自于 HTML 标签中的特性，它还会基于这些特性中的大部分为自己生成相应的同名属性，因此，以下代码可以获取到 DOM 元素 textInput 的这些属性：

```
textInput.type  // text
textInput.id    // name
textInput.value // Lcng
```

正因为存在以上这样的情况，所以不少开发人员认为 HTML 中的属性和特性是一回事，甚至将它们统一称为属性。

然而，事实并非如此。比如，特性 aria-label、colspan 和 rowspan 等，它们根本就不存在对应的属性。

此外，特性和属性的作用也不尽相同。比如，当 DOM 元素的属性值被修改了时，相应的特性值是不会发生变化的。以下代码说明了这样的情况：

```
textInput.value = 'Jerry';                          // 设置 DOM 元素的属性 value 的值
console.log(textInput.value);                       // 输出 Jerry
console.log(textInput.getAttribute('value')); // 输出 Lcng，而非 Jerry
```

当修改了 DOM 元素的特性值时，相应的属性值通常则会发生相应的改变。以下代码（不考虑上面的代码带来的影响）说明了这样的情况：

```
textInput.setAttribute('value', 'Jerry');       // 设置 DOM 元素的特性 value 的值
console.log(textInput.value);                   // 输出 Jerry，而非 Lcng
console.log(textInput.getAttribute('value'));  // 输出 Jerry
```

除了以上不同，有些特性还比较特殊，比如以下复选框的 checked 特性：

```
<input type="checkbox" id="remember" value="1" checked />
```

当这个复选框被解析成 DOM 元素时，DOM 元素会同时拥有名为 checked 的特性和属性，但它们的值是不同的：

```
var checkbox = document.getElementById('remember');
console.log(checkbox.getAttribute('checked')); // 输出空字符串
console.log(checkbox.checked);                 // 输出 true
```

并且，它们都可以被用于修改复选框的状态，但相关的方式却是不同的。比如，对很多人来说，以下代码的本意是将复选框设置为未选中的：

```
checkbox.setAttribute('checked', false); // 这条语句执行之后 checkbox.checked 的值是 true
```

但事实上这行代码会将复选框设置为选中状态，因为复选框（和单选按钮）的 checked 特性是不需要值的，只要这个特性被设置了，不管它的值是 false、undefined、null 还是 0 或空字符串，相应的复选框（和单选按钮）都会被选中。

如果非要通过 checked 特性来控制复选框（和单选按钮）的选中状态，我们应该使用以下代码：

```
checkbox.removeAttribute('checked'); // 移除复选框的 checked 特性
```

相比于 checked 特性的不正常，复选框（和单选按钮）的 checked 属性则表现了其正常的一面。比如，当通过 checked 属性来控制复选框（和单选按钮）的选中状态时，我们可以这么做：

```
checkbox.checked = true;  // 选中复选框
checkbox.checked = false; // 取消选中复选框
```

综上所述，HTML 中的特性和属性是不同的概念，它们有着以下区别：

（1）并非所有特性都有对应的属性；

（2）当设置特性的值时，相应的属性的值会发生改变；

（3）当设置属性的值时，相应的特性的值不会发生改变；

（4）像 checked（以及 readonly 和 disabled 等）这样的无值特性，只能通过被设置（添加）或删除来修改相应的元素的状态；

（5）checked（以及 readonly 和 disabled 等）这样的特性对应的属性，可以通过设置其值为 true 或 false 来修改相应的元素的状态。

基于以上描述我们大概知道了 HTML 中的特性和属性的区别，而 Angular 中的特性绑定和属性绑定的区别则是：特性绑定修改的是 DOM 元素的特性；而属性绑定修改的是 DOM 元素的属性。

因此，我们可以知道为什么<a>标签上的特性绑定[attr.aria-label]不能被换成属性绑定[aria-label]，而为什么<img>标签上的属性绑定[title]却可以被换成特性绑定[attr.title]了。

那就是因为<a>标签对应的超链接元素没有名为 aria-label 的属性；而<img>标签对应的元素同时拥有名为 title 的特性和属性，并且对其 title 特性的修改，会自动被传递到其 title 属性上。

此外，我们还能知道，当需要通过数据绑定来修改复选框（和单选按钮）的选中状态时，我们应该使用属性绑定。因为不管我们给复选框（和单选按钮）的 checked 特性绑定什么值，最终都会使其被选中；而当我们给它的 checked 属性绑定 true 或 false 时，它则会如我们所愿地处于选中和未选中状态。

最后，如果我们忘记了特性绑定和属性绑定的这些细节，应该怎样在它们之间进行选择呢？

答案很简单，因为我们有一个小窍门：总是首先选用属性绑定，而如果随后 Angular 编译器抛出了前面提到的内容为"Can't bind to 'Property'..."的错误，则说明目标 DOM 元素没有被绑定的这个元素，此时再换用特性绑定即可——当然，前提是属性名没有被拼写错。

说明

事实上，我们不用担心属性名拼写错误的问题，第 14 章将介绍一个被称为"Angular 语言服务"的 VS Code 插件，这个插件会在我们编辑模板时提供输入提示和错误检查。

4. 样式绑定

到目前为止，我们成功地向天天菜园的商品列表中绑定了一些文本、图片和无障碍阅读提示。但对于一个真实的应用程序来说，这些内容的展示风格显得有些过于潦草。

如果要让更多的用户在看到天天菜园时的第一眼就被其吸引——至少要被其留住——那么我们肯定少不了要对其数据进行一番打扮。

好在对于 Web 应用程序来说，由于 CSS 的存在，要实现这样的打扮并不困难。只是有时候，我们仍然会面临一些问题。

比如，对于天天菜园来说，我们希望将所剩不多的商品的库存值显示为深红色，以提醒用户需要抓紧时间下单；而当其库存为 0 时则将这个值显示成灰色，以提醒用户这个商品了暂时无法被购买。

仅限于 CSS 来说，我们无法实现这样的判断，但如果借助 Angular 模板数据绑定中的样式绑定的话，我们可以轻松达到这一目的。

比如，我们可以修改商品列表模板，使其与代码清单 7-20 一致。

代码清单 7-20 src/app/ware-list.html

```
<div>欢迎光临天天菜园</div>
<div *ngFor="let ware of wares">
    <img width="55" height="55" alt="ware" [src]="ware.thumbnailUrl" [title]="ware.name" />
    <div>
        <a href="#" [attr.aria-label]="'导航到' + ware.name + '的详情页面'">{{ware.name}}</a>
    </div>
    <!--使用样式绑定-->
    <div [style.color]="ware.stock == 0 ? '#999' : (ware.stock < 10 ? '#B12704' : 'inherit')">
        库存: {{ware.stock}}斤
    </div>
</div>
```

我们在商品名称链接下方添加了一对<div>标签，然后在这对<div>标签内使用了我们熟悉的插值绑定{{ware.stock}}，以将商品的库存量显示到商品列表视图中。

但在以上插值绑定之外，更值得注意的是包含它的<div>标签上的 CSS 样式：

```
[style.color]="ware.stock == 0 ? '#999' : (ware.stock < 10 ? '#B12704' : 'inherit')"
```

以上设置样式的方式在语法上与特性绑定非常类似，但被称为样式绑定，其语法是：

```
[style.样式名]="模板表达式"
```

样式绑定的作用是为 HTML 元素设置指定标准的 CSS 样式，而这个样式的值则由模板表达式评估而来——模板表达式最终的评估结果必须要是合法的 CSS 样式值。

说明

以上样式名必须是标准的 CSS 样式名，比如，浮动、背景图片和左下角边框半径，它们的标准 CSS 样式名分别是 float、background-image 和 border-bottom-left-radius。

因此，以上样式绑定的作用，就是为包含商品库存的 DIV 元素绑定 color（文字颜色）样式，而这个样式的值最终会由被迭代的商品的库存量决定：如果库存量为 0，那么样式值是“#999”（灰色）；如果库存量在 0 和 10 之间，那么样式值就是“#B12704”（深红色）；如果库存量大于或等于 10，那么样式值就是“inherit”（继承父元素的 color 样式的值）。

那么，以上样式绑定对商品列表的展示最终的影响是什么样的呢？我们保存以上代码的编辑并刷新浏览器，将看到图 7-19 所示的结果。

可以看到，商品的库存量通过插值绑定被显示到了视图中，而显示这一库存量的文本的颜色也通过样式绑定根据库存量的大小被设置成了相应的颜色。

由此说明，使用样式绑定来绑定 HTML 元素内的文本颜色样式已经达到了如我们所愿的结果，但如果我们要使用样式绑定来绑定文本颜色之外的其他样式该怎么办呢？

答案很简单，我们只需要将样式绑定的语法中的样式名替换成目标样式的标准 CSS 样式名，然后通过模板表达式为这个样式评估一个合法的样式值即可。

比如，当打算将库存量不多的商品的库存在视图中加粗显示时，我们只需要像代码清单 7-21 那样，继续在包含商品库存的<div>标签上使用文字粗细样式绑定即可。

代码清单 7-21　src/app/ware-list.component.ts

```
<div>欢迎光临天天菜园</div>
<div *ngFor="let ware of wares">
    <img width="55" height="55" alt="ware" [src]="ware.thumbnailUrl" [title]="ware.name" />
    <div>
        <a href="#" [attr.aria-label]="'导航到' + ware.name + '的详情页面'">{{ware.name}}</a>
    </div>
    <!--使用样式绑定-->
    <div [style.color]="ware.stock == 0 ? '#999' : (ware.stock < 10 ? '#B12704' : 'inherit')"
        [style.font-weight]="ware.stock > 0 && ware.stock < 10 ? 'bold' : 'initial'">
        库存：{{ware.stock}}斤
    </div>
</div>
```

按照要求，我们对商品库存<div>的文字粗细样式（font-weight）进行了绑定，并给它设置了这样一个模板表达式：如果被迭代的商品的库存量在 0 和 10 之间，那么返回样式值“bold”（加粗）；否则，返回样式值“initial”（初始值）。

以上修改的结果会符合我们的预期吗？保存以上代码的编辑并刷新浏览器，我们将毫无悬念地看到商品列表中的第二个商品的库存量被加粗显示，如图 7-20 所示。

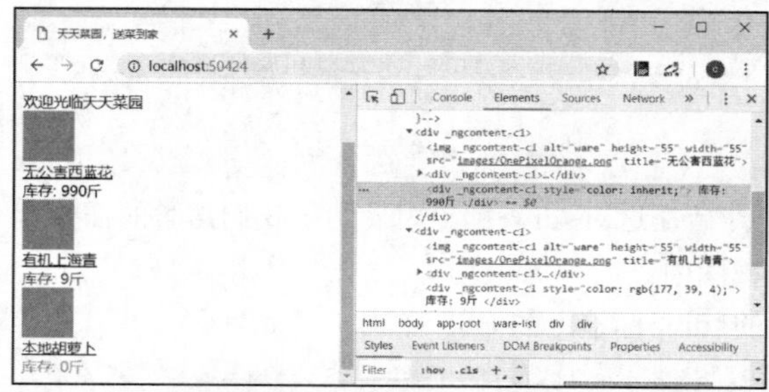

图 7-19　使用 Angular 模板样式绑定设置库存量文字颜色

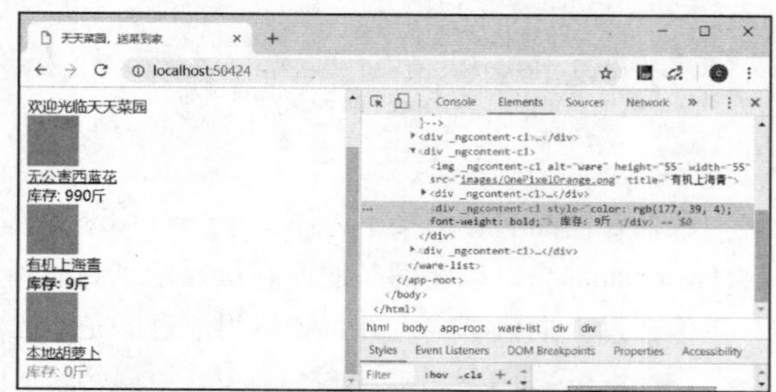

图 7-20　使用样式绑定设置库存量文字粗细

可以看到，有机上海青的库存量（9）因为在 0 和 10 之间，所以被样式绑定设置成了深红色的同时，还被加粗显示了——这些都是因为相应的<div>标签上被添加了相应的样式，即 color 和 font-weight。

此时读者可能会担心：HTML 标签上原有的样式，会因为样式绑定而被移除吗？

答案是不会的，比如，假设商品库存<div>标签本身就被设置了以下样式：

```
<div style="font-size:10px;">
    库存：{{ware.stock}}斤
</div>
```

那么经过以上商品列表模板中的样式绑定之后，其样式会是这样的：

```
<div style="font-size:10px;color:rgb(177, 39, 4);font-weight:bold;">
    库存：{{ware.stock}}斤
</div>
```

此外，如果 HTML 标签本身被设置的样式和样式绑定中的目标样式是相同的，那么标签本身设置的样式值会被样式绑定提供的值覆盖。

比如，假设商品库存<div>标签本身被设置了以下文字演示样式：

```
<div style="color:#000;">
    库存：{{ware.stock}}斤
</div>
```

那么经过以上商品列表模板中的样式绑定之后，其样式会是这样的：

```
<div style="color:rgb(177, 39, 4);font-weight:bold;">
    库存：{{ware.stock}}斤
</div>
```

除了以上担心，读者可能还会这样一个顾虑，即大量的样式绑定将使对应的 HTML 标签变得臃肿——商品库存<div>标签已经开始臃肿了——为此，Angular 有提供解决的方案吗？

答案自然是有，那就是使用 CSS 类绑定。

5. 类绑定

在传统的 Web 开发中，当需要装饰某个 HTML 标签时，我们除了可以通过设置其 CSS 样式来实现，还可以通过设置它的 CSS 类来达到这一目的。

同样，在 Angular 应用程序开发中，除了可以通过样式绑定来为 HTML 标签绑定样式，我们还能使用 CSS 类绑定（Class Binding）来为 HTML 标签绑定 CSS 类，从而使这个 CSS 类封装的所有样式都被作用到目标 HTML 元素上。

比如对天天菜园的商品列表视图来说，我们希望当某个商品的价格很便宜时，这个价格会被显示得更加醒目，以提醒用户不要错过这个商品。另一种情形是当某个商品已经没有库存时，这个商品的价格应该被显示为灰色，以提示用户让他/她暂时不要考虑这个商品。

当然，使用我们已经学习过的样式绑定完全可以实现这样的需求，但接下来我们将通过更加高效的类绑定来完成这项工作。

为此，我们需要修改商品列表模板，使其与代码清单 7-22 一致。

代码清单 7-22 src/app/ware-list.html

```
<div>欢迎光临天天菜园</div>
<div *ngFor="let ware of wares">
    <img width="55" height="55" alt="ware" [src]="ware.thumbnailUrl" [title]="ware.name" />
    <div>
        <a href="#" [attr.aria-label]="'导航到' + ware.name + '的详情页面'">{{ware.name}}</a>
    </div>
    <div [style.color]="ware.stock == 0 ? '#999' : (ware.stock < 10 ? '#B12704' : 'inherit')"
        [style.font-weight]="ware.stock > 0 && ware.stock < 10 ? 'bold' : 'initial'">
        库存：{{ware.stock}}斤
    </div>
    <!--使用类绑定-->
    <div [class.cheap]="ware.price < 1">
```

```
        价格：￥{{ware.price}}元/斤
    </div>
</div>
```

我们在商品库存<div>标签下方添加了一对新的商品价格<div>标签，并在这对 div 标签内使用插值绑定向视图中绑定了商品的价格。

以上做法对现在的我们来说已经是稀松平常的了，而真正值得我们注意的是商品价格<div>标签上类似于样式绑定的那一部分：

```
[class.cheap]="ware.price < 1"
```

这段类似于样式绑定的代码就是 CSS 类绑定的运用，其语法是：

```
[class.CSS 类名]="模板表达式"
```

类绑定的作用是为目标 HTML 元素添加指定的 CSS 类，或从目标 HTML 元素上删除指定的 CSS 类。最终执行的是添加还是删除操作，则取决于模板表达式被评估后的值：如果模板表达式的值被评估为 true，则添加 CSS 类名指定的类；反之，则是删除。

因此，以上商品价格<div>标签上的类绑定的作用是这样的：当被迭代的商品的价格小于 1 时，为商品价格 DIV 元素添加名字为“cheap”的 CSS 类；反之，则从商品价格 DIV 元素上删除名字为“cheap”的 CSS 类——如果这个 CSS 类并未被添加到商品价格 DIV 元素上，这一删除动作也不会有任何副作用。

那么，真实情况是否就是这样呢？让我们保存以上代码的编辑并刷新浏览器，我们将看到图 7-21 所示的结果。

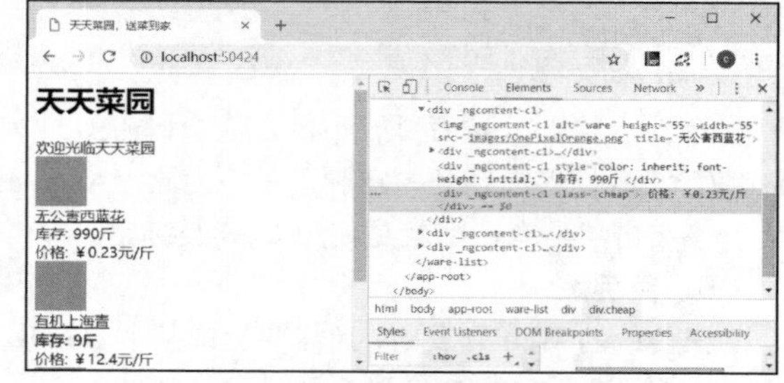

图 7-21　使用 CSS 类绑定

从 Chrome 的调试工具中我们可以看到，价格为 0.23 元/斤（小于 1）的无公害西蓝花的价格 DIV 上被添加了一个名为 cheap 的类，而其他价格分别为 12.4 元/斤和 22 元/斤的有机上海青和本地胡萝卜由于价格大于 1，它们的价格 DIV 上则没有出现这个类。

如此说明，我们在新添加的价格 div 中使用的 CSS 类绑定已经出色地完成了它的任务。但有些令人失望的是，我们的目的还没有达到——与其他商品的价格相比，除了小数点左边是个 0，无公害西蓝花那便宜到不能再便宜的“0.23 元/斤”的价格并没有显得有多么醒目。

问题就是：我们虽然给无公害西蓝花的价格 DIV 添加了一个名为 cheap 的类，但还没有定义这么一个 CSS 类。

在传统的 Web 开发中，我们通常会将 CSS 类定义到独立的样式文件中。在 Angular 应用程序开发中，我们仍然可以这样做。

为此，我们需要在目录 src/app 下新建一个名为 ware-list.css 的商品列表样式文件，并将代码清单 7-23 复制到其中。

代码清单 7-23　src/app/ware-list.css

```
.cheap{
    color: #B12704;
    font-size: 18px;
    font-weight: bold;
}
```

在传统的 Web 应用程序开发中，为了让以上样式能够作用到页面中，我们通常会通过相应的页面的<head>标签内的<link>标签来加载以上样式的声明文件。

在 Angular 应用程序开发中，我们仍然可以这样做，但更应该使用 Angular 推荐的方式。

为此，我们需要修改商品列表组件的定义代码，使其与代码清单 7-24 一致。

代码清单 7-24 src/app/ware-list.component.ts

```
// ...省略的 import

/**
 * 商品列表组件
 */
@Component({
    selector: 'ware-list',
    moduleId: module.id,
    templateUrl: './ware-list.html',
    styleUrls: ['./ware-list.css'] // 样式文件路径
})
export class WareListComponent implements OnInit {
    // ...省略的代码
}
```

以上代码给商品列表组件 WareListComponent 的组件装饰器添加了一个数组参数 styleUrls，并将前面创建的商品列表样式文件相对于当前文件的路径（./ware-list.css）添加到了这个参数中。

说明

第 6 章展示过如何通过组件的 styles 属性将样式嵌入组件的定义代码中，但在大部分开发中我们不会这样做。

如此一来，Angular 运行时会在加载商品列表组件的同时，将商品列表样式文件也加载到浏览器中，从而使其中定义的 CSS 样式作用到随后被创建的商品列表视图中。

为了证明以上修改的作用，保存所有代码的编辑并刷新浏览器，随后我们将看到图 7-22 所示的结果。无公害西蓝花的价格将发生应有的变化：颜色变成深红色（#B12704），文字被加粗并被放大。也就是说，商品列表样式文件 ware-list.css 确实被加载到了浏览器中，并且其中定义的样式也确实起作用了。

那么，它们是怎么起作用的呢？在 Chrome 调试工具的 Elements 标签中展开应用程序启动页面的 <head>标签，我们将在其底部发现一对<style>标签，如图 7-23 所示。

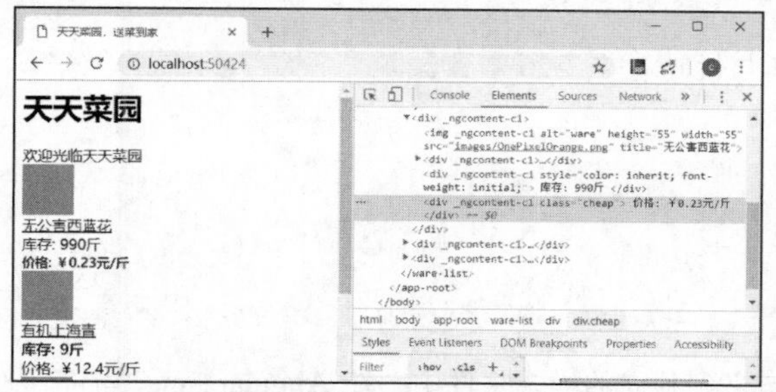

图 7-22 加载商品列表样式文件

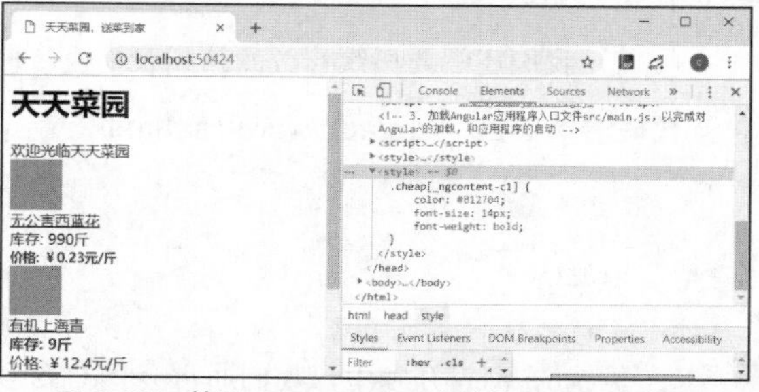

图 7-23 基于 ware-list.css 生成的<style>标签

这对<style>标签是 Angular 运行时基于 ware-list.css 的内容创建的，其内容和 ware-list.css 中的内容几乎是一样的，除了其中的类名 cheap 之后被添加了一个 CSS 特性选择器“[_ngcontent-c1]”。

Angular 运行时为什么要在类名 cheap 之后添加特性选择器呢？因为 Angular 运行时会在商品列表视图中的每一个 HTML 元素上加上这个特性（从图 7-23 中可以发现这一点），这样能让 CSS 类 cheap 只能作用在商品列表视图上。

事实上，Angular 运行时会为每一个被设置了 styleUrls（或 styles）属性的组件的视图中的每一个 HTML 元素生成一个随机特性（不同视图中的特性不同，但相同视图中的所有 HTML 元素的这个特性相同），并将这个特性添加到相应的 CSS 样式文件中。

这样一来，当应用程序中有多个组件和视图时，某个指定组件通过其 styleUrls 加载（或通过其 styles 属性定义）的样式就只会作用到这个组件的视图中，而不会对其他视图产生影响——这使各个视图中的样式得到了隔离，从而对应用程序的开发和维护带来了极大的便利。

说明

以上对各视图的样式的隔离是通过模拟 Shadow DOM 来实现的，如果不打算对视图样式进行隔离，读者可以按照以下方式对商品列表组件的定义代码进行修改：

```
// ... 省略的 import
import { ViewEncapsulation } from '@angular/core';     //导入视图封装策略枚举

@Component({
   moduleId: module.id,
   templateUrl: './ware-list.html',                      // 模板路径
   styleUrls: ['./ware-list.css'],
   encapsulation: ViewEncapsulation.None                 // 不进行视图封装
})
// ... 省略的代码
```

以上代码从 Angular 核心包中导入了视图封装策略枚举 ViewEncapsulation，然后将其中表示不进行视图封装的成员 None 设置给了商品列表组件的一个名为 encapsulation 的元数据，从而使 Angular 编译器不对商品列表视图的样式进行隔离。

除了 None，视图封装策略枚举 ViewEncapsulation 还有三个成员，它们分别是 Emulated（默认值）、ShadowDom 和 Native。其中 ShadowDom 和 Native 表示采用浏览器原生的 Shadow DOM 进行视图封装，但在 6.1.0 版本之后的 Angular 中 Native 已被弃用。

知道了 CSS 样式文件是如何对相应的视图发挥作用之后，让我们试着再次通过 CSS 类绑定来将库存为 0 的商品的价格变成灰色。为此，我们需要再次修改商品列表样式文件，使其内容与代码清单 7-25 一致。

代码清单 7-25　src/app/ware-list.css

```
.cheap{
    color: #B12704;
    font-size: 18px;
    font-weight: bold;
}
.fontGray{
    color: #999;
}
```

接着，我们还需要再次修改商品列表模板，使其与代码清单 7-26 一致。

代码清单 7-26　src/app/ware-list.html

```
<div>欢迎光临天天菜园</div>
<div *ngFor="let ware of wares">
    <img width="55" height="55" alt="ware" [src]="ware.thumbnailUrl" [title]="ware.name" />
    <div>
        <a href="#" [attr.aria-label]="'导航到' + ware.name + '的详情页面'">{{ware.name}}</a>
    </div>
    <div [style.color]="ware.stock == 0 ? '#999' : (ware.stock < 10 ? '#B12704' : 'inherit')"
        [style.font-weight]="ware.stock > 0 && ware.stock < 10 ? 'bold' : 'initial'">
        库存：{{ware.stock}}斤
    </div>
    <!--使用类绑定-->
    <div [class.cheap]="ware.price < 1" [class.fontGray]="ware.stock == 0">
        价格：￥{{ware.price}}元/斤
    </div>
</div>
```

我们在商品价格<div>标签上添加了另一个 CSS 类绑定[class.fontGray]，并为它绑定了一个内容为“ware.stock == 0”的模板表达式。

现在我们应该可以知道，以上类绑定将会为包含商品库存量为 0 的商品的 DIV 添加一个名为 fontGray 的 CSS 类，即刚刚被添加到 ware-list.css 中的那个新的 CSS 类。

显然，目前天天菜园中只有“本地胡萝卜”的库存量是 0。因此，当保存以上所有代码的编辑并刷新浏览器时，我们将看到本地胡萝卜的价格变成灰色，如图 7-24 所示。

最终，在 CSS 类绑定的帮助下，我们以更加简洁的方式为商品价格 DIV 绑定了多个样式。

基于以上原因，在接下来的开发中，我们也将避免（过多地）使用样式绑定，而选择使用可以将样式和模板分开的类绑定。

当然，大量地使用类绑定也会使 HTML 标签变得膨胀。为了避免这样情况出现，我们可以使用作用类似于类绑定的指令 NgClass。但在使用这个指令之前，我们再来看看如何在模板中使用管道。

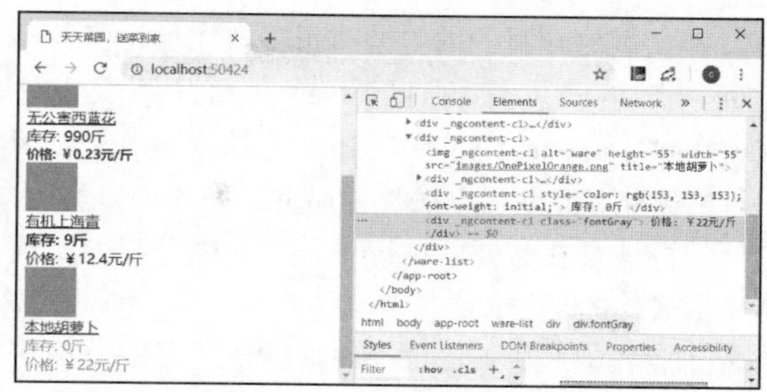

图 7-24　天天菜园运用五种数据绑定后的最终效果

说明

指令和管道的本质都是 TypeScript 类，它们和组件一样都需要被封装在模块中，目前我们所用到的这些 Angular 内置指令和管道则是被封装在 Angular 通用功能包@angular/common 内的通用模块 CommonModule 中的。

在一个模块内的模板使用这些 Angular 内置指令和管道之前，我们必须将 Angular 通用模块 CommonModule 导入这个模块中。但我们之前并没有将 Angular 通用模块导入应用程序根模块 AppModule 中，却仍合法地在根模块内的商品列表模板中使用了 NgForOf 和 DatePipe 等指令和管道。这是因为根模块导入了 Angular 浏览器模块，而 Angular 浏览器模块导入并导出了通用模块，从而使根模块间接地导入了通用模块。

在后面的章节中，我们还会见到间接导入 Angular 路由器模块 RouterModule 的情况，也会见到需要直接导入 Angular 通用模块以及表单模块的情况。

7.4.3 管道

在 7.4.2 节中，我们通过 Angular 模板的数据绑定机制将天天菜园中商品的名称、图片、库存量及价格绑定到了视图中，并对商品的这些数据进行了一番装饰，以使天天菜园看上去更加能吸引客户。

尽管如此，目前商品列表视图还是显得有些过于简单，比如，它都还没有展示商品的上架时间。显然这是用户关心的一个数据，因为没人愿意买到已经蔫了的上海青或已经发软了的胡萝卜。我们之所以向用户隐藏了这个时间，是因为我们还没有准备好将其公开——就目前来说，它的存在只会让客户受到惊吓。

不信的话，让我们像代码清单 7-27 所示的那样，通过插值绑定将商品的上架时间绑定到视图中。

代码清单 7-27　src/app/ware-list.html

```
<div>欢迎光临天天菜园</div>
<div *ngFor="let ware of wares">
    <img width="55" height="55" alt="ware" [src]="ware.thumbnailUrl" [title]="ware.name" />
    <div>
        <a href="#" [attr.aria-label]="'导航到' + ware.name + '的详情页面'">{{ware.name}}</a>
    </div>
    <div [style.color]="ware.stock == 0 ? '#999' : (ware.stock < 10 ? '#B12704' : 'inherit')"
        [style.font-weight]="ware.stock > 0 && ware.stock < 10 ? 'bold' : 'initial'">
        库存: {{ware.stock}}斤
    </div>
    <div [class.cheap]="ware.price < 1" [class.fontGray]="ware.stock == 0">
        价格: ￥{{ware.price}}元/斤
    </div>
    <div>
        上架时间: {{ware.addedTime}}
    </div>
</div>
```

按照要求，以上代码新增了一对商品上架时间<div>，并在其中添加了一个用于绑定商品上架时间的插值绑定{{ware.addedTime}}。

接下来，如果我们保存以上代码的编辑并刷新浏览器，将看到图 7-25 所示的效果。

看到图 7-25 所示的商品上架时间，相信没有人会愿意在天天菜园上买菜。如果要让天天菜园存活下去，我们必须让其商品上架时间展示得友好一点。

能实现这一目的的方法有很多，比如让服务端返回一个格式友好的时间，或在商品列表组件 WareListComponent 的 ngOnInit()方法内对这个时间进行格式化。但这些方法都会加重我们的工作负担，最好的办法是在必要的情况下，有人能替我们实现这一格式化的目的。

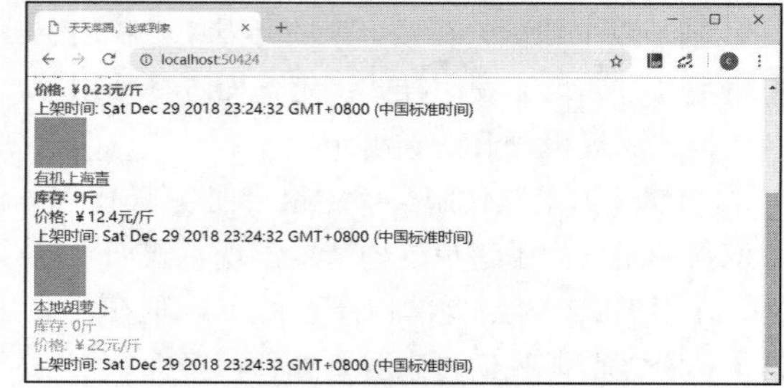

图 7-25　商品上架时间显示效果

谁说没有呢？Angular 管道（Pipe）就是这么一个“人”。简单来说，Angular 管道用于对模板表达式的评估结果进行转换以得到一个新的结果，但这个转换不会对被评估的对象进行修改。

Angular 内置的管道有 17（这个数字会随着时间的推移而变化）个，从最简单的大小写转换管道 LowerCasePipe 和 UpperCasePipe，到最神奇的异步管道 AsyncPipe，都是为了解决开发中常见而又烦琐的数据转换问题而存在的。

由于当前的目的是格式化时间，因此接下来我们将要用到的是这 17 个内置管道中的日期管道 DatePipe。那么，日期管道怎么用呢？让我们一起对商品列表模板做些修改，使其与代码清单 7-28 一致。

代码清单 7-28　src/app/ware-list.html

```
<div>欢迎光临天天菜园</div>
<div *ngFor="let ware of wares">
    <img width="55" height="55" alt="ware" [src]="ware.thumbnailUrl" [title]="ware.name" />
    <div>
        <a href="#" [attr.aria-label]="'导航到' + ware.name + '的详情页面'">{{ware.name}}</a>
    </div>
    <div [style.color]="ware.stock == 0 ? '#999' : (ware.stock < 10 ? '#B12704' : 'inherit')"
        [style.font-weight]="ware.stock > 0 && ware.stock < 10 ? 'bold' : 'initial'">
        库存：{{ware.stock}}斤
    </div>
    <div [class.cheap]="ware.price < 1" [class.fontGray]="ware.stock == 0">
        价格：￥{{ware.price}}元/斤
    </div>
    <div>
            <!--使用管道-->
        上架时间：{{ware.addedTime | date:'yyyy-MM-dd HH:mm'}}
    </div>
</div>
```

我们在插值绑定{{ware.addedTime}}中的模板表达式右侧添加了一根竖线“|”（回车键上面那个键的竖线），这根竖线被称为管道操作符（Pipe Operator），用以表示随后将会出现一个管道的名称。

显然，我们提供的管道名称是 date，而这个名称的作用是通知 Angular 运行时创建对应的日期管道类 DatePipe（第 6 章提到过，管道的本质是 TypeScript 类）的实例，以使这个实例对表达式 ware.addedTime 的评估结果进行格式化。

在管道名称 date 之后还有一对冒号，以及紧随这对冒号的字符串常量“yyyy-MM-dd HH:mm”。这个常量是我们传递给日期管道实例的格式参数，其作用是告诉日期管道实例表达式 ware.addedTime 的评估结果应该按照“四位数年份-两位数月份-两位数日期 两位数时针:两位数分针”这一格式进行格式化。

那么，这个格式能起作用吗？保存以上代码的编辑并刷新浏览器，随后我们将看到如图 7-26 所示的结果。

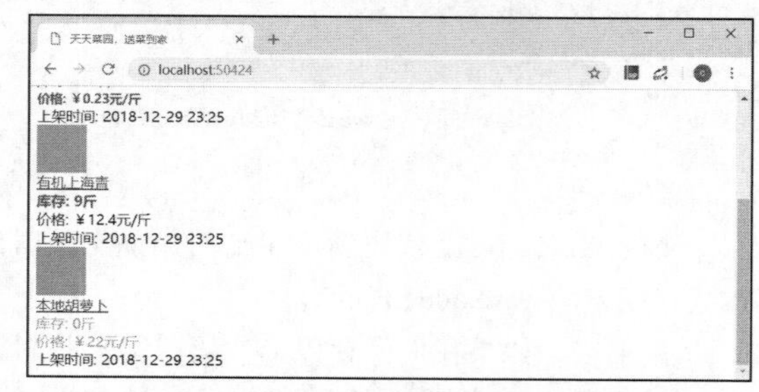

图 7-26　使用 DatePipe 格式化后的时间

从图 7-26 中可以看到，商品上架时间已经被格式化成了我们期望的那个格式，并已符合大多数人的阅读习惯。

这样一来，如果只是因为商品上架时间的话，天天菜园的用户应该不会拒绝通过它来买菜了。但我们不能保证其他需要格式化的数据不会再次将用户拒之门外，为了防止这样的事情发生，我们不妨来看看管道的语法：

```
模板表达式 | 管道名[:参数+]
```

管道操作符（即竖线）和管道名是语法中的固定部分，而随后的英文冒号和参数都是可选的。此外，有些管道支持多个参数，这种情况下每一个参数前都需要有一个英文冒号。

为了熟悉管道的语法，让我们试着向商品列表模板中添加另一个管道，使其与代码清单 7-29 一致。

代码清单 7-29 src/app/ware-list.html

```
<div>欢迎光临天天菜园</div>
<div *ngFor="let ware of wares">
    <img width="55" height="55" alt="ware" [src]="ware.thumbnailUrl" [title]="ware.name" />
    <div>
        <a href="#" [attr.aria-label]="'导航到' + ware.name + '的详情页面'">{{ware.name}}</a>
    </div>
    <div [style.color]="ware.stock == 0 ? '#999' : (ware.stock < 10 ? '#B12704' : 'inherit')"
        [style.font-weight]="ware.stock > 0 && ware.stock < 10 ? 'bold' : 'initial'">
        库存：{{ware.stock}}斤
    </div>
    <div [class.cheap]="ware.price < 1" [class.fontGray]="ware.stock == 0">
        价格：{{ware.price | currency: 'CNY': 'symbol-narrow'}}元/斤<!--使用管道-->
    </div>
    <div>
        上架时间：{{ware.addedTime | date:'yyyy-MM-dd HH:mm'}}
    </div>
</div>
```

我们首先删除了商品价格插值绑定左侧的人民币符号￥，然后在其中的商品价格访问表达式 ware.price 的后面添加了一个货币管道类 CurrencyPipe 的名称 currency，并给它提供了一个字符串常量参数 CNY（ISO 分配的人民币代码）和另一个字符串常量参数 symbol-narrow。

这样的修改会带来什么变化呢？保存以上代码的编辑并刷新浏览器，我们将看到如图 7-27 所示的结果。

从图 7-27 中可以看到，尽管我们从模板中删除了商品价格左侧的人民币符号￥，但在货币管道 CurrencyPipe 的帮助下，人民币符号还是回到了商品价格的左侧。

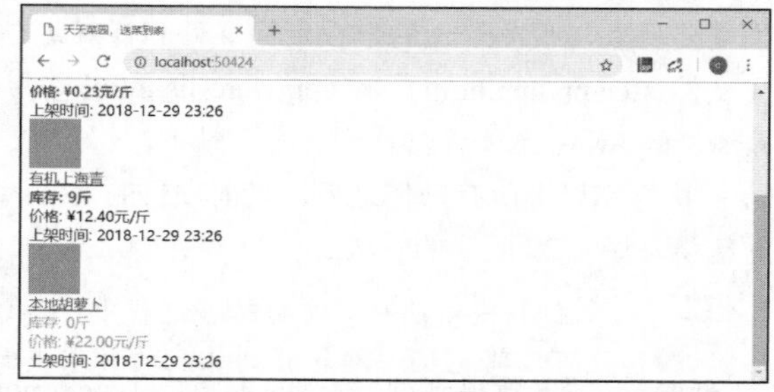

图 7–27 货币管道的作用

此外，除了左侧多了人民币符号之外，商品价格都被保留了两位小数（比如，有机上海青的价格由原来的 12.4 元/斤变成了 12.40 元/斤）。

这就是货币管道 CurrencyPipe 的作用，它首先会将模板表达式的评估结果格式化为包含两个小数的数值，然后将这个数值基于我们向它提供的以下两个参数进行进一步的格式化：CNY，人民币代码，这将使货币管道在以上数值结果的前面添加人民币代码“CNY”；symbol-narrow，货币代码显示方式，这将使以上人民币代码“CNY”被替换成更加简洁的符号，即“￥”。

说明

货币管道的第一个参数可以被替换成其他货币的代码，比如美元代码 USD、欧元代码 EUR 和卢布代码 RUB 等；其第二个参数可以被替换成字符串 code、symbol、自定义字符串抑或布尔类型的 true 或 false。

此外，货币管道还接收第三个和第四个参数，而这些参数的具体作用，都可以在 Angular 的官网找到。

至此，我们通过日期管道 DatePipe 和货币管道 CurrencyPipe 了解了 Angular 管道的作用和用法。通过 Angula 管道的官方文档，读者还可以了解到更多其他管道，并将它们用在自己的开发中。

但我们眼下的任务是继续对天天菜园进行一些必要的完善。

7.5　完善

在第 6 章里，我们了解了 MVC 的历史以及 MVC 在 Angular 中的运用。而在本章里，我们已经在无形之中运用了 Angular 中的 MVC，并获得了它给我们带来的便利——职责分离。

除了职责分离之外，MVC 其实还能带来清晰的项目结构，使新加入团队中的其他成员可以快速地融入项目的开发中。

为了享受这一福利，我们需要为应用程序中的 Models、Views 和 Components 各创建一个专门的目录。

7.5.1　MVC 目录

首先，我们要创建的是领域模型目录，因此需要在项目目录 src/app 下新建一个名为 models 子文件夹。

完成领域模型目录 src/app/modles 的创建之后，我们还需要将负责实现领域模型的商品实体类的定义文件 src/app/ware.ts 和商品服务类的定义文件 src/app/ware.service.ts 转移到这个目录下。

执行完以上操作之后，我们要创建的是组件目录，因此需要在项目目录 src/app 下新建一个名为 components 的子文件夹。

完成组件目录 src/app/components 的创建之后，我们还需要将两个组件类声明的定义 src/app/app.component.ts 和 src/app/ware-list.component.ts 转移到这个目录下。

执行完以上操作之后，我们要创建的是视图目录，因此需要在项目目录 src/app 下新建一个名为 views 的子文件夹。

完成视图目录 src/app/views 的创建之后，我们需要将参与视图呈递的模板定义文件和样式定义文件 src/app/app.html、src/app/ware-list.html 以及 src/app/ware-list.css 转移到这个目录下。

执行完以上所有操作之后，当前项目的文件结构将与图 7-28 所示的一致。

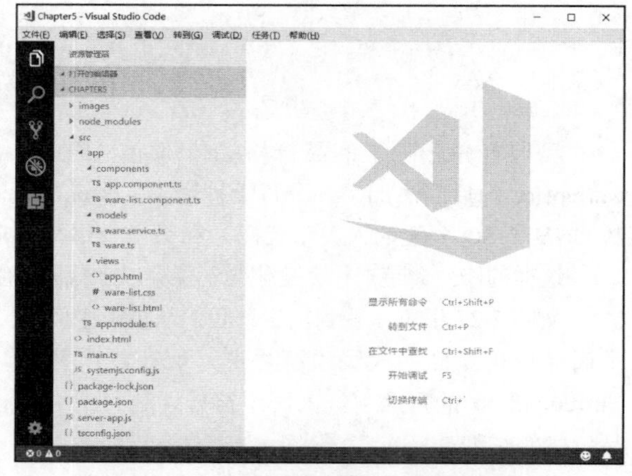

图 7-28　添加 MVC 目录之后的项目结构

说明

在 TypeScript 文件的转移过程中，其编译结果文件和映射文件会被显示到项目中。读者既可以将它们一起转移到相应的目录下面，也可以删除它们。

可以看到，除了负责整体封装的根模块定义文件 app.module.ts，应用程序中负责实现领域模型、组件和视图的代码都被转移到了相应的 models、components 和 views 文件夹下。这样一来，整个项目的结构变得清晰了不少。因此，当需要添加更多的服务、组件或模板等应用程序的组成部分时，我们应该将它们添加到相应的目录 models、components 或 views 中。

但在进行这样的添加之前，由于以上一些文件的路径发生了改变，我们不得不对引用了这些文件的路径进行相应的更新。

首先，我们需要更新根模块 AppModule 的定义文件中的 import 语句，使这个文件的内容与代码清单 7-30 一致。

代码清单 7-30　src/app/app.module.ts

```
import { NgModule } from '@angular/core';
import { BrowserModule } from '@angular/platform-browser';
import { AppComponent } from './components/app.component';
import { WareListComponent } from './components/ware-list.component';
```

```
@NgModule({
    imports: [BrowserModule],
    declarations: [AppComponent, WareListComponent],
    bootstrap: [AppComponent]
})
export class AppModule {
}
```

按照要求，我们在组件 AppComponent 和 WareListComponent 的定义文件的路径上添加了组件目录 components。

接着，我们要更新的是根组件 AppComponent 的 templateUrl 的值，使根组件的定义文件的内容与代码清单 7-31 一致。

代码清单 7-31 src/app/components/app.component.ts

```
import { Component } from '@angular/core';

@Component({
    selector: 'app-root', // 组件选择器
    templateUrl: '../views/app.html',
    moduleId: module.id
})
export class AppComponent {
}
```

按照要求，我们将根模板的目标路径从原来的“./app.html”更新成了“../views/app.html”。

最后，我们需要更新商品列表组件 WareListComponent 的定义文件中的 import 语句中的路径以及其中元数据 templateUrl 和 styleUrls 的值中的路径，使其内容与代码清单 7-32 一致。

代码清单 7-32 src/app/components/ware-list.component.ts

```
import { Component, OnInit } from '@angular/core';
import { Ware } from '../models/ware';
import { WareService } from '../models/ware.service';

@Component({
    selector: 'ware-list',
    moduleId: module.id,
    templateUrl: '../views/ware-list.html',
    styleUrls: ['../views/ware-list.css']
})
export class WareListComponent implements OnInit {
    // ...省略的代码
}
```

按照要求，我们将领域模型路径../modles 添加到了导入商品实体类和商品服务的 import 语句中，并将视图目录../views 添加到了元数据 templateUrl 和 styleUrls 的值中。

完成并保存以上所有修改之后，如果刷新浏览器，我们仍将看到图 7-27 所示的商品列表视图。

但这个视图目前呈递的商品信息实在有些过于简洁，我们必须让它变得丰富起来。

7.5.2 常用指令

如果只是打算简单地向视图中呈递更多信息的话，我们只需要在模板中使用更多数据绑定就好了。但有时候我们可能希望在数据被绑定到视图上之前先对它们进行一些合理的判断，以决定是否显示这些数据，或者是否对这些数据进行一些修饰。

比如，我们希望天天菜园能对商品的库存量进行一个判断：当其值为 0 时，我们希望显示在视图中的不是一个数字 0，而是更能说明天天菜园上的商品很受欢迎的文字“已售罄”；当然，如果这个值不是 0 的话，我们还是希望它仍被显示在视图中。

在这种情况下，我们需要使用到 Angular 提供的另一个内置指令，即 NgIf。

1. NgIf

为了使用 NgIf 指令来判断商品的库存量，我们需要修改商品列表模板的定义代码，使其与代码清单 7-33 一致。

代码清单 7-33　src/app/views/ware-list.html

```
<div>欢迎光临天天菜园</div>
<div *ngFor="let ware of wares">
    <img width="55" height="55" alt="ware" [src]="ware.thumbnailUrl" [title]="ware.name" />
    <div>
        <a href="#" [attr.aria-label]="'导航到' + ware.name + '的详情页面'">{{ware.name}}</a>
    </div>
    <div [style.color]="ware.stock == 0 ? '#999' : (ware.stock < 10 ? '#B12704' : 'inherit')"
        [style.font-weight]="ware.stock > 0 && ware.stock < 10 ? 'bold' : 'initial'">
        <!--使用 NgIf 指令-->
        库存：
        <span *ngIf="ware.stock == 0">已售罄</span>
        <span *ngIf="ware.stock != 0">{{ware.stock}}斤</span>
    </div>
    <div [class.cheap]="ware.price < 1" [class.fontGray]="ware.stock == 0">
        价格：{{ware.price | currency: 'CNY': 'symbol-narrow'}}元/斤
    </div>
    <div>
        上架时间：{{ware.addedTime | date:'yyyy-MM-dd HH:mm'}}
    </div>
</div>
```

我们在库存<div>标签底部添加了两对<span>标签，然后为这两对<span>标签各添加了一个名为*ngIf 的特性，并分别给这两个特性赋了一个微语法（不是模板表达式，随后这个微语法中会出现非表达式内容）。

和 7.4.1 节的 NgForOf 指令一样，NgIf 指令也有选择器别名，而这一别名就是以上代码中的*ngIf。Angular 运行时遇到标签中的 NgIf 指令的选择器别名*ngIf 时，会基于组件对被赋给*ngIf 的微语法进行评估，并在评估结果为 true 时将相应的 DOM 元素输出到视图中；反之，会将这一 DOM 元素从视图中删除——如果它曾经被输出到视图中。

因此，以上两对<span>标签上的 NgIf 指令将实现我们的愿望：其中第一个 NgIf 指令的微语法“ware.stock == 0”会在被迭代的商品的库存量为 0 时被评估为 true，并在这种情况下使被其修饰的第一对<span>标签对应的 SPAN 元素（及其中的文字“已售罄”）被输出到视图中；第二个 NgIf 指令的微语法“ware.stock != 0”则会在被迭代的商品的库存量不为 0 时被评估为 true，并在这种情况下使被其修饰的第二对<span>标签对应的 SPAN 元素（及其中的具体库存量）被输出到视图中。

为了验证我们的愿望是否已实现，我们保存以上代码的编辑并刷新浏览器，随后将看到图 7-29 所示的结果。

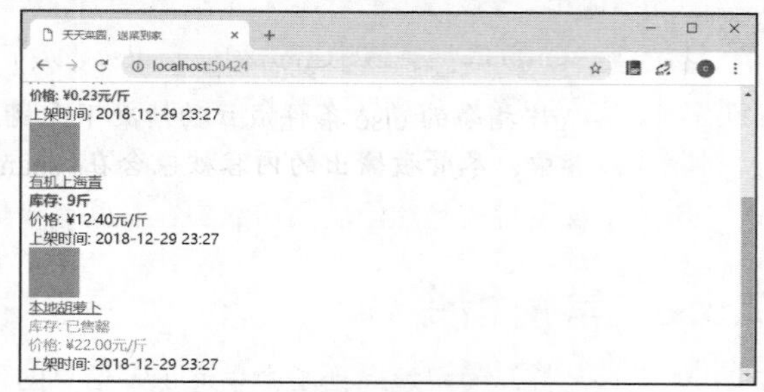

图 7-29　使用 NgIf 指令

可以看到，视图中本地胡萝卜的库存量已由 0 变成了“已售罄”，而其他非 0 的库存量则仍显示为数字（及其后面的“斤”字）。

这就是 NgIf 指令的作用，它赋予了模板实现显示逻辑（Display Logic）的能力，从而使负责应用逻辑（Application Logic）的组件无须耦合于模板——如果没有 NgIf 指令，我们只能在组件（或服务）中完成以上判断。

然而，对于习惯了 if-else 结构的开发人员来说，在代码中同时通过两个 NgIf 指令来进行互斥的条件判断是一件难以忍受的事。好在 Angular 并没有要求我们一定要这样做，因为 NgIf 指令支持 if-else 结构。

为了体验这一点，让我们再次对商品列表模板做些修改，使其内容与代码清单 7-34 一致。

代码清单 7-34 src/app/views/ware-list.html

```
<div>欢迎光临天天菜园</div>
<div *ngFor="let ware of wares">
    <img width="55" height="55" alt="ware" [src]="ware.thumbnailUrl" [title]="ware.name" />
    <div>
        <a href="#" [attr.aria-label]="'导航到' + ware.name + '的详情页面'">{{ware.name}}</a>
    </div>
    <div [style.color]="ware.stock == 0 ? '#999' : (ware.stock < 10 ? '#B12704' : 'inherit')"
        [style.font-weight]="ware.stock > 0 && ware.stock < 10 ? 'bold' : 'initial'">
        <!--使用 NgIf 指令-->
        库存:
        <span *ngIf="ware.stock == 0; else onSale">已售罄</span>
        <ng-template #onSale>
            <span>{{ware.stock}}斤</span>
        </ng-template>
    </div>
    <div [class.cheap]="ware.price < 1" [class.fontGray]="ware.stock == 0">
        价格: {{ware.price | currency: 'CNY': 'symbol-narrow'}}元/斤
    </div>
    <div>
        上架时间: {{ware.addedTime | date:'yyyy-MM-dd HH:mm'}}
    </div>
</div>
```

我们保留了商品库存<div>标签内的第一对<span>标签及其中的 NgIf 指令的运用，但在提供给这个 NgIf 指令的微语法的后面添加了一个英文分号，及随后的一个 else 表达式“else onSale”。

接着，我们在<span>标签下添加了一对<ng-template>标签，并给它设置了一个特殊的特性#onSale，同时还在它的内部添加了一对用于绑定商品库存量的<span>标签。

以上修改涉及的内容有些多，让我们来逐一说明它们的作用：

（1）标签<ng-template>，Angular 中的嵌套模板标签，Angular 运行时会基于它创建相应的嵌套模板对象和嵌套视图，并将被创建的嵌套视图呈递到父视图中；

（2）特性#onSale，定义了一个名字为 onSale 的模板引用变量（Template Reference Variable），这个变量引用的是被它修饰的模板标签<ng-template>背后的模板对象；

（3）表达式 else onSale， NgIf 指令的 if-else 微语法中的 else 部分，其作用是当微语法中的条件部分（即 ware.stock == 0）被评估为 false 时，使 Angular 运行时基于模板引用变量 onSale 所引用的嵌套模板对象创建相应的嵌套视图，然后将这个嵌套视图输出到父视图中。

基于以上描述我们可以知道，以上修改最终组成了一个我们熟悉的 if-else 组合，其作用就是像我们期望的那样，即当被迭代的商品的库存量为 0 时向视图中输出内容为“已售罄”的 SPAN 元素，反之则输出基于<ng-template>标签创建的嵌套视图——其中包含显示实际库存量的 SPAN 元素。

注意

NgIf 指令的 else 条件成立的情况下向视图中输出的内容必须被包裹在一对<ng-template>标签中，尽管被输出的内容被包含在<span>、<p>或<div>这样的容器标签内。

模板引用变量除了可以被定义在<ng-template>标签中，也可以被定义在 HTML 标签和组件选择器中来引用相应的 DOM 元素和组件对象。此外，我们还可以给模板引用变量赋值，使它引用模板中的某个指令对象——在本书后面的章节中我们将看到这样的情况。

为了证实以上 if-else 组合的作用，我们保存以上代码的编辑并刷新浏览器，随后将看到图 7-30 所示的结果。

可以看到，NgIf 指令中的 else 部分确实如我们期望的那样工作了。此时，读者可能会提出更加苛刻的疑问，即 NgIf 指令支持嵌套吗？

答案是支持的，比如，我们可以再次修改商品列表模板，使其内容与代码清单 7-35 一致。

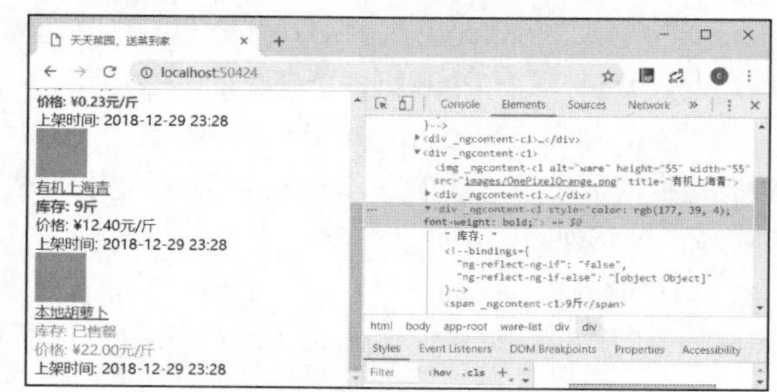

图 7-30 NgIf 指令的 else 部分

代码清单 7-35　src/app/views/ware-list.html

```
<div>欢迎光临天天菜园</div>
<div *ngFor="let ware of wares">
    <img width="55" height="55" alt="ware" [src]="ware.thumbnailUrl" [title]="ware.name" />
    <div>
        <a href="#" [attr.aria-label]="'导航到' + ware.name + '的详情页面'">{{ware.name}}</a>
    </div>
    <div [style.color]="ware.stock == 0 ? '#999' : (ware.stock < 10 ? '#B12704' : 'inherit')"
        [style.font-weight]="ware.stock > 0 && ware.stock < 10 ? 'bold' : 'initial'">
        库存:
        <span *ngIf="ware.stock == 0; else onSale">已售罄</span><!--if-->
        <ng-template #onSale><!--else-->
            <span *ngIf="ware.stock < 10; else sellingOut">仅剩{{ware.stock}}斤</span><!--
嵌套 if-->
            <ng-template #sellingOut><!--嵌套 else-->
                <span>{{ware.stock}}斤</span>
            </ng-template>
        </ng-template>
    </div>
    <div [class.cheap]="ware.price < 1" [class.fontGray]="ware.stock == 0">
        价格: {{ware.price | currency: 'CNY': 'symbol-narrow'}}元/斤
    </div>
    <div>
        上架时间: {{ware.addedTime | date:'yyyy-MM-dd HH:mm'}}
    </div>
</div>
```

以上修改在原有的<ng-templage>标签内增加了一个嵌套的 NgIf 指令，并使这个嵌套的 NgIf 指令的 else 部分向视图中输出另一对嵌套的<ng-template>标签中的内容。

结合代码中提供给两个嵌套的 NgIf 指令的条件，我们可以知道它们的作用是这样的：

（1）如果被迭代的商品的库存量为 0，那么输出内容为“已售罄”的<span>；

（2）反之，执行嵌套的判断：如果被迭代的商品的库存量小于 10，那么输出内容为“仅剩 9 斤”的 SPAN 元素；反之，输出内容为“990 斤”的元素。

真实结果是不是这样呢？保存以上修改并刷新浏览器，随后我们将看到图 7-31 所示的结果。

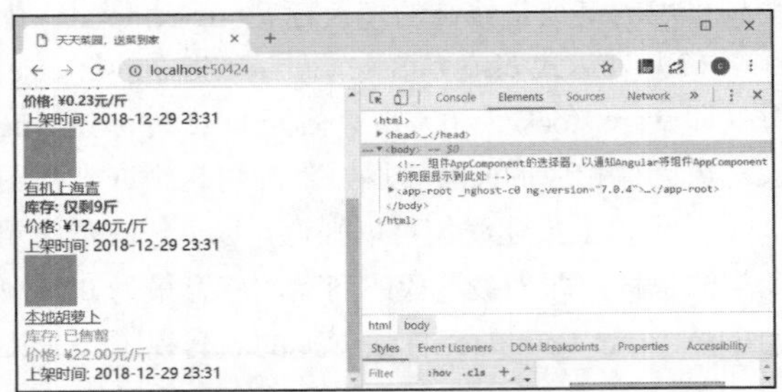

图 7-31　嵌套的 NgIf 指令

可以看到，一切都在如我们所期望的那样工作：库存量为 0 的本地胡萝卜的库存仍被显示为“已售罄”，库存量为 9（小于 10）的有机上海青的库存量已被显示为“仅剩 9 斤”，而库存量充足（990，大于 10）的无公害西蓝花的库存量则未发生任何变化。

因此，我们可以将 NgIf 指令的语法总结如下：

```
<tag *ngIf="条件; else 模板引用变量">...</tag>
<ng-template #模板引用变量 1>
    ...
</ng-template>
```

其中“...”可以是常规的 HTML，也可以是运用了嵌套 NgIf 和 NgForOf 等指令的 HTML，甚至可以是常规 HTML、指令和组件选择器的混合运用。

此外，如果有需要，NgIf 指令的嵌套可以是多层的。但这是不被推荐的做法，并且天天菜园也已经没有这样的需求了。接下来，天天菜园还等着我们去完成的是向用户展示一些促销信息。

2. NgSwitch

到目前为止，我们几乎向视图中输出了商品的所有信息，但唯独还缺促销状态。商品的促销状态是由商品类的促销标记属性（promotion）表示的，代码清单 7-36 帮我们回顾了这个属性。

代码清单 7-36 src/app/models/ware.ts

```
export class Ware {
    ...
    promotion: number; // 促销标记：1，满额减价；2，有买有赠；3，满额返券；其他数字，不促销
    ...
}
```

为了方便检索，我们将商品类的促销标记属性的类型设置成了数字（number），并约定了这个数字的取值范围及其取的每一个值的含义。如果我们像对待商品名称一样，使用插值绑定将这个属性直接输出到视图中的话，用户只能看到一个个的数字，而非这些数字背后的含义。

显然，对于用户来说，促销标记这个属性的值背后的含义才是有意义的。而为了让用户能看到促销标记的含义，我们必须对这个标记的值进行判断，并根据约定输出其含义，即：

（1）如果促销标记的值为 1，我们则在商品名称之前输出一个“减”字以说明当前商品参与“满额减价”的促销活动；

（2）如果促销标记的值为 2，我们则在商品名称之前输出一个“赠”字以说明当前商品参与“有买有赠”促销活动；

（3）如果促销标记的值为 3，我们则在商品名称之前输出一个“返”字以说明当前商品参与“满额返券”促销活动；

（4）如果促销标记的值是 1、2 和 3 之外的其他值，说明当前商品目前不参与任何促销活动，我们需要在商品名称之前输出一个“促销通知”链接，以使用户可以通过此链接来订阅当前商品的促销通知。

大量地使用 NgIf 指令的确可以帮助我们实现以上判断，但这肯定会导致商品列表模板变得臃肿并且难以阅读。幸运的是，Angular 为我们提供了三个专门用来处理这种对同一个值进行多次判断的指令，即 NgSwitch、NgSwitchCase 和 NgSwitchDefault。

接下来，我们的任务就是通过这三个指令来完成以上判断，为此需要修改商品列表模板，使其与代码清单 7-37 一致。

代码清单 7-37 src/app/views/ware-list.html

```
<div>欢迎光临天天菜园</div>
<div *ngFor="let ware of wares">
    <img width="55" height="55" alt="ware" [src]="ware.thumbnailUrl" [title]="ware.name" />
    <!--使用指令 NgSwitch-->
    <div [ngSwitch]="ware.promotion">
        <span *ngSwitchCase="1">[减]</span>
        <span *ngSwitchCase="2">[赠]</span>
        <span *ngSwitchCase="3">[返]</span>
        <a href="#" *ngSwitchDefault>促销通知</a>
        <a href="#" [attr.aria-label]="'导航到' + ware.name + '的详情页面'">{{ware.name}}</a>
    </div>
    <div [style.color]="ware.stock == 0 ? '#999' : (ware.stock < 10 ? '#B12704' : 'inherit')"
        [style.font-weight]="ware.stock > 0 && ware.stock < 10 ? 'bold' : 'initial'">
        库存:
        <span *ngIf="ware.stock == 0; else onSale">已售罄</span><!--if-->
        <ng-template #onSale><!--else-->
            <span *ngIf="ware.stock < 10; else sellingOut">仅剩{{ware.stock}}斤</span><!--
嵌套 if-->
            <ng-template #sellingOut><!--嵌套 else-->
                <span>{{ware.stock}}斤</span>
            </ng-template>
        </ng-template>
    </div>
    <div [class.cheap]="ware.price < 1" [class.fontGray]="ware.stock == 0">
        价格: {{ware.price | currency: 'CNY': 'symbol-narrow'}}元/斤
    </div>
    <div>
        上架时间: {{ware.addedTime | date:'yyyy-MM-dd HH:mm'}}
    </div>
</div>
```

以上修改中的 ngSwitch、ngSwitchCase 和 ngSwitchDefault 分别是指令 NgSwitch、NgSwitchCase 和 NgSwitchDefault 的选择器和别名——其中 ngSwitch 是选择器，其他两个是别名。

说明

指令和组件一样都有选择器，现在我们可以认为指令的选择器和别名是等效的，随后会了解它们的区别，以及为什么我们有时候使用的是它们的选择器，有时候使用的却是别名。

NgSwitch 指令通常和 NgSwitchCase 以及 NgSwitchDefault 一起使用，并且它们的语法和 TypeScript 中的 switch-case 的语法极为相似：

```
<tag [ngSwitch]="开关表达式">
    <tag *ngSwitchCase="匹配表达式 1"></tag>
    <tag *ngSwitchCase="匹配表达式 2"></tag>
    …
    <tag *ngSwitchDefault></tag>
<tag>
```

在以上 NgSwitch（以及 NgSwitchCase 和 NgSwitchDefault）指令语法中，NgSwitchCase 指令和 NgSwitchDefault 指令必须被嵌套在 NgSwitch 指令中，NgSwitchCase 指令可以出现 0 次或多次，NgSwitchDefault 指令可以出现 0 次或 1 次。

NgSwitch 指令的开关表达式和 NgSwitchCase 指令的匹配表达式可以是任意合法的模板表达式，Angular 运行时首先会评估其中开关表达式的值，然后逐个评估每一个匹配表达式的值。

在这个过程中，如果某个匹配表达式的值等于开关表达式的值，那么这个匹配表达式所在的 HTML 标签对应的 DOM 元素就会被输出到视图中；如果所有匹配表达式的值都不等于开关表达式的值，那么指令 NgSwitchDefault 修饰的 HTML 标签对应的 DOM 元素就会被输出到视图中——被 NgSwitch 指令修饰的 HTML 标签对应的 DOM 元素总是会被输出到视图中。

根据以上语法描述可以知道，当 Angular 运行时遇到以上商品列表模板中的 NgSwitch、NgSwitchCase 及 NgSwitchDefault 这三个指令时，它会将被迭代的商品对象的 promotion 属性（ware.promotion）与数字 1、2、3 进行对比，并最终在商品名称链接的前面输出“[减]”“[赠]”“[返]”和“促销通知”。

因此，如果现在保存商品列表模板的编辑并刷新浏览器，我们将看到图 7-32 所示的结果。

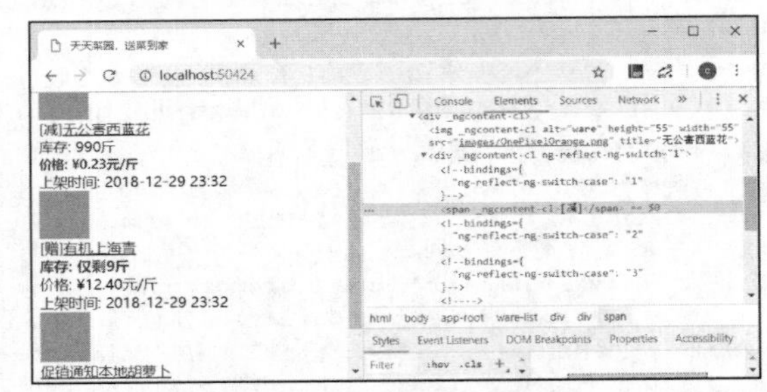

图 7-32　使用 NgSwitch 指令

可以看到，由于无公害西蓝花、有机上海青和本地胡萝卜的 promotion 属性分别为 1、2 和 0（请参考商品服务类文件 src/app/models/ware.service.ts），因此它们分别被成功地显示成了“[减]”“[赠]”和“促销通知”。

至此，我们便在 NgIf 和 NgSwitch 两个指令的帮助下，实现了在商品列表视图中对商品库存和促销方式的判断。通过这一过程我们可以发现，这两个指令以及 7.4.1 节介绍的 NgForOf 指令都是向视图中输出 DOM 元素——它们也会在必要的情况下从视图中删除 DOM 元素。

接下来，我们再来看一个不输出（也不删除）DOM 元素的指令——NgStyle。

3. NgStyle

或许读者已经从名字上发现，NgStyle 指令的作用应该与 DOM 元素的样式有关。为了证实这一发现，我们再次对商品列表模板的定义代码做些修改，使其与代码清单 7-38 一致。

代码清单 7-38　src/app/views/ware-list.html

```
<div>欢迎光临天天菜园</div>
<div *ngFor="let ware of wares">
    <img width="55" height="55" alt="ware" [src]="ware.thumbnailUrl" [title]="ware.name" />
    <div [ngSwitch]="ware.promotion">
```

```
            <span *ngSwitchCase="1">[减]</span>
            <span *ngSwitchCase="2">[赠]</span>
            <span *ngSwitchCase="3">[返]</span>
            <a href="#" *ngSwitchDefault>促销通知</a>
            <a href="#" [attr.aria-label]="'导航到' + ware.name + '的详情页面'">{{ware.name}}</a>
        </div>
        <!-- <div class="col-xs-7" [style.color]="ware.stock == 0 ? '#999' : (ware.stock < 10 ?
'#B12704' : 'inherit')" [style.font-weight]="ware.stock > 0 && ware.stock < 10 ? 'bold' : 'initial'">-->
        <div class="col-xs-7" [ngStyle]="{'color':ware.stock == 0 ? '#999' : (ware.stock < 10 ?
'#B12704' : 'inherit'), 'font-weight':ware.stock > 0 && ware.stock < 10 ? 'bold' : 'initial'}">
            库存:
            <span *ngIf="ware.stock == 0; else onSale">已售罄</span>
            <!--if-->
            <ng-template #onSale>
                <!--else-->
                <span *ngIf="ware.stock < 10; else sellingOut">仅剩{{ware.stock}}斤</span>
                <!--嵌套 if-->
                <ng-template #sellingOut>
                    <!--嵌套 else-->
                    <span>{{ware.stock}}斤</span>
                </ng-template>
            </ng-template>
        </div>
        <div [class.cheap]="ware.price < 1" [class.fontGray]="ware.stock == 0">
            价格: {{ware.price | currency: 'CNY': 'symbol-narrow'}}元/斤
        </div>
        <div>
            上架时间: {{ware.addedTime | date:'yyyy-MM-dd HH:mm'}}
        </div>
    </div>
```

以上修改注释了原有的商品库存<div>，然后添加了一个新的版本。在这个新的版本中，我们没有再使用样式绑定[style.color]和[style.font-weight]，但使用了另一个看上去像是样式绑定或属性绑定的[ngStyle]。

事实上，ngStyle 是 NgStyle 指令的选择器，它的作用和样式绑定一样，即为目标 DOM 元素绑定 CSS 样式。但和样式绑定不一样的是，NgStyle 指令接收的值是以下类型的索引：

```
{ [key: string]: string }
```

在以上代码中，我们向 NgStyle 指令提供的这一类型的值是这样的：

```
{'color':ware.stock == 0 ? '#999' : (ware.stock < 10 ? '#B12704' : 'inherit'), 'font-weight'
:ware.stock > 0 && ware.stock < 10 ? 'bold' : 'initial'}
```

这个值看上去有些长，但它其实只包含两个键，这两个键分别是 CSS 样式名称“color”和“font-weight”。在 Angular 运行时评估之后，其中“color”键会获得字符串值“#999”或“inherit”，“font-weith”键会获得字符串值“bold”或“initial”。

因此，最终被赋给 NgStyle 的值可能是以下四个索引：

```
{ 'color': '#999', 'font-weight': 'bold' }
{ 'color': '#999', 'font-weight': 'initial' }
{ 'color': 'inherit', 'font-weight': 'bold' }
{ 'color': 'inherit', 'font-weight': 'initial' }
```

不管得到以上哪个索引值，NgStyle 都会将它当作 CSS 样式作用到目标 DOM 元素（即商品库存 DIV）上，从而使其文字颜色和文字粗细发生相应的变化。

也就是说，以上 NgStyle 指令和被注释的样式绑定[style.color]及[style.font-weight]的作用是一样的，不同的是 NgStyle 指令可以为目标 DOM 元素设置多个样式，而样式绑定一次只能设置一个。

当然，不管是 NgStyle 指令还是样式绑定都不是设置样式的优先选择。对于样式绑定来说，更好的选择是 CSS 类绑定；而对于 NgStyle 指令来说，更好的选择是 NgClass 指令。

基于前面的学习，再配合 NgClass 的官方文档，相信读者可以很快掌握这一指令的使用，因此这里便不再赘述。

接下来，让我们花点时间来对**指令**这一概念做个简单的总结和扩展。

4. 指令总结

在前面的学习过程中，我们发现有的指令会向(从)DOM 树中输出(删除)DOM 元素，比如 NgForOf、NgIf、NgSwitchCase、NgSwitchDefault；而有些指令则只会修改 DOM 元素的外观和行为，比如 NgStyle 和 NgSwitch——NgSwitch 本身没有输出 DOM 元素。

Angular 根据这一区别将指令分为两类，其中前者被归为**结构指令**（Structural Directive），后者被归为**特性指令**（Attribute Directive）。

指令和组件一样，本质都是 TypeScript 类，并且也都有选择器。而 Angular 内置的结构指令则还有一个特点，那就是它们通常还有一个别名。

通过别名我们可以方便地使用结构指令，但这并不意味着我们不能通过选择器来使用它们，比如，商品列表模板中第一个 NgIf 指令的使用换成选择器版本就是以下这个样子：

```
<ng-template [ngIf]="ware.stock == 0" [ngIfElse]="onSale">
    <span>已售罄</span>
</ng-template>
```

以上代码中的 ngIf（没有前缀*）就是 NgIf 指令的选择器，而它和后面的 ngIfElse 同时也是 NgIf 指令的输入设置器（Input Setter，随后会介绍）。

值得注意的是，当通过选择器使用结构指令时，这个选择器的修饰对象不能是 HTML 标签，而必须是 Angular 中的嵌套模板标签<ng-template>。因此，以上代码中[ngIf]没有直接被添加在<span>标签上，而是被添加到了包含<span>标签的嵌套模板标签<ng-template>上。

类似地，商品列表模板中的 NgForOf 指令的使用也可以被替换成以下选择器版本：

```
<ng-template ngFor let-ware [ngForOf]="wares"></ng-template>
```

以上代码中的 ngFor 和 ngForOf 一起组成 NgForOf 指令的选择器，其中 ngForOf 同时还是 NgForOf 指令的输入设置器，而介于二者之间的 let-ware 则定义了一个循环变量 ware。

通过以上描述读者应该已经发现，使用带*前缀的指令别名不仅可以方便我们编写代码，还可以便于我们理解相应指令的意图——毕竟它们使用的微语法更接近于 TypeScript/JavaScript 的语法。

此时或许读者会疑惑：既然别名和微语法更加便于使用和理解，那么选择器还有什么存在的必要呢？对于我们开发人员来说，以上选择器的存在确实没有必要；但对于 Angular 编译器来说却非如此，因为别名和微语法需要先被转换成相应的<ng-template>和选择器才能继续被编译。

解开了这一疑惑之后，接下来让我们再通过以下 NgIf 指令的部分源代码来了解一下什么是输入设置器：

```
@Directive({selector: '[ngIf]'})
export class NgIf {
    @Input()
    set ngIf(condition: any) {}

    @Input()
    set ngIfThen(templateRef: TemplateRef<NgIfContext> | null) {}

    @Input()
    set ngIfElse(templateRef: TemplateRef<NgIfContext> | null) {}
}
```

以上代码通过指令装饰器 Directive（其作用类似于组件装饰器 Component，被定义在 Angular 核心包@angular/core 中）将 NgIf 指令的选择器设置为 CSS 特性选择器[ngIf]。

按照 Angular 中的要求，特性选择器中的方括号是不能出现在模板中的，因此前面运用了 NgIf 指令的模板标签<ng-template>上的[ngIf]应该换成 ngIf——就像其下面的另一个模板标签中的 ngFor 没有被中括号包围一样。

但事实上我们不能这么做，因为 NgIf 指令还有一个名为 ngIf 的设置器，而这个设置器被输入装饰器 Input（被定义在 Angular 核心包@angular/core 中）装饰成了输入设置器。

输入设置器的作用是接收模板为指令输入的值，而其接收这一值的方式则是我们熟悉的属性绑定——属性绑定不仅可以为DOM元素的属性绑定值，还可以为指令和组件的属性以及设置器绑定值。

也就是说，以上模板标签<ng-template>上的ngIf既是NgIf指令的选择器，同时也是其设置器。为了通过属性绑定来给这个设置器绑定一个值，我们则必须将它放在方括号中，并最终将它的值绑定为模板表达式“ware.stock == 0”的评估结果——NgIf指令会基于这一结果来决定是否向（从）DOM树中输出（删除）相应的DOM元素。

基于以上描述，我们可以知道随后的[ngIfElse]="onSale"当然也是属性绑定的运用，其作用是将模板引用变量onSale的值绑定给NgIf指令的另一个输入设置器ngIfElse。

输入设置器并非指令的专利，组件同样可以拥有输入设置器。并且不管是组件还是指令，都还可以拥有与输入设置器类似的输入属性（Input Property），以及作用相反的输出属性（Output Property）。

我们将在11.5节介绍如何定义组件的输入属性和输出属性，而现在我们则还需要了解与指令相关的最后一点，那就是指令的选择器并不一定需要是CSS特性选择器，它还可以是元素选择器——就跟商品列表组件的选择器一样。

比如，在第8章我们将要用到的路由器链接指令RouterLink的部分源代码是这样的：

```
@Directive({selector: ':not(a)[routerLink]'})
export class RouterLink {
    @Input()
    set routerLink(commands: any[]|string) {}
}
```

从以上代码可以发现，路由器链接指令的选择器仍然是一个CSS特性选择器，并且它还拥有一个和选择器同名的输入设置器。因此，随后我们需要使用它时，会像以下代码那样将其选择器作为标签特性使用：

```
<a [routerLink]="'/ware-detail'"></a>
```

但在第8章里，我们将要使用的另一个路由器出口指令RouterOutlet的部分源码是这样的：

```
@Directive({selector: 'router-outlet', exportAs: 'outlet'})
export class RouterOutlet implements OnDestroy, OnInit {}
```

从以上代码可以发现，路由器出口指令的选择器是一个元素选择器（它没有被方括号包围），因此随后我们需要使用它时，会像以下代码那样把它当作一个HTML标签使用：

```
<router-outlet></router-outlet>
```

那么这两个指令的作用是什么呢？我们将在第8章找到这个问题的答案，而目前我们还有一个更加急切的任务需要完成，那就是使用Bootstrap来对商品列表视图进行一番装饰，以使天天菜园看上去更像一个真实的应用程序。

7.5.3 Bootstrap

Angular本身与Bootstrap没有任何关系，使用Bootstrap只是美化Angular应用程序的手段之一，我们完全可以使用其他CSS库或自定义的CSS代码来美化Angular应用程序。

尽管如此，本书还是打算选择高效的Bootstrap作为视图美化工具，因此我们接下来需要先将Bootstrap安装到项目中。

为了安装Bootstrap，我们需要修改项目中的Node.js包描述文件的内容，使其与代码清单7-39一致。

代码清单7-39 package.json

```
{
    "name": "chapter7",
    "version": "1.0.0",
    "private": true,
    "dependencies": {
        "@angular/common": "7.0.4",
        "@angular/compiler": "7.0.4",
        "@angular/core": "7.0.4",
```

```
        "@angular/platform-browser": "7.0.4",
        "@angular/platform-browser-dynamic": "7.0.4",
        "core-js": "2.5.7",
        "rxjs": "6.3.3",
        "systemjs": "0.21.5",
        "zone.js": "0.8.26",
        "bootstrap": "3.3.7"
    },
    "devDependencies": {
        "@types/node": "10.12.9",
        "express": "4.16.4"
    }
}
```

以上修改向 dependencies 属性下添加了对 Bootstrap（V3.3.7）的依赖。

接下来我们需要将这个依赖安装到项目中，为此需要在 VS Code 集成终端输入以下 npm 命令：

```
npm install
```

执行完以上命令之后，我们可以在当前项目的 node_modules 文件夹下看到一个名为 bootstrap 的子文件夹，这就说明 Bootstrap 已经被成功安装到当前项目中。

完成 Bootstrap 的安装之后，我们还需要将它加载到浏览器中，为此需要修改应用程序启动页面的内容，使其与代码清单 7-40 一致。

代码清单 7-40　src/index.html

```
<html>
<head>
    <title>天天菜园，送菜到家</title>

    <!--设置 HTML 视图的宽度和缩放-->
    <meta name="viewport" content="width=device-width, maximum-scale=1, minimum-scale=1, 
initial-scale=1, user-scalable=no, shrink-to-fit=no" />
    <!-- 加载必要的样式 -->
    <link href="node_modules/bootstrap/dist/css/bootstrap.css" rel="stylesheet" />

    <script src="node_modules/core-js/client/shim.js"></script>
    <script src="node_modules/zone.js/dist/zone.js"></script>
    <script src="node_modules/systemjs/dist/system.src.js"></script>
    <script src="src/systemjs.config.js"></script>
    <script>
        System.import('src/main.js').catch(function (err) {
            console.error(err);
        });
    </script>
</head>
<body>
    <ng-component></ng-component>
</body>
</html>
```

按照要求，以上代中被添加了一个<link>标签，以将 Bootstrap 的样式声明文件加载到浏览器中。

此外，以上代码中还被添加了一个<meta>标签，以设置 HTML 视图的宽度和缩放。

完成以上修改之后，我们就要通过 Bootstrap 来装饰商品列表视图了，为此首先需要修改商品列表样式定义文件的内容，使其与代码清单 7-41 一致。

代码清单 7-41　src/app/views/ware-list.css

```
.cheap {
    color: #B12704;
    font-size: 14px;
    font-weight: bold;
}

.fontGray {
    color: #999;
```

```
    }

    img {
        width: 100%;
    }

    /*商品行：每一个商品都被显示在一个行中*/
    .wareRow {
        margin-bottom: 10px;
    }
        /*商品行图片列*/
        .wareRow > .col-xs-4 {
            padding-right: 10px;
        }
        /*商品行属性列：所有的属性被一起显示在一个列中*/
        .wareRow > .col-xs-8 {
            padding-left: 5px;
        }

            /*商品属性行：每一个属性被显示在一个行中*/
            .wareRow > .col-xs-8 > div.row {
                font-size: 13px;
                padding-left: 15px;
                margin-bottom: 5px;
            }

            /*商品名称行，未分列*/
            .wareRow > .col-xs-8 > div:first-child {
                margin-bottom: 10px;
                font-size: 12px;
            }

                .wareRow > .col-xs-8 > div:first-child > a:last-child {
                    font-size: 15px;
                }

            /*商品属性行中的列*/
            .wareRow > .col-xs-8 > div.row > div {
                padding: 0;
            }
                /*商品属性值的列*/
                .wareRow > .col-xs-8 > div.row > div.col-xs-7 {
                    padding: 0 15px 0 2px;
                }
```

接着，我们需要修改商品列表模板，使其内容与代码清单 7-42 一致。

代码清单 7-42　src/app/views/ware-list.html

```
<div class="row">
    <div *ngFor="let ware of wares" class="col-xs-12 col-md-6">
        <div class="row wareRow">
            <div class="col-xs-4">
                <img alt="ware" [src]="ware.thumbnailUrl" [title]="ware.name" />
            </div>
            <div class="col-xs-8">
                <div [ngSwitch]="ware.promotion">
                    <span *ngSwitchCase="1">[减]</span>
                    <span *ngSwitchCase="2">[赠]</span>
                    <span *ngSwitchCase="3">[返]</span>
                    <a href="#" *ngSwitchDefault>[促销通知]</a>
                    <a href="#" [attr.aria-label]="'导航到' + ware.name + '的详情页面'">
{{ware.name}}</a>
                </div>
                <div class="row">
                    <div class="col-xs-5">
                        库存:
                    </div>
```

```
                    <div class="col-xs-7" [style.color]="ware.stock == 0 ? '#999' : (ware.stock < 10 ? '#B12704' : 'inherit')" [style.font-weight]="ware.stock > 0 && ware.stock < 10 ? 'bold' : 'initial'">
                        <span *ngIf="ware.stock == 0; else onSale">已售罄</span>
                        <ng-template #onSale>
                            <span *ngIf="ware.stock < 10; else sellingOut">仅剩{{ware.stock}}斤</span>
                            <ng-template #sellingOut>
                                <span>{{ware.stock}}斤</span>
                            </ng-template>
                        </ng-template>
                    </div>
                </div>
                <div class="row">
                    <div class="col-xs-5">
                        价格：
                    </div>
                    <div class="col-xs-7" [class.cheap]="ware.price < 1" [class.fontGray]="ware.stock == 0">
                        {{ware.price | currency:'CNY':'symbol-narrow' }}元/斤
                    </div>
                </div>
                <div class="row">
                    <div class="col-xs-5">
                        上架时间：
                    </div>
                    <div class="col-xs-7">
                        {{ware.addedTime | date:'yyyy-MM-dd HH:mm'}}
                    </div>
                </div>
            </div>
        </div>
    </div>
</div>
```

或许读者已经被上面的代码吓到了，其实大可不必如此，因为我们保留了模板文件上一个版本中的所有内容，比如，我们依旧使用了 NgFor 指令迭代商品列表，我们依旧使用了属性绑定来绑定商品的信息，等等。

不同的是，我们删除了模板开头的问候语，然后基于这些内容对这个模板的结构进行了扩展。比如，我们添加了更多的<div>标签来对模板进行布局，并给这些<div>添加了一些名字为 row、col-xs-4 和 col-xs-8 等这样的 CSS 类——这些 CSS 类已由 Bootstrap 定义好，因此我们可以在模板中毫不吝啬地使用它们。

接下来，我们需要验证这些 CSS 类带来的装饰效果，为此需要保存以上所有代码的编辑并刷新浏览器，随后我们将看到图 7-33 所示的结果。

看上去是不是发生了一些变化？请不要着急，如果打开 Chrome 的手机浏览器模拟器，我们还将看到商品列表视图在手机浏览器上的显示效果，如图 7-34 所示。

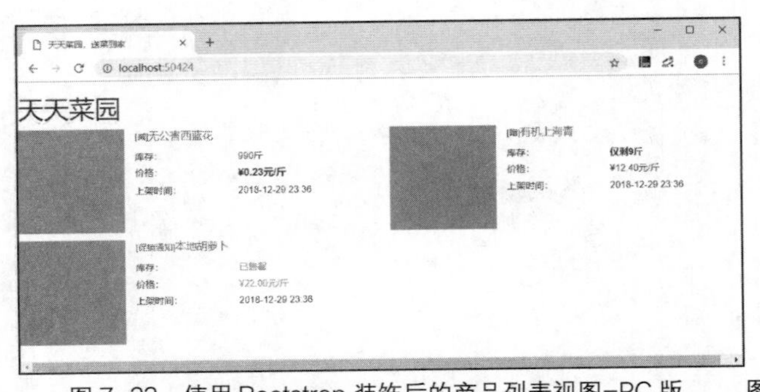

图 7-33　使用 Bootstrap 装饰后的商品列表视图-PC 版

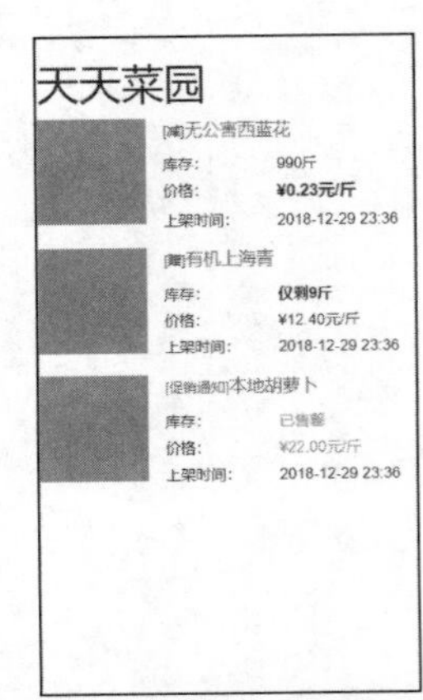

图 7-34　使用 Bootstrap 装饰后的商品列表视图-手机版

哇！似乎我们向一个真实的应用程序迈进了不小的一步！在这一步的推动下，我们还能试着再走远一点，比如在视图的头部和底部添加一些必要的导航链接和版权信息。

7.5.4 根视图

说到视图的头部和底部，它们给我们的印象通常是内容固定，并且不随视图的切换而刷新。对于这样的内容，在 Angular 应用程序中通常是通过根视图来维护的，因为根视图在应用程序的生命周期中总是驻留在浏览器页面中的。

因此，接下来我们的任务就是呈递这么一个根视图。为了呈递这个根视图，我们需要修改根模板的定义代码使其与代码清单 7-43 一致。

代码清单 7-43 src/app/views/app.html

```
<nav class="navbar navbar-fixed-top">
    <div class="container">
        <div class="navbar-brand">
            <a>
                <h1>
                    天天菜园
                </h1>
                <h2>
                    <span>D</span>aily<span>G</span>reens.shop
                </h2>
            </a>
        </div>
        <div>
            <a>登录</a>
            <span class="glyphicon glyphicon-shopping-cart">0</span>
        </div>
    </div>
</nav>
<div class="container">
    <ware-list></ware-list>
</div>
<footer>
    <div>
        还不是客户吗？
        <a href="#">注册</a>
    </div>
    <div>
        &copy;2016-2017 DailyGreens.shop
    </div>
</footer>
```

我们将根模板中原先仅有的内容（即商品列表组件的选择器<ware-list></ware-list>）放到了一对<div>标签中，并在这对<div>标签的前后各添加了一对<nav>标签和一对<footer>标签，以使它们分别负责根视图的头部和尾部内容的呈递。

说明

现在根模板中既有标准 HTML 标签，也有商品列表组件选择器，但这并不影响 Angular 基于它来创建根视图。Angular 运行时会准确地基于模板中的 HTML 标签创建相应的 DOM 元素，并将它们显示到根视图中；也会基于模板中的商品列表组件选择器创建相应的商品列表组件实例和商品列表视图，并将商品列表视图显示到根视图中——事实上，商品列表视图也是由大量的 DOM 元素组成的。

接下来，我们还需要对根视图进行一番装饰，为此需要在项目视图目录 src/app/views 下新建一个名为 app.css 的 CSS 样式文件，并将代码清单 7-44 复制到其中。

代码清单 7-44 src/app/views/app.css

```
/*头部导航栏*/
.navbar {
    height: 50px;
```

```
    background: linear-gradient(to bottom,#fff,#eee);
    border-bottom: 1px solid #d4d4d4;
    margin-bottom: 0;
}

/*头部"天天菜园"商标*/
.navbar-brand {
    padding: 10px 0 0 15px;
}

    .navbar-brand h1, .navbar-brand h2 {
        margin: 0;
        text-align: center;
        color: black;
        font-weight: bold !important;
    }

    .navbar-brand h1 {
        font-size: 16px;
    }

    .navbar-brand h2 {
        font-size: 12px;
    }

        .navbar-brand h1 span, .navbar-brand h2 span {
            color: orange;
        }

    /*头部右侧"登录"区域*/
    .navbar-brand + div {
        float: right;
        height: 100%;
        padding: 15px 15px 0 0;
    }

        .navbar-brand + div > span {
            margin-left: 5px;
        }

            .navbar-brand + div > span:last-child {
                color: #B12704;
            }

                .navbar-brand + div > span:last-child::before {
                    color: #333;
                }

/*底部*/
footer {
    text-align: center;
    height: 60px;
    position: absolute;
    width: 100%;
    bottom: 0;
}

    footer > div:first-child {
        margin: 10px 0;
    }

    footer > div:last-child {
        color: #aaa;
        font-size: 12px;
    }
```

为了使以上样式可以作用到根视图中，我们还需要修改根组件 AppComponent 的定义代码，使其与代码清单 7-45 一致。

代码清单 7-45 src/app/components/app.component.ts

```
import { Component } from '@angular/core';

@Component({
    selector: 'app-root',           // 组件选择器
    templateUrl: '../views/app.html',
    styleUrls:['../views/app.css'], // 样式路径
    moduleId: module.id
})
export class AppComponent {
}
```

我们将前面的样式文件 app.css 相对于根组件定义文件的路径添加到了根组件的 styleUrls 属性中，使 app.css 随根组件声明文件一起被加载到浏览器中。

至此，我们已经完成了根模板的修改，以及对根视图的装饰。接下来，我们保存以上所有代码的编辑并刷新浏览器，随后将看到图 7-35 所示的效果。

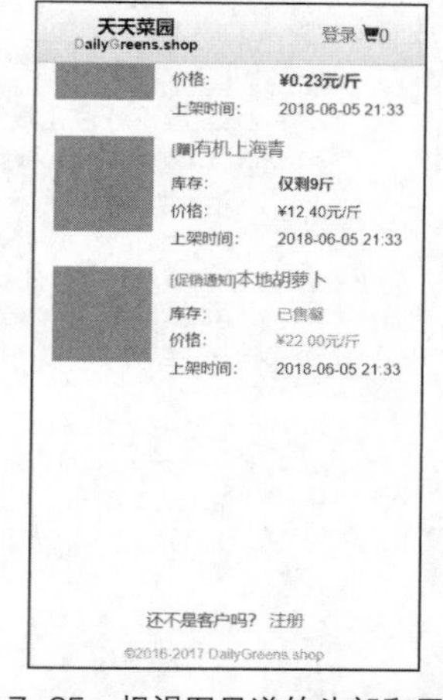

图 7-35 根视图呈递的头部和尾部

可以看到，根视图的头部和底部（以及被嵌套在它们中间的商品列表视图）出现在了浏览器页面中。但同时，商品列表视图的显示似乎遇到了一些问题，因为其头部的部分内容没有被显示出来。

事实上，这不是商品列表视图的问题，而是 Bootstrap 的问题：Bootstrap 将页面中的<nav>标签的 position 样式的值设置成了 fixed，而我们正好使用这个标签作为根视图的头部，这便导致它遮挡了商品列表视图头部 50 像素高的内容。

为了解决这个问题，我们需要为天天菜园设置一些全局 CSS 样式，为此需要在项目源代码目录 src 下新建一个名为 common.css 的 CSS 样式文件，并将代码清单 7-46 复制到其中。

代码清单 7-46 src/common.css

```
/*Body 样式*/
body {
    padding-top: 60px;
    padding-bottom: 70px;
    position: relative;
}

/*Bootstrap 列等高*/
.row {
    display: -webkit-box;
    display: -webkit-flex;
    display: -ms-flexbox;
    display: flex;
    flex-wrap: wrap;
}

    .row > [class*='col-'] {
        display: flex;
        flex-direction: column;
    }

/*宽屏行样式*/
@media (min-width:992px) {
    .row {
        margin-left: 0;
        margin-right: 0;
    }
```

```
        .row > [class*='col-'] {
            padding-left: 0;
            padding-right: 0;
        }
}
```

为了让以上样式文件可以作用到整个应用程序中，我们还需要将它引入应用程序启动页面中，这就需要修改应用程序启动页的定义代码，使其与代码清单 7-47 一致。

代码清单 7-47 src/index.html

```
<html>
<head>
    <title>天天菜园，送菜到家</title>
    <meta name="viewport" content="width=device-width, maximum-scale=1, minimum-scale=1,
initial-scale=1, user-scalable=no, shrink-to-fit=no" />
    <link href="node_modules/bootstrap/dist/css/bootstrap.css" rel="stylesheet" />

    <!--加载应用程序全局 css 样式-->
    <link href="src/common.css" rel="stylesheet" />

    <script src="node_modules/core-js/client/shim.js"></script>
    <script src="node_modules/zone.js/dist/zone.js"></script>
    <script src="node_modules/systemjs/dist/system.src.js"></script>
    <script src="src/systemjs.config.js"></script>
    <script>
        System.import('src/main.js').catch(function (err) {
            console.error(err);
        });
    </script>
</head>
<body>
    <ng-component></ng-component>
</body>
</html>
```

按照要求，我们向<head>标签中添加了一个<link>标签，并将其 href 特性的值设置成了将全局 CSS 样式文件的路径 src/common.css。

现在，我们可以保存以上代码的编辑并刷新浏览器，然后将看到最终结果，如图 7-36 所示。

哇！这才像一个真实的应用程序该有的样子。

接下来，如果关闭浏览器调试工具，我们将看到天天菜园的 PC 版本，如图 7-37 所示。

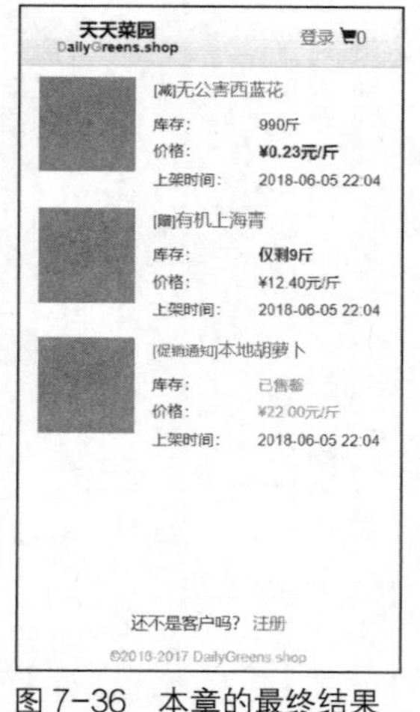

图 7-36 本章的最终结果

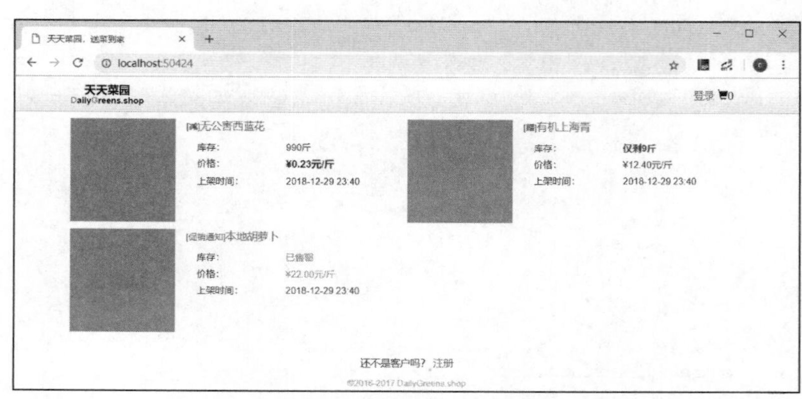

图 7-37 PC 版的天天菜园

7.6 小结

在本章前面四节中，我们对在第 6 章掌握的 Angular 技能进行了拓展，并以此开始开发了一个真实的 Angular 应用程序——天天菜园。

在这个过程中，我们接触了天天菜园的第一个业务领域（即商品业务领域），并掌握了一个业务领域的开发流程：

① 创建实现领域模型的服务（即商品服务），在这个服务中，我们维护了商品业务领域中的所有商品，并向外提供了获取这些商品的方法；

② 创建实现应用逻辑的组件（即商品列表组件），在这个组件中，我们维护了需要展示给用户的商品，并使这些商品都获取自商品服务；

③ 创建实现展示逻辑的模板（即商品列表模板），在这个模板中，我们通过指令、数据绑定和管道将商品列表组件维护的商品以合理的方式呈递到了基于模板创建的视图中。

当面对更多业务领域时，我们仍然会使用这一流程来完成它们的开发。同时我们会发现，不管多么复杂的应用程序，只要是基于 Angular 开发的，我们总是遵守着相同的规范，并因此而享受着更加轻松的开发体验。

在 7.5 节中，我们基于 MVC 模式为天天菜园创建了一个合理的目录结构，从而使这个项目更加适合团队开发。接着，我们还学习了 NgForOf 之外的三个常用指令 NgIf、NgSwitch 和 NgStyle，以帮助商品列表视图实现必要的判断。

随后为了使天天菜园的外观更加吸引人，我们通过 npm 将 Bootstrap 安装到了项目中，并使用 Bootstrap 对商品列表视图进行了一番装饰。

最后，为了使天天菜园拥有真实的应用程序该有的样子，我们给它添加了一个展示页头和页尾的根视图，从而使天天菜园的 Logo、注册链接、登录链接、购物车图标链接和版权信息得以被展示。

但仅仅拥有以上内容还不足以让用户相信天天菜园是一个真实的应用程序，因此在第 8 章中，我们将对天天菜园进行进一步的完善，让用户可以查看其中每一件商品的细节。

第 8 章　天天菜园：商品展示

通过学习第 7 章的内容，天天菜园已经有了一个成熟的商品列表视图。而在本章中，我们将继续向用户展示一个商品细节视图，以使用户可以了解商品列表中每一个商品的细节，并决定是否购买这个商品。

在实现商品细节视图的过程中，我们将面临一些问题，比如新的视图如何被呈递、逐渐膨胀的业务代码应如何被管理以及业务数据应如何被相关的组件共享。

针对这三个问题，Angular 都提供了应对的方案，它们分别是路由器（Router）、领域模块（Domian Feature Module）和依赖注入（Dependency Injection）。

但在了解这些方案之前，我们需要先试着创建一个商品细节视图。

8.1　创建商品细节视图

目前，天天菜园虽然已经通过一个友好的视图向用户展示了一个商品列表，但对用户来说，一个粗略的商品列表通常不能让他/她对其中的商品产生购买欲望。如果要让用户产生此欲望，我们还需要提供一个新的商品细节视图，以使他/她在单击商品列表视图上的商品链接时被导航到这个商品细节视图，并从其中看到对应的商品细节信息。

显然，目前天天菜园中还没有商品细节视图，而接下来我们要做的就是创建这么一个视图。

在传统的 Web 开发中，当需要创建一个视图或页面时，我们总是先创建一个相应的 HTML 文件。但在遵循 MVC 模式的 Angular 应用程序开发中，按照领域驱动设计的方式，我们最先完成的应该是领域模型的创建。

幸运的是，天天菜园的商品业务领域模型已经有了雏形，因此为了满足商品细节视图的呈递，我们只需要先对负责实现商品业务领域模型的商品服务进行一番小小的重构。

8.1.1　重构商品服务

呈递商品细节的核心业务是获取相应的商品对象，因此我们需要在商品服务类中添加一个获取指定商品对象的方法，使商品服务类的定义代码与代码清单 8-1 一致。

代码清单 8-1　src/app/models/ware.service.ts

```
import { Ware } from './ware'; // 导入商品实体类型的定义

/**
 * 商品服务
 */
export class WareService {
    private wares: Array<Ware>; // 商品列表

    constructor() {
        let ware0 = new Ware(); // 第一个商品的实例化
        // ...省略的代码

        let ware1 = new Ware(); // 第二个商品的实例化
        // ...省略的代码
```

```
        let ware2 = new Ware(); // 第三个商品的实例化
        // ...省略的代码

        // 将三个商品添加到商品列表中
        this.wares = new Array<Ware>(ware0, ware1, ware2);
    }

    /**
     * 获取商品列表
     */
    getWareList(): Array<Ware> {
        return this.wares;
    }

    /**
     * 获取指定 ID 的商品
     * @param wareId 目标商品 ID
     */
    getWare(wareId: number): Ware | undefined {
        return this.wares.find(x => x.id == wareId);
    }
}
```

按照要求，以上代码新增了一个名为 getWare()的方法。这个方法接收一个数字参数 wareId，并试图返回商品数组 wares 中 ID 等于这个参数的商品对象——如果这个商品对象不存在，那么返回 undefined。

我们添加以上方法的目的是向用户提供获取指定商品的服务，而 Angular 应用程序中处理用户交换的是组件，因此接下来还需要创建一个处理用户获取商品请求的组件，即商品细节组件。

说明

本章及随后的五章，我们不会再创建新的项目，只会扩展并完善第 7 章创建的天天菜园项目。

8.1.2 创建商品细节组件

找到当前项目的组件目录 src/app/components，为其新建一个名为 ware-detail.component.ts 的 TypeScript 文件，然后将代码清单 8-2 复制到其中。

代码清单 8-2 src/app/components/ware-detail.component.ts

```
// 导入必要的定义
import { Component, OnInit } from '@angular/core';
import { Ware } from '../models/ware';
import { WareService } from '../models/ware.service';

/**
 * 商品细节组件
 */
@Component({
    moduleId: module.id, // 设置 moduleId，使 templateUrl 和 styleUrls 可以使用相对路径
    templateUrl: '../views/ware-detail.html', // 模板声明文件 URL
    styleUrls: ['../views/ware-detail.css']   // 样式声明文件 URL
})
export class WareDetailComponent implements OnInit {
    private wareService: WareService;          // 商品服务

    ware: Ware | undefined; // 需要被展示的商品
    wareCount: number;      // 打算购买的商品数量

    constructor() {
        this.wareCount = 1; // 初始化商品数量
        this.wareService = new WareService(); // 创建商品服务
    }
```

```
    ngOnInit() {
        // 获取一个测试商品
        this.ware = this.wareService.getWare(1);
    }
}
```

以上代码将商品细节组件类定义为 WareDetailComponent，使其维护了一个用于获取商品数据的商品服务属性 wareService、一个用于接收从商品服务获取到的商品对象的属性 ware 和一个用于维护用户购买的当前商品的数量的属性 wareCount。

此外，商品细节组件还完成了以下三项工作：

（1）通过其构造函数对属性 wareCount 和 wareService 进行了必要的初始化，以使这两个属性在组件被初始化之后可以被立即使用；

（2）通过其初始化钩子方法 ngOnInit()调用了商品服务的 getWare()方法，以获取其中 ID 为 1 的商品对象——随后我们会将这个固定的 1 换成用户需要查看的目标商品的 ID；

（3）通过其元数据 templateUrl 和 styleUrls 设置了模板定义文件和样式定义文件的路径，以使一个好看的商品细节视图可以被呈递。

当然，由以上 templateUrl 和 styleUrls 指向的模板定义文件和样式定义文件还未被创建，因此接下来我们的任务就是完成它们的创建。

8.1.3 创建商品细节模板和样式

首先，我们要创建的是商品细节模板，为此需要在项目视图目录 src/app/views 下新建一个名为 ware-detail.html 的 HTML 文件，然后将代码清单 8-3 复制到其中。

代码清单 8-3 src/app/views/ware-detail.html

```
<div [ngSwitch]="ware?.promotion">
    <span *ngSwitchCase="1">[减]</span>
    <span *ngSwitchCase="2">[赠]</span>
    <span *ngSwitchCase="3">[返]</span>
    <a href="#" *ngSwitchDefault>[促销通知]</a>
    {{ware?.name}}
</div>
<!--商品名称结束-->
<div>
    {{ware?.description}}
</div>
<!--商品描述结束-->
<div class="wareImageContainer">
    <img [src]="ware?.imageUrl" />
</div>
<!--商品图片结束-->
<div>
    上架时间: {{ware?.addedTime | date:'yyyy-MM-dd HH:mm'}}
</div>
<!--上架时间结束-->
<div>
    售价:
    <span [class.cheap]="ware?.price < 1">
        {{ware?.price | currency:'CNY':'symbol-narrow' }}
    </span>
    元/斤
</div>
<!--售价结束-->
<div>
    库存:
    <span *ngIf="ware?.stock == 0; else onSale">已售罄</span>
    <ng-template #onSale>
        <span *ngIf="ware?.stock < 10; else sellingOut" class="sellingOut">仅剩{{ware?.stock}}斤
</span>
```

```
            <ng-template #sellingOut>
                <span>{{ware?.stock}}斤</span>
            </ng-template>
        </ng-template>
    </div>
    <!--库存结束-->
    <div>
        数量:
        <input type="number" name="wareCount" [value]="wareCount" />
    </div>
    <!--购买数量结束-->
    <div>
        <button type="button">加入购物车</button>
    </div>
    <!--加入购物车按钮结束-->
```

以上代码几乎是第 7 章的商品列表模板的 NgForOf 指令的循环体的复制，但其中仍有以下三点是需要我们注意的：

（1）模板表达式中的 ware 不再是 NgForOf 指令的循环变量（模板输入变量），而是商品细节组件的同名属性——模板表达式可以访问组件的属性、模板输入变量和模板引用变量；

（2）访问 ware 的成员时，我们使用了安全导航操作符“?.”，因为商品细节的属性的值可能会是 undefined；

（3）商品购买数量输入标签<input>中使用了属性绑定[value]="wareCount"，这将把商品细节组件的属性 wareCount 的值（默认是 1）绑定到当前数字域的 value 属性上。

完成商品细节模板的创建之后，我们要继续完成商品细节样式的定义，为此需要在项目目录 src/app/views 下新建一个名为 ware-detail.css 的样式文件，然后将代码清单 8-4 复制到其中。

代码清单 8-4　src/app/views/ware-detail.css

```
/*商品图片容器*/
.wareImageContainer {
    text-align:center;
}

/*商品图片*/
.wareImageContainer img{
    width:60%;
}

/*低价价格样式*/
.cheap {
    color: #B12704;
    font-size: 14px;
    font-weight: bold;
}

/*畅销商品库存样式*/
.sellingOut{
    color: #B12704;
    font-weight:bold;
}
```

以上代码定义了四个 CSS 类，它们分别用于装饰商品图片、价格及库存：商品的图片会被居中显示在商品名称的下方，并占浏览器宽度的 60%；低价商品价格会被加粗、放大并被显示为深红色；低库存商品的库存量会被加粗并被显示为深红色。

至此，我们便通过商品服务、商品细节组件和商品细节模板（及样式）完成了对商品展示业务的扩展。而为使这些扩展称为天天菜园的一部分，我们还需要将商品细节组件封装到应用程序根模块中。

8.1.4　封装商品细节组件

为了将商品细节组件封装到根模块中，我们需要修改根模块 AppModule 的定义代码，使其与代码清单 8-5 一致。

代码清单 8-5 src/app/app.module.ts

```
import { NgModule } from '@angular/core';
import { BrowserModule } from '@angular/platform-browser';
import { AppComponent } from './components/app.component';
import { WareListComponent } from './components/ware-list.component';
import { WareDetailComponent } from './components/ware-detail.component'; // 导入组件WareDetail
// Component 的定义

@NgModule({
    imports: [BrowserModule],
    declarations: [AppComponent, WareListComponent, WareDetailComponent], // 声明WareDetail
// Component 为当前模块内的组件
    bootstrap: [AppComponent]
})
export class AppModule {
}
```

按照要求，我们先通过 TypeScript 的 import 语句导入了商品细节组件 WareDetialComponent 的定义，然后将它添加到了根模块的 declarations 属性中，以使它成为根模块内的组件。

至此，我们做好了呈递商品细节视图的所有准备，接下来的问题是怎样将它呈递给用户呢？Angular 路由器将告诉我们答案。

8.2 路由器：构建单页面应用程序

在第 7 章中，我们成功地向浏览器中呈递了一个应用程序启动页面、一个呈递在启动页面中的根视图和一个嵌套在根视图中的商品列表视图。

现在我们又有了一个新的商品细节视图，我们希望当用户单击商品列表视图中的商品链接时，应用程序启动页面不会被刷新，同时根视图也还保留在应用程序启动页面中，但根视图中的商品列表视图会被移除，相应的商品细节视图会出现在根视图中——我们希望得到一个单页面应用程序。

图 8-1 和图 8-2 展示了我们期望出现的效果。

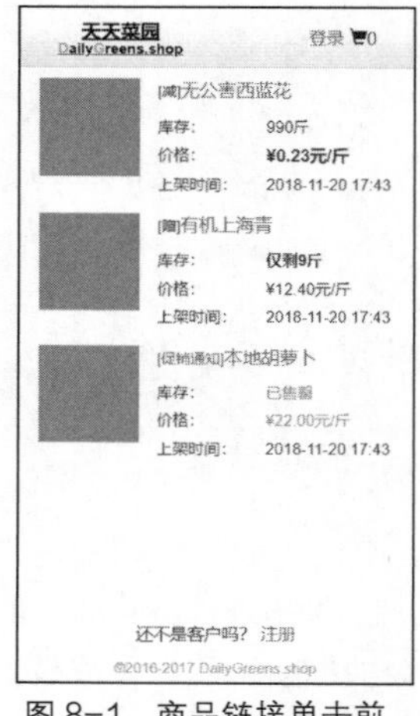

图 8-1 商品链接单击前

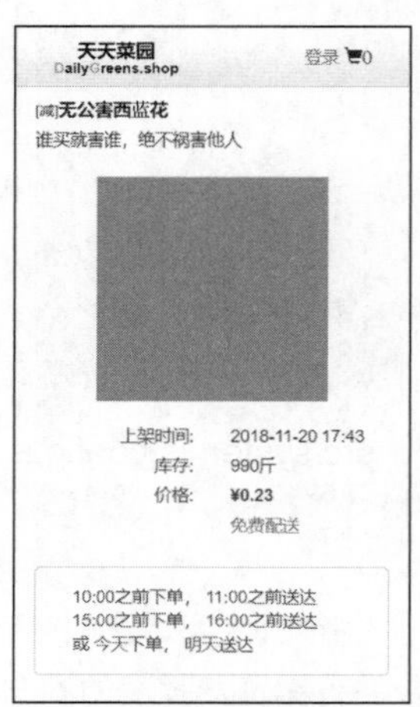

图 8-2 商品链接单击后

在传统的 Web 应用程序开发中，单页面应用程序的开发通常是一项不小的挑战，因为这涉及必要的浏览器事件的监听、DOM 事件的监听、URL 与服务端资源之间的映射、Ajax 的处理以及视图的渲染和缓存等烦琐的技术细节。

但对于 Angular 来说，一切都可能却远比我们想象的要轻松，因为 Angular 已经将以上细节封装到了其路由器（Router）中。

在本节，我们的任务就是通过 Angular 路由器将天天菜园打造成一个单页面应用程序。而这任务的第一步，则是将 Angular 路由器包安装到项目中——路由器被封装在这个独立的包中。

说明

Angular 开发团队将很多常用功能封装到了不同包中，比如，将与表单数据绑定和验证相关的功能封装到了表单包中等。从第 9 章开始，我们将把表单包安装到项目中。

8.2.1 安装和配置路由器包

由于 Angular 路由包也是一个 Node.js 包，为了安装它，我们需要修改当前项目下的 Node.js 包描述文件 package.json，使其与代码清单 8-6 一致。

代码清单 8-6 package.json

```
{
    "name": "chapter8-1",
    "version": "1.0.0",
    "private": true,
    "dependencies": {
        "@angular/common": "7.0.4",
        "@angular/compiler": "7.0.4",
        "@angular/core": "7.0.4",
        "@angular/platform-browser": "7.0.4",
        "@angular/platform-browser-dynamic": "7.0.4",
        "@angular/router": "7.0.4",
        "core-js": "2.5.7",
        "rxjs": "6.3.3",
        "systemjs": "0.21.5",
        "zone.js": "0.8.26",
        "bootstrap": "3.3.7"
    },
    "devDependencies": {
        "@types/node": "10.12.9",
        "express": "4.16.4",
        "body-parser": "1.18.3"
    }
}
```

以上修改向 dependencies 属性下添加了当前项目对 Angular 路由器包@angular/router 的依赖。

接下来我们需要将这个依赖安装到项目中，为此需要在 VS Code 集成终端输入以下 npm 命令：

```
nmp install
```

执行完以上命令之后，我们可以在当前项目的 Angular 包安装目录 node_modules/@angular 下看到一个名为 router 的子文件夹，这就说明 Angular 路由器包已经被成功地安装到当前项目中。

完成 Angular 路由器包的安装之后，我们还需要告诉 SystemJS 怎样加载这个包，为此需要修改 SystemJS 配置文件 systemjs.config.js 的内容，使其与代码清单 8-7 一致。

代码清单 8-7 src/systemjs.config.js

```
(function (global) {
    System.config({
        paths: {
            'npm:': 'node_modules/'
        },
        map: {
            'rxjs': 'npm:rxjs',
            '@angular/core': 'npm:@angular/core/bundles/core.umd.js',
            '@angular/common': 'npm:@angular/common/bundles/common.umd.js',
            '@angular/platform-browser': 'npm:@angular/platform-browser/bundles/platform-
browser.umd.js',
            '@angular/compiler': 'npm:@angular/compiler/bundles/compiler.umd.js',
            '@angular/platform-browser-dynamic': 'npm:@angular/platform-browser-dynamic/
bundles/platform-browser-dynamic.umd.js',
            '@angular/router': 'npm:@angular/router/bundles/router.umd.js' // Angular 路由器
// 包的路径
```

```
            },
            packages: {
                'src': {
                    defaultExtension: 'js'
                },
                'rxjs': {
                    main: 'index.js',
                    defaultExtension: 'js'
                },
                'rxjs/operators': {
                    main: 'index.js'
                }
            }
        });
    })();
```

我们在 map 属性下添加了一个路径映射，即：

```
'@angular/router': 'npm:@angular/router/bundles/router.umd.js'
```

根据我们在第 6 章掌握的经验可以知道，有了以上路径映射之后，当 TypeScript 代码中的代码“import { 路由器相关定义 } from '@angular/router'”被编译成 JavaScript 代码“require('@angular/router')”并被加载到浏览器中时，SystemJS 真正会加载的是服务端路径为 node_modules/@angular/router/bundles/router.umd.js 的 JavaScript 文件——Angular 路由包被编译后的 JavaScript 文件。

那么，我们需要从路由器包中导入哪些定义呢？答案是路由表类型和路由器模块，因为我们需要通过它们来注册路由项。

8.2.2 注册路由项

在解释路由表（Routes）和路由项（Route）是什么之前，我们先通过图 8-3 来了解一下路由器的工作原理。

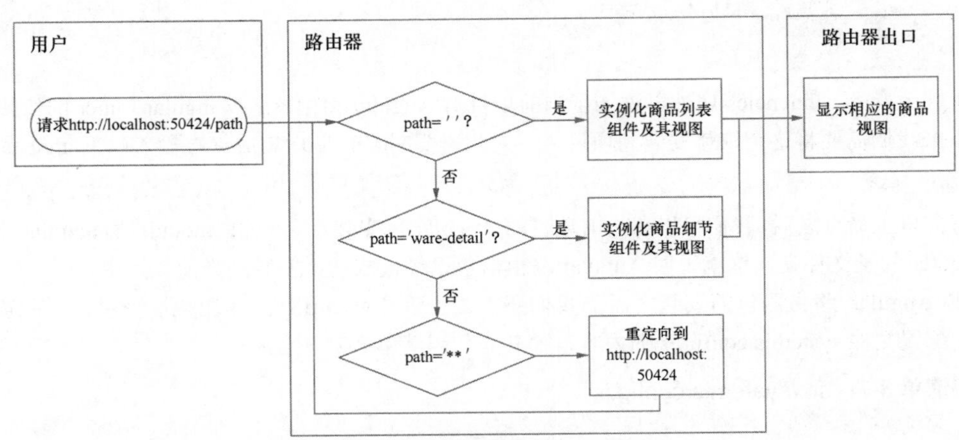

图 8-3　Angular 路由器工作原理

图 8-3 展示了三部分内容，它们分别是用户、路由器和路由器出口（Router Outlet）。

简单来说，路由器是由 Angular 运行时创建的对象，它的主要工作是接收用户向应用程序发起的请求，然后基于接收到的请求创建相应的组件和视图，并最终将这个目标视图显示到路由器出口处——8.2.4 节将介绍路由器出口的使用。

那么，路由器是如何基于接收到的请求创建相应的组件（和视图）的呢？从图 8-3 的“路由器”部分可以看到，路由器会将请求 URL 中的目标 path 与一系列候选 path 进行对比。在这个对比过程中，如果某个候选 path 的值与目标 path 的值是相匹配的，那么路由器就会（通知 Angular 运行时）创建这个候选 path 指向的组件（类）的实例，或进行必要的重定向。

提示

URL 的组成部分：scheme:[//[user:password@]host[:port]][/]path[?query][#fragment]

比如，当路由器接收到用户请求的 URL 是 http://localhost:50424 时，路由器会发现用户请求的目标 path 是空字符串，进而发现这与第一个候选 path 的值相等，并因此而创建商品列表组件的实例；而当路由器接收到用户请求的 URL 是 http://localhost:50242/ware-detail 时，路由器会发现用户请求的目标 path 和第二个候选 path 的值 ware-detail 相等，并因此而创建商品细节组件的实例；最后当路由器接收到用户请求的是其他 URL（比如，http://localhost:50424/index 或 http://localhost:50424/default.html 等）时，路由器会发现用户请求的目标 path 和第三个候选 path 的值**相匹配，并因此而将请求重定向到 http://localhost:50424。

说明

两个星号**是 Angular 路由器中的通配 path，它被认为与任何目标 path 都是相匹配的。

在以上匹配过程中，候选 path 和它所指向的组件（或重定向命令）被称为路由项，而路由器中维护这些路由项的对象则是路由表——路由器就是通过扫描这个路由表来决定创建哪个组件的实例的。

显然，路由项不会凭空出现在路由器维护的路由表中，它需要我们开发人员自己定义。而在本节中，我们的任务就是定义用于匹配用户请求的路由项，并将它们注册到路由器维护的路由表中。

为了完成这一任务，我们需要修改应用程序根模块 AppModule 的定义代码，使其与代码清单 8-8 一致。

代码清单 8-8 src/app/app.module.ts

```
import { NgModule } from '@angular/core';                    // 导入模块装饰器的定义
import { BrowserModule } from '@angular/platform-browser';   // 导入浏览器模块的定义
import { AppComponent } from './components/app.component';   // 导入组件 AppComponent 的定义
import { WareListComponent } from './components/ware-list.component'; // 导入组件WareListComponent
// 的定义
import { WareDetailComponent } from './components/ware-detail.component'; // 导入组件
WareDetailComponent 的定义
import { Routes, RouterModule } from '@angular/router'; // 导入路由表Routes 和路由模块RouterModule
// 的定义

// 定义路由表
let routes: Routes = [{
    path: '', component: WareListComponent /*默认路由项*/
}, {
    path: 'ware-detail', component: WareDetailComponent /*商品细节路由项*/
}, {
    path: '**', redirectTo: '' /*通配路由项*/
}]

@NgModule({
    imports: [BrowserModule, RouterModule.forRoot(routes)], // 导入浏览器模块和路由器模块，并注
// 册路由表
    declarations: [AppComponent, WareListComponent, WareDetailComponent], // 声明当前模块内的组件
    bootstrap: [AppComponent] // 从组件 AppComponent 启动
})
export class AppModule {
    // 模块中通常不需要包含任何代码
}
```

以上代码包含三部分新内容：

（1）import { Routes, RouterModule } from '@angular/router'，从路由器包中导入路由表类型 Routes，以及路由器模块 RouterModule——这是一个 Angular 模块；

（2）let routes: Routes = [{ ... }, { ... }, { ... }]，定义包含三个路由项的路由表变量，这三个路由项的 path 属性的值是供路由器扫描的候选 path，component 属性的值是路由器扫描匹配成功后要实例化的组件类，redirectTo 属性的值是扫描匹配成功后要重定向到的目标 path——当路由项同时拥有 component 和

redirectTo 属性时，前者会失效；

（3）RouterModule.forRoot(routes)，将路由表变量 routes 中的路由项注册到路由器维护的路由表中，从而使这些路由项可以被路由器扫描。

以上第三处新增的内容除了注册了路由项，还会执行以下两项重要的工作：

（1）为应用程序创建一个路由器（对象）——在此之前，应用程序中是没有路由器的；

（2）返回路由器模块 RouterModule 本身，并使器模块 RouterModule 被导入应用程序根模块中。

也就是说，现在应用程序中有了一个能够处理用于请求的路由器，并且其中还被注册了能够匹配用户请求的路由项。

接下来的问题是，如何让用户向路由器发起请求呢？

注意

路由项的 path 属性的值不能以“/”开头，因此以上三个路由项的 path 属性的值不能是“/”“/ware-detail”和“/**”。

8.2.3 使用路由器链接指令

通常情况下，用户请求是向服务端发起的。比如，当我们单击视图中的某个链接时，浏览器通常会向服务端发起一个页面加载的请求。

显然，我们不希望这样的事情发生，因为这会导致整个页面的刷新。我们希望的是视图中的链接的单击事件能够被监听到，从而使这个单击事件触发的服务端页面加载请求被阻止，并最终使一个面向路由器的请求被发起。

如果读者有 jQuery 的使用经验，那么肯定会觉得以上需求并不难实现（至少就监听单击事件并阻止浏览器向服务端发起页面加载请求这一点来说是这样的）。但在 Angular 应用程序开发中，我们不需要使用 jQuery（或其他工具），因为路由器链接指令能让事情变得更加简单。

现在，我们需要对商品列表模板做些小修改，使其与代码清单 8-9 一致。

代码清单 8-9　src/app/views/ware-list.html

```
<div class="row">
    <div *ngFor="let ware of wares" class="col-xs-12 col-md-6">
        <div class="row wareRow">
            <div class="col-xs-4">
                <img alt="ware" [src]="ware.thumbnailUrl" [title]="ware.name" />
            </div>
            <div class="col-xs-8">
                <div [ngSwitch]="ware.promotion">
                    <span *ngSwitchCase="1">[减]</span>
                    <span *ngSwitchCase="2">[赠]</span>
                    <span *ngSwitchCase="3">[返]</span>
                    <a href="#" *ngSwitchDefault>[促销通知]</a>
                    <!--使用路由器链接指令-->
                    <a [routerLink]="'/ware-detail'" [attr.aria-label]="'导航到' + ware.name +
'的详情页面'">{{ware.name}}</a>
                </div>
                <!—省略的代码-->
            </div>
        </div>
    </div>
</div>
```

我们删除了商品名称链接标签<a>的 href 特性，然后给它添加了一个属性绑定[routerLink]，并为这个属性赋了一个字符串常量“/ware-detail”。

第 7 章的“常用指令”介绍过，routerLink 是路由器链接指令 RouterLink 的选择器兼输入设置器，因此以上修改的作用就是为商品名称链接创建一个路由器链接指令，并将字符串常量“/ware-detail”赋给其设置器 routerLink。

在应用程序的运行过程中，路由器链接指令会监听被它修饰的DOM元素上的单击事件，并在监听到这一事件发生时，向路由器发起目标路径为其设置器routerLink的值的请求。

也就是说，经以上修改之后，Angular 运行时将为商品名称链接创建一个路由器链接指令，而这个路由器链接指令则会在监听到商品名称链接上的单击事件时，向路由器发送目标path为ware-detail的请求。

接下来，当路由器接收到这个请求时，它会扫描8.2.2节创建注册的路由项集合并命中其中path属性为ware-detail的路由项，然后创建这个路由项的component属性指向的商品细节组件及相应的商品细节视图，并最终将商品细节视图显示到路由器出口处。

那么，路由器出口是什么，它是如何显示商品细节视图的呢？

说明

路由器链接指令 routerLink 的值可以不以“/”开头，因此以上字符串常量可以是'ware-detail'。但在有些情况下，不以“/”开头的值会给我们带来一些困惑，因此使routerLink的值以“/”开头是一个好的习惯。

路由器链接指令是被封装在路由器模块RouterModule中的（这就和NgFor等指令是被封装在通用模块 CommonModule 中一样），因此在以上模板可以使用路由器链接指令之前，我们应该先将路由器模块导入应用程序根模块中，否则会得到编译错误：StaticInjectorError(AppModule)[RouterLink -> Router]。

我们之所以没有这样做并且没有得到以上编译错误，是因为路由器模块 RouterModule 的 forRoot()方法会返回路由器模块本身（事实上是 ModuleWithProviders<RouterModule>的实例），而我们将这一方法的调用放到了应用程序根模块的imports列表中，就意味着应用程序根模块导入了路由器模块。

8.2.4 设置路由器出口

还记得为了将商品列表视图显示到应用程序根视图中，我们将商品列表组件的选择器作为HTML标签添加到了根模板中吗？**路由器出口**（Router Outlet）的作用和组件选择器的作用极为相似，即用于指定视图的呈递位置。

那么我们应该怎样设置路由器出口呢？答案是使用路由器出口指令 RouterOutlet。为了通过路由器出口指令将商品细节视图显示到应用程序根视图中，我们需要修改应用程序根模板的定义代码，使其与代码清单8-10一致。

代码清单 8-10 src/app/views/app.html

```
<nav class="navbar navbar-fixed-top">
    <!--省略的代码-->
</nav>
<div class="container">
    <!--使用路由器出口-->
    <router-outlet></router-outlet>
</div>
<footer>
    <!--省略的代码-->
</footer>
```

我们将模板中的商品列表组件选择器<ware-list>换成了另一个标签<router-outlet>。

第7章的“常用指令”介绍过，router-outlet是路由器出口指令RouterOutlet的选择器，因此以上修改的作用就是在应用程序根视图的中部创建一个路由器出口指令，从而使路由器将目标视图呈递到根视图的中部。

也就是说，如果我们现在保存所有代码的编辑并刷新浏览器，然后单击商品列表视图中的商品名称链接，将看到商品细节视图被显示到根视图的中间。

然而，如果我们真的现在就这样做了，将看到Angular抛出的以下错误：

```
    No base href set. Please provide a value for the APP_BASE_HREF token or add a base element to the document.（未设置base href。请为APP_BASE_HREF提供一个值或向文档中添加一个base元素。）
```

这个错误看上去有些令人难以理解，但相应的解决办法其实特别简单，因为我们只需要向应用程序启动页面中添加一个<base>标签即可。

8.2.5　设置<base>标签

在解释为什么<base>标签可以解决以上错误之前，我们先将它添加到应用程序启动页面中，使应用程序启动页面的内容与代码清单 8-11 一致。

代码清单 8-11　src/app/index.html

```
<html>
<head>
    <title>天天菜园，送菜到家</title>

    <!--设置基础 URL-->
    <base href="/" />

    <!--省略的代码-->
    <script>
        System.import('src/main.js').catch(function (err) {
            console.error(err);
        });
    </script>
</head>
<body>
    <!-- 根组件 AppComponent 的选择器-->
    <app-root></app-root>
</body>
</html>
```

按照要求，我们将<base>标签添加到了<head>标签中，并将其特性 href 的值设置成了“/”。

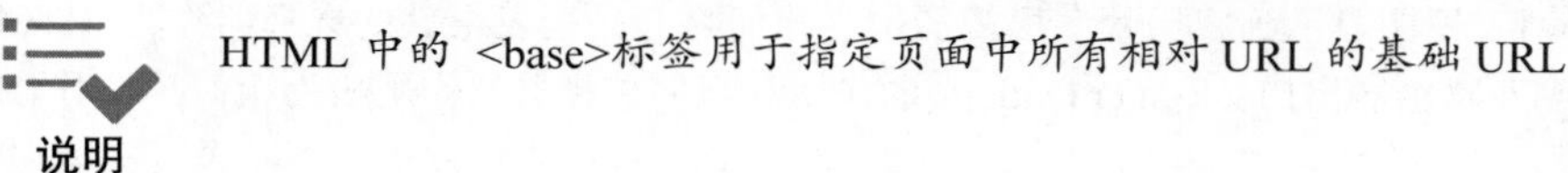

HTML 中的 <base>标签用于指定页面中所有相对 URL 的基础 URL。

说明

接下来，如果我们保存所有代码的编辑并刷新浏览器，将看到图 8-4 所示的奇迹的发生。

好像什么都没有发生？但真的是这样吗？我们似乎删除了根模板中的商品列表组件选择器<ware-list>，但图 8-4 中的商品列表视图是从何而来的？

事实上，图中的商品列表视图是由路由器创建的，而其创建和显示过程是这样的：

（1）当我们刷新浏览器时，Angular 应用程序（天天菜园）被启动，Angular 路由器和路由器出口指令的实例因此而被创建；

（2）Angular 运行时基于浏览器地址栏中的 URL 主动向路由器发起目标 path 为空字符串的请求；

（3）路由器接收到 Angular 运行时发起的请求，然后扫描路由表并命中其中第一个路由项，从而创建这个路由项的 component 属性指向的商品列表组件 WareListComponent 的实例及相应的视图，并将这个视图传递给路由器出口指令；

（4）路由器出口指令将接收到的商品列表视图显示到其选择器所在的位置，即应用程序根视图的中部。

也就是说，商品列表视图是 Angular 运行时在应用程序启动时，主动请求路由器创建并交由路由器出口指令显示的。

明白了商品列表视图的来源之后，我们还有一件重要的事情要做，那就是展示实商品细节实图。为了实现这一目的，我们只需要单击商品列表视图中的（任何一个）商品名称链接，随后将看到我们期待的一幕，如图 8-5 所示。

我们成功了！商品名称链接上的路由器链接指令监听到了我们的单击，然后向路由器发起了目标 path 为 ware-detail 的请求，从而使路由器创建了一个商品细节组件和视图，并最终将这个视图现实到了路由器出口处——此处原有的商品列表视图及其背后的组件会被销毁。

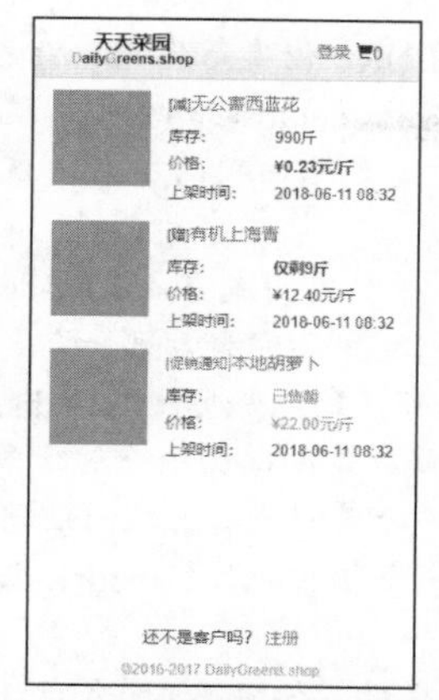

图 8-4 由路由器创建的商品列表视图

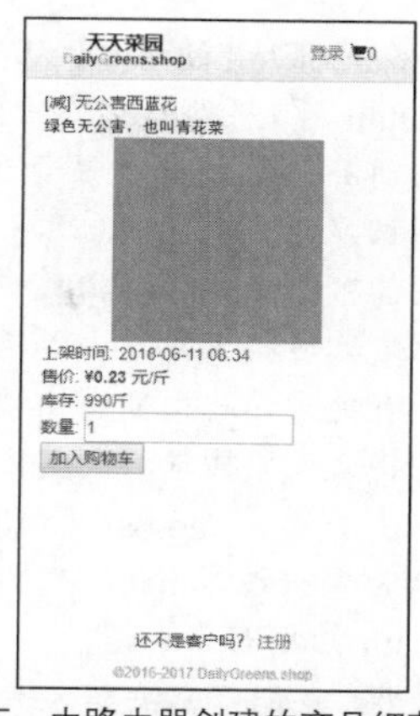

图 8-5 由路由器创建的商品细节视图

同时，细心的读者肯定也发现了，在这个过程中浏览器页面并没有被刷新，但浏览器地栏中的 URL 却被更新成了 http://localhost:50424/were-detail。此外，如果单击浏览器地址栏旁边的“后退”按钮，会发现浏览器地址栏中的 URL 会回退到 http://localhost:50402，而相应的商品列表视图也会再次回到根视图中。当然，此时如果继续单击浏览器地址栏旁边的“前进”按钮，还会发现浏览器地址栏中的 URL 又被更新成了 http://localhost:50424/ware-detail，同时相应的商品细节视图也会回到根视图中。

说明

当浏览器的“前进”和“后退”按钮被单击时，浏览器会触发相应的事件，而 Angular 路由器会监听到这些事件并代替用户发起相应的请求，从而使相应的视图被再次呈递到路由器出口。任何一个不同的视图在被显示到路由器出口之前，这个视图及其背后的组件都会被创建，而路由器出口处原有的视图及其背后的组件都会被销毁，即使它们的显示和消失是由浏览器的“前进”和“后退”按钮的单击导致的。

显然，这就是我们要的单页面应用程序，而这一切实现得都是如此轻松。我们甚至没有写任何一行与浏览器事件、DOM 事件和 DOM 遍历等相关的代码，而只是做了以下几件简单的事情：

（1）安装和配置路由包；

（2）注册路由项；

（3）在必要的<a>标签上设置路由器链接指令；

（4）在根模板中设置路由器出口；

（5）在应用程序启动页面中设置<base>标签。

经过以上几个步骤之后，我们便算是完成了一个简单的单页面应用程序的创建。但相信读者早已发现，目前这个单页面应用程序还有不少问题，比如，不管我们单击商品列表视图中的哪个商品，最终被显示的都是无公害西蓝花的细节视图。

之所以出现这个问题，是因为商品细节组件在调用商品服务的 getware()方法时，向参数 wareId 传递的是一个固定值 1，而 1 就是无公害西蓝花的 ID。

我们不会容忍这样的问题存在太久，因为本章的最后将把这个问题彻底解决掉。但在解决这个问题之前，我们还有一个可能更加严重的问题需要解决。

说明

是不是还在纠结以上<base>标签的作用？让我们来看这样一种情况，即如果我们将天天菜园部署到服务器的一个名为 dist 的虚拟目录下，那么当用户在浏览器上启动天天菜园时，其请求的 URL 就必须是 http://localhost:50424/dist。这样一来，当我们在浏览器上启动应用程序时，Angular 运行时会就向路由器发起目标 path 为 dist 的请求，而路由器会因为其通配路由项的存在而发起目标 path 为空的重定向，并最终使商品列表视图被显示到路由器出口——这看上去没有任何问题。

但接下来当用户单击商品列表视图中的商品名称链接时，其中的路由器链接指令会向路由器发起目标 path 是什么的请求呢？按照浏览器地址栏当前的 URL 来看，它会发起目标 path

为 dist/ware-detail 的请求，从而使浏览器地址栏中的 URL 被更新为 http://localhost:50424/dist/ware-detail。但显然路由表中没有 path 属性为 dist/ware-detail 的路由项，这样的请求无法使相应的商品细节视图被显示到路由器出口——由于通配路由项的存在，这同样会使商品列表视图被显示到路由器出口。

或许我们可以考虑将路由表中第二个路由项的 path 属性更新成 dist/ware-detail，从而使它匹配商品名称链接上的路由器链接指令发起的请求。但这种做法治标不治本，因为路由表中接下来还有更多的路由项会出现，它们的 path 属性都有可能会需要被添加 dist 这个父目录。如果我们将天天菜园转移到其他虚拟目录下，还需要修改这些路由项中的众多 path 属性。

基于以上原因，Angular 开发团队为路由器设计了一个基础路径，从而使路由器中接收到用户请求时删除请求 path 中的基础路径部分以获得一个相对的目标 path，并根据这个相对的目标 path 扫描路由表。

也就是说，我们只需要将天天菜园的路由器基础路径设置为/dist/，那么当我们发起目标 path 为 dist/ware-detail 的请求时，路由器就会删除其中的 dist/以获得一个值为 ware-detail 的相对目标，然后以 ware-detail 为最终的目标 path 去扫描路由表，并最终使商品细节视图被显示到路由器出口。

那么，路由器的基础路径是怎样设置的呢？相信读者已经知道答案了，那就是通过应用程序启动页面中的<base>标签的 href 特性。比如，为了将天天菜园的路由器基础路径被设置为/dist/，我们只需要在应用程序启动页面的<head>标签内添加以下<base>标签：

```
<base href="/dist/" />
```

就是这么简单，但需要注意的是，<base>标签只能被添加到<head>标签内，且被建议为出现在<head>标签内的第一行——本书第 14 章将会展示以上描述的相关实践。

8.2.6　刷新商品细节视图

前面提到，当商品细节视图被显示时，浏览器地址栏中的 URL 会被更新为 http://localhost:50424/ware-detail。这样的更新有什么意义呢？这意味着用户可以将这个 URL 保存到浏览器收藏夹中，或者分享给他/她的朋友，以使这个 URL 可以在其他时间和地点被访问。

然而事情可能没有那么简单，如果读者在另一个浏览器（标签）中直接访问这个 URL，或在当前正在使用的浏览器标签上直接刷新这个 URL，将会看到图 8-6 所示的错误。

为什么会出现这样的情况（无法获取路径/ware-detail 指向的资源）？Angular 路由器不是应该会接收到目标 path 为 ware-detail 的请求，然后呈递相应的商品细节视图吗？

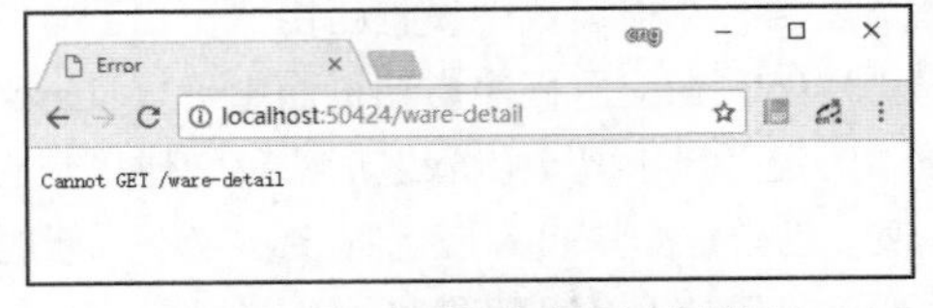

图 8-6　无法刷新的商品细节视图

不，Angular 路由器做不到这一点。因为当我们通过浏览器请求（或刷新）http://localhost:50424/ware-detail 时，这个请求被发送到了服务端，而非 Angular 路由器。

注意

有些 Angular 初学者可能会认为 Angular 至少能够监听到浏览器的刷新事件（就像它能监听到浏览器的前进和后退事件一样），但事实上浏览器本身并没有一个刷新事件，更不存在被监听到的可能。

由于服务端并没有一个路径为 ware-detail 的资源，因此 Express 返回了图 8-6 所示的响应。

那么，我们需要在服务端添加一个路径为 ware-detail 的资源吗？答案是不需要，我们只需要让 Express 在接收到路径为 ware-detail 的请求时，返回应用程序启动页面即可。

为此，我们需要修改服务端应用程序代码，使其与代码清单 8-12 一致。

代码清单 8-12　server-app.js

```
// 导入 Express 模块，并创建 Express 应用程序对象
var express = require('express');
var app = express();
```

```
    // 中间件配置：允许客户端请求服务端目录/node_modules、/src 和/images 下的静态资源
    app.use('/node_modules', express.static('node_modules'));
    app.use('/src', express.static('src'));
    app.use('/images', express.static('images'));

    // 路由配置：当客户端请求服务端的任何路径（除了以上中间件配置中列举的 node_modules、src 和 images 三个路径）
时，都返回目录 src 下的 HTML 文件 index.html
    app.get('*', function (req, res) {
        res.sendFile(__dirname + '/src/index.html');
    });

    // 启动应用程序，并监听 50424 端口上的请求
    var server = app.listen(50424, function () {
        var host = server.address().address;
        var port = server.address().port;

        console.log('当前应用程序正在监听 http://%s:%s', host, port);
    });
```

以上修改极其简单，即将路由配置中的根路径“/”换成了通配路径“*”。

注意

Express 的路由配置和 Angular 的路由配置比较相似，但 Express 的路由配置仅作用于服务端应用程序，而 Angular 的路由配置仅用于处在客户端的 Angular 应用程序。

这样一来，不管 Express 接收到什么路径指向的资源（node_modules、src 和 images 这三个路径下的资源除外）请求，都会返回目录 src 下的 HTML 文件 index.html，即应用程序启动页面文件。

那么，接下来会发生什么呢？保存以上修改并重启服务端应用程序，然后再次在浏览器中请求（或刷新）http://localhost:50424/ware-detail 这个 URL，随后我们将看到图 8-7 所示的奇迹的发生。

浏览器地址栏中的 URL 仍然是 http://localhost:50424/ware-detail，商品细节视图（及包含它的应用程序根视图）却出现在了浏览器页面中，这确实可以被称为奇迹。

这一奇迹是怎么发生的呢？首先，当我们请求 http://localhost:50424/ware-detail 时，Express 接收到路径为 ware-detail 的请求，发现这与通配路径“*”相匹配并因此而返回应用程序启动页面文件 index.html。

应用程序启动页面被加载到浏览器中之后，浏览器便会开始加载浏览器环境包、Angular 运行时（包括 Angular 路由器）和应用程序代码，然后完成应用程序的启动，并将根视图显示到应用程序启动页面中。

完成根视图的显示之后，Angular 运行时会截取浏览器地址栏中的 URL 的 path 部分（即 ware-detail），并以此为目标 path 向路由器发起请求。

接下来的一切我们都应该知道了，那就是路由器扫描路由表并命中其中 path 属性为 ware-detail 的路由项，然后创建这个路由项的 component 属性指向的商品细节组件的实例及相应的商品细节视图，并最终将商品细节视图显示到根视图中的路由器出口。

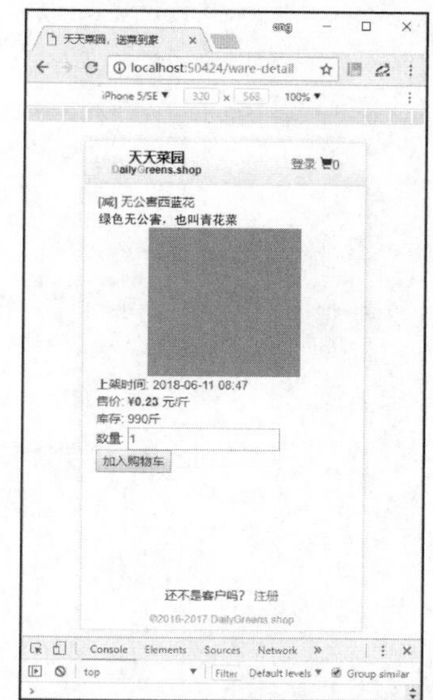

图 8-7 直接请求的商品细节视图

至此，我们便实现了商品细节视图的刷新和直接请求（商品细节视图的 URL 现在可以被用户添加到收藏夹或分享给更多人了），并明白了这一实现的过程——其中的关键是服务端的通配路由配置，以及 Angular 运行时总会在应用程序启动之后向路由器主动发送请求这一特性。

接下来，为了让这个来之不易的商品细节视图看上去稍微更配得上我们的努力，我们再花几分钟来对它进行一下美化。

说明

如果读者在工作中使用的服务端框架不是基于 Node.js 的 Express，那么需要配置相应的服务端通配路由，以使服务端在接收到像商品细节视图 URL 这样的 URL 时总是会返回应用程序启动页面。

比如，如果使用的服务端框架是 ASP.NET (Core) MVC 时，那么需要的是下面这样的配置：

```
routes.MapRoute(
    name: "default",
    template: "{*url}",
    defaults: new { controller = "Home", action = "Index" }
);
```

8.2.7　美化商品细节视图

如果读者对 Bootstrap 的使用不感兴趣，其实可以跳过本节的内容，直接开始 8.3 节的学习。如果读者确实想看看商品细节视图最终会是什么样子，可能需要花些心思来了解一下对商品细节模板和样式进行的修改。

首先，我们要修改的是商品细节模板，使其与代码清单 8-13 一致。

代码清单 8-13　src/app/views/ware-detail.html

```
<div class="row">
    <div class="col-xs-12 col-md-6 nameDescription">
        <div [ngSwitch]="ware?.promotion">
            <span *ngSwitchCase="1">[减]</span>
            <span *ngSwitchCase="2">[赠]</span>
            <span *ngSwitchCase="3">[返]</span>
            <a href="#" *ngSwitchDefault>[促销通知]</a>
            <span>{{ware?.name}}</span>
        </div>
        <div>{{ware?.description}}</div>
    </div>
    <div class="col-xs-12 col-md-6 wareImageContainer">
        <img [src]="ware?.imageUrl" />
    </div>
    <div class="col-xs-12 col-md-6 rest">
        <div class="row">
            <div class="col-xs-6 col-md-2">上架时间:</div>
            <div class="col-xs-6 col-md-10">{{ware?.addedTime | date:'yyyy-MM-dd HH:mm'}}</div>
        </div>
        <div class="row">
            <div class="col-xs-6 col-md-2">库存:</div>
            <div class="col-xs-6 col-md-10">
                <span *ngIf="ware?.stock == 0; else onSale">已售罄</span>
                <ng-template #onSale>
                    <span *ngIf="ware?.stock < 10; else sellingOut" class="sellingOut">仅剩
{{ware?.stock}}斤</span>
                    <ng-template #sellingOut>
                        <span>{{ware?.stock}}斤</span>
                    </ng-template>
                </ng-template>
            </div>
        </div>
        <div class="row">
            <div class="col-xs-6 col-md-2">价格:</div>
            <div class="col-xs-6 col-md-10"  [class.cheap]="ware?.price < 1">{{ware?.price
 | currency:'CNY':'symbol-narrow' }}</div>
        </div>
        <div class="row">
            <div class="col-xs-6 col-md-2"></div>
            <div class="col-xs-6 col-md-10">
                <a href="#">免费配送</a>
            </div>
        </div>
    </div>
    <div class="col-xs-12 col-md-6 tip">
        <div class="row">
```

```
            <div class="col-xs-12">
                <span>10:00</span>之前下单，
                <span>11:00</span>之前送达</div>
            <div class="col-xs-12">
                <span>15:00</span>之前下单，
                <span>16:00</span>之前送达</div>
            <div class="col-xs-12">或
                <span>今天</span>下单，
                <span>明天</span>送达</div>
        </div>
    </div>
    <div class="col-xs-12 col-md-6 addToCart">
        <div class="row">
            <div class="col-xs-12 col-md-3">
                数量：
                <input type="number" class="form-control" name="wareCount" [value]="wareCount" />
            </div>
            <div class="col-xs-12 col-md-9">
                <button type="button" class="btn">加入购物车</button>
            </div>
        </div>
    </div>
</div>
```

以上修改涉及一些新增的<div>标签以及一些不断重复出现的 CSS 类，但未涉及任何新的绑定和指令。新增这些<div>标签的目的是为视图提供一个合理的布局，而使用这些 CSS 类自然是为了对视图进行美化。

这些 CSS 类中的大部分（比如 row、col-xs-2 和 col-md-6 等）都是来自 Bootstrap，有一些则还需要我们自己定义。为了完成它们的定义，接下来我们还需要对商品细节样式文件做些修改，使其内容与代码清单 8-14 一致。

代码清单 8-14　src/app/views/ware-detail.css

```
/*商品名称和描述*/
.nameDescription {
    float: right;
}

    .nameDescription > div {
        margin-bottom: 5px;
    }

        .nameDescription > div > *:first-child {
            font-size: 12px;
        }

        .nameDescription > div > span:last-child {
            font-size: 15px;
            font-weight: bold;
        }

@media(max-width:992px) {
    .nameDescription {
        margin-bottom: 15px;
    }
}

/*商品图片容器*/
.wareImageContainer {
    text-align: center;
    float: left;
}

    /*商品图片*/
    .wareImageContainer img {
        width: 65%;
    }
```

```
/*其他属性等*/
.rest {
    margin-top: 15px;
    float: right;
}

    .rest > .row {
        margin-top: 5px;
    }

        .rest > .row:last-child > div {
            margin-bottom: 10px;
        }

@media(max-width:992px) {
    .rest > div.row > div.col-xs-6:first-of-type {
        text-align: right;
    }
}

/*下单配送时间*/
.tip {
    margin-top: 15px;
    float: right;
}

    .tip > .row {
        border: 1px solid #CCC;
        border-radius: 5px;
        padding: 15px;
        width: 60%;
    }

    .tip span {
        color: #008a00;
    }

@media(max-width:992px) {
    .tip > .row {
        margin: 0;
        width: auto;
    }
}

/*添加到购物车*/
.addToCart {
    margin-top: 15px;
}

    .addToCart .row > div:first-child {
        margin-top: 10px;
    }

    .addToCart .btn {
        background: #f0c14b;
        background: linear-gradient(to bottom,#f7dfa5,#f0c14b);
        border-color: #f7dfa5;
        color: black;
        font-size: 16px;
        height: 40px;
        width: 120px;
    }

@media(max-width:992px) {
    .addToCart .row > div:last-child {
        margin-top: 10px;
    }
```

```
        .addToCart .btn {
            width: 100%;
            height: 50px;
        }
    }

    /*输入框*/
    .form-control {
        height: 30px;
        width: 80px;
        display: inline;
    }

    /*低价价格样式*/
    .cheap {
        color: #B12704;
        font-size: 14px;
        font-weight: bold;
    }

    /*畅销商品库存样式*/
    .sellingOut{
        color: #B12704;
        font-weight:bold;
    }

    .row {
        display: block;
        flex-wrap: unset;
    }

        .row > [class*='col-'] {
            display: block;
            flex-direction: unset;
        }
```

上述代码有点长，其大体任务是调整了商品名称、图片和其他属性所在<div>标签的浮动，以及整个视图在不同尺寸的设备上的显示效果。

经过这番修改之后，商品细节视图真的会被美化，还是被整得不成样子呢？保存所有代码的编辑并刷新浏览器，我们将看到图 8-8 所示的结果。

如果我们关闭浏览器调试工具的话，那么此刻商品细节视图的显示效果将与图 8-9 所示的一致。

图 8-8 移动版的商品细节视图（全图）

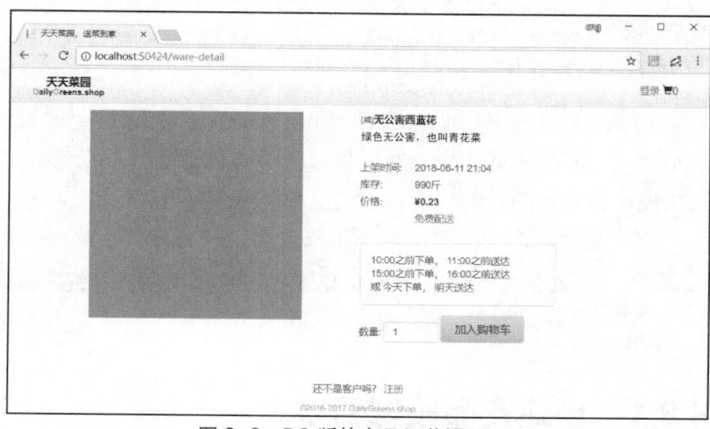

图 8-9 PC 版的商品细节视图

哇！确实稍微好看了一些，或许读者都已经忍不住要向用户展示更多视图了。

但在这么做之前，我们要考虑一个问题，那就是更多的视图必定将致应用程序的视图目录 src/app/views、组件目录 src/app/components 和领域模型目录 src/app/models 变得膨胀，从而使整个应用程序的开发和维护变得困难。

那么，有什么办法可以解决这个问题呢？答案是继续分而治之。

8.3　领域模块：划分领域

在前面两节，我们完成了一项创举，即在服务、组件、模板和路由器的帮助下向用户展示了天天菜园的商品细节视图，从而将天天菜园打造成了一个拥有本地应用程序用户体验的单页面应用程序。

这样的成功给了我们一个经验，那就是我们在需要展示更多视图时，只需要创建更多相应的服务、组件和模板，然后向路由表中添加更多的路由项，接下来的一切 Angular 运行时和路由器都会帮助我们完成。

这一经验很重要，并且我们会在今后的学习和开发中一直沿用它。但在将这一经验付诸行动之前，我们还需要先考虑一个问题。比如，在第 9 章中，我们将展示天天菜园的客户注册和登录视图，而在第 10 章中，我们还将展示天天菜园的购物车视图，那时我们肯定会创建更多相应的服务、组件和模板，并将它们封装的应用程序根模块中。这就是问题所在，大量的服务、组件和模板一定会使根模块膨胀到难以管理和维护的程度，因此将它们都封装到根模块中不是一个很好的选择——尽管这样的选择是合法的。

那么我们有什么办法可以阻止根模块的膨胀呢？答案是使用**领域模块**（Domain Feature Module，直译应为“领域特性模块”，但个人认为“领域模块”更加简洁好记）。

领域模块是什么？它和应用程序根模块有什么不同？简单来说，Angular 应用程序中的模块按照其承担的职责被分为两种：一种是应用程序中有且只有一个的根模块，它负责应用程序的启动；另一种是可以有任意多个的**特性模块**（Feature Module），它们负责应用程序中各种特性（功能）的封装。

由于应用程序中的特性也会有所不同，因此特性模块又被分为以下五种：

（1）**领域模块**，负责对应用程序中涉及的业务领域进行划分，以使一个业务领域对应一个领域模块，并将这个业务领域内的服务、组件和模板封装到其对应的领域模块中；

（2）**路由加载模块**（Routed Feature Module），仍然是领域模块，但不会在应用程序启动时被加载到浏览器中，而是在需要的时候由路由器惰性加载到浏览器中；

（3）**路由配置模块**（Routing Module），负责根模块及各个领域模块内的路由项的配置的模块；

（4）**服务模块**（Service Feature Module），负责封装根模块和各领域模块共享的服务的模块；

（5）**部件模块**（Widget Feature Module），负责封装根模块和各领域模块共享的组件、指令和管道的模块。

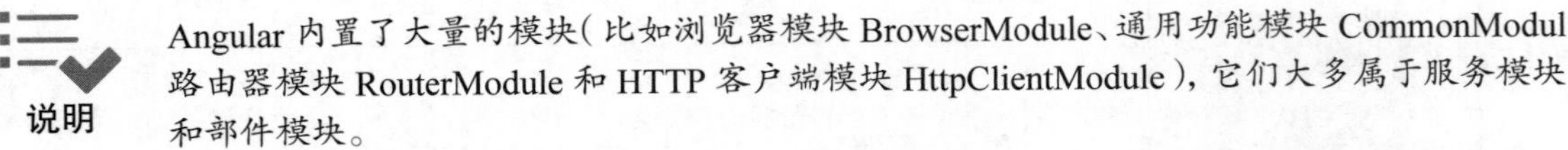
说明

Angular 内置了大量的模块（比如浏览器模块 BrowserModule、通用功能模块 CommonModul 路由器模块 RouterModule 和 HTTP 客户端模块 HttpClientModule），它们大多属于服务模块和部件模块。

在 8.4 节及本书后面的章节中我们将陆续了解其他四种特性模块的使用，而现在我们的任务是创建一个独立的商品领域模块，然后将根模块中属于商品业务领域的内容封装到商品领域模块中，从而达到阻止根模块膨胀的目的。

但在创建这么一个商品领域模块之前，我们需要先做一些准备和调整工作。

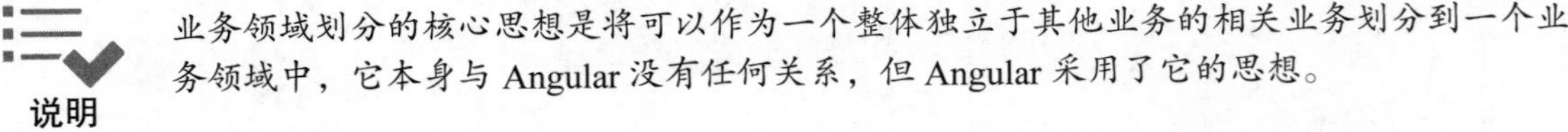
说明

业务领域划分的核心思想是将可以作为一个整体独立于其他业务的相关业务划分到一个业务领域中，它本身与 Angular 没有任何关系，但 Angular 采用了它的思想。

8.3.1　创建商品领域目录

为了更好地组织代码，通常我们会为每一个领域模块创建一个对应的领域目录。因此，在创建商品领域模块之前，我们需要在项目源代码目录 src 下新建一个商品领域目录 wares。

由于每一个领域内都会有自己的领域模型、组件和视图，我们还应该在商品领域目录下新建相应的子目录 models、components 和 views。

执行完所有以上操作之后，项目当前的文件结构将与图 8-10 所示的一致。

看到图 8-10 中的商品领域目录结构，相信读者已经预测到了我们接下来要做的工作，即将项目目录 src/app 下的属于商品业务领域的代码文件转移到商品领域目录下相应的位置。

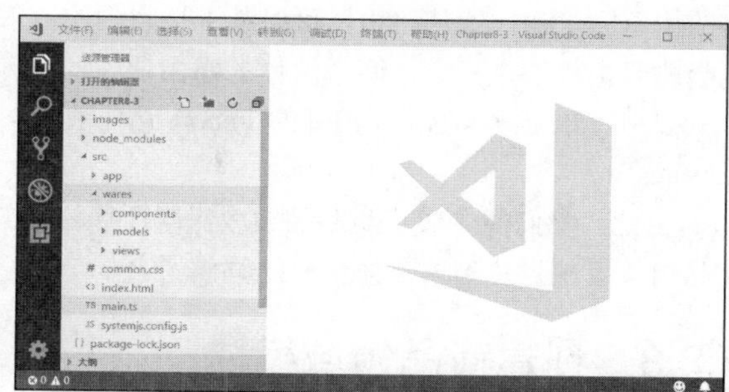

图 8-10 商品领域目录 src/wares 在项目中的位置

8.3.2 转移商品领域代码

首先，我们要转移的是领域模型代码，为此需要将目录 src/app/models 下的 ware.ts 和 ware.service.ts 转移到目录 src/wares/app/modules 之下。

其次，我们要转移的是组件代码，为此需要将目录 src/app/components 下的 ware-list.component.ts 和 ware-detail.component.ts 转移到目录 src/wares/components 之下。

最后，我们要转移的是视图相关代码，为此需要将目录 src/app/views 下的 ware-list.html、ware-list.css、ware-detail.html 和 ware-detail.css 转移到目录 src/wares/views 之下。

执行完以上所有操作之后，商品领域目录的结构将与图 8-11 所示的一致。

至此，我们便完成了所有代码的转移。由于这些转移的目的之一是取消根模块对商品列表组件和商品细节组件的封装，我们还需要修改根模块的定义代码，使其与代码清单 8-15 一致。

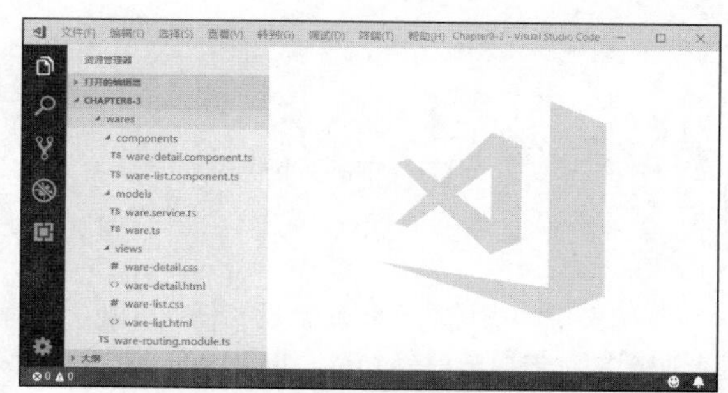

图 8-11 转移到商品领域目录下的商品领域相关代码文件

代码清单 8-15 src/app/app.module.ts

```
    import { NgModule } from '@angular/core';
    import { BrowserModule } from '@angular/platform-browser';
    import { AppComponent } from './components/app.component';
    import { WareListComponent } from '../wares/components/ware-list.component'; // 此处更新了模块路径
    import { WareDetailComponent } from '../wares/components/ware-detail.component'; // 此处更新
// 了模块路径
    import { Routes, RouterModule } from '@angular/router';

    let routes: Routes = [{
        path: '', component: WareListComponent /*默认路由项*/
    }, {
        path: 'ware-detail', component: WareDetailComponent /*商品细节路由项*/
    }, {
        path: '**', redirectTo: '' /*通配路由项*/
    }]

    @NgModule({
        imports: [BrowserModule, RouterModule.forRoot(routes)],
        declarations: [AppComponent/*此处删除了商品列表组件和商品细节组件*/],
        bootstrap: [AppComponent]
    })
    export class AppModule {
    }
```

我们删除了根模块 AppModule 的 declarations 中的 WareListComponent 和 WareDetailComponent，从

而使根模块不再封装这两个组件。但我们没有删除路由表中的这两个组件，因为它们仍然需要被用来支持路由器的工作，即使路由器可以基于接收到的请求的目标 path 创建它们的实例——在 8.4 节中，我们也会删除根模块中指向这两个组件的路由项。

此外，以上导入这两个组件的 import 语句被 VS Code 自动更新了，即目标路径中的“./”被更新成了“../wares”。

至此，我们便完成了与商品领域代码迁移相关的所有工作。接下来，便是创建商品领域模块，并将商品相关组件封装到这个模块中的时候了。

8.3.3　创建商品领域模块

商品领域模块的创建很简单，我们只需要在商品领域目录 src/wares 下新建一个名为 ware.module.ts 的 TypeScript 文件，然后将代码清单 8-16 复制到其中。

代码清单 8-16　src/wares/ware.module.ts

```
    import { NgModule } from '@angular/core'; // 导入模块装饰器 NgModule
    import { WareListComponent } from './components/ware-list.component';      // 导入商品列表
// 组件 WareListComponent
    import { WareDetailComponent } from './components/ware-detail.component'; // 导入商品细节
// 组件 WareDetailComponent

    /**
     * 定义商品领域模块
     */
    @NgModule({
        declarations: [WareListComponent, WareDetailComponent] // 声明组件 WareListComponent 和
// WareDetailComponent 为商品领域模块内的组件
    })
    export class WareModule {
    }
```

领域模块和根模块在本质上没有任何区别，即都是被模块装饰器 NgModule 装饰的 TypeScript 类。因此聪明的读者应该已经知道，以上 WareModule 就是我们要创建的商品领域模块。

和根模块的另一个相同之处是，我们也给 WareModule 的模块装饰器 NgModule 添加了定义列表属性 declarations，并将商品列表组件 WareListComponent 和商品细节组件 WareDetailComponent 添加到了其中，从而使这两个组件被封装到 WareModule 中。

说明

由于模板和样式是从属于组件的，一旦以上两个组件被封装到了商品领域模块中，那么相应的模板和样式也认为被封装到了商品领域模块中。

但读者肯定会疑惑，商品服务 WareService 为什么不需要被封装到商品领域模块中，而只是其定义代码被转移到商品领域目录下？

请不要着急，我们在 8.5 节就将介绍如何将商品服务“封装”到商品业务领域模块中。

也就是说，经过以上努力之后，我们已经实现了本节的目标：创建一个独立的商品领域模块，将商品业务领域相关的内容封装到其中，以阻止应用程序根模块的膨胀。

那么，这些商品领域相关的内容离开根模块之后，对应用程序的运行会不会有什么影响呢？让我们保存所有代码的编辑并刷新浏览器，随后我们将看到 Angular 运行时抛出的以下错误：

```
    Component WareListComponent is not part of any NgModule or the module has not been imported
into your module.（组件 WareListComponent 不是任何 Angular 模块的一部分，或者它所在的模块未被导入当前模块中。）
```

显然，商品列表组件 WareListComponent 不可能不是任何 Angular 模块的一部分，因为我们已经通过模块装饰器 NgModule 的定义列表属性 declarations 将它封装到商品领域模块中。因此我们可以推断，以上错误出现的原因就是商品列表组件所在的模块（即商品领域模块 WareModule）未被导入当前模块中了。

那么，这个当前模块指的是哪个模块呢？答案是应用程序根模块 AppModule，因为商品列表组件对应的视图需要被呈递到根模块内的根视图中。

也就是说，以上错误是封装商品列表组件的商品领域模块 WareModule 为被导入应用程序根模块 AppModule 中导致的。而为了解决这个问题，我们只需要将 WareModule 导入 AppModule 中即可。

8.3.4 导入商品领域模块到根模块

在第 5 章中，我们已经知道，Angular 模块拥有类似于 TypeScript 模块的导出和导入的功能，并且我们已经在应用程序根模块 AppModule 中导入过了两个内置的 Angular 模块，即浏览器模块 BrowserModule 和路由器模块 RouterModule。

接下来，我们将通过同样的方式将商品领域模块 WareModule 导入根模块中。为此，我们需要修改根模块的定义代码，使其与代码清单 8-17 一致。

代码清单 8-17 src/app/app.module.ts

```
// ...省略的 import
import { WareModule } from '../wares/ware.module'; // 导入商品领域模块

let routes: Routes = [/*省略的路由项*/]

@NgModule({
    imports: [BrowserModule, RouterModule.forRoot(routes), WareModule/*导入商品领域模块*/],
    declarations: [AppComponent/*此处删除了商品列表组件和商品细节组件*/],
    bootstrap: [AppComponent]
})
export class AppModule {
}
```

我们对根模块做了两处修改，即通过 TypeScript 的 import 语句导入了商品领域模块 WareModule 的定义，然后将其添加到了根模块的 imports 列表中。

这样一来，商品领域模块成了根模块的子模块。当路由器发现从根模块中查找商品列表组件失败时，它便会继续从作为子模块的商品领域模块中查找商品列表组件，并最终因为查找成功而将商品列表视图显示到路由器出口处。

注意

仅仅是通过 TypeScript 的 import 语句导入商品领域模块类是不够的，我们还必须将这个类添加到根模块的导入列表 imports 中。

也就是说，如果我们现在保存根模块的编辑并刷新浏览器，以上内容为“Component WareListComponent is not part of ...”的错误将从浏览器调试工具控制台消失。

但即便真的这样做，我们也还看不到熟悉的商品列表试图，而是会看到 Angular 编译器抛出的另一个错误：

```
    Template parse errors: Can't bind to 'ngSwitch' since it isn't a known property of 'div'.
(模板解析错误：无法绑定到"ngSwitch"，因为它不是"div"元素的属性。)
```

这是 Angular 即时编译器在解析商品列表模板时抛出的错误，而它抛出这个错误的原因则是因为商品列表模板中包含以下代码：

```
<div [ngSwitch]="ware.promotion">...</div>
```

以上代码会使 Angular 即时编译器将 ngSwitch 当作 DIV 元素的属性，但我们都知道 ngSwitch 是 NgSwitch 指令的输入属性。

那么为什么 Angular 即时编译器会不知道这一点呢？因为我们还没有将封装 NgSwitch 指令的通用模块 CommonModule 导入商品领域模块中，商品领域模块内的所有模板都还不能使用 NgSwitch、NgIf 和 DatePipe 等指令和管道。

8.3.5 导入 Angular 模块到商品领域模块

我们已经知道 Angular 模块和 TypeScript 模块存在很多相似之处，而其体现之一就是当一个模块需要使用另一个模块（导出）的组件、指令和管道时，这个模块需要导入导出那些组件、指令和管道的模块。

对商品领域模块来说，它封装的商品列表模板和商品细节模板使用了 Angular 内置的通用模块 CommonModule 导出的 NgSwitch、NgIf 和 DatePipe 等指令和管道，以及 Angular 内置的路由器模块 RouterModule 导出的路由器链接指令 RouterLink。因此，在商品领域模块能够正常工作之前，我们必须将 Angular 内置的通用模块和路由器模块导入商品领域模块中。

为了实现这样的导入，我们需要对商品领域模块的定义代码做些修改，使其与代码清单 8-18 一致。

代码清单 8-18　src/wares/ware.module.ts

```
import { NgModule } from '@angular/core';
import { WareListComponent } from './components/ware-list.component';
import { WareDetailComponent } from './components/ware-detail.component';
import { CommonModule } from '@angular/common'; // 导入通用模块 CommonModule
import { RouterModule } from '@angular/router'; // 导入路由器模块 RouterModule

/**
 * 定义商品领域模块
 */
@NgModule({
    imports: [CommonModule, RouterModule], // 导入模块 CommonModule 和 RouterModule 到商品领域模块
    declarations: [WareListComponent, WareDetailComponent]
})
export class WareModule {
}
```

按照要求，我们先通过 TypeScript 的 import 语句分别从 Angular 通用功能包@angular/common 和路由器包@angular/router 中导入通用模块 CommonModule 和路由器模块 RouterModule，然后将它们添加到商品领域模块的 imports 属性中。

这样一来，Angular 编译器在发现 ngSwitch、routerLink 以及 ngIf 等内容不是 HTML 元素的属性时，就会查看它们是不是通用模块和路由器模块导出的指令的选择器或别名，然后实例化相应的指令实例，并最终完成商品列表模板的解析。

说明

以前根模块内的商品列表模板之所以可以使用 ngSwitch 和 routerLink 等指令，是因为根模块导入了浏览器模块 BrowserModule 和路由器模块 RouterModule 的 forChild()方法的返回值，而这会使根模块间接地导入通用模块 CommonModule 和路由器模块 RouterModule。

现在，我们可以保存以上代码的编辑并刷新浏览器，然后将看到熟悉的商品列表视图。如果我们单击其中的任何一个商品名称链接，也将看到通过路由器被显示到路由出口的商品细节视图。

至此，我们便完成了商品领域模块的创建。接下来，当需要扩展商品领域内的业务时，我们只需要对这个模块进行扩展，从而避免对应用程序根模块产生任何影响。当需要向天天菜园中添加更多业务领域（比如接下来的客户业务领域和购物车业务领域）时，我们则只需要创建更多的领域模块，从而使应用程序中的各个领域模块都不会相互造成影响。

但在考虑业务扩展之前，我们还有一些更重要的问题要解决。比如，指向商品列表组件和商品细节组件的路由项仍被保留在根模块的定义代码中，按这情形来看，当更多的组件被添加到商品领域中时，指向这些组件的路由项也将被添加到根模块的路由表中，而这也将导致根模块的膨胀。

好在，我们不需要一直将这两个路由项保留在根模块的路由表中，因为路由配置模块可以帮助我们解决这个问题。

8.4　路由配置模块：配置领域路由

在 8.3 节，我们将商品业务领域内的服务、组件和模板等内容从根模块转移到了商品领域模块，唯独将相关的路由项留在了根模块中。

但其实将属于商品业务领域的路由项从根模块中转移到商品领域模块中并非一件难事，我们只需要做以下两件事。

第一件事，删除根模块定义代码中的路由表变量 routes 中指向商品列表组件和商品细节组件的路由项，使根模块定义代码与代码清单 8-19 一致。

代码清单 8-19 src/app/app.module.ts

```
import { NgModule } from '@angular/core';
import { BrowserModule } from '@angular/platform-browser';
import { AppComponent } from './components/app.component';
/*此处删除了对 WareListComponent 和 WareDetailComponent 的导入*/
import { Routes, RouterModule } from '@angular/router';
import { WareModule } from '../wares/ware.module';

// 定义路由表
let routes: Routes = [/*此处删除了指向商品相关组件的路由项*/{
    path: '**', redirectTo: '' /*通配路由项*/
}]

@NgModule({
    imports: [BrowserModule, RouterModule.forRoot(routes), WareModule],
    declarations: [AppComponent],
    bootstrap: [AppComponent]
})
export class AppModule {
}
```

按照要求，我们删除了路由表变量 routes 中的前两个路由项，同时，还删除了导入 WareListComponent 和 WareDetail Component 的 import 语句——这两个类在当前文件中不再需要了。

显然，经过以上修改之后，路由器在接收到请求时将无法找到任何组件，并因此使根视图的中部被显示为一片空白，如图 8-12 所示。

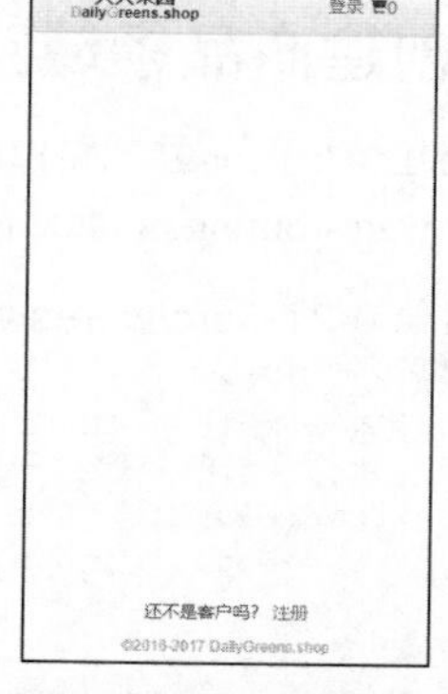

图 8-12 空白的根视图

为了使路由器能够找到相应的组件，我们还需要完成另一件事，即修改商品领域模块的定义代码，使其与代码清单 8-20 一致。

代码清单 8-20 src/wares/ware.module.ts

```
// ...省略的 import
import { RouterModule, Routes } from '@angular/router'; // 导入路由表类型 Routes

// 定义路由表
let routes: Routes = [{
    path: '', component: WareListComponent /*默认路由项*/
}, {
    path: 'ware-detail', component: WareDetailComponent /*商品细节路由项*/
}]

/**
 * 定义商品领域模块
 */
@NgModule({
    imports: [CommonModule, RouterModule.forChild(routes)], // 注册路由项
    declarations: [WareListComponent, WareDetailComponent]
})
export class WareModule {
}
```

以上修改包含三部分内容：导入了路由表类型 Routes；定义了包含指向商品列表组件和商品细节组件的路由表变量 routes；以路由表变量 routes 为参数调用了路由器模块的 forChild()方法，并将这个方法

的返回值添加到了商品领域模块的 imports 属性中。

之前我们已经使用过路由器模块的 forRoot()方法，而这个 forChild()方法的作用和 forRoot()方法的作用是一样的，即将路由表变量 routes 中的两个路由项注册到路由器的路由表中，并同时使商品领域模块获得路由器模块 RouterModule 的导入。

注意

以上路由器模块 RouterModule 的 forChild()方法可以被换成 forRoot()，但在领域模块（及随后要创建的领域模块内的路由配置模块）中调用路由器模块的 forChild()方法，而在应用程序根模块（及随后要创建应用程序根路由配置模块）中调用路由器模块的 forRoot()方法是 Angular 的惯例。

请不要尝试打破这个惯例，因为在 9.2 节中，我们将遇到领域模块内的路由配置模块必须调用路由器模块的 forChild()的情况。

经过以上修改之后，当 Angular 运行时将商品领域模块导入应用程序根模块中时，指向两个商品相关组件的路由项将回到路由器的路由表中。随后当路由器接收到目标 path 为空字符串或 ware-detail 的请求时，路由器仍然会将相应的商品列表视图或商品细节视图显示到根视图中的路由器出口。

因此，如果我们保存以上所有代码的编辑并刷新浏览器，随后我们仍将看到熟悉的商品细节视图；如果继续单击其中的商品名称链接，我们也仍将看到熟悉的商品细节视图。

尽管如此，我们的工作还是没有结束。因为商品领域模块的职责是封装商品领域内的服务、组件和模板等组成部分，（大量的）路由项配置也会导致商品领域模块的膨胀。为了阻止这样的膨胀发生，我们需要创建一个专门用于配置商品领域内的路由项的模块，即商品领域路由配置模块。

8.4.1　创建商品领域路由配置模块

为了创建一个商品领域路由配置模块（Routing Module），我们需要在商品领域目录 src/wares 下新建一个名为 ware-routing.module.ts 的 TypeScript 文件，然后将代码清单 8-21 复制到其中。

代码清单 8-21　src/wares/ware-routing.module.ts

```
// 必要的定义导入
import { NgModule } from "@angular/core";
import { Routes, RouterModule } from "@angular/router";
import { WareListComponent } from "./components/ware-list.component";
import { WareDetailComponent } from "./components/ware-detail.component";

// 定义路由表
let routes: Routes = [{
    path: '', component: WareListComponent /*默认路由项*/
}, {
    path: 'ware-detail', component: WareDetailComponent /*商品细节路由项*/
}]

/**
 * 商品领域路由配置模块
 */
@NgModule({
    imports: [RouterModule.forChild(routes)], // 注册路由表变量 routes 中的路由项，并导入路由器模块
// RouterModule
    exports: [RouterModule] // 导出路由器模块，从而使导入当前模块的模块间接导入路由器模块 RouterModule
})
export class WareRoutingModule {
}
```

以上代码将商品路由配置模块定义为 WareRoutingModule，其中的内容几乎是前面的商品领域模块的复制。

说明

将路由配置模块的定义文件命名为“业务名-routing.module.ts”，是 Angular 官方示例的惯例。

但作为一个路由配置组件，WareRoutingModule 仅保留了商品领域内的路由项配置，去除了封装商品列表组件和商品细节组件的 declarations 列表。

此外，我们还给商品路由配置模块添加了一个 exports 属性，并将路由器模块 RouterModule 添加到了这个属性中。

Angular 模块的 exports 属性和 TypeScript 模块中的 export 语句的作用类似，即导出当前模块导入过的模块，从而使导入了当前模块的其他模块间接地导入当前模块所导出的模块。

具体来说，以上代码中 exports 属性的作用，就是使导入了商品路由配置模块的模块间接地导入（商品路由配置模块通过 RouterModule.forChild()方法导入的）路由器模块 RouterModule。

那么，哪个模块需要导入商品领域路由器配置模块 WareRoutingModule 呢？相信聪明的读者已经猜到了答案，即商品领域模块 WareModule。

8.4.2 导入商品领域路由配置模块到商品领域模块

为了导入商品领域路由配置模块，我们需要修改商品领域模块的定义代码，使其与代码清单 8-22 一致。

代码清单 8-22 src/wares/ware.module.ts

```
import { NgModule } from '@angular/core';
import { WareListComponent } from './components/ware-list.component';
import { WareDetailComponent } from './components/ware-detail.component';
import { CommonModule } from '@angular/common';
import { WareRoutingModule } from './ware-routing.module'; // 导入商品领域路由配置模块

/**
 * 定义商品领域模块
 */
@NgModule({
    imports: [CommonModule, WareRoutingModule/*导入商品领域路由配置模块*/],
    declarations: [WareListComponent, WareDetailComponent]
})
export class WareModule {
}
```

按照要求，我们首先通过 TypeScript 的 import 语句导入了商品领域路由配置模块 WareRoutingModule 的定义，然后将其添加到了商品领域模块的 imports 属性中。

以上修改将带来以下影响：

（1）商品领域模块导入商品领域路由配置模块；

（2）商品领域路由配置模块中的代码被执行，其中的 RouterModule.forChild(routes)将路由项注册到路由器的路由表中；

（3）商品领域路由配置模块导入 RouterModule.forChild(routes)返回的路由器模块 RouterModule；

（4）商品领域路由配置模块导出其导入的路由器模块 RouterModule；

（5）商品领域模块因此间接地导入路由器模块 RouterModule。

而这些影响带来的最终效果是：

（1）路由器模块 RouterModule 被导入商品领域模块中，从而使商品领域模块（中的模板）可以使用路由器链接指令 RouterLink；

（2）商品领域路由配置模块中的路由项被注册到路由器的路由表中，从而使路由器可以处理目标 path 为空字符串或 ware-detail 的请求。

基于以上效果的存在，如果我们保存以上代码的编辑并刷新浏览器，随后仍将看到熟悉的商品细节视图。如果我们继续单击商品列表视图中的商品名称链接，也会看到熟悉的商品细节视图被显示到根视图中。

至此，我们便算是成功地通过路由配置模块阻止了商品领域内的路由项配置给商品领域模块带来的膨胀。基于这一成功的经验，我们似乎可以得到这样一个启示，即应用程序根模块中的路由项配置是否也会给根模块带来膨胀的风险呢？

答案是会的，因此我们还可以创建一个应用程序根路由配置模块。

8.4.3 创建应用程序根路由配置模块

为了创建一个应用程序根路由配置模块，我们需要在应用程序目录 src/app 下新建一个名为 app-routing.module.ts 的 TypeScript 文件，然后将代码清单 8-23 复制到其中。

代码清单 8-23 src/app/app-routing.module.ts

```
// 导入必要的定义
import { NgModule } from "@angular/core";
import { Routes, RouterModule } from "@angular/router";

// 定义路由表
let routes: Routes = [{
    path: '**', redirectTo: '' /*通配路由项*/
}]

/**
 * 应用程序根路由配置模块
 */
@NgModule({
    imports: [RouterModule.forRoot(routes)], // 注册路由项，并导入路由器模块
    exports: [RouterModule] // 导出路由器模块
})
export class AppRoutingModule {
}
```

以上代码将应用程序根路由配置模块定义为 AppRoutingModule，然后将应用程序根模块中与路由项注册相关的代码复制到了其中，并像商品领域路由配置模块那样导出了路由器模块 RouterModule——根模块需要使用路由器模块中的路由器出口指令 RouterOutlet。

接下来，为了使以上代码中的路由项配置能够起作用，我们还需要将应用程序根路由配置模块导入到应用程序根模块中。

注意

应用程序根模块或应用程序根路由配置模块必须通过路由器模块的 forRoot()（而非 forChild()）方法来注册路由项，因为这个方法会创建一个应用程序启动事件监听器，以在应用程序启动时加载浏览器地址栏中的 URL 的 path 部分指向的组件。

8.4.4 导入应用程序根路由配置模块到应用程序根模块

为了将应用程序根路由配置模块导入应用程序根模块中，我们需要将应用程序根模块的定义代码修改至与代码清单 8-24 一致。

代码清单 8-24 src/app/app.module.ts

```
import { NgModule } from '@angular/core';
import { BrowserModule } from '@angular/platform-browser';
import { AppComponent } from './components/app.component';
/*此处删除了对 WareListComponent 和 WareDetailComponent 的导入*/
/*此处删除了对路由表 Routes 和路由模块 RouterModule 的导入*/
import { WareModule } from '../wares/ware.module';        // 导入商品领域模块
import { AppRoutingModule } from './app-routing.module'; // 导入应用程序根路由配置模块

@NgModule({
    imports: [BrowserModule, /*此处删除了路由器模块的导入*/ WareModule, AppRoutingModule/*导入应用程序根路由配置模块*/],
    declarations: [AppComponent],
    bootstrap: [AppComponent]
})
export class AppModule {
}
```

注意

以上 imports 列表中的 AppRoutingModule 必须出现在 WareModule 之后，否则 WareModule 导入的 WareRoutingModule 中注册的路由项不会起作用。

随后我们还会创建更多领域模块，而这些领域模块也必须出现在以上 AppRoutingModule 之前，因此总是将 AppRoutingModule 写在 AppModule 的 imports 列表的末尾是一个好的习惯。

以上修改中，最主要的工作是通过 import 语句导入了应用程序根路由配置模块 AppRoutingModule，并将其添加到了应用程序根模块 AppModule 的 import 列表中。

此外，我们还删除了导入路由表类型 Routes 和路由器模块 RouterModule 的 import 语句，并从 AppModule 的 imports 列表中删除了路由器模块 RouterModule——AppModule 会因为导入了 AppRoutingModule 而间接地获得 RouterModule 的导入。

根据本节的 8.4.2 节、8.4.3 节的经验，相信读者已经知道以上修改最终会使 AppRoutingModule 中的代码 RouterModule.forRoot(routes)被执行，从而将 path 属性为“**”的通配路由项注册到路由器的路由表中。

因此，如果我们保存以上所有代码的修改，然后在浏览器中访问天天菜园的一个非法的 URL（比如 http://localhost:50424/haha），仍然会被 Angular 路由器重定向到天天菜园的根路径 http://localhost:50424，并因此而获得到商品列表视图。

至此，我们便熟悉地掌握了路由配置模块的使用。但同时，我们也突然间给整个应用程序带来了不少的模块，并很有可能已经被这些模块的导入和导出关系弄得一头雾水。

事实上这些关系并不复杂，因为整个应用程序中的模块组成了一棵清晰的模块树，如图 8-13 所示（其中的箭头表示导入关系）。

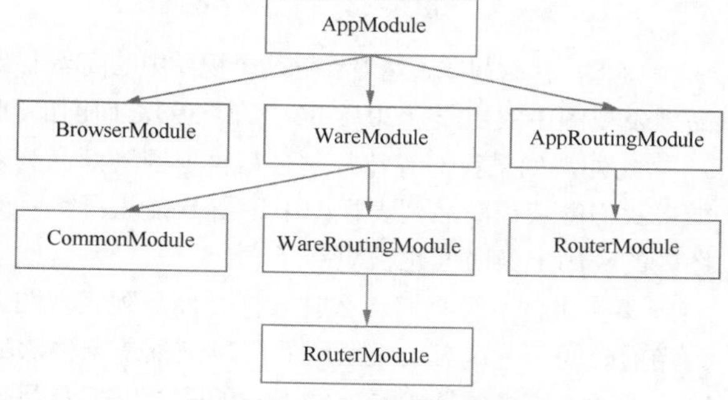

图 8-13 天天菜园中的模块树

可以看到，整个模块树中的根节点是应用程序启动时第一个被加载到浏览器中的应用程序根模块 AppModule，而随后因出现在根模块的 imports 列表中而继续被加载的 Angular 浏览器模块 BrowserModule、商品领域模块 WareModule 和应用程序根路由配置模块 AppRoutingModule 则是根模块的子模块。

同样，因出现在商品领域模块的 imports 列表中而被加载的 Angular 通用模块 CommonModule 和商品领域路由配置模块 WareRoutingModule 则是商品领域模块的子模块；而因先后出现在了应用程序根路由配置模块和商品领域路由配置模块的 imports 列表中的 Angular 路由器模块 RouterModule，则既是应用程序根路由配置模块的子模块，也是商品领域路由配置模块的子模块。

但需要注意的是，模块是单例（Singleton）的，即一个模块只有一个实例。因此，虽然以上应用程序根路由配置模块和商品领域路由配置模块都拥有 Angular 路由器模块这个子模块，但它们拥有的是路由器模块的同一个实例——这避免了内存浪费。

那么 Angular 是怎么做到这一点的呢？答案是使用**依赖注入器**。

8.5 依赖注入：管理服务

通过前面几节的努力，我们将天天菜园打造成了一个易于扩展和维护的单页面应用程序。但目前这个单页面应用程序还存在一个很严重的问题，那就是不管我们单击商品列表视图中的哪个商品名称链接，随后被显示到商品细节视图中的都是无公害西蓝花的详细信息。

其实，除了这个问题，这两个视图中还隐藏着另一个不容易被发现的问题。为了说明这个问题的存在，让我们再次访问商品列表视图，随后我们会见到如图 8-14 所示的画面。

图 8-14 所示的是我们熟悉的商品列表视图，目前来说它没有任何问题，但如果我们稍微等待片刻（大概需要一分钟）之后再单击其中的商品名称链接，随后我们会在图 8-15 所示的商品细节视图中找到问题

（当然不是被显示的总是无公害西蓝花这个问题）所在。

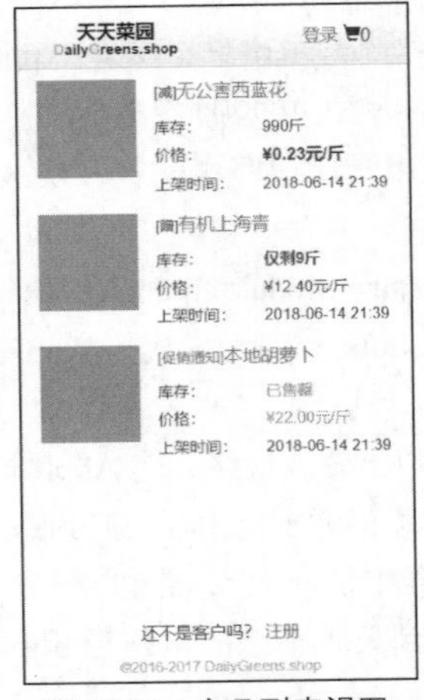

图 8-14 商品列表视图

图 8-15 商品细节视图

好像没什么问题？请看看这两个视图中的商品上架时间，读者会惊奇地发现它们竟然有些不一样——商品列表视图中的更早（2018-06-14 21:39），而商品细节视图中的更晚（2018-06-14 21:59）。

此外，如果我们等待片刻之后再退回到商品列表视图，就会发现其中的商品上架时间又被更新了。如果我们继续在商品列表视图中逗留一会儿，然后再次单击其中的商品名称链接，就会发现商品细节视图中的商品上架时间也被更新了。

事实上，不管我们什么时候打开商品列表视图或商品细节视图，其中的商品上架时间总是会被显示为当前时间——这对天天菜园的用户来说是一种欺骗。

那么，这样的欺骗是怎样造成的呢？以下商品列表组件和商品细节组件的代码（片段）给出了答案：

```
// 商品列表组件
export class WareListComponent implements OnInit {
    private wareService: WareService;           // 商品服务
    constructor() {
        this.wareService = new WareService(); // 构造商品服务实例
    }
}
// 商品细节组件
export class WareDetailComponent implements OnInit {
    private wareService: WareService;           // 商品服务
    constructor() {
        this.wareService = new WareService(); // 创建商品服务
    }
}
```

当我们在商品列表视图和商品细节视图之间来回地切换时，Angular 路由器会在背后不停地创建新的商品列表组件和商品细节组件（的实例）。从以上代码中我们可以发现，每一个新的商品列表组件和商品细节组件都会通过其构造函数构造一个新的商品服务，并最终因此而获得不同的商品对象。

也就是说，如果要让商品细节视图和商品列表视图上的商品上架时间一致，我们必须要让商品细节组件和商品列表组件获得同一个商品服务，从而让它们可以通过同一个商品服务获得相同的商品对象。

那么，怎样才能让它们引用同一个商品服务呢？我们可以使用静态类或静态属性，但使用 Angular 提供的依赖注入器可能会更加方便。

8.5.1 注册商品服务

根据前面的描述我们发现了一个事实，即商品组件（商品列表组件和商品细节组件）和商品服务之间存在着依赖关系，并且其中作为依赖方的商品组件承担了构造作为被依赖方的商品服务的职责。

让商品组件承担这一职责会有一定的风险，因为当商品服务的构造函数被修改为需要更多或更少的参数时，商品组件也不得不做出相应的修改。

因此，将商品服务的构造交给商品组件是一个不明智的选择，最好的办法是让商品服务可以自动被创建并被注入商品组件中，而这一办法就是使用**依赖注入器**（Dependency Injection）。

尽管我们在第 4 章创建过一个简单的依赖注入器，但其实 Angular 内置了一个功能更加完善的依赖注入器，因此接下来我们要做的就是将商品服务的构造任务交给 Angular 内置的依赖注入器，然后让它为商品组件注入其构造的商品服务。

说明

Angular 依赖注入器被封装在 Angular 核心包中，它会随 Angular 运行时一起被创建，因此我们不需要安装独立的“Angular 依赖注入器包”。

为了将商品服务的构造任务交给 Angular 依赖注入器，我们需要将商品服务类 WereService 注册到 Angular 依赖注入器中，为此，需要修改商品模块的定义代码，使其与代码清单 8-25 一致。

代码清单 8-25 src/wares/ware.module.ts

```
import { NgModule } from '@angular/core';
import { WareListComponent } from './components/ware-list.component';
import { WareDetailComponent } from './components/ware-detail.component';
import { CommonModule } from '@angular/common';
import { WareRoutingModule } from './ware-routing.module';
import { WareService } from './models/ware.service'; // 导入商品服务

/**
 * 定义商品领域模块
 */
@NgModule({
    imports: [CommonModule, WareRoutingModule],
    declarations: [WareListComponent, WareDetailComponent],
    providers: [{ provide: WareService, useClass: WareService }] // 注册商品服务到依赖注入器
})
export class WareModule {
}
```

以上代码包含两处修改：一是通过 TypeScript 的 import 语句导入了商品服务 WareService 的定义；二是设置了商品领域模块的依赖提供商（Dependency Provider）集合 providers，并为其填充了一个依赖提供商{ provide: WareService, userClass: WareService }。

当模块被加载到 Angular 运行时中时，模块的依赖提供商集合会被遍历，其中的每一个依赖提供商都会被注册到 Angular 依赖注入器中。

依赖提供商是一个对象，其常用的属性有：

① provide，通常是被依赖的类；

② useClass，被依赖类的映射类，这个类会被用来代替被依赖类创建被依赖对象；

③ useValue，被依赖类的映射值，这个值会直接被作为被依赖对象；

④ useFactory，被依赖类的映射工厂，这个工厂会被用来代替被依赖类创建被依赖对象；

⑤ useExisting，类似于 useClass，但能避免同一个映射类的多个实例被创建。

依赖提供商的官方文档给出了以上各个属性的介绍，现在我们可以知道的是以上商品模块设置的依赖提供商的作用，是向 Angular 依赖注入器注册商品服务类 WareService 到其自身的映射，从而使 Angular 依赖注入器在发现商品服务类被依赖时，为依赖方构造并注入商品服务实例。

显然，对商品服务存在依赖的是两个商品组件。为了使 Angular 依赖注入器向这两个组件注入商品服务，我们还需要对这两个组件做些修改。

说明

当将组件添加到模块的 declarations 属性中时，我们认为组件便被封装到了模块中；而当将服务添加到模块的 provider 属性中，我们也可以认为这意味着服务被封装到了模块中。

此外，如果将 Angular 依赖注入器比作我们在第 4 章创建的简单依赖注入器，那么以上代码中的依赖提供商的注册和 DependencyInjector.register(WareSrevice, WareService)的作用是一致的。

最后需要说明的是，版本为 5.0 之前的 Angular 中的依赖注入器确实是基于 reflect-metadata 实现的，其名称为 ReflectiveInjector。但出于性能考虑，版本为 5.0（及之后）的 Angular 的依赖注入器不再使用 reflect-metadata，其名称为 StaticInjector。

尽管如此，本书还是习惯于将 Angular 中的装饰器的作用描述为定义元数据——事实上它们仍然可以被认为是元数据，只不过不是通过 reflect-metadata 中的 Reflect.defineMetadata()定义的而已。

8.5.2 为商品列表组件注入商品服务

刚刚我们一直在强调商品组件存在着对商品服务的依赖，但这样的依赖目前对 Angular 运行时来说其实是不之情的，即使商品服务是商品组件的属性。

或许读者想起了 4.3 节介绍的元数据（Metadata），而接下来我们要做的就是通过元数据来让 Angular 运行时发现商品列表组件对商品服务的依赖，为此我们需要修改商品列表组件的定义代码，使其与代码清单 8-26 一致。

代码清单 8-26 src/wares/components/ware-list.component.ts

```
// ...省略的 import

/**
 * 商品列表组件
 */
@Component({
    // ...省略的代码
})
export class WareListComponent implements OnInit {
    // ...省略的代码
    /**
     * 构造商品列表组件
     * @param wareService 注入商品服务
     */
    constructor(wareService: WareService) {
        this.wareService = wareService;
    }
    // ...省略的代码
}
```

我们对商品列表组件做了两处修改：一是为其构造函数添加了一个类型为商品服务 WareService 的参数 wareService；二是将这个参数赋给了其同名属性 wareService——原先这个属性被赋予的值是商品服务构造表达式“new WareService()”。

这样一来，由于组件装饰器 Component 的存在，TypeScript 编译器便会将参数 wareService（及其类型）添加到编译后的商品列表组件的元数据中。当 Angular 运行时在创建商品列表组件的实例时，便会因发现这一元数据的存在而得知商品列表组件对商品服务 WareService 的依赖。

得知这一依赖之后，Angular 运行时会通过依赖注入器（基于被注册到其中的 WareService 这个类）创建一个商品服务实例，并将这个实例的引用传递给商品列表组件的构造函数参数 wareService。

参数 wareService 接收到商品服务的实例的引用之后，商品列表组件的构造函数将顺利地被执行，相应的商品列表组件实例将因此而顺利地被创建，同时其属性 wareService 也将获得商品服务的引用。

随后的一切读者都知道了，即商品列表组件的初始化钩子方法 ngOnInit()会被执行，商品列表组件的商品数组属性 wares 通过（由依赖注入器创建的）商品服务的 getWares()获得一个商品数组的引用，并最终在数据绑定的帮助下被显示到商品列表视图中。

因此，如果我们现在保存以上所有代码的编辑并刷新浏览器，仍见看到熟悉的商品列表视图。但如果我们继续单击其中的商品名称链接，随后打开的商品细节视图上的商品上架时间仍然会和商品列表视图中的不同——它们仍然是商品细节视图被打开的那个时间。

或许此时读者的内心是即欢喜又沮丧的，欢喜是因为我们成功地通过 Angular 的依赖注入器为商品列表组件注入了其所依赖的商品服务实例，而沮丧是因为我们仍然没有摆脱商品上架时间在不同的商品视图上不一致的困境。

事实上我们不用沮丧，因为我们可以明确地知道目前两个商品组件引用的不是同一个商品服务：商品列表组件引用的是商品服务依赖注入器构造的，而商品细节组件引用的商品服务是其构造函数自己通过表达式“new WareService()”构造的。

为了使两个商品组件获得同一个商品服务的引用，我们只剩最后的一小步要走。

8.5.3 为商品细节组件注入商品服务

为了迈进这一小步，我们需要继续修改商品细节组件的定义代码，使其与代码清单 8-27 一致。

代码清单 8-27 src/wares/components/ware-detail.component.ts

```
// ...省略的 import

/**
 * 商品细节组件
 */
@Component({
    // ...省略的代码
})
export class WareDetailComponent implements OnInit {
    // 此处删除了属性 wareService 的定义
    // ...省略的代码
    /**
     * 构造商品细节组件
     * @param wareService 注入商品服务
     */
    constructor(private wareService: WareService) {
        this.wareCount = 1; // 初始化商品数量
        // 此处删除了属性 wareService 的赋值
    }
    // ...省略的代码
}
```

我们对商品细节组件做了三处修改：一是删除了其属性 wareService 的定义；二是删除了其构造函数中对这个属性的赋值；三是在其构造函数的参数列表中添加了一个类型为 WareService 的参数属性（Parameter Property）wareService。

结合我们对 TypeScript 参数属性和 Angular 依赖注入器的理解，我们可以知道以上修改最终将使 Angular 依赖注入器为商品细节组件的参数属性 wareService 注入一个商品服务，并使其中 ID 为 1 的商品被显示到商品细节视图中。

因此，如果我们保存以上代码的编辑并刷新浏览器，然后单击商品列表视图中的商品名称链接，我们仍将看到熟悉的商品细节视图，以及其中显示的无公害西蓝花的详细信息。

但是，如果我们在某个商品视图中停留一段时间，然后导航到另一个商品视图中，我们会发现其中的商品上架时间没有被更新了——它们总是我们刷新浏览器的那个时间。

这是为什么？因为 Angular 依赖注入器为两个商品组件注入了同一个商品服务，而不是为它们各注入了一个不同的商品服务——和第 4 章的简单依赖注入器不同，默认情况下 Angular 依赖注入器维护的被依赖对象是单例的。

也就是说，Angular 依赖注入器会在第一次发现商品服务作为被依赖方需要被注入给依赖方时创建商品服务。但接下来如果再次发现这样的情况，Angular 依赖注入器则不会创建新的商品服务，而是直接将第一次创建好的商品服务注入到依赖方。

因此，当我们刷新浏览器时，Angular 依赖注入器创建了一个商品服务并将其注入商品列表组件中。接下来当我们导航到商品细节视图时，Angular 依赖注入器依然会向商品细节组件注入一个商品服务，但这个商品服务不是新创建的，而是之前被注入商品列表组件中的那个。

并且，如果我们导航回到商品列表视图，或继续在两个商品视图之间进行更多的切换，Angular 依赖注入器依然只会将最初创建的那个商品服务注入不停地被重新创建的商品组件中，从而使两个商品视图中的商品上架时间保持同步。

说明

当然，如果我们刷新商品细节视图，那么 Angular 依赖注入器确实会为商品细节组件创建一个新的商品服务，因为此时它还没有维护任何商品服务实例。

至此，我们便完成了本节的任务，天天菜园的客户因此而不会再感觉到被欺骗。但对于 Angular 依赖注入器，读者或许还有不少疑问，比如，当我们不希望组件共享同一个服务类的同一个服务实例时，我们应该怎么办？

此时依赖提供商的 useFactory 可以给予我们帮助，而通过阅读依赖提供商的官方文档读者则可以掌握它的使用，因此这里便不再进行相应的演示。

接下来，我们还需要在 Angular 依赖注入器的帮助下完成另一个任务，那就是通过它获得 Angular 内置的一些服务，以解决商品细节视图中剩下的一个问题——其中显示的总是无公害西蓝花的细节信息。

8.6　综合运用：传递业务参数

我们都知道，商品细节视图之所以总是显示无公害西蓝花的细节信息，是因为我们在商品细节组件中调用商品服务实例的 getWare()方法时，传递给这个方法的参数总是一个固定的值 1，而非我们在商品列表视图中单击的那个商品的 ID。

也就是说，如果要解决这个问题，我们只需要在商品细节组件中获取到商品列表视图中被单击的那个商品的 ID，然后将这个 ID（可能是 1、2 或 3）传递给商品服务的 getWare()方法以获取相应的目标商品即可——至于目标商品的展示，它和无公害西蓝花的展示没有任何区别。

那么，我们怎样才能在商品细节组件中获取到商品列表视图中被单击的那个商品的 ID 呢？如果我们有过 Web 服务端应用程序的开发经验的话，我们应该早就已经想到了“URL 参数”——一些用来将业务参数从一个页面传递到另一个页面的 URL 片段。

事实上，Angular 借用了 Web 服务端应用程序的这一方式，即通过在 URL 中添加一些参数来将某个视图（组件）上的业务参数传递给另一个组件。

那么，我们应该如何将参数添加到 URL 中呢？答案是通过路由参数。

8.6.1　附加商品 ID 到目标 path

还记得在向商品列表模板中的商品名称链接添加路由器链接指令时，我们给它设置了一个字符串常量值 ware-detail，以使这个路由器链接指令在监听到商品名称链接上的单击事件时，向路由器发起一个目标 path 为 ware-detail 用户求请求吗？

事实上，路由器链接指令不仅可以接收一个字符串常量，还能接收一个包含路由参数（Rout Parameter）的数组。而接收包含路由参数的路由器链接指令在向路由器发起请求时，会将路由参数的值附加到请求的目标 path 中，从而使这个（些）值被传递到目标组件中，并使目标组件可以基于这个（些）值执行相应的应用逻辑和业务逻辑。

接下来，我们的任务就是将商品列表模板中指向商品细节组件的路由器链接指令的值修改为数组，然后将目标商品的 ID 作为路由参数添加到这个数组中，以使其被传递到商品细节组件中。

为此，我们需要修改商品列表模板的定义代码，使其与代码清单 8-28 一致。

代码清单 8-28 src/wares/views/ware-list.html

```
<div class="row">
    <div *ngFor="let ware of wares" class="col-xs-12 col-md-6">
        <div class="row wareRow">
            <div class="col-xs-4">
                <img alt="ware" [src]="ware.thumbnailUrl" [title]="ware.name" />
            </div>
            <div class="col-xs-8">
                <div [ngSwitch]="ware.promotion">
                    <!--省略的代码-->
                    <!--向路由器链接指令传递路由参数：ware.id-->
                    <a [routerLink]="['/ware-detail', ware.id]" [attr.aria-label]="'导航到
' + ware.name + '的详情页面'">{{ware.name}}</a>
                </div>
                <!--省略的代码-->
            </div>
        </div>
    </div>
</div>
```

按照要求，我们将路由器链接指令的值由原来的字符串常量换成了一个数组：其中第一个成员仍然是目标 path，而第二个成员 ware.id（当前被迭代的商品的 ID）则是提供给路由参数的值。

注意

当路由器链接指令的目标 path 的值被写在数组中时，它必须出现在数组中的第 0 个元素的位置。并且如果它是字符串常量，那么它必须被单引号包围。
此外，路由参数可以是模板输入变量、模板引用变量或组件的属性，但也可以是常量。

经过以上修改之后，路由器链接指令向路由器发起的请求的目标 path 将不再是 ware-detail，其后还会附加相应的商品的 ID。比如，当无公害西蓝花的商品名称链接被单击时，其中的路由器链接指令将发起目标 path 为 ware-detail/1 的请求；而当有机上海青的商品名称链接被单击时，其中的路由器链接指令则将发起目标 path 为 ware-detail/2 的请求；相应地当本地胡萝卜被单击时，其中的路由器链接指令便将发起目标 path 为 ware-detail/3 的请求。

也就是说，如果我们现在保存以上代码的编辑并刷新浏览器，然后逐个单击商品列表视图上的商品链接，那么除了根视图内商品列表视图会被替换成商品细节视图之外，浏览器地址栏中的 URL 将依次被更新为 http://localhost:50424/ware-detail/1、http://localhost:50424/ware-detail/2 和 http://localhost:50424/ware-detail/3。

然而真实的现象并非如此，不管我们单击商品列表视图上的任何一个商品链接，根视图内的商品列表视图都不会被替换成商品细节视图，浏览器地址栏中的 URL 也不会有任何更新——我们仍然停留在商品列表视图，商品链接似乎失效了！？

商品链接没有失效，因为我们的路由表中没有候选 path 属性是 ware-detail/1、ware-detail/2 或 ware-detail/3 的路由项，以上请求暂时都被通配路由项命中，并因此而被重定向到商品列表视图。

那么，这是不是意味着如果要让路由参数生效，我们必须向路由表中注册三个 path 属性分别为 ware-detail/1、ware-detail/2 和 ware-detail/3 的路由项呢？这样做肯定能达到目的，但如果天天菜园将来要上架成千上万件商品的话，那么我们的路由表将变得十分巨大。好在，我们还有更好的办法，那就是在路由项中配置路由参数的占位符。

8.6.2 配置匹配商品 ID 的路由参数

为了配置路由参数的占位符，我们需要修改商品领域路由配置模块定义代码，使其与代码清单 8-29 一致。

代码清单 8-29 src/wares/ware-routing.module.ts

```
// ...省略的 import

// 定义路由表
let routes: Routes = [{
    path: '', component: WareListComponent /*默认路由项*/
```

```
}, {
    path: 'ware-detail/:id', component: WareDetailComponent /*商品细节路由项*/
}]

/**
 * 商品领域路由配置模块
 */
@NgModule({
    imports: [RouterModule.forChild(routes)],
    exports: [RouterModule]
})
export class WareRoutingModule {
}
```

以上代码仅包含一处修改，即其中商品细节路由项的 path 属性的结尾处被添加了一个子路径/:id，而这个子路径中的 id 就是路由参数的占位符。

注意　以上占位符 id 可以被替换成其他任何依法的标识符（比如 wareId、wareNo 或 no 等），但它前面的英文冒号（:）不能被省略。

有了这个占位符之后，当 Angular 路由器在扫描路由表时，商品细节路由就会匹配任何目标 path 包含两个段（Segment）且第一个段为 ware-detail 的请求。

显然，ware-detail/1、ware-detail/2 和 ware-detail/3 都是符合以上规则的目标 path，因此如果我们现在保存以上代码的编辑并刷新浏览器，然后逐个单击商品列表视图中的三个商品名称链接，那么我们将再次被导航到商品细节视图——只是这一视图中显示的仍是无公害西蓝花的信息。

尽管商品细节视图中显示的仍是无公害西蓝花，但浏览器地址栏中的 URL 会发生相应的变化：如果我们单击的是商品列表视图中的无公害西蓝花，那么浏览器地址栏 URL 会是 http://localhost:50424/ware-detail/1；如果我们单击的是有机上海青，那么 URL 会是 http://localhost:50424/ware-detail/2；如果我们单击的是本地胡萝卜，那么 URL 会是 http://localhost:50424/ware-detail/3。

提示　如果我们通过浏览器直接请求 http://localhost:50424/ware-detail/4、http://localhost:50424/ware-detail/five 和 http://localhost:50424/ware-detail/lcng 等 URL，那么仍然会访问到商品细节视图。或许读者会觉得 4、five 和 lcng 不是我们期望的商品 ID，因此 Angular 路由器应该在接收到以上 URL 的请求时抛出一些错误，但其实对路由参数的合法性的判断是我们开发人员自己的工作。或许在以后的 Angular 版本中，我们可以通过在路由项中设置正则表达式来拒绝非法的路由参数——就像使用 ASP.NET (Core) MVC 中的 MapRoute()方法的 constraints 参数那样。

图 8-16 展示了当我们单击商品列表视图上的本地胡萝卜时，路由器在添加了路由参数的商品细节路由的帮助下将我们导航到商品细节视图的结果。

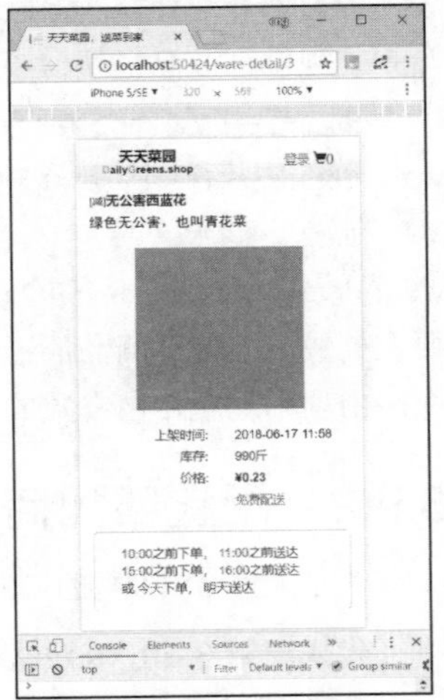

图 8-16　路由参数的作用

至此，我们完成了获取指定商品细节信息这个任务中的关键一步，即在导航到商品细节视图的同时，成功地将相应的目标商品的 ID 附加到了浏览器地址栏的 URL 中。

接下来，我们就要在商品细节组件中获取 URL 中的目标商品 ID，然后将其传递给商品服务的 getWare()方法，以获取目标商品对象。

8.6.3　获取目标 path 中的商品 ID

为了在商品细节组件中获取 URL 中的目标商品 ID，我们需要修改商品细节组件的定义代码，使其与代码清单 8-30 一致。

代码清单 8-30　src/wares/components/ware-detail.component.ts

```
// ...省略的 import
import { ActivatedRoute } from '@angular/router'; // 导入活动路由项类 ActivatedRoute
```

```
/**
 * 商品细节组件
 */
@Component({
    // ...省略的代码
})
export class WareDetailComponent implements OnInit {
    ware: Ware; // 需要被展示的商品
    wareCount: number; // 打算购买的商品数量

    /**
     * 构造商品细节组件
     * @param wareService 注入商品服务
     * @param route 注入活动路由项
     */
    constructor(private wareService: WareService, private route: ActivatedRoute) {
        this.wareCount = 1; // 初始化商品数量
    }

    /**
     * 初始化钩子方法
     */
    ngOnInit() {
        // 获取路由参数 id
        let wareId: any = this.route.snapshot.params['id'];

        // 获取目标商品
        this.ware = this.wareService.getWare(wareId);
    }
}
```

以上代码包含三处修改：一是通过 import 语句从 Angular 路由器包中导入了活动路由项类 ActivatedRoute；二是为商品细节组件类的构造函数添加了一个类型为 ActivatedRoute 的参数属性 route；三是在商品细节组件类的初始化钩子方法 ngOnInit()中通过参数属性 route 为一个名为 wareId 的变量赋值，并将这个变量传递给了商品服务的 getWare()方。

活动路由项类 ActivatedRoute 封装了描述当前（活动着的）的请求相关的信息，比如请求 URL、路由参数、查询参数（Query Parameter，URL 中英文问号“?”后面的参数）和目标组件等。当路由器在接收到用户请求，然后在扫描路由表的过程中命中了某个路由项时，路由器会基于请求 URL 和命中的路由项创建 ActivatedRoute 的一个实例——这个实例被称为活动路由项。

此外，ActivatedRoute 已被路由器模块 RouterModule 注册到了 Angular 路由器中，因此当某个组件被发现依赖于 ActivatedRoute 的实例时，Angular 依赖注入器就会向这个组件注入由路由器基于请求 URL 和命中的路由项创建的活动路由项。

显然，以上第二处修改将使商品细节组件依赖于 ActivatedRoute 的实例，因此其中涉及的参数属性 route 将获得 Angular 依赖注入器注入的、由 Angular 依赖注入器基于用户请求的 URL 和命中路由项创建的活动路由项。

而活动路由项最终在以上第三处修改中的以下代码中被使用：

```
let wareId: any = this.route.snapshot.params['id'];
```

属性 snapshot 是活动路由项的快照，我们可以将它理解为活动路由项的一个静态复制（第 12 章将使用活动路由项本身），其 params 属性则是一个封装了被附加到请求 URL 中的路由参数的字典。

说明

活动路由项的快照的参数字典 params 的类型是{ [key: string], any }，其中键的类型是 string，值的类型是 any。

相信读者已经猜到了以上代码最终的作用，那就是通过当前请求命中的路由项的 path 属性中的占位符 id，获取当前请求的目标 path 中这个占位符所在位置的内容，并最终将这个内容给变量 wareId。

因此，对于商品细节组件来说，当请求 path 为 ware-detail/1、ware-detail/2 和 ware-detail/3 时，以上

变量 wareId 将分别获得到数字值 1、2 和 3。

说明

目标 path ware-detail/1、ware-detail/2 和 ware-detail/3 中的路由参数 1、2 和 3 是没有名称的，因此与这些目标 path 匹配的候选 path 可以是 ware-detail/:id、ware-detail/:wareId 或 ware-detail/:no 等。但在通过活动路由项的快照的参数字典 params 获取这些目标 path 中的路由参数时，我们必须提供相应的候选 path 中的占位符，即 id、wareId 或 no 等。

也就是说，经过以上修改之后，我们终于为商品细节组件成功地获取到了被附加在请求 URL 中的路由参数。随后当我们将这个参数传递给商品服务的 getWare()方法时，我们便会获得到商品列表视图中被单击的那个商品，并使这个商品的详细信息被显示到商品细节视图中。

那么，事实是否就是这样呢？让我们保存以上代码的编辑并刷新浏览器，然后单击商品列表视图中的有机上海青的名称链接。随后如果不出意外的话，我们将看到图 8-17 所示的商品细节视图。

终于，我们如愿以偿地在单击商品列表视图中的“有机上海青”时，在被导航到的商品细节视图中看到了相应的“有机上海青”这个商品的细节信息。

接着让我们回到商品列表视图并单击其中的本地胡萝卜的名称链接，或直接在浏览器地址栏中输入 http://localhost:50424/ware-detail/3 并按回车键，我们也将看到相应的本地胡萝卜的细节信息被显示到如图 8-18 所示的商品细节视图中。

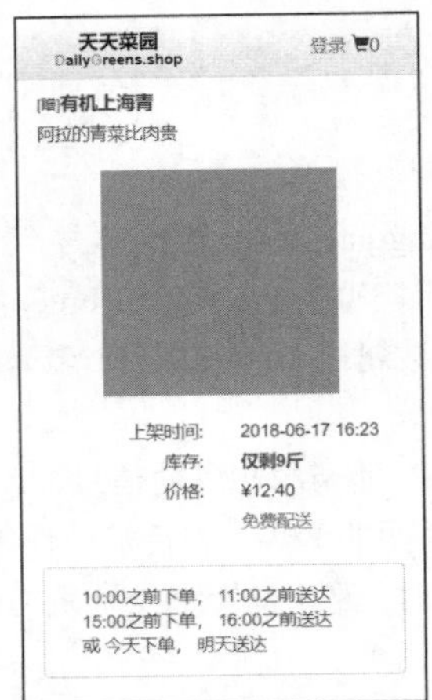

图 8-17　有机上海青视图（底部被裁剪）

图 8-18　本地胡萝卜视图（底部被裁减）

当然，如果我们再次回到商品列表视图并单击其中的无公害西蓝花的名称链接，或在浏览器地址栏中输入 http://localhost:50424/ware-detail/1 并按回车键，我们同样也能在被导航到的商品细节视图中看到相应的无公害西蓝花的细节信息。

至此，事实证明活动路由项已经成功地履行了它应尽的职责，即将用户请求 URL 中的参数传入用户请求的目标组件中，以使目标组件根据这个（些）参数执行其相应的应用逻辑和业务逻辑。

然而世事总有意外，如果我们访问 http://localhost:50424/ware-detail/4 或 http://localhost:50424/ware-detail/five 等其他 URL，将得到一个未显示任何商品信息的商品细节视图。

之所以会出现这样的现象，是因为以上 URL 会使商品细节组件通过占位符 id 获取到的路由参数是数字 4 和字符串 five，这两个值会使商品服务的 getWare()方法为商品细节组件的 ware 属性返回 undefined，而商品细节模板中的数据绑定会在发现这一情况时不向视图中绑定任何内容——注意这些数据绑定中的安全导航操作符“?.”。

说明

当访问以上两个 URL 时，商品细节图片区域显示的不是空白，而是一个加载失败的图片。为了防止这样的情况出现，我们可以将展示商品细节图片的<img>标签是的属性绑定换成以下形式：

```
<img [src]="(ware && ware!.imageUrl) ? ware!.imageUrl : '/images/OnePixelOrange.png'" />
```

以上模板表达式会在商品对象或其 imageUrl 属性为空时，将图片元素的 src 属性的值绑定为字符串常量“/images/OnePixcelOrange.png”，从而使图片元素成功加载一个默认图片。

显然我们应该阻止这样的事情发生，因此应该让商品细节组件在通过商品服务的 getWare()方法获取到 undefined 时，将请求进行重定向到商品列表视图。

但对请求进行重定向是第 9 章的内容，现在我们还有一个更加紧急的任务，那就是对目前的天天菜园进行一次完善。

8.6.4 完善

经过前面三节的努力，我们已经通过对路由器和依赖注入器的综合运用，解决了商品细节不能显示相应的商品信息的问题。

接下来，我们本应该开始天天菜园的新业务领域的开发。但在进入新业务领域之前，我们还需要对目前的天天菜园进行一项完善，即使用户在浏览商品细节视图时，可以通过单击根视图左上角的 LOGO 文字来回到商品列表视图。

为了进行这项完善，我们需要应用程序根模板做些修改，使其内容与代码清单 8-31 一致。

代码清单 8-31 src/app/app.html

```
<nav class="navbar navbar-fixed-top">
    <div class="container">
        <div class="navbar-brand" [routerLink]="'/'">
            <a>
                <h1>
                    天天菜园
                </h1>
                <h2>
                    <span>D</span>aily<span>G</span>reens.shop
                </h2>
            </a>
        </div>
        <div>
            <a>登录</a>
            <span class="glyphicon glyphicon-shopping-cart">0</span>
        </div>
    </div>
</nav>
<div class="container">
    <router-outlet></router-outlet>
</div>
<footer>
    <!--省略的代码-->
</footer>
```

以上修改在 LOGO 文字<div>标签上添加了一个路由器链接指令，并将其值赋为字符串常量'/'。

说明

相信读者已经发现，路由器链接指令不仅可以被添加到<a>标签上，还可以被添加到<div>标签上。在进行更多尝试之后，读者会发现路由器链接指令事实上可以被添加到任何可被单击的 HTML 标签上。

这样一来，当这个 LOGO 被用户单击时，它就会向路由器发起目标 path 为“/”的请求，从而将用户导航到商品列表组件（视图）。

至此，我们便完成了本章的目标，即实现商品的展示。展示商品的目的，是为了让客户购买它们。但现在天天菜园还没有客户的概念，因此在第 9 章中，我们将为天天菜园创建一个客户中心。

8.7 小结

在 8.1 节中，我们实现了一个商品细节视图，而其实现过程遵照了第 7 章总结的业务开发流程：创建（重构）商品服务，创建商品细节组件，创建商品细节模板和样式——当然，最后我们不能忘记将新建的商品细节组件封装到商品领域模块中。

在 8.2 节中，我们通过 Angular 提供的路由器将天天菜园打造成了一个单页面应用程序，从而使用户可以在天天菜园的商品列表视图和商品细节视图之间快速地导航。在进行这样的导航时，我们发现路由器会在以下三种情况下工作：

（1）应用程序刚刚完成启动时；

（2）接收到路由器链接发起的路由请求时；

（3）监听到浏览器的前进和后退的相应事件时。

在 8.3 节中，我们知道了 Angular 应用程序中的模块分根模块和特性模块两大类，而特性模块又有领域模块、路由加载模块、路由配置模块、服务模块和部件模块五种。

此外，我们还创建了一个商品领域模块，以此来阻止更多的商品领域的实现代码导致的根模块的膨胀。基于这一经验，我们知道了当需要实现应用程序中的更多业务时，我们应该创建更多相应的领域模块。

在 8.4 节中，我们创建了两个路由配置模块，以此来分担领域模块内的路由配置职责，从而使应用程序更加易于维护。

在 8.5 节中，我们学习了 Angular 依赖注入器的使用，并发现其使用过程只有以下简单的两步：

（1）设置模块的依赖提供商集合，并向其中添加描述了依赖映射的依赖提供商，以使依赖提供商描述的这一映射被注册到 Angular 依赖注入器中；

（2）设置组件类的构造函数参数（属性），以使 Angular 依赖注入器为它（们）注入相应的服务。

在 8.6 节中，我们综合运用了 Angular 的路由器和依赖注入功能，从何使商品 ID 得以从商品列表视图（组件）中被传递到商品细节视图（组件）中。

接下来，我们还会继续进行类似的综合运用，使组件在执行完必要的业务之后，对请求进行重定向。

第 9 章　天天菜园：客户中心（上）

经过前面两章的努力，天天菜园已经向用户展示了一些接近真实的商品信息。之所以展示这些商品信息的目的，是为了让用户了解天天菜园出售的商品，然后成为天天菜园的客户，最终让他们购买天天菜园的商品。

显然，天天菜园目前还没有“客户”的概念。本章的目的，就是为天天菜园添加一个客户中心，以处理天天菜园的客户注册和登录业务。

根据 8.3 节的经验可以知道，当打算向 Angular 应用程序中添加新的业务时，我们应该将新的业务封装到新的领域模块中，以使整个应用程序变得易于管理和维护。

因此，本章的首要任务就是通过一个客户领域模块来实现天天菜园的客户中心。在完成客户领域模块的创建之后，应用程序的启动会变得更加耗时，因此我们会将客户领域模块修改为路由加载模块来缩短应用程序的启动时间。完成这一修改之后，我们会开始通过 Angular 提供的双向数据绑定技术，来获取用户在客户注册表单和客户登录表单中输入的数据，并基于这些数据实现客户的注册和登录流程。

9.1　客户领域模块：复习巩固

在本节中，我们将创建一个客户领域目录，并在其中创建用于支撑客户注册和登录业务的客户服务、客户注册组件、客户登录组件以及相应的模板和样式，然后将客户领域内的这些组成部分封装到一个客户领域模块中。

显然，读者已经发现以上这些都是第 8 章介绍过的内容。本节的确是对第 8 章内容的复习和巩固，读者可以快速轻松地完成阅读。但需要注意的是，9.1.3 节将介绍一项新的内容，即如何在组件中主动向 Angular 路由器发起导航请求，并在请求 URL 中附加命名的路由参数。

了解了本章的大体内容之后，我们开始迈出本章的第一步，即创建客户领域目录。

9.1.1　创建客户领域目录

作为客户业务实现的第一步，我们的任务是在项目源代码目录 src 下新建一个客户领域目录 customers，然后在新建的客户领域目录下新建一个领域模型目录 models、一个组件目录 components 和一个视图目录 views——Angular MVC 模式的运用。

执行完以上操作之后，客户领域目录 src/customers 及其中的子目录在项目中的位置将与图 9-1 所示的一致。

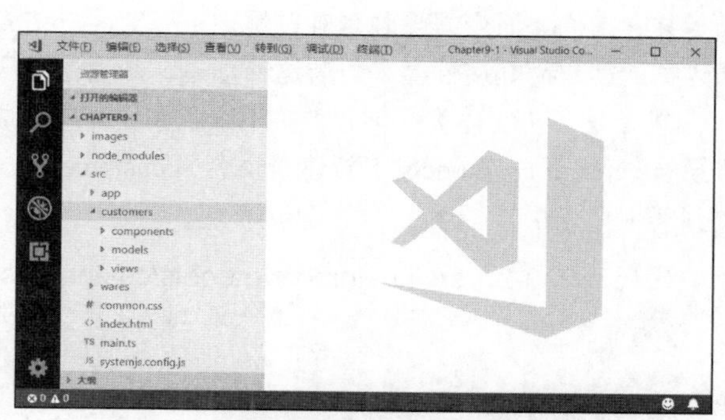

图 9-1　客户领域目录结构在项目中的位置

完成客户领域目录结构的创建之后，按照领域驱动设计的开发方式，接下来我们应该开始客户领域模型的创建。

9.1.2　创建客户领域模型

客户领域模型包含客户实体类和客户服务类，首先我们要创建的是其中的客户实体类，为此需要在客户领域模型目录 src/customers/models 下新建一个名为 customer.ts 的 TypeScript 文件，然后将代码清单 9-1 复制到其中。

代码清单 9-1　src/customers/models/customer.ts

```
/**
 * 客户实体类
 */
export class Customer {
    id: number; // ID
    name: string; // 姓名
    phone: string; // 手机号
    password: string; // 密码
    profile: Profile; // 简介
}

/**
 * 客户简介类
 */
export class Profile {
    email: string; // 邮箱
}
```

我们先创建客户实体类 Customer，并为其定义了五个属性，即 id、name、phone、password 和 profile。

其中，id、name、phone 和 password 分别代表客户的 ID、姓名、手机号和登录密码。当用户进行注册时，我们要求他/她的必须提供姓名、手机号码和密码；当用户登录时，我们则要求他/她必须提供手机号码和密码；至于 ID，会在用户注册时通过计算生成。

客户实体类的最后一个属性 profile 代表的是客户的简介，这个属性的类型与前面四个不一样（不是简单类型），是一个对象类型 Profile，即被定义在客户实体类 Customer 下方客户简介类。

客户简介类并非一个实体类，因为属于这个类型的对象没有独立存在的意义：它所封装的邮箱属性 email 总是用来描述某个客户的邮箱，离开客户之后，它将变得毫无意义——因此它也不需要 ID 属性。

或许此时读者会疑惑：我们为什么需要创建一个只封装了一个 email 属性的客户简介类，而不把 email 属性直接定义到客户实体类 Customer 中？

我们可以这么做，之所以没有这么做，是因为我们只想让客户实体封装客户注册和登录时必须输入的关键数据。对于那些不是必须输入的数据（客户注册表单中的邮箱是可以不填的），我们不希望实体类因封装它（们）而变得臃肿且难以维护——当客户完成注册之后打算告诉我们其家庭地址时，我们可以通过扩展客户简介属性类来封装这一信息，从而避免应用程序的注册和登录逻辑受到影响。

以上是客户实体类的创建，接下来我们还需要完成客户服务的创建，为此需要继续在客户领域模型目录 src/customers/models 下新建一个名为 customer.service.ts 的 TypeScript 文件，然后将代码清单 9-2 复制到其中。

代码清单 9-2　src/customers/models/customer.service.ts

```
import { Customer } from './customer';  // 导入客户实体类的定义

/**
 * 客户服务
 */
export class CustomerService {
    private customers: Array<Customer>; // 定义客户列表
```

```
    constructor() {
        this.customers = new Array<Customer>(); // 初始化客户列表
    }

    /**
     * 添加客户
     * @param customer, 要被添加的客户
     */
    public addCustomer(customer: Customer): boolean {
        // 验证客户的合法性
        if (!customer || !customer.name || !customer.password || !customer.phone) {
            return false;
        }

        // 防止添加重复用户
        let existingCustomer = this.customers.find(x => x.phone === customer.phone);
        if (existingCustomer != undefined) {
            return false;
        }

        // 设置新客户的 ID
        customer.id = this.customers.length > 0 ? this.customers[this.customers.length - 1].
id + 1 : 1;

        // 添加客户
        this.customers.push(customer);

        return true;
    }

    /**
     * 检查用户提供的客户是否存在
     * @param customer, 用户提供的客户
     */
    public checkCustomer(customer: Customer): boolean {
        // 获取目标客户
        let targetCustomer = this.customers.find(x => x.phone === customer.phone &&
x.password === customer.password);
        if (targetCustomer === undefined) {
            return false; // 目标客户不存在
        }

        return true;      // 目标客户存在
    }
}
```

我们将客户服务类定义为 CustomerService，并为它定义了三个成员：一个客户实体数组属性 customers，以及两个公共的方法 addCustomer()和 checkCustomer()。

其中，客户实体数组属性 customers 的作用是维护客户业务数据，即天天菜园的所有客户：所有新注册的客户都会被添加到这个数组属性中，而所有试图登录的客户都必须已经存在于这个数组属性中。

公共方法 addCustomer()的作用是实现新增一个客户的业务逻辑：它首先拒绝了未提供姓名、手机号码和密码的非法客户，然后拒绝了手机号码重复的非法客户；接着为合法的客户计算了一个 ID，然后把这个合法的客户添加到数组属性 customers 中。

公共方法 checkCustomer()的作用是实现查找一个客户的业务逻辑：它会从数组属性 customers 查找手机号码和密码符合要求的客户，并基于查找结果返回 true 或 false。

至此，我们便完成了客户领域模型的创建，并因此而实现了客户注册和登录的业务逻辑。

接下来，我们的任务是使这些业务逻辑能够接收用户的请求，因此我们要做的是创建业务逻辑和用户之间的桥梁，即客户注册组件和客户登录组件。

说明

checkCustomer()和 addCustomer()使用了一样的参数类型（即 Customer），但 checkCustomer()的方法体中并没有使用客户实体的所有属性。

基于单一职责原则，我们应该为checkCustomer()方法的参数类型定义一个更简单的实体类，比如：

```
export class LogInCustomer{
    phone: string; // 手机号码
    password: string; // 密码
}
```

我们之所以没有这样做，是因为现在的做法不会使应用程序代码看上去有多么混乱。但如果在尝试共享实体类型时引发了不可接受的影响，我们就应该定义更多的实体类型了。

9.1.3 创建客户组件

首先，我们需要处理的是客户注册，因此需要创建一个客户注册组件。

1. 创建客户注册组件

为了创建客户注册组件，我们需要在客户领域组件目录下新建一个名为 sign-up.component.ts 的TypeScript文件，然后将代码清单9-3复制到其中。

代码清单 9-3　src/customers/components/sign-up.component.ts

```
import { Component } from '@angular/core';                        // 从核心包导入组件装饰器定义
import { CustomerService } from '../models/customer.service'; // 从客户服务声明文件中导入客户服
// 务的定义
import { Customer, Profile } from '../models/customer';         // 从客户实体类型声明文件中导入客
// 户实体类型的定义
import { Router } from '@angular/router'; // 从路由器包中导入路由器类的定义

@Component({
    moduleId: module.id, // 设置moduleId，以使样式和模板文件可以使用相对路径
    styleUrls: ['../views/sign-up.css'],  // 指定样式文件路径
    templateUrl: '../views/sign-up.html'  // 指定模板文件路径
})
export class SignUpComponent {
    private customer: Customer; // 定义客户实体属性
    private agree: boolean; // 是否同意"使用条款"及"隐私声明"

    /**
     * 构造客户注册组件
     * @param customerService 注入客户服务
     * @param router 注入路由器（服务）
     */
    constructor(private customerService: CustomerService, private router: Router) {
        // 初始化客户对象，这一步不能省略
        this.customer = <Customer>{
            // 初始化客户对象的profile属性，这一步也不能省略
            profile: <Profile>{}
        };
    }

    /**
     * 客户注册应用逻辑
     */
    private signUp(): void {
        console.log('SignUpComponent.signUp()方法被执行'); // 向控制台输出调试信息

        if (!this.agree) {
            return; // 仅在用户同意隐私条框的情况下才允许注册
        }

        // 将封装了用户输入的姓名、密码等信息的视图模型customer（客户实体）添加到客户服务中
        let success = this.customerService.addCustomer(this.customer);

        if (success == true) {
            // 注册成功，导航到客户登录视图，并将客户的手机号码作为路由参数传递给客户登录组件
            console.log('注册成功');
```

```
                this.router.navigate(['log-in', { phone: this.customer.phone }]);
            }
            else {
                // 注册失败，显示错误信息
                console.error('非法的输入');
            }
        }
    }
```

我们将客户注册组件定义为 SignUpComponent，其核心内容是封装客户注册应用逻辑的方法 signUp()，而这个方法的核心内容是以下语句：

```
let success = this.customerService.addCustomer(this.customer);
```

这条语句以客户注册组件的属性 customer 为参数调用了客户服务的 addCustomer()方法，以将属性 customer 封装的客户注册数据添加到客户服务维护的客户数组中，从而实现客户的注册——9.3 节将介绍属性 customer 是如何封装客户注册数据的。

除了与客户注册相关的核心内容，以上代码还做了一些必要并且熟悉的基础工作，比如导入必要的定义，通过组件装饰器设置模板和样式声明文件路径，注入客户服务 CustomerService 的实例。

除了这些熟悉的工作，以上代码还包含一些我们不太熟悉的内容，即通过 import 语句导入了来自于 Angular 路由器包中的路由器类 Router，然后将类型为 Router 的参数属性 router 添加到了客户注册组件的构造函数参数列表中，从而使 Angular 运行时发现客户注册组件对类型为 Router 的对象的依赖。

那么，类型为 Router 的对象是什么呢？答案是我们熟悉的 Angular 路由器——就是那个一直在背后默默地帮助我们接收用户请求、扫描路由表并创建目标组件的路由器。

我们为什么要让客户注册组件依赖于路由器对象呢？难道 Angular 依赖注入器会因发现这一依赖而向客户注册组件注入一个路由器对象？事实就是这样，当路由器模块 RouterModule 被导入应用程序根模块中时，路由器模块会将路由器类 Router 注册到 Angular 依赖注入器中，并创建一个单例的路由器实例。在随后的应用程序运行过程中，一旦 Angular 依赖注入器发现某个正在被创建的组件依赖于路由器类 Router 的实例时，Angular 依赖注入器就会向这个组件注入其创建的单例路由器对象。

说明

或许读者会觉得路由器被当作一个服务有些怪怪的，事实上，Angular 应用程序中任何对象都可以被认为是一个服务，这些对象甚至包括组件的实例。

那么，客户注册组件为什么要获取路由器对象的引用呢？因为我们需要通过它来主动发起导航。

在随后的客户注册应用逻辑处理方法 signUp()中我们可以看到这样一行代码：

```
this.router.navigate(['/log-in', { phone: this.customer.phone }]);
```

这行代码调用了路由器的导航方法 navigate()，这个方法的执行会主动向路由器发起一个请求，而这个请求的目标 path 就是这个方法接收的数组参数中的第一个成员。

因此，上面这行代码的最终作用，就是主动向路由器发起一个目标 path 为“/log-in”的请求。

除了目标 path，上面的数组参数中还包含第二个成员，而这个成员就是命名路由参数：其中 phone 是参数名，this.customer.phone 是参数值。

那么，这个命名路由参数会以什么样的方式被附加到 URL 中呢？如果 this.customer.phone 的值是 13111111111，那么以上 navigate()方法执行时请求的 URL 将会是 http://localhost:50424/log-in;phone=13111111111。

那么，这个 URL 中的目标 path 指向的是哪个组件，其中的命名参数 phone 该如何获取呢？接下来客户登录组件将告诉我们答案。

说明

读者应该已经发现，路由器的 navigate()方法的参数和路由器链接指令 RouterLink 的值十分相似。当然，读者的发现是对的，我们同样可以将提供给路由器链接指令的数组中的第二个成员换成命名参数。但随后我们会发现，命名参数在路由项的 path 属性中不需要占位符。

2. 创建客户登录组件

为了创建客户登录组件，我们需要在客户领域组件目录下新建一个名为 log-in.component.ts 的 TypeScript 文件，然后将代码清单 9-4 复制到其中。

代码清单 9-4　src/customers/components/log-in.component.ts

```
import { Component } from '@angular/core';                    // 从核心包导入组件装饰器的定义
import { CustomerService } from '../models/customer.service'; // 从客户服务声明文件中导入客户服
// 务的定义
import { Customer } from '../models/customer'; // 从客户实体类型声明文件中导入客户实体类型的定义
import { ActivatedRoute, Router } from '@angular/router'; // 从路由器包中导入活动路由项的定义
import { WareService } from '../../wares/models/ware.service';

@Component({
    moduleId: module.id,                   // 设置 moduleId，以使样式和模板文件可以使用相对路径
    styleUrls: ['../views/log-in.css'], // 指定样式文件路径
    templateUrl: '../views/log-in.html' // 指定模板文件路径
})
export class LogInComponent {
    private customer: Customer;            // 定义客户实体属性
    private shouldPersist: boolean;        // 是否需要记住客户的登录状态

    /**
     * 构造客户登录组件
     * @param customerService 客户服务
     * @param route 活动路由项
     * @param router 路由器
     */
    constructor(private customerService: CustomerService, private route: ActivatedRoute,
private router: Router) {
        // 初始化视图模型 customer，这一步不能少
        this.customer = new Customer();

        // 如果用户注册成功后被导航到当前组件，那么尝试从活动路由项中获取路由参数 phone 的值
        this.customer.phone = this.route.snapshot.params['phone'];
    }

    /**
     * 客户登录应用逻辑
     */
    private logIn() {
        console.log('LogInComponent.logIn()方法被执行'); // 向控制台输出调试信息

        // 检测封装了用户输入的姓名、密码的视图模型 customer（客户实体）在客户服务中是否存在
        let existing = this.customerService.checkCustomer(this.customer);

        if (existing === true) {
            // 登录成功，导航到商品列表视图
            console.log('登录成功');
            this.router.navigate(['/']);
        }
        else {
            // 登录失败，用户名或密码错误
            console.error('用户名或密码错误');
        }
    }
}
```

我们将客户登录组件定义为 LogInComponent，并通过组件装饰器为它设置了模板定义文件和样式定义文件，然后为它注入了客户服务、活动路由项和路由器，最后为它添加了处理客户登录应用逻辑的方法 logIn()——这个方法的核心是通过调用客户服务的 checkUser()方法来验证登录数据的合法性。

以上代码对现在的我们来说应该不陌生了，但我们仍然需要注意其中的构造函数中以下这样的代码：

```
this.customer.phone = this.route.snapshot.params['phone'];
```

在商品细节组件 WareDetailComponent 的初始化钩子方法 ngOnInit()中，我们用过一样的代码来获取

导航到商品细节组件的目标 path 中占位符 id 所在的位置的内容（即匿名路由参数商品 ID）。

但这一次，我们获取的是导航到客户登录组件的 URL 中的命名路由参数 phone 的值，而非目标 path 中占位符 phone 所在的位置的内容——所有路由参数都会被封装到活动路由项的参数字典 params 中。

那么，路由参数 phone 的值从何而来呢？答案是客户注册组件。因为当客户注册组件中的代码“router.navigate(['/log-in', {phone:this.customer.phone}])”被执行时，注册客户将被导航到客户登录组件；而那时如果客户注册组件的属性 customer.phone 的值是 13111111111，那么这个值在被附加到导航 URL（http://localhost:50424/log-in;phone=13111111111）之后，最终会被传递给客户登录组件的属性 customer.phone。

那么，客户注册组件的属性 customer.phone 的值从何而来呢？本章第三节将会给出答案，而在开始探寻这个答案之前，我们还需要先继续完成客户领域模块的创建。

说明

客户服务和客户组件再一次说明了业务逻辑和应用逻辑的区别：客户服务的 addCustomer() 方法描述了天天菜园添加新客户的所有业务规则和操作，比如，用户名、密码和手机号码不能为空，以及对客户的持久化操作；而客户注册组件的 signUp()方法则描述了应用程序对于添加新客户的规则和操作，比如，用户必须接受隐私协议，用户注册成功后被导航到客户登录视图。

区分业务逻辑和应用程序的好处是使双方都便于维护和尽可能的复用，假设我们将对客户的持久化操作转移到客户注册组件的 addCustomer()方法中，那么当有其他组件也需要对客户进行持久化时，这个组件必须维护一份自己的客户持久化代码；假设我们将客户注册成功后对客户的导航转移到客户服务的 addCustomer()方法中，那么当有多个组件需要调用客户服务的 addCustomer()方法时，这些组件都会被导航到客户登录视图——而事实是，这些组件可能打算导航到其他视图，或根本就没有打算进行导航。

9.1.4 创建视图相关文件

通过客户组件获得了处理客户注册和登录的交互能力之后，我们还需要向客户呈递展示交互结果和接收客户输入的视图，即客户注册视图和客户登录视图。

首先，让我们从客户注册视图开始。

1. 创建客户注册视图相关文件

Angular 应用程序中的视图是由模板和样式一起呈递的，因此为了呈递客户注册视图，我们需要创建一个相应的客户注册模板和一份相应的客户注册视图样式。

接下来，我们先从创建客户注册模板开始，为此需要在客户领域视图目录 src/customers/views 下新建一个名为 sign-up.html 的 HTML 文件，然后将代码清单 9-5 复制到其中。

代码清单 9-5 src/customers/views/sign-up.html

```
<h3>注册新客户</h3>
<div class="row">
    <div class="col-xs-12">
        <form>
            <input type="text" name="name" class="form-control" placeholder="您的姓名" />
            <input type="tel" name="phone" class="form-control" placeholder="您的手机号码" />
            <input type="password" name="password" class="form-control" placeholder="创建密码" />
            <input type="email" name="email" class="form-control" placeholder="您的邮箱地址(可选)" />
            <div>
                <label for="agree">
                    我已阅读并同意网站的<a>使用条款</a>及<a>隐私声明</a>
                </label>
                <input type="checkbox" name="agree" id="agree"/>
                <div>
                    <span class="glyphicon glyphicon-ok"></span>
                </div>
            </div>
```

```
            <button type="submit" class="btn">注册您的账户</button>
        </form>
    </div>
</div>
```

以上就是客户注册模板，其主要内容是一个<form>标签，当被编译成客户注册视图并被呈递到浏览器中时，它负责接收客户输入的注册数据。

在这个模板中，我们还没有使用任何数据绑定、指令或管道（见 9.3 节），但使用了一些 CSS 类来对它进行装饰。

这些 CSS 类中的大部分来自 Bootstrap，还有一小部分则来自我们接下来要定义的客户注册视图样式表。为了定义客户视图样式表，我们需要继续在客户领域视图目录下新建一个名为 sign-up.css 的 CSS 样式文件，然后将代码清单 9-6 复制到其中。

代码清单 9-6　src/customers/views/sign-up.css

```
/*"注册新客户"标题样式*/
h3 {
    margin-bottom: 20px;
    font-weight: bold;
    font-size: 22px;
}

/*除复选框外的表单域样式*/
input:not([type="checkbox"]) {
    height: 45px;
    margin-bottom: 15px;
}

/*隐私同意条款样式*/
form > div:last-of-type {
}

    form > div:last-of-type > label {
        font-weight: normal;
        line-height: 20px;
        margin-left: 10px;
        width: calc(100% - 35px);
    }

    form > div:last-of-type > input {
        display: none;
    }

        form > div:last-of-type > input:checked + div > span {
            display: inline-block;
        }

    form > div:last-of-type > div {
        display: inline-block;
        float: left;
        border: 1px solid #ccc;
        border-radius: 3px;
        width: 20px;
        height: 20px;
        text-align: center;
    }

        form > div:last-of-type > div > span {
            display: none;
            margin-top: 1px;
            color: #f0c14b;
        }

/*表单提交按钮样式*/
.btn {
```

```
    height: 50px;
    background: #f0c14b;
    background: linear-gradient(to bottom,#f7dfa5,#f0c14b);
    border-color: #f7dfa5;
    color: black;
    font-size: 16px;
    width: 100%;
    margin-top: 10px;
}
```

以上就是客户注册视图样式表，它主要用于修饰客户注册视图中的标题、表单相关元素和按钮元素。

至此，我们便完成了用于呈递客户注册视图的模板和样式的创建。接下来，我们还需要继续创建用于呈递客户登录视图的模板和样式。

2. 创建客户登录视图相关文件

首先，我们要创建的是客户登录模板，为此需要在客户领域视图目录 src/customers/views 下新建一个名为 log-in.html 的 HTML 文件，然后将代码清单 9-7 复制到其中。

代码清单 9-7 src/customers/views/log-in.html

```
<div class="row">
    <div class="col-xs-6">
        <h3>登录</h3>
    </div>
    <div class="col-xs-6">
        <a>忘记密码</a>
    </div>
</div>
<div class="row">
    <div class="col-xs-12">
        <form>
            <input type="tel" name="phone" class="form-control" placeholder="手机号码" />
            <input type="password" name="password" class="form-control" placeholder="密码" />
            <div>
                <label for="persist">
                    记住登录状态
                </label>
                <input type="checkbox" name="persist" id="persist" />
                <div>
                    <span class="glyphicon glyphicon-ok"></span>
                </div>
            </div>
            <button type="submit" class="btn">登录</button>
        </form>
        <span>
            登录本网站即表明您同意我们的<a>使用和销售条款条件</a>及<a>隐私声明</a>
        </span>
    </div>
</div>
```

以上就是客户登录模板，其主要内容是一个<form>标签，当被编译成客户登录视图并被呈递到浏览器上时，它负责接收客户输入的登录数据。

和客户注册模板一样，客户登录模板中也还未使用任何数据绑定、指令或管道，但被一些来自于 Bootstrap 和我们接下来将要定义的客户注册样式表中的 CSS 类修饰了。

为了定义客户注册样式表，我们还需要在客户领域视图目录下新建一个名为 log-in.css 的 CSS 文件，然后将代码清单 9-8 复制到其中。

代码清单 9-8 src/customers/views/log-in.css

```
h3 {
    margin-bottom: 20px;
    font-weight: bold;
    font-size: 22px;
}

.row:first-child > div:last-child {
```

```
    text-align: right;
}

    .row:first-child > div:last-child > a {
        margin: 20px 0;
    }

input:not([type="checkbox"]) {
    height: 45px;
    margin-bottom: 15px;
}

form > div:last-of-type {
}

    form > div:last-of-type > label {
        font-weight: normal;
        line-height: 20px;
        margin-left: 10px;
        width: calc(100% - 35px);
    }

    form > div:last-of-type > input {
        display: none;
    }

        form > div:last-of-type > input:checked + div > span {
            display: inline-block;
        }

    form > div:last-of-type > div {
        display: inline-block;
        float: left;
        border: 1px solid #ccc;
        border-radius: 3px;
        width: 20px;
        height: 20px;
        text-align: center;
    }

        form > div:last-of-type > div > span {
            display: none;
            margin-top: 1px;
            color: #f0c14b;
        }

.btn {
    height: 50px;
    background: #f0c14b;
    background: linear-gradient(to bottom,#f7dfa5,#f0c14b);
    border-color: #f7dfa5;
    color: black;
    font-size: 16px;
    width: 100%;
    margin-top: 10px;
}
```

以上就是客户登录视图样式表，它主要用于修饰客户登录视图中的标题、表单相关元素和按钮元素。

至此，我们便完成了用于呈递客户登录视图的模板和样式的创建，并因此而完成了客户领域内的MVC 的各个部分的创建。

接下来，我们本应该创建一个客户领域模块，然后将客户领域内的 MVC 封装到客户领域模块中。但在此之前，我们应创建一个客户领域路由配置模块，以完成客户领域内的路由项配置。

9.1.5　创建客户领域路由配置模块

为了创建客户领域路由配置模块，我们需要在客户领域目录 src/customers/下新建一个名为

customer-routing.module.ts 的 TypeScript 文件，然后将代码清单 9-9 复制到其中。

代码清单 9-9 src/customers/customer-routing.module.ts

```
import { NgModule } from '@angular/core';                                  // 导入模块装饰器
import { RouterModule, Routes } from '@angular/router';                    // 导入路由器模块和路由表类型
import { SignUpComponent } from './components/sign-up.component'; // 导入客户注册组件
import { LogInComponent } from './components/log-in.component';    // 导入客户登录组件

// 定义路由表变量
let routes: Routes = [{
    path: 'sign-up', component: SignUpComponent /*客户注册路由项*/
}, {
    path: 'log-in', component: LogInComponent /*客户登录路由项*/
}]

/**
 * 客户领域路由配置模块
 */
@NgModule({
    imports: [RouterModule.forChild(routes)/*将路由表变量中的路由项注册到路由器中*/],
    exports: [RouterModule/*导出路由表模块*/]
})
export class CustomerRoutingModule {
}
```

我们将客户领域路由配置模块定义为 CustomerRoutingModule，然后使它通过路由器模块 RouterModule 的 forChild()方法将指向客户注册组件和客户登录组件的两个路由项注册到路由器中，并使它同时获得了路由器模块的导入。

注意

以上 forChild()方法不能被写成 forRoot()方法，因为随后客户领域模块会被设计成路由加载模块，而在路由加载模块中调用路由器模块的 forRoot()方法会引发运行时错误——随后我们可以通过修改以上代码来体验这一运行时错误。

此外，我们还将路由器模块添加到了客户领域路由配置模块的 exports 列表中，从而使导入客户领域路由配置模块的模块间接地导入路由器模块。

那么哪个模块需要导入客户领域路由配置模块呢？相信聪明的读者早已知道了答案，即接下来我们要创建的客户领域模块。

9.1.6 创建客户领域模块

为了创建客户领域模块，我们需要在客户领域目录 src/customers 下新建一个名为 customer.module.ts 的 TypeScript 文件，然后将代码清单 9-10 复制到其中。

代码清单 9-10 src/customers/customer.module.ts

```
import { NgModule } from '@angular/core';                                  // 导入模块装饰器
import { CustomerService } from './models/customer.service';              // 导入客户服务
import { SignUpComponent } from './components/sign-up.component';   // 导入客户注册组件
import { LogInComponent } from './components/log-in.component';      // 导入客户登录组件
import { CustomerRoutingModule } from './customer-routing.module'; // 导入客户路由模块

/**
 * 客户领域模块
 */
@NgModule({
    imports: [CustomerRoutingModule], // 导入客户领域路由配置模块，以完成其中的路由项注册
    providers: [CustomerService],      // 注册客户服务到 Angular 依赖注入器
    declarations: [SignUpComponent, LogInComponent] // 声明两个客户组件为当前模块内的组件
})
export class CustomerModule {
}
```

我们将客户领域模块定义为CustomerModule，并按照要求完成了其应完成的以下工作：

（1）将客户领域路由配置模块CustomerRoutingModule添加到了其imports属性中，以使客户领域路由配置模块内的两个路由项被注册到 Angular 路由器中，并使客户领域模块间接地导入路由器模块RouterModule；

（2）将商品服务CustomerService添加到其providers属性中，以使商品服务类被注册到Angular依赖注入器中，从而使商品服务的实例会被注入客户组件中；

（3）将两个客户组件SignUpComponent和LogInComponent添加到其declarations属性中，以使这两个组件被声明为客户领域模块内的组件，从而使Angular运行时可以从客户领域模块中找到这两个组件。

至此，我们便成功地将客户领域内的所有成员封装到了客户领域模块中，从而使它们成了一个有机的整体。但这个整体目前还是孤立在天天菜园应用程序之外的，而为了使这个整体成为天天菜园的一部分，我们还需要将代表这个整体的客户领域模块导入应用程序根模块中。

说明

客户领域模块没有使用过 NgIf 等通用指令，因此我们还没有将通用模块 CommonModule 导入客户领域模块中。

以上 providers 属性的值[CustomerService]和 [{ provide: CustomerService, useClass: CustomerService }]的作用是一样的，因为前者是后者的简写形式。

9.1.7 导入客户领域模块到根模块

为了将客户领域模块导入根模块中，我们需要修改根模块的定义代码，使其与代码清单9-11一致。

代码清单 9-11 src/app/app.module.ts

```
import { NgModule } from '@angular/core';
import { BrowserModule } from '@angular/platform-browser';
import { AppComponent } from './components/app.component';
import { WareModule } from '../wares/ware.module';
import { AppRoutingModule } from './app-routing.module';
import { CustomerModule } from '../customers/customer.module'; // 导入客户领域模块

/**
 * 根模块
 */
@NgModule({
    imports: [BrowserModule, WareModule, CustomerModule/*导入客户领域模块*/, AppRoutingModule],
    declarations: [AppComponent],
    bootstrap: [AppComponent]
})
export class AppModule {
}
```

按照要求，我们通过TypeScript的import语句导入了客户领域模块CustomerModule的定义，然后将其添加到了根模块的imports属性中。

现在如果我们保存所有代码的编辑并刷新浏览器，那么Angular运行时将把应用程序根模块、商品领域模块和客户领域模块都加载到浏览器中，然后完成应用程序的启动，并最终将应用程序根视图和商品列表视图呈递到浏览器中。

当然，由于客户领域路由配置模块中path属性分别为sign-up和log-in的路由项的存在，我们也可以在浏览器地址栏输入http://localhost:50424/sign-up或http://localhost:50424/log-in并按回车键，随后将看到图9-2和图9-3所示的客户注册视图和客户登录视图。

哇！有没有要注册成为天天菜园的客户，然后完成登录并尝试买些菜的冲动？别急，我们还只是展示了相应的视图，背后的注册和登录功能还没有全部完成呢！

此外，记住以上两个URL也不是件易事，我们还需要让用户可以从根视图中导航到以上两个视图。

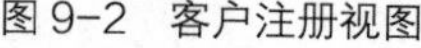

图 9-2 客户注册视图

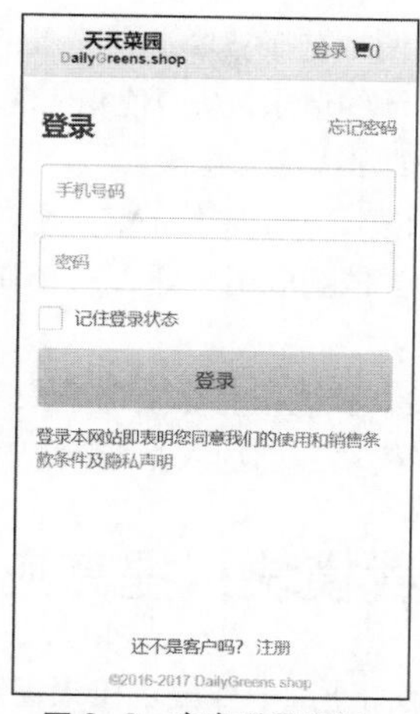

图 9-3 客户登录视图

说明

如果我们现在向以上两个表单中输入一些内容并单击相应的提交按钮，那么浏览器会将我们输入的内容序列化到其地址栏的 URL 中，并向服务端发起这个 URL 所指向的资源的 GET 请求。比如，当向注册表单中输入姓名和手机号码等数据并单击相应的提交按钮时，浏览器将向 http://localhost:50424/sign-up?name=Lcng&phone=13111111111&password=123456&email=这个 URL 发起 GET 请求。

显然这不是我们想要的，我们希望发生的是当表单中的提交按钮被单击时，表单中的数据会被传递到客户组件的 customer 属性的各个属性上，同时客户组件的 signUp()方法和 logIn()方法会被调用，从而最终使客户的注册和登录得以完成——此外，应用程序页面不应该被刷新。

9.1.8 导航到客户视图

天天菜园根视图的头部和底部各有一个"登录"链接和一个"注册"链接，而这两个链接的作用自然也就应该是将单击它们的用户导航到相应的客户登录视图和客户注册视图。

为了使这两个链接能够发挥它们应有的作用，我们需要修改根模板的定义代码，使其与代码清单 9-12 一致。

代码清单 9-12 src/app/views/app.html

```
<nav class="navbar navbar-fixed-top">
    <div class="container">
        <!--省略的代码-->
        <div>
            <a [routerLink]="'/log-in'">登录</a><!--使用路由器链接指令-->
            <span class="glyphicon glyphicon-shopping-cart">0</span>
        </div>
    </div>
</nav>
<div class="container">
    <!--使用路由器出口-->
    <router-outlet></router-outlet>
</div>
<footer>
    <div>
        还不是客户吗？
        <a [routerLink]="'/sign-up'">注册</a><!--使用路由器链接指令-->
    </div>
    <div>
        &copy;2016-2017 DailyGreens.shop
    </div>
</footer>
```

我们为"登录"和"注册"链接各添加了一个路由器链接指令，并分别将它们的值赋为字符串常量"/log-in"和"/sign-up"。

这样一来，当这两个链接被单击时，相应的路由器链接指令便分别会向 Angular 路由器发起目标 path 分别为 log-in 和 sign-up 的请求，从而使相应的客户登录视图和客户注册视图分别被显示到根视图中——这个过程中应用程序页面不会被刷新。

至此，我们便创建了一个完整的客户领域框架，并使用户可以方便地来到客户领域。接下来我们本应该趁热打铁，继续尝试获取用户通过 HTML 表单输入的注册数据和登录数据，并基于这些数据完成客户的注册和登录流程。

但在这么做之前，我们很有必要停下来考虑一个与用户体验相关的问题，即随着客户领域模块（以及今后更多其他领域模块）的加入，应用程序的启动将会变得更加耗时。

9.2　路由加载模块：提高应用程序启动效率

在 8.4 节中，我们通过一棵模块树来描绘了天天菜园中各个模块之间的导入关系。经过 9.1 节的努力，这棵模块树现在长成到了图 9-4 所示的样子。

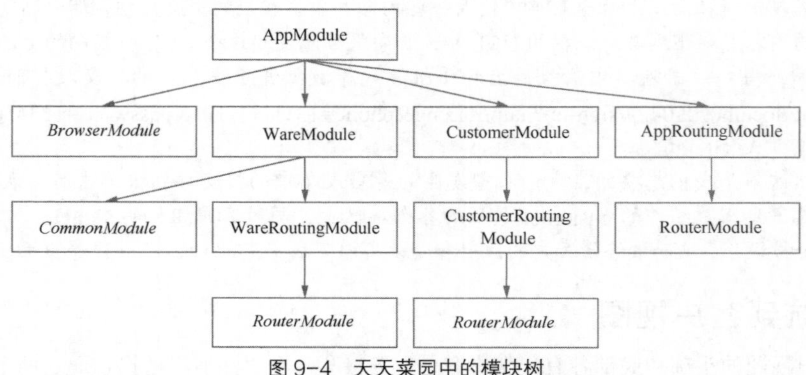

图 9-4　天天菜园中的模块树

相比第 8 章，图 9-4 所示的模块树略有膨胀，即多了客户领域模块及其封装的服务、组件和模板，和它所导入的客户路由配置模块。

可以想象，如果天天菜园将来涉及更多业务领域（事实上，第 11 章就会有一个购物车业务领域出现），以上模块树将不只是会略有膨胀，而是会变成一棵参天大树，并因此而使应用程序的启动变得更加耗时。

为什么这么说呢？我们都知道 Angular 应用程序的启动是从加载根模块开始的，而在这个启动过程中，如果 Angular 运行时发现根模块导入了其他（领域）模块，那么 Angular 运行时也会加载那些被导入的模块——包括它们封装的服务、组件、指令、管道、模板和样式，以及它们导入的其他模块。在这些模块被加载到浏览器中时，它们（以及它们封装的组件、指令、管道和模板）还需要经过 Angular 即时编译器（JIT Compiler）的编译。

显然，越多的模块就意味着越多的加载和编译时间，也就意味着应用程序的启动越耗时。如果要降低应用程序的启动所需要的时间，目前来说最直接的办法就是在应用程序启动时减少领域模块的加载。

比如，当用户通过 http://localhost:50424 访问天天菜园的“首页”时，他/她需要的仅仅是一个根视图和一个商品列表视图，这时我们其实没有必要急着将与这两个视图无关的客户领域模块也加载到浏览器中——如果用户随后单击了根视图中的注册或登录链接，那时我们再加载客户领域模块也不晚。

也就是说，为了提高应用程序的启动效率，我们大可在应用程序启动时仅加载根模块和商品领域模块，而将客户领域模块延迟到用户需要的时候再加载——甚至有些不打算成为天天菜园客户的用户根本就不需要这个模块。

那么，怎样才能实现客户领域模块的**延迟加载**（Lazy Loading，也被译作“**懒加载**”或“**惰性加载**”）呢？其实很简单，因为 Angular 路由器已经为我们准备好了对策。

9.2.1 路由加载客户领域模块

实现客户领域模块的延迟加载或许远比想象的简单。首先，我们需要修改根模块的定义代码，使其与代码清单 9-13 一致。

代码清单 9-13 src/app/app.module.ts

```
import { NgModule } from '@angular/core';
import { BrowserModule } from '@angular/platform-browser';
import { AppComponent } from './components/app.component';
import { WareModule } from '../wares/ware.module';
import { AppRoutingModule } from './app-routing.module';
// 此处删除了客户领域模块的导入

/**
 * 根模块
 */
@NgModule({
    imports: [BrowserModule, WareModule, /*此处删除了客户领域模块的导入*/ AppRoutingModule],
    declarations: [AppComponent/*此处删除了商品列表组件和商品细节组件*/], // 声明当前模块内的组件
    bootstrap: [AppComponent] // 从组件 AppComponent 启动
})
export class AppModule {
}
```

我们删除了导入客户领域模块 CustomerModule 的 import 语句，同时也将它从根模块的 imports 属性中删除了。

这样一来，当根模块被加载到浏览器中时，客户领域模块就不会因为被导入根模块中而也被加载到浏览器中。

说明

保存以上修改的编辑，然后打开 Chrome 调试工具的 Network 标签并刷新浏览器，读者会发现 Network 标签没有记录客户领域模块内的任何资源。这便证明了以上修改确实会避免客户领域模块过早地被加载到浏览器中。

接下来，为了让 Angular 路由器可以在必要的时候将客户领域模块加载到浏览器中，我们需要修改应用程序根路由配置模块的定义代码，使其与代码清单 9-14 一致。

代码清单 9-14 src/app/app-routing.module.ts

```
// 导入必要的定义
import { NgModule } from "@angular/core";
import { Routes, RouterModule } from "@angular/router";

// 定义路由表
let routes: Routes = [{ // 延迟加载客户领域模块
    path: 'customer', loadChildren: 'src/customers/customer.module#CustomerModule'
}, {
    path: '**', redirectTo: '' /*通配路由项*/
}]

/**
 * 应用程序根路由配置模块
 */
@NgModule({
    imports: [RouterModule.forRoot(routes)], // 注册路由项，并导入路由器模块
    exports: [RouterModule] // 导出路由器模块
})
export class AppRoutingModule {
}
```

我们给路由表变量 routes 添加了一个路由项，并为其设置了已用过多次的 path 属性，以及另一个第一次出现在我们的视野中的 loadChildren 属性。

当路由器在扫描路由表的过程中命中包含 loadChildren 属性的路由项时，路由器不会创建某个组件的实例或进行重定向，而是会加载这个路由项的 loadChildren 属性所指向的模块（及这个模块封装的服务、组件、指令、管道、模板和样式），并创建这个模块的实例。

那么，路由项的 loadChildren 属性是如何指向一个模块的呢？以上面的 loadChildren 属性为例，它的取值是这样的：

```
src/customers/customer.module#CustomerModule
```

这个值被井号（#）分为两段，其中第一段为“src/customers/customer.module”，第二段为“CustomerModule”。

当 Angular 路由器获得到这两段内容时，它便会以第一段内容 src/customers/customer.module 为 URL 从服务端加载相应的资源，然后创建类名为第二段内容 CustomerModule 的类的实例。

显然，src/customers/customer.module 就是客户领域模块的路径，而 CustomerModule 就是客户领域模块类的名字。因此，以上新增的路由项的作用其实就是使路由器在接收到目标 path 为 customer 的请求时，加载客户领域模块 CustomerModule。

说明

帮助 Angular 路由器加载目标模块的是 SystemJS，而由于我们已经通过配置文件 systemjs.config.js 告诉了 SystemJS 服务端 src 路径下的资源的默认后缀是.js，以上客户领域模块的路径可以不包含后缀.js——当然，包含这一后缀也是合法的。

以上客户领域模块的路径现在来说必须是绝对路径，而不能是相对路径../customers/customer.module，因为 SystemJS 无法很好地解析路由加载模块的相对路径。但在本书最后一章，我们将会改用相对路径，并帮助 SystemJS 识别这一相对路径。

那么，用户在什么时候会发起目标 path 为 customer 的请求呢？说实话，应该没有用户会发起这样的请求，因为仅仅是加载一个客户领域模块对用户来说毫无意义，用户需要的是其中的客户视图。

尽管如此，但作为开发人员，我们还是有必要验证一下以上路由项可以发挥它应有的作用，为此需要修改应用程序根模板的定义代码，使其与代码清单 9-15 一致。

代码清单 9-15　src/app/views/app.html

```
<nav class="navbar navbar-fixed-top">
    <div class="container">
        <!--省略的代码-->
        <div>
            <a [routerLink]="'/customer'">登录</a><!--加载客户领域模块 CustomerModule-->
            <span class="glyphicon glyphicon-shopping-cart">0</span>
        </div>
    </div>
</nav>
<div class="container">
    <!--使用路由器出口-->
    <router-outlet></router-outlet>
</div>
<footer>
    <div>
        还不是客户吗？
        <a [routerLink]="'/sign-up'">注册</a>
    </div>
    <div>
        &copy;2016-2017 DailyGreens.shop
    </div>
</footer>
```

我们将登录链接上的路由器链接指令 RouterLink 的值换成了/customer，这样一来，当这个链接被单击时，路由器就将收到目标路径为 customer 的请求，并将客户领域模块（及其封装的服务、组件、指令、管道、模板和样式）加载到浏览器中。

保存以上所有代码的编辑，然后刷新浏览器并单击根视图中的登录链接，随后浏览器呈递的图 9-5 所示的效果证明了以上加载过程确实发生了。

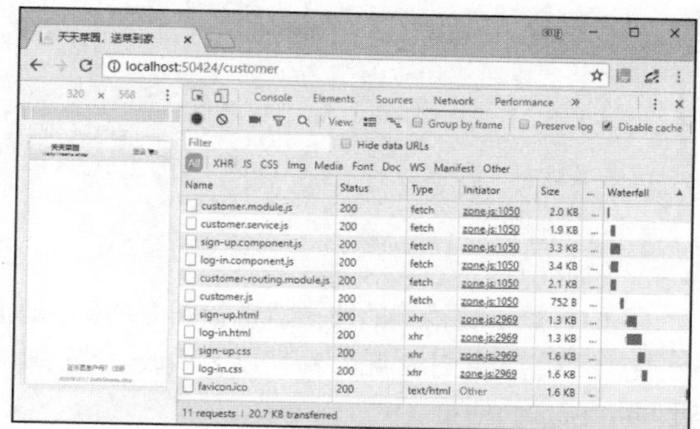

图 9-5 延迟加载的客户领域模块

读者或许首先会被根视图中间的空白区域惊吓到，但其实它出现在这里是合情合理的，因为我们刚刚单击的登录链接上的路由器链接指令不再指向任何一个目标组件，所以路由器在销毁了根视图中原有的商品列表视图（组件）之后，便不会再向其中呈递任何视图。

除了根视图中的空白区域，其实我们更应该注意的是右侧调试工具的 Network 标签中的内容，即 customer.module.js、customer.service.js 和 sign-up.component.js 等文件的加载。

提示

为了凸显以上文件是在登录链接被单击之后被加载的，读者可以在单击登录链接之前先清除 Network 标签已经记录的文件加载列表。

显然，这些文件就是整个客户领域模块的实现文件，而它们此时的加载则说明了在拥有 loadChildren 属性的路由项的帮助下，路由器对目标模块的延时加载确实起作用了。

着实是令人兴奋的一件事，兴奋到 Angular 的开发团队专门为这样被延迟加载的领域模块创建了一个分类，而这个分类就是第 8 章提到路由加载模块（Routed Module）。

至此，我们已经接触了四种 Angular 模块，它们分别是：

（1）根模块（Root Module），负责应用程序的启动，不应该参与应用程序的业务；

（2）领域模块（Domain Feature Module），五种特性模块之一，负责应用程序中某个业务领域的实现；

（3）路由配置模块（Routing Feature Module），五种特性模块之一，负责应用程序中某个领域模块内的路由项配置和注册；

（4）路由加载模块（Routed Module），五种特性模块之一，本质仍然是领域模块，但不会在应用程序启动时随根模块一起被加载，而是在必要时由路由器加载——因此被称为路由加载模块。

知道了这些之后，我们应该回到根视图中的空白区域，并重新将客户视图显示到其中。

9.2.2 重新导航到客户视图

刚刚，我们成功地通过单击根视图中的登录链接，将客户领域模块加载到了浏览器中。但由于登录链接上的路由器链接指令未指向一个具体的组件，因此在根视图中的商品列表视图被销毁之后，没有相应的目标视图被显示回根视图中。

那么，怎样才能让目标视图回到根视图中呢？其实很简单，我们只需要修改根模板的定义代码，使其与代码清单 9-16 一致。

代码清单 9-16 src/app/views/app.html

```
<nav class="navbar navbar-fixed-top">
    <div class="container">
        <div class="navbar-brand" [routerLink]="'/'">
            <!--省略的代码-->
        </div>
        <div>
            <!--导航到客户领域模块内的客户登录组件（视图）-->
            <a [routerLink]="'/customer/log-in'">登录</a>
            <span class="glyphicon glyphicon-shopping-cart">0</span>
        </div>
    </div>
</nav>
<div class="container">
    <router-outlet></router-outlet>
</div>
```

```
    <footer>
        <div>
            还不是客户吗？
            <a [routerLink]="'/sign-up'">注册</a>
        </div>
        <div>
            &copy;2016-2017 DailyGreens.shop
        </div>
    </footer>
```

我们将登录链接上的路由器链接指令的值修改成了/customer/log-in。

接下来会发生什么呢？保存以上修改，然后刷新浏览器并单击根视图中的登录链接，随后我们将看到图 9-6 所示的结果。

哇哦！发生什么事情了！？正如读者所见，客户领域模块被加载到了浏览器中，其中的客户登录视图也中被显示到了根视图中——此外，浏览器地址栏的 URL 也被更新成 http://localhost:50424/customer/log-in。

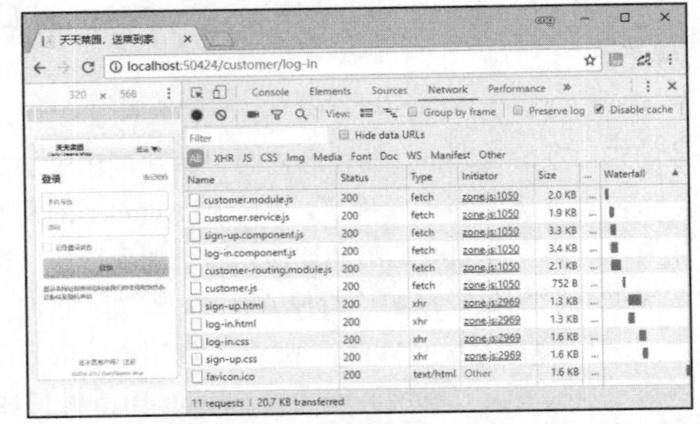

图 9-6　导航到延迟加载的客户领域模块内的客户登录组件/视图

这是怎么发生的呢？简单来说，当登录链接被单击时，路由器会接收到目标 path 为 customer/log-in 的请求，而路由器对这个目标 path 的匹配是分段进行的。

那么，这个分段匹配的过程是怎样的呢？以下列表给出了答案：

（1）路由器首先会扫描路由表中目标 path 为 customer/log-in 的路由项，但这次扫描不会命中任何路由项（包括通配路由项）；

（2）路由器继续扫描路由表中目标 path 为 customer（customer/log-in 的前半段）的路由项，并因命中其中通过应用程序根路由配置模块注册的 path 属性为 customer 的客户领域模块路由项，而开始加载客户领域模块 WareModule；

（3）路由器完成客户领域模块的加载，并为其创建一个子路由表，然后将随客户领域模块一起被加载的客户领域路由配置模块配置的 path 属性分别为 sign-up 和 log-in 的客户注册组件路由项和客户登录组件路由项注册到这个子路由表中；

（4）路由器扫描以上子路由表中目标 path 为 log-in（customer/log-in 的后半段）的路由项，并因命中刚刚被注册到其中客户登录组件路由项，从而开始创建客户登录组件和视图；

（5）最终，客户登录视图通过根视图中的路由器出口指令（RouterOutlet）被显示到根视图的中部。

提示

有没有想过如果路由表中已有两个 path 属性分别为 customer/log-in 和 log-in 的路由项，根视图中的登录链接被单击之后会发生什么呢？

基于以上描述，读者应该了解了导航到客户注册视图的方法，即将客户登录链接上的路由器链接指令的指修改为/customer/sign-up。执行完这一修改之后，根模板的定义代码将与代码清单 9-17 一致。

代码清单 9-17　src/app/views/app.html

```
<nav class="navbar navbar-fixed-top">
    <div class="container">
        <div class="navbar-brand" [routerLink]="'/'">
            <!--省略的代码-->
        </div>
        <div>
            <a [routerLink]="'/customer/log-in'">登录</a>
            <span class="glyphicon glyphicon-shopping-cart">0</span>
        </div>
    </div>
```

```
</nav>
<div class="container">
    <router-outlet></router-outlet>
</div>
<footer>
    <div>
        还不是客户吗？
        <!--导航到客户领域模块内的客户注册组件（视图）-->
        <a [routerLink]="'/customer/sign-up'">注册</a>
    </div>
    <div>
        &copy;2016-2017 DailyGreens.shop
    </div>
</footer>
```

接下来如果我们保存以上代码的修改，然后刷新浏览器并单击根视图底部的注册链接，将看到图 9-7 所示的客户注册视图。

需要注意的是，如果我们先通过单击登录链接导航到了客户登录视图，然后再单击注册链接导航到客户注册视图，那么第二次导航不会导致客户领域模块的再次加载，只会导致客户注册组件和视图的创建——因此，图 9-7 中的 Network 标签没有记录任何资源的下载。

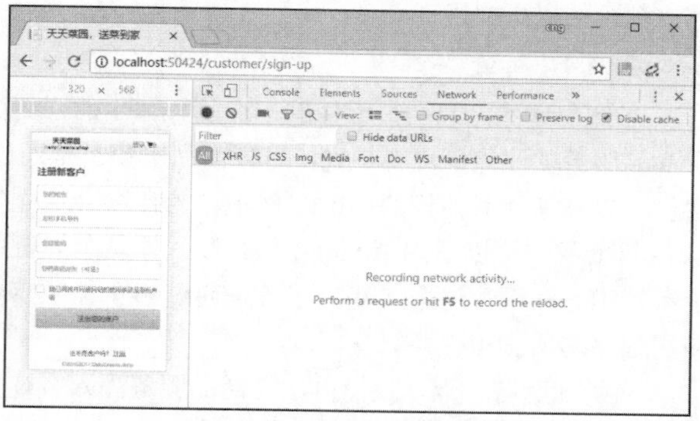

至此，我们便完成了本节的使命，即通过路由器实现对客户领域模块的延迟加载，以提高应用程序的启动效率。

此外，我们还知道了路由器会为被延迟加载的领域模块（即路由加载模块）创建一个子路由表，并在随后的路由表扫描过程中扫描这个子路由表——这正是路由加载模块内的视图可以被请求到的原因。

图 9-7 导航到客户注册视图/组件

其实，除了子路由表，Angular 运行时还会为路由加载模块创建一个子依赖注入器。而接下来，我们则打算再花些时间来了解一下，子依赖注入器和我们一直使用的依赖注入器有什么不同。

注意

记得将客户注册组件的 signUp()方法内的目标路径/log-in 换成/customer/log-in。

9.2.3 模块和依赖注入器

当我们通过商品领域模块 WareModule 的 providers 属性将商品服务 WareService 注册到 Angular 依赖注入器中时，我们可能会下意识地觉得商品服务只能被注入商品领域模块内的组件中。但事实并非如此，为了证明这一点，我们可以将根组件 AppComponent 的定义代码修改至与代码清单 9-18 一致。

代码清单 9-18 src/app/components/app.component.ts

```
import { Component } from '@angular/core';
import { WareService } from '../../wares/models/ware.service'; // 导入商品服务

@Component({
    selector: 'app-root',
    templateUrl: '../views/app.html',
    styleUrls:['../views/app.css'],
    moduleId: module.id // 设置 moduleId
})
export class AppComponent {
    /**
     * 构造根组件
     * @param wareService 注入商品服务
```

```
    */
    constructor(wareService: WareService){
        let totalStock = 0; // 总库存量

        wareService.getWareList().forEach(x => {
            totalStock += x.stock; // 计算总库存量
        });

        console.log(`总库存量：${totalStock}`);
    }
}
```

我们给根组件添加了一个构造函数，然后尝试通过它给根组件注入一个商品服务，接着调用了商品服务的 getWareList()方法以计算天天菜园的商品总库存量，并最终将这个总库存量输出到控制台。

如果商品服务只能被注入到商品领域模块内的组件中，那么以上尝试必定不会成功（因为根组件不是商品领域模块内的组件），Angular 运行时会抛出类似于"无法访问 null 或 undefined 的 getWareList 属性"的错误。

但事实上，如果我们保存以上修改并刷新浏览器，我们不会看到这样的错误，取而代之的是被输出到控制台的以下内容：

```
总库存量：999
```

显然，这行内容是根组件的构造函数输出的，而这行内容能够被输出的前提则是根组件成功地获得了商品服务的注入。也就是说，尽管商品服务类是通过商品模块的 providers 属性被注册的，但其实它的实例可以被注入其他模块内的组件中。为什么会这样呢？

目前我们可以认为 Angular 依赖注入器是全局可用的，一旦有服务（类）被注册到了这个全局依赖注入器中——不管这个（些）服务是通过哪个领域模块被注册的——那么这个服务的实例便被可以注入应用程序的所有组件中。

为了证明这一点，我们再次将商品服务注入客户登录组件中，使客户登录组件的定义代码与代码清单 9-19 一致。

代码清单 9-19　src/customers/components/log-in.component.ts

```
// ...省略的 import

@Component({
    // ...省略的代码
})
export class LogInComponent {
    // ...省略的代码

    constructor(private customerService: CustomerService, private route: ActivatedRoute,
private router: Router, wareService: WareService) {
        // ...省略的代码
        console.log(`商品数量：${wareService.getWareList().length}`)
    }

    private logIn() {
        // ...省略的代码
    }
}
```

按照要求，我们给客户登录组件的构造函数添加了一个类型为商品服务 WareService 的参数 wareService，从而使全局的 Angular 依赖注入器为客户登录组件注入一个商品服务实例。

接下来，如果我们保存以上修改的编辑，然后刷新浏览器并导航到客户登录视图，将看到以上修改向浏览器控制台输出的以下内容：

```
商品数量：3
```

这就证明，Angular 依赖注入器是全局可用的这一说法是正确的。但在有些情况下，这一说法却会被推翻。为了展示这样的情况，我们继续修改根组件的定义代码，使其与代码清单 9-20 一致。

代码清单 9-20 src/app/components/app.component.ts

```
import { Customer } from '../../customers/models/customer'; // 导入客户服务
// ...省略的 import

@Component({
    // ... 省略的代码
})
export class AppComponent {
    /**
     * 构造根组件
     * @param wareService 注入商品服务
     * @param customerService 注入客户服务
     */
    constructor(wareService: WareService, customerService: CustomerService){
        let totalStock = 0;          // 总库存量

        wareService.getWareList().forEach(x => {
            totalStock += x.stock; // 计算总库存量
        });

        console.log('总库存量：${totalStock}');

        // 创建一个客户，并通过客户服务保存这个客户
        let customer: Customer = new Customer();
        customer.name = 'Lcng';
        customer.phone = '13111111111';
        customer.password = '123456';
        customerService.addCustomer(customer);
    }
}
```

我们通过 import 语句导入了客户服务类 CustomerService，然后给根组件注入了一个客户服务 customerService，最后尝试调用这个客户服务的 addCustomer()方法以保存一个新建的客户对象。

按照刚刚我们得出的结论，尽管根组件不是客户领域模块内的组件，但全局的 Angular 依赖注入器仍然可以向根组件注入由客户领域模块的 providers 注册的客户服务类的实例。

然而，事实并非如此，如果我们保存以上修改并刷新浏览器，Angular 运行时会抛出以下错误信息：

```
NullInjectorError: No provider for CustomerService!（空注入器错误：没有提供客户服务 CustomerService 的服务提供商！）
```

提示

如果尝试将客户服务注入商品组件中，我们也会得到上面这个错误。

为什么会这样？我们不是通过客户领域模块的 providers 属性将客户服务 CustomerService 注入全局的 Angular 依赖注入器中吗，Angular 运行时为什么会认为没有提供客户服务的服务提供商？

其实，Angular 应用程序中不止一个全局依赖注入器，它可能还有一个或多个子依赖注入器，而有些服务是被注册到子依赖注入器中，且只能被注入相应的领域模块内的组件中的。

什么意思呢？具体来说是这样的，即 Angular 运行时会在应用程序启动时创建一个根依赖注入器（Root Injector，即我们熟悉的全局依赖注入器），然后还会在路由器延迟加载路由加载模块时为相应的路由加载模块创建一个子依赖注入器（Child Injector）。

并且，所有在应用程序启动时被加载到的浏览器中的模块的 providers 属性中的服务，都会被注册到根依赖注入器中；而路由加载模块的 providers 属性中的服务，则只会被注册到相应的子依赖注入器中。

此外，被注册到根依赖注入器中的服务可以被注入应用程序的任意组件（包括路由加载模块内的组件）中；但被注册到子依赖注入器中的服务则只能被注入相应的路由加载模块内的组件中，而不能被注入应用程序启动时被加载到浏览器中的模块或其他路由加载模块内的组件中。

图 9-8 展示了天天菜园中根依赖注入器和各子依赖注入器的作用范围。

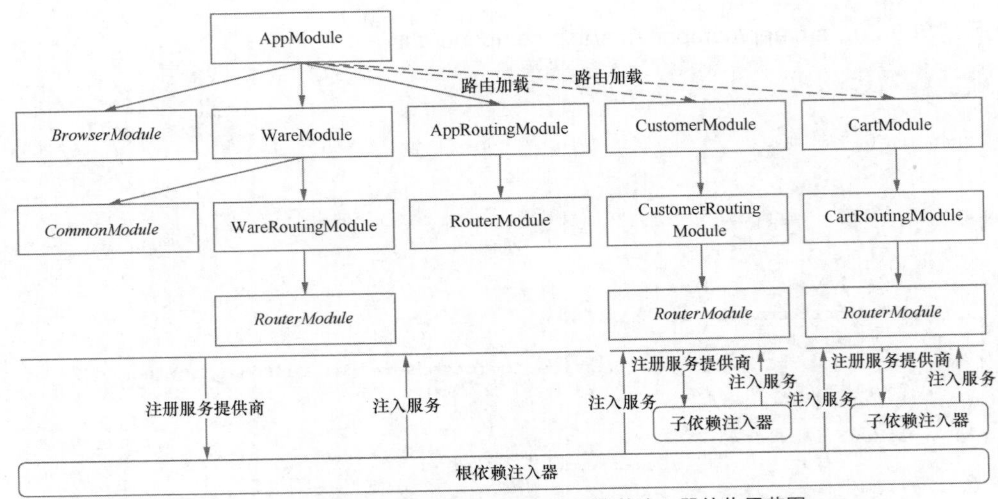

图 9-8　天天菜园中根依赖注入器和各子依赖注入器的作用范围

说明

在第 11 章中，我们的任务是实现天天菜园的购物车业务，届时我们会创建一个相应的路由加载购物车领域模块。为了凸显子依赖注入器的独立性，此处提前将购物车领域模块添加到了图 9-8 中。

根据前面的描述和如图 9-8 所示，商品模块 WareModule 的 providers 属性中的商品服务 WareService 会被注册到根依赖注入器中，并可被注入根组件、客户组件和第 11 章将要创建的购物车组件中。至于另外两个路由加载模块(即客户领域模块 CustomerModule 和购物车领域模块 CartModule)，它们的 providers 属性中的服务（即客户服务 CustomerService 和购物车服务 CartService），则只会被注册到各自的子依赖注入器中，并且只能被各自的子依赖注入器注入各自内部的组件中。

读者一定能理解子依赖注入器存在的必要，因为它能避免客户服务被注入客户业务领域之外的其他业务领域内的组件中，避免购物车服务被注入购物车业务领域之外的其他业务领域内的组件中等。但读者或许会不理解根依赖注入器存在的原因，因为它导致了商品服务可以被注入商品业务领域之外的客户业务领域和购物车业务领域内的组件中。这确实是一个问题，为了避免这个问题，我们则需要取消根模块对商品领域模块的导入，让商品领域模块也变成一个路由加载模块——这是本节留给聪明而又勤劳的读者的家庭作业。

此外，根依赖注入器的存在还有一个很大的原因，那就是 Angular 提供了很多内置服务，这些服务对很多应用程序来说都是全局需要的。比如，9.3 节将要使用的 HttpClient，不管是商品领域模块、客户领域模块还是购物车模块，它们都需要通过 HttpClient 来和服务端 Web API 通信。因此，将 HttpClient 注册到根依赖注入器中，远比将它分别注入各个路由加载领域模块中方便。

至此，我们便对 Angular 依赖注入器有了进一步的了解。接下来，让我们回到客户业务中，继续完成客户注册的流程。

说明

重复注册的服务会发生覆盖，比如，当我们将商品服务 WareService 同时添加到应用程序根模块 AppModule 商品领域模块 WareModule 的 providers 属性中时，Angular 运行时首先会在加载应用程序根模块时将商品服务注册到根依赖注入器中，然后还会在加载商品领域模块时再次将商品服务注册到根依赖注入器中，并将前一次的注册覆盖掉。

此外，除了模块，组件也有 providers 属性，因此我们也可以将服务注册到作用范围更小的组件子依赖注入器中。若要了解其中细节，请参看其官方文档 https://angular.cn/guide/hierarchical-dependency-injection#component-injectors。

最后，本节对当前项目所做的修改不是天天菜园的组成部分，仅仅是为了说明根依赖注入器和子依赖注入器的作用范围，因此，在进入 9.3 节之前，我们可以撤销这些修改——本书就是这样做的。

9.3 表单（上）：双向数据绑定

在 9.1 节里，我们创建了一个客户领域模块，并实现了客户注册和登录的业务逻辑和应用逻辑。遗憾的是，虽然我们向用户呈递了相应的客户注册视图和登录视图，并且用户也可以向其中的表单中输入相应的注册和登录数据，但当用户单击相应的提交按钮时却不会得到应有的响应。

在本节中，我们的任务就是弥补这一遗憾，即通过 Angular 表单将用户输入的数据传递给客户注册组件和客户登录组件的属性 customer，然后在用户提交表单时调用这两个组件的 signUp()和 logIn()方法，从而完成客户的注册和登录。

和路由器一样，Angular 表单也被封装在一个独立的 Angular 包中，因此在使用 Angular 表单之前，我们需要先将封装它的表单包安装到项目中。

9.3.1 安装和配置表单包

为了安装 Angular 表单包，我们需要当前项目的 Node.js 包描述文件 package.json，使其与代码清单 9-21 一致。

代码清单 9-21 package.json

```
{
    "name": "chapter8-4",
    "version": "1.0.0",
    "private": true,
    "dependencies": {
        "@angular/common": "7.0.4",
        "@angular/compiler": "7.0.4",
        "@angular/core": "7.0.4",
        "@angular/platform-browser": "7.0.4",
        "@angular/platform-browser-dynamic": "7.0.4",
        "@angular/router": "7.0.4",
        "@angular/forms": "7.0.4",
        "core-js": "2.5.7",
        "rxjs": "6.3.3",
        "systemjs": "0.21.5",
        "zone.js": "0.8.26",
        "bootstrap": "3.3.7"
    },
    "devDependencies": {
        "@types/node": "10.12.9",
        "express": "4.16.4"
    }
}
```

以上修改在 dependencies 属性下添加了当前项目对 Angular 表单包@angular/forms 的依赖。

接下来我们需要将这个依赖安装到项目中，为此需要在 VS Code 集成终端中执行以下 npm 命令：

```
npm install
```

执行完以上命令之后，我们可以在当前项目的 Angular 包安装目录 node_modules/@angular 下看到一个名为 forms 的子文件夹，这就说明 Angular 表单包已经被成功地安装到当前项目中。

完成 Angular 表单包的安装之后，我们还需要告诉 SystemJS 怎样加载这个包，为此需要修改 SystemJS 配置文件 systemjs.config.js 的内容，使其与代码清单 9-22 一致。

代码清单 9-22 src/systemjs.config.js

```
(function (global) {
    System.config({
        paths: { // 路径变量
            'npm:': 'node_modules/'
        },
```

```
            map: { // 路径映射
                'rxjs': 'npm:rxjs',
                '@angular/core': 'npm:@angular/core/bundles/core.umd.js',
                '@angular/common': 'npm:@angular/common/bundles/common.umd.js',
                '@angular/platform-browser': 'npm:@angular/platform-browser/bundles/platform-
browser.umd.js',
                '@angular/compiler': 'npm:@angular/compiler/bundles/compiler.umd.js',
                '@angular/platform-browser-dynamic': 'npm:@angular/platform-browser-dynamic/
bundles/platform-browser-dynamic.umd.js',
                '@angular/router': 'npm:@angular/router/bundles/router.umd.js',
                '@angular/forms': 'npm:@angular/forms/bundles/forms.umd.js' // Angular 表单包的路径
            },
            packages: { // 路径配置
                'src': {
                  defaultExtension: 'js'
                },
                'rxjs': {
                    main: 'index.js',
                    defaultExtension: 'js'
                },
                'rxjs/operators': {
                    main: 'index.js'
                }
            }
        });
    })();
```

我们在 map 属性下添加了一个路径映射，即：

```
'@angular/forms': 'npm:@angular/forms/bundles/forms.umd.js'
```

根据在第 4 章中掌握的经验，我们可以知道有了以上路径映射之后，当 TypeScript 代码中的代码“import { 表单相关定义 } from '@angular/forms'”被编译成 JavaScript 代码“require('@angular/forms')”并被 SystemJS 执行时，SystemJS 真正会加载的是服务端路径为 node_modules/@angular/forms/bundles/forms.umd.js 的 JavaScript 文件——Angular 表单包被编译后的 JavaScript 文件。

那么，我们需要从表单包中导入哪些定义呢？答案是表单模块，因为 Angular 表单是被封装在表单模块中的。

9.3.2　导入表单模块到客户领域模块

Angular 表单的本质是一个指令（类），随后我们将会在客户模板中使用这个指令，以通过它来帮助用户调用客户组件中的 signUp()和 logIn()两个方法，从而完成客户的注册和登录。

由于 Angular 表单这个指令是被封装在表单包内的表单模块 FormsModule 中的，因此在客户模板能够使用这个指令之前，我们必须将表单模块导入客户模板所在的客户领域模块中。

说明

指令、组件和管道不同于服务，它们不会被注册到 Angular 依赖注入器中，任何要使用指定指令、组件或管道的模块，都必须导入封装这些指令、组件或管道的模块。

为了导入表单模块，我们需要修改客户领域模块的定义代码，使其与代码清单 9-23 一致。

代码清单 9-23　src/customers/customer.module.ts

```
// ...省略的 import
import { FormsModule } from '@angular/forms'; // 导入表单模块

/**
 * 客户领域模块
 */
@NgModule({
    imports: [CustomerRoutingModule, FormsModule/*导入表单模块*/],
    providers: [CustomerService],
    declarations: [SignUpComponent, LogInComponent]
```

```
})
export class CustomerModule {
}
```

按照要求，我们通过 import 语句从 Angular 表单包@angular/forms（一个 TypeScript 模块）中导入了表单模块 FormsModule 的定义，然后将它添加到了客户模块的 imports 属性中。

这样一来，客户模块内的模板就可以使用表单模块封装的 Angular 表单指令了。那么 Angular 表单指令可以帮助我们做什么呢？简单来说，它可以帮助我们提交 HTML 表单。

9.3.3　提交客户表单

在 9.1 节快结束的时候，我们尝试过向客户注册视图中的 HTML 表单输入一些数据，然后通过单击相应的提交按钮来提交这个 HTML 表单。但随后我们发现，这个 HTML 表单似乎没有提交成功，同时我们更加不希望发生页面刷新也发生了。

根据以往使用 jQuery 的经验我们可以知道，如果要避免 HTML 表单的提交而导致的页面刷新，我们需要监听 HTML 表单的提交事件，然后在监听到这一事件发生时阻止表单的提交并遍历表单域以获取用户输入的数据，最后再通过 jQuery 的 post()方法将用户输入的数据提交到服务端。

但有了 Angular 表单（指令）之后，我们不再需要额外地获得 jQuery 的帮助，因为 Angular 表单指令提供了更加方便的 HTML 表单提交事件监听和处理方式。

接下来，就让我们来看看 Angular 表单指令是如何监听 HTML 表单的提交的。首先，让我们从监听客户注册表单的提交开始。

1．提交客户注册表单

为了监听客户注册表单的提交事件，我们需要修改客户注册模板的定义代码，使其与代码清单 9-24 一致。

代码清单 9-24　src/customers/views/sign-up.html

```
<h3>注册新客户</h3>
<div class="row">
    <div class="col-xs-12">
        <!--使用 Angular 表单指令 NgForm-->
        <form ngForm (ngSubmit)="signUp();">
            <!--省略的代码-->
            <button type="submit" class="btn">注册您的账户</button>
        </form>
    </div>
</div>
```

我们对客户注册模板做了两处修改：一是给其中的 HTML 表单标签<form>添加了一个名为 ngForm 的“特性”；二是给这个<form>标签的“事件”ngSubmit 绑定了一个处理函数 signUp()。

当然，ngForm 和 ngSubmit 不是<form>标签的特性和事件，它们分别是 Angular 表单指令 NgForm 的选择器和事件。

注意

不像 NgIf 和 NgForOf 等通用指令可以被添加到任意 HTML 标签上，NgForm 指令和它的事件 ngSubmit 只能被添加到<form>标签上。

当 Angular 运行时遇到以上模板中的选择器 ngForm 时，Angular 运行时为被这个选择器修饰的<form>标签创建一个 NgForm 指令的实例。而 NgForm 指令的实例一旦被创建，它就会监听被它修饰的表单的提交事件，并在监听到这一事件发生时阻止浏览器向服务端发起请求，并触发自己的 ngSubmit 事件。

说明

除了指令，组件可以有它自己的事件，本书第 12 章将介绍组件事件的相关细节。

我们可以像给 HTML 元素的事件绑定处理函数那样，给 NgForm 指令的 ngSubmit 事件绑定处理函数（方法），从而使 NgForm 指令的 ngSubmit 事件触发时，相应的处理方法会被调用。

图 9-9 展示了以上描述的 HTML 表单、NgForm 指令和相关的事件处理的关系。

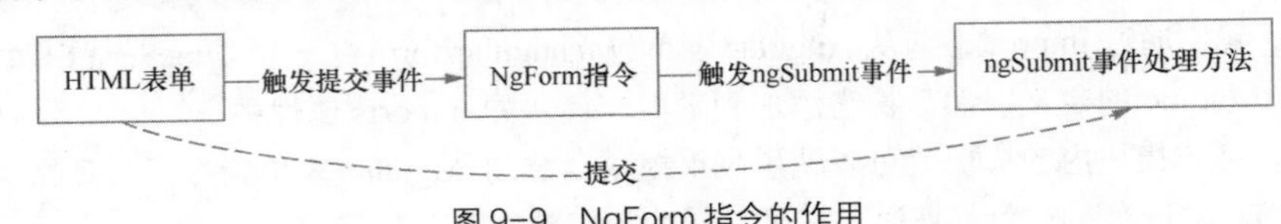

图 9-9　NgForm 指令的作用

根据以上描述和图 9-9 所示，我们可以知道 NgForm 指令的作用其实就是使绑定给它的 ngSubmit 事件的处理方法，在被它修饰的 HTML 表单的被提交时被执行——或者说，使 HTML 表单被提交给 NgForm 指令的 ngSubmit 事件的处理方法。

也就是说，我们给客户注册模板带来的修改，其作用就是使其中的客户注册表单在被提交时，执行绑定给 ngSubmit 事件的事件处理方法 signUp()。

那么这个 signUp()方法在哪呢？它就是客户注册组件 SignUpComponent 中的同名方法。

为了验证这一点，我们保存客户注册组件的编辑并刷新浏览器，然后导航到客户注册视图并单击其中的提交按钮。接下来如果不出意外的话，我们将在浏览器的控制台看到图 9-10 所示的信息。

显然，整个应用程序中只有客户注册组件的 signUp()方法会向控制台输出图 9-10 所示的内容，即“SignUpComponent.signUp()方法被执行”。

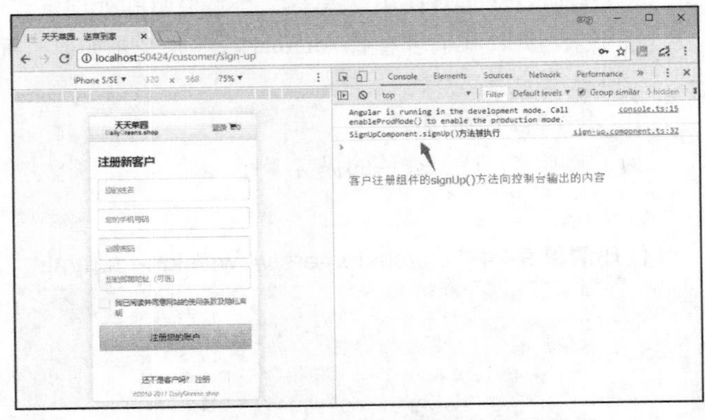

图 9-10　客户注册组件的 signUp()方法被执行

也即是说，客户注册组件的 signUp()方法确实在客户注册表单被提交时被调用了。但这个方法目前没有得到完整的执行，如果我们在它的头部添加一个 debugger 以开启对它的调试，我们会发现其中位于对组件属性 agree 的判断之后的代码都没有执行，因为组件属性 agree 的值在当前方法被执行时不等于 true。

那么，怎样才能让客户注册组件的 agree 属性的值变成 true 呢？在回答这个问题之前，让我们先完成另一个客户登录表单的提交。

说明

像(ngSubmit)="signUp();"这样为指令的事件设置事件处理方法的做法被称为事件绑定（Event Binding），它是 Angular 七种数据绑定（Data Binding）技术之一。在第 11 章中，我们将了解更多有关事件绑定的细节，并会发现我们还可以通过事件绑定技术为 HTML 元素的事件绑定事件处理方法。

此外，以上事件名 ngSubmit 不能被换成 submit，因为 submit 是 HTML 表单元素（而非 NgForm 指令）的事件。

2. 提交客户登录表单

刚刚我们在 NgForm 指令的帮助下，成功地监听到了客户注册表单的提交事件，并将这一事件交给了客户注册组件的 signUp()方法处理。

接下来，我们的任务是按照同样的方式将客户登录表单的提交事件交给客户登录组件的 logIn()方法来处理，为此需要修改客户登录模板的定义代码，使其与代码清单 9-25 一致。

代码清单 9-25　src/customers/views/log-in.html

```
<div class="row">
    <!--省略的代码-->
```

```
    </div>
    <div class="row">
        <div class="col-xs-12">
            <!--监听 NgForm 指令的 ngSubmit 事件-->
            <form (ngSubmit)="logIn();">
                <!--省略的代码-->
                <button type="submit" class="btn">登录</button>
            </form>
            <span>
                登录本网站即表明您同意我们的<a>使用和销售条款条件</a>及<a>隐私声明</a>
            </span>
        </div>
    </div>
```

这一次，我们只对客户登录模板做了一处修改，即只给其中的<form>标签添加了 ngSubmit 事件绑定，并将相应的事件处理方法设置为客户登录组件的 logIn()方法。

接下来，我们保存以上代码的编辑并刷新浏览器，然后导航到客户登录视图并单击其中的表单提交按钮，随后将看到客户登录组件的 logIn()方法向浏览器控制台输出的信息，如图 9-11 所示。

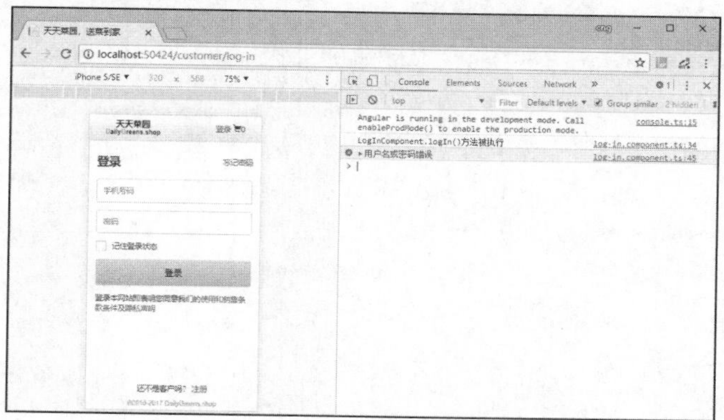

图 9-11　客户登录组件的 logIn()方法已被执行

或许读者会惊讶：我们似乎忘了向表单标签<form>添加 NgForm 指令的选择器，但属于这个指令的事件 ngSubmit 的绑定却起作用了！？

请不必惊讶，因为当某个领域模块导入了表单模块 FormsModule 时，那么 Angular 编译器会自动为这个领域模块内的模板中的<form>标签添加 NgForm 指令——在 Angular 应用程序中，我们很难遇到不需要 NgForm 指令的 HTML 表单。

也就是说，由于客户领域模块导入了表单模块，Angular 编译器自动为其中的客户登录模板内的<form>标签添加了 NgForm 指令，从而使客户登录表单的提交事件在我们“不知情”的情况下被这个 NgForm 指令监听，并最终被提交给客户登录组件的 logIn()方法处理。

然而，logIn()方法的执行并不顺利，因为它传递给客户服务 customerService 的 checkCustomer()方法的登录客户属性 customer 暂时还没有封装有效的手机号码和密码。

那么，怎样才能让登录客户属性 customer 封装有效的手机号码和密码呢？我们需要将用户在视图中的客户登录表单的电话号码域和密码域中输入的手机号码和密码，分别绑定到登录客户属性 customer 的 phone 和 password 属性上。

9.3.4　绑定客户表单

在 9.3.3 节中，我们成功地将客户视图中的两个表单“提交”给了客户组件中相应的处理方法。但这两个方法都没有得到完整的执行，因为它们的执行所依赖的一些属性还没有得到期望的值，比如，客户注册组件的 agree 属性，以及两个组件都拥有的 customer 属性。

在传统的 Web 开发中，我们会认为这些属性的值应该是从相应的表单域上获取的，比如，我们应该通过 document.getElementById('phone').value、document.querySelector('input[name="password"]').value 和 $('#agree').prop('checked')这样的 DOM 遍历代码来获取用户输入的手机号码和密码，以及用户对隐私条款复选框的选择。

但在 Angular 应用程序开发中，我们要逆向思考，即表单域中的值应该被“输入”组件的属性上，而非组件应该从表单域上获取值。比如，当用户向注册表单中的电话号码域中输入了一个手机号码时，这个手机号码应该直接被输入客户注册组件的客户属性 customer 的 phone 属性上。

那么，怎样才能实现这样的直接输入呢？答案是使用表单模块 FormsModule 封装的另一个指令，即模型绑定指令 NgModel。

接下来，我们通过模型绑定指令 NgModel 来将用户在客户注册表单中输入的注册数据，绑定到客户注册组件相应的属性上。

1. 绑定客户注册表单

首先，先尝试从客户姓名的绑定开始，为此我们需要修改客户注册模板，使其与代码清单 9-26 一致。

代码清单 9-26　src/customers/views/sign-up.html

```
<h3>注册新客户</h3>
<div class="row">
    <div class="col-xs-12">
        <form ngForm (ngSubmit)="signUp();">
            <input type="text" name="name" class="form-control" placeholder="您的姓名" [(ngModel)]
="customer.name" /><!--使用模型绑定指令 NgModel-->
            <input type="tel" name="phone" class="form-control" placeholder="您的手机号码" />
            <input type="password" name="password" class="form-control" placeholder="创建密码" />
            <input type="email" name="email" class="form-control" placeholder="您的邮箱地址（可选）" />
            <div>
                <label for="agree">
                    我已阅读并同意网站的
                    <a>使用条款</a>及
                    <a>隐私声明</a>
                </label>
                <input type="checkbox" name="agree" id="agree" />
                <div>
                    <span class="glyphicon glyphicon-ok"></span>
                </div>
            </div>
            <button type="submit" class="btn">注册您的账户</button>
        </form>
        <div>
            <h4>调试信息，发布时应删除</h4>
            <div>
                <div>输入的姓名：{{customer.name}}</div>
            </div>
        </div>
    </div>
</div>
```

我们给姓名文本域添加了一个类似于属性绑定和事件绑定的结合体“[(ngModel)]”，并将其值设置为客户注册组件的 customer 属性的 name 属性，即“customer.name”。

事实上，ngModel 是模型绑定指令 NgModel 的选择器，同时也是其属性。当 Angular 运行时遇到表单域上的 NgModel 指令时，它会为这个表单域和被赋给 NgModel 指令的组件属性建立绑定关系，从而使用户向这个表单域中输入的值被实时地绑定到相应的组件属性上。

注意

NgModel 指令的选择器 ngModel 必须被嵌套在方括号中的圆括号（即[()]）包围，且只能被添加到表单域上。被 NgModel 指令修饰的表单域标签不一定必须在<form>标签内，但如果这个表单域确实是在<form>标签内，那么这个表单域标签必须包含特性 name。

因此，经过以上修改之后，如果用户向姓名文本域中输入字母“L”，那么客户组件的 customer 属性的 name 属性的值就会被绑定为“L”；如果用户继续输入字母“c”，那么客户组件的属性 customer.name 的值就会被更新为“Lc”；如果用户删除字母“c”，那么客户组件的属性 customer.name 的值会回到“L”等。

为了证实这一点，我们接着在<form>标签的下方添加了一对“调试信息”<div>标签，并在这对<div>标签内添加一个用于显示客户注册组件的属性 customer.name 的插值绑定，即{{customer.name}}。

这个插值绑定将怎样证实 NgModel 指令的作用呢？保存以上代码的编辑并刷新浏览器，然后导航到客户注册视图并在其中的姓名文本域输入一些内容，随后我们将看到图 9-12～图 9-14 所示的结果。

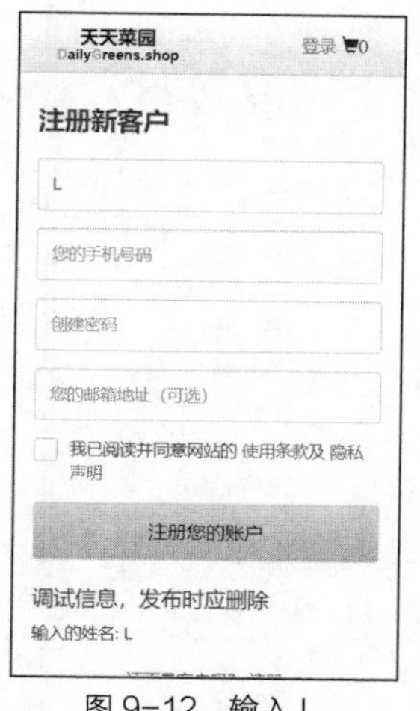

图 9-12　输入 L

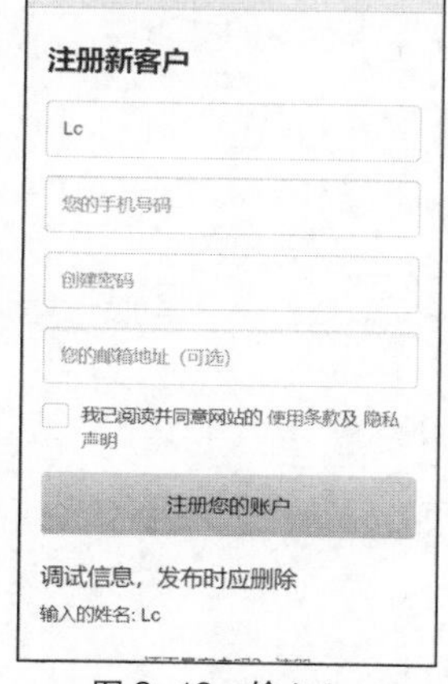

图 9-13　输入 Lc

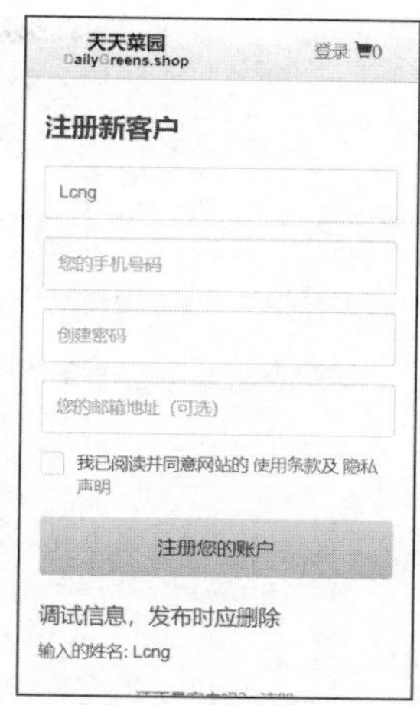

图 9-14　输入 Lcng

可以看到，当我们先后向姓名文本域中输入“L”“Lc”和“Lcng”时，它们都被 NgModel 指令实时地绑定到组件属性 customer.name 上，并被插值绑定{{customer.name}}输出到调试信息 DIV 中。

基于图 9-12～图 9-14 所示的现象，我们已经有理由相信 NgModel 指令确实能够将表单域中的输入实时地绑定到组件属性上了。而在相信这一事实的同时，我们还发现一个现象，即插值绑定对组件属性到视图中的绑定也是实时的——在此之前，我们从来不知道插值绑定还有这样的功能。

事实上，不仅插值绑定，Angular 中的七种数据绑定也都是实时的。以商品细节模板中的以下属性绑定为例：

```
<img [src]="ware.imageUrl" />
```

如果我们在商品细节组件的初始化钩子方法 ngOnInit()中通过以下定时器来修改 ware.imageUrl 的值：

```
let i = 0;
setInterval(() => {
    i = i % 5 == 0 ? 1 : ++i;
    this.ware.imageUrl = 'images/${i}.png';
}, 1000);
```

那么商品细节视图中的图片 src 属性就会每隔一秒被更新一次，用户将因此而看到一个循环播放的商品图片相册——当然，其播放效果会有些单调。

此时读者或许会问，NgModel 指令能将表单域中的输入实时地绑定到组件的目标属性上，它和 Angular 数据绑定的实时性是不是也有什么关系呢？

事实上，NgModel 指令也是 Angular 数据绑定技术的运用，并且是其中最为独特的双向数据绑定（Two-way Data Binding）的运用。因为它不仅能把表单域中的输入实时地绑定到组件的目标属性上，还能反过来把组件的目标属性的值实时地绑定到表单域中。

说明

在 Angular 数据绑定的实时性的背后有一个变化监测（Change Detection）系统，而变化监测系统背后的基础则是 Zone.js。

简单来说，Zone.js 会接管所有可接管的 DOM、XMLHttpRequest 和定时器等事件，从而使 Angular 变化监测系统得以在这些事件发生时对视图和组件属性进行更新。

Zone.js 和 Angular 变化监测的基本原理参见本书附录。

在 9.3.5 节中，我们将见识到 NgModel 指令将组件属性绑定到视图中的能力。但在此之前，我们还需要先将客户注册表单中剩余表单域的输入绑定到客户注册组件相应的属性上，为此需要修改客户注册模板的定义代码，使其与代码清单 9-27 一致。

代码清单 9-27　src/customers/views/sign-up.html

```
<h3>注册新客户</h3>
<div class="row">
```

```
        <div class="col-xs-12">
            <form ngForm (ngSubmit)="signUp();">
                <input type="text" name="name" class="form-control" placeholder="您的姓名" [(ngModel)]
="customer.name" />
                <input type="tel" name="phone" class="form-control" placeholder="您的手机号码
" [(ngModel)]="customer.phone" /><!--绑定手机号码-->
                <input type="password" name="password" class="form-control" placeholder="创建密
码" [(ngModel)]="customer.password" /><!--绑定密码-->
                <input type="email" name="email" class="form-control" placeholder="您的邮箱地址
（可选）" [(ngModel)]="customer.profile.email" /><!--绑定邮箱地址-->
                <div>
                    <label for="agree">
                        我已阅读并同意网站的
                        <a>使用条款</a>及
                        <a>隐私声明</a>
                    </label>
                    <input type="checkbox" name="agree" id="agree" [(ngModel)]="agree"/><!-- 绑
定隐私条款选择-->
                    <div>
                        <span class="glyphicon glyphicon-ok"></span>
                    </div>
                </div>
                <button type="submit" class="btn">注册您的账户</button>
            </form>
            <div>
                <h4>调试信息，发布时应删除</h4>
                <div>
                    <div>输入的姓名：{{customer.name}}</div>
                    <div>输入的手机号码：{{customer.phone}}</div>
                    <div>输入的密码：{{customer.password}}</div>
                    <div>输入的邮箱：{{customer.profile.email}}</div>
                    <div>是否同意隐私条款：{{agree}}</div>
                </div>
            </div>
        </div>
    </div>
```

按照要求，我们首先给手机、密码和邮箱地址输入域以及隐私条款选择框各添加了一个 NgModel 指令，并为它们绑定了相应的组件属性，即 customer.phone、customer.password、customer.profile.name 和 agree。

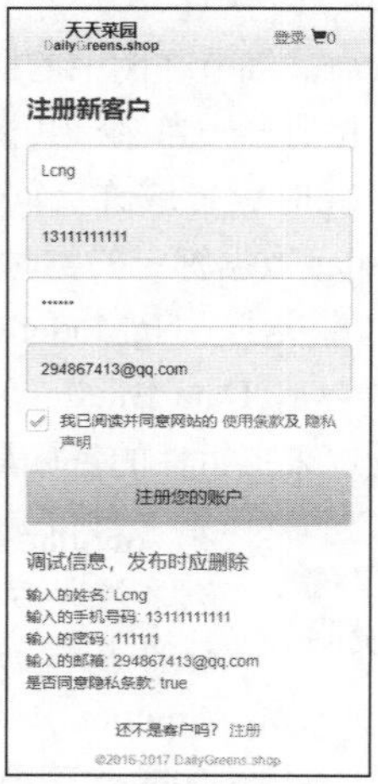

随后我们在调试信息<div>中添加了相应的插值绑定，以向视图中输出用户输入的手机号码和密码等信息。

接下来，保存以上代码的修改并刷新浏览器，然后导航到客户注册视图并完成表单输入，随后我们将看到图 9-15 所示的结果。

可以看到，在 NgModel 指令的帮助下，我们完成了整个客户注册表单的输入绑定。

基于 NgModel 指令带来的便利，在今后的开发中，我们仍将使用 NgModel 指令完成更多的表单绑定，但在对 NgModel 指令的使用过程中，我们需要注意以下几点：

（1）NgModel 指令可用于绑定组件的简单类型属性，比如以上客户注册组件的 agree 属性；

（2）NgModel 指令可用于绑定组件的复杂类型属性，比如上面的 customer.name、customer.phone 和 customer.profile.emale 等；

图 9-15　使用 NgModel 指令绑定客户注册表单

（3）NgModel 指令用于绑定复选框的选择到组件属性时，组件属性的类型必须是 boolean，比如，上面的 agree 属性的类型就是 boolean。

我们还需要额外注意的是，NgModel 指令用于绑定组件的复杂类型属性时，这个属性在组件初始化完成之后不能为 null 或 undefined，因此客户组件构造函数中的以下代码是必需的：

```
this.customer = <Customer>{//为了使 NgModel 指令可以访问 customer.name 等
    profile: <Profile>{} //为了使 NgModel 指令可以访问 customer.profile.emale
};
```

接下来，就让我们带着以上几点注意事项，继续完成客户登录表单的绑定。

2. 绑定客户登录表单

为了完成客户登录表单的绑定，我们需要修改客户登录模板的定义代码，使其与代码清单 9-28 一致。

代码清单 9-28　src/customers/views/log-in.html

```
<div class="row">
    <div class="col-xs-6">
        <h3>登录</h3>
    </div>
    <div class="col-xs-6">
        <a>忘记密码</a>
    </div>
</div>
<div class="row">
    <div class="col-xs-12">
        <form (ngSubmit)="logIn();">
            <input type="tel" name="phone" class="form-control" placeholder="手机号码"
[(ngModel)] ="customer.phone" /><!--绑定手机号码-->
            <input type="password" name="password" class="form-control" placeholder=" 密 码
" [(ngModel)]="customer.password" /><!--绑定密码-->
            <div>
                <label for="persist">
                    记住登录状态
                </label>
                <input type="checkbox" name="persist" id="persist" [(ngModel)]="shouldPersist"
/><!--绑定登录状态记忆选择-->
                <div>
                    <span class="glyphicon glyphicon-ok"></span>
                </div>
            </div>
            <button type="submit" class="btn">登录</button>
        </form>
        <span>
            登录本网站即表明您同意我们的<a>使用和销售条款条件</a>及<a>隐私声明</a>
        </span>
        <div>
            <h4>调试信息，发布时应删除</h4>
            <div>
                <div>输入的手机号码：{{customer.phone}}</div>
                <div>输入的密码：{{customer.password}}</div>
                <div>是否记录登录状态：{{shouldPersist}}</div>
            </div>
        </div>
    </div>
</div>
```

像对待客户注册表单一样，我们给以上客户登录表单中的手机号码和密码输入域以及登录状态记忆选择框各添加了一个 NgModel 指令，并分别将它们绑定到客户登录组件 LogInComponent 的属性 customer.phone、customer.password 和 shouldPersist 上。

此外，我们同样也在表单的下方添加了一对调试信息<div>，因此，如果保存以上代码的编辑并刷新浏览器，然后导航到客户登录视图并完成表单输入，随后我们将看到图 9-16 所示的结果。

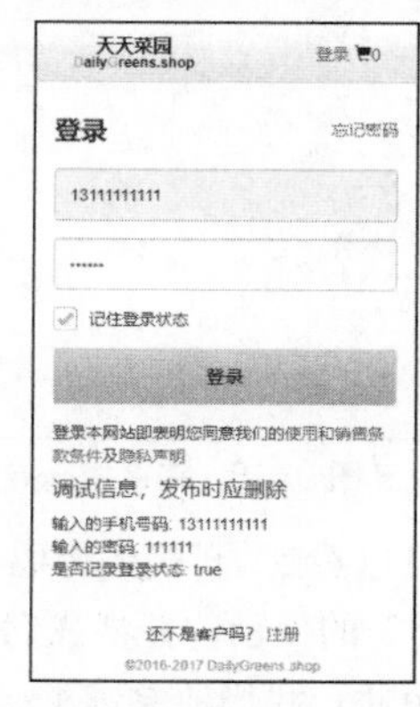

图 9-16　使用 NgModel 指令绑定客户登录表单

相信图 9-16 所示的结果已在读者的意料之中，同时读者也应更加完整地感受到了 Angular 数据绑定的魅力：不管是为了展示数据、处理用户触发的事件还是获取表单输入，我们都不需要编写任何一行 DOM 遍历代码，而只需要使用相应的数据绑定即可。

感谢 Angular 数据绑定，它让我们摆脱了 DOM 遍历的痛苦，使我们可以专注于应用程序中的应用逻辑和业务逻辑的实现。为了庆祝这一时刻，让我们尝试者进行一次完整的注册和登录。

9.3.5　进行注册和登录

惊叹数据绑定的魅力之余，或许读者也已经发现了两个惊喜，一是此时如果我们完成客户注册表单的输入并单击其中的“注册您的账户”按钮，我们会成功地注册成为天天菜园的客户，并被导航到图 9-17 所示的客户登录视图。

为什么会这样呢？因为我们通过客户注册表单输入的注册数据都被绑定到了客户注册组件相应的各个属性上，当客户注册表单的 signUp()方法因我们提交表单而被执行时，它成功地调用了客户服务的 addCustomer()方法以将注册数据保存到了客户服务维护的客户数组 customers 中，并调用了路由器的导航方法 navigate()以将我们导航到客户登录视图。

需要注意的是，被提供给以上导航方法 navigate()的路由参数 phone 的值（即手机号码 13111111111）被成功地附加到了浏览器地址栏中的 URL 中（图 9-17），并最终出现在了随后被打开的客户登录视图中的手机号码输入域中。

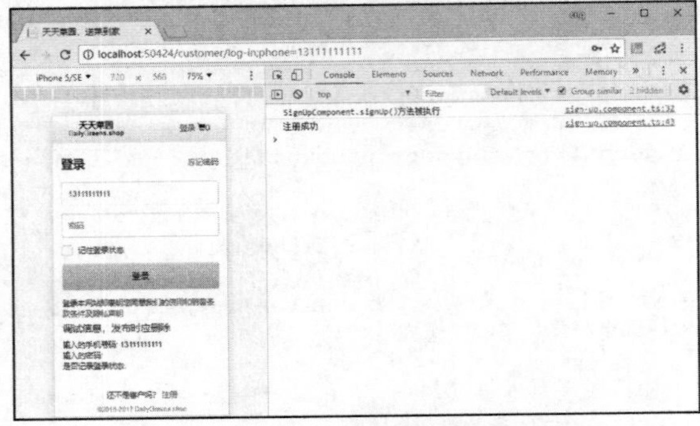

图 9-17　注册成功后被导航到登录视图

这是为什么呢？因为 NgModel 指令是一个双向数据绑定指令，当客户登录组件的构造函数将请求 URL 中名为 phone 的路由参数保存到组件属性 customer.phone 上时，与这个属性关联的 NgModel 指令将它的值反向地绑定到了视图中的手机号码输入域中——9.3.4 节已经提到过，NgModel 指令是一个双向数据绑定指令，它不仅能够将表单域中的输入绑定到组件属性上，它还能还能反过来将组件属性的值绑定到表单域中。

知道了我们得以注册成功的原因之后，我们可以继续尝试进行登录。首先，在客户登录表单中输入一个错误的密码并单击下方的“登录”按钮，随后我们会看到图 9-18 所示的错误提示。

可以看到，由于我们输入了错误的密码，由客户登录组件的 logIn()方法调用的客户服务的 checkCustomer()无法从客户数组 customers 中找到相应的客户，它最终向控制台输出了内容为“用户名或密码错误”的错误信息。

接下来，如果我们输入正确的密码并再次单击“登录”按钮，随后将看到图 9-19 所示的结果。

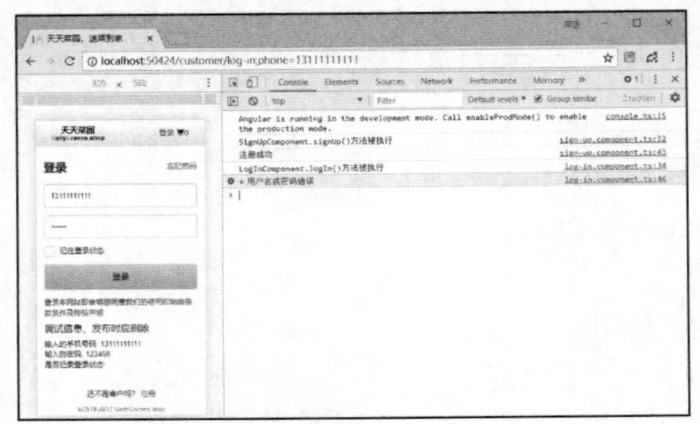

图 9-18　错误密码导致的登录失败

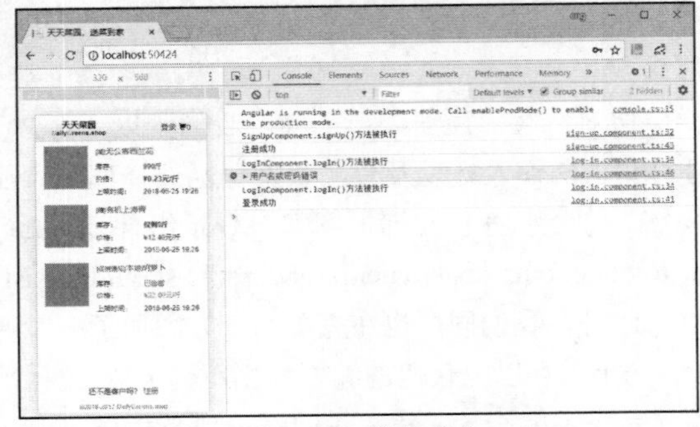

图 9-19　登录成功

可以看到，正确的密码（和手机号码）使客户登录组件的 logIn()方法向控制台输出了一个内容为“登录成功”的提示，并将我们导航到了商品列表视图。

至此，我们便尝试了一次成功的注册和登录。在这个过程中，或许读者也发现了一些问题，比如，不管表单是否得到了完整的输入，客户注册和登录按钮总是可以被有效地单击；表单域可以被输入特殊字符（比如<、>、'和=）；等等。

往小了说，以上问题会导致天天菜园收集到一些无效的数据；往大了说，它们会使天天菜园面临XSS和SQL注入攻击等风险。而为了尽量避免无效的数据和被攻击的风险，我们必须通过第10章将要介绍的表单验证功能，对表单域接收到的数据进行合法性验证。

说明

在客户端验证用户输入只是应用程序安全的第一道屏障，它无法保证应用程序的绝对安全，因为不良用户很容易绕过它。为了确保应用程序的安全，服务端也必须对用户输入进行安全验证。

9.4 小结

在9.1节中，我们几乎没有学习Angular中的新技能，而是在复习前面几章的内容的同时，创建了一个客户领域模块。基于这一过程，我们可以知道今后在创建更多领域模块时，只需要按顺序完成以下几个步骤：

（1）创建业务目录，并在业务目录下创建MVC子目录，以存放领域内的代码文件；

（2）创建领域模型，以描述领域内的实体，并处理领域内的业务逻辑；

（3）创建组件，以处理领域内的用户请求和应用逻辑；

（4）创建视图相关文件，以处理领域内的显示逻辑；

（5）创建路由配置模块，以注册领域内的路由项；

（6）创建领域模块，以将整个领域封装成一个有机的整体；

（7）导入领域模块到应用程序根模块，以使领域模块成为应用程序的一部分。

经过以上几个步骤之后，一个领域模块便算创建完成了。为了使用户可以方便地访问领域内的视图，通常我们还需要在领域外添加一些指向领域内的视图的路由器链接指令，就像我们刚刚在应用程序根模板中所做的那样。

在9.2节中，我们实现了客户领域模块的延迟加载。回顾这一实现过程可以发现，我们其实没有对客户领域模块做任何修改，只是在应用程序根路由配置模块的路由表变量中添加了一个指定了loadChildren属性的路由项。

此外，我们还发现了Angular应用程序中其实不只有一个依赖注入器，而是整个应用程序会有一个根依赖注入器，同时每一个路由加载模块也会各有一个自己的子依赖注入器。

事实上，除了路由加载模块，每一个组件还可以有自己的依赖注入器。此外，路由加载模块还可以被**预加载**（Preload）到浏览器中，而实现这一预加载的方式也十分简单。

在9.3节中，我们在Angular表单的帮助下，轻松地实现了客户注册表单和客户登录表单的绑定，并模拟了客户注册和客户登录功能。通过这一过程，我们可以将Angular表单的使用步骤总结如下：

（1）安装Angular表单包；

（2）配置SystemJS加载Angular表单包的路径映射；

（3）导入表单模块FormsModule到领域模块；

（4）在表单标签<form>中添加Angular表单指令的选择器ngForm（这一步可省略）；

（5）为表单指令的ngSubmit事件绑定处理方法；

（6）在表单域中使用模型绑定指令NgModel实现表单域和视图模型的双向绑定。

经过以上几步，用户在表单中输入的内容就会自动被绑定到组件属性上，同时用户对表单的提交也会自动被组件中的方法捕获并被处理。

这就是Angular表单的魅力，准确地说，这是Angular中的**模板驱动表单**（Template-driven Form）的魅力。除了模板驱动表单，Angular还提供了处理表单的另一种方式，即**响应式表单**（Reactive Form）。

若要了解有关响应式表单的细节，请访问其官方文档。

第 10 章　天天菜园：客户中心（下）

经过第 9 章的努力，用户已经可以注册成为天天菜园的客户，并以客户的身份完成天天菜园的登录了。但目前他们的注册和登录都是不可靠的，因为他们提交的注册数据还没有被持久化地保存，任何一次不小心的页面刷新都会导致注册数据的丢失。

在本章中，我们通过 Angular 提供的 HttpClient 将客户提交的注册数据传输到真实的服务端 Web API，以使它们得到服务端的持久化保存。在此之前，我们还需要先对用户输入的注册数据进行验证，以保证它们是合法的。

10.1　表单（下）：验证用户输入

10.1.1　客户表单验证

表单验证（Form Validation，也译作**表单校验**）的实现方式有很多，其中最原始的是在表单被提交后逐一地检查各个表单域中的值是否合法，并在发现任何一个表单域中的值不合法时阻止表单的提交，然后要求用户重新输入。

这种原始的方式会导致我们编写大量不可复用的代码，且无法方便地带给用户实时的合法性提示，因此 Angular 绝对不会采用这种方式。

那么，Angular 是如何帮助我们进行表单验证的呢？让我们先通过客户注册表单验证来找到答案。

1．客户注册表单验证

在 9.3.3 节中，我们为客户注册表单设置了一个 Angular 表单指令 NgForm，从而使客户注册表单的提交事件可以被这个指令监听到，并被客户注册组件的 signUp()方法处理。

事实上，NgForm 指令的功能远比监听 HTML 表单的提交事件强大，比如，它的一个 boolean 类型属性 valid 可以标识被它修饰的 HTML 表单的合法性：如果表单中所有表单域都得到了合法的输入，那么表单就是合法的，这个属性的值就是 true；如果表单中有任何一个表单域中的输入是非法的，那么表单就是非法的，这个属性的值就是 false。

结合 NgForm 指令的 valid 属性，我们可以尽早地阻止非法表单的提交，而如果要通过它来尽早地阻止客户注册表单在获得合法输入之前被提交，我们需要修改客户注册模板的定义代码，使其与代码清单 10-1 一致。

代码清单 10-1　src/customers/views/sign-up.html

```
<h3>注册新客户</h3>
<div class="row">
    <div class="col-xs-12">
        <form ngForm (ngSubmit)="signUp();" #signUpForm="ngForm"><!--模板引用变量-->
            <!—省略的代码-->
            <!--阻止非法表单的提交-->
            <button type="submit" class="btn" [disabled]="!signUpForm.valid">注册您的账户</button>
        </form>
    </div>
</div>
```

我们对客户注册模板做了三处修改：一是给表单标签<form>添加了一个新的特性#signUpForm，并将它的值赋为 ngForm；二是给表单提交按钮标签<button>添加了一个属性绑定，即[disabled]= “!signUpForm.valid”；三是删除了调试信息<div>。

在 7.5 节中，我们已经知道，标签中以“#”开头的特性其实是 Angular 中的模板引用变量（Template Reference Variable），而当这个变量被赋了一个值时，这个值通常指向一个指令。

基于这一经验我们可以知道，以上 signUpForm 就是一个模板引用变量，而被赋给它的值 ngForm 则指向客户注册表单背后的 NgForm 指令。

注意

以上代码中出现了两个 ngForm，其中第一个作为<form>标签的特性出现的是 NgForm 指令的选择器（Selector），而第二个被赋给模板引用变量 signUpForm 的是 NgForm 指令的 exportAs 属性的值。

刚刚提到，NgForm 指令有一个 valid 属性，而以上修改中的第二处的作用，其实就是通过模板引用变量 signUpForm 将客户注册表单背后的 NgForm 指令的 valid 属性的值，取反后绑定到提交按钮标签的 disabled 属性上。

说明

为什么不将[disabled]="!signUpForm.valid"替换成[disabled]="!ngForm.valid"，从而省去定义模板引用变量 signUpForm 的麻烦呢？因为模板中可能有多个 NgForm 指令，如果没有模板引用变量，那么 Angular 运行时无法判断“!ngForm.valid”中的 ngForm 引用的是哪个 NgForm 指令。

结合前面对 NgForm 指令的 valid 属性的描述，我们可以知道以上属性绑定的作用就是使提交按钮的 disabled 属性的值在客户注册表单不合法时为 true，从而使提交按钮不能被有效地单击；同时也使提交按钮的 disabled 属性的值在客户注册表单变得合法时为 false，从而使提交按钮可以被有效地单击。

说明

Angular 变化监测系统会实时地监测 NgForm 指令的 valid 属性以及随后我们将接触的 NgModel 的各属性的变化，并在监测到这些变化时重新运行视图中的数据绑定，以实现对视图的实时更新。

显然，在被输入任何数据之前，客户注册表单应该是非法的（因为天天菜园不接受空白的用户姓名、手机号码和密码）。

因此，如果我们现在保存以上代码的编辑，然后刷新浏览器并导航到客户注册视图，就会发现其中的提交按钮应该变得半透明（受 Bootstrap 中名为“.btn[disabled]”的样式的影响）且无法被有效地单击。

事实上，我们看到的却是图 10-1 所示的效果。

显然，图 10-1 中的提交按钮没有变成半透明的，而且可以被有效地单击——右侧控制台中记录了提交按钮被单击之后，被执行的 signUp()方法输出的信息。

这是为什么？是 NgForm 指令的 valid 无法标识 HTML 表单的合法性，还是模板引用变量无法成功地引用到 NgForm 指令，或是属性绑定[disabled]无法被实时地更新？

都不是，而是因为目前客户注册表单是合法的。怎么会这样呢？其中的每一个表单域都未被输入任何数据，它不是应该是非法的吗？

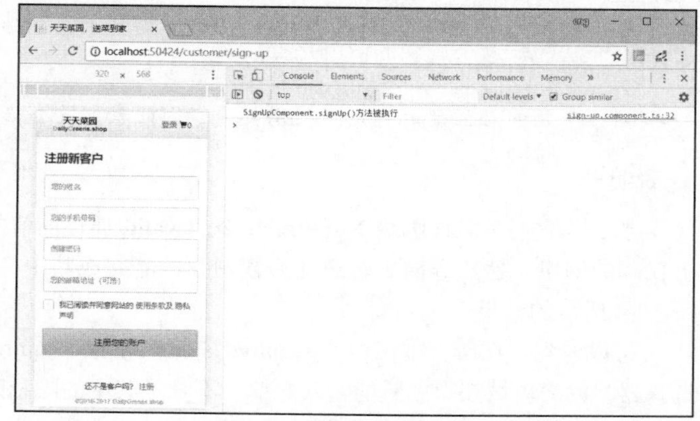

图 10-1　客户注册表单默认是合法的

是的，此时客户注册表单确实应该是非法的，但这只是作为开发人员的我们的主观意愿，我们并没有将这一意愿告诉客户注册表单背后的

NgForm 指令。为了使 NgForm“知道”我们的想法，我们需要再次修改客户注册模板的代码，使其与代码清单 10-2 一致。

代码清单 10-2　src/customers/views/sign-up.html

```
<h3>注册新客户</h3>
<div class="row">
    <div class="col-xs-12">
        <form ngForm (ngSubmit)="signUp();" #signUpForm="ngForm">
            <input type="text" name="name" class="form-control" placeholder="您的姓名" [(ngModel)]
="customer.name" required /><!--使用 RequiredValidator 指令-->
            <input type="tel" name="phone" class="form-control" placeholder="您的手机号码
" [(ngModel)]="customer.phone" required /><!--使用 RequiredValidator 指令-->
            <input type="password" name="password" class="form-control" placeholder="创建密
码" [(ngModel)]="customer.password" required /><!--使用 RequiredValidator 指令-->
            <input type="email" name="email" class="form-control" placeholder="您的邮箱地址
(可选)" [(ngModel)]="customer.profile.email" />
            <div>
                <label for="agree">
                    我已阅读并同意网站的
                    <a>使用条款</a>及
                    <a>隐私声明</a>
                </label>
                <input type="checkbox" name="agree" id="agree" [(ngModel)]="agree" required
/><!--使用 CheckboxRequiredValidator 指令-->
                <div>
                    <span class="glyphicon glyphicon-ok"></span>
                </div>
            </div>
            <button type="submit" class="btn" [disabled]="!signUpForm.valid">注册您的账户
</button>
        </form>
    </div>
</div>
```

我们对客户注册模板做了四处修改，即在其中的姓名、手机号码、密码输入域和隐私条款同意选择域上各添加了一个标准的 required 特性。

根据以往的经验，或许读者已经猜到 required 并非只是一个简单的 HTML 特性，它很有可能是一个 Angular 指令（的选择器）。

读者的猜测是对的，但 required 不是一个指令的选择器，而是两个不同的指令的选择器。其中，被添加到姓名、手机号码和密码输入域上的 required 是通用非空验证器指令 RequiredValidator 的选择器；而被添加到隐私条款选择框上的 required 是复选框选择验证器指令 CheckboxRequiredValidator 的选择器。

现在我们无须知道这两个选择器之间的具体区别，只需要知道它们的作用分别是实时地验证相应的输入域和选择域是否被输入了内容或被选择，然后基于验证结果实时地更新包围它们的表单上的 NgForm 指令的 valid 属性的值。

说明

用户在注册时可以不提供邮箱，因此我们没有给邮箱输入域添加 RequiredValidator 指令的选择器。

那么，它们是怎样影响 NgForm 指令的 valid 属性的值的呢？在回答这个问题之前，我们先保存以上代码的编辑，然后导航到客户注册视图并试着完成其中客户注册表单的输入，随后将看到图 10-2～图 10-4 所示的结果。

可以看到，在所有被添加了 required 特性（指令 RequiredValidator 或 CheckboxRequiredValidator 的选择器）的表单域获得完整的输入之前（不管是其中的隐私条款同意选择框未被选择，还是密码输入框未被输入内容），提交按钮都是半透明且无法被有效地单击的；一旦这些表单域获得了完整的输入，那么提交按钮就会不再透明并变得可被有效地单击。

图 10-2 未选择隐私条款同意选择框

图 10-3 未输入密码

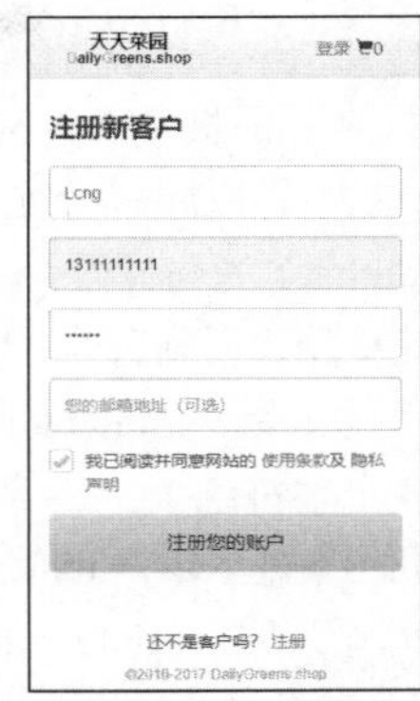

图 10-4 输入完整

显然，提交按钮的以上变化是其中的[disabled]属性绑定起的作用，而这个属性绑定之所以能起作用，则是因为 NgForm 指令的 valid 属性的值被 RequiredValidator 指令和 CheckboxRequiredValidator 指令实时地更新了。

那么，这两个指令是如何更新 NgForm 指令的 valid 属性的值的呢？根据以上现象我们可以知道：当表单中任何一个表单域上的 RequiredValidator 指令或 CheckboxRequiredValidator 指令监测到相应的表单域未被输入内容或未被选择时，这个指令都会使表单上的 NgForm 指令的 valid 属性的值被更新为 false；仅当表单中所有表单域上的 RequiredValidator 指令或 CheckboxRequiredValidator 指令都监测到相应的表单域被输入了内容或被选择了时，它们才能将表单上的 NgForm 指令的 valid 属性的值更新为 true。

当然，对于表单域的合法性的验证不会仅限于验证表单域是否被输入了数据或被选择，因此 Angular 表单模块 FormsModule 提供的表单验证指令不只包含 RequiredValidator 和 CheckboxRequiredValidator。如果要综合考虑所有表单验证指令对 NgForm 指令的 valid 属性的影响的话，那么这一影响是这样的：当表单中任何一个表单域上的验证指令的验证逻辑未通过时，表单上的 NgForm 指令的 valid 属性的值都会被更新为 false；仅当表单中所有表单域上的所有验证指令的验证逻辑都通过了时，表单上的 NgForm 指令的 valid 属性的值才会被更新为 true。

那么，Angular 表单模块还提供了哪些表单验证指令呢？相信长度验证指令肯定是读者所期望的答案，因为它们正好可以被用来限制天天菜园注册客户的姓名、手机号码、密码和邮箱地址的长度。

为了进行这样的限制，我们需要再次修改客户注册模板的定义代码，使其与代码清单 10-3 一致。

代码清单 10-3 src/customers/views/sign-up.html

```
<h3>注册新客户</h3>
<div class="row">
    <div class="col-xs-12">
        <form ngForm (ngSubmit)="signUp();" #signUpForm="ngForm">
            <input type="text" name="name" class="form-control" placeholder="您的姓名" [(ngModel)]="customer.name" required minlength="2" maxlength="8" /><!--使用指令 MinLengthValidator 和 MaxLengthValidator-->
            <input type="tel" name="phone" class="form-control" placeholder="您的手机号码" [(ngModel)]="customer.phone" required minlength="11" maxlength="11" /><!--使用指令 MinLengthValidator 和 MaxLengthValidator-->
            <input type="password" name="password" class="form-control" placeholder="创建密码" [(ngModel)]="customer.password" required minlength="6" maxlength="16" /><!--使用指令 MinLengthValidator 和 MaxLengthValidator-->
            <input type="email" name="email" class="form-control" placeholder="您的邮箱地址（可选）" [(ngModel)]="customer.profile.email" minlength="6" maxlength="30" /><!--使用指令 MinLengthValidator 和 MaxLengthValidator-->
            <div>
                <!--省略的代码-->
            </div>
            <button type="submit" class="btn" [disabled]="!signUpForm.valid">注册您的账户</button>
        </form>
```

```
        </div>
    </div>
```

我们给姓名、手机号码、密码和邮箱地址输入域各添加了两个名字分别为 minlength 和 maxlength 的特性，而这两个特性就分别是最小长度验证器指令 MinLengthValidator 和最大长度验证器指令 MaxLengthValidator 的选择器。

这两个指令用于限制表单域中被输入的内容的长度，它们对以上四个表单域的内容长度限制是这样的：

（1）姓名输入域，minlength="2"，maxlength="8"，限制用户输入的姓名最少必须包含 2 个字符、最多只能包含 8 个字符；

（2）手机号码输入域，minlength="11"，maxlength="11"，限制用户输入的手机号码只能包含 11 个字符；

（3）密码输入域，minlength="6"，maxlength="16"，限制用户输入的密码最少必须包含 6 个字符、最多只能包含 16 个字符；

（4）邮箱地址输入域，minlength="6"，maxlength="30"，限制用户输入的邮箱地址最少必须包含 6 个字符、最多只能包含 30 个字符。

需要注意的是，MinLengthValidator 指令不具备 RequiredValidator 指令的功能，因此它不会要求用户必须向被它修饰了的表单域输入内容，只会在用户向被它修饰了的表单域输入了内容的情况下，检测这个内容的长度是否符合最小长度规范。

也就是说，尽管我们给邮箱地址输入域添加了 MinLengthValidator 指令，但这并不意味着用户必须向邮箱地址输入域输入邮箱地址——其作用是在用户向邮箱地址输入域中输入了邮箱地址时，使被输入的邮箱地址至少包含 6 个字符。

那么，MinLengthValidator 和 MaxLengthValidator 这两个指令是否会如我们期望的那样工作呢？保存以上代码的编辑，然后导航到客户注册视图并先后尝试向各个表单域中输入长度非法及合法的内容，随后将看到图 10-5～图 10-7 所示的结果。

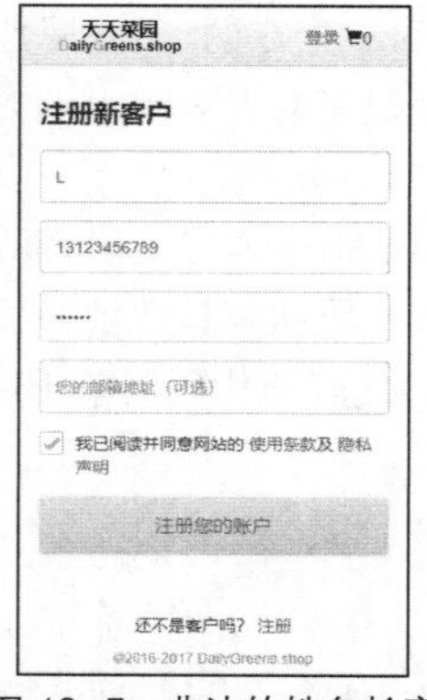

图 10-5 非法的姓名长度

图 10-6 非法的邮箱地址长度

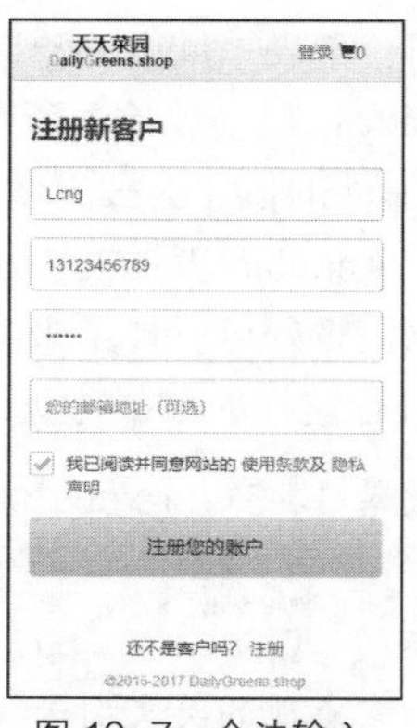

图 10-7 合法输入

可以看到，当我们输入了少于两个字符的姓名（L）或少于 6 个字符的邮箱地址（2@q.c）时，提交按钮保持为半透明且不可被有效单击的；但当我们向所有表单域输入了长度合法的内容时，提交按钮变成了不透明且可被有效单击的——MinLengthValidator 指令不要求邮箱地址输入域必须被输入内容。

说明

浏览器会阻止我们向姓名文本域输入超过 8 个字符的内容，这不是 MaxLengthValidator 起的作用，而是 maxlength 作为标准 HTML 特性起的作用——minlength 暂时不是标准 HTML 特性。

这也再一次证明，NgForm 指令的 valid 属性的值是基于表单中所有验证指令考虑的，即任何一个验证指令验证失败都会导致 NgForm 指令的 valid 属性的值被更新为 false，而只有每一个验证指令都验证成功了才会使 NgForm 指令的 valid 属性的值被更新为 true。

在证明了这一规律之后，读者或许还会对客户注册表单提出更加严格的验证要求，比如，其中的每一个表单域都不能被输入特殊字符（比如<、>、'、=等可能带来 XSS 和 SQL 注入攻击的字符），手机号码输入域只能被输入数字，邮箱地址输入域只能被输入符合邮箱地址格式的内容等。

好在这样的要求并不难被满足，因为 Angular 表单模块还封装了一个能很好地实现这些要求的模式验证器指令 PatternValidator。为了通过 PatternValidator 来实现这些验证要求，我们需要再次修改客户注册模板的定义代码，使其与代码清单 10-4 一致。

代码清单 10-4 src/customers/views/sign-up.html

```
<h3>注册新客户</h3>
<div class="row">
    <div class="col-xs-12">
        <form ngForm (ngSubmit)="signUp();" #signUpForm="ngForm">
            <input type="text" name="name" class="form-control" placeholder="您的姓名" [(ngModel)]
="customer.name" required minlength="2" maxlength="8"
pattern="^[^<>'\s&quot;]+$" /><!--使用指令 PatternValidator-->
            <input type="tel" name="phone" class="form-control" placeholder="您的手机号码
" [(ngModel)]="customer.phone" required pattern="^\d{11}$" /><!--使用指令 PatternValidator-->
            <input type="password" name="password" class="form-control" placeholder="创建密码
" [(ngModel)]="customer.password" required minlength="6" maxlength="16"
pattern="^[^<>'\s&quot;]+$" /><!--使用指令 PatternValidator-->
            <input type="email" name="email" class="form-control" placeholder="您的邮箱地址（可选）
" [(ngModel)]="customer.profile.email" minlength="6" maxlength="30"
pattern="^[^@<>'\s&quot;]+?@[^@<>'\s&quot;]+?\.[^@<>'\s&quot;]+$" /><!--绑定邮箱地址-->
            <div>
                <!--省略的代码-->
            </div>
            <button type="submit" class="btn" [disabled]="!signUpForm.valid">注册您的账户
</button>
        </form>
    </div>
</div>
```

我们给姓名、手机号码、密码和邮箱地址输入域各添加了一个名为 pattern 的特性，而这个特性同时还是模式验证器指令 PatternValidator 的选择器。

PatternValidator 指令接收一个正则表达式作为值，而这个正则表达式的作用则是阻止相应的表单域中被输入与其不匹配的内容，因此，以上 4 个 PatternValidator 指令的作用是这样的：

（1）姓名输入域，pattern="^[^<>'\s"]+$"，阻止用户输入包含<、>、'、空格和"的姓名；

（2）手机号码输入域，pattern="^\d{11}$"，阻止用户输入长度不为 11 或包含非数字的手机号码；

（3）密码输入域，pattern="^[^<>'\s"]+$"，阻止用户输入包含<、>、'、空格和"的密码；

（4）邮箱地址输入域，pattern="^[^@<>'\s"]+?@[^@<>'\s"]+?\.[^@<>'\s"]+$ "，阻止用户输入不符合邮箱地址格式或包含<、>、'、空格和"的邮箱地址。

说明

由于以上正则表达式被当作 HTML 特性的值而被包围在一对英文引号中，我们将其中本应该出现的英文引号（"）换成了对应的字符实体（Character Entity），以阻止 HTML 语法错误的出现。

此外，由于手机号码输入域上的正则表达已经限制了被输入的手机号码必须包含 11 个字符，我们删除了其中的 MinLengthValidator 指令和 MaxLengthValidator 指令。

现在我们已经掌握了模式匹配指令的作用，接下来可以保存客户注册模板的编辑并刷新浏览器，然后导航到客户注册视图并尝试向其中的部分表单域输入一些非法的字符，我们将看到它们下方的表单提交按钮仍将处于半透明且不可被有效单击的状态。

部分尝试的效果如图 10-8～图 10-10 所示。

可以看到，不管我们是输入了包含特殊字符“>”的姓名，还是输入了包含非数字 a 的手机号码，或是输入了不符合邮箱地址格式的邮箱地址，提交按钮都会因为 NgForm 指令的 valid 属性不为 true 而保持半透明且不可被有效地单击。

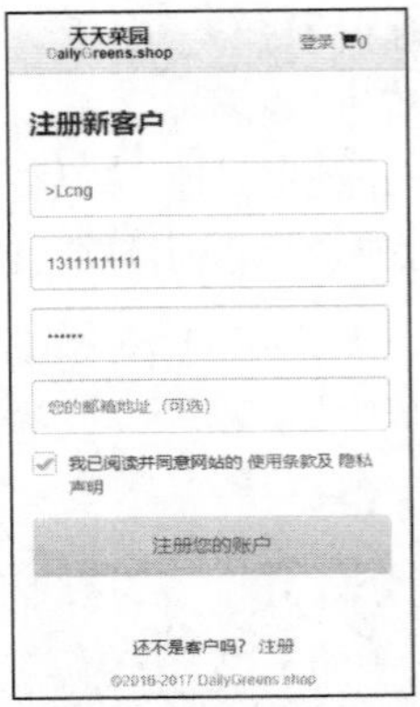

图 10-8 非法输入

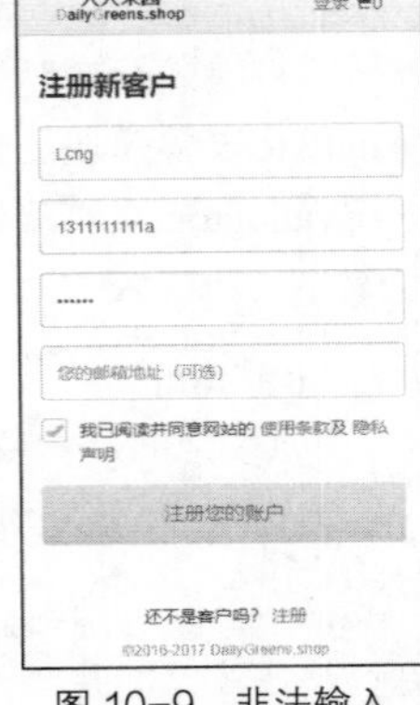

图 10-9 非法输入

图 10-10 合法输入

当然，如果我们删除图 10-9 中的邮箱地址中多余的一个@，或者删除整个邮箱地址，提交按钮便会变得不透明并可被有效地单击。

至此，我们便完成了客户注册表单的基本验证，并掌握了五个 Angular 表单验证指令 RequiredValidator、CheckboxRequiredValidator、MinLengthValidator、MaxLengthValidator 和 PatternValidator 的使用。

接下来，就让我们基于这五个表单验证的使用经验，继续完成客户登录表单的验证。

说明

Angular 目前提供了六个表单验证指令，除了以上五个，还有一个是邮箱地址验证器指令 EmailValidator（EmailValidator 指令提供了基本的邮箱地址验证功能）。

2. 客户登录表单验证

为了实现客户登录表单的验证，我们需要修改客户登录模板的定义代码，使其与代码清单 10-5 一致。

代码清单 10-5 src/customers/views/log-in.html

```
<div class="row">
    <!--省略的代码-->
</div>
<div class="row">
    <div class="col-xs-12">
        <form (ngSubmit)="logIn();" #logInForm="ngForm"><!--引用 NgForm 指令-->
            <input type="tel" name="phone" class="form-control" placeholder="手机号码" [(ngModel)]="customer.phone" required pattern="^\d{11}$" /><!--使用指令 RequiredValidator 和 PatternValidator-->
            <input type="password" name="password" class="form-control" placeholder=" 密 码 " [(ngModel)]="customer.password" required pattern="^[^<>'\s&quot;]{6,16}$" /><!-- 使 用 指 令 RequiredValidator 和 PatternValidator-->
            <div>
                <label for="persist">
                    记住登录状态
                </label>
                <input type="checkbox" name="persist" id="persist" [(ngModel)]="shouldPersist" />
                <div>
                    <span class="glyphicon glyphicon-ok"></span>
                </div>
            </div>
            <button type="submit" class="btn" [disabled]="!logInForm.valid">登录</button><!--组织非法表单的提交-->
        </form>
        <span>
            登录本网站即表明您同意我们的<a>使用和销售条款条件</a>及<a>隐私声明</a>
        </span>
    </div>
</div>
```

按照对客户注册表单进行验证的步骤，我们对以上代码做了以下修改：

（1）在<form>标签上定义了一个模板引用变量#logInForm，并使这个变量引用<form>标签背后的 NgForm 指令；

（2）在提交按钮<button>标签上添加了一个属性绑定“[disabled]="!logInForm.valid"”，从而使表单仅在接收了合法的输入时才可被提交；

（3）在手机号码输入域和密码输入域上各添加了一个 RequiredValidator 指令和一个 PatternValidator 指令，从而使用户必须输入 11 位数字的手机号码和 6 到 16 位的不包含特殊字符的密码，才能提交登录表单。

说明

我们将密码的长度限制也交给了 PatternValidator 指令的正则表达式来处理，但在自行开发项目的过程中，读者应该根据需要（客户的需求、产品经理的设计或指示……）来决定是这样做，还是继续将长度的限制交给 MinLengthValidator 指令和 MaxLengthValidator 指令来处理。

接着，保存以上代码的编辑，然后刷新浏览器并导航到客户登录视图，我们会发现客户登录表单默认是不可被提交的。随后，如果我们输入了符合要求的手机号码和密码，表单才会变得可被提交。

至此，我们便完成了两个客户表单的验证，但如果就这样将这两个表单交给用户，那么应该没有几个用户能成功地注册并登录到天天菜园中。因为虽然我们制订了一系列的表单验证规则来保护天天菜园的安全，但用户会因无法看见这些规则而难以完成两个表单的合法输入，并因此而无法提交这两个表单。

显然，我们不应该让这样的事情发生，而接下来的任务就是阻止这样的事情发生。

10.1.2　提示表单验证规则

要让用户知道表单验证的规则其实很简单，比如，我们可以在表单域的周围添加一段文本，通过这段文本来告诉用户相应的表单域中的输入应遵守的规则。

1. 提示客户注册表单验证规则

客户注册表单包含 5 个表单域，首先，我们先从提示其中姓名输入域应遵守的规则开始，为此需要修改客户注册模板的定义代码，使其与代码清单 10-6 一致。

代码清单 10-6　src/customers/views/sign-up.html

```
    <h3>注册新客户</h3>
    <div class="row">
        <div class="col-xs-12">
            <!--使用Angular 表单指令NgForm-->          <form ngForm (ngSubmit)="signUp();"
#signUpForm= "ngForm"><!--模板引用变量-->"
                <input type="text" name="name" class="form-control" placeholder=" 您 的 姓 名
" [(ngModel)]="customer.name" required minlength="2" maxlength="8"
pattern="^[^<>'\s&quot;]+$" /><!--使用模型绑定指令 NgModel-->
                <div class="validationTips"><!--提示用户输入符合验证规则的姓名-->
                    请输入 2 到 8 个字符的姓名，并确保其中不包含&lt;、&gt;、'、"和空格
                </div>
                <input type="tel" name="phone" class="form-control" placeholder="您的手机号码
" [(ngModel)]="customer.phone" required pattern="^\d{11}$" /><!--绑定手机号码-->
                <input type="password" name="password" class="form-control" placeholder="创建密码
" [(ngModel)]="customer.password" required minlength="6" maxlength="16" pattern="^[^<>'\s&quot;]+$"
 /><!--绑定密码-->
                <input type="email" name="email" class="form-control" placeholder="您的邮箱地址(可选)
" [(ngModel)]="customer.profile.email" minlength="6" maxlength="30"
pattern="^[^@<>'\s&quot;]+?@[^@<>'\s&quot;]+?\.[^@<>'\s&quot;]+$" /><!--绑定邮箱地址-->
                <div>
                    <label for="agree">
                        我已阅读并同意网站的
                        <a>使用条款</a>及
                        <a>隐私声明</a>
                    </label>
                    <input type="checkbox" name="agree" id="agree" [(ngModel)]="agree" required
/><!--绑定隐私条款选择-->
                    <div>
                        <span class="glyphicon glyphicon-ok"></span>
                    </div>
                </div>
                <!--阻止非法表单的提交-->
                <!--省略的代码-->
```

```
            <button type="submit" class="btn" [disabled]="!signUpForm.valid">注册您的账户</button>
        </form>
    </div>
</div>
```

我们在姓名文本域的下方添加了一对姓名验证规则提示<div>，接着在这对<div>中给出了姓名的验证规则提示，最后还为这对<div>设置了一个 CSS 类，即 validationTips。

说明

客户验证规则提示中的<和>分别是英文左尖括号（<）和英文右尖括号（>）的字符实体（Character Entity）。

我们在 10.1 节中创建客户注册视图的样式时并没有定义这么一个 CSS 类，因此接下来还需要完成这个 CSS 类的定义，为此需要修改客户注册视图的样式文件，使其内容与代码清单 10-7 一致。

代码清单 10-7　src/customers/views/sign-up.css

```
/*省略的代码*/
/*验证规则提示动画关键帧集合*/
@keyframes tip-show {
    0% {
        opacity: 0;
    }

    100% {
        opacity: 1;
    }
}

/*验证规则提示样式*/
.validationTips {
    animation: tip-show .5s;
    margin: -10px 0 10px 1px;
    color: #a94442;
    font-size: 13px;
}
.validationTip {
    animation: tip-show .5s;
}
```

按照要求，我们在样式文件的末尾定义了一个名为 validationTips 的 CSS 类，但同时定义了为这个 CSS 类提供渐变显示动画的关键帧集合 tip-show，以及一个随后我们将会用到的另一个 CSS 类 validationTip。

为了检测以上修改带来的效果，我们保存以上所有代码的编辑并刷新浏览器，然后导航到客户注册视图，随后将看到图 10-11～图 10-13 所示的结果。

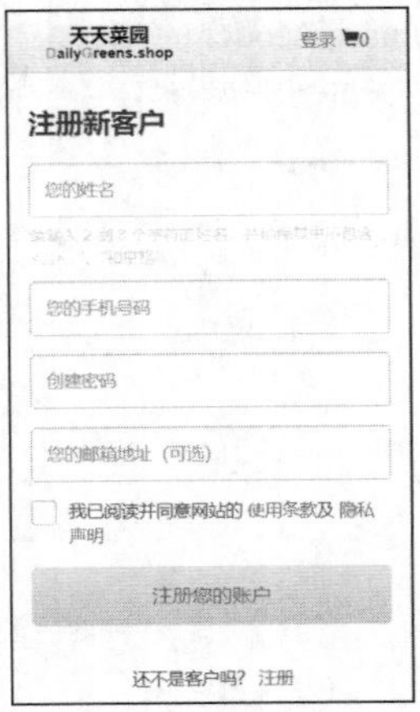

图 10-11　姓名验证提示开始出现

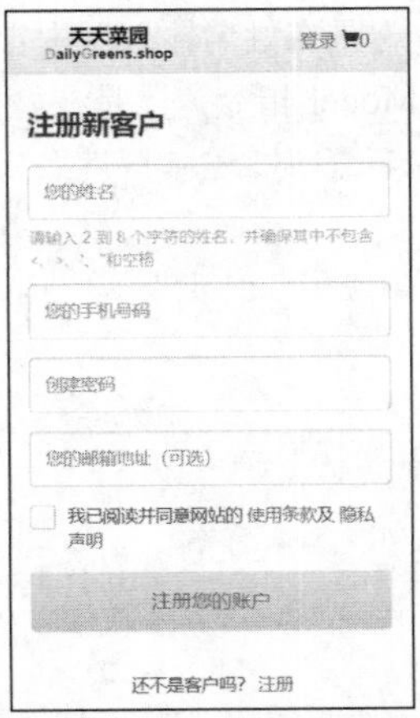

图 10-12　姓名验证提示慢慢变得清晰

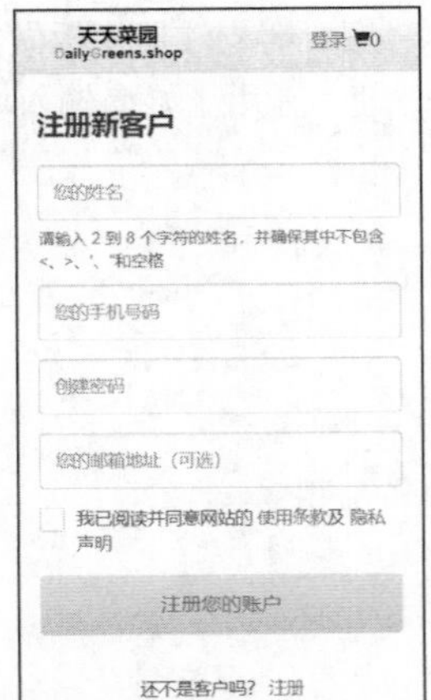

图 10-13　姓名验证提示显示完成

可以看到，刚刚我们添加的验证提示<div>逐渐清晰地出现在了客户注册视图中的姓名文本域的下方。这就意味着，如果更多的用户打算注册成为天天菜园的客户，他们就可以明确地知道应该输入什么样的姓名了。

这看上去是一个不错的体验，然而在完成一个正确的姓名（比如 Lcng）输入之后，我们会发现接下来的体验似乎并不怎么友好。因为这一验证规则提示仍然还停留在那里，如图 10-14 所示。

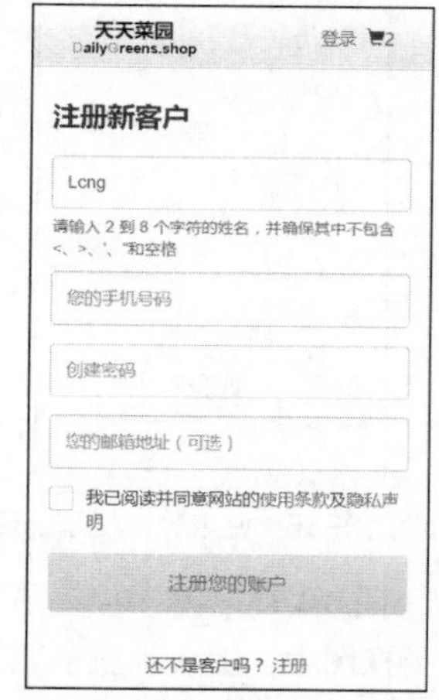

图 10-14 在输入了合法的姓名之后仍停留在视图中的验证提示

尽管我们已经输入了一个正确的姓名，但图 10-14 所示的验证提示似乎在暗示着我们，我们输入的内容仍然不是一个正确的姓名。为了避免这样错误的暗示，我们需要在用户输入了正确的姓名时，把姓名验证规则从视图中删除。

那么，我们怎样才能知道用户是否输入了正确的姓名呢？在 10.1.1 节中，我们通过 HTML 表单背后的 NgForm 指令的 valid 属性，判断了整个表单中所有表单域是否得到了合法的输入。我们还不知道的是，其实每一个表单域背后的 NgModel 指令也有一个同样的 valid 属性，我们通过它还能判断相应的单个的表单域是否得到了合法的输入。

接下来，我们要做的就是通过姓名输入域背后的 NgModel 指令的 valid 属性，来判断用户是否输入了合法的姓名，并在发现用户输入了合法的姓名时，将姓名验证规则 DIV 从视图中删除。

为此，我们需要继续修改客户注册模板，使其与代码清单 10-8 一致。

代码清单 10-8 src/customers/views/sign-up.html

```
<h3>注册新客户</h3>
<div class="row">
    <div class="col-xs-12">
        <form ngForm (ngSubmit)="signUp();" #signUpForm="ngForm">
            <input type="text" name="name" class="form-control" placeholder="您的姓名" [(ngModel)]
="customer.name" required minlength="2"
                maxlength="8" pattern="^[^<>'\s&quot;]+$" #nameModel="ngModel" /><!--模板引
用变量-->
            <div class="validationTips" *ngIf="!nameModel.valid"><!--NgIf 指令-->
                请输入 2 到 8 个字符的姓名，并确保其中不包含&lt;、&gt;、'、"和空格
            </div>
            <!--省略的代码-->
            <button type="submit" class="btn" [disabled]="!signUpForm.valid">注册您的账户</button>
        </form>
    </div>
</div>
```

我们对客户注册模板做了两处修改：一是在姓名输入域中定义了一个名为 nameModel 的模板引用变量，并使其引用了姓名输入域背后的 NgModel 指令；二是在姓名验证规则提示<div>上添加了一个 NgIf 指令，并将其值赋为模板引用变量 nameModel 的 valid 属性取反后的值。

说明

以上被赋给模板引用变量 nameModel 的值 ngModel 看上去是 NgModel 指令的选择器，但其实它是 NgModel 指令的 exportAs 属性的值。

经过以上修改之后，当用户未输入合法的姓名时（指未输入任何内容、输入的字符长度不在 2 和 8 之间或输入了特殊字符），姓名输入域背后的 NgModel 指令的 valid 属性的值会是 false（取反后则是 true），客户姓名验证规则提示 DIV 上的 NgIf 指令的值会被评估为 true，客户姓名验证规则提示 DIV 会被输出到视图中。

反过来，当用户输入了合法的姓名时，姓名输入域背后的 NgModel 指令的 valid 属性的值则会变为 true（取反后则是 false），客户姓名验证规则提示 DIV 上的 NgIf 指令会重新被评估为 false，客户姓名验证规则提示 DIV 会因此而被从视图中删除。

为了证实这一点，我们保存以上代码的修改并刷新浏览器，然后导航到客户注册视图并尝试向其中的姓名输入域输入合法和非法的姓名，随后将看到图 10-15～图 10-17 所示的结果。

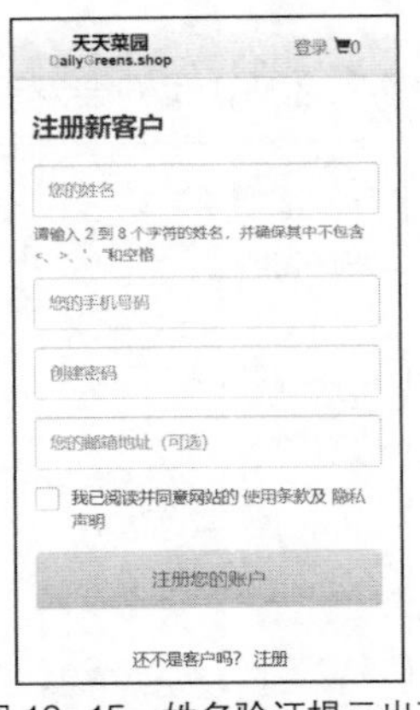

图 10-15　姓名验证提示出现

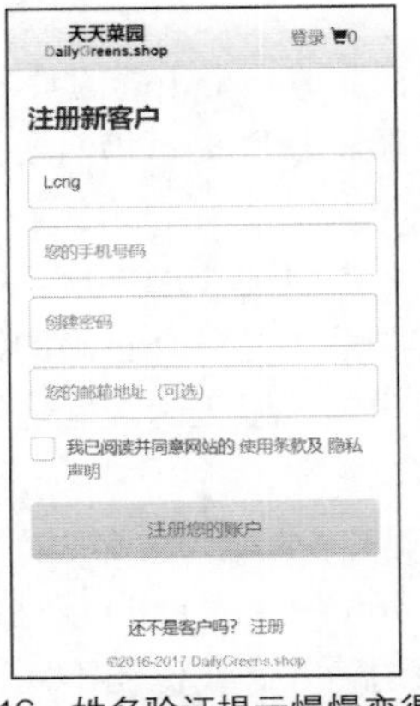

图 10-16　姓名验证提示慢慢变得清晰

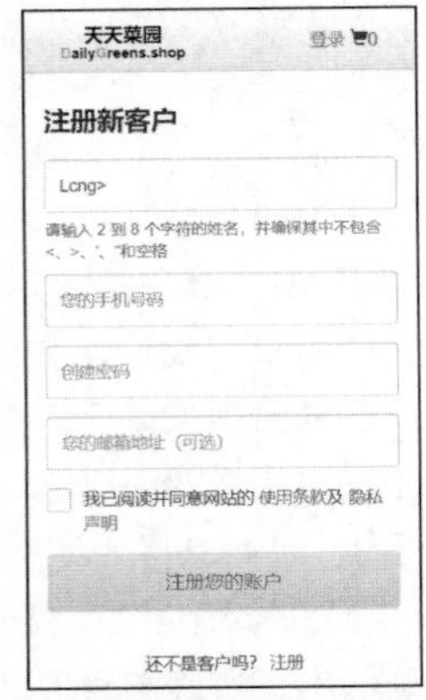

图 10-17　姓名验证提示显示完成

图 10-15～图 10-17 所示的结果证实了以上修改的作用：当我们未输入姓名时，姓名验证规则出现在了视图中；随后当我们输入了合法的姓名（Lcng）时，姓名验证规则从视图中消失了；最后当我们继续输入一个特殊字符（>）时，姓名验证规则又回到了视图中。

至此，我们便实现了在必要的时候对姓名验证规则的隐藏。但回过头来我们会发现，这一规则的显示似乎有些过于积极，即尽管在我们刚打开客户注册视图并尚未输入任何姓名字符时，它也早早地出现在了姓名输入域的下方——这有可能会吓到“胆小”的用户。

为了避免这样的麻烦，我们应该在用户尝试输入姓名之前，将姓名验证规则隐藏起来。为此，我们需要继续修改客户注册模板，使其与代码清单 10-9 一致。

代码清单 10-9　src/customers/views/sign-up.html

```
<h3>注册新客户</h3>
<div class="row">
    <div class="col-xs-12">
        <form ngForm (ngSubmit)="signUp();" #signUpForm="ngForm">
            <input type="text" name="name" class="form-control" placeholder="您的姓名" [(ngModel)]
="customer.name" required minlength="2"
                maxlength="8" pattern="^[^<>'\s&quot;]+$" #nameModel="ngModel" />
            <div class="validationTips" *ngIf="!nameModel.valid && (nameModel.touched || n
ameModel.dirty)"><!--NgMode 指令的 touched 和 dirty 属性-->
                请输入 2 到 8 个字符的姓名，并确保其中不包含&lt;、&gt;、'、"和空格
            </div>
            <!--省略的代码-->
            <button type="submit" class="btn" [disabled]="!signUpForm.valid">注册您的账户</button>
        </form>
    </div>
</div>
```

我们对客户注册模板只做了一处修改，即将 NgIf 指令的值更新成了“!nameModel.valid && (nameModel.touched || nameModel.dirty)”。

以上更新中涉及的 touched 和 dirty 是（模板引用变量 nameModel 引用的）NgModel 指令的另外两个属性，其中 touched 属性的作用是标识被 NgModel 指令修饰过的表单域是否被聚焦过，而 dirty 属性的作用则是标识表单域中的值是否被编辑过。

说明

在大多数浏览器中，“聚焦过”是指获得并失去过一次焦点。但在 IE 11 中，获得过一次焦点就被认为是聚焦过。

表单域的内容是否被编辑过与表单域中的内容前后是否一致无关，如果姓名输入域中原本的内容为 L，随后这个内容被修改为 Lc，最后又被修改为 L，那么姓名输入域的内容仍然被认为是被编辑过的。

那么，经过以上修改之后，姓名输入域会有些什么变化呢？保存以上修改并刷新浏览器，然后导航到客户注册视图并向姓名输入域输入一些内容，随后我们将看到图 10-18～图 10-20 所示的结果。

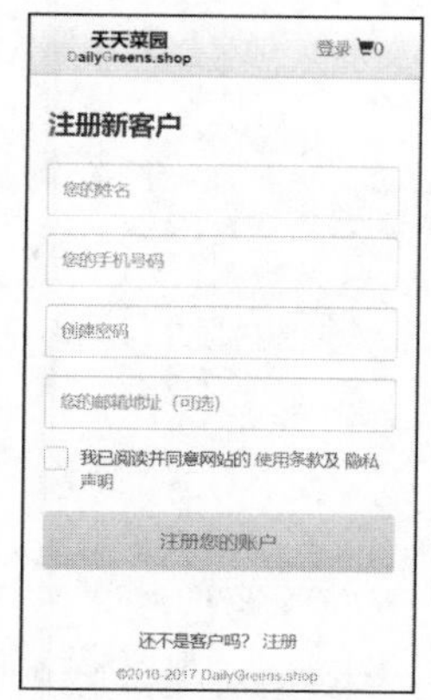

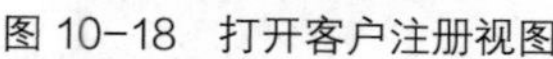
图 10-18　打开客户注册视图

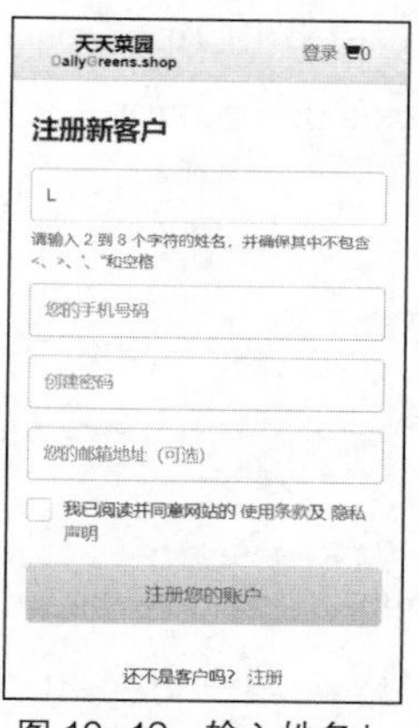

图 10-19　输入姓名 L

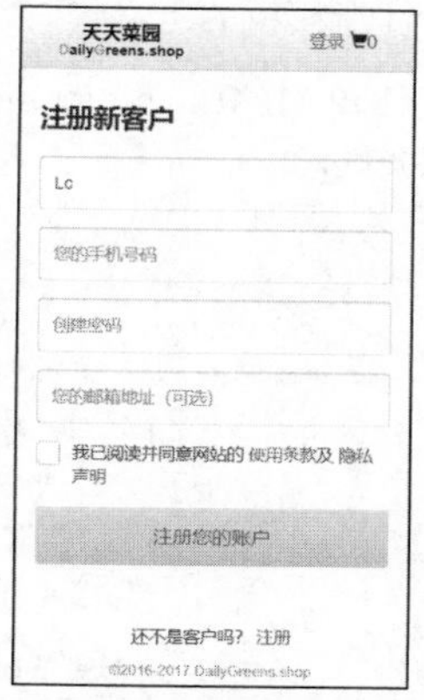

图 10-20　输入姓名 Lc

可以看到，当我们刚打开客户注册视图时，姓名文本域下方的验证规则提示不再立即显示出来了。这是因为被赋给规则提示<div>的 NgIf 指令的表达式“!nameModel.valid && (nameModel.touched || nameModel.dirty)”的值被评估成了 false，而这个表达式被评估为 false 的原因是这样的：

（1）!nameModel.valid 被评估为 true，因为姓名输入域还没有被输入任何内容；

（2）nameModel.touched 被评估为 false，因为姓名输入域还没有被聚焦过——这是关键原因；

（3）nameModel.dirty 被评估为 false，因为姓名输入域中的内容还没有被编辑过。

接下来，当我们输入字母“L”时，姓名文本域下方的验证规则提示又出现在视图中了。这是因为被赋给规则提示<div>的 NgIf 指令的表达式的值被实时地评估成了 true，而这个表达式被评估为 true 的原因是这样的：

（1）!nameModel.valid 被评估为 true，因为姓名输入域中被输入任何内容的长度小于 2；

（2）nameModel.touched 被评估为 false，因为姓名输入域还没有被聚焦过；

（3）nameModel.dirty 被评估为 true，因为姓名输入域中的内容被编辑过了——这是关键原因。

最后，当我们继续输入字母“c”时，姓名输入域下方的验证规则提示又从视图中消失了。这是因为被赋给规则提示<div>的 NgIf 指令的表达式的值被实时地评估成了 false，而这个表达式被评估为 true 的原因是这样的：

（1）!nameModel.valid 被评估为 false，因为姓名输入域中被输入了内容，且这个内容的长度在 2 和 8 之间，同时这个内容也不包含特殊字符——这是关键原因；

（2）nameModel.touched 被评估为 false，因为姓名输入域还没有被聚焦过；

（3）nameModel.dirty 被评估为 true，因为姓名输入域中的内容被编辑过了。

提示

除了以上描述的结果，如果刷新客户注册视图中并单击其中的姓名输入域，然后未向其中输入任何内容而单击了视图中的其他地方，读者会发现姓名验证规则提示也会出现在视图中。

至此，姓名验证规则的提示又显得更加用户友好了一点。但如果遇到追求极致的用户，他们还是能挑出一些毛病的。比如，客户姓名的四个验证规则（非空、最小长度限制、最大长度限制和特殊字符限制）现在是一口气显示到视图中的，有的用户会觉得这样大量的信息是在挑战他/她的阅读耐性，并因此而放弃天天菜园客户账户的注册。

为了留住喜欢简单的客户，我们不得不对姓名验证规则的提示做进一步的完善，即仅在必要的时候提示关键的（而非所有的）验证规则，使用户可以快速地知道他/她应该做出怎样的调整。

能够帮助我们实现这一目的的是 NgModel 指令的另一个字典属性 errors，这个字典属性封装了相应的表单域中被输入的内容应遵守的验证规则，以及这（些）验证规则的违背或遵守情况。

接下来，就让我们通过 NgModel 指令的 errors 属性来实现更加精确的验证规则提示，为此需要继续修改客户注册模板的定义代码，使其与代码清单 10-10 一致。

代码清单 10-10　src/customers/views/sign-up.html

```
<h3>注册新客户</h3>
<div class="row">
    <div class="col-xs-12">
        <form ngForm (ngSubmit)="signUp();" #signUpForm="ngForm">
            <input type="text" name="name" class="form-control" placeholder="您的姓名" [(ngModel)]
="customer.name" required minlength="2"
                maxlength="8" pattern="^[^<>'\s&quot;]+$" #nameModel="ngModel" />
            <div class="validationTips" *ngIf="!nameModel.valid && (nameModel.touched ||
nameModel.dirty)">
                <!--使用 NgModel 指令的 errors 属性-->
                <div class="validationTip" [hidden]="!nameModel.errors.required">请输入您的
姓名</div>
                <div class="validationTip" [hidden]="!nameModel.errors.minlength">请至少输
入 2 个字符</div>
                <div class="validationTip" [hidden]="!nameModel.errors.maxlength">请最大输
入 8 个字符</div>
                <div class="validationTip" [hidden]="!nameModel.errors.pattern">请不要输入
&lt;、&gt;、'、"和空格</div>
            </div>
            <!--省略的代码-->
            <button type="submit" class="btn" [disabled]="!signUpForm.valid">注册您的账户</button>
        </form>
    </div>
</div>
```

我们将规则提示<div>内的提示文本换成了四对子<div>，然后将验证规则提示文本拆分到了这四对子<div>内。

此外，我们还给这四对子<div>各添加了一个[hidden]属性绑定，并将这四个 hidden 属性的值分别绑定为“!nameModel.errors.required”“!nameModel.errors.minlength”“!nameModel.errors.maxlength”和“!nameModel.errors.pattern”。

说明

hidden 是 HTML 元素的属性（而非 CSS 样式），当这个属性被设置为 true 时，相应的 HTML 元素会被隐藏。

[hidden]属性绑定和 NgIf 指令的表现效果都是一样的，但[hidden]属性绑定只会使 HTML 元素在视图中被隐藏，而 NgIf 指令则会使 HTML 元素从视图中被删除。

显然，nameModel.errors 访问的就是前面提到的 NgModel 指令的 errors 属性，但随后的 required、minlength、maxlength 和 pattern 四个字典键是什么呢？

它们是 Angular 运行时根据姓名输入域中的四个表单验证指令，为 NgModel 指令的 errors 属性生成的四个相应的字典成员的键，而这四个字典成员的值标识了四个相应的表单验证指令的验证结果：如果被输入的内容违反了某个验证指令的规则，那么 errors 属性中相应的成员的值就是 true；反之，这个成员则会被移除。

因此，以上修改的作用如下。

（1）当姓名输入域因未被输入内容而违反了 RequiredValidator 指令的验证规则时，表达式 nameModel.errors.required 的值会是 true，以上验证规则 DIV 内的第一对子 DIV 的 hidden 属性的值会被绑定为 false，从而使这对子 DIV 被显示到视图中；反之，这对子 DIV 则会从视图中隐藏。

（2）当姓名输入域因被输入的内容的长度小于 2 而违反了 MinLengthValidator 指令的验证规则时，表达式 nameModel.errors.minlength 的值会是 true，以上验证规则 DIV 内的第二对子 DIV 的 hidden 属性的值会被绑定为 false，从而使这对子 DIV 被显示到视图中；反之，这对子 DIV 则会从视图中隐藏。

（3）当姓名输入域因被输入的内容的长度大于 8 而违反了 MaxLengthValidator 指令的验证规则时，表达式 nameModel.errors.maxlength 的值会是 true，以上验证规则 DIV 内的第三对子 DIV 的 hidden 属性的值会被绑定为 false，从而使这对子 DIV 被显示到视图中；反之，这对子 DIV 则会从视图中隐藏。

（4）当姓名输入域因被输入的内容包含特殊字符而违反了 PatternValidator 指令的验证规则时，表达式 nameModel.errors.pattern 的值会是 true，以上验证规则 DIV 内的第四对子 DIV 的 hidden 属性的值会被绑定为 false，从而使这对子 DIV 被显示到视图中；反之，这对子 DIV 则会从视图中隐藏。

为了验证这些作用，我们保存以上修改并刷新浏览器，然后导航到客户注册视图并违反姓名输入域中的一些验证规则，随后将看到更加精简的验证规则提示，如图 10-21～图 10-23 所示。

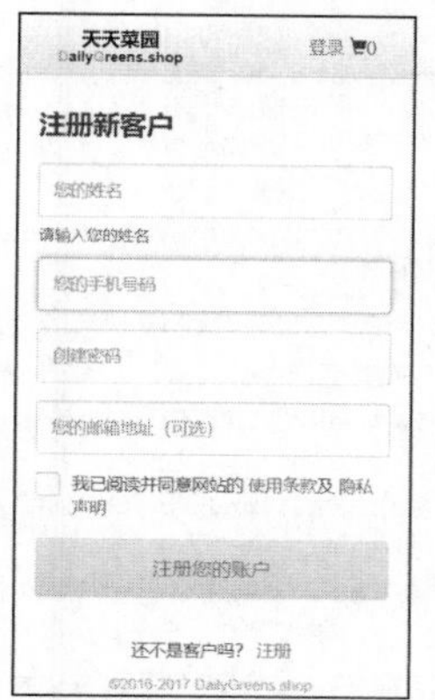

图 10-21 违反 RequiredValidator

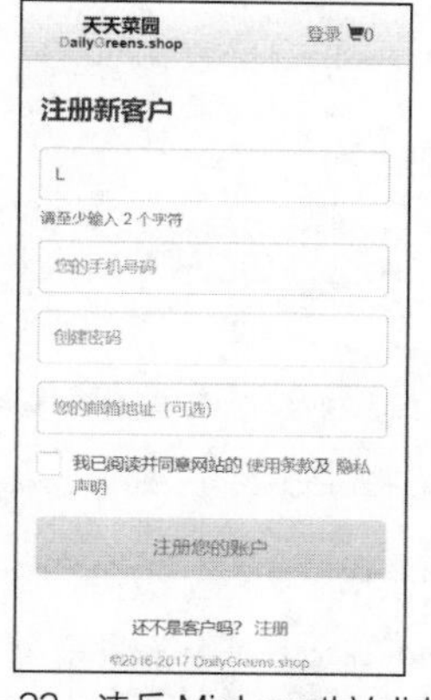

图 10-22 违反 MinLengthValidator

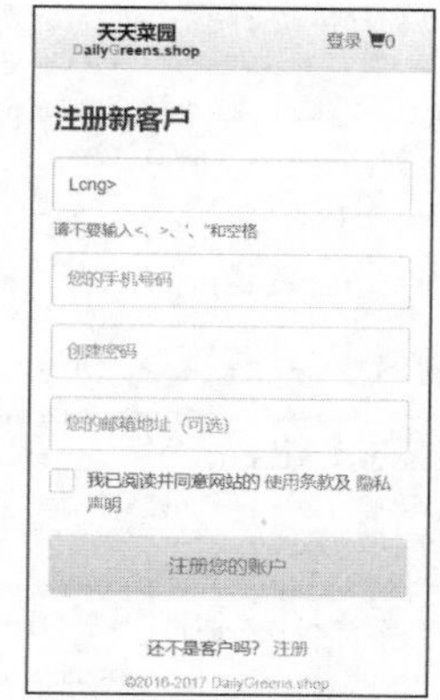

图 10-23 违反 PatternValidator

可以看到，当我们违背了姓名输入域中某个验证规则时，姓名输入域下方确实只提示了这个更加精简的规则。至于其他验证规则的提示，则因为相应的规则未被违背而从视图中隐藏了。

说明

在向姓名输入域中输入内容“>”时，我们同时违背了 MinLengthValidator 和 PatternValidator 指令指定的规则，因此相应的“请至少输入 2 个字符”和“请不要输入<、>、'、"和空格”这两个提示会同时出现在姓名输入域的下方。

如果不希望第二个提示出现，那么可以将绑定给这个提示<div>的 hidden 属性的表达式换成“!nameModel.errors.pattern || nameModel.errors.minlength”，即当被输入的姓名的字符长度小于 2 时，不显示当前规则提示。

至此，姓名验证规则的提示又得到了进一步的完善，但这也并不意味着这一提示就已经是完美的了。比如，我们可以结合样式绑定（Style Binding）和 NgModel 的 errors 属性的 required 键，将姓名输入域本身的右边框的颜色初始化为红色，以使用户在刚打开客户注册视图时就可以明确地知道他/她必须输入一个姓名。

接下来，当务之急是基于提示姓名验证规则的经验，继续完成手机号码、密码和邮箱地址的验证规则的提示。为此，我们需要继续修改客户注册模板，使其与代码清单 10-11 一致。

代码清单 10-11 src/customers/views/sign-up.html

```
<h3>注册新客户</h3>
<div class="row">
    <div class="col-xs-12">
        <form ngForm (ngSubmit)="signUp();" #signUpForm="ngForm">
            <!--省略的代码-->
            <!--绑定手机号码-->
            <input type="tel" name="phone" class="form-control" placeholder="您的手机号码" [(ngModel)]="customer.phone" required pattern="^\d{11}$"
                #phoneModel="ngModel" />
            <div class="validationTips" *ngIf="!phoneModel.valid && (phoneModel.touched || phoneModel.dirty)">
                <div class="validationTip" [hidden]="!phoneModel.errors.required">请输入您的手机号码</div>
                <div class="validationTip" [hidden]="!phoneModel.errors.pattern">请输入 11 位数字</div>
            </div>
            <!--绑定密码-->
```

```
                <input type="password" name="password" class="form-control" placeholder="创建密
码" [(ngModel)]="customer.password" required minlength="6"
                    maxlength="16" pattern="^[^<>'\s&quot;]+$" #passwordModel="ngModel" />
                <div class="validationTips" *ngIf="!passwordModel.valid && (passwordModel.touched
 || passwordModel.dirty)">
                    <div class="validationTip" [hidden]="!passwordModel.errors.required">请输入
您的密码</div>
                    <div class="validationTip" [hidden]="!passwordModel.errors.minlength"> 请 至
少输入 6 个字符</div>
                    <div class="validationTip" [hidden]="!passwordModel.errors.maxlength"> 请 最
大输入 16 个字符</div>
                    <div class="validationTip" [hidden]="!passwordModel.errors.pattern"> 请 不 要
输入&lt;、&gt;、'、"和空格</div>
                </div>
                <!--绑定邮箱地址-->
                <input type="email" name="email" class="form-control" placeholder="您的邮箱地址
(可选)" [(ngModel)]="customer.profile.email" minlength="6"
                    maxlength="30" pattern="^[^@<>'\s&quot;]+?@[^@<>'\s&quot;]+?\.[^@<>'\s&quot;]
+$" #emailModel="ngModel" />
                <div class="validationTips" *ngIf="!emailModel.valid && (emailModel.touched ||
 emailModel.dirty)">
                    <div class="validationTip" [hidden]="!emailModel.errors.minlength">请至少输
入 6 个字符</div>
                    <div class="validationTip" [hidden]="!emailModel.errors.maxlength">请最大输
入 30 个字符</div>
                    <div class="validationTip" [hidden]="!emailModel.errors.pattern">请输入格式
为 a@b.c 的邮箱地址，并保证未输入&lt;、&gt;、'、"和空格</div>
                </div>
                <!--省略的代码-->
                <button type="submit" class="btn" [disabled]="!signUpForm.valid">注册您的账户</button>
            </form>
        </div>
    </div>
```

按照要求，我们在手机号码、密码和邮箱地址输入域中各定义了一个模板引用变量（即 phoneModel、passwordModel 和 emailModel），并将这三个变量的值赋为 ngModel，以使它们分别引用手机号码、密码和邮箱地址输入域背后的 NgModel 指令。

接着，我们还在以上每一个表单域的下方各添加了一对验证规则提示<div>标签，然后在每一对提示<div>标签内添加了一些子<div>标签以对验证规则进行细分，最后通过 NgIf 指令、[hidden]属性绑定以及 NgModel 指令的 valid、touched、dirty 和 errors 属性来实现细分后的验证规则的显示和隐藏。

现在，如果保存以上代码的编辑并刷新浏览器，然后导航到客户注册视图并输入一些合法的和非法的手机号码、密码和邮箱地址，随后我们将看到图 10-24～图 10-26 所示的验证提示。

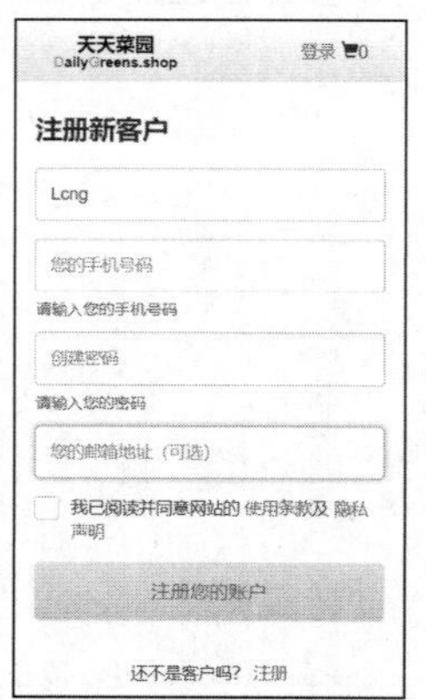

图 10-24　违反 RequiredValidator

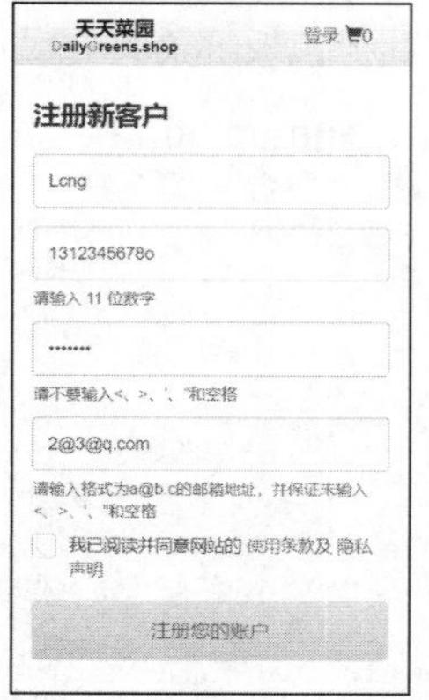

图 10-25　违反 MinLengthValidator

图 10-26　违反 PatternValidator

可以看到，当我们违背了手机号码、密码和邮箱地址输入域中的验证规则时，相应的精确规则提示都出现在了视图中。当我们完成了整个表单的合法输入时，所有规则提示都从视图中消失了，表单中的提交按钮也变得不再透明并且可被有效地单击了。

说明

如果用户完成了姓名、手机号码、密码和邮箱地址输入域的合法输入，但没有选择同意隐私条款就单击了注册按钮，我们该如何提示用户选择同意隐私条款呢？相关内容参见第 11 章。

至此，我们便完成了整个客户注册表单的验证规则的提示，并再一次体验了在不编写任何一行 TypeScript/JavaScript 代码的情况下，完成传统的 Web 开发中被认为十分烦琐的任务带来的快感。

但在体验这快感之余，读者或许还留下了一些不满，比如，图 10-25 所示的邮箱地址验证规则仍然不够精简，如果它能够被拆分成两个内容为“请输入格式为 a@b.c 的邮箱地址”和“请不要输入<、>、'、"和空格”的提示，那么喜欢简单的用户可能会更加愿意注册成为天天菜园的客户。

这可以通过自定义表单验证指令来满足，但我们还需要先继续完成客户登录表单验证规则的提示。

2. 提示客户登录表单验证规则

根据前面的经验我们可以知道，为了使表单验证规则被显示得好看一些，我们需要定义一些相应的 CSS 样式，为此需要修改客户登录视图样式的定义代码，使其与代码清单 10-12 一致。

代码清单 10-12　src/customers/views/log-in.css

```
/*省略的代码*/
/*验证规则提示动画关键帧集合*/
@keyframes tip-show {
    0% {
        opacity: 0;
    }

    100% {
        opacity: 1;
    }
}

/*验证规则提示样式*/
.validationTips {
    animation: tip-show .5s;
    margin: -10px 0 10px 1px;
    color: #a94442;
    font-size: 13px;
}
.validationTip {
    animation: tip-show .5s;
}
```

以上代码对我们来说并不陌生，因为它就是前面被用来装饰客户注册表单验证提示的 CSS 样式定义代码。接下来，我们也将用它定义的 CSS 样式来装饰客户登录表单验证提示。

完成了 CSS 样式的定义之后，我们要做的是向用户提示客户登录表单验证规则。为此，我们需要修改客户登录模板，使其与代码清单 10-13 一致。

代码清单 10-13　src/customers/views/log-in.html

```
<div class="row">
    <!--省略的代码-->
</div>
<div class="row">
    <div class="col-xs-12">
        <form (ngSubmit)="logIn();" #logInForm="ngForm">
            <!--绑定手机号码-->
            <input type="tel" name="phone" class="form-control" placeholder=" 手 机 号 码
" [(ngModel)]= "customer.phone" required pattern="^\d{11}$"
                #phoneModel="ngModel" />
            <div class="validationTips" *ngIf="!phoneModel.valid && (phoneModel.touched ||
phoneModel.dirty)">
                <div class="validationTip" [hidden]="!phoneModel.errors.required">请输入您的
手机号码</div>
```

```
                    <div class="validationTip" [hidden]="!phoneModel.errors.pattern">请输入 11 位数字</div>
                </div>
                <!--绑定密码-->
                <input type="password" name="password" class="form-control" placeholder=" 密 码 " [(ngModel)]="customer.password" required pattern="^[^<>'\s&quot;]{6,16}$"
                    #passwordModel="ngModel" />
                <div class="validationTips" *ngIf="!passwordModel.valid && (passwordModel.touched || passwordModel.dirty)">
                    <div class="validationTip" [hidden]="!passwordModel.errors.required">请输入您的密码</div>
                    <div class="validationTip" [hidden]="!passwordModel.errors.pattern">请输入不包含&lt;、&gt;、'、"和空格的 6 至 16 个字符</div>
                </div>
                <div>
                    <label for="persist">
                        记住登录状态
                    </label>
                    <input type="checkbox" name="persist" id="persist" [(ngModel)]="shouldPersist" />
                    <div>
                        <span class="glyphicon glyphicon-ok"></span>
                    </div>
                </div>
                <button type="submit" class="btn" [disabled]="!logInForm.valid">登录</button>
            </form>
            <!--省略的代码-->
        </div>
    </div>
```

我们几乎是把前面用于实现客户注册表单中的手机号码和密码输入域的验证规则提示的代码复制到了以上代码中，但由于以上代码中的密码输入域未被添加 MinLengthValidator 和 MaxLengthValidator 两个指令，因此以上代码也未通过 NgModel 指令的 errors 属性中两个键分别为 minlength 和 maxlength 的成员来提示用户密码的最小和最大长度。

接下来，让我们保存以上代码的编辑并刷新浏览器，然后导航到客户登录视图并输入一些非法的及合法的手机号码和密码，随后我们将看到图 10-27～图 10-29 所示的提示。

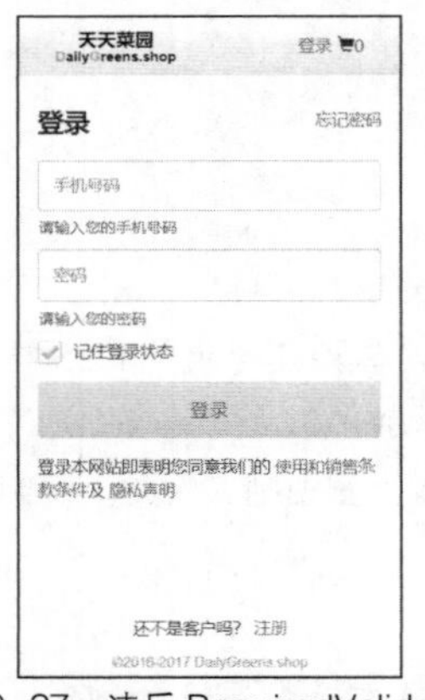

图 10-27　违反 RequiredValidator

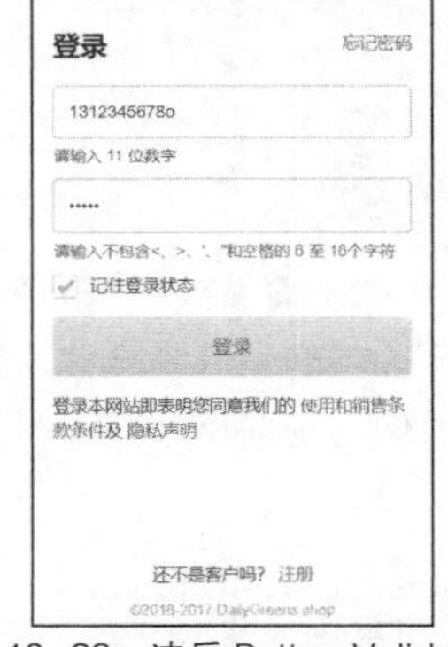

图 10-28　违反 PatternValidator

图 10-29　合法的输入

可以看到，当我们违反了两个表单域的 RequiredValidator 和 PatternValidator 指令的验证规则时，相应的提示都成功地出现在了视图中；而当我们完成两个表单域的合法输入时，所有验证规则提示都从视图中消失了，同时登录按钮也恢复到了可被有效单击状态。

至此，我们便完成了两个客户表单的验证规则提示，并再一次体验了不编写任何一行 TypeScript/JavaScript 代码却完成了在传统的 Web 开发中略显烦琐的工作带来的快感。

而这一切，都得益于 Angular 表单和变化监测（Change Detection）系统的共同协作：变化监测系统实时地检测表单域中的内容的变化，并在监测到这一变化发生时通过表单验证指令对表单域中的内容进行验证，然后将验证结果更新到 NgModel 指令的 valid、touched 和 dirtyerrors 属性中，从而使 NgIf 指令和[hidden]属性绑定得以基于这些属性决定显示或隐藏哪些验证规则提示。

最后，在表单验证和验证规则提示都得以完善的情况下，读者或许会忍不住要通过注册一个新的客户账户来完整地体验一下它们带来的效果。当然，它们应该不会让忙活了半天的读者失望，但最终的客户注册和登录结果可能会无法让读者满意。因为一旦客户端应用程序被重启，读者就会发现读者的注册数据丢失了，读者必须重新进行一次客户注册才能进行登录。

之所以会出现这样的问题，是因为目前天天菜园的客户数据都是被保存在客户服务 CustomerService 维护的数组属性 customers 中的，当客户端应用程序重启时这个数组属性会被重新创建。如果要避免这个问题，我们必须将客户数据进行持久化存储，使它不会因为应用程序的重启而丢失。

接下来，我们的任务就是创建一个真实的 Web API，使客户数据可以通过这个真实的 Web API 得以被持久化存储。

10.2 Web API：真实的服务端

任何 Web（客户端）应用程序应该都避免不了与 Web API 进行通信，而作为一个真实的 Web 应用程序的天天菜园，自然也不可能忽略这一点。

在本节中，我们首先将通过 10.2.1 节来了解天天菜园目前需要用到的 Web API 的 URL 和相关的参数，然后通过另一个小节来实现这些 Web API。

接下来，就让我们从了解这些 Web API 开始。

说明

Angular 并不关心 Web API 的实现平台和实现细节，尽管本书提供的 Web API 是通过基于 Node.js 的 Express 实现的，但读者可以在读者的项目中使用任何读者喜欢的 Web 服务端框架和语言。当然，如果读者对 Web API 的实现不感兴趣，读者也可以选择只阅读 10.2.1 节的内容，然后从本节的源代码仓储获取包含本节介绍的 Web API 的实现源代码，并继续阅读。

10.2.1 Web API 列表

目前，天天菜园包含两项业务，它们分别是本章引入的客户业务，以及第 8 章介绍的商品业务。这两项业务都应该需要和 Web API 通信，以实现注册客户数据的持久化和真实商品数据的获取。

在实现这些 Web API 之前，让我们先站在 Web 客户端应用程序开发人员的角度，来看看这些 Web API 的 URL 和相关的参数是什么。

首先，让我们先从客户业务 Web API 开始。

1. 客户业务 Web API

客户业务 Web API 包含客户注册 Web API 和客户登录 Web API，其中客户注册 Web API 的相关的内容如表 10-1 所示。

表 10-1 客户注册 Web API

URL	http://localhost:50424/api/customer/signup
方法	POST

入参	Body:
	{
	"name": "姓名",
	"phone": "手机号码",
	"password": "密码",
	"profile": {
	"email": "邮箱"
	}
	}

续表

URL	http://localhost:50424/api/customer/signup

出参	{
	"success": false,
	"message": "注册失败描述"
	}
	或
	{
	"success": true,
	"message": "注册成功"
	}

其中的“URL”和“方法”的两列的值表示，当我们打算向服务端提交客户的注册数据时，我们必须向 http://localhost:50424/api/customer/signup 这个 URL 发送一个 HTTP POST 请求。

其中的“入参”列的值表示我们必须在请求体（Body）中包含一个 JSON 格式的数据。

其中的“出参”列的值表示服务端在处理完客户注册请求之后返回的 JSON 格式的响应数据，其中 success 节点的值可能是 false 或 true，前者表示注册成功，后者表示注册失败。

接下来是客户登录 Web API，其相关内容如表 10-2 所示。

表 10-2　客户登录 Web API

URL	http://localhost:50424/api/customer/login
方法	POST

入参	Body:
	{
	"phone": "手机号码",
	"password": "密码"
	}
	Query Parameter:
	shouldPersist=true
	或
	shouldPersist=false
	或
	不提供

出参	{
	"success": false,
	"message": "登录失败描述"
	}
	或
	{
	"success": true,
	"message": "登录成功"
	}

其中的 http://localhost:50424/api/customer/login 是客户登录 Web API 的 URL，它们接受的 HTTP 方法是 POST。

其中的“入参”包含两部分，其中第一部分是必须被提供在 HTTP 请求 Body 中的格式为 JSON 的客户注册数据；第二部分是一个查询参数（Query Parameter，URL 中?后面的参数），它可以不被提供，但如果被提供，它应该是 shouldPersist=true 或 shouldPersist=false。

其中的“出参”是客户登录 Web API 处理完客户登录请求后返回的格式为 JSON 的结果，其中 success 节点的值可能是 false 或 true，前者表示登录成功，后者表示登录失败。当客户登录失败时，节点 message 的值可能因客户违反的业务规则不同而不同。

接下来，让我们再来看看商品业务 Web API。

2. 商品业务 Web API

商品业务 Web API 包含商品数组获取 Web API 和商品细节获取 Web API，其中商品数组获取 Web API

的相关内容如表 10-3 所示。

表 10-3 商品数组获取 Web API

URL	http://localhost:50424/api/ware/list
方法	GET
入参	空

出参	{
	"success": true,
	"message": "获取失败描述"
	}
	或
	{
	"success": true,
	"message": "获取成功",
	"data": [
	{
	"id": 1,
	"name": "无公害西蓝花",
	"description": "谁买就害谁，绝不祸害他人",
	"stock": 990,
	"price": 0.23,
	"promotion": 1,
	"addedTime": "2017-07-02T11:25:48.2110905+08:00",
	"thumbnailUrl": "src/images/OnePixelOrange.png",
	"imageUrl": "src/images/OnePixelOrange.png"
	},
	{
	"id": 2,
	"name": "有机上海青",
	"...": "..."
	},
	{
	"id": 3,
	"name": "本地胡萝卜",
	"...": "..."
	}
	]
	}

其中的 http://localhost:50424/api/ware/list 是商品数组获取 Web API 的 URL，它接收的 HTTP 方法是 GET。其中的“入参”是空的，因为商品数组获取 Web API 不接收任何参数。其中的“出参”列的值表示服务端返回的 JSON 格式的响应数据，其中 success 节点的值可能是 false 或 true，前者表示商品数组获取失败，后者表示获取成功。

当获取成功时，服务端返回的 JSON 数据中还将包含一个名为 data 的属性，这个属性的值就是我们要获取的商品数组。

接着是商品细节获取 Web API，其相关内容如表 10-4 所示。

表 10-4 商品细节获取 Web API

URL	http://localhost:50424/api/ware/detail
方法	GET
入参	Query Parameter: wareId=1 或 wareId=2 或 其他

续表

<table>
<tr><th>URL</th><th>http://localhost:50424/api/ware/detail</th></tr>
<tr><td>出参</td><td><pre>{
    "success": true,
    "message": "获取失败描述"
}
或
{
    "success": true,
    "message": "获取成功",
    "data": {
        "id": 3,
        "name": "本地胡萝卜",
        "description": "不胡麻将胡萝卜",
        "stock": 0,
        "price": 22.0,
        "promotion": 0,
        "addedTime": "2017-07-02T11:25:48.2115922+08:00",
        "thumbnailUrl": "src/images/OnePixelOrange.png",
        "imageUrl": "src/images/OnePixelOrange.png"
    }
}</pre></td></tr>
</table>

其中的 http://localhost:50424/api/ware/detail?wareId=3 是商品数组获取 Web API 的 URL，它接收的 HTTP 方法是 GET。其中的"入参"是一个查询参数 wareId，这个参数的值必须是数字 1、2 或 3。当提供了其他值时，我们将无法获取到对应的商品细节。其中的"出参"是商品细节获取 Web API 返回的 JSON 格式的商品细节，其中包含了目标商品的所有信息（表中展示的是 ID 为 3 的示例商品的信息）。

10.2.2　Web API 实现

在本节中，我们将通过三个 Node.js 模块来完成客户业务、商品业务和购物车业务 Web API 的实现。首先，让我们先从客户业务 Web API 的实现开始。

说明

本节介绍的 Web API 的实现方式可能无法适用于读者的生产环境，如果打算在生产环境中使用 Node.js 和 Express，读者需要更加专业的教程和示例。

1. 客户业务 Web API

为了便于管理，我们需要在项目中创建一个专门的 Web API 目录，并将这个目录命名为 web-api。为了实现客户业务 Web API，我们需要继续在这个新建的目录下新建一个名为 customer-api.js 的 JavaScript 文件。

执行完以上操作之后，当前项目的文件结构将与图 10-30 所示的一致。

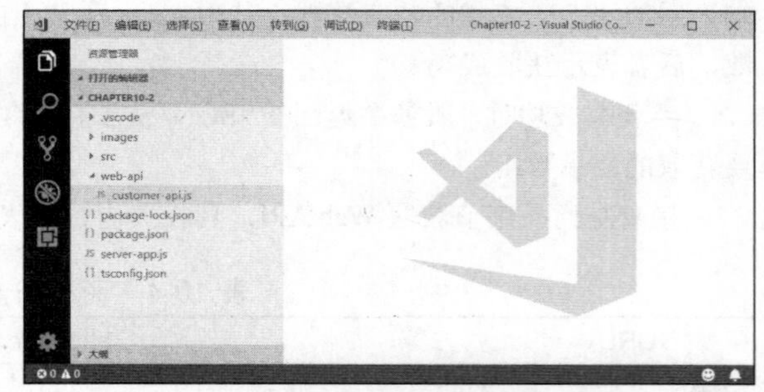

图 10-30　客户业务 Web API 实现文件在项目中的位置

接下来，我们还要在 customer-api.js 中实现客户业务 Web API，为此需要将代码清单 10-14 复制到 customer-api.js 中。

代码清单 10-14　web-api/customer-api.js

```
var customers = []; // 客户数组

/**
 * 注册 Web API
 * @param {*} req 请求对象
 * @param {*} res 响应对象
```

```
 */
function signUp(req, res) {
    // 获取客户端通过请求体提交的参数
    var name = req.body.name;
    var phone = req.body.phone;
    var password = req.body.password;
    var email = req.body.email;

    // 验证输入的合法性
    if (!name || !phone || !password) {
        res.json({ success: false, message: '注册失败，未同时提供姓名、手机号码和密码' });
        return;
    }

    // 防止添加重复用户
    var existingCustomer = customers.find(x => x.phone === phone);
    if (existingCustomer != undefined) {
        res.json({ success: false, message: '注册失败，此手机号码已被使用' });
        return;
    }

    // 设置新客户的 ID
    var id = customers.length > 0 ? customers[customers.length - 1].id + 1 : 1;

    // 添加客户
    customers.push({ id, name, phone, password, email });

    // 向客户端返回注册成功结果
    res.json({ success: true, message: '注册成功' });
}

/**
 * 登录 Web API
 * @param {*} req 请求对象
 * @param {*} res 响应对象
 */
function logIn(req, res) {
    // 获取客户端通过请求体提交的参数
    var phone = req.body.phone;
    var password = req.body.password;

    // 获取目标客户
    var targetCustomer = customers.find(x => x.phone === phone && x.password === password);
    if (targetCustomer === undefined) {
        res.json({ success: false, message: '登录失败，手机号码或密码错误' });
        return;
    }

    // 获取加密的手机号码，并将其保存到客户端 Cookie 中
    var encryptedPhone = encryptPhone(phone);
    var shouldPersist = req.query.shouldPersist;
    if (shouldPersist === 'true') {
        res.cookie('auth', encryptedPhone, { httpOnly: true, maxAge: 7 * 24 * 3600 * 1000 });
    }
    else {
        res.cookie('auth', encryptedPhone, { httpOnly: true });
    }

    // 向客户端返回登录成功结果
    res.json({ success: true, message: '登录成功' });
}

/**
 * 加密手机号码
 * @param {*} phone 手机号码
 */
function encryptPhone(phone) {
```

```
    var crypto = require('crypto');
    var secret = 'iJ0vR=keBua&gWyl4F';
    var cipher = crypto.createCipher('aes256', secret);

    cipher.update(phone, 'utf8', 'hex');
    var encryptedPhone = cipher.final('hex');
    return encryptedPhone;
}

module.exports.signUp = signUp; // 导出注册 Web API
module.exports.logIn = logIn;   // 导出登录 Web API
```

以上代码就是客户业务 Web API 的实现，它几乎是本章第一节介绍的客户服务类 CustomerService 的翻版，比如，它也维护了一个客户数组 customers，并且也维护了两个分别被用来处理客户注册和登录的函数 signUp()和 logIn()——在 CustomerService 中，这两个函数（方法）是 addCustomer()和 checkCustomer()。

不同的是，以上代码的 signUp()和 logIn()方法都未接收一个客户对象 customer，而是接收了一个请求对象 req 和一个响应对象 res——这两个对象由 Express 在接收到客户端请求时创建。

此外，我们还创建了一个用于加密手机号码的方法 encryptPhone()，并在 logIn()方法中将通过它加密的手机号码保存到了客户端 Cookies 中，以实现客户登录状态的持久化——其中使用了 Node.js 的 crypto 模块提供的 AES256 对称加密算法。

最后，以上代码通过 module.exports 将方法 signUp()和 logIn()导出为公共方法，以使这两个方法可以被注册为 Web API。

那么，这两个方法是如何被注册为 Web API 的呢？在回答这个问题之前，让我们先继续完成商品业务下的 Web API 的实现。

说明

以上代码检查了客户端提交的参数 name、phone 和 password 是否是非空的，但在生产环境下，读者还需要检查它们的长度和格式是否合法，并检查它们是否包含非法字符——客户端的这些检查是不可信的。

此外，在生产环境下，我们还应该避免 Web API 的实现代码被加载到客户端，因为这会使代码中的敏感信息（比如以上提供给加密算法的密码）被暴露给不怀好意的用户——或者我们根本就不应该将敏感信息写在代码中。

2. 商品业务 Web API

为了实现商品业务 Web API，我们需要在项目的 Web API 目录 web-api 下新建一个名为 ware-api.js 的 JavaScript 文件（Node.js 模块），然后将代码清单 10-15 复制到其中。

代码清单 10-15　web-api/ware-api.js

```
// 商品数组
var wares = [{
    id: 1,
    name: '无公害西蓝花',
    description: '谁买就害谁，绝不祸害他人',
    stock: 990,
    price: 0.23,
    promotion: 1,
    addedTime: new Date(), // 当前时间
    thumbnailUrl: 'images/OnePixelOrange.png',
    imageUrl: 'images/OnePixelOrange.png', // 商品图片
}, {
    id: 2,
    name: '有机上海青',
    description: '阿拉的青菜比肉贵',
    stock: 9,
    price: 12.4,
    promotion: 2,
    addedTime: new Date(), // 当前时间
    thumbnailUrl: 'images/OnePixelOrange.png',
    imageUrl: 'images/OnePixelOrange.png', // 商品图片
}, {
```

```
        id: 3,
        name: '本地胡萝卜',
        description: '本地的胡萝卜就是甜',
        stock: 0,
        price: 22,
        promotion: 0,
        addedTime: new Date(), // 当前时间
        thumbnailUrl: 'images/OnePixelOrange.png',
        imageUrl: 'images/OnePixelOrange.png', // 商品图片
    }];

    /**
     * 商品数组获取 Web API
     * @param {*} req 请求对象
     * @param {*} res 响应对象
     */
    function list(req, res) {
        res.json({
            success: true,
            message: '获取成功',
            data: wares
        })
    }

    /**
     * 商品细节获取 Web API
     * @param {*} req 请求对象
     * @param {*} res 响应对象
     */
    function detail(req, res) {
        var wareId = req.query.wareId;
        var ware = wares.find(x => x.id == wareId);

        if (!ware) {
            res.json({
                success: false,
                message: '获取失败，指定商品 ID 的商品不存在',
                data: null
            });
        }
        else {
            res.json({
                success: true,
                message: '获取成功',
                data: ware
            });
        }
    }

    // 导出商品数组获取 Web API 和商品细节获取 Web API
    module.exports.list = list;
    module.exports.detail = detail;
```

以上代码就是商品业务 Web API 的实现，它和上一章的商品服务类 WareService 有些类似，即创建了一个包含三个商品对象的商品数组 wares，然后通过方法 list()和 detail()来向客户端返回这个商品数组和其中指定 ID 的单个商品对象。

最后，以上代码通过 module.exports 将方法 list()和 detail()导出为公共方法，以使这两个方法可以被注册为 Web API。

接下来，就让我们来看看这两个方法和前面的 customer-api.js 中定义的两个方法是如何被注册为 Web API 的。

10.2.3 Web API 注册

为了使前面的 Web API 被用于处理客户端的请求，我们需要将它们注册到 Express 路由器中，为此

需要修改服务端应用程序实现代码，使其与代码清单 10-16 一致。

代码清单 10-16　server-app.js

```
// 导入 Express 模块，并创建 Express 应用程序对象
var express = require('express');
var app = express();

// 注册 HTTP 请求体解析中间件 body-parser
var bodyParser = require('body-parser');
app.use(bodyParser.json());

// 中间件配置：允许客户端请求服务端目录/node_modules、/src 和/images 下的静态资源
app.use('/node_modules', express.static('node_modules'));
app.use('/src', express.static('src'));
app.use('/images', express.static('images'));

// 注册客户业务 Web API
var customerApi = require('./web-api/customer-api');
app.post('/api/customer/sign-up', function (req, res) {
    customerApi.signUp(req, res);
});
app.post('/api/customer/log-in', function (req, res) {
    customerApi.logIn(req, res);
});

// 注册商品业务 Web API
var wareApi = require('./web-api/ware-api');
app.get('/api/ware/list', function(req, res) {
    wareApi.list(req, res);
})
app.get('/api/ware/detail', function(req, res) {
    wareApi.detail(req, res);
})

// 路由配置：当客户端请求服务端根路径（即 http://localhost:50424/）时，返回目录 src 下的 HTML 文件
index.html
app.get('*', function (req, res) {
    res.sendFile(__dirname + '/src/index.html');
});

// 启动应用程序，并监听 50424 端口上的请求
var server = app.listen(50424, function () {
    var host = server.address().address;
    var port = server.address().port;

    console.log('当前应用程序正在监听 http://%s:%s', host, port);
});
```

以上新增的内容包含两个部分，其中第一部分是客户业务 Web API 注册代码：

```
var customerApi = require('./web-api/customer-api');
app.post('/api/customer/sign-up', function (req, res) {
    customerApi.signUp(req, res);
});
app.post('/api/customer/log-in', function (req, res) {
    customerApi.logIn(req, res);
});
```

这部分代码首先通过 Node.js 内置的 require()函数导入了客户业务 Web API 模块（即 web-api/customer-api.js），然后两次调用了 app 对象的 post()方法，正是这两次 post()方法的调用将客户业务 Web API 注册到了 Express 路由器中：其中第一次调用使 Express 接收到路径为“/api/customer/sign-up”的 POST 请求时，将请求交给客户注册 Web API（即客户业务 Web API 模块的 signUp()函数）处理；第二次调用使 Express 接收到路径为“/api/customer/log-in”的 POST 请求时，将请求交给客户登录 Web API（即客户业务 Web API 模块的 logIn()函数）处理。

以上新增的另一个部分代码完成了商品业务和购物车业务 Web API 的注册，它们的工作过程和以上第一部分代码极为相似。不同的是其中调用的 app 对象的 get()方，它表示相应的 Web API 只接收 HTTP GET 请求。

接下来，为了证明以上新增的代码确实完成了 Web API 的注册，我们需要保存以上代码的编辑并重启服务端应用程序，然后通过 Postman 访问商品数组获取 Web API，随后将得到图 10-31 所示的返回结果。

显然，图 10-31 所示的正是我们期望的结果，即包含商品数组的 JSON 对象。同时，如果我们继续通过浏览器访问其他接收 HTTP GET 请求的 Web API，我们仍然能够得到期望的结果。

但当通过 Postman 访问接收 HTTP POST 请求的 Web API（比如客户注册 Web API）时，我们却会得到图 10-32 所示的错误信息。

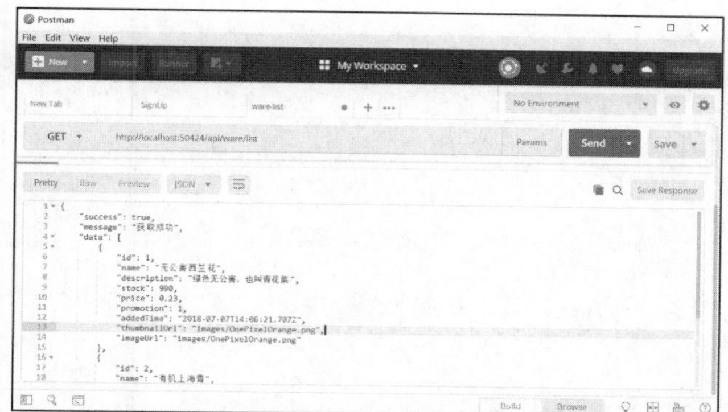

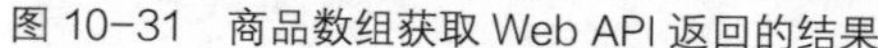

图 10-31　商品数组获取 Web API 返回的结果

图 10-32　访问客户注册 Web API-1

图 10-32 所示的错误“Cannot read property 'name' of undefined（无法读取 undefined 的 name 属性）”是由客户业务 Web API 实现模块 customer-api.js 中的“var name = req.body.name”这行代码导致的，而导致这一错误的原因则是 Express 无法将 HTTP 请求体中的 JSON 对象封装到请求对象 req 的 body 属性中。

为了解决这个问题，我们需要使用 Express 的一个 HTTP 请求体解析中间件（Middleware），即 body-parser。

10.2.4　获取请求体

body-parser 是一个 Node.js 包，在使用它之前，我们需要先将它安装到项目中，为此需要修改当前项目的 Node.js 包描述文件 package.json，使其内容与代码清单 10-17 一致。

代码清单 10-17　package.json

```
{
    "name": "chapter10-3",
    "version": "1.0.0",
    "private": true,
    "dependencies": {
        "@angular/common": "7.0.4",
        "@angular/compiler": "7.0.4",
        "@angular/core": "7.0.4",
        "@angular/platform-browser": "7.0.4",
        "@angular/platform-browser-dynamic": "7.0.4",
        "@angular/router": "7.0.4",
        "@angular/forms": "7.0.4",
        "@angular/http": "7.0.4",
        "core-js": "2.5.7",
        "rxjs": "6.3.3",
        "systemjs": "0.21.5",
        "zone.js": "0.8.26",
        "bootstrap": "3.3.7"
    },
    "devDependencies": {
        "@types/node": "10.12.9",
        "express": "4.16.4",
        "body-parser": "1.18.3"
```

```
        }
    }
```

以上修改在 devDependencies 属性下添加了当前项目对版本号为 1.18.3 的 body-parser 的依赖。

接下来我们需要将这个依赖安装到项目中，为此需要在 VS Code 集成终端输入以下 npm 命令：

```
npm install
```

执行完以上命令之后，我们可以在当前项目的 Node.js 包安装目录 node_modules 下看到一个名为 body-parser 的子文件夹，这就说明 body-parser 已经被成功地安装到当前项目中。

完成 body-parser 的安装之后，我们还需要将它注册到 Express 的请求处理管道中，为此需要修改服务端应用程序实现代码，使其与代码清单 10-18 一致。

代码清单 10-18　server-app.js

```
// 导入 Express 模块，并创建 Express 应用程序对象
var express = require('express');
var app = express();

// 注册 HTTP 请求体解析中间件 body-parser
var bodyParser = require('body-parser');
app.use(bodyParser.json());

// 中间件配置：允许客户端请求服务端目录/node_modules、/src 和/images 下的静态资源
app.use('/node_modules', express.static('node_modules'));
app.use('/src', express.static('src'));
app.use('/images', express.static('images'));

// ...省略的代码
```

以上修改首先通过 Node.js 内置的 require()函数导入了 body-parser 模块，然后通过 Express 的 use()方法将 body-parser 的请求体 JSON 解析功能注册到了 Express 的请求处理管道中。

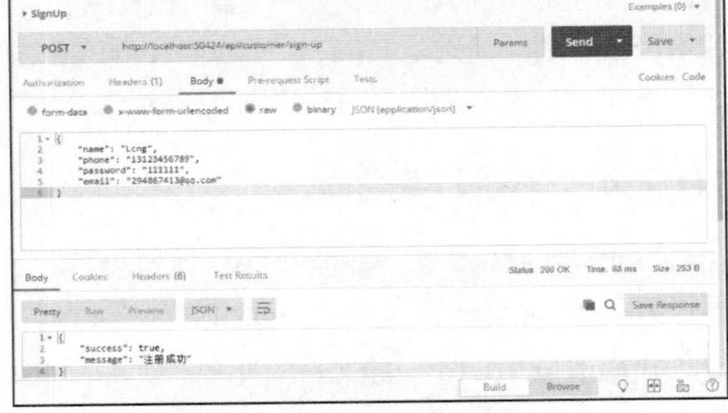

图 10-33　访问客户注册 Web API-2

接下来，保存以上代码的编辑并重启服务端应用程序，然后再次通过 Postman 访问天天菜园的客户注册 Web API，随后我们将看到图 10-33 所示的注册成功提示。

当然，如果我们继续尝试访问更多其他 Web API，仍将得到相应的成功提示。

这就意味着，现在我们已经完成了所有 Web API 的实现。接下来，我们的任务是通过其中的客户注册 Web API 实现注册客户数据的持久化，但这些数据怎样才能从客户端被传递到服务端的 Web API 呢？

我们需要用到 Angular 提供的 HttpClient。

说明

此处的持久化指的是服务端内存中的持久化，在生产环境中，通常会需要使用数据库来代替内存。

10.3　HttpClient：与 Web 服务端通信

在传统的 Web 开发中，我们会使用 Ajax 与 Web 服务端进行通信。在 Angular 应用程序开发中，我们仍然需要用到 Ajax，但我们不需要使用额外的第三方库（比如 jQuery），因为 Angular 提供了一个类似（甚至更好用）的工具，即 HttpClient。

HttpClient 提供了九个与 Web 服务端通信的方法，它们分别是 get()、post()、put()、delete()、patch()、head()、options()、jsonp()和 request()，其中前七个用于向服务器发送相应的 GET、POST 和 PUT 等异步

请求，jsonp()用于发送跨域异步请求，request()用于发送可定制的 HTTP 请求。

在 HttpClient 的以上九个方法中，被用的最多的是 get()和 post()。它们分别被用来向 Web 服务端发送异步的 GET 和 POST 请求，在使用上和 jQuery 的这两个方法几乎是一致的：

```
$.get(url, data, function (data, status, jqXHR){});      // jQuery 的 get()方法
httpClient.get(url, options).subscribe(response => {}); // HttpClient 的 get()方法
$.post(url, data, function (data, status, jqXHR){});     // jQuery 的 post()方法
http.post(url, body).subscribe(response => {});          // HttpClient 的 post()方法
```

在使用 jQuery 的 get()和 post()方法时，我们需要向这两个方法提供一个回调函数，并在这个回调函数中处理 Web 服务端返回的响应。这对小型的应用程序来说不会有太大的问题，但对于大型的需要被分成多个模块（或层）的应用程序来说，这种通过回调来处理服务端响应的方式将使应用程序的代码变得耦合。

HttpClient 的 get()和 post()方法则避免了以上问题，因为它们不需要我们提供一个回调，而是会立即向调用方返回一个 Observable 类的实例，从而使调用方只需要“订阅（Subscribe）”这个对象就可以获得服务端返回的响应。

那么 Observable 类是什么？HttpClient 是如何通过它避免应用程序代码耦合的呢？让我们通过在客户服务中使用 HttpClient 来回答这个问题。

说明

于 2016 年 6 月正式发布的 jQuery 3.0 已经支持了原生的 ES2015 Promise，更早的 jQuery 在 RxJS 的帮助下可以让 get()、post()和 ajax()返回 Observable。

10.3.1 重构客户服务

在本节中，我们的任务是使用 HttpClient 和客户业务 Web API 通信，从而将客户提交的注册数据保存到服务端，以实现真实的客户注册和登录功能。

但在使用 HttpClient 之前，我们打算先使用原生的 XMLHttpRequest 来完成一遍这一任务，以帮助我们了解 Observable 类是什么，以及它是如何避免应用程序代码耦合的。

1. 使用 XMLHttpRequest

根据 6.3 节的描述，Angular 应用程序中负责与 Web API 通信的应该是服务。因此，为了使用 XMLHttpRequest 和客户业务 Web API 通信，我们需要修改客户服务 CustomerService 的定义代码，使其与代码清单 10-19 一致。

代码清单 10-19 src/customers/models/customer-service.ts

```
import { Customer } from './customer';  // 导入客户实体类的定义

/**
 * 客户服务
 */
export class CustomerService {
    private customers: Array<Customer>;

    constructor() {
        this.customers = new Array<Customer>();
    }

    public addCustomer(customer: Customer): boolean {
        // ...省略的代码
    }

    public checkCustomer(customer: Customer): boolean {
        // ...省略的代码
    }

    /**
     * 添加客户
     * @param customer 要被添加的客户
```

```
     * @param callback 服务端成功返回回时要执行的回调函数
     */
    public addCustomer1(customer: Customer, callback: (responese: any) => void): void {
        let xhr = new XMLHttpRequest(); // 创建 XMLHttpRequest 对象

        // 初始化请求，设置请求头，并注册响应状态监听函数
        xhr.open("POST", '/api/customer/sign-up');
        xhr.setRequestHeader("Content-Type", "application/json");
        xhr.onreadystatechange = function () {
            if (this.readyState == XMLHttpRequest.DONE && this.status == 200) {
                callback(this.response);     // 服务端成功返回回时执行回调函数
            }
        }

        xhr.send(JSON.stringify(customer)); // 发送请求
    }
}
```

我们在客户服务的底部添加了一个名为 addCustomer1()的方法，这个方法接收一个客户实体参数 customer 和一个回调函数参数 callback，并且不返回任何类型的数据。

在这个方法的方法体中，我们创建了一个 XMLHttpRequest 对象，然后通过这个对象将类型为 Customer 的参数序列化成 JSON 字符串 POST 给了 Web 服务端的客户注册 Web API（其服务端路径为/api/customer/sign-up），并在 Web API 成功返回回时执行了回调函数 callback。

也就是说，通过调用这个方法，我们可以成功地将一个注册客户提交到客户注册 Web API。为了调用这个方法，我们需要修改客户注册组件 SignUpComponent 的定义代码，使其与代码清单 10-20 一致。

代码清单 10-20　src/customers/components/sign-up.component.ts

```
// ...省略的 import

@Component({
    // ...省略的代码
})
export class SignUpComponent {
    private customer: Customer;
    private agree: boolean;

    constructor(private customerService: CustomerService, private router: Router) {
        // ...省略的代码
    }

    private signUp(): void {
        console.log('SignUpComponent.signUp()方法被执行');

        if (!this.agree) {
            return;
        }

        // 此处删除了原有的基于客户服务的 addCustomer()方法的应用逻辑代码

        // 调用客户服务的 addCustomer1()
        this.customerService.addCustomer1(this.customer, (response: any) => {
            let json = JSON.parse(response);

            if (json.success == true) {
                console.log('注册成功');
                this.router.navigate(['/customer/log-in', { phone: this.customer.phone }]);
            }
            else {
                console.error(json.message);
            }
        });
    }
}
```

我们删除了 signUp()方法中原有的基于客户服务的 addCustomer()方法的应用逻辑代码，然后调用了

客户服务的 addCustomer1()方法。

像调用客户服务的 addCustomer()方法时那样，我们将客户注册组件的 customer 属性提供给了 addCustomer1()方法的第一个参数，以使这个属性封装的客户注册数据可以通过 addCustomer1()方法中的 XMLHttpRequest 对象被提交给客户注册 Web API。

此外，我们还向客户服务的 addCustomer1()方法的第二个参数传递了一个回调函数，以使这个函数在 XMLHttpRequest 对象接收到服务端的成功返回时被执行并被传递服务端 Web API 返回的 JSON 字符串，进而使这个回调函数基于接收到的 JSON 字符串执行相应的应用逻辑：如果服务端返回的 JSON 字符串的 success 节点的值是意味着客户注册成功的 true，那么将用户导航到客户登录视图；反之，则向控制台输出服务端返回的 JSON 字符串的 message 节点的值。

接下来，如果我们保存以上所有代码的编辑并刷新浏览器，然后导航到客户注册视图并提交一个合法的表单，那么这个表单中的数据会在原生的 XMLHttpRequest 对象的帮助下被提交到服务端的客户注册 Web API，我们会因此而成功地完成注册并被导航到客户登录视图。

这一切看上去并不十分复杂并显得是那么理所当然，甚至我们还可以将与 XMLHttpRequest 相关的代码封装到一个工具类中以使它们可以被复用。但事实上我们忽略了很重要的一点，那就是对象（类）之间的耦合。作为客户服务 CustomerService 的消费者，客户注册组件 SignUpComponent 对客户服务的依赖是无法避免的。但当我们在客户注册组件的 signUp()方法中向客户服务的 addCustomer1()方法传递回调函数，并使客户服务的 addCustomer1()方法执行这个回调函数时，我们还使客户服务对客户注册组件产生了依赖。图 10-34 展示了客户注册组件和客户服务之间的这种双向依赖的关系。

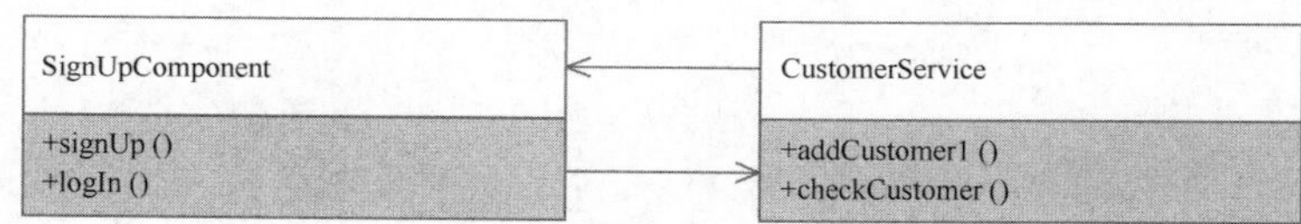

图 10-34　客户注册组件和客户服务之间的双向依赖

显然，这种双向依赖关系应该被避免，因为它会给客户服务的复用和维护带来麻烦：其 addCustomer1()方法不能很好地被无法提供回调函数的依赖方使用；当修改这个方法时，我们需要担心回调函数有没有被正确地调用等。

为了避免两个类之间的双向依赖（耦合），软件开发的前辈们发明了一种设计模式，即**观察者模式**。接下来，我们来看看如何通过观察者模式来避免客户服务对客户注册组件的依赖。

2. 使用观察者模式

首先，我们通过图 10-35 来了解一下什么是观察者模式。

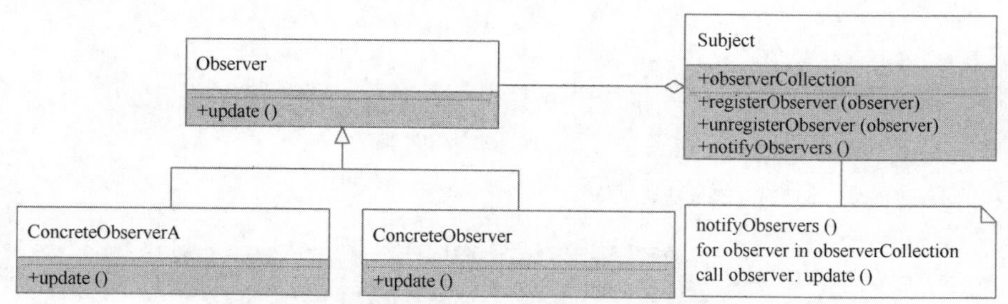

图 10-35　观察者模式 UML 类图（来自维基百科）

根据图 10-35 中的描述，观察者模式中的核心是目标对象（Subject）以及它维护的一个观察者（Observer）集合。

目标对象由应用程序底层创建并返回给高层，高层则创建观察者并调用目标对象的 registerObserver()方法将观察者注册到目标对象的 observerCollection 中，并在必要的时候调用目标对象的 unregisterObserver()方法以取消指定观察者的注册。

目标对象通过其 notifyObservers()方法接收应用程序底层的状态变化，然后遍历其所维护的观察者集合并调用其中每一个观察者的 update()方法，以将这一状态变化通知给每一个观察者。

最后，观察者基于其接收到的应用程序底层的状态变化，对应用程序高层的相应的状态进行更新，从而避免了应用程序底层对高层的依赖。

说明

以上描述的观察者和目标对象之间的“通知-注册”交互也被称为“发布-订阅”，但这并不意味着观察者模式就是发布-订阅模式（Publish-Subscribe Pattern）。

接下来，就让我们将观察者模式应用到客户注册组件和客户服务之间，以避免客户服务对客户注册组件的依赖。

首先，我们需要一个观察者类 Observer。但由于这个类不属于天天菜园中的任何业务领域，我们需要为它创建一个独立的目录 src/tools——我们将其称为工具目录。

工具目录被创建完成之后，它在项目中的位置将与图 10-36 所示的一致。

现在我们可以继续观察者类的创建了，为此需要在工具目录 src/tools 下新建一个名为 observer.ts 的 TypeScript 文件，然后将代码清单 10-21 复制到其中。

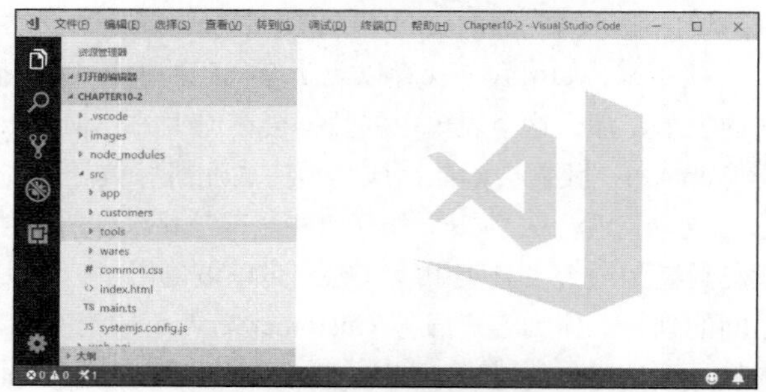

图 10-36　工具目录在项目中的位置

代码清单 10-21　src/tools/observer.ts

```
/**
 * 观察者类
 */
export class Observer {
    // 状态更新（通知）方法，用于更新应用程序高层的状态
    update: (state: any) => void;
}
```

接着我们还需要创建一个目标对象类 Subject，为此需要在工具目录 src/tools 下新建一个名为 subject.ts 的 TypeScript 文件，然后将代码清单 10-22 复制到其中。

代码清单 10-22　src/tools/subject.ts

```
import { Observer } from './observer'; // 导入观察这类

/**
 * 目标对象类
 */
export class Subject {
    // 观察者集合
    private observerCollection: Array<Observer> = new Array<Observer>();

    /**
     * 注册观察者
     * @param update 构造观察者的通知方法
     */
    registerObserver(update: (state: any) => void): void {
        let observer = new Observer();              // 创建观察者
        observer.update = update;                   // 设置观察者通知函数
        this.observerCollection.push(observer); // 保存观察者
    }

    /**
     * 通知观察者应用程序底层状态
     * @param state 应用程序底层状态
     */
    notifyObservers(state: any): void {
        // 遍历观察者集合，并向其中的每一个观察者发送应用程序底层状态
        this.observerCollection.forEach(x => {
            x.update(state);
        });
```

```
    }
}
```

至此，我们便完成了观察者类 Observer 和目标对象类 Subject 的定义，但和图 10-35 所示的经典观察者模式相比，这两个类包含以下三处简化：

（1）观察者类 Observer 不需要子类，因为它的通知方法 update()被换成了函数属性，可被赋予功能不同的函数；

（2）目标对象类 Subject 的观察者注册方法 registerObserver()不再接收观察者对象，而是接收观察者通知函数，并基于这个函数构造观察者；

（3）目标对象类 Subject 未定义注册取消方法 unregisterObserver()，因为暂时我们用不到它。

接下来，就让我们基于这个简化后的观察者模式，来消除客户服务对客户注册组件的依赖。

首先，我们需要修改客户注册组件 SignUpComponent 和客户服务 CustomerService 中的那个底层，即客户服务的定义代码，使其与代码清单 10-23 一致。

代码清单 10-23　src/customers/services/customer.service.ts

```
import { Customer } from './customer';
import { Subject } from '../../tools/subject'; // 导入目标对象类

export class CustomerService {
    private customers: Array<Customer>;

    constructor() {
        this.customers = new Array<Customer>();
    }

    public addCustomer(customer: Customer): boolean {
        // ...省略的代码
    }

    public checkCustomer(customer: Customer): boolean {
        // ...省略的代码
    }

    public addCustomer1(customer: Customer, callback: (responese: any) => void): void {
        // ...省略的代码
    }

    /**
     * 添加客户
     * @param customer，要被添加的客户
     */
    public addCustomer2(customer: Customer): Subject {
        // 调用 post()方法以将注册客户发送到客户注册 Web API，并获得目标对象
        let responseSubject: Subject = this.post('/api/customer/sign-up', customer)

        // 返回目标对象，以使调用方可以注册观察者
        return responseSubject;
    }

    /**
     * POST 数据到指定 URL 的 Web API
     * @param url Web API 的 URL
     * @param data 要发送的数据
     */
    private post(url: string, data: any): Subject {
        // 创建目标对象
        let responseSubject: Subject = new Subject();

        // 通过 XMLHttpRequest 和 Web API 通信
        let xhr = new XMLHttpRequest();
        xhr.open("POST", url);
        xhr.setRequestHeader("Content-Type", "application/json");
```

```
        xhr.onreadystatechange = function () {
            if (this.readyState == XMLHttpRequest.DONE && this.status == 200) {
                // 通过目标对象通知其维护的观察者，服务端已经成功返回了 JSON 字符串
                responseSubject.notifyObservers(this.response);
            }
        }
        xhr.send(JSON.stringify(data));

        // 返回目标对象，以使调用方可以注册观察者
        return responseSubject;
    }
}
```

我们在客户服务类的底部添加了另一个客户添加方法 addCustomer2()和一个专门用来发送 HTTP POST 请求的 post()方法。

方法 addCustomer2()和前面的 addCustomer1()方法一样接收一个客户对象参数 customer，但不再接收与客户添加业务无关的回调函数参数——客户服务对客户注册组件的依赖因此被消除。

但客户注册组件将怎样接收服务端返回的响应呢？答案是通过随后的 post()方法返回的目标对象 responseSubject。

从代码中可以看到，post()方法和前面的 addCustomer1()方法一样是通过 XMLHttpRequest 对象和服务端通信的。但它不接收负责处理服务端响应的回调函数，而是创建并返回了一个类型为 Subject 的目标对象 responseSubject，并在 XMLHttpRequest 对象接收到服务端响应时，以服务端响应为参数调用目标对象 responseSubject 的观察者通知函数 notifyObservers()。

我们已经知道，目标对象的 notifyObservers()方法会将接收到的通知转发给其维护的观察者，因此我们要做的就是在客户注册组件中向目标对象 responseSubject 注册观察者，以接收其转发的通知。

为了实现这一点，我们需要修改客户注册组件的定义代码，使其与代码清单 10-24 一致。

代码清单 10-24　src/customers/components/sign-up.component.ts

```
// ...省略的 import

@Component({
    // ...省略的代码
})
export class SignUpComponent {
    private customer: Customer;
    private agree: boolean;

    constructor(private customerService: CustomerService, private router: Router) {
        // ...省略的代码
    }

    private signUp(): void {
        console.log('SignUpComponent.signUp()方法被执行');

        if (!this.agree) {
            return;
        }

        // 调用客户服务的 addCustomer2()方法，并获得接收服务端响应通知的目标对象
        let responseSubject = this.customerService.addCustomer2(this.customer);
        // 向目标对象注册观察者
        responseSubject.registerObserver(x => {
            let json = JSON.parse(x) as { success: boolean, message: string };
            if (json.success == true) {
                // 注册成功，导航到客户登录视图，并将客户的手机号码作为路由参数传递给客户登录组件
                console.log('注册成功');
                this.router.navigate(['/customer/log-in', { phone: this.customer.phone }]);
            }
            else {
                // 注册失败，显示错误信息
```

```
                console.error(json.message);
            }
        });
    }
}
```

我们删除了客户注册组件的 signUp()方法对客户服务的 addCustomer1()方法的调用，然后调用了客户服务的 addCustomer2()方法。

由于客户服务的 addCustomer2()方法不再接收回调函数参数，我们可以通过更加自然的方式对它进行调用——传递一个客户对象，然后获得返回结果。由于这一返回结果是一个将要转发服务端响应通知的目标对象，我们调用了它的 registerObserver()方法，以向它注册一个接收服务端响应通知的观察者（通知函数）。

从代码中可以看到，这个观察者通知函数（即以上参数为 x 的回调函数）在接收到服务端响应通知时，做了和前面提供给客户服务的 addCustomer1()方法的回调函数一样的事，即基于服务端返回的 JSON 数据的 success 属性的值，决定是否将请求导航到商品列表视图。

因此，如果我们现在保存以上所有代码的编辑并刷新浏览器，然后导航到客户注册视图并提交合法的注册数据，仍然能够完成一个客户账户的注册。但在完成这一注册之余，读者或许会觉得一切都变得更麻烦了。图 10-37 则将这种“麻烦”更加直观地呈现出来了。

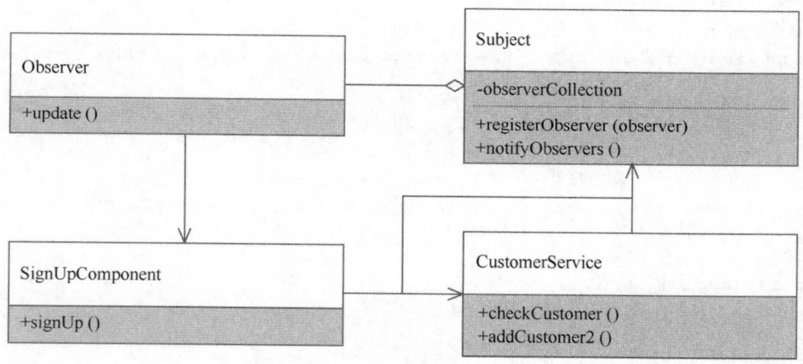

图 10-37 客户注册相关的 UML 类图

可以看到，我们不仅创建了额外的观察者类和目标对象类，还引入了客户注册组件类和客户服务类对目标对象类的依赖，以及观察者类对客户注册组件类的依赖。

在这个复杂的依赖关系中，目标对象类的任何修改都有可能对客户注册组件类和客户服务类造成影响，从而使它们也不得不需要接受相应的修改。

但事实上读者不用担心这些，因为我们可以创建一些稳定的观察者类和目标对象类，使它们可以在无须修改的情况下复用于不同的场景。

或许读者还会觉得创建这些观察者类和目标对象类也是一件很麻烦的事，但如果有人帮忙创建好了它们，会不会觉得轻松很多呢？

这样热心肠的是 RxJS 的开发者们，他们在 RxJS 中封装了不少功能比前面的 Observer 和 Subject 更加强大的观察者类和目标对象类，并吸引了 Angular 对它们的集成——因此，在应用程序启动时，我们必须将 RxJS 加载到浏览器中。

Angular 对 RxJS 的集成最直观的体现，是其中的 HttpClient 的 get()和 post()等会返回一个类型为泛型类 Observable<T>的对象，而 Observable<T>就是观察者模式中的目标对象类 Subject 在 RxJS 中的变体。

说明

RxJS 中也有目标对象类 Subject<T>。本书第 12 章会介绍这个类的使用。为了区分 RxJS 中的 Subject<T>和 Observable<T>两个类，后文将把 Observable<T>称为可观察对象类。Observable<T>和 Subject<T>（以及经典观察者模式中的目标对象类 Subject）有一个很大的区别，那就是 Observable<T>只维护一个观察者，而 Subject<T>可维护多个观察者。

因此，接下来就让我们使用 HttpClient，来再次实现客户服务和客户业务 Web API 的通信，并体验 HttpClient 和 RxJS 带来的更加流畅的编程体验。

3. 使用 HttpClient

或许读者早就开始想问 HttpClient 是什么了，答案很简单，它是一个服务类——其本质和我们自己写的客户服务类 CustomerService 没有任何区别。

作为一个服务类，HttpClient 的实例可以被注入应用程序的任何地方，但前提是它已经被注册到了 Angular 依赖注入器中。

在第 9 章我们已经知道，Angular 应用程序中的依赖注入器其实不止一个。因此，我们需要考虑一个问题，那就是应该将 HttpClient 注册到哪个依赖注入器中。

虽然答案不是唯一的，但普遍来说，根依赖注入器是最好的选择。因为 HttpClient 是一个普遍使用的服务类，将它注册到根依赖注入器会让整个应用程序都可以使用它，并避免各个领域模块对它的注册，以及应用程序中多个它的实例的存在而带来的内存浪费。

为了将 HttpClient 注册到根依赖注入器中，我们则需要修改应用程序根模块的定义代码，使其与代码清单 10-25 一致。

代码清单 10-25　src/app/app.module.ts

```
// ... 省略的 import
import { HttpClientModule } from '@angular/common/http'; // 导入 Http 客户端模块

/**
 * 根模块
 */
@NgModule({
    imports: [BrowserModule, WareModule, AppRoutingModule, HttpClientModule/*导入 Http 客户端模块*/],
    declarations: [AppComponent],
    bootstrap: [AppComponent]
})
export class AppModule {
}
```

以上代码从路径@angular/common/http 指向的 TypeScript 模块中导入了一个名为 HttpClientModule 的类，并将其添加到了应用程序根模块的导入列表 imports 中。

说明

@angular/common/http 是 Angular 通用包的一部分，是独立于@angular/common 的 TypeScript 模块，其对应的编译结果文件也独立于 node_modules/@angular/common/bundles/common.umd.js，是 node_modules/@angular/common/bundles/common- http.umd.js。

这个名为 HttpClientModule 的类是一个 Angular 模块，我们要使用的 HttpClient 就被封装在这个模块（的依赖提供商集合 providers）中。

以上代码将 HttpClientModule 添加到了应用程序根模块的导入列表 imports 中，这会使 Angular 运行时在加载应用程序根模块的同时也加载 HttpClientModule，并将其封装的 HttpClient 注册到应用程序根依赖注入器中。

也就是说，接下来我们就可以尝试在客户服务中接收 HttpClient 实例的注入了。但在这么做之前，我们还需要修改 SystemJS 的配置文件，使其内容与代码清单 10-26 一致。

代码清单 10-26　src/systemjs.config.js

```
(function (global) {
    System.config({
        paths: { // 路径变量
            'npm:': 'node_modules/'
        },
        map: { // 路径映射
            'rxjs': 'npm:rxjs',
            '@angular/core': 'npm:@angular/core/bundles/core.umd.js',
```

```
                '@angular/common': 'npm:@angular/common/bundles/common.umd.js',
                '@angular/platform-browser': 'npm:@angular/platform-browser/bundles/platform-b
rowser.umd.js',
                '@angular/compiler': 'npm:@angular/compiler/bundles/compiler.umd.js',
                '@angular/platform-browser-dynamic': 'npm:@angular/platform-browser-dynamic/bu
ndles/platform-browser-dynamic.umd.js',
                '@angular/router': 'npm:@angular/router/bundles/router.umd.js',
                '@angular/forms': 'npm:@angular/forms/bundles/forms.umd.js',
                '@angular/common/http':'npm:@angular/common/bundles/common-http.umd.js' // Ang
ular HTTP 功能模块路径映射
            },
            packages: { // 路径配置
                'src': {
                    defaultExtension: 'js'
                },
                'rxjs': { // RxJS 包路径配置
                    main: 'index.js',
                    defaultExtension: 'js'
                },
                'rxjs/operators': {
                    main: 'index.js'
                }
            }
        });
    })();
```

以上修改新增了一个 TypeScript 模块@angular/common/http 到 CommonJS 模块 node_modules/@angular/common/bundles/common-http.umd.js 的映射，从而使定义 HttpClientModule 以及 HttpClient 的 JavaScript 文件能够被加载到浏览器中。

接下来，我们便可以放心地使客户服务接收 HttpClient 的注入了。为此，我们需要修改客户服务的定义代码，使其与代码清单 10-27 一致。

代码清单 10-27　src/customers/models/customer.service.ts

```
import { Customer } from './customer';                 // 导入客户实体类的定义
import { Injectable } from '@angular/core';            // 导入可注入装饰器 Injectable
import { HttpClient } from '@angular/common/http'; // 导入 HttpClient
import { Observable } from 'rxjs'; // 导入 RxJS 中的可观察对象类 Observable

/**
 * 客户服务
 */
@Injectable() // 将客户服务装饰为可被注入的
export class CustomerService {
    /**
     * 构造客户服务
     * @param httpClient 注入 httpClient
     */
    constructor(private httpClient: HttpClient) {
    }

    /**
     * 添加客户
     * @param customer 要被添加的客户
     */
    public addCustomer(customer: Customer): Observable<Object> {
        // 调用 httpClient 的 post()方法，以将注册客户对象提交到客户注册 Web API
        let responseObservable: Observable<Object> = this.httpClient.post('/api/customer/
sign-up', customer);
        // 返回 httpClient 的 post()方法返回的可观察响应对象
        return responseObservable;
    }

    /**
     * 检查用户提供的客户是否存在
     * @param customer 登录客户客户
```

```
         * @param shouldPersist 是否记住登录
         */
        public checkCustomer(customer: Customer, shouldPersist: boolean): boolean {
            // ... 省略的代码
        }
    }
```

首先，为了保持代码简洁，我们删除了客户服务中的 addCustomer1()、addCustomer2()和 post()这三个方法——本书 Github 源代码中保留了它们。

接着，我们在文件头部添加了以下三条 import 语句：

（1）import { Injectable } from '@angular/core'，从 Angular 核心包中导入可注入装饰器 Injectable；

（2）import { HttpClient } from '@angular/common/http'，从 Angular 通用包中的独立模块@angular/common/http 中导入 HttpClient；

（3）import { Observable } from 'rxjs'，从 RxJS 包中导入可观察对象类 Observable。

然后，我们使用可注入装饰器 Injectable 对客户服务进行了装饰，并为其构造函数添加了一个类型为 HttpClient 的参数属性 httpClient，如以下代码所示：

```
@Injectable()
export class CustomerService {
    constructor(private httpClient: HttpClient) {
    }
}
```

可注入装饰器 Injectable 是一个类装饰器，其作用是使 Angular 运行时知道被其装饰的目标类的依赖情况，从而在构造目标类的实例时为其注入必要的被依赖对象。

显然，以上可注入装饰器的使用就是使 Angular 运行时知道商品服务对 Angular 内置的服务类 HttpClient 的依赖，并在构造商品服务的实例使为其注入 HttpClient 的实例。

说明

商品组件和客户组件并没有被可注入装饰器装饰，但 Angular 运行时可以发现它们分别对商品服务和客户服务的依赖，是因为装饰它们的组件装饰器 Component 具备可注入装饰器所具备的功能，即将目标类的构造函数参数的构造类定义到目标类的原型 prototype 上。此外，在 Angular 应用程序中通过依赖注入器注入的都被称为服务，因此向一个服务注入另一个服务是正常现象。

由于我们刚刚已经将 HttpClient 注册到了应用程序根依赖注入器中，接下来，如果我们保存所有代码的编辑并刷新浏览器，那么客户服务的参数属性 httpClient 将获得 Angular 内置的服务类 HttpClient 的实例。

但在这么做之前，让我们再通过以下代码来看看获得 HttpClient 的实例之后，客户服务的 addCustomer()方法是怎么通过它来和客户注册 Web API 通信的：

```
    public addCustomer(customer: Customer): Observable<Object> {
        let responseObservable: Observable<Object> = this.httpClient.post('/api/customer/sign-up
', customer);
        return responseObservable;
    }
```

HttpClient 的 post()和前面我们自己创建的 post()方法一样，接收一个指向目标 Web API 的 URL 参数和一个需要提交到这个 Web API 的对象，然后通过 XMLHttpRequest 将这个对象 POST 到目标 Web API，并返回一个可转发服务端响应通知的可观察对象。

但和我们自己创建的 post()方法不同的是，HttpClient 的 post()方法返回的可观察对象的类型不是前面我们自己创建的目标对象类 Subject，而是 RxJS 中的可观察对象类 Observable<T>被指定类型参数 Object 后的 Observable<Object>。

Object 是 HttpClient 的 post()方法返回的可观察对象将要转发给观察者的消息的类型，因为 HttpClient 的 post()方法在将 XMLHttpRequest 接收到的服务端响应发送给观察者之前，会先将这一响应解析成 JSON 对象，而 JSON 对象的类型默认被认为是 Object。

基于以上描述，我们可以知道以上代码的作用就是将客户注册对象 POST 到服务端的客户注册 Web API，然后向客户注册组件的 signUp()方法返回一个可观察对象，从而使可观察对象的观察者在服务端返回响应时接收到一个类型为 Object 的消息——一个 JSON 对象。

然而 Object 这个类型过于抽象，根据 10.2.1 节的描述，客户注册 Web API 返回的 JSON 对应的类型应该是{ success: boolean, message: string }，以上观察者如果能接收到这个类型的消息就好了。

好在我们的愿望可以被实现。为了实现这个愿望，我们需要在项目目录 src/tools 下新建一个名为 service-result.ts 的 TypeScript 文件，然后将代码清单 10-28 复制到其中。

代码清单 10-28　src/tools/service-result.ts

```
/**
 * 服务结果类
 */
export class ServiceResult {
    success: boolean; // 业务执行成功标识
    message: string;  // 业务执行结果描述
}
```

以上代码定义了一个服务结果类 ServiceResult，并通过它来描述了客户注册（以及客户登录）Web API 返回的 JSON 的类型。

接下来，我们需要再次修改客户服务的定义代码，使其与代码清单 10-29 一致。

代码清单 10-29　src/customers/models/customer.service.ts

```
import { Customer } from './customer';                   // 导入客户实体类的定义
import { Injectable } from '@angular/core';              // 导入可注入装饰器 Injectable
import { HttpClient } from '@angular/common/http';       // 导入 HttpClient
import { Observable } from 'rxjs';                       // 导入 RxJS 中的可观察对象类 Observable
import { ServiceResult } from '../../tools/service-result'; // 导入服务结果类

/**
 * 客户服务
 */
@Injectable() // 将客户服务装饰为可被注入的
export class CustomerService {
    /**
     * 构造客户服务
     * @param httpClient 注入 httpClient
     */
    constructor(private httpClient: HttpClient) {
    }

    /**
     * 添加客户
     * @param customer 要被添加的客户
     */
    public addCustomer(customer: Customer): Observable<Object> {
        let responseObservable: Observable<Object> = this.httpClient.post('/api/customer/
sign-up', customer);
        return responseObservable;
    }

    /**
     * 检查用户提供的客户是否存在
     * @param customer 登录客户客户
     * @param shouldPersist 是否记住登录
     */
    public checkCustomer(customer: Customer, shouldPersist: boolean): Observable<ServiceResult> {
        // 调用 httpClient 的 post()方法，以将登录客户对象提交到客户登录 Web API
        // 同时将参数 shouldPersist 以查询参数的方式发送到客户登录 Web API
        let responseObservable: Observable<ServiceResult> = this.httpClient.post<ServiceResult
>('/api/customer/log-in?shouldPersist=${shouldPersist}', customer);
        // 返回 httpClient 的 post()方法返回的可观察响应对象
        return responseObservable;
    }
}
```

以上代码首先导入了刚刚定义的服务结果类 ServiceResult，然后在 checkCustomer()方法中调用了 HttpClient 的 post()方法——为了进行比较，我们没有修改 addCustomer()方法。

和在 addCustomer()方法中的调用不同的是，以上调用的是 HttpClient 的泛型 post<T>()方法，并向其类型参数 T 传递了服务结果类 ServiceResult。

这会使其返回一个类型为 Observable<ServiceResult>的实例，并使这一实例的观察者在服务端客户登录 Web API 返回响应时接收到类型为 ServiceResult 的通知消息。

那么事实是否就是这样呢？我们可以在客户组件中调用以上两个方法来验证。

10.3.2　重构客户组件

刚刚我们通过 HttpClient 完成了客户服务的重构，从而在消除了客户服务对客户组件的依赖的情况下，以更加简洁的方式实现了客户注册数据和客户登录数据的提交。

为了验证以上简洁的方式是否有效，让我们先试着在客户注册组件中重新处理对客户服务的 addCustomer()方法的调用。

1. 重构客户注册组件

为了重新处理对客户服务的 addCustomer()方法的调用，我们需要修改客户注册组件的定义代码，使其与代码清单 10-30 一致。

代码清单 10-30　src/customers/components/sign-up.component.ts

```
// ...省略的 import

@Component({
    // ...省略的代码
})
export class SignUpComponent {
    // ...省略的代码

    constructor(private customerService: CustomerService, private router: Router) {
        // ...省略的代码
    }

    /**
     * 客户注册应用逻辑
     */
    private signUp(): void {
        console.log('SignUpComponent.signUp()方法被执行'); // 向控制台输出调试信息

        if (!this.agree) {
            return; // 仅在用户同意隐私条框的情况下才允许注册
        }

        // 调用商品服务的 addCustomer()方法以获得将要接收服务端响应通知的可观察对象
        let responseObservable = this.customerService.addCustomer(this.customer);
        // 向可观察对象注册观察者
        responseObservable.subscribe(x => {
            // 将服务端返回的数据的类型断言为我们期望的类型
            let json = x as { success: boolean, message: string };

            // 执行应用逻辑
            if (json.success == true) {
                console.log('注册成功');
                this.router.navigate(['/customer/log-in', { phone: this.customer.phone }]);
            }
            else {
                console.error(json.message);
            }
        });
    }
}
```

以上修改和 10.3.1 节的“使用 XMLHttpRequest”部分所做的相应的修改几乎是一样的，不同的是这次我们调用的是客户服务的 addCustomer()方法，并获得到其返回的类型为 Observable<Object>的可观察对象 responseObservable。

说明

虽然我们没有明确地指定变量 responseObservable 的类型，但其类型会被 TypeScript 的类型推断机制推断为客户服务的 addCustomer()方法的返回类型 Observable<Object>。

Observable<T>类作为经典的观察者模式中的 Subject 类的变体，它没有将用于注册观察者的方法命名为 registerObserver()，而是将它命名成了 subscribe()。

但和前面的 Subject 类的 registerObserver()方法一样的是，Observable<T>的 subscribe()方法也接收一个观察者通知函数，并且会基于这个函数创建相应的观察者。

说明

Subscribe 一词的意思是“订阅”，因此 Observable<T>的 subscribe()方法被称为消息订阅方法，对这个方法的调用则被称为订阅消息。

因此，以上代码随后调用了可观察对象 responseObservable 的消息订阅方法 subscribe()，其作用就是向 responseObservable 注册一个观察者（通知函数），从而使这个函数接收 responseObservable 转发的服务端响应通知——简单来说，就是订阅 responseObservable 转发的服务端响应消息。

而在这个观察者通知函数中，我们再次发现了和 10.3.1 节的“使用 XMLHttpRequest”部分几乎一样的代码，即基于接收到的服务端响应 JSON 通知判断客户注册是否成功，并执行相应的逻辑。

略有不同的是，以上观察者通知函数的消息参数 x 接收到的是类型为 Object 的 JSON 对象。而为了访问这个对象的 success 属性和 message 属性，我们对它进行了类型断言。

就目前来说，以上代码没有引发任何语法错误。但它能否如我们所愿地那样运行呢？在回答这个问题之前，我们先完成客户登录组件的相应重构。

2. 重构客户登录组件

为了完成客户登录组件的重构，我们需要将其定义代码修改至与代码清单 10-31 一致。

代码清单 10-31 src/customers/components/log-in.component.ts

```
// ...省略的 import

@Component({
    // ...省略的代码
})
export class LogInComponent {
    private customer: Customer;
    private shouldPersist: boolean;

    constructor(private customerService: CustomerService, private route: ActivatedRoute,
private router: Router) {
        this.customer = new Customer();
        this.customer.phone = this.route.snapshot.params['phone'];
    }

    /**
     * 客户登录应用逻辑
     */
    private logIn() {
        console.log('LogInComponent.logIn()方法被执行'); // 向控制台输出调试信息

        // 调用客户服务的 checkCustomer()方法，并向其返回的可观察对象注册观察者（通知函数）
        this.customerService.checkCustomer(this.customer, this.shouldPersist).subscribe(x => {
            if (x.success) {
                console.log('登录成功');
                this.router.navigate(['/']);
            }
            else {
                console.error(x.message);
            }
```

```
            });
        }
    }
```

我们修改了对商品服务的 checkCustomer()方法的调用，向它多传递了一个标识是否记住用户登录状态的参数 shouldPersist，然后直接调用了它返回的可观察对象的消息订阅方法 subscribe()，以向这个可观察对象注册接收服务端响应消息的观察者（通知函数）。

由于这个可观察对象的类型是 Observable<ServiceResult>，因此观察者通知函数的消息参数 x 将接收到类型为 ServiceResult 的 JSON 对象，随后的代码可以直接访问其 success 属性和 message 属性。

至此，我们便完成了基于 HttpClient 的客户服务以及两个客户组件的相应重构。接下来我们需要验证这些重构的运行时有效性，保存所有以上代码的修改并刷新浏览器，然后导航到客户注册视图并提交一个合法的客户注册表单。

如果一切顺利的话，我们将看到图 10-38 所示的结果。

图 10-38 中的结果说明客户已经注册成功，同时也进一步说明我们已经成功地通过 HttpClient 以更加流畅的方式实现了和 Web 服务端的通信。

接下来为了验证这一成果，我们回到客户注册视图并提交一份相同的注册数据，随后我们将看到图 10-39 所示的结果。

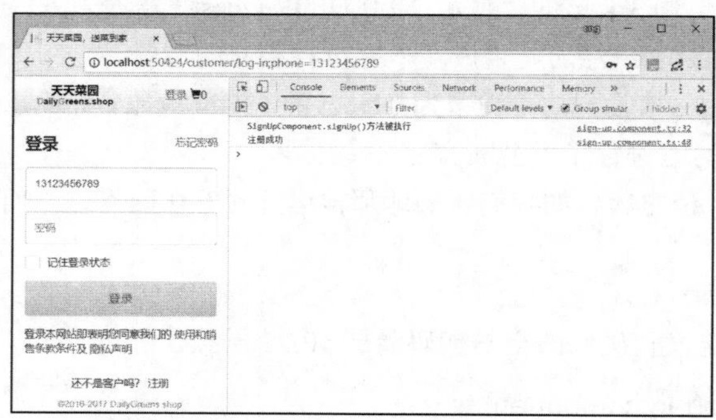

图 10-38　使用 HttpClient 完成注册

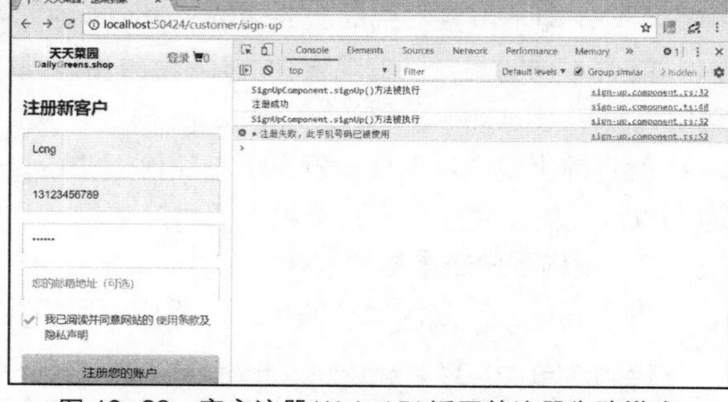

图 10-39　客户注册 Web API 返回的注册失败描述

可以看到，由于我们提交了重复的注册数据，因此注册没有成功——显然，这也证明我们又一次成功地通过 HttpClient 和 Web 服务端进行了通信。

当然，我们还需要验证客户登录功能是否是有效的，为此可以在客户登录视图提交一个不存在的客户账户，随后我们将见到图 10-40 所示的结果。

接着，如果我们提交一个正确的客户账户，将看到图 10-41 所示的结果。

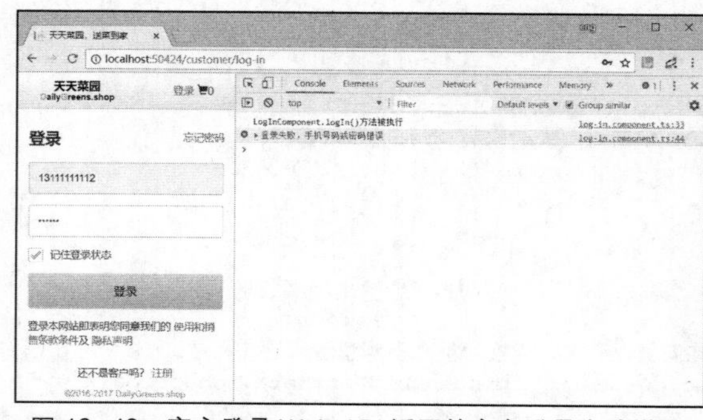

图 10-40　客户登录 Web API 返回的客户登录失败描述

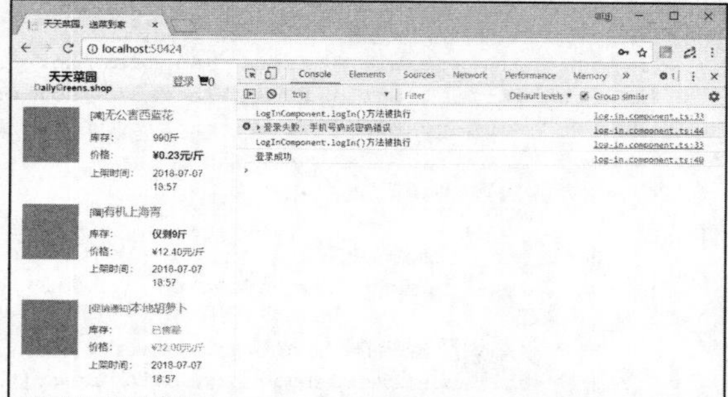

图 10-41　使用 HttpClient 完成登录

最后，如果我们打开 Chrome 浏览器调试工具的 Network 标签，还能看到客户登录 Web API 向客户端 Cookies 保存的加密手机号码，如图 10-42 所示。

可以看到，由于登录请求中的查询参数 shouldPersist 的值是 true，因此加密手机号码在 Cookies 中的有效时长为 7 天——正如客户注册 Web API 实现代码中所写的那样。

在第 11 章中，我们会基于这个 Cookies 来验证客户的登录状态。但在开始第 11 章的学习之前，我们还有最后一个任务没有完成，那就是重构商品服务和商品组件，以使天天菜园的商品视图展示真实的商品数据。

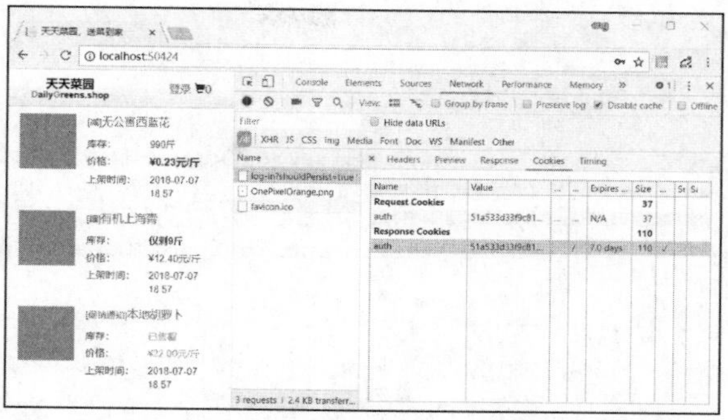

图 10-42 查询参数和 Cookies

10.3.3 重构商品服务

基于前面的经验，现在的我们应该可以快速地完成商品服务和商品组件的重构。但在开始这么做之前，我们还需要向 10.3.2 节创建的 service-result.ts 中添加一些代码，使其完整内容与代码清单 10-32 一致。

代码清单 10-32 src/tools/service-result.ts

```
/**
 * 服务结果类
 */
export class ServiceResult {
    success: boolean; // 业务执行成功标识
    message: string;  // 业务执行结果描述
}

/**
 * 包含数据的服务结果类
 */
export class GenericServiceResult<TData> extends ServiceResult{
    data: TData;        // 业务数据
}
```

以上代码定义了一个继承自服务结果类 ServiceResult 的泛型的服务结果类 GenericServiceResult<TData>，并为其定义了一个类型为 TData 的属性 data。

之所以要定义这个泛型类，是因为我们要通过它来描述商品业务 Web API 返回的 JSON 数据，而这一 JSON 数据中除了有 success 和 message 这两个属性，还有一个类型不确定的 data 属性——它的类型可能是商品类 Ware，也可能是商品类数组 Array<Ware>。

有了这个泛型类之后，我们便可以开始重构商品服务了，为此需要将商品服务的定义代码修改至与代码清单 10-33 一致。

代码清单 10-33 src/wares/models/ware-service.ts

```
import { Ware } from './ware';                        // 导入商品实体类型的定义
import { Injectable } from '@angular/core';          // 导入可注入装饰器 Injectable
import { HttpClient } from '@angular/common/http'; // 导入 HttpClient
import { Observable } from 'rxjs'; // 导入 RxJS 中的可观察对象类 Observable
import { GenericServiceResult } from '../../tools/service-result'; // 导入服务端响应结果类

/**
 * 商品服务
 */
@Injectable() // 将当前类装饰为可注入服务的类
export class WareService {
// 此处删除了模拟商品列表 wareList

    /**
     * 构造商品服务
     * @param httpClient 注入 httpClient
     */
    constructor(private httpClient: HttpClient) {
        // 此处删除了模拟商品的创建
```

```
    }

    /**
     * 获取商品列表
     */
    getWareList(): Observable<GenericServiceResult<Array<Ware>>> {
        // 通过 HttpClient 的 get()方法从商品列表 Web API 获取商品列表
        // 并返回其返回的将要转发商品列表的可观察对象
        return this.httpClient.get<GenericServiceResult<Array<Ware>>>('/api/ware/list');
    }

    /**
     * 获取指定 ID 的商品
     * @param wareId 目标商品 ID
     */
    getWare(wareId: number): Observable<GenericServiceResult<Ware>> {
        // 通过 HttpClient 的 get()方法从商品细节 Web API 获取商品对象
        // 并返回其返回的将要转发商品对象的可观察对象
        return this.httpClient.get<GenericServiceResult<Ware>>('/api/ware/detail', { params:
{ wareId: wareId.toString() } });
    }
}
```

以上修改包含以下六个部分：

（1）导入 Injectable、HttpClient、Observable 和 GenericServiceResult 这四个类；

（2）删除模拟商品列表 wareList 的定义，并删除对它的填充；

（3）使用 Injectable 装饰商品服务；

（4）为商品服务添加参数属性 httpClient，以接收 HttpClient 实例的注入；

（5）修改 getWareList()方法的类型为 Observable<GenericServiceResult<Array< Ware List> >>，并在其中使用 HttpClient 的泛型方法 get<T>()以从商品列表 Web API 获取商品列表；

（6）修改 getWare()方法的返回类型为 Observable<GenericServiceResult<Ware>>，并在其中通过 HttpClient 的泛型方法 get<T>()以从商品细节 Web API 获取商品对象。

以上前四处修改对现在的我们来说应该已经很熟悉了，而最后两处对我们来说其实也不陌生，只是其中涉及的 HttpClient 的泛型方法 get<T>()在第二个参数上和前面的 post<T>()略有不同——相同的是，它们的第一个参数都是目标 Web API 的 URL。

具体来说，HttpClient 的 post<T>()方法的第二个参数是要被提交到 Web API 的请求体，它通常是一个对象；而其 get<T>()方法的第二个参数虽然是一个对象，但它不是仅由查询参数组成的对象，而是封装以下可选属性的请求选项对象：

（1）headers?: HttpHeaders，用于设置 HTTP 请求头；

（2）observe?: 'body' | 'events' | 'response'，当前值为值'body'，用于使 get<T>()的返回类型为 Observable<T>，另外两个值分别会使 get<T>()返回类型为 Observable<HttpEvent>和 Observable<HttpResponse<T>>；

（3）params: HttpParams | [param: string]: string | string[]，查询参数组成的对象、索引或数组；

（4）reportProgress?: boolean，用于标识是否监听 XMLHttpRequest 的 onprogress 事件；

（5）responseType: 'json' | 'text' | 'arraybuffer' | 'blob'，当前值为'json'，用于使 get<T>()将服务端响应解析为 JSON 对象，其他值会使 get<T>()将响应解析为文本、ArrayBuffer 对象和 Blob 对象；

（6）widthCredentials: boolean，用于使 get<T>()决定是否发送 Cookies（其中可能包含用户票据）。

读者可以在@angular/common/http 的官方文档中了解到以上各个属性的更多细节，现在我们需要知道的是其中最常用的 params 属性，因为需要通过 get<T>()发送到服务端的查询参数就是被封装在其中的。

也正因如此，以上 getWare()方法在调用 get<T>()方法时，提供给它的 wareId 不能被写成我们在使用 jQuery 时惯用的{ wareId }或{ wareId: wareId }，而必须是{ params: { wareId: wareId.toString() } }或{ params: new HttpParams().set('wareId', wareId.toString()) }。

明白了这一区别之后，接下来我们可以开始商品组件的重构了。

10.3.4 重构商品组件

首先，让我们从商品列表组件的重构开始。

1. 重构商品列表组件

为了完成商品列表组件的重构，我们需要将其定义代码修改至与代码清单 10-34 一致。

代码清单 10-34 src/wares/components/ware-list.component.ts

```
// ... 省略的代码

@Component({
    // ... 省略的代码
})
export class WareListComponent implements OnInit {
    // 省略的代码

    constructor(wareService: WareService) {
        this.wareService = wareService;
    }

    ngOnInit() {
        // 获取商品列表
        this.wareService.getWareList().subscribe(x => {
            if (!x.success) {
                console.error(x.message);
                return;
            }

            this.wares = x.data;
        });
    }
}
```

我们对商品列表组件仅做了一处修改，即在其初始化钩子方法 ngOnInit()调用商品服务的 getWareList()方法之后，以方法链的方式直接调用了其返回的可观察对象的消息订阅方法 subscribe()，向可观察对象注册观察者通知函数。

由于这一可观察对象的类型是 Observable<GenericServiceResult<Array<Ware>>>，以上观察者通知函数将接收到类型为 GenericServiceResult<Array<Ware>>的参数，并因此而直接访问了这个参数的 success、message 和 data 属性。由于以上 data 属性的类型是 Array<Ware>，因此它最终被成功地赋给了商品列表组件的同类型属性 wares。

以上便是商品列表组件的重构，接下来我们还需要继续完成对商品细节组件的类似重构。

2. 重构商品细节组件

为了完成商品细节组件的重构，我们需要将其定义代码修改至与代码清单 10-35 一致。

代码清单 10-35 src/wares/components/ware-detial.component.ts

```
// ...省略的 import

@Component({
    // ...省略的代码
})
export class WareDetailComponent implements OnInit {
    ware: Ware;
    wareCount: number;

    constructor(private wareService: WareService, private route: ActivatedRoute) {
        this.wareCount = 1;
    }

    ngOnInit() {
        let wareId: any = this.route.snapshot.params['id'];
```

```
        // 获取目标商品
        this.wareService.getWare(wareId).subscribe(x => {
            if (!x.success) {
                console.error(x.message);
                return;
            }

            this.ware = x.data;
        });
    }
}
```

我们对商品细节组件也只做了一处修改，即在其 ngOnInit()方法调用了商品服务的 getWare()方法之后，向这一方法返回的可观察对象注册了一个观察者（通知函数）。

由于这一可观察对象的类型是 Observable<GenericServiceResult<Ware>>，以上观察者通知函数将接收到类型为 GenericServiceResult<Ware>的参数，并因此而直接访问了这个参数的 success、message 和 data 属性，而由于以上 data 属性的类型是 Ware，它最终被成功地赋给了商品细节组件的同类型属性 ware。

至此，我们便完成了商品服务和两个商品组件的重构。接下来我们需要验证这些重构的运行时有效性，为此让我们保存所有以上代码的修改并刷新浏览器，然后导航到商品列表视图。

如果一切顺利的话，我们将看到图 10-43 所示的结果。如果继续单击其中某个商品链接，我们则将被导航到图 10-44 所示的商品细节视图。

图 10-43　商品列表视图

图 10-44　商品细节视图

可以看到，两个商品视图都成功地展示了相应的商品数据，因此我们可以知道在 HttpClient 的帮助下，又成功地实现了与商品业务 Web API 的通信。

更重要的是，在 HttpClient 和 RxJS 一起的帮助下，应用程序中的领域模型不再存在对控制器的依赖，相应的代码因此而变得更加清晰并更加易于维护。

当然，天天菜园的客户也不用再担心因为浏览器的刷新而无法登录，也不会发现天天菜园的商品上架时间总是和应用程序启动时间相同，因为现在天天菜园中的一切都是真的了。

尽管如此，我们还是面临着一些遗憾，比如，客户在完成登录时虽然会被导航到商品列表视图，但我们没有以更加明确的方式告诉客户他/她的登录是成功的。

请不要急着遗憾，当我们在第 11 章中完成了天天菜园的购物车领域模块的创建之后，我们会将成功登录的客户的姓名显示到根视图右侧的“登录”链接所在的位置。

10.4　小结

在 10.1 节中，我们轻松地完成了对客户注册表单和客户登录表单的验证，并同样轻松地实现了对相应的验证规则的提示。基于这一过程，我们可以将实现表单验证的步骤总结如下：

① 在表单标签<form>上定义引用 Angular 表单指令（ngForm）的模板引用变量，比如，#logInForm="ngForm"；

② 在表单域上使用需要的表单验证指令，比如 required、minlength、maxlength 和 pattern 等——这些指令会自动验证用户输入的合法性；

③ 在表单域上定义引用模型绑定指令（ngModel）的模板引用变量，比如#phoneModel="ngModel"；

④ 基于模型绑定指令引用变量的 valid、touched、dirty 和 errors 属性决定是否提示相应表单域的验证规则；

⑤ 基于表单指令引用变量的 valid 属性决定是否允许表单被提交。

在 10.2 节中，我们首先明确了客户业务和商品业务 Web API 的 URL、请求方法、入参和出参，接着通过基于 Node.js 的 Express 实现了这些 Web API。

在 10.3 节中，我们用 HttpClient 实现了天天菜园和服务端 Web API 的通信，使天天菜园具备了真实的客户注册和登录功能，同时使天天菜园获取到了真实的商品数据。

在上述过程中，我们用到了 HttpClient 的 post()以及其泛型的 post<T>()和 get<T>()方法，并对比了它们的不同。但这只是一个简单的对比，因为它们各自的重载多达十几个，本书无法将它们一一列举出来。

尽管如此，我们还是需要知道以下一些细节，因为它们在我们今后的开发中有一定的参考作用：

① 前面向 HttpClient 的 post()和 post<T>()方法传递的第二个参数 customer 是一个对象，这个对象会在被 XMLHttpRequest 发送给服务端之前被序列化成 JSON 字符串，同时相应的 HTTP 请求头中的 Content-Type 默认会被设置成 application/json；

② HttpClient 的 post()方法的第二个参数还可以接收字符串和 FormData 对象，在这两种情况下 HTTP 请求头中的 Content-Type 的值会分别被设置为“text/plain”和“multipart/form-data” ——服务端 Web API 的开发人员需要根据这一点来解析请求体；

③ HttpClient 的 post()和 post<T>()方法可以接收第三个参数，而这个参数就是前面传递给其 get<T>()方法的第二个参数，即请求选项对象；

④ HttpClient 的 post<T>()和 get<T>()等方法不会在被调用之后立即向服务端发送 HTTP 请求，只有在它们返回的可观察对象的 subscribe()方法被调用时相应的 HTTP 请求才会被发送——本书 12.2 节将解释其中的原因。

此外，Angular 中还有一个处理 Web 通信的独立包@angular/http，这个包随 Angular 2 一起发布并一直被更新到目前的最新版本（即 7.0.4）。

尽管如此，在新开发的 Angular 应用程序中，我们应该使用@angular/common/http（由版本号为 4.3 的 Angular 引入）。因为相比@angular/http，@angular/common/http 提供了更多的类型支持、请求和响应拦截器（Interceptor）以及方便使用的错误处理等功能。

第 11 章　天天菜园：购物车

经过前几章的努力，我们已经为客户购买天天菜园的商品做好了准备，但目前客户还缺一个可以存放其挑选的商品的购物车。而本章的任务就是通过创建一个新的购物车领域模块来为客户维护一个购物车，以帮助客户在购物期间保存其打算购买的商品。

不同的应用程序对购物车的实现策略不尽相同，比如，亚马逊会通过客户端 Cookies 为匿名客户维护一个本地购物车，当这个匿名客户完成登录之后，亚马逊会将客户保存在本地 Cookies 中的购物车持久化到服务端。淘宝的做法则稍微严格一点，它要求客户必须在登录之后才能将商品添加到购物车中，因此它的购物车数据总是持久化在服务端的。

天天菜园的购物车将采用淘宝的策略（并不是说亚马逊的策略不好），因此在开始实现天天菜园购物车领域模块之前，我们应将先准备好负责持久化购物车数据的 Web API。而在实现购物车领域模块之后，我们还将通过嵌套组件（Nested Component）来对它做一个补充，以在购物车视图中实现搜索商品的功能。

11.1　Web API：服务端支持

由于购物车的维护是基于 Web API 实现的，在本节中，将为购物车准备五个基本的购物车业务 Web API，使它们分别实现添加商品到购物车、获取购物车商品列表、从购物车删除商品、更新购物车商品数量以及获取购物车商品数量这五个功能。

此外，我们还打算在购物车视图中实现天天菜园的商品搜索，以帮助客户便捷地搜索他/她想继续购买的商品，因此我们还将新增一个商品搜索 Web API。

最后，我们还将新增两个客户业务 Web API：其中一个是登录客户姓名获取 Web API，应用程序在启动时将通过这个 Web API 获取登录客户的姓名，并将其显示到根视图的右上角；另一个是客户退出登录 Web API，客户在需要时可以通过这个 Web API 退出登录。

在新增这些 Web API 之前，让我们先来熟悉一下它们的 URL、请求方法、入参和出参。

11.1.1　Web API 列表

1. 购物车业务 Web API

当客户向其购物车中添加商品时，我们将通过 HttpClient 调用表 11-1 所示的商品添加 Web API。

表 11-1　购物车商品添加 Web API

URL	http://localhost:50424/api/cart/add
方法	POST

入参	Body:
	{
	"wareId": 1,
	"count": 2
	}

续表

<table>
<tr><td>URL</td><td>http://localhost:50424/api/cart/add</td></tr>
<tr><td>出参</td><td><pre>{
  "success": false,
  "message": "添加失败描述"
}
或
{
  "success": true,
  "message": "添加成功",
  "data": 2
}</pre></td></tr>
</table>

其中的"URL"和"方法"的两列的值表示为了向购物车添加商品，我们必须向 http://localhost:50424/api/cart/add 这个 URL 发送一个 HTTP POST 请求。

其中的"入参"列的值表示我们在发送 POST 请求时，HTTP 请求体（Body）中需要包含一个 JSON 格式的数据，其中 wareId 是我们要添加到购物车中的商品的 ID，count 是我们要添加到购物车中的商品的数量。

其中的"出参"列的值表示服务端在处理完添加商品到购物车的请求之后返回的 JSON 格式的响应数据，其中 success 节点的值可能是 false 或 true，前者表示因库存不足或客户未登录等原因而导致添加失败，后者表示添加成功。

当添加成功时，服务端返回的 JSON 数据中还将包含一个名为 data 的属性，这个属性的值是服务端成功地将目标商品添加到客户的购物车之后，客户的购物车中当前拥有的商品的数量总数。

当客户查看他/她购物车中的所有商品时，我们将通过 HttpClient 调用表 11-2 所示的购物车商品获取 Web API。

表 11-2　购物车商品获取 Web API

<table>
<tr><td>URL</td><td>http://localhost:50424/api/cart/list</td></tr>
<tr><td>方法</td><td>GET</td></tr>
<tr><td>入参</td><td>无</td></tr>
<tr><td>出参</td><td><pre>{
  "success": false,
  "message": "获取失败描述"
}
或
{
  "success": false,
  "message": "获取成功",
  "data": [
    {
      "id": 0,
      "wareId": 1,
      "count": 3,
      "wareName": "无公害西蓝花",
      "price": 0.23,
      "thumbnailUrl": "images/OnePixelOrange.png"
    },
    {
      "id": 1,
      "wareId": 2,
      "count": 2,
      ...
    },
    {
      "id": 2,
      "wareId": 4,
      "count": 5,
      ...
    }
  ]
}</pre></td></tr>
</table>

其中的“URL”和“方法”的两列的值表示为了获取购物车中的所有商品，我们必须向 http://localhost:50424/api/cart/list 这个 URL 发送一个 HTTP GET 请求。

其中的“入参”列的值为“空”，表示我们无需向服务端发送任何数据。

其中的“出参”列的值表示服务端返回的 JSON 格式的响应数据，其中 success 节点的值可能是 false 或 true，前者表示因客户未登录而导致的获取失败，后者表示获取成功。

当获取成功时，服务端返回的 JSON 数据中还将包含一个名为 data 的数组属性，这个属性的值就是客户的购物车列表，列表中的每一个成员则是一个购物车商品。

当客户删除他/她的购物车中的某个商品时，我们将通过 HttpClient 调用表 11-3 所示的购物车商品删除 Web API。

表 11-3　购物车商品删除 Web API

URL	http://localhost:50424/api/cart/remove
方法	POST

入参	Body:
	{
	"cartWareId": 1
	}

出参	{
	"success": false,
	"message": "删除失败描述"
	}
	或
	{
	"success": true,
	"message": "删除成功",
	"data": 2
	}

其中的“URL”和“方法”的两列的值表示，为了删除购物车中某个商品，我们必须向 http://localhost:50424/api/cart/remove 这个 URL 发送一个 HTTP POST 请求。

其中的“入参”列的值表示我们必须在请求体中包含一个 JSON 格式的数据，其中 cartWareId 是我们要从购物车中删除的购物车商品的 ID——购物车商品 ID 和第 5 章的商品 ID 不是一回事，随后我们会看到它们之间的区别。

其中的“出参”列的值表示服务端在处理完删除购物车商品请求之后返回的 JSON 格式的响应数据，其中 success 节点的值可能是 false 或 true，前者表示由非法参数或客户未登录导致的删除失败，后者表示删除成功。

当删除成功时，服务端返回的 JSON 数据中还将包含一个名为 data 的属性，这个属性的值是服务端成功地将目标商品从购物车中删除之后，客户的购物车中当前拥有的商品的数量总数。

当客户更新他/她的购物车中的某个商品的数量时，我们将通过 HttpClient 调用表 11-4 所示的更新购物车商品数量 Web API。

表 11-4　购物车商品数量更新 Web API

URL	http://localhost:50424/api/cart/update
方法	POST

入参	Body:
	{
	"wareId": 1,
	"count": 2,
	}

续表

URL	http://localhost:50424/api/cart/update

出参	{
	"success": false,
	"message": "更新失败描述"
	}
	或
	{
	"success": true,
	"message": "更新成功",
	"data": 2
	}

其中的“URL”和“方法”的两列的值表示，为了更新购物车中某个商品的数量，我们必须向 http://localhost:50424/api/cart/update 这个 URL 发送一个 HTTP POST 请求。

其中的“入参”列的值表示我们必须在请求体中包含一个 JSON 格式的数据，其中 wareId 是我们要更新的商品的 ID（不是购物车商品 ID），count 则是要更新的商品的目标数量。

其中的“出参”列的值表示服务端在处理完更新购物车商品数量请求之后返回的 JSON 格式的响应数据，其中 success 节点的值可能是 false 或 true，前者表示因库存不足或客户未登录而导致的更新失败，后者表示更新成功。

当更新成功时，服务端返回的 JSON 数据中还将包含一个名为 data 的属性，这个属性的值是服务端成功地更新了客户的购物车中的目标商品的数量之后，客户的购物车中当前拥有的商品的数量总数。

当应用程序刚启动时，我们会从服务端获取用户购物车中商品数量的总数，此时我们将通过 HttpClient 调用表 11-5 所示的获取购物车数量总数 Web API。

表 11-5　购物车商品总数获取 Web API

URL	http://localhost:50424/api/cart/total-count
方法	GET
入参	无

出参	{
	"success": false,
	"message": "获取失败描述"
	}
	或
	{
	"success": true,
	"message": "获取成功",
	"data": 2
	}

其中的“URL”和“方法”的两列的值表示，为了获取客户购物车数量总数，我们必须向 http://localhost:50424/api/cart/total-count 这个 URL 发送一个 HTTP GET 请求。

其中的“入参”列的值为“空”，表示我们无需向服务端发送任何数据。

其中的“出参”列的值表示服务端返回的 JSON 格式的响应数据，其中 success 节点的值可能是 false 或 true，前者表示因客户未登录而导致的获取失败，后者表示获取成功。

当获取成功时，服务端返回的 JSON 数据中还将包含一个名为 data 的属性，这个属性的值就是我们要获取的购物车商品数量。

说明

由于维护应用程序数据的关系并非本书的范畴，我们并没有在服务端维护一个健全的客户-购物车关系，当注册了多个天天菜园的客户账号并使用不同的账号登录时，我们将发现每一个账号的购物车的内容（这些内容包括商品、商品的数量以及商品总数）都是一致的。尽管如此，这些“不合理”的数据并不影响我们的 Angular 应用程序的学习和开发，因为 Angular 本身并不关心应用程序数据的正常与否。

2. 商品业务 Web API

我们将在购物车视图和商品列表视图添加一个搜索框和一个搜索按钮，用户可以在这个搜索框中输入一个目标商品名称并单击搜索按钮来发起搜索，此时我们将通过 HttpClient 调用表 11-6 所示的商品搜索 Web API。

表 11-6　商品搜索 Web API

URL	http://localhost:50424/api/ware/search
方法	GET
入参	Query Parameter: wareName=萝卜

出参	{
	"success": false,
	"message": "搜索失败描述"
	}
	或
	{
	"success": true,
	"message": "搜索成功",
	"data": [
	{
	"id": 3,
	"name": "本地胡萝卜",
	"description": "不胡麻将胡萝卜",
	"...": ""
	},
	{
	"id": 4,
	"name": "长白山白萝卜",
	"...": ""
	}
	]
	}

其中的“URL”和“方法”的两列的值表示，为了实现商品搜索，我们必须向 http://localhost:50424/api/ware/search 这个 URL 发送一个 HTTP GET 请求。

其中的“入参”列的值表示我们必须在请求查询字符串中添加一个名为 wareName 的参数，并将这个参数的值设置为我们要搜索的目标关键字。

其中的“出参”列的值表示服务端返回的 JSON 格式的响应数据，其中 success 节点的值可能是 false 或 true，前者表示商品搜索失败，后者表示搜索成功。

当搜索成功时，服务端返回的 JSON 数据中还将包含一个名为 data 的属性，这个属性的值就是我们要搜索的商品数组。

3. 客户业务 Web API

当应用程序启动时，我们会通过服务端来判断用户是否已经登录，那时我们将通过 HttpClient 调用表 11-7 所示的登录客户姓名获取 Web API。

表 11-7　登录客户姓名获取 Web API

URL	http://localhost:50424/api/customer/name
方法	GET
入参	无

出参	{
	"success": false,
	"message": "客户未登录"
	}
	或
	{
	"success": true,
	"message": "获取成功",
	"data": "Lcng"
	}

其中的“URL”和“方法”的两列的值表示，为了向购物车添加商品，我们必须向 http://localhost:50424/api/customer/name 这个 URL 发送一个 HTTP GET 请求。

其中的“入参”列的值为“空”，表示我们无需向服务端发送任何数据。

其中的“出参”列的值表示服务端在处理完获取登录客户姓名请求之后返回的 JSON 格式的响应数据，其中 success 节点的值可能是 false 或 true，前者表示因客户未登录而导致的获取失败，后者表示获取成功。

当获取成功时，服务端返回的 JSON 数据中还将包含一个名为 data 的属性，这个属性的值就是当前登录客户的姓名。

客户登录后，他/她随时可能需要退出登录，此时我们会通过 HttpClient 调用表 11-8 所示的客户退出登录 Web API。

表 11-8 客户退出登录 Web API

URL	http://localhost:50424/api/customer/log-out
方法	GET
入参	无

出参	{
	"success": true,
	"message": "退出成功"
	}

其中的“URL”和“方法”的两列的值表示，为了退出登录，我们必须向 http://localhost:50424/api/customer/log-out 这个 URL 发送一个 HTTP GET 请求。

其中的“入参”列的值为“空”，表示我们无须向服务端发送任何数据。

其中的“出参”列的值表示服务端在处理完客户退出登录请求之后返回的 JSON 格式的响应数据，这个数据总是描述客户退出登录成功。

11.1.2 Web API 实现

了解了以上 Web API 的 URL 和参数等信息之后，我们再来看看这些 Web API 是怎么实现的——如果读者有兴趣的话。

1. 购物车业务 Web API

首先，我们要实现的是购物车业务 Web API。为了完成这一任务，我们需要在当前项目的 Web API 目录 src/web-api 目录下新建一个名为 cart-api.js 的 JavaScript 文件，然后将代码清单 11-1 复制到其中。

代码清单 11-1 web-api/cart-api.js

```
var wareApi = require('./ware-api'); // 导入商品业务 Web API 模块
var customerApi = require('./customer-api'); // 导入客户业务 Web API 模块
var cartWares = []; // 购物车商品数组

// 添加商品到购物车
function addWare(req, res) {
    // 验证用户是否已登录
    var phone = getAuthPhone(req);
    if (!phone) {
        res.json({
            success: false,
            message: '请先登录'
        });
        return;
    }

    // 获取请求参数
    var wareId = req.body.wareId;
    var count = req.body.count;

    // 查找仓库中的目标商品
```

```
    var ware = wareApi.wares.find(x => x.id == wareId);
    if (!ware) {
        res.json({
            success: false,
            message: '指定的商品不存在'
        });
        return;
    }

    // 检查库存量
    if (count > ware.stock) {
        res.json({
            success: false,
            message: '库存不足'
        });
        return;
    }

    // 查找购物车中的目标商品，并查找失败时创建购物车商品
    var cartWare = cartWares.find(x => x.wareId == wareId);
    if (!cartWare) {
        cartWare = {
            id: cartWares.length == 0 ? 1 : cartWares.reduce((p, c) => p.id > c.id ? p : c).
id + 1,
            count: 0,
            price: ware.price,
            thumbnailUrl: ware.thumbnailUrl,
            wareId: ware.id,
            wareName: ware.name
        };

        cartWares.push(cartWare);
    }

    // 再次检查库存量
    if (cartWare.count + count > ware.stock) {
        res.json({
            success: false,
            message: '库存不足'
        });
        return;
    }

    // 增加购物车商品数量，并返回增加成功结果
    cartWare.count += count;
    res.json({
        success: true,
        message: '添加成功',
        data: cartWares.map(x => x.count).reduce((p, c) => p + c)
    });
}

// 获取购物车商品数组
function getWares(req, res) {
    // 验证用户是否已登录
    var phone = getAuthPhone(req);
    if (!phone) {
        res.json({
            success: false,
            message: '请先登录'
        });
        return;
    }

    // 返回购物车商品数组
    res.json({
        success: true,
```

```
        message: '获取成功',
        data: cartWares
    });
}

// 删除购物车商品
function removeWare(req, res) {
    // 验证用户是否已登录
    var phone = getAuthPhone(req);
    if (!phone) {
        res.json({
            success: false,
            message: '请先登录'
        });
        return;
    }

    // 查找要删除的购物车商品
    var cartWareId = req.body.id;
    var index = cartWares.findIndex(x => x.id == cartWareId);
    if (index == -1) {
        res.json({
            success: false,
            message: '指定的购物车商品不存在'
        });
        return;
    }

    // 删除目标购物车商品
    cartWares.splice(index, 1);
    res.json({
        success: true,
        message: '删除成功',
        data: cartWares.length == 0 ? 0 : cartWares.map(x => x.count).reduce((p, c) => p + c)
    });
}

// 更新购物车商品数量
function updateWareCount(req, res) {
    // 验证用户是否已登录
    var phone = getAuthPhone(req);
    if (!phone) {
        res.json({
            success: false,
            message: '请先登录'
        });
        return;
    }

    // 获取请求参数
    var wareId = req.body.wareId;
    var count = req.body.count;

    // 查找目标商品和目标购物车商品
    var ware = wareApi.wares.find(x => x.id == wareId);
    var cartWare = cartWares.find(x => x.wareId == wareId);
    if (!ware || !cartWare) {
        res.json({
            success: false,
            message: '购物车商品不存在'
        });
        return;
    }

    // 判断库存量
    if (count > ware.stock || count < 1) {
        res.json({
```

```
            success: false,
            message: '库存不足'
        });
        return;
    }

    // 更新库存量，并返回更新成功结果
    cartWare.count = count;
    res.json({
        success: true,
        message: '更新成功',
        data: cartWares.map(x => x.count).reduce((p, c) => p + c)
    });
}

// 获取购物车商品总数
function getTotalCount(req, res) {
    // 验证用户是否已登录
    var phone = getAuthPhone(req);
    if (!phone) {
        res.json({
            success: false,
            message: '请先登录'
        });
        return;
    }

    // 计算商品总数
    var totalCount = cartWares.length == 0 ? 0 : cartWares.map(x => x.count).reduce((p, c)
=> p + c);
    res.json({
        success: true,
        message: '获取成功',
        data: totalCount
    });
}

// 获取登录客户的手机号码，若用户未登录，那么返回 null
function getAuthPhone(req) {
    // 从客户端 Cookies 中读取加密的手机号码
    if (!req.headers.cookie) {
        return null;
    }
    var cookies = req.headers.cookie.split(';').map(x => x.trim());
    var phoneCookie = cookies.find(x => x.indexOf('auth=') == 0);
    if (!phoneCookie) {
        return null;
    }
    var encryptedPhone = phoneCookie.split('=')[1];
    if (!encryptedPhone) {
        return null;
    }

    // 获取解密算法
    var crypto = require('crypto');
    var secret = 'iJ0vR=keBua&gWyl4F';
    var decipher = crypto.createDecipher('aes256', secret);

    // 尝试解密加密后的手机号码，并返回解密后的手机号码
    try {
        decipher.update(encryptedPhone, 'hex', 'utf8');
        var phone = decipher.final('utf8');

        // 检查用户是否已被注销
        var index = customerApi.customers.findIndex(x => x.phone == phone);
        if (index == -1) {
            return null;
```

```
        }

        return phone;
    }
    catch (ex) {
        return null;
    }
}

// 导出购物车业务 Web API
module.exports.addWare = addWare;
module.exports.getWares = getWares;
module.exports.removeWare = removeWare;
module.exports.updateWareCount = updateWareCount;
module.exports.getTotalCount = getTotalCount;
```

以上就是购物车业务 Web API 的实现代码，它主要做了以下几项工作：

（1）导入商品业务 Web API 模块 wareApi，以使当前模块可以访问天天菜园仓库中的所有商品；

（2）导入客户业务 Web API 模块 customerApi，以使当前模块可以访问天天菜园中的所有客户；

（3）定义购物车商品数组 cartWares，以维护客户添加到购物车中的商品；

（4）定义函数 getAuthPhone()，以从客户端 Cookies 中获取登录客户的手机号码——这一获取结果将被随后的函数用于判断该用户是否已经登录；

（5）定义函数商品添加 Web API 的实现函数 addWare()，以向购物车商品数组 cartWares 中添加商品；

（6）定义商品获取 Web API 的实现函数 getWares()，以向客户端返回购物车商品数组 cartWares；

（7）定义商品删除 Web API 的实现函数 removeWares()，以从购物车商品数组 cartWares 中删除指定的商品；

（8）定义商品数量更新 Web API 的实现函数 updateWareCount()，以更新购物车商品数组 cartWares 中指定商品的数量；

（9）定义商品总数获取 Web API 的实现函数 getTotalCount()，以获取购物车商品数组 cartWares 中所有商品的数量之和；

（10）导出以上 5 个购物车业务 Web API。

2. 商品业务 Web API

商品业务还需要新增一个商品搜索 Web API，为此，我们需要修改商品业务 Web API 的实现代码，使其与代码清单 11-2 一致。

代码清单 11-2 web-api/ware-api.js

```
// 商品数组
var wares = [/*省略的代码*/];

// 商品列表 Web API
function list(req, res) {
    // ...省略的代码
}

// 商品细节 Web API
function detail(req, res) {
    // ...省略的代码
}

// 商品搜索 Web API
function search(req, res) {
    var wareName = req.query.wareName;

    res.json({
        success: true,
        message: '搜索成功',
        data: wares.filter(x => x.name.indexOf(wareName) != -1)
    });
```

```
}

// 导出商品业务 Web API 和商品数组
module.exports.list = list;
module.exports.detail = detail;
module.exports.wares = wares;
module.exports.search = search;
```

以上代码包含一个新增的函数 search()，而这个函数就是商品搜索 Web API 的实现函数：它通过查询参数 wareName 获取用户正在搜索的关键字，并向客户端返回商品数组中名字包含这个关键字的商品组成的新商品数组。

此外，以上代码的最后一行还将商品搜索 Web API 实现函数 search()导出成了一个公共函数。

3. 客户业务 Web API

客户业务下需要新增一个登录客户姓名获取 Web API，为此我们需要修改客户业务 Web API 的实现代码，使其与代码清单 11-3 一致。

代码清单 11-3　web-api/customer-api.js

```
var customers = []; // 客户数组

// 客户注册 Web API
function signUp(req, res) {
    // ... 省略的代码
}

// 客户登录 Web API
function logIn(req, res) {
    // ... 省略的代码
}

// 登录客户姓名获取 Web API
function getAuthName(req, res) {
    // 从客户端 Cookies 中读取加密的手机号码
    if (!req.headers.cookie) {
        res.json({
            success: false,
            message: '客户未登录'
        });
        return;
    }
    var cookies = req.headers.cookie.split(';').map(x => x.trim());
    var phoneCookie = cookies.find(x => x.indexOf('auth=') == 0);
    if (!phoneCookie) {
        res.json({
            success: false,
            message: '客户未登录'
        });
        return;
    }
    var encryptedPhone = phoneCookie.split('=')[1];
    if (!encryptedPhone) {
        res.json({
            success: false,
            message: '客户未登录'
        });
        return;
    }

    // 获取解密算法
    var crypto = require('crypto');
    var secret = 'iJ0vR=keBua&gWyl4F';
    var decipher = crypto.createDecipher('aes256', secret);

    // 尝试解密加密的手机号码，并返回与这个手机号码相关的客户的姓名
    try {
```

```
        decipher.update(encryptedPhone, 'hex', 'utf8');
        var phone = decipher.final('utf8');

        var customer = customers.find(x => x.phone == phone);
        if (!customer) {
            res.json({
                success: false,
                message: '客户不存在或已注销'
            });
            return;
        }

        res.json({
            success: true,
            message: '获取成功',
            data: customer.name
        });
    }
    catch (ex) {
        res.json({
            success: false,
            message: '发生异常'
        });
    }
}

/**
 * 退出登录
 * @param {*} req 请求对象
 * @param {*} res 响应对象
 */
function logOut(req, res) {
    res.clearCookie('auth');
    res.json({
        success: true,
        message: '退出成功'
    });
}

//加密手机号码
function encryptPhone(phone) {
    // ...省略的代码
}

module.exports.signUp = signUp;                // 导出注册 Web API
module.exports.logIn = logIn;                  // 导出登录 Web API
module.exports.getAuthName = getAuthName;      // 导出登录用户姓名获取 Web API
module.exports.logOut = logOut;                // 导出退出登录 Web API
module.exports.customers = customers;          // 导出所有客户
```

以上代码包含两个新增的函数 getAuthName()和 logOut()，其中前者是登录客户姓名获取 Web API 的实现函数，后者是退出登录 Web API 的实现函数。

此外，以上代码还导出了以上两个函数和客户数组 customers，因为应用程序实现代码和购物车业务 Web API 的实现代码需要使用到它们。

说明

在生产环境中，读者需要比以上设计更加精良的 Web API。

11.1.3 Web API 注册

为了使前面的 Web API 被用于处理客户端的请求，我们需要将它们注册到 Express 路由器中，为此需要修改服务端应用程序实现代码，使其与代码清单 11-4 一致。

代码清单 11-4 server-app.js

```
// 导入 Express 模块，并创建 Express 应用程序对象
var express = require('express');
var app = express();

// 注册 HTTP 请求体解析中间件 body-parser
var bodyParser = require('body-parser');
app.use(bodyParser.json());

// 中间件配置：允许客户端请求服务端目录/node_modules、/src 和/images 下的静态资源
app.use('/node_modules', express.static('node_modules'));
app.use('/src', express.static('src'));
app.use('/images', express.static('images'));

// 注册客户业务 Web API
var customerApi = require('./web-api/customer-api');
app.post('/api/customer/sign-up', function (req, res) {
    customerApi.signUp(req, res);
});
app.post('/api/customer/log-in', function (req, res) {
    customerApi.logIn(req, res);
});
app.get('/api/customer/name', function(req, res) {
    customerApi.getAuthName(req, res);
});
app.get('/api/customer/log-out', function(req, res) {
    customerApi.logOut(req, res);
});

// 注册商品业务 Web API
var wareApi = require('./web-api/ware-api');
app.get('/api/ware/list', function(req, res) {
    wareApi.list(req, res);
});
app.get('/api/ware/detail', function(req, res) {
    wareApi.detail(req, res);
});
app.get('/api/ware/search', function(req, res) {
    wareApi.search(req, res);
});

// 注册购物车业务 Web API
var cartApi = require('./web-api/cart-api');
app.post('/api/cart/add', function(req, res) {
    cartApi.addWare(req,res);
});
app.get('/api/cart/list', function(req, res) {
    cartApi.getWares(req,res);
});
app.post('/api/cart/remove', function(req, res) {
    cartApi.removeWare(req,res);
});
app.post('/api/cart/update', function(req, res) {
    cartApi.updateWareCount(req,res);
});
app.get('/api/cart/total-count', function(req, res) {
    cartApi.getTotalCount(req,res);
});

// 路由配置：当客户端请求服务端根路径（即 http://localhost:50424/）时，返回目录 src 下的 HTML 文件
index.html
app.get('*', function (req, res) {
    res.sendFile(__dirname + '/src/index.html');
});

// 启动应用程序，并监听 50424 端口上的请求
var server = app.listen(50424, function () {
```

```
    var host = server.address().address;
    var port = server.address().port;

    console.log('当前应用程序正在监听 http://%s:%s', host, port);
});
```

经过以上修改之后，新增的 Web API 都被注册到了 Express 的路由器中。现在如果我们保存所有代码的编辑并重启服务端应用程序，那么我们可以通过 Postman 访问这些 Web API 以查看他们的工作结果。

为了节省时间，此处便不再演示 Postman 的使用。接下来，让我们利用节省下来的时间开始帮助客户将商品添加到他/她的购物车中。

11.2　重构商品领域模块：添加商品到购物车

在 8.2.7 节中，我们在商品细节视图的底部设置了一个醒目的“加入购物车”按钮，但当时我们没有让它发挥它应有的作用，因为当时我们还没有掌握提交表单的技能。

现在，我们不仅知道了如何通过 Angular 表单提交一个 Web 表单，还掌握了如何通过 HttpClient 和 Web 服务端通信，所以接下来是时候通过这两项技能来实现将商品细节视图所展示的商品添加到购物车中这一功能了。

11.2.1　重构商品领域模块

根据之前掌握的经验，我们已经知道在一个领域模块可以使用 Angular 表单之前，我们应该先将 Angular 表单模块 FormsModule 导入这个模块中。因此，在开始实现添加商品到购物车中这一功能之前，我们应该先将表单模块导入在实现这一功能时需要用到 Angular 表单的商品领域模块中。

而为了导入表单模块，我们需要修改商品领域模块的定义代码，使其与代码清单 11-5 一致。

代码清单 11-5　src/wares/ware.module.ts

```
// ...省略的导入
import { FormsModule } from '@angular/forms'; // 导入表单模块

/**
 * 定义商品领域模块
 */
@NgModule({
    imports: [CommonModule, WareRoutingModule, FormsModule/*导入表单模块*/],
    declarations: [WareListComponent, WareDetailComponent],
    providers: [WareService]
})
export class WareModule {
}
```

按照要求，我们首先通过 TypeScript 的 import 语句从 Angular 表单包中导入了表单模块 FormsModule，然后将它添加到了商品领域模块的 imports 数组中。

接下来，我们便可以在商品细节模板中使用表单模块中封装的各种指令，以通过它们来处理商品细节视图中商品添加表单的提交。

但按照领域驱动设计的工作流程，当新的业务被添加到应用程序中时，我们的首要工作是实现这项功能的业务逻辑，因此，接下来我们要做的是实现添加商品到购物车的业务逻辑。

11.2.2　重构商品服务

我们已经知道，添加商品到购物车的请求是客户在商品细节视图中触发的，因此处理这一请求的业务逻辑应该被封装在商品服务中。为了实现这一业务逻辑，我们需要在商品服务中添加相应的业务逻辑处理方法，使商品服务的定义代码修改至与代码清单 11-6 一致。

代码清单 11-6　src/wares/models/ware.service.ts

```
// ...省略的 import

@Injectable()
export class WareService {
    constructor(private http: Http) {
    }

    getWareList(): Observable<GenericServiceResult<Array<Ware>>> {
        // ...省略的代码
    }

    getWare(wareId: number): Observable<GenericServiceResult<Ware>> {
        // ...省略的代码
    }

    /**
     * 添加商品到购物车
     * @param wareId 商品 ID
     * @param count 商品数量
     */
    addToCart(wareId: number, count: number): Observable<GenericServiceResult<number>> {
        // 向添加商品到购物车的 Web API 发送 HTTP POST 请求
        return this.httpClient.post<GenericServiceResult<number>>('api/cart/add',{
            wareId, count
        });
    }
}
```

以上新增的代码将处理购物车商品添加这一业务逻辑的方法定义为 addToCart()，使它接收一个商品 ID 参数 wareId 和一个商品数量参数 count，然后通过 HttpClient 的 post<T>()方法将这两个参数组成的对象提交到服务端的购物车商品添加 Web API。

说明

由于购物车商品添加 Web API 返回的 JSON 的类型是{ success: boolean, message: string, data: number }，我们给 HttpClient 的 post<T>()方法的类型参数 T 提供的类型是相应的 GenericServiceResult<number>。

接下来，我们需要将这个方法服务于客户，为此要在商品细节组件中监听客户添加商品到购物车中的行为，并在监听到这一行为之后调用此方法。

11.2.3　重构商品细节组件

商品细节组件怎样才能监听到客户添加商品到购物车中这一行为呢？答案很简单，我们只需要在商品细节组件中添加一个方法，然后在商品细节模板中将这个方法绑定为其中的购物车商品添加表单的提交事件处理方法就行了。为了在商品细节组件中添加这个方法，我们则需要将其定义代码修改至与代码清单 11-7 一致。

代码清单 11-7　src/wares/components/ware-detail.component.ts

```
// ...省略的 import

@Component({
    // ...省略的代码
})
export class WareDetailComponent implements OnInit {
    private message: string; // 提示消息

    ware: Ware;                 // 需要被展示的商品
    wareCount: number;          // 打算购买的商品数量

    constructor(private wareService: WareService, private route: ActivatedRoute) {
        this.wareCount = 1;  // 初始化商品数量
```

```
    }

    ngOnInit() {
        // ...省略的代码
    }

    /**
     * 添加商品到购物车
     */
    addToCart() {
        // 调用商品服务的 addToCart()方法
        this.wareService.addToCart(this.ware.id, this.wareCount).subscribe(x => {
            // 保存服务端返回的 JSON 数据中的 message 属性的值
            this.message = x.message;

            // 1.5 秒后清除 message 属性的值和定时器
            let timeout = setTimeout(() => {
                clearTimeout(timeout);
                this.message = undefined;
            }, 1500);
        })
    }
}
```

我们对商品细节组件类的定义代码做了两处修改：一是添加了一个 string 类型的属性 message；二是添加了一个名为 addToCart()的方法。

随后我们会使用这个方法来处理商品细节视图中的购物车商品添加表单的提交，并以下面两个组件属性为参数调用商品服务的 addToCart()方法：

（1）ware.id，当前被展示的商品的 ID；

（2）wareCount，要购买的当前商品的数量，随后我们会使用模型绑定指令 NgModel 为它绑定用户在表单中输入的值。

在调用商品服务的 addToCart()方法之后，我们立即调用了它返回的可观察对象的消息订阅方法 subscribe()，并在向这个方法提供的观察者通知函数中将服务端返回的 JSON 数据的 message 属性赋给了组件属性 message，然后通过定时器在 1.5 秒之后又清除了这一组件属性的值。

之所以这样做，是因为我们打算将服务端返回的购物车商品添加结果描述显示成一个为期 1.5 秒的提示，从而让用户知道这一结果。

当然，仅仅依赖以上工作还无法实现这样的提示，我们还需要商品细节模板的配合。

11.2.4 重构商品细节模板

需要商品细节模板配合的不只有提示功能，还有其中表单提交事件和商品细节组件属性 wareCount 的绑定。为了配合实现这些功能，我们则需要将商品细节模板修改至与代码清单 11-8 一致。

代码清单 11-8 src/wares/views/ware-detail.html

```
<div class="row">
    <!--省略的代码-->
    <div class="col-xs-12 col-md-6 addToCart">
        <form (ngSubmit)="addToCart();" #addingForm="ngForm">
            <div class="row">
                <div class="col-xs-12 col-md-3">
                    数量:
                    <!--模型绑定和表单验证-->
                    <input type="number" class="form-control" name="wareCount" [(ngModel)]
="wareCount" required pattern="^[1-9][0-9]*$" #wareCountControl="ngModel" />
                    <!--表单验证提示-->
                    <span *ngIf="!wareCountControl.valid && (wareCountControl.touched ||
wareCountControl.dirty)">请输入合法的数字</span>
                </div>
                <div class="col-xs-12 col-md-9">
```

```
                    <!--阻止非法的提交-->
                    <button type="submit" class="btn" [disabled]="!addingForm.valid ||
!ware?.stock">加入购物车</button>
                </div>
            </div>
        </form>
    </div>
</div>
<!--加入购物车结果提示-->
<div class="message" *ngIf="message">
    {{message}}
</div>
```

按照要求，我们我对商品细节模板做了三处修改：

（1）在<form>标签上添加了事件绑定(ngSubmit)="addToCart"，从而使其背后的表单指令 NgForm 在监听到表单的提交时，将请求转交给商品细节组件的 addToCart()方法处理；

（2）将商品数量输入域上的属性绑定[value]="wareCount"换成模型绑定[(ngModel)]="wareCount"，从而将用户输入的商品数量绑定到商品细节组件的属性 wareCount 上；

（3）添加底部的一对<div>，使其在 NgIf 指令和插值绑定的帮助下，实现商品细节组件的 message 属性在视图中的显示和消失——这就是前面提到的为期 1.5 秒的提示。

此外，我们做了些必要的完善：通过表单验证指令 required 和 pattern 以及模板引用变量#wareCount 和#addingForm 进行必要的表单验证，使表单仅在得到合法输入的情况下才能被提交。

至此，我们便实现了客户添加商品到购物车的整个流程。但在体验这一流程之前，我们还需要向商品细节样式中添加一些样式，以使前面这个为期 1.5 秒的提示显示得好看一些。

11.2.5　重构商品细节样式

为了实现以上样式的添加，我们需要将商品细节样式文件的内容修改至与代码清单 11-9 一致。

代码清单 11-9　src/wares/views/ware-detail.css

```
/*省略的代码*/

/*添加商品到购物车提示*/
@keyframes message-show {
    0% {
        opacity: 0;
    }

    100% {
        opacity: 1;
    }
}
.message {
    animation: message-show .5s;
    position: absolute;
    width: 100px;
    height: 60px;
    border-radius: 3px;
    background-color: rgba(50, 50, 50, .7);
    top: calc(50% - 30px);
    left: calc(50% - 50px);
    color: white;
    font-size: 14px;
    line-height: 14px;
    font-weight: bold;
    text-align: center;
    padding-top: 23px;
}
```

按照要求，我们在以上文件的末尾添加了一个关键帧（Key Frame）集合 message-show 以及一个 CSS 类.message。

通过这两个关键帧集合和 CSS 类，我们将使商品细节视图底部的消息提示 DIV 以渐变的方式显示到视图的中央，从而使它可以引起客户的注意，但又不会显得唐突。

现在保存所有文件的编辑，刷新浏览器并导航到某个商品的细节视图，然后单击其中的“加入购物车”按钮，我们将看到图 11-1 所示的效果。

由于我们还未登录，添加商品到购物车的 Web API 拒绝了我们的请求，并返回了图 11-1 中的提示消息——可参考购物车商品添加 Web API 的实现代码。

在插值绑定、NgIf 指令、关键帧集合及 CSS 类的帮助下，这个提示消息如我们所期待的那样逐渐显示到了视图的中央。接着大约 1.5 秒之后，这个提示消息将在定时器和 NgIf 指令的帮助下从视图中消失，如图 11-2 所示。

接着，让我们导航到客户注册视图，然后注册一个客户并在客户登录视图完成客户的登录，再导航到某个商品的细节视图并单击其中的“加入购物车”按钮，我们将看到图 11-3 所示的效果。

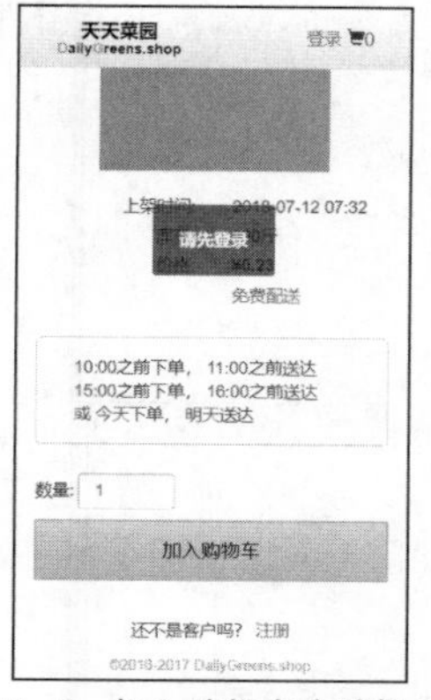

图 11-1 加入购物车失败提示

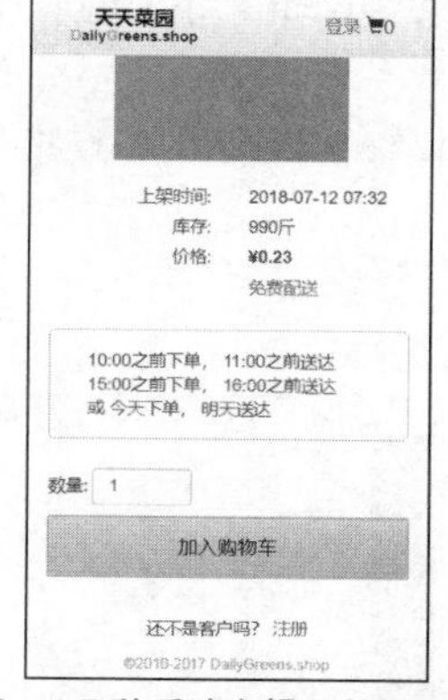

图 11-2 1.5 秒后消息提示从视图中消失

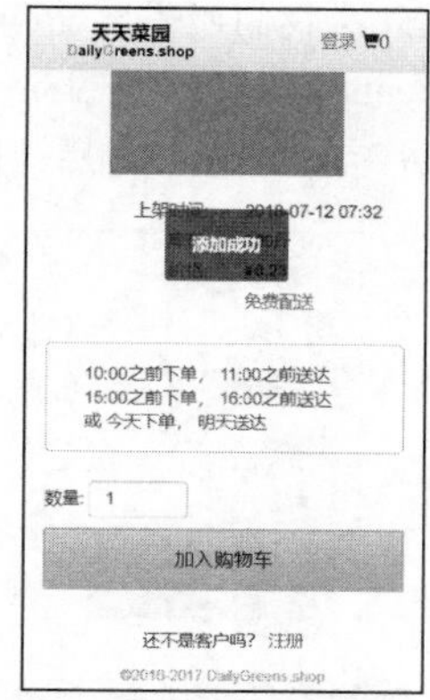

图 11-3 加入购物车成功提示

由于我们刚刚已经完成了登录，所以这一次我们成功地将当前商品添加到了购物车中，从而得到了“添加成功”的提示。当然，在定时器和 NgIf 指令的帮助下，这个提示也会在大约 1.5 秒之后从视图中消失，彼时商品细节视图的显示效果将仍与图 11-2 一致。

说明

如果读者的商品细节视图中展示的是“本地胡萝卜”，那么读者会发现视图中的“加入购物车”按钮是半透明的，因为“本地胡萝卜”的库存量是 0。

此外，有时候我们需要对应用程序中的动画进行更加精细的控制，那时本书第 13 章将要介绍的 Angular 动画可以帮到我们。

至此，我们便完成了添加商品到购物车的开发。但细心的读者肯定已经发现，不管我们是否成功地添加过商品到购物车中，或添加过多少商品到购物车中，应用程序根视图右上角的购物车商品数量（购物车图标右侧的数字）总是“0”——它并没有实时地反映客户购物车中真实的商品总数。

出现这一现象的原因是因为根视图中的数字“0”的值来源于根组件的属性 wareCount，而目前这个属性的值被初始化为 0，之后并没有因客户添加了商品到购物车而被实时地更新过——本质上，这和客户登录后他/她的姓名没有被显示到根视图右上角的原因是一样的。

既然我们已经找到了原因，那么或许读者已经迫不及待地打算开始实现这样实时的更新了。但不幸的是读者还需要再忍耐一会儿，因为我们还有一整个购物车领域模块等着我们去实现。

11.3 购物车领域模块：一次完整的领域实现体验

在 11.2 节，我们通过对商品模块的重构成功地将指定的商品添加到了客户的购物车中，然而到目前为止客户尚无法直观地确定他们是否真的将那些商品添加到了购物车中。

在本节中，我们将创建一个购物车领域模块，通过它向客户展示一个购物车视图，以使客户可以明确地看到他/她已经将哪些商品添加到了购物车中。

当然，作为一个真实的购物车，它必定还应允许客户增加或减少其中商品的数量，或直接删除其中的商品。图 11-4 展示了允许客户进行以上操作的购物车视图。

我们将在 11.4 节中实现购物车的操作功能，而在本节中，我们将先创建一个完整的购物车模块，以对我们之前所掌握的 Angular 技能进行一个整体的复习。

接下来，就让我们从复习创建领域目录开始。

11.3.1 创建购物车领域目录

首先，我们需要在项目源代码目录 src 下新建一个名为 carts 的子目录，并将这个子目录作为购物车领域目录。

此外，我们还需要在购物车领域目录 src/carts 下新建一个领域模型目录 models、一个组件目录 components 和一个视图目录 views。

执行完以上操作之后，以上新建的目录在项目中的位置将与图 11-5 一致。

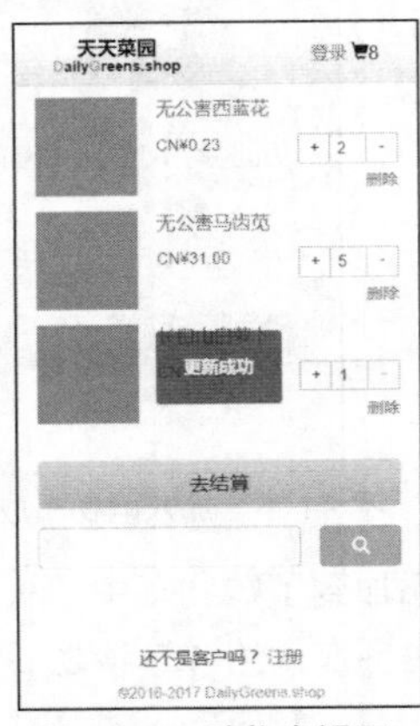

图 11-4 购物车视图

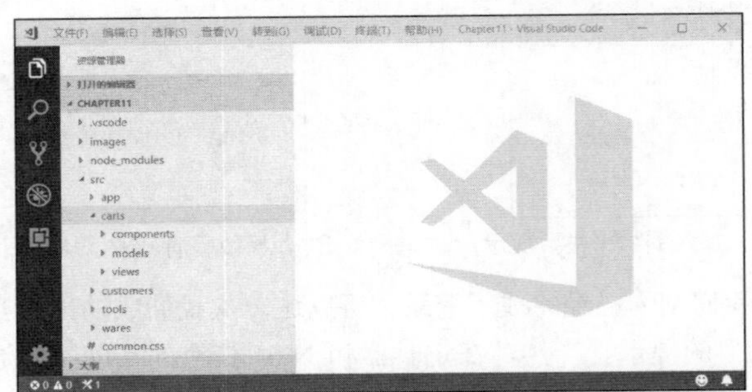

图 11-5 购物车领域目录结构

完成购物车领域目录结构的创建之后，按照领域驱动设计的开发方式，接下来我们应该开始购物车领域模型的创建。

11.3.2 创建购物车领域模型

购物车领域模型包含购物车商品实体类和购物车服务类，首先我们要创建的是其中的购物车商品实体类，为此需要在购物车领域模型目录 src/carts/models 下新建一个名为 cart-ware.ts 的 TypeScript 文件，然后将代码清单 11-10 复制到其中。

代码清单 11-10 src/carts/models/cart-ware.ts

```
/**
 * 购物车商品实体类
 */
export class CartWare {
    id: number;             // ID
    count: number;          // 商品数量
    wareId: number;         // 商品 ID
    wareName: string;       // 商品名称
    price: number;          // 商品价格
    thumbnailUrl: string;   // 商品缩略图 URL
}
```

我们将购物车商品实体类定义为 CartWare，并为它定义了六个属性，即 id、count、wareId、wareName、 price 和 thumbnailUrl。

这六个属性分别用于描述购物车商品对象的 ID、对应的商品对象在购物车中的数量以及对应的商品对象的 ID、名字、价格和缩略图 URL。随后我们会在购物车视图中看到这些属性，但在那之前，我们需要先创建一个用以获取购物车商品的购物车服务。为了创建购物车服务，我们需要在购物车领域模型目录 src/carts/models 下新建一个名为 cart.service.ts 的 TypeScript 文件，然后将代码清单 11-11 复制到其中。

代码清单 11-11 src/carts/models/cart.service.ts

```
import { Injectable } from '@angular/core'; // 导入可注入装饰器
import { Observable } from 'rxjs'; // 导入可观察对象类 Observable
import { CartWare } from './cart-ware'; // 导入购物车商品类
import { GenericServiceResult } from '../../tools/service-result'; // 导入服务响应结果类
import { HttpClient } from '@angular/common/http'; // 导入 HttpClient

/**
 * 定义购物车服务类
 */
@Injectable() // 将购物车服务类装饰为可被注入的
export class CartService {
    /**
     * 构造购物车服务
     * @param httpClient 注入 HttpClient
     */
    constructor(private httpClient: HttpClient) {
    }

    /**
     * 获取购物车商品数组
     */
    getWareList(): Observable<GenericServiceResult<Array<CartWare>>> {
        // 访问购物车业务下的商品获取 Web API
        return this.httpClient.get<GenericServiceResult<Array<CartWare>>>('/api/cart/list');
    }

    /**
     * 删除指定 ID（不是商品的 ID）的购物车商品
     * @param id 购物车商品 ID
     */
    removeWare(id: number): Observable<GenericServiceResult<number>> {
        // 访问购物车业务下的商品删除 Web API
        return this.httpClient.post<GenericServiceResult<number>>('/api/cart/remove', { id });
    }

    /**
     * 更新指定商品 ID 的商品数量
     * @param wareId 商品 ID
     * @param count 目标数量
     */
    updateWareCount(wareId: number, count: number): Observable<GenericServiceResult<number>> {
        // 访问购物车业务下的商品数量更新 Web API
        return this.httpClient.post<GenericServiceResult<number>>('/api/cart/update', {
            wareId, count
        });
    }
}
```

以上代码将购物车服务定义为 CartService，并为其定义了三个业务逻辑处理方法，即购物车商品（数组）获取方法 getWareList()、购物车商品删除方法 removeWare()和购物车商品数量更新方法 updateWareCount()。

和商品服务的业务逻辑处理方法一样，这三个方法都通过 HttpClient 的 get<T>()或 post<T>()方法与服务端相应的 Web API 进行通信，并向调用方返回一个类型为 Observable<GenericServiceResult<TData>> 的可观察对象。

根据以往的经验我们可以知道，这三个方法的调用方应该是购物车组件，因此接下来我们还需要创建一个购物车组件。

注意

请确保代码正确地导入了必要的类和函数的定义，并确保购物车服务 CartService 被可注入装饰器 Injectable 装饰了。

11.3.3　创建购物车组件

刚刚我们完成了购物车领域模型的创建，从而实现了购物车商品列表的获取、购物车商品的删除以及购物车商品数量的更新这三个基本的购物车业务逻辑。

然而，领域模型是无法与客户直接进行交互的，而为了让领域模型封装的业务逻辑能够服务于我们的客户，我们还需要创建一个负责处理客户交互、能够将购物车业务领域模型封装的业务逻辑代理给客户的购物车组件类。为此，我们需要在购物车领域组件目录 src/carts/components 下新建一个名为 cart.component.ts 的 TypeScript 文件，然后将代码清单 11-12 复制到其中。

代码清单 11-12　src/carts/components/cart.component.ts

```
import { Component, OnInit } from '@angular/core';     // 导入组件装饰器和组件初始化钩子方法接口
import { CartWare } from '../models/cart-ware';        // 导入购物车商品实体类
import { CartService } from '../models/cart.service'; // 导入购物车服务类

/**
 * 定义购物车组件类
 */
@Component({
    moduleId: module.id,
    templateUrl: '../views/cart.html', // 指定购物车模板文件
    styleUrls: ['../views/cart.css']   // 指定购物车样式文件集合
})
export class CartComponent implements OnInit {
    cartWares: Array<CartWare>;        // 购物车商品列表
    message: string;                   // 购物车操作提示

    /**
     * 构造方法
     * @param cartService 注入购物车服务
     */
    constructor(private cartService: CartService) {
        this.cartWares = new Array<CartWare>();
    }

    /**
     * 初始化钩子方法，获取购物车商品列表
     */
    ngOnInit(): void {
        this.getWareList();
    }

    /**
     * 获取购物车商品列表
     */
    getWareList() {
        // 调用购物车服务的 getWareList()方法，以获取购物车商品数组
        this.cartService.getWareList().subscribe(x => {
            // 如果 Web API 返回失败结果，那么显示失败描述
            if (!x.success) {
                this.message = x.message;
                this.clearMessage();
                return;
            }

            // Web API 返回成功结果，保存返回的商品数组到属性 cartWares
```

```
            this.cartWares = x.data;
        })
    }

    /**
     * 删除指定 ID 的购物车商品
     * @param id 购物车商品 ID
     */
    removeWare(id: number) {
        // 调用购物车服务的 removeWare()方法，以从购物车中删除指定 ID 的购物车商品
        this.cartService.removeWare(id).subscribe(x => {
            // 如果服务端返回成功结果，那么将相应的购物车商品从属性 cartWares 中删除
            if (x.success == true) {
                let removedWareIndex = this.cartWares.findIndex(y => y.id == id);
                this.cartWares.splice(removedWareIndex, 1);
            }

            // 显示删除成功或失败的提示
            this.message = x.message;
            this.clearMessage();
        })
    }

    /**
     * 更新指定购物车商品的数量
     * @param ware 购物车商品
     * @param count 目标数量
     * @param event DOM 事件对象
     */
    updateWareCount(ware: CartWare, count: any, event?: Event) {
        count = parseInt(count); // 将目标数量的类型转换为数字

        if (isNaN(count) || count < 1) {
            // 如果未提供目标数量或提供的目标数量的值小于 1，那么阻止客户更新购物车商品数量
            this.message = '非法的数量';
            this.clearMessage();

            // 恢复购物车商品原来的数量
            if (event) {
                (event.target as HTMLInputElement).value = ware.count.toString();
            }
            // let _count = ware.count;
            // ware.count = 0;
            // setTimeout(() => {
            //     ware.count = _count;
            // });

            return;
        }

        // 通过购物车服务更新指定商品的数量，然后订阅购物车服务返回的可观察对象
        this.cartService.updateWareCount(ware.wareId, count).subscribe(x => {
            // 如果服务端返回的 JSON 数据的 success 节点的值是 true，那么更新视图模型中的对应商品的数量
            if (x.success == true) {
                ware.count = count;
            }
            else if (event) {
                // 恢复购物车商品原来的数量
                (event.target as HTMLInputElement).value = ware.count.toString();
            }

            // 显示更新成功或失败提示
            this.message = x.message;
            this.clearMessage();

            return;
        })
```

```
        }

        /**
         * 增加指定购物车商品的数量
         * @param ware 购物车商品
         */
        increaseWareCount(ware: CartWare) {
            this.updateWareCount(ware, ware.count + 1);
        }

        /**
         * 减少指定购物车商品的数量
         * @param ware 购物车商品
         */
        decreaseWareCount(ware: CartWare) {
            if (ware.count < 2) {
                return;
            }

            this.updateWareCount(ware, ware.count - 1);
        }

        /**
         * 清除购物车操作提示
         */
        private clearMessage() {
            // 在 1.5 秒后清除提示
            let timeout = setTimeout(() => {
                clearTimeout(timeout);
                this.message = undefined;
            }, 1500);
        }
    }
```

以上代码将购物车组件定义为 CartComponent，并为其定义了以下两个属性：

（1）cartWares，用以维护通过购物车服务从 Web API 获取到的，并随后要被展示到购物车视图中的购物车商品数组；

（2）message，用以维护在处理完客户的购物车操作请求之后，需要被展示到购物车视图中的提示消息——商品细节组件中也有这个属性。

除了这两个属性，以上代码还为购物车组件定义了六个应用逻辑处理方法：

（1）getWareList()，用以调用购物车服务的 getWareList()方法，从而通过服务端的购物车商品获取 Web API 获取购物车商品数组，并将结果保存到属性 cartWares 上；

（2）removeWare()，用以调用购物车服务的 removeWare()方法，从而通过服务端的购物车商品删除 Web API 删除购物车中指定 ID 的商品；

（3）updateWareCount()，用以调用购物车服务的 updateWareCount()方法，从而通过服务端的购物车商品数量更新 Web API 以将购物车中指定商品 ID 的商品的数量更新为指定的数量；

（4）increaseWareCount()，用以调用当前组件（不是服务）的 updateWareCount()方法，从而将购物车中指定商品 ID 的商品的数量增加 1；

（5）decreaseWareCount()，用以调用当前组件（不是服务）的 updateWareCount()方法，从而将购物车中指定商品 ID 的商品的数量减少 1；

（6）clearMessage()，用以定时清除属性 message 的值，从而使购物车视图中的提示消息从视图中消失——其中的定时器在商品细节组件中也有。

除了这六个应用逻辑处理方法，以上代码还通过参数属性 cartService 为购物车组件注入了购物车服务，以使以上应用逻辑处理方法得以正常地使用购物车服务。

此外，以上代码还通过组件初始化钩子方法 ngOnInit()调用了当前组件的 getWareList()方法，以使购物车组件在被初始化之后立即从服务端 Web API 获取到购物车商品数组。

最后，以上代码还通过组件装饰器设置了组件的 moduleId、templateUrl 和 styleUrls，因此接下来我们还需要创建购物车模板和相应的样式文件。

11.3.4 创建购物车视图文件

在 11.3.3 节，我们完成了包含购物车商品列表获取应用逻辑、删除购物车商品应用逻辑以及更新购物车商品数量应用逻辑的购物车组件类的创建，接下来我们需要将这些应用逻辑通过一个入口提供给客户，而这个入口就是购物车视图。

视图通常由两部分内容生成，其中一部分是模板，另一部分是样式。这对购物车领域视图来说也不例外，因此接下来我们需要创建一个购物车模板，并定义相应的购物车样式。

先从模板的创建开始，为此我们需要在购物车视图目录 src/carts/views 下新建一个名为 cart.html 的 HTML 文件，然后将代码清单 11-13 复制到其中。

代码清单 11-13 src/carts/views/cart.html

```
<div class="row" *ngIf="cartWares && cartWares.length" >
    <div *ngFor="let ware of cartWares" class="col-xs-12 col-md-6">
        <div class="row wareRow">
            <div class="col-xs-4">
                <img alt="ware" [src]="ware.thumbnailUrl" [title]="ware.name" />
            </div>
            <div class="col-xs-8">
                <div>
                    <a [routerLink]="['/ware-detail', ware.wareId]" [attr.aria-label]="' 导
航到' + ware.wareName + '的详情页面'">{{ware.wareName}}</a>
                </div>
                <div class="row">
                    <div class="col-xs-5">
                        {{ware.price | currency:'CNY':'symbol-narrow' }}
                    </div>
                    <div class="col-xs-7">
                        <div [style.color]="ware.count < 2 ? 'silver' : 'inherit'">-</div>
                        <input type="number" [value]="ware.count" />
                        <div>+</div>
                    </div>
                </div>
                <div class="row">
                    <div class="col-xs-5"></div>
                    <div class="col-xs-7">
                        <a class="delete">删除</a>
                    </div>
                </div>
            </div>
        </div>
    </div>
    <div class="col-xs-12">
        <button type="button" class="btn">去结算</button>
    </div>
</div>
<div class="row" *ngIf="!cartWares || !cartWares.length">
    <div class="col-xs-12">
        您的购物车是空的
    </div>
</div>
<!--购物车操作提示-->
<div class="message" *ngIf="message">
    {{message}}
</div>
```

我们将购物车模板交给了三对大<div>来实现，其中最前面的一对大<div>只在视图模型 cartWares 不为空的情况下显示，而它里面的子<div>则通过一个 NgFor 指令向视图中循环输出了视图模型 cartWares 所容纳的每一个购物车商品——其中还包括相应的数量操作按钮和输入域。

第二对大<div>只在视图模型 cartWares 为空的情况下显示，以让客户知道他/她的购物车中暂时还没有商品。最后一对大<div>则通过 NgIf 指令决定是否向视图中输出组件属性 message，以实现用户操作提示——其作用和 11.2.4 节相应的<div>是一样的。

完成购物车模板的创建之后，我们还需要创建相应的样式文件，为此需要在购物车领域视图目录 src/carts/views 下新建一个名为 cart.css 的 CSS 文件，然后将代码清单 11-14 复制到其中。

代码清单 11-14　src/carts/views/cart.css

```
img {
    width: 100%;
}

/*商品行：每一个商品都被显示在一个行中*/
.wareRow {
   margin-bottom: 10px;
}
    /*商品行图片列*/
    .wareRow > .col-xs-4 {
       padding-right: 10px;
    }
    /*商品行属性和操作列：所有的属性被一起显示在一个列中*/
    .wareRow > .col-xs-8 {
       padding-left: 5px;
    }

        /*商品价格和数量操作行：每一个属性被显示在一个行中*/
        .wareRow > .col-xs-8 > div.row {
           font-size: 13px;
           padding-left: 15px;
           margin-bottom: 5px;
        }

        /*商品名称行，未分列*/
        .wareRow > .col-xs-8 > div:first-child {
           margin-bottom: 10px;
           font-size: 12px;
        }

            .wareRow > .col-xs-8 > div:first-child > a:last-child {
                font-size: 15px;
            }

        /*商品价格和数量操作行中的列*/
        .wareRow > .col-xs-8 > div.row > div {
            padding: 0;
        }
            /*商品价格*/
            .wareRow > .col-xs-8 > div.row > div.col-xs-5 {
                color: #f23030;
            }
            /*商品数量操作列*/
            .wareRow > .col-xs-8 > div.row > div.col-xs-7 {
                padding: 0 15px 0 2px;
                flex-direction: row-reverse;
                text-align: center;
            }

                .wareRow > .col-xs-8 > div.row > div.col-xs-7 > div, .wareRow > .col-xs-8
> div.row > div.col-xs-7 > input {
                    height: 25px;
                    border: 1px silver solid;
                    padding: 0 5px;
                }

                .wareRow > .col-xs-8 > div.row > div.col-xs-7 > div {
                    width: 25px;
```

```
                        border: 1px silver solid;
                    }

                        .wareRow > .col-xs-8 > div.row > div.col-xs-7 > div:first-child {
                            border-left: 0;
                            border-top-right-radius: 2px;
                            border-bottom-right-radius: 2px;
                        }

                        .wareRow > .col-xs-8 > div.row > div.col-xs-7 > div:last-child {
                            border-right: 0;
                            border-top-left-radius: 2px;
                            border-bottom-left-radius: 2px;
                            line-height: 22px;
                        }

                    .wareRow > .col-xs-8 > div.row > div.col-xs-7 > input {
                        width: 30px;
                    }

                    @media(min-width:769px){
                        .wareRow > .col-xs-8 > div.row > div.col-xs-7 > input {
                            width: 45px;
                        }
                    }

/*删除按钮*/
.delete {
    text-decoration: none;
}

/*结算按钮*/
.btn {
    background: #f0c14b;
    background: linear-gradient(to bottom,#f7dfa5,#f0c14b);
    border-color: #f7dfa5;
    color: black;
    font-size: 16px;
    height: 40px;
    width: 100%;
    margin-top:20px;
}

/*购物车操作提示*/
@keyframes message-show {
    0% {
        opacity: 0;
    }

    100% {
        opacity: 1;
    }
}

.message {
    animation: message-show .5s;
    position: absolute;
    width: 100px;
    height: 60px;
    border-radius: 3px;
    background-color: rgba(50, 50, 50, .7);
    top: calc(50% - 30px);
    left: calc(50% - 50px);
    color: white;
    font-size: 14px;
    line-height: 14px;
    font-weight: bold;
```

```
    text-align: center;
    padding-top: 23px;
}
```

在以上所有样式定义的帮助下，最终被呈递到浏览器上的购物车视图将与本节开头展示的图 11-4 一致（除了其中的搜索框和搜索按钮，因为目前它们还没有被实现）。但在被呈递到浏览器之前，我们需要让路由器知道购物车视图（组件）的存在。

11.3.5　创建购物车领域路由配置模块

根据前面的经验我们可以知道，如果要让路由器知道一个组件的存在，我们需要通过路由配置模块创建一个指向这个组件的路由项，并将这个路由项注册到路由器中。

而为了让路由器知道购物车组件的存在，我们则需要创建一个相应的购物车领域路由配置模块，为此需要在购物车领域目录 src/carts 下新建一个名为 cart-routing.module.ts 的 TypeScript 文件，并将代码清单 11-15 复制到这个文件中。

代码清单 11-15　src/carts/cart-routing.module.ts

```
import { NgModule } from '@angular/core';                     // 导入模块装饰器类
import { RouterModule, Routes } from '@angular/router';       // 导入路由器模块类和路由表类型
import { CartComponent } from './components/cart.component'; // 导入购物车组件类

// 定义路由表变量
let routes: Routes = [{
    path: '', component: CartComponent // 指向购物车组件的路由项
}]

/**
 * 购物车领域路由配置模块
 */
@NgModule({
    imports: [RouterModule.forChild(routes)/*将路由表变量中的路由项注册到路由器的路由表中*/],
    exports: [RouterModule/*导出路由器模块，以使购物车领域模块可以使用路由器模块提供的功能*/]
})
export class CartRoutingModule {
}
```

我们将购物车领域路由配置模块类定义为 CartRoutingModule，然后通过路由器模块 RouterModule 的 forChild()方法将目标 path 为空字符串、目标组件为购物车组件 CartComponent 的路由项注册到了路由器的路由表中。

当然，这一注册能够起作用的前提是 CartRoutingModule 能够被加载到 Angular 运行时中。为了实现这样的加载，我们还需要一个购物车领域模块。

注意

以上路由器模块的 forChild()方法不能被替换成 forRoot()，因为随后导入当前路由配置模块的购物车领域模块会是一个路由加载模块。

此外，以上 exports 属性中的 RouterModule 不能被遗漏了，因为购物车领域模块需要使用路由器模块 RouterModule 封装的指令。

11.3.6　创建购物车领域模块

经过前面的努力，我们完成了购物车领域内几乎所有组成部分（购物车服务、组件、模板、样式和路由配置模块）的开发。接下来，我们要做的是创建一个购物车领域模块，以将它们封装成一个有机的整体。

为此，我们需要在购物车领域目录 src/carts 下新建一个名为 cart.module.ts 的 TypeScript 文件，然后将代码清单 11-16 复制到其中。

代码清单 11-16　src/carts/cart.module.ts

```
import { NgModule } from '@angular/core';         // 导入模块装饰器类
import { CommonModule } from '@angular/common'; // 导入通用模块类，其中包含 NgIf、NgFor 等通用指令
```

```
import { CartService } from './models/cart.service';          // 导入购物车服务类
import { CartComponent } from './components/cart.component'; // 导入购物车组件类
import { CartRoutingModule } from './cart-routing.module';    // 导入购物车领域路由配置模块类

/**
 * 购物车领域模块
 */
@NgModule({
    imports: [CommonModule, CartRoutingModule], // 导入通用模块和路由配置模块
    providers: [CartService],      // 向当前模块的子依赖注入器注册购物车服务类
    declarations: [CartComponent] // 声明购物车组件为当前模块内的组件
})
export class CartModule {
}
```

我们将购物车领域模块定义为CartModule，并完成了以下工作：

（1）将通用模块CommonModule添加到其imports属性中，以使购物车领域模块内的购物车模板可以使用通用模块内的NgIf和NgFor等通用指令；

（2）将购物车领域路由配置模块CartRoutingModule添加到了其imports属性中，以使购物车领域路由配置模块内的路由项被注册到路由器的路由表中，并使购物车领域模块间接地导入路由器模块RouterModule，从而使购物车领域模块内的模板可以使用路由器模块封装的路由器链接指令RouterLink；

（3）将购物车服务CartService添加到了其providers属性中，以使购物车服务类被注册到购物车领域模块的子依赖注入器中，从而使购物车服务的实例得以被注入购物车组件中；

（4）将购物车组件CartComponent添加到了其declarations属性中，以使购物车组件被声明为购物车领域模块内的组件，从而使Angular运行时可以从购物车领域模块中找到这购物车组件。

至此，我们便成功地将购物车领域内的所有成员封装到了购物车领域模块中，从而使它们成了一个有机的整体。

这个整体目前还是孤立在天天菜园应用程序之外的，为了使这个整体成为天天菜园的一部分，我们还需要将购物车领域模块加载到应用程序中。

11.3.7 加载购物车领域模块

在之前的学习中我们已经知道，如果要将某个业务模块加载到应用程序中，我们有两种办法可以选择：一是在应用程序启动的时候立即加载它（天天菜园的商品模块就是以这种方式被加载的）；二是在应用程序启动之后，延迟到应用程序运行过程中的某个必要时候加载它（客户领域模块就是以这种方式被加载的）。

由于并非所有客户都打算在应用程序启动时就查看他/她的购物车，因此我们打算以延迟的方式加载购物车领域模块，从而使购物车领域模块成为一个路由加载模块。为了实现购物车领域模块的延迟加载，我们需要修改应用程序根路由配置模块AppRoutingModule的定义代码，使其与代码清单11-17一致。

代码清单 11-17 src/app/app-routing.module.ts

```
// 导入必要的定义
import { NgModule } from "@angular/core";
import { Routes, RouterModule } from "@angular/router";

// 定义路由表
let routes: Routes = [
    { // 延迟加载客户领域模块
    path: 'customer', loadChildren: 'src/customers/customer.module.js#CustomerModule'
}, { // 延迟加载购物车领域模块
    path: 'cart', loadChildren: 'src/carts/cart.module#CartModule'
}, {
    path: '**', redirectTo: '' /*通配路由项*/
}]

/**
 * 应用程序根路由配置模块
```

```
 */
@NgModule({
    imports: [RouterModule.forRoot(routes)], // 注册路由项，并导入路由器模块
    exports: [RouterModule] // 导出路由器模块
})
export class AppRoutingModule {
}
```

以上代码仅包含一处修改，那就是其路由表变量 routes 中被添加了一个 path 属性值为“cart”、loadChildren 属性值为“src/carts/cart.module#CartModule”的新路由项。

注意

我们必须保证以上路由项出现在 path 属性值为**的通配路由项的前面，否则通配路由项会拦截目标 path 为 cart 的请求。

这个路由项最终会因应用程序根路由配置模块的加载而被注册到路由器的路由表中，从而使路由器在监听到目标 path 为 cart 的请求时，将服务端路径为 src/carts/cart.module.js 的购物车领域模块（及其中的服务、组件、模板、样式和路由配置模块）加载到浏览器中，并使它成为应用程序的一个模块。

购物车领域模块的加载会导致其导入的购物车领域路由配置模块的加载，从而使 Angular 运行时为购物车领域模块创建一个子路由表，并将购物车领域路由配置模块中定义的路由项注册到这个子路由表中。

完成以上工作之后，路由器会继续以空字符串为目标 path 扫描购物车领域模块的子路由表，并命中其中唯一的一个 path 属性为空字符串、目标组件为购物车组件 CartComponent 的路由项，从而开始创建购物车组件的实例和相应的购物车视图，并最终将购物车视图呈递到根视图中。

说明

当请求的初始目标 path 为 customer/log-in 时，其中作为第一段的 customer 会被用于加载客户领域模块，作为第二段的 log-in 会被用于匹配客户领域模块的子路由表中的目标组件。当请求的初始目标 path 为 cart 时，其中作为第一段的 cart 会被用于加载购物车领域模块，作为第二段的空字符串会被用于匹配购物车领域模块的子路由表中的目标组件。

也就是说，至此我们便完成了一个完整的购物车领域模块的创建，如果我们保存以上所有代码的编辑并通过浏览器请求 http://localhost:50424/cart，将看到一个购物车视图，如图 11-6 所示。

说明

如果用户之前没有进行登录，那么以还将看到一个内容为“请先登录”的提示；如果之前登录了并通过商品细节视图向购物车中添加过商品，那么购物车视图不会是空的。

由于我们还没有向购物车中添加商品，因此目前看到的是一个空购物车。随后我们可以导航到商品细节视图，并添加一些商品到购物车中。但在此之前，我们先帮助客户方便地导航到购物车视图。

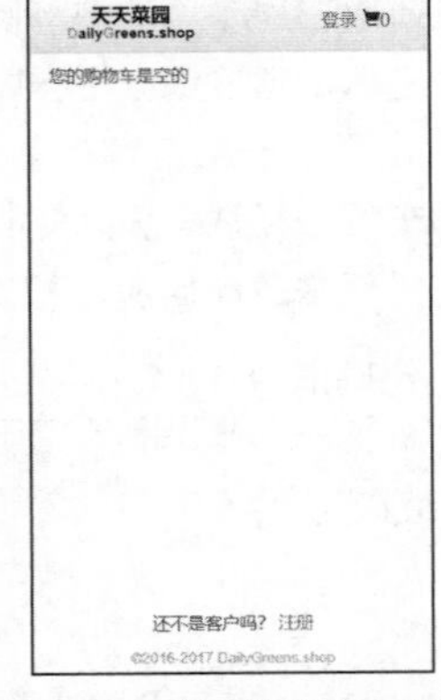

图 11-6　空白的购物车视图

11.3.8　导航到购物车视图

在应用程序根视图的右上角有一个购物车图标，它除了用来向客户展示购物车中的商品总数，还用来接受客户的单击，以将客户导航到购物车视图。

为了实现这一导航功能，我们需要修改根模板的定义代码，使其与代码清单 11-18 一致。

代码清单 11-18　src/app/views/app.html

```
<nav class="navbar navbar-fixed-top">
    <div class="container">
        <!--省略的代码-->
        <div>
            <a [routerLink]="'/customer/log-in'">登录</a>
            <!--导航到购物车领域模块内的购物车组件（视图）-->
            <span class="glyphicon glyphicon-shopping-cart" [routerLink]="'/cart'">0</span>
        </div>
```

```
        </div>
    </nav>
    <div class="container">
        <router-outlet></router-outlet>
    </div>
    <footer>
        <!--省略的代码-->
    </footer>
```

我们仅对根模板做了一处修改，即在其中用于显示购物车图标的<span>标签上添加了一个值为字符串常量“/cart”的路由器链接指令 RouterLink，以使其在监听到 SPAN 元素上的单击事件时将客户导航到购物车视图。

因此，如果我们保存以上代码的编辑并刷新浏览器，然后单击根视图右上角的购物车图标，我们会发现路由器在开始（延迟）加载购物车领域模块，并最终将我们导航到图 11-6 所示的购物车视图。

目前购物车视图还是空白的，而为了使购物车视图不再空白，我们需要导航到客户注册视图注册一个合法的账户，然后用这个账户进行登录并通过商品细节视图将一些商品添加到购物车中。

说明

将同一个商品添加到购物车中多次，会增加这个商品在购物车中的数量。

执行完以上操作之后再导航到购物车视图，我们将看到图 11-7 所示的结果（其中商品的名称和数量会因操作的不同而不同）。

至此，客户可以开始结算他/她的购物车了，因为他/她可以清楚地知道购物车中有哪些（以及多少）商品了。

但在结算之前，难免有些客户会需要修改一些商品的数量，或直接删除一些商品。而对于这样的需求，我们早已有了打算，因为我们已经在购物车组件中定义了实现这些需求的方法，即 updateWareCount()、increaseWareCount()、decreaseWareCount()和 removeWare()；同时也在购物车视图中提供了接受这些需求的入口，即商品信息右侧的“+”按钮、“−”按钮、数字输入域和“删除”链接。

当然，如果现在单击这些按钮和链接，或向其中的数字输入域输入数字，我们不会得到任何响应，因为我们还没有将它们和背后相应的组件方法绑定起来。

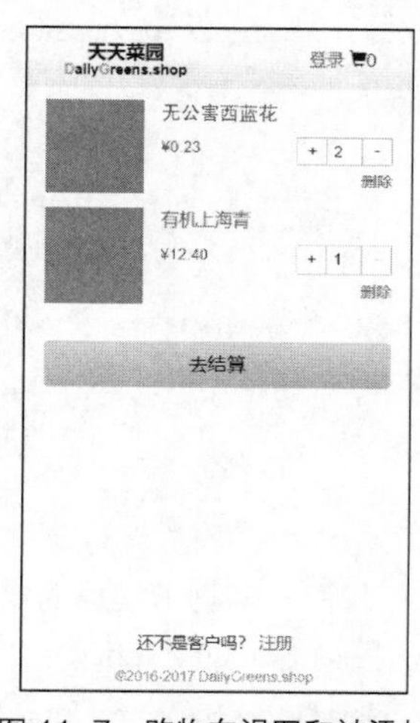

图 11−7 购物车视图和被添加到其中的商品

11.4 事件绑定：处理用户交互

到目前为止，我们处理用户交互的方式只有两种，其中第一种是在组件中实现它的构造方法或初始化钩子方法，以此来处理用户对整个视图（组件）的请求，从而为客户准备一些他/她所关心的初始化数据（比如，在客户请求购物车视图时，为他/她获取购物车商品列表）。

第二种是在组件中实现 Angular 表单的提交事件（ngSubmit）的处理方法，以此来处理用户对视图中的 Web 表单的提交，从而使应用程序接收用户提交的一些数据（比如，在客户注册和登录时，接收他/她提交注册和登录数据）。

但我们都知道，用户与应用程序的交互远不止以上两种，而其中最常见的则是用户的单击，比如，客户对购物车视图中的“+”“−”按钮和“删除链接的单击”。

在本节中，我们的首要任务就是监听用户的这些单击事件，并在监听到这些事件发生时执行组件中相应的处理方法。而在完成这一任务之后，我们还将继续监听购物车商品数量输入域的内容变化事件，使这一事件同样得到相应的组件方法的处理。

首先，让我们先来处理以上“+”按钮和“-”按钮的单击事件。

11.4.1　增加或减少购物车商品数量

我们希望做到的是，当某个购物车商品右侧的“+”按钮被单击时，购物车组件中的 increaseWareCount()方法会被执行，从而使这个购物车商品的数量增加 1；同时当某个购物车商品右侧的“-”按钮被单击时，购物车组件中的 decreaseWareCount()方法会被执行，从而使这个购物车商品的数量减少 1。为了实现以上功能，我们只需要修改购物车模板的定义代码，使其与代码清单 11-19 一致。

代码清单 11-19　src/carts/views/cart.html

```
<div class="row" *ngIf="cartWares && cartWares.length">
    <div *ngFor="let ware of cartWares" class="col-xs-12 col-md-6">
        <div class="row wareRow">
            <!--省略的代码-->
            <div class="col-xs-8">
                <!--省略的代码-->
                <div class="row">
                    <!--省略的代码-->
                    <div class="col-xs-7">
                        <!--绑定事件 click 的处理方法-->
                        <div [style.color]="ware.count < 2 ? 'silver' : 'inherit'"
(click)="decreaseWareCount(ware);">-</div>
                        <input type="number" [value]="ware.count" />
                        <!--绑定事件 click 的处理方法-->
                        <div (click)="increaseWareCount(ware);">+</div>
                    </div>
                </div>
                <!--省略的代码-->
            </div>
        </div>
    </div>
    <div class="col-xs-12">
        <button type="button" class="btn">去结算</button>
    </div>
</div>
<!--省略的代码-->
```

我们对购物车模板的定义代码做了两处修改：一是在其中的“-”按钮（由<div>实现）上添加了这样一段内容，即“(click)="decreaseWareCount(ware);"”；二是在“+”按钮上添加了一段类似的内容，即“(click)="increaseWareCount(ware);"”。

对于以上修改我们应该不会陌生，其中的 click 难免让我们联想到 DOM 对象的单击事件，而包围 click 的小括号则难免让我们联想到 9.3 节提到的 Angular 事件绑定（Event Binding）。

事实上，我们的联想是正确的。在第 9 章中，我们通过事件绑定为表单指令 NgForm 绑定了其提交事件的处理方法。但事实上事件绑定的服务对象远不止一个表单指令，它还服务于所有拥有事件的 DOM 元素、其他 Angular 指令以及 Angular 组件。

并且，不管为哪个对象服务，其语法都是一样的：

```
(事件名)="模板语句"
```

以 DOM 元素为例，语法中的事件名可以是 DOM 元素的几乎任何事件的名字，比如我们熟悉的 click、change、blur、focus、keydown 和 mouseover 等。

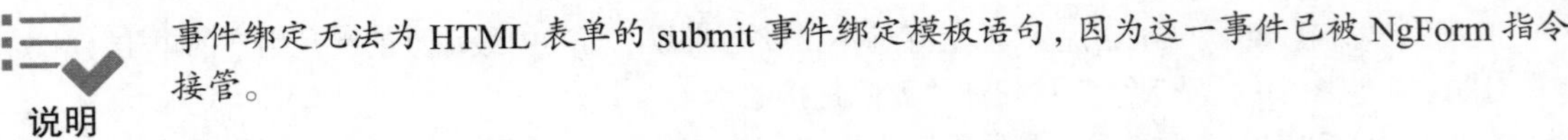

事件绑定无法为 HTML 表单的 submit 事件绑定模板语句，因为这一事件已被 NgForm 指令接管。

而模板语句也几乎就是我们熟悉的 JavaScript 语句（比如，方法调用语句），但它不能包含以下内容：

（1）new 操作符；

（2）++和--操作符；

（3）+=和−+操作符；

（4）位运算符|和&；

（5）模板表达式操作符（|、?.、!和$any()）；

模板语句的执行上下文（Statement Context）是组件和模板，因此模板语句可以访问组件属性、访问器和方法，以及模板引用变量（Template Reference Variable）和模板输入变量（Template Input Variable）。

但模板语句不能访问 JavaScript 全局作用域下的变量，比如 window、document 和 console 等——如果要访问它们，我们可以通过组件来完成。

提示

在第 7 章中，我们接触过一个与模板语句类似的概念，即模板表达式（Template Express）。不同于模板表达式只用于求值，模板语句通常用于改变某个（些）值。

根据以上描述可以知道，以上两处修改的作用就是为购物车视图中的“−”按钮和“+”按钮的 click（单击）事件绑定处理方法，而这两个方法就是购物车组件的 decreaseWareCount()和 increaseWareCount()。

也就是说，经过以上修改之后，当购物车视图中的“−”按钮和“+”按钮被单击时，购物车组件的 decreaseWareCount()和 increaseWareCount()方法会被执行，同时当前被单击的购物车商品 ware 会被作为参数传递给这两个方法。

而以上两个方法最终都会通过当前组件的 updateWareCount()方法调用购物车服务的 updateWareCount()方法，从而访问服务端的购物车商品数量更新 Web API，以尝试将当前被单击的购物车商品的数量加 1 或减 1。

那么真实情况是否就是这样呢？保存购物车模板定义代码的编辑并刷新浏览器，然后导航到购物车视图并单击其中的“有机上海青”右侧的“+”按钮，我们将看到有机上海青的数量被加 1 的结果和提示，如图 11-8 所示。

可以看到，购物车中有机上海青的数量（斤数）已由原来的 1 增加到了 2，而相应的提示消息“更新成功”也被弹出显示了大约 1.5 秒。

这便证明，我们已经成功地将“+”的 click 事件的处理方法绑定成了购物车组件的 increaseWareCount()方法。同样，我们也可以通过单击“−”按钮来证明，其 click 事件的处理方法已经成功地被绑定为购物车组件的 decreaseWareCount()——但为了节省时间，此处不再进行演示。

需要注意的是，购物车中商品的数量不是可以无限增加的，因为服务端的 Web API 已经限定了这个数量不能超过相应的商品库存量。比如，将有机上海青的数量增加到 9 时，如果我们继续单击其“+”按钮，则无法继续将这个数量增加到 10，如图 11-9 所示。

此外，当将商品数量减少到 1 时，其“−”按钮会变成灰色的（这是样式绑定[style.coloe]起的作用）。并且如果我们继续单击它，我们也无法将商品数量减少到 0（这是组件方法 updateWareCount()起的作用），如图 11-10 所示。

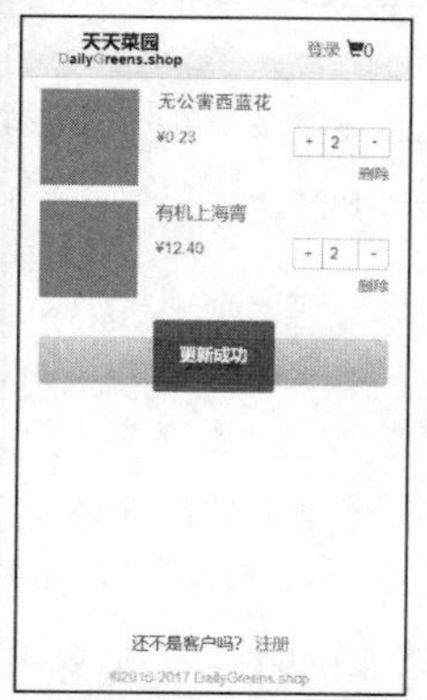

图 11-8　增加购物车中有机上海青的数量

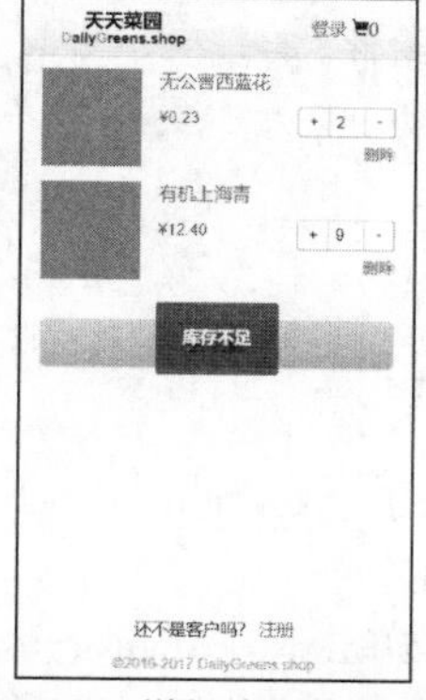

图 11-9　增加购物车商品数量时超过了相应商品的库存量

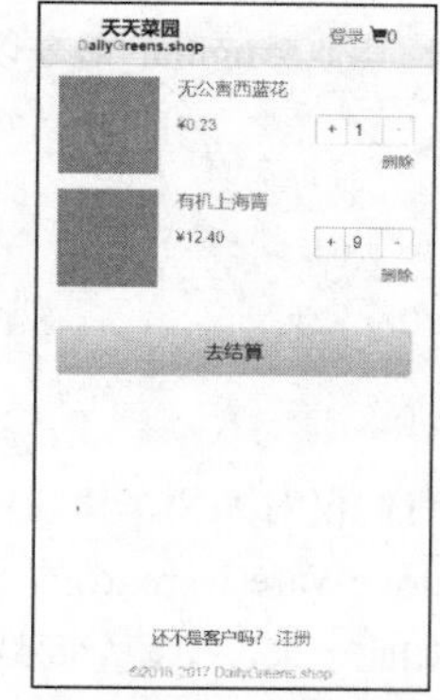

图 11-10　无法将商品数量减少到 0

如果要将商品数量减少到 0，很有可能意味着客户打算将当前商品从购物车中删除。为了直观地体现客户的需求，我们直接在“-”按钮的下方提供了一个“删除”链接。

说明

如果只打算修改组件属性的值，我们可以将上面的事件绑定修改成以下形式：

```
(click)="ware.count = ware.count + 1";
(click)="ware.count = ware.count - 1";
```

但不能写成：

```
(click)="ware.count += 1";
(click)="ware.count -= 1";
```

和

```
(click)="ware.count++";
(click)="ware.count--";
```

11.4.2　删除购物车商品

在 11.4.1 节，我们通过 Angular 事件绑定为购物车视图中的“+”和“-”按钮绑定了它们的 click 事件的处理方法，从而实现了购物车商品数量的增加和减少。

而在本节中，我们将再次借助事件绑定来实现购物车商品的删除，为此需要继续修改购物车模板的定义代码，使其与代码清单 11-20 一致。

代码清单 11-20　src/carts/views/cart.html

```
<div class="row" *ngIf="cartWares && cartWares.length">
    <div *ngFor="let ware of cartWares" class="col-xs-12 col-md-6">
        <div class="row wareRow">
            <!--省略的代码-->
            <div class="col-xs-8">
                <!--省略的代码-->
                <div class="row">
                    <!--省略的代码-->
                    <div class="col-xs-7">
                        <!--绑定事件 click 的处理方法-->
                        <div [style.color]="ware.count < 2 ? 'silver' : 'inherit'" (click)
="decreaseWareCount(ware);">-</div>
                        <input type="number" [value]="ware.count" />
                        <!--绑定事件 click 的处理方法-->
                        <div (click)="increaseWareCount(ware);">+</div>
                    </div>
                </div>
                <div class="row">
                    <div class="col-xs-5"></div>
                    <div class="col-xs-7">
                        <!--绑定事件 click 的处理方法-->
                        <a class="delete" (click)="removeWare(ware.id);">删除</a>
                    </div>
                </div>
            </div>
        </div>
    </div>
    <div class="col-xs-12">
        <button type="button" class="btn">去结算</button>
    </div>
</div>
<!--省略的代码-->
```

我们仅对购物车模板的定义代码做了一处修改，即为其中的购物车商品“删除”链接添加了一个值为 removeWare(ware.id)的 click 事件绑定。

如此一来，当某个商品的删除链接被单击时，Angular 运行时便会监听到这个事件，然后以当前商品的 ID（不是购物车商品的 ID）为参数调用购物车组件的 removeWare()方法，从而将当前商品从购物车中删除。

因此，如果我们现在保存以上代码的修改并刷新浏览器，然后导航到购物车视图并单击其中的有机上海青的删除链接，那么将看到图 11-11 所示的结果。

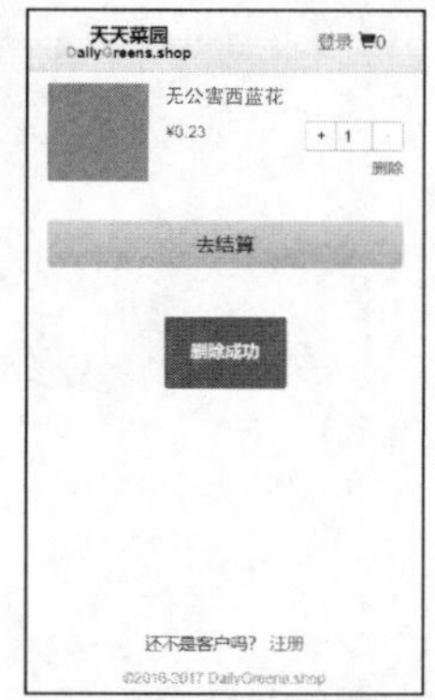

图 11-11　删除购物车中的有机上海青

从图 11-11 所示的“删除成功”提示可以知道，我们已经成功地将有机上海青从购物车中删除。接下来，我们还可以继续通过单击相应的删除链接来删除购物车中的无公害西蓝花。但相比这件事，我们还有更重要的事情要做。

11.4.3　直接修改购物车商品数量

在 11.4.1 节，我们成功地实现了购物车商品数量的增加和减少功能，但每一次单击只能将购物车商品数量增加或减少 1，这对于缺乏耐心的客户来说必定是一件痛苦的事情。

为此，我们特意将购物车视图中的商品数量显示到数字输入域中，以使客户可以直接输入他/她要购买的商品数量，如图 11-12 所示。

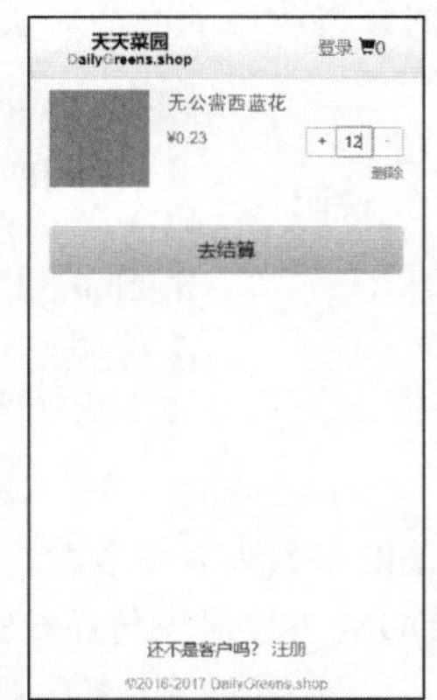

图 11-12　直接输入购物车商品数量

可以看到，客户确实可以通过输入目标数字来快速地修改购物车商品的数量，但随后客户可能会陷入一个疑惑中：我输入的这个数字起作用了吗？

如果客户立刻刷新浏览器的话，他/她的疑惑会立即被消除，因为刷新后的购物车视图中的无公害西蓝花的数量变回了 1——客户输入的 12 没有起作用。

那么，怎样才能让客户直接输入的购物车商品数量起作用呢？这不得不让我们回想起在 9.3 节中学过的 NgModel 指令，因为它可以将用户输入绑定到组件属性上。

是的，我们可以使用 NgForm 指令。但我们还有一条更容易走的路，那就是使用 change 事件绑定。

为了通过 change 事件绑定使客户输入的购物车商品数量起作用，我们需要再次修改购物车模板的定义代码，使其与代码清单 11-21 一致。

代码清单 11-21　src/carts/views/cart.html

```
<div class="row" *ngIf="cartWares && cartWares.length">
    <div *ngFor="let ware of cartWares" class="col-xs-12 col-md-6">
        <div class="row wareRow">
            <!--省略的代码-->
            <div class="col-xs-8">
                <!--省略的代码-->
                <div class="row">
                    <!--省略的代码-->
                    <div class="col-xs-7">
                        <!--绑定事件 click 的处理方法-->
                        <div [style.color]="ware.count < 2 ? 'silver' : 'inherit'" (click)
="decreaseWareCount(ware);">-</div>
                        <!--绑定事件 change 的处理方法-->
```

```
                        <input type="number" [value]="ware.count" (change)="updateWareCount
(ware, $event.target.value);"/>
                        <!--绑定事件 click 的处理方法-->
                        <div (click)="increaseWareCount(ware);">+</div>
                    </div>
                </div>
                <div class="row">
                    <div class="col-xs-5"></div>
                    <div class="col-xs-7">
                        <!--绑定事件 click 的处理方法-->
                        <a class="delete" (click)="removeWare(ware.id);">删除</a>
                    </div>
                </div>
            </div>
        </div>
    </div>
    <div class="col-xs-12">
        <button type="button" class="btn">去结算</button>
    </div>
</div>
<!--省略的代码-->
```

我们仅对购物车模板的定义代码做了一处修改，即为其中的购物车商品数量域添加了一段类似于 click 事件绑定的内容，只是其中的 click 被换成了 change，而事件处理方法还多了一个看上去有些眼熟的参数$event.target.value。

在 11.4.1 节我们已经知道，通过 Angular 事件绑定， DOM 元素的几乎所有事件都可以获得事件处理方法的绑定，其中就包括 change 事件。

因此，以上修改的作用，就是将购物车组件的 updateWareCount()方法绑定为购物车商品数量输入域的 change 事件的处理方法，以使 Angular 运行时在监听到这一输入域中的值因客户的编辑而发生了变化时，以相应的商品对象 ware 和$event.target.value 为参数调用购物车组件的 updateWareCount()方法。

说明

拥有 change 事件的表单域有输入域<input>、选择域<select>和文本区域<textarea>。对于输入域<input>来说，其 change 事件的触发前提是以下两件事情都发生：

（1）值被人为地（而非通过代码）修改过——假设一个输入域原来的值是 2，在触发下一个 change 事件之前，用户将其修改为 3，然后又将其修改回 2，那么其值被认为是未被修改过的；

（2）失去焦点，或有人按了 Enter 键。

以上参数中的$event 是一个占位符，当 Angular 运行时在调用事件处理方法时，若发现事件处理方法的参数列表中包含这个$event，那么 Angular 运行时会将由 JavaScript 运行时创建的、描述当前事件的 DOM 事件对象传递给$event。

有关 DOM 事件对象的细节，我们可以通过 MDN 进行了解。现在我们需要知道的是其 target 属性引用的是事件的目标 DOM 元素，而通过其 target 属性的 value 属性获取到的则是目标 DOM 元素的值，因此以上$event.target.value 引用的就是商品数量输入域中被输入的数字值。

也就是说，在以上 change 事件绑定中，当购物车组件的 updateWareCount()方法被执行时，被传递给这个方法的第二个参数的值，其实就是客户向商品数量输入域中输入的数字值。如果这个值是合法的，那么购物车组件的 updateWareCount()方法最终会通过购物车服务将这个值提交给服务端的购物车商品数量更新 Web API，以将目标购物车商品的数量更新为客户输入的这个值。

因此，如果我们保存以上代码的编辑并刷新浏览器，然后导航到购物车视图并再次将其中无公害西蓝花的数量更新为 12，接着按 Enter 键或单击视图中的其他地方以触发商品数量输入域的 change 事件，随后我们将看到图 11-13 所示的结果。

可以看到，购物车视图中部弹出了“更新成功”的提示消息。这便意味着，在 change 事件绑定的帮助下，我们成功地实现了购物车商品数量的更新。如果对这一结论不放心，可以再次刷新浏览器，以查看购物车中的无公害西蓝花的数量是否还是 12——当然，结果是肯定的。

以上尝试更新的目标数值是一个合法的 12，如果我们尝试输入一个非法的数值会是什么结果呢？如果输入的是小于 1 的 0，或超出无公害西蓝花库存量（999）的 1000，就会得到图 11-14 和图 11-15 所示的结果。

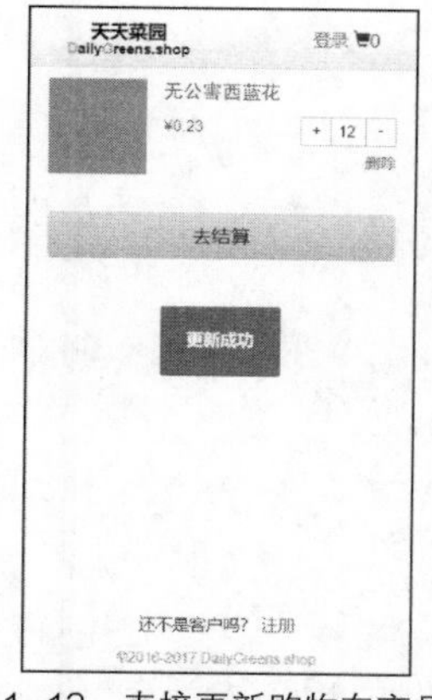

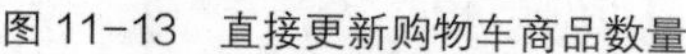
图 11-13 直接更新购物车商品数量

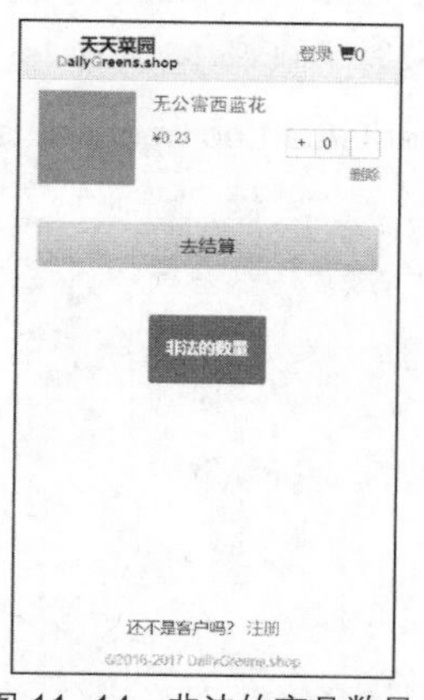

图 11-14 非法的商品数量

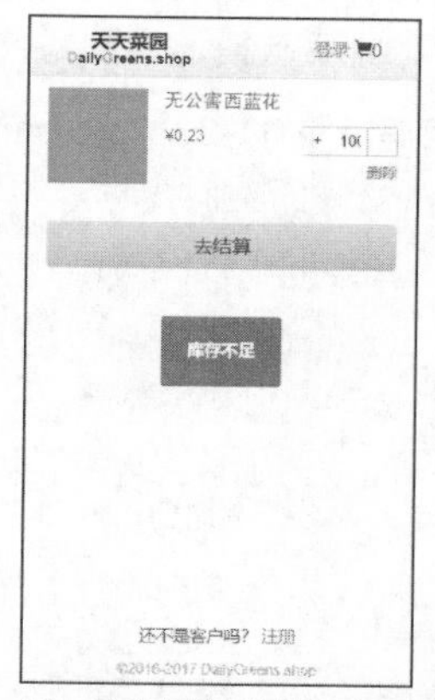

图 11-15 库存不足（输入框显示不全）

以上两个图中的提示都意味着更新失败了，但所输入的非法的目标数量仍停留在输入域中——尽管页面刷新之后，原先合法的 12 还会重新显示出来。

显然，我们不希望这样的事情发生，而是希望即使浏览器没有被刷新，客户输入的非法商品数量也会在相应的提示显示到视图中之后，立即被原本合法的数量替换。

为了实现这一点，我们需要继续修改购物车模板的定义代码，使其与代码清单 11-22 一致。

代码清单 11-22 src/carts/views/cart.html

```
<div class="row" *ngIf="cartWares && cartWares.length">
    <div *ngFor="let ware of cartWares" class="col-xs-12 col-md-6">
        <div class="row wareRow">
            <!--省略的代码-->
            <div class="col-xs-8">
                <!--省略的代码-->
                <div class="row">
                    <!--省略的代码-->
                    <div class="col-xs-7">
                        <!--绑定事件 click 的处理方法-->
                        <div [style.color]="ware.count < 2 ? 'silver' : 'inherit'" (click)
="decreaseWareCount(ware);">-</div>
                        <!--传递 DOM 事件对象-->
                        <input type="number" [value]="ware.count" (change)="updateWareCount
(ware, $event.target.value, $event);"/>
                        <!--绑定事件 click 的处理方法-->
                        <div (click)="increaseWareCount(ware);">+</div>
                    </div>
                </div>
                <div class="row">
                    <div class="col-xs-5"></div>
                    <div class="col-xs-7">
                        <!--绑定事件 click 的处理方法-->
                        <a class="delete" (click)="removeWare(ware.id);">删除</a>
                    </div>
                </div>
            </div>
        </div>
    </div>
    <div class="col-xs-12">
        <button type="button" class="btn">去结算</button>
    </div>
```

```
</div>
<!--省略的代码-->
```

我们对购物车领域模块做了一处修改，即给购物车组件的 updateWareCount()方法提供了第三个参数 $event——DOM 事件对象。

接下来，我们需要让购物车组件的 updateWareCount()方法接收并使用这个参数，为此需要修改购物车组件的定义代码，使其与代码清单 11-23 一致。

代码清单 11-23　src/carts/components/cart.component.ts

```
import { Component, OnInit } from '@angular/core';
import { CartWare } from '../models/cart-ware';
import { CartService } from '../models/cart.service';

@Component({
    // ...省略的代码
})
export class CartComponent implements OnInit {
    // ...省略的代码

    /**
     * 更新指定购物车商品的数量
     * @param ware 购物车商品
     * @param count 目标数量
     * @param event DOM 事件对象
     */
    updateWareCount(ware: CartWare, count: any, event?: Event) {
        count = parseInt(count); // 将目标数量的类型转换为数字

        if (isNaN(count) || count < 1) {
            this.message = '非法的数量';
            this.clearMessage();

            // 恢复购物车商品原来的数量
            if (event) {
                (event.target as HTMLInputElement).value = ware.count.toString();
            }

            return;
        }

        this.cartService.updateWareCount(ware.wareId, count).subscribe(x => {
            if (x.success == true) {
                ware.count = count;
            }
            else if (event) {
                // 恢复购物车商品原来的数量
                (event.target as HTMLInputElement).value = ware.count.toString();
            }

            this.message = x.message;
            this.clearMessage();

            return;
        })
    }

    // ...省略的代码
}
```

按照要求，我们给购物车组件的 updateWareCount()方法添加了一个类型为 Event（这一类型被定义在 TypeScript 库 lib.dom.d.ts 中）的参数 event，以使其接收视图中传过来的 DOM 事件对象。

接着，我们还在 updateWareCount()方法内的两个地方添加了以下（else）if 语句：

```
if (event) {
    (event.target as HTMLInputElement).value = ware.count.toString();
}
```

简单来说，这条 if 语句的作用就是在客户输入了非法或超过商品库存量的购物车商品数量时，将目标购物车商品对象原本合法的商品数量赋给商品数量输入域的 value 属性，以使商品数量输入域中的内容恢复为其中原本合法的值。

说明

Event 是 DOM 事件对象的类型，HTMLInputElement 是 HTML Input 元素（<input>标签对应的 DOM 元素）的类型，它们都被定义在 TypeScript 内置的 dom 库中——我们在 5.3.5 节中介绍了有关 TypeScript 库的内容。

如果不喜欢太多的强类型，那么也可以将以上参数 event 的类型定义为 any，然后将以上 if 语句内的语句换成 event.value = ware.count——本书不推荐这样的方式。

此外，以上 event 被定义为可选参数（Optional Parameter），因为 increaseWareCount()和 decreaseWareCount()这两个方法调用 updateWareCount()方法时，无法向这个参数提供值。

因此，如果我们保存以上所有代码的修改并刷新浏览器，然后导航到购物车视图并再次将视图中无公害西蓝花的数量更新为 0 和 1000，那么无公害西蓝花的数量便会回到原本合法的 12，如图 11-16 和图 11-17 所示。

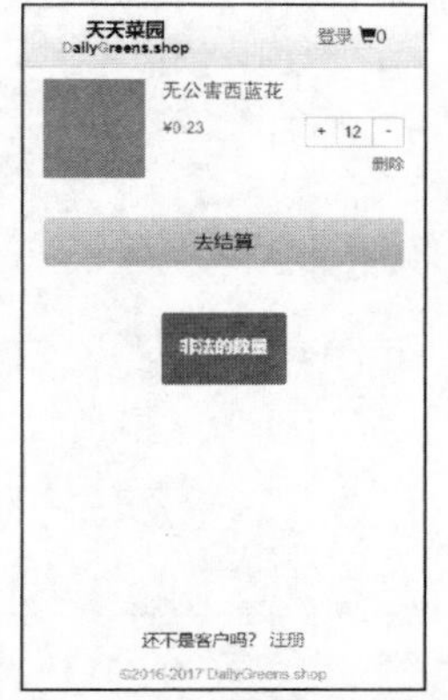

图 11-16 非法的商品数量被撤销

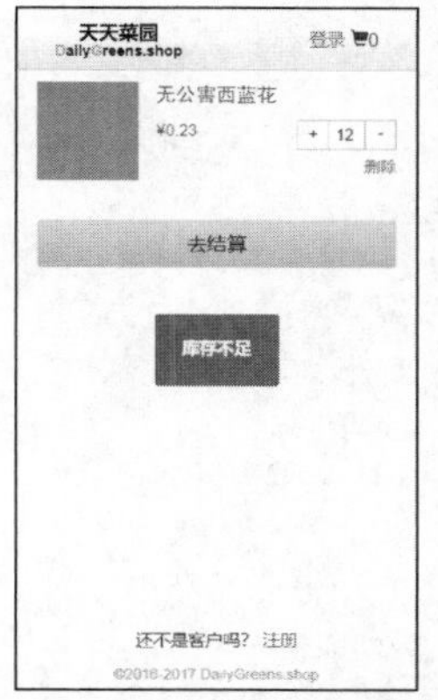

图 11-17 过量的商品数量被撤销

至此，我们便在事件绑定的帮助下，实现了购物车商品数量的递增、递减和快速更新，同时也实现了购物车商品的直接删除。

这也意味着，我们完成了购物车领域模块应有的基本功能。但在结束购物车领域模块的创建之前，我们打算再向客户提供一点便利，让他们可以在购物车视图中进行商品搜索。

提示

如果读者不喜欢在组件中访问 DOM 事件对象，那么也可以将上面的 if 语句换成以下代码：

```
let _count = ware.count;
ware.count = 0;
setTimeout(() => {
    ware.count = _count;
});
```

这段代码利用了 Angular 变化监测系统，使其在 JavaScript 运行时进行下一次事件循环（Event Loop）时发现目标购物车商品对象的 count 的值发生了变化，从而通过属性绑定[value]将变化后的新值绑定到商品输入量输入域的 value 属性上。

11.5 嵌套组件：构建复杂应用程序

在本节中，我们要在购物车视图中为客户提供商品搜索的入口，以使客户在浏览购物车时发现还想再买些什么的情况下，可以方便地搜索想要买的商品。

最终将被展示到购物车视图中的商品搜索入口如图 11-18 所示。

可以想象，在用户通过以上入口发起商品搜索请求之后，用于展示商品搜索结果的视图应该会和第 5 章介绍的商品列表视图是一样的。因此，我们打算将商品搜索请求交给对应的商品列表组件 WareListComponent 来处理。

在处理这一请求的过程中，商品列表组件还需要通过商品服务 WareService 来向服务端的商品搜索 Web API 转发请求。

因此，作为实现商品搜索功能的第一步，我们要做的是重构商品服务。

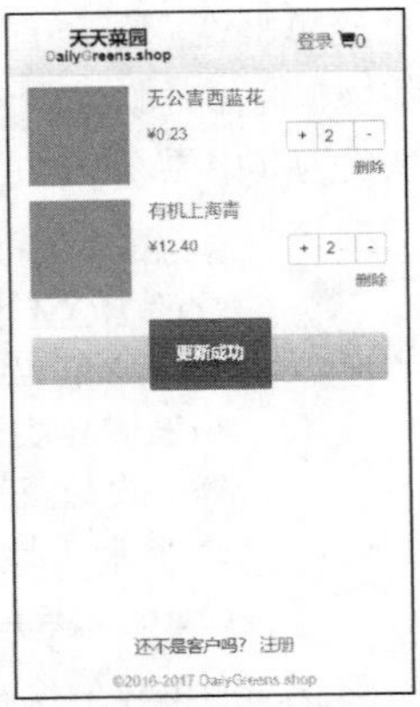

图 11-18　商品搜索入口

11.5.1　重构商品服务

为了实现商品搜索业务，我们需要向商品服务中添加相应的业务方法，使商品服务的定义代码与代码清单 11-24 一致。

代码清单 11-24　src/wares/models/ware.service.ts

```
// ... 省略的 import

@Injectable()
export class WareService {
    constructor(private httpClient: HttpClient) {
    }

    getWareList(): Observable<GenericServiceResult<Array<Ware>>> {
        // ... 省略的代码
    }

    getWare(wareId: number): Observable<GenericServiceResult<Ware>> {
        // ... 省略的代码
    }

    addToCart(wareId: number, count: number): Observable<GenericServiceResult<number>> {
        // ... 省略的代码
    }

    /**
     * 搜索商品名称类似的商品
     * @param wareName 商品名称
     */
    search(wareName: string): Observable<GenericServiceResult<Array<Ware>>> {
        // 向商品搜索 Web API 发送 HTTP GET 请求，并提供查询参数 wareName
        return this.httpClient.get<GenericServiceResult<Array<Ware>>>('api/ware/search', {
            params: {
                wareName
            }
        });
    }
}
```

按照要求，我们给商品服务类添加了一个名为 search()的商品搜索方法，同时使它接收一个名为 wareName 的字符串类型参数。

当被调用时，以上 search()方法最终会将这个参数发送到服务端 URL 为 api/ware/search 的商品搜索 Web API，并返回等待服务端响应的可观察对象。

接下来，我们要做的是在商品列表组件中调用以上 search()方法，因此还需要继续重构商品列表组件。

11.5.2　重构商品列表组件

为了在商品列表组件中调用商品服务的 search()方法，我们需要将商品列表的定义代码修改至与代码清单 11-25 一致。

代码清单 11-25 src/wares/components/ware-list.component.ts

```
// ...省略的 import
import { ActivatedRoute } from '@angular/router'; // 导入活动路由项

@Component({
    // ...省略的代码
})
export class WareListComponent implements OnInit {
    wares: Array<Ware>;
    private wareService: WareService;
    private wareName: string; // 要搜索的商品的名字

    /**
     * 构造商品列表组件
     * @param wareService 注入商品服务
     * @param route 注入活动路由项
     */
    constructor(wareService: WareService, private route: ActivatedRoute) {
        this.wareService = wareService;

        // 获取路由参数 wareName 的值
        this.wareName = this.route.snapshot.params["wareName"];
    }

    // 组件初始化钩子方法
    ngOnInit() {
        // 根据路由参数 wareName 的值决定调用商品服务的 search()方法还是 getWareList()方法
        let serviceResult = this.wareName ? this.wareService.search(this.wareName) : this.
wareService.getWareList();
        serviceResult.subscribe(x => {
            if (!x.success) {
                console.error(x.message);
                return;
            }

            this.wares = x.data;
        });
    }
}
```

以上代码包含三处修改：

（1）通过 import 语句导入了活动路由项 ActivatedRoute，并通过参数属性 route 为商品列表组件注入了活动路由项的实例；

（2）为商品列表组件定义了一个 string 类型的属性 wareName，然后将路由参数 wareName 的值赋给它；

（2）使初始化钩子方法 ngOnInit()判断以上属性 wareName 是否有值，然后以此决定是调用商品服务的 search()方法还是 getWareList()方法，并向调用结果注册观察者通知函数——这两个方法返回的可观察对象的类型都是 GenericServiceResult<Array<Ware>>。

综合来说，以上修改的作用就是获取路由参数 wareName 的值，并在这个值不为空的情况下通过商品服务的 search()方法获取相应的商品搜索结果，而在这个值为空的情况下，仍然通过商品服务的 getWareList()方法获取所有商品。

目前来说，不管是搜索结果还是所有商品，它们在商品列表视图中的显示都是一样的。为了突出搜索结果的显示，我们还需要对商品列表模板进行一番小小的重构。

11.5.3 重构商品列表模板

修改商品列表模板的定义代码，使其与代码清单 11-26 一致。

代码清单 11-26 src/wares/views/ware-list.html

```
<div class="row">
    <!--当搜索时，显示搜索关键字-->
```

```
    <div *ngIf="wareName" class="col-xs-12">
        <h4>
            包含"{{wareName}}"的商品：
        </h4>
    </div>
    <div *ngFor="let ware of wares" class="col-xs-12 col-md-6">
        ... <!--省略的代码-->
    </div>
</div>
```

我们仅对商品列表模板做了一处修改，即在其最外层<div>的头部添加了一对用于显示搜索关键字的<div>。

由于这对<div>被添加了一个值为组件属性 wareName 的 NgIf 指令，因此它只会在请求 URL 中包含了与组件属性 wareName 同名的路由参数的情况下（即用户搜索商品时），才会被显示到视图中。

那么，怎样能让指向商品列表视图（组件）的 URL 中包含名为 wareName 的路由参数呢？我们可以使用 10.1 节介绍的命名路由参数，即向服务端发起 URL 为 http://localhost:50424/;wareName=萝卜的请求。

但如果我们真的这样做，路由器会报一个这样的错误：

```
Empty path url segment cannot have parameters: ';wareName=%E8%90%9D%E5%8D%9C'.（空 URL 段不能包含参数：";wareName=萝卜"）
```

这个错误在告诉我们，当请求中的目标 path 为空时，路由器不允许我们向请求 URL 中添加路由参数。

那我们应该怎么办呢？请不要着急，我们至少有两种办法。

说明

如果我们将请求 URL 修改成 http://localhost:50424;wareName=萝卜（端口号后面没有/），那么浏览器会提示我们这不是一个合法的 URL，或通过其默认的搜索引擎搜索这个非法的“URL”。

11.5.4　传递搜索参数

虽然 Angular 路由器不允许我们向目标 path 为空的 URL 附加路由参数，但是我们可以向路由表中新注册一个目标 path 不为空但仍然指向商品列表组件的路由项。

1．注册商品搜索路由项

为了实现上述路由项的注册，我们需要修改商品领域路由配置模块的定义代码，使其与代码清单 11-27 一致。

代码清单 11-27　src/wares/ware-routing.module.ts

```
// ...省略的 import

let routes: Routes = [{
    path: '', component: WareListComponent
}, {
    path: 'ware-detail/:id', component: WareDetailComponent
}, { // 商品搜索路由项
    path: 'ware-search', component: WareListComponent
}]

@NgModule({
    imports: [RouterModule.forChild(routes)],
    exports: [RouterModule]
})
export class WareRoutingModule {
}
```

我们在路由表变量 routes 中添加了一个 path 属性为 ware-search、component 属性为 WareListComponent 的路由项，以使路由器将目标 path 为 ware-search 的请求导航到商品列表组件。

因此，如果我们现在保存以上代码的编辑，然后通过浏览器请求 http://localhost:50424/ware-search，那么将被导航到熟悉的商品列表视图，如图 11-19 所示。

如果我们继续请求 http://localhost:50424/ware-search;wareName=西蓝花、http://localhost:50424/ware-search;wareName=萝卜和 http://localhost:50424/ware-search;wareName=龙虾，那么将得到图 11-20～图 11-22 所示的商品列表视图。

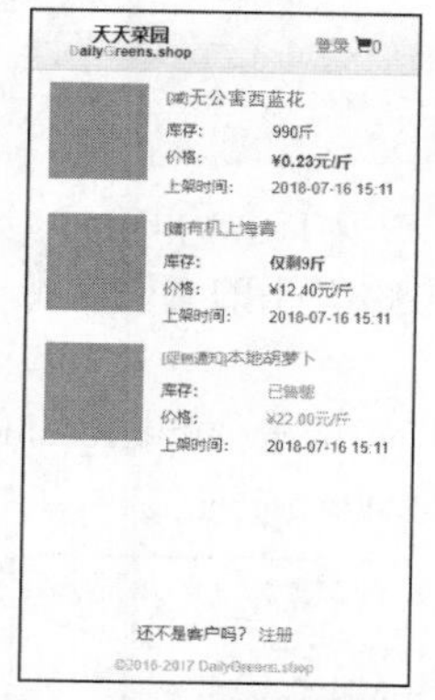

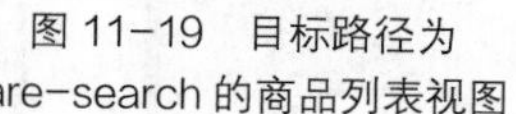

图 11-19 目标路径为 ware-search 的商品列表视图

图 11-20 搜索“西蓝花”

图 11-21 搜索“萝卜”

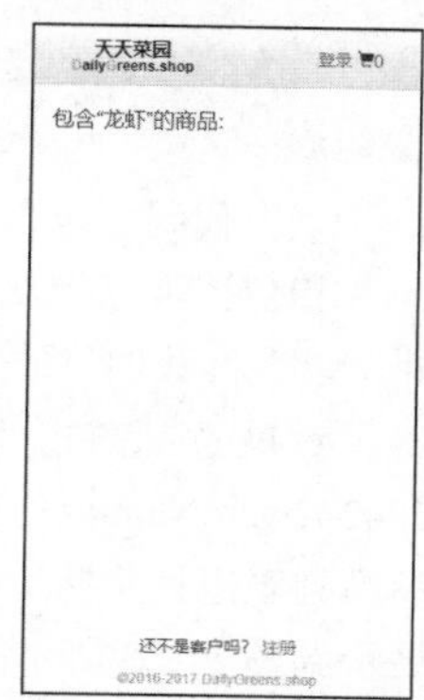

图 11-22 搜索“龙虾”

之所以会得到以上结果，是因为我们向 URL 中提供了名为 wareName 的路由参数，而商品列表组件正好通过这个路由参数进行了商品搜索——当接收到路由参数 wareName 时，商品列表组件会调用商品服务的 search()方法。

也就是说，现在我们已经为天天菜园实现了商品搜索的功能，但天天菜园的用户不可能像我们（开发人员）一样能够准确地向 URL 中附加路由参数。为了让他们可以方便地使用商品搜索功能，我们必须提供相应的视图入口。

在提供这个视图入口之前，让我们再来看看如何通过查询参数向商品列表组件传递搜索关键字。

2. 使用查询参数

在使用 Angular 之前，我们肯定没少向 URL 中提供过参数，而用得最多的方式应该是使用查询参数（Query Parameter）。

如此通用的参数传递方式，Angular 不可能拒绝它。但在已经拥有路由参数的情况下，我们有什么理由在 Angular 应用程序中使用查询参数呢？

刚刚，为了使原本由默认路由项（path 属性为空字符串的路由项）指向的商品列表组件可以接收路由参数，我们不得不向路由表中注册一个额外的 path 属性不为空字符串的路由项来指向商品列表组件。

但在查询参数的帮助下，我们大可不必这样做，因为像 http://localhost:50424?wareName=萝卜（wareName 前面的是“?”）这样使用查询参数的 URL 是完全合法的，并且它指向的也是商品列表组件——因为它的 path 部分为空。

那么，商品列表组件怎样才能获取到请求 URL 中名字为 wareName 的查询参数呢？我们需要修改商品列表组件的定义代码，使其与代码清单 11-28 一致。

代码清单 11-28 src/wares/components/ware-list.component.ts

```
// ...省略的 import

@Component({
    // ...省略的代码
})
export class WareListComponent implements OnInit {
    wares: Array<Ware>;
    private wareService: WareService;
    private wareName: string;

    constructor(wareService: WareService, private route: ActivatedRoute) {
        this.wareService = wareService;
```

```
        // 获取查询参数 wareName 的值
        this.wareName = this.route.snapshot.queryParams["wareName"];
    }

    ngOnInit() {
        // ...省略的代码
    }
}
```

以上代码仅包含一处修改，即其中活动路由项的快照的字典属性 params 被换成了 queryParams。

相信读者已经从名字上猜到，活动路由项的 queryParams 属性封装的是请求 URL 中的查询参数，因此，以上修改的目的就是获取 URL 中名字为 wareName 的查询参数。

这就意味着，不需要路由项的配合，保存以上修改之后，我们便可以直接请求 http://localhost:50424?wareName=关键字来实现商品搜索。比如，当直接请求 http://localhost:50424?wareName=有机时，商品列表组件将帮助我们搜索到天天菜园中目前唯一的有机蔬菜，并将它展示到图 11-23 所示的商品列表中。

图 11-23　搜索"有机"蔬菜

至此，我们便通过两种方式实现了搜索业务参数的传递。在今后的开发中，我们可以按照需要来选择其中的任何一种。

但就目前的天天菜园来说，我们将保留前面使用路由项的方式，因为 URL 中的 ware-search 一定程度地提示了用户其当前正在进行的操作——搜索商品。

接下来，让我们回到刚刚留下来的那个任务，即在视图中提供一个商品搜索入口。

11.5.5　创建商品搜索组件

对现在的我们来说，要在视图中提供一个商品搜索入口很简单。比如，我们可以在购物车模板中添加一个搜索表单，然后在购物车组件 CartComponent 中处理表单的提交事件，并在这一事件发生时通过路由器的 navigate()方法发起一个目标 path 为 ware-search 的请求。

但根据单一职责原则（Single Responsibility Principle，SRP）的要求，一个类应该有且只有一个变化的原因，而购物车组件类的变化原因只能跟购物车相关，不应跟商品搜索相关——它不会因为应用程序中需要实现商品搜索而被改变。

说明

商品列表组件 WareListComponent 违背了单一职责原则，因为它同时承担了展示整个商品列表和商品搜索的职责——也就是说，读者可以试着创建一个独立的商品搜索结果组件。

基于同样的原因，我们也不应该将商品搜索表单添加到购物车模板中——我们应该避免当修改商品搜索表单时，对购物车模板造成任何修改。

那么，我们应该怎么办呢？答案是创建一个独立的商品搜索组件，让它来完成商品搜索表单的呈递，以及商品搜索请求的处理和发送。

为此，我们需要在购物车领域组件目录 src/carts/components 下新建一个名为 ware-search.component.ts 的 TypeScript 文件，然后将代码清单 11-29 复制到这个文件中。

代码清单 11-29　src/carts/components/ware-search.component.ts

```
import { Component } from '@angular/core'; // 导入组件装饰器类的定义
import { Router } from '@angular/router'; // 导入路由器类的定义


/**
 * 定义商品搜索组件类
 */
@Component({
```

```
    selector: 'ware-search', // 组件选择器
    template: '
  <div class="wrapper row">
      <form (ngSubmit)="search()" #searchForm="ngForm">
          <div class="row">
              <div class="col-xs-9">
                  <input type="text" name="wareName" [(ngModel)]="wareName" required class="
form-control" placeholder="搜索商品"/>
              </div>
              <div class="col-xs-3">
                  <button type="submit" [disabled]="!searchForm.valid" class="btn btn-warning
glyphicon glyphicon-search"></button>
              </div>
          </div>
      </form>
  </div>
  ',
    styles: ['
  .wrapper{
      margin: 15px 0;
  }
  form{
      width: 100%;
      margin-bottom: 0;
  }
  .col-xs-9{
      padding-right: 15px !important;
  }
  .col-xs-3{
      padding-left: 0;
  }
  button{
      width: 100%;
  }
  .glyphicon{
      top: 0;
  }']
  })
  export class WareSearchComponent {
      private wareName: string; // 要搜索的商品名称

      /**
       * 构造方法，注入路由器
       * @param router
       */
      constructor(private router: Router) {
      }

      /**
       * 搜索
       */
      search() {
          if (!this.wareName) {
              return;
          }

          // 导航到商品列表组件
          this.router.navigate(['/ware-search', { wareName: this.wareName }]);
      }
  }
```

我们将商品搜索组件定义为 WareSearchComponent，接着为它定义了一个字符串属性 wareName，然后为它注入了一个 Angular 路由器，最后为它定义了一个搜索方法 search()。

我们还通过组件装饰器的 template 属性和 styles 属性定义了商品搜索组件的模板和相应的样式，从而使商品搜索组件向浏览器中呈递一个不至于太难看的商品搜索视图。

说明

由于模板和样式的定义代码不多，因此我们直接将它们嵌入组件中。如果将来它们因业务需要而膨胀，那么我们应该将它们迁移到独立的文件中。

商品搜索视图中的核心是表单，根据已掌握的经验我们可以知道，这个表单在 Angular 表单的帮助下会被提交给商品搜索组件的 search()方法，而商品搜索组件的 search()方法会通过路由器的 navigate()方法向商品列表组件发起商品搜索请求。

此外，我们还通过组件装饰器的 selector 属性为商品搜索组件定义了一个值为 ware-search 的选择器。

随后我们会通过这个选择器将商品搜索视图显示到购物车视图中，但在此之前，我们还需要让商品搜索组件成为购物车领域模块的一部分。

11.5.6　重构购物车领域模块

为了使商品搜索组件成为购物车领域模块的一部分，我们需要修改购物车领域模块的定义代码，使其与代码清单 11-30 一致。

代码清单 11-30　src/carts/cart.module.ts

```
// ...省略的代码
import { FormsModule } from '@angular/forms';                                    // 导入表单模块
import { WareSearchComponent } from './components/ware-search.component'; // 导入商品搜索组件

/**
 * 购物车领域模块
 */
@NgModule({
    imports: [CommonModule, CartRoutingModule, FormsModule/*导入表单模块*/],
    providers: [CartService],
    declarations: [CartComponent, WareSearchComponent/*声明商品搜索组件为购物车领域模块内的组件*/]
})
export class CartModule {
}
```

我们使用 TypeScript 的 import 语句导入了商品搜索组件 WareSearchComponent，然后将它添加到了购物车领域模块的 declarations 属性中。这样一来，商品搜索组件便被封装到了购物车领域模块内，当 Angular 运行时打算创建商品搜索组件的实例时，它便可以从购物车领域模块中找到商品搜索组件（类）。

此外，我们还将 Angular 表单模块 FormsModule 导入购物车领域模块中。这是因为已经属于购物车领域模块中的商品搜索组件的模板使用了 NgModel 指令，而这个指令是被封装在表单模块中的。

注意

如果 Angular 表单模块 FormsModule 没有被导入购物车领域模块中，那么随后试图将商品搜索视图展示到购物车视图中时，我们会遇到以下错误：

```
    There is no directive with "exportAs" set to "ngForm"（没有 exportAs 被设置为 ngForm 的指令）。
```

这个错误是由模板引用变量（Template Reference Variable）#searchForm 引起的，因为被赋给它的值 ngForm 是 NgForm 指令的 exportAs 属性的值，而封装 NgForm 指令的表单模块没有被导入购物车领域模块中。

使商品搜索组件成为购物车领域模块的一部分之后，我们便可以开始通过它来将商品搜索视图呈递到购物车视图中了——就像本节开头的图 11-18 所示的那样。

11.5.7　显示商品搜索视图

天天菜园中的大部分视图都是通过路由器呈递的：客户发起一个请求，路由器命中并实例化一个组件，然后将相应的视图呈递到路由器出口。

但也有两个例外，其中之一就是根视图，它是通过选择器被呈递到应用程序启动页面中的：Angular 运行时发现应用程序启动页面中的选择器 app-root，然后将拥有这一选择器的根组件对应的根视图显示到应用程序启动页面中。

另一个例外是第 7 章的商品列表视图，当时我们还没有接触路由器，因此它也是通过商品列表组件的选择器 ware-list 被显示到根视图中的。

基于以上例外，如果要将商品搜索视图显示到购物车视图中，我们是不是也可以通过将商品搜索组件的选择器添加到购物车模板中来实现呢？我们不妨先进行一次尝试，即将购物车模板的定义代码修改至与代码清单 11-31 一致。

代码清单 11-31　src/carts/views/cart.html

```
<div class="row" *ngIf="cartWares && cartWares.length">
    <!--省略的代码-->
</div>
<div class="row" *ngIf="!cartWares || !cartWares.length">
    <div class="col-xs-12">
        您的购物车是空的
    </div>
</div>
<div class="message" *ngIf="message">
    {{message}}
</div>
<!--显示商品搜索视图-->
<ware-search></ware-search>
```

按照尝试的要求，我们对购物车模板做了一处修改，即在其底部添加了商品搜索组件的选择器<ware-search>——它需要被当作成对的 HTML 标签使用。

为了验证尝试的结果，让我们保存以上代码的编辑，然后刷新浏览器并导航到购物车视图。随后我们会看到图 11-24 所示的商品搜索视图（其中购物车商品的名称和数量会因我们之前对购物车做了不同操作而不同）。

我们的尝试成功了，当 Angular 运行时发现购物车模板中的选择器 ware-search 时，它从购物车领域模块中找到了相应的商品搜索组件类，然后创建了相应的商品搜索组件和视图，并将这一视图嵌套到了购物车视图中。

那么，这个商品搜索视图能否如我们所愿地工作呢？如果我们在搜索框中输入一个商品名字（比如，“萝卜”），然后单击右侧的搜索按钮，随后我们会被导航到图 11-25 所示的商品列表视图。

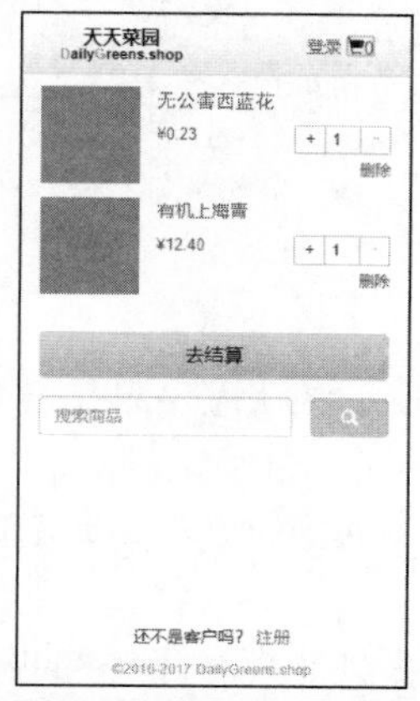

图 11-24　通过选择器被嵌套在购物车视图中的商品搜索视图

图 11-25　通过商品搜索视图搜索“萝卜”的结果

图 11-25 中的结果告诉我们，一切都在如我们所希望的那样工作着：搜索表单被提交，请求被导航到商品列表组件，商品列表组件完成搜索并将结果显示到商品列表视图。

基于这一结果，我们甚至可以想象：如果要在商品列表视图中也实现商品搜索的功能，我们只需要将商品搜索组件的选择器<ware-search>添加到商品列表模板中即可。

虽然没有那么简单，但在第 12 章中我们会发现，基本上我们也是这么做的。只是在这么做之前，我们需要考虑一个问题，那就是如果要使商品列表视图中的搜索框和购物车视图中的搜索框拥有不同的颜色（甚至是其他样式），我们应该怎么办？

11.5.8 强化商品搜索组件

为了解决以上问题，商品搜索组件需要能够接收一些参数，而这些参数可以通过输入属性（Input Property）来实现。

1. 自定义搜索框样式

为了通过输入属性使商品搜索视图中的搜索框的样式可被自定义，我们需要修改商品搜索组件的定义代码，使其与代码清单 11-32 一致。

代码清单 11-32　src/carts/components/ware-search.component.ts

```
import { Component, Input } from '@angular/core'; // 导入输入装饰器
import { Router } from '@angular/router';

@Component({
    selector: 'ware-search',
    template: '
            // ... 省略的代码
            <div class="col-xs-9">
                <input type="text" name="wareName" [(ngModel)]="wareName" required class="
form-control" placeholder="搜索商品"
                  [ngStyle]="searchBoxStyle"/>
            </div>
            // ... 省略的代码
',
    styles: [/*省略的代码*/]
})
export class WareSearchComponent {
    private wareName: string;

    // 输入属性
    @Input()
    searchBoxStyle: { [key: string]: string };    // 搜索框样式

    constructor(private router: Router) {
    }

    private search() {
        // 省略的代码
    }
}
```

以上代码包含三处修改：

（1）从 Angular 核心包中导入了输入装饰器 Input；

（2）为商品搜索组件定义了一个索引类型属性 searchBoxStyle，并使用输入装饰器 Input 将其装饰成了一个输入属性；

（3）在搜索框标签<input>上添加了一个 NgStyle 指令的选择器 ngStyle，并通过属性绑定将以上组件属性 searchBoxStyle 的值赋给了其同名输入设置器 ngStyle。

根据 NgStyle 指令的作用（见第 7 章）我们可以知道，如果以上组件属性 searchBoxStyle 被赋了一个初始值，那么这个初始值会被当作 CSS 样式作用到搜索框上。

但我们要的不是静态的初始值，而是动态可自定义的值，因此我们需要尝试给组件属性 searchBoxStyle 赋不同的值。为了实现这一尝试，我们需要修改购物车模板的定义代码，使其与代码清单 11-33 一致。

代码清单 11-33　src/carts/views/cart.html

```
<div class="row" *ngIf="cartWares && cartWares.length">
    <!--省略的代码-->
</div>
```

```
<div class="row" *ngIf="!cartWares || !cartWares.length">
    <!--省略的代码-->
</div>
<div class="message" *ngIf="message">
    {{message}}
</div>
<!--显示商品搜索视图-->
<ware-search [searchBoxStyle]="{'border-color': 'orange'}"></ware-search>
```

我们在商品搜索组件的选择器上添加了一个属性绑定，其绑定的目标属性是刚刚被添加到商品搜索组件中的输入属性 searchBoxStyle，而相应的值是一个 CSS 样式组成的索引对象，即{ 'border-color': 'orange' }——这会使被装饰的 DOM 元素的边框变成橘黄色。

根据前面的描述我们可以知道，商品搜索组件的属性 searchBoxStyle 一旦获得到值，就会被 NgStyle 指令作用到商品搜索视图中的搜索框中。

因此，接下来如果我们保存所有代码的编辑，然后刷新浏览器并导航到购物车视图，那么我们将看到其中的商品搜索框的颜色变成了橘黄色，如图 11-26 所示。

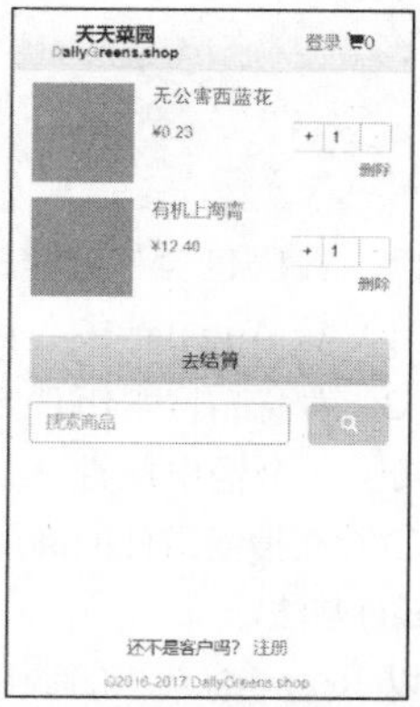

图 11-26 自定义商品搜索框的样式

以上便是对输入属性的运用，通过这一运用我们成功地将父组件（视图）中的值传递到了子组件（视图）。

此时读者或许会问：我们能反过来将子组件（视图）中的值传递到父组件（视图）中吗？答案当然是可以。为了实现这样的传递，我们需要使用输出属性（Output Property）。

2. 监听搜索事件

随着天天菜园客户的增多，了解客户的使用习惯对天天菜园来说是一件很重要的事情。比如，在商品列表中也有商品搜索功能之后，我们需要统计客户是更喜欢在商品列表视图还是更喜欢在购物车视图中搜索商品，以及客户在这两个视图中搜索的商品会有什么差别和关联，从而向客户提供更好的搜索体验。

为了实现这样的统计，我们可以往商品搜索组件的搜索处理方法 search()中添加相应的统计代码。但为了实现更加细粒度的统计，将统计代码放到购物车组件和商品列表组件中可能会好一点——除了记录被搜索的关键词，我们还打算（以匿名方式）记录客户在进行搜索时其购物车中的商品，以及客户正在商品列表视图中浏览的商品。

在购物车组件和商品列表组件中统计以上数据有一个难点，那就是如何知道客户何时发起了搜索，以及搜索的目标关键字是什么——商品搜索组件却能轻易地获得到这些信息。

唯一的办法就是让商品搜索组件将这些信息告诉购物车组件和商品列表组件，为了实现这一目的，我们则需要在商品搜索组件中定义一个输出属性。

为了完成输出属性的定义，我们需要将商品搜索组件的定义代码修改至与代码清单 11-34 一致。

代码清单 11-34 src/carts/components/ware-search.component.ts

```
// 导入事件触发器和输出装饰器
import { Component, Input, EventEmitter, Output } from '@angular/core';
import { Router } from '@angular/router';

@Component({
    selector: 'ware-search',
    template: '/省略的代码/',
    styles: ['/省略的代码/']
})
export class WareSearchComponent {
    private wareName: string; // 要搜索的商品名称

    // 输入属性
    @Input()
    searchBoxStyle: { [key: string]: string }; // 搜索框样式
```

```
    // 输出属性
    @Output()
    onSearch: EventEmitter<string> = new EventEmitter<string>(); // 搜索事件触发器

    constructor(private router: Router) {
    }

    search() {
        if (!this.wareName) {
            return;
        }

        // 触发搜索事件
        this.onSearch.emit(this.wareName);

        // 导航到商品列表组件
        this.router.navigate(['/ware-search', { wareName: this.wareName }]);
    }
}
```

以上代码包含三处修改：

（1）从 Angular 核心包中导入了输出装饰器 Output 和事件触发器类 EventEmitter；

（2）为商品搜索组件定义并初始化了一个事件触发器属性 onSearch，并使用输出装饰器 Output 将其装饰成了一个输出属性；

（3）在搜索组件的商品搜索方法 search()中，以搜索关键字为参数调用了以上搜索事件触发器 onSearch 的 emit()方法。

以上 emit()方法的调用会使 onSearch 触发一个事件（我们可以将其称为商品搜索事件），如果购物车组件能够监听到这个事件，那么它就可以获得到这个事件的参数，即客户正在搜索的目标关键字。

在考虑如何才能让购物车组件监听到这一事件之前，让我们先在其中定义一个处理这个事件的方法，为此需要将其定义代码修改至与代码清单 11-35 一致。

代码清单 11-35　src/carts/components/cart.component.ts

```
// ... 省略的导入

@Component({
    // ... 省略的代码
})
export class CartComponent implements OnInit {
    // ... 省略的代码

    /**
     * 处理商品搜索事件，并统计搜索信息
     * @param wareName 商品搜索关键字
     */
    logSearch(wareName: string): void {
        // 记录搜索关键字
        console.log('搜索关键字：${wareName}');

        // 记录客户在进行搜索时购物车中的商品
        let waresInCart: string = this.cartWares.map(x => x.wareName).join(',');
        console.log('购物车中的商品：${waresInCart}');
    }
}
```

我们将处理商品搜索事件的方法定义为 logSearch()，使它将参数 wareName 接收到的商品搜索关键字和客户购物车中当前所有商品的名字记录到控制台——在实际工作中，我们需要通过 HttpClient 将这些信息传输到服务端。

接下来的问题是，怎样才能使以上方法在商品搜索事件触发时被调用呢？答案很简单，我们只需要对购物车模板做些修改，使其定义代码与代码清单 11-36 一致。

代码清单 11-36 src/carts/views/cart.html

```
<div class="row" *ngIf="cartWares && cartWares.length">
    <!--省略的代码-->
</div>
<div class="row" *ngIf="!cartWares || !cartWares.length">
    <!--省略的代码-->
</div>
<div class="message" *ngIf="message">
    {{message}}
</div>
<!--显示商品搜索视图-->
<ware-search [searchBoxStyle]="{'border-color': 'orange'}"
(onSearch)="logSearch($event);"></ware-search>
```

我们在商品搜索组件的选择器上添加了一个事件绑定，其作用和 11.4 节介绍的事件绑定类似，即为商品搜索组件的事件触发器 onSearch 触发的事件绑定一个处理方法，而这个方法就是刚刚被添加到购物车组件中的 logSearch()。

在以上事件绑定中，我们再次使用了事件参数$event，但这一次这个事件参数的值不是 DOM 事件的相关信息，而是商品搜索组件在调用其事件触发器属性 onSearch 的 emit()方法时传递的参数 wareName。

也就是说，接下来如果客户再次在购物车视图搜索商品，那么相应的关键字首先会被传递到商品搜索组件，然后通过商品搜索组件的事件触发器及以上事件绑定被传递到购物车组件，最后随客户购物车中所有商品的名字一起被记录到控制台。

那么事实是否就是这样呢？让我们保存所有代码的编辑并刷新浏览器，然后导航到购物车视图并搜索“萝卜”，将在控制台中看到以下输出：

```
搜索关键字：萝卜
购物车中的商品：无公害西蓝花,有机上海青
```

一切都像我们预期的那样！这意味着在今后的开发中，我们可以放心地通过子组件的事件触发器属性来实现数据从子组件到父组件的传递。

事实上，除了传递数据，我们甚至还能在父组件中获取整个子组件的实例，或反过来在子组件中获取整个父组件的实例。

最后我们需要知道的是，由于 Angular 应用程序中的组件是可以嵌套的，因此 Angular 应用程序的背后其实还是一棵组件树。对于目前的天天菜园来说，其背后的组件树如图 11-27 所示。

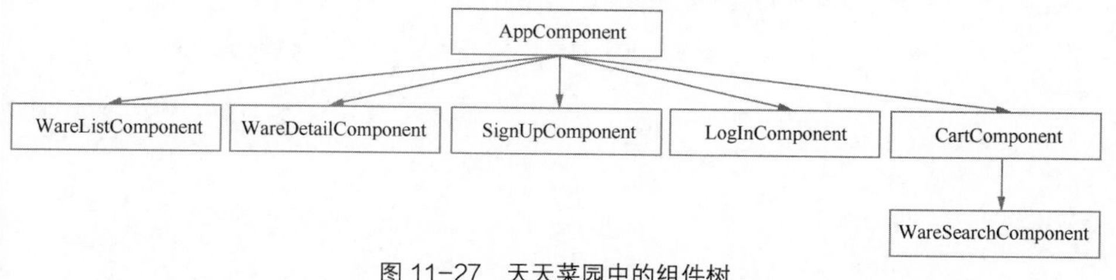

图 11-27 天天菜园中的组件树

如果有需要，我们可以为以上任何一个组件添加更多子组件，以满足用户的相应需求。比如，随着天天菜园商品的增多，其商品列表视图将变得非常长，用户不可能通过滑动整个视图来找到他/她要购买的商品。那时我们需要在商品列表视图中也展示一个商品搜索视图，以使用户也可以在商品列表视图中对商品进行搜索。

但读者或许会问：我们需要创建一个新的商品搜索组件吗？我们将在第 12 章给出答案。

11.6 小结

在本章前三节中，我们首先准备了购物车业务以及商品业务和客户业务中新增的 Web API，然后结

合使用前面掌握的 Angular 表单和 HttpClient 的相关技能，帮助客户实现了添加商品到购物车的功能，最后通过购物车领域模块的创建体验了一次完整的领域实现过程。

在 11.4 节中，我们学习了如何使用事件绑定来处理更多的用户交互，比如用户单击和输入。除了这些交互，用户的其他交互还会触发更多的事件，比如移动鼠标、按键盘键甚至是按组合键等。Angular 也提供了捕获这些事件的功能，以方便我们为它们绑定相应的模板语句。比如，我们通常会允许用户通过按下键盘上的 Esc 键来关闭应用程序中弹出的窗口，为了监听 Esc 键被按下的事件，我们只需要像以下代码这样做：

```
(keydown.esc)="模板语句"
```

此外，我们还能为按组合键“Ctrl + Shift + Z”绑定相应的模板语句：

```
(keydown.control.shift.z)="模板语句"
```

在 11.5 节中，为了帮助客户在购物车视图中进行商品搜索，我们创建了一个商品搜索组件，并将相应的商品搜索视图嵌套到了购物车视图中，从而使商品搜索组件成了购物车组件的嵌套子组件。

由于嵌套关系的存在，Angular 应用程序中的组件构成了一棵组件树，而通过依赖注入和一些装饰器，我们可以轻易地实现这棵树中父组件和子组件之间的相互引用。

第 12 章　天天菜园：完善（上）

经过前面的努力，天天菜园这一应用程序已经开始走向成熟：用户可以浏览并查看其中的商品，然后注册并进行登录，还可以将喜欢的商品添加到购物车中，并对购物车进行必要的操作。

但不得不承认的是，它在走向成熟的同时也暴露了不少问题：客户无法直观地知道自己是否登录成功；大量的组件和模板需要维护自己的消息提示属性和<div>；购物车中的商品总数量没有直观地显示到购物车图标的旁边；商品列表视图缺少商品搜索入口；等等。

在本章中，我们的任务就是解决天天菜园的这些问题，以使其逐步得到完善。在解决这些问题的过程中，我们（几乎）不需要再用到更多新的 Angular 技能，而只需要综合运用目前我们已经掌握的内容。

这是怎么做到的呢？简单来说，本章将要用到部件模块（Widget Feature Module）、RxJS 中的目标对象类 Subject 和服务模块（Service Feature Module）这三个看似全新的概念，但这三个概念都一定不会让我们感到陌生。

真的是这样吗？让我们先通过其中的部件模块来回答这个问题。

12.1　部件模块：封装共享组件

我们在第 11 章结束时留下了一个任务，即在商品列表视图中也提供一个商品搜索入口，以便用户在浏览天天菜园的（大量）商品时快速地找到他/她要买的那个（些）商品。

基于目前的内容，为了实现这一功能，我们至少有以下三种方式可用：

（1）直接在商品列表模板中添加商品搜索表单，然后在商品列表组件类中添加商品搜索表单提交事件处理方法；

（2）在商品领域中创建一个新的商品搜索组件，然后（通过商品领域模块 WareModule 的 declarations 属性）将这个新组件声明为商品领域模块内的组件，并在商品列表模板中使用这个新组件的选择器；

（3）将购物车领域模块 CartModule 导入商品领域模块中，然后直接在商品列表模板中使用购物车领域模块内的商品搜索组件的选择器，即 ware-search——这就跟 Angular 通用模块 CommonModule 被导入商品领域模块中之后，商品列表模板可以像 NgFor 等指令一样。

然而，这三种都不是最好的方法：第一种方法违背了单一职责原则，降低了应用程序的可维护性；第二种方法虽然遵循了单一职责原则，但可以想象新的商品搜索组件和购物车领域模块内的商品搜索组件几乎会是一模一样的，这会使我们编写重复的代码；第三种方法看上去可行，既没有违背单一职责原则，也不需要我们编写重复的代码，却使两个本应相互独立的业务领域发生了依赖。

说明

第三种方式操作上确实可行，但如果现在尝试的话，就会得到 Angular 编译器抛出的错误——这个错误可以通过随后介绍的模块装饰器的 exports 参数解决。

那么，有没有一种既不违背单一职责原则，又可以避免编写重复的代码，同时也不会使两个独立的业务领域发生依赖关系的方法呢？答案是有的，那就是使用部件模块。

接下来，就让我们通过部件模块来封装一个独立的商品搜索组件，以使商品领域模块和购物车领域模块在不发生依赖关系的情况下，共享这个只需要被创建一次的独立商品搜索组件。

部件模块的本质仍然是 TypeScript 类，其作用是封装应用程序中需要被多个业务领域共享的组件（以及指令和管道），因此部件模块不属于任何特定的业务领域。

为了体现这一点，我们需要在项目源代码目录 src 下新建一个单独的部件模块目录 widgets。由于我们创建部件模块的作用是封装共享组件，因此还需要继续在这个部件模块目录下新建一个共享组件目录 components。

执行完以上操作之后，部件模块目录 src/widgets 在项目中的位置将与图 12-1 所示的一致。

图 12-1　部件模块目录在项目中的位置

说明

在第 13 章中，我们还会创建一个共享指令，并会创建相应的共享指令目录 directives。

接下来，我们便可以开始创建部件模块了。但由于部件模块的作用是封装共享组件，因此在创建部件模块之前，应先完成共享商品搜索组件的创建。

1. 创建共享商品搜索组件

为了创建共享商品搜索组件，我们需要在共享组件目录 src/widgets/components 下新建一个名为 ware-search.component.ts 的 TypeScript 文件，然后将代码清单 12-1 复制到其中。

代码清单 12-1　src/widgets/components/ware-search.component.ts

```
// 导入组件装饰器类、输入装饰器、事件触发器和输出装饰器
import { Component, Input, EventEmitter, Output } from '@angular/core';
import { Router } from '@angular/router'; // 导入路由器类的定义

/**
 * 定义商品搜索组件类
 */
@Component({
    selector: 'ware-search', // 组件选择器
    template: '
<div class="wrapper row">
    <form (ngSubmit)="search()" #searchForm="ngForm">
        <div class="row">
            <div class="col-xs-9">
                <input type="text" name="wareName" [(ngModel)]="wareName" required class="
form-control" placeholder="搜索商品"
                 [ngStyle]="searchBoxStyle"/>
            </div>
            <div class="col-xs-3">
                <button type="submit" [disabled]="!searchForm.valid" class="btn btn-warning
glyphicon glyphicon-search"></button>
            </div>
        </div>
    </form>
</div>
',
    styles: ['
.wrapper{
    margin: 15px 0;
}
form{
    width: 100%;
    margin-bottom: 0;
}
```

```
    .col-xs-9{
        padding-right: 15px !important;
    }
    .col-xs-3{
        padding-left: 0;
    }
    button{
        width: 100%;
    }
    .glyphicon{
        top: 0;
    }`]
})
export class WareSearchComponent {
    private wareName: string; // 要搜索的商品名称

    // 输入属性
    @Input()
    searchBoxStyle: { [key: string]: string }; // 搜索框样式

    // 输出属性
    @Output()
    onSearch: EventEmitter<string> = new EventEmitter<string>(); // 搜索事件触发器

    /**
     * 构造方法，注入路由器
     * @param router
     */
    constructor(private router: Router) {
    }

    /**
     * 搜索
     */
    search() {
        if (!this.wareName) {
            return;
        }

        // 触发搜索事件
        this.onSearch.emit(this.wareName);

        // 导航到商品列表组件
        this.router.navigate(['/ware-search', { wareName: this.wareName }]);
    }
}
```

我们将共享商品搜索组件定义为 WareSearchComponent，并为它定义了必要的模板、样式和用户交互处理方法——事实上，这就是第 11 章的同名商品搜索组件的复制。

接下来，我们的任务是创建封装共享商品搜索组件的部件模块。

2. 创建部件模块

为了创建部件模块，我们需要在部件模块目录 src/widgets 下新建一个名为 widget.module.ts 的 TypeScript 文件，然后将代码清单 12-2 复制到其中。

代码清单 12-2　src/widgets/widget.module.ts

```
// 必要的导入
import { NgModule } from "@angular/core";
import { CommonModule } from '@angular/common';
import { FormsModule } from "@angular/forms";
import { WareSearchComponent } from "./components/ware-search.component";

/**
 * 部件模块
 */
@NgModule({
```

```
    imports: [CommonModule, FormsModule], // 导入表单模块
    declarations: [WareSearchComponent],  // 声明商品搜索模块
    exports: [WareSearchComponent]        // 导出商品搜索模块
})
export class WidgetModule {
}
```

我们将部件模块定义为 WidgetModule，然后通过模块装饰器的 declarations 属性将前面的商品搜索组件 WareSearchComponent（不是第 11 章的这个组件）声明为其中的组件。

同时，我们还将 Angular 表单模块 FormsModule 导入部件模块中，因为已被声明为部件模块中的共享商品搜索组件的模板使用了 Angular 表单模块内的 NgForm 指令。

此外，我们还将商品搜索组件添加到了模块装饰器的 exports 属性中。这会使商品搜索组件被导出为公共的组件，从而使其他模块可以使用商品搜索组件。

那么，其他模块是怎么使用部件模块导出的商品搜索组件的呢？

注意

组件能通过模块的 exports 属性被导出为公共组件的前提，是组件已被声明为当前模块内的组件，因此以上 declarations 属性的使用是不能省略的。

此外，模块的 exports 属性除了可以用来导出组件，还可以用来导出当前模块导入的其他模块——前面的路由配置模块就是这样导出路由器模块 RouterModule 的。

最后，不要忘记将通用模块 CommonModule 和表单模块 FormsModule 导入的以上部件模块中，因为部件模块中的商品搜索模板使用了 NgStyle 指令、NgForm 指令和 NgModel 指令。

3. 使用共享商品搜索组件

之所以创建共享商品搜索组件，原因之一就是在商品列表视图中提供商品搜索的入口。为了实现这一目的，我们只需要将共享商品搜索组件的选择器 ware-search 添加到商品列表模板中，使商品列表模板的定义代码与代码清单 12-3 一致。

代码清单 12-3　src/wares/views/ware-list.html

```
<!--共享商品搜索组件-->
<ware-search></ware-search>
<div class="row">
    <div *ngIf="wareName" class="col-xs-12">
        <!--省略的代码-->
    </div>
    <div *ngFor="let ware of wares" class="col-xs-12 col-md-6">
        <!--省略的代码-->
    </div>
</div>
```

根据 11.5.7 节在购物车视图中显示商品搜索视图的经验可以知道，经过以上修改之后，Angular 运行时会在创建商品列表视图时发现以上选择器 ware-search，从而通过它从部件模块中找到共享商品搜索组件类，进而创建共享商品搜索组件的实例和相应的视图，并最终将商品搜索视图显示到商品列表视图的头部。

然而，如果我们保存以上所有代码的修改，然后刷新浏览器并导航到商品列表视图，却会得到 Angular 编译器抛出的以下错误：

```
Template parse errors: 'ware-search' is not a known element（模板解析错误："ware-search"不是一个已知的元素）
```

这是怎么回事？ware-search 明明是部件模块导出的共享商品搜索组件的选择器，怎么会是未知的元素呢？

是的，ware-search 确实是共享商品搜索组件的选择器，但目前知道这件事情的只有我们开发人员自己，Angular 编译器对此还一无所知。为了使 Angular 编译器“知道”这件事情，我们还需要将部件模块导入商品模块 WareModule 中，从而使商品模块的定义代码与代码清单 12-4 一致。

代码清单 12-4　src/wares/ware.module.ts

```
// ...省略的 import
import { WidgetModule } from '../widgets/widget.module'; // 导入部件模块
```

```
/**
 * 定义商品领域模块
 */
@NgModule({
    imports: [CommonModule, WareRoutingModule, FormsModule, WidgetModule/*导入部件模块*/],
    declarations: [WareListComponent, WareDetailComponent],
    providers: [WareService]
})
export class WareModule {
}
```

按照要求，我们通过 TypeScript 的 import 语句导入了部件模块 WidgetModule，然后将它添加到了商品模块的 imports 属性中。

这样一来，当 Angular 编译器再次遇到商品列表模板中的选择器 ware-search 时，它便会通过商品列表模板所在的商品领域模块导入的部件模块，找到其导出的共享商品搜索组件 WareSearchComponent，然后创建共享商品搜索组件的实例及相应的视图，并最终将这个视图显示到商品列表视图中。

因此，如果现在保存以上所有代码的编辑，然后刷新浏览器并导航到商品列表视图，那么将看到图 12-2 所示的结果。

可以看到，商品搜索视图如我们所愿的那样出现在了商品列表视图中。如果我们向其中的搜索框中输入一个关键字（比如“西蓝花”），然后单击右侧的“搜索”按钮，那么背后的共享商品搜索组件也会向商品列表组件发起商品搜索请求，从而使商品列表视图中只展示与所搜索的关键字相关的商品，如图 12-3 所示。

至此，我们成功地通过部件模块和它声明并导出的共享商品搜索组件，向商品列表视图中展示了一个商品搜索（子）视图，并通过它实现了一次商品搜索。

但如果我们继续通过它来尝试第二次搜索的话，我们会发现一个不小的 bug，如图 12-4 所示。

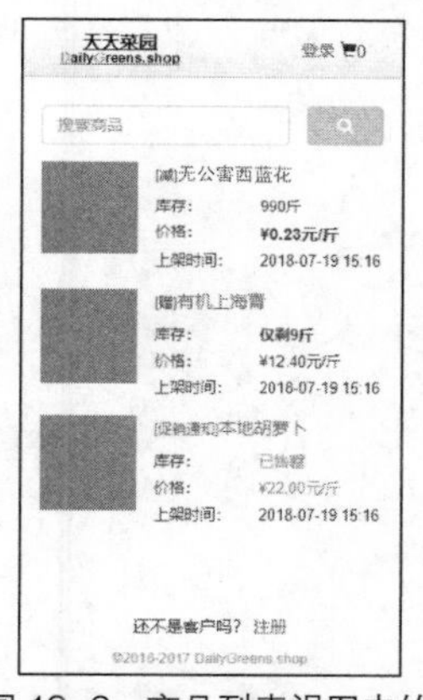

图 12-2 商品列表视图中的商品搜索（子）视图

图 12-3 在商品列表视图中搜索商品

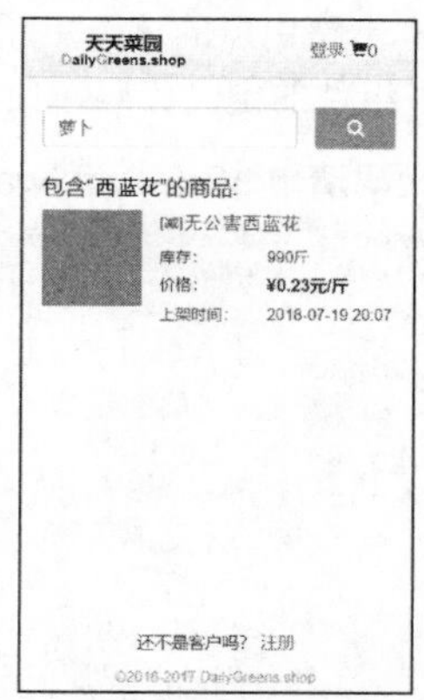

图 12-4 继续搜索“萝卜”

我们向搜索框中输入了一个新的关键字（萝卜），然后（拼命地）单击右侧的搜索按钮，但商品列表视图中展示的还是上次搜索（西蓝花）的结果。这是因为共享商品搜索组件的 search()方法没有被调用，还是因为路由器的 navigate()方法没有成功地执行目标 path 为 ware-search 的导航？都不是，因为我们可以清晰地看到浏览器地址栏中的 URL 的变化，即从 http://localhost:50424/ ware-search;wareName=西蓝花变成了 http://localhost:50424/ware-search;wareName=萝卜。

真正的原因是路由器对这次导航进行了优化，即在以往的经历中，由于导航前后的目标 path 总是不同的，因此路由器总是认为用户请求了一个不同的组件（视图），并总是会创建这个目标组件的实例。

说明

上一次导航前后的目标 path 分别是/和 ware-search，它们指向的目标组件都是商品列表组件，但路由器仍然基于目标 path 不同认为用户请求了不同的目标组件。

但在这次导航中，导航前后的目标 path 都是 ware-search（见以上 URL 的变化），因此路由器可以明确地知道用户请求的是同一个组件（即商品列表组件），从而放弃了创建一个新的商品列表组件这一动作——这有助于提高应用程序运行效率。

由于新的商品列表组件不会被创建，因此商品列表组件类的以下构造函数和初始化钩子方法不会被调用（通过调试我们可以清楚地感受到这一点）：

```
constructor(wareService: WareService, private route: ActivatedRoute) {
    this.wareService = wareService;
    this.wareName = this.route.snapshot.params["wareName"];
}

ngOnInit() {
    let serviceResult = this.wareName ? this.wareService.search(this.wareName) : this.war
eService.getWareList();
    serviceResult.subscribe(x => {
        if (!x.success) {
            console.error(x.message);
            return;
        }
        this.wares = x.data;
    });
}
```

显然，商品列表中与搜索关键字相关的商品是由以上代码（通过商品服务和 Web API）获取的。但由于以上代码无法得到执行，因此再次搜索之后，商品列表视图中没有展示与搜索关键字相关的商品。

基于以上原因，我们似乎无法让用户在商品列表视图中进行更多次的商品搜索了。但情况没有这么悲观，虽然路由器不会为目标 path 重复的请求创建目标组件的新实例，但路由器会更新活动路由项（ActivatedRoute 的实例）的 params 属性。

基于路由器的这一更新活动，我们可以让以上代码“起死回生”。具体怎么做呢？我们需要修改商品列表组件的定义代码，使其与代码清单 12-5 一致。

代码清单 12-5 src/wares/components/ware-list.component.ts

```
import { Component /*此处删除了接口 OnInit*/ } from '@angular/core';
// ... 省略的 import 导入活动路由项

@Component({
    // ...省略的代码
})
export class WareListComponent /*此处删除了对接口 OnInit 的实现*/ {
    // ...省略的代码

    constructor(wareService: WareService, private route: ActivatedRoute) {
        this.wareService = wareService;

        // 此处删除了对活动路由项的快照属性 snapshot 的使用

        // 接收活动路由项封装的路由参数的变化通知
        this.route.params.subscribe(x => {
            this.wareName = x['wareName'];
            this.getWareList();
        });
    }

    /**
     * 获取/查询商品
     */
    getWareList() {
        // 根据路由参数 wareName 的值决定调用商品服务的 search()方法还是 getWareList()方法
        let serviceResult = this.wareName ? this.wareService.search(this.wareName) : this.
wareService.getWareList();
        serviceResult.subscribe(x => {
            if (!x.success) {
                console.error(x.message);
```

```
                return;
            }

            this.wares = x.data;
        });
    }
}
```

首先，我们删除了对 OnInit 接口的导入，也删除了商品列表组件的名字右侧的“implements OnInit”，并将相应的方法 ngOnInit()重命名成了 getWareList()——我们不打算让这个方法在组件初始化完成之后立即被执行。

说明

虽然组件初始化钩子方法 ngOnInit()是被定义在接口 OnInit 中的，但如果组件在未通过“implements OnInit”实现 OnInit 接口的情况下仍封装了 ngOnInit()方法，那么这个方法也会在组件初始化之后被调用。

为什么会这样呢？因为接口的作用只是使我们在编写 TypeScript 代码时获得强类型支持，它们不会被编译到 JavaScript 代码中，更不会对 JavaScript 代码的运行产生影响。

接着我们删除了商品列表组件的构造函数中访问活动路由项快照的代码，并向其中添加了以下代码：

```
this.route.params.subscribe(x => {
   this.wareName = x['wareName'];
   this.getWareList();
});
```

这段代码直接访问了活动路由项的 params 属性（而非活动路由项的快照的 params 属性），并向其注册了一个观察者（通知函数），然后在观察者通知函数中将通知参数中键为“wareName”的值赋给了组件属性 wareName，并调用了以上名为 getWareList()的方法。

从以上修改来看，活动路由项的 params 属性似乎是一个可观察对象，而活动路由项的快照的 params 属性是一个字典。但这二者的类型为什么会不一样？它们之间更深层的区别是什么呢？

我们已经知道当请求被导航到一个新的组件（视图）中时，一个新的活动路由项总是会被创建，其快照的字典属性 params 总是封装请求 URL 中的路由参数。当请求被导航到相同的组件（视图）中时，虽然新的组件实例和活动路由项不会被创建，但请求 URL 中的路由参数会被更新到已有活动路由项的快照的字典属性 params 中。

尽管如此，这一字典属性却不会主动地通知我们其中保存的路由参数已被更新，从而使我们可以基于这一更新做出相应的响应。为了获得这一通知，我们需要向活动路由项本身（而非其快照）的可观察对象属性 params 注册观察者。因为活动路由项会在基于请求 URL 更新路由参数时，通过其可观察对象属性 params 向观察者发送路由参数更新通知，从而使观察者获得最新的路由参数。

也就是说，以上代码的作用，其实就是在请求 URL 中的路由参数发送变化时（不管新的组件实例是否被创建）获取其中名为 wareName 的路由参数的值，然后将这个值赋给同名的组件属性 wareName，并调用组件方法 getWareList()以获取与这个值相关的商品列表。

说明

通过 VS Code 的智能提示我们可以知道，以上通知参数 x 是一个类型为{ [key: string]: any }的索引对象。通过这个对象，我们可以获取到任何指定名称的路由参数的最新值。

除了 params，活动路由项还有 url、queryParams 和 data 等可观察对象属性。通过向它们注册观察者，我们也可以获得到更多最新的路由数据。

因此，如果我们保存以上代码的修改，然后刷新浏览器并继续进行商品搜索，便会得到正确的搜索结果，如图 12-5 和图 12-6 所示。

至此，我们便成功地通过部件模块中的共享商品搜索组件，在商品列表视图中实现了商品的搜索。

但距离创建这个共享商品搜索组件的目标，我们还有一段路要走，因为购物车视图还是通过购物车领域模块内的商品搜索组件实现的商品搜索。

图 12-5　搜索“萝卜”

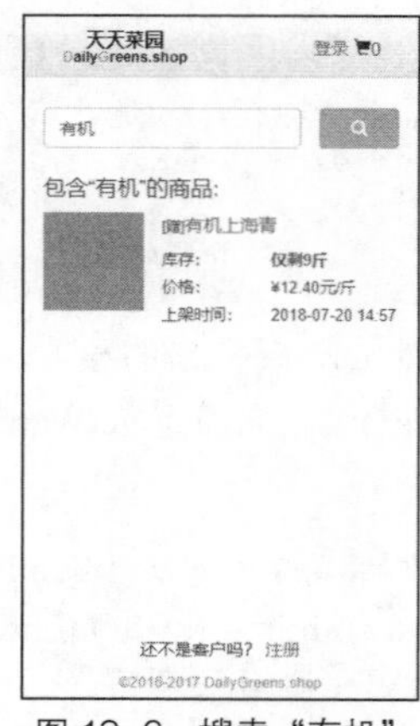

图 12-6　搜索“有机”

为了实现这一目的，我们要将购物车领域模块内路径为 src/carts/components/ware-search.component.ts 的商品搜索组件的定义文件删除，然后将购物车领域模块的定义代码修改至与代码清单 12-6 一致。

代码清单 12-6　src/carts/cart.module.ts

```
// ...省略的 import
// 此处删除了表单模块 FormsModule 的导入
// 此处删除了当前模块内的商品搜索组件的导入
import { WidgetModule } from '../widgets/widget.module'; // 导入部件模块

/**
 * 购物车领域模块
 */
@NgModule({
    imports: [CommonModule, CartRoutingModule /*此处删除了表单模块 FormsModule 的导入*/, WidgetModule
/*导入部件模块*/],
    providers: [CartService],
    declarations: [CartComponent/*此处删除了当前模块内的商品搜索组件*/]
})
export class CartModule {
}
```

我们用 TypeScript 的 import 语句导入了部件模块类 WidgetModule，然后将它添加到了购物车模块的 imports 属性中——这和我们刚刚对商品领域模块的定义代码所做的修改是一样的。

此外，我们还删除了购物车领域模块 declarations 属性中的购物车商品搜索组件 WareSearchComponent 以及 imports 属性中的表单模块 FormsModule。因为购物车领域模块不再需要声明自己的商品搜索组件类了，并因此也不再需要依赖于表单模块——此前购物车领域模块自己的商品搜索组件的模板中使用的 NgForm 指令属于表单模块。

接下来，我们不需要再做任何修改，只需要保存以上代码的编辑，然后刷新浏览器并导航到购物车视图，就能看到通过部件模块内的共享商品搜索组件被显示到购物车视图中的商品搜索视图，如图 12-7 所示。

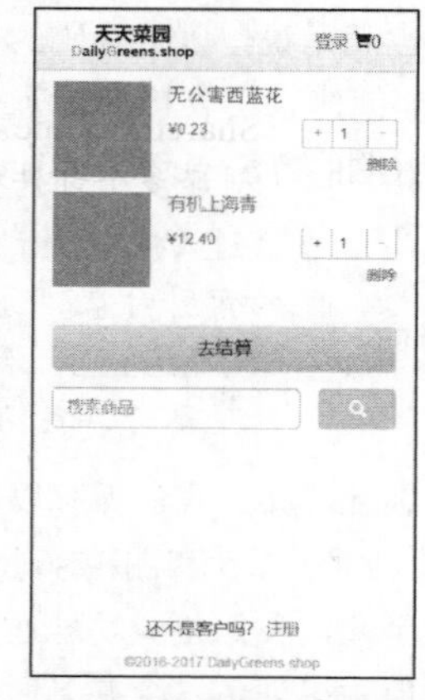

图 12-7　通过共享商品搜索组件显示到购物车视图中的商品搜索（子）视图

显然，图 12-7 中的商品搜索视图和第 11 章所示的没有什么不同。如果我们通过它来进行商品搜索，仍然会被导航到商品列表视图，并看到相应的商品搜索结果。

当然，实际操作中，图 12-7 中商品搜索框的颜色仍然是橘黄色，图 12-4 中的却是灰色的。如果要让它也变成橘黄色（或其他颜色）的，只需要在商品列表模板中为商品搜索组件的输入属性 searchBoxStyle 绑定相应的样式索引对象即可。

此外，第 11 章中，我们提到需要统计用户/客户在浏览商品时的搜索习惯。为了实现这一统计，我们只需要在商品列表组件中添加一个类似于购物车组件中的 logSearch() 的方法，然后再在商品列表模板中将商品搜索组件的 onSearch 事件绑定给这个方法即可。

最后我们需要知道，经过以上步骤之后，天天菜园背后的模块树又多了一些节点，如图 12-8 所示。

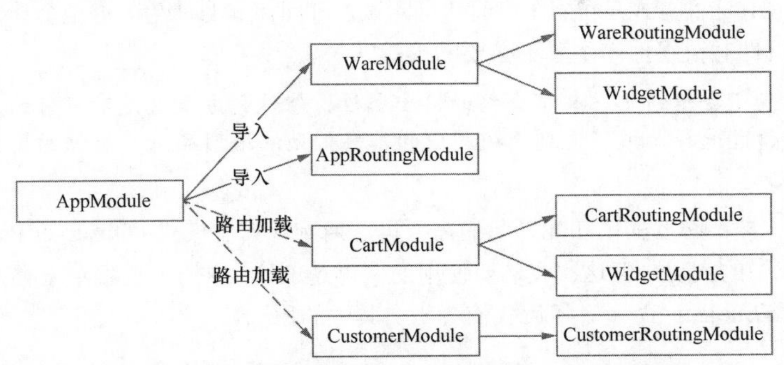

图 12-8 天天菜园模块树（其中未包含 Angular 内置模块）

基于以上实现过程可以知道，如果将来还有其他领域模块内的视图需要展示商品搜索视图，我们只需要在那个领域模块内执行以下两步：

（1）导入部件模块 WidgetModule；

（2）在目标模板中使用共享商品搜索组件的选择器<ware-search>。

这不得不让我们联想到一些 Angular 内置指令的使用，比如其中的 NgFor 指令在购物车模板中的使用过程是这样的：

（1）导入通用模块 CommonModule 到购物车领域模块；

（2）在购物车模板中使用 NgFor 指令的选择器 ngFor 或别名*ngFor。

还有模型绑定指令 NgModel 在客户注册模板中的使用过程是这样的：

（1）导入表单模块 FormsModule 到客户领域模块中；

（2）在客户注册模板中使用 NgModel 指令的选择器 ngModel。

这说明 Angular 内置的通用模块 CommonModule 和表单模块 FormsModule 其实就是部件模块，它们的作用就是封装可以被整个应用程序共享的指令和管道——它们不提供组件。

除了通用模块和表单模块，我们熟悉的 Angular 内置模块还有 HttpClientModule。那么它属于部件模块吗？答案是不属于，它属于我们在 12.3 节将要介绍的服务模块。

服务模块又是怎样的模块呢？在回答这个问题之前，我们先来尝试解决天天菜园中的另一个问题，即购物车商品总数的同步。

说明

虽然我们将前面的部件模块命名为 WidgetModule，但完全可以给它取其他名字，比如 SharedModule。此外，虽然目前我们自己创建的部件模块只有一个，但完全可以根据需要创建多个部件模块。

12.2 Subject：模块间通信

在第 11 章里，我们就留意到这样一个问题：在商品细节视图中将商品添加到购物车中时，根视图右上角的购物车图标右侧的商品数量没有发生相应的变化（它总是 0）——这对于一个真实的购物应用程序来说实在是不应该。在本节中，我们的任务就是解决这个问题。

我们已经知道，当商品被成功地添加到购物车中时，商品细节组件会接收到服务端返回的 JSON 数据，而这个数据中就包含最新的购物车商品总数（JSON 数据中的 data 属性）。

接下来，如果我们能让商品细节组件将它接收到的购物车商品总数传递到根组件中，就可以通过在根模板中添加插值绑定，来将这个购物车商品总数绑定到根视图中。

那么，怎样才能实现这样的数据传递呢？或许我们最容易想到的方式就是让商品细节组件获得根组件的引用，然后在商品细节组件中将购物车商品总数赋给根组件的某个属性。

就达到目的来说，这种方式是可行的。但从可测试性和可维护性来看，这是个让人难以接受的方案，因为它让商品细节组件对根组件产生了不必要的依赖。

说明

或许读者还会想到 11.5.8 节介绍的输出属性，但这种方案也是不可行的，因为商品细节视图不是通过选择器被呈递到根视图中的，我们无法给商品细节组件的输出属性绑定事件处理方法。

怎样才能避免这样不必要的依赖呢？我们需要再次用到观察者模式（Observer Pattern），具体来说是观察者模式在 RxJS 中的实现。但这次我们要使用的不再是 RxJS 中的可观察对象类 Observable<T>，而是其中的目标对象类 Subject<T>——随后我们会明白其中的原因。

12.2.1　同步购物车商品总数（上）

概括来说，我们需要一个同时被注入应用程序根组件和商品细节组件中的服务，然后让这个服务维护一个类型为 Subject<number>的目标对象，接着通过这个目标对象来实现购物车商品总数在商品细节组件和根组件之间的传递。

我们打算将这个服务称为购物车商品总数服务，接下来要做的就是创建这个服务。

1. 创建购物车商品总数服务

按照以往的经验，服务是需要封装到模块中的，但购物车商品总数服务应该被封装到哪个模块中呢？它看上去和购物车有关，实际上却是共享给商品领域模块和根模块内的组件使用，因此将它封装到购物车模块、商品领域模块或根模块中似乎都不合适。

提到共享，似乎我们在 12.1 节正好创建过一个与共享相关的部件模块，因此我们不妨就先将购物车商品总数服务创建到部件模块中。

为此，我们需要在部件模块目录 src/widgets 下新建一个名为 services 的子目录，然后在这个子目录下新建一个名为 cart-total.service.ts 的 TypeScript 文件，然后将代码清单 12-7 复制到其中。

代码清单 12-7　src/widgets/services/cart-total.service.ts

```
import { Subject } from 'rxjs'; // 从 RxJS 中导入目标对象类 Subject<T>

/**
 * 购物车商品总数服务
 */
export class CartTotalService {
    // 商品总数目标对象
    cartTotalSubject: Subject<number> = new Subject();
}
```

以上代码将购物车商品总数服务定义为 CartTotalService，然后为它定义了一个类型为 Subject<number>的目标对象属性 cartTotalSubject。

作为经典观察者模式中的目标对象类在 RxJS 中的实现，Subject<T>拥有以下和经典观察者模式中的目标对象类对应的成员：

（1）一个公共的消息订阅方法 subscribe()（对应于经典观察者模式中的目标对象类的 registerObserver()方法），用以注册接收通知消息的观察者（通知函数）；

（2）一个私有的观察者数组 observers（对应于经典观察者模式中的目标对象类的 observerCollection），用以维护被注册到其中的观察者；

（3）一个公共的消息转发方法 next()方法（对应于经典观察者模式中的目标对象类的 notifyObservers()方法），用以向其维护的所有观察者发送通知消息。

基于以上描述和对观察者模式的理解，相信读者已经猜到我们定义购物车商品总数服务的目标对象属性 cartTotalSubject 的目的，那就是在根组件中通过其消息订阅方法 subscribe()向其注册一个接收购物车商品总数消息通知的观察者（通知函数），然后在商品细节组件中通过其消息转发方法 next()将最新的购物车商品总数转发给根组件中的观察者（通知函数），从而使最新的购物车商品总数得以显示到根视图中。

读者猜得一点都没有错，但接下来我们还是打算从转发购物车商品总数通知开始。

2. 通知购物车商品总数

为了在商品细节组件中转发购物车商品总数，我们需要修改商品细节组件的定义代码，使其与代码清单 12-8 一致。

代码清单 12-8 src/carts/components/ware-detail.component.ts

```
// 省略的 import
import { CartTotalService } from '../../widgets/services/cart-total.service'; // 导入购物车
// 商品总数服务

@Component({
    // ...省略的代码
})
export class WareDetailComponent implements OnInit {
    // ...省略的代码

    /**
     * 构造商品细节组件
     * @param wareService 注入商品服务
     * @param route 注入活动路由项项
     * @param cartTotalService 注入购物车商品总数服务
     */
    constructor(private wareService: WareService, private route: ActivatedRoute, private
cartTotalService: CartTotalService) {
        this.wareCount = 1;
    }

    ngOnInit() {
        // ...省略的代码
    }

    addToCart() {
        this.wareService.addToCart(this.ware.id, this.wareCount).subscribe(x => {
            // ...省略的代码

            // 发送购物车商品总数更新通知
            if (x.success) {
                this.cartTotalService.cartTotalSubject.next(x.data);
            }
        })
    }
}
```

首先，我们导入了购物车商品总数服务 CartTotalService 的定义，然后为商品细节组件添加了一个类型为 CartTotalService 的参数属性 cartTotalService，以使 Angular 依赖注入器向商品细节组件注入一个购物车商品总数服务。

其次，我们在商品细节组件类的 addToCart()方法中添加了一条 if 语句。这条 if 语句会在商品被成功添加到购物车中时，按照我们希望的那样调用参数属性 cartTotalService 引用的购物车商品总数服务维护的 cartTotalSubject 的 next ()方法，并向这个方法传递服务端返回的最新的购物车商品总数（x.data）。

结合前面有关目标对象类 Subject<T>的描述我们可以知道，cartTotalSubject 的 next()方法会调用 cartTotalSubject 维护的所有观察者的通知方法，以向它们通知服务端返回的最新的购物车商品总数。

接下来我们要做的，就是在根组件中向 cartTotalSubject 注册观察者，以接收这一通知。

3. 接收购物车商品总数通知

为了向购物车商品总数服务的 cartTotalSubject 注册观察者，我们需要修改根组件 AppComponent 的定义代码，使其与代码清单 12-9 一致。

代码清单 12-9 src/app/components/app.component.ts

```
import { Component } from '@angular/core'; // 导入组件装饰器
import { CartTotalService } from '../../widgets/services/cart-total.service'; // 导入购物车
// 商品总数服务类

/**
 * 根组件
 */
@Component({
    // ... 省略的代码
})
export class AppComponent {
    // 购物车商品总数
    cartTotal: number = 0;

    /**
     * 构造根组件
     * @param cartTotalService 注入购物车商品总数服务
     */
    constructor(private cartTotalService: CartTotalService) {
        // 向购物车商品总数服务的 cartTotalSubject 注册观察者（通知函数）
        // 以接收商品总数通知
        this.cartTotalService.cartTotalSubject.subscribe(x => {
            // 保存购物车商品总数（参数 x）到组件属性 cartTotal，以便用于插值绑定
            this.cartTotal = x;
        });
    }
}
```

我们通过参数属性 cartTotalService 向根组件注入了购物车商品总数服务，然后调用了其维护的 cartTotalSubject 的 subscribe()方法以实现观察者（通知函数）的注册。

这样一来，当商品细节组件调用 cartTotalSubject 的 next()方法时，以上观察者通知函数就会被调用，并且其参数 x 被传递的值就是商品细节组件传递给 cartTotalSubject 的 next()方法的参数，即服务端返回的购物车商品总数（x.data）。

接下来，以上观察者通知函数将其参数 x 代表的购物车商品总数赋给了一个新增的组件属性 cartTotal，以使购物车商品总数可以在插值绑定的帮助下被显示到根视图中。

显然，根模板中还没有这么一个插值绑定，因此我们还要将这个插值绑定添加到根模板中，为此需要修改根模板的定义代码，使其与代码清单 12-10 一致。

代码清单 12-10 src/app/views/app.html

```
<nav class="navbar navbar-fixed-top">
    <div class="container">
        <!--省略的代码-->
        <div>
            <a [routerLink]="'/customer/log-in'">登录</a>
            <!--绑定购物车商品总数-->
            <span class="glyphicon glyphicon-shopping-cart" [routerLink]="'/cart'">
{{cartTotal}}</span>
        </div>
    </div>
</nav>
<div class="container">
    <!--使用路由器出口-->
    <router-outlet></router-outlet>
</div>
<footer>
    <!--省略的代码-->
</footer>
```

按照要求，我们将用于显示购物车图标的<span>标签内的数字 0 换成了插值绑定{{cartTotal}}。

这样一来，当根组件的属性 cartTotal 接收到由商品细节组件通知过来的购物车商品总数时，它就会在以上插值绑定的帮助下被显示到根视图中的购物车图标旁。

至此，我们便似乎完成了同步购物车商品总数的所有工作。但如果我们保存以上所有代码的修改并刷新浏览器时，则会遇到 Angular 运行时抛出的以下错误：

```
NullInjectorError: No provider for CartTotalService!（没有 CartTotalService 的依赖提供器）
```

我们忘了重要的一点，即服务在可以被注入组件（或指令、管道和其他服务）中之前，需要先被注册到依赖注入器中。

因此，接下来我们还需要实现这样的注册。

4. 注册购物车商品总数服务

由于购物车商品总数服务是被创建在部件模块目录下的，我们很自然地就会想到通过部件模块 WidgetModule 来完成购物车商品总数服务的注册。

为了完成这一注册，我们需要修改部件模块的定义代码，使其与代码清单 12-11 一致。

代码清单 12-11 src/widgets/widget.module.ts

```
// ... 省略的 import
import { CartTotalService } from "./services/cart-total.service"; // 导入购物车商品总数服务

@NgModule({
    // ... 省略的代码
    providers: [CartTotalService] // 注册购物车商品总数服务的依赖注入器
})
export class WidgetModule {
}
```

按照要求，我们通过 TypeScript 的 import 语句导入了购物车商品总数服务 CartTotalService，然后将它添加到了部件模块 WidgetModule 的 providers 属性中。

经过以上修改之后，当部件模块被导入商品领域模块 CartModule 中时，购物车商品总数服务就会因部件模块的导入而被注册到 Angular 依赖注入器中。

因此，如果我们现在保存以上代码的修改并刷新浏览器，然后通过商品细节视图分多次将不同数量的无公害西蓝花和有机上海青添加到购物车中，那么将看到图 12-9～图 12-11 所示的结果（此次添加前购物车中已有的商品已被清空）。

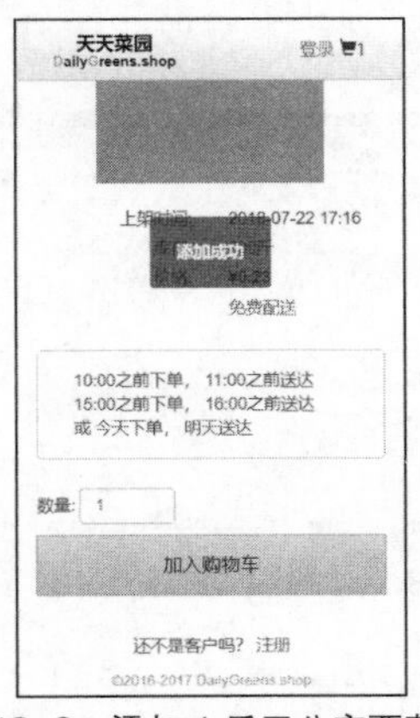

图 12-9 添加 1 斤无公害西蓝花

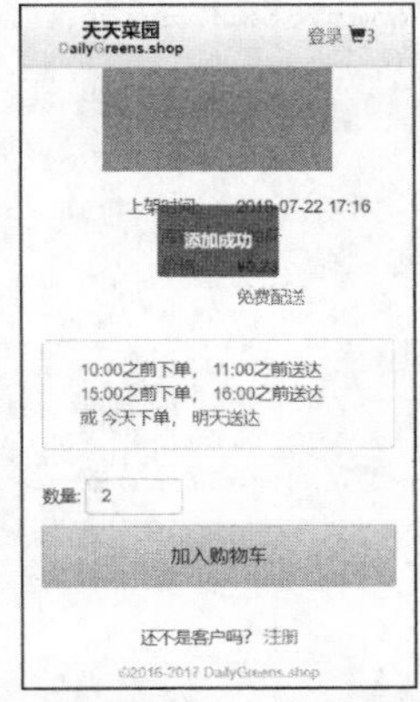

图 12-10 继续添加 2 斤无公害西蓝花

此外，如果我们导航到购物车视图，也将看到被添加到购物车中的各个商品的数量，如图 12-12 所示。

感谢观察者模式以及 RxJS，它们让两个来自不同领域模块的组件轻而易举地实现了通信，从而使应用程序中独立的模块变得真正不孤立。

接下来我们趁热打铁，以使客户在购物车视图中修改购物车商品数量或删除购物车商品时，也将最新的购物车商品总数同步到根视图中。

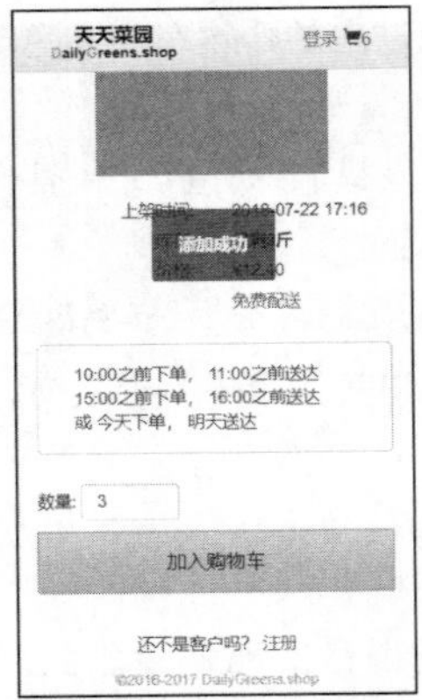

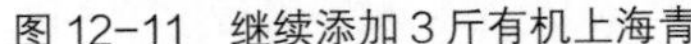
图 12-11　继续添加 3 斤有机上海青

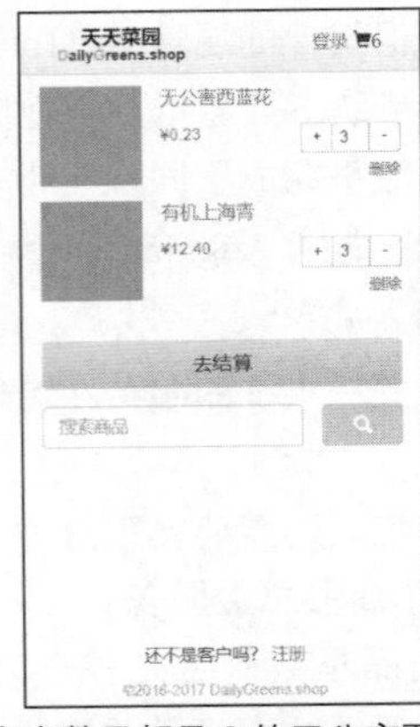

图 12-12　购物车中数量都是 3 的无公害西蓝花和有机上海青

12.2.2　同步购物车商品总数（中）

基于 12.2.1 节的经验可以知道，如果要实现以上需求，我们只需要将购物车商品总数服务注入购物车组件中，然后在购物车组件中调用购物车商品总数服务维护的目标对象 cartTotalSubject 的 next()方法。

因此，接下来就让我们按照这一方案来修改购物车组件的定义代码，使其与代码清单 12-12 一致。

代码清单 12-12　src/carts/components/cart.component.ts

```
    // ...省略的 import
    import { CartTotalService } from '../../widgets/services/cart-total.service'; // 导入购物车
// 商品总数服务

    @Component({
        // ...省略的代码
    })
    export class CartComponent implements OnInit {
        cartWares: Array<CartWare>;
        message: string;

        /**
         * 构造方法
         * @param cartService 注入购物车服务
         * @param cartTotalService 注入购物车商品总数服务
         */
        constructor(private cartService: CartService, private cartTotalService: CartTotalService) {
            this.cartWares = new Array<CartWare>();
        }

        // ...省略的 ngOnInit()和 getWareList()

        removeWare(id: number) {
            this.cartService.removeWare(id).subscribe(x => {
                if (x.success == true) {
                    // ...省略的代码
                    // 通知购物车商品总数
                    this.cartTotalService.cartTotalSubject.next(x.data);
                }
                // ...省略的代码
            })
        }

        updateWareCount(ware: CartWare, count: any, event?: Event) {
            // ...省略的代码
            this.cartService.updateWareCount(ware.wareId, count).subscribe(x => {
                if (x.success == true) {
                    ware.count = count;

                    // 通知购物车商品总数
```

```
                this.cartTotalService.cartTotalSubject.next(x.data);
            }
            else if (event) {
                (event.target as HTMLInputElement).value = ware.count.toString();
            }
            // ...省略的代码
        })
    }
    // ...省略的 increaseWareCount()、decreaseWareCount()和 clearMessage
}
```

按照要求，我们通过参数属性 cartTotalService 将购物车商品总数注入购物车组件中，然后在 removeWare()和 updateWareCount()方法中添加了购物车商品总数通知语句，即 this.cartTotalService.cartTotalSubject.next(x.data)。

这样一来，当购物车组件的 removeWare()方法和 updateWareCount()方法被调用，并且服务端返回了相应的表示操作成功的 JSON 数据时，以上通知语句就会将 JSON 数据中的购物车商品总数（x.data）通知给根组件中的观察者通知函数，从而使这一购物车商品总数被赋给根组件的 cartTotal 属性，并最终被根模板中的插值绑定输出到根视图中。

然而，如果我们保存以上修改并刷新浏览器，然后导航到购物车视图并修改其中某个商品的数量或删除其中某个商品，并不会看到根视图中的购物车商品总数的任何变化，如图 12-13～图 12-15 所示。

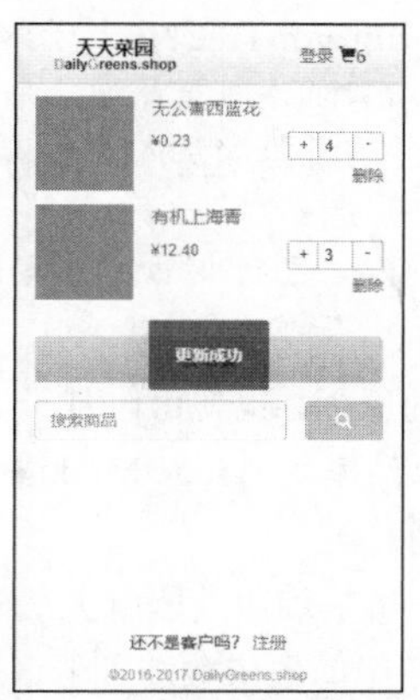

图 12-13 增加 1 斤无公害西蓝花

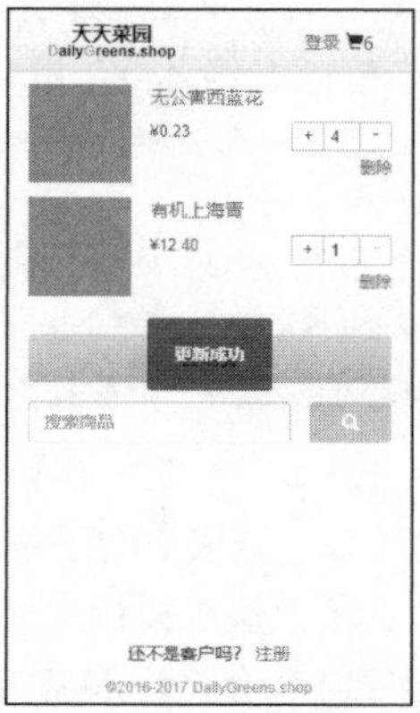

图 12-14 减少 2 斤有机上海青

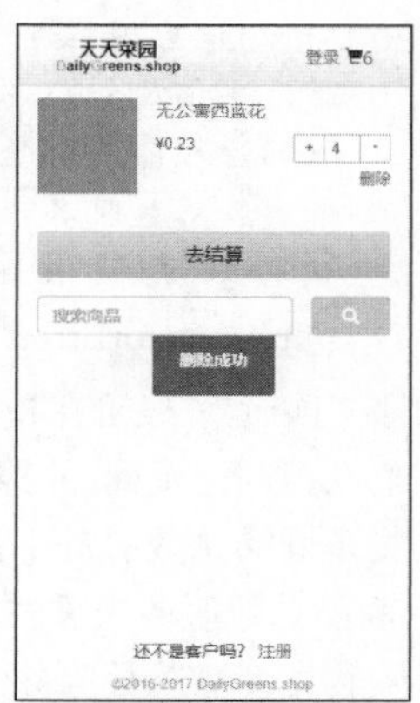

图 12-15 删除有机上海青

可以看到，不管我们是增加或减少 2 斤、1 斤无公害西蓝花，还是直接删除有机上海青，根视图右上角显示的购物车商品总数都不会被同步为 7、5 和 4。

为什么会这样呢？因为根组件和购物车组件被注入了两个不同的购物车商品总数服务，同时这两个购物车商品总数服务各自的 cartTotalSubject 属性引用的也是两个不同的目标对象。当购物车组件调用被注入其中的购物车商品总数服务的 cartTotalSubject 的 next()方法时，被注入根组件中的购物车商品总数服务的 cartTotalSubject 是无法接收到相应的通知的。

为什么购物车组件和根组件会被注入不同的购物车商品总数服务，而商品细节组件和根组件却被注入了相同的购物车商品总数服务呢？简单来说，因为购物车组件和根组件没有共享同一个依赖注入器，而商品细节组件和根组件共享了同一个依赖注入器。

还记得 9.2.3 节吗？当时我们已经了解到 Angular 应用程序中有一个根依赖注入器，还可能有一个或多个子依赖注入器。

根据第 9 章当时的描述可以知道，Angular 运行时会在应用程序启动时创建根依赖注入器，然后将此时加载的所有模块内的 providers 属性中的服务注册到根依赖注入器中，并使根依赖注入器用于向此时加载的所有模块注入服务。

显然，根模块、商品领域模块和商品领域模块导入的部件模块 WidgetModule 都是在应用程序启动时被加载的，因此部件模块的 providers 属性中的购物车商品总数服务 CartTotalService 会被注册到根依赖注入器中，根模块中的根组件和商品领域模块中的商品细节组件会获得根依赖注入器注入的同一个购物车商品总数服务。

此外，Angular 运行时还会为每一个路由加载模块（即通过路由器延迟加载的领域模块）创建一个子依赖注入器，然后将路由加载模块及其导入的其他模块内的 providers 属性中的服务注册到这个子依赖注入器中，并使这个子依赖注入器为向当前路由加载模块及其导入的其他模块注入服务。

显然，购物车领域模块就是路由加载模块，因此其导入的部件模块的 providers 属性中的购物车商品总数服务 CartTotalService 就被注册到了相应的子依赖注入器中，购物车组件便获得了子依赖注入器注入的购物车商品总数服务。

我们已经知道，默认情况下同一个依赖注入器中同一个类型的服务是单例（Singleton）的。但对于不同的依赖注入器来说，默认情况下它们会维护同一个类型的不同实例，因此根依赖注入器和购物车领域模块的子依赖注入器维护了两个不同的购物车商品总数服务，相应的根组件和购物车组件便获得了两个不同的购物车商品总数服务。

提示

如果客户领域模块内的组件、指令、管道或服务希望得到购物车商品总数服务的注入，它们会得到哪个依赖注入器的注入呢？答案是根依赖注入器，因为客户领域模块没有导入部件模块，其子依赖注入器无法提供购物车商品总数服务的注入。

Angular 应用程序中的依赖注入器组成了一棵依赖注入器树（Injector Tree），当子依赖注入器无法满足相应的模块的注入需求时，Angular 运行时会将注入需求逐级交给更上一级的父依赖注入器，直至根依赖注入器——客户领域模块便因此获得了根依赖注入器注入的购物车商品总数服务。

最终如果根依赖注入器也无法实现注入，那么 Angular 运行时就会报内容为“NullInjectorError: No provider for Service!”的错误。

现在我们知道了根组件和购物车组件获得不同购物车商品总数服务的原因，也就可以基于这一原因找到使它们获得同一个商品总数服务的办法，即取消购物车领域模块对部件模块 WidgetModule 的导入，从而使购物车商品总数服务不被注册到购物车领域模块的子依赖注入器中。

一旦商品总数服务未被注册到购物车领域模块子依赖注入器中，这个子依赖注入器就无法向购物车组件注入购物车商品总数服务，Angular 运行时就会将注入需求交给更上一级的根依赖注入器，并最终使购物车组件获得和根组件所获得的同一个购物车商品总数服务——它们都是来自根依赖注入器。

但是这个方案其实是不可行的，因为购物车领域模块内的购物车模板中使用了部件模块导出的共享商品搜索组件，如果我们取消了购物车领域模块对部件模块的导入，那么 Angular 编译器会在编译购物车模板时抛出以下熟悉的错误：

```
Template parse errors: 'ware-search' is not a known element（模板解析错误："ware-search"不是一个已知的元素）
```

看来，我们陷入了一个两难之中：

（1）我们需要取消购物车领域模块对部件模块的导入，因为购物车组件不应该获得购物车领域模块的子依赖注入器注入的购物车商品总数服务；

（2）我们需要保留购物车领域模块对部件模块的导入，因为购物车模板需要使用部件模块导出的共享商品搜索组件。

我们该怎么选择？答案是使用服务模块。但在使用服务模块之前，我们先来解决本节开头留下的一个疑问：为什么选择使用 Subject<T>？Subject<T>和 Observable<T>有什么不同？

12.2.3　Observable<T> vs. Subject<T>

首先，Subject<T>是观察者模式中的目标对象类在 RxJS 中的实现，而 Observable<T>是目标对象类的一个变体，这两个类的实例都可以被注册观察者。

其次，Subject<T>的实例可以维护多个观察者，外界可以通过其 next()方法来通知这些观察者。但对于 Observable<T>的实例来说，有关其对观察者的维护和通知的细节，我们似乎知之甚微。

在本节中，我们将通过一个独立于天天菜园的 TypeScript 项目来了解有关 Observable<T>的细节，然后对 Observable<T>和 Subject<T>做一个简单的对比，以帮助我们在今后的开发中合理地运用这两个类。

为了创建这个独立的 TypeScript 项目，我们需要在本书工作目录（E:\Work\AngularAppDev）下新建一个名为 Chapter12-2-3 的子目录，然后在 VS Code 中将这个目录（E:\Work\AngularAppDev\Chapter12-2-3）作为目标项目打开。

打开项目之后，我们需要在项目根目录下新建一个 TypeScript 项目配置文件 tsconfig.json 和一个 Node.js 包描述文件 package.json，并分别将代码清单 12-13 和代码清单 12-14 复制到这两个文件中。

代码清单 12-13 tsconfig.json

```
{
  "compilerOptions": {
    "target": "es5",         // 目标 ECMAScript 版本
    "module": "commonjs", // 通用模块规范
    "sourceMap": true,      // 生成映射代码
    "skipLibCheck": true, // 不对项目中的声明文件进行类型检查
    "lib": [
      "es2015"              // 使用 ES2015 语法
    ]
  }
}
```

代码清单 12-14 package.json

```
{
    "name": "chapter12-2-3",
    "version": "1.0.0",
    "private": true,
    "dependencies": {
        "rxjs": "6.3.3",
        "xmlhttprequest": "1.8.0"
    },
    "devDependencies": {
        "@types/node": "10.12.10"
    }
}
```

以上代码对现在的我们来说已不陌生，除了其中 package.json 中的 dependencies 节点下名为 xmlhttprequest 的 Node.js 包。这个包是 XMLHttpRequest 在 Node.js 平台下的实现，它使运行在 Node.js 上的 JavaScript 代码可以像在浏览器中那样使用 XMLHttpRequest 对象访问 Web 服务端——随后我们会看到这样的场景。

完成以上两份代码的复制之后，我们需要在 VS Code 集成终端中执行 Node.js 包安装命令“npm install”。在这个命令执行完成之后，我们将在项目中看到相应的 Node.js 包的安装目录，如图 12-16 所示。

图 12-16 本节项目结构

完成 Node.js 包的安装之后，我们便完成了本节的独立 TypeScript 项目的创建。接下来，我们的任务是模拟一个购物车商品总数服务，并通过它来逐步了解 Observable<T>的一些细节。

说明

我们之所以创建了一个新的项目，是因为本节的内容与天天菜园没有直接的关系。完成本节的任务之后，我们会回到天天菜园项目中。

1. 模拟购物车商品总数服务（上）

为了实现以上目的，我们需要在项目中新建一个源代码目录 src，然后在这个目录中新建一个名为 cart-total.ts 的 TypeScript 文件，并将代码清单 12-15 复制到其中。

代码清单 12-15 src/cart-total.service.ts

```
// 导入 Observable
import { Observable } from 'rxjs';

// 模拟的购物车商品总数服务
class CartTotalService {
  // 购物车商品总数可观察对象
  cartTotalObservable: Observable<number> = new Observable<number>();
}

// 创建购物车商品总数服务
let cartTotalService = new CartTotalService();

// 模拟根组件行为，向购物车商品总数服务维护的可观察对象注册观察者
cartTotalService.cartTotalObservable.subscribe(x => {
  console.log('收到购物车商品总数：${x}');
});

// 模拟商品细节组件行为，通过可观察对象转发购物车商品总数
// 错误：Observable 并不包含 next()或类似的方法
// cartTotalService.cartTotalObservable.next(3);
```

我们创建了一个新的购物车商品总数服务 CartTotalService，为它定义并初始化了一个类型为 Observable<number>的可观察对象属性 cartTotalObservable——和 Subjec<T>一样，Observable<T>有一个被用于创建可观察对象的无参构造函数。

接下来，我们创建了一个购物车商品总数服务实例 cartTotalService，然后模拟了购物车组件的行为，即向购物车商品总数服务维护的可观察对象 cartTotalObservable 注册了一个观察者（通知函数），从而使其接收到购物车商品总数通知。

最后，由于 Observable<T>是 Subject<T>的变体，它拥有和 Subject<T>一样的消息订阅方法 subscribe()，我们理所当然地认为它也拥有对应的消息转发方法 next()，并因此而模拟了商品细节组件的行为，即调用了可观察对象 cartTotalObservable 的 next()方法。

然而，写完这个方法的调用时，我们就会发现 TypeScript 编译器给出的错误：类型 Observable<number>上不存在属性 next。

是的，Observable<T>作为 Subject<T>的变体，它拥有接收观察者（通知函数）的 subscribe()方法，但没有一个名为 next()（或其他名字）的方法来接收通知的转发——这便是本节开头没有使用 Observable<T>来同步购物车商品总数的原因，即我们似乎无法通过它来转发通知。

此时读者或许会疑惑：既然 Observable<T>不接受通知的转发，那么给它注册观察者有什么意义呢？

让我们通过模拟一个 Angular 中的 HttpClient 来回答这个问题。

2. 模拟 HttpClient

我们已经知道，HttpClient 内部通过 XMLHttpRequest 与服务端进行通信，然后返回一个类型为 Observable<T>的可观察对象，以使被注册到其中的观察者可以接收到服务端响应通知。

那么，它到底是怎么做到这一点的呢？我们打算模拟一个简单的 HttpClient 来回答这个问题，为此需要在项目源代码目录 src 下新建一个名为 http-client.cold.ts 的 TypeScript 文件，然后将代码清单 12-16 复制到其中。

代码清单 12-16 src/http-client.cold.ts

```
// 导入 Observable
import { Observable } from 'rxjs';

// 导入 Node.js 包 xmlhttprequest，这个包使在 Node.js 中使用 XMLHttpRequest 成为可能
```

```
// 注：require()是 Node.js 中用于导入包的函数，因此我们需要将类型包@types/node 安装到项目中
let XMLHttpRequest = require("xmlhttprequest").XMLHttpRequest;

// 模拟的 HttpClient
export class HttpClient {
    // 向服务端发送 GET 请求，并返回转发服务端响应通知的可观察对象
    get<T>(url: string): Observable<T> {
        // 构造可观察对象，并向其提供一个观察者注册处理函数
        // 这个观察者注册处理函数会在可观察对象的 subscribe()方法被调用时被调用，
        // 并被传递一个由 subscribe()方法创建的订阅者（观察者），即以下参数 x
        let responseObservable: Observable<T> = new Observable<T>(x => {
            // 创建 XMLHttpRequest 对象，监听服务端响应，然后发送请求
            let xhr = new XMLHttpRequest();
            xhr.open("GET", url);
            xhr.setRequestHeader("Content-Type", "application/json");
            xhr.onreadystatechange = function () {
                if (this.readyState == 4 && this.status == 200) {
                    // 将服务端响应文本解析成 JSON 对象，然后对其进行类型断言
                    let json = JSON.parse(this.responseText) as T;

                    // 调用观察者的 next()方法，以向其通知服务端响应
                    x.next(json);
                }
            }
            xhr.send();
        });

        // 返回可观察对象
        return responseObservable;
    }
}
```

按照要求，我们定义了一个模拟的 HttpClient 类，并为其定义了一个用于发送 HTTP GET 请求的泛型方法 get<T>()。

在定义这个 HttpClient 类之前，我们做了两步很重要的准备：

（1）导入 RxJS 中的可观察对象类 Observable，因为以上 get<T>()方法要用到它；

（2）通过 Node.js 中的 require()方法导入 Node.js 包 xmlhttprequest 中的 XMLHttpRequest 类，因为以上 get<T>()方法需要通过其实例来访问 Web API。

注意

请确保 package.json 文件中的 devDependencies 节点下的“@types/node”已被安装到项目中，否则 TypeScript 编译器会认为以上 require()方法不存在。

此外，请确保tsconfig.json文件中的lib节点下未包含“dom”，否则以上变量XMLHttpRequest会被认为与 dom 库中的 XMLHttpRequest 重名。

基于以上准备，我们在 get<T>()方法中创建并返回了一个类型为 Observable<T>的可观察对象。但和刚刚在 cart-total.service.ts 中调用 Observable 的无参构造函数不同，这一次我们调用的是其有参构造函数，并向其参数传递了一个箭头函数。

这个箭头函数为观察者注册处理函数，它会在被创建的可观察对象的消息订阅方发 subscribe()被调用时被调用，同时其参数 x 会被传递由 subscribe()方法创建的观察者。

接下来，在观察者注册处理函数的内部，我们创建了一个 XMLHttpRequest 对象，然后通过这个对象向服务端发送实际的 HTTP GET 请求，并在服务端返回响应时执行以下代码：

```
let json = JSON.parse(this.responseText) as T;
x.next(json);
```

以上第一行代码将服务端响应解析成了一个 JSON 对象，并将这个 JSON 对象的类型断言为 get<T>()方法的类型参数 T 所代表的类型。

以上第二行代码调用了观察者的通知函数 next()（也就是我们在调用可观察对象的 subscribe()方法时提供的那个函数），从而将经过了类型断言后的 JSON 对象通知给观察者。

也就是说，接下来如果我们调用以上 get<T>方法，并向其返回的可观察对象注册一个观察者通知函数，那么这个通知函数就会接收到服务端返回的类型为 T 的 JSON 对象——就像我们调用 Angular 中的 HttpClient 的 get<T>()方法那样。

为了证实这一点，我们需要在项目源代码目录 src 下继续新建两个名字分别为 service-result.ts 和 index.ts 的 TypeScript 文件，然后分别将代码清单 12-17 和代码清单 12-18 复制到这两个文件中。

代码清单 12-17　src/service-result.ts

```
/**
 * 服务结果类
 */
export class ServiceResult<TData> {
    success: boolean; // 业务执行成功标识
    message: string;  // 业务执行结果描述
    data: TData;      // 业务数据
}
```

代码清单 12-18　src/index.ts

```
// 导入 HttpClient 和 ServiceResult
import { HttpClient } from './http-client.cold';
import { ServiceResult } from "./service-result";

// 创建 HttpClient 实例
let httpClient = new HttpClient();
// 发送 HTTP GET 请求，以获得一个可观察对象
let responseObservable = httpClient.get<ServiceResult<{ name: string, price: number }>>
('http://localhost:50424/api/ware/detail?wareId=1');

// 向可观察对象注册观察者
responseObservable.subscribe(x => {
    console.log('商品名称 1:${x.data.name}, 商品价格 1:${x.data.price}');
});
```

以上两段代码对我们来说都不陌生，其中定义的服务结果类 ServiceResult<TData>结合了我们一直使用的 ServiceResult 和 GenericServiceResult<TData>的功能；index.ts 中的代码则创建了一个模拟的 HttpClient 类的实例，然后以天天菜园的商品细节 Web API 的 URL 为参数调用了其 get<T>()方法以获得一个类型为 Observable<ServiceResult<{ name: string, price: number }>>的可观察对象，并向这个可观察对象注册了一个观察者通知函数。

接下来，如果我们保存以上所有代码的编辑，然后在 VS Code 集成终端输入并执行以下 node 命令：

```
node src/index.js
```

将得到以上观察者通知函数输出的以下内容：

```
商品名称 1:无公害西蓝花，商品价格 1:0.23
```

显然，以上商品信息是天天菜园的商品细节 Web API 返回的，因此我们可以明确地知道以上 HttpClient 成功地模拟了 Angular 中的 HttpClient 的 get<T>()方法。

注意

为了确保以上代码可以成功访问天天菜园的 Web API，请确保天天菜园服务端应用程序处在运行状态。

基于以上模拟过程，相信读者已经加深了对 Observable<T>的了解：Observable<T>有一个接收观察者注册处理函数的构造函数，当通过这个构造函数构造的可观察对象的消息订阅方发 subscribe()方法被调用时，它会以被注册的观察者为参数调用观察者注册处理函数。

对 HttpClient 来说，它便是在以上观察者注册处理函数中通过 XMLHttpRequest 向服务端 Web API 发送的请求，并在 XMLHttpRequest 接收到服务端响应时，调用观察者（不是可观察对象）的消息通知方法 next()，以将服务端响应通知给观察者。

通过这一方式实现的 HttpClient 有一个特点，为了直观地感受这一特点，我们需要对以上 index.ts

中的内容做些修改，使其与代码清单 12-19 一致。

代码清单 12-19 src/index.ts

```
// 导入 HttpClient 和 ServiceResult
import { HttpClient } from './http-client.cold';
import { ServiceResult } from "./service-result";

// 创建 HttpClient 实例
let httpClient = new HttpClient();
// 发送 HTTP GET 请求，以获得一个可观察对象
let responseObservable = httpClient.get<ServiceResult<{ name: string, price: number }>>
('http://localhost:50424/api/ware/detail?wareId=1');

// 向可观察对象注册观察者
// responseObservable.subscribe(x => {
//     console.log('商品名称 1:${x.data.name}，商品价格 1:${x.data.price}');
// });
```

以上修改注释了对可观察对象的 subscribe()方法的调用，如果我们保存以上修改并再次执行其编译结果，将得到图 12-17 所示的结果。

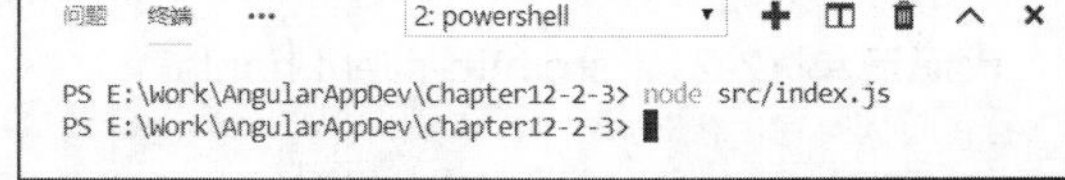

图 12-17 观察者注册处理函数未被调用

修改后的代码没有输出任何结果，这是因为，尽管我们调用了 HttpClient 的 get<T>()方法，但没有调用其返回的可观察对象的消息订阅方发 subscribe()。这会使前面提供给 Observable<T>的构造函数的观察者注册处理函数不会被调用，从而使其中通过 XMLHttpRequest 发送 HTTP GET 请求的代码不会被执行。

提示

还记得前面 10.3 节提到过 Angular HttpClient 的 get<T>()、post<T>()等方法不会立即向服务端发送请求吗？其中的原因就是上面描述的那样。

因此，实际的 HTTP GET 请求不是由 HttpClient 的 get<T>()方法触发的，而是由其返回的可观察对象的 subscribe()方法触发的。

RxJS 将具备这一特点的可观察对象称为**冷可观察对象**（Cold Observable），而冷可观察对象有一个优点，那就是**可以被复用**。

为了体验这一点，我们再次对以上 index.ts 做些修改，使其内容与代码清单 12-20 一致。

代码清单 12-20 src/index.ts

```
// 导入 HttpClient 和 ServiceResult
import { HttpClient } from './http-client.cold';
import { ServiceResult } from "./service-result";

// 创建 HttpClient 实例
let httpClient = new HttpClient();
// 发送 HTTP GET 请求，以获得一个可观察对象
let responseObservable = httpClient.get<ServiceResult<{ name: string, price: number }>>
('http://localhost:50424/api/ware/detail?wareId=1');

// 向可观察对象注册观察者
responseObservable.subscribe(x => {
    console.log('商品名称 1:${x.data.name}，商品价格 1:${x.data.price}');
});

// 向可观察对象注册观察者
responseObservable.subscribe(x => {
    console.log('商品名称 2:${x.data.name}，商品价格 2:${x.data.price}');
});
```

以上修改取消了对可观察对象的消息订阅方法 subscribe()的调用的注释，并重复了这一方法的调用。

由前面的描述可知，以上两次调用将触发两次 HTTP GET 请求。因此，如果保存以上代码的修改并执行其编译结果，那么我们将得到两次商品信息的输出，如图 12-18 所示。

至此，我们便完成了模拟 HttpClient 的任务，从而明白了 HttpClient 的 get<T>()方法返回的可观察对象是如何向观察者发送通知的，也明白了为什么在它的 subscribe()方法被调用之前相应的 HTTP GET 请求不会被发送到服务端。

图 12-18　复用冷可观察对象

在以往的使用过程中，我们调用 HttpClient 的 get<T>()方法返回的可观察对象的 subscribe()方法的主要目的是获取服务端响应。但有时候其实我们只是打算把数据发送到服务端，并不关心服务端响应，甚至都不关心数据是否发送成功——基于性能的考虑。

在这种情况下，我们希望在调用 HttpClient 的 get<T>()方法时可以立即将数据发送到服务端，而不用调用其返回的可观察对象的 subscribe()方法。为此，我们需要创建另一个版本的 HttpClient。

3. 改版 HttpClient

为了创建改版的 HttpClient，我们需要在项目源代码目录 src 下新建一个名为 http-client.hot.ts 的 TypeScript 文件，然后将代码清单 12-21 复制到其中。

代码清单 12-21　src/http-client.hot.ts

```
// 导入可观察对象类和观察者类
import { Observable, Subscriber } from 'rxjs';

// 导入 XMLHttpRequest
let XMLHttpRequest = require("xmlhttprequest").XMLHttpRequest;

// 改版的 HttpClient
export class HttpClient {
    // 向服务端发送 GET 请求，并返回等待服务端响应的可观察对象
    get<T>(url: string): Observable<T> {
        // 定义观察者变量，通过它来保存可观察对象的观察者
        let subscriber: Subscriber<T>;
        let responseObservable: Observable<T> = new Observable<T>(x => {
            subscriber = x;
        });

        // 使用 XMLHttpRequest 对象发送 HTTP GET 请求
        let xhr = new XMLHttpRequest();
        xhr.open("GET", url);
        xhr.setRequestHeader("Content-Type", "application/json");
        xhr.onreadystatechange = function () {
            if (this.readyState == 4 && this.status == 200) {
                console.log(`服务端响应: ${this.responseText}`);

                if (subscriber) {
                    // 将服务端响应文本解析成 JSON 对象，然后对其进行类型断言
                    let json = JSON.parse(this.responseText) as T;

                    // 调用观察者的 next()方法，以向其通知服务端响应
                    subscriber.next(json);
                }
            }
        }
        xhr.send();

        // 返回可观察对象
        return responseObservable;
    }
}
```

以上代码定义的就是改版后的 HttpClient，其定义代码整体上和前面的 HttpClient 的定义代码是一致的，但在细节上有以下两处主要改变：

（1）通过 XMLHttpRequest 发送 HTTP GET 请求的代码，被转移到了可观察对象注册观察者处理函数之外，但仍处在 get<T>()方法中；

（2）可观察对象注册观察者处理函数只做了一件事，那就是将其参数代表的观察者赋给了 get<T>()方法中的观察者变量 subscriber。

说明

以上观察者变量 subscriber 的类型为 RxJS 中的订阅者类 Subscriber<T>，因此它应该被称为订阅者。但其实 Subscriber<T>有一个名为观察者的父类 Observer<T>，因此我们将其实例称为观察者是合理的。

以上修改将导致 HttpClient 的 get<T>()方法的调用立即触发相应的 HTTP GET 请求的发送，但同时我们仍然能够向其返回的可观察对象注册观察者（通知函数），从而使这个函数接收到服务端响应通知——当然，我们也可以不进行这样的注册。

为了验证这一点，我们继续在项目源代码目录 src 下新建一个名为 index-1.ts 的 TypeScript 文件，然后将代码清单 12-22 复制到其中。

代码清单 12-22　src/index-1.ts

```
// 导入改版后的 HttpClient 和 ServiceResult
import { HttpClient } from './http-client.hot';

// 创建改版后的 HttpClient 的实例
let httpClient = new HttpClient();
// 发送 HTTP GET 请求
httpClient.get('http://localhost:50424/api/ware/detail?wareId=1');
```

以上代码创建了一个改版后的 HttpClient 的实例，然后调用了这个实例的 get<T>()方法。但由于我们不打算接受服务端响应，因此没有向这个方法提供类型参数，也没有向其返回的可观察对象注册观察者。

接下来，如果我们保存以上所有代码的编辑，然后在 VS Code 集成终端输入并执行 node 命令：

```
node src/index-1.js
```

将得到以下输出：

```
服务端响应：{"success":true,"message":"获取成功","data":{...}}
```

回顾改版后的 HttpClient 的定义代码后，我们可以知道以上内容是 HttpClient 的 get<T>()方法在成功地将 HTTP GET 请求发送到服务端后接收到的响应。

也就是说，改版后的 HttpClient 的 get<T>()方法可以在被调用时立即向服务端发送相应的 HTTP GET 请求。

当然，如果有必要，我们也可以向它返回的可观察对象注册观察者来接收服务端响应。为了体验这一点，我们需要对刚刚新建的 index-1.ts 做些修改，使其内容与代码清单 12-23 一致。

代码清单 12-23　src/index-1.ts

```
// 导入 HttpClient 和 ServiceResult
import { HttpClient } from './http-client.hot';
import { ServiceResult } from "./service-result";

// 创建 HttpClient 实例
let httpClient = new HttpClient();
// 发送 HTTP GET 请求，以获得一个可观察对象
let responseObservable = httpClient.get<ServiceResult<{ name: string, price:
number }>>('http://localhost:50424/api/ware/detail?wareId=1');

// 向可观察对象注册观察者
responseObservable.subscribe(x => {
    console.log('商品名称 1:${x.data.name}，商品价格 1:${x.data.price}');
});
```

按照要求，我们导入了服务结果类，给 HttpClient 的 get<T>()方法传递了类型参数，并向其返回的可观察对象注册了观察者（通知函数）。

接下来，如果我们保存以上代码的修改，并执行其编译结果，将得到以上观察者通知函数输出的以下产品信息：

```
商品名称 1:无公害西蓝花，商品价格 1:0.23
```

对于以上输出我们肯定不会感到意外，但我们可能不知道它还涉及一个概念，那就是**热可观察对象**（Hot Observable）。

热可观察对象和冷可观察对象是对立的，是指没有被注册观察者也会生产数据的可观察对象。因此，以上改版后的 HttpClient 的 get<T>()方法返回的就是一个热可观察对象，因为就算我们没有调用它的 subscribe()方法，相应的 HTTP GET 请求也会被发送；如果我们调用它的 subscribe()方法，也能获取到服务端响应。

然而，以上热可观察对象也有一个不好的地方，那就是不能像前面的冷可观察对象一样被复用。为了体验这一点，我们再次对以上 index-1.ts 中的内容做些修改，使其与代码清单 12-24 一致。

代码清单 12-24　src/index-1.ts

```
// 导入 HttpClient 和 ServiceResult
import { HttpClient } from './http-client.hot';
import { ServiceResult } from "./service-result";

// 创建 HttpClient 实例
let httpClient = new HttpClient();
// 发送 HTTP GET 请求，以获得一个可观察对象
let responseObservable = httpClient.get<ServiceResult<{ name: string, price: number }>>
('http://localhost:50424/api/ware/detail?wareId=1');

// 向可观察对象注册观察者
responseObservable.subscribe(x => {
    console.log('商品名称 1:${x.data.name}，商品价格 1:${x.data.price}');
});

// 向可观察对象注册观察者
responseObservable.subscribe(x => {
    console.log('商品名称 2:${x.data.name}，商品价格 2:${x.data.price}');
});
```

接下来，如果我们保存以上代码的修改，然后执行其编译结果，将得到以下输出：

```
商品名称 2:无公害西蓝花，商品价格 2:0.23
```

之所以会出想这样的情况，是因为 HttpClient 的 get<T>()方法只维护了一个观察者变量，这个变量只能保存最后注册给可观察对象的观察者。

接下来，我们不打算通过再次改版 HttpClient 来解决以上问题，而是将这一机会留给本节开始提到的模拟购物车商品总数服务的重构。

4. 模拟购物车商品总数服务（下）

我们在本节开始时尝试过模拟一个使用 Observable<T>来实现购物车商品总数同步的购物车商品总数服务，但由于 Observable<T>没有一个转发通知消息的公共方法，尝试以失败告终了。

有了前面的 HttpClient 的模拟和改版的经验，我们可以再次进行这样的尝试，为此需要将本节开始创建的 cart-total.service.ts 中的内容修改至与代码清单 12-25 一致。

代码清单 12-25　src/cart-total.service.ts

```
// 导入 Observable 和 Subscriber
import { Observable, Subscriber } from 'rxjs';

// 模拟的购物车商品总数服务
class CartTotalService {
    // 观察者数组
    private observers: Array<Subscriber<number>> = new Array<Subscriber<number>>();

    // 购物车商品总数可观察对象
    cartTotalObservable: Observable<number> = new Observable<number>(x => {
        this.observers.push(x);
    });

    // 向每一个观察者发送购物车商品总数通知
```

```
    next(cartTotal: number): void {
        for (const subscriber of this.observers) {
            subscriber.next(cartTotal);
        }
    }
}

// 创建购物车商品总数服务
let cartTotalService = new CartTotalService();

// 模拟根组件行为，向购物车商品总数服务维护的可观察对象注册观察者
cartTotalService.cartTotalObservable.subscribe(x => {
    console.log('根组件收到购物车商品总数: ${x}');
});

// 模拟商品细节组件行为，通过可观察对象转发购物车商品总数
cartTotalService.next(3);
```

以上修改为购物车商品总数服务新增了一个观察者数组属性 observers，以及一个用于向这个数组中的每一个观察者转发购物车商品总数通知的方法 next()。

此外，为了我们还向 Observable<T>的构造函数提供了一个观察者注册处理函数，以将被注册到通过它构造的可观察对象中的观察者保存到以上属性 observers 中。

最后，我们创建了一个购物车商品总数服务实例 cartTotalService，然后基于这个实例做了以下两件事情：

（1）模拟根组件的行为，即调用购物车商品总数服务维护的可观察对象的 subscribe()方法，以向其注册观察者（通知函数）；

（2）模拟商品细节组件的行为，即调用购物车商品总数服务的 next()方法，以向其维护的可观察对象中的观察者通知购物车商品总数。

接下来，如果我们保存以上代码的修改并运行其编译结果，那么将得到模拟的商品细节组件中的观察者（通知函数）输出的以下内容：

```
根组件收到购物车商品总数: 3
```

由于购物车服务维护了一个观察者数组，因此其他组件也可以通过向其中注册观察者来获得购物车商品总数的通知。为了体验这一点，我们需要再对购物车商品总数服务的定义代码做些修改，使其与代码清单 12-26 一致。

代码清单 12-26　src/cart-total.service.ts

```
import { Observable, Subscriber } from 'rxjs';

class CartTotalService {
    // ... 省略的代码
}

let cartTotalService = new CartTotalService();

// 模拟根组件行为，向购物车商品总数服务维护的可观察对象注册观察者
cartTotalService.cartTotalObservable.subscribe(x => {
    console.log(`根组件收到购物车商品总数: ${x}`);
});

// 组件 A 也可以向购物车商品总数服务维护的可观察对象注册观察者
cartTotalService.cartTotalObservable.subscribe(x => {
    console.log(`其他组件收到购物车商品总数: ${x}`);
});

// 模拟商品细节组件行为，通过可观察对象转发购物车商品总数
cartTotalService.next(3);
```

保存以上修改并执行相应的编译结果之后，我们将得到以下输出：

```
根组件收到购物车商品总数: 3
其他组件收到购物车商品总数: 3
```

至此，我们便通过 Observable<T>获得了 Subject<T>所能提供的功能，即维护多个观察者，并接收通知消息的转发。

在使用可维护多个观察者的 Observable<T>或 Subject<T>时我们需要格外注意一点，那就是及时地注销不必要的观察者。

比如，应用程序中除根组件外的其他组件（比如以上代码中的组件 A）的实例通常会被多次创建和销毁，而它的每一次创建都会向购物车商品总数服务维护的可观察对象注册一个观察者。如果不及时地注销这些观察者，那么购物车商品总数服务维护的“过期”观察者就会越来越多，从而导致设备内存的浪费。

说明

以上浪费可能会比我们想象的严重，我们需要考虑观察者本身占用的内存以及它所使用的资源占用的内存，甚至包括它所引用的闭包环境占用的内存。

为了实现这样的注销，我们需要再次修改购物车商品总数服务的定义代码，使其与代码清单 12-27 一致。

代码清单 12-27　src/cart-total.service.ts

```
// 导入Observable、Subscriber和Subscription
import { Observable, Subscriber, Subscription } from 'rxjs';

// 模拟的购物车商品总数服务
class CartTotalService {
    // 观察者数组
    private observers: Array<Subscriber<number>> = new Array<Subscriber<number>>();

    // 购物车商品总数可观察对象
    cartTotalObservable: Observable<number> = new Observable<number>(x => {
        this.observers.push(x);

        // 观察者函数注销处理函数
        return () => {
            // 从观察者数组中删除需要被注销的观察者
            let index = this.observers.findIndex(y => y === x);
            this.observers.splice(index);
            console.log('一个观察者已被注销');
        }
    });

    // 向每一个观察者发送购物车商品总数通知
    next(cartTotal: number): void {
        for (const subscriber of this.observers) {
            subscriber.next(cartTotal);
        }
    }
}

// 创建购物车商品总数服务
let cartTotalService = new CartTotalService();

// 模拟根组件行为，向购物车商品总数服务维护的可观察对象注册观察者
cartTotalService.cartTotalObservable.subscribe(x => {
    console.log('根组件收到购物车商品总数: ${x}');
});

// 组件A也可以向购物车商品总数服务维护的可观察对象注册观察者
let subscription: Subscription = cartTotalService.cartTotalObservable.subscribe(x => {
    console.log('其他组件收到购物车商品总数: ${x}');

    console.log('组件A注销当前观察者之前的观察者数量: ${(cartTotalService as any).observers.length}');
    subscription.unsubscribe(); // 注销观察者
    console.log('组件A注销当前观察者之前的观察者数量: ${(cartTotalService as any).observers.length}');
});

// 模拟商品细节组件行为，通过可观察对象转发购物车商品总数
console.log('第一次发送购物车商品总数通知');
```

```
    console.log('---------------------------');
    cartTotalService.next(3);
    console.log('');
    // 再次通知购物车商品总数
    console.log('第二次发送购物车商品总数通知');
    console.log('---------------------------');
    cartTotalService.next(3);
```

以上修改主要包含以下几个部分：

（1）使组件 A 在注册观察者时，将可观察对象的消息订阅方法 subscribe()方法的返回值赋给了一个类型为 Subscription 的变量 subscription；

（2）使组件 A 中的观察者通知函数调用了以上变量 subscription 的 unsubscribe()方法；

（3）使购物车商品总数服务中的观察者注册处理函数返回了一个箭头函数。

以上修改中涉及的 Subscription 为 RxJS 中的订阅对象类，RxJS 中的 Observable<T>和 Subject<T>的消息订阅方法 subscribe()都会返回这个类的实例，即订阅对象。

从以上第二处修改中可以发现，订阅对象有一个名为 unsubscribe()的方法，这个方法被称为**取消订阅方法**，其作用是通知可观察对象注销当前被注册的观察者。

也就是说，以上第二处修改的作用就是在组件 A 接收到购物车商品总数通知时，通知购物车商品总数服务维护的可观察对象注销组件 A 注册到其中的观察者。

当构造可观察对象时，我们可以向 Observable<T>的构造函数提供一个观察者注册处理函数。这个观察者注册处理函数其实还可以返回一个观察者注销处理函数，当可观察对象接收到观察者注销通知时，它会调用这个函数来进行实际的观察者注销。

显然以上第三处修改中的箭头函数就是观察者注销处理函数，其目前的工作是从商品总数服务维护的观察者数组中删除需要被注销的观察者——对于组件 A 中的 unsubscribe()方法调用来说，会被删除的就是 A 组件注册到这一数组中的观察者。

因此，当以上代码第一次发送购物车商品总数通知时，根组件和组件 A 都能接收到这一通知；在随后的第二次购物车商品总数通知被发送时，则只有根组件能接收到这一通知了。

实际情况真的是这样吗？让我们保存以上修改并执行相应的编译结果，随后被输出的以下内容将证实这一点：

```
    第一次发送购物车商品总数通知
    ---------------------------
    根组件收到购物车商品总数： 3
    其他组件收到购物车商品总数： 3
    组件 A 注销当前观察者之前的观察者数量： 2
    一个观察者已被注销
    组件 A 注销当前观察者之前的观察者数量： 1

    第二次发送购物车商品总数通知
    ---------------------------
    根组件收到购物车商品总数： 3
```

至此，我们便完成了基于 Observable<T>的购物车商品总数服务的模拟。在这个过程中我们发现 Observable<T>和 Subject<T>有以下两个最大的不同点：

（1）Observable<T>只维护一个观察者，而 Subject<T>可维护多个；

（2）Observable<T>没有公共的通知转发方法 next()，而 Subject<T>有这个方法。

此外，我们还发现，尽管 Observable<T>相比于 Subject<T>有些限制，但仍然可以通过观察者注册处理方法来突破这些限制，从而使 Observable<T>可以替代 Subject<T>。

但在大多数情况下我们没有必要这样做，除非我们需要对观察者的注册进行更加细粒度的控制，比如限制观察者的数量。

最后需要注意的是，不管是使用 Observable<T>还是使用 Subject<T>，我们都需要注意及时地注销不再需要的观察者（当收到观察者注销通知时，Subject<T>自己会处理相应的观察者的注销），以避免内存的浪费。

说明

到目前为止，天天菜园中的代码还没有进行过观察者的注销，因为其中由 HttpClient 的 get<T>和 post<T>方法返回的可观察对象及其维护的观察者会随组件的销毁而被销毁。此外，Observable<T>和 Subject<T>（以及其他相关的类）所包含的细节远比本节所描述的多。如果读者想要了解这些细节的全部，请访问 RxJS 的 GitHub 仓储，以及 API 文档。

在明白了 Observable<T>和 Subject<T>之间的异同以及相关的注意事项之后，接下来，让我们回到天天菜园中，继续完成购物车商品总数在购物车组件和应用程序根组件之间的同步。

12.3　服务模块：封装共享服务

在 12.2.2 节中，当试图实现购物车商品总数在购物车组件和应用程序根组件之间的同步时，我们陷入了两难：我们希望取消购物车领域模块对部件模块的导入，但又不能这么做。

之所以会陷入这样的两难，是因为我们错误地将购物车商品总数服务封装到了部件模块中——部件模块的职责是封装需要跨模块共享的组件、指令和管道。

对于需要跨模块共享的服务，我们应该通过**服务模块**来封装。

在本节中，我们的首要任务就是将购物车商品总数服务转移到一个服务模块中，从而使根组件、商品细节组件和购物车组件可以共享同一个购物车商品总数服务实例。

12.3.1　同步购物车商品总数（下）

在购物车商品总数服务转移到服务模块中之前，我们需要在项目源代码目录 src 下新建一个服务模块目录 services，并继续在这个目录下新建一个同名的共享服务目录。

完成以上操作之后，服务模块目录 src/services 及其下的共享服务目录 src/services/services 在项目中的位置将与图 12-19 所示的一致。

图 12-19　服务模块目录在项目中的位置

完成必要的目录创建之后，我们便可以开始转移购物车商品总数服务了。

1. 转移购物车商品总数服务

为了将购物车商品总数服务转移到服务模块中，首先我们需要将部件模块目录下的购物车商品总数服务声明文件 src/widgets/services/cart-total.service.ts 移动到服务模块目录下的服务目录 src/services/services 下。

完成了以上转移之后，我们还需要取消部件模块 WidgetModule 对购物车商品总数服务的封装，为此需要将其定义代码修改至与代码清单 12-28 一致。

代码清单 12-28　src/widgets/widget.module.ts

```
// 必要的导入
import { NgModule } from "@angular/core";
import { FormsModule } from "@angular/forms";
import { WareSearchComponent } from "./components/ware-search.component";
// 此处删除了对购物车商品总数服务的导入

/**
 * 部件模块
 */
@NgModule({
    imports: [FormsModule],                    // 导入表单模块
    declarations: [WareSearchComponent], // 声明商品搜索模块
    exports: [WareSearchComponent]         // 导出商品搜索模块
```

```
    // 此处删除了 providers 属性，以及其中的购物车商品总数服务
})
export class WidgetModule {
}
```

按照要求，我们删除了导入购物车商品总数服务的 import 语句，然后删除了部件模块的 providers 属性。接下来，我们要做的是创建一个封装转移后的购物车商品总数服务的服务模块。

2. 创建服务模块

为了创建服务模块，我们需要在刚刚创建的服务模块目录 src/services 下新建一个名为 service.module.ts 的 TypeScript 文件，然后将代码清单 12-29 复制到其中。

代码清单 12-29　src/services/service.module.ts

```
import { NgModule } from "@angular/core"; // 导入模块装饰器
import { CartTotalService } from "./services/cart-total.service"; // 导入购物车商品总数服务

/**
 * 服务模块
 */
@NgModule({
    providers: [CartTotalService]          // 注册购物车商品总数服务
})
export class ServiceModule {
}
```

我们将服务模块定义为 ServiceModule，然后将从被转移至共享服务目录下的购物车商品总数服务 CartTotalService 添加到其 providers 属性中。

说明　虽然我们将当前服务模块命名为 ServiceModule，但完全可以给它取其他名字，比如 CoreModule。此外，虽然目前我们只创建了一个服务模块，但完全可以根据需要创建多个服务模块。

将购物车商品总数服务添加到服务模块的 providers 属性中的目的是使购物车商品总数服务可以被注册到依赖注入其中，但我们应该将它注册到哪个依赖注入器中呢？

答案显然应该是根依赖注入器，因为只有根依赖注入器中的服务可以同时被注入根组件、商品细节组件和购物车组件中。为了将购物车商品总数服务注册到根依赖注入器中，我们需要将服务模块导入根模块中。

3. 导入服务模块到根模块

为了将服务模块导入根模块中，我们需要对根模块的定义代码做些修改，使其与代码清单 12-30 一致。

代码清单 12-30　src/app/app.module.ts

```
// ...省略的 import
import { ServiceModule } from '../services/service.module'; // 导入服务模块

@NgModule({
    imports: [BrowserModule, WareModule, AppRoutingModule, HttpModule, ServiceModule/* 导入服务模块*/],
    declarations: [AppComponent],
    bootstrap: [AppComponent]
})
export class AppModule {
}
```

按照要求，我们通过 import 语句导入了服务模块 ServiceModule，然后将它添加到了根模块 AppModule 的 imports 属性中。

这样一来，当 Angular 运行时在加载根模块时也会加载服务模块，并将服务模块的 providers 属性中的购物车商品总数服务 CartTotalService 注册到根依赖注入器中，从而使根组件、商品细节组件和购物车组件获得同一个购物车商品总数服务的注入。

但在这三个组件真正获得购物车商品总数服务的注入之前，我们还需要对它们的定义代码进行一番简单的重构。

4. 重构相关组件

为了完成根组件、商品细节组件和购物车组件的定义代码的重构，我们需要将它们修改至分别与代码清单 12-31 到代码清单 12-33 一致。

代码清单 12-31　src/app/components/app.component.ts

```
import { Component } from '@angular/core';
import { CartTotalService } from '../../services/services/cart-total.service'; // 修改购物车
// 商品总数服务的目标路径

@Component({
    // ...省略的代码
})
export class AppComponent {
    // ...省略的代码
}
```

代码清单 12-32　src/wares/components/ware-detail.component.ts

```
// ...省略的 import
import { CartTotalService } from '../../services/services/cart-total.service'; // 修改购物车
// 商品总数服务的目标路径

@Component({
    // ...省略的代码
})
export class WareDetailComponent implements OnInit {
    // ...省略的代码
}
```

代码清单 12-33　src/carts/components/cart.component.ts

```
// ...省略的 import
import { CartTotalService } from '../../services/services/cart-total.service'; // 修改购物车
// 商品总数服务的目标路径

/**
 * 定义购物车组件类
 */
@Component({
    // ...省略的代码
})
export class CartComponent implements OnInit {
    // ...省略的代码
}
```

我们对以上三个文件做的修改是一样的，即将它们导入的购物车商品总数服务的目标路径由../../widgets/services/cart-total.service.ts 换成了../../services/services/cart-total.service.ts，因为后者是购物车商品总数服务转移之后的目标路径。

说明

如果读者在第 7 章单击过 VS Code 自动重构提示中的“始终自动更新 import 语句”，就不需要执行以上重构。

至此，我们便完成了购物车商品数量的同步：不管是通过商品细节组件将商品添加到购物车，还是通过购物车组件更新商品数量或删除商品，这两个组件都会通过同一个购物车商品总数服务发送购物车商品总数更新通知，同时根组件也会通过同一个购物车商品总数服务接收到这一通知，并将通知结果（即最新的购物车商品总数）显示到根视图。

图 12-20～图 12-22 展示了与以上操作对应的结果。

说明

图 12-22 所示的提示 DIV 被搜索框遮挡了一部分，这是其 z-index 太低导致的，我们将在 12.3.2 节修正此问题。

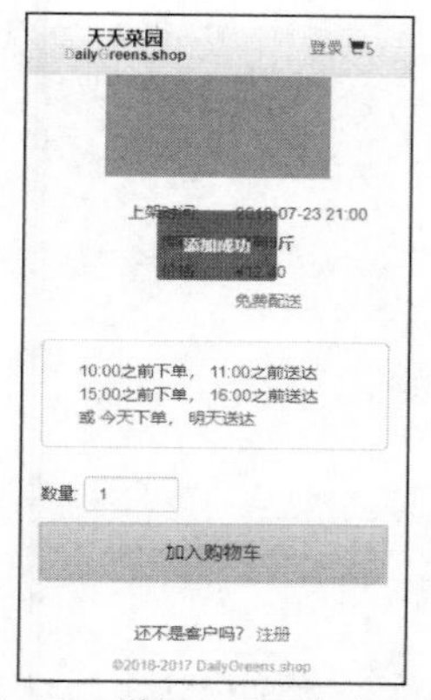

图 12-20 增加 1 斤无公害西蓝花

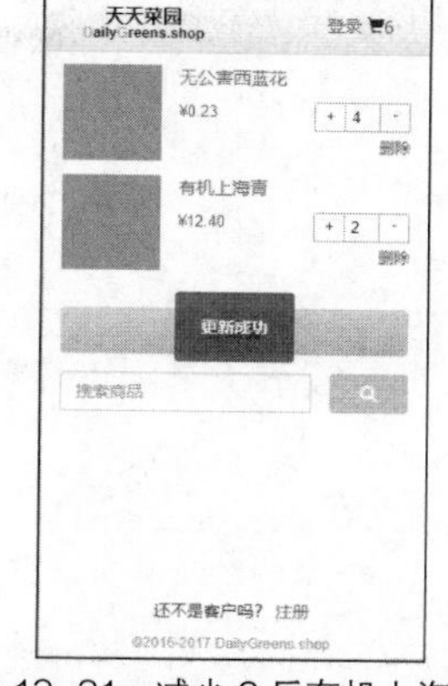

图 12-21 减少 2 斤有机上海青

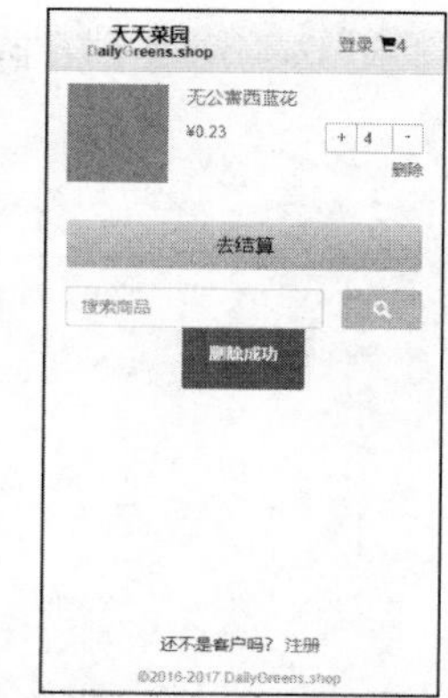

图 12-22 删除有机上海青

接下来让我们趁热打铁，继续解决天天菜园中与购物车商品总数同步类似的一个问题，即登录客户姓名的同步。

12.3.2 同步登录客户姓名

登录客户姓名的同步问题是这样的：客户在通过登录视图完成登录时，会被导航到商品列表视图，却没有得到更加明显的登录成功提示。

在本节中，我们的任务就是在客户登录成功后被导航到商品列表视图的同时，将根视图右上角的“登录”链接替换为客户的姓名，从而使客户可以明确地知道自己已经登录成功。

图 12-23 展示了登录链接被替换为客户姓名之后的效果。

图 12-23 替换登录链接的客户姓名

基于 12.3.1 节的经验可以知道，为了实现图 12-23 所示的客户姓名同步效果，我们需要创建一个用于传递登录客户姓名通知的共享服务，然后使客户登录组件通过这个共享服务将成功登录的客户的姓名传递到根组件中。

接下来，我们先来创建这个用于通知客户姓名的共享服务。

1. 创建客户姓名服务

为了创建用于通知客户姓名的共享服务，我们需要在共享服务目录 src/services/services 下新建一个名为 customer-name.service.ts 的 TypeScript 文件，然后将代码清单 12-34 复制到其中。

代码清单 12-34 src/services/services/customer-name.service.ts

```
import { Injectable } from '@angular/core'; // 导入可注入装饰器类
import { HttpClient } from '@angular/common/http'; // 导入 HttpClient
import { GenericServiceResult } from '../../tools/service-result'; // 导入服务端响应结果类
import { Subject, Subscription } from 'rxjs'; // 导入目标对象类 Subject

/**
 * 定义客户姓名服务
 */
@Injectable() // 将客户姓名服务装饰为可被注入的
export class CustomerNameService {
    /**
     * 构造客户姓名服务
     * @param httpClient 注入 HttpClient 实例
     */
    constructor(private httpClient: HttpClient) {
    }

    // 登录客户姓名 Subject
```

```
    private customerNameSubject: Subject<string> = new Subject<string>();

    /**
     * 注册接收登录客户姓名的通知方法
     * @param next 观察者通知函数
     */
    subscribeCustomerName(next: (x: string) => void): Subscription {
        return this.customerNameSubject.subscribe(next);
    }

    /**
     * 更新登录客户姓名
     */
    updateCustomerName() {
        // 从服务端获取已登录客户的姓名
        this.httpClient.get<GenericServiceResult<string>>('api/customer/name').subscribe(x => {
            // 如果获取成功，那么通过 Subject 将客户姓名通知给所有的观察者
            if (x.success == true) {
                this.customerNameSubject.next(x.data);
            }
        });
    }
}
```

用于通知客户姓名的服务被定义为客户姓名服务 CustomerNameService，它和前面的购物车商品总数服务一样，通过一个目标对象 customerNameSubject 来传递登录客户的姓名。

但和购物车商品总数服务不同的是，以上目标对象 customerNameSubject 的可访问性不再是 public，这意味着目标对象 customerNameSubject 变得更加安全——客户姓名服务的使用者无法直接访问其成员。

那么客户姓名服务的使用者是如何通过 customerNameSubject 来传递客户姓名的呢？答案是通过其下方的客户姓名订阅方法 subscribeCustomerName()和客户姓名更新方法 updateCustomerName()。

随后根组件会通过以上客户姓名订阅方法来向目标对象 customerNameSubject 注册一个观察者通知函数，而客户登录组件会通过以上客户姓名更新方法来从服务端的登录客户姓名 Web API 获取登录客户的姓名，然后通过目标对象 customerNameSubject 将获取到的客户姓名通知给根组件中的观察者通知函数。

是不是打算尝试一下客户姓名服务的效果了？请不要着急，我们还需要将它注册到根依赖注入器中。

注意

不要忘记导入可注入装饰器 Injectable，并使用它装饰客户姓名服务。

2. 注册客户姓名服务

为了将客户姓名服务注册到根依赖注入器中，我们需要修改服务模块 ServiceModule 的定义代码，使其与代码清单 12-35 一致。

代码清单 12-35　src/services/service.module.ts

```
import { NgModule } from "@angular/core";
import { CartTotalService } from "./services/cart-total.service";
import { CustomerNameService } from "./services/customer-name.service"; // 导入登录客户姓名服务

@NgModule({
    providers: [CartTotalService, CustomerNameService/*注册登录客户姓名服务*/]
})
export class ServiceModule {
}
```

按照要求，我们通过 import 语句导入了客户姓名服务 CustomerNameService，然后将其添加到了服务模块的 providers 属性中。

这样一来，Angular 运行时在将服务模块加载到应用程序根模块中时，就会将客户姓名服务注册到根依赖注入器中。一旦客户姓名服务被注册到根依赖注入器中，我们就可以通过获取它的实例来发送和接收登录客户的姓名了。我们先来完成登录客户姓名的发送。

3. 通知登录客户姓名

为了完成客户姓名的发送，我们需要修改客户登录组件 LogInComponent 的定义代码，使其与代码清单 12-36 一致。

代码清单 12-36 src/customers/components/log-in.component.ts

```
// ...省略的导入
import { CustomerNameService } from '../../services/services/customer-name.service';
// 导入登录客户姓名服务

@Component({
    // ...省略的代码
})
export class LogInComponent {
    private customer: Customer;
    private shouldPersist: boolean;

    /**
     * 构造客户登录组件
     * @param customerService 客户服务
     * @param route 活动路由项
     * @param router 路由器
     * @param customerNameService 注入登录客户姓名服务
     */
    constructor(private customerService: CustomerService, private route: ActivatedRoute,
private router: Router, private customerNameService: CustomerNameService) {
            this.customer = new Customer();
            this.customer.phone = this.route.snapshot.params['phone'];
    }

    logIn() {
        console.log('LogInComponent.logIn()方法被执行');
        this.customerService.checkCustomer(this.customer, this.shouldPersist).subscribe(x => {
            let json = x.json();

            if (json.success) {
                console.log('登录成功');
                this.router.navigate(['/']);

                // 发送登录客户姓名更新通知
                this.customerNameService.updateCustomerName();
            }
            else {
                console.error(json.message);
            }
        });
    }
}
```

我们先通过 import 语句导入了客户姓名服务 CustomerNameService，并通过参数属性 customerName Service 为客户登录组件注入了一个客户姓名服务的实例。接着，我们在接收服务端客户登录 Web API 响应的观察者通知函数中添加了语句“this.customerNameService.updateCustomerName();”。

这样一来，当客户登录成功时客户姓名服务的 updateCustomerName()就会被调用，并由此从服务端获取当前登录的客户的姓名，然后将这个姓名通知给客户姓名服务维护的目标对象 customerNameSubject 的观察者。

显然，目前 customerNameSubject 还没有被注册观察者，因此接下来我们的任务就是在应用程序根组件中向它注册观察者，以接收登录客户的姓名。

4. 接收登录客户姓名通知

为了实现以上观察者的注册，我们需要修改应用程序根组件的定义代码，使其与代码清单 12-37 一致。

代码清单 12-37 src/app/components/app.component.ts

```
import { Component } from '@angular/core';
import { CartTotalService } from '../../services/services/cart-total.service';
```

```
    import { CustomerNameService } from '../../services/services/customer-name.service';
// 导入登录客户姓名服务

    @Component({
        // ...省略的代码
    })
    export class AppComponent {
        cartTotal: number = 0; // 购物车商品总数
        customerName: string; // 登录客户姓名

        /**
         * 构造根组件
         * @param cartTotalService 注入购物车商品总数服务
         * @param customerNameService 注入登录客户姓名服务
         */
        constructor(private cartTotalService: CartTotalService, private customerNameService:
CustomerNameService) {
            this.cartTotalService.cartTotalSubject.subscribe(x => {
                this.cartTotal = x;
            });

            // 向登录客户姓名服务注册登录客户姓名更新通知
            this.customerNameService.subscribeCustomerName(x => {
                // 保存登录客户姓名到属性 customerName
                this.customerName = x;
            });
        }
    }
```

首先，我们通过 import 语句导入了客户姓名服务 CustomerNameService，并通过参数属性 customer NameService 为根组件注入了一个客户姓名服务的实例。

其次，我们在根组件的构造函数中调用了客户姓名服务的登录客户姓名订阅方法 subscribeCustomerName()，以向客户姓名服务维护的目标对象 customerNameSubject 注册接收登录客户姓名的观察者通知函数。

在以上观察者通知函数中，我们将其接收到的登录客户的姓名赋给了一个新增的组件属性 customerName，因为这样我们才能通过插值绑定来将登录客户的姓名显示到根视图中。为了实现这样的显示，我们需要继续修改根模板的定义代码，使其与代码清单 12-38 一致。

代码清单 12-38　src/app/views/app.html

```
    <nav class="navbar navbar-fixed-top">
        <div class="container">
            <!--省略的代码-->
            <div>
                <!--使用 NgIf 指令，以使登录链接仅在客户未登录的前提下被显示-->
                <a [routerLink]="'/customer/log-in'" *ngIf="!customerName; else welcome">登录</a>
                <!--NgIf 指令的 else 块，使客户姓名在客户登录了的情况下被显示-->
                <ng-template #welcome>欢迎，{{customerName}}</ng-template>
                <span class="glyphicon glyphicon-shopping-cart" [routerLink]="'/cart'">{{cartTotal}
}</span>
            </div>
        </div>
    </nav>
    <div class="container">
        <router-outlet></router-outlet>
    </div>
    <footer>
        <!--省略的代码-->
    </footer>
```

我们在登录链接上添加了一个 NgIf 指令，这个指令会在刚刚提到的组件属性 customerName 的值为空的情况下将登录链接保留在视图中。

此外，我们还给 NgIf 指令添加了一个 else 表达式“else welcome”，以使登录链接下方的嵌套模板标签<ng-template>背后的嵌套视图在组件属性 customerName 有值的情况下被显示到视图中。

也就是说，现在我们已经完成了同步登录客户姓名的任务：在客户登录之前，根组件的 customerName 属性不会被赋值，根视图中的登录链接因此会被保留；在客户登录之后，根组件的 customerName 属性的值最终会被赋为客户的姓名，根视图中的登录链接则会被替换为“欢迎，客户姓名”。

因此，如果我们保存以上所有代码的编辑并刷新浏览器，然后导航到客户登录视图并重新进行登录，将看到图 12-24 所示的结果。

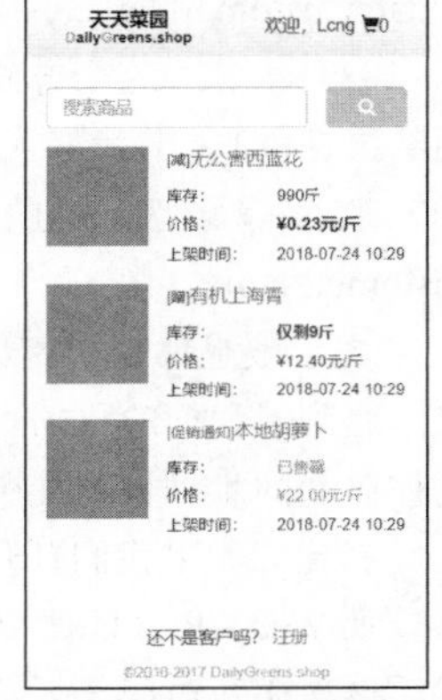

图 12-24 同步登录客户姓名

可以看到，根视图右上角的登录链接确实被隐藏了，取而代之的也确实是我们之前注册天天菜园的客户时提供的姓名。

但细心的读者应该会发现一个问题，那就是图 12-24 中购物车图标右侧的购物车商品总数本应该是 2 的，但现在它变回了 0——12.3.1 节结束到现在，我们并没有操作过购物车。

为什么会出现这样的问题呢？因为我们刚刚通过刷新浏览器重启了（客户端）应用程序，但在那之后应用程序再也没有从服务端获取过最新的购物车商品数量。

事实上，除了购物车商品总数归零，如果我们再次刷新浏览器，就会发现根视图右上角的客户姓名也恢复成了登录链接——原因同样是应用程序重启后，再也没有从服务端获取过登录客户的姓名。

那么，怎样才能在应用程序（重新）启动时，让应用程序自动从服务端获取购物车商品总数和登录客户姓名呢？

12.3.3 完善同步

首先，让我们先来实现登录客户姓名的自动获取。

1. 自动同步登录客户姓名

其实，要实现登录客户姓名的自动获取很简单，我们只需要修改根组件 AppComponent 的定义代码，使其与代码清单 12-39 一致。

代码清单 12-39 src/app/components/app.component.ts

```
import { Component, OnInit/*导入组件初始化钩子方法接口*/ } from '@angular/core';
import { CartTotalService } from '../../services/services/cart-total.service';
import { CustomerNameService } from '../../services/services/customer-name.service';

@Component({
    // ...省略的代码
})
export class AppComponent implements OnInit /*实现初始化钩子方法接口*/ {
    cartTotal: number = 0;
    customerName: string;

    constructor(private cartTotalService: CartTotalService, private customerNameService: 
CustomerNameService) {
        this.cartTotalService.cartTotalSubject.subscribe(x => {
            this.cartTotal = x;
        });

        this.customerNameService.subscribeCustomerName(x => {
            this.customerName = x;
        });
    }

    // 初始化钩子方法
    ngOnInit(): void {
        // 尝试从服务端获取登录客户姓名，然后发送登录客户姓名更新通知
        this.customerNameService.updateCustomerName();
    }
}
```

我们让根组件实现了组件初始化钩子方法接口 OnInit，并在相应的实现方法 ngOnInit()中调用了客户姓名服务的客户姓名更新方法 updateCustomerName()。

这样一来，这个方法就会在根组件被初始化之后被调用，而其调用结果在 12.2 节我们已经知道了，即从服务端的登录客户姓名 Web API 获取登录客户的姓名，并将这个姓名通知给根组件的属性 customerName。

由于根组件的初始化是由应用程序的启动引发的，因此以上修改已然达到了我们的目的。如果我们保存以上修改并刷新浏览器，将看到被自动同步到根视图中的客户姓名，显示界面与图 12-24 一致。

接着，如果我们打开一个新的浏览器标签，并通过它访问一次退出登录 Web API（URL 为 http://localhost:50424/api/customer/log-out），然后再次刷新访问天天菜园的浏览器标签，就会看到根视图中的客户姓名被恢复为登录链接，如图 12-25 所示。

图 12-25 退出登录后，恢复到根视图中的登录链接

说明

目前，我们还没有提供退出登录的链接或其他入口，因此现在来说退出登录最直接的方式就是通过浏览器访问一次退出登录 Web API。

这是我们希望达到的效果，因为客户一旦退出登录，我们不可能让他们的姓名仍然留在根视图中。

至此，我们便实现了登录客户姓名的自动同步。接下来，让我们继续实现购物车商品总数的自动同步。

2. 自动同步购物车商品总数

基于以上自动同步登录客户姓名的经验，相信聪明的读者已经发现了自动同步购物车商品总数的方法，那就是在购物车商品总数服务 CartTotalService 中添加一个与客户姓名服务的 updateCustomerName()类似的方法，然后在根组件的 ngOnInit()方法中调用这个方法。

首先，让我们先将这么一个方法添加到购物车商品总数服务中，使购物车商品总数服务的定义代码与代码清单 12-40 一致。

代码清单 12-40 src/services/services/cart-total.service.ts

```
import { Subject } from 'rxjs';
import { Injectable } from '@angular/core'; // 导入可注入装饰器
import { HttpClient } from '@angular/common/http'; // 导入 HttpClient
import { GenericServiceResult } from '../../tools/service-result'; // 导入服务结果类

@Injectable() // 将购物车总数服务装饰为可被注入的
export class CartTotalService {
    /**
     * 构造商品总数服务
     * @param httpClient 注入 HttpClient
     */
    constructor(private httpClient: HttpClient) {
    }

    // 商品总数目标对象
    cartTotalSubject: Subject<number> = new Subject();

    /**
     * 从 Web API 获取购物车商品总数
     */
    updateCartTotal(): void {
        this.httpClient.get<GenericServiceResult<number>>('/api/cart/total-count').subscribe(x => {
            if (!x.success) {
                return;
            }
```

```
                // 发送购物车商品总数通知
                this.cartTotalSubject.next(x.data);
            })
        }
    }
```

按照要求，我们给购物车商品总数服务添加了一个名为 updateCartTotal()的方法，然后在这个方法中从服务端购物车商品总数获取 Web API 获取购物车商品总数，并在获取成功的情况下将这个总数发送给 cartTotalSubject 的观察者。

由于以上 updateCartTotal()方法需要使用 HttpClient，我们还导入了 Injectable、Http 和 GenericService Result 这三个必要的类，然后通过 Injectable 将购物车商品总数服务装饰成了可被注入的类，并向其注入了 HttpClient。

接下来，我们需要在根组件的 ngOnInit()方法中调用以上 updateCartTotal()方法，因此还需要修改根组件的定义代码，使其与代码清单 12-41 一致。

代码清单 12-41 src/app/components/app.component.ts

```
    // ...省略的 import

    @Component({
        // ...省略的代码
    })
    export class AppComponent implements OnInit {
        cartTotal: number = 0;
        customerName: string;

        constructor(private cartTotalService: CartTotalService, private customerNameService:
CustomerNameService) {
            this.cartTotalService.cartTotalSubject.subscribe(x => {
                this.cartTotal = x;
            });

            this.customerNameService.subscribeCustomerName(x => {
                this.customerName = x;
            });
        }

        ngOnInit(): void {
            this.customerNameService.updateCustomerName();

            // 尝试从服务端获取购物车商品总数，然后发送购物车商品总数通知
            this.cartTotalService.updateCartTotal();
        }
    }
```

按照要求，我们在根组件的 ngOnInit()方法中调用了购物车商品总数服务 cartTotalService 的 updateCart Total()方法。

接下来，如果我们保存以上所有代码的编辑并刷新浏览器，然后重新登录并再次刷新浏览器，将看到购物车中的商品数量出现在根视图中的购物车图标旁，如图 12-26 所示。

图 12-26 刷新时同步购物车商品数量

至此，我们便完成了购物车商品数量的自动同步。但目光敏锐的读者或许还会发现一个 bug，即在以上第二次刷新浏览器之前（重新登录之后），根视图中的购物车图标旁的商品总数显示的是 0。

为什么说这是一个 bug 呢？因为此时客户已经登录了，客户的姓名被显示到了根视图中，其购物车中的商品总数却没有得到相应的显示。

好在，这个 bug 容易解决。

3. 登录时同步购物车商品总数

为了使客户在登录之后看到他/她的购物车商品总数，我们只需要简单

地修改客户登录组件 LogInComponent 的定义代码，使其与代码清单 12-42 一致。

代码清单 12-42　src/customers/components/log-in.component.ts

```
// ...省略的 import
import { CartTotalService } from '../../services/services/cart-total.service'; // ...导入购物车商品总数服务

@Component({
    // ...省略的代码
})
export class LogInComponent {
    private customer: Customer;
    private shouldPersist: boolean;

    /**
     * 构造客户登录组件
     * @param customerService 客户服务
     * @param route 活动路由项
     * @param router 路由器
     * @param customerNameService 注入登录客户姓名服务
     * @param cartTotalService 注入购物车商品总数服务
     */
    constructor(private customerService: CustomerService, private route: ActivatedRoute, private router: Router, private customerNameService: CustomerNameService, private cartTotalService: CartTotalService) {
        // ...省略的代码
    }

    logIn() {
        console.log('LogInComponent.logIn()方法被执行');
        this.customerService.checkCustomer(this.customer, this.shouldPersist).subscribe(x => {
            let json = x.json();

            if (json.success) {
                console.log('登录成功');
                this.router.navigate(['/']);
                this.customerNameService.updateCustomerName();

                // 发送购物车商品总数通知
                this.cartTotalService.updateCartTotal();
            }
            else {
                console.error(json.message);
            }
        });
    }
}
```

首先，我们通过 import 语句导入了购物车商品总数服务类 CartTotalService，然后通过参数属性 cartTotalService 为客户登录组件注入了购物车商品总数服务的实例。其次，我们在 logIn()方法中添加了语句“this.cartTotalService.updateCartTotal();”，从而使购物车商品总数服务的 updateCartTotal()方法在客户登录成功时被调用。

这一调用的结果我们已经再熟悉不过了，即购物车商品总数被从服务端获取，然后被通知到根组件的属性 cartTotal 上，并最终被显示到根视图中。

因此，如果我们保存以上代码的修改并刷新浏览器，然后退出登录并再次进行登录，就会看到立即被显示到根视图中的购物车商品总数，显示界面与图 12-26 相同。

至此，我们便在服务模块（内的共享服务）的帮助下，完整地完成了购物车商品总数和登录客户姓名的所有同步。

接下来，让我们再花些时间来对 Angular 应用程序中的五种特性模块做一个对比，从而对它们的应用场景做一个总结。

12.3.4 五种特性模块的比较

我们已经知道，Angular 应用程序中除了**应用程序根模块**（Root Module），还有五种特性模块，它们分别是**领域模块**、**路由加载模块**、**路由配置模块**、**部件模块**和**服务模块**。

到目前为止，我们已经创建过了这五种特性模块中的每一种，并明白了它们各自存在的意义。为了加深对它们的印象，让我们最后再对它们进行一次对比和总结。

（1）领域模块：负责实现应用程序业务领域的模块，通常封装业务领域内的组件、指令、管道和服务。领域模块可以被直接导入根模块中而成为应用程序的一部分，也可以通过路由器被加载到应用程序中。天天菜园中的 WareModule、CustomerModule 和 CartModule 都是领域模块，其中 WareModule 被直接导入根组件中，因此，没有自己的子依赖注入器。

（2）路由加载模块：通过路由器加载的业务领域模块（仍然是领域模块），拥有属于自己的子依赖注入器。天天菜园中的 CustomerModule 和 CartModule 都是路由加载模块，它们封装的服务只会被注册到各自的子依赖注入器中。

（3）路由配置模块：负责应用程序根模块和领域模块内的路由项注册的模块，不应封装组件、指令、管道和服务，只能被导入根模块和相应的领域模块中。天天菜园的 AppRoutingModule、WareRoutingModule、CustomerRoutingModule 和 CartRoutingModule 都是路由配置模块。

（4）部件模块：负责封装应用程序中共享的组件、指令和管道的模块，理想情况下不应封装服务（可封装必要的非共享服务），可以被导入根模块和任意领域模块中。天天菜园中的 WidgetModule 属于部件模块，Angular 框架中的 CommonModule、FormModule 和 RouterModule 也属于部件模块。

（5）服务模块：负责封装应用程序中的共享服务，理想情况下只应封装服务（可封装必要的非共享组件、指令和管道），同时只应被导入根模块中。天天菜园中的 ServiceModule 属于服务模块，Angular 中的 HttpClientModule 也属于服务模块。

当然，除了模块以及模块中的组件、指令、管道和服务，我们还能定义必要的帮助类——服务结果类 ServiceResult 及其泛型子类 GenericServiceResult 就是这样的例子。

12.4 小结

在 12.1 节中，我们在部件模块的帮助下实现了商品搜索组件的共享。这一实现过程是这样的：

（1）定义独立的共享商品搜索组件 WareSearchComponent；

（2）定义部件模块 WidgetModule，以声明并导出共享商品搜索组件；

（3）导入部件模块到商品领域模块 WareModule 和购物车领域模块 CartModule 中；

（4）在商品领域模块内的商品列表模板和购物车领域模块内的购物车模板中，使用共享商品搜索组件的选择器<ware-search>。

在 12.2 节中，我们首先通过 RxJS 中的目标对象类 Subject<T>实现了天天菜园中的购物车商品总数在商品细节组件和应用程序根组件之间的同步。接着，我们通过 Observable<T>模拟了 Angular 中的 HttpClient，从而明白了为什么其 get<T>()方法（以及 post<T>()方法）在被调用之后不会立即向服务端发送请求。随后，我们通过对模拟的 HttpClient 进行改版，使它返回热可观察对象，从而使它的 get<T>()方法在被调用之后得以立即向服务端发送请求。最后，我们还通过 Observable<T>模拟了一个天天菜园中的购物车商品总数服务，并因此明白了 RxJS 中的 Observable<T>和 Subject<T>之间的主要区别。

在 12.3 节中，我们通过服务模块实现了购物车商品总数和登录客户姓名的同步，同时还总结了 Angular 应用程序中五种特性模块各自的职责。

第 13 章　天天菜园：完善（下）

在第 12 章中，我们先后通过部件模块、Subject 和服务模块解决了天天菜园中一些已知的遗留问题，使天天菜园得到了很大程度的完善。

但对于追求完美的我们来说，天天菜园还有不少可以被优化的地方。比如，未登录用户仍然能访问购物车视图，只是在进入这一视图之后会获得内容为“请先登录”的提示；而为了实现消息提示，商品细节组件和购物车组件需要维护各自的 message 属性，同时相应的模板也要维护各自的消息提示 <div>。

出于安全考虑，我们必须对购物车视图实施安全保护，即阻止未登录用户进入购物车视图，并将发起这一尝试的用户导航到客户登录视图。

对于消息提示的问题，为了便于维护，我们应该实现一个可以共享的消息提示功能，使其可以服务于整个应用程序中任何有需要的地方。

接下来，我们先来看看怎样才能实现对购物车视图的保护。

13.1　保护购物车视图

我们已经知道，当用户单击根视图右上角的购物车图标时，背后的路由器链接指令会监听到这一单击并向路由器发起加载购物车领域模块的请求。

此时读者可能会想，如果路由器能够判断用户是否登录，并在发现用户未登录的情况下拒绝加载购物车领域模块的请求就好了。

事实上，路由器能够做到这一点，只是我们需要给它提供一些帮助，而这帮助就是创建路由守卫（Route Guard）。

13.1.1　创建路由守卫

路由守卫会是一个共享的服务，因此我们需要将它创建到封装共享服务到服务模块中。为了完成它的创建，我们需要在服务模块下的共享服务目录 src/services/services 下新建一个名为 auth.guard.ts 的 TypeScript 文件，并将代码清单 13-1 复制到这个文件中。

代码清单 13-1　src/services/services/auth.guard.ts

```
import { Injectable } from "@angular/core";
import { CanLoad, Router } from "@angular/router"; // 导入路由守卫接口 CanLoad
import { Observable } from "rxjs";
import { HttpClient } from "@angular/common/http";
import { GenericServiceResult } from "../../tools/service-result";
import { map } from 'rxjs/operators'; // 导入映射函数 map()

/**
 * 路由守卫服务
 */
@Injectable()
export class AuthGuard implements CanLoad {
   customerName: string; // 在客户端保存登录用户的姓名
```

```
    /**
     * 构造路由守卫服务
     * @param httpClient 注入HttpClient
     * @param router 注入router
     */
    constructor(private httpClient: HttpClient, private router: Router) {
    }

    /**
     * 路由模块加载守卫方法：当返回 true 或发送值为 true 的可观察对象时，目标路由模块会被加载；反之则不会
     */
    canLoad(): boolean | Observable<boolean> {
        // 如果客户端保存的登录客户姓名不为空，那么直接返回 true
        if (this.customerName) {
            return true;
        }

        // 从服务端获取已登录客户的姓名
        let responseObservable: Observable<GenericServiceResult<string>> = this.httpClient
.get<GenericServiceResult<string>>('api/customer/name');

        // 将类型为Observable<GenericServiceResult<string>>的可观察对象 responseObservable,
        // 映射成类型为Observable<boolean>的可观察对象 successObservable
        let successObservable: Observable<boolean> = responseObservable.pipe(map(x => {
            // 如果服务端返回的结果说明客户是已登录的，那么将服务端返回的客户姓名保存到客户端
            if (x.success) {
                this.customerName = x.data;
            }
            else {
                // 如果服务端返回的结果说明客户未登录，那么清楚客户端保存的客户姓名，并将请求导航到客户登
录组件（视图）
                this.customerName = undefined;
                this.router.navigate(['/customer/log-in']);
                return false;
            }

            return x.success;
        }));

        // 返回类型为Observable<boolean>的可观察对象 successObservable
        return successObservable;
    }
}
```

以上代码将路由守卫定义为 AuthGuard，并使其实现了路由器包@angular/router 中封装的路由守卫接口 CanLoad 中的方法 canLoad()。

随后这个方法会在购物车模块被加载之前被调用，那时如果这个方法返回布尔值 true 或可被订阅到布尔值 true 的可观察对象，那么购物车模块将会被加载；反之，购物车模块的加载将会被阻止，请求会被导航到客户登录视图。

这个方法的返回值是基于服务端的登录客户姓名 Web API 决定的：如果登录客户姓名 Web API 成功地返回了登录客户姓名，那么这个方法返回可被订阅到布尔值 true 的可观察对象；反之，则返回可被订阅到布尔值 false 的可观察对象。

为了减少访问登录客户姓名 Web API 的次数，我们还为路由守卫定义了一个 string 类型的属性 customerName 来缓存服务端返回的登录客户姓名，并使以上方法基于这一缓存直接返回 true 或 false。

除此之外，我们还基于类型为 Observable<GenericServiceResult<string>>的可观察对象 responseObservable 映射了一个类型为 Observable<boolean>类型的可观察对象 successObservable，以适应以上方法的返回类型。

接下来，我们便可以开始使用路由守卫了。但在使用它之前，我们需要先将它注册到根依赖注入器中，因为它会被 Angular 运行时当作一个服务来使用。

说明

路由守卫除了可以保护路由模块的加载，还可以保护模块内组件及其子组件的创建，甚至客户保护组件的销毁。

13.1.2　注册路由守卫

为了注册路由守卫，我们需要修改服务模块的定义代码，使其与代码清单 13-2 一致。

代码清单 13-2　src/services/service.module.ts

```
import { NgModule } from "@angular/core";
import { CartTotalService } from "./services/cart-total.service";
import { CustomerNameService } from "./services/customer-name.service";
import { AuthGuard } from "./services/auth.guard"; // 导入路由守卫

/**
 * 服务模块
 */
@NgModule({
    providers: [CartTotalService, CustomerNameService, AuthGuard/*注册路由守卫*/]
})
export class ServiceModule {
}
```

按照要求，我们导入了路由守卫 AuthGuard，并将其添加到了服务模块的依赖提供商集合 providers 中。接下来，我们便可以使用 AuthGuard 来保护购物车领域模块的加载了。

13.1.3　应用路由守卫

为了使用路由守卫 AuthGuard 来保护购物车领域模块的加载，我们只需要对应用程序根路由配置模块的声明文件做些修改，使其与代码清单 13-3 一致。

代码清单 13-3　src/app/app-routing.module.ts

```
import { NgModule } from "@angular/core";
import { Routes, RouterModule } from "@angular/router";
import { AuthGuard } from "../services/services/auth.guard"; // 导入路由守卫

// 定义路由表
let routes: Routes = [{
    path: 'customer', loadChildren: 'src/customers/customer.module.js#CustomerModule'
}, {
    path: 'cart', loadChildren: 'src/carts/cart.module#CartModule', canLoad: [AuthGuard/*
运用路由守卫*/]
}, {
    path: '**', redirectTo: ''
}]

@NgModule({
    imports: [RouterModule.forRoot(routes)],
    exports: [RouterModule]
})
export class AppRoutingModule {
}
```

我们在用于加载购物车路由模块的路由项中添加了一个 canLoad 属性，并将其值设置为包含路由守卫 AuthGuard 这一个成员的数组。

这样一来，路由器在加载购物车领域模块之前会先获得一个路由守卫 AuthGuard 的实例并调用其 canLoad()方法，然后根据这一方法的返回值来决定是否要加载购物车领域模块：

（1）如果获得到的返回值是 true，那么继续加载购物车领域模块，反之则不加载；

（2）如果获得到的是类型为 Observable<boolean>的可观察对象，那么调用其 subscribe()方法以订阅其通知消息，并在订阅到的通知消息为 true 的情况下继续加载购物车领域模块，反之则不加载。

也就是说，完成以上所有工作之后，我们便实现了保护购物车视图这一目的，即仅允许登录客户访问它，而将尝试访问它的未登录用户导航到客户登录视图。

遗憾的是，这一成果无法通过静态图片来展示，因此我们需要自己完成以上所有代码的保存，然后退出天天菜园的登录并刷新浏览器，接着单击应用程序根视图上的购物车图标来体验这一成果带来的成就感。

在体验完以上成果之后，我们还需要考虑另一个问题，那就是对于未登录用户来说，或许我们不应该向其展示购物车图标右侧的商品数量——即使这个数量是0。

相信读者已经想到了通过 NgIf 指令来解决这个问题，但或许这不是最好的解决方案，因为如果整个应用程序中有多个地方需要向未登录用户隐藏一些信息，那么我们就需要多次使用 NgIf 指令，并在每一次使用 NgIf 指令时向它赋一个用于判断用户是否登录的微语法——这难免令人有些厌烦。

有时候烦琐其实是无法避免的，但我们可以降低这一烦琐的程度。为了实现这样的降低，我们需要定义自己的登录验证指令。

13.2 保护登录客户元素

13.2.1 创建登录验证指令

登录验证指令会是一个共享指令，因此我们需要将它创建到封装共享指令的部件模块中。为了完成它的创建，我们需要在部件模块目录 src/widgets 下新建一个共享指令目录 directives，然后在这个共享指令目录下新建一个名为 auth.directive.ts 的 TypeScript 文件，并将代码清单 13-4 复制到这个文件中。

代码清单 13-4 src/widgets/directives/auth.directive.ts

```
// 导入指令装饰器 Directive 和指令/组件销毁钩子方法接口 OnDestroy
import { Directive, OnDestroy } from "@angular/core";
import { CustomerNameService } from "../../services/services/customer-name.service";
import { Subscription } from "rxjs";

/**
 * 登录验证指令
 */
@Directive({
    selector: '[auth]',                  // 选择器
    host: {                              // 运用指令的目标 DOM 元素
        '[style.display]': 'display' // 作用在目标 DOM 元素上的样式绑定
    }
})
export class AuthDirective implements OnDestroy {
    customerName: string;                      // 登录客户的姓名
    customerNameSubscription: Subscription; // 登录客户姓名订阅对象

    /**
     * 构造登录验证指令
     * @param customerNameService 注入客户姓名服务
     */
    constructor(private customerNameService: CustomerNameService) {
        // 订阅登录客户姓名，并保存返回的订阅对象
        this.customerNameSubscription = this.customerNameService.subscribeCustomerName(x => {
            this.customerName = x;
        })
    }

    // 绑定给目标 DOM 元素的样式 style 的值，这个会根据是否订阅到登录客户姓名而变化
    get display(): string {
        return this.customerName ? 'inherit' : 'none';
    }

    // 指令销毁钩子方法
    ngOnDestroy(): void {
```

```
        // 当指令实例被销毁时，注销当前指令实例注册到客户姓名服务维护的目标对象 customerNameSubject 中的观察者
            this.customerNameSubscription.unsubscribe();
        }
}
```

以上代码定义了一个名为 AuthDirective 的 TypeScript 类，而这个类就是我们要定义的登录验证指令。

指令和组件在很多地方都是类似的：比如，组件需要被组件装饰器 Component 装饰，而指令需要被指令装饰器 Directive 装饰；组件可以拥有选择器，同时指令也可以。

在以上代码中，我们将登录验证指令的选择器设置成了[auth]，这将使我们可以将 auth 当作 HTML 标签特性添加到 HTML 标签上。一旦这么做了，Angular 运行时则会在目标 HTML 标签对应的 DOM 元素背后创建一个登录验证指令（实例）。

我们创建登录验证指令的目的，是使其在客户已经登录的情况下将目标 DOM 元素显示到视图中，反之则将目标 DOM 元素从视图中隐藏。

为了实现这一目的，我们通过指令装饰器给登录验证指令设置了一个 host 属性。这个属性可以被用来设置目标 DOM 元素的特性、属性、样式和 CSS 类，也可以用来监听目标 DOM 元素上的事件。

就以上设置给 host 属性的值来说，我们的目的是通过样式绑定类设置目标 DOM 元素的 display 样式，而被绑定的目标值是登录验证指令的同名读取器 display——这样的同名不是必需的。

也就是说，以上 host 属性的作用其实就是将登录验证指令的读取器 display 的值，绑定给运用登录验证指令的目标 DOM 元素的 display 样式，从而使目标 DOM 元素的显示与否由登录验证指令的读取器 display 的值决定。

从代码中我们可以看到，登录验证指令的读取器 display 的值是由其属性 customerName 决定的，而这个属性的值则是从客户姓名服务订阅得到。

基于第 12 章的学习经验，我们还知道，这一订阅会在客户已经登录的情况下获得客户的姓名，反之则会获得到空值。

因此，登录验证指令最终在客户姓名服务的帮助下实现了我们创建它的目的，而在实现这一目的之余，我们不能忽略一件重要的事，那就是及时地注销登录验证指令注册到客户姓名服务中的观察者。

为了完成这一注销任务，我们让登录验证指令实现了指令注销钩子方法 ngOnDestroy()，并在这个方法中调用了客户姓名服务的订阅方法 subscribeCustomerName()返回的订阅对象的 unsubscribe()方法——就像前面的 12.2.3 节描述的那样。

说明

我们之所以需要注销登录验证指令注册到客户姓名服务中的观察者，是因为登录验证指令很有可能会在多个地方被使用并因此而被多次地创建和销毁，这会带来没有必要继续存在的观察者。这些观察者会一直被维护在客户姓名服务中，因为客户姓名服务一旦被创建，就只会在应用程序被关闭时被销毁。

此外，不仅指令可以实现销毁钩子方法 ngOnDestroy，组件也可以；不仅组件可以实现初始化钩子方法 ngOnInit()，指令也可以。

其实，类似的钩子方法还有很多，并且它们都可以被组件和指令实现。

13.2.2　封装登录验证指令

在完成天天菜园中的第一个自定义指令的创建之后，相信读者已经等不及要体验它的运用效果了。但在这么做之前，我们不要忘记一点，那就是组件、指令和管道都需要被封装到模块中。对于登录验证指令来说，适合用于封装它的模块当然就是部件模块，因为任何其他领域模块都有可能需要使用到它。

为了将登录验证指令封装到部件模块中，我们需要对部件模块的定义代码做些修改，使其与代码清单 13-5 一致。

代码清单 13-5　src/widgets/widget.module.ts

```
import { NgModule } from "@angular/core";
import { CommonModule } from '@angular/common';
```

```
import { FormsModule } from "@angular/forms";
import { WareSearchComponent } from "./components/ware-search.component";
import { AuthDirective } from "./directives/auth.directive"; // 导入登录验证指令

/**
 * 部件模块
 */
@NgModule({
   imports: [CommonModule, FormsModule],
   declarations: [WareSearchComponent, AuthDirective/*定义登录验证指令*/],
   exports: [WareSearchComponent, AuthDirective/*导出登录验证指令*/]
})
export class WidgetModule {
}
```

按照要求，我们导入了登录验证指令，并将其添加到了部件模块的定义列表 declarations 中。为了使其他模块可以使用登录验证指令，我们还将它添加到了部件模块的导出列表 exports 中。

注意

组件、指令和管道都应通过模块的 declarations 属性封装，服务则应通过模块的 providers 属性封装。此外，只有需要被其他模块（中的模板）使用的组件、指令和管道，才需要被添加到封装它们的模块的 exports 属性中。

13.2.3 运用登录验证指令

将登录验证指令封装到部件模块中之后，我们打算通过它来决定是否要显示购物车图标右侧的购物车商品总数，因此我们需要在应用程序根模板中运用它的选择器。在此之前，我们需要先将封装它的部件模块导入应用程序根模块中，为此需要将应用程序根模块的定义代码修改至与代码清单 13-6 一致。

代码清单 13-6 src/app/app.module.ts

```
// ... 省略的 import
import { ServiceModule } from '../services/service.module'; // 导入服务模块
import { WidgetModule } from '../widgets/widget.module';    // 导入部件模块

/**
 * 根模块
 */
@NgModule({
   imports: [BrowserModule, WareModule, AppRoutingModule, HttpClientModule, ServiceModule,
WidgetModule/*导入部件模块*/],
   declarations: [AppComponent],
   bootstrap: [AppComponent]
})
export class AppModule {
}
```

接下来才是使用登录验证指令的时刻，为此我们需要对应用程序根模板的定义代码做些修改，使其与代码清单 13-7 一致。

代码清单 13-7 src/app/views/app.html

```
<nav class="navbar navbar-fixed-top">
    <div class="container">
        <!--省略的代码-->
        <div>
            <a [routerLink]="'/customer/log-in'" *ngIf="!customerName; else welcome">登录</a>
            <ng-template #welcome>欢迎, {{customerName}}</ng-template>
            <span class="glyphicon glyphicon-shopping-cart" [routerLink]="'/cart'">
                <!--使用登录验证指令-->
                <span auth>{{cartTotal}}</span>
            </span>
        </div>
    </div>
</nav>
<div class="container">
```

```
        <router-outlet></router-outlet>
    </div>
    <footer>
        <!--省略的代码-->
    </footer>
```

我们只对根模板做了一处修改，即在其中用于呈递购物车图标的<span>标签内添加了一对嵌套<span>标签，然后将用于绑定购物车商品总数 cartTotal 的插值绑定移到了其中。

需要注意的是，我们给以上嵌套<span>标签添加了一个特性 auth，而这个特性就是登录验证指令的选择器。

经过以上修改之后，登录验证指令就会根据用户是否已经登录来决定将以上<span>标签对应的 SPAN 元素的 display 样式绑定为 inherit 还是 none，从而决定是否显示或隐藏这一 SPAN 元素。

那么实际效果会是怎样的呢？让我们保存所有代码的编辑，然后退出客户登录并刷新浏览器，随后我们将得到图 13-1 所示的结果。如果我们再次完成客户登录，那么将看到图 13-2 所示的结果。

图 13-1 用户未登录不显示购物车商品总数

图 13-2 用户已登录会显示购物车商品总数

可以看到，一切都和我们所期待的那样。接下来，如果视图中还有其他不能展示给未登录用户的元素，我们同样可以使用登录验证指令来达到这一目的。

或许读者会觉得使用登录验证指令并没有比使用 NgIf 指令轻松多少，但事实并非如此，因为它还为我们省去了在组件中定义登录客户姓名属性的麻烦——虽然根组件中已有这个属性，但其他组件中还没有。

此外，指令和组件一样，也可封装输入属性和输出属性。基于这一点，我们的登录验证指令可以变得更加强大，比如基于用户权限（可参考 3.1.3 节中的枚举部分）或角色来决定是否显示视图元素。

基于第 12 章有关输入属性和输出属性的介绍，并配合 Angular 官方文档的相关说明，相信读者可以很快开发出更加强大甚至可以被运用在组件选择器上的指令。

接下来，让我们再花些时间来解决本节开头提到的有关消息提示的问题。

说明

指令选择器不仅可以用在 HTML 标签上，还能以完全一样的方式用在组件选择器上。比如，我们完全可以在商品列表模板中像以下代码那样使用登录验证指令的选择器：

```
<ware-search auth></ware-search>
```

以上代码会使商品列表视图中的商品搜索视图在用户没有登录的情况下隐藏起来，而在用户已经登录的情况下显示出来——但我们没有必要这样做。

13.3 共享消息提示

消息提示的问题是每一个组件和模板都需要维护自己的消息属性和消息<div>，而在掌握了共享组件和共享服务之后，我们自然会用它们来对消息提示功能进行优化。

那么具体我们需要怎么做呢？首先，我们需要创建一个共享的消息提示服务，让商品细节组件和购物车组件可以通过它将提示消息传递出去。其次，我们还需要一个共享的消息提示组件，让它可以接收到消息提示服务传递出来的提示消息，并将这一消息显示到视图中。

13.3.1 创建消息提示服务

我们先来创建一个共享的消息提示服务，为此需要在共享服务目录 src/services/services 下新建一个名为 tip.service.ts 的 TypeScript 文件，然后将代码清单 13-8 复制到其中。

代码清单 13-8 src/services/services/tip.service.ts

```
import { Subject, Subscription } from 'rxjs'; // 导入目标对象类和订阅对象类

/**
 * 消息提示服务
 */
export class TipService {
    // 传递消息的目标对象
    private messageSubject: Subject<string> = new Subject<string>();

    /**
     * 注册接收消息通知的观察者（通知函数）
     * @param next 观察者通知函数
     */
    subscribeMessage(next: (message: string) => void): Subscription {
        return this.messageSubject.subscribe(next);
    }

    /**
     * 发送消息
     * @param message 消息
     */
    tip(message: string): void {
        this.messageSubject.next(message);
    }
}
```

我们将共享的消息提示服务定义为 TipService，然后为它定义了私有的消息目标对象 messageSubject、向这个目标对象注册观察者的方法 subscribeMessage()，以及通过这个目标对象发送消息通知给观察者的方法 tip()。

可以发现，以上消息提示服务和第 12 章的共享服务没有太大的区别，它们的核心工作都是维护一个类型为 Subject 的目标对象，然后通过这个目标对象来实现数据的传递。

显然，在消息提示服务可以被用于传递消息之前，我们还需要将它注册到根依赖注入器中。

13.3.2 注册消息提示服务

为了将消息提示服务注册到根依赖注入器中，我们需要修改服务模块 ServiceModule 的定义代码，使其与代码清单 13-9 一致。

代码清单 13-9 src/services/service.module.ts

```
import { NgModule } from "@angular/core";
import { CartTotalService } from "./services/cart-total.service";
import { CustomerNameService } from "./services/customer-name.service";
import { AuthGuard } from "./services/auth.guard"; // 导入路由守卫
import { TipService } from "./services/tip.service"; // 导入消息提示服务

/**
 * 服务模块
 */
@NgModule({
    providers: [CartTotalService, CustomerNameService, AuthGuard/*注册路由守卫*/, TipService
/*注册消息提示服务*/]
```

```
})
export class ServiceModule {
}
```

按照要求，我们通过 import 语句导入了消息提示服务类 TipService，然后将它添加到了服务模块的 providers 属性中。

这样一来，当服务模块被导入应用程序根模块中时，Angular 运行时就会发现服务模块的 providers 属性中的消息提示服务，然后将其注册到根依赖注入器中。

完成了消息提示服务的创建和注册之后，接下来我们要继续的是创建共享消息提示组件。

13.3.3　创建消息提示组件

为了创建共享的消息提示组件，我们需要在共享组件目录 src/widgets/components 下新建一个名为 tip.component.ts 的 TypeScript 文件，然后将代码清单 13-10 复制到其中。

代码清单 13-10　src/widgets/components/tip.component.ts

```
// 必要的导入
import { Component, OnDestroy } from "@angular/core";
import { TipService } from "../../services/services/tip.service";
import { Subscription } from "rxjs";

/**
 * 消息提示组件
 */
@Component({
    selector: 'tip',
    template: '
    <div class="message" *ngIf="message">
        {{message}}
    </div>',
    styles: ['
    @keyframes message-show {
        0% {
            opacity: 0;
        }
        100% {
            opacity: 1;
        }
    }
    .message {
        animation: message-show .5s;
        position: absolute;
        width: 100px;
        height: 60px;
        border-radius: 3px;
        background-color: rgba(50, 50, 50, .7);
        top: calc(50% - 30px);
        left: calc(50% - 50px);
        color: white;
        font-size: 14px;
        line-height: 14px;
        font-weight: bold;
        text-align: center;
        padding-top: 23px;
        z-index: 2000;
    }']
})
export class TipComponent implements OnDestroy {
    message: string; // 要提示的消息
    messageSubscription: Subscription; // 消息订阅对象

    /**
     * 构造消息提示组件
     * @param tipService 注入消息提示服务
```

```
     */
    constructor(private tipService: TipService) {
        // 注册接收消息的观察者（通知函数）
        this.tipService.subscribeMessage(x => {
            this.message = x;

            // 1.5 秒后清除消息
            let timeout = setTimeout(() => {
                clearTimeout(timeout);
                this.message = undefined;
            }, 1500);
        });
    }

    // 组件销毁时注销当前组件接收消息的观察者
    ngOnDestroy(): void {
        this.messageSubscription.unsubscribe();
    }
}
```

我们将共享的消息提示组件定义为 TipComponent，然后为它指定了内嵌的模板和样式，并为其定义了一个消息属性 message 以及一个消息订阅对象 messageSubscription。

我们还给消息提示组件定义了一个构造函数，使它接收一个消息提示服务 tipService 的注入，并通过消息提示服务的 subscribeMessage()方法注册一个消息观察者通知函数。

这样一来，一旦消息提示服务接收并发送了消息通知，这个消息就会被赋给消息提示组件的属性 message，然后在消息提示组件的模板和样式的帮助下被显示到浏览器中。当然，为了使提示消息不会一直停留在视图中，我们通过定时器对它做了定时的清除。

此外，我们还为消息提示组件设置了一个选择器 tip。这样一来，我们就可以通过这个选择器来使用消息提示组件了——就像之前使用商品搜索组件那样。

最后，我们还为消息提示组件实现了组件销毁钩子方法 ngOnDestroy()，以进行必要的观察者注销——消息提示组件会经常被创建和销毁。

完成消息提示组件的创建之后，我们还需要将它封装到部件模块中，然后将它导出为公共的组件。

13.3.4 封装消息提示组件

为了声明并导出消息提示组件，我们需要修改部件模块 WidgetModule 的定义代码，使其与代码清单 13-11 一致。

代码清单 13-11 src/widgets/widget.module.ts

```
import { NgModule } from "@angular/core";
import { CommonModule } from '@angular/common';
import { FormsModule } from "@angular/forms";
import { WareSearchComponent } from "./components/ware-search.component";
import { AuthDirective } from "./directives/auth.directive"; // 导入登录验证指令
import { TipComponent } from "./components/tip.component";   // 导入消息提示组件类

/**
 * 部件模块
 */
@NgModule({
    imports: [CommonModule, FormsModule],
    declarations: [WareSearchComponent, AuthDirective/*定义登录验证指令*/, TipComponent/*定义消息提示组件*/],
    exports: [WareSearchComponent, AuthDirective/*导出登录验证指令*/, TipComponent/*导出消息提示组件*/]
})
export class WidgetModule {
}
```

按照要求，我们通过 import 语句导入了消息提示组件 TipComponent，然后先后将它添加到了部件模块的定义列表 declarations 和导出列表 exports 中。

经过以上修改之后，任何导入了部件模块的其他模块都便可以使用消息提示组件了。但在使用消息提示组件之前，让我们先通过消息提示服务完成提示消息的发送。

13.3.5 发送提示消息

需要发送提示消息的地方有两个：商品细节组件和购物车组件。为了使这两个组件得以发送提示消息，我们需要将它们的定义代码分别修改至与代码清单 13-12 和代码清单 13-13 一致。

代码清单 13-12 src/wares/components/ware-detail.component.ts

```
// ...省略的 import
import { TipService } from '../../services/services/tip.service'; // 导入消息提示服务

@Component({
    // ...省略的代码
})
export class WareDetailComponent implements OnInit {
    // 此处删除了 message 属性

    /**
     * 构造商品细节组件
     * @param wareService 注入商品服务
     * @param route 注入活动路由项项
     * @param cartTotalService 注入购物车商品总数服务
     * @param tipService 消息提示服务
     */
    constructor(private wareService: WareService, private route: ActivatedRoute,
        private cartTotalService: CartTotalService, private tipService: TipService) {
        this.wareCount = 1;
    }

    ngOnInit() {
        // ...省略的代码
    }

    addToCart() {
        this.wareService.addToCart(this.ware.id, this.wareCount).subscribe(x => {
            // 使用消息提示服务发送提示消息
            this.tipService.tip(x.message);

            if (x.success) {
                this.cartTotalService.cartTotalSubject.next(x.data);
            }
        });
    }
}
```

代码清单 13-13 src/carts/components/cart.component.ts

```
// ...省略的 import
import { TipService } from '../../services/services/tip.service'; // 导入消息提示服务

@Component({
    // ...省略的代码
})
export class CartComponent implements OnInit {
    // 此处删除了消息属性 message

    /**
     * 构造方法
     * @param cartService 注入购物车服务
     * @param cartTotalService 注入购物车商品总数服务
     * @param tipService 消息提示服务
     */
    constructor(private cartService: CartService, private cartTotalService: CartTotalService,
private tipService: TipService) {
```

```
        this.cartWares = new Array<CartWare>();
    }

    ngOnInit(): void {
        this.getWareList();
    }

    getWareList() {
        this.cartService.getWareList().subscribe(x => {
            if (!x.success) {
                this.tipService.tip(x.message); // 使用消息提示服务发送提示消息
                return;
            }
            this.cartWares = x.data;
        })
    }

    removeWare(id: number) {
        this.cartService.removeWare(id).subscribe(x => {
            // ...省略的代码

            this.tipService.tip(x.message);      // 使用消息提示服务发送提示消息
        })
    }

    updateWareCount(ware: CartWare, count: any, event?: Event) {
        count = parseInt(count);                    // 将目标数量的类型转换为数字

        if (isNaN(count) || count < 1) {
            this.tipService.tip('非法的数量');    // 通过服务显示消息

            // ... 省略的代码
            return;
        }

        this.cartService.updateWareCount(ware.wareId, count).subscribe(x => {
            // ... 省略的代码

            this.tipService.tip(x.message); // 使用消息提示服务发送提示消息
            return;
        })
    }

    increaseWareCount(ware: CartWare) {
        this.updateWareCount(ware, ware.count + 1);
    }

    decreaseWareCount(ware: CartWare) {
        // ...省略的代码
    }

    // 此处删除了方法 clearMessage()
}
```

我们对以上两个组件所作的修改是一致的，即为它们各注入了一个消息提示服务 tipService，然后删除了它们的消息属性 message，接着在有必要的应用逻辑处理方法中，以原本赋给消息属性 message 的值为参数调用了消息提示服务的消息通知方法 tip()。

这样一来，当以上应用逻辑处理方法被调用时，相应的消息就会通过消息提示服务维护的消息目标对象 messageSubject 发送给消息提示组件，并在消息提示组件的模板和样式的帮助下被显示到浏览器中。

当然，以上显示的前提是消息提示组件的实例已经被创建，而到目前为止我们还没有创建这么一个实例。那么，我们应该怎样创建消息提示组件的实例呢？相信聪明的读者早已有了答案。

13.3.6 显示提示消息

在创建消息提示组件时，我们给它设置了一个值为 tip 的选择器。基于前面使用商品搜索组件的经验可以知道，为了在客户添加商品到购物车和操作购物车商品时，创建一个消息提示组件实例并将同时被创建的消息提示视图显示到浏览器中，我们只需要分别在商品细节模板和购物车模板中添加消息提示组件的选择器<tip>。

事实上，我们不需要做这样重复的工作，而只需要将消息提示组件的选择器<tip>添加到根模板中，使根模板的定义代码与代码清单 13-14 一致。

代码清单 13-14　src/app/views/app.html

```
<nav class="navbar navbar-fixed-top">
    <!--省略的代码-->
</nav>
<div class="container">
    <router-outlet></router-outlet>
</div>
<footer>
    <!--导航到客户领域模块内的客户登录组件（视图）-->
</footer>
<!--消息提示-->
<tip></tip>
```

我们将选择器<tip>添加到了根模板的底部，当基于以上修改后的根模板创建的根视图被呈递到浏览器中时，选择器<tip>指向的消息提示组件便会被创建，同时被创建的消息提示视图也会因此而被呈递到浏览器中。

由于消息提示组件刚被创建时其 message 属性的值默认是 undefined，因此在刚被呈递到浏览器中时，消息提示视图中的消息 DIV 还不会显示出来。但如果消息提示组件通过消息提示服务收到了商品细节组件或购物车组件发送的消息通知，那么消息提示视图中的消息 DIV 以及其中的提示消息就会被显示，并在定时器的帮助下于 1.5 秒之后消失。

提示

根依赖注入器会向消息提示组件、商品细节组件和购物车组件注入同一个消息提示服务实例。根模板中之所以可以使用消息提示组件，是因为在 13.2 节我们已经将部件模块导入根模块中。

也就是说，现在我们已经实现了消息提示功能的共享。如果现在保存以上所有代码的编辑并刷新浏览器，我们不会看到任何变化。但如果我们导航到商品细节视图或购物车视图，并尝试添加商品到购物车中或操作购物车中的商品（数量），那么将看到图 13-3～图 13-5 所示的提示消息。

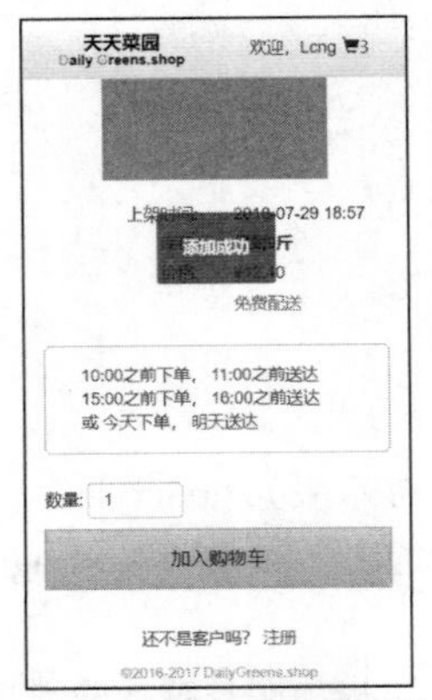

图 13-3　添加有机上海青到购物车

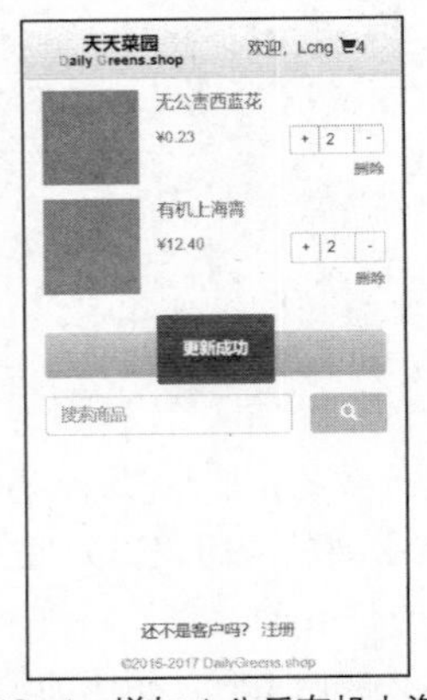

图 13-4　增加 1 公斤有机上海青

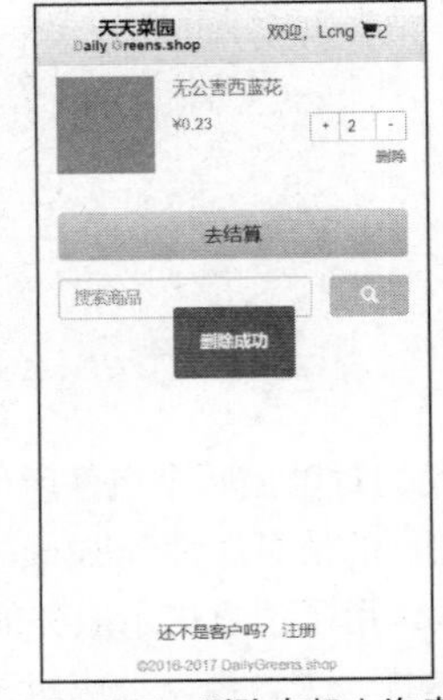

图 13-5　删除有机上海青

一切都和我们期待的那样，所有提示都及时地出现在了正确的位置。接下来，如果还有更多需要提示消息的场景，我们只需要向相应的组件注入服务模块中的消息提示服务，然后在这个（些）组件中调用消息提示服务的 tip()方法即可。

但其实这样的消息提示共享有一个问题，那就是消息提示组件的选择器<tip>不仅可以被添加到根模板中，它完全可以被同时添加到商品细节模板和购物车模板中。一旦我们（不小心）这样做了，那么客户在浏览商品细节视图和购物车视图时，就获得了两个消息提示视图。接下来，如果客户尝试添加商品到购物车或操作购物车中的商品（数量），就会得到两个重叠的提示消息。

重叠的提示消息不仅需要消耗更多的客户端内存，还会因为重叠而降低背景色的透明度，从而背离视觉设计师（或我们开发人员自己）最初想要达到的视觉效果。

那么，有没有什么办法可以防止两个（甚至多个）消息视图的出现呢？答案自然是有，而且这个办法还可以简化消息提示功能的实现。

说明

为了节省时间，此处没有列举在商品细节模板和购物车模板中使用消息提示组件选择器<tip>的代码，也没有展示这样的使用所带来的提示消息重叠的效果。但此时读者完全可以自行尝试这样的使用，并体验其带来的效果。

此外，由于使用了共享的消息提示组件，商品细节模板、商品细节样式、购物车模板和购物车样式中与消息提示相关的<div>和样式全部可以被删除了。

13.4 简化消息提示

到目前为止，我们一直规规矩矩地使用着部件模块和服务模块，即只向部件模块中添加部件（组件），并且只向服务模块中添加服务。

但有时候，合理地打破这一规矩可以带来令人惊叹的效果。比如，接下来我们就将创建一个新的服务模块，然后向其中添加一个模块内私有（非共享）的消息提示组件，并以此来简化消息提示的实现。

接下来，就让我们先来创建这个服务模块内私有的消息提示组件。

13.4.1 创建消息提示组件

为了创建服务模块内私有的消息提示组件，我们需要在服务模块目录 src/services 下新建一个组件目录 components，然后在这个组件目录下新建一个名为 tip.component.ts 的 TypeScript 文件，并将代码清单 13-15 复制到其中。

代码清单 13-15 src/services/components/tip.component.ts

```
import { Component } from "@angular/core"; // 导入组件装饰器

/**
 * 消息提示组件
 */
@Component({
    // 不需要 selector
    template: '
    <div class="message" *ngIf="message">
        {{message}}
    </div>',
    styles: ['
    @keyframes message-show {
        0% {
            opacity: 0;
        }
        100% {
            opacity: 1;
        }
    }
    .message {
        animation: message-show .5s;
        position: absolute;
        width: 100px;
        height: 60px;
        border-radius: 3px;
        background-color: rgba(50, 50, 50, .7);
```

```
            top: calc(50% - 30px);
            left: calc(50% - 50px);
            color: white;
            font-size: 14px;
            line-height: 14px;
            font-weight: bold;
            text-align: center;
            padding-top: 23px;
            z-index: 2000;
        }']
})
export class TipComponent {
    private _message: string; // 要提示的消息

    /**
     * 消息设置器
     */
    set message(value: string) {
        this._message = value;

        let timeout = setTimeout(() => {
            clearTimeout(timeout);
            this._message = undefined;
        }, 1500);
    }

    /**
     * 消息获取器
     */
    get message():string {
        return this._message;
    }
}
```

新的消息提示组件仍然被定义为 TipComponent，并和 13.3 节的消息提示组件拥有同样的模板和样式。

和 13.3 节的消息提示组件不同的是，新的消息提示组件的消息属性_message 变成了私有的，而对它的读取和设置需要通过相应的访问器 message。

显然，以上模板中的 NgIf 指令和插值绑定就是通过访问器 message 来获取消息属性_message 的值的，那么负责通过访问器 message 来设置消息属性_message 的值的会是谁呢？答案是消息提示服务。

13.4.2 重构消息提示服务

为了在消息提示服务中通过访问器 message 来为消息提示组件的_message 属性赋值，我们需要修改消息提示服务的定义代码，使其与代码清单 13-16 一致。

代码清单 13-16 src/services/services/tip.service.ts

```
import { Injectable, ApplicationRef, ComponentFactoryResolver, ComponentFactory,
ComponentRef, Injector } from '@angular/core'; // 导入必要的定义
import { TipComponent } from '../components/tip.component';        // 导入消息提示组件

/**
 * 消息提示服务
 */
@Injectable()
export class TipService {
    private tipComponentFactory: ComponentFactory<TipComponent>; // 消息提示组件工厂

    /**
     * 构造消息提示服务
     * @param appRef 注入应用程序实例
     * @param componentFactoryResolver 注入组件工厂解析器
     * @param injector 注入依赖注入器
     */
    constructor(private appRef: ApplicationRef, private componentFactoryResolver:
ComponentFactoryResolver, private injector: Injector) {
```

```
        // 创建消息提示组件的组件工厂
        this.tipComponentFactory = this.componentFactoryResolver.resolveComponentFactory
(TipComponent);
    }

    tip(message: string): void {
        // 创建消息提示组件（引用）
        let tipComponentRef: ComponentRef<TipComponent> = this.tipComponentFactory.create
(this.injector);

        // 附加消息提示视图到应用程序中
        this.appRef.attachView(tipComponentRef.hostView);

        // 附加与消息提示视图相应的 DOM 元素到 HTML body 元素中
        let domElement = tipComponentRef.location.nativeElement;
        document.body.appendChild(domElement);

        // 获取消息提示组件，并设置消息提示组件的 message 属性
        let tipComponent: TipComponent = tipComponentRef.instance;
        tipComponent.message = message;

        // 销毁并移除消息提示组和视图
        setTimeout(() => {
            this.appRef.detachView(tipComponentRef.hostView);
            tipComponentRef.destroy();
            domElement.remove();
        }, 1500);
    }
}
```

哇，好不陌生的一个消息提示服务类！对于尚未深入了解 Angular 内部细节的读者来说，以上代码或许有些过于难以理解。但如果花些心思，我们也能知道这些代码到底做了些什么。

首先，我们从 Angular 核心包中导入了以下类：

（1）Injectable，这是我们熟悉的可注入装饰器；

（2）ApplicationRef，Angular 应用程序类，每一个 Angular 应用程序都是这个类的一个实例；

（3）ComponentFactoryResolver，组件工厂解析器类，其实例用于解析指定组件的组件工厂——这个工厂的创建是由 Angular 编译器完成的；

（4）ComponentFactory，组建工厂类，其实例通过组件工厂解析器创建，用于创建组件的实例；

（5）ComponentRef，组件引用类，其实例用于封装组件实例，以及与组件实例相关的一些成员，比如视图属性、DOM 元素属性和销毁组件的方法等；

（6）Injector，依赖注入器类，就是我们所熟悉的 Angular 依赖注入器的构造类。

其次，我们通过构造函数的参数属性向消息提示服务注入了 Angular 中的三个类型分别为 ApplicationRef、ComponentFactoryResolver 和 Injector 的内置服务，从而使消息提示服务获得了天天菜园应用程序、组件工厂解析器和根依赖注入器的引用。

在构造函数的里面，我们还通过组件工厂解析器 componentFactoryResolver 的 resolveComponentFactory()方法解析了消息提示组件 TipComponent 的组件工厂，并将这个组件工厂的引用赋给了属性 tipComponentFactory。

随后，我们在 tip()方法中通过组件工厂 tipComponentFactory 的 create()方法创建了消息提示组件的组件引用 tipComponentRef——它封装了消息提示组件的实例、视图、视图背后的 DOM 元素和整个组件的销毁方法。

接下来的是以下关键代码：

```
this.appRef.attachView(tipComponentRef.hostView);

let domElement = tipComponentRef.location.nativeElement;
document.body.appendChild(domElement);
```

```
    let tipComponent: TipComponent = tipComponentRef.instance;
    tipComponent.message = message;
```

以上代码首先将消息提示视图（tipComponentRef.hostView）附加到天天菜园应用程序（this.appRef）中，然后将消息提示视图背后的 DOM 元素（nativeElement）附加到 HTML Body 元素中，从而使消息提示视图得以显示到浏览器上。

在消息提示视图被显示到浏览器上之后，以上代码的最后两行则将 tip()方法的参数 message 接收到的消息赋给了消息提示组件实例（tipComponentRef.instance）的访问器 message，从而使这一消息最终在消息提示模板中的 NgIf 指令和插值绑定的帮助下被显示到视图中。

最后，为了防止大量的消息提示组件和视图堆积在应用程序中，我们通过一个等待时间为 1.5 秒的定时器对前面创建的消息提示组件和视图进行了销毁和移除。

以上便是重构后的消息提示服务所做的所有工作，这些工作概括来说就是动态地（而非通过选择器）创建一个消息提示组件及视图，并将这一视图显示到浏览器中以实现消息提示的功能。

为了让以上工作得以进行，我们需要保证消息提示组件会和消息提示服务一起被加载到应用程序中，为此可以将它封装到随根模块一起加载的服务模块 ServiceModule 中。

但为了不破坏服务模块 ServiceModule 只封装服务的规矩，我们选择创建一个新的服务模块，然后将消息提示组件和消息提示服务一起封装到其中。

说明

由于重构后的消息提示服务没有一个名为 subscribeMessage()的方法，因此 13.4.2 节在共享组件目录 src/widgets/components 下创建的旧消息提示组件现在会出现语法错误。

为了避免这样的语法错误，我们需要删除旧消息提示组件中对消息提示服务的 subscribeMessage()方法的调用，或直接删除旧消息提示组件的声明文件、部件模块 WidgetModule 对旧消息提示组件的声明和导出以及根模板中的旧消息提示组件的选择器 <tip>——本书示例代码就是这样做的。

13.4.3　创建 UI 服务模块

为了创建新的服务模块，我们需要在服务模块目录 src/services 下新建一个名为 ui-service.module.ts 的 TypeScript 文件，然后将代码清单 13-17 复制到其中。

代码清单 13-17　src/services/ui-service.module.ts

```
import { NgModule } from "@angular/core";                    // 导入模块装饰器
import { CommonModule } from "@angular/common";              // 导入通用模块
import { TipService } from "./services/tip.service";         // 导入消息提示服务
import { TipComponent } from "./components/tip.component"; // 导入消息提示组件

/**
 * UI 服务模块
 */
@NgModule({
    imports: [CommonModule],          // 导入通用模块
    providers: [TipService],          // 注册消息提示服务
    declarations: [TipComponent],     // 声明消息提示组件
    entryComponents: [TipComponent] // 设消息提示组件为置入口组件
})
export class UiServiceModule {
}
```

我们将新的服务模块定义为 UI 服务模块 UiServiceModule（取这个名字是因为它同时封装了服务和与 UI 相关的组件），然后按要求将消息提示组件 TipComponent 和消息提示服务 TipService 分别添加到了其 declarations 和 providers 属性中。

说明

由于已经将消息提示服务 TipService 转移到了 UiServiceModule 中，我们应该删除之前的服务模块 ServiceModule 的 providers 属性中的消息提示服务，否则消息提示服务会被重复地注册到依赖注入器中——尽管这样重复的注册不会带来什么问题。

此外，我们还将 Angular 通用模块导入 UI 服务模块中，因为已被声明为 UI 服务模块内的消息提示组件的模板中使用了 NgIf 指令。

最后，我们还设置了 UI 服务模块的 entryComponents 属性，并将消息提示组件添加到了这个属性中，从而使 Angular 编译器不至于忘记为消息提示组件创建相应的组件工厂——这一步是不可省略的。

至此，我们便完成了对消息提示组件和消息提示服务的封装。接下来，为了使它们可以被加载到应用程序中，我们还需要将封装了它们的 UI 服务模块导入应用程序根模块中。

13.4.4 导入 UI 服务模块到根模块

为了将 UI 服务模块导入的根模块中，我们需要修改根模块的定义代码，使其与代码清单 13-18 一致。

代码清单 13-18 src/app/app.module.ts

```
// ...省略的 import
import { UiServiceModule } from '../services/ui-service.module'; // 导入 UI 服务模块

@NgModule({
    imports: [BrowserModule, WareModule, AppRoutingModule, HttpModule, ServiceModule,
WidgetModule, UiServiceModule/*导入 UI 服务模块*/],
    declarations: [AppComponent],
    bootstrap: [AppComponent]
})
export class AppModule {
}
```

按照要求，我们通过 TypeScript 的 import 语句导入了 UI 服务模块 UiServiceModule，然后将它添加到了根模块的 imports 属性中。

至此，我们便完成了消息提示简化的相关工作。接下来，便是检验这一工作的成果的时候了。

注意

请确保根模板中的选择器<tip>已经被删除，否则接下来 Angular 编译器会因为“tip 不是一个已知的元素”而报错。

13.4.5 显示消息提示

要验证以上工作的成果，我们只需要在商品细节组件和购物车组件中调用消息提示服务的 tip()方法。但由于我们在 13.4.4 节这么做过，现在只需要保存所有代码的修改并刷新浏览器，然后尝试向购物车中添加商品或操作购物车中的商品（数量），就会看到熟悉的消息提示，如图 13-6～图 13-8 所示。

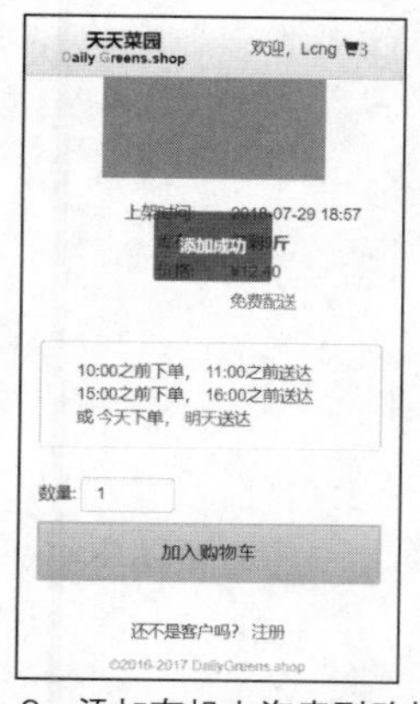

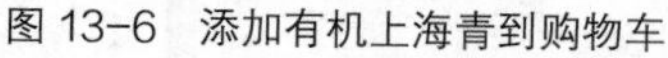
图 13-6 添加有机上海青到购物车

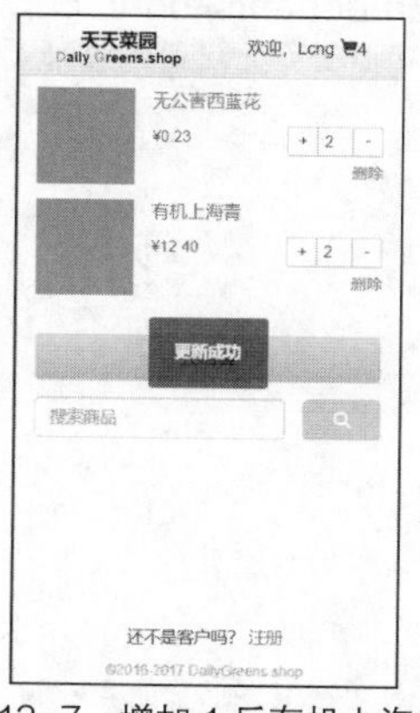

图 13-7 增加 1 斤有机上海青

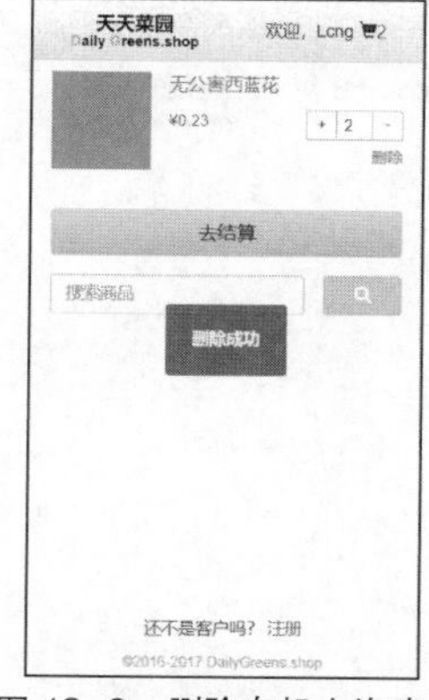

图 13-8 删除有机上海青

至此，我们完全地完成了消息提示的简化。如果还有更多其他业务需要进行提示消息，那么我们只需要再向相应的组件注入消息提示服务，并在这个（些）组件中调用消息提示服务的 tip()方法即可——我们再也不需要使用消息提示组件的选择器，甚至不用关心消息是如何显示到浏览器中的。

比如，我们打算在客户注册和登录成功之后向客户提示相应的成功消息，只需要将客户注册组件 SignUpComponent 和客户登录组件 LogInComponent 分别修改至与代码清单 13-19 和代码清单 13-20 一致。

代码清单 13-19 src/customers/components/sign-up.component.ts

```
// ...省略的 import
import { TipService } from '../../services/services/tip.service'; // 导入消息提示服务

@Component({
    // ...省略的代码
})
export class SignUpComponent {
    private customer: Customer;
    private agree: boolean;

    /**
     * 构造客户注册组件
     * @param customerService 注入客户服务
     * @param router 注入路由器（服务）
     * @param tipService 注入消息提示服务
     */
    constructor(private customerService: CustomerService, private router: Router, private
tipService: TipService) {
        // ...省略的代码
    }

    private signUp(): void {
        // ...省略的代码

        let responseObservable = this.customerService.addCustomer(this.customer);
        responseObservable.subscribe(x => {
            // 将服务端返回的数据的类型断言为我们期望的类型
            let json = x as { success: boolean, message: string };

            // 执行应用逻辑
            if (json.success == true) {
                this.tipService.tip('注册成功'); // 提示注册成功消息
                this.router.navigate(['/customer/log-in', { phone: this.customer.phone }]);
            }
            else {
                this.tipService.tip(json.message); // 提示注册失败消息
            }
        });
    }
}
```

代码清单 13-20 src/customers/components/log-in.component.ts

```
// ...省略的 import
import { TipService } from '../../services/services/tip.service'; //导入消息提示服务

@Component({
    // ...省略的代码
})
export class LogInComponent {
    private customer: Customer;
    private shouldPersist: boolean;

    /**
     * 构造客户登录组件
     * @param customerService 客户服务
     * @param route 活动路由项
     * @param router 路由器
     * @param customerNameService 注入登录客户姓名服务
     * @param cartTotalService 注入购物车商品总数服务
     * @param tipService 注入消息提示服务
     */
    constructor(private customerService: CustomerService, private route: ActivatedRoute,
private router: Router, private customerNameService: CustomerNameService, private cartTotalService:
CartTotalService, private tipService: TipService) {
```

```
        // ...省略的代码
    }

    logIn() {
        console.log('LogInComponent.logIn()方法被执行');
        this.customerService.checkCustomer(this.customer, this.shouldPersist).subscribe(x => {
            if (x.success) {
                this.tipService.tip('登录成功'); // 提示登录成功消息
                this.router.navigate(['/']);

                this.customerNameService.updateCustomerName();
                this.cartTotalService.updateCartTotal();
            }
            else {
                this.tipService.tip(x.message); // 提示登录失败
            }
        });
    }
}
```

现在，读者应该已经知道了以上修改的意义。接下来，如果我们保存以上修改并刷新浏览器，然后完成成功的注册和登录，将看到图 13-9～图 13-10 所示的成功提示。

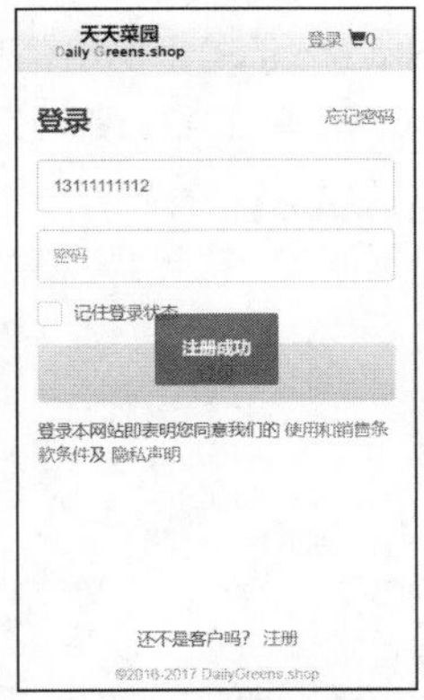

图 13-9　注册成功提示

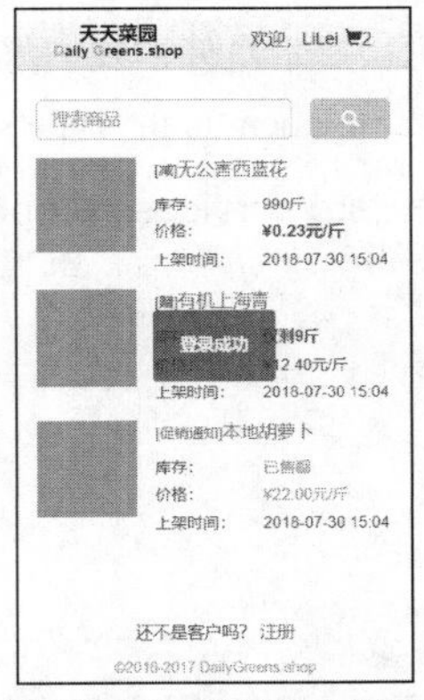

图 13-10　登录成功提示

如果我们注册和登录失败了，则将看到图 13-11～图 13-12 所示的失败提示。

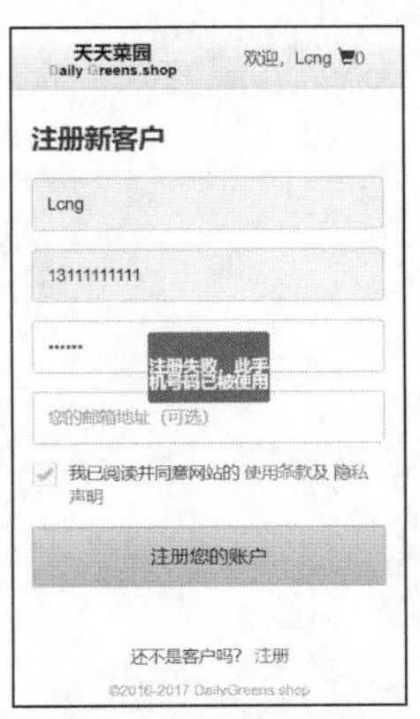

图 13-11　注册失败提示

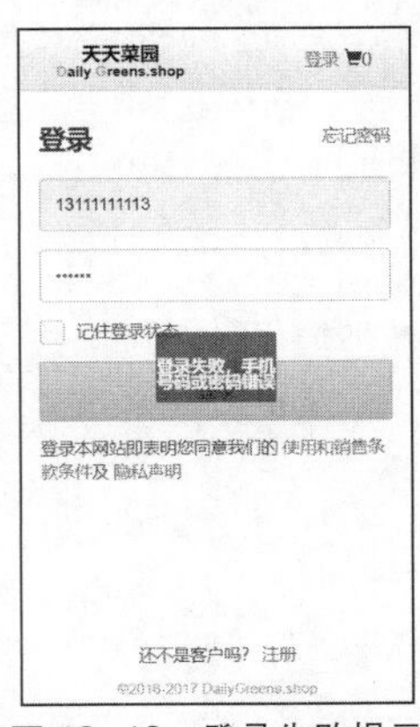

图 13-12　登录失败提示

是不是特别方便？我们只需要像调用 console.log()方法一样，就可以获得一个样式精美的消息提示——对于以上失败提示来说，“精美”一词用得有些尴尬，但完全可以通过修改消息提示组件的样式来避免这样的尴尬。

除了简单的消息提示，我们经常还会用到一种带确认（和取消）按钮的确认提示。对于这样的确认提示，我们能否借鉴以上消息提示的实现方法来实现呢？答案不言而喻。

13.5 确认提示

到目前为止，天天菜园的完善工作已经进行得差不多了。如果非要说哪里还有遗漏，就应该是购物车商品的删除：如果客户不小心单击了某个商品的删除链接，那么连反悔的机会都没有。

为了给用户一个反悔的机会，我们打算在用户单击购物车商品删除链接之后不直接删除相应的商品，而是先弹出一个图 13-13 所示的确认提示。

接下来，如果客户单击了确认提示中的“确认”按钮，那么我们才删除相应的购物车商品；而如果客户单击的是“取消”按钮，那么我们什么也不做。

基于 13.4 节的经验可以知道，为了显示一个图 13-13 所示的确认提示，我们首先需要创建一个确认提示组件。

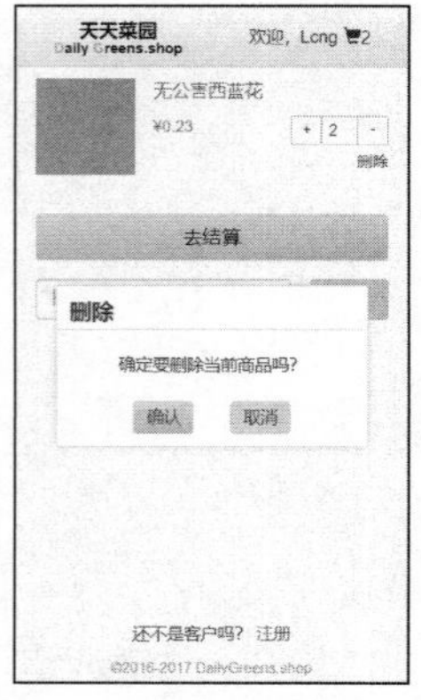

图 13-13　删除确认提示

13.5.1 创建确认提示组件

为了创建一个确认提示组件，我们需要在服务模块目录 src/services 下的组件目录 components 下新建一个名为 confirm.component.ts 的 TypeScript 文件，然后将代码清单 13-21 复制到其中。

代码清单 13-21　src/services/components/confirm.component.ts

```
import { Component } from "@angular/core"; // 导入组件装饰器

/**
 * 确认提示组件
 */
@Component({
    // 不需要 selector
    template: '
    <div class="layer">
        <div class="message">
            <div>{{message.title}}</div>
            <div>{{message.body}}</div>
            <div>
                <button class="btn" (click)="yes()">确认</button>
                <button class="btn" (click)="no()">取消</button>
            </div>
        </div>
    </div>',
    styles: ['
    @keyframes message-show {
        0% {
            opacity: 0;
        }
        100% {
            opacity: 1;
        }
    }
    .layer{
        animation: message-show .3s;
        top: 0;
        z-index:2000;
        position: absolute;
        width: 100%;
        height: 100%;
        background-color: rgba(50, 50, 50, .02);
    }
    .message {
        position: absolute;
```

```
        z-index: 2001;
        box-shadow: 0 0 10px rgba(233, 150, 122, .3);
        width: 80%;
        min-height: 100px;
        border-radius: 3px;
        top: calc(50% - 50px);
        left: 10%;
        background-color: white;
        text-align: center;
        border: 1px solid rgba(233, 150, 122, .3);
    }
    .message > div:first-child {
        margin: 10px 0 20px 0;
        padding-left: 10px;
        text-align: left;
        font-size: 18px;
        font-weight: bold;
        border-bottom: 1px solid rgba(233, 150, 122, .3);
    }
    .message > div:last-child {
        margin: 10px 0 10px 0;
        padding-top: 10px;
        font-size: 14px;
    }
    .message > div:last-child > button {
        padding: 3px 10px;
    }
    .message > div:last-child > button:first-child{
        margin-right:30px;
        background: #f0c14b;
        background: linear-gradient(to bottom,#f7dfa5,#f0c14b);
        border-color: #f7dfa5;
    }']
})
export class ConfirmComponent {
    // 确认提示
    message: { title: string, body: string };

    // 当用户选择"确认"或"取消"时需要调用的函数
    onChoose: (yesOrNo: boolean) => void;

    // "确认"事件处理方法
    yes(): void {
        this.onChoose(true);
    }

    // "取消"事件处理方法
    no(): void {
        this.onChoose(false);
    }
}
```

我们将确认提示组件定义为 ConfirmComponent，同时为它指定了模板、样式以及一些必要的属性和方法——随后我们会看到它们的作用。接下来，我们还需要创建一个负责显示确认提示视图的服务，即确认提示服务。

13.5.2 创建确认提示服务

为了创建确认提示服务，我们需要在共享服务目录 src/services/services 下新建一个名为 confirm.service.ts 的 TypeScript 文件，然后将代码清单 13-22 复制到其中。

代码清单 13-22 src/services/services/confirm.service.ts

```
    import { Injectable, ApplicationRef, ComponentFactoryResolver, ComponentFactory, Component
Ref, Injector } from '@angular/core';                    // 导入必要的定义
    import { ConfirmComponent } from '../components/confirm.component'; // 导入确认提示组件
    import { Observable, Subscriber } from 'rxjs'; // 导入可观察对象类和订阅者/观察者类
```

```
/**
 * 确认提示服务
 */
@Injectable()
export class ConfirmService {
    private confirmComponentFactory: ComponentFactory<ConfirmComponent>; // 确认提示组件工厂

    /**
     * 构造确认提示服务
     * @param appRef 注入应用程序实例
     * @param componentFactoryResolver 注入组件工厂解析器
     * @param injector 注入依赖注入器
     */
    constructor(private appRef: ApplicationRef, private componentFactoryResolver:
ComponentFactoryResolver, private injector: Injector) {
        // 创建确认提示组件的组件工厂
        this.confirmComponentFactory = this.componentFactoryResolver.resolveComponentFactory
(ConfirmComponent);
    }

    confirm(message: {title: string, body: string}): Observable<boolean> {
        // 创建确认提示组件（引用）
        let confirmComponentRef: ComponentRef<ConfirmComponent> = this.confirmComponentFactory
.create(this.injector);

        // 附加确认提示视图到应用程序中
        this.appRef.attachView(confirmComponentRef.hostView);

        // 附加与确认提示视图相应的 DOM 元素到 HTML body 元素中
        let domElement = confirmComponentRef.location.nativeElement;
        document.body.appendChild(domElement);

        // 获取确认提示组件，并设置确认提示组件的 message 属性
        let confirmComponent: ConfirmComponent = confirmComponentRef.instance;
        confirmComponent.message = message;

        // 创建接收用户选择结果的可观察对象，并在其被注册观察者（订阅者）时，保存这个观察者的引用
        let subscriber: Subscriber<boolean>;
        let confirmObservable: Observable<boolean> = new Observable((x) => {
            subscriber = x; // 这行代码会在 confirmObservable 的 subscribe()方法被调用时被执行
        });

        // 设置消息提示组件的"确认"或"取消"按钮被单击时需要调用的函数
        confirmComponent.onChoose = (yesOrNo: boolean) => {
            // 销毁并移除确认提示组和视图
            this.appRef.detachView(confirmComponentRef.hostView);
            confirmComponentRef.destroy();
            domElement.remove();

            // 通知观察者用户单击的是"确认"按钮还是"取消"按钮
            if(subscriber) {
                subscriber.next(yesOrNo);
            }
        }

        // 返回接收用户选择结果的可观察对象，以使调用方注册观察这个结果的观察者
        return confirmObservable;
    }
}
```

我们将确认提示服务定义为 ConfirmService，并使它像消息提示服务那样动态地创建了确认提示组件 ConfirmComponent 的实例，然后将相应的确认提示视图显示到了页面的 Body 元素中。

此外，确认提示服务还承担了一些它特有的职责：

（1）其确认提示方法 confirm()接收的消息参数 message 的类型不再是字符串，而是类型为{ title: string, body: string }的对象，因为随后被显示给客户的确认提示包含标题和提示内容；

（2）方法 confirm()将一个箭头函数赋给确认提示组件的方法属性 onChoose，从而使这个箭头函数在客户单击了确认提示视图中的确定（取消）按钮时被执行，同时被传递参数 true（false）；

（3）方法 confirm()会返回一个类型为 Observable<boolean>的可观察对象，而这个可观察对象的观察者最终会收到以上箭头函数转发的值为 true（false）的确认（取消）通知——通过 subscriber.next(yesOrNo)。

接下来，为了让确认提示服务可以参与工作，我们还需要将它注册到根依赖注入器中。

13.5.3 注册确认提示服务

显然，我们应该通过 UI 服务模块来完成确认提示服务的注册，为此需要修改 UI 服务模块的定义代码，使其与代码清单 13-23 一致。

代码清单 13-23 src/services/ui-service.module.ts

```
import { NgModule } from "@angular/core";
import { CommonModule } from "@angular/common";
import { TipService } from "./services/tip.service";
import { TipComponent } from "./components/tip.component";
import { ConfirmService } from "./services/confirm.service";        // 导入确认提示服务
import { ConfirmComponent } from "./components/confirm.component";  // 导入确认提示组件

@NgModule({
    imports: [CommonModule],
    providers: [TipService, ConfirmService],            // 注册确认提示服务
    declarations: [TipComponent, ConfirmComponent],     // 声明确认提示组件
    entryComponents: [TipComponent, ConfirmComponent] // 设置确认提示组件为入口组件
})
export class UiServiceModule {
}
```

按照要求，我们通过 import 语句导入了确认提示服务 ConfirmService，然后将它添加到了 UI 服务模块 UiServiceModule 的 providers 属性中。

此外，我们还导入了确认提示组件 ConfirmComponent，然后将它添加到了 UI 服务模块的 declarations 和 entryComponents 属性中——因为我们要确保确认提示服务能够成功地找到它。

完成以上工作之后，便是显示确认提示的时候了。

13.5.4 显示确认提示

为了显示确认提示，我们需要修改购物车组件 CartComponent 的定义代码，使其与代码清单 13-24 一致。

代码清单 13-24 src/carts/components/cart-component.ts

```
// ... 省略的 import
import { ConfirmService } from '../../services/services/confirm.service'; // 导入确认提示服务

@Component({
    // ...省略的代码
})
export class CartComponent implements OnInit {
    cartWares: Array<CartWare>;

    /**
     * 构造方法
     * @param cartService 注入购物车服务
     * @param cartTotalService 注入购物车商品总数服务
     * @param tipService 注入消息提示服务
     * @param confirmService 注入确认提示服务
     */
    constructor(private cartService: CartService, private cartTotalService: CartTotalService
, private tipService: TipService, private confirmService: ConfirmService) {
        this.cartWares = new Array<CartWare>();
    }

    ngOnInit(): void {
```

```
        this.getWareList();
    }

    getWareList() {
        // ... 省略的代码
    }

    removeWare(id: number) {
        this.confirmService.confirm({ title: '删除', body: '确定要删除当前商品吗？' }).subscribe
(x => {
            if (!x) {
                return; // 用户选择"取消"，什么也不做
            }

            this.cartService.removeWare(id).subscribe(x => {
                if (x.success == true) {
                    let removedWareIndex = this.cartWares.findIndex(y => y.id == id);
                    this.cartWares.splice(removedWareIndex, 1);
                    this.cartTotalService.cartTotalSubject.next(x.data);
                }
                this.tipService.tip(x.message); // 通过服务显示消息
            });
        });
    }

    // ... 省略的代码
}
```

我们通过参数属性 confirmService 向购物车组件注入了确认提示服务，然后将购物车组件的 removeWare()方法中的代码修改至如下所示：

```
this.confirmService.confirm({ title: '删除', body: '确定要删除当前商品吗？' }).subscribe(x => {
    if (!x) {
        return; // 用户选择"取消"，什么也不做
    }
    // removeWare()方法中原来的代码
});
```

以上代码调用了确认提示服务的 confirm()方法，并向其返回的类型为 Observable<boolean>的可观察对象注册了一个观察者通知函数。

我们已经知道，确认提示服务的 confirm()方法会创建并显示一个确认提示视图，而以上观察者通知函数会在确认提示视图中的“确认”或“取消”按钮被单击之后被执行：如果被单击的是“确认”按钮，以上观察者通知函数的参数 x 接收到的值会是 true，相应的购物车商品会被删除；反之，以上参数 x 接收到的值会是 false，购物车商品则不会被删除。

因此，如果保存所有代码的编辑并刷新浏览器，然后尝试删除购物车中的商品，那么我们将看到图 13-14～图 13-16 所示的结果。

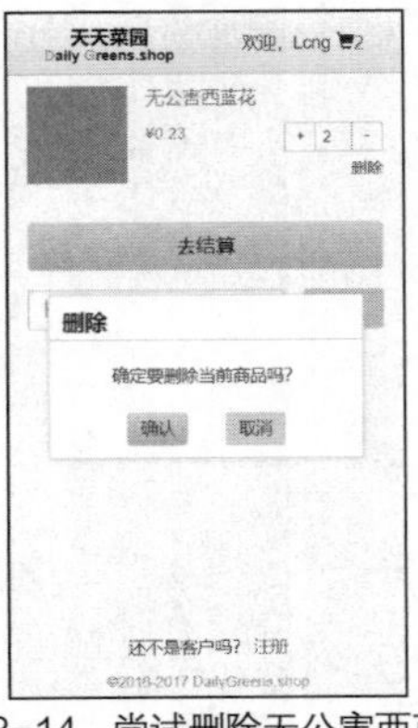

图 13-14　尝试删除无公害西蓝花

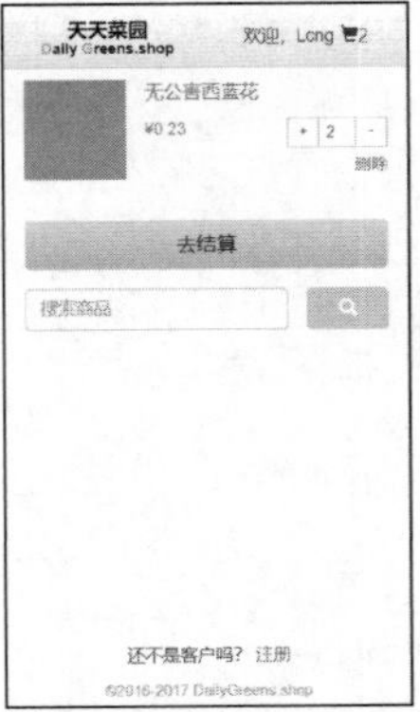

图 13-15　单击确认提示中的“取消”按钮

图 13-16　单击确认提示中的“确认”按钮

图 13-14 所示的是当我们单击无公害西蓝花的删除链接时，被弹出到浏览器中的确认提示；图 13-15 所示的是我们单击确认提示中的取消按钮之后，确认提示被关闭的效果；图 13-16 所示的则是我们单击确认按钮之后，确认提示被关闭的同时，无公害西蓝花被删除之后的消息提示。

至此，我们便完成了确认提示功能的开发。但或许读者会问为什么这一次我们不需要注销观察者的订阅？答案很简单，因为这一次我们的可观察对象和观察者都是确认提示服务的 confirm()方法中的变量，它们会被 JavaScript 的垃圾回收机制自动释放掉。

此外，读者可能还会有一个疑问，那就是消息提示和确认提示的显示都带有动画效果，天天菜园中的其他视图元素或视图本身可以拥有动画效果吗？答案自然是可以。

13.6 动画

Angular 本身提供了动画功能，这一功能是基于 CSS 实现的，但它允许我们对 Angular 应用程序中的动画进行更加细致的控制。

在本节中，我们将通过 Angular 动画对天天菜园进行最后的完善，使其中一些视图元素在状态发生变化时触发相应的动画，并使每一个参与导航的视图在进入或离开根视图时也触发相应的动画，从而使用户获得更加温和的使用体验。但在实现这些动画之前，我们需要先安装 Angular 提供的动画包。

13.6.1 安装 Angular 动画包

为了安装 Angular 动画包，我们需要将项目根目录下的 Node.js 包配置文件修改至与代码清单 13-25 一致。

代码清单 13-25 package.json

```
{
    "name": "chapter13-4",
    "version": "1.0.0",
    "private": true,
    "dependencies": {
        "@angular/common": "7.0.4",
        "@angular/compiler": "7.0.4",
        "@angular/core": "7.0.4",
        "@angular/platform-browser": "7.0.4",
        "@angular/platform-browser-dynamic": "7.0.4",
        "@angular/router": "7.0.4",
        "@angular/forms": "7.0.4",
        "@angular/animations": "7.0.4",
        "core-js": "2.5.7",
        "rxjs": "6.3.3",
        "systemjs": "0.21.5",
        "zone.js": "0.8.26",
        "bootstrap": "3.3.7"
    },
    "devDependencies": {
        "@types/node": "10.12.9",
        "express": "4.16.4",
        "body-parser": "1.18.3"
    }
}
```

以上代码中新增的@angular/animations 就是 Angular 动画包。为了将它安装到项目中，我们需要在 VS Code 集成终端中执行以下 node 命令：

```
npm install
```

待这一命令将@angular/animations 安装到项目中之后，我们还需要在应用程序中启用动画功能，为此需要将应用程序根模块的定义代码修改至与代码清单 13-26 一致。

代码清单 13-26　src/app/app.module.ts

```
// ... 省略的 import
import { BrowserAnimationsModule } from '@angular/platform-browser/animations';
// 导入浏览器动画模块

/**
 * 根模块
 */
@NgModule({
    imports: [BrowserModule, WareModule, AppRoutingModule, HttpClientModule, ServiceModule,
        WidgetModule, UiServiceModule, BrowserAnimationsModule/*导入浏览器动画模块*/],
    declarations: [AppComponent], // 声明当前模块内的组件
    bootstrap: [AppComponent]     // 从组件 AppComponent 启动
})
export class AppModule {
}
```

以上新增的代码从浏览器平台包（不是刚刚被安装到项目中的动画包）中导入了浏览器动画模块 BrowserAnimationModule，并将它添加到了应用程序根模块的 imports 列表中。

接下来我们还要通知 SystemJS 如何加载动画相关的模块，为此我们需要将 SystemJS 的配置文件 systemjs.config.js 中的内容修改至与代码清单 13-27 一致。

代码清单 13-27　src/systemjs.config.js

```
(function (global) {
    System.config({
        paths: { // 路径变量
            'npm:': 'node_modules/'
        },
        map: { // 路径映射
            // ...省略的代码
            '@angular/common/http': 'npm:@angular/common/bundles/common-http.umd.js',
            '@angular/platform-browser/animations': 'npm:@angular/platform-browser/bundles
/platform-browser-animations.umd.js', // Angular 浏览器平台包中的动画模块路径映射
            '@angular/animations': 'npm:@angular/animations/bundles/animations.umd.js',
// Angular 动画包路径映射
            '@angular/animations/browser': 'npm:@angular/animations/bundles/animations-bro
wser.umd.js' // Angular 动画包中的浏览器模块路径路径映射
        },
        packages: { // 路径配置
            // ...省略的代码
        }
    });
})();
```

以上修改新增了三个路径映射，它们分别是浏览器平台包中的动画模块路径映射、动画包路径映射和动画包中的浏览器动画模块路径映射。

说明

是不是觉得以上三个路径有些混乱？读者可以这样理解：@angular/platform-browser/animations 提供了动画在浏览器中的支持；@angular/animations 提供了动画功能的实现；@angular/animations/browser 提供了动画功能在浏览器中的对接。

完成以上配置之后，我们就可以开始创建动画了。比如，我们可以给商品搜索视图中的按钮添加一个动画，使它的状态在可用和不可用之间过渡时，也使它的透明度在不透明和半透明之间缓慢地变化。

13.6.2　搜索按钮动画

在开始实现搜索按钮上的动画之前，我们需要先知道一点，即 Angular 动画是基于状态和 CSS 样式的，如果视图元素处在两个不同状态时的 CSS 样式不同，那么我们就可以在其状态发生过渡时，使其在状态过渡前的 CSS 样式过渡到状态过渡后的 CSS 样式来产生动画效果。

为了描述与动画相关的状态、样式和过渡等概念，Angular 动画包提供了以下五个基础函数。

（1）style()，用于定义样式，比如 style({ backgroundColor: 'red', border: 'none' })定义了一个红背景无边框的样式。

（2）state()，用于定义一个动画状态，并指定这个动画状态的样式，比如 state('s1', style({width: '12px'}))定义了动画状态 s1，同时为这个动画状态定义一个宽为 12 像素的样式。

（3）animate()，用于定义样式过渡时的动画效果，比如 animate('0.3s 0 ease-in')会使一个样式在 0.3 秒之内以越来越快的速度过渡到另一个样式，其字符串参数被空格分隔的各个部分的作用是：

- 0.3s，表示样式过渡耗时，这个值是必需的，其单位还可以是 ms 或空；
- 0，表示样式过渡前的延迟，这个值是可选的，其单位一样可以是 s、ms 或空；
- ease-in，表示样式过渡时的效果，还可选的值有 ease-out 和 ease-in-out 等。

（4）transition()，用于定义动画状态的过渡，并指定动画状态过渡发生时要使用的样式过渡（即动画）效果，比如 transition('s1 => s2', animate('200ms ease-out'))定义了动画状态 s1 到动画状态 s2 的过渡，并使这一过渡发生时动画状态 s1 背后的样式在 200 毫秒内以越来越慢的方式过渡到动画状态 s2 背后的样式；

（5）trigger()，用于定义动画触发器，并指定这个触发器内的样式、动画状态和样式过渡等动画要素。

对于不熟悉 CSS 动画的读者来说，以上五个函数的相关描述或许会有些抽象，因此我们接下来打算通过使用效果来熟悉这五个函数的作用。

注意

使用 style()函数定义 CSS 样式时，样式名的书写必须使用“小驼峰”命名法。比如，背景色样式名不能是 background-color，而应是 backgroundColoe；堆叠顺序样式名不能是 z-index，而应是 zIndex；等等。

为了获得相应的使用效果，我们需要对商品搜索组件的定义代码做些修改，使其与代码清单 13-28 一致。

代码清单 13-28 src/widgets/components/ware-search.component.ts

```
import { Component, Input, EventEmitter, Output } from '@angular/core';
import { Router } from '@angular/router';
import { state, style, transition, animate, trigger } from '@angular/animations'; // 导入五
// 个基础动画方法

/**
 * 定义商品搜索组件类
 */
@Component({
    selector: 'ware-search',
    template: '
<div class="wrapper row">
    <form (ngSubmit)="search()" #searchForm="ngForm">
        <div class="row">
            <div class="col-xs-9">
                <input type="text" name="wareName" [(ngModel)]="wareName" required class="
form-control" placeholder="搜索商品"
                 [ngStyle]="searchBoxStyle"/>
            </div>
            <div class="col-xs-3">
                <button type="submit" [disabled]="!searchForm.valid" class="btn btn-warning
glyphicon glyphicon-search"
                    [@activeInactive]="searchForm.valid ? 'active' : 'inactive'"></button>
            </div>
        </div>
    </form>
</div>
',
    styles: [/*省略的代码*/],
    animations: [ // 动画元数据
        trigger('activeInactive', [ // 动画触发器
            state('active', style({ // 状态 active 及相应的样式
                opacity: 1
            })),
            state('inactive', style({ // 状态 inactive 及相应的样式
```

```
                opacity: .65
            })),
            // 状态 inactive 过渡到状态 active 时，相应的样式过渡效果
            transition('inactive => active', animate('0.3s ease-in'))
        ])
    ]
})
export class WareSearchComponent {
    // ... 省略的代码
}
```

我们首先从 Angular 动画包中导入了前面提到的五个基础动画函数，然后在商品搜索组件添加了一个动画元数据 animations。

在这个元数据中我们通过函数 trigger()定义了一个名为 activeInactive 的动画触发器，同时向这个函数传递了一个数组作为第二个参数。

在这个数组中，我们通过函数 state()定义了两个名字分别为 active 和 inactive 动画状态，并通过函数 style()分别为这两个动画状态定义了相应的样式。此外，我们还通过函数 transition()定义了动画状态 active 到 inactive 的过渡，并通过函数 animate()定义了这一过渡发生时相应的样式过渡效果。

注意

transition()函数的第二个数组参数的成员中可以出现多个 state()函数和 transition()函数的调用，但不能出现其他函数的调用。

为了使以上各定义能够产生动画效果，我们还在商品搜索按钮标签<button>上添加了这么一个绑定：

```
[@activeInactive]="searchForm.valid ? 'active' : 'inactive'"
```

这是动画特有的绑定（开头的@是其特有的标志），它基于搜索表单是否合法来决定给动画触发器 activeInactive 绑定一个字符串值，即 active 或 inactive。

当动画触发器 activeInactive 的值被绑定为 inactive 时，搜索按钮会获得动画状态 inactive，并因此而获得透明度为 0.65 的样式；而当动画触发器 activeInactive 的值被绑定为 active 时，搜索按钮会获得动画状态 active，并因此而获得透明度为 1 的样式。

但对于以上第二种情况来说，搜索按钮的透明度样式不会立即变成 1，因为此时其动画状态是从 inactive 过渡到 active 的，前面元数据中的函数 transition()为这一状态过渡定义了样式过渡效果，它会使搜索按钮的透明度样式在 0.3 秒内以越来越快的速度从 0.65 过渡到 1。

也就是说，经过以上修改之后我们已然实现了搜索按钮上的动画，因此如果现在保存所有代码的编辑并刷新浏览器，然后在商品列表视图中的搜索框中输入一些内容，将看到右侧的搜索按钮从半透明逐渐变得不透明的动画效果，如图 13-17～图 13-19 所示。

图 13-17　输入内容前的透明度

图 13-18　输入内容后开始变得不透明

图 13-19　最后完全不透明

此时，读者可能会想知道，如果删除搜索框中的内容，搜索按钮会不会逐渐变得半透明呢？答案是不会，因为以上 transition()函数的第一个参数 inactive => active 只处理 inactive 状态到 active 状态的过渡，

而删除搜索框中的内容会使搜索按钮的动画状态从 active 过渡到 inactive。

那么，怎样才能实现这样的变化呢？答案很简单，我们只需要将以上代表动画状态过渡的单向箭头=>换成双向箭头<=>，从而使商品搜索组件的定义代码与代码清单 13-29 一致。

代码清单 13-29 src/widgets/components/ware-search.component.ts

```
// ... 省略的 import

@Component({
    selector: 'ware-search', // 组件选择器
    template: '/*省略的代码*/',
    styles: ['/*省略的代码*/'],
    animations: [
        trigger('activeInactive', [
            state('active', style({
                opacity: 1
            })),
            state('inactive', style({
                opacity: .65
            })),
            // 处理状态 inactive 和状态 active 之间的相互过渡
            transition('inactive <=> active', animate('0.3s ease-in'))
        ])
    ]
})
export class WareSearchComponent {
    // ... 省略的代码
}
```

经过以上修改之后，transition()函数会处理目标视图元素上的 inactive 状态和 active 状态之间的相互过渡，并在任何一个方向的动画状态过渡发生时渲染相应的样式过渡动画：当搜索框被输入了内容时，使搜索按钮逐渐变得不透明；当搜索框中的内容被删除时，使搜索按钮逐渐变得半透明。

但细心的读者在运行以上代码时应该会发现动画效果中的一个瑕疵，那就是每当商品搜索视图刚出现在浏览器中时，搜索按钮总是会展示从不透明变成半透明的动画——正常情况下，这一动画只应在搜索框中的内容被删除时才会出现。

之所以会出现这样过于急切的动画，是因为搜索按钮的动画状态是根据搜索表单是否合法决定的，而搜索表单（背后的 NgForm 指令）在搜索组件初始化时默认是合法的，搜索按钮因此而获得动画状态 active；随后搜索组件会进行一次初始变化监测，这次变化监测会使搜索表单中的必填指令将搜索表单标记为非法的，从而使搜索按钮的动画状态过渡到 inactive。

为了防止这样的事情发生，我们需要对商品搜索组件的定义代码再做些修改，使其与代码清单 13-30 一致。

代码清单 13-30 src/widgets/components/ware-search.component.ts

```
// ... 省略的 import

@Component({
    selector: 'ware-search',
    template: '
<div class="wrapper row">
    <form (ngSubmit)="search()" #searchForm="ngForm">
        <div class="row">
            <div class="col-xs-9">
                <input type="text" name="wareName" [(ngModel)]="wareName" required class="
form-control" placeholder="搜索商品"
                 [ngStyle]="searchBoxStyle"/>
            </div>
            <div class="col-xs-3">
                <button type="submit" [disabled]="!searchForm.valid" class="btn btn-warning
glyphicon glyphicon-search"
                    [@activeInactive]="(searchForm.valid && changesChecked) ? 'active' : '
inactive'"></button>
            </div>
```

```
            </div>
        </form>
    </div>
    ',
        styles: ['/*省略的代码*/'],
        animations: [
            trigger('activeInactive', [
                state('active', style({
                    opacity: 1
                })),
                state('inactive', style({
                    opacity: .65
                })),
                transition('inactive <=> active', animate('0.3s ease-in'))
            ])
        ]
})
export class WareSearchComponent {
    // ... 省略的代码

    // 标记初始变化监测是否已经执行过
    changesChecked: boolean = false;

    constructor(private router: Router) {
        // 一次事件循环之后，初始变化监测已经执行完
        let timeout = setTimeout(() => {
            this.changesChecked = true;
            clearTimeout(timeout);
        });
    }

    // ... 省略的代码
}
```

以上修改给商品搜索组件添加了一个初始值为 false 的 boolean 属性 changesChecked，同时将这一属性添加到了搜索按钮标签<button>的动画状态绑定表达式中。这样一来，即使搜索表单在商品搜索组件初始化时是合法的，搜索按钮的动画状态也会因为组件属性 changesChecked 的值是 false 而被绑定为 inactive。

此外，以上修改中还包含一个定时器，其作用是使商品组件在进行完初始变化监测时，将组件属性 changesChecked 的值设置为 true，从而使其不再影响搜索按钮的动画状态的绑定。

至此，我们便实现了搜索按钮上的动画，并对 Angular 动画有了一个基本的了解。基于这一了解，相信读者可以继续为客户视图中的注册按钮和登录按钮实现类似的动画，这里便不再展示相应的代码了。

接下来，让我们试着在购物车视图中添加一些必要的动画，使其中的商品在被删除时渐渐地滑向屏幕的右侧，直至消失。

13.6.3　购物车商品删除动画

在实现购物车商品删除动画之前，我们需要先知道一点，那就是 Angular 动画中有一个预定义的动画状态，那就是删除状态 void——所有从 DOM 中删除的视图元素都处于这一状态，但被隐藏（比如通过 CSS 样式“display:none”）的视图元素不会处于这一状态。

此外，Angular 中还有一个动画状态通配符*（星号），它可以代表任意动画状态，包括我们自己定义的（比如前面的 active 和 inactive）、Angular 预订义的删除状态 void 以及未指定的空状态。

基于这两个特殊情况，我们可以得到三种特殊的状态过渡：

（1）* => void，表示视图元素离开视图的状态过渡；

（2）void => *，表示视图元素进入视图中的状态过渡；

（3）* => *，表示任意一种状态到另外任意一种状态的过渡。

现在，我们要做的就是基于以上第一种状态过渡实现购物车商品删除的动画，为此需要将购物车组件定义代码修改至与代码清单 13-31 一致。

代码清单 13-31 src/carts/components/cart.component.ts

```
// ... 省略的 import
import { trigger, transition, style, animate } from '@angular/animations'; // 导入必要的动画函数

/**
 * 定义购物车组件类
 */
@Component({
    moduleId: module.id,
    templateUrl: '../views/cart.html',
    styleUrls: ['../views/cart.css'],
    animations: [
        trigger('wareFlyOut', [ // 定义动画触发器
            transition('* => void', [ // 定义动画状态过渡
                style({ // 过渡前的起始样式
                    transform: 'translateX(0)', height: '*', overflow: 'hidden'
                }),
                animate('0.3s ease-out', // 样式过渡效果
                    style({ // 过渡到的目标样式
                        transform: 'translateX(100%)', height: 0, overflow: 'hidden'
                    })
                )
            ])
        ])
    ]
})
export class CartComponent implements OnInit {
    // ... 省略的代码
}
```

以上修改首先导入了必要的动画函数，然后给购物车组件添加了动画元数据 animations。和前面添加给商品搜索组件的动画元数据不同的是，以上动画元数据有以下四处不同：

（1）没有通过 state()函数定义动画状态；

（2）提供给 transition()函数的第一个参数变成了* => void，这会使目标视图元素离开视图时触发动画；

（3）提供给 transition()函数的第二个参数变成了一个数组，其中第一个元素是通过 style()函数定义的样式，这一样式会作为目标视图元素在动画开始时的样式；

（4）给 animate()函数提供了第二个参数，这个参数是通过 style()函数定义的样式，而这一样式会作为目标视图元素在动画结束时的样式。

也就是说，以上动画元数据的作用，就是在目标视图元素被从视图中删除时，使其从以下样式：

```
transform: 'translateX(0)', height: '*', overflow: 'hidden'
```

在 0.3 秒内以越来越慢的速度过渡到以下样式：

```
transform: 'translateX(100%)', height: 0, overflow: 'hidden'
```

基于对 CSS 的了解，我们可以知道以上样式过渡会产生这样一个动画：目标视图元素逐渐向右平移到其容器的最右侧，同时高度逐渐降到 0 像素——形象地说，就是向右上角方向飞出其容器。

说明

我们无法知道目标视图元素的具体高度，因此以上起始样式中的 height 的值被设置成了字符串*（星号），Angular 动画会因此而自动计算目标视图元素的起始高度。

事实上我们甚至可以省略起始样式中的 transform 和 height，因为在这种情况下 Angular 仍然会计算目标视图元素的起始变换和高度。但我们不能省略起始样式中的 overflow，除非目标视图元素的 overflow 样式的值本来就是 hidden。

显然，我们希望这一动画发生在购物车商品 DIV 元素上，因此需要对购物车模板做些修改，使其内容与代码清单 13-32 一致。

代码清单 13-32 src/carts/views/cart.html

```
<div class="row" *ngIf="cartWares && cartWares.length">
    <!--使用动画触发器 wareFlyOut-->
```

```
    <div *ngFor="let ware of cartWares" class="col-xs-12 col-md-6" [@wareFlyOut]>
        <!--省略的代码-->
    </div>
    <div class="col-xs-12">
        <button type="button" class="btn">去结算</button>
    </div>
</div>
<!--省略的代码-->
```

我们将前面定义的动画触发器 wareFlyOut 添加到了购物车商品<div>标签上，但没有给它绑定动画状态，因为我们根本不用这样做。

注意

如果我们将字符串 void 绑定给以上动画触发器 wareFlyOut，那么购物车商品会在购物车视图刚被呈递时触发逐渐变矮并向屏幕右侧平移的动画，但最终购物车商品还会回到视图中。这是因为传递给 animate()函数（以及 transition()函数）的样式只对目标视图元素的动画效果产生影响，而不会影响目标视图元素在动画播放完之后的静态展示效果。

如果要使样式对目标视图元素的动画效果和静态展示效果都有影响，我们需要使用 state()函数定义目标视图元素的动画状态。

接下来，如果我们保存所有代码的编辑并刷新浏览器，然后添加一些商品到购物车中并删除其中一个商品，那么相应的商品 DIV 也会从购物车视图中删除，其动画状态则会从空状态过渡到删除状态。

由于这一过渡符合表达式* => void 的描述，因此商品 DIV 元素就会触发向右平移并缩小高度以至消失的动画，如图 13-20～图 13-22 所示。

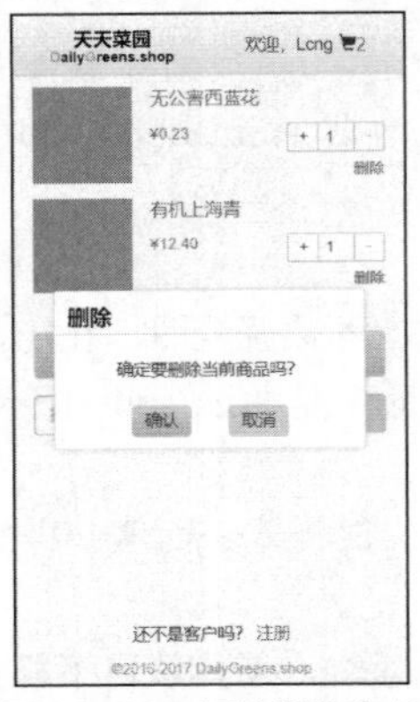

图 13-20　开始删除商品

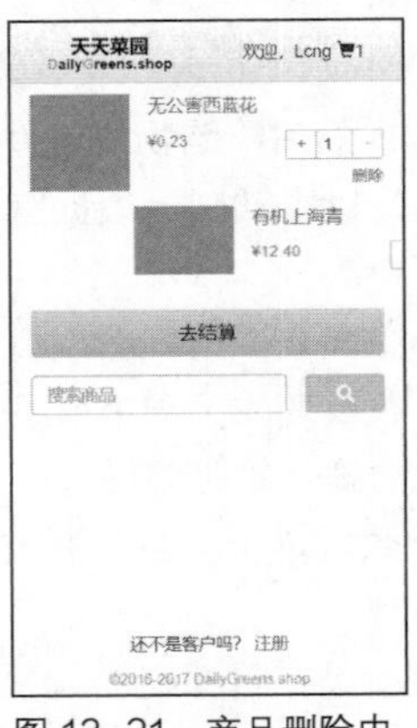

图 13-21　商品删除中

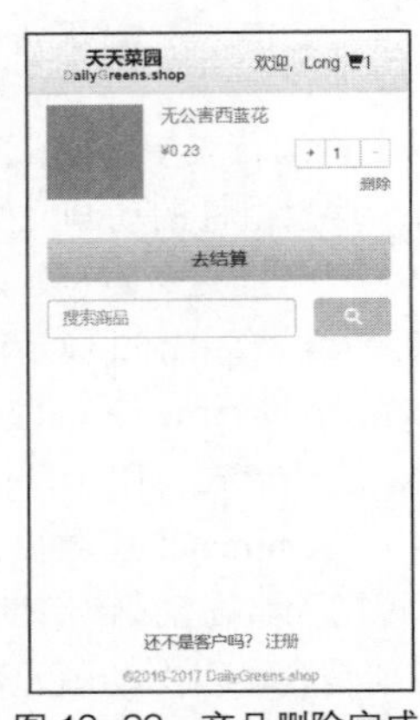

图 13-22　商品删除完成

至此，我们便实现了购物车商品删除的动画，但如果继续删除图 13-22 所示的无公害西蓝花，我们会发现期待的动画不会被触发，无公害西蓝花会瞬间从视图中消失。

之所以会出现这样的问题，是因为删除购物车中最后一个商品这一操作会导致购物车被清空，从而使整个购物车 DIV 元素从视图中消失。

为了解决这个问题，我们还需要为购物车 DIV 元素添加动画，为此需要对购物车组件的定义代码再做些修改，使其与代码清单 13-33 一致。

代码清单 13-33　src/carts/components/cart.component.ts

```
// ... 省略的 import
import { trigger, transition, style, animate } from '@angular/animations'; // 导入必要的动画函数

/**
 * 定义购物车组件类
 */
@Component({
    moduleId: module.id,
    templateUrl: '../views/cart.html',
    styleUrls: ['../views/cart.css'],
```

```
        animations: [
            trigger('wareFlyOut', [              // 定义动画触发器
                transition('* => void', [        // 定义动画状态过渡
                    style({                      // 过渡前的起始样式
                        transform: 'translateX(0)', height: '*', overflow: 'hidden'
                    }),
                    animate('0.3s ease-out',     // 样式过渡效果
                        style({                  // 过渡到的目标样式
                            transform: 'translateX(100%)', height: 0, overflow: 'hidden'
                        })
                    )
                ])
            ]),
            trigger('cartShrink', [              // 动画触发器
                transition(':leave', [           // 表示离开的过渡，等价于* => void
                    style({                      // 动画起始样式
                        height: '*', overflow: 'hidden'
                    }),
                    animate('0.3s ease-out',
                        style({                  // 动画结束样式
                            height: 0, overflow: 'hidden'
                        })
                    )
                ])
            ])
        ]
})
export class CartComponent implements OnInit {
    // ... 省略的代码
}
```

以上代码中新增了一个名为 cartShrink 的触发器，其中的状态过渡表达式:leave 和* => void 是等价的，它将使购物车 DIV 元素在被从视图中删除之前展示一个高度逐渐缩小的动画。

说明

和:leave 对立的是:enter，它和 void => *是等价的，即表示目标视图元素进入视图的状态过渡。

为了使这一动画生效，我们还需要对购物车模板做个简单的修改，使其内容与代码清单 13-34 一致。

代码清单 13-34　src/carts/views/cart.html

```
<!--使用动画触发器 cartShrink-->
<div class="row" *ngIf="cartWares && cartWares.length" [@cartShrink]>
    <!--使用动画触发器 wareFlyOut-->
    <div *ngFor="let ware of cartWares" class="col-xs-12 col-md-6" [@wareFlyOut]>
        <!--省略的代码-->
    </div>
    <div class="col-xs-12">
        <button type="button" class="btn">去结算</button>
    </div>
</div>
<!--省略的代码-->
```

我们在购物车<div>标签上添加了动画触发器 cartShrink，接下来，如果购物车 DIV 被从视图中删除，通过 cartShrink 定义的动画就会发生在购物车 DIV 上。

但实际效果可能与我们的期望会有些偏差，如果保存所有代码的编辑并刷新浏览器，然后删除购物车中最后一个商品，我们会看到图 13-23～图 13-25 所示的动画效果。

可以看到，尽管购物车 DIV 确实展示了一个高度逐渐缩小的动画，但其中最后一个商品并没有展示向右上角飞出的动画。

之所以会出现这样的问题，是因为商品 DIV 是购物车 DIV 的子元素，Angular 动画发现购物车 DIV 被从视图中删除时，只会触发购物车 DIV 的删除动画，而不会触发其子元素的删除动画。

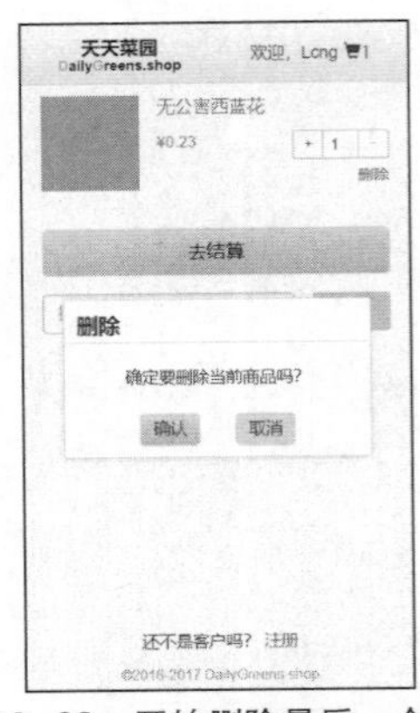

图 13-23　开始删除最后一个商品

图 13-24　最后一个商品删除中

图 13-25　最后一个商品删除完成

说明　如果视图中两个不存在嵌套关系的元素都被绑定了触发删除动画的触发器，那么当它们同时被删除时，它们的删除动画会被同时触发和播放。

为了解决这个问题，我们需要对购物车组件的定义代码再做些修改，使其与代码清单 13-35 一致。

代码清单 13-35　src/carts/components/cart.component.ts

```
// ... 省略的 import
import { trigger, transition, style, animate, query } from '@angular/animations'; // 导入query()函数

/**
 * 定义购物车组件类
 */
@Component({
    moduleId: module.id,
    templateUrl: '../views/cart.html',
    styleUrls: ['../views/cart.css'],
    animations: [
        trigger('wareFlyOut', [                // 定义动画触发器
            transition('* => void', [          // 定义动画状态过渡
                style({                        // 过渡前的起始样式
                    transform: 'translateX(0)', height: '*', overflow: 'hidden'
                }),
                animate('0.3s ease-out',       // 样式过渡效果
                    style({                    // 过渡到的目标样式
                        transform: 'translateX(100%)', height: 0, overflow: 'hidden'
                    })
                )
            ])
        ]),
        trigger('cartShrink', [                // 动画触发器
            transition(':leave', [             // 表示离开的过渡，等价于* => void
                query(':leave', [              // 查找过渡到删除状态的子元素，并为其定义删除动画
                    style({                    // 动画起始样式
                        transform: 'translateX(0)', height: '*', overflow: 'hidden'
                    }),
                    animate('0.3s ease-out',
                        style({                // 动画结束样式
                            transform: 'translateX(100%)', height: 0, overflow: 'hidden'
                        })
                    )
                ]),
                style({                        // 动画起始样式
                    height: '*', overflow: 'hidden'
                }),
                animate('0.3s ease-out',
                    style({                    // 动画结束样式
                        height: 0, overflow: 'hidden'
```

```
                        })
                    )
                ])
            ])
        ]
})
export class CartComponent implements OnInit {
    // ... 省略的代码
}
```

我们首先导入了 Angular 动画包中的 query()函数，这个函数的作用是查找动画元素的子元素，并为目标子元素定义动画。

基于 query()函数的这一作用，接着我们便将它添加到了购物车 DIV 删除动画的 transition()函数的数组参数中，使它查找购物车 DIV 中过渡到删除状态的子元素，从而使目标子元素在随购物车 DIV 一起被从视图中删除的同时，展示向右上角飞出的动画。

说明

以上 query()函数的第一个参数:leave 不能被换成* => void，但可以被换成合法的 CSS 选择器。比如，将以上提供给 query()函数的参数:leave 换成 div:first-child，那么购物车 DIV 元素内的所有是第一个子元素的 DIV 元素都会获得向右上角飞出的动画。

显然，会随购物车 DIV 一起被从视图中删除的子元素就是容纳最后一个购物车商品的 DIV，因此以上修改的作用就是使 Angular 动画在最后一个购物车商品被从购物车中删除时，同时播放相应的购物车商品 DIV 和购物车 DIV 的删除动画。

然而，实际效果还是会与我们的期望有些偏差，因为购物车商品 DIV 的删除动画虽然被播放了，但它不是和购物车 DIV 的删除动画一起播放的，而是在后者被播放之前被先播放了。

为了得到期望的结果，我们还需要对购物车组件的定义代码做些修改，使其与代码清单 13-36 一致。

代码清单 13-36 src/carts/components/cart.component.ts

```
// ... 省略的 import
import { trigger, transition, style, animate, query, group } from '@angular/animations';
// 导入 group()函数

/**
 * 定义购物车组件类
 */
@Component({
    moduleId: module.id,
    templateUrl: '../views/cart.html',
    styleUrls: ['../views/cart.css'],
    animations: [
        trigger('wareFlyOut', [           // 定义动画触发器
            transition('* => void', [     // 定义动画状态过渡
                style({                   // 过渡前的起始样式
                    transform: 'translateX(0)', height: '*', overflow: 'hidden'
                }),
                animate('0.3s ease-out', // 样式过渡效果
                    style({               // 过渡到的目标样式
                        transform: 'translateX(100%)', height: 0, overflow: 'hidden'
                    })
                )
            ])
        ]),
        trigger('cartShrink', [           // 动画触发器
            transition(':leave',          // 表示离开的过渡，等价于* => void
                group([                   // 将数组中的动画组成一组，使它们同时（而非连续）播放
                    query(':leave', [     // 查找过渡到删除状态的子元素，并为其定义删除动画
                        style({           // 动画起始样式
                            transform: 'translateX(0)', height: '*', overflow: 'hidden'
                        }),
                        animate('0.3s ease-out',
                            style({       // 动画结束样式
                                transform: 'translateX(100%)', height: 0, overflow: 'hidden'
```

```
                            })
                        )
                    ]),
                    style({ // 动画起始样式
                        height: '*', overflow: 'hidden'
                    }),
                    animate('0.3s ease-out',
                        style({ // 动画结束样式
                            height: 0, overflow: 'hidden'
                        })
                    )
                ])
            )
        ])
    ]
})
export class CartComponent implements OnInit {
    // ... 省略的代码
}
```

我们首先导入了 Angular 包中的 group()函数，这个函数的作用是对动画进行分组，从而使组内的动画同时（而非先后）被播放。

基于 group()函数的这一作用，我们接着通过它将购物车 DIV 删除动画和最后一个购物车商品 DIV 的删除动画分到了一组，从而使这两个动画可以同时被播放。

因此，如果我们现在保存以上所有代码的编辑并刷新浏览器，然后添加一些商品到购物车中并逐个删除其中的商品，最后在删除其中最后一个商品时将看到图 13-26～图 13-28 所示的动画。

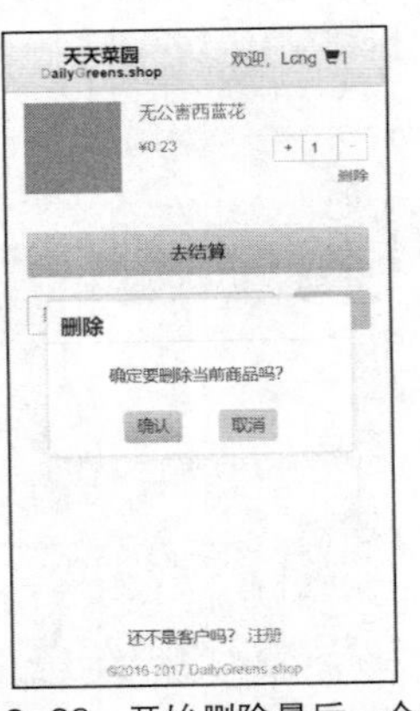

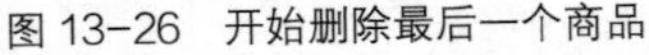

图 13-26　开始删除最后一个商品

图 13-27　最后一个商品删除中

图 13-28　最后一个商品删除完成

至此，我们便成功地实现了购物车商品删除的完整动画。但回顾相关的实现代码，就会发现其中出现了一处重复。为了避免这样的重复，我们需要最后再对购物车组件的定义代码做些修改，使其与代码清单 13-37 一致。

代码清单 13-37　src/carts/components/cart-component.ts

```
    // ... 省略的 import
    import { trigger, transition, style, animate, query, group, animateChild } from '@angular/
animations'; // 导入 animateChild()函数

    /**
     * 定义购物车组件类
     */
    @Component({
        moduleId: module.id,
        templateUrl: '../views/cart.html', // 指定购物车模板文件
        styleUrls: ['../views/cart.css'],  // 指定购物车样式文件集合
        animations: [
            trigger('wareFlyOut', [        // 定义动画触发器
```

```
            transition('* => void', [    // 定义动画状态过渡
                style({                  // 过渡前的起始样式
                    transform: 'translateX(0)', height: '*', overflow: 'hidden'
                }),
                animate('0.3s ease-out', // 样式过渡效果
                    style({              // 过渡到的目标样式
                        transform: 'translateX(100%)', height: 0, overflow: 'hidden'
                    })
                )
            ])
        ]),
        trigger('cartShrink', [  // 动画触发器
            transition(':leave', // 表示离开的过渡，等价于* => void
                group([          // 将数组中的动画组成一组，使它们同时（而非连续）播放
                    query(':leave', animateChild()), // 查找过渡到删除状态的子元素，并播放目标子元
// 素上已有的动画
                    style({      // 动画起始样式
                        height: '*', overflow: 'hidden'
                    }),
                    animate('0.3s ease-out',
                        style({  // 动画结束样式
                            height: 0, overflow: 'hidden'
                        })
                    )
                ])
            )
        ])
    ]
})
export class CartComponent implements OnInit {
    // ... 省略的代码
}
```

我们导入了 Angular 动画包中的 animateChild()函数，这个函数必须和 query()函数一起使用，以触发目标子元素上已经定义的动画。

基于 animateChild()函数的这一作用，以上修改随后将 query()函数的第二个参数替换成了 animateChild()函数的调用，以使其触发最后一个购物车商品 DIV 上已经定义过了的删除动画。

至此，我们才算比较合理地完成了购物车商品删除的动画。接下来，让我们再来考虑实现一个场面更加宏大的动画，从而使用户在进行视图间的导航时，看到新旧视图的交替过程。

13.6.4 路由过渡动画

将动画运用到整个视图上和将动画运用到视图元素上的思路是一样的，因为视图本身也是应用程序根视图中的视图元素。

比如，商品细节视图作为根视图中的视图元素，为了实现它在离开根视图时的动画，我们只需要在根组件的 animations 元数据中定义相关的动画触发器，然后将这一触发器的绑定添加到用于呈递商品细节视图的选择器上即可——就像前面在实现搜索按钮动画时，我们在商品搜索组件的 animations 元数据中定义了动画触发器，并将其绑定添加到搜索按钮标签<button>上一样。

但现在的问题是商品细节视图是通过路由器呈递到根视图中的，根模板中根本就没有商品细节组件的选择器，因此我们根本没法通过它来为商品细节组件绑定动画触发器。

好在我们可以将动画触发器定义到商品细节组件的 animations 元数据中，并通过 Angular 核心包中的宿主绑定装饰器 HostBinding 来为商品细节组件绑定动画触发器。

接下来，我们通过这一策略来实现商品细节视图的离开动画，为此需要修改商品细节组件的定义代码，使其与代码清单 13-38 一致。

代码清单 13-38 src/wares/components/ware-detail.component.ts

```
import { Component, OnInit, HostBinding/*导入宿主绑定装饰器 HostBinding*/ } from '@angular/core';
// ... 省略的 import
```

```
import { trigger, transition, style, animate } from '@angular/animations'; // 导入必要的动画函数

/**
 * 商品细节组件
 */
@Component({
    selector: 'ware-detail',
    moduleId: module.id,
    templateUrl: '../views/ware-detail.html',
    styleUrls: ['../views/ware-detail.css'],
    animations: [ // 定义动画
        trigger('viewAnimation', [
            transition(':leave', [
                style({
                    position: 'absolute', zIndex: 100, top: '60px', left: 0,
                    width: '100%', height: '*', overflow: 'hidden'
                }),
                animate('0.3s ease-out',
                    style({
                        position: 'absolute', zIndex: 100, top: '60px', left: '100%',
                        width: '100%', height: 'calc(100vh - 120px)', overflow: 'hidden'
                    })
                )
            ])
        ])
    ]
})
export class WareDetailComponent implements OnInit {
    // ... 省略的代码

    // 为当前组件绑定动画触发器 viewAnimation
    @HostBinding('@viewAnimation')
    animateView = true;

    // ... 省略的代码
}
```

以上修改定义了一个名为 viewAnimation 的动画触发器，还定义了一个初始值为 true 的组件属性 animateView，并使用导入自 Angular 核心包中的宿主绑定装饰器 HostBinding 对这个属性进行了装饰。

对于指令来说，宿主（Host）是运用指令的那个视图元素，比如本书各个地方运用了 NgIf 和 NgForOf 等指令的 DIV 元素，以及 13.2 节运用了登录验证指令的 SPAN 元素。

对于组件来说，宿主是呈递组件视图的元素，也就是组件选择器背后的 DOM 元素——即使视图是通过路由器（而非选择器）呈递的，我们仍然能够在页面源代码中看到相应的选择器，比如<ware-detail>和<ng-component>。

宿主绑定装饰器 HostBinding 的作用是为目标元素绑定属性、特性、样式和 CSS 类，因此对于以上宿主绑定装饰器的使用来说，其作用就是为商品细节视图的宿主元素（即选择器<ware-detail>背后的 DOM 元素）绑定动画触发器 viewAnimation，并向其传递动画状态 true。

说明

事实上，以上组件属性 animateView 的值可以被赋为除字符串 void 之外的任意值，因为我们只需要保证动画触发器 viewAnimation 不会在商品细节刚进入根视图中就获得离开删除状态 void。Angular 还提供了一个与 HostBinding 类似的宿主事件监听装饰器 HostListener，这两个装饰器一起相当于 13.2 节介绍的指令（组件）元数据 host。

这样一来，当商品细节视图从根视图中离开时，其动画状态就会从 true 过渡到 void。由于这一过渡这正好符合动画触发器 viewAnimation 中的状态过渡表达式:leave（等价于* => void）的描述，因此商品细节视图就会在离开根视图时触发 viewAnimation 中定义的动画。

从代码中我们可以发现，这一动画会使商品细节视图在 0.3 秒内以越来越慢的速度向右移出页面，并以同样的速度将自身高度缩减至浏览器视窗高度减 120 像素的高度——这一高度是根视图中除去头部和底部之后，留给子视图的内容区域的高度。

说明

商品细节视图的高度超过了内容区域的高度，如果我们不缩减它的高度，那么当我们在浏览商品细节视图底部的内容的过程中导航到其他视图时，其他视图起初只会将底部（甚至是空白内容）显示到根视图中，并在动画结束时突然将顶部（或者全部）显示到根视图中。此外，以上代码中的样式计算函数 calc()中的操作符和操作数必须被空格隔开，否则 Angular 动画会无法识别它并抛出错误：Partial keyframes are not supported。

然而，经过以上修改之后实际的动画效果还是不会包含商品细节视图的高度的缩减，因为其宿主元素的默认 display 样式是 inline，Angular 动画会因此而无法计算其初始高度。

要使 Angular 动画能够计算这一高度，我们需要将商品细节视图的宿主元素的 display 样式设置成 block，为此需要对商品细节样式文件做些修改，使其内容与代码清单 13-39 一致。

代码清单 13-39 src/wares/views/ware-detail.css

```
/*... 省略的代码*/

/*商品细节视图的样式*/
:host {
    display: block;
}
```

以上修改仅添加了一个:host 伪类选择器，并以此来将商品细节视图的 display 样式设置为 block。

说明

将“display:'block'”添加到动画触发器 viewAnimation 中的起始样式中是无效的，但我们还可以通过将以下代码添加到商品细节组件中来将商品细节视图的 display 样式绑定为 block：

```
@HostBinding('style.display')
display = 'block';
```

经过以上修改之后，如果我们保存所有代码的编辑并刷新浏览器，然后导航到商品细节视图并再次导航回商品列表视图，将看到期望的动画，如图 13-29～图 13-31 所示。

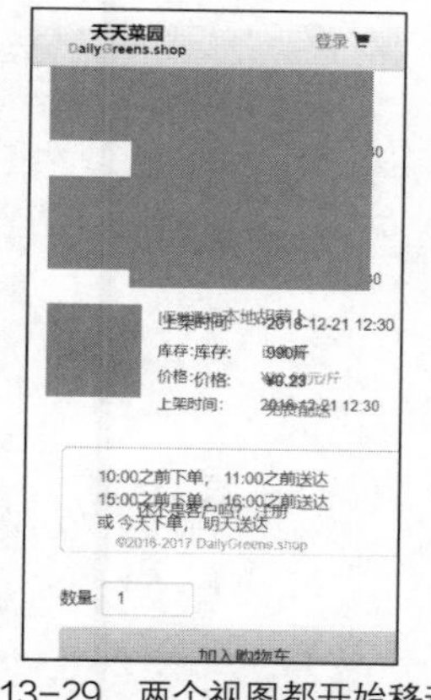

图 13-29 两个视图都开始移动

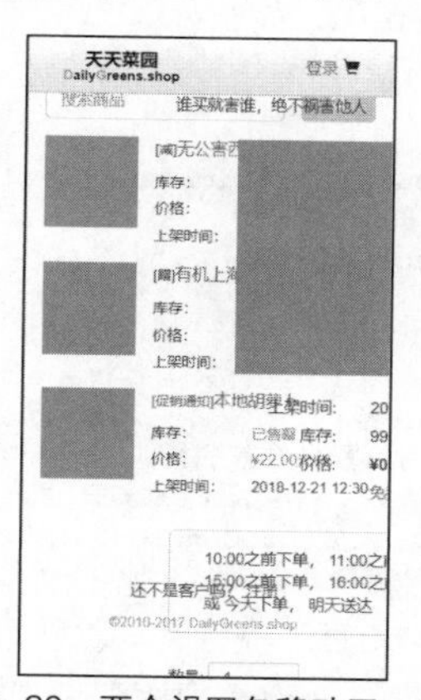

图 13-30 两个视图各移动了一半

图 13-31 动画结束

至此，我们便实现了商品细节视图的离开动画。接下来，我们还可以用同样的方式实现其他视图的离开动画，甚至实现它们在进入根视图中时的动画。但这也意味着我们需要编写大量类似的代码，而这些类似的代码不仅需要消耗我们的编写时间，还将增加应用程序的维护所需要的工作量。

其实结合目前所掌握的经验，我们可以找到避免编写大量代码的方法。为什么这么说呢？在 13.6.3 节中，我们通过在购物车 DIV 上绑定动画触发器实现了作为子元素的购物车商品 DIV 上的动画，现在我们仍然可以在各视图的父元素上绑定一个动画触发器，并以类似的方式来实现各视图上的动画。

由于各视图都是通过路由器被呈递到路由器出口所在的位置的，而路由器出口又被包含在应用程序根视图中间的一个 DIV 元素中，因此我们要找的各视图的父元素就是这个 DIV 元素。

接下来的问题是我们要给这个 DIV 元素绑定什么样的动画触发器，当用户在各视图间导航时应该给这个动画触发器绑定什么样的动画状态，才能触发各视图上的动画？

为了回答这个问题，我们需要先对根组件的模板做些修改，使其内容与代码清单 13-40 一致。

代码清单 13-40　src/app/views/app.html

```
<nav class="navbar navbar-fixed-top">
    <!--省略的代码-->
</nav>
<!--绑定动画触发器-->
<div class="container" [@routeAnimation]="getPath(routerOutlet)">
    <!--定义引用路由器链接指令的模板变量-->
    <router-outlet #routerOutlet="outlet"></router-outlet>
</div>
<footer>
    <!--省略的代码-->
</footer>
```

以上修改在包含路由器出口指令<router-outlet>的<div>标签上绑定了一个名为 routeAnimation 的动画触发器，并为其提供了一个组件方法 getPath()来向动画触发器 routeAnimation 绑定动画状态，然后将指向路由器出口指令的模板引用变量 routerOutlet 作为参数传递给了这个方法。

当然，根组件中还没有 getPath()方法，因此我们还需要在其中实现这个方法，使其定义代码与代码清单 13-41 一致。

代码清单 13-41　src/app/components/app.component.ts

```
// ... 省略的 import
import { RouterOutlet } from '@angular/router'; // 导入路由器出口指令 RouterOutlet

/**
 * 根组件
 */
@Component({
    // ... 省略的代码
})
export class AppComponent implements OnInit {
    // ... 省略的代码

    // 获取目标视图的路径
    getPath(routerOutlet: RouterOutlet): boolean | string {
        // 在目标路由激活之前返回 false
        if (!routerOutlet.isActivated) {
            return false;
        }

        // 通过目标路由获取目标视图的路径
        // 路径中的斜杠/会被换成横杆-，冒号:会被去掉
        let path = routerOutlet.activatedRoute.pathFromRoot.map(x => {
            return x.routeConfig && x.routeConfig.path.replace(/\//g, '-').replace(/:/g, '');
        }).join('-');

        // 返回目标视图的路径
        // 其中商品列表视图的路径会被换成 empty，商品细节视图的路径会是 ware-detail-id
        // 其他视图的路径则分别会使 cart、customer-log-in 和 customer-sign-up
        return path == '-' ? 'empty' : path.replace(/^-?|-?$/g, '');
    }
}
```

以上修改首先导入了路由器出口指令类 RouterOutlet，然后按照要求实现了用于为动画装饰器 routeAnimation 绑定动画状态的方法 getPath()。

这个方法会在目标路由激活之前返回 false，而在目标路由被激活之后则会从中获取并返回修改后的目标视图路径，比如商品列表视图的路径 empty 和商品细节视图的路径 ware-detail-id。

说明

正常的商品列表视图路径是/，商品细节视图路径是/ware-detail/:id。以上代码之所以要对正常的路径进行修改，是因为这些路径随后会被用在动画状态过渡表达式中，而此表达式中的动画状态不能包含斜杆/和冒号:等字符，并且最少必须包含 4 个字符——通配符*除外。

随后这个方法返回的目标视图路径会被绑定为动画触发器 routeAnimation 的动画状态，而由于每一个视图的路径都不一样，因此用户每导航到一个不同的视图时动画触发器 routeAnimation 都会获得一个不同的动画状态，而我们则可以为指定的动画状态之间的过渡定义相应的动画。

当然这些动画是需要定义在触发器 routeAnimation 中的，因此接下来我们要做的就是在根组件的 animations 元数据中定义这个触发器。但这一次我们打算将这个触发器定义到一个独立的文件中，为此需要在应用程序目录 src/app 下新建一个名为 animations 文件夹，然后在这个文件夹下新建一个名为 route-animation.ts 的 TypeScript 文件，并将代码清单 13-42 复制到这个文件中。

代码清单 13-42 src/app/animations/route-animation.ts

```
// 导入必要的动画函数
import { trigger, transition, style, group, query, animate } from "@angular/animations";

// 定义动画触发器
export let routeAnimation = trigger('routeAnimation', [
    transition('empty <=> ware-detail-id', [ // 商品列表视图和商品细节视图之间的导航动画
        style({ position: 'relative' }), // 使<router-outlet>的容器 DIV 的 position 样式为 relative
        group([                 // 将以下两个动画分到一组，使它们同时被触发和播放
            query(':leave', [ // 为容器 DIV 中正在离开容器的页面元素（即导航前的视图）定义动画
                style({
                    position: 'absolute', top: 0, left: 0,
                    width: '100%', height: '*', overflow: 'hidden'
                }),
                animate('.3s ease-out',
                    style({
                        position: 'absolute', top: 0, left: '100%',
                        width: '100%', height: 'calc(100vh - 120px)', overflow: 'hidden'
                    })
                )
            ], { optional: true }),
            query(':enter', [// 为容器 DIV 中正在进入容器的页面元素（即导航后的目标视图）定义动画
                style({
                    opacity: .5
                }),
                animate('.3s ease-in',
                    style({
                        opacity: 1
                    })
                )
            ], { optional: true })
        ])
    ])
])
```

以上代码定义并导出了我们期待已久的动画触发器 routeAnimation，它会在被绑定给它的动画状态在 empty 和 ware-detail-id 之间过渡时，查找正在离开和进入其宿主元素的子元素，并为它们触发以下动画：

（1）对于正在离开的子元素，使其在 0.3 秒内以越来越慢的速度滑向宿主元素的右边缘直至消失；

（2）对于正在进入的子元素，使其在 0.3 秒内以越来越快的速度从半透明变得不透明。

由于动画触发器 routeAnimation 是被绑定在代码清单 13-40 中所示的容器 DIV 上的，因此以上子元素就是商品列表、商品细节和购物车等视图。

为了使以上动画发生在这些视图上，我们还要对根组件的定义代码做些修改，使其与代码清单 13-43 一致。

代码清单 13-43 src/app/components/app.component.ts

```
// ... 省略的 import
import { routeAnimation } from '../animations/route-animation'; // 导入动画触发器

/**
 * 根组件
 */
@Component({
    // ... 省略的代码
```

```
    animations: [routeAnimation] // 设置动画触发器
})
export class AppComponent implements OnInit {
    // ... 省略的代码


    // 获取目标视图的路径
    getPath(routerOutlet: RouterOutlet): boolean | string {
        // ... 省略的代码
    }
}
```

以上修改导入了我们刚刚定义的动画触发器 routeAnimation，然后将其添加到了根组件的动画元数据 animations 中——这就和在其中调用 trigger()函数定义动画触发器一样。

现在如果保存以上所有代码的编辑，然后刷新浏览器并导航到商品细节视图，我们将看到图 13-32～图 13-34 所示的动画。

图 13-32　从商品列表视图导航到商品细节视图

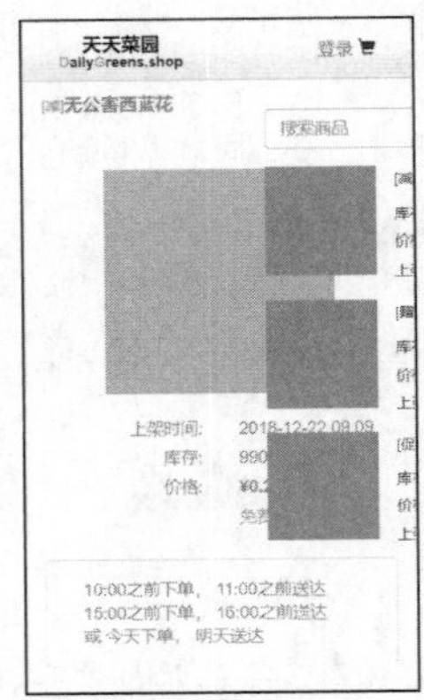

图 13-33　动画持续播放中

图 13-34　动画播放结束

说明

还记得我们刚刚在商品细节组件的元数据上定义的动画吗？我们应该将它删除，但也可以不这么做，因为父元素上的动画触发器已经触发了子元素的删除动画，子元素上的动画触发器不会再被触发。

基于以上结果可知，接下来如果我们导航回商品列表视图，也将看到商品细节视图逐渐滑向屏幕有边缘，同时商品列表视图从半透明逐渐变得不透明的动画。

但事实并非如此，为了看到商品列表视图的透明度的变化，我们还需要将商品列表视图的宿主元素的 display 样式设置成 block。我们可以在商品列表组件或其样式的定义代码中来进行这一设置，但还有一个更加通用的方案，那就是将应用程序通用样式文件中的内容修改至与代码清单 13-44 一致。

代码清单 13-44　src/common.css

```
/*... 省略的代码*/

/*设置视图宿主元素的样式*/
ng-component {
    display: block;
}
```

我们已经知道未被显式指定选择器的组件会有一个默认选择器 ng-component，而当视图被呈递到浏览器中时，Angular 会创建与这个选择器（或显式指定的选择器）同名的 DOM 元素，并将这个 DOM 元素作为视图的宿主元素插入页面中。

因此，以上新增的样式会将应用程序中所有未被显式指定选择器的组件的视图的宿主元素的 display 样式设置为 block，而这所有的视图自然就包括商品列表视图。

也就是说，经过以上修改之后，我们便能看到商品列表视图从半透明变到不透明的动画了。但随后如果我们继续导航到其他视图，并不会看到任何动画，为了得到期望的动画，我们还需要再对动画触发器 routeAnimation 的定义代码做个简单的修改，使其与代码清单 13-45 一致。

代码清单 13-45　src/app/animations/route-animation.ts

```
// 导入必要的动画函数
import { trigger, transition, style, group, query, animate } from "@angular/animations";

// 定义动画触发器
export let routeAnimation = trigger('routeAnimation', [
    transition('* <=> *', [ // 匹配任何状态的过渡
        // ... 省略的代码
    ])
])
```

我们将提供给 transition()函数的动画状态过渡表达式修改成了*<=>*，这样一来它就会匹配容器 DIV 上的任何两个动画状态的过渡。而这样的过渡在任何一次导航时都会发生，因此只要我们保存以上修改，那么接下来任何视图间的导航都会触发我们期望的动画效果。

如果我们要为特定的两个视图之间的导航定义不同的动画，该怎么办呢？我们可以像以下代码那样在触发器 routeAnimation 中定义更多动画：

```
export let routeAnimation = trigger('routeAnimation', [
    transition('customer-log-in <=> customer-sign-up', [ // 匹配两个客户视图之间的导航
        /*在此处动画定义代码*/
    ]),
    transition('* <=> *', [ // 匹配任何状态的过渡
        // ... 省略的代码
    ])
])
```

以上代码新增了一个 transition()函数的调用，它定义的动画状态过渡表达式会匹配两个客户视图之间的导航导致的动画状态的过渡，因此我们可以在其第二个数组参数中定义只作用于两个客户视图之间的导航的动画。

注意

以上两个 transition()函数的位置不能反，因为动画触发器中的多个状态过渡表达式的匹配是从上到下的，一旦上面的匹配成功了，下面的就不会再参与匹配——这一点和路由项的匹配是一样的。

读者可能还会有一个疑问，那就是以上动画触发器会在应用程序启动时，触发第一个被呈递到根视图中的视图从半透明逐渐到不透明的动画，我们应该怎样在不希望它出现时禁止它？

我们可以像在 13.6.3 节禁止搜索按钮在视图呈递时触发从不透明到半透明的动画那样，将根组件的定义代码修改至与代码清单 13-46 一致。

代码清单 13-46　src/app/components/app.component.ts

```
// ... 省略的 import 导入路由器出口指令
import { routeAnimation } from '../animations/route-animation'; // 导入动画触发器

@Component({
    // ... 省略的代码
    animations: [routeAnimation]                // 设置动画触发器
})
export class AppComponent implements OnInit /*实现初始化钩子方法接口*/ {
    // ... 省略的代码

    routeAnimationDisabled: boolean = true; // 是否禁止路由动画

    constructor(private cartTotalService: CartTotalService, private customerNameService:
CustomerNameService) {
        // ... 省略的代码

        // 一次事件循环之后，启动路由动画
        let timeout = setTimeout(() => {
```

```
            this.routeAnimationDisabled = false;
            clearTimeout(timeout);
        })
    }

    // ... 省略的代码

    // 获取目标视图的路径
    getPath(routerOutlet: RouterOutlet): boolean | string {
        // 在路由动画被启动前返回 false，以防止动画状态的过渡
        if (this.routeAnimationDisabled) {
            return false;
        }

        // ... 省略的代码
    }
}
```

以上新增的组件属性 routeAnimationDisabled 会在应用程序启动时禁止路由动画，并在应用程序启动完成之后取消这一禁止——但这一禁止对天天菜园来说或许是没有必要的。

至此，我们便完成了天天菜园中的所有动画。

13.7　小结

经过前面几章及本章的努力，天天菜园已经趋于成熟，读者也已经为自己搭建了一个丰满的 Angular 技能框架。因此，本章是天天菜园系列的最后一章，之后我们将不再继续更多的业务模块（如结算模块、订单模块等）的开发。

如果有兴趣，读者完全可以继续完成它们的开发，尤其是在客户模块中添加一个客户中心组件，使客户可以通过它来维护自己的信息，并进行登录退出。在做好所有准备之后，读者可以进入本书的最后一章，看看在发布一个 Angular 应用程序之前，我们还需要做些什么。

第 14 章　使用 Angular CLI

Angular CLI（Angular Command Line Interface）是一个命令行工具，通过它，我们可以快速地创建、开发、测试和发布 Angular 应用程序。

在第 6 章中，为了创建一个 Angular 应用程序，我们付出了很大的努力。如果使用 Angular CLI，创建一个 Angular 应用程序仅仅是使用以下命令这么简单：

```
ng new my-app
```

尽管如此，这并不意味着我们前面的努力是没有意义的，因为它帮助我们逐步地了解了 Angular 应用程序的结构，并成功地开发了一个完整的 Angular 应用程序——天天菜园。

但如果就这样把天天菜园交给用户使用，那么用户的耐心将会受到极大的考验，因为他/她在启动天天菜园时需要花几秒甚至几十秒（这一时间视服务器环境而定）来等待几百个文件的下载。

图 14-1 展示了这些文件（中的一部分）及其大小和总下载时间。

这些文件包括 zone.js、core-js、RxJS、SystemJS 和 Angular 的 JavaScript 源文件，以及应用程序的 JavaScript 源文件、模板文件和样式文件。

这些文件被下载到浏览器中之后还不意味着事情就结束了，因为应用程序的 JavaScript 源文件是无法被直接执行的，同时其中的模板文件和样式文件也无法直接被用于视图的呈递。

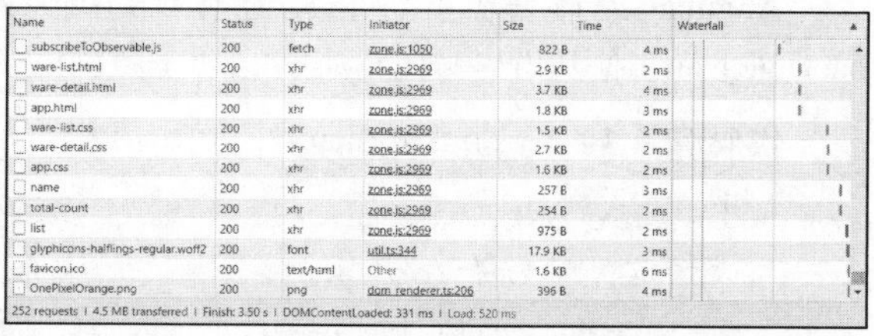

Name	Status	Type	Initiator	Size	Time	Waterfall
subscribeToObservable.js	200	fetch	zone.js:1050	822 B	4 ms	
ware-list.html	200	xhr	zone.js:2969	2.9 KB	2 ms	
ware-detail.html	200	xhr	zone.js:2969	3.7 KB	4 ms	
app.html	200	xhr	zone.js:2969	1.8 KB	3 ms	
ware-list.css	200	xhr	zone.js:2969	1.5 KB	2 ms	
ware-detail.css	200	xhr	zone.js:2969	2.7 KB	2 ms	
app.css	200	xhr	zone.js:2969	1.6 KB	2 ms	
name	200	xhr	zone.js:2969	257 B	3 ms	
total-count	200	xhr	zone.js:2969	254 B	2 ms	
list	200	xhr	zone.js:2969	975 B	2 ms	
glyphicons-halflings-regular.woff2	200	font	util.ts:344	17.9 KB	3 ms	
favicon.ico	200	text/html	Other	1.6 KB	6 ms	
OnePixelOrange.png	200	png	dom_renderer.ts:206	396 B	4 ms	

252 requests | 4.5 MB transferred | Finish: 3.50 s | DOMContentLoaded: 331 ms | Load: 520 ms

图 14-1　天天菜园的文件大小和下载时间

因此，Angular 需要在浏览器中创建一个即时（Just-in-Time，JIT）编译器，并通过这个即时编译器来将应用程序的 JavaScript 源文件、模板文件和样式文件编译成可执行的 JavaScript 代码，然后通过执行这些可执行的 JavaScript 代码来实现应用程序视图的呈递。

根据以上描述我们可以知道，天天菜园目前启动缓慢的原因有两个：下载的文件数量过多，同时大小也过大；Angular 需要在浏览器中对应用程序进行即时编译。

为了消除第一个原因，我们可以使用 webpack 来对文件进行打包（Bundle）；而为了消除第二个原因，我们则可以使用 Angular 提供的预先（Ahead-of-Time，AOT）编译功能。

或许读者担心自己并不熟悉 webpack，但这完全是多余的，因为 Angular CLI 已经集成了 webpack，因此根本不需要关心 webpack 的使用细节（比如怎样使用加载器和插件）。

那么，预先编译又是什么呢？简单来说就是在应用程序中的 JavaScript 源文件、模板文件和 CSS 文件被加载到浏览器中之前，预先将它们编译成可执行 JavaScript 代码，从而避免它们在浏览器中的编译。

当然，也不需要担心预先编译会是一件复杂的事情，因为 Angular CLI 也对它进行了集成，我们只需要通过一个简单的命令就可以同时完成对现有 Angular 应用程序的预先编译和打包——这两个动作**统称**为构建（Build）。

在本章中，我们的任务之一就是使用 Angular CLI 对天天菜园进行构建。在完成这一任务之后，我们还将继续了解如何使用 Angular CLI 快速地创建 Angular 应用程序。

14.1　构建已有应用程序

在对天天菜园进行构建之前，我们需要在本书工作目录 E:\Work\AngularAppDev 下创建天天菜园项目（文件夹）的一个复制，然后将这个复制重命名为 Chapter14-1，并在 VS Code 中将其作为本节要构建的天天菜园项目打开。在进行构建之前，我们需要先安装 Angular CLI。

14.1.1　安装 Angular　CLI

Angular CLI 和 TypeScript 编译器一样，是一个基于 Node.js 的应用程序，为了将其安装到开发设备中，我们需要在 VS Code 集成终端中执行以下 npm 命令：

```
npm install -g @angular/cli@7.1.1
```

经过几分钟的等待之后，我们可以通过以下 npm 命令查看被安装到 npm 全局安装目录下的 Angular CLI 的版本：

```
npm ls -g @angular/cli@7.1.1
```

确定 Angular CLI 被安装成功之后，我们还需要安装 Angular 编译器。

14.1.2　安装 Angular 编译器

Angular 编译器需要被安装到项目中，因此我们需要修改当前项目的 Node.js 包描述文件 package.json，使其内容与代码清单 14-1 一致。

代码清单 14-1　package.json

```
{
    "name": "chapter14-1",
    "version": "1.0.0",
    "private": true,
    "dependencies": {
        "@angular/common": "7.0.4",
        "@angular/compiler": "7.0.4",
        "@angular/core": "7.0.4",
        "@angular/platform-browser": "7.0.4",
        "@angular/platform-browser-dynamic": "7.0.4",
        "@angular/router": "7.0.4",
        "@angular/forms": "7.0.4",
        "core-js": "2.5.7",
        "rxjs": "6.3.3",
        "systemjs": "0.21.5",
        "zone.js": "0.8.26",
        "bootstrap": "3.3.7"
    },
    "devDependencies": {
        "@types/node": "10.12.9",
        "express": "4.16.4",
        "body-parser": "1.18.3",
        "@angular-devkit/build-angular": "~0.11.0",
        "@angular/compiler-cli": "~7.1.0",
        "@angular/cli": "~7.1.1"
    }
}
```

以上修改新增了三个开发依赖项：@angular-devkit/build-angular，Angular 对 webpack 的集成，用于对应用程序进行打包；@angular/compiler-cli，Angular 编译器，用于对应用程序进行预先编译；@angular/cli，用于将 Angular CLI 安装到项目中。

被安装到全局安装目录下的 Angular CLI 会通过以上被安装到项目中的@angular/compiler-cli 对应用程序进行预先编译，然后通过同样被安装到项目中的@angular-devkit/build-angular 对预先编译的结果进行打包，从而完成对应用程序的构建。

那么，我们为什么还要通过第三个开发依赖项（即@angular/cli）将 Angular CLI 安装到项目中呢？答案是我们可以不这么做，但随后我们会看到这么做的一个好处。

14.1.3 选择要打包的垫片

我们构建天天菜园的目的之一是对其进行打包，而 Angular CLI 在打包应用程序时，会将应用程序中用到的**垫片**（Polyfill）打成一个独立的包。

遗憾的是，Angular CLI 并不知道天天菜园使用了哪些垫片，为此我们需要在天天菜园的源代码目录 src 下新建一个名为 polyfills.ts 的 TypeScript 文件，然后将代码清单 14-2 复制到其中。

代码清单 14-2 src/polyfills.ts

```
/**
 * Angular 应用程序需要的垫片有两种：
 *   1. 浏览器垫片，这些垫片需要先于 Zone.js 被加载到浏览器中；
 *   2. 应用程序垫片，这些垫片需要在 Zone.js 被加载到浏览器中之后，应用程序代码被加载到浏览器中之前被加载——天天菜园暂时没有使用这样的垫片。
 *
 * Angular 默认只支持那些"常青"浏览器（即会自动更新其最新版本的浏览器），这些浏览器包括 Safari >= 10, Chrome >= 55 (包括 Opera),
 * 桌面和 iOS 10 中的 Edge >= 13, 以及移动版 Chrome。
 *
 **/

/***************************************************************************************************
 * 浏览器垫片
 **/
/** IE9, IE10 和 IE11 需要以下浏览器垫片 **/
import 'core-js/es6/symbol';
import 'core-js/es6/object';
import 'core-js/es6/function';
import 'core-js/es6/parse-int';
import 'core-js/es6/parse-float';
import 'core-js/es6/number';
import 'core-js/es6/math';
import 'core-js/es6/string';
import 'core-js/es6/date';
import 'core-js/es6/array';
import 'core-js/es6/regexp';
import 'core-js/es6/map';
import 'core-js/es6/weak-map';
import 'core-js/es6/set';

/**
 * 如果应用程序会被 Google 搜索收录，那么还需要以下垫片
 **/
// import 'core-js/es6/array';

/** 若要在 IE10 和 IE11 的<svg>标签中使用 NgClass 指令，那么需要以下垫片 **/
// import 'classlist.js';  // Run 'npm install --save classlist.js'.

/** 若要在 IE10 和 IE11 中使用 Reflect API，那么需要以下垫片 **/
// import 'core-js/es6/reflect';

/** 如果要做 IE/Edge 或 Safari 浏览器中体验动画，那么需要安装并使用以下垫片 **/
// import 'web-animations-js';  // Run 'npm install --save web-animations-js'.

/** 默认情况下，Zone.js 会接管所有 macroTask 和 DOM 事件，通过以下代码可以取消部分接管 **/
// (window as any).__Zone_disable_requestAnimationFrame = true; // 取消接管 requestAnimationFrame
// (window as any).__Zone_disable_on_property = true; // 取消接管 onProperty 事件，比如，onclick
// (window as any).__Zone_symbol__BLACK_LISTED_EVENTS = ['scroll', 'mousemove']; // 取消接
// 管指定名称的事件
```

```
/** 在 IE/Edge 的开发者工具中，addEventListener 也会被 Zone.js 接管，通过以下代码可以取消这一接管 **/
// (window as any).__Zone_enable_cross_context_check = true;

/***************************************************************************************************
 * Angular 应用程序的运行需要 Zone.js
 **/
import 'zone.js/dist/zone';  // Included with Angular CLI.

/***************************************************************************************************
 * 应用程序垫片
 * 如果应用程序还使用了其他垫片，那么请在以下位置导入它们
 **/
// 天天菜园未使用其他垫片
```

以上代码看上去很长，但除了注释部分其实只包含两块 import 语句，其中第一块导入了 core-js 提供的 IE9、IE10 和 IE11 垫片，第二块则导入了 Angular 应用程序的运行所需要的 Zone.js。

说明

如果应用程序不需要运行在 IE 浏览器上，那么读者可以删除以上代码中对 core-js 的导入。而如果还有其他需要，读者也完全可以通过以上代码导入更多其他垫片。但不管怎样，由于 Angular 的变化监测是基于 Zone.js 实现的，因此以上代码中对 Zone.js 的导入是不能没有的。默认情况下 Zone.js 会接管所有 macroTask 和 DOM 事件，我们可以根据需要来取消以上代码中有关 Zone.js 的一些设置，从而取消 Zone.js 对一些 macroTask 和 DOM 事件（比如 mousemove）的接管，以阻止它们触发 Angular 的变化监测——这可以在一定程度上降低数据密集型应用程序的资源消耗。

此外，读者可能会好奇以上代码为什么没有导入 SystemJS 和 RxJS。对于前者，原因是打包后的应用程序模块不再通过 SystemJS 来加载，而是通过 webpack 来加载。对于后者，原因是 RxJS 不算是浏览器垫片，应用程序以及 Angular 中的代码自己会导入它。

最后要说明的是，将垫片导入文件命名为 polyfills.ts 是 Angular 官方示例的惯例，我们可以违背这个惯例，但遵守这个惯例是一个好习惯。

这两部分内容会告诉 Angular CLI 天天菜园当前需要哪些垫片。接下来我们还需要告诉 Angular CLI 具体应该怎样构建天天菜园，为此需要为天天菜园创建一个 Angular 工作空间（Workspace）配置文件——这就像为了告诉 TypeScript 编译器怎样编译 TypeScript 项目，我们需要创建一个 TypeScript 项目配置文件一样。

14.1.4　创建 Angular 工作空间配置文件

为了创建 Angular 工作空间配置文件，我们需要在应用程序根目录下新建一个名为 angular.json（这个名字是固定的）的 JSON 文件，然后将代码清单 14-3 复制到其中。

代码清单 14-3　angular.json

```
{
  "$schema": "./node_modules/@angular/cli/lib/config/schema.json",
  "version": 1,
  "projects": {
    "chapter14-1": {
      "root": "",
      "sourceRoot": "src",
      "projectType": "application",
      "architect": {
        "build": {
          "builder": "@angular-devkit/build-angular:browser",
          "options": {
            "outputPath": "dist",
            "index": "src/index.html",
            "main": "src/main.ts",
            "polyfills": "src/polyfills.ts",
            "tsConfig": "tsconfig.json",
            "assets": [],
            "styles": [
              "src/common.css"
```

```
            ],
            "scripts": []
          }
        }
      }
    }
  },
  "defaultProject": "chapter14-1"
}
```

又是一段看上去很长的代码，其中一级属性的作用是这样的：

（1）$schema，其值为 Angular 工作空间配置文件的模式文件 schema.json，这个模式（Schema）文件用于校验当前配置文件是否被编写正确，比如各属性的名字是否正确、是否缺少必须属性等；

（3）version，当前配置文件的版本；

（3）projects，当前 Angular 工作空间中的项目集合；

（4）defaultProject，当前 Angular 工作空间中的默认项目。

说明

如果刚刚我们没有将 Angular CLI 安装到项目中，那么以上$schema 的值会被认为是非法的，因为这个值指向的是被安装到项目中的 Angular CLI 中的目录/lib/config 下的文件 schema.json。

如果确实不打算将 Angular CLI 安装到项目中，那么需要删除以上配置文件中的$schema 属性，但这会在编写以上配置文件时失去输入提示和校验。

一旦以上配置文件中包含了错误，Angular CLI 则会拒绝构建项目，并抛出相应的错误提示。因此，将 Angular CLI 安装到项目中通常是一个必要的选择，尽管这看上去有点大材小用。

Angular CLI 会将包含 angular.json 的目录当作一个 Angular 工作空间（就像 TypeScript 编译器会将包含 tsconfig.json 的目录当作一个 TypeScript 项目一样），并允许其中包含多个 Angular 项目，同时允许其中一个被设置为默认 Angular 项目。

根据以上配置我们可以知道，当前天天菜园所在的目录 E:\Work\AngulaAppDev\Chapter14-1 已是一个 Angular 工作空间，同时也是这个工作空间的默认 Angular 项目——当然也是唯一的一个，我们将在 14.2 节看到一个工作空间包含多个项目的情况。

知道了以上信息之后，我们需要继续关注其中的 projects 属性。其中的 Chapter14-1 仍然是我们的天天菜园项目，我们为这个项目配置了四个属性：

（1）root，天天菜园项目相对于工作空间的根目录，由于当前项目和工作空间处在同一个目录，因此，这个值是空字符串；

（2）sourceRoot，天天菜园项目的应用程序源代码目录，即 src；

（3）projectType，天天菜园项目的类型，可取的值有 application（应用程序）和 library（库），由于天天菜园是应用程序项目，因此当前取值是 application；

（4）architect，需要通过 Angular CLI 对天天菜园执行的命令，目前，这个值只包含一个属性 build，这意味着我们只打算对天天菜园进行构建。

随后，我们会在 VS Code 集成终端中执行 Angular CLI 提供的 Angular 项目构建命令“ng build”，这个命令会根据前面的 defaultProject 属性的值知道被构建的目标项目是天天菜园，然后根据以上 root 属性和 sourceRoot 的值找到天天菜园的源代码，并开始基于这些源代码的构建。

但在进行构建之前我们还需要向 Angular CLI 提供一些关键信息，它才能顺利地完成天天菜园的构建。为了提供这些关键信息，我们向以上 architect 的 build 属性提供了一些值。

（1）builder，Angular CLI 用于构建天天菜园的构建器，在前面我们已经安装过它了。

（2）options，构建选项，它包含以下属性：

- outputPath，构建结果输出目录 dist，当进行构建时 Angular CLI 会自动在工作空间中创建这个目录，并将构建结果文件输出到这个目录下；
- index，天天菜园的启动页面；

- main，天天菜园的入口文件；
- polyfills，天天菜园的垫片导入文件；
- tsConfig，TypeScript 项目配置文件，随后 Angular CLI 会调用 TypeScript 编译器编译天天菜园中的 TypeScript 文件，并运用这个配置文件中的 TypeScript 编译器选项；
- assets，需要复制到构建结果输出目录 dist 下的文件或目录，这些文件和目录必须位于 src 目录下，目前我们没有这样的文件和目录；
- styles，需要参与构建的公共 CSS 样式文件，组件的样式文件不应该出现在这里；
- scriptes，需要参与构建的 JavaScript 文件，目前我们没有这样的文件。

有了以上信息之后，当我们使用 Angular CLI 构建天天菜园时，Angular CLI 会开始以下构建流程：

（1）从天天菜园入口文件 src/main.ts（不是 main.js）开始加载应用程序中的所有 TypeScript 模块（路由加载模块内的 TypeScript 模块除外），然后调用 TypeScript 编译器将这些 TypeScript 模块编译成 CommonJS 模块，接着通过 webpack 将这些 CommonJS 模块打包成一个 JavaScript 文件 main.js，最后将这个文件输出到构建结果输出目录 dist 中；

（2）加载客户领域模块（这是个路由加载模块）内的 TypeScript 模块，然后调用 TypeScript 编译器将这些 TypeScript 模块编译成 CommonJS 模块，接着通过 webpack 将这些 CommonJS 模块打包成一个 JavaScript 文件 customers-customer-module.js，最后将这个文件输出到构建输出结果目录 dist 中；

（3）加载购物车领域模块（这也是个路由加载模块）内的 TypeScript 模块，然后调用 TypeScript 编译器将这些 TypeScript 模块编译成 CommonJS 模块，接着通过 webpack 将这些 CommonJS 模块打包成一个 JavaScript 文件 carts-cart-module.js，最后将这个文件输出到构建输出结果目录 dist 中；

（4）加载应用程序中导入过的 Angular 模块和 RxJS 模块（如果还有其他第三方模块，它们也会被加载），然后通过 webpack 将它们打包成一个 JavaScript 文件 vendor.js，并将这个文件输出到构建输出目录 dist 中；

（5）加载垫片导入文件 src/polyfills.ts 导入的垫片模块，然后通过 webpack 将它们打包成一个 JavaScript 文件 polyfills.js，并将这个文件输出到构建输出目录 dist 中；

（6）加载样式文件 src/common.css（如果以上 styles 属性还指定了其他样式文件，它们也会被加载），然后通过 webpack 将它打包成一个 JavaScript 文件 styles.js，并将这个文件输出到构建输出目录 dist 中；

（7）向构建输出目录 dist 中输出 webpack 运行时文件 runtime.js；

（8）向构建输出目录 dist 中输出天天菜园启动页面 index.html，并将分别用于加载前面被输出到同一目录中的 runtime.js、polyfills.js、styles.js、vendor.js 和 main.js 的<script>标签添加到 index.html 的<body>标签的底部。

注意

为了支持延迟加载，Angular CLI 会将路由加载模块编译到独立的 JavaScript 文件中（就像以上第二点和第三点描述的那样）。为了使 Angular CLI 能够识别应用程序中的路由加载模块，配置路由加载模块的应用程序根路由配置模块声明文件的路径必须是 src/app/app-routing.module.ts。

完成以上流程之后，天天菜园的构建就结束了。但怎样才能让 Angular CLI 开始这一流程呢？让我们继续往下看。

14.1.5　不执行预先编译的构建

事实上，Angular CLI 对应用程序的构建分三种，它们分别是**不执行预先编译的构建**、**执行预先编译的构建**和**用于生产的构建**。

刚刚提到的是不执行预先编译的构建的流程，因为它虽然会通过 TypeScript 编译器将应用程序中的 TypeScript 模块编译成 CommonJS 模块，并将这些 CommonJS 模块打包成一个 JavaScript 文件，但在打包之前没有调用 Angular 编译器将 CommonJS 模块编译成可执行的 JavaScript 代码。

尽管如此，不执行预先编译的构建对应用程序的启动效率也有一定的提升，因为它可以让浏览器对几百个文件的下载变成对几个文件的下载。

那么怎样才能开始对天天菜园进行不执行预先编译的构建呢？其实前面已经提到过了，即在 VS Code 集成终端中输入以下命令：

```
ng build
```

说明

如果项目中没有 Angular 工作空间配置文件 angular.json，那么以上命令会使 Angular CLI 抛出这一错误：The build command requires to be run in an Angular project, but a project definition could not be found。

如果开发工具不是 VS Code（比如 Visual Studio），那么以上命令还可能会使 Angular CLI 抛出这样一条错误：Invalid JSON character: "" at 0:0。

这一错误的是由 angular.json 的编码不是“UTF-8 无签名”导致的。为了消除这一错误，我们需要将 angular.json 的编码换成“UTF-8 无签名”。

以上命令会使被安装到 npm 全局安装目录下的 Angular CLI 开始对天天菜园的构建，但在构建过程中我们会遇到 Angular CLI 抛出的以下错误：

```
ERROR in Could not resolve module src/customers/customer.module relative to src\app\app-routing.module.ts（无法解析相对于 src\app\app-routing.module.ts 的模块 src/customers/customer.module）
```

之所以会出现这样的错误，是因为 Angular CLI 要求应用程序中的模板文件、样式文件和路由加载模块的路径必须是相对路径，而天天菜园的应用程序根路由配置模块中指向客户领域模块的路径却是绝对路径 src/customers/customer.module。

说明

第 9 章提到，SystemJS 要求路由加载模块的路径需要是绝对路径，随后我们会帮助 SystemJS 通过相对路径实现客户领域模块的加载。

在组件装饰器的参数 moduleId 的帮助下，SystemJS 能够识别组件的模板文件和样式文件的相对路径，因此天天菜园的所有模板文件和样式文件的路径都是相对路径——这是 Angular CLI 的要求，SystemJS 可以加载绝对路径指向的模板文件和样式文件。

因此，接下来我们需要对应用程序根路由配置模块的定义代码做些修改，使其与代码清单 14-4 一致。

代码清单 14-4　src/app/app-routing.module.ts

```
import { NgModule } from "@angular/core";
import { Routes, RouterModule } from "@angular/router";
import { AuthGuard } from "../services/services/auth.guard";

let routes: Routes = [{ // 使用相对路径加载载客户领域模块
    path: 'customer', loadChildren: '../customers/customer.module#CustomerModule'
}, { // 使用相对路径加载购物车领域模块
    path: 'cart', loadChildren: '../carts/cart.module#CartModule', canLoad: [AuthGuard]
}, {
    path: '**', redirectTo: ''
}]

@NgModule({
    imports: [RouterModule.forRoot(routes)],
    exports: [RouterModule]
})
export class AppRoutingModule {
}
```

按照要求，我们将用于加载客户领域模块的绝对路径 src/customers/customer.module 换成了相对于当前文件的相对路径../customers/customer.module，也将用于加载购物车模块的绝对路径 src/carts/cart.module 换成了相对路径../carts/cart.module。

保存以上修改之后，让我们再次在 VS Code 集成终端中执行以下 Angular CLI 构建命令：

```
ng build
```

随后将看到 Angular CLI 显示的构建进度，如图 14-2 所示。

当进度达到 100%时，我们将看到图 14-3 所示的构建结果信息。

```
PS E:\Work\AngularAppDev\Chapter14-1> ng build
 92% after chunk asset optimization SourceMapDevToolPlugin vendor.js generate SourceMap
```

图 14-2　天天菜园构建进度

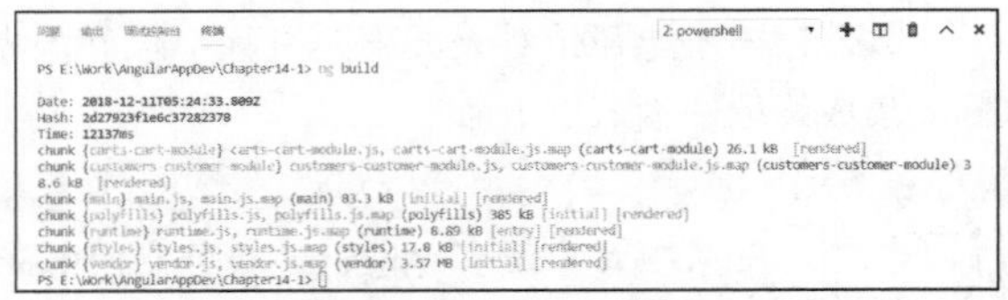

图 14-3　天天菜园构建结果

此时，我们还能发现项目根目录下多了 Angular CLI 构建输出目录 dist，展开这个目录可以看到图 14-3 所示的构建结果文件，即 carts-cart-module.js、customers-customer-module.js、runtime.js、polyfills.js、styles.js、vendor.js 和 main.js。

说明

按照图 14-3 所示的结果，Angular CLI 应该还向目录 dist 中输出了以上构建结果文件的映射文件，但为什么我们在 VS Code 的资源管理器中看不到这些映射文件呢？

因为我们在 3.1 节通过代码清单 3-10 对 VS Code 进行了配置，使 VS Code 不显示项目中与 JavaScript 文件同名的映射文件。

我们可以打开这些构建结果文件来查看它们的内容，但我们最应该关心的是其中的应用程序启动页面 index.html 的内容。打开它之后，我们将看到如代码清单 14-5 所示的内容。

代码清单 14-5　dist/index.html

```
<html>
<head>
    <title>天天菜园，送菜到家</title>

    <!--设置基础 URL-->
    <base href="/" />

    <!--设置 HTML 视图的宽度和缩放-->
    <meta name="viewport" content="width=device-width, maximum-scale=1, minimum-scale=1,
initial-scale=1, user-scalable=no, shrink-to-fit=no" />

    <!-- 加载必要的样式 -->
    <link href="node_modules/bootstrap/dist/css/bootstrap.css" rel="stylesheet" />

    <!--加载应用程序全局 CSS 样式-->
    <link href="src/common.css" rel="stylesheet" />

    <!-- 1. 加载 ECMAScript 垫片 -->
    <script src="node_modules/core-js/client/shim.js"></script>
    <script src="node_modules/zone.js/dist/zone.js"></script>
    <script src="node_modules/systemjs/dist/system.src.js"></script>

    <!-- 2. 配置 SystemJS -->
    <script src="src/systemjs.config.js"></script>

    <!-- 3. 加载 Angular 应用程序入口文件 src/main.js，以完成对 Angular 的加载，和应用程序的启动 -->
    <script>
        System.import('src/main.js').catch(function (err) {
            // 捕获并显示应用程序启动异常
            console.error(err);
        });

        System.import('../customers/customer.module').catch(function (err) {
            console.error(err);
        })
    </script>
</head>
<body>
    <!-- 组件 AppComponent 的选择器，以通知 Angular 将组件 AppComponent 的视图显示到此处 -->
    <app-root></app-root>
    <script type="text/javascript" src="runtime.js"></script>
    <script type="text/javascript" src="polyfills.js"></script>
    <script type="text/javascript" src="styles.js"></script>
```

```
    <script type="text/javascript" src="vendor.js"></script>
    <script type="text/javascript" src="main.js"></script>
</body>
</html>
```

以上代码和我们熟悉的应用程序启动页面的代码几乎是一样的，不同的是其<body>标签底部多出的五对<script>标签——前面描述的 Angular CLI 构建流程中提到了它们。

这五对<script>标签将先后把 webpack（runtime.js）、应用程序垫片（polyfills.js）、应用程序样式（styles.js）、Angular 和 RxJS 的源代码（vendor.js）以及应用程序源代码（main.js）加载到浏览器中，从而使 Angular 在浏览器中创建其运行时和即时编译器，以完成应用程序的即时编译、启动和运行。

为了使这五对<script>标签可以发挥作用，我们需要将以上应用程序启动页面加载到浏览器中。但在此之前，我们还需要对应用程序启动页面做些修改，使其完整内容最终与代码清单 14-6 一致。

代码清单 14-6 dist/index.html

```
<html>
<head>
    <title>天天菜园，送菜到家</title>

    <!--设置基础 URL 为"/dist/"-->
    <base href="/dist/" />

    <!--设置 HTML 视图的宽度和缩放-->
    <meta name="viewport" content="width=device-width, maximum-scale=1, minimum-scale=1,
initial-scale=1, user-scalable=no, shrink-to-fit=no" />

    <!-- 加载必要的样式，需要使用相对路径 -->
    <link href="/node_modules/bootstrap/dist/css/bootstrap.min.css" rel="stylesheet" />

    <!--此处删除了对 src/common.css 的加载-->

    <!--此处删除了 core-js、Zone.js 和 SystemJS 相关的内容-->
</head>

<body>
    <!--组件 AppComponent 的选择器，以通知 Angular 将组件 AppComponent 的视图显示到此处-->
    <app-root></app-root>
    <!--以下为 Angular CLI 生成的内容-->
    <script type="text/javascript" src="runtime.js"></script>
    <script type="text/javascript" src="polyfills.js"></script>
    <script type="text/javascript" src="styles.js"></script>
    <script type="text/javascript" src="vendor.js"></script>
    <script type="text/javascript" src="main.js"></script>
</body>
</html>
```

我们删除了<head>标签中加载 common.css 的<link>标签，因为随后将要被加载的 styles.js 包含了 common.css 中的样式。我们还删除了<head>标签中加载 core-js、Zone.js 和 SystemJS 的<script>标签，因为随后将要被加载的 polyfills.js 中包含了 core-js 和 Zone.js 中的内容，而 SystemJS 则不再被需要了——基于这一原因，我们还删除了通过 SystemJS 启动应用程序的代码。

需要注意的是，我们还将<base>标签的 href 特性的值修改成了/dist/（请不要遗漏开头和结尾的斜杠/），因为只有这样，以上五对<script>的 src 特性的值才会被正确地解析为/dist/runtime.js、/dist/polyfills.js 和/dist/main.js 等——随后我们还会看到这样做的另一个原因。

基于以上修改，我们还将加载 Bootstrap 的<link>标签的 href 特性的值换成了相对于当前域的相对路径/node_modules/bootstrap/dist/css/bootstrap.css——此时 node_modules/bootstrap/dist/css/bootstrap.css 会被解析成/dist/node_modules/bootstrap/dist/css/bootstrap.css。

完成以上修改之后，我们还需要对服务端应用程序 server-app.js 做些修改，使其内容与代码清单 14-7 一致。

代码清单 14-7 server-app.js

```
// 导入 Express 模块，并创建 Express 应用程序对象
var express = require('express');
```

```
var app = express();

// 注册 HTTP 请求体解析中间件 body-parser
var bodyParser = require('body-parser');
app.use(bodyParser.json());

// 中间件配置：允许客户端请求服务端目录/node_modules、/src 和/images 下的静态资源
app.use('/node_modules', express.static('node_modules'));
app.use('/src', express.static('src'));
app.use('/images', express.static('images'));

// 允许客户端请求服务端目录/dist 下的静态资源
app.use('/dist', express.static('dist'));

// ... 省略的代码

// 启动应用程序，并监听 50424 端口上的请求
var server = app.listen(50424, function () {
    var host = server.address().address;
    var port = server.address().port;

    console.log('当前应用程序正在监听 http://%s:%s', host, port);
});
```

我们仅对 server-app.js 做了一处修改，即在其中的中间件配置区域添加了以下代码：

```
app.use('/dist', express.static('dist'));
```

根据以往的经验我们可以知道，以上修改将使 Express 允许客户端请求服务端目录/dist 下的静态资源，从而使这个目录下的 index.html、runtime.js 和 main.js 等文件被加载到浏览器中。

为了接收客户端请求，我们需要在 VS Code 集成终端中执行以下 node 命令来启动服务端应用程序：

```
node server-app.js
```

执行完以上命令之后，我们可以打开浏览器，并通过它访问 http://localhost:50424/dist/，随后将得到图 14-4 所示的结果。

我们几乎得到了期望中的结果，唯独其中商品图片没有被加载成功。为了成功加载商品图片，我们还需要将项目中的商品图片目录 images 复制到构建输出目录 dist 中。

说明

我们之所以能够成功地得到以上结果，是因为服务端返回了目录 dist 下的默认首页 index.html，而 index.html 加载的目录 dist 下的 runtime.js、polyfills.js 和 main.js 等 JavaScript 文件成功地启动了应用程序。

此外，由于 index.html 中的<base>标签的 href 特性的值被设置成了/dist/，因此 Angular 会认为应用程序启动时当前 URL（http://localhost:50424/dist）中的目标 path 为空字符串""，而非 dist。

完成以上复制之后，天天菜园的项目结构将与图 14-5 所示的一致。

此时，如果我们刷新浏览器，那么将得到期望中的结果，如图 14-6 所示。

图 14-4　构建后的天天菜园的商品列表视图（1）

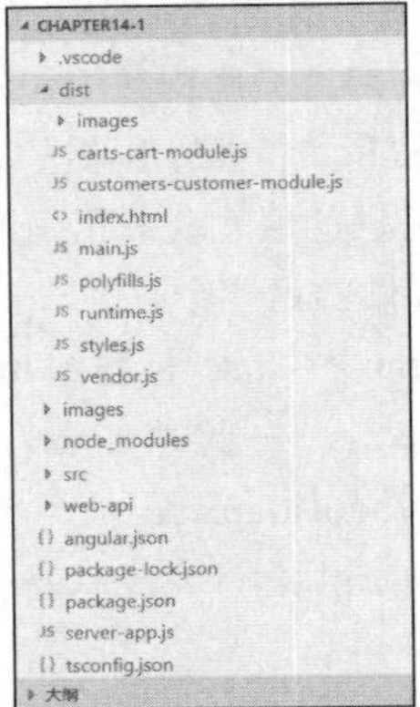

图 14-5　天天菜园项目结构

图 14-6　构建后的天天菜园的商品列表视图（2）

接下来，如果我们单击视图中的某个商品链接，也将顺利地转至相应的商品细节视图。但和以往不同的是，这次浏览器地址栏的 URL 更新成了 http://localhost:50424/dist/ware-detail/1。

之所以会这样，是因为导航前浏览器地址栏中的 URL 为 http://localhost:50424/dist，同时应用程序启动页面的<base>标签的 href 特性的值是/dist/，路由器链接指令发起了目标 path 为 ware-detial/1（而非 dist/ware-detail）的请求，并将此目标 path 附加到浏览器地址栏中的原 URL 上。

基于以上描述我们可以知道，在导航到其余的客户注册视图、客户登录视图和购物车视图时，浏览器地址栏中的 URL 中也会包含 dist 这个基础路径，而 Angular 也能很好地处理这些情况。

但意外总是在不经意间发生，比如，当我们完成一个客户的注册并进行登录时，虽然能够登录成功，但相应的客户姓名不会被显示到根视图中的登录链接所在的位置。

打开浏览器调试工具我们会发现，客户姓名服务试图从服务端获取登录客户的姓名时，请求的客户姓名 Web API 的 URL 是 http://localhost:50424/dist/api/customer/name，而正确的客户姓名 Web API 的 URL 应该是 http://localhost:50424/api/customer/name。

之所以会出现这样的情况，是因为在客户姓名服务的 updateCustomerName()方法中，我们提供给 HttpClient 的 get<T>()方法的 URL 是 api/customer/name，这一 URL 会在<base>标签的影响下被解析成 http://localhost:50424/dist/api/customer/name。

为了避免以上情况的出现，我们需要在以上提供给 get<T>()方法的 URL 的前面添加一个斜杠/，使客户姓名服务的定义代码与代码清单 14-8 一致。

代码清单 14-8 src/services/services/customer-name.service.ts

```
// ... 省略的 import

@Injectable()
export class CustomerNameService {
    constructor(private httpClient: HttpClient) {
    }

    private customerNameSubject: Subject<string> = new Subject<string>();

    subscribeCustomerName(next: (x: string) => void): Subscription {
        return this.customerNameSubject.subscribe(next);
    }

    updateCustomerName() {
        // 将"api/customer/name"更改为"/api/customer/name"
        this.httpClient.get<GenericServiceResult<string>>('/api/customer/name').subscribe(x => {
            if (x.success == true) {
                this.customerNameSubject.next(x.data);
            }
        });
    }
}
```

除了客户姓名服务，路由守卫也存在同样的问题，因此我们还需要将路由守卫中的客户姓名 Web API 的 URL 改成/api/customer/name，使路由守卫的定义代码与代码清单 14-9 一致。

代码清单 14-9 src/services/services/auth.guard.ts

```
// ... 省略的 import

@Injectable()
export class AuthGuard implements CanLoad {
    customerName: string;

    constructor(private httpClient: HttpClient, private router: Router) {
    }

    canLoad(): boolean | Observable<boolean> {
        if (this.customerName) {
```

```
                return true;
            }

            // 将"api/customer/name"更改为"/api/customer/name"
            let responseObservable: Observable<GenericServiceResult<string>> = this.httpClient
.get<GenericServiceResult<string>>('/api/customer/name');

            let successObservable: Observable<boolean> = responseObservable.pipe(map(x => {
                if (x.success) {
                    this.customerName = x.data;
                }
                else {
                    this.customerName = undefined;
                    this.router.navigate(['/customer/log-in']);
                    return false;
                }

                return x.success;
            }));

            return successObservable;
        }
    }
```

说明

本书案例还有商品服务 WareService 中使用了两个不是以斜杠/开头的 URL，读者还需要完成对它们的修改。如果代码中还有其他服务也使用了这样的 URL，那么也需要完成对它们的修改。基于以上修改经验我们也可以知道，在今后的 Angular 应用程序开发中，使用斜杠/开头的 URL 是一个好的习惯。

完成所有修改之后，我们需要再次在 VS Code 集成终端执行 Angular CLI 构建命令：

```
ng build
```

待以上命令执行完成之后，我们还需要再次将项目根目录下的 images 文件夹复制到 Angular CLI 的构建输出目录 dist 中，同时将此目录下的应用程序启动页面 index.html 的内容替换成代码清单 14-6 所示的内容——Angular CLI 的每一次构建都会将输出目录 dist 中原有的内容清空。

完成以上所有操作之后，当再次刷新浏览器时，客户姓名服务便不会再请求错误的 URL，同时之前我们用来登录的客户的姓名也会出现在根视图中，如图 14-7 所示。

至此，我们成功地对天天菜园进行了不执行预先编译的构建，同时能够感觉到天天菜园的启动时间有了明显的缩短，图 14-8 客观地证明了这一点。

图 14-7　构建后的天天菜园商品列表视图（3）

Name	Status	Type	Initiator	Size	Time	Waterfall
dist/	200	document	Other	1.4 KB	6 ms	
bootstrap.min.css	200	stylesheet	(index)	119 KB	21 ms	
runtime.js	200	script	(index)	9.2 KB	9 ms	
polyfills.js	200	script	(index)	386 KB	27 ms	
styles.js	200	script	(index)	18.1 KB	8 ms	
vendor.js	200	script	(index)	3.6 MB	286 ms	
main.js	200	script	(index)	89.1 KB	18 ms	
name	200	xhr	zone.js:2969	267 B	3 ms	
total-count	200	xhr	zone.js:2969	262 B	2 ms	
list	200	xhr	zone.js:2969	975 B	2 ms	
glyphicons-halflings-regular.woff2	200	font	(index)	17.9 KB	4 ms	
OnePixelOrange.png	200	png	platform-browser.js:1133	396 B	3 ms	
favicon.ico	200	text/html	Other	1.7 KB	4 ms	

13 requests | 4.2 MB transferred | Finish: 1.08 s | DOMContentLoaded: 1.00 s | Load: 1.07 s

图 14-8　天天菜园启动时加载的资源及相应的耗时（1）

可以看到，天天菜园加载的资源从构建前的约 250 个缩减到构建后的 13 个，总加载时间也从构建前的近似 4 秒缩减到了 1.07 秒。

然而，如果注意图 14-8 中的文件总传输大小，我们会发现这个值几乎没有发生什么变化（从 4.5 MB 减小到 4.2 MB），其中有 3.6 MB 是由 Angular 和 RxJS 的源代码贡献的。

这 3.6 MB 的源代码中有一部分是由 Angular 编译器贡献的，如果我们在构建天天菜园的过程中也对它进行预先编译，就可以避免将 Angular 编译器发送到浏览器中。

14.1.6 执行预先编译的构建

要对天天菜园进行执行预先编译的构建很简单，我们只需要在 VS Code 集成终端中执行以下 Angular CLI 构建命令：

```
ng build --aot
```

以上命令在我们熟悉的构建命令“ng build”的后面添加了一个预先编译选项“--aot”，这会使 Angular CLI 在前面提到的构建流程的基础上执行以下额外的两步：

（1）通过 TypeScript 编译器将应用程序中的 TypeScript 模块编译成 CommonJS 模块之后，再通过 Angular 编译器将这些 CommonJS 模块编译成内容为可执行 JavaScript 代码的 CommonJS 模块，然后将得到的内容为可执行 JavaScript 代码的 CommonJS 模块打包到输出文件 dist/main.js 中；

（2）移除 Angular 源代码中的 Angular 编译器源代码，然后将移除后得到的结果和 RxJS 一起打包到输出文件 dist/vendor.js 中。

以上两步带来了相应的两个好处：第一，应用程序代码无须在浏览器中编译，节省了应用程序的启动时间；第二，避免了 Angular 编译器被发送到浏览器中，节省了应用程序的加载时间。

然而略微让人感到沮丧的是，如果我们现在执行构建命令“ng build --aot”，我们不仅无法感受到以上两个好处，还会得到 Angular CLI 抛出的大量类似于以下内容的错误：

```
    Can't resolve 'E:/Work/AngularAppDev/Chapter14-1/src/carts/cart.module.ngfactory.js' in 'E
:\Work\AngularAppDev\Chapter14-1\$$_lazy_route_resource'
    Property 'wareName' is private and only accessible within class 'WareListComponent'.
    Property 'message' does not exist on type 'CartComponent'.
```

为了使应用程序可以被预先编译，Angular 对应用程序有一些限制，比如：组件中会被模板引用的属性、访问器和方法不能是私有或受保护的；模板中不能引用组件中未定义的属性、访问器和方法。

正好 Angular CLI 抛出的以上错误就是我们违反了这些限制导致的，部分证据如代码清单 14-10～代码清单 14-12 所示。

代码清单 14-10 src/wares/components/ware-list.component.ts

```
// ... 省略的 import

@Component({
    // ... 省略的代码
})
export class WareListComponent {
    // ... 省略的代码
    private wareName: string; // 要搜索的商品的名字
    // ... 省略的代码
}
```

属性 wareName 会在商品列表模板中用于显示客户正在搜索的商品的名字，因此其访问修饰符不能是 private。

代码清单 14-11 src/customers/components/sign-up.component.ts

```
// ... 省略的 import

@Component({
    // 指定模板文件路径
})
export class SignUpComponent {
    private customer: Customer; // 定义客户实体属性
    private agree: boolean;      // 是否同意"使用条款"及"隐私声明"

    // ... 省略的代码
```

```
    private signUp(): void {
        // ... 省略的代码
    }
}
```

属性 customer 和 agree 会被客户注册模板用来绑定客户注册数据，方法 signUp()会被客户注册模板用来处理客户注册表单的提交，因此它们的访问修饰符都不能是 private。

代码清单 14-12 src/carts/views/cart.html

```
<!--省略的代码-->
<div class="row" *ngIf="!cartWares || !cartWares.length">
    <div class="col-xs-12">
        您的购物车是空的
    </div>
</div>
<!--购物车操作提示-->
<div class="message" *ngIf="message">
    {{message}}
</div>
<!--显示商品搜索视图-->
<ware-search [searchBoxStyle]="{'border-color': 'orange'}" (onSearch)="logSearch($event);"
></ware-search>
```

组件属性 message 已被从购物车组件中删除，因此它已不能被用在购物车模板中——事实上有了共享消息提示组件之后我们，也不再需要它出现在这里，它之所以还被保留在这里，完全是因为我们忘记删除而已。

说到消息提示组件，打开它的定义代码之后，我们会发现其中的消息属性_message 也被定义成了私有的，但它未被在模板中被引用，因此它没有违背预先编译的要求。

为了使天天菜园符合预先编译的要求，我们需要删除以上提到的所有私有访问修饰符 private，同时删除购物车模板中的消息提示<div>。由于以上列举的只是天天菜园中的部分组件和模板，因此我们还需要检查剩下的每一个组件和模板（不要忽略了部件模块和服务模块），然后对它们进行相应的操作。

执行完以上操作之后，我们可以再次在 VS Code 集成终端执行预先编译命令：

```
ng build --aot
```

待这个命令执行完成之后，我们将看到图 14-9 所示的构建结果。

图 14-9 中展示了和图 14-3 类似的构建结果，不同的是其中的 carts-cart-module.js 和 customers-customer-module.js 分别变成了 carts-cart-module-ngfactory.js 和 customers-customer-module-ngfactory.js，相信读者已经猜到，carts-cart-module-ngfactory.js 和 customers-customer-module-ngfactory.js 分别是 carts-cart-module.js 和 customers-customer-module.js 预先编译后的结果。展开这两个文件我们不仅能够找到购物车组件 CartComponent、客户注册组件 SignUpComponent 和客户登录组件 LogInComponent 的定义，还有相应的购物车组件工厂 CartComponentNgFactory、客户注册组件工厂 SignUpComponentNgFactory 和客户登录组件工厂 LogInComponentNgFactory——这些就是前面提到的可执行代码，可直接用于创建相应的组件和视图对象。

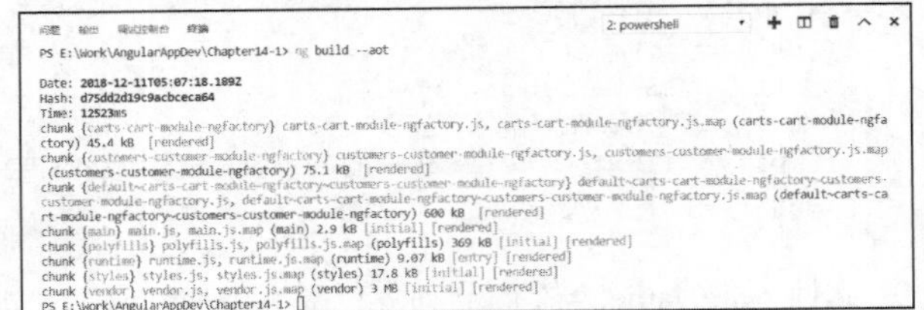

图 14-9 执行预先编译的构建结果（1）

提示

在第 13 章中，我们就使用消息提示组件工厂和确认提示组件工厂分别创建过消息提示组件和确认提示组件的实例。

除了以上两个文件，main.ts 中的内容也发生了变化。但在查看其中变化之前，让我们先试着通过以上构建结果来启动天天菜园，为此需要再次将项目根目录下的图片目录 images 复制到构建输出目录 dist

中，然后将代码清单 14-6 复制到 dist/index.html 中。

完成以上操作之后，如果我们再次通过浏览器请求 http://localhost:50424/dist，将得到 Angular 运行时抛出的以下错误：

```
No NgModule metadata found for 'AppModule'（无法找到应用程序根模块 AppModule 的 NgModule 元数据）
```

这是 Angular 目前的一个 bug，为了消除它，我们只需要对应用程序入口文件 main.ts（不是 dist/main.js）做些修改，使其与代码清单 14-13 一致。

代码清单 14-13 src/main.ts

```
import { platformBrowserDynamic } from '@angular/platform-browser-dynamic'; //导入浏览器平台
// 创建函数
import { AppModule } from './app/app.module';          // 导入 AppModule

// const platform = platformBrowserDynamic();         // 创建浏览器平台
platformBrowserDynamic().bootstrapModule(AppModule); // 加载根模块 AppModule
```

以上代码注释了浏览器平台常量 platform 的定义，并以方法链的方式直接调用了 platformBrowserDynamic()方法的返回结果的 bootstrapModule()方法。

完成以上修改之后，我们需要通过以下命令再对天天菜园进行一次执行预先编译的构建：

```
ng build --aot
```

待以上命令执行完成之后，Angular CLI 会输出图 14-10 所示的构建结果信息。

与图 14-9 相比，图 14-10 中少了一个输出文件，即刚刚我们未提及（同时我们也不用关心）的 default~carts-cart-module-ngfactory~customers-customer-module-ngfactory.js。

此外，图 14-10 中显示的 main.js 的大小也增长了不少，而打开这个文件我们也能找到商品列表组件工厂 WareListComponentNgFactory 和消息提示组件工厂 TipComponentNgFactory 的定义——上一次构建之后 main.js 中没有这些组件工厂的定义。

有了以上构建结果之后，我们需要再次将项目根目录下的图片目录 images 复制到构建输出目录 dist 中，然后将代码清单 14-6 复制到 dist/index.html 中。

完成以上操作之后，如果我们再次通过浏览器请求 http://localhost:50424/dist，将成功地得到天天菜园的商品列表视图。如果我们还正好打开了浏览器的调试工具，那么也将客观地发现天天菜园的启动时间又缩短了不少，如图 14-11 所示。

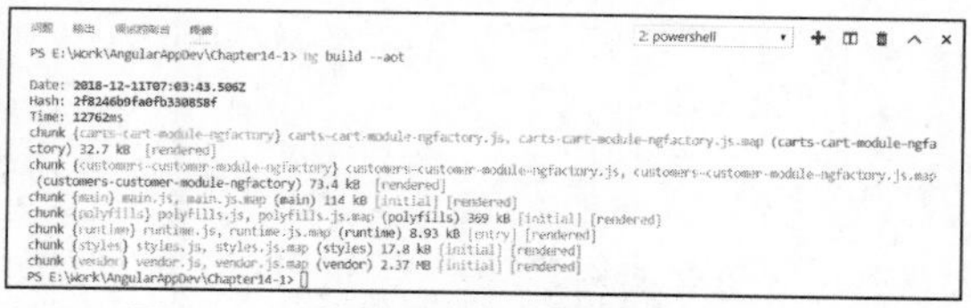

图 14-10 执行预先编译的构建结果（2）

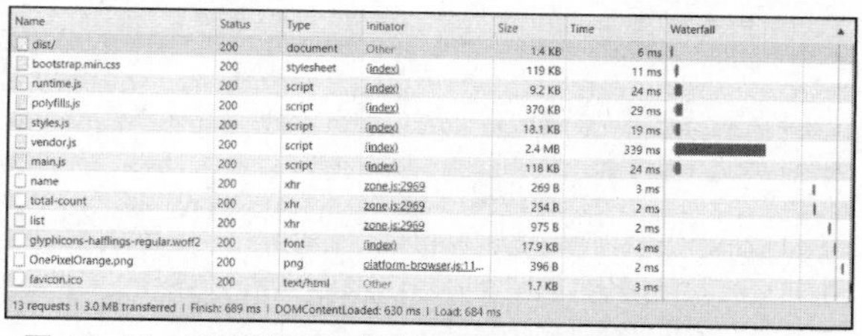

图 14-11 天天菜园启动时加载的资源及相应的耗时（2）

可以看到，除了程序启动时间大约缩短到了不到 700 毫秒，Angular 和 RxJS 源代码的大小也从 3.6 MB 缩减到了 2.4 MB——其中缩减的是 Angular 编译器的代码。

当然，对于带宽有限的服务器和移动设备来说，2.4 MB 也是一个考验用户耐心的大小。为了进一步缩减天天菜园的构建结果文件的大小，我们需要对它进行用于生产的构建。

14.1.7 用于生产的构建

在对天天菜园进行用于生产的构建之前，我们需要先向天天菜园的 Angular 工作空间配置文件 angular.json 中添加一些配置，使其完整内容与代码清单 14-14 一致。

代码清单 14-14　angular.json

```
{
  "$schema": "./node_modules/@angular/cli/lib/config/schema.json",
  "version": 1,
  "projects": {
    "chapter14-1": {
      "root": "",
      "sourceRoot": "src",
      "projectType": "application",
      "architect": {
        "build": {
          "builder": "@angular-devkit/build-angular:browser",
          "options": {
            "outputPath": "dist",
            "index": "src/index.html",
            "main": "src/main.ts",
            "polyfills": "src/polyfills.ts",
            "tsConfig": "tsconfig.json",
            "assets": [],
            "styles": [
              "src/common.css"
            ],
            "scripts": []
          },
          "configurations": {
            "production": {
              "optimization": true,
              "outputHashing": "all",
              "sourceMap": false,
              "extractCss": true,
              "namedChunks": true,
              "aot": true,
              "extractLicenses": true,
              "vendorChunk": true,
              "buildOptimizer": true,
              "budgets": [
                {
                  "type": "initial",
                  "maximumWarning": "2mb",
                  "maximumError": "5mb"
                }
              ]
            }
          }
        }
      }
    }
  },
  "defaultProject": "chapter14-1"
}
```

以上加粗显示的内容将在 Angular CLI 对天天菜园进行用于生产的构建时，对 Angular CLI 产生如下影响：

（1）optimization，对输出进行摇树（Tree-shaking）优化和压缩优化；

（2）outputHashing，在输出结果文件的文件名中添加散列字符串，以覆盖浏览器缓存的上一个构建版本；

（3）sourceMap，不生成扩展名为.js.map 的映射文件；

（4）extractCss，将前面 styles 属性中的公共 CSS 文件打包成一个 CSS 文件，而非 JavaScript 文件；

（5）namedChunks，保留构建结果文件的有意义名字，而非仅使用散列字符串；

（6）aot，同时执行预先编译；

（7）extractLicenses，将应用程序中使用的所有 Node.js 包中的版权许可信息抽取到一个独立的版权许可文件 3rdpartylicenses.txt 中；

（8）vendorChunk，将 Angular 和 RxJS（以及其他第三方 Node.js 包）的源代码输出到 vendor.js 中——如

果这个属性被设置为 false，那么它们的源代码会和应用程序源代码一起被输出到 main.js 中；

（9）buildOptimizer，使用@angular-devkit/build-optimizer 对应用程序代码进行优化；

（10）budgets，构建门槛，当构建结果文件大小超过其属性 maximumWarning 的值 2 MB 时，Angular CLI 会抛出警告，而当构建结果文件大小超过其属性 maximumError 的值 5 MB 时，Angular CLI 会抛出错误。

我们可以根据需求来调整以上各个属性的值，但将其中 aot 属性和 optimization 属性的值设置为 true 至关重要，因为前者保证随后 Angular CLI 会对天天菜园进行预先编译，后者保证 Angular CLI 会对编译结果进行摇树优化和压缩优化。

说明

所谓**摇树优化**，是指移除应用程序中未被使用到的变量、函数、类、成员和文件，仅保留对应用程序的运行有贡献的代码——这就像摇晃一棵树，使其落下黄叶子而仅保留绿叶子一样。所谓**压缩优化**，是指去除代码中的不必要的注释、空格和回车，并使用更短的名字替换代码中的变量、函数、类和成员的名字。

添加完以上配置之后，我们还需要对应用程序入口文件做些修改，使其内容与代码清单 14-15 一致。

代码清单 14-15 src/main.ts

```
import { platformBrowserDynamic } from '@angular/platform-browser-dynamic'; //导入浏览器平台
// 创建函数
import { AppModule } from './app/app.module';              // 导入 AppModule
import { enableProdMode } from '@angular/core';           // 导入启动生产模式的方法

enableProdMode(); // 启用生产模式

// const platform = platformBrowserDynamic();              // 创建浏览器平台
platformBrowserDynamic().bootstrapModule(AppModule); // 加载根模块 AppModule
```

以上修改从 Angular 核心包中导入了一个方法 enableProdMode()，并在通过应用程序根模块启动应用程序之前调用了这个方法，从而使应用程序运行在生产模式之下，以提高应用程序的运行效率。

说明

在非生产模式（即开发模式）下，Angular 运行时会在每一次 JavaScript 事件循环中进行两次变化监测，以防止应用程序中某个值的变化造成了意外的影响。
在生产模式下，Angular 运行时只会在一次 JavaScript 事件循环中进行一次变化监测，因此应用程序的运行效率会得到提高。

完成以上修改之后，我们便可以对天天菜园进行用于生产的构建了，为此需要在 VS Code 集成终端中执行以下构建命令：

```
ng build --prod
```

待以上命令执行完成之后，Angular CLI 会输出图 14-12 所示的构建结果信息。

说明

如果没有向 angular.json 中添加代码清单 14-14 中加粗显示的内容，命令“ng build --prod”会抛出错误：Configuration 'production' could not be found in project 'chapter14-1'（无法找到项目“chapter14-1”中的配置属性“production”）。

相比于上一次执行预先编译的构建，以上构建的结果发生了三处显著的变化：

（1）构建结果文件的文件名被添加了散列字符串；

（2）打包的样式文件不再是 styles.js，而是 sytles.css；

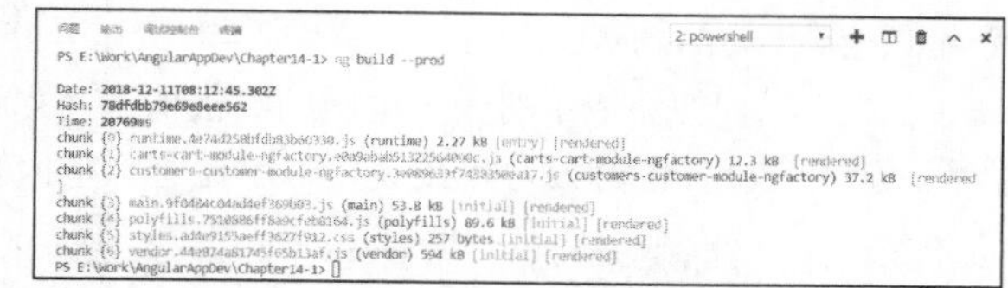

图 14-12 用于生产的构建结果

（3）构建结果的大小缩减了很多，尤其是其中 Angular 和 RxJS 源代码打包文件，即 vendor.44e874a81745f65b13af.js。

以上文件名的变化也会体现在构建后的应用程序启动页面 dist/index.html 中，为了使这个文件能够符合天天菜园的启动要求，我们还需要对它再做些修改，使它的完整内容与代码清单 14-16 一致。

代码清单 14-16　dist/index.html

```
<html>
<head>
    <title>天天菜园，送菜到家</title>

    <!--设置基础 URL 为"/dist/"-->
    <base href="/dist/" />

    <!--设置 HTML 视图的宽度和缩放-->
    <meta name="viewport" content="width=device-width, maximum-scale=1, minimum-scale=1,
initial-scale=1, user-scalable=no, shrink-to-fit=no" />

    <!-- 加载必要的样式，需要使用相对路径 -->
    <link href="/node_modules/bootstrap/dist/css/bootstrap.min.css" rel="stylesheet" />

    <!--此处删除了对 src/common.css 的加载-->

    <!--此处删除了 core-js、Zone.js 和 SystemJS 相关的内容-->

    <!--以下为 Angular CLI 生成的内容-->
    <link rel="stylesheet" href="styles.ad4e9155aeff3627f912.css">
</head>

<body>
    <!--组件 AppComponent 的选择器，以通知 Angular 将组件 AppComponent 的视图显示到此处-->
    <app-root></app-root>
    <!--以下为 Angular CLI 生成的内容-->
    <script type="text/javascript" src="runtime.4e74d258bfdb83b60330.js"></script>
    <script type="text/javascript" src="polyfills.7510886ff8a9cfeb8164.js"></script>
    <script type="text/javascript" src="vendor.44e874a81745f65b13af.js"></script>
    <script type="text/javascript" src="main.9f0484c04ad4ef369b03.js"></script>
</body>
</html>
```

注意

由于公共 CSS 样式被打包到了一个 CSS 文件中，Angular CLI 将对它的加载转交给了一个<link>标签——代码清单 14-6 中使用的是<script>标签。

完成以上修改之后，我们还需要将项目根目录下的 images 文件夹复制到构建输出目录 dist 中，然后我们可以再次在浏览器中请求 http://localhost:50424/dist。

随后我们将不失所望地看到天天菜园的商品列表视图，并在浏览器调试工具中看到图 14-13 所示的应用程序资源加载及启动耗时。

Name	Status	Type	Initiator	Size	Time	Waterfall
dist/	200	document	Other	1.5 KB	6 ms	
bootstrap.min.css	200	stylesheet	(index)	119 KB	11 ms	
styles.ad4e9155aeff3627f912.css	200	stylesheet	(index)	549 B	7 ms	
runtime.4e74d258bfdb83b60330.js	200	script	(index)	2.6 KB	8 ms	
polyfills.7510886ff8a9cfeb8164.js	200	script	(index)	89.9 KB	20 ms	
vendor.44e874a81745f65b13af.js	200	script	(index)	595 KB	185 ms	
main.9f0484c04ad4ef369b03.js	200	script	(index)	54.1 KB	23 ms	
name	200	xhr	polyfills.7510886...js:1	269 B	3 ms	
total-count	200	xhr	polyfills.7510886...js:1	254 B	2 ms	
list	200	xhr	polyfills.7510886...js:1	975 B	3 ms	
glyphicons-halflings-regular.woff2	200	font	(index)	17.9 KB	4 ms	
OnePixelOrange.png	200	png	vendor.44e874a...js:1	396 B	3 ms	
favicon.ico	200	text/html	Other	1.7 KB	13 ms	

13 requests | 883 KB transferred | Finish: 555 ms | DOMContentLoaded: 472 ms | Load: 540 ms

图 14-13　天天菜园启动时加载的资源及相应的耗时（3）

可以看到，浏览器加载的总资源大小从之前的 3 MB 缩减到了 800 多 KB（其中 vendor.js 的大小缩减最为明显，从 2.4 MB 缩减到了 595 KB），而这些资源的总加载时间也从 689 ms 缩减到了 555 ms——这一切都是 Angular CLI 提供的摇树优化和压缩优化的功劳。

至此，我们便完成了对天天菜园的终极构建，并可以将相应的构建结果发布到生产环境中的服务器上了。但对于我们的开发环境来说，似乎还有一些内容需要去完善。

说明

虽然前面的所有资源加载时间都是基于本地服务器记录的，但它们的逐次缩减仍然能够体现在生产环境的远程服务器上，而相应的具体数值也会因服务器配置而异。

14.1.8　完善

相信读者早就尝试过刷新构建后的商品细节视图，或通过浏览器直接访问过其 URL，比如 http://localhost:50424/dist/ware-detail/1。在这么做时，得到的却是 URL 为 http://localhost:50424 的开发版商品列表视图，这是因为服务端应用程序目前还无法识别 http://localhost:50424/dist/ware-detail/1，并因此而向客户端返回了开发版的应用程序启动页面。

为了让服务端应用程序能够识别构建后的商品细节视图（以及购物车视图和客户视图）的 URL，我们需要向服务端应用程序代码中添加一些内容，使其完整内容与代码清单 14-17 一致。

代码清单 14-17 server-app.js

```
// ... 省略的代码

// 路由配置：当客户端请求目录 dist 下的未匹配 URL 时，返回目录 src 下的 HTML 文件 index.html
app.get('/dist/*', function (req, res) {
    res.sendFile(__dirname + '/dist/index.html');
});

// 路由配置：当客户端请求未匹配 URL 时，返回目录 src 下的 HTML 文件 index.html
app.get('*', function (req, res) {
    res.sendFile(__dirname + '/src/index.html');
});

// 启动应用程序，并监听 50424 端口上的请求
var server = app.listen(50424, function () {
    var host = server.address().address;
    var port = server.address().port;

    console.log('当前应用程序正在监听 http://%s:%s', host, port);
});
```

以上加粗显示的是添加的内容，其作用和其下方的代码是类似的，即使 Express 在接收到服务端路径以/dist/开头的未匹配请求时，返回构建后的应用程序启动页面 dist/index.html。

一旦此页面被加载到浏览器中，Angular 路由器就会根据浏览器地址栏中的 URL 来决定创建哪个组件的实例，并将相应的视图呈递到根视图中——在 8.2 节我们已经知道了这一点。

完成以上修改之后，我们需要重启服务端应用程序，之后便可以随意地刷新构建后的天天菜园中的任意视图了。

解决以上问题之后，我们还剩最后一个问题需要解决。为了发现这个问题，我们需要通过访问 http://localhost:50424 来启动天天菜园的开发版本，并单击根视图中的登录链接、注册链接或购物车图标。

比如，当单击注册链接时，我们会得到以下运行时错误：

```
Uncaught (in promise): Error: Unexpected token <
Evaluating http://localhost:50424/customers/customer.module
Loading ../customers/customer.module
```

以上错误是 14.1.5 节的代码清单 14-4 将客户领域模块的路径改成相对路径../customers/customer.module，而 SystemJS 无法简单地识别相对路径导致的。

为了解决这个问题，我们需要向 SystemJS 的配置文件中添加一些内容，使其完整内容与代码清单 14-18 一致。

代码清单 14-18 src/systemjs.config.js

```
(function (global) {
   System.config({
       paths: { // ... 省略的代码
       },
       map: {   // ... 省略的代码
       },
       packages: {
           'src': {
               defaultExtension: 'js'
           },
           'rxjs': {
               main: 'index.js',
               defaultExtension: 'js'
```

```
            },
            'rxjs/operators': {
                main: 'index.js'
            },
            '../customers': { // 将../customers 当作一个包，然后将其子路径 customer.module 映射到
// 客户领域模块
                map: {
                    './customer.module': 'src/customers/customer.module.js'
                }
            },
            '../carts': { // 将../carts 当作一个包，然后将其子路径 cart.module 映射到客户领域模块
                map: {
                    './cart.module': 'src/carts/cart.module.js'
                }
            }
        }
    });
})();
```

以上加粗显示的为添加的内容，其作用是将相对路径../customers 和../carts 当作一个包，然后分别对这两个包下的相对路径./customer.module 和./cart.module 进行映射，使它们分别指向正确的客户领域模块和购物车领域模块的地址——直接通过 map 属性配置相对路径的映射是无效的。

完成以上修改之后，如果我们刷新浏览器并再次单击根视图中的注册链接或登录链接，就可以顺利地打开相应的视图，并完成客户的注册和登录。随后如果我们继续单击根视图中的购物车图标，也会被导航到购物车视图中。

至此，我们便完成了对天天菜园的开发环境的完善。基于这一完善和前面的构建经验，我们还能继续开发天天菜园的更多领域模块（比如订单领域模块），然后构建功能更加完整的天天菜园。

但这些都已不再是本书的任务，接下来我们将在 14.2 节学习如何通过 Angular CLI 来快速地创建一个 Angular 应用程序。

14.2 开发新的应用程序

要开发新的应用程序，首先是要创建它。在 Angular CLI 的帮助下，创建一个新的 Angular 应用程序可谓易如反掌，因为我们不需要手动创建服务端应用程序、应用程序启动页面、应用程序入口文件、根模块、根组件以及根组件的模板文件和样式文件等文件——Angular CLI 会一一创建好它们。

14.2.1 创建应用程序

Angular CLI 是如何帮助我们创建 Angular 应用程序的呢？让我们打开 Windows 命令提示符，在命令提示符中转到本书工作目录 E:\Work\AngularAppDev，如图 14-14 所示。

接下来，我们打算在这个目录中创建一个名为 Chapter14-two 的 Angular 应用程序，为此需要继续在命令提示符中输入并执行以下 Angular CLI 命令：

```
ng new Chapter14-two
```

说明

前面的项目名中的章节序号都是阿拉伯数字，本节中的项目名不是 Chapter14-2，是因为 Angular CLI 在创建应用程序时不支持这样的项目名。

随后 Angular CLI 会询问我们是否添加路由模块，如图 14-15 所示。

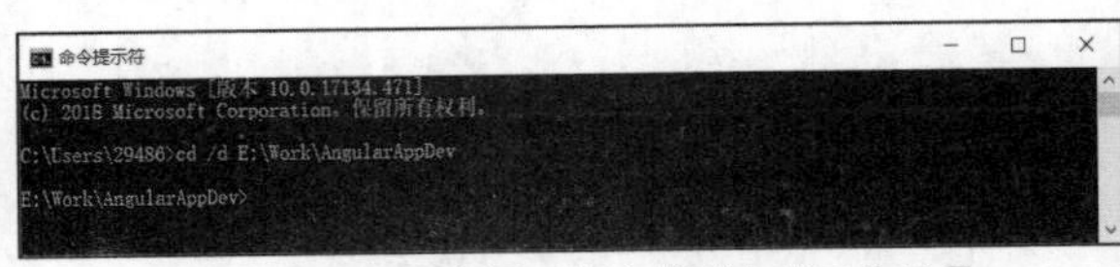

图 14-14　在命令提示符中转到本书工作目录

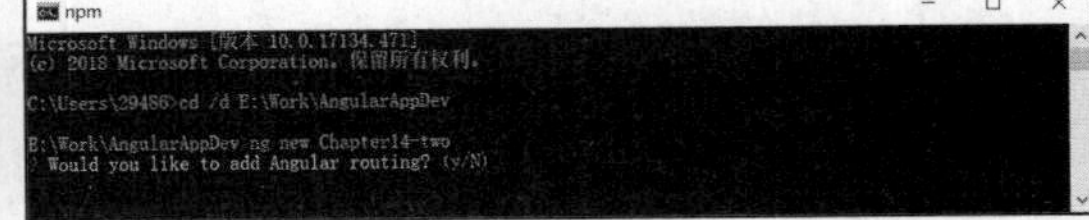

图 14-15　使用 Angular CLI 创建 Angular 应用程序（1）

几乎所有真实的 Angular 应用程序都需要路由模块，因此我们需要输入小写字母 y 并按回车键。在按回车键之后，Angular CLI 还会询问我们使用哪种样式格式，如图 14-16 所示。

我们可以通过键盘上的上下键来选择目标样式格式（即 CSS、SCSS、SASS、LESS 或 Stylus），但对当前正在创建的应用程序来说 CSS 足够了，因此可以直接按回车键。

按回车键之后，Angular CLI 便会在目录 E:\Work\AngularAppDev 下创建一个名为 Chapter14-two 的应用程序，并为这个应用程序安装必要的 Node.js 包，如图 14-17 所示。

```
npm
Microsoft Windows [版本 10.0.17134.471]
(c) 2018 Microsoft Corporation。保留所有权利。

C:\Users\29486>cd /d E:\Work\AngularAppDev

E:\Work\AngularAppDev>ng new Chapter14-two
? Would you like to add Angular routing? Yes
? Which stylesheet format would you like to use? (Use arrow keys)
> CSS
  SCSS   [ http://sass-lang.com   ]
  SASS   [ http://sass-lang.com   ]
  LESS   [ http://lesscss.org     ]
  Stylus [ http://stylus-lang.com ]
```

图 14-16 使用 Angular CLI 创建 Angular 应用程序（2）

图 14-17 使用 Angular CLI 创建 Angular 应用程序（3）

经过一段时间的等待之后，Angular CLI 将完成 Chapter14-two 的创建以及其依赖的约 1200 个 Node.js 包的安装，并提示一些警告信息，如图 14-18 所示。

说明

Angular CLI 总是会使用最新版本的 Angular 创建应用程序，如果读者的开发平台可能不是 Windows，那么在用 Angular CLI 完成一个应用程序的创建之后，看到的被安装的 Node.js 包的数量和警告都有可能会和图 14-18 中的有所不同。

我们可以忽略图 14-18 所示的警告信息，然后在 VS Code 中打开被创建的应用程序 Chapter14-two（即路径为 E:\Work\AngularAppDev\Chapter14-two 的文件夹），随后将看到图 14-19 所示的应用程序结构。

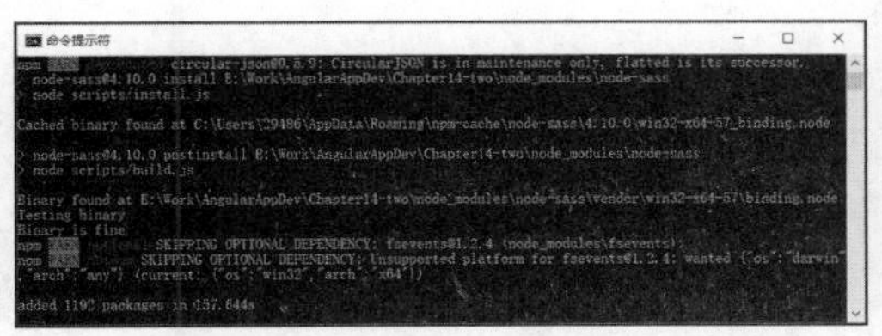

图 14-18 使用 Angular CLI 创建 Angular 应用程序（4）

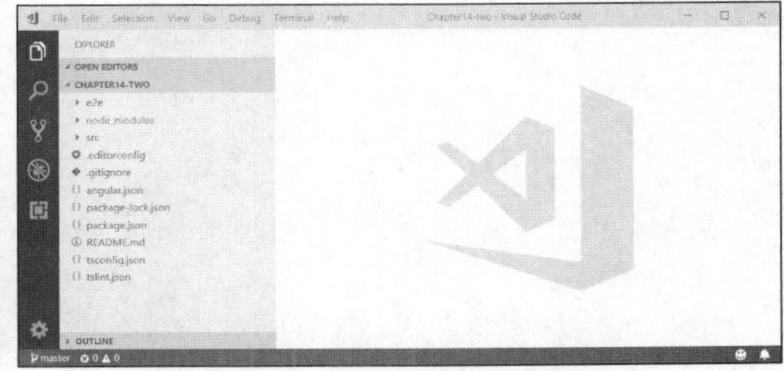

图 14-19 Chapter14-two 的结构

图 14-19 所示的几乎是我们熟悉的内容，尤其是其中的 angular.json 更是我们在 14.1 节才接触过的 Angular 工作空间配置文件，这也意味着当前目录不仅是一个 Angular 应用程序，还是一个 Angular 工作空间。

Angular CLI 创建的工作空间和我们在 14.1 节创建的工作空间有一些不同，打开其配置文件，我们能发现一些陌生的内容，如代码清单 14-19 所示。

代码清单 14-19 angular.json

```
{
  "$schema": "./node_modules/@angular/cli/lib/config/schema.json",
  "version": 1,
  "newProjectRoot": "projects",
  "projects": {
```

```
    "Chapter14-two": {
      "root": "",
      "sourceRoot": "src",
      "projectType": "application",
      "prefix": "app",
      "schematics": {},
      "architect": {
        "build": {
          "builder": "@angular-devkit/build-angular:browser",
          "options": {
            "outputPath": "dist/Chapter14-two",
            "index": "src/index.html",
            "main": "src/main.ts",
            "polyfills": "src/polyfills.ts",
            "tsConfig": "src/tsconfig.app.json",
            "assets": [
              "src/favicon.ico",
              "src/assets"
            ],
            "styles": [
              "src/styles.css"
            ],
            "scripts": []
          },
          "configurations": {
            "production": {
              "fileReplacements": [
                {
                  "replace": "src/environments/environment.ts",
                  "with": "src/environments/environment.prod.ts"
                }
              ],
              "optimization": true,
              "outputHashing": "all",
              "sourceMap": false,
              "extractCss": true,
              "namedChunks": false,
              "aot": true,
              "extractLicenses": true,
              "vendorChunk": false,
              "buildOptimizer": true,
              "budgets": [
                {
                  "type": "initial",
                  "maximumWarning": "2mb",
                  "maximumError": "5mb"
                }
              ]
            }
          }
        },
        "serve": {
          "builder": "@angular-devkit/build-angular:dev-server",
          "options": {
            "browserTarget": "Chapter14-two:build"
          },
          "configurations": {
            "production": {
              "browserTarget": "Chapter14-two:build:production"
            }
          }
        },
        "extract-i18n": {
          "builder": "@angular-devkit/build-angular:extract-i18n",
          "options": {
            "browserTarget": "Chapter14-two:build"
          }
```

```
        },
        "test": {
          "builder": "@angular-devkit/build-angular:karma",
          "options": {
            "main": "src/test.ts",
            "polyfills": "src/polyfills.ts",
            "tsConfig": "src/tsconfig.spec.json",
            "karmaConfig": "src/karma.conf.js",
            "styles": [
              "src/styles.css"
            ],
            "scripts": [],
            "assets": [
              "src/favicon.ico",
              "src/assets"
            ]
          }
        },
        "lint": {
          "builder": "@angular-devkit/build-angular:tslint",
          "options": {
            "tsConfig": [
              "src/tsconfig.app.json",
              "src/tsconfig.spec.json"
            ],
            "exclude": [
              "**/node_modules/**"
            ]
          }
        }
      }
    },
    "Chapter14-two-e2e": {
      "root": "e2e/",
      "projectType": "application",
      "prefix": "",
      "architect": {
        "e2e": {
          "builder": "@angular-devkit/build-angular:protractor",
          "options": {
            "protractorConfig": "e2e/protractor.conf.js",
            "devServerTarget": "Chapter14-two:serve"
          },
          "configurations": {
            "production": {
              "devServerTarget": "Chapter14-two:serve:production"
            }
          }
        },
        "lint": {
          "builder": "@angular-devkit/build-angular:tslint",
          "options": {
            "tsConfig": "e2e/tsconfig.e2e.json",
            "exclude": [
              "**/node_modules/**"
            ]
          }
        }
      }
    }
  },
  "defaultProject": "Chapter14-two"
}
```

从以上内容中我们可以知道当前工作空间包含了两个项目：Chapter14-two，我们创建的目标应用程序项目；Chapter14-two-e2e，目标应用程序的 e2e（end-to-end，端到端）测试项目，这个项目在图 14-19 中的目录 e2e 中。

在应用程序项目配置中，我们还能看到四个陌生的配置：

（1）architect.serve，服务端应用程序配置，随后在启动服务端应用程序时，这一配置会使 Angular CLI 对 Angular 应用程序进行构建；

（2）architect.extract-i18n，国际化（i18n，Internationalization）配置；

（3）architect.test，测试配置；

（4）architect.lint，代码书写规范配置。

本书不打算讨论测试、国际化和代码书写规范相关的内容，若读者要了解这些内容，请参看相应的官方文档。

撇开这些陌生的配置，我们可以知道 angular.json 的主要作用仍然是协助 Angular 应用程序的构建，而目前我们创建的这个 Angular 应用程序是什么样的呢？

我们在图 14-19 中能看到熟悉的项目源代码目录 src，展开它之后，我们将看到大量熟悉的应用程序代码文件，如图 14-20 所示。

图 14-20 包含了我们熟悉的应用程序启动页面 index.html、应用程序入口文件 main.ts、应用程序根模块目录 app 以及垫片导入文件 polyfills.ts。

展开应用程序根模块目录 app 之后，我们还能看到熟悉的根模块声明文件 app.module.ts、根路由配置模块声明文件 app-routing.module.ts 和根组件声明文件 app.component.ts，以及换了名字的根组件模板文件 app.component.html 和样式文件 app.component.css，如图 14-21 所示。

图 14-20　应用程序源代码目录的结构

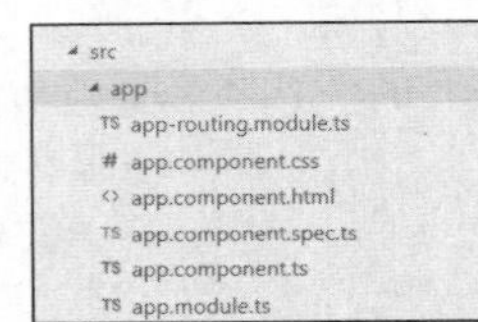

图 14-21　应用程序根模块目录的结构

所有熟悉的文件中的内容也不会让我们感到陌生，但应用程序入口文件 main.ts 是一个例外。打开它之后，我们将看到如代码清单 14-20 所示的内容。

代码清单 14-20　src/main.ts

```
import { enableProdMode } from '@angular/core';
import { platformBrowserDynamic } from '@angular/platform-browser-dynamic';

import { AppModule } from './app/app.module';
import { environment } from './environments/environment';

if (environment.production) {
  enableProdMode();
}

platformBrowserDynamic().bootstrapModule(AppModule)
  .catch(err => console.error(err));
```

以上内容整体上和我们熟悉的应用程序入口文件的内容是一致的，不同的是，它仅在对象 environment 的属性 production 不为空或 false 的情况下才调用 enableProdMode()方法。

我们在文件 src/environments/environment.ts 中能找到 environment 对象，并发现其属性 production 的值总是 false；而在另一个文件 src/environments/environment.prod.ts 中能找到另一个 environment 对象，并发现其 production 属性的值总是 true。

在代码清单 14-19 所示的工作空间配置文件 angular.json 中，有这样一处加粗显示的配置：

```
"fileReplacements": [
    {
        "replace": "src/environments/environment.ts",
        "with": "src/environments/environment.prod.ts"
    }
],
```

这一配置的作用是使 Angular CLI 在对应用程序 Chapter14-two 进行用于生产的构建时，将文件 src/environments/environment.ts 替换成 src/environments/environment.prod.ts，从而使以上 main.ts 中的 enableProdMode()方法调用被执行。

除了以上配置，angular.json 中还有这样一处加粗显示的配置：

```
"tsConfig": "src/tsconfig.app.json",
```

这一配置的作用是告诉 Angular CLI 我们希望使用的 TypeScript 项目配置文件是 src/tsconfig.app.json，而打开这个配置文件之后，我们将看到如代码清单 14-21 所示的内容。

代码清单 14-21 src/tsconfig.app.json

```
{
  "extends": "../tsconfig.json",
  "compilerOptions": {
    "outDir": "../out-tsc/app",
    "types": []
  },
  "exclude": [
    "test.ts",
    "**/*.spec.ts"
  ]
}
```

以上 extends 属性的值说明当前配置文件将继承上级目录（即工作空间根目录）下的配置文件 tsconfig.json 中的配置，但覆盖其中的以下配置：

（1）compilerOptions.outDir，其当前值为“../out-tsc/app”，这会使 TypeScript 编译器将编译结果输出到目录 out-tsc/app 中；

（2）compilerOptions.types，其当前值为空数组[]，这会使 TypeScript 编译器在编译过程中不使用任何 JavaScript 类型包；

（3）exclude，其当前值为数组["test.ts", "**/*.spec.ts"]，这会使 TypeScript 编译器不编译项目中名为 test.ts 或以.spec.ts 为后缀的 TypeScript 文件。

说明

当前工作空间中还有两个 TypeScript 项目配置文件，即 src/tsconfig.spec.json 和 e2e/tsconfig.e2e.json，因此，我们在单击 VS Code 任务栏中的“终端(T)”，并单击弹出的菜单中的“运行任务(R)”之后，会看到大量的构建和监视任务。但有了 Angular CLI 之后，我们不用执行其中的任何一个任务，随后我们将体会到这一点。

我们暂时可以不用关心以上配置的作用细节，但需要了解被继承的工作空间根目录下的配置文件中的一些配置。打开这个配置文件之后，我们将看到如代码清单 14-22 所示的内容。

代码清单 14-22 tsconfig.json

```
{
  "compileOnSave": false,
  "compilerOptions": {
    "baseUrl": "./",
    "outDir": "./dist/out-tsc",
    "sourceMap": true,
    "declaration": false,
    "module": "es2015",
    "moduleResolution": "node",
    "emitDecoratorMetadata": true,
```

```
      "experimentalDecorators": true,
      "importHelpers": true,
      "target": "es5",
      "typeRoots": [
        "node_modules/@types"
      ],
      "lib": [
        "es2018",
        "dom"
      ]
    }
  }
```

以上配置会使 TypeScript 编译器将应用程序中的 TypeScript 模块编译成 ES 2015 模块，因为 Angular CLI 内置的 webpack 可以打包 ES 2015 模块。

此外，以上配置还会使代码可以使用 ES 2018 中的特性，比如更加强大的正则表达式——我还没有正式体验过。

至此，我们便对通过 Angular CLI 创建的应用程序有了一个大概的了解。接下来，我们可以试着启动这个应用程序。

14.2.2　启动应用程序

为了启动通过 Angular CLI 创建的应用程序，我们只需要在 VS Code 集成终端中执行以下 Angular CLI 命令：

```
ng serve
```

这个命令会启动 Angular CLI 内置的一个基于 Express 实现的服务端应用程序，并对应用程序进行不执行预先编译的构建，然后将构建结果保存在服务端应用程序的内存中。

图 14-22 展示了以上命令在执行完成时输出的结果信息。

图 14-22 展示了我们熟悉的构建结果信息，同时还告诉我们一个活动的 Angular 开发服务器已经启动，我们可以在浏览器中请求 http://localhost:4200 来访问它。

当我们这么做时，我们将得到图 14-23 所示的结果。

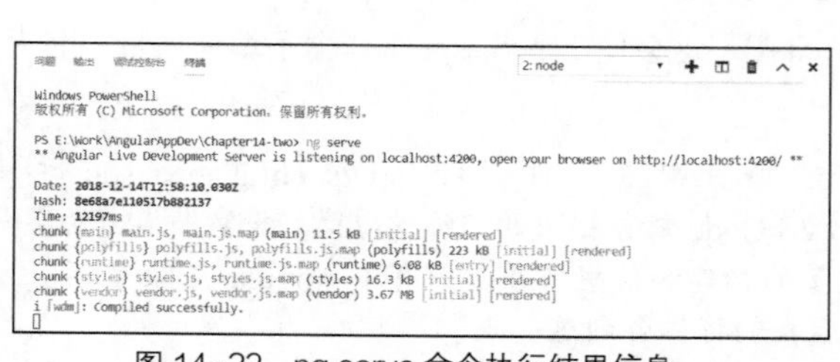

图 14-22　ng serve 命令执行结果信息

图 14-23　访问通过 Angular CLI 创建的应用程序

以上就是通过 Angular CLI 创建的应用程序的运行效果，这效果看上去平淡无奇，但如果我们对应用程序中的代码做些修改的话，我们就会发现精彩的一幕。比如，我们可以将根组件的定义代码修改至与代码清单 14-23 一致。

代码清单 14-23　src/app/app.component.ts

```
import { Component } from '@angular/core';

@Component({
  selector: 'app-root',
  templateUrl: './app.component.html',
  styleUrls: ['./app.component.css']
})
```

```
export class AppComponent {
  title = 'Angular CLI'; // "Chapter14-two"被修改成了"Angular CLI"
}
```

保存以上修改之后，如果我们及时切换到浏览器，将看到浏览器被自动刷新，随后以上修改也会被呈递到浏览器中，如图 14-24 所示。

图 14-24 对应用程序的修改被自动刷新到浏览器中

之所以会发生这样的事情，是因为 Angular CLI 会监视应用程序中的文件的修改，并在监视到这一修改时重新构建应用程序中被修改的文件，然后通知 webpack 刷新浏览器。

其实 Angular CLI 会监视的不仅有文件的修改，还有文件的删除和添加。而接下来，就让我们向当前应用程序中添加一些文件，以将当前应用程序打造成一个简单的天天菜园后台管理应用程序。

14.2.3 添加功能

首先，我们打算实现后台管理应用程序的用户登录的功能，为此需要向应用程序中添加一个用户领域模块，然后向这个模块中添加实现用户登录的服务、组件、模板和样式。

1. 添加领域模块

Angular CLI 提供了用于快捷地创建模块、服务和组件等应用程序组成部分的命令，比如，在需要为当前应用程序创建一个用户领域模块时，我们只需要在 VS Code 集成终端中执行以下 Angular CLI 命令：

```
ng generate module ./users/user --flat=true --routing=true
```

以上命令会在应用程序源代码目录 src/app 下创建一个名为 users 的文件夹，然后在这个文件夹下创建一个名为 user.module.ts 的用户领域模块声明文件，以及一个名为 user-routing.module.ts 的用户领域路由配置模块声明文件。

说明

以上命令中的“./users/user”为相对于应用程序路径 src/app 的路径，“--flat=true”会使 Angular CLI 将这一相对路径中的“user”识别为模块名字（而非文件夹的名字），“--routing=true”会使 Angular CLI 同时创建路由配置模块（而非仅创建领域模块）。

之前我们一直将领域目录（wares、customers 和 carts）创建在应用程序目录 src/app 之外，但 Angular CLI 推荐的做法是将领域目录创建到应用程序目录中。如果仍然打算将以上用户领域目录创建到应用程序目录之外，只需要将以上 Angular CLI 命令中的路径“./users/user”换成“../users/user”即可。

打开这两个文件，我们将看到一个现成的用户领域模块和另一个现成的用户领域路由配置模块，如代码清单 14-24 和代码清单 14-25 所示。

代码清单 14-24 src/app/users/user.module.ts

```
import { NgModule } from '@angular/core';
import { CommonModule } from '@angular/common';

import { UserRoutingModule } from './user-routing.module';

@NgModule({
  declarations: [],
  imports: [
    CommonModule,
    UserRoutingModule
  ]
})
export class UserModule { }
```

代码清单 14-25　src/app/users/user-routing.module.ts

```
import { NgModule } from '@angular/core';
import { Routes, RouterModule } from '@angular/router';

const routes: Routes = [];

@NgModule({
  imports: [RouterModule.forChild(routes)],
  exports: [RouterModule]
})
export class UserRoutingModule { }
```

以上代码对现在的我们来说一点都不陌生，因此这里便不赘述其中的相关细节。接下来，我们再来添加一个负责实现用户领域模型的用户服务。

2. 添加服务

为了添加用户服务，我们需要在 VS Code 集成终端中执行以下 Angular CLI 命令：

```
ng generate service ./users/models/user --spec=false
```

以上命令会在用户领域目录 src/app/users 下创建一个领域模型目录 modles，并在这个目录下创建一个名为 user.service.ts 的用户服务声明文件。

说明

以上命令中的“--spec=false”用于避免这一命令创建测试文件 user.service.spec.ts，如果读者需要进行测试，那么命令中不应该包含这部分内容。

打开这个文件，我们将看到一个现成的用户服务，如代码清单 14-26 所示。

代码清单 14-26　src/app/users/models/user.service.ts

```
import { Injectable } from '@angular/core';

@Injectable({
  providedIn: 'root'
})
export class UserService {
  constructor() { }
}
```

以上代码中的可注入装饰器 Injectable 中出现了一个陌生的参数 providedIn，它的值可以被设置为字符串 root 或某个模块。

像以上代码那样，当可注入装饰器的参数 providedIn 的值被设置为字符串 root 时，表示被装饰的目标类会被注册到应用程序的根依赖注入器中；如果这一参数的值被设置为某个模块，那么被装饰的目标类就只会被注册到那个模块的子依赖注入器中。

注意

根据以上描述我们可以知道，对于以上参数 providedIn 的使用来说，其作用其实和将 UserService 添加到 UserModule 的依赖提供商列表 providers 中的作用是一样的。

尽管如此，使用可注入装饰器的 providedIn 参数来将被装饰的目标类注册到依赖注入器中是更加被推荐的方式，因为这样能使一些不打算在应用程序中使用的服务被摇树优化过滤掉。

什么意思呢？假设我们当前开发的是一个组件库，某个应用程序安装了我们的组件库，但没有使用其中的用户服务。此时如果用户服务是通过被添加到用户领域模块的 providers 列表中被注册到依赖注入器中的，那么用户服务会因为被用户领域模块引用而无法被摇树优化过滤掉。但现在用户服务是通过装饰它的可注入装饰器的 providedIn 参数被注册到依赖注入器中的，这使它不存在任何被引用的情况，因此摇树优化就可以把它过滤掉。

另一点需要注意的是，可注入装饰器还接收 useValue、useClass、useFactory 和 useExisting 参数，这些参数可以将被装饰的目标类映射为值、另一个类、工厂和现有值。

有了用户服务之后，我们还需要在其中实现用户注册业务逻辑。但在这么做之前，我们还需要先创建一个描述用户的实体类，为此需要在 VS Code 集成终端中执行以下 Angular CLI 命令：

```
ng generate class ./users/models/user
```

以上命令会在用户领域目录 src/app/users/models 下创建一个名为 user.ts 的用户实体类声明文件，打开这个文件后我们会看到一个空的用户实体类 User，如代码清单 14-27 所示。

代码清单 14-27 src/app/users/models/user.ts

```
export class User {
}
```

为了描述用户，我们需要向以上代码中添加一些属性，使其与代码清单 14-28 一致。

代码清单 14-28 src/app/users/models/user.ts

```
/**
 * 用户实体
 */
export class User {
    username: string; // 用户名
    password: string; // 密码
}
```

完成以上修改之后，接下来我们应该继续完成用户登录业务逻辑的实现，为此需要将用户服务的定义代码修改至与代码清单 14-29 一致。

代码清单 14-29 src/app/users/models/user.service.ts

```
import { Injectable } from '@angular/core';
import { User } from './user';
import { Observable } from 'rxjs';

@Injectable({
  providedIn: 'root'
})
export class UserService {

  constructor() { }

  // 模拟登录
  checkUser(user: User): Observable<boolean> {
    let observable: Observable<boolean> = new Observable(x => {
      x.next(true);
    });

    return observable;
  }
}
```

以上代码中新增了一个用于模拟登录的方法 checkUser()，接下来我们需要创建一个调用这个方法的用户登录组件。

说明

在开发天天菜园的过程中，我们创建了真实的 Web API，并在服务中通过 HttpClient 访问了这些 Web API。现在我们仍然可以开发一个真实的 Web API，如果读者不想这么做，也可以考虑使用 Angular 提供的内存 Web API。

3. 添加组件

为了添加用户登录组件，我们需要在 VS Code 集成终端中执行以下 Angular CLI 命令：

```
ng generate component ./users/components/log-in --flat=true --spec=false
```

以上命令会在用户领域目录 src/app/users 下创建一个组件目录 components，并在这个目录下创建一个名为 log-in.component.ts 的用户登录组件声明文件、一个名为 log-in.component.html 的模板文件和一个名为 log-in.component.css 的样式文件。

说明

在天天菜园的开发中，我们在每一个领域目录下创建了一个视图目录 views，但 Angular CLI 不会这样做。尽管如此，如果有必要（比如当一个领域中组件较多时），我们可以手动创建这个视图目录，并将视图文件转移到这个目录中。

这三个文件中的样式文件不会包含任何内容，而另外两个文件的内容分别与代码清单 14-30 和代码清单 14-31 一致。

代码清单 14-30　src/app/users/components/log-in.component.ts

```
import { Component, OnInit } from '@angular/core';

@Component({
  selector: 'app-log-in',
  templateUrl: './log-in.component.html',
  styleUrls: ['./log-in.component.css']
})
export class LogInComponent implements OnInit {

  constructor() { }

  ngOnInit() {
  }

}
```

说明

组件会获得一个前缀为 app 的默认选择器，通过修改 Angular 工作空间配置文件 angular.json 中的应用程序项目配置的 prefix 属性的值可以修改这一前缀。

此外，用于创建组件的命令“ng generate component”还接收一个名为“--selector”的选项，通过这个选项可以覆盖组件的默认选择器。

最后，Angular CLI 没有设置组件的 moduleId，因为 Angular CLI 创建的应用程序是通过 webpack（而非 SystemJS）加载的，而 webpack 不需要通过组件的 moduleId 来解析模板文件和样式文件的相对路径。

代码清单 14-31　src/app/users/components/log-in.component.html

```
<p>
  log-in works!
</p>
```

除了创建这三个文件，以上 Angular CLI 命令还会自动将用户登录组件添加到用户领域模块的 declarations 列表中，因此如果我们再次打开用户领域模块的定义代码，将看到代码清单 14-32 所示的内容。

代码清单 14-32　src/app/users/user.module.ts

```
import { NgModule } from '@angular/core';
import { CommonModule } from '@angular/common';

import { UserRoutingModule } from './user-routing.module';
import { LogInComponent } from './components/log-in.component';

@NgModule({
  declarations: [LogInComponent],
  imports: [
    CommonModule,
    UserRoutingModule
  ]
})
export class UserModule { }
```

确保用户登录组件被添加到以上 declarations 列表中之后，接下来我们需要实现用户登录应用逻辑，为此需要向用户登录组件中添加一些内容，使其完整内容与代码清单 14-33 一致。

代码清单 14-33　src/app/users/components/log-in.component.ts

```
import { Component, OnInit } from '@angular/core';
import { User } from '../models/user';
import { UserService } from '../models/user.service';
import { Router } from '@angular/router';

@Component({
```

```
  selector: 'app-log-in',
  templateUrl: './log-in.component.html',
  styleUrls: ['./log-in.component.css']
})
export class LogInComponent implements OnInit {
  user: User = new User(); // 登录用户

  /**
   * 构造用户登录组件
   * @param userService 注入用户服务
   * @param router 注入路由器
   */
  constructor(private userService: UserService, private router: Router) { }

  ngOnInit() {
  }

  // 处理登录请求
  logIn(): void {
    this.userService.checkUser(this.user).subscribe(x => {
      if (x) {
        console.log('登录成功');
        this.router.navigate(['/']);
      }
      else {
        console.log('登录失败');
      }
    })
  }
}
```

完成以上修改之后，我们还应在用户登录组件模板中处理用户的输入。但在此之前，我们先将用户领域模块加载到应用程序中，并将用户登录视图显示的浏览器中。

4. 加载领域模块

我们已经知道，加载领域模块有两种方式：一种是将其添加到应用程序根模块的 imports 列表中，使其在应用程序启动时随根模块一起被加载到浏览器中；另一种是将其路径添加到应用程序根路由配置模块的路由表变量中，使其在需要时通过路由器被加载到浏览器中。

我们打算使用第二种方式来加载用户领域模块，因此需要将应用程序根路由配置模块的定义代码修改至与代码清单 14-34 一致。

代码清单 14-34 src/app/app-routing.module.ts

```
import { NgModule } from '@angular/core';
import { Routes, RouterModule } from '@angular/router';

const routes: Routes = [{
  path: 'user', loadChildren: './users/user.module#UserModule' // 加载用户领域模块
}];

@NgModule({
  imports: [RouterModule.forRoot(routes)],
  exports: [RouterModule]
})
export class AppRoutingModule { }
```

接下来，我们还需要将用户领域路由配置模块的定义代码修改至与代码清单 14-35 一致。

代码清单 14-35 src/app/users/user-routing.module.ts

```
import { NgModule } from '@angular/core';
import { Routes, RouterModule } from '@angular/router';
import { LogInComponent } from './components/log-in.component';

const routes: Routes = [{
  path: 'log-in', component: LogInComponent // 创建用户登录组件
}];
```

```
@NgModule({
  imports: [RouterModule.forChild(routes)],
  exports: [RouterModule]
})
export class UserRoutingModule { }
```

最后让我们再将应用程序根组件的模板修改至与代码清单 14-36 一致。

代码清单 14-36　src/app/app.component.html

```
<a [routerLink]="'/user/log-in'">登录</a>
<router-outlet></router-outlet>
```

完成以上修改之后，如果我们切换到浏览器中，将看到图 14-25 所示的结果。

接着，如果我们单击其中的“登录”链接，将被导航到用户登录视图，如图 14-26 所示。

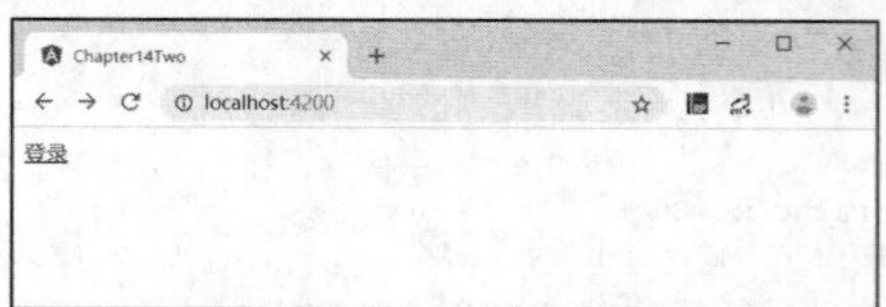

图 14-25　应用程序根视图

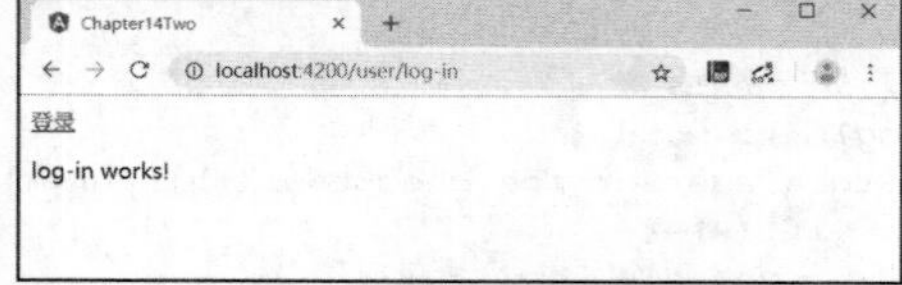

图 14-26　用户登录视图

说明

Angular CLI 会在我们对应用程序做出修改时重新构建被修改的部分，并刷新浏览器以将修改结果加载到浏览器中，因此在完成以上修改之后我们无须再做其他操作就可以看到以上结果。

但有时我们的修改可能会引入错误，而在消除这些错误之前，如果我们继续引入了更多的错误，那么随后的自动构建可能会失败，浏览器也会因此而无法刷新到正确的结果。

遇到这种情况时，我们需要在之前执行“ng serve”命令的 VS Code 集成终端中输入“Ctrl+C”来终止服务端应用程序，然后再次执行 “ng serve” 命令来重新构建和启动应用程序。

至此，我们成功地将用户视图显示到了浏览器中。但如果读者还记得用户服务上的可注入装饰器 Injectable 的话，或许会疑惑其参数 providedIn 的值 root 是否真的会将用户服务注册到应用程序根依赖注入器中——毕竟用户服务所属的用户领域模块有自己的子依赖注入器。

如果读者尝试将用户服务注入应用程序根组件中，那么上述疑惑会被消除，因为用户服务目前确实可以被注入根组件中。

但用户服务其实完全没有必要被注册到根依赖注入器中，因此读者可能会想到删除传递给其装饰器的参数 providedIn，然后将其添加到用户模块的 providers 列表中。

这一做法确实可以避免用户服务被注册到根依赖注入器中，但无法使用户服务在未被应用程序使用的情况下被摇树优化过滤掉，因此我们应该寻找一个更好的方法。

或许所能想到更好的方法应该是以下方式：

```
@Injectable({
  providedIn: UserModule
})
export class UserService {
  // ... 省略的代码
}
```

以上代码将 providedIn 参数的值设置为用户领域模块 UserModule，以试图将用户服务注册到用户领域模块的子依赖注入器中。

按理来说以上方式是可行的，但它会导致循环引用：UserModule 引用 LogInComponent，LogInComponent 引用 UserService，UserService 引用 UserModule。

Angular 编译器会提示以上循环引用的存在，而 Angular 运行时会因为以上循环引用的存在而拒绝将用户服务注册到用户领域模块的子依赖注入器中。

那么我们到底应该怎么办呢？为了避免循环引用，我们需要一个中间模块。为了创建这个中间模块，我们需要在 VS Code 集成终端中执行以下 Angular CLI 命令：

```
ng generate module ./users/service --flat=true --module=user
```

以上命令会在用户领域目录 src/app/users 下创建一个名为 service.module.ts 的模块声明文件，打开这个文件我们将看到代码清单 14-37 所示的内容。

代码清单 14-37 src/app/users/service.module.ts

```
import { NgModule } from '@angular/core';
import { CommonModule } from '@angular/common';

@NgModule({
  declarations: [],
  imports: [
    CommonModule
  ]
})
export class ServiceModule { }
```

以上代码中定义的 ServiceModule 就是我们需要的中间模块，我们不需要向其中添加任何代码，并且还应该删除其中被自动导入的 Angular 通用模块 CommonModule——虽然这一删除不是必需的。

有了这个中间模块之后，我们还需要将用户服务的定义代码修改至与代码清单 14-38 一致。

代码清单 14-38 src/app/users/models/user.service.ts

```
// ... 省略的 import

@Injectable({
  providedIn: ServiceModule // 将用户服务注册到用户领域模块的子依赖注入器中
})
export class UserService {
  // ... 省略的代码
}
```

以上代码将 providedIn 参数的值改成了中间模块 ServiceModule，而这一修改就能将用户服务注册到用户领域模块的子依赖注入器中。

这是怎么做到的呢？我们打开用户领域模块的定义代码，将看到代码清单 14-39 所示的内容。

代码清单 14-39 src/app/users/user.module.ts

```
import { NgModule } from '@angular/core';
import { CommonModule } from '@angular/common';

import { UserRoutingModule } from './user-routing.module';
import { LogInComponent } from './components/log-in.component';
import { ServiceModule } from './service.module';

@NgModule({
  declarations: [LogInComponent],
  imports: [
    CommonModule,
    UserRoutingModule,
    ServiceModule
  ]
})
export class UserModule { }
```

以上代码中新增了中间模块 ServiceModule 的导入，因为刚刚用于创建中间模块的 Angular CLI 命令中包含了选项“--module=user”，这一选项会使 Angular CLI 在完成 ServiceModule 的创建之后，自动将其导入名为 user 的用户领域模块中。

一旦 ServiceModule 被导入用户领域模块中，同时用户服务的可注入装饰器装饰器的 providedIn 参数的值被设置为 ServiceModule，用户服务就会被注册到用户领域模块的子依赖注入器中——此时循环引用已经不存在了。

因此，如果我们切换到浏览器中，还将看到图 14-26 所示的用户登录视图。如果我们访问 http://localhost:4200，那么也还将得到图 14-25 所示的应用程序根视图。

至此，我们便在 Angular CLI 的帮助下完成了用户业务领域的创建。但其中的用户登录功能还没有被实现，在此之前，我们先来看看如何使用对实现这一功能有很大帮助的语言服务。

说明　本节的模块、服务和组件都是通过 Angular CLI 命令创建的，如果读者觉得这些命令并没有给读者带来方便，完全可以不使用它们，而选择像开发天天菜园时那样手动地创建模块、服务和组件。

14.2.4　使用语言服务

语言服务（Language Service）是 Angular 提供的一个模板编辑增强工具，它能让我们在模板中使用指令、组件属性和模板变量时获得输入提示、自动完成和错误检查等功能——这就像我们在编辑 TypeScript 文件时能够获得相应的功能一样。

Angular 开发团队将语言服务开发成了一个 VS Code 扩展，为了安装这个扩展，我们需要单击 VS Code 左下角的管理图标（齿轮状的那个），然后从弹出的菜单中选择“命令面板”选项，如图 14-27 所示。

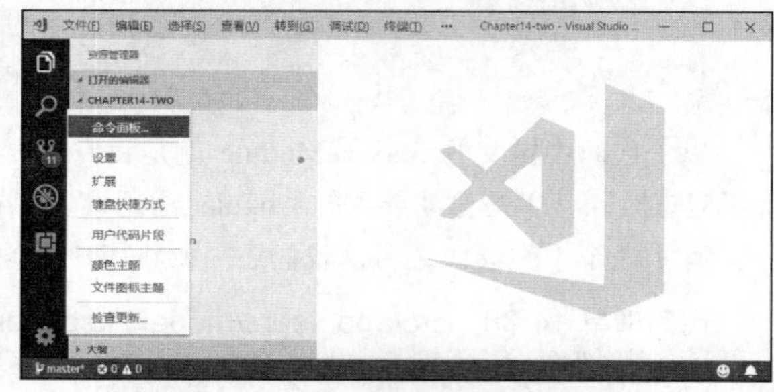

图 14-27　打开 VS Code 命令面板

随后 VS Code 会在其顶部打开一个命令输入框，我们需要在这个输入框中输入 Angular 语言服务扩展的安装命令“ext install Angular.ng-template”（输入这一命令之前，不要忘记删除输入框中原有的右箭头“>”），如图 14-28 所示。

按照图 14-28 中的提示，完成命令的输入并按下 Enter 键之后，VS Code 将开始 Angular 语言服务扩展的安装，如图 14-29 所示。

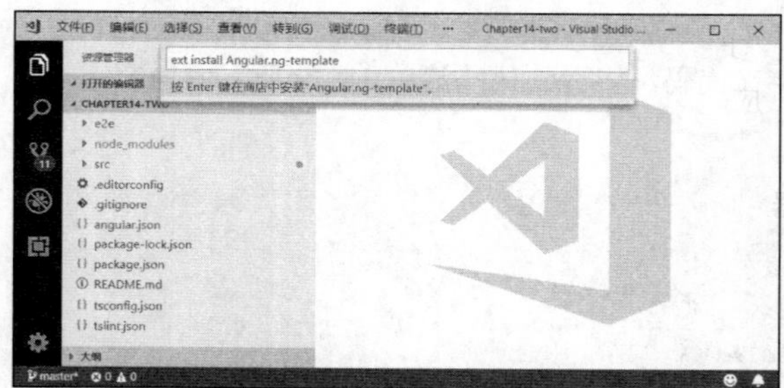

图 14-28　安装 Angular 语言服务扩展

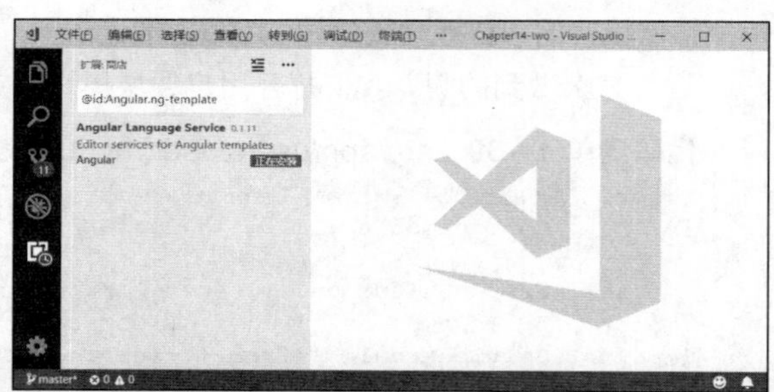

图 14-29　正在安装 Angular 语言服务扩展

等待一段时间之后，VS Code 将完成 Angular 语言服务的安装，并提示我们重新加载 VS Code 扩展，如图 14-30 所示。

单击图 14-30 的“重新加载”按钮，VS Code 将重新加载所有已安装的扩展，并将它们展示在扩展面板中，如图 14-31 所示。

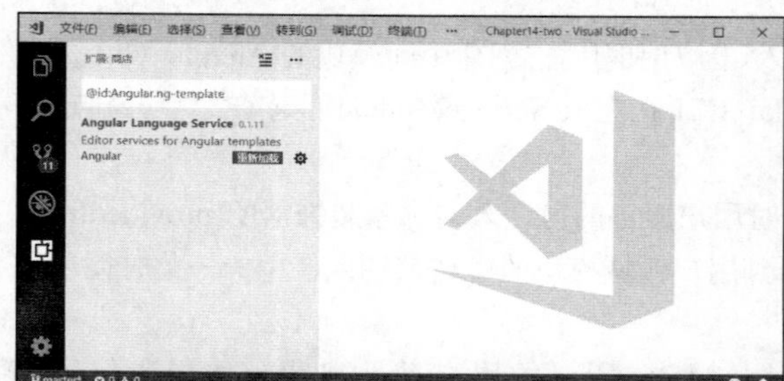

图 14-30　重新加载 VS Code 扩展

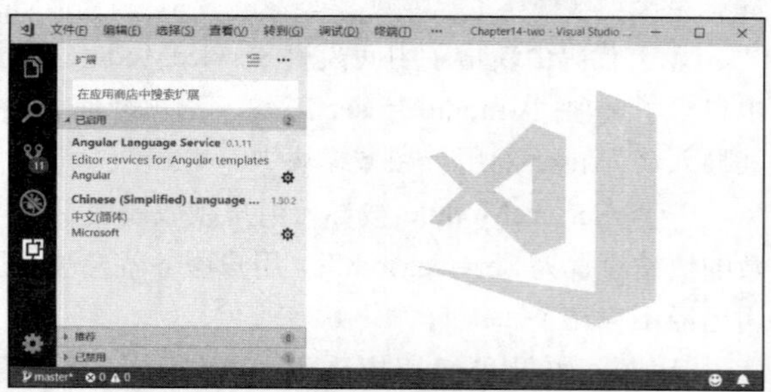

图 14-31　Angular 语言服务安装完成

完成 Angular 语言服务的安装之后，我们打开用户登录模板，删除其中所有内容，然后输入一对<form>标签，并为这对<form>标签背后的 NgForm 指令的 ngSubmit 事件绑定处理方法 logIn()。

在这个过程中，我们会看到 VS Code（通过 Angular 语言服务）提供的输入提示，如图 14-32 所示。

此时，我们可以通过输入 Tab 键或者 Enter 键来快速完成 logIn()方法的输入，完成这一输入之后，如果我们忘记加上表示方法调用的圆括号，那么 VS Code 将提示相应的错误，如图 14-33 所示。

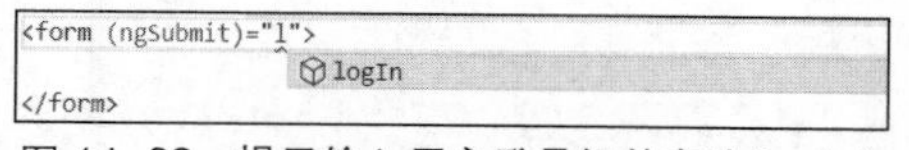

图 14-32 提示输入用户登录组件方法 logIn()

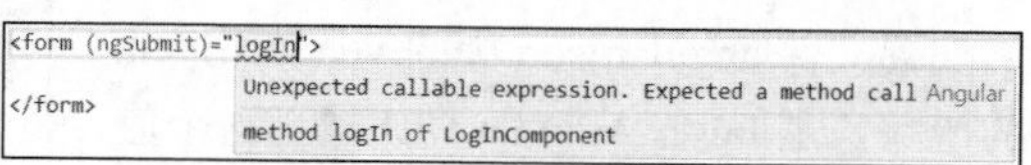

图 14-33 语法错误提示

完成括号的输入之后，我们可以开始为用户登录组件的属性 user 绑定用户名，而在这个过程中，我们也会得到 VS Code 提供的输入提示，如图 14-34 和图 14-35 所示。

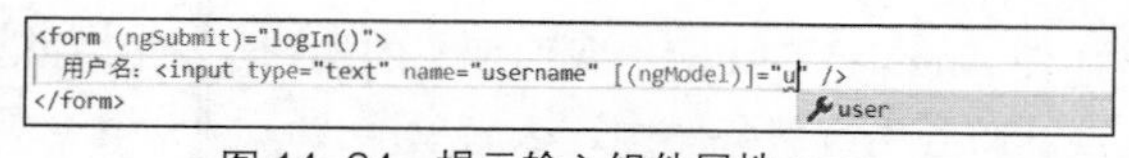

图 14-34 提示输入组件属性 user

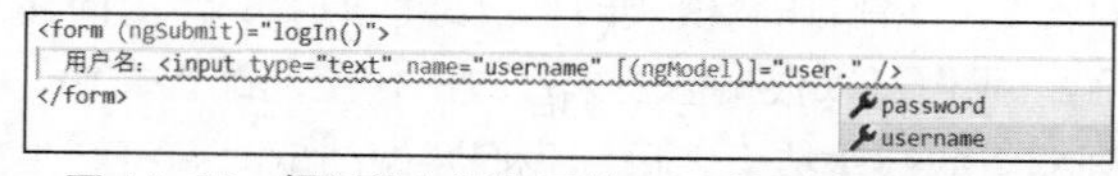

图 14-35 提示输入组件属性 user 的属性 username

当然，在随后的密码的绑定过程中，VS Code 也会给出相应的输入提示。在完成密码的绑定之后，用户登录模板中的内容将与代码清单 14-40 一致。

代码清单 14-40 src/app/users/components/log-in.component.html

```
<form (ngSubmit)="logIn()">
  用户名：<input type="text" name="username" [(ngModel)]="user.username" />
  <br/>
  密码：<input type="password" name="password" [(ngModel)]="user.password" />
  <br/>
  <button type="submit">登录</button>
</form>
```

至此，我们便在 Angular 语言服务的帮助下，快速地完成了用户登录模板的开发。接下来，为了体验用户登录的流程，我们需要在 VS Code 中再次执行应用程序启动命令“ng serve”——之前 VS Code 在重新加载扩展时终止了正在运行的所有终端。

待应用程序启动完成之后，如果我们通过浏览器访问应用程序的用户登录视图，将得到图 14-36 所示的结果。

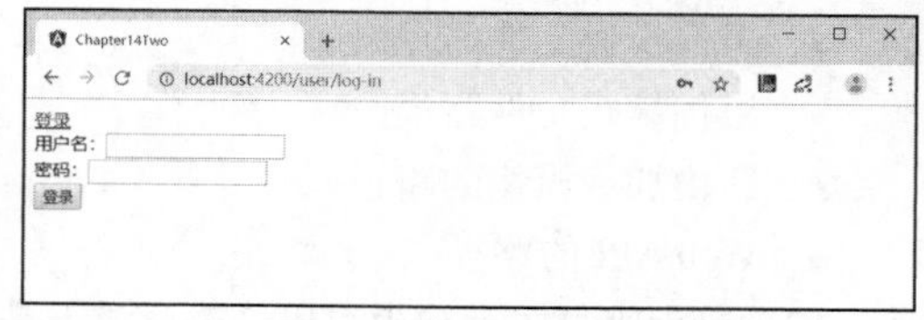

图 14-36 用户登录视图

完成用户名和密码的输入（虽然目前来说这不是必需的），并单击“登录”按钮之后，我们将完成天天菜园后台的登录并被导航到应用程序根视图。

至此，我们便完成了天天菜园后台的用户登录功能的开发。接下来，我们可以基于这一开发经验继续完成用户领域模块内的更多功能以及更多其他领域模块的开发，但这已经不是本书的任务了。

本书剩下的最后一个任务，是介绍如何快速地构建通过 Angular CLI 创建的 Angular 应用程序。

说明

Angular 语言服务不仅会服务于通过 Angular CLI 创建的 Angular 应用程序，还会服务于我们从零开始手动创建的 Angular 应用程序。因此，如果我们现在在 VS Code 中打开第 13 章的天天菜园，就会发现其中一些模板中突然出现了一些错误，而这些错误就是 Angular 语言服务提示的——比如，购物车模板中访问了不存在的组件属性 message。

14.2.5 构建应用程序

构建通过 Angular CLI 创建的 Angular 应用程序是所有工作中最简单的一项，因为当我们执行命令“ng new Chapter14-two”时，Angular CLI 已经帮助我们完成了所有必要的准备工作。

Angular CLI 留给我们的，仅仅是打开一个新的 VS Code 集成终端，然后在其中执行以下构建命令：

```
ng build --prod
```

待这一命令执行完成，Angular CLI 会完成应用程序的构建，并输出图 14-37 所示的结果信息。

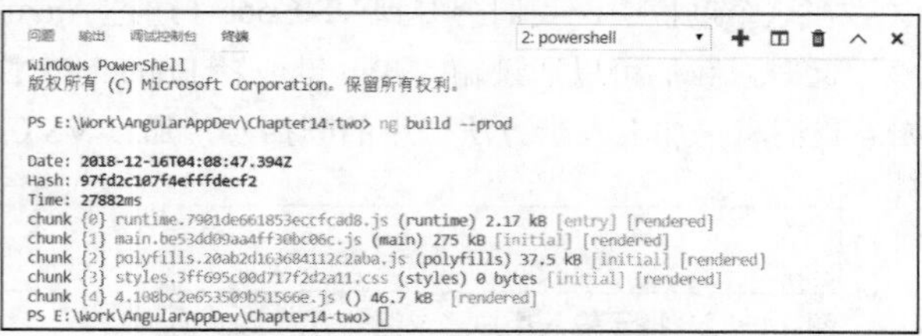
图 14-37 构建结果信息

图 14-37 所示的构建结果信息和 14.1.7 节的这一信息有两处不同：

（1）本次构建没有输出 vendor.js，因为工作空间配置文件 angular.json 中的 vendorChunk 属性的值默认是 false，Angular CLI 根据这个值将 Angular 和 RxJS 打包到了 main.js 中；

（2）本次构建输出的用户领域模块的名字是 4.js，因为工作空间配置文件 angular.json 中的 namedChunks 属性的值默认是 false，Angular CLI 根据这个值对路由加载模块的打包文件的名字作了简化。

我们可以根据需要来修改工作空间配置文件，从而使 Angular CLI 输出我们期望的构建结果。在得到期望的构建结果之后，我们要做的就只剩将结果文件发布到生产服务器中这么简单了。

14.3 小结

在 14.1 节中，我们学习了如何通过 Angular CLI 来构建已有的 Angular 应用程序。虽然这一过程看似坎坷，但回过头来我们会发现其实我们要做的事情并不是很多。

比如，首先我们可以开始以下准备工作：

（1）安装 Angular CLI 到 npm 全局安装路径；

（2）安装 Angular 编译器到项目中；

（3）创建垫片导入文件 polyfills.ts；

（4）创建 Angular 工作空间配置文件 angular.json。

随后我们需要做好以下检查工作：

（1）确保应用程序中使用的路径都是相对路径，这些路径包括：

- 应用程序启动页面中加载静态资源的路径；
- 组件模板文件路径；
- 组件样式文件路径；
- 路由加载模块的路径；
- Web API 的路径；

（2）确保组件中被模板引用过的成员不是私有或受保护的；

（3）确保模板中没有使用组件中未定义的成员；

（4）确保应用程序入口文件 main.ts 在调用 platformBrowserDynamic()方法之后以方法链的方式直接调用了它的返回结果的 bootstrapModule()方法——这个 Bug 可能在今后的版本中被修正。

最后，我们可以选择对项目进行三种不同的构建：

（1）通过命令“ng build”进行不执行预先编译的构建；

（2）通过命令“ng build --aot”进行执行预先编译的构建；

（3）通过命令“ng build --prod”进行用于生产的构建；

其中，用于生产的构建通常用来发布应用程序的生产版本，而在用 Angular CLI 来开发新的 Angular 应用程序时，Angular CLI 则会使用另外两种构建来帮助我们提升开发效率。

在 14.2 节中，我们学习了如何通过 Angular CLI 来快速地创建天天菜园的管理后台，并向其中添加了一个用户领域模块以实现管理用户的登录功能。

在这个过程中，我们使用了以下几个 Angular CLI 命令：

（1）ng new Chapter14-two，用于创建 Angular 工作空间和应用程序项目；

（2）ng serve，用于构建并启动应用程序，随后应用程序中的所有修改都会被自动构建；

（3）ng generate module ./users/user --flat=true --routing=true，用于添加领域模块；

（4）ng generate service ./users/models/user --spec=false，用于添加服务；

（5）ng generate class ./users/models/user，用于添加实体类（和其他普通类）；

（6）ng generate component ./users/components/log-in --flat=true --spec=false，用于添加组件；

（7）ng generate module ./users/service --flat=true --module=user，用于添加实现服务注册的中间模块；

（8）ng build --prod，用于构建应用程序。

以上命令可以快速地帮助我们完成很多初始工作，除了以上命令，Angular CLI 还提供了大量其他命令。

当然，如果读者不喜欢使用大量的命令，完全可以在通过“ng new”命令创建好工作空间和应用程序项目之后，选择在 VS Code 的图形界面中手动地创建应用程序中的各个组成部分，并在完成应用程序的开发时通过“ng build --prod”命令来构建应用程序。